Erfahrungen mit Grundbauwerken

A. Agatz · E. Lackner

Erfahrungen mit Grundbauwerken

Mit 590 Abbildungen

Springer-Verlag Berlin Heidelberg GmbH 1977

o. Professor em. Senator h. c. Dr.-Ing. Dr.-Ing. E. h. ARNOLD AGATZ, Bremen
o. Professor Dr.-Ing. ERICH LACKNER, Bremen/Hannover

Erweiterung und Neubearbeitung des von A. Agatz verfaßten, 1936 unter dem Titel „Der Kampf des Ingenieurs gegen Erde und Wasser im Grundbau" erschienenen Werkes.

ISBN 978-3-662-11697-5 ISBN 978-3-662-11696-8 (eBook)
DOI 10.1007/978-3-662-11696-8

Library of Congress Cataloging in Publication Data

Agatz, Arnold, 1891 – Erfahrungen mit Grundbauwerken. „Erweiterung und Neubearbeitung des von A. Agatz verfaßten, 1936 unter dem Titel ‚Der Kampf des Ingenieurs gegen Erde und Wasser im Grundbau' erschienenen Werkes." 1. Foundations. 2. Hydraulic structures – Foundations. 3. Harbors. 1. Lackner, Erich, 1913 – joint author. II. Title. TA 775.A4, 1976, 624'.15, 76–13543.

Ursprünglich erschienen bei Springer-Verlag Berlin Heidelberg New York 1977

Composersatz: Verlags-Herstellung E. Gehring, Hochheim/M.

2060/3020 – 5 4 3 2 1 0

Vorwort

Teil 1

Als mir Herr Dr. Julius Springer im Jahre 1951 die Neuauflage meiner Buchveröffentlichung „Der Kampf des Ingenieurs gegen Erde und Wasser im Grundbau" aus dem Jahre 1936 vorschlug, kam ich nach längerer Überlegung zu dem Schluß, daß eine Veröffentlichung über die Erfahrungen bei einer großen Anzahl ausgeführter Bauwerke zweckmäßiger wäre, um einmal zu zeigen, wie eng der Ingenieur mit seinen Grundbauwerken verknüpft bleiben muß, damit er ein Maximum an Ingenieurleistung erzielen kann. Letzten Endes läßt aber erst das Verhalten des Untergrundes und der Bauwerke im Betrieb den Ingenieur erkennen, in welchem Umfange die von ihm getroffenen Maßnahmen richtig waren.

Da Herrn Professor Dr.-Ing. Erich Lackner und mich mehr als drei arbeitsreiche Jahrzehnte verbinden und unsere Auffassungen über Planung, Entwurf, konstruktive Gestaltung, Bauausführung und spätere Überwachung der Bauwerke die gleichen sind, beschlossen wir, dieses neue Werk gemeinsam zu erarbeiten und zu veröffentlichen und ihm den Titel zu geben:

„Erfahrungen mit Grundbauwerken"

Bremen, im Mai 1976 Dr. Dr. A. Agatz

Teil 2

Es sind im vorliegenden Werk nur solche Bauwerke behandelt worden, an denen wir gemeinsam oder jeder für sich als Vertreter bzw. Berater des Bauherrn oder sonst als Zivilingenieur oder als Prüfingenieur beteiligt waren.

Die Namen der einzelnen Bauwerke, der Bauherren und der bauausführenden Firmen wurden bewußt fortgelassen. Das gleiche gilt für Literaturhinweise, insbesondere auch bei Abbildungen, wenn diese in gleicher oder ähnlicher Form früheren Veröffentlichungen der Verfasser entnommen worden sind. Auch wurde im allgemeinen auf eine eingehende Beschreibung der Bauwerke hinsichtlich der Planung, konstruktiven Gestaltung und Bauausführung verzichtet und nur die wesentlichen Gesichtspunkte dargelegt, soweit sie für die Beurteilung des Bauwerkes erforderlich waren. Im anderen Fall hätte die Veröffentlichung einen Umfang angenommen, der der eigentlichen Aufgabe nicht mehr gerecht geworden wäre. Die jeweiligen Bezugshöhen und Wasserstände in den Abbildungen wurden im allgemeinen aus den Bearbeitungsakten übernommen, aber fallweise in begrenztem Umfange koordiniert, wenn es zum besseren Verständnis der Zusammenhänge erforderlich war. Je nachdem, ob uns der Entwurf, die Prüfung oder auch die Überwachung der Bauausführung oblag, sind eventuelle spätere Änderungen, die sich in der Bauausführung ergaben, berücksichtigt worden oder nicht. Die Bezeichnungen und Einheiten sind in der herkömmlichen Art beibehalten worden, um vor allem den Fachkollegen aus der Praxis ein einfaches Lesen zu ermöglichen. Die erforderlichen Hinweise und Umrechnungswerte auf die neuen Dimensionen sind im folgenden jedoch als Ergänzung angeführt.

Wir haben bei der Behandlung der einzelnen Bauwerke nicht nur die Vorteile der jeweils gewählten Konstruktionen und Bauausführung, sondern in aller Offenheit auch die jeweiligen Nachteile behandelt. Kein Ingenieur ist bei langjähriger, intensiver theoretischer und praktischer Tätigkeit vor eintretenden Fehlschlägen gefeit. Es ist daher für die Ingenieure ungemein wichtig, daß letztere nicht verschwiegen werden.

Ingenieurarbeit ist immer eine Gemeinschaftsarbeit, und es ist für uns beide eine selbstverständliche Pflicht, bei dieser Gelegenheit unserer zahlreichen Mitarbeiter dankbar zu gedenken, die mit uns gemeinsam die Bauwerke schufen bzw. mit behandelten.

Unser besonderer Dank gilt auch den Mitarbeitern und Mitarbeiterinnen, die uns bei der Sammlung der Daten, bei der Herstellung der Zeichnungen, durch die Reinschrift der Manuskripte und bei den im Zusammenhang mit der Drucklegung anfallenden Arbeiten unterstützt haben.

Den an der Planung, dem Entwurf und der Bauausführung beteiligten Bauverwaltungen sowie den Auftraggebern und Bauausführenden aus der freien Wirtschaft danken wir für die bereitwillige Überlassung von Unterlagen, vor allem dann, wenn sie den verschiedenen Bauwerken ihre besondere Sorge hinsichtlich ihres Verhaltens auch nach der Fertigstellung im Betrieb angedeihen ließen.

Dem Springer-Verlag möchten wir für die hervorragende Wiedergabe der Abbildungen und Zeichnungen und dem klaren Druck unseren aufrichtigen Dank sagen.

Bremen, im Mai 1976

Dr. Dr. A. Agatz Dr. E. Lackner

Inhaltsverzeichnis

Zusammenstellung der neuen gesetzlichen Einheiten in der Technik

1. Angaben für Gewichte

Hierfür gelten nach wie vor die Bezeichnungen g, kg und t (Gramm, Kilogramm und Tonne)

2. Angaben für Kräfte, Spannungen und dergleichen

Zur Vereinfachung der Berechnung wird in der Technik anstelle des Umrechnungsfaktors 9,81 der Faktor ~10 gewählt, wie auch im folgenden enthalten.

1 mN	=	1 Millinewton
1 N	=	1 Newton
1 kN	=	1 Kilonewton
1 MN	=	1 Meganewton
1 Nm	=	1 Newtonmeter
1 kNm	=	1 Kilonewtonmeter

1 kg	≈	10 N (als Kraft)
1 t	≈	10000 N = 10 kN (als Kraft)
1 kgm	≈	10 Nm
1 tm	≈	10000 Nm = 10 kNm
1 t/m	≈	10 kN/m
1 kg/cm^2	≈	10 N/cm^2
1 t/m^2	≈	10 kN/m^2
1 kg/cm^3	≈	10 N/cm^3

1. Das Risiko eines mangelhaften Aufschlusses des Untergrundes

Die geologische Entstehungsgeschichte des Untergrundes gestattet erfahrungsgemäß gewisse Rückschlüsse auf eine zu erwartende mehr oder weniger große Ungleichmäßigkeit des Schichtenverlaufes. Im allgemeinen sollte eine waagerechte Lagerung der Bodenschichten nicht angenommen werden, solange sie nicht durch ausreichende Bohrergebnisse erwiesen ist. Sie kann sonst zu schweren Irrtümern in den Entscheidungen beispielsweise hinsichtlich der Gründungstiefe und der wasserdichten Umschließung von Baugruben führen. Auch das an sich in den Normen für Bodenaufschlüsse ausdrücklich untersagte, aber noch immer beliebte geradlinige Verbinden gleichartiger Bodenschichten zweier weit voneinander liegender Bohrpunkte kann zu folgenschweren Fehlentscheidungen führen. In Ausschreibungen sollte das Zeichnen solcher Verbindungslinien aus vertraglichen Gründen selbst dann unterbleiben, wenn enge Bohrungen und die räumliche Vorstellung vom Verlauf der Bodenschichten zu einer solchen Verbindung zweier Bohrpunkte zu berechtigen scheinen. Sie sind aber ein brauchbares Hilfsmittel zur allgemeinen Veranschaulichung des Verlaufes der Bodenschichten und, wenn angewendet, nur als solches zu verstehen.

Die Abb. 1.–1 stellt einen Längsschnitt des Untergrundes dar, in dem ein langgestrecktes Stützbauwerk auf Holzpfählen errichtet werden sollte. Für dieses Bauwerk war es besonders wichtig festzustellen, ob rammerschwerende Bodenschichten vorhanden waren, da die Holzpfähle unverhältnismäßig tief in den Untergrund gerammt werden mußten, um die erforderliche Tragfähigkeit zu erreichen. Die Bohrungen im Abstand von zunächst 75–150 m ergaben noch kein ausreichend klares Bild, obschon fallweise Steine von beachtlicher Größe das Niederbringen der Bohrungen erschwerten. Erst ein enges Abbohren ließ erkennen, daß die Kiesschicht mit großen Steinen unter allen Umständen durch Eimerkettenbagger entfernt werden mußte, um eine Holzpfahlgründung heil einbringen zu können. Beim Ausbaggern zeigte sich später, daß die großen Steine zum Teil Durchmesser bis zu 1 m aufwiesen, so daß die Holzpfähle mit Sicherheit abgerammt worden wären.

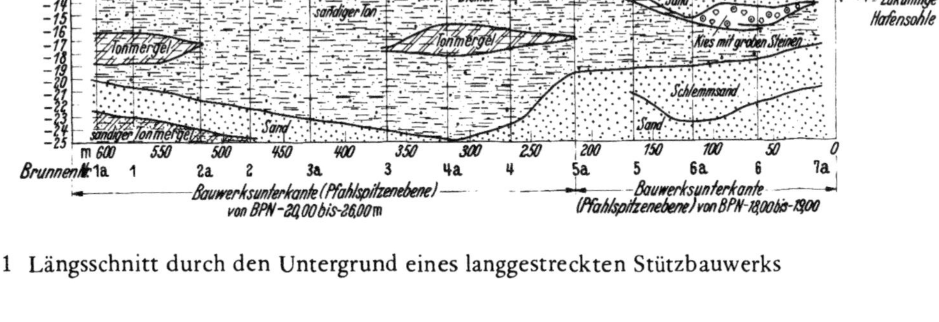

Abb. 1.–1 Längsschnitt durch den Untergrund eines langgestreckten Stützbauwerks

Auch bei gut tragfähigem bindigen Boden können neben seiner Zusammensetzung, Scherfestigkeit, Steifeziffer usw. auch seine Schichtung eine maßgebende Rolle spielen, wenn beispielsweise die von den Seiten oder auch von unten her eine wasserdichte Umschließung einer Baugrube gewährleistet werden soll.

In Abb. 1.–2 handelt es sich um ein massiv gegründetes Bauwerk, dessen Sohle aus konstruktiven Gründen nur etwa bis BPN–13,0 m heruntergeführt werden sollte. Die Bohrungen ergaben jedoch, daß die tragfähige Sandschicht erst auf BPN–15,0 m lag. Die Sohle mußte daher von vornherein entsprechend tiefer gelegt werden. Die ersten drei Erkundungsbohrungen im Abstand von 40 und 60 m, die nur rd. 1,50 m tief in den Tonmergel abgeteuft waren (Abb. 1–2a), hätten zu dem falschen Entschluß geführt, in diese wasserundurchlässig erscheinende Schicht Stahlspundwände zu rammen, um so mit einem verhältnismäßig geringen Kostenaufwand eine wasserdichte Umschließung der Baugrube herzustellen. Dies wäre auch für ein unmittelbar an den Neubau angrenzendes altes Bauwerk, das auf gleicher Tiefe gegründet war, von großem Vorteil gewesen. Die im engen Abstand von 20 m bis BPN–28,0 m hinuntergebrachten Ergänzungsbohrungen (Abb.1.–2b) zeigten aber, daß die nach Abb.1.–2a erbohrte Tonmergelschicht nur 0,5–3,0 m dick war und auf einer gewissen Strecke offensichtlich nicht durchgehend anstand. Eine wasserdichte Umschließung wäre dabei nicht möglich gewesen. Eine durchgehende, für die Abdichtung brauchbare Tonmergelschicht war erst 5 bis 6 m tiefer vorhanden. Es wurde daher auf eine wasserdichte Umschließung der Baugrube mit langen Stahlspundwänden verzichtet und nur eine bis BPN–18,0 m reichende Spundwand gerammt. Das Bauwerk wurde dann im Schutze einer Grundwasserabsenkung mittels Tiefbrunnen ausgeführt, die auch das benachbarte alte Bauwerk umfaßte, um es vor Rissen infolge einseitiger Absenkung zu schützen.

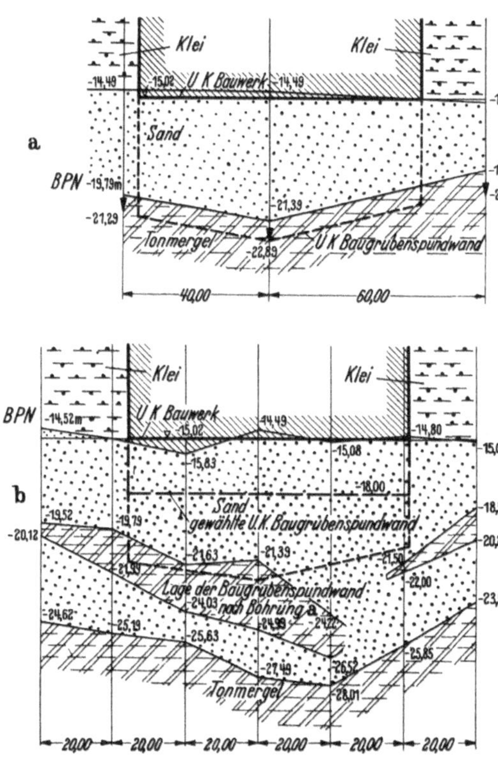

Abb. 1.–2 Untergrundaufschluß für ein massiv gegründetes Bauwerk

Der Aufschluß über Art und Lagerung von felsigem Untergrund kann noch wichtiger sein, wenn wasserführende Spalten oder zersetzter Fels vorkommen. Dann können sowohl die Bauausführung als auch die vorgesehene Gründungsart in Frage gestellt sein oder es können – wie Abb.1.–3 darstellt – schwere Wassereinbrüche auftreten.

Bevor irgendwelche Bohrungen abgeteuft werden, empfiehlt es sich zu prüfen, ob Ausführungen früherer Bauten in der Nähe des geplanten Bauwerkes und die Akten der zuständigen Bauämter usw. bereits einen gewissen Anhalt über die zu erwartenden Bodenverhältnisse und über die Vor- und Nachteile bestimmter in Betracht gezogener Bauausführungen geben können. Für die Beurteilung sind vor allem auch Setzungs- und Bewegungsbeobachtungen an benachbarten Bauwerken wertvoll. Besonders sorgfältig ist dabei festzustellen, welche Zuverlässigkeit älteren Bohrungen beizumessen ist und inwieweit die früheren Bezeichnungen der Bodenarten mit den heute gebräuchlichen übereinstimmen.

Abb. 1.—3 Wassereinbruch bei felsigem Untergrund durch wasserführende Spalten

a

b

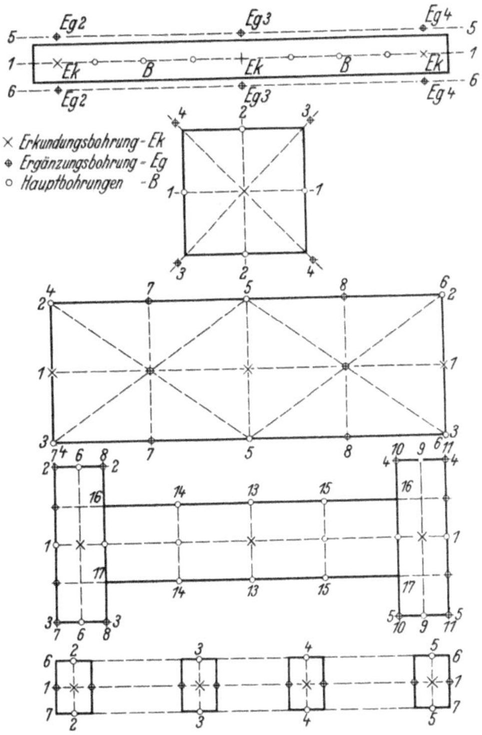

Abb, 1.—4 Die Anordnung der Bohrungen bei verschiedenen Bauwerksformen

Bei den Bodenaufschlüssen sind zu berücksichtigen:
die Art des Bauwerkes,
die Art der in Aussicht genommenen Gründung,
die Art der in Aussicht genommenen Bauausführung,
die späteren betrieblichen Belastungen und
die sonstigen betrieblichen Erfordernisse.

Ein Tiefbau mit wechselnden Lasten, mit wasserdichter Umschließung oder der Gefahr der Unterspülung beeinflußt weitgehend Art und Umfang der Bohrungen, der sonstigen Bodenaufschlüsse und der bodenmechanischen Untersuchungen.

Die Anzahl der Bohrungen ist zu vermehren, ihr Abstand oft örtlich stark zu verringern und die Tiefe zu vergrößern, wenn die „Erkundungsbohrungen" (Abb.1.—4) einen geschichteten und nicht zuverlässigen Baugrund ergeben. Die Erkundungsbohrungen müssen so ausgelegt werden, daß sie einen nach Art und Umfang des Bauwerkes ausreichenden Überblick über die Baugrundverhältnisse liefern. Maßgebend für die Bohrtiefe sind die Ausdehnung, Belastung und Gründungstiefe des Bauwerkes, der geologische Aufbau des Untergrundes und seine bodenmechanischen Wertigkeiten. Aber auch benachbart aufgebrachte hohe Aufschüttungen können von besonderer Bedeutung sein, wenn ihre Lasten unter das zu gründende

Bauwerk ausstrahlen und dort zusätzliche Setzungen und waagerechte Bodenbewegungen oder eine Verminderung der Standsicherheit bewirken.

Bei zweifelhaften Untergrundverhältnissen muß der Boden stets so tief erbohrt werden, wie die Bauwerkslasten noch nennenswerte Zusatzspannungen im Boden auslösen, wobei die Art des Bauwerkes, die Art der Belastung des Untergrundes, die Höhe und Art des Geländesprunges, auftretender Wasserüberdruck und die Art der erbohrten Bodenschichten und ihr Konsolidierungszustand in den verschiedenen Stadien eine wesentliche Rolle spielen. Bei einem schwierigen tiefgegründeten Verkehrswasserbauwerk auf schlechtem Untergrund mußte beispielsweise sogar bis zur dreifachen Gründungstiefe gebohrt werden, um die erforderliche Klarheit über den Untergrund auf ausreichende Tiefe zu erlangen.

Aufgrund der Ergebnisse der Erkundungsbohrungen wird je nach Art des Bauwerks und des Untergrundes bestimmt, ob weitere „Ergänzungsbohrungen" angesetzt oder sogleich mit den „Hauptbohrungen" begonnen werden soll (Abb. 1.–4). Hauptsache ist und bleibt hierbei ein organisch aufgebauter Bohrplan, der gewährleistet, daß genügende Längs-, Quer- und Schrägschnitte durch den Untergrund gelegt werden können. Dabei brauchen nicht sofort alle Bohrungen hintereinander ausgeführt zu werden. Mit der laufenden Auswertung der Bohrergebnisse werden Abstand, Lage und Tiefe der Bohrungen variiert. Die Gründungsplanung und die Bauausführung können es wünschenswert erscheinen lassen, auch noch „Zwischenbohrungen" abzuteufen.

Einen Überblick, wie die Bohrungen bei verschiedenen Bauwerkgrundrissen anzusetzen sind, gibt Abb. 1.–4.

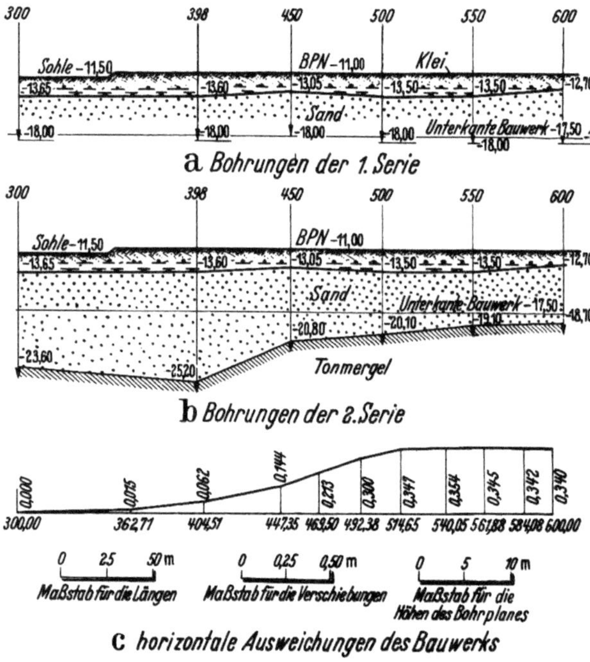

Abb. 1.–5 Aufschluß des Untergrundes für ein langgestrecktes Stützbauwerk, das ausgewichen ist

Abb. 1.–5 zeigt die Erschließung des Untergrundes für eine langgestreckte Holzpfahlgründung (vgl. auch Kap. 4.4.2). Die ersten Bohrungen wurden vor Baubeginn ausgeführt, und zwar aufgrund jahrzentelanger Erfahrungen mit den anstehenden Untergrundverhältnissen nur bis zur Konstruktionstiefe der späteren Bauwerke auf BPN–18,0 m. Von BPN–12,7 bzw. –13,5 m an wurde dabei überall Sand angetroffen. In diese Sandschicht wurden die Pfähle dann 3–5 m tief gerammt. Als das Bauwerk sich später nach dem Freibaggern bis BPN–10,0m vorwärts bewegte (Abb. 1.–5c), wurden weitere bis BPN–28,0 m reichende Bohrungen ausgeführt, in denen auf BPN–19,1 m und tiefer bis BPN–25,2 m eine Tonmergelschicht festgestellt wurde. Die in einer Versuchsanstalt durchgeführten bodenmechanischen Untersuchungen dieser Schicht und anschließende Grundbruch-, Geländebruch- und Gleitsicherheitsberechnungen erwiesen die Gefährlichkeit dieser Bodenschicht, die noch dazu an einem Ende des Bauwerks bis etwa 1 m unter die Pfahlspitzen anstieg. Das Bauwerk wich, wie die Abb. 1.–5c zeigt, tatsächlich im hochliegenden Bereich dieser Schicht nach der Wasserseite hin besonders stark aus. Das Ausmaß der Ausweichbewegung deckte sich ziemlich genau mit der allmählich ansteigenden Tonmergeloberfläche.

Der Längs- und der Querschnitt des Untergrundes nach Abb. 1.–6 zeigen den Verlauf und die Form eines versandeten Prieles. Dieses Beispiel zeigt erneut den Nachteil von Bohrungen in zu weitem Abstand bei wechselndem Untergrund und die Notwendigkeit, in solchen Fällen den Boden parallel, normal und fallweise auch schräg zum Bauwerk zu erschließen. Bei dem hier errichteten ausgewichenen Pfahlrostbauwerk hat neben anderen Ursachen auch der vergrößerte Wasserdruck im erwähnten versandeten Priel in Verbindung mit einer durch den Prielrand vorgegebenen Gleitfläche des Bodens zum beginnenden Bruch beigetragen (vgl. auch Kap. 4.4.2).

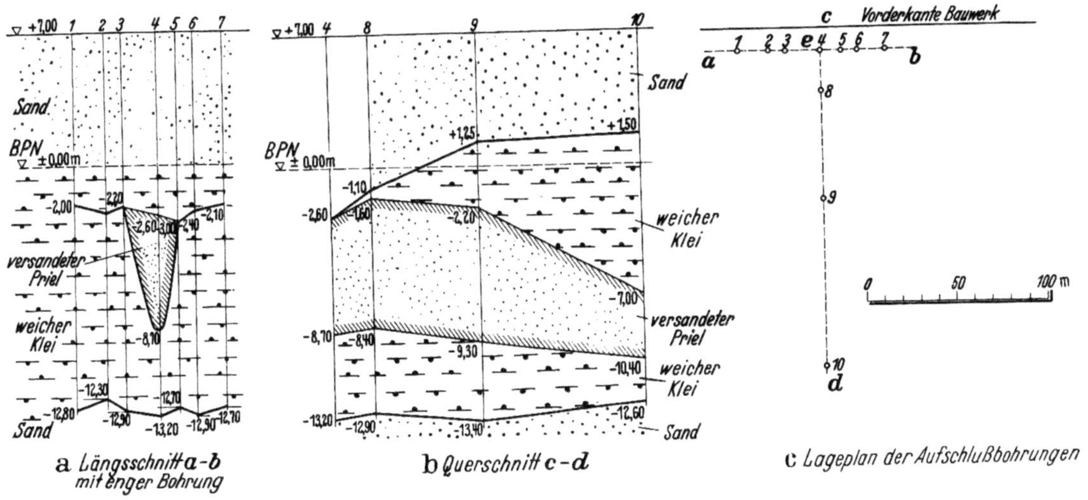

Abb. 1.–6 Bodenaufschluß für ein Pfahlrostbauwerk durch verschiedene Untergrundschnitte

Bereits anhand der Erkundungsbohrungen sollte überlegt werden, ob eine Bauausführung mit Grundwasserabsenkung in Frage kommt. In diesem Falle sollten die weiteren Bohrungen auch der Ermittlung der Grundlagen für die Bemessung der Absenkungsanlage dienen (Probeabsenkung zur Ermittlung des Durchlässigkeitswertes und der Reichweite), wodurch Kosten und Zeit gespart werden können. Die Bohrungen müssen dann auch dünne durchflußhemmende Schichten erfassen und sollten daher als Schlauchkernbohrungen ausgeführt werden.

Die Bohrpläne müssen genaue Angaben über die erforderlichen Flach- und Tiefbohrungen enthalten.

Bei der zeichnerischen Darstellung der Bohrergebnisse ist zu berücksichtigen, daß sie die Grundlage bilden müssen für:

den Entwurf des gesamten Grundbauwerkes,
die Konstruktion der Einzelglieder der Gründungen,
die Konstruktion des Bauwerkes selbst und
die Wahl der Bauausführung.

Hieraus geht hervor, daß die Bohrprofile und die Bodenschichtenpläne auch sehr sorgfältig aufgrund der bodenmechanischen Untersuchungsergebnisse ergänzt werden müssen.

Häufig ist nämlich auch ein erfahrener Bohrmeister überfordert, wenn er eine Bodenprobe auch bodenmechanisch richtig ansprechen soll. Aufgrund der bodenmechanischen Untersuchungsergebnisse können auch besondere Bodenwertigkeitsbilder aufgetragen werden.

Längs-, Quer- und Schrägschnitte sind vom Entwurfsbearbeiter (nicht von der Bohrfirma oder der Bodenversuchsanstalt) vor allem dann aufzutragen, wenn er nur so einen generell zutreffenden Überblick über die Bodenverhältnisse gewinnen kann.

Wenn die Bodenschnitte allein nicht genügen, um den räumlichen Verlauf der Schichten ausreichend gut erkenntlich zu machen, empfiehlt es sich, ein Bodenschichtenmodell anzufertigen (Abb.1.–7).

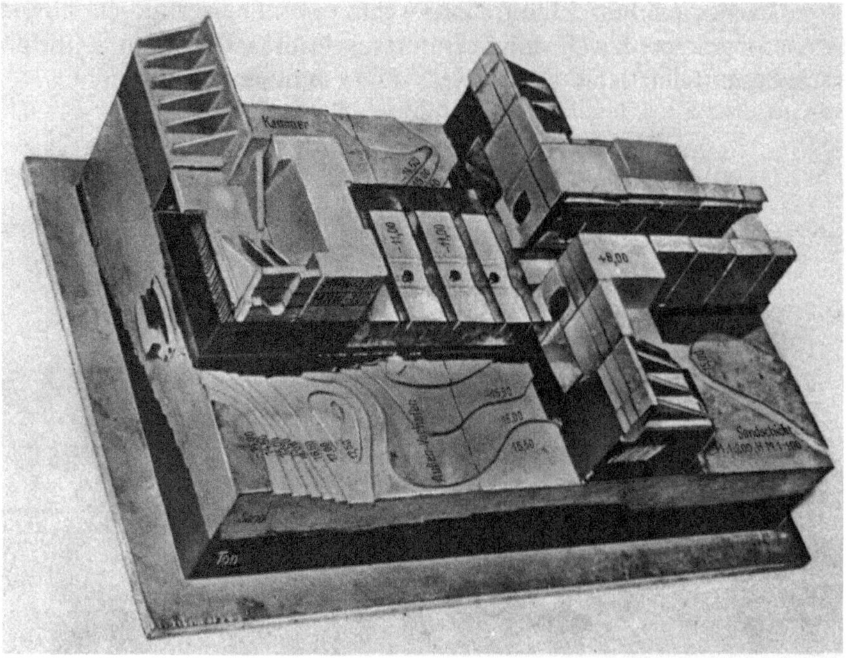

Abb. 1.–7 Bodenschichtenmodell für ein Seeschleusenhaupt

2. Waagerechte und lotrechte Bewegungen des Untergrundes

2.1 Allgemeines

Je unregelmäßiger die Untergrundverhältnisse und je mächtiger weiche, bindige Bodenschichten sind, je ausgedehnter ein tief zu gründendes Bauwerk ist, je tiefer eine Grundwasserabsenkung ausgeführt werden muß und je höher eine Belastung, z. B. auch durch Massengut oder Bodenaufschüttungen ist, um so mehr muß damit gerechnet werden, daß lotrechte und waagerechte Bodenbewegungen auch großräumig auftreten. Dabei können auch Festpunkte der Vermessungsgrundlinie, die für das Abstecken und Errichten des Bauwerkes maßgebend sind, solche Bewegungen erfahren.

Bei tiefen Baugruben in bindigem, aber auch in feinkörnigem, nichtbindigen Boden muß dafür gesorgt werden, daß zu steile Böschungen, Wasserrandrang, Ramm- und Verkehrserschütterungen und dergleichen nicht Rutschungen hervorrufen.

Muß ein Bauwerk ganz oder in Teilen auf weichen Bodenschichten gegründet werden – aber auch sonst bei hohen Gründungsbelastungen – muß festgestellt werden, ob die gewählte Konstruktion die Setzungen ohne Gefahr und ohne spätere Betriebsstörungen verträgt. Es sollte auch überprüft werden, ob die kapitalisierten Kosten der späteren Unterhaltungsarbeiten nicht höher sind als die zusätzlichen Baukosten für eine Gründung auf einer tieferen, festeren Schicht oder die Kosten für ein Auskoffern der weichen Bodenschichten und ihren Ersatz durch verdichteten Sand oder ein sonstiges geeignetes Bodenmaterial.

In den folgenden Kapiteln sollen nun einige Beispiele von Bodenbewegungen und dabei vor allem von Rutschungen großen Ausmaßes behandelt werden.

2.2 Bewegungen von Vermessungspunkten infolge Grundwasserabsenkung und tiefem Bodenaushub für den Bau einer Seeschleuse an der Mündung eines Tideflusses in die Nordsee (vgl. auch Kap.2.4, 3.3.2, 8.2.1 und 18.3.10)

In Abb.2.2–1 sind die Lage der Vermessungslinien und die zukünftigen Bauwerksbegrenzungen dargestellt.

Soweit Bohrpfahlfestpunkte ausgeführt worden sind, wurden sie durch den weichen, rd. 18 m hoch anstehenden alluvialen Klei in den darunter liegenden tragfähigen diluvialen Sand hinein gegründet. Die einfachen Steinvermessungspunkte hingegen lagen nur 1 m tief gegründet in der Oberfläche des Kleis.

Die verschiedenen Vermessungspunkte haben mit der zunehmenden Ausschachtung – die vor allem an den Schleusenhäuptern rd. 23 m tief reichte – waagerechte und infolge der fortschreitenden Wirkung der Grundwasserabsenkung für die Schleusenhäupter zusätzliche waagerechte und lotrechte Bewegungen ausgeführt.

So hat sich der Festpunkt 30 an der Ecke des auf Holzpfählen im diluvialen Sand gegründeten Kaischuppens G im Verlaufe von rd. 3½ Jahren um 15,8 cm gesetzt (Abb.2.2–1a).

Bei den beiden gleich gegründeten Kaischuppen F und G wirkte sich vor allem die Tiefabsenkung des Grundwassers für das Außenhaupt der Seeschleuse aus.

Die dem Außenhaupt am nächsten gelegenen Stirnseiten der beiden Schuppen wiesen die größten Setzungen auf (Abb.2.2–1a).

Der Bohrpfahlfestpunkt 48, der in einer Entfernung von 50 m vom Binnenhaupt lag, zeigte eine zunehmende Setzung bei fortschreitender Grundwasserabsenkung und ein leichtes Wiederanheben nach dem Abstellen derselben. Die Gesamtsetzung betrug in einem Zeitraum von rd. 2¼ Jahren 17,5 cm (Abb.2.2–1c).

Auch der rd. 200 m vom Binnenhaupt entfernte Bohrpfahlfestpunkt 49 stand noch unter

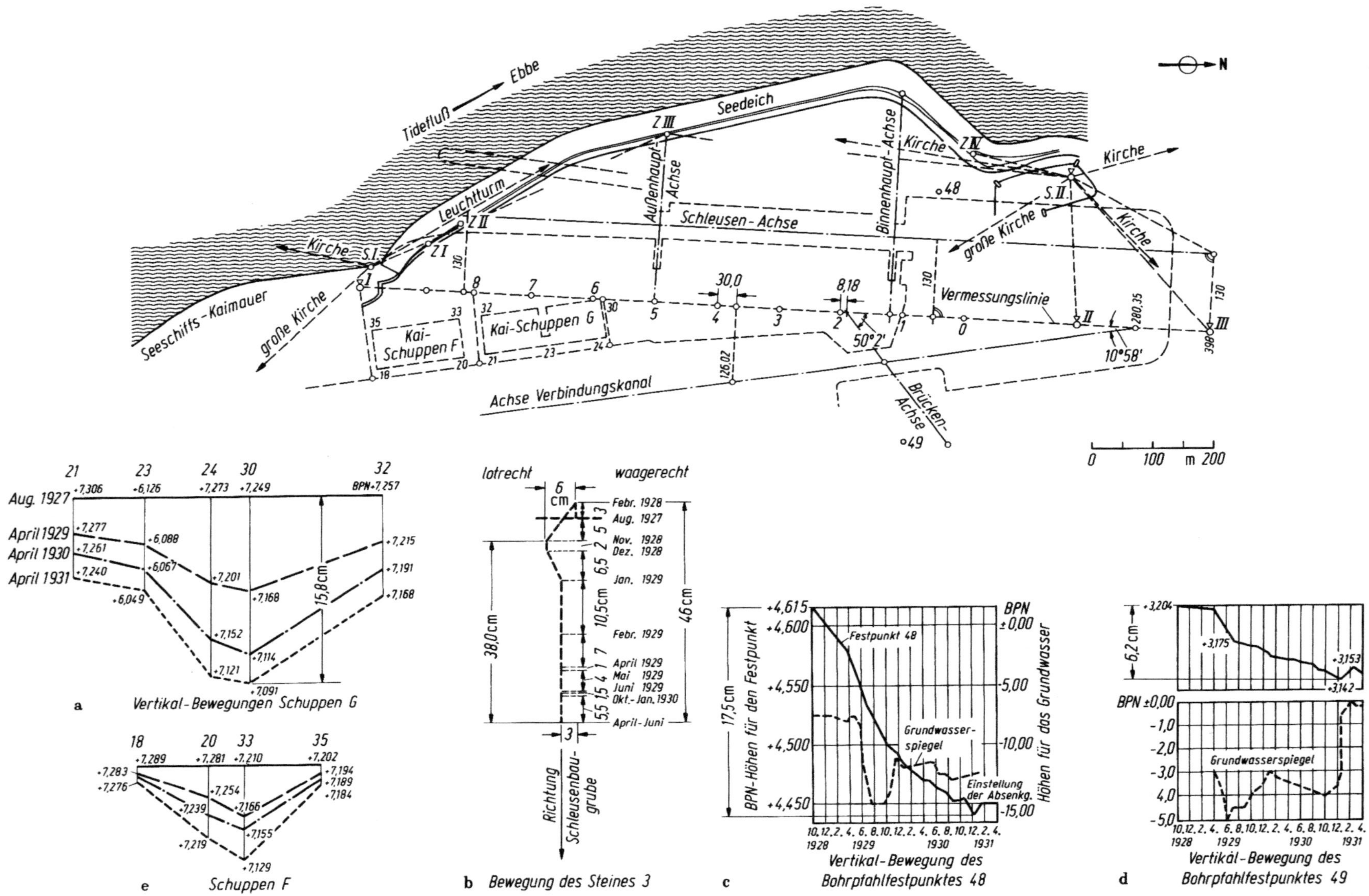

Abb. 2.2–1 Vermessungsgrundlinien und die Bewegungen von Vermessungspunkten, die flach und von solchen, die tief gegründet sind

dem Einfluß der Grundwasserabsenkung. Er setzte sich in rd. 2¼ Jahren um 6,2 cm (Abb.2.2–1d).

Horizontalbewegungen dieser beiden Bohrpfahlfestpunkte nach den Baugruben hin wurden aber nicht festgestellt.

Anders verhielt sich jedoch der flach gegründete Steinvermessungspunkt 3, der rd. 130 m von der späteren Vorderkante der Schleusenmauer entfernt angeordnet war. Hier betrug die maximale waagerechte Verschiebung 6 cm. Sie ging auf 3 cm zurück, als auf der anderen Seite im Verbindungskanal die Baugrube für die dortige Kaimauer ausgehoben wurde. Seine Gesamtsetzung betrug nach 3 Jahren 46 cm (Abb.2.2–1b).

Ähnliche Bewegungen ergaben sich auch bei den anderen Bohrpfahl- und Steinfestpunkten.

Dieses Beispiel zeigt, daß hinsichtlich der richtigen Auswahl, Lage und Kontrolle der Vermessungsfestpunkte und deren Gründung größte Sorgfalt anzuwenden ist. Solche Punkte müssen von genügend weit entfernt liegenden wirklichen Festpunkten aus auch laufend kontrolliert werden. Sonst würden sich erhebliche Ungenauigkeiten in der Bauausführung ergeben.

Abb. 2.2–2 Die Auswirkungen der negativen Mantelreibung bei einer nicht ausreichend tiefreichenden Pfahlgründung (abgerissene Säule oben links)

Den starken Einfluß der negativen Mantelreibung infolge Grundwasserabsenkung zeigt vergleichsweise Abb.2.2–2. Hier ist eine offensichtlich nicht tief genug gegründete Stahlstütze von der zu tragenden Platte abgerissen worden.

2.3 Rutschung in einer Dockbaugrube in einem Schleusenhafen an der Nordsee (vgl. auch Kap.3.3.1, 9.3.1 und 18.3.3)

Wenn weiche bindige Böden in größerer Mächtigkeit anstehen, ist bei tiefen Baugruben vor allem für eine ausreichend flache Böschungsneigung und eine gute Entwässerung der Böschungen zu sorgen. Das Grundwasser sollte mittels geeigneter Brunnen außerhalb der Böschungen gegebenenfalls mit Vacuum-Unterstützung abgesenkt werden, damit der Wasserandrang zu den Baugrubenböschungen unterbleibt. Letzterer würde bei offener Wasserhaltung die Böschung zusätzlich gefährden.

In jedem Falle führt die Absenkung des Grundwasserspiegels in weichen, bindigen wenig durchlässigen Böden zu unkonsolidierten Zuständen. Letztere vermindern die Standsicherheit der Böschungen fallweise entscheidend, was in den statischen Nachweisen berücksichtigt werden muß.

Die Verhältnisse können sich bei wenig wasserdurchlässigen Böden aber besonders ungünstig gestalten, wenn das im Boden befindliche Wasser friert. Neben Gefügestörungen können sich dabei Eislinsen, die parallel zur Böschung verlaufen, ausbilden. Sie üben eine Sprengwirkung aus und bilden beim Auftauen besonders gefährdete Gleitfugen.

Wie das nachfolgende Beispiel der Böschungsrutschung in einer Dockbaugrube zeigt, können Rutschungen aber auch trotz aller Vorsicht eintreten. Nach jahrzehntelangen örtlichen Erfahrungen reichten Baugrubenböschungen von 1 : 3 aus, um bei tieferen Baugruben Rutschungen im anstehenden Klei zu vermeiden.

Im vorliegenden Falle wurde daher für den oberen rd. 11 m tiefen Dockbaugrubenteil eine Böschung in der Neigung 1 : 3 angewendet und dazu vorsorglich – etwa in Böschungsmitte – noch eine 3 m breite Berme angeordnet. Etwa 10 m hinter Oberkante Böschung lag ein Materialschuppen, der während der Bauarbeiten geräumt wurde. Dahinter befand sich eine Straße. Am Fuß der Böschung wurde eine Stahlspundwand als Baugrubenbegrenzung für den weiteren Bodenaushub für die Docksohle angeordnet.

Während die Docksohlenspundwand gerammt und der Schuppen mittels schwerer Lastwagen geräumt wurde, glitten – wie die Abb.2.3–1a, –b und –c, –2 und –3 zeigen – auf der in Abb.2.3–3 dargestellten Rutschfläche rd. 20.000 m³ Boden ab. Als unmittelbare Ursache hierfür mußten die Ramm- und die Verkehrserschütterungen angesehen werden. Begünstigt wurde das Abgleiten des Bodens durch eine 0,5 bis 2 m dicke Moorschicht zwischen Klei und diluvialem Sand (Abb.2.3–3), die im teilkonsolidierten Zustand nur eine unzureichende Scherfestigkeit aufwies. Außerdem wirkte sich Wasserüberdruck hinter der Böschung stabilitätsvermindernd aus.

Abb. 2.3–2 Lageplan der Dockbaugrube mit der Rutschung

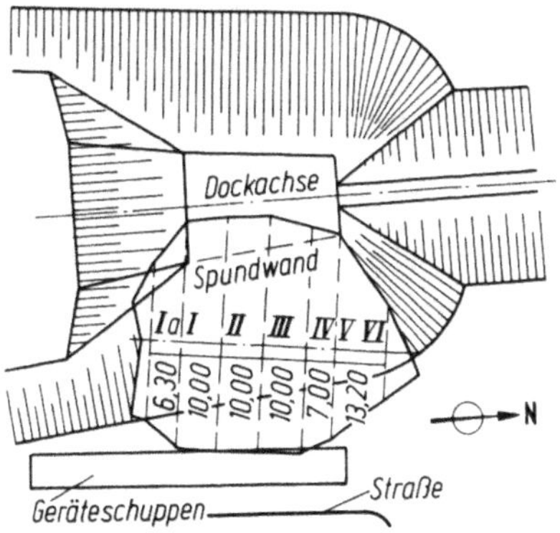

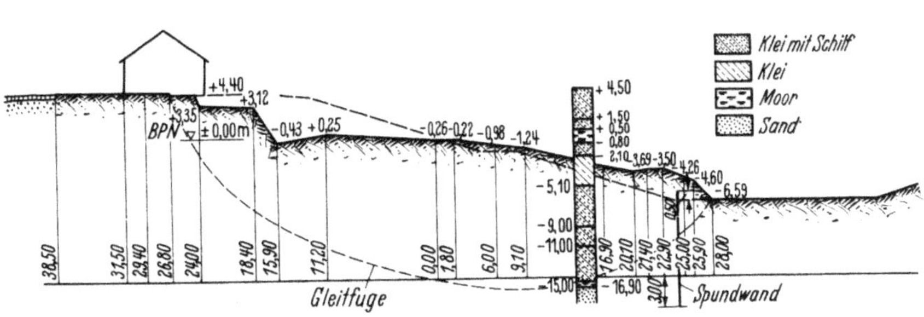

Abb. 2.3–3 Querschnitt der ursprünglichen Baugrubenböschung und Verlauf der eingetretenen Rutschung

Die abgerutschten Bodenmengen wurden, soweit es für die weiteren Bauarbeiten erforderlich war, abgetragen und die Oberfläche der Böschung und die Gleitfläche gut entwässert. Erneute Rutschungen haben sich dann trotz der weiteren Rammarbeiten nicht mehr ergeben.

2.4 Rutschungen in einer Seeschleusenbaugrube an der Mündung eines Tideflusses in die Nordsee (vgl. auch Kap.2.2, 3.3.2, 8.2.1 und 18.3.10)

Bedingt durch den Ausgang des ersten Weltkrieges und die damaligen schwierigen Nachkriegsverhältnisse mußte eine Schleusenbaustelle eineinhalb Jahrzehnte lang stillgelegt werden. Als bei Wiederaufnahme der Bauarbeiten die Baugruben für die Schleusenhäupter trockengelegt wurden, traten an den Kleiböschungen mehrfach kleinere Rutschungen ein (Abb.2.4–1).

Abb. 2.4–1 Rutschungen einer bindigen Böschung nach dem Auspumpen der Baugrube

Kennzeichend für den Klei, der ein alluvialer, sandiger Schluff mit einem mehr oder weniger großen Anteil an Pflanzenresten und feinen Sandzwischenlagen ist, sind bei anhaltend trockener Witterung 20–30 cm tiefe Schrumpfrisse (Abb.2.4–2) und ein völliges Durchweichen dieser Schicht bei anschließenden längeren Regenfällen (Abb.2.4–3).

Abb. 2.4–2 Durch Trockenheit gerissener Klei

Abb. 2.4–3 Durch Dauerregen aufgeweichter Klei

Das bei starken Regenfällen durch die Trockenrisse eindringende Oberflächenwasser kann Rutschungen auslösen, weil der Boden in der Umgebung der Risse quillt und dabei seine Scherfestigkeit weitgehend einbüßt und vor allem weil gleichzeitig in den Rissen und eventuell anschließenden feinen Sandzwischenlagen voller Wasserdruck wirksam werden kann. Die Kleiböschungen neigen daher vor allem dann zu Rutschungen, wenn an ihrer Oberfläche und im rückwärtigen Gelände das Niederschlagwasser nicht sofort an der Oberfläche ablaufen kann.

Die Rutschungen treten daher in der Regel in der feuchten Jahreszeit nach starken Regenfällen ein, auch dann, wenn der Einschnitt bereits seit längerer Zeit gestanden hat und sich bisher keine Bewegungen gezeigt haben. Bei diesen vor allem durch Wasserüberdruck ausgelösten Rutschungen können auch ältere Aufweichungen und progressive Brucherscheinungen in vorgegebenen Gleitfugen eine Rolle spielen. Es sollen daher bei Erdeinschnitten im Klei und in sonstigen weichen bindigen Böden vor allem folgende Maßnahmen getroffen werden:

1) Herstellen flacher Böschungen, die der Wertigkeit des Bodens angepaßt sind, wobei auch schwere Erschütterungen und vor allem unkonsolidierte Zustände berücksichtigt werden müssen, wenn solche zu erwarten sind.
2) Abführen des Niederschlagwassers durch Randgräben oberhalb der Böschung und am Böschungsfuß, um ein Vollaufen eventuell vorhandener Risse, Klüfte und wasserführender Sandzwischenlagen zu vermeiden.
3) Dränung der Böschungen oder Anordnen von Sickerschlitzen oder waagerechten Entlastungsbrunnen, um das Auftreten höherer Wasserdrücke von vornherein zu verhindern.

2.5 Rutschung in einer Dockbaugrube an einem norddeutschen Tidefluß
(vgl. auch Kap.9.2.1)

Beim Aushub einer Dockbaugrube mit einer Böschung 1 : 1,5, die oben zunächst durch eine rd. 2,5 m dicke Kleischicht, dann durch alluvialen Sand und unten durch eine diluviale Moränenschicht bis zum diluvialen Lauenburger Ton führte, trat nach schweren Regenfällen eine im Sandbereich beginnende Rutschung ein. Sie beinhaltete etwa 15.000 m^3 Boden und erfaßte schließlich auch den oben liegenden Klei, der durch eine kurze Stahlspundwand zusätzlich gesichert war. Die Rutschung kündigte sich durch einen langsam sich öffnenden Anriß in der Sandböschung an (Abb.2.5–1). Dem Anriß folgte einen Tag später der Gesamtbruch.

Abb. 2.5–1 Beginn der Rutschung in einer Baugrubenböschung

Die Böschung 1 : 1,5 hätte bei der angewandten Tiefbrunnenabsenkung des Grundwassers beim anstehenden mitteldicht gelagerten scharfen Sand an sich standsicher sein müssen. Die Rutschung wurde aber durch örtliche Drücke im Grundwasser ausgelöst, das sich zum Teil auf dünnen eingelagerten Kleischichten gestaut hatte.

Solchen Kleizwischenlagen ist daher bei geböschten Baugruben im Sand auch bei einer Grundwasserabsenkung mittels Tiefbrunnen besondere Beachtung zu schenken.

2.6 Setzungen des Kleis unter dem Fußboden eines Kaischupppens in einem Schleusenhafen an der Nordsee

Die Setzungsempfindlichkeit des weichen Kleis zeigt das vorliegende Beispiel mit erforderlicher laufender Sandauffüllung unter dem Fußboden eines sonst auf Pfählen tief gegründeten Kaischuppens (Abb.2.6–1a und –b).

Der Fußboden war im Jahre 1909 aus Ersparnisgründen nicht im tiefliegenden diluvialen Sand, sondern auf dem anstehenden Klei flach gegründet worden. Um die Eisenbahnrampenhöhe zu erreichen, wurde dabei das Schuppengelände rd. 1 m mit Sand aufgehöht und in dieser Bettung der Fußboden in Form eines Holzbohlenbelages auf Lagerhölzern verlegt. Auf diesem Fußboden wurde dann der Hafenbetrieb mit Lagerung von Stückgut durchgeführt.

Infolge dieser 1 m hohen Sandauflast und der Lagerlasten von rd. 1–1,5 t/m² setzte sich der etwa 19 m tief reichende Klei in den ersten 5 Jahren um 50 cm, was einer mittleren jährlichen Setzung von rd. 10 cm entspricht. Ein erneutes Anheben des Schuppenfußbodens um 80 cm ergab in den folgenden 20 Jahren eine weitere Setzung von rd. 55 cm, das sind rd. 2,7 cm pro Jahr. Ein zweites Anheben um 80 cm führte nach 19 Jahren zu einer Setzung von 45 cm und damit etwa zu 2,4 cm pro Jahr (Abb.2.6–1a und –b).

Die im Jahre 1909 gewählte einfache Bauweise des Fußbodens mag seinerzeit wegen der geringeren Baukosten eine gewisse Berechtigung gehabt haben. Die vermeintlichen Ersparnisse wurden jedoch mehr als aufgezehrt durch die Kosten im Zusammenhang mit den erforderlichen Aufhöhungen und die dadurch bedingten Unterbrechungen im Schuppenbetrieb sowie durch die Erschwernisse, die die Unebenheiten des Schuppenfußbodens mit sich brachten. Es sollte daher nur in Ausnahmefällen auf eine solche Lösung zurückgegriffen werden.

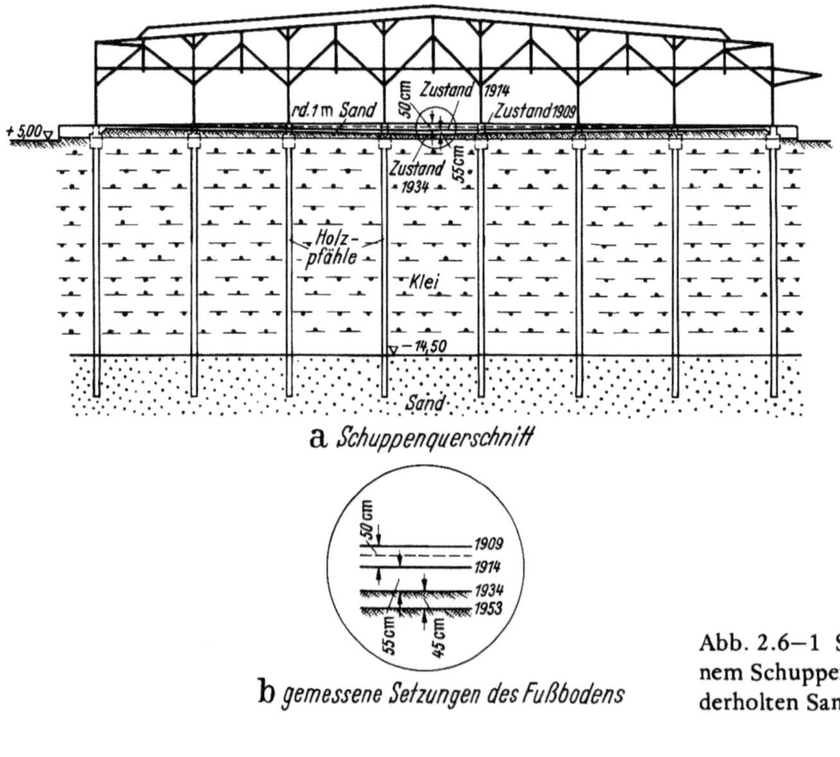

Abb. 2.6–1 Setzungen des Kleis unter einem Schuppenfußboden infolge einer wiederholten Sandauffüllung

2.7 Setzung von Kleiböden unter Sandauflast hinter einem Seeschiffkai an der Mündung eines Tideflusses in die Nordsee

(vgl. auch Kap.3.3.6, 4.4.2, 5.2.2.8 und 5.4.1)

Als in bisherigem Wattengebiet ein Seeschiffskanal errichtet und mit einer Kaimauer eingefaßt werden mußte, konnte nach dem Fertigstellen und Freibaggern der Mauer die erforderliche Geländehöhe hinter dem Kai nur durch ein rd. 7 m hohes Aufspülen mit Sand gewonnen werden. Diese Sandauflast preßte aber den anstehenden weichen alluvialen Klei bereits im Verlaufe von 2 Jahren bis zu 1,40 m zusammen (Abb.2.7–1). So wurden häufige Wiederauffüllungen mit Sand erforderlich, um das Planum zu halten.

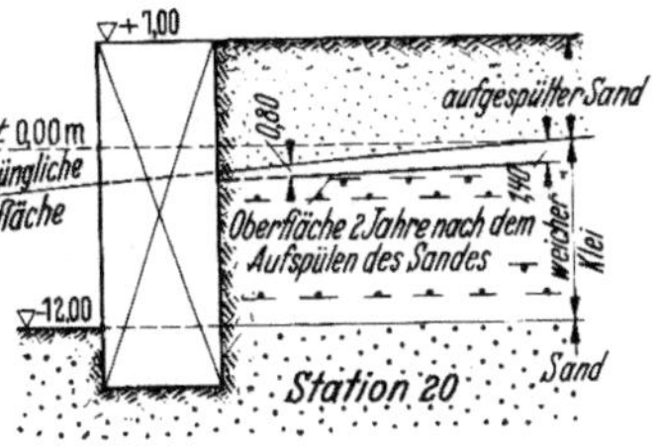

Abb. 2.7–1 Setzung von Klei unter Sandauflast

Im vorliegenden Fall wurde diese Lösung als die billigere in Kauf genommen, da die Kosten für das Wegbaggern des Kleis und das volle Auffüllen mit Sand erheblich gewesen wären.

3. Gemessene und errechnete Werte lotrechter und waagerechter Bewegungen ausgeführter Bauwerke

3.1 Allgemeines

Es gibt kein Bauwerk, das nicht lotrechte und waagerechte Bewegungen durchmacht. Diese Bewegungen haben jedoch für das Bauwerk und seinen Betrieb dann keine schädlichen Folgen, wenn sie aufgrund von Berechnungen und langjährigen Erfahrungswerten an bestehenden Bauwerken von vornherein zutreffend abgeschätzt und in der baulichen Gestaltung berücksichtigt worden sind. In welcher Form die Primärsetzungen bei verschiedenen Untergrundverhältnissen einfach und zuverlässig berechnet werden können, wird im Kap. 3.4.8 am Beispiel eines Großbunkers bis ins Einzelne erläutert. Beigegebene Tafeln zur einfachen Ermittlung der aus den Bauwerklasten herrührenden lotrechten Zusatzspannungen σ_Z erleichtern die Rechenarbeit entscheidend.

Für das richtige Einschätzen der lotrechten und waagerechten Bewegungen ist es wichtig, ihre Größe durch langjährige Beobachtungen an ausgeführten Bauwerken immer wieder zu überprüfen. In den folgenden Kapiteln werden gemessene Bewegungen von Erdbauwerken, von massiv oder auf Pfählen gegründeten Hoch- und Tiefbauten und von Hochbauten mit Flächengründungen beschrieben. Es wird dabei auch mitgeteilt, in welchem Umfang Bewegungen zu erwarten waren, in welcher Form die konstruktive und betriebliche Gestaltung der einzelnen Bauwerke darauf abgestellt worden ist und inwieweit die Bauwerke sich anders als errechnet oder erwartet verhalten haben.

3.2 Seedeiche aus Klei an der Mündung eines Tideflusses in die Nordsee

Seedeiche werden dort erforderlich, wo das bewirtschaftete Küstengebiet nicht sturmflutsicher ist. Im vorliegenden Fall handelt es sich um Seedeiche in Gebieten, deren obere Bodenschicht auf 15 bis 20 m Tiefe aus weichem alluvialen Klei besteht.

Seedeiche sind bei Flut nicht nur einseitig dem Wasserdruck und der Wasserauflast, sondern in der Regel auch dem Wellenangriff direkt ausgesetzt. Die Gründungsbreite der hier behandelten Deiche beträgt etwa 40–60 m. Ihre Krone lag je nach zu erwartender maximaler Sturmflut- und Wellenhöhe im allgemeinen 5–8 m über dem vorhandenen Gelände.

Diese Seedeiche wurden früher der Einfachheit halber aus dem anstehenden alluvialen Klei in Trockenbauweise geschüttet und verdichtet. Am Kopf und auf der Landseite wurden sie mit Rasen bestückt und in der normalen Wellenzone durch gepackte Feldsteine gesichert. Neuerdings werden die Seedeiche häufig mit einem gespülten Sandkern ausgeführt.

Das Sackmaß des aufgebrachten Kleis eines Seedeiches wurde mit 7–12 % seiner Höhe festgestellt. Außerdem drückt der Seedeich mit seinem Eigengewicht den darunterliegenden alluvialen Klei im Laufe der Zeit entsprechend zusammen, wobei auch starke seitliche Ausweichbewegungen auftreten können.

Bei einem auf rd. 15 m hoch anstehendem gewachsenen alluvialen Klei geschütteten 7 m hohen Seedeich mit einer Basisbreite von 50 m und einer Kronenbreite von 3 m wurden die Setzungen über lange Jahre gemessen. Um auch die Setzungen des unter dem Seedeich liegenden Kleis messen zu können, wurde in der Deichsohle unter der Deichachse eine Grundpegelplatte eingebaut (Abb. 3.2–1). Diese zeigte während des Herstellens des Seedeiches im Verlauf von rd. 10 Monaten eine Setzung von 1,17 m. Diese erhebliche Setzung der Grundplatte ist eingetreten, weil sich die obere Schicht des Watts noch in einem breiigen Zustand befand und unter der Last der Deichaufschüttung sich nicht nur zusammenpreßte, sondern auch nach den Seiten hin auswich.

Nach dem Fertigstellen des Seedeiches betrug die Setzung der Grundplatte in den folgen-

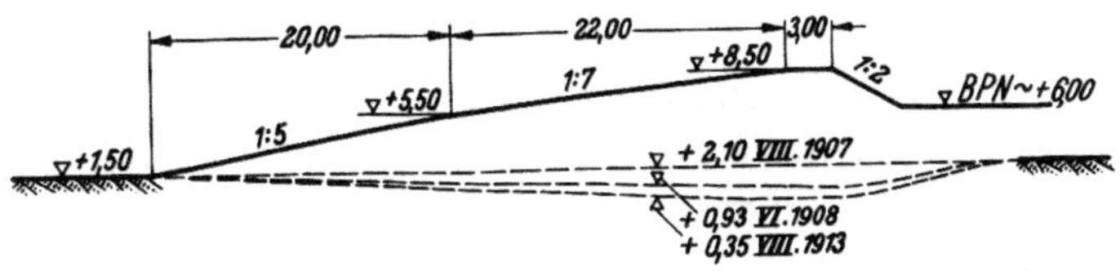

Abb. 3.2–1 Setzung der Grundpegelplatte unter einem Seedeich auf Klei

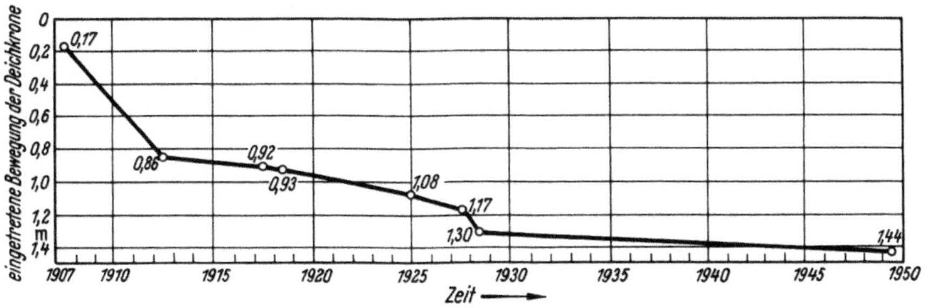

Abb. 3.2–2 Setzungsverlauf der Krone eines Seedeiches aus Klei auf Kleiuntergrund

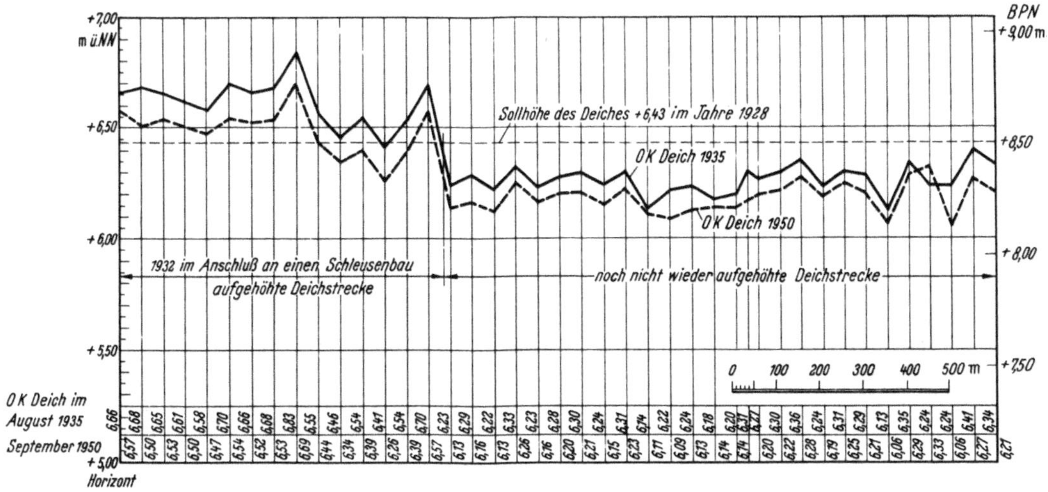

Abb. 3.2–3 Längenprofil der Krone eines Seedeiches aus Klei auf Kleiuntergrund

den 5 Jahren (von 1908 bis 1913) nur noch 58 cm, was einer durchschnittlichen jährlichen Setzung von 11,6 cm entspricht.

Um über Größe und Verlauf der Setzungen eines anderen Seedeiches Klarheit zu gewinnen, wurde die Deichkronenhöhe über einen Zeitraum von 43 Jahren laufend gemessen (Abb.3.2–2). Die Hauptsetzung trat in den ersten 5 Jahren von 1907 bis 1912 mit rd. 69 cm ein, was einem jährlichen Setzungsmaß von 13,8 cm entspricht. Um diese Anfangssetzung im wesentlichen auszugleichen, wurde der Deich von vornherein rd. 0,50 m über Sollhöhe ausgeführt. Im Zeitabschnitt von 1912 bis 1927, also in 15 Jahren, betrug die weitere Setzung noch 31 cm, das sind rd. 2 cm pro Jahr. Die gesamte Kronensetzung betrug nach 20 Jahren also 1,00 m. Damit lag die Deichkrone bereits um 0,50 m unter dem Sollmaß, und der Deich mußte daher wieder um 70 bis 80 cm erhöht werden. Die fertiggestellte Deichkrone setzte sich dann infolge der erhöhten Auflast auf dem Klei im folgenden Jahr um 13 cm. In den weiteren 21 Jahren, von 1928 bis 1949, setzte sich die Deichkrone um 14 cm. Die Setzung verlief also bereits wesentlich schwächer als bei einem neu geschütteten Deich.

Auch auf einer anderen Strecke des vorliegenden Gebietes wurde die Krone eines aus Klei hergestellten Seedeiches laufend vermessen. In Abb.3.2–3 sind die Meßergebnisse der Jahre 1935 und 1950 in einem Längenprofil aufgetragen. Auch sie lassen erkennen, daß ein derartiger Seedeich beachtlichen Setzungen unterworfen ist. Die Gesamtsetzung der in Abb.3.2–3 dargestellten, noch nicht wieder aufgehöhten Deichstrecke betrug in 7 Jahren von 1928 bis 1935, im Mittel rd. 13 cm und im Maximum 30 cm, das sind i.M. rd. 2,0 cm bzw. maximal 4,3 cm pro Jahr. In den folgenden 15 Jahren setzte sich der Deich in dieser Strecke im Durchschnitt insgesamt um rd. 12 cm, was einer Durchschnittsjahressetzung von etwa 0,8 cm entspricht. Um die mittleren Erhöhungskosten für den Deich zu verringern, ist vorgesehen, bei einer Wiederaufhöhung die Deichkrone 20 bis 30 cm über die Sollhöhe zu legen.

Die Erfahrung lehrt also, daß die Kronen der Seedeiche laufend vermessen werden müssen, um den Zeitpunkt einer erforderlichen Aufhöhung bestimmen zu können. Sonst kann bei außergewöhnlichen Sturmfluten mit Wellenschlag die Deichkrone überspült und das Hinterland gefährdet werden. Die Sturmflutkatastrophe in Norddeutschland vom Februar 1962 und die kürzlich aufgetretenen Sturmfluten seien hier als warnendes Beispiel genannt.

3.3 Tiefbauten

3.3.1 Trockendock für Großschiffe in einem Schleusenhafen an der Nordsee (vgl. auch Kap.2.3, 9.3.1 und 18.3.3)

Ein im vorigen Jahrhundert erbautes massives Trockendock für damals größte Schiffe bis zu 40.000 BRT bzw. für 75.000 BRT nach Verlängerung in den Jahren 1930/31 wurde von 1928 bis 1954 hinsichtlich seiner lotrechten Bewegungen laufend beobachtet. Über die Verlängerung dieses Dockes wird im Kap.9.3.1 näher berichtet (Abb.9.3.1–1). Der alte Dockkörper hat eine 8 m dicke Sohle und ruht auf einer 10 bis 12 m dicken diluvialen Sandschicht mit eingelagerten dünnen Tonlinsen. Darunter steht halbfester Tonmergel an.

Der alte Dockkörper setzte sich im Beobachtungszeitraum um insgesamt 53 mm, wovon aber allein 49 mm auf die rd. 1 Jahr dauernde Grundwasserabsenkung für die Dockverlängerung zurückzuführen waren. Nach dem Einstellen dieser Tiefabsenkung verblieb eine Setzung von 40 mm für das leere Dock. Es hob sich also infolge des wieder wirksam gewordenen Auftriebes um 13 mm.

Der anschließende Dockverlängerungsteil aus Stahlbeton mit rd. 5 m dicker Sohle (Abb.9.3.1–7) liegt auf einer rd. 10 m dicken diluvialen Sandschicht, jedoch ist in diese etwa in der Mitte eine rd. 1 bis 3 m dicke Schicht aus Tonmergel eingelagert.

Die nach dem Fertigstellen der Dockverlängerung in den Jahren 1931 bis 1954 durchgeführten Bewegungsmessungen zeigten für das gelenzte leere Dock folgendes:

Der erste Anschlußblock an das alte Dock setzte sich maximal rd. 17 mm, der Mittelblock maximal 15 mm und der Endblock mit der Abschlußwand infolge des größeren Gewichtes maximal 23 mm.

Die geringere Setzung der Dockverlängerung gegenüber dem alten Dock ist auf die leichtere Konstruktion dieses Bauwerkteiles und auf den infolge des Sohlenaushubes nur geringen Einflusses der Tiefabsenkung während der Bauausführung zurückzuführen.

Im Betrieb zeigten die beiden Dockkörper folgendes Verhalten:

Sobald das Dock leergepumpt war, hob sich der alte massive Dockteil infolge der beseitigten Wasserlast im Dock bei gleichbleibendem Auftrieb um 6–7 mm, der neue Dockteil wegen seines geringeren Gewichtes um 8–10 mm.

Wenn ein Schiff von 50.000 BRT im Dock lag, verminderte sich die Hebung im alten

Dockteil auf rd. 4–6 mm und in der Verlängerung auf 7–9 mm. Der Unterschied mit und ohne Schiffslast war demnach gering.

Dieser kleine Unterschied von nur 1 mm gegenüber dem leeren Dock ist darauf zurückzuführen, daß der Schiffskörper bei dem auf rd. 335 m verlängerten Dock nur mit der Spitze rd. 20–25 m in den neuen 67 m langen Dockteil hineinragt.

Da der alte und der neue Dockkörper gegeneinander nur eine Bewegung von 2–3 mm durchmachen, haben sich irgendwelche Nachteile an den Dichtungen der Nahtstelle beider Dockteile nicht ergeben.

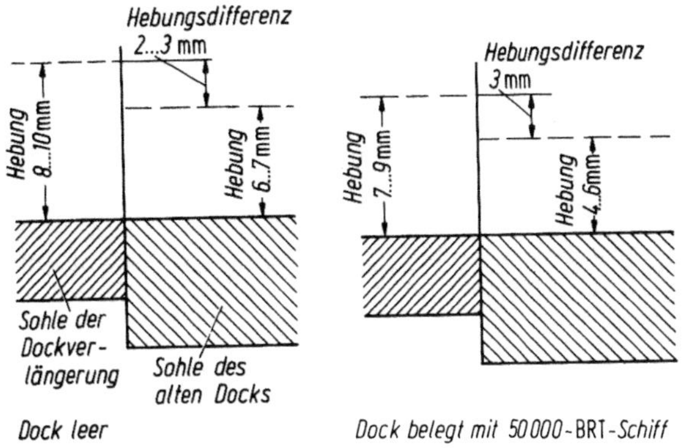

Abb. 3.3.1–1 Gemessene lotrechte Bewegungen des Dockkörpers bei gelenztem leeren und bei belegtem Dock

3.3.2 Seeschleuse für Großschiffe an der Mündung eines Tideflusses in die Nordsee (vgl. auch Kap. 2.2, 2.4, 8.2.1 und 18.3.10)

3.3.2.1 Allgemeines

Da an einer um die Jahrhundertwende erbauten, nur wenige Kilometer entfernten Seeschleuse größere Setzungen festgestellt worden waren, empfahl es sich bei der hier behandelten neuen Schleuse, genaue Setzungemessungen bereits während der Bauausführung und über einen größeren Zeitraum nach der Fertigstellung durchzuführen. Diese Messungen sollten vor allem die Bewegungen der Bauteile des Außen- und des Binnenhauptes erfassen. Die Baublockeinteilung der Schleusenhäupter ist in Abb. 3.3.2–2 dargestellt. Bezüglich des Bauvorganges wird auf Kap. 8.2.1 verwiesen.

Diese Messungen waren vor allem auch wegen der ungleichmäßigen Untergrundverhältnisse erforderlich (Abb. 3.3.2–1 und Abb. 8.2.1–3).

In die einzelnen Baublöcke wurden Höhenbolzen einbetoniert, um die Setzungen während des Bauvorganges und auch über weitere rd. 25 Jahre beobachten zu können.

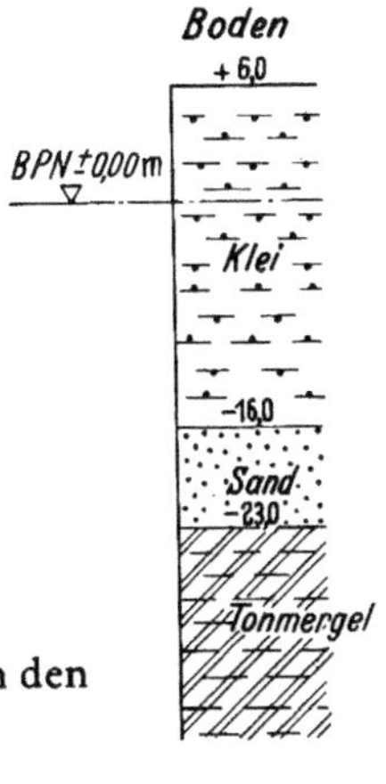

Abb. 3.3.2–1 Schnitt durch den Untergrund

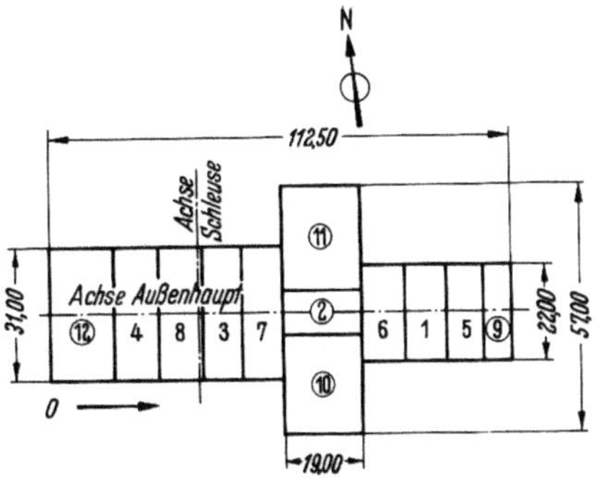

Abb. 3.3.2–2 Grundriß des Außen- und des Binnenhauptes

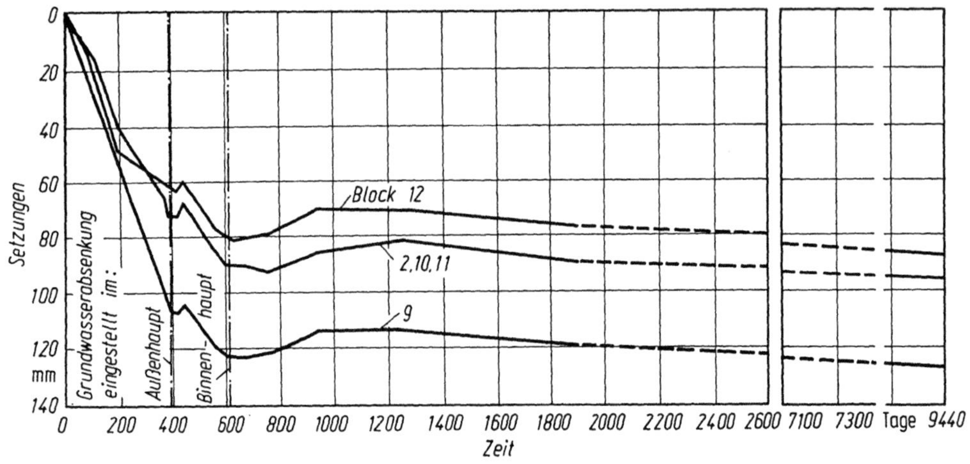

Abb. 3.3.2–3 Zeit-Setzungskurven für das Außenhaupt während und nach der Bauausführung ab 24. 4. 1929

3.3.2.2 Gemessene Setzungen der Schleusenhäupter

Die gemessenen Setzungen sind in den Abb.3.3.2–3, –4 und –5 aufgetragen. In Abb.3.3.2–5 beginnen die Diagramme mit 0 an der Südkante des Toranschlagblockes 12, gehen weiter zum Torkammerendblock 9 Ostkante, dann zurück über die Nordkante der einzelnen Blöcke zum Toranschlagblock 12 Nordkante. Der Setzungsverlauf wurde *während* der Bauausführung der großen Seeschleusenanlage gemessen, und zwar am Außenhaupt beginnend im November 1929 (Bezugslinie) und endend im Juni 1934, am Binnenhaupt beginnend im Mai 1930 (Bezugslinie) und endend im Mai 1934.

3.3.2.2.1 Setzungen am Außenhaupt in mm (Abb.3.3.2–2, –3 und –5a)

Setzungszeit in Tagen	schwere Toranschlag-bauwerke 2 + 10 + 11	schwerer Endblock 12	schwerer Torkammer-endblock 9
Kurz nach Einstellung der Grundwasserabsenkung im Außenhaupt betrugen die Setzungen:			
410	72	–	107
420	–	63	–
Kurz nach Einstellung der Grundwasserabsenkung auch im Binnenhaupt wurden die größten Setzungen erreicht und betrugen:			
610	–	–	123
640	–	81	–
770	92	–	–
Die Setzungen verminderten sich nach dem Einstellen der Grundwasserabsenkung für das Außen- und Binnenhaupt und betrugen dann:			
940	–	70	114
1240	82	–	–
Von diesem Zeitpunkt ab verliefen die Setzungen nur noch langsam und erreichten insgesamt:			
9440	97	89	127

3.3.2.2.2 Setzungen am Binnenhaupt in mm (Abb.3.3.2–2, –4 und –5b)

Am Binnenhaupt waren wegen der bereits 15 Monate laufenden Grundwasserabsenkung für das Außenhaupt die gemessenen Setzungen wesentlich geringer als beim Außenhaupt.

Setzungszeit in Tagen	schwere Toranschlagbauwerke 2 + 10 + 11	schwerer Endblock 12	schwerer Torkammerendblock 9
Die größten Setzungen wurden kurz nach dem Einstellen der Grundwasserabsenkung im Außen- und Binnenhaupt erreicht und betrugen:			
470	51	–	–
490	–	–	79
500	–	47	–
Die Setzungen verminderten sich nach dem Einstellen der Grundwasserabsenkung für das Außen- und Binnenhaupt auf:			
740	39	–	65
1100	–	42	–
Von nun an verliefen die Setzungen nur noch langsam und erreichten insgesamt:			
9400	54	55	80

3.3.2.3 Hinweise zu den aufgetretenen Setzungen

Daß in beiden Häuptern der leichte Torkammersohlenblock 2 zwischen den schweren Toranschlagbauwerken 10 und 11 Setzungen und Hebungen derselben mitmachte, ist darauf zurückzuführen, daß er infolge gegenseitiger Verspannung des Stahlbetons der Blöcke mit den an der Baugrubensohle kurvenmäßig verlaufenden Spundwänden fast ein einheitliches Ganzes bildete und zusätzlich auch infolge der Lastausbreitung im Boden von den Nachbarblöcken mitgenommen wurde.

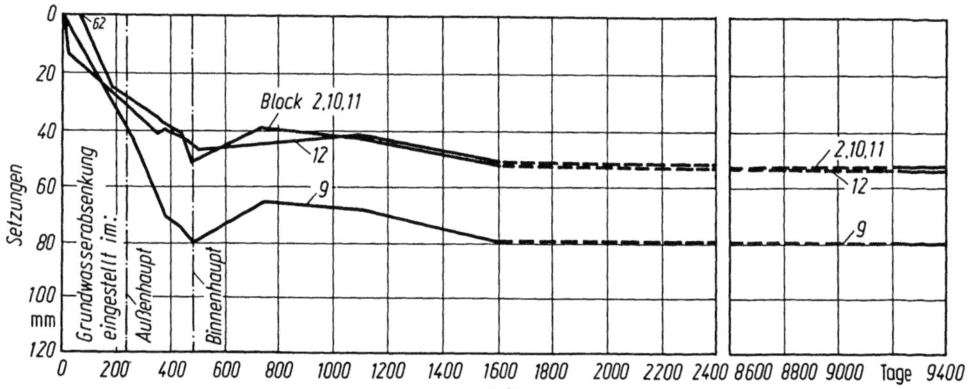

Abb. 3.3.2–4 Zeit-Setzungskurven für das Binnenhaupt während und nach der Bauausführung ab 1. 7. 1929

Der zeitliche Ablauf der Setzungen in beiden Häuptern (Abb.3.3.2–3 und –4) zeigt, daß die Setzungen auch nach rd. 2½ Jahrzehnten die durch den Bauvorgang mit Grundwasserabsenkung erzwungenen Größen nur unwesentlich überschritten haben.

Hinsichtlich der Setzungen der fertig betonierten Baublöcke der beiden Häupter während der Bauausführung der Schleusenanlage (Abb. 3.3.2–2 und 3.3.2–5a und –b) ergab sich folgendes:

a) Am Außenhaupt haben sich die einzelnen Blöcke der Torkammer weitaus stärker gesetzt als die zuletzt betonierten Blöcke 10, 11, 12, weil sich unter den erstgenannten die Sandschicht über dem Tonmergel bis auf 3,80 m verringerte. Hier machte sich also der Einfluß des Tonmergels stärker bemerkbar.

b) Am Binnenhaupt ergab sich ein ähnliches Bild, jedoch wesentlich abgeschwächt, weil hier die Sandschicht dicker war und der längere Einfluß der Grundwasserabsenkung im Außenhaupt sich bereits auf den Tonmergel unter dem Binnenhaupt ausgewirkt hatte.

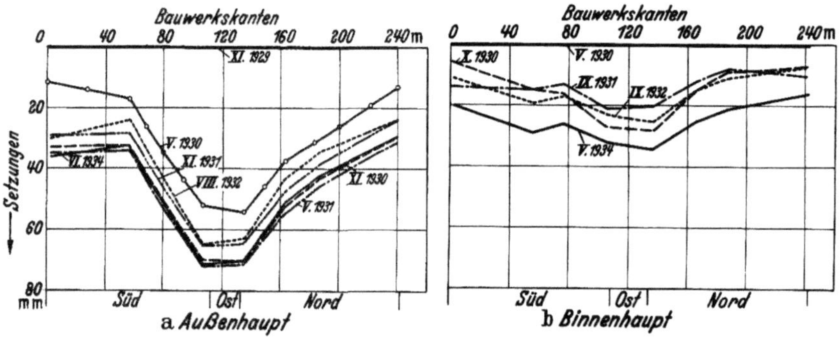

Abb. 3.3.2–5 Verlauf der Setzungen der einzelnen Baublöcke der Schleusenhäupter (s. Abb. 3.3.2–2)

Die hier wiedergegebenen Setzungsmessungen zeigen sehr deutlich, daß durch einen entsprechenden Bauvorgang und Ausnutzung einer tiefen Grundwasserabsenkung auch bei den vorliegenden, zu Setzungen neigenden Baugrundverhältnissen ein Setzungsverlauf erzwungen werden konnte, der für den späteren Betrieb der Schleusentore keine nachteiligen Auswirkungen hatte. Dabei haben sich bei den Torunterwagen und ihren Torlaufschienen auch im Verlaufe von rd. 40 Jahren keine Nachteile gezeigt.

3.3.3 Drehbrückenpfeiler und -widerlager in einem Schleusenhafen an der Mündung eines Tideflusses in die Nordsee (vgl. auch Kap. 11.2 und 18.3.5)

Wie später im Kap. 11.2 noch näher erläutert, mußte wegen des Seeschiffverkehrs zur Überbrückung eines Verbindungskanals in einem Gebiet mit den Bodenverhältnissen nach Abb. 3.3.3–1 eine bewegliche Brücke errichtet werden (Abb. 3.3.3–2). Sie war so zu gründen, daß ihre Fundamente auch bei den vorliegenden Bodenverhältnissen nur geringe Setzungsunterschiede aufwiesen. Es mußten daher bereits während der Bauausführung möglichst große Setzungsanteile vorweg erzwungen werden.

Die durchgeführten Messungen zeigten auch hier die erfolgreiche Ausnutzung einer tiefen Grundwasserabsenkung zur Beschleunigung und Vorwegnahme der Setzungen des Tonmergels (Abb. 3.3.3–3 und –4). Die mittlere Gesamtsetzung der Fundamente, gemessen vom Zeitpunkt der Fertigstellung ab, betrug bis zum Ausschalten der Grundwasserabsenkung für die Häupter der benachbarten Seeschleuse beim östlichen Widerlager auf Pfählen rd. 34 mm, beim westlichen Widerlager ebenfalls auf Pfählen rd. 32 mm und beim massiven Drehpfeiler auf Flächengründung rd. 50 mm. Nach dem Abstellen der gesamten Grundwasserabsenkung hob sich das östliche Widerlager um rd. 15 mm, das westliche um rd. 11 mm und der Drehpfeiler bis zu 23 mm (Abb. 3.3.3–3 und –4).

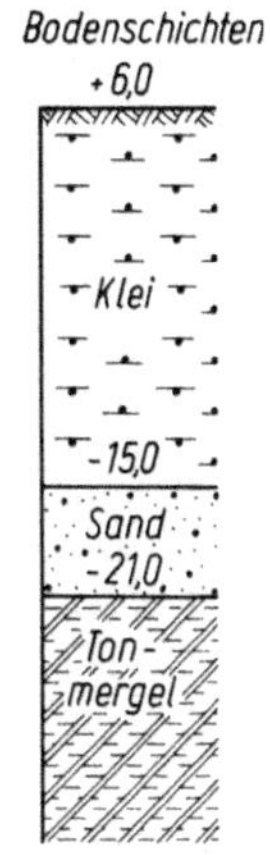

Abb. 3.3.3–1 Schnitt durch den anstehanden Baugrund der Schleusenhäupter (s. Abb. 3.3.2–2)

Spätere Wiederholungsmessungen zeigten, daß alle drei Fundamente bereits rd. 5 Jahre nach Baubeginn fast zur Ruhe gekommen waren und daß die Setzungen in den folgenden rd. 20 Jahren – abgesehen vom westlichen Widerlager – nur noch wenige mm betrugen. Daß das westliche Widerlager in den folgenden 20 Jahren noch eine zusätzliche mittlere Setzung von rd. 12 mm erfuhr, könnte zum Teil auf die stärkere Wechselbelastung beim Öffnen und Schließen der Brücke zurückzuführen sein, gegebenenfalls aber auch auf eine etwas ungünstigere Zusammensetzung des Tonmergels unter diesem Bauwerk.

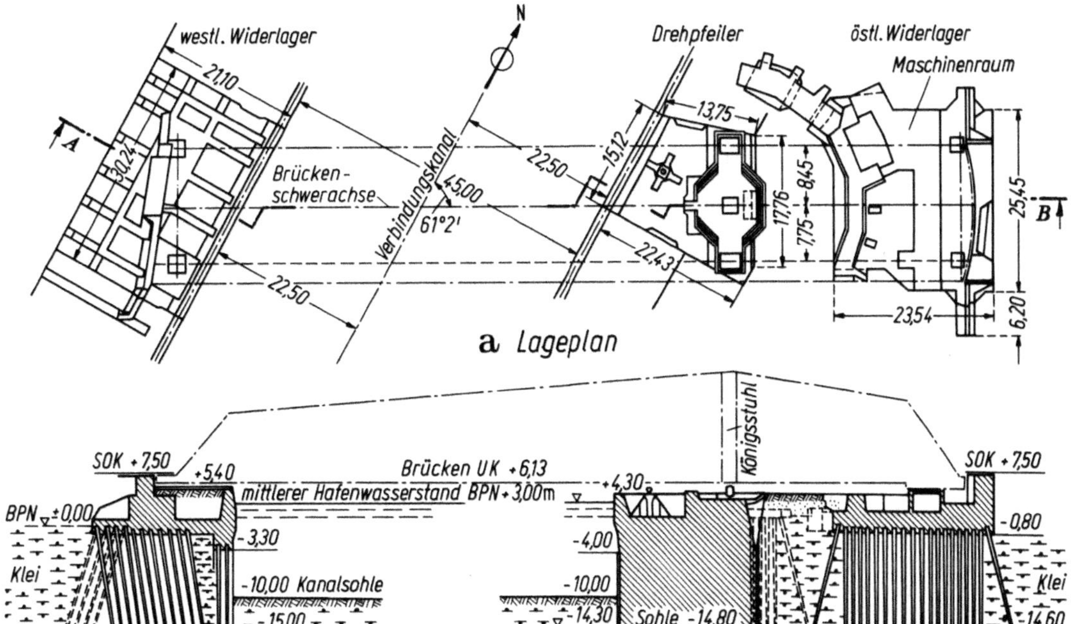

Abb. 3.3.3–2 Lageplan und Längsschnitt der Fundamente für die Widerlager und den Drehpfeiler einer Drehbrücke

Um über ein mögliches Verkanten des Drehpfeilers senkrecht zur Brückenachse Klarheit zu erhalten, wurden dort auch zwei seitlich liegende Meßpunkte sofort nach der Bauausführung angebracht und beobachtet. Diese Vorsichtsmaßnahme war nötig, da die Bodenpressungen an den 4 Hauptecken des Fundamentes ungleich waren. Sie betrugen im Normalfall 4,6 –5,1 – 5,2 – 4,9 kg/cm², im theoretisch ungünstigsten Belastungsfall (Eigengewicht des

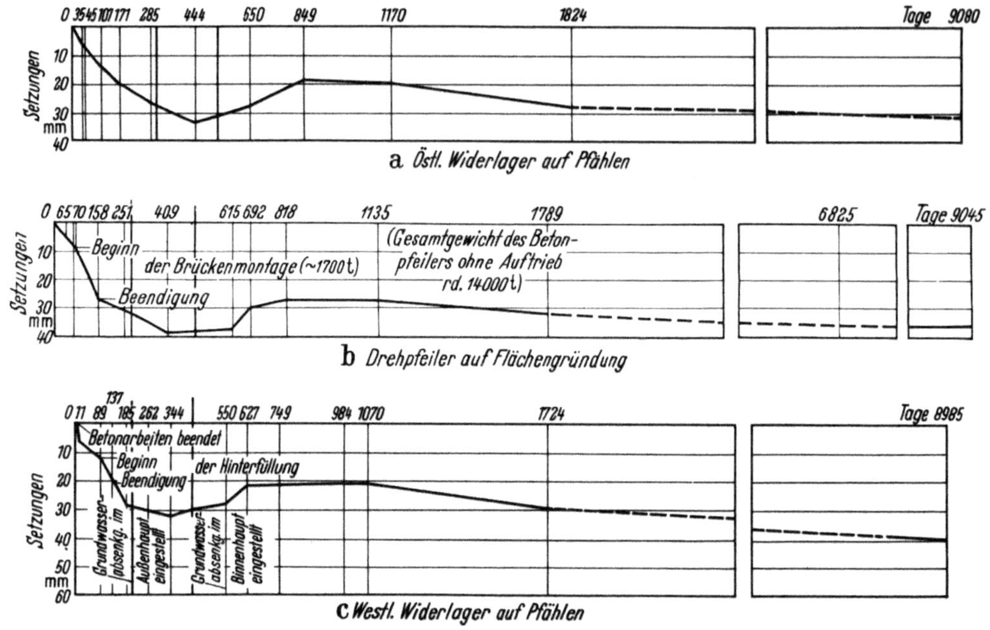

Abb. 3.3.3–3 Zeit-Setzungskurven der mittleren Meßpunkte auf den drei Brückenfundamenten gemessen vor Beginn der Brückenmontage

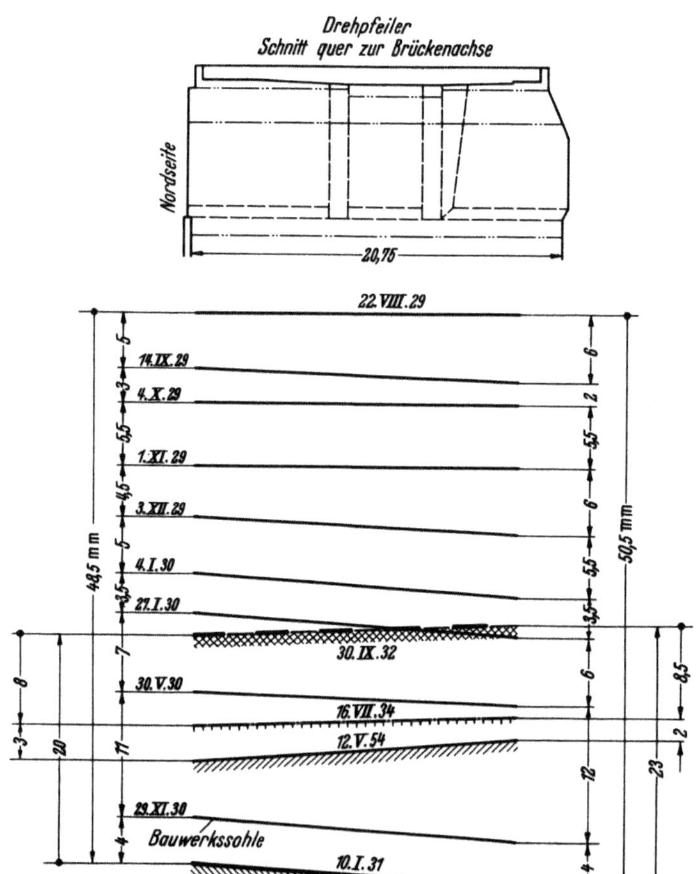

Abb. 3.3.3–4 Vertikalbewegungen des Drehpfeilers im Schnitt quer zur Brückenachse vom Zeitpunkt des Herstellens des Rohfundamentes an gemessen

Pfeilers und der Brücke, volle Verkehrslast, max. Winddruck und Bremskraft und ungünstigste Werte für Erddruck und Wasserüberdruck) aber 5,6 – 6,7 – 7,8 – 6,0 kg/cm².

Die Setzungsmessungen nach Abb.3.3.3–4 begannen hier sofort nach dem Fertigstellen des Rohfundamentes und damit relativ früher als die in Abb.3.3.3–3 dargestellten, die auf den Zeitpunkt der restlosen Fertigstellung der jeweiligen Gründungsbauwerke bezogen wurden.

Beim Drehpfeiler zeigten sich die größten Setzungen – wiederum zum Zeitpunkt des Einstellens der tiefen Grundwasserabsenkung am 30.1.1931 – mit 48,5 mm auf der einen und 50,5 mm auf der anderen Seite. Es war also nur eine geringe Verkantung eingetreten, was auf ein gewisses Mittragen der Umspundung zurückgeführt werden kann (Abb.3.3.3–2b). Rd. 21 Monate nach der Fertigstellung und damit nach dem Einstellen der Grundwasserabsenkung hob sich das Fundament um 20 bzw. 23 mm, um sich dann bis zum 12.5.1954 wieder um 11 bzw. 10,5 mm zu setzen.

Das Mittragen der Stahlspundwände ist vor allem darauf zurückzuführen, daß die verhältnismäßig leichte Spundwand L IV nach dem Rammen in Pfeilergrubensohle Kurven bis zu einem Stich von 25 cm aufwies, so daß sich der massive Pfeilerbeton und die Umfassungsspundwand gründungsmäßig als einheitliches Ganzes verhalten haben.

3.3.4 Seeschiffkaimauern im Vorhafen und der Kammer einer Seeschleuse an der Mündung eines Tideflusses in die Nordsee (vgl. auch Kap. 11.2 und 18.3.5)

Da die rd. 2000 lfdm Kaimauer für die obige im Kap.5.2.2.1 bautechnisch beschriebene Anlage in ihrer Breite den Untergrundverhältnissen mit einer stark wechselnden Sandschicht zwischen dem Klei und dem Tonmergel angepaßt worden waren, sollten Messungen Klarheit darüber geben, wie sich die verschieden breiten Mauern auf hohem Holzpfahlrost in ihren lotrechten und waagerechten Bewegungstendenzen verhielten.

Hierzu wurde eine größere Anzahl von Wandblöcken während der Bauausführung und nach dem Fertigstellen über 25 Jahre lang beobachtet. Wie sich die Wandköpfe in den verschiedenen Baustadien und auch hinterher bewegten, geht aus 4 Beispielen hervor, deren Meßergebnisse in Abb.3.3.4–1a bis –1d dargestellt sind. Beim ersten 21 m breiten Querschnitt war die Sandschicht zwischen Klei und Tonmergel nur 0,1 m dick, beim zweiten 21 m breiten Querschnitt 0,6 m usw. und bei den beiden 15,5 m breiten Querschnitten fast 6 bzw. rd. 7 m.

Bei Fertigstellung der Rostplatte hatte diese eine Neigung nach vorn, die in den Bereichen mit dünnen Sandschichten größer war als in denen mit dicken. Mit beginnender Hinterfüllung setzten sich die Rostplatten im allgemeinen rückwärts mehr als vorn, hatten also eine nach rückwärts fallende Tendenz, die sie auch noch nach rd. 25 Jahren beibehielten.

Das mit der tiefen Grundwasserabsenkung für die Schleusenhäupter gleichzeitig angestrebte Ziel der stärkeren Setzung des Kleis und vor allem auch des Tonmergels bewährte sich, denn auch rd. 25 Jahre nach der Fertigstellung hatte die Gesamtsetzung der Mauern die während der Bauausführung erzwungene Setzung teilweise noch nicht erreicht bzw. nur geringfügig überschritten, da sich die Mauern nach dem Abstellen der Grundwasserabsenkung und dem Wiedereinsetzen des Auftriebes anhoben.

Im einzelnen ist zu den Meßergebnissen nach Abb.3.3.4–1a bis –1d folgendes festzustellen:

Beim 21 m breiten Kaimauerblock 6b (Abb.3.3.4–1a) mit einer rd. 10 cm dicken Sandschicht standen die Pfähle unter dem Klei beinahe voll im Tonmergel. Während der Bauzeit, also vom 13.4.1929 bis 24.2.1931, hat sich die Mauer vorn insgesamt um 60 mm und hinten um 66 mm gesetzt. In der Zeit nach dem Einstellen der Grundwasserabsenkung für die Schleusenhäupter, und zwar vom 24.2.1931 bis 18.8.1932, hob sich der Block infolge des Auftriebs vorn um 19 mm und hinten um 11 mm. Die erneute Nachmessung nach rd. 22 Jahren ergab für die Zeit vom 18.8.1932 bis 2.7.1954 eine geringfügige Setzung, vorn um

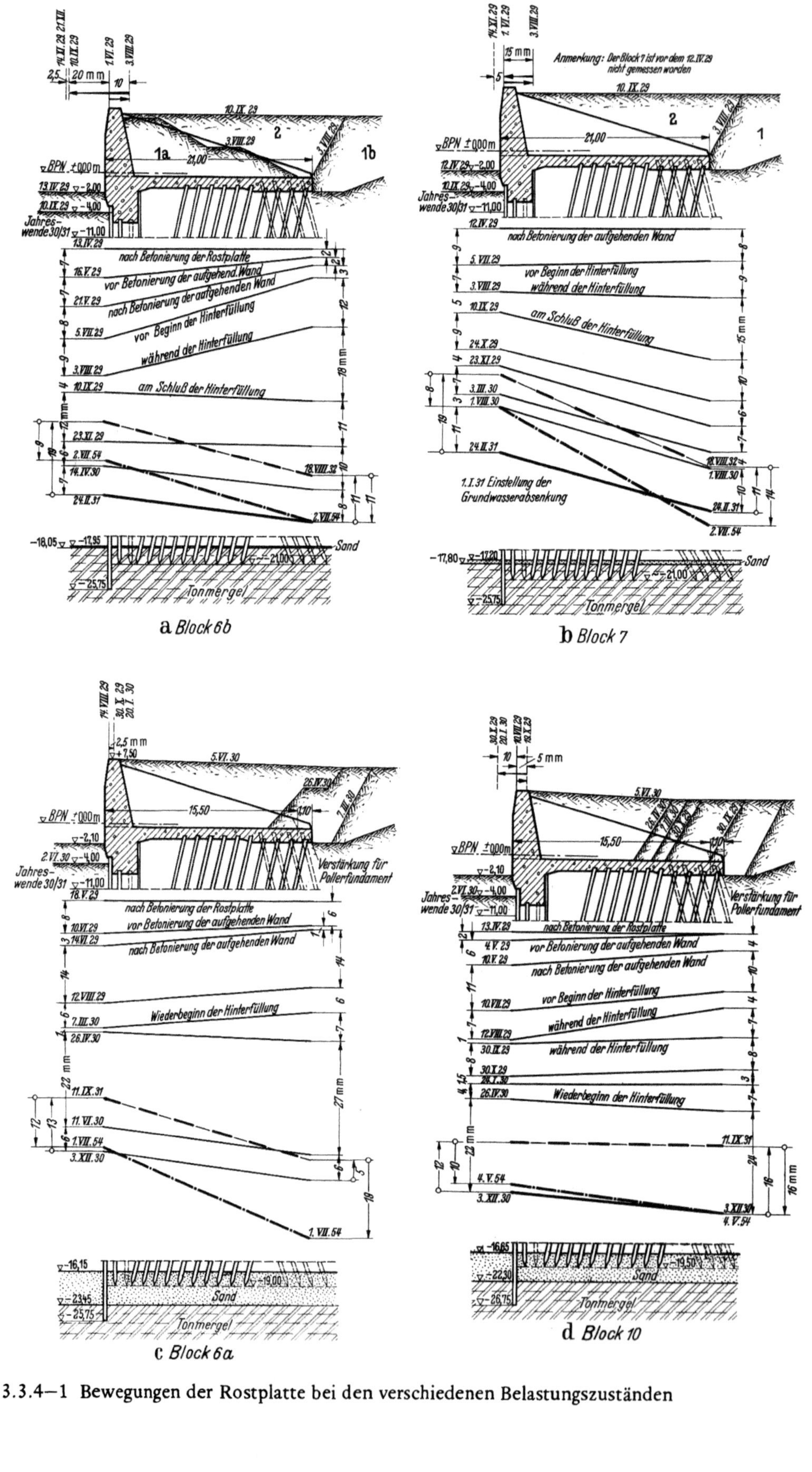

Abb. 3.3.4–1 Bewegungen der Rostplatte bei den verschiedenen Belastungszuständen

9 mm, hinten um 11 mm, so daß zu diesem Zeitpunkt die während der Bauzeit festgestellte Setzung vorn noch nicht wieder erreicht war, sondern um 10 mm zurückblieb. Hinten hat sich die Hebung durch erneute Setzung auf ± 0 ausgeglichen.

Der ebenfalls 21 m breite Kaimauerblock 7 Abb.3.3.4–1b) besaß unter dem Klei eine rd. 60 cm dicke Sandschicht. Auch hier standen die Pfähle größtenteils im Tonmergel. Die Setzung während der Bauzeit vom 12.4.1929 bis 24.2.1931 betrug vorn 55 mm und hinten 69 mm. Nach dem Einstellen der Grundwasserabsenkung, und zwar vom 24.2.1931 bis 18.8.1932, hob sich auch dieser Block vorn um 19 mm und hinten um 11 mm. Die erneute Nachmessung nach rd. 22 Jahren ergab für die Zeit vom 18.8.1932 bis 2.7.1954 vorne eine Setzung von 8 mm und hinten eine solche von 14 mm, so daß zu diesem Zeitpunkt das Setzungsmaß der Bauzeit vorne noch nicht wieder erreicht war, sondern um 11 mm zurückblieb. Hinten trat jedoch eine zusätzliche Setzung von 3 mm ein.

Der 15,5 m breite Kaimauerblock 6a (Abb.3.3.4–1c) wies zwischen dem Klei und dem Tonmergel eine rd. 7,3 m dicke Sandschicht auf, worin die Pfähle der Mauer gegründet waren. Während der Bauzeit, und zwar vom 18.5.1929 bis 3.12.1930, hat sich die Mauer vorn um 60 mm und hinten um 67 mm gesetzt. In der Zeit nach dem Einstellen der Grundwasserabsenkung, und zwar vom 3.12.1930 bis 11.9.1931, hob sich der Block infolge des Auftriebs vorn um 13 mm und hinten um rd. 5 mm. Die erneute Nachmessung nach rd. 22 Jahren ergab für die Zeit vom 11.9.1931 bis 1.7.1954 vorn eine Setzung von rd. 12 mm, wobei hier die Gesamtsetzung noch um 1 mm hinter der maximalen Setzung während der Bauzeit zurückblieb. Hinten ergab sich eine Setzung von 19 mm, so daß sich die Gesamtsetzung um 14 mm gegenüber der Maximalsetzung während der Bauzeit erhöhte.

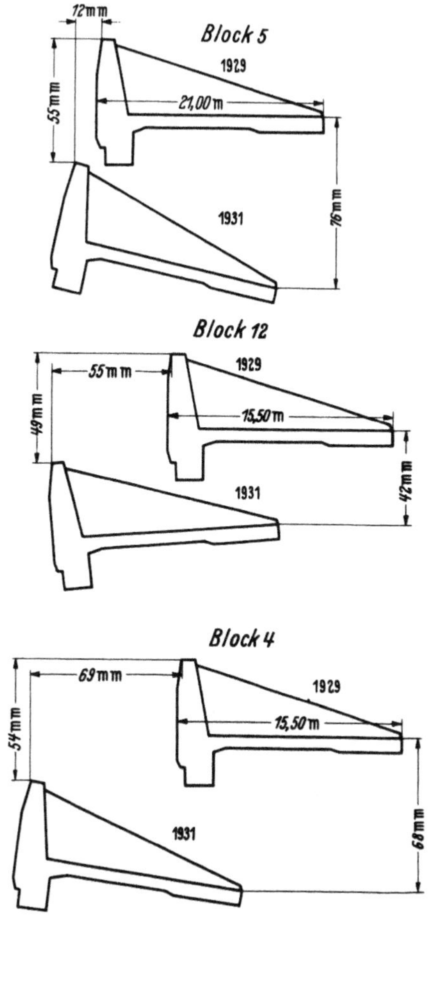

Abb. 3.3.4–2 Bewegungen der Rostplatte verschiedener Baublöcke bis zum Abschluß des Freibaggerns der Sohle vor der Kaimauer

Der 15,5 m breite Kaimauerblock 10 (Abb.3.3.4–1d) besaß im Untergrund eine rd. 5,6 m dicke Sandschicht, in der die Pfähle gegründet waren. Während der Bauzeit vom 13.4.1929 bis 3.12.1930 setzte sich der Block vorn um 62,5 mm und hinten um 67 mm. Nach dem Einstellen der Grundwasserabsenkung hob sich der Block in der Zeit vom 3.12.1930 bis 11.9.1931 vorn um 12 mm und hinten um 16 mm. Im Verlaufe von weiteren 22 Jahren, und zwar vom 11.9.1931 bis 4.5.1954, setzte sich der Block vorne um 10 mm und blieb damit um 2 mm hinter der maximalen Setzung während der Bauzeit zurück. Hinten setzte sich der Block um 16 mm und erreichte damit die frühere Maximalsetzung.

Interessant ist nun, daß hier die Dicke des Sandes offensichtlich keinen größeren Einfluß auf die Setzungstendenzen der Mauerblöcke hatte. Offensichtlich war der Tonmergel für die verhältnismäßig niedrig belasteten Holzpfähle bereits ein optimales Gründungsmilieu. Die schmaleren Baublöcke 6a und 10 zeigten jedoch wohl wegen der dabei auftretenden größeren Pfahllasten auch größere Setzungen.

Die Bewegungen der Rostplatte in der Zeit zwischem dem Fertigstellen der Betonarbeiten des jeweiligen Blockes bis zum Abschluß des Freibaggerns der Sohle vor der Kaimauer wurden an verschiedenen Baublöcken gemessen (Abb.3.3.4–2). Die waagerechten Bewegungen schwankten zwischen 12 und 69 mm und die lotrechten zwischen 49 und 55 mm vorn sowie 42 und 76 mm hinten.

Die gemessenen Bewegungen der Kaimauerköpfe entsprachen weitgehend den bei den vorliegenden Verhältnissen zu stellenden Erwartungen. Das Vorgehen des Wandkopfes entsprach dem In–Spannung–Gehen der Pfähle. Die größeren Setzungsbeträge hinten waren einerseits darauf zurückzuführen, daß hinten der Untergrund durch die Bodenauffüllung bis zum Planum zusätzlich belastet wurde, während vorne durch das Ausbaggern eine Entlastung eintrat. Andererseits wurden hinten die Zugpfähle infolge der Setzungen des Kleis durchgebogen und führten somit zu einer zusätzlichen Belastung der Druckpfähle auf der Hinterseite des Überbaues.

3.3.5 Kaimauer hinter einem Wellenbrecher an der Westküste Afrikas
(vgl. auch Kap. 5.3.2 und 10.2.2)

An einer Seeschiffkaimauer in Blockbauweise, die auf der Innenseite eines Wellenbrechers errichtet worden war, wurden kurz nach dem Fertigstellen einer Teilstrecke unter zusätzlich aufgebrachter Belastung (Abb.3.3.5–2) größere lotrechte und waagerechte Bewegungen festgestellt.

Angestellte Zusatzbohrungen ergaben eine eingelagerte, örtlich begrenzte, rd. 30 m lange und bis zu 2,5 m dicke Linse aus weichem Ton mit Pflanzenresten unter und vor dem vorderen Teil der Mauer (Abb.3.3.5–1).

In diesem Gebiet zeigte das Längsprofil des Untergrundes auch ein starkes Abfallen des unter dem Sand im Bereich der Hafensohle anstehenden Felsens (Abb.3.3.5–1).

Im Verlauf von 6 Wochen sackte die Mauer unter der Vorbelastung um 31 bis 47 cm ab (Abb.3.3.5–2). Die Oberkante der Mauer auf SKN +5,00 m neigte sich um rd. 30 cm nach vorn. Für die rd. 13 m hohe Mauer bedeutete dieses Vorwärtsneigen aber noch keine Gefahr, zumal der Boden vor der Mauer noch keine Aufbrucherscheinungen erkennen ließ.

Nach den genannten 6 Wochen wurde diese Mauerstrecke rd. 4 Monate lang abwechselnd ent– und belastet, bis die starken Setzungen abzuklingen begannen (Abb.3.3.5–2 und –3).

Um im Bereich der weichen Linse die Sohlpressungen in Mauervorderkante zu entlasten und die einheitliche Flucht der Mauer zu gewährleisten, wurde die in den Abb.3.3.5–5 und –6 dargestellten Entlastungskonstruktion am Kopf der Mauer angebracht. Die oberen Lagen der Betonblöcke wurden abgehoben und der Mauerkopf im wasserseitigen Teil als rippenförmig ausgesteifte, mit Hohlräumen versehene Stahlbetonkonstruktion ausgeführt. Gleichzeitig wurde die Steinschüttung hinter der Mauer entsprechend tief ausgehoben, der darunter liegende Teil soweit möglich mit Zement vermörtelt und darauf als Unterlage für die vorne

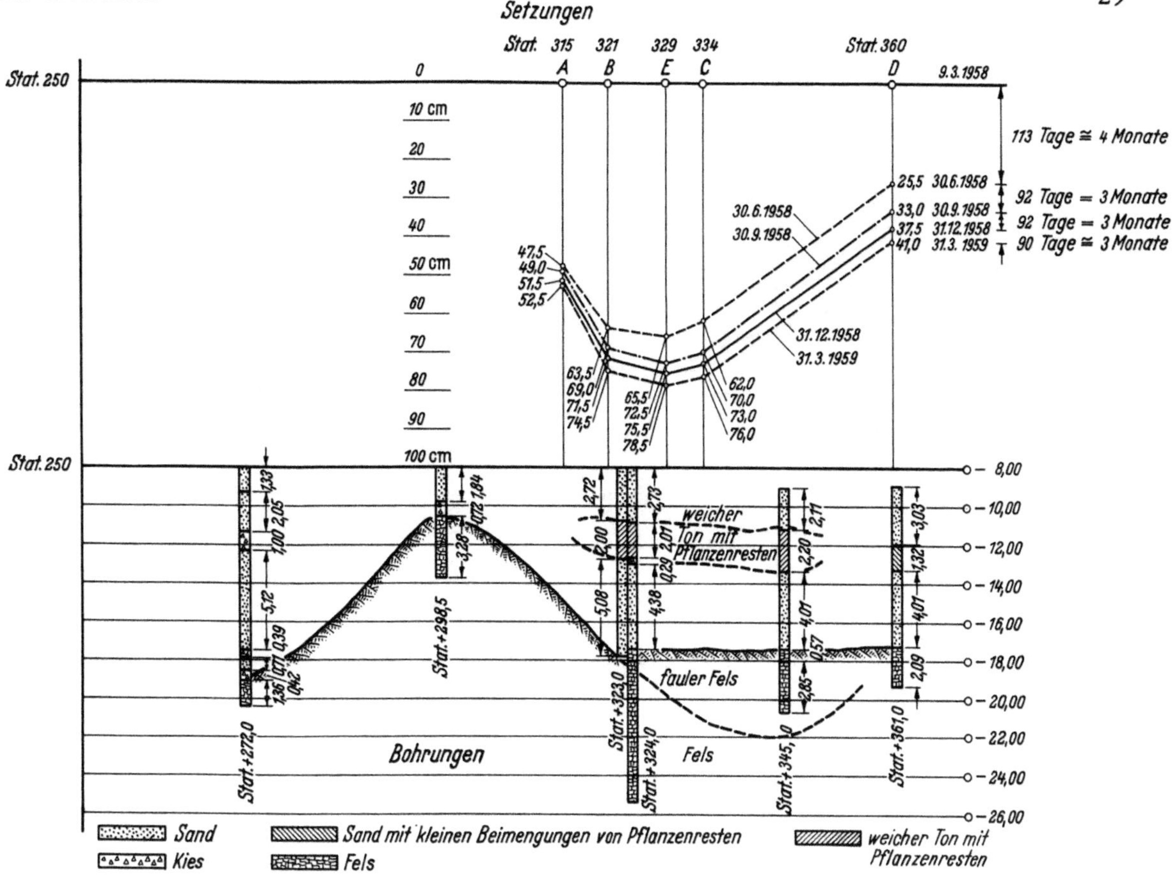

Abb. 3.3.5–1 Längsschnitt durch den Untergrund mit Linse aus weichem Ton mit Pflanzenresten und dargestelltem Setzungsverlauf

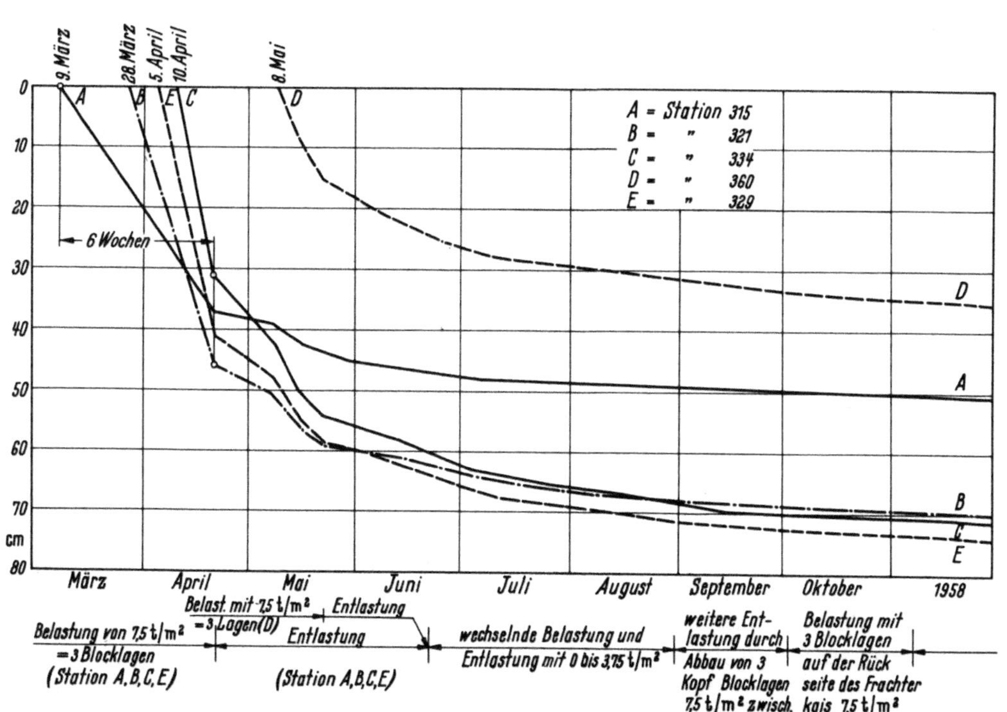

Abb. 3.3.5–2 Vorbelastungen und Zeit-Setzungsdiagramme der Kaimauerstrecke über der weichen Tonlinse für die ersten 9 Monate

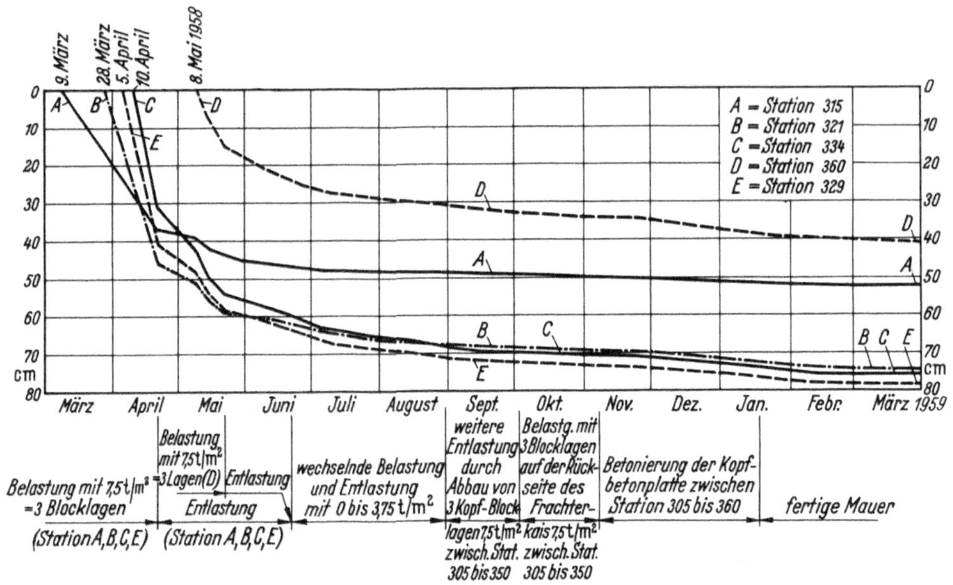

Abb. 3.3.5–3 Vorbelastungen und Zeit-Setzungsdiagramme der Kaimauerstrecke über der weichen Tonlinse für die ersten 13 Monate

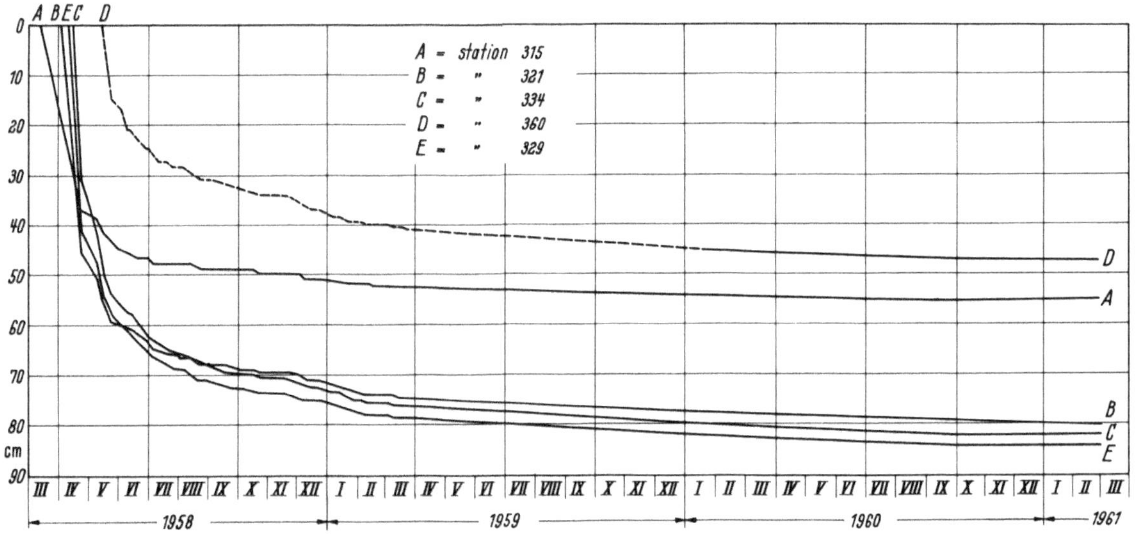

Abb. 3.3.5–4 Zeit-Setzungsdiagramme der Kaimauerstrecke über der weichen Tonlinse für die ersten 3 Jahre

abgenommenen und zum Teil hinten zusätzlich angeordneten Betonblöcke Grobbeton eingebracht (Abb.3.3.5–5). Die hinteren zusätzlichen 3 Blocklagen wurden durch eine klammerartige Konstruktion aus Stahlbeton zusammengefaßt und mit dem vorderen Stahlbetonwandkopf verbunden (Abb.3.3.5–5 und –6). So ergab sich für die Mauer ein zusätzliches landseitig drehendes Moment, das die Sohlspannungsverteilung ebenfalls günstig beeinflußte.

Die Entlastung vorn und die zusätzliche Belastung hinten bewirkten, daß sich die Mauer nun rückwärts stärker setzte als vorn. Infolge der genannten Maßnahmen verringerte sich die vordere Kantenpressung von bisher 3,6 kg/cm² auf rd. 2,8 kg/cm², während sich die hintere von bisher 1,3 kg/cm² auf 1,8 kg/cm² erhöhte.

Die Kaimauer wurde Anfang 1959 fertiggestellt.

Wie aus dem weiteren Setzungsverlauf hervorgeht (Abb.3.3.5–3 und –4), hat die Entlastungskonstruktion nach Abb.3.3.5–5 und –6 ihren Zweck voll erfüllt. Messungen in den Jahren 1959, 1960 und 1961 ergaben, daß die Setzungen nunmehr abgeklungen waren (Abb.3.3.5–4). Nachteilige Folgen haben sich daher weiter nicht ergeben.

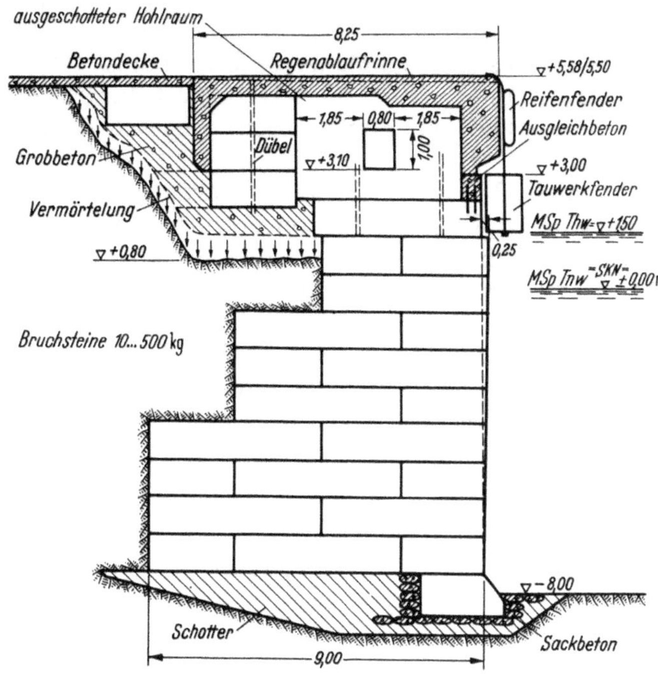

Abb. 3.3.5–5 Querschnitt durch die Ent- und Belastungskonstruktion der Kaimauerstrecke über der weichen Tonlinse

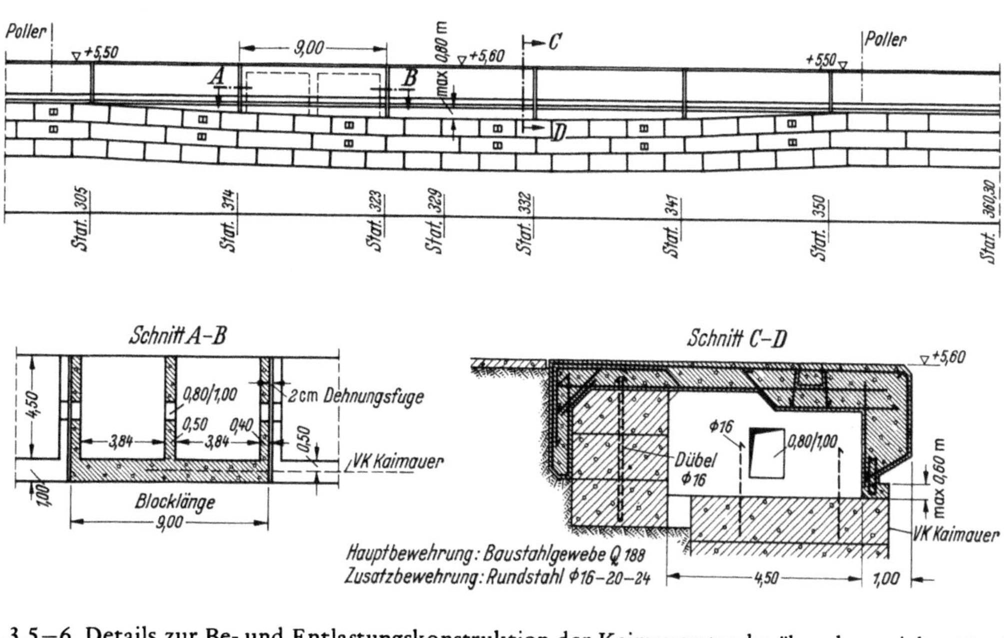

Abb. 3.3.5–6 Details zur Be- und Entlastungskonstruktion der Kaimauerstrecke über der weichen Tonlinse

3.3.6 Seeschiffkaimauer an der Mündung eines Tideflusses in die Nordsee (vgl. auch Kap. 2.7, 4.4.2, 5.2.2.8 und 5.4.1)

3.3.6.1 Die Bewegungen und Brucherscheinungen der Kaimauer im Hauptgefährdungsbereich

Nach dem Fertigstellen der im Kap. 5.2.2.8 beschriebenen Kaimauer wurde hinter derselben auf die weiche Oberfläche der unter dem bisherigen Watt liegenden Kleischicht bis zu rd. 8 m Sand aufgespült. Anschließend wurde die Mauer in einem oberstromseitig gelegenen Teilbereich bis auf rd. 20 m Abstand von Mauervorderkante bis BPN −12,0 m und vor der vorderen Holzspundwand bis BPN −10,0 m freigebaggert. Im unterstromseitigen Bereich war die Baggerung zu diesem Zeitpunkt noch weniger weit fortgeschritten (vgl. Ziff.5.2.2.8.6).

Die Mauer fing dann auf rd. 300 m Länge an, erst langsam, aber immer schneller werdend vorzugehen, wobei örtlich bereits Brucherscheinungen auftraten.

Einzelheiten über die gemessenen Bewegungsgrößen gehen aus Abb.3.3.6−1a hervor. Sie enthalten aber nicht die Bewegungen, die auftraten, bevor die Messungen überhaupt in Angriff genommen wurden. Es fehlt also die Differenzbewegung bis zur ersten Messung, da vom zuständigen Amt erst mit dem Messen begonnen wurde, nachdem die Vorwärtsbewegung der Kaimauer eine mögliche Gefährdung erwarten ließ. An der Stelle mit der größten Ausweichung wurde das Gesamtmaß seinerzeit wie folgt ermittelt.

Die gesamte Vorwärtsbewegung der Mauer an dem am meisten vorgegangenen Punkt B ergibt sich demnach (s. Abb. 3.3.6−1a)

350 mm Vorwärtsbewegung der in Spannung gegangenen Mauer nach Hinterfüllung

70 mm Vorwärtsbewegung der Mauer bei Freibaggern bevor eine Meßgrundlinie geschaffen wurde

40 mm Vorwärtsbewegung des Meßpunktes 2a (s. Abb. 3.3.6−1a)

562 mm gemessene Vorwärtsbewegung der Mauer beim Bruch

Insgesamt = 350 + 70 + 40 + 562 = 1022 mm.

Für diese Größenordnung der tatsächlichen Mauerbewegungen sprechen folgende Überlegungen:

a) Die zwischen Mauer und Seedeich aufgespülte hohe Sandschicht hatte sich auf dem zum Fluß, wenn auch nur leicht geneigten Watt, im unkonsolidierten Zustand der schlickigen Wattoberfläche wie auf einer geschmierten schiefen Ebene gemeinsam mit der Kaimauer bereits vor Beginn der Messungen um ein gewisses Maß zum Fluß hin verschoben.

b) Die bei Beginn der Arbeiten für die Hochbauten und die Verkehrsanlagen auf der Sandaufspülung flach gegründeten Meßpunkte, auf die die späteren Bewegungen der Mauer bezogen wurden, haben sich mit der weiteren Vorwärtsbewegung der Sandschicht ebenfalls nach dem Fluß hin bewegt, was die bei den einzelnen Verkehrsanlagen beobachteten Verschiebungen erkennen ließen.

3.3.6.2 Hinweise zum rekonstruierten Bruchbild nach Abb.3.3.6−2

Dieses rekonstruierte Bruchbild wurde anhand des Befundes der gezogenen Pfähle und der gebrochenen vorderen Spundwand (Abb.5.2.2.8−3) für den Kaimauerbereich mit der durch den Priel (Abb.3.3.6−3 und 1.−6a) vorgegebenen ungünstigen Gleitfläche aufgetragen.

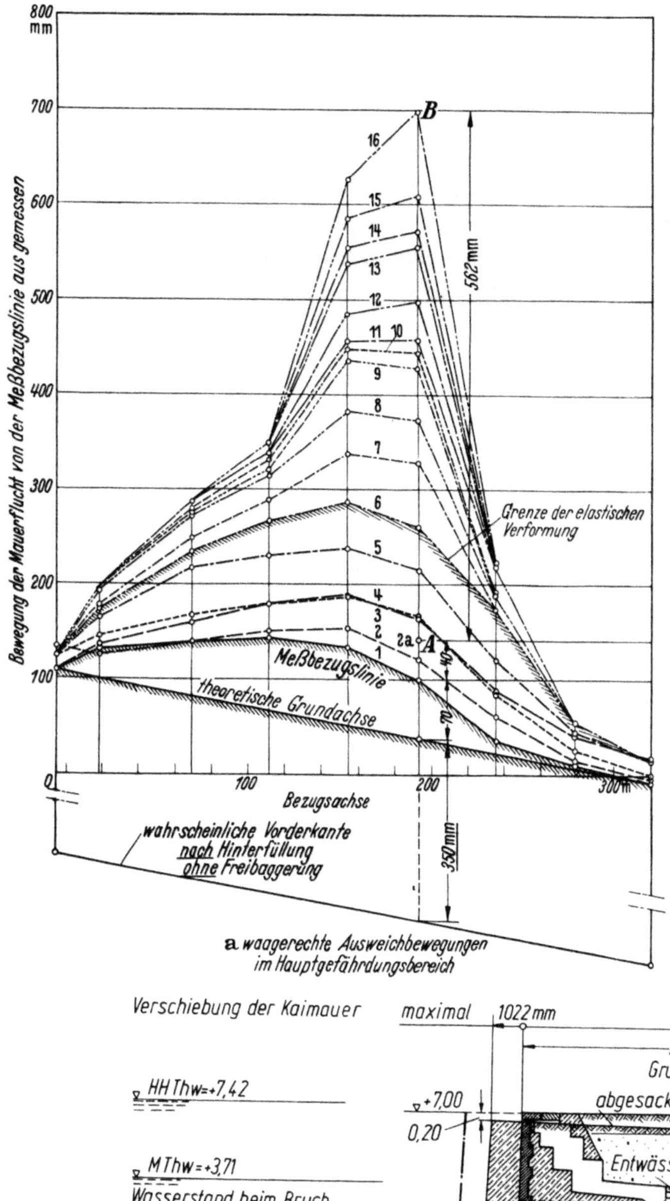

a waagerechte Ausweichbewegungen im Hauptgefährdungsbereich

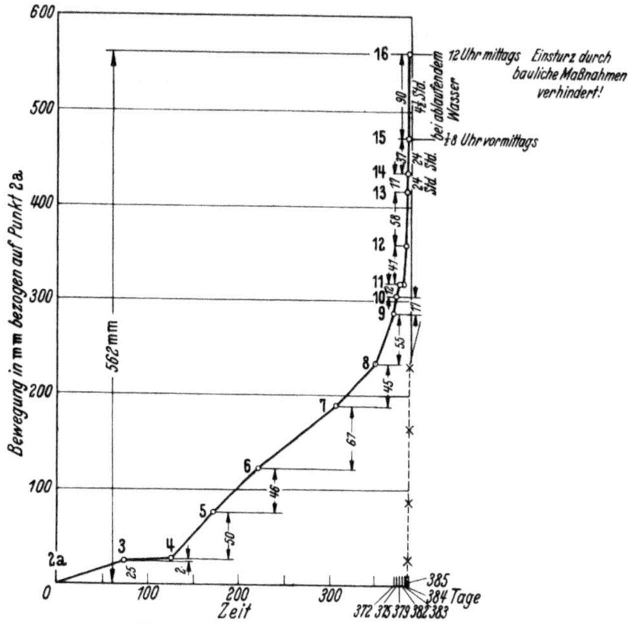

b Zeit-Verschiebungskurve für den Punkt 2a

Abb. 3.3.6–1 Gemessener Verlauf der Kaimauerbewegungen

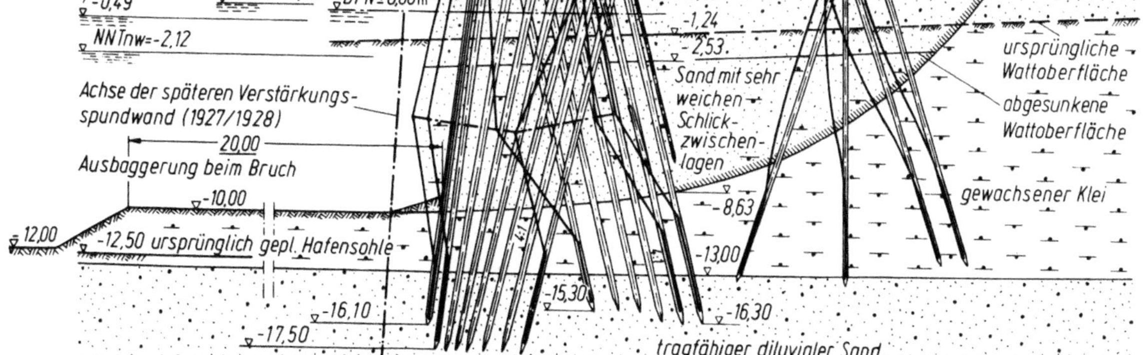

Abb. 3.3.6–2 Rekonstruierter Bruchzustand der Kaimauer für den Bereich, der 1926/27 bis zu 1,56 m ausgewichen ist

Dabei wurden die Pollerbewegung und die gemessenen Sackmaße der Geländeoberfläche mit berücksichtigt.

3.3.6.3 Weitere Meßergebnisse

In der ebenfalls ausgewichenen, aber wegen des davor stehengebliebenen Watts vorerst weniger gefährdeten stromab gelegenen Kaimauerstrecke wurden bei den 1927/28 durchgeführten Messungen Vorwärtsbewegungen bis zu rd. 35 cm (s. Abb.1.–5a–c) festgestellt.

Sicher ist auch hier die gesamte Mauerbewegung größer gewesen, weil auch für diesen Bereich die Aussagen nach Ziff.3.3.6.1–a und –b wenn auch abgeschwächt sinngemäß zutreffen. Die Mauer dürfte sich hier um insgesamt 55 bis 65 cm nach der Fußseite hin verschoben haben.

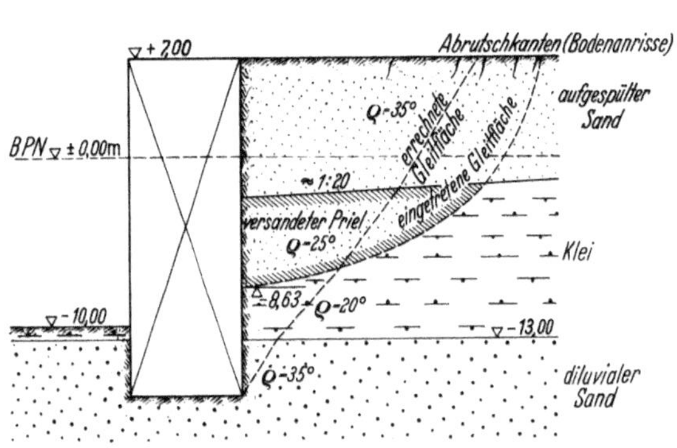

Abb. 3.3.6–3 Versandeter Priel mit Schlickzwischenlagen und eingetretener Gleitfläche

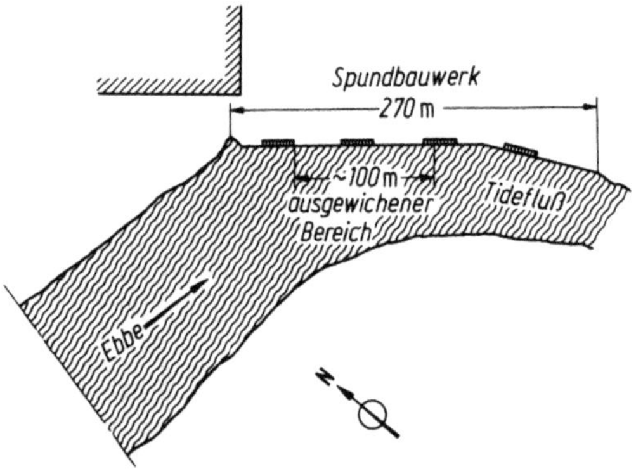

Abb. 3.3.7–1 Lage-Übersichtsplan des ausgewichenen Spundwandbauwerkes

3.3.7 **Spundwandbauwerk an einem norddeutschen Tidefluß** (vgl. auch Kap.5.4.3)

Knapp vor dem zweiten Weltkrieg war in einer norddeutschen Hafenstadt an einem Tidefluß eine Kaimauer als einfach verankertes Spundwandbauwerk errichtet worden (Abb.3.3.7–1 und –2). Der Untergrund bestand aus einer mächtigen Kleischicht, die etwa von NPH – 6,9 m bis NPH + 5,0 m reichte. Darüber wurde Sand aufgefüllt, der mit OK im allgemeinen auf NPH + 8,9 m lag. Örtlich reichte eine Deichaufhöhung bis NPH + 10,2 m. Für die Uferspundwand war das Profil Klöckner 5 D aus einem Stahl vergleichbar dem StSpS gewählt worden. Der Spundwandfuß reichte in den gewachsenen Sand bis NPH – 9,1 m.

Die 2,80 m hohe Ankerwand Klöckner II aus StSp 37 lag mit ihrer oberen Hälfte im aufgefüllten Sand und mit dem unteren Teil im gewachsenen Klei. Die Verbindung zwischen Uferspundwand und der rd. 19 m dahinter liegenden Ankerwand wurde mit Rundstahlankern Ø 4″ aus St 52–3, a = 2,25 m hergestellt.

Die kennzeichnenden Wasserstände können der Abb.3.3.7–2 entnommen werden.

Schon bald nach dem Fertigstellen des Bauwerkes wurden daran gewisse waagerechte Bewegungen des Kopfes der Uferspundwand nach dem Fluß hin festgestellt. Zur Sicherung wurde eine Grundwasserabsenkung mittels einer ständig arbeitenden Pumpenanlage eingebaut. Nach dem zweiten Weltkrieg wurde das Bauwerk von der Besatzungsmacht übernommen, die Grundwasserabsenkungsanlage jedoch nicht weiter betrieben. Als Folge waren bald starke Verschiebungen und Ausweichbewegungen der Uferspundwand zu beobachten (Abb.3.3.7–3). Die größte Ausbuchtung des Spundwandkopfes betrug 2,60 m und in Ankeranschlußhöhe 2,05 m (Abb.3.3.7 –3a und 3b). Die Ankerwand wies – wie später festgestellt wurde – auch große lotrechte Verschiebungen bis zu 1,55 m auf (Abb. 3.3.7–3c).

Als hinter dem Bauwerk starke Erdrisse auftraten – ein Alarmzeichen größter Dringlichkeit – war es höchste Zeit, Sicherungsmaßnahmen durchzuführen. Wie das Problem gelöst wurde, ist im Kap. 5.4.3 beschrieben.

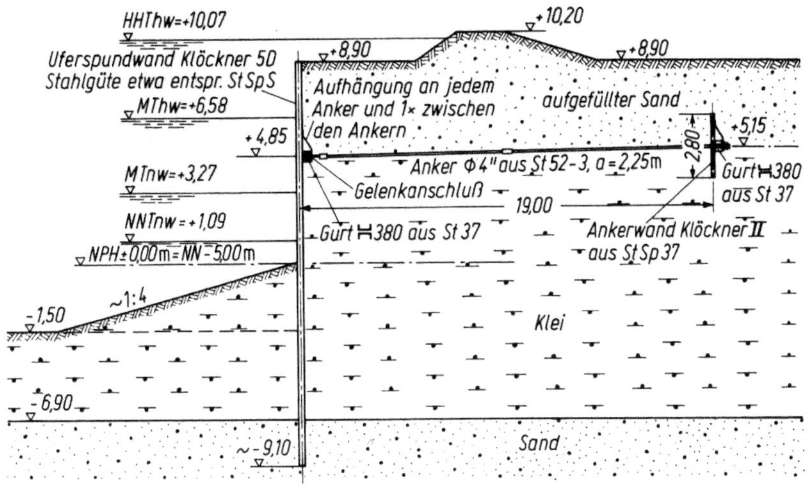

Abb. 3.3.7–2 Querschnitt durch das Bauwerk vor Beginn der Ausweichbewegungen und der Kleisetzungen

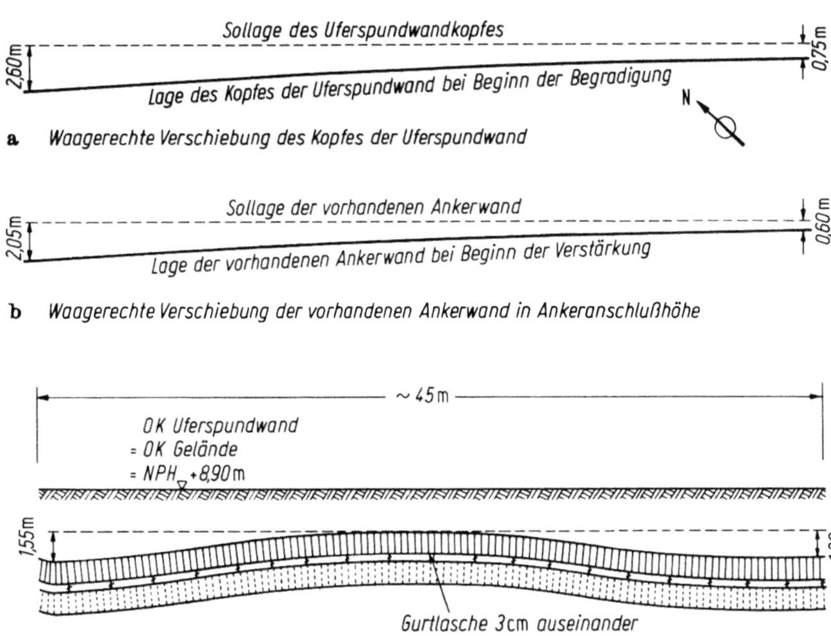

a Waagerechte Verschiebung des Kopfes der Uferspundwand

b Waagerechte Verschiebung der vorhandenen Ankerwand in Ankeranschlußhöhe

c Lotrechte Verschiebung der vorhandenen Ankerwand

Abb. 3.3.7–3 Verschiebungen der Uferspundwand und der Ankerwand in einem Teilabschnitt

3.3.8 Westliche Vorhafenkaimauer einer Seeschleuse an einem norddeutschen Tidefluß (vgl. auch Kap. 5.4.8 und 5.4.9)

Die hier behandelte Kaimauer, deren Lage aus Abb.5.4.8—1 ersichtlich ist, war kurz vor der Jahrhundertwende — im Zuge der Errichtung einer Seeschleuse — in der seit vielen Jahren bewährten, schmalen Bockpfahlkonstruktion mit massivem Maueraufsatz hergestellt worden. Sie war für eine Wassertiefe von rd. 7,3 m unter MTnw berechnet. Ihre Ausbildung ist im einzelnen aus Abb.5.4.8—2 ersichtlich.

Für den wachsenden Tiefgang der Seeschiffe wurde bereits vor dem zweiten Weltkrieg die Sohle um 1 m tiefer ausgebaggert und kurz nach dem Kriege örtlich noch etwa um einen weiteren halben Meter. Die Mauer machte dann aber Bewegungen durch, die an der ungünstigsten Stelle rd. 67 cm erreichten (Abb.3.3.8—1). Unter diesen Umständen mußte das Bauwerk so schnell wie möglich gesichert werden. Einzelheiten dieser Sicherung, die durch Entlasten der Grundwasserspiegelhöhen hinter dem Bauwerk erreicht wurde, sind im Kap. 5.4.8 behandelt. Durch diese Maßnahme wurde die laufende Vorwärtsbewegung der Mauer so abgebremst, daß nur noch wenige Zentimeter hinzukamen (Abb.3.3.8—1). Die Kaimauer konnte so noch 3 Jahre der Abfertigung von Fahrgastschiffen dienen. Nun mußte sie aus betrieblichen Gründen aber noch bis zu 2,0 m weiter vertieft werden, um durchgehend eine Hafensohle auf BPN — 10,0 m zu erreichen. Hierfür mußte das Bauwerk durch eine vorgerammte Stahlspundwand und rückwärts angeordnete Stahlankerpfähle sowie eine neue Stahlbetonwinkelmauer als Rostplatte verstärkt werden (Abb.5.4.9—1).

Wie Abb.3.3.8—2 zeigt, betrug die Vorwärtsbewegung nach dem Hinterfüllen des neuen Wandkopfes 0 — 7 mm. Auch für die weiteren, nur noch geringen Wandkopfbewegungen gibt Abb.3.3.8—2 den erforderlichen Anhalt. Die Meßergebnisse bestätigten damit den vollen Erfolg der Verstärkung.

Auch aus diesen Meßergebnissen ist im übrigen zu erkennen, daß Kaimauern im Tidegebiet bei Tnw um einige Millimeter vor— und bei Thw um das gleiche Maß wieder zurückgehen.

3.4 Hochbauten

3.4.1 Siebengeschossiger Hafenspeicher in einem Tidehafen im norddeutschen Raum

Im Zuge des Wiederaufbaues eines norddeutschen Großhafens mußte ein 7—geschossiger Hafenspeicher errichtet werden (Abb.3.4.1—1). Er wurde — unter Verwendung vorgespannter Fertigbetonbalken — aus Stahlbeton hergestellt. Als Nutzlasten wurden 2000 kg/m² im Keller— und Erdgeschoß und 1500 kg/m² in allen Obergeschossen gefordert. Um vereinzelte, hochliegende Kleischichten zu überbrücken und die schweren Speicherlasten technisch und wirtschaftlich günstig in den tragfähigen Baugrund abzuleiten, wurde das Bauwerk auf rd. 10 m langen Frankipfählen, Ø 50 cm, mit UK etwa auf NN — 5,9 m in einer über dem Lauenburger Ton anstehenden Grobkiesschicht mit Steinen gegründet (Abb.3.4.1—1). Für die Pfähle wurden 135 t zugelassen. Trotz dieser guten Gründung wurden an zahlreichen Meßpunkten Feinnivellements ausgeführt mit dem Ziele, die aus der Setzungsmulde des Gesamtbauwerkes entstehenden Setzungsdifferenzen festzustellen und diese Erkenntnisse bei weiteren Projekten zu verwerten. Die Meßergebnisse zeigten den erwarteten Verlauf (Abb.3.4.1—2). Aus den Schichtenlinien der Setzungen ist die Setzungsmulde deutlich zu erkennen. Die größte Setzung im Verlaufe von 5 Jahren nach Baubeginn betrug 17,7 mm, die kleinste 8,6 mm. In diesen Setzungsbeträgen sind aber auch die elastischen Zusammendrückungen der Pfähle mit enthalten.

Die Abb.3.4.1—3 und —4 zeigen die Zeit—Setzungskurven kennzeichnender Meßpunkte bis fünf Jahre nach Baubeginn. Wie daraus ersichtlich, nahmen die Setzungen in den Jahren 1949 und 1950 verhältnismäßig stark zu, was mit dem Anwachsen der Bauwerkslasten beim

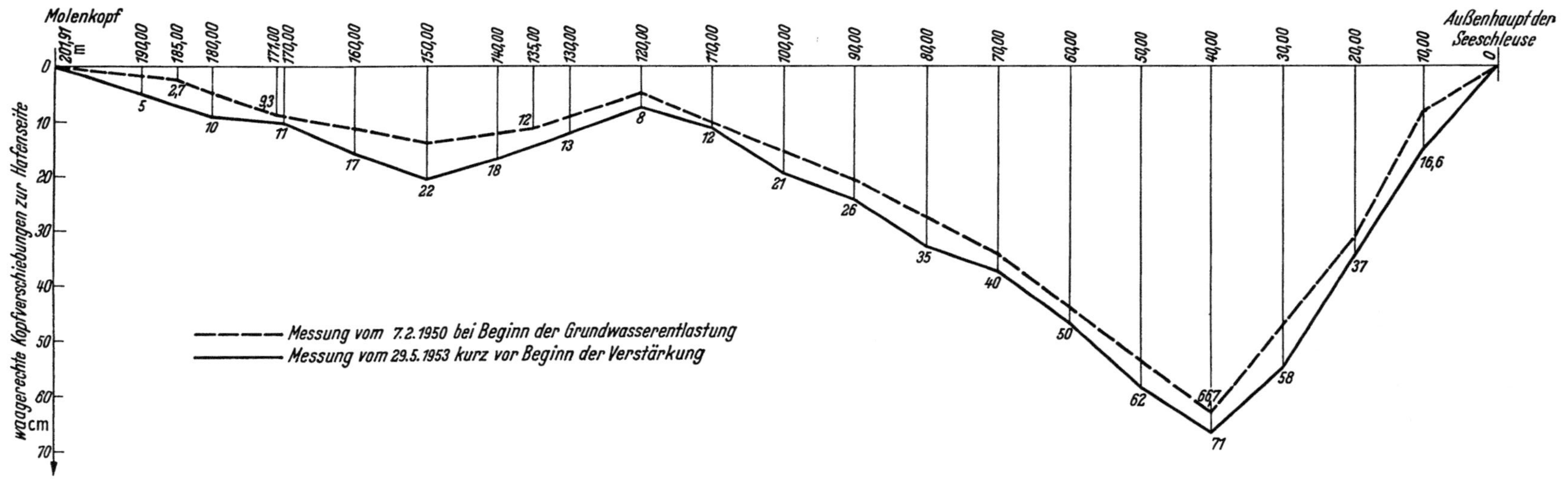

Abb. 3.3.8–1 Gemessene waagerechte Verschiebungen des Wandkopfes der westlichen Vorhafenkaimauer zur Hafenseite vor und nach Inbetriebnahme einer Grundwasserabsenkungsanlage

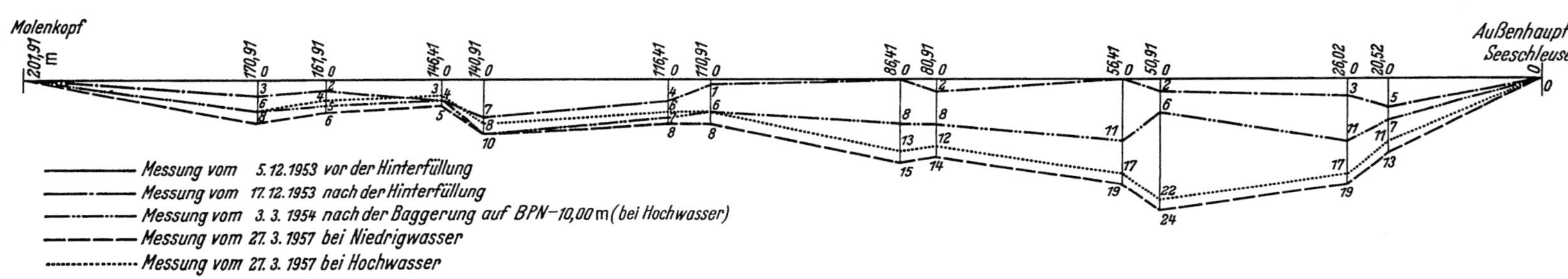

Abb. 3.3.8–2 Gemessene waagerechte Verschiebungen des Kopfes der verstärkten Kaimauer in mm während und nach der Verstärkung und Vertiefung

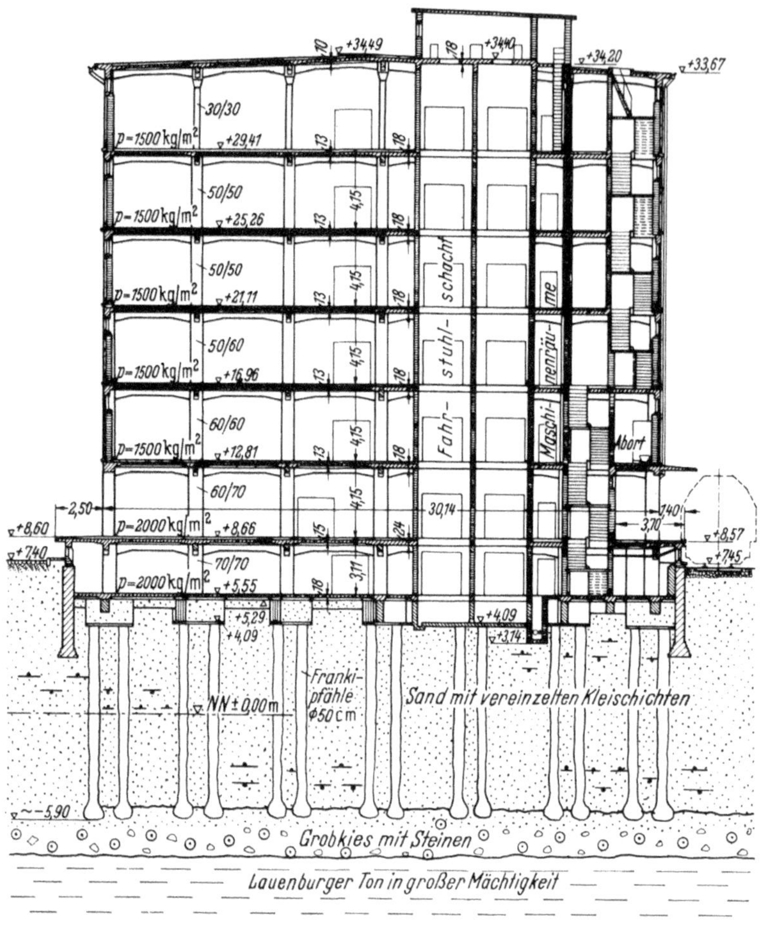

3.4.1–1 Querschnitt durch den siebengeschossigen, auf Franki-Pfählen gegründeten Hafenspeicher

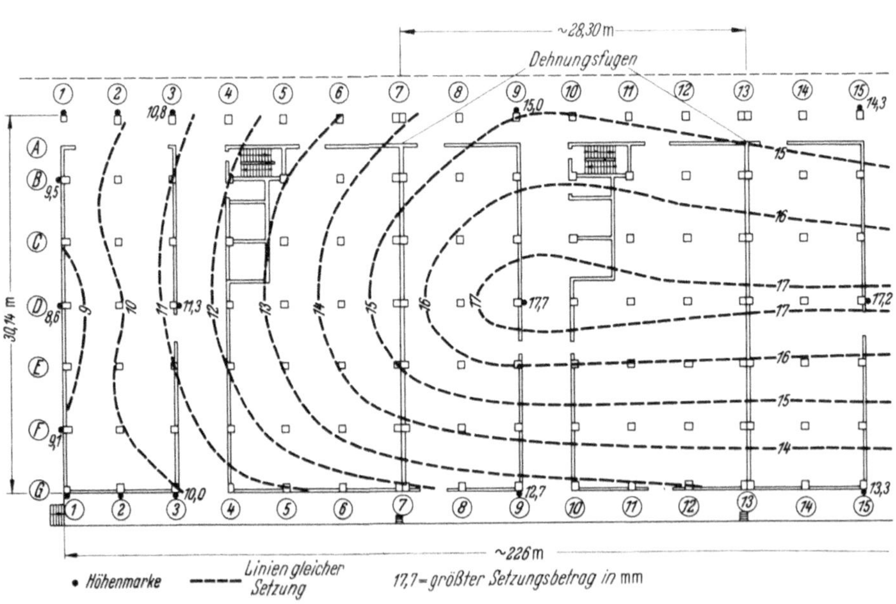

Abb. 3.4.1–2 Verlauf der Setzungen unter dem Speicher

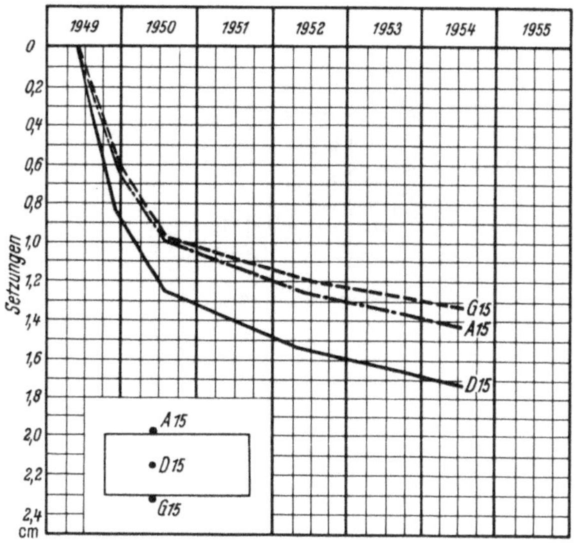

Abb. 3.4.1–3 Zeit-Setzungskurven der Meßpunkte A_{15}, D_{15} und G_{15}

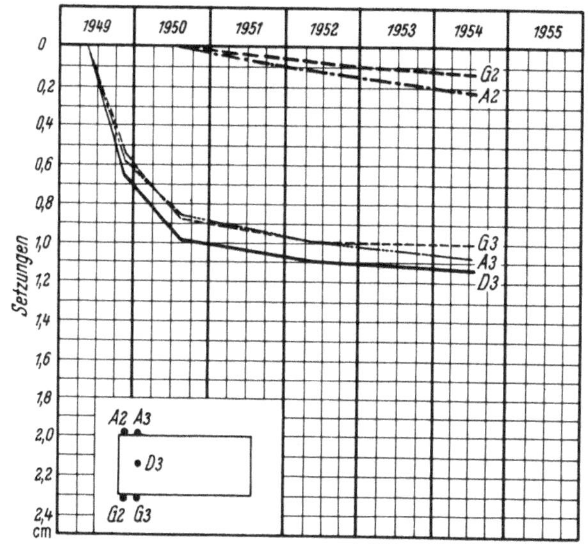

Abb. 3.4.1–4 Zeit-Setzungskurven der Meßpunkte A_2, A_3, D_3, G_2 und G_3

Bau des Speichers und der steigenden Belastung im Zuge der Nutzung zusammenhängt. Der weitere Verlauf der Zeit–Setzungskurven zeigt, daß der unter der eigentlichen Gründungsschicht anstehende Lauenburger Ton an den Setzungen entsprechend beteiligt war. Sonst wären die in den letzten Jahren des Beobachtungszeitraumes festgestellten Setzungen nicht mehr aufgetreten.

Da das rd. 226 m lange Bauwerk durch Dehnungsfugen in acht Baublöcke unterteilt war, konnten die aus der Setzungsmulde herrührenden Setzungsunterschiede ohne Schaden aufgenommen werden.

3.4.2 Öltanklager im Kleigebiet an der Mündung eines norddeutschen Tideflusses (vgl. auch Kap. 16.5 und 16.6)

In einem Abstand von rd. 100 m hinter einer hohen Seeschiffkaimauer mußte in den Jahren 1957/58 auf begrenztem Raum ein vorhandenes Öltanklager zum Tanklager 1 (Abb.3.4.2–1) erweitert und das Tanklager 2 (Abb.3.4.2–2) neu eingerichtet werden. Die

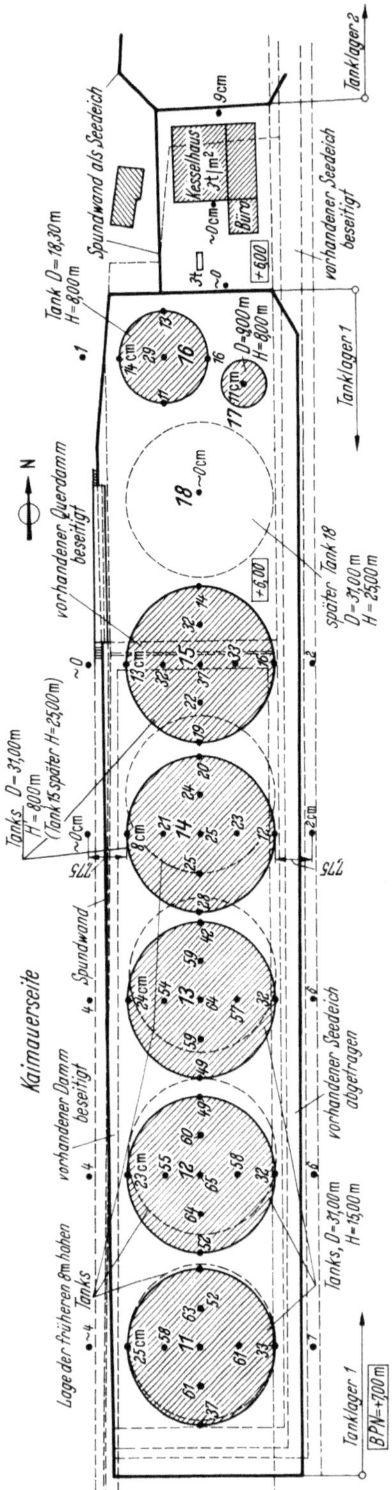

Abb. 3.4.2–1 Erweitertes Tanklager 1 mit Einfassung und den errechneten Endsetzungen in cm

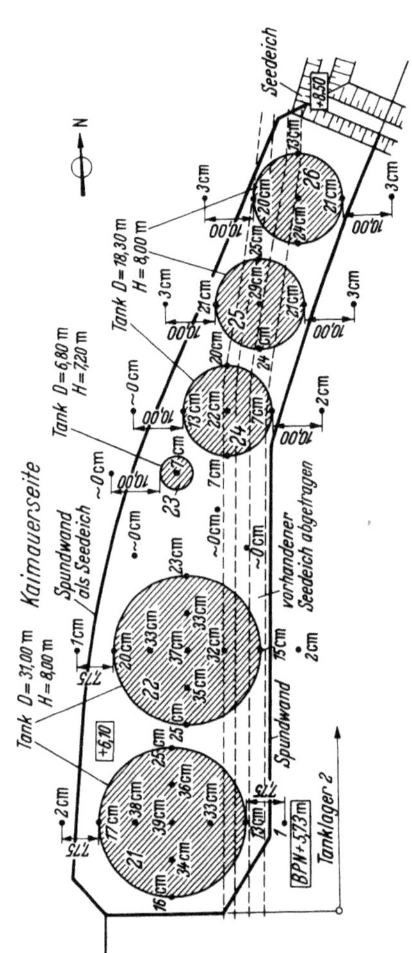

Abb. 3.4.2–2 Neues Tanklager 2 mit Einfassung und den errechneten Endsetzungen in cm

Untergrundverhältnisse in diesem Gelände, das früher einmal Wattengebiet war, waren gekennzeichnet durch einen alten Seedeich, der landseitig am bisherigen Tanklager entlanglief. Das Watt zwischen Seedeich und Kaimauer war vor etwa 30 Jahren mit Sand aufgespült worden (vgl. Kap. 2.7). Die Tanklager 1 und 2 mußten daher auf einer Sandschicht wechselnder Mächtigkeit errichtet werden. Sie war im Tanklager 1 auf der Wasserseite 6 – 7 m dick und verlor sich landseitig am Kleiboden des alten Seedeiches (Abb.3.4.2–3). Im nördlichen Teil des Tanklagers 2 führte der Seedeich zum Teil quer durch das Tankgelände, so daß dort überhaupt keine Sandschicht vorhanden war.

Der anstehende Klei war geschichtet und reichte etwa 20 m unter Gelände (Abb.3.4.2–3).

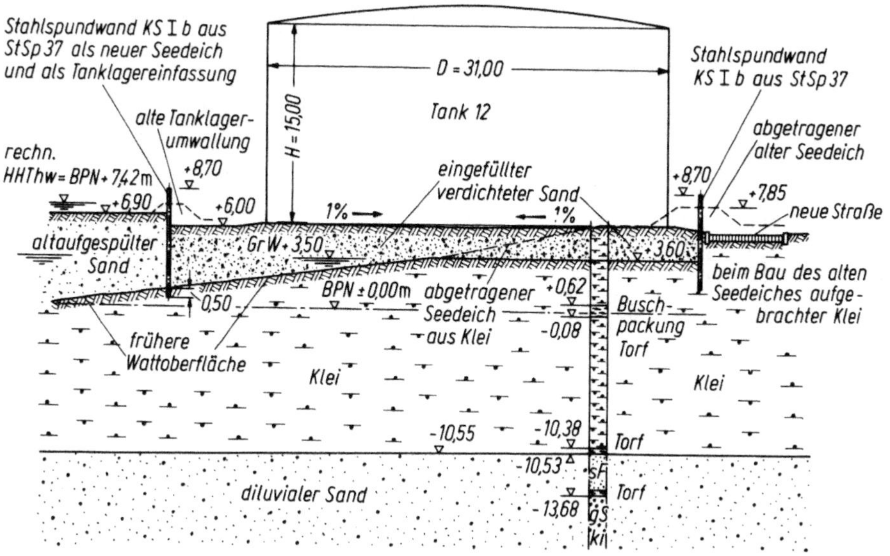

Abb. 3.4.2–3 Querschnitt durch das Tanklager 1 (Alle Höhenkoten sind Ausgangswerte)

Auf dem bestehenden Tanklager waren seit etwa 25 Jahren vier 8,0 m hohe Tanks Ø 31,0 m in Betrieb (Abb.3.4.2–1). Zwei von ihnen, die Tanks 14 und 15, konnten in verschobener Position auf dem Tanklager 1 verbleiben, während die beiden anderen zum Tanklager 2 transportiert werden mußten. Die Tanks 11, 12 und 13 mit D = 31,0 m und H = 15,0 m mußten etwa auf den geräumten Standorten der alten Tanks neu errichtet werden. Außerdem waren weitere kleinere Tanks und sonstige Anlagen zu erstellen, alte Tanklagerumwallungen abzutragen und die neuen Tanklagereinfassungen, die wasserseitig auch die Aufgabe des Seedeiches = Landesschutzdeiches übernehmen mußten, aus Stahlspundwänden herzustellen (Abb.3.4.2–3).

Neben den Fragen der Standsicherheit und der zweckmäßigsten Tanklagereinfassung (vgl. Kap. 16.5) waren im vorliegenden Falle auch die zu erwartenden Setzungen von besonderer Bedeutung. Sie mußten berechnet werden, um von vornherein eine etwa erforderliche Überhöhung der Tanks einplanen zu können und die Gründungen so auszubilden, daß nachträgliche Höhenkorrekturen möglichst vermieden und wenn doch erforderlich, einfach ausgeführt werden konnten. Weiter sollten die errechneten Setzungen die Grundlagen für eine sinnvolle Ausbildung der Rohranschlüsse, die richtige Lage der erforderlichen Dränagen im Sandbett der Tankgründungen und dergleichen liefern. Auch für die Wahl der Tanklagereinfassung war es wichtig, die zu erwartenden Setzungen einigermaßen zutreffend zu kennen. Die Setzungsberechnungen mußten daher mit der möglichen Sorgfalt durchgeführt werden. Es konnten dabei nach dem Stand der Technik aber nur die Primärsetzungen ermittelt werden.

Die σ_Z–Spannungsverteilungen aus den Auflasten der mit schwerem Heizöl, mit γ = 0,97 t/m^3, gefüllt vorausgesetzten Tanks wurden mit Hilfe des Einflußwertverfahrens von Agatz–Lackner (Kap. 3.4.8) für die Ordnungszahl der Lastausbreitung v = 3 und die Bezugslast P = 1000 t ermittelt. Die Setzungsbeträge wurden mit Steifezahlen errechnet, die für jedes Bohrloch für die Tiefen 0, 5, 10, 15 und 20 m unter Gelände je nach Bodenart und anfänglicher sowie endgültiger σ_Z–Gesamtspannung festgelegt wurden. Für den Klei lagen so

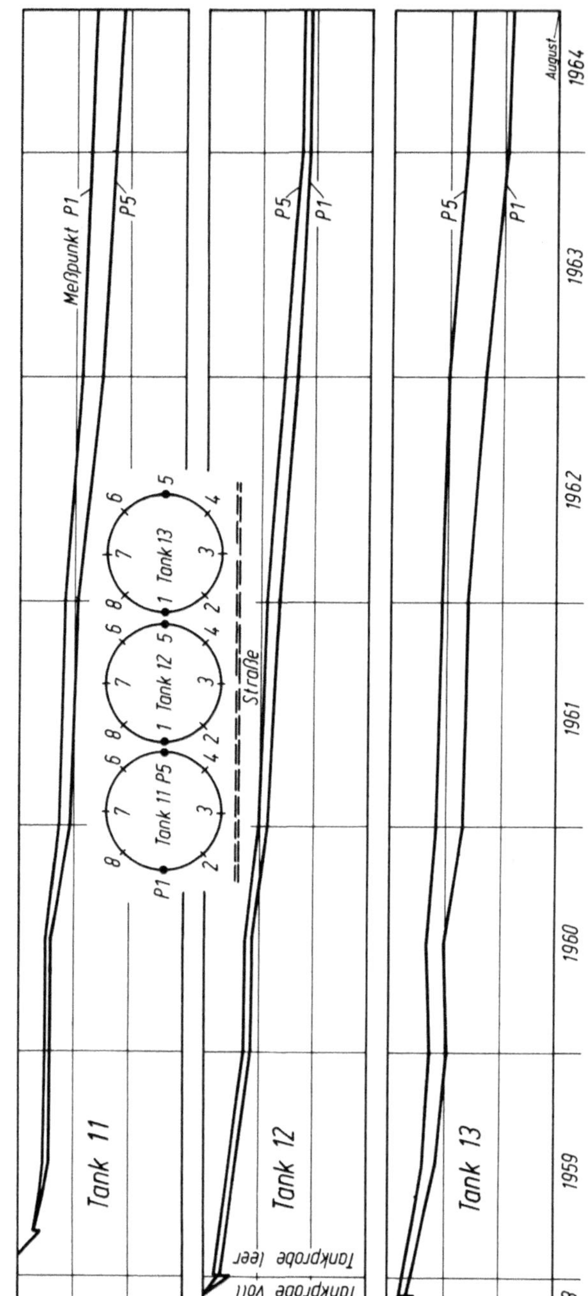

Abb. 3.4.2–4 Verlauf der Setzungen der Meßpunkte 1 und 5 der Tanks 11, 12 und 13 in cm

die Werte von E_S zwischen 12 und 22 kg/cm^2. Im Bereich der alten Tankgründungen wurde der Klei für die halbe bisher mögliche Tankfüllung und für den aufgespülten Sand voll konsolidiert vorausgesetzt.

Die errechneten Endsetzungsbeträge sind in den Abb. 3.4.2–1 und –2 dargestellt. Beginnend mit der Probefüllung der Tanks mit Wasser und im weiteren Betrieb wurden die Setzungen der Tanks an 8 Meßpunkten 7 Jahre lang in größer werdenden Zeitabständen gemessen. Abb. 3.4.2–4 zeigt als Beispiele solche Meßergebnisse für die 15 m hohen Tanks 11, 12 und 13 für die Meßpunkte 1 und 5.

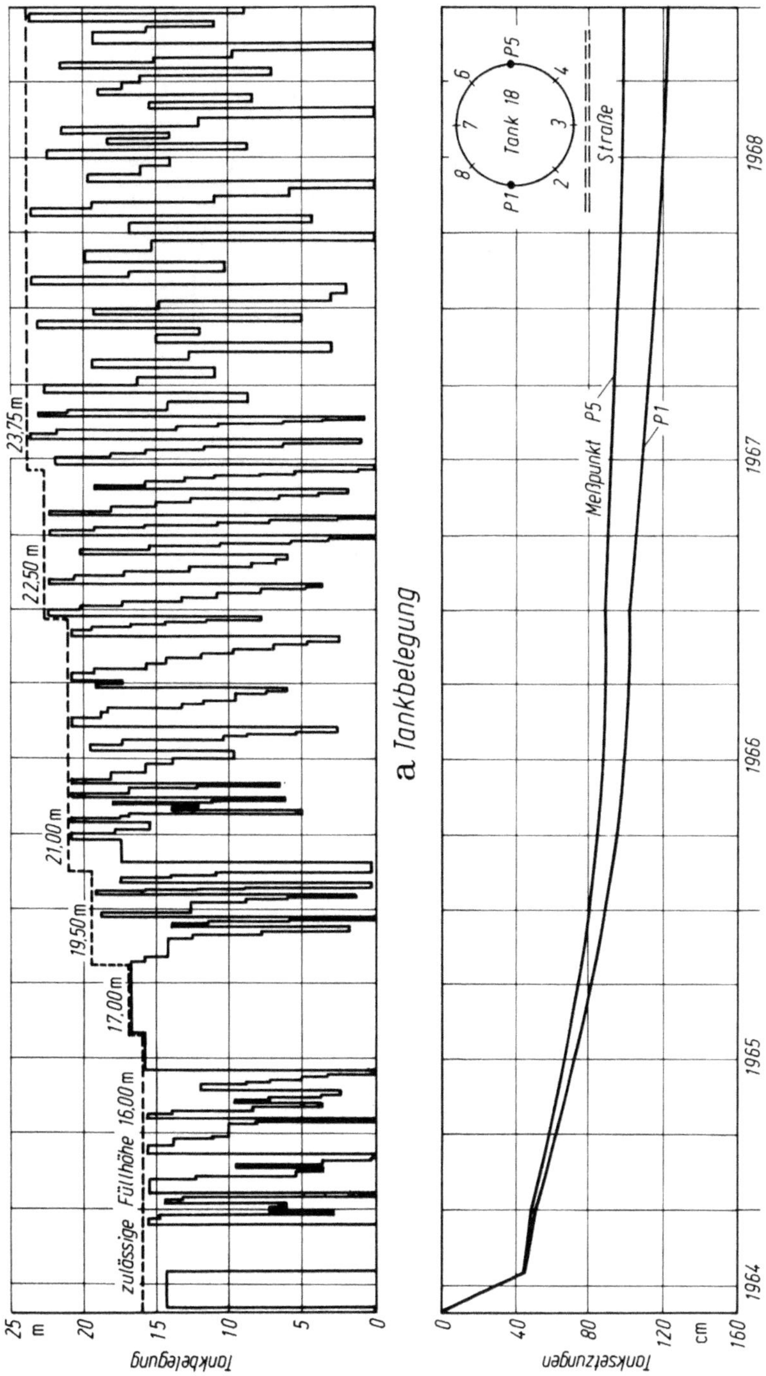

Abb. 3.4.2–5 **Verlauf der Belegung des 25 m hohen Tanks 18 mit leichtem Heizöl und Setzungen der Meßpunkte P 1 und P 5** in cm

Das Gesamtergebnis der Setzungsmessungen bestätigte das in den Setzungsberechnungen ermittelte Setzungsbild im grundsätzlichen. So traten auch die gegenseitigen Tankverkippungen ein. Beim vielschichtig aufgebauten Klei waren örtliche Abweichungen aber unvermeidlich. In verschiedenen Bereichen traten größere Setzungen als errechnet ein. Dies war auch bei den 15 m hohen Tanks 11, 12 und 13 der Fall. Wahrscheinlich war der Klei hier weder für die halbe Last der möglichen alten Tankfüllung noch für die Last der Sandaufspülung voll konsolidiert. Schließlich dürften sich auch ein gewisses seitliches Abfließen des Kleiuntergrundes und sonstige Sekundärsetzungseinflüsse ausgewirkt haben.

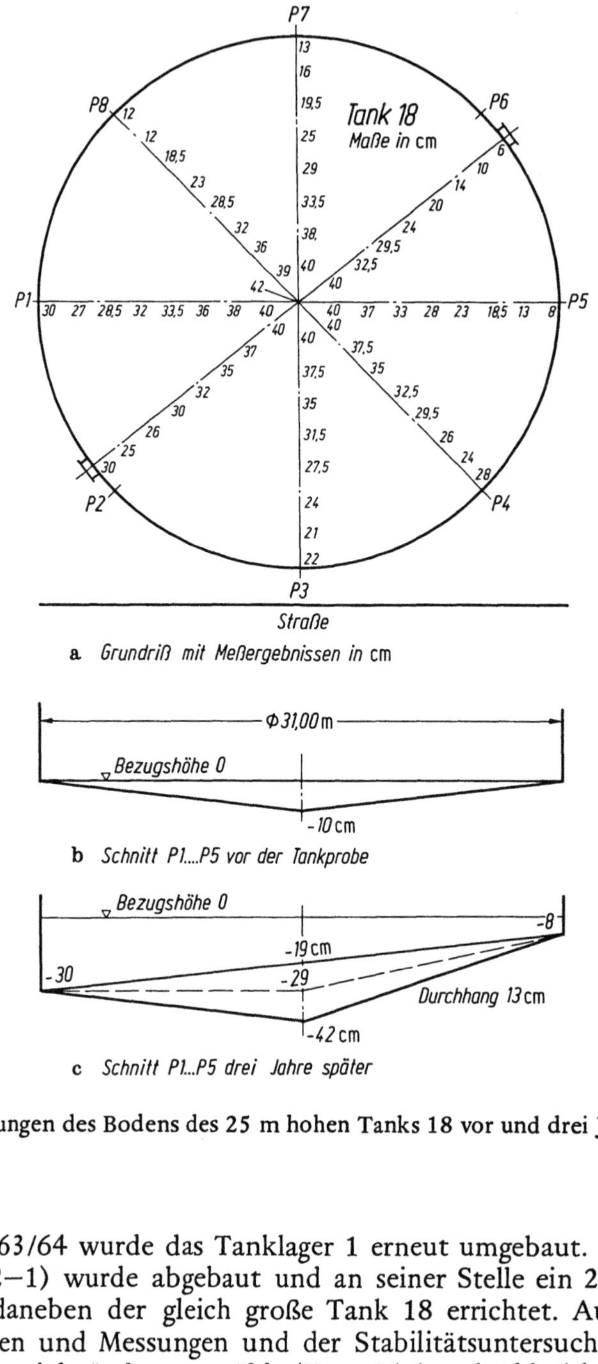

Abb. 3.4.2–6 Vermessungen des Bodens des 25 m hohen Tanks 18 vor und drei Jahre nach der Inbetriebnahme

In den Jahren 1963/64 wurde das Tanklager 1 erneut umgebaut. Der bisher 8,0 m hohe Tank 15 (Abb.3.4.2–1) wurde abgebaut und an seiner Stelle ein 25,0 m hoher Tank mit D = 31,0 m und daneben der gleich große Tank 18 errichtet. Aufgrund der bisherigen Setzungsberechnungen und Messungen und der Stabilitätsuntersuchungen wurde für diese hohen Tanks eine Spezialgründung gewählt (Kap. 16.6 und Abb. 16.6–1). Die auftretenden Setzungen dieser Tanks wurden ab Inbetriebnahme an je 8 Punkten gemessen. Abb.3.4.2–5 zeigt als Beispiel den Verlauf der Belegung des Tanks 18 mit leichtem Heizöl ($\gamma = 0{,}83$ t/m^3) und den der Setzungen der Meßpunkte 1 und 5. Auch hier waren die Setzungen merkbar größer als vorausberechnet.

Abb.3.4.2–6 zeigt die Ergebnisse der Vermessung des Bodens von Tank 18 nach dreijähriger Betriebszeit. Sie wurden gewonnen, indem bei niedrigem Ölstand die Öltiefen an den Untersuchungspunkten gemessen wurden. Aus dieser Vermessung ergab sich ein maximaler auf Setzungsunterschieden beruhender Durchhang des Tankbodens von nur 13 cm. Hieraus ist zu erkennen, daß das verdichtete Sandpolster mit der kesselartigen Einfassung durch Spundwandflachprofile seine Funktion als lastverteilendes Ersatzfundament gut erfüllt hat.

Das vorliegende Beispiel zeigt im übrigen, daß Setzungsberechnungen bei weichem Untergrund auch bei sorgfältiger Durchführung nur die Größenordnung der zu erwartenden Setzungen liefern können. Die Hauptfehlerquellen dürften darin liegen, daß das im Kompressionsversuch ermittelte Verhalten weicher Böden nach inzwischen gemachten verschiedenen Erfahrungen offensichtlich günstiger ist als ihr Verhalten in der Natur. Dies gilt vor allem, wenn der weiche Boden durch Dränagen künstlich entwässert wird. Außerdem können seitliche Fließbewegungen und sonstige Sekundärsetzungseinflüsse zu einer wesentlichen Vergrößerung der Setzungen führen.

3.4.3 Hölzernes Empfangsgebäude einer Fahrgastanlage hinter einem Seeschiffkai an der Mündung eines norddeutschen Tideflusses

Als in den Jahren 1925 bis 1927 in einem norddeutschen Seehafen ein neuer Kai für größte Fahrgastschiffe errichtet wurde, mußten bald auch die für die Abfertigung der Fahrgäste und des Gepäcks erforderlichen, aus Holz geplanten Hochbauten erstellt werden. Sie gliederten sich in einen langen, 27 m breiten und maximal 7 m hohen eingeschossigen Schuppen und einen kürzeren, 11 bis 16 m hohen mehrgeschossigen Gebäudeteil (Abb.3.4.3–1 und –2).

Aus zeitlichen und finanziellen Gründen entschloß man sich, diese Gebäude nicht wie sonst üblich auf Pfählen tief zu gründen, sondern flach auf den rd. 7 – 9 m hoch aufgespülten Sand zu setzen, obwohl sich darunter 10–12 m weicher alluvialer Klei befand. Die Gebäude wurden auf flachen Längsbanketten aus Stahlbeton gegründet. Als Baustoff der Gebäude wurde Holz gewählt, weil nach jahrzehntelangen Erfahrungen mit den Kaischuppen Holzkonstruktionen am wenigsten empfindlich gegen ungleiche Setzungen waren und leicht angehoben und wieder außer Spannung gebracht werden konnten.

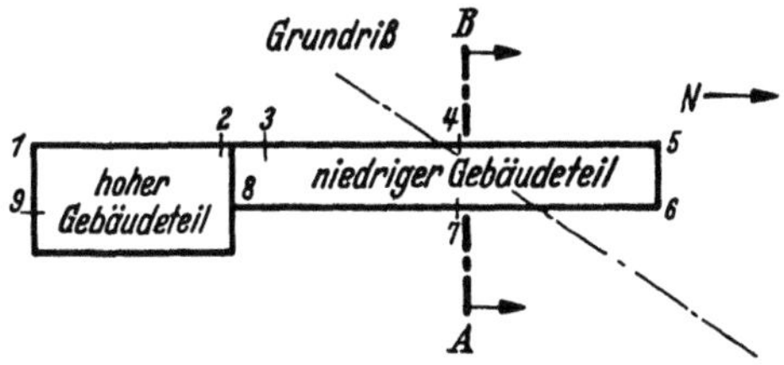

Abb. 3.4.3–1 Lageplan des hölzernen Empfangsgebäudes mit Meßpunkten

Die größten Setzungen traten nicht wie erwartet unter dem hohen Gebäudeteil, sondern unter dem landseitigen nördlichen Teil des eingeschossigen Schuppens im Bereich der Meßpunkte 6 und 7 auf, wo besonders ungünstige Untergrundverhältnisse vorlagen. Hier betrug im Verlauf von 7 Jahren die maximale Setzung rd. 52 cm, gegenüber nur 34 cm unter dem hohen Gebäudeteil (Abb.3.4.3–3). Die Zeit–Setzungskurven (Abb.3.4.3–4) zeigten, daß bei besonders großen Setzungen in den ersten 2 Jahren ein Abklingen auch nach weiteren rd. 4,5 Jahren noch nicht zu verzeichnen war, das Bauwerk also noch nicht zur Ruhe gekommen war. Leider konnte dieses Bauwerk nicht über einen langen Zeitraum beobachtet werden, da es bereits Anfang des zweiten Weltkrieges Kriegseinwirkungen zum Opfer fiel. Es ist jedoch interessant festzustellen, daß das Bauwerk diese großen unterschiedlichen Setzungen in den rd. 12 Jahren seines Bestehens ohne merkliche Nachteile mitgemacht hat. Außerdem sei darauf hingewiesen, daß die großen Setzungen nur zu einem geringen Teil auf die Gebäudelasten, in der Hauptsache aber auf die Belastung des Kleis durch die Sandaufspülung zurückzuführen waren, wobei das Bauwerk den Setzungen der Sandoberfläche folgen mußte.

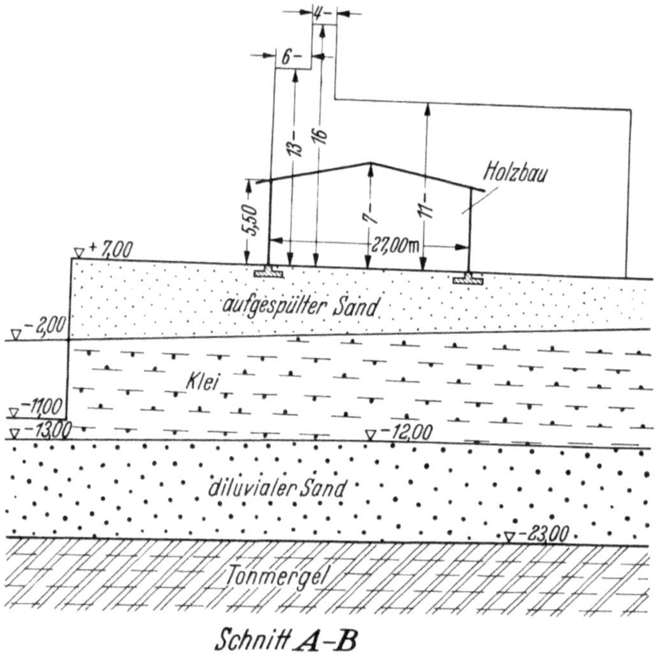

Abb. 3.4.3–2 Querschnitt der Anlage

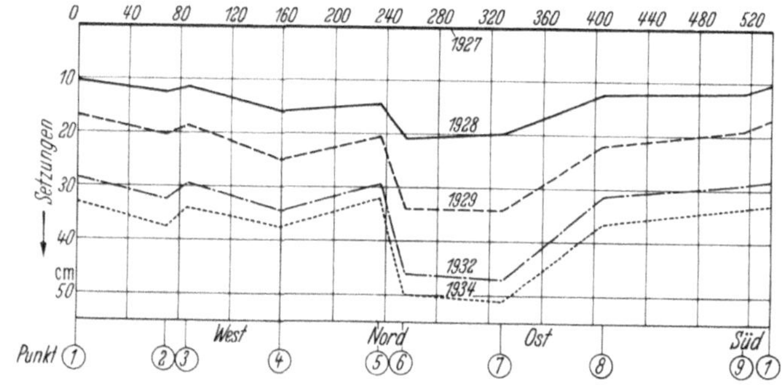

Abb. 3.4.3–3 Setzungsverlauf

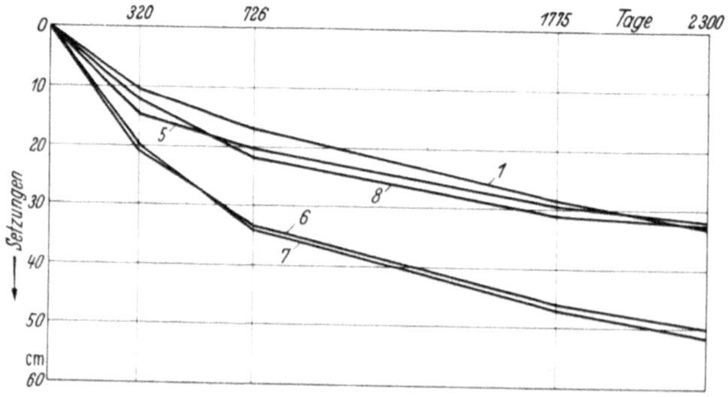

Abb. 3.4.3–4 Zeit-Setzungskurven

3.4.4 Einfamilien–Reihenhäuser in einer norddeutschen Küstenstadt

Setzungen und Setzungsunterschiede können dann besonders unangenehm werden, wenn zwischen Bauwerken, die unmittelbar aneinandergrenzen, Scherkräfte auftreten, die eine Schiefstellung der Bauwerke verursachen. Das ist bei flach gegründeten Hochbauten besonders dann der Fall, wenn z.B. zwei benachbarte Reihenhäuser mit je einer Brandmauer unmittelbar aneinanderstoßen (Abb.3.4.4–1, Haus 2 und 3) oder bei einseitiger Brandmauer kraftschlüssig ineinandergreifen (Abb.3.4.4–1, Haus 1 + 2). Bei eintretender Bewegung hängt sich ein Haus an das Nachbarhaus an und wird dadurch am gleichmäßigen Setzen gehindert. Es reißt dann vom Nachbarhaus ab (Abb. 3.4.4–1, Haus 2 von Haus 3) bzw. nimmt das Nachbarhaus mit (Abb.3.4.4–1, Haus 1 und 2), je nachdem, wie fest der Zusammenhang der Gebäude ist.

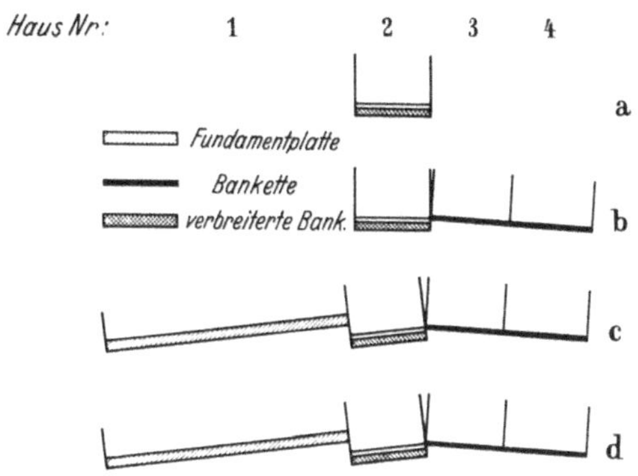

Abb. 3.4.4–1 Setzungen von Reihenhäusern mit unterschiedlichen Flachgründungen auf Klei

Zustand a) Haus 2 steht allein

Zustand b) Haus 3 und 4 werden angebaut und hängen sich an 2 auf. Haus 3 reißt von 2 ab

Zustand c) Haus 1 wird angebaut und zieht Haus 2 mit, da die Verbindung zwischen 1 und 2 fester ist als zwischen 2 und 3

Zustand d) Der Riß zwischen 2 und 3 hat sich vergrößert

Bei den in Abb.3.4.4–1 dargestellten, nicht gleichzeitig errichteten und unterschiedlich flach gegründeten Reihenhäusern entstanden so lange Zeit erhebliche Risse in den verschiedenen Gebäuden, bis sich die darunterliegende rd. 10 – 12 m dicke Kleischicht auf die neuen zusätzlichen Belastungen eingestellt hatte und unter entsprechender Abgabe von Porenwasser voll konsolidiert war.

Reihenhäuser sollten daher stets so gegründet werden, daß die Setzungen und damit auch die Setzungsunterschiede klein bleiben. Ist dies nicht möglich, müssen die Häuser so ausgebildet werden, daß sie sich ohne gegenseitige Störung setzen können.

3.4.5 Schwimmende Gründung einer hölzernen Zollabfertigungshalle für die Fahrgastanlage eines norddeutschen Seehafens

Kurz nach der Währungsreform im Jahre 1948 mußte für die allmählich wieder einsetzende Fahrgastschiffahrt als Ersatz für die abgebrannte Fahrgastabfertigungsanlage (Kap. 3.4.3) eine neue Anlage möglichst schnell und mit geringen Kosten erstellt werden. Da der Stromkai der früheren Fahrgastanlage von der Besatzungsmacht beschlagnahmt war, kam für die neue Anlage nur der Bereich der Westkaimauer des Vorhafens einer Seeschleuse in Frage (Abb.3.4.5–1). Da der hier 19 – 20 m hoch anstehende Klei (Abb.3.4.5–2) nur eine geringe Belastung vertrug, eine Pfahlgründung aber erhebliche Kosten und Zeitverluste verursacht hätte, wurde wegen der guten Erfahrungen hinsichtlich der Setzungsauswirkungen bei der alten hölzernen Fahrgastanlage (Kap.3.4.3) beschlossen, hier ebenfalls einen leichten Holzbau auf Flachgründung auszuführen.

Als Tragsystem der rd. 150 m x 22 m großen Halle wurde ein genagelter Dreigelenkbinder mit 7,15 m Achsabstand gewählt (Abb.3.4.5–3). Bei diesem System spielten Setzungsunterschiede, die unvermeidlich zu erwarten waren, keine Rolle.

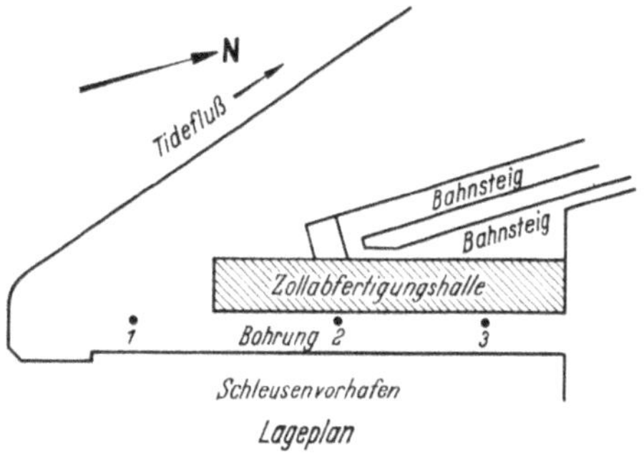

Abb. 3.4.5–1 Lageplan der Zollabfertigungshalle mit schwimmender Gründung

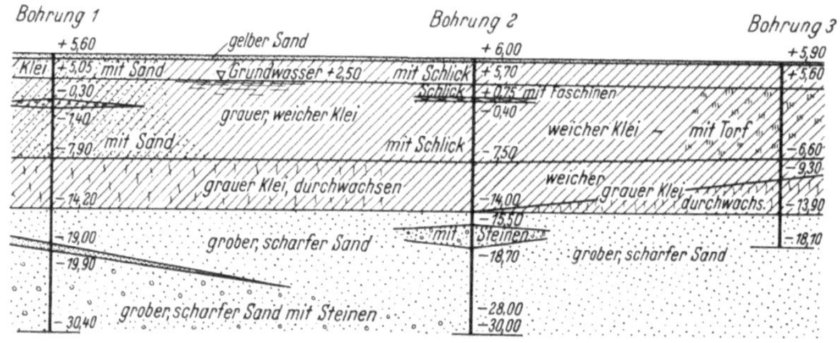

Abb. 3.4.5–2 SchematischerBodenlängsschnitt unmittelbar neben der Zollabfertigungshalle

Die Binderfundamente wurden so bemessen und gestaltet, daß die zusätzliche Belastung des Baugrundes in der Fundamentsohle nicht größer als 0,4 kg/cm² war. Um dies zu erreichen, wurden sie als 4,2 bzw. 4,5 m lange und 2,1 bzw. 2,2 m breite Stahlbetonhohlkörper ausgebildet (Abb.3.4.5–3 und –4). Um größere waagerechte Verschiebungen zu vermeiden, wurden die Fundamente gegeneinander verankert. Die Rundstahlanker Ø 46 mm aus St 37 wurden in einem Kanal frei beweglich angeordnet, so daß sich die zu erwartenden Setzungen und Setzungsunterschiede nicht nachteilig auswirken konnten (Abb.3.4.5–3).

Bei der gewählten schwimmenden Gründung mußte das setzungsmäßige Verhalten des Bauwerkes verfolgt werden. Der Verlauf der Setzungen in acht Jahren geht aus den Abb.3.4.5–4 und –5 hervor. Danach traten die Setzungen an der Vorhafenseite wesentlich größer auf als auf der Landseite. Dies war auf eine am 7.2.1950 in Betrieb genommene Grundwasserabsenkung zur vorübergehenden Sicherung der vor der Halle liegenden rd. 50 Jahre alten Kaimauer (Kap.5.4.8) und auf die im Juni 1953 anlaufenden Kaimauerverstärkungs– und Vertiefungsarbeiten zurückzuführen, die Bodenaushub hinter der Mauer, Rammarbeiten, Aufhöhung der Kaifläche um 1 m und Baggerarbeiten vor der Kaimauer umfaßten (Kap.5.4.9). Während auf der Landseite die Setzungen zwischen rd. 3 und 7 cm schwankten, betrugen sie hafenseitig rd. 20 bis 32 cm (Abb.3.4.5–5). Die größeren Setzungen im Bereich der wasserseitigen Binderfundamente 6 bis 8 waren auf örtliche schlechtere Bodenverhältnisse und auf eine Ausweichbewegung der alten Kaimauer zurückzuführen (Abb.3.4.5–5 und 5.4.8–5).

Die ungleichen Setzungen, auch in der Längsrichtung, wurden von der Holzkonstruktion in den vergangenen rd. zweieinhalb Jahrzehnten einwandfrei aufgenommen, obwohl die Setzungsdifferenz zwischen 2 benachbarten Binderfundamenten an der Hafenseite bereits im Jahre 1958 max. 10 cm betrug.

Abb.3.4.5–6 zeigt die kennzeichnenden Zeit–Setzungskurven für das Binderfundament 34 auf der Landseite und das gegenüberliegende Fundament 8 auf der Hafenseite mit den aufgetretenen starken Unterschieden. Eine Beurteilung der Frage nach dem Abklingen der Setzungen des Fundamentes 8 ist daraus allerdings nicht möglich. Für diese kritische Phase mit Bauarbeiten an der Kaimauer war der Zeitabstand der Messungen zu groß.

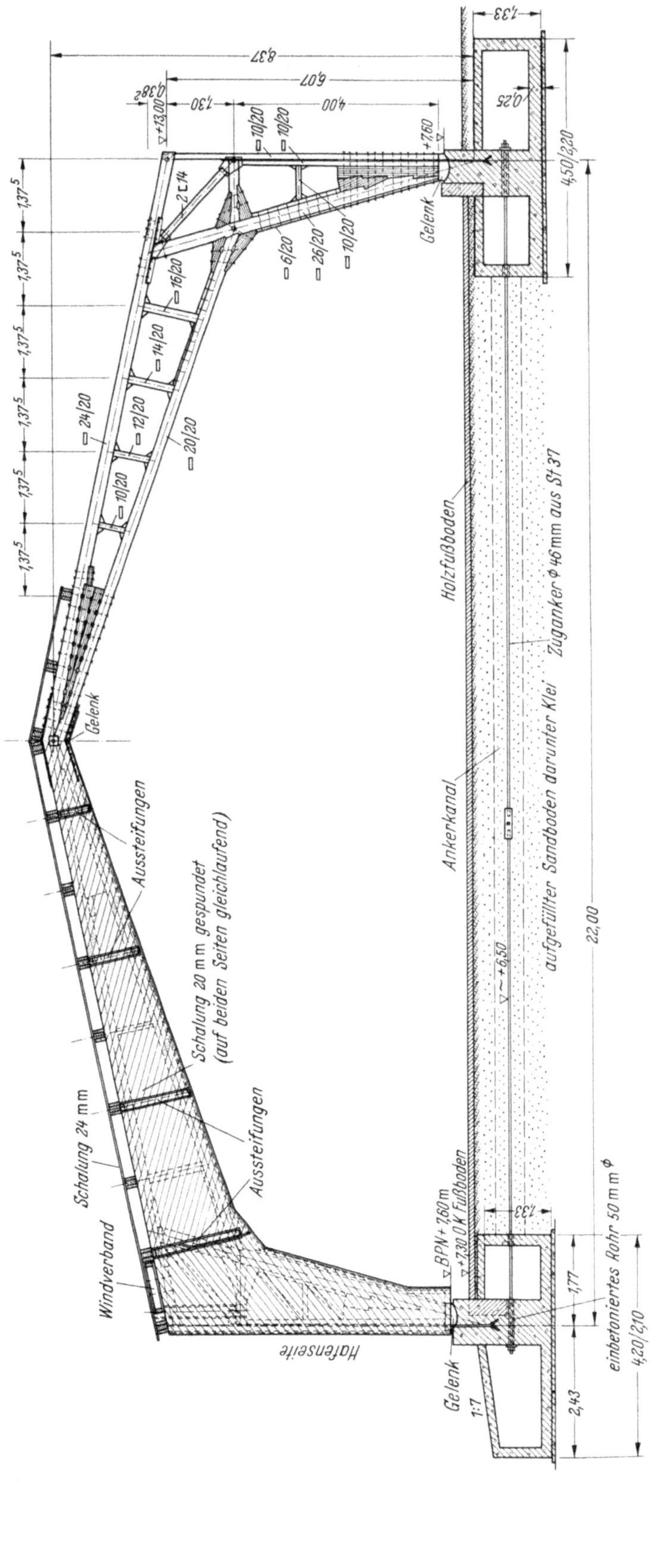

Abb. 3.4.5–3 Hölzerne Zollabfertigungshalle auf Stahlbetonhohlfundamenten (Die Höhenkoten sind Ausgangszahlen)

Das vorliegende Beispiel zeigt, daß Hallenbauten auch bei schlechtem Baugrund unter gewissen Voraussetzungen auf Hohlfundamenten flach gegründet werden können. Dabei muß das Hallensystem so gewählt werden, daß sich auch größere Setzungsunterschiede nicht schädlich auswirken können. Außerdem dürfen die Setzungen nicht sonstige Nachteile wie unerwünschte Niveau—Unterschiede zu Nachbaranlagen und dergleichen nach sich ziehen.

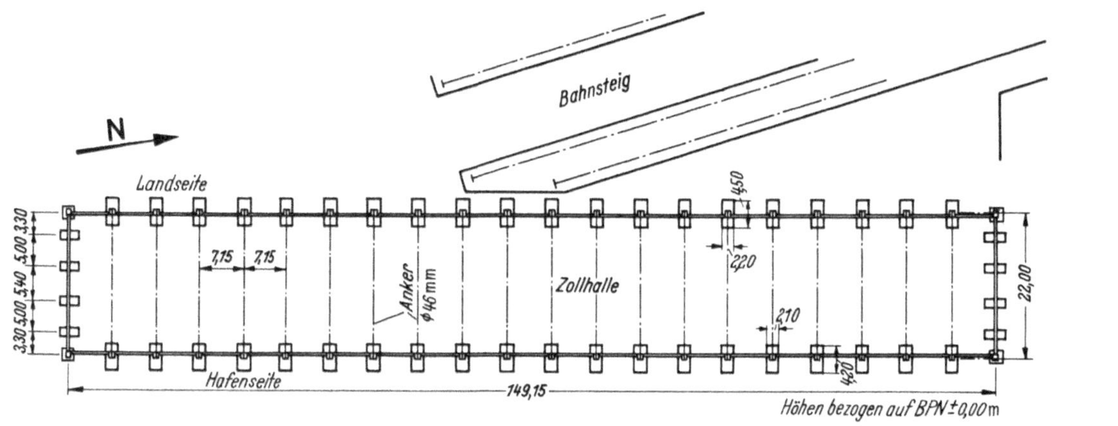

Messung am	22a	22	23	24	25	26	27	28	29	30	31	32	33	34	35	36	37	38	39	40	41	42	Messung am
9. 5. 1950	—	+7,561	+7,561	+7,576	+7,571	+7,551	+7,551	—	+7,531	+7,542	+7,549	+7,564	+7,549	+7,551	+7,541	+7,546	+7,554	+7,551	+7,561	+7,546	+7,531		9. 5. 1950
5. 10. 1950	—	+7,534	+7,534	+7,549	+7,547	+7,536	+7,538	—	+7,525	+7,538	+7,546	+7,564	+7,550	+7,550	+7,537	+7,540	+7,550	+7,550	+7,562	+7,542	+7,524		5. 10. 1950
4. 5. 1951	+7,528	+7,515	+7,516	+7,531	+7,531	+7,519	—	—	+7,514	+7,533	+7,542	+7,562	+7,544	+7,547	+7,532	+7,539	+7,545	+7,539	+7,550	+7,527	+7,509	+7,523	4. 5. 1951
12. 2. 1954	—	—	—	—	—	—	—	—	—	+7,483	+7,497	+7,525	+7,503	+7,503	+7,480	+7,487	+7,503	—	+7,517	+7,503	+7,475		12. 2. 1954

Zollabfertigungshalle

Messung am	21	20	19	18	17	16	15	14	13	12	11	10	9	8	7	6	5	4	3	2	1	Messung am
9. 5. 1950	—	+7,516	+7,516	+7,541	+7,516	+7,516	—	—	+7,533	+7,533	+7,549	+7,551	+7,561	+7,531	+7,551	+7,563	+7,551	+7,540	+7,551	÷7,571	+7,565	9. 5. 1950
5. 10. 1950	—	+7,512	+7,510	+7,536	+7,511	+7,516	—	—	+7,523	+7,533	+7,540	+7,541	+7,551	+7,499	+7,511	+7,536	+7,511	+7,495	+7,511	+7,525	+7,516	5. 10. 1950
4. 5. 1951	−7,505	+7,507	—	—	+7,493	+7,498	+7,492	+7,476	+7,510	+7,517	+7,524	+7,527	+7,545	+7,479	+7,497	+7,512	+7,503	+7,475	+7,500	+7,509	+7,499	4. 5. 1951
12. 2. 1954	—	+7,375	+7,374	+7,380	—	+7,352	—	—	+7,377	+7,387	+7,381	+7,370	+7,407	+7,273	+7,270	+7,330	+7,315	—	+7,433	+7,433	+7,433	12. 2. 1954

Abb. 3.4.5—4 Gemessene Höhenlage der einzelnen Binderfundamente auf der Land- und der Hafenseite im Zeitraum vom 9. 5. 1950—12. 2. 1954

Als Vorteil dieser Flachgründung seien im vorliegenden Falle nicht nur die verminderten Baukosten erwähnt, sondern auch der Umstand, daß dabei die Hallenbinderfundamente und der Hallenfußboden etwa gleichen Setzungsbedingungen unterworfen waren. Innerhalb der Anlage konnten sich daher nachträglich keine örtlich großen Niveau—Unterschiede einstellen. Wären die Hallenfundamente tief und der Hallenfußboden flach gegründet worden, wären die bekannten Schwierigkeiten am Übergang des Fußbodens zu den tiefgegründeten Fundamenten aufgetreten.

Der mit dem Auslaufen des Fahrgastschiffverkehrs und der in den letzten Jahren einsetzenden stürmischen Entwicklung des Großstückgut— und Containerverkehrs zusammenhängenden grundlegenden strukturellen Änderung des Hafenbetriebes im Gesamtgebiet, in dem die Zollabfertigungshalle lag, fiel auch dieses Bauwerk zum Opfer. Es mußte Ende 1974 noch voll betriebsfähig abgerissen werden, um einer hochleistungsfähigen Stückgut—Umschlaganlage Platz zu machen.

3.4.6 Überdeckter Bahnsteig einer Fahrgastanlage im Kleigebiet an der Nordseeküste

Hinter der in Kap. 3.4.5 behandelten Zollabfertigungshalle mußten auch Bahnanlagen errichtet werden (Abb.3.4.5—1 und —4). Wegen der an der Nordseeküste häufig auftretenden starken Schlagregen mußten die Bahnsteige zum Schutz der Fahrgäste überdacht werden. Weil bei dem rd. 20 m dicken Kleiuntergrund die hohen Kosten einer Tiefgründung auf Pfählen nicht zu vertreten waren, mußte eine möglichst wirtschaftliche Gründung in einer Form

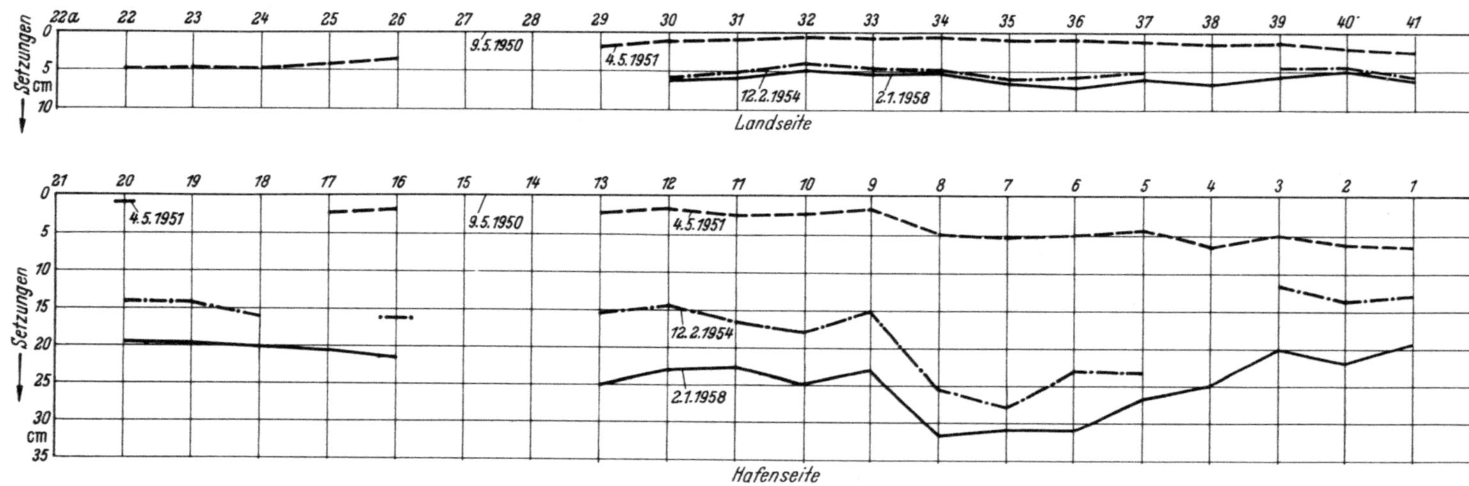

Abb. 3.4.5–5 Setzungsverlauf der Binderfundamente auf der Land- und auf der Hafenseite

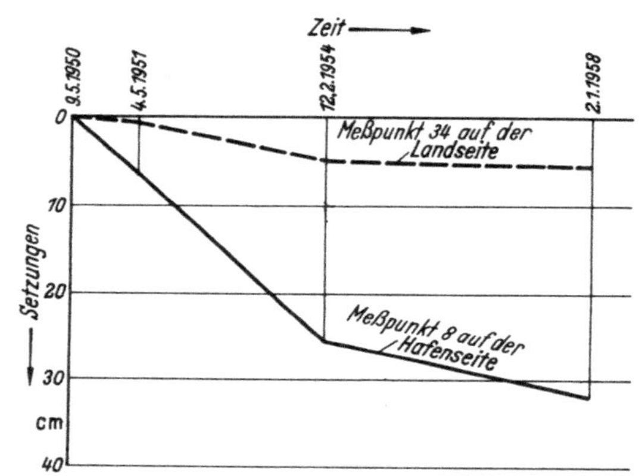

Abb. 3.4.5–6 Zeit-Setzungskurve des Meßpunktes 8 auf der Hafenseite und des Meßpunktes 34 auf der Landseite

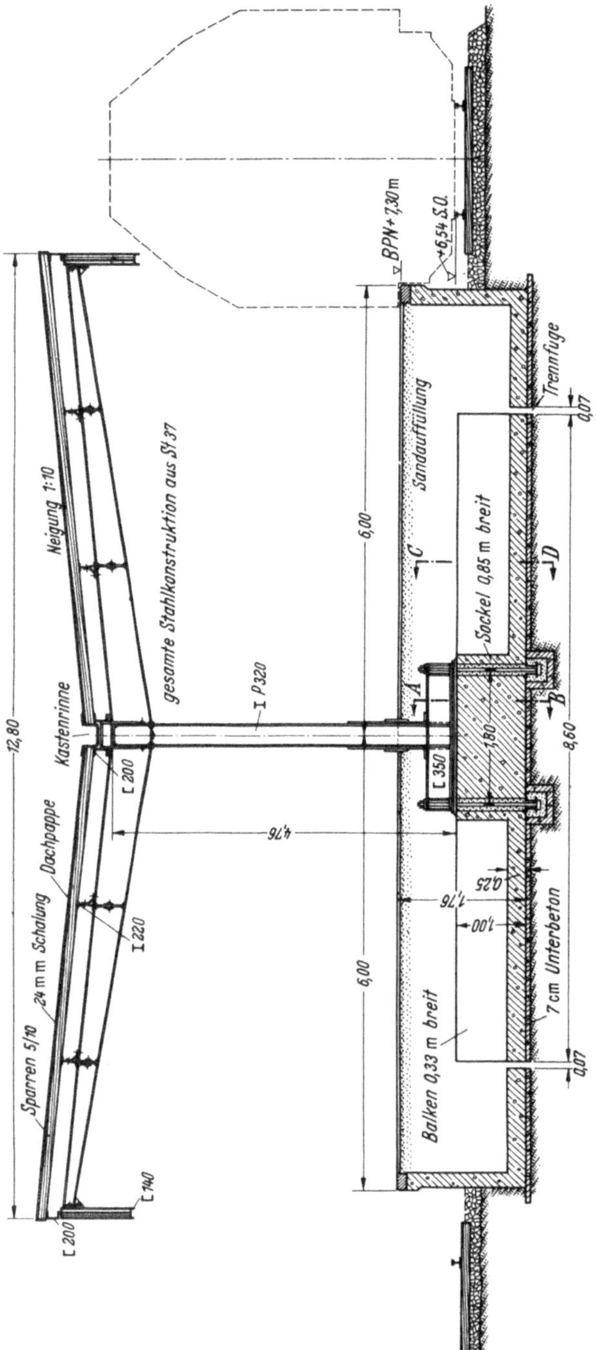

Abb. 3.4.6–1 Einstielige Bahnsteigüberdachung auf Flachgründung auf Klei

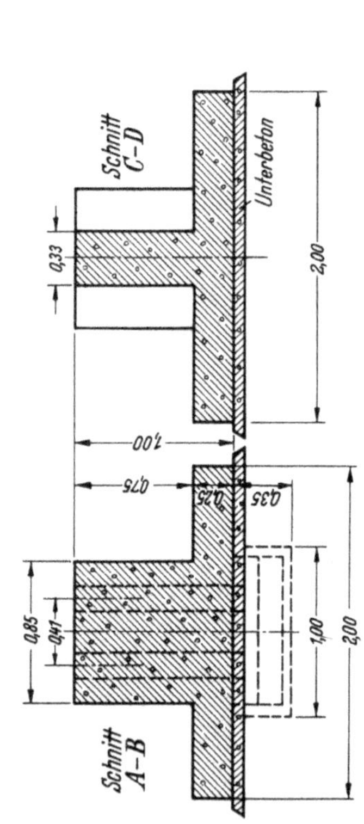

Abb. 3.4.6–2 Querschnitte der Fundamente der Bahnsteigüberdachung (vgl. Abb. 3.4.6–1)

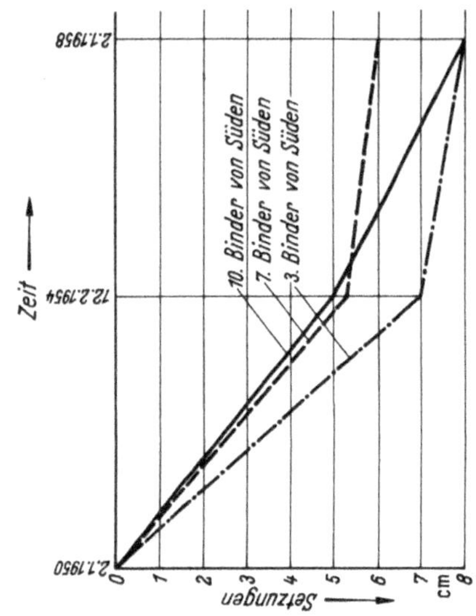

Abb. 3.4.6–3 Zeit-Setzungskurven der Fundamente 3, 7 und 10 der Bahnsteigüberdachung

gefunden werden, bei der die unvermeidlich auftretenden Setzungen und Setzungsunterschiede in erträglichen Grenzen blieben und im Bedarfsfalle auch leicht wieder ausgeglichen werden konnten. Man entschloß sich daher, das 12,8 m breite Bahnsteigdach auf 2,0 m breiten und 8,6 m langen Stahlbetonplattenbalken zu gründen (Abb.3.4.6–1 und –2). Die Stahlkonstruktion der Bahnsteigüberdachung wurde nachstellbar ausgebildet. Der Bahnsteig wurde mit Stahlbetonwinkelmauern eingefaßt und mit Sand aufgefüllt (Abb.3.4.6–1).

Wie die durchgeführten Messungen zeigten (Abb.3.4.6 –3), war der Setzungsverlauf in den ersten Jahren verhältnismäßig steil. Für eine Feinauswertung mit einer Beurteilung des Abklingens der Setzungen war der zeitliche Abstand der durchgeführten Messungen allerdings zu groß und der Beobachtungszeitraum zu kurz.

Die Setzungen waren vor allem auf die Sandauffüllung des Bahnsteiges zurückzuführen. Es könnte aber auch die Grundwasserabsenkung für die Sicherung der Vorhafenkaimauer nach Kap.5.4.8 noch einen gewissen Einfluß gehabt haben. Die Setzungsunterschiede ergaben sich vor allem aus dem unterschiedlichen Aufbau des Baugrundes (vgl. Abb.3.4.5–2).

Die Setzungen sind aber mit 8 bzw. 6 cm nach rd. 8 Jahren verhältnismäßig gering geblieben. Sie haben in zweieinhalb Jahrzehnten weder Nachrichtearbeiten erfordert noch Schäden an der Bahnsteigüberdachung zur Folge gehabt. Die gewählte Lösung hat sich demnach als richtig erwiesen.

Inzwischen ist allerdings auch diese Anlage dem Strukturwandel im Hafenbetrieb dieses Bereiches zum Opfer gefallen und mußte einer hochleistungsfähigen Stückgut-Umschlaganlage weichen.

3.4.7 **Gasbehälter in einer norddeutschen Stadt** (vgl. auch Kap.16.4)

Die Wanne des im Kap.16.4 hinsichtlich seiner Gründung beschriebenen ausfahrbaren Gasbehälters ϕ 37,5 m, für die die Probebohrungen nach Abb.3.4.7–1 und –2 ausgeführt worden waren, wurde nach Fertigstellung der Montage Anfang Dezember 1954 etwa 12 m hoch mit Wasser gefüllt.

Bei dieser Probefüllung wurden auf dem Behälteraußenrand alsbald nach innen gerichtete, nach 2,5 Wochen bis zu 3,7 cm und schließlich teilweise bis zu 7 cm betragende Verschiebungen beobachtet (Abb.3.4.7–3). Diese konnten nur von Setzungen des Behälterbodens herrühren, die örtlich wesentlich größer waren, als ursprünglich vorausgesehen werden konnte. Lotungen, die durch einzelne Beobachtungsstutzen in der Behälterdecke ausgeführt

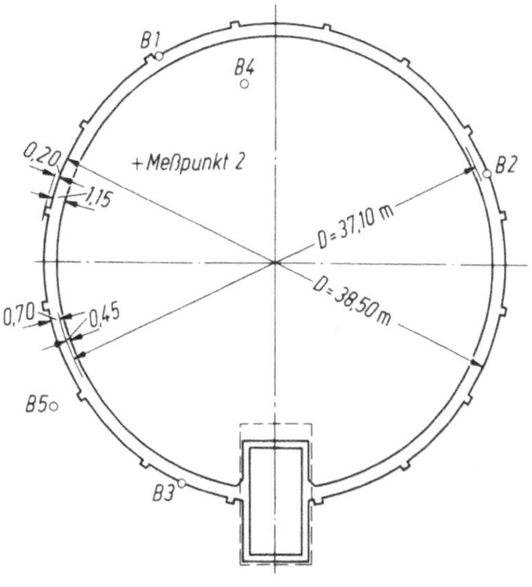

Abb. 3.4.7–1 Ausbildung des Fundamentes für den Gasbehälter und Lageplan der Bohrungen 1 bis 5 sowie des Meßpunktes 2

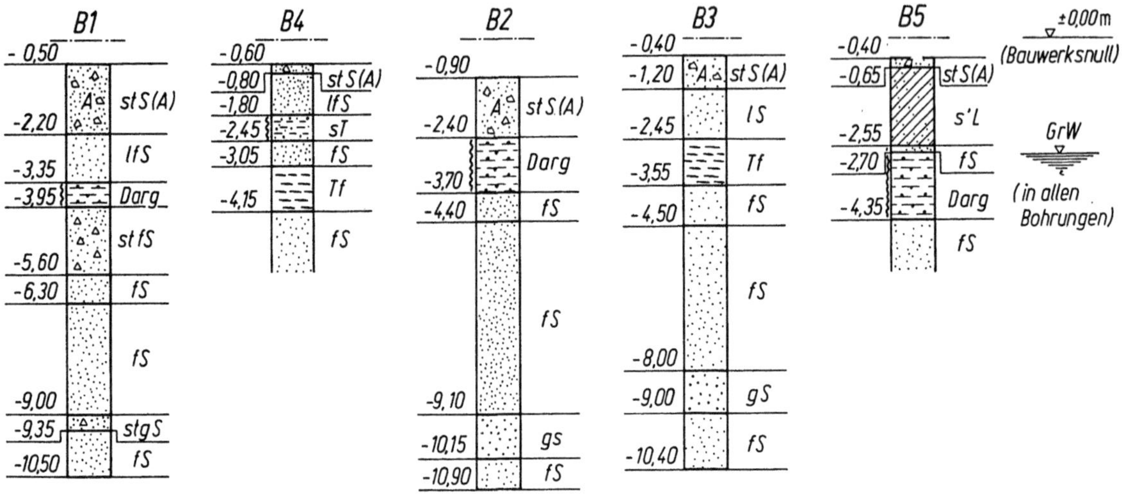

Abb. 3.4.7–2 Profile der Bohrungen 1 bis 5

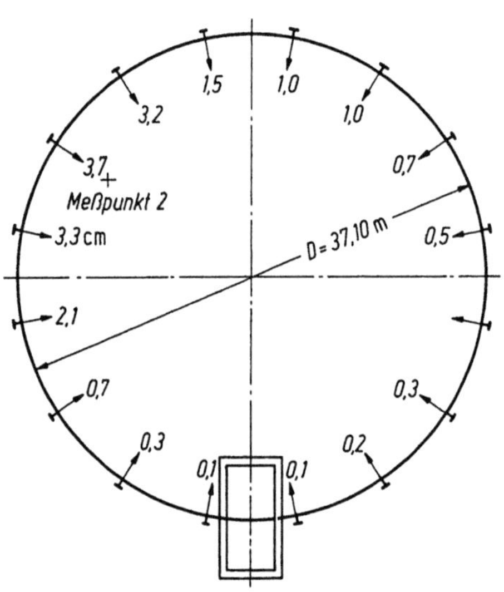

Abb. 3.4.7–3 Waagerechte Verschiebung des Behältermantels in cm rd. 2,5 Wochen nach der Probefüllung

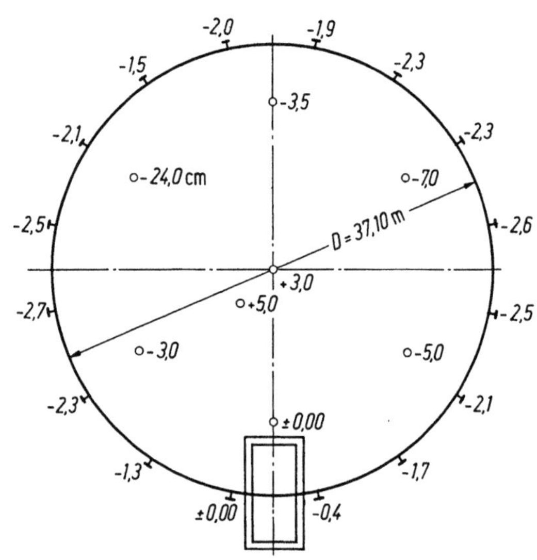

Abb. 3.4.7–4 Lotrechte Verschiebungen in cm im Behälterinneren rd. 1 Woche und an den äußeren pfahlgegründeten Fundamenten rd. 2,5 Wochen nach der Probefüllung

wurden, zeigten für den größten Teil des Behälterbodens die normalen, aus den erbohrten Bodenschichten herrührenden und erwarteten Setzungen (Abb.3.4.7–4). Abweichend davon war jedoch am Meßpunkt 2 (Abb.3.4.7–4 und –5) eine ungewöhnlich große, örtlich begrenzte muldenförmige Setzung eingetreten. Sie war auf einen örtlichen besonderen Störbereich im Untergrund zurückzuführen, der beim Abbohren des Baugeländes (Abb.3.4.7–1 und –2) nicht gefunden worden war.

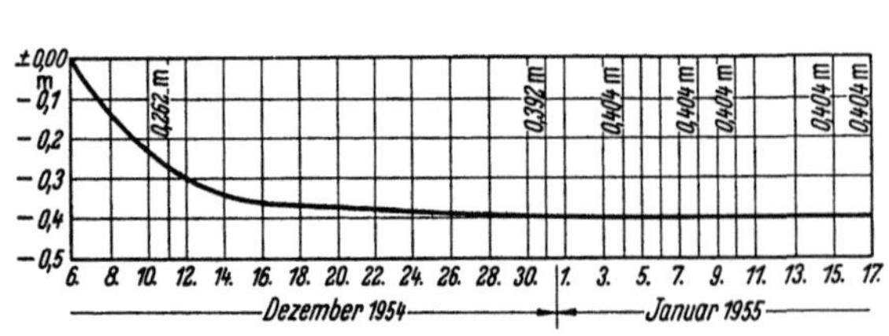

Abb. 3.4.7–5 Setzungsverlauf des Gasbehälterbodens am Meßpunkt 2

Nun mußte entschieden werden, ob der Behälter weiter gefüllt bleiben konnte oder entleert werden mußte, um einen Gefahrenzustand zu beseitigen und die Fehlstelle ausbessern zu können. Letzteres hätte die Inbetriebnahme des Behälters stark verzögert. Da das Bauwerk folgerichtig so ausgeführt worden war, daß gewisse Verschiebungen und Bewegungen ungefährlich aufgenommen werden konnten, wurde beschlossen, den Behälter vorerst gefüllt zu belassen, aber die Setzungen des Meßpunktes 2 sorgfältig weiter zu verfolgen. Dabei konnte beobachtet werden, daß sie alsbald abklangen (Abb.3.4.7–5). Sie erreichten den Größtwert von etwa 40 cm. Unter diesen Umständen konnte auf weitere Maßnahmen verzichtet werden.

Das vorliegende Beispiel bestätigt, daß auch bei umfangreicherem Abbohren des Baugrundes Fehlstellen übersehen werden können. Es empfiehlt sich daher, bei wichtigen Bauwerken neben einer ausreichenden Anzahl von Bohrungen auch noch zusätzliche Druck-oder Rammsondierungen auszuführen, um das Netz der Aufschlüsse entsprechend zu verfeinern. Bei Flachgründungen auf nachgiebigen Schichten soll die Gründung aber stets so gestaltet werden, daß auch größere Setzungen und Setzungsunterschiede ohne Gefahr für das Bauwerk und seinen Betrieb aufgenommen werden können.

3.4.8 **Bombengeschützte Montagewerft für Unterseeboote an einem norddeutschen Tidefluß** (vgl. auch Kap.8.2.3 und 12.3)

3.4.8.1 Allgemeines

Bei der im Kap.12.3 hinsichtlich ihrer Funktionen und Gründungsausbildung eingehend behandelten Montagewerft für den Zusammenbau von U-Booten aus Sektionen im Taktverfahren unter Bunkerschutz (Abb.12.3–1, –2, –3 und –4) waren vor allem aus den Lasten der im Endausbau 7,0 m dicken Schutzdecke und den dann gleichfalls 7,0 m dicken Außenwänden aus Stahlbeton beachtliche Setzungen zu erwarten. Sie waren in einem bodenmechanischen Gutachten mit rd. 15 cm geschätzt worden. Davon sollten in den Bereichen mit 10 m Sandpolster zwischen Fundamentsohle und Mergeloberfläche rd. 6 cm auf die Sandsetzung und der Rest auf die Setzung des Mergels entfallen. Auch größere Setzungsunterschiede waren zu erwarten.

3.4.8.2 Bodenverhältnisse

Die Bodenverhältnisse sind unter Ziff.12.3.2 eingehend geschildert. Die dort genannten Steifezahlen E_S für den Geschiebemergel und für den Tonmergel sind hier in Abb.3.4.8–1 graphisch dargestellt. Die entsprechenden Werte für den diluvialen Sand können im vorliegenden Falle durch Multiplikation der E_S-Werte für den Geschiebemergel mit dem Faktor 300/130 = 2,31 leicht gewonnen werden.

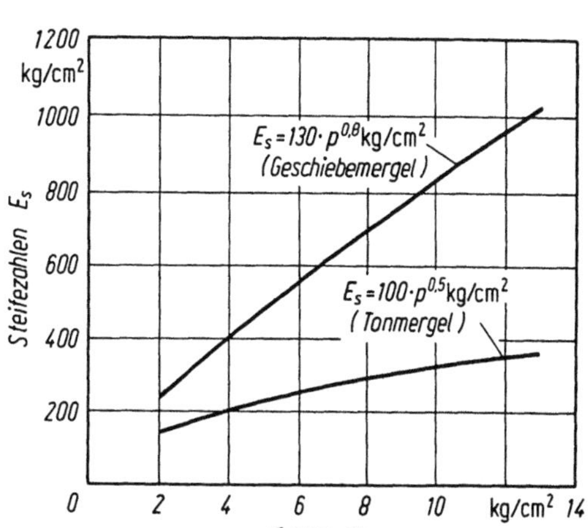

Abb. 3.4.8–1 Steifezahlen E_S in kg/cm² für den im Bauwerksgebiet angetroffenen Geschiebemergel und Tonmergel

3.4.8.3 Konstruktive Maßnahmen zur Vermeidung von Setzungsschäden

Aus der Art der Lastausbreitung und Spannungsüberlagerung im Boden ergeben sich auch bei völlig gleichmäßiger endlicher Oberflächenbelastung und gleichmäßigem Untergund Setzungsunterschiede, wobei die Setzungen nach dem Lastzentrum hin zunehmen. Solche Setzungsunterschiede werden bei gutem Baugrund und sachgemäßer Gründung und Baublockgestaltung im allgemeinen in den Bewegungsfugen und durch Verformungen des Bauwerkes schadlos aufgenommen. Während den Setzungen als solchen im allgemeinen weniger Bedeutung beizumessen ist, sind die Setzungsunterschiede für die konstruktive Gestaltung besonders wichtig. Dies traf für das vorliegende Bauwerk in erhöhtem Maße zu. Neben der zugelassenen hohen Bodenpressung führte das große Gewicht des in der Gründung 431 m langen und 105 bzw. 74 m breiten Bauwerkes, das den Untergrund im Endzustand mit rd. 2 Mill. Tonnen zusätzlich belastete, zu einer besonderen Tiefenwirkung des Spannungszuwachses und damit zu erhöhten Setzungen aus der Tiefe des Untergrundes.

Ein besonderer Herd für ungleiche Setzungen lag vor allem in den stark wechselnden Untergrundverhältnissen und den betrieblich bedingten ungleichen Gründungsformen im Nordwestteil des Bauwerkes (Abb.12.3–3).

Wichtig für die Setzungsbetrachtungen war auch die hohe Steifigkeit des Überbaues, die merkliche Formänderungen der Baublöcke in sich ausschloß. So mußten alle Setzungsunterschiede in den Bewegungsfugen aufgenommen werden.

Fugenverzahnungen wurden nur gegen waagerechte Bewegungen und nur in den Außenwänden angeordnet. Dadurch konnten sich alle Baublöcke in lotrechter Richtung unabhängig voneinander bewegen. Der normale Abstand dieser Setzungsfugen wurde auch unter Berücksichtigung bauausführungsmäßiger und sonstiger Belange mit 20,5 m festgelegt. Lediglich im nordwestlichen Bauwerkteil, in dem sich ein steiler Abfall der Mergeloberfläche befand (Abb.12.3–3), mußte zur Verteilung der Setzungsunterschiede der Abstand der Bewegungsfugen auf die Hälfte ermäßigt werden. Dies war vor allem erforderlich, um die hier in den Bewegungsfugen eingebauten Dichtungen des Schleusendocks (Kap.8.2.3) vor Zerstörungen zu bewahren. Die konstruktiven Belange und gegen Setzungsunterschiede besonders empfindliche maschinelle Einbauten zwangen im Nord-West-Bereich auch zur Anordnung durchgehender Gründungsplatten (Abb.12.3–3).

Beim Verwendungszweck des Bauwerkes waren stärkere Verminderungen der knapp bemessenen lichten Höhen der Hallen und Toröffnungen betrieblich unerwünscht. Aus diesem Grunde wurden sie von vornherein um den zu erwartenden mittleren Setzungsbetrag von 15 cm höher ausgeführt.

Während die Sandsetzungen jeweils unmittelbar nach dem Aufbringen der Lasten eintraten, erstreckten sich die Setzungen des Mergels über viele Jahre. Die sich hieraus ergebenden zeitlichen Setzungsunterschiede mußten vor allem im nordwestlichen Bauwerkteil berücksichtigt werden.

Um Schwierigkeiten von vornherein zu vermeiden, wurden alle zur Aufnahme von Einbauten bestimmten Betonaussparungen mit einem Höhenzuschlag von ± 5 cm nach oben bzw. unten ausgeführt.

Bei Einbauten, für die betriebseitig eine ganz bestimmte Höhenlage gefordert worden war, wurden im übrigen die Justiereinrichtungen so bemessen, daß später – wenn erforderlich – noch zusätzlich 5 cm Höhendifferenz ausgeglichen werden konnten.

Soweit Bewegungsfugen gegen Wasserüberdruck zu dichten waren, wurden gepreßte Warzenbleche aus Aluminium eingebaut. Diese Dichtungesbleche mußten Baublock-Relativbewegungen bis zu 5 cm schadlos aufnehmen können.

Wie in sorgfältigen Parallelversuchen nachgewiesen worden war, hätten auch profilierte Dichtungsbänder aus dem damals bereits zur Verfügung stehenden hornartigen Kunststoff Igelith den gestellten Anforderungen entsprochen.

Um die Setzungen und Sackungen des aufgefüllten Sandes zwischen den Fundamenten klein zu halten, wurde er mit Tiefenrüttlern hochgradig verdichtet.

Durch die getroffenen konstruktiven und baulichen Maßnahmen war die Gewähr gegeben, daß die zu erwartenden Setzungen und Setzungsdifferenzen ohne Gefährdung des Bauwerkes, des flüssigen Baufortschrittes und des späteren Betriebes aufgenommen werden konnten.

Die tiefe Mergelmulde im Nord-West-Teil des Bauwerkes führte bei den getroffenen Maßnahmen zu keinen Schäden. Sie erwies sich im übrigen als idealer Vorfluter für die Grundwasserabsenkung, die zum Bau des Schleusendocks (Kap.8.2.3) nötig war.

3.4.8.4 Berechnung der resultierenden lotrechten Bodenspannungen unter dem Bauwerk

3.4.8.4.1 Allgemeines und Ermittlung der lotrechten Eigenspannungen σ_{zo} des Bodens für das vorliegende Bauwerk

Die resultierenden lotrechten Bodenspannungen σ_{zr} setzen sich zusammen aus den Spannungen σ_{zo} infolge Bodeneigengewicht, vermindert um den Auftrieb, und den Spannungen σ_{zq} aus den zusätzlichen Bauwerklasten (Abb. 3.4.8–3).

$$\sigma_{zr} = \sigma_{zo} + \sigma_{zq}. \tag{3.4.8–1}$$

Neben den stets positiven σ_{zo}-Werten sind im allgemeinen auch die σ_{zq}-Werte positiv. Sie können jedoch teilweise auch negativ sein, wenn das Ausgangsstadium, auf das σ_{zo} bezogen wird, durch große Bodenentnahmen entlastet worden ist, und auch bei großen waagerechten Auflasten hinter dem Lastangriffspunkt. Im vorliegenden Falle waren aber alle Zusatzspannungen positiv.

Die Eigenspannungen ergeben sich nach der Formel:

$$\sigma_{zo} = \Sigma\,\gamma \cdot h. \tag{3.4.8–2}$$

Mit den Raumgewichten für:

Sand: $\gamma/\gamma_a = 1{,}8 \;/\; 1{,}0\ \text{t/m}^3$

jungen Überlagerungsboden:

$\gamma/\gamma_a = 1{,}6 \;/\; 0{,}6\ \text{t/m}^3$

und Geschiebemergel:

$\gamma/\gamma_a = 2{,}25 \;/\; 1{,}25\ \text{t/m}^3$

betrugen sie im vorliegenden Falle:

Tiefe unter Fundamentsohle in m	0	5	10	15	20	25	30	35	40	45	50
σ_{zo} in kg/cm²	0,35	0,85	1,35	1,98	2,60	3,23	3,85	4,48	5,10	5,73	6,35

Tabelle 3.4.8–1 Lotrechte Eigenspannungen σ_{zq} im Boden in verschiedenen Tiefen

3.4.8.4.2 Ermittlung der lotrechten Bodenspannungen σ_z

Die Berechnung von σ_z wird im folgenden zunächst für eine lotrechte Einzelkraft an der Oberfläche eines Halbraumes wiedergegeben. Anschließend wird angegeben, wie die σ_z-Spannungen für beliebige Flächenlasten einfach ermittelt werden können.

3.4.8.4.2.1 Bodenspannungen σ_z aus einer lotrechten Einzellast P an der Oberfläche eines Halbraumes. Nach Fröhlich* ergibt sich für eine lotrechte Einzellast P, die an der Oberfläche

* Fröhlich, O. K.: Druckverteilung im Baugrund, S. 24. Wien: Springer-Verlag 1934.

eines Halbraumes angreift, die lotrechte Bodenspannung σ_z für einen beliebigen Punkt im belasteten Halbraum nach der Formel:

$$\sigma_z = \frac{\nu \cdot P}{2\pi \cdot r^2} \cos^{\nu} \vartheta \tag{3.4.8–3}$$

mit den Werten nach Abb. 3.4.8–2.

ν = Ordnungszahl der Lastausbreitung. Sie richtet sich nach dem elastischen Verhalten des Bodens. Einem Boden mit konstantem Elastizitätsmodul (elastisch isotroper Halbraum) entspricht $\nu = 3$. Einem Elastizitätsmodul der an der Oberfläche des Halbraumes mit Null beginnend linear mit der Tiefe zunimmt, entspricht der Wert $\nu = 4$.

Die von Fröhlich angegebene Formel für σ_z kann für die praktische Anwendung noch umgeformt werden. Zunächst wird die Verhältniszahl:

$$n = x/z \tag{3.4.8–4}$$

eingeführt. Weiter sind entsprechend Abb. 3.4.8–2:

$$\cos^{\nu}\vartheta = \frac{z^{\nu}}{r^{\nu}} \quad \text{und}$$

$$r = (x^2 + z^2)^{1/2} = (n^2 \cdot z^2 + z^2)^{1/2} = z \cdot (n^2 + 1)^{1/2}.$$

Damit ist:

$$\sigma_z = \frac{\nu \cdot P}{2\pi \cdot r^2} \cdot \frac{z^{\nu}}{r^{\nu}} = \frac{\nu \cdot P}{2\pi} \cdot \frac{1}{r^{2+\nu} \cdot z^{-\nu}} =$$

$$= \frac{\nu \cdot P}{2\pi} \cdot \frac{1}{z^{(2+\nu-\nu)} \cdot (n^2 + 1)^{(1+\frac{\nu}{2})}} =$$

$$= P \cdot \frac{1}{z^2} \cdot \frac{\nu}{2\pi \cdot (n^2 + 1)^{(1+\frac{\nu}{2})}} = P \cdot \frac{1}{z^2} \cdot y \tag{3.4.8–5}$$

$$y = \frac{\nu}{2\pi \cdot (n^2 + 1)^{(1+\frac{\nu}{2})}}. \tag{3.4.8–6}$$

Die Spannung σ_z ist demnach umgekehrt proportional dem Quadrat der Tiefe z und direkt proportional einem Beiwert y. Letzterer ist nur abhängig von der Ordnungszahl ν und von der Verhältniszahl n. Die y-Werte brauchen daher für den Parameter ν und die Veränderliche n nur einmal errechnet zu werden und stehen dann für den allgemeinen Gebrauch zur Verfügung.

Aus Gl. (3.4.8–6) ergeben sich durch Einsetzen der ν-Werte folgende Gleichungen:

$$\text{für } \nu = 3: \quad y = \frac{1{,}5}{\pi \cdot (n^2 + 1)^{2,5}} \tag{3.4.8–6a}$$

$$\text{für } \nu = 3{,}5: \quad y = \frac{1{,}75}{\pi \cdot (n^2 + 1)^{2,75}} \tag{3.4.8–6b}$$

$$\text{für } \nu = 4: \quad y = \frac{2}{\pi \cdot (n^2 + 1)^{3}} \tag{3.4.8–6c}$$

Die y-Werte dieser Gleichungen sind in Abb.3.4.8–2 graphisch und in Tab.3.4.8–2 tabellarisch dargestellt.

In ausreichender Näherung kann dieses Verfahren zur Berechnung der σ_z-Spannungen auch angewendet werden, wenn die Einzelkraft P nicht an der Oberfläche des Halbraumes angreift, sondern tiefer.

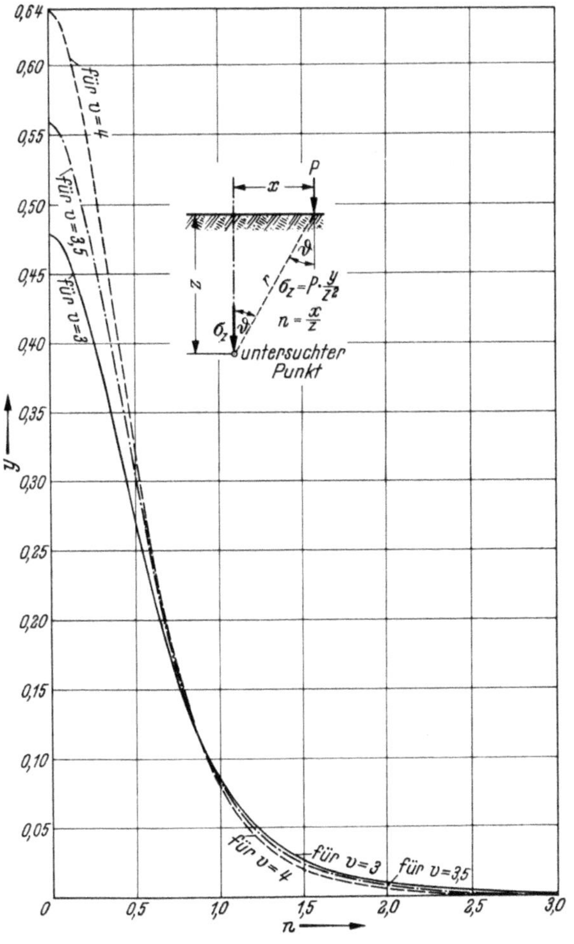

Abb. 3.4.8–2 y-Kurven zur Berechnung von σ_z

$n = \frac{x}{z}$	y		
	$\nu = 3{,}0$	$\nu = 3{,}5$	$\nu = 4{,}0$
0	0,447	0,558	0,637
0,1	0,466	0,543	0,618
0,2	0,433	0,500	0,566
0,3	0,385	0,439	0,492
0,4	0,329	0,370	0,408
0,5	0,273	0,302	0,326
0,6	0,221	0,239	0,253
0,7	0,176	0,187	0,193
0,8	0,139	0,143	0,145
0,9	0,108	0,109	0,107
1,0	0,0844	0,0828	0,0795
1,2	0,0513	0,0480	0,0438
1,4	0,0317	0,0283	0,0246
1,6	0,0200	0,0171	0,0141
1,8	0,0129	0,0105	0,0084
2,0	0,0085	0,0066	0,0051
2,2	0,0058	0,0043	0,0032
2,4	0,0040	0,0029	0,0021
2,5	0,0034	0,0024	0,0017
2,6	0,0028	0,0020	0,0014
2,8	0,0021	0,0014	0,0009
3,0	0,0015	0,00099	0,00064

Tabelle 3.4.8–2 y-Werte zur Berechnung der σ_z-Spannungen nach Gl.(3.4.8–5)

3.4.8.4.2.2 Ermittlung der Spannungen σ_{zq} unter einer beliebigen Gründung unter Verwendung des Kreisringverfahrens. Soll nun der σ_{zq}-Spannungsverlauf unter einem bestimmten Punkt des Gründungshorizontes ermittelt werden, wird in einem Grundrißplan, in dem auch die vorhandenen zusätzlichen Gründungslasten an ihrem Wirkungsort eingetragen sind, um diesen Punkt eine Schar konzentrischer Kreise gelegt (Abb.3.4.8–3). Alle auf den gleichen Kreisring entfallenden Gründungslasten derselben Gründungsebene sind in ihrem spezifischen Einfluß auf σ_z gleichwertig und können daher jeweils zu einer resultierenden Ringlast zusammengefaßt werden. Sie wird in Ringmitte wirkend angesetzt. Der σ_{zq}-Verlauf ergibt sich dann unter Verwendung von Gl. (3.4.8–5) und den Kurven nach Abb.3.4.8–2 oder den interpolierten y-Werten nach Tab.3.4.8–2 sehr einfach in Abhängigkeit von den Ringlasten, deren Einflüsse zu überlagern sind. Weisen die Fundamente einer Anlage verschiedene Gründungstiefen auf, wird die Berechnung für die Lasten der Fundamente gleicher Tiefe durchgeführt. Die σ_{zq}-Einflüsse der Fundamentgruppen werden dann entsprechend überlagert.

3.4.8.4.2.3 Verwendung von Einflußtafeln für σ_z bzw. *σ_{zq} in Verbindung mit der Ringlastmethode.* Der bisher geschilderte Berechnungsgang für σ_z läßt sich im übrigen noch weiter

P in 1000t																		σ_z in kg/cm²
Tiefe z	Waagerechte Entfernung x in m																	
in m	0	5	10	15	20	25	30	35	40	45	50	55	60	65	70	75	80	
5	2,232	0,331	0,026	–	–	–	–	–	–	–	–	–	–	–	–	–	–	
10	0,558	0,302	0,083	0,023	0,007	0,002	0,001	–	–	–	–	–	–	–	–	–	–	
15	0,248	0,180	0,090	0,037	0,016	0,007	0,003	0,002	0,005	–	–	–	–	–	–	–	–	
20	0,140	0,118	0,076	0,041	0,021	0,011	0,006	0,003	0,002	0,001	0,001	–	–	–	–	–	–	
25	0,089	0,080	0,059	0,038	0,023	0,013	0,008	0,005	0,003	0,002	0,001	0,001	0,001	–	–	–	–	
30	0,062	0,057	0,046	0,034	0,022	0,014	0,009	0,006	0,004	0,003	0,002	0,001	0,001	0,001	–	–	–	
35	0,046	0,043	0,037	0,029	0,021	0,015	0,010	0,007	0,005	0,003	0,002	0,002	0,001	0,001	0,001	–	–	
40	0,035	0,033	0,029	0,024	0,019	0,014	0,010	0,007	0,005	0,004	0,003	0,002	0,001	0,001	0,001	0,001	–	
45	0,028	0,027	0,024	0,021	0,017	0,013	0,010	0,007	0,006	0,004	0,003	0,002	0,002	0,001	0,001	0,001	0,001	
50	0,022	0,022	0,020	0,018	0,015	0,012	0,010	0,007	0,006	0,004	0,003	0,003	0,002	0,002	0,001	0,001	0,001	

Tabelle 3.4.8–3 σ_z-Einflußwerte in kg/cm² für P = 1000 t und ν = 3,5

vereinfachen. Unter Verwendung von Gl. (3.4.8–5) und den y-Kurven nach Abb. 3.4.8–2 bzw. den y-Werten nach Gl. (3.4.8–6) lassen sich σ_z-Einflußwerte für Lasten in bestimmten Abständen für bestimmte Tiefen errechnen. Diese einmalig errechneten Einflußwerte können dann allgemein verwendet werden. Bei verschiedenen Gründungstiefen ist auch hier wieder mit Tiefengruppen zu arbeiten.

Für die mittlere Ordnungszahl $\nu = 3{,}5$ sind in Tab. 3.4.8–3 die σ_z-Einflüsse in kg/cm² aus einer Einzellast P = 1000 t angegeben. Die waagerechten Entfernungen x reichen darin von 0–80 m, die Tiefen z von 5 bis 50 m, beides mit 5 m Staffelung. Will man nun unter einer beliebigen Gründung den σ_{zq}-Verlauf unter einem bestimmten Punkt ermitteln, werden im erwähnten Grundrißplan die Kreisringe um diesen Punkt so gelegt, daß die Radien ihrer Mittellinien jeweils mit einer Entfernungsspalte der Tab. 3.4.8–3 zusammenfallen, im vorliegenden Falle also ganze Vielfache von 5 m sind. Im Bedarfsfalle können σ_z-Einflußwerte für bestimmte Ringlastabstände auch interpoliert werden. Die Spannungseinflüsse der anteiligen Ringlasten ergeben sich dann durch Multiplikation der Spaltenwerte der σ_z-Einflußtabelle mit den jeweils zugehörigen Ringlasten in 1000 t. In jeder Zeile bringt die waagerechte Summe der darin enthaltenen Produkte die resultierende Spannung σ_{zq} in der zugehörigen Tiefe. Die in den Spalten erscheinenden Werte geben den σ_{zq}-Anteil der zugehörigen Ringlast an. So ergibt sich ein übersichtliches Bild der gesamten σ_{zq}-Spannungsverteilung.

Durch diese denkbar einfache Rechenoperation erhält man mit ausreichender Genauigkeit die σ_{zq}-Spannungen, die für die Berechnung des Setzungs-Verlaufes erforderlich sind. Unstetigkeiten durch die Ersatzberechnung mit Einzellasten ergeben sich lediglich in der Nähe des Einzellastangriffes, hier also für den Rechnungshorizont z = 5 m. Sie können durch folgerichtigen Ausgleich des aufgetragenen Spannungsverlaufes ohne Schwierigkeiten beseitigt werden. In besonders gelagerten Fällen kann die Spannungsermittlung mit Hilfe von Gl. (3.4.8–5) und Abb. 3.4.8–2 beliebig verfeinert werden, sofern nicht auf die strengen Lösungen nach Fröhlich zurückgegriffen wird.

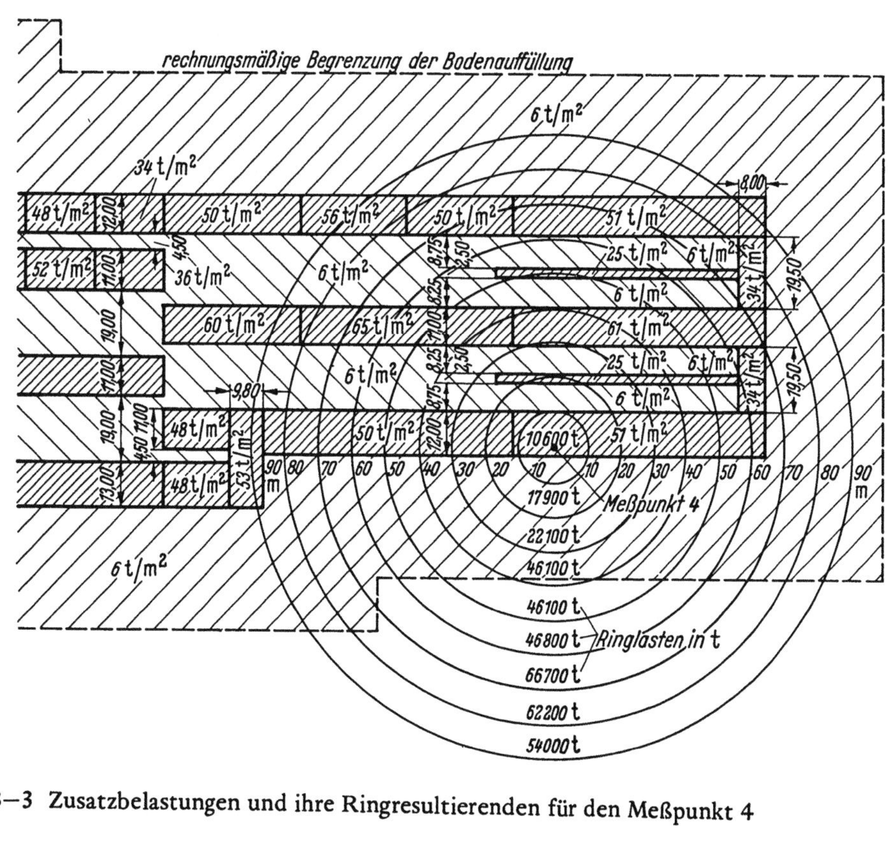

Abb. 3.4.8–3 Zusatzbelastungen und ihre Ringresultierenden für den Meßpunkt 4

3.4.8.4.3 Ermittlung der lotrechten Spannungen σ_{zq} für die Meßpunkte 1 bis 6 des vorliegenden Bauwerkes

Um später die Setzungen der in Abb. 12.3–3 angegebenen Meßpunkte 1 bis 6 berechnen zu können, wurde nach dem oben geschilderten Verfahren der σ_{zq}-Verlauf für jeden dieser sechs Punkte ermittelt. Die entsprechenden Spannungskurven sind in Abb. 3.4.8–4 dargestellt. Die Berechnung als solche ist hier nur für den Meßpunkt 4 wiedergegeben. Abb. 3.4.8–3 zeigt hierfür den Gründungsplan mit den vorhandenen mittleren Zusatzlasten in der Gründungssohle. Da das Bauwerk unvollendet geblieben ist, sind die endgültig vorgesehenen Bodenpressungen im allgemeinen noch nicht erreicht worden. In Abb. 3.4.8–3 sind auch die konzentrischen Kreisringe mit den zugehörigen Ringlasten für den Meßpunkt 4 eingetragen. Das Erfassen der Lasten mit 10 m breiten Ringen war hier ausreichend genau.

P in 1000t	–	10,6	–	17,9	–	22,1	–	46,1	–	46,1	–	46,8	–	66,7	–	62,2	–	54,0	σ_{zq} in kg/cm²
Tiefe z in m	Waagerechte Entfernung x in m																		
	0	5	10	15	20	25	30	35	40	45	50	55	60	65	70	75	80	85	σ_z = 0 5,10
5	–	3,51	–	0,07	–	–	–	–	–	–	–	–	–	–	–	–	–	–	3,58*)
10	–	3,20	–	0,41	–	0,04	–	–	–	–	–	–	–	–	–	–	–	–	3,65
15	–	1,97	–	0,66	–	0,15	–	0,09	–	–	–	–	–	–	–	–	–	–	2,68
20	–	1,25	–	0,73	–	0,24	–	0,14	–	0,05	–	–	–	–	–	–	–	–	2,41
25	–	0,85	–	0,68	–	0,29	–	0,23	–	0,09	–	0,05	–	–	–	–	–	–	2,19
30	–	0,60	–	0,61	–	0,31	–	0,28	–	0,14	–	0,05	–	0,07	–	–	–	–	2,06
35	–	0,46	–	0,52	–	0,33	–	0,32	–	0,14	–	0,09	–	0,07	–	–	–	–	1,93
40	–	0,35	–	0,43	–	0,31	–	0,32	–	0,18	–	0,09	–	0,07	–	0,06	–	–	1,81
45	–	0,29	–	0,38	–	0,29	–	0,32	–	0,18	–	0,09	–	0,07	–	0,06	–	–	1,68
50	–	0,23	–	0,32	–	0,26	–	0,32	–	0,18	–	0,14	–	0,13	–	0,06	–	0,05	1,70

Tabelle 3.4.8–4 Ermittlung des σ_{zq}-Verlaufes unter Meßpunkt 4 für ν = 3,5
*) Anm.: Dieser Wert unmittelbar unter dem Fundament ist infolge der Näherungsrechnung mit Einzellasteinflüssen ungenau. Nach Abb. 3.4.8–4 ist der Ausgleichswert ca. 4,45 kg/cm².

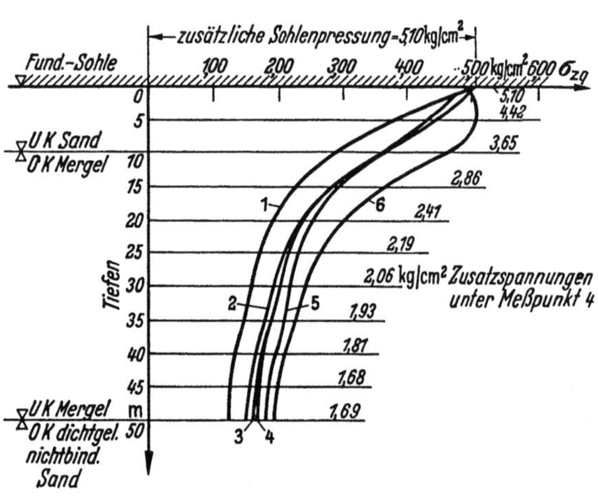

Abb. 3.4.8–4 Verteilung der lotrechten Bodenspannungen σ_{zq} aus der Bauwerkszusatzlast unter den Meßpunkten 1–6 nach Abb. 12.3–3

3.4.8.5 Durchführung der Setzungsberechnung für den Endzustand

Im Rahmen dieser Setzungsberechnung werden – wie üblich – nur die Primärsetzungen ermittelt. Ein einwandfreies Berechnen der Sekundärsetzungen ist zur Zeit noch nicht möglich.

Während die Primärsetzungen als solche nur durch die lotrechten Bodenzusatzspannungen σ_{zq} ausgelöst werden, sind an der Bildung des jeweiligen Setzungsbetrages auch die Bodeneigengewichtsspannungen σ_{zo} beteiligt. Sie bilden besonders für tiefere Bodenschichten eine wesentliche Vorbelastung des Untergrundes, erhöhen dadurch die Steifezahl E_s und vermindern damit den jeweiligen Setzungsbetrag.

Vergleichbar mit der Zusammendrückung elastischer Körper, jedoch mit wechselnder Steifezahl E_s ergibt sich der spezifische Setzungsanteil jeweils zu:

$$\epsilon_s = \frac{\sigma_{zq}}{E_s} . \qquad (3.4.8\text{–}7)$$

Darin bedeuten:

σ_{zq} = zusätzliche lotrechte Bodenspannung in kg/cm² aus den Bauwerkzusatzlasten für den konsolidierten Zustand. Ihre Ermittlung wurde in Kap.3.4.8.4 eingehend behandelt.

E_s = jeweilige Steifezahl in kg/cm². Ihr Verlauf wird von Versuchsanstalten durch den Kompressionsversuch an ungestörten Bodenproben festgestellt und ergibt sich als Funktion der jeweiligen Pressung allgemein nach der Formel:

$$E_s = a \cdot p^b. \qquad (3.4.8\text{–}8)$$

Da sich im Zuge des Setzungsvorganges die Steifezahl an jeder Stelle entsprechend dem wirksamen Spannungszuwachs $\Delta \sigma_z = 0 \rightarrow \sigma_{zq}$ vergrößert, ist die Setzungsberechnung für die mittlere Steifezahl

$$E_{sm} = a \cdot (\sigma_{zo} + 1/2 \cdot \sigma_{zq})^b. \qquad (3.4.8\text{–}9)$$

durchzuführen.

Häufig wird aber auch mit der Zusammendrückung in Prozenten der Ausgangsprobenhöhe entsprechend der Spannungszunahme in den in einer Versuchsanstalt ermittelten Drucksetzungskurven gearbeitet. Die Berechnung wird abschnittsweise und tabellarisch durchgeführt.

Im vorliegenden Falle wurde der Ansatz nach Gl.(3.4.8–9) angewendet unter Berücksichtigung der Steifezahlen nach Abb.3.4.8–1 für Geschiebemergel und einem nach Ziff.3.4.8.2 2,31 mal so großen Wert für den diluvialen Sand.

Nach Ermittlung der Steifezahlen für die Berechnungspunkte der σ_{zq}-Spannungen werden die Ordinaten der σ_{zq}-Spannungsfläche durch die zugehörigen Steifezahlen dividiert. Der Inhalt der so gewonnenen reduzierten Spannungsfläche stellt dann den jeweiligen Setzungsbetrag s dar.

Die tabellarische Setzungsberechnung für Meßpunkt 4 ist in Tab.3.4.8–5 wiedergegeben. Die geringfügigen Setzungen aus den Schichten unterhalb des Geschiebemergels wurden im vorliegenden Falle vernachlässigt.

Bodenarten	Tiefe in m	σ_{zq} in kg/cm²	σ_{zo} in kg/cm²	σ_{zo} + ½ σ_{zq} in kg/cm²	E_s in kg/cm²	$\frac{\sigma_{zq}}{E_s}$	Setzungsanteile Δs in cm	Setzungsanteile in cm
Sand	0	5,10	0,35	2,90	705	0,00723	3,3	Sandsetzung 6,0
	5	4,45	0,85	3,08	733	0,00608		
	10	3,65	1,35	3,18	759	0,00481	2,7	
Geschiebemergel	10	3,65	1,35	3,18	329	0,01110	4,9	
	15	2,87	1,98	3,42	346	0,00830	3,7	
	20	2,41	2,60	3,81	378	0,00638	2,9	
	25	2,19	3,23	4,33	418	0,00524	2,4	Mergelsetzung
	30	2,06	3,85	4,88	461	0,00447	2,1	
	35	1,93	4,48	5,45	502	0,00384	1,8	
	40	1,81	5,10	6,01	543	0,00334	1,6	
	45	1,68	5,73	6,57	584	0,00288	1,4	
	50	1,70	6,35	7,20	630	0,00270		20,8
						Gesamtsetzung =	26,8 cm	

Tabelle 3.4.8–5 Berechnung der Setzung des Meßpunktes 4

Für die übrigen Meßpunkte sind in Tab. 3.4.8–6 nur die Berechnungsergebnisse genannt. In Abb. 3.4.8–5 sind sie zeichnerisch dargestellt.

Meßpunkte	1	2	3	4	5	6
Sandsetzungen in cm	5,7	6,0	6,0	6,0	6,0	6,4
Mergelsetzungen in cm	17,2	20,3	20,7	20,8	21,6	24,0
Gesamtsetzungen in cm	22,9	26,3	26,7	26,8	27,6	30,4

Tabelle 3.4.8–6 Zusammenstellung der errechneten Setzungen für die Meßpunkte 1 bis 6

Zur Berechnung des zeitlichen Setzungsverlaufes des Geschiebemergels reichten die vorliegenden Bodenaufschlüsse nicht aus.

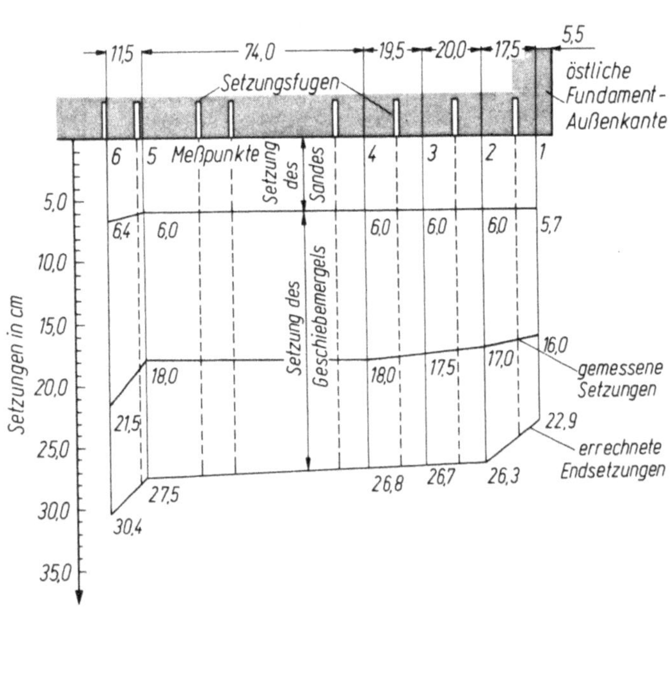

Abb. 3.4.8–5 Errechnete Setzungen für den Sand und den Geschiebemergel im Endzustand und gemessene Setzungen 2,5 –3 Jahre nach Errichtung des Bauwerkes

3.4.8.6 Ergebnisse der durchgeführten Setzungsmessungen

Um das setzungsmäßige Verhalten des Bauwerkes einwandfrei verfolgen zu können, wurden, sobald und soweit die Bauausführung es gestattete, umfangreiche Bewegungsmessungen durchgeführt. Diese Messungen erfaßten mit einem systematisch ausgewählten Netz von mehr als 70 Meßpunkten das gesamte Bauwerk. Neben Setzungen wurden in geeigneten Fällen auch Horizontalverschiebungen und Verkippungen von Baublöcken gemessen.

Diese Messungen verfolgten einen vierfachen Zweck:

a) Da beim vorliegenden Baugrund ungewöhnlich hohe Bodenpressungen von 8,0 bzw. 8,5 kg/cm^2 zugelassen wurden, war es erforderlich, die auftretenden Bewegungen vom Baubeginn an zu verfolgen. So konnten gegebenenfalls notwendig werdende Korrekturen in den Aussparungshöhen für Einbauteile und andere konstruktive Maßnahmen bei späteren Bauabschnitten berücksichtigt werden.

b) Da die Einbauten teilweise empfindlich gegen Höhendifferenzen waren, sollten die erzielten Messergebnisse als Anhaltspunkte mit herangezogen werden, um bei Beginn der Einbaumontage den zweckmäßigsten Montagehorizont festzulegen.

c) Die Messungen sollten auch nach Abschluß der Bauarbeiten laufend weitergeführt werden, um erforderlich werdende Nachjustierungen von Einbauten rechtzeitig erkennen und die Abhilfemaßnahmen frühzeitig vorbereiten zu können.

d) Die Messungen sollten schließlich als Grundlagen für wissenschaftliche Auswertungen im Sinne der Baugrundforschung und der Weiterentwicklung der Berechnungsmethoden im Grundbau dienen.

Unter Vermeidung übertriebener Meßgenauigkeiten wurde ein mittlerer Fehler von ± 3 mm zugelassen. Die Setzungsmessungen wurden mit Präzisionsinstrumenten durchgeführt, mit denen Millimeter abgelesen und Zehntel-Millimeter geschätzt werden konnten.

Trotz der Schwierigkeiten, die der Betrieb einer Großbaustelle für solche Vermessungsarbeiten mit sich brachte, wurden sie laufend durchgeführt und gleichzeitig auch der jeweilige Bauzustand festgehalten. Auf diese Weise konnten jederzeit die Beziehungen zwischen Belastungen und Setzungen hergestellt und verfolgt werden. Eine Notwendigkeit konstruktiver Änderungen des Bauwerkes ergab sich dabei nicht. Wenngleich die Meßergebnisse bereits bald vermuten ließen, daß die mittlere Gesamtsetzung mit 15 cm zu klein angegeben worden war, so blieben doch die Setzungsunterschiede der Baublöcke innerhalb der zugelassenen Grenzen. Der Montagehorizont konnte in der ursprünglich vorgesehenen relativen Höhenlage beibehalten werden.

Da ein großer Teil der Meßergebnisse einschließlich des Übersichtplanes der Meßpunkte nach den Wirren des Kriegsendes nicht mehr zur Verfügung stand, lagen vorerst ausreichend vollständige Untersuchungsergebnisse nur für die auf Abb.12.3–3 dargestellten Meßpunkte 1–6 vor.

Zur Vervollständigung dieser Unterlagen wurde 2,5 bis 3 Jahre nach Kriegsende von der zuständigen Kataster- und Vermessungsverwaltung erstmals wieder die Höhenlage dieser sechs Punkte gemessen. Diese Folgemessung wurde mit der gleichen Ablesegenauigkeit wie früher durchgeführt. Da sie jedoch wahrscheinlich unter anderen Bedingungen ausgeführt wurde, muß für diese erste Folgemessung mit geringen Ungenauigkeiten gerechnet werden. Es kann jedoch angenommen werden, daß diese Ungenauigkeiten für den einzelnen Meßpunkt den Gesamtbetrag von ± 1 cm nicht überschritten.

Die berechneten Gesamtsetzungen und die bis zum Zeitpunkt der ersten Folgemessung nach dem Kriege tatsächlich aufgetretenen Setzungen sind in Abb.3.4.8–5 dargestellt.

Beide Setzungslinien zeigen eine gleiche charakteristische Form. Die Setzungen nehmen vom östlichen Bauwerksende aus zu und wachsen vom Meßpunkt 5 zum Meßpunkt 6 sprunghaft an. Dieser Sprung ist auf die besondere Lastenanreicherung beim Meßpunkt 6 zurückzuführen.

Spätere Folgemessungen zeigten, daß die Setzungen der betrachteten Meßpunkte im Verlauf von weiteren rd. 6 Jahren um etwa 5–6 cm zunahmen.

P in 100 t														Spalte für σ_z
Tiefe z in m	waagerechte Entfernung x in m													
	0	0,5	1	2,5	5	7,5	10	15	20	25	30	35	40	
2,5	0,764	0,693	0,527	0,135	0,014	0,002	0,001	–	–	–	–	–	–	
5	0,191	0,186	0,173	0,109	0,034	0,010	0,003	0,001	–	–	–	–	–	
7,5	0,085	0,084	0,081	0,065	0,034	0,015	0,007	0,002	–	–	–	–	–	
10	0,048	0,047	0,047	0,041	0,027	0,016	0,008	0,003	0,001	–	–	–	–	
15	0,021	0,021	0,021	0,020	0,016	0,012	0,008	0,004	0,002	0,001	–	–	–	
20	0,012	0,012	0,012	0,011	0,010	0,009	0,007	0,004	0,002	0,001	0,001	–	–	
25	0,008	0,008	0,008	0,007	0,007	0,006	0,005	0,004	0,002	0,001	0,001	0,001	–	
30	0,005	0,005	0,005	0,005	0,005	0,005	0,004	0,003	0,002	0,001	0,001	0,001	–	
35	0,004	0,004	0,004	0,004	0,004	0,004	0,003	0,003	0,002	0,001	0,001	0,001	0,001	
40	0,003	0,003	0,003	0,003	0,003	0,003	0,003	0,002	0,002	0,001	0,001	0,001	0,001	

Tabelle 3.4.8–7 σ_Z-Einflußwerte in kg/cm² für P = 100t und ν = 3,0

P in 1000t															Spalte für σ_z
Tiefe z in m	waagerechte Entfernung x in m														
	0	0,5	1,0	2,5	5	7,5	10	15	20	25	30	35	40	50	
2,5	7,640	6,926	5,271	1,351	0,137	0,024	0,006	0,001	–	–	–	–	–	–	
5	1,910	1,863	1,731	1,093	0,338	0,100	0,034	0,006	0,002	0,001	–	–	–	–	
10	0,478	0,475	0,466	0,410	0,273	0,157	0,084	0,025	0,008	0,003	0,002	0,001	–	–	
15	0,212	0,212	0,210	0,198	0,163	0,122	0,085	0,038	0,016	0,008	0,004	0,002	0,001	–	
20	0,119	0,119	0,119	0,115	0,103	0,086	0,068	0,039	0,021	0,011	0,006	0,004	0,002	0,001	
25	0,076	0,076	0,076	0,075	0,069	0,062	0,053	0,035	0,022	0,014	0,008	0,005	0,003	0,001	
30	0,053	0,053	0,053	0,052	0,050	0,046	0,041	0,030	0,021	0,014	0,009	0,006	0,004	0,002	
35	0,039	0,039	0,039	0,038	0,037	0,035	0,032	0,026	0,019	0,014	0,010	0,007	0,005	0,002	
40	0,030	0,030	0,030	0,030	0,029	0,027	0,026	0,021	0,017	0,013	0,010	0,007	0,0051	0,003	
45	0,024	0,024	0,024	0,023	0,023	0,022	0,021	0,018	0,015	0,012	0,009	0,007	0,005	0,003	
50	0,019	0,019	0,019	0,019	0,019	0,018	0,017	0,015	0,013	0,011	0,009	0,007	0,006	0,003	

Tabelle 3.4.8–8: σ_Z-Einflußwerte in kg/cm² für P = 1000t und ν = 3,0

P in 10000t															Spalte für σ_z
Tiefe z in m	waagerechte Entfernung x in m														
	0	0,5	1,0	2,5	5	10	15	20	30	40	50	75	100	200	
5	19,100	18,629	17,314	10,934	3,377	0,342	0,060	0,016	0,002	0,001	–	–	–	–	
10	4,775	4,475	4,657	4,103	2,734	0,844	0,251	0,085	0,015	0,004	0,001	–	–	–	
15	2,122	2,116	2,099	1,982	1,631	0,846	0,375	0,165	0,038	0,011	0,004	0,001	–	–	
20	1,194	1,192	1,186	1,149	1,029	0,683	0,391	0,211	0,063	0,021	0,008	0,001	–	–	
25	0,764	0,763	0,761	0,745	0,693	0,527	0,354	0,222	0,082	0,032	0,014	0,002	0,001	–	
30	0,530	0,530	0,529	0,521	0,495	0,408	0,304	0,212	0,094	0,041	0,019	0,004	0,001	–	
40	0,298	0,298	0,298	0,295	0,287	0,256	0,215	0,171	0,098	0,053	0,028	0,007	0,002	–	
50	0,191	0,191	0,191	0,190	0,186	0,173	0,154	0,132	0,089	0,055	0,034	0,010	0,003	–	
75	0,085	0,085	0,085	0,085	0,084	0,081	0,077	0,071	0,059	0,045	0,034	0,015	0,007	0,001	
100	0,048	0,048	0,048	0,048	0,048	0,047	0,045	0,043	0,039	0,033	0,028	0,016	0,008	0,001	
200	0,012	0,012	0,012	0,012	0,012	0,012	0,012	0,012	0,011	0,011	0,010	0,009	0,007	0,002	

Die Gesamtsetzung wird sich weitgehend nach den tatsächlichen Streifezahlen des Geschiebemergels richten. Stimmen letztere mit der hier zugrunde gelegten Beziehung $E_s = 130 \cdot p^{0,8}$ überein, wird die mittlere Gesamtsetzung einschließlich der bereits voll eingetretenen Sandsetzung im untersuchten Wandbereich rd. 27 cm betragen.

Der Wert und der Genauigkeitsgrad der durchgeführten Setzungsberechnung soll auch noch anhand weiterer Folgemessungen überprüft werden. Ein kritisches Urteil kann allerdings auch später nur abgegeben werden, wenn die Steifezahlen für den hier anstehenden Geschiebemergel abhängig von der Tiefe an zahlreichen ungestörten Bodenproben festgestellt worden sind.

Das ursprünglich für das 10 m dicke Sandpolster angegebene Setzungsmaß von rd. 6 cm wurde sowohl durch die Messungen als auch durch die Setzungsberechnung bestätigt.

Als wesentlichstes Ergebnis der bisherigen Setzungsmessungen kann ausgesagt werden, daß die Setzungen trotz der großen Bodenbelastungen in den rechnungsmäßig zu erwartenden Grenzen liegen. Sie nahmen keinerlei unkontrollierte Formen an und konnten vom Bauwerk ohne Schäden aufgenommen werden.

Bezüglich der aus den berechneten und aufgetretenen Setzungen zu ziehenden Folgerungen wird auch auf Kap.12.3.5 verwiesen.

Die Setzungen haben damit das ursprünglich vom Gutachter genannte mittlere Maß von 15 cm bereits beachtlich überschritten, obwohl das Bauwerk nur teilfertig stehen blieb. Sie sind noch im Gang und werden erst nach vielen Jahren völlig zur Ruhe kommen. Die Setzungsgeschwindigkeit hängt in hohem Maße davon ab, wie häufig der Geschiebemergel von Sandlagen durchzogen ist, die als Dränagen wirken.

3.4.8.7 Weitere σ_z-Einflußwerttafeln für lotrechte Einzellasten und $\nu = 3,0$

Im folgenden sind für die praktische Anwendung des Einflußwertverfahrens bei anderen Projekten für die lotrechten Lasten 100, 1000 und 10 000 t und die Ordnungszahl $\nu = 3$ die Einflußwerttafeln wiedergegeben. Sie sollen vor allem dem Ingenieur in der Praxis die Durchführung von Setzungsberechnungen erleichtern und von vornherein einen gewissen Überblick über die Lastausbreitung im Boden vermitteln.

4. Gemessene Werte von Wasserüberdruck und artesischem Druck

4.1 Allgemeines

Für alle Ufereinfassungen, bei denen Höhenunterschiede zwischen dem freien Außenwasser- und dem gleichzeitigen Grundwasserspiegel auftreten können, ist die Frage nach dem richtigen Ansatz des Wasserüberdruckes von besonderer Bedeutung. Dabei ergibt sich ein wesentlicher Unterschied, je nachdem, ob die Ufereinfassung einen dichten Abschluß darstellt oder durchlässig ist, ob der Bauwerkfuß umströmt werden kann, ob das Bauwerk kurz oder lang ist und flach oder tief unter die Gewässersohle reicht.

Bei kurzen Bauwerken, deren Fuß umströmt werden kann, bildet sich – ausgenommen bei starken Wellen – kein großer Wasserüberdruck, weil hierbei der Ausgleich der Wasserspiegel leicht möglich ist.

Bei langgestreckten Bauwerken muß sorgfältig überlegt werden, welcher Wasserüberdruck in den maßgebenden Lastfällen anzusetzen ist und ob durch den Einbau einer geeigneten Entwässerung eine Abminderung des Wasserüberdruckes herbeigeführt werden sollte.

Unter Auswertung von Messungen an ausgeführten Bauwerken hat der Arbeitsausschuß „Ufereinfassungen" in seiner Empfehlung E 19 die in Fällen ohne und mit Entwässerung unter häufig vorkommenden Bedingungen anzusetzenden Wasserüberdrücke – den Lastfällen zugeordnet – zusammengefaßt. E 19 der EAU gilt aber nur für mögliche Fußumströmung. Für überbaute Böschungen hinter Spundwandbauwerken mit umströmbarem Fuß ist der Ansatz der Grundwasserspiegellagen und des jeweiligen Wasserüberdrucks in E 65 der EAU festgelegt.

So wertvoll diese Empfehlungen auch sind, muß doch festgestellt werden, daß die darin enthaltenen Voraussetzungen in der Praxis des öfteren nur teilweise und vereinzelt überhaupt nicht erfüllt sind. In diesen Fällen sind vertiefte zusätzliche Überlegungen anzustellen, um ausreichend zutreffende Wasserüberdruckansätze zu finden. Dabei ist zu beachten, daß der Wasserdruck auf der Landseite auf die maßgebende Erddruckgleitfuge und auf der Wasserseite auf die maßgebende Gleitfuge für den Erdwiderstand bezogen werden muß, um den auf den jeweiligen Gleitkörper wirkenden Strömungsdruck mit zu erfassen. Für eine verfeinerte Ermittlung des Wasserüberdrucks benötigt man ein Strömungsnetz, das nach E 113 der EAU ermittelt werden kann. Der Einfluß des strömenden Grundwassers auf Wasserüberdruck, Erddruck und Erdwiderstand ist in E 114 der EAU eingehend behandelt.

Die Ausbildung von Durchlaufentwässerungen bei Spundwandbauwerken ist in E 51 und die von Entwässerungen mit Rückstauverschlüssen im Tidegebiet in E 32 und E 75 der EAU beschrieben.

Wenn ein Verstopfen der Entwässerung durch Bewuchs, Sink- oder Schwebestoffe oder eine Verockerung der Anlage in Frage kommt, ist auch noch bei Rückstauentwässerungen äußerste Vorsicht geboten. Verschiedene Fälle sind bekannt geworden, in denen Bauwerke nachgegeben haben oder Bauwerksteile überlastet worden sind, weil die Entwässerung nicht mehr einwandfrei oder überhaupt nicht mehr gearbeitet hat. Deshalb wird bei Bauwerken mit Entwässerung im allgemeinen gefordert, daß sie auch bei völligem Ausfall derselben noch eine gewisse Reststandsicherheit aufweisen.

In den folgenden Kapiteln werden nun verschiedene Beispiele mit und ohne Entwässerung angeführt, in denen der Wasserüberdruck gemessen worden ist. Die gefährlichen Auswirkungen artesischen Druckes auf die Standsicherheit von Ufereinfassungen wird in den Kap. 5.4.1 und 5.4.9 näher behandelt. Bezüglich der möglichen Entlastung artesischen Druckes unter Hafensohlen wird auch auf E 53 der EAU besonders hingewiesen.

4.2 Wasserstände in und hinter einem hölzernen Fangedamm für den Bau einer Seeschiffkaimauer in einem norddeutschen Tidehafen

(vgl. auch Kap.4.4.1 und 5.4.10)

Als Anfang der zwanziger Jahre auf einer rd. 1000 m langen Uferstrecke eine neue Seeschiffkaimauer errichtet werden sollte, wurde beschlossen, sie auf Holzpfählen zu gründen. Letztere waren sehr preiswert zu beschaffen und hatten sich in den vorhergegangenen Jahrzehnten bewährt. Die Oberkante der Pfähle mußte jedoch so tief gelegt werden, daß ein Trockenfallen der Pfahlköpfe und damit ein Faulen derselben mit Sicherheit vermieden wurde. Hierzu wurde auf der gesamten Uferstrecke – nachdem die Pfähle gerammt waren – mit Hilfe eines Elevators eine Vorböschung aus Sand aufgefüllt. Auf diesem über die spätere Rostplattensohle reichenden Sandkörper wurde als Abschluß der Baugrube ein Fangedamm zwischen Holzspundwänden nach Abb.4.2–1 errichtet. Im Schutze dieses Fangedammes wurde in der Baugrube das Grundwasser abgesenkt, der Boden bis zur Rostplattenunterkante ausgehoben, die Pfähle abgeschnitten und zugerichtet sowie die Platte betoniert.

Da der auf einen Fangedamm wirkende Wasserdruck von seiner Füllung abgetragen werden muß, war es für die Standsicherheit des vorliegenden Bauwerkes besonders wichtig, daß der Wasserdruck nur auf die wasserseitige und nicht auf die baugrubenseitige Spundwand wirkte. Deshalb wurde die wasserseitige Spundwand länger als die baugrubenseitige und besonders dicht ausgeführt. Zur Überprüfung der Wasserstände wurden im Fangedamm Beobachtungsrohre eingebaut. Sie zeigten einen sehr starken Abfall des Grundwasserspiegels innerhalb des Fangedammes bis unter die Baugrubensohle. Einige Meßergebnisse sind in Abb.4.2–1 wiedergegeben. Das gesteckte Ziel einer weitgehenden Vermeidung von Wasserdruck auf die baugrubenseitige Spundwand wurde danach voll erreicht.

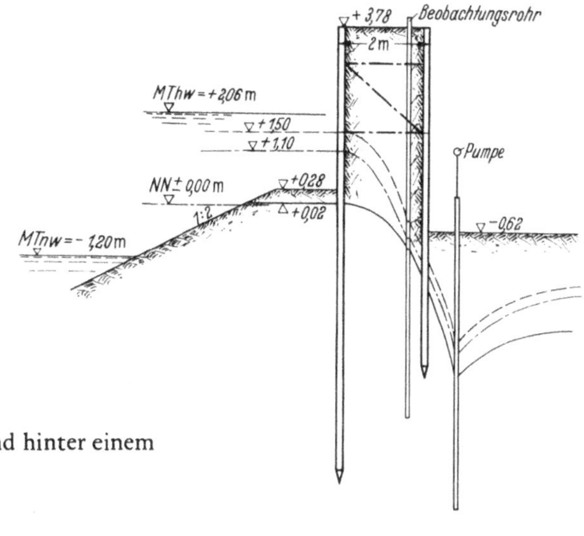

Abb. 4.2–1 Verlauf der Wasserstände in und hinter einem hölzernen Fangedamm

Da abgesetzte Schlammschichten, auch wenn sie sehr dünn sind, die Wasserstandverhältnisse in einem Fangedamm grundlegend ändern können, sollten die tatsächlichen Wasserstände in Fangedämmen stets mit Standrohren überprüft werden. Nur dann kann – notfalls mit Zusatzmaßnahmen – gewährleistet werden, daß der Wasserdruck tatsächlich auf die wasserseitige und nicht auf die baugrubenseitige Wand wirkt. Sonst würde die Standsicherheit des Fangedammes entscheidend herabgesetzt.

4.3 Wasserüberdruck hinter Spundwandbauwerken

4.3.1 Spundwandbauwerk mit Rückstauentwässerung in einem norddeutschen Tidehafen

Die Uferspundwand war in einem Gebiet mit Sanduntergrund errichtet und mit Sand hinterfüllt worden. Sie war mit einer Rückstauentwässerung ausgerüstet, die an den Hohlraum anschloß, der sich erfahrungsgemäß unter einem doppelten U-Stahlgurt der Spundwandverankerung bildet (Abb.4.3.1–1).

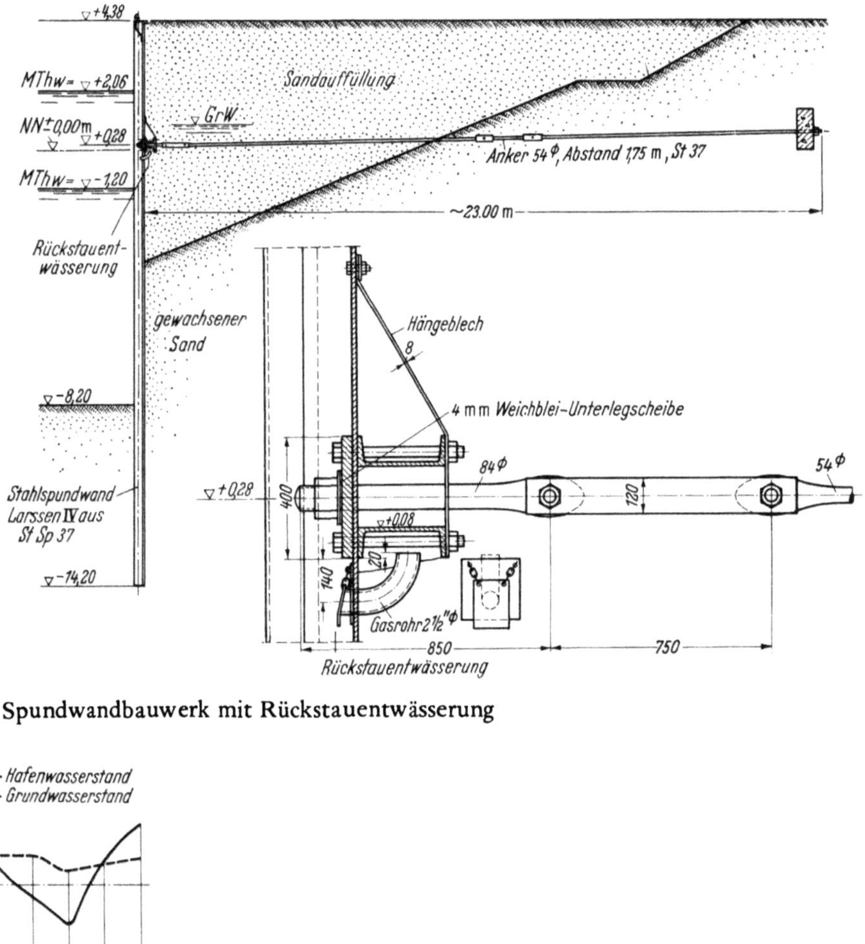

Abb. 4.3.1–1 Spundwandbauwerk mit Rückstauentwässerung

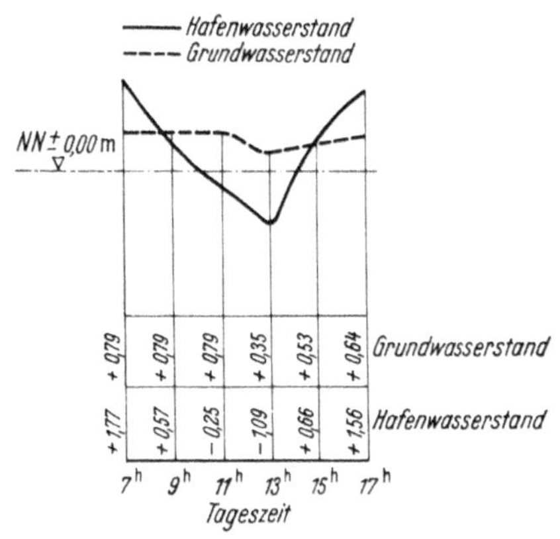

Abb. 4.3.1–2 Verlauf des Hafen- und des Grundwasserstandes 2,50 m hinter der Uferspundwand, über eine Tide gemessen

Vor einer in Erwägung gezogenen Hafenvertiefung wurden die Grundwasserstände 2,50 m hinter der Spundwand gemessen. Abb.4.3.1–2 zeigt hierzu das kennzeichnende Ergebnis.

Der Nutzen der Rückstauentwässerung war im vorliegenden Falle gering. Der Grundwasserspiegel hätte sich auch ohne Entwässerung etwa in gleicher Höhe eingestellt.

Wenn eine Rückstauentwässerung wirksam arbeiten soll, muß sie wesentlich tiefer, mit Auslaufunterkante etwa in Höhe von MTnw, angeordnet werden. Dann ist auch die Gefahr einer erhöhten Verockerung durch häufigen längeren Luftzutritt entsprechend geringer.

4.3.2 Spundwandbauwerk mit Durchlaufentwässerung in einem norddeutschen Tidehafen (vgl. auch Kap.5.1.2.3)

Mehrere Jahre nach der Errichtung einer Uferspundwand mit Durchlaufentwässerung (Abb.5.1.2.3–2) sollte die Hafensohle – wie vorgesehen – um 1,0 m vertieft werden. Voraussetzung dafür war, daß der mit 1,0 t/m² angesetzte Wasserüberdruck im Bauwerk nicht überschritten wurde. Um dies zu überprüfen, wurden die Grundwasserstände hinter dem Bauwerk mit Hilfe von vier Meßbrunnen über zahlreiche Tiden beobachtet. Kennzeichnende Meßergebnisse der einzelnen Brunnen und die gleichzeitige Tidekurve sind in Abb.4.3.2–2 dargestellt. Die Beobachtungen zeigten, daß die Wasserstände unmittelbar hinter der Spundwand mit einer gewissen Dämpfung und Phasenverschiebung der Tidekurve folgten. Je größer der Abstand von der Spundwand war, um so größer waren Dämpfung und Phasenverschiebung. Etwa 20 bis 25 m hinter der Spundwand lag der Grundwasserspiegel, wie in sonst beobachteten Fällen weitgehend unabhängig von der Tide, etwa 15 bis 30 cm über Tidehalbwasser.

Der Grundwasserspiegel hinter der Uferspundwand mit Durchlaufentwässerung führte also während einer Tide eine Drehbewegung um einen Punkt aus, der etwa 20 bis 25 m hinter der Spundwand auf dem genannten beinahe ruhenden Grundwasserspiegel lag. Dieser Vorgang wurde ausgelöst durch das Ausströmen von Wasser durch die Entwässerung, aber teilweise auch durch die Spundwandschlösser – im vorliegenden Falle aber ohne Umströmung des Spundwandfußes – solange der Grundwasserspiegel hinter der Spundwand höher lag als der Außenwasserspiegel. Im umgekehrten Falle wechselte die Fließrichtung.

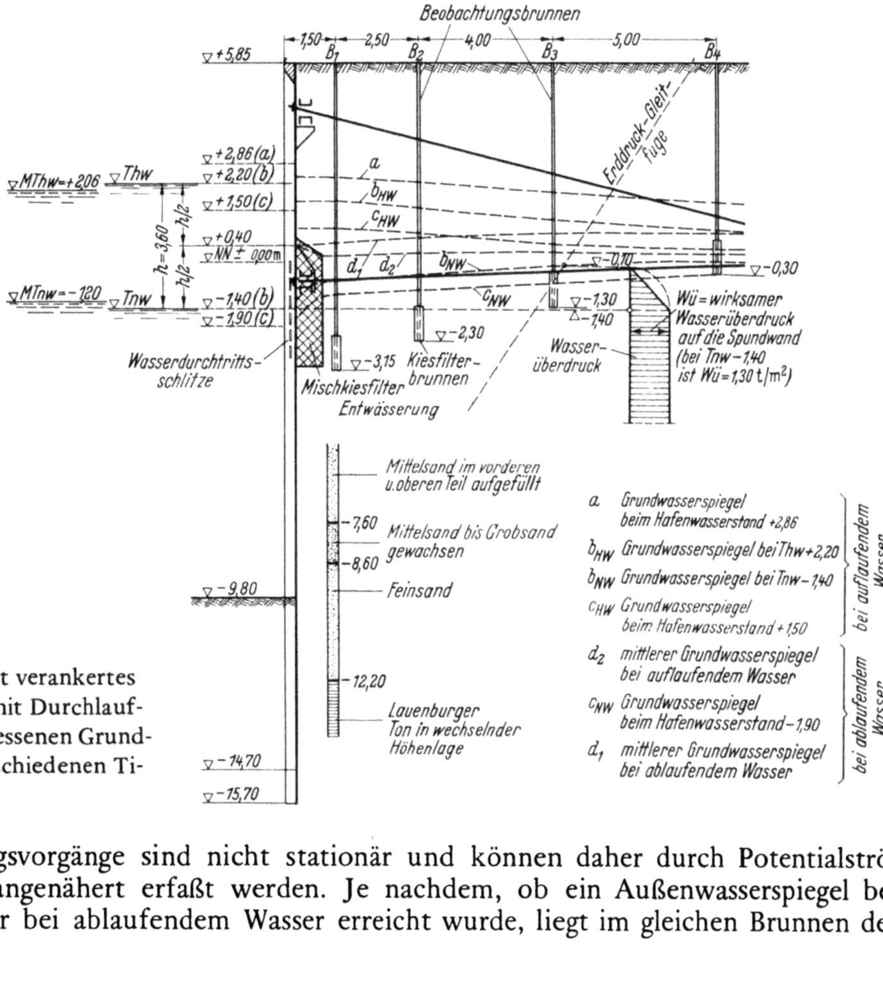

Abb. 4.3.2–1 Doppelt verankertes Spundwandbauwerk mit Durchlaufentwässerung mit gemessenen Grundwasserständen bei verschiedenen Tidewasserspiegelhöhen

Diese Strömungsvorgänge sind nicht stationär und können daher durch Potentialströmungsnetze nur angenähert erfaßt werden. Je nachdem, ob ein Außenwasserspiegel bei auflaufendem oder bei ablaufendem Wasser erreicht wurde, liegt im gleichen Brunnen der

Grundwasserspiegel verschieden hoch (Abb.4.3.2–1 und –2). Dies ist auf die durch den Strömungsvorgang ausgelöste, mit zunehmender Dämpfung wachsende Phasenverschiebung gegenüber der Tidekurve zurückzuführen.

Die geschilderten Vorgänge sind für den wirksamen Wasserüberdruck von besonderer Bedeutung. Der auf die Erddruckgleitfuge zu beziehende wirksame Wasserüberdruck belastet, soweit er nicht auch unmittelbar auf die Spundwand wirkt, als Strömungsdruck den Erddruckgleitkeil. Letzterer gibt ihn in Form eines zusätzlichen Erddruckes unabgemindert an die Uferspundwand weiter.

Maßgebend für den Wasserüberdruckansatz ist die Höhe des Schnittpunktes der Erddruckgleitfuge mit dem Grundwasserspiegel bei abfallend erreichtem Tideniedrigwasser, im vorliegenden Falle etwa ausgedrückt durch den tiefsten Punkt der Ganglinie für Meßbrunnen B 3 (Abb.4.3.2–1 und –2). Hier ist die Dämpfung der Grundwasserbewegung bereits groß. Bei der in Abb.4.3.2–2 dargestellten Messung ergaben sich Wasserüberdrücke von 1,2 und 1,3 t/m^2

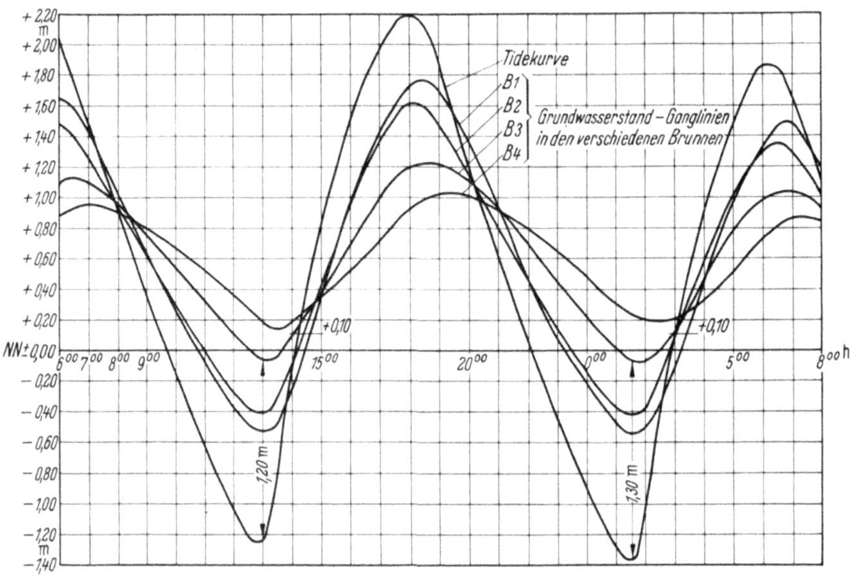

Abb. 4.3.2–2 Grundwasserstand-Ganglinien in den verschiedenen Beobachtungsbrunnen

Aufgrund der Meßergebnisse mußte angenommen werden, daß bei extrem niedrigen Außenwasserständen der wirksame Wasserüberdruck etwa auf 1,5 t/m^2 ansteigt. Die Vertiefung der Hafensohle um 1,0 m mußte daher vorerst zurückgestellt werden. Erst nach Feststellung der tatsächlichen Beanspruchungen der Spundwand unter Einsatz eines Spezialgerätes, das Neigungsänderungen der Spundwand aufzeichnete, mit deren Hilfe dann die Biegemomente und die vorhandenen Spannungen errechnet wurden, konnte die Vertiefung vorgenommen werden. Denn damit konnte nachgewiesen werden, daß die Spundwandspannungen noch in tragbaren Grenzen blieben. Eine etwas verminderte Standsicherheit in der tiefen Gleitfuge mußte dabei in Kauf genommen werden.

Die vorliegenden Messungen haben einen guten Einblick in die Grundwasserbewegungen im Erdkörper hinter der Durchlaufentwässerung eines Spundwandbauwerkes ergeben. Es war daraus zu erkennen, daß Durchlaufentwässerungen in Häfen mit hohem Tidehub den Wasserüberdruck keinesfalls so weit abbauen, wie landläufig angenommen wurde. Richtig ausgebildete Rückstauentwässerungen, deren Auslauf–Unterkante in Höhe von MTnw angeordnet wird, sind in solchen Fällen wesentlich wirksamer und dann zu empfehlen, wenn auf eine Entwässerung nicht verzichtet werden kann.

4.3.3 Spundwandbauwerk an einem norddeutschen Werkhafen mit Tideeinfluß

Im vorliegenden Werkhafen sollte bald nach dem zweiten Weltkrieg die Sohle aus betrieblichen Gründen vertieft werden. Dies war aber nur möglich, wenn die bestehende Uferspundwand den dabei auftretenden größeren Beanspruchungen noch standhalten konnte. Zur Überprüfung mußten vor allem die tatsächlich auftretenden Wasserüberdrücke festgestellt werden. Hierzu wurden 1,0 m hinter der Wand zwei Grundwassermeßpegel eingebaut (Abb.4.3.3–1). Pegel 1 lag in einem Abschnitt mit Stahlspundwand, Pegel 2 hinter einer Holzspundwand. In beiden Bereichen stand Sand an, so daß der Fuß der Spundwand umströmt werden konnte.

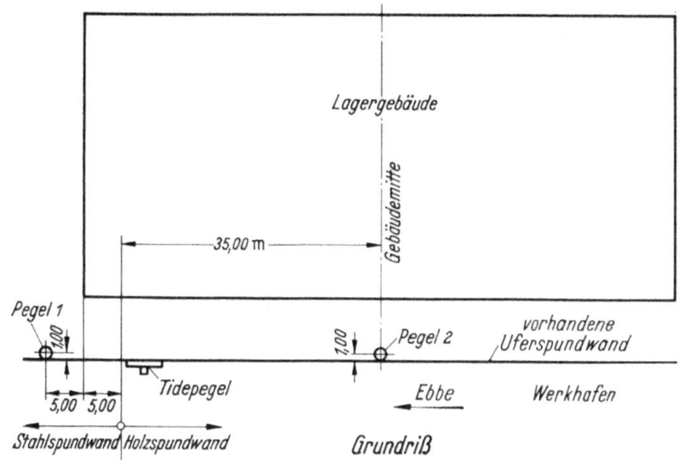

Abb. 4.3.3–1 Lage der Meßstellen am Spundwandbauwerk

Die kennzeichnenden Meßergebnisse sind in Abb.4.3.3–2 aufgetragen. Danach folgte Pegel 2 stärker als Pegel 1 den Hafenwasserständen. Die Stahlspundwand war hier offensichtlich dichter als die Holzspundwand.

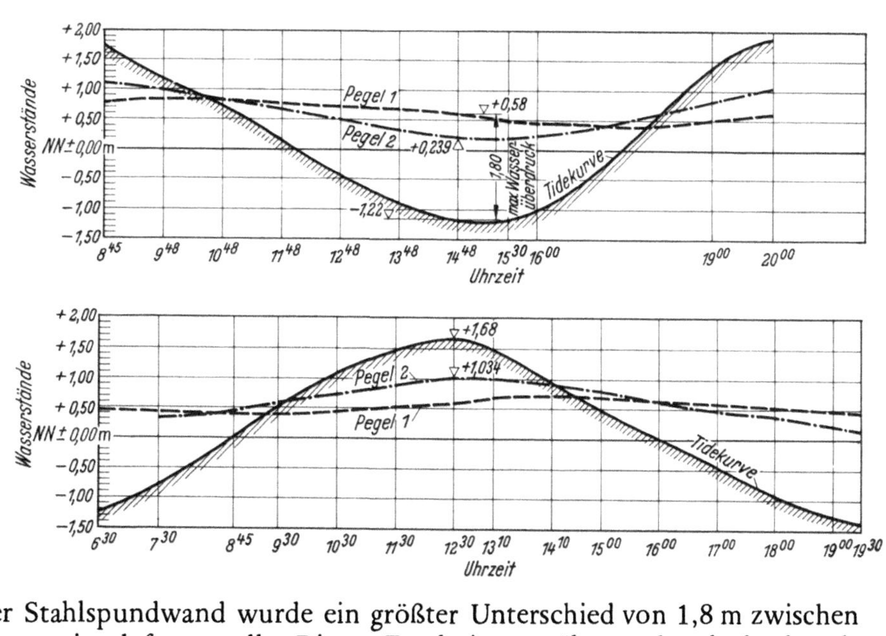

Abb. 4.3.3–2 Verlauf der Tidekurve und der Grundwasserstände hinter der Uferspundwand an den Meßpegeln 1 u. 2

Für den Bereich der Stahlspundwand wurde ein größter Unterschied von 1,8 m zwischen Hafen- und Grundwasserspiegel festgestellt. Dieses Ergebnis war überraschend, da damals im allgemeinen nur mit einem Wasserspiegelunterschied von 0,3 bis 0,5 m gerechnet wurde. Inzwischen haben zahlreiche sonstige Messungen bestätigt, daß Ufereinfassungen häufig durch beachtliche Wasserüberdrücke belastet werden. In den modernen Lastansätzen für Ufereinfassungen wird dies seit zwei Jahrzehnten nach E 19 der EAU berücksichtigt.

4.4 Wasserüberdruck hinter Kaimauern

4.4.1 Kaimauer mit Durchlaufentwässerung in einem norddeutschen Tidehafen (vgl. auch Kap. 4.2 und 5.4.10)

Bei einer Anfang der zwanziger Jahre als überbaute Böschung mit Betonrostplatte auf freistehendem Holzpfahlrost mit hinterem Holzspundwandabschluß errichteten Kaimauer (Abb.4.4.1–1) wurde zur Verminderung des Wasserüberdruckes eine rückwärtige Durchlaufentwässerung eingebaut. Sie wurde rd. 2,5 m hoch und 1,0 m dick aus grobem und feinem Filterkies durchlaufend ausgeführt. Dieser Kiesfilter entwässerte durch örtlich freigestemmte Schlitze in der Nut und Federung der Holzspundwand. Hinter diesen Schlitzen wurde jeweils ein halbkreisförmiges, verzinktes Filterblech angeordnet.

Eine ähnliche Bauwerkentwässerung war auch bei anderen seit rd. 20 bzw. 8 Jahren im Betrieb befindlichen Kaimauern des gleichen Hafenbeckens angewendet worden, ohne daß sich Nachteile gezeigt hatten.

Die neue Kaimauer wurde in folgender Weise ausgeführt:

a) Wegbaggern einer tiefliegenden, mit schweren Steinen durchsetzten Schicht mittels Schwimmbaggern, um die Holzpfähle ohne Beschädigung rammen zu können.
b) Rammen der Holzpfähle und der Holzspundwand.
c) Wiederauffüllen der Baggergrube mit Sand im Bereich der gerammten Pfähle, etwas über die Unterkante der späteren Rostplatte und wasserseitig entsprechend höher.
d) Rammen eines Kastenfangedammes mit Holzspundwänden und Verfüllen desselben mit Sand (vgl. auch Kap. 4.2).
e) Einbau und Betrieb der Grundwasserabsenkung
f) Herstellen der Rostplatte aus Beton mit Maueraufbau und rückwärtiger Durchlaufentwässerung.
g) Einbau der Sandhinterfüllung mittels Elevator.
h) Freibaggern vor der Kaimauer bis zur Hafensohle.

Es lagen daher anscheinend ideale Verhältnisse für eine Bauwerkentwässerung vor.

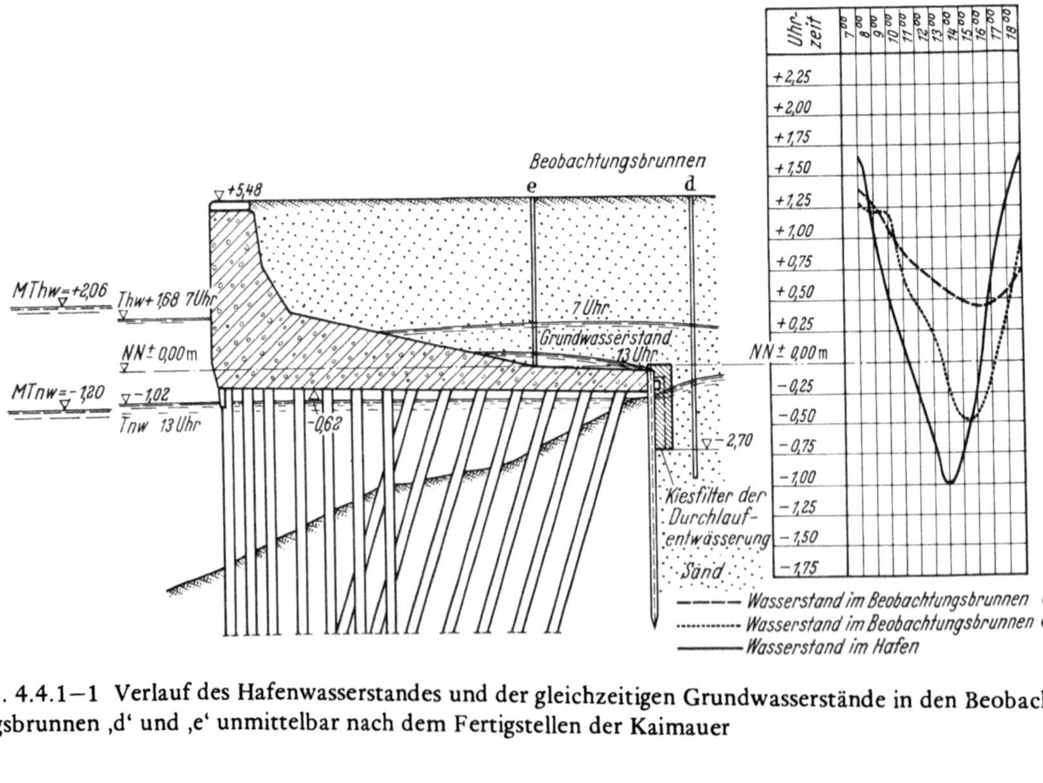

Abb. 4.4.1–1 Verlauf des Hafenwasserstandes und der gleichzeitigen Grundwasserstände in den Beobachtungsbrunnen ‚d' und ‚e' unmittelbar nach dem Fertigstellen der Kaimauer

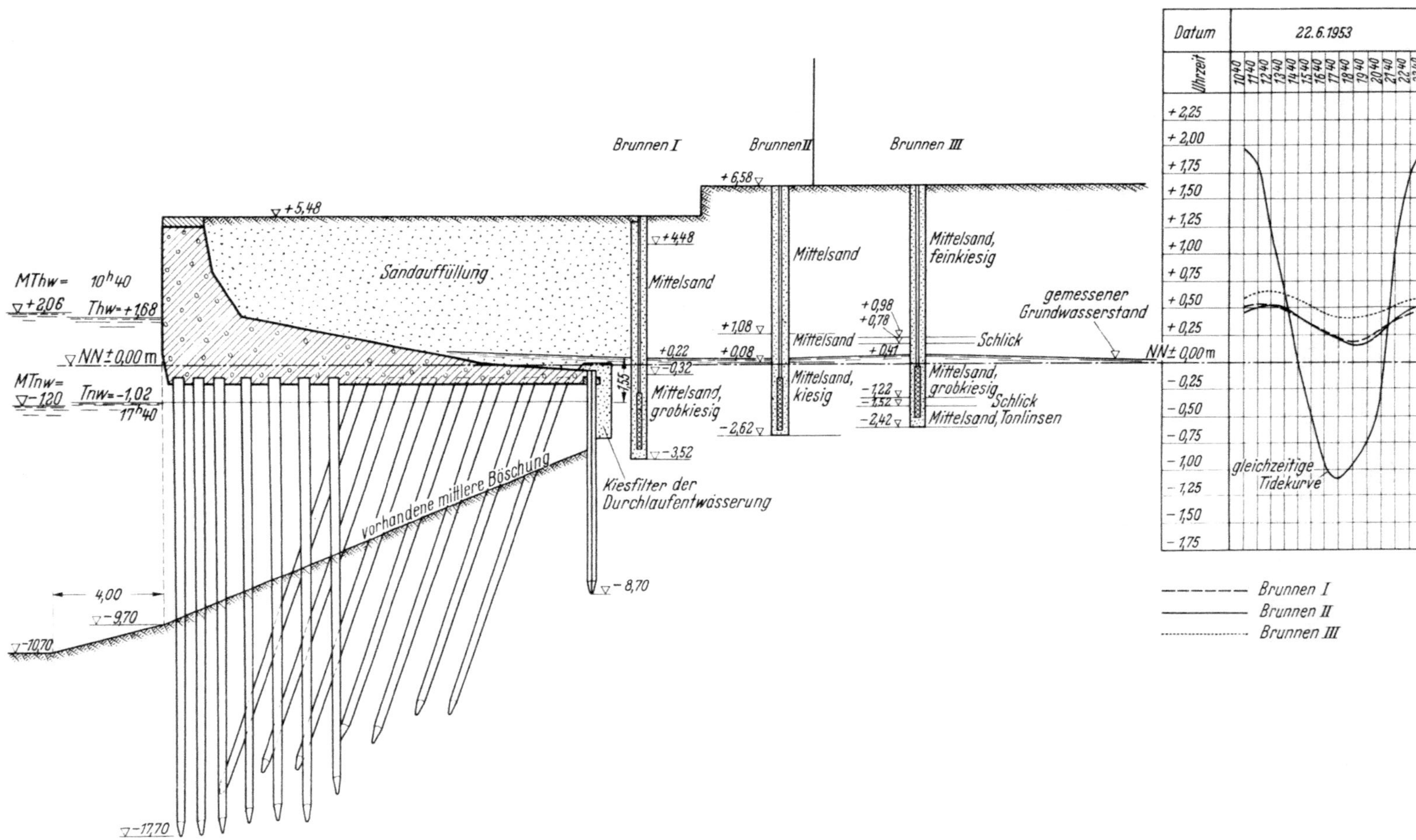

Abb. 4.4.1–2 Verlauf des Hafenwasserstandes und der gleichzeitigen Grundwasserstände in den Beobachtungsbrunnen I, II und III 30 Jahre nach dem Fertigstellen der Kaimauer

Obwohl die Böschung an der Holzspundwand nach dem Fertigstellen der Kaimauer noch fast bis unter die Rostplatte reichte, wurde die Durchlaufentwässerung in vollem Umfange wirksam. Der Grundwasserstand im Beobachtungsbrunnen „d" (Abb.4.4.1–1) lag bei Niedrigwasser nur etwa 0,5 m über dem Hafenwasserspiegel. Der Grundwasserstand im Brunnen „e" war durch die Rostplatte bedingt.

Etwa 30 Jahre später sollte die Ufermauer verstärkt und dabei vertieft werden. Um einwandfreie Berechnungsgrundlagen zu erhalten, wurden die Ganglinien der Grundwasserspiegel in einem Profil mit 3 Beobachtungsbrunnen gemessen. Die in Abb.4.4.1–2 dargestellte Lage der Meßbrunnen und die Meßergebnisse zeigten, daß die Entwässerung trotz freiem Austritt zum Hafen hin nun nur noch schlecht arbeitete. Der Grundwasserspiegel schwankte auch unmittelbar hinter der Kaimauer nur geringfügig und bewegte sich in einer Höhe, die bei MTnw im Hafenwasser nur wenig unter Tidehalbwasser lag. Ohne Entwässerung hätte er nicht viel höher gelegen. Der Spiegelunterschied betrug nun bei MTnw etwa 1,3 m. Er wäre noch größer gewesen, wenn die hintere Spundwand tiefer gereicht hätte.

Auch hier hat sich bestätigt, daß mit dauernd voll wirksamen Durchlaufentwässerungen in Tidehäfen wegen der Verschmutzungsgefahr des Filters nicht gerechnet werden kann. Auf eine Bauwerkentwässerung wurde daher bei den weiteren Verstärkungs– und Vertiefungsarbeiten verzichtet (Kap. 5.4.10).

4.4.2 Seeschiffkaimauer an der Mündung eines Tideflusses in die Nordsee
(vgl. auch Kap. 2.7, 3.3.6, 5.2.2.8 und 5.4.1)

4.4.2.1 Allgemeines

Um die Ursachen für die im Kap. 3.3.6 beschriebenen Bewegungen und Brucherscheinungen der im Kap. 5.2.2.8 eingehend behandelten Kaimauer festzustellen, wurden auch die Grundwasserspiegelhöhen in den verschiedenen Bodenschichten hinter dem Bauwerk sowie die gleichzeitigen Flußwasserstände mehrere Monate lang gemessen. Dabei wurde festgestellt, daß der in Abb.3.3.6–2 angedeutete unmittelbar hinter der Rostplatte angeordnete, mit Schlackenbeton überdeckte Entwässerungskanal sich durch das schlickhaltige Flußwasser zugesetzt hatte. Für eine Abminderung des Wasserüberdruckes im aufgespülten Sand hinter der Mauer war er nicht mehr wirksam. Es mußte aber auch untersucht werden, wie sich die Grundwasserspiegelhöhen im Klei nahe der Bruchstelle der Mauer, in dem unter dem Klei liegenden diluvialen Sand und im versandeten Priel (vgl. auch Abb.3.3.6–3) im Vergleich zu den Tidewasserständen im Fluß verhielten. Die verschiedenen Messungen der Wasserstände zeitigten folgende Ergebnisse:

4.4.2.2 Gemessene Grundwasserstände im Klei (Abb.4.4.2–1)

Der nahe der Hauptschadenstelle bei Stat. 230 angeordnete Klei–Meßbrunnen lag rd. 25 m hinter der Kaimauervorderkante. Er reichte nur knapp in die oberste Schicht des Kleis. Der in diesem Brunnen festgestellte Grundwasserstand lag etwa in Höhe des MThw des Flusses (= BPN +3,71 m) und war weitgehend unabhängig von der Tide. Wegen der Randlage im Klei machten sich hier keine Porenwasserdrücke aus der Sandauflast bemerkbar.

Der zweite Brunnen bei Stat. 350 lag rd. 85 m hinter Kaimauervorderkante und war etwa 10 m tief abgeteuft. Er band damit etwa 2,0 m in den Klei ein. Hier stieg der Wasserstand von etwa BPN – 1,9 m beim Einbau innerhalb von 48 Stunden auf BPN + 4,7 m, also noch rd. 1 m über den zu dieser Zeit vorhandenen Hochwasserstand im Tidefluß und blieb nach weiteren 4 Tagen auf BPN + 6,1 m stehen. Zur Kontrolle wurde der Wasserspiegel anschließend durch Ausschöpfen künstlich gesenkt, worauf sich nach einer entsprechenden Zeit wieder der Wasserspiegel auf BPN + 6,1 m einstellte. Das damals verwunderliche Ergebnis hat heute eine einfache Erklärung. Bei der ausgeführten Einbindetiefe von 2,0 m in den Klei wurde der aus der Sandauflast wirksame Porenwasserdruck gemessen. Seine örtliche Größe brachte den Grundwasserspiegel im Brunnen auf BPN + 6,1 m.

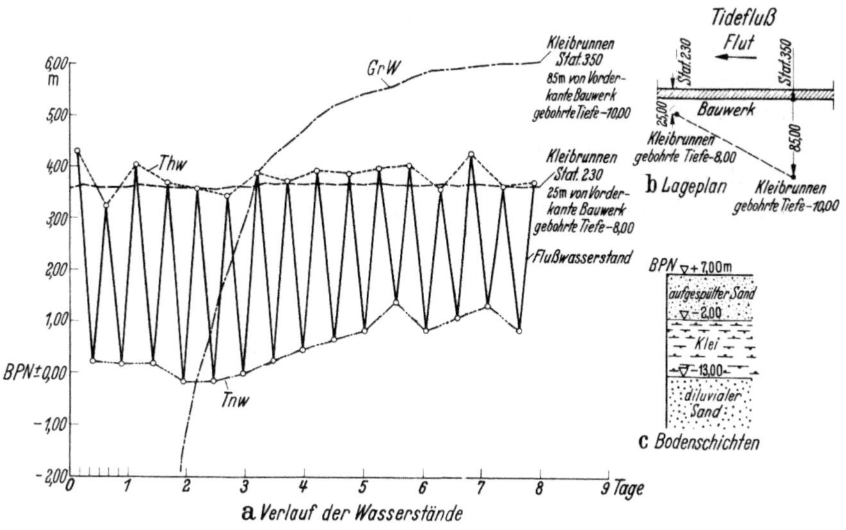

Abb. 4.4.2–1 Schematische Darstellung des Verlaufes der Wasserstände im Tidefluß und gleichzeitige Grundwasserstände im Klei

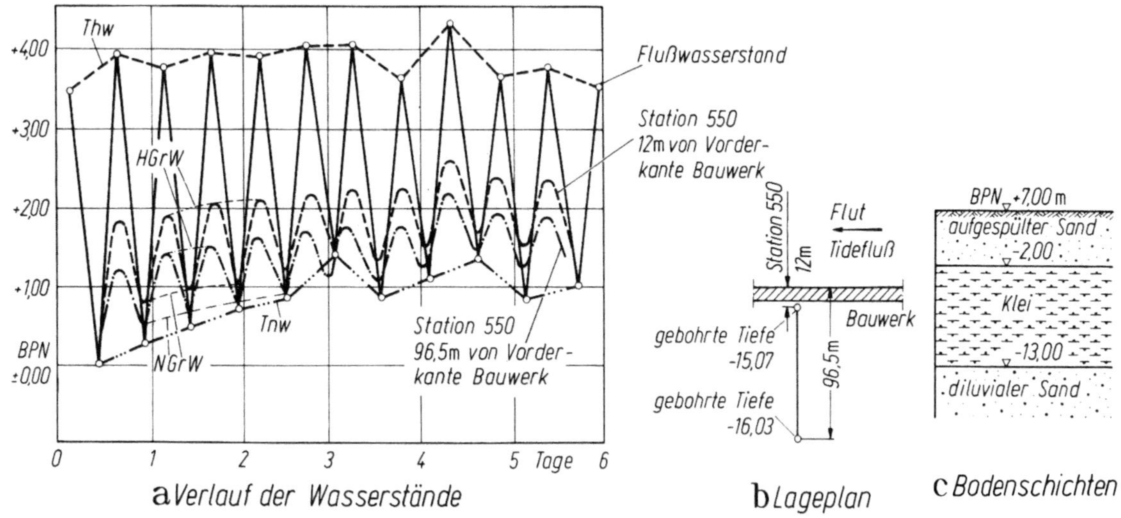

Abb. 4.4.2–2 Schematische Darstellung des Verlaufes der Wasserstände im Tidefluß und gleichzeitige Standrohrspiegelhöhen im diluvialen Sand in verschiedenen Abständen von der Kaimauervorderkante

4.4.2.3 Gemessene Standrohrspiegelhöhen im diluvialen Sand (Abb.4.4.2–2 und –3)

Abb.4.4.2–2 zeigt über einen Zeitraum von 6 Tagen gemessene Standrohrspiegelhöhen im diluvialen Sand für einen 12 m und einen 96,5 m hinter Kaimauervorderkante liegenden Brunnen bei Stat. 550 m, gemeinsam mit den gleichzeitig aufgetretenen Flußwasserständen. Hier war eine deutliche Abhängigkeit der Standrohrspiegelhöhen von den Tidewasserständen zu beobachten.

In Abb.4.4.2–3 sind die Meßergebnisse von 3 Brunnen, die rd. 25, 85 und 184 m hinter Kaimauervorderkante jeweils 3 m tief in den diluvialen Sand geführt wurden, wiedergegeben. Während der Wasserstand im 25 m hinter Bauwerksvorderkante liegenden Brunnen noch etwa um einen Betrag von ¼ des Tidehubes mit den Flußwasserständen schwankte, zeigte der Wasserstand in dem 85 m entfernten Brunnen keine Abhängigkeit von der Tide. Der

Grundwasserspiegel im 184 m entfernten Brunnen schwankte sehr schwach, und zwar um etwa ein Dreizehntel des Tidehubes. Daß der Wasserspiegel dort insgesamt tiefer lag als beim 85 m entfernten Brunnen, wird auf ungleiche Strömungsverhältnisse im ungleichmäßig aufgebauten diluvialen Untergrund zurückzuführen sein.

Für einen bei Stat. 628 nur 15 m hinter Kaimauervorderkante angeordneten Brunnen im diluvialen Sand zeigt Abb.4.4.2–4 den Verlauf der Wasserüberdrücke von der Landseite bzw. von der Flußseite her bei sehr hohen und sehr niedrigen Tidewasserständen im Fluß.

4.4.2.4 Gemessene Grundwasserstände im versandeten Priel (Abb.4.4.2–3)

Um die Grundwasserstände in dem schräg auf die Kaimauer zulaufenden versandeten Priel zu ermitteln, wurden 3 Brunnen, und zwar in den Abständen 25, 81 und 133 m hinter Vorderkante Kaimauer eingebaut.

Nach den dort durchgeführten Messungen blieben die Grundwasserstände im Priel unabhängig von den Gezeiten im Fluß.

In dem 25 m hinter Kaimauervorderkante liegenden Brunnen stand das Grundwasser etwas unter MThw, während es im 81 m entfernten die Höhe BPN + 6,02 m erreichte. Im 133 m entfernten Brunnen stand es bei BPN + 4,46 m. Vor allem beim Brunnen in 81 m Abstand wurden offensichtlich wieder wirksame Porenwasserdruckeinflüsse gemessen.

Die obigen Beispiele zeigen, wie wichtig es ist, sich bei stark wechselnden bindigen und nichtbindigen Bodenschichten nicht nur an einer, sondern an mehreren Stellen hinter dem Bauwerk Klarheit über die Grundwasserstände und ihre Abhängigkeiten in den verschiedenen Bodenschichten zu verschaffen.

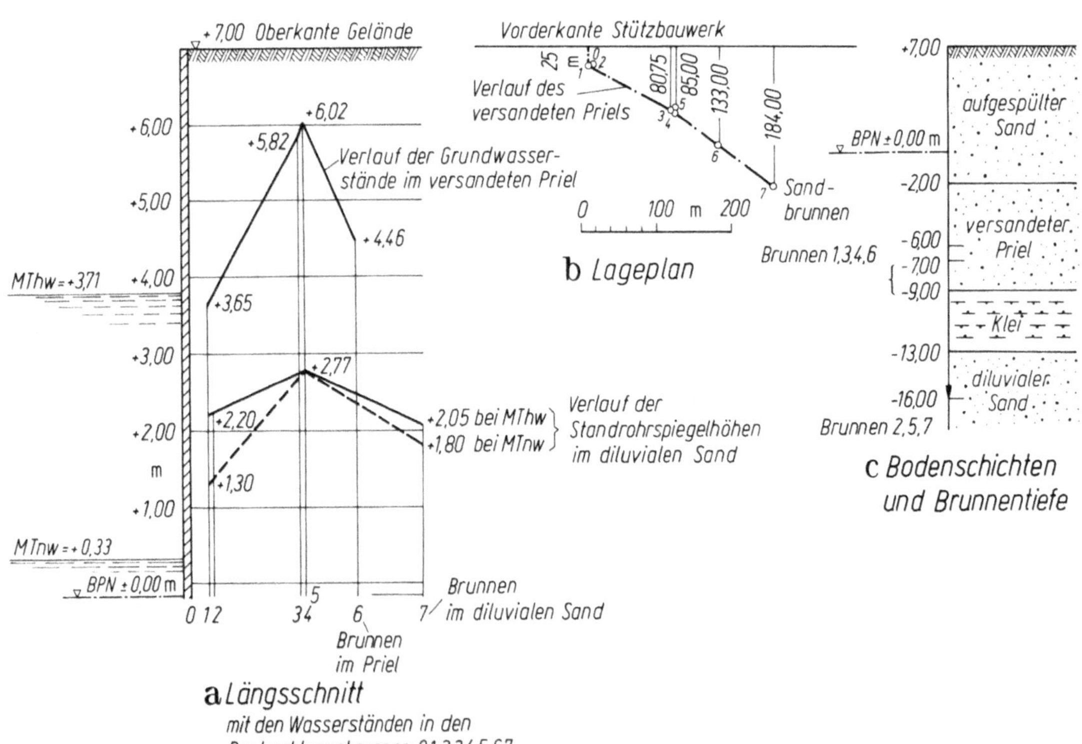

Abb. 4.4.2–3 Verlauf der Wasserstände in verschiedenen Beobachtungsbrunnen im versandeten Priel und im diluvialen Sand

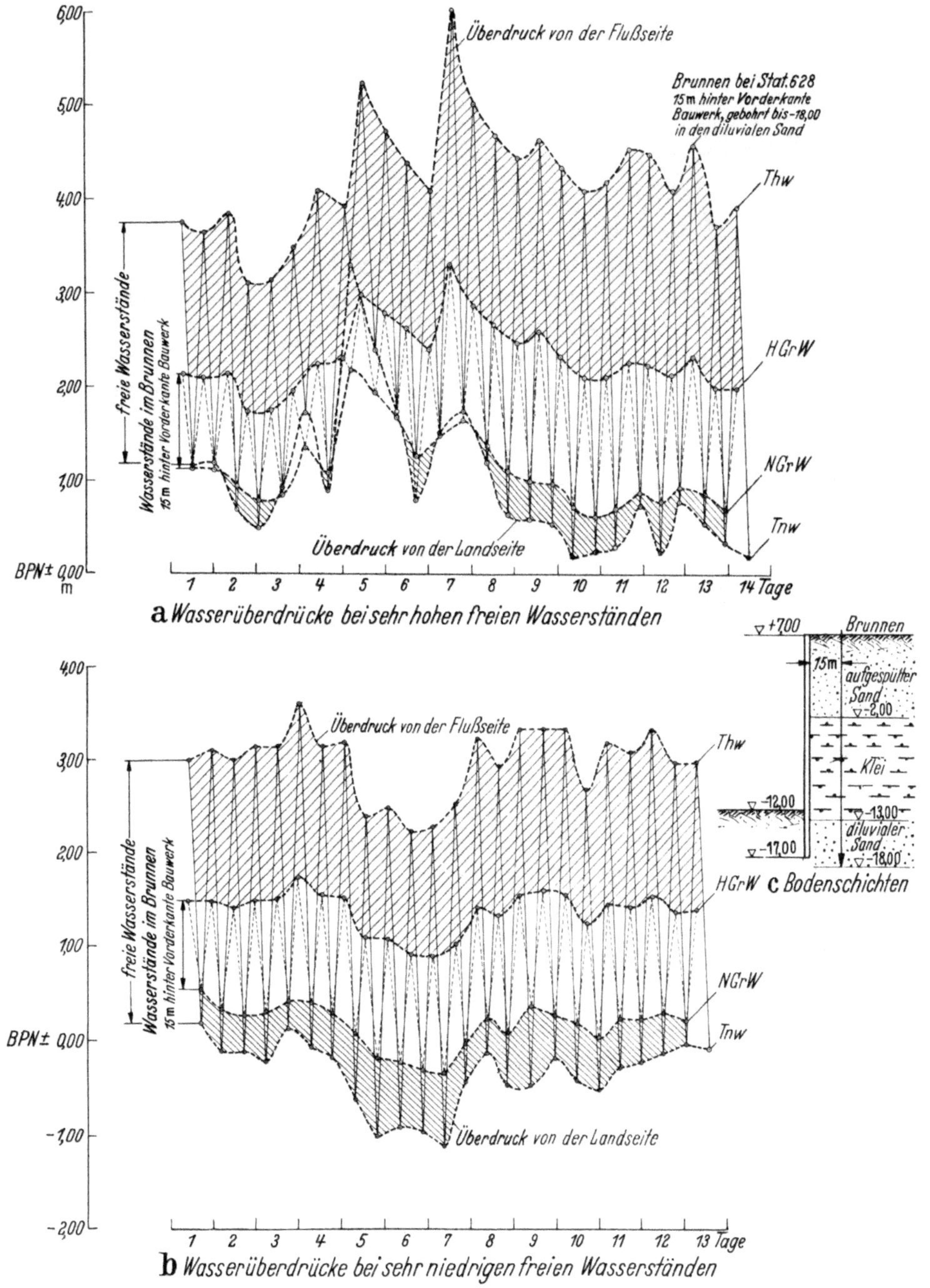

Abb. 4.4.2–4 Verlauf der Wasserüberdrücke im diluvialen Sand von der Landseite bzw. von der Flußseite bei sehr hohen und sehr niedrigen freien Wasserständen

a) Wasserüberdrücke bei sehr hohen freien Wasserständen

b) Wasserüberdrücke bei sehr niedrigen freien Wasserständen

5. Ufereinfassungen

5.1 Spundwandbauwerke

5.1.1 Allgemeines

Für Spundwände werden die Baustoffe Holz, Stahl, Stahlbeton und Spannbeton verwendet. Ihre Entwicklung geht grundsätzlich auf die hölzernen Spundwände zurück (Abb.5.1.1–1).

Hölzerne Spundwände werden – abgesehen von Fällen mit Umschlag chemisch-aggressiver Güter – heute im Kaimauerbau nur noch selten angewandt, weil freigelegte Spundwandbauwerke gezeigt haben, daß die Gefahr des Stauchens und des Abrammens des ziemlich weichen Baustoffs Holz und des Herausspringens aus Nut und Feder stets vorhanden ist (Abb. 5.1.1–2 und –3). Entsprechend günstiger werden die Verhältnisse auch hinsichtlich der Verhütung von Fäulnis und Bohrtierbefall, wenn tropische Harthölzer – wie Bongossi oder Basralocus – verwendet werden. Einzelheiten zur richtigen Ausbildung und Anwendung von Holzspundwänden können E 22 der EAU entnommen werden.

Bei allen Spundwandbauwerken sind vorhergehende eingehende Bodenaufschlüsse dringend erforderlich.

Vor rd. 6½ Jahrzehnten wurde erstmalig eine Stahlspundwand als genietetes Larssen–Profil, und zwar im Hafen von Bremen gerammt. Dieser Entwicklung setzte der erste Weltkrieg ein vorläufiges Ende. Anfang der zwanziger Jahre begann jedoch ein unaufhaltsamer Siegeszug der Stahlspundwand. Es werden heute die verschiedensten Formen der wellenförmigen, kastenförmigen und bei großen Kaimauern vor allem der gemischten Stahlspundwände angewendet. Die jetzt in Deutschland verwendeten Spundwandprofilarten und Spundwandstähle haben ihre Existenzberechtigung nachgewiesen, und es sind für rammfähigen Untergrund nur die richtige Profilform und –größe sowie Stahlgüte zu wählen, um anhand der statisch–konstruktiven Berechnung und Bemessung Bauwerke zu errichten, die den jeweiligen Anforderungen für das Herstellen und für den Betrieb voll entsprechen. Bezüglich der zulässigen Spannungen und der zu verwendenden Stähle sei auf E 20 und E 67 der EAU verwiesen und bezüglich des Einbringens auf E 104, E 105 und E 118.

Durch kathodischen Korrosionsschutz mit Opferanoden oder mit Fremdstrom können die Stahlspundwände unter der Wasserlinie und in Tidegebieten unter Tidehalbwasser auch bei großer Korrosionsgefahr gegen Angriff gesichert werden. Epoxidharzanstriche auf metallisch blank gesandstrahlter Oberfläche wirken sich sowohl über als auch unter Wasser auf viele Jahre schützend aus. Über Wasser können sie im Bedarfsfalle leicht erneuert werden. Unter Wasser vermindern sie auch den Strombedarf einer kathodischen Schutzanlage. Weiteres über Korrosion und Schutzmaßnahmen dagegen kann E 35 der EAU sowie dem einschlägigen Schrifttum entnommen werden.

Wegen der hohen Festigkeit des Stahls im Vergleich zu der von Weichhölzern lassen sich – wie Abb.5.1.1–4 zeigt – Holzpfahlgründungen aus Tanne, Fichte und Kiefer von einfachen wellenförmigen Stahlspundwänden ohne Gefährdung der letzteren durchrammen. Dies trifft aber für gemischte Wände und hohe Verbundwände nicht zu.

Aber auch die Stahlspundwand schließt selbst bei einwandfreier Schloßherstellung die Gefahr nicht endgültig aus, daß bei schwerem Geröll oder Findlingen im Untergrund einzelne Bohlen aus dem Schloß springen (Abb.5.1.1–5), sich stauchen oder aufrollen.

Liegt eine solche Schloßschadenstelle im oberen Teil der Spundwand (Abb.5.1.1–5) und ist das Schloß erst zu einem späteren Zeitpunkt örtlich aufgesprungen, kann der Schaden noch verhältnismäßig leicht beseitigt werden. Liegt die Schadenstelle im Unterwasserbereich, müssen die vorstehenden Teile der Spundwand unter Wasser abgebrannt und im erforderlichen Umfang neue Spundbohlen davor gerammt und an die übrige Wand dicht angeschlossen werden. Weil tiefer im Boden liegende Schloßschäden beim Rammen im allgemeinen

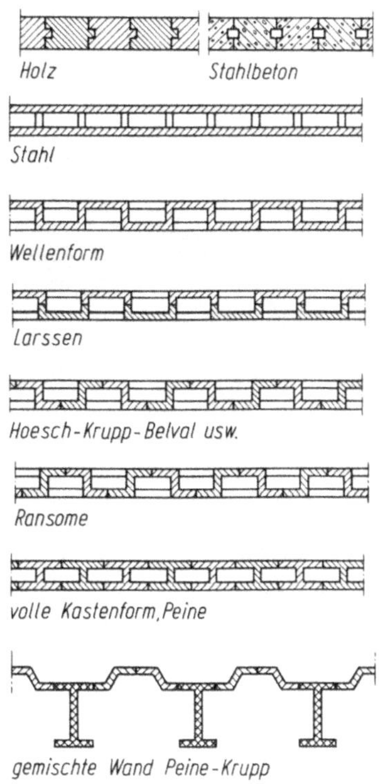

Abb. 5.1.1–1 Entwicklung der Spundwandformen

Abb. 5.1.1–2 Abgerammte hölzerne Spundbohle

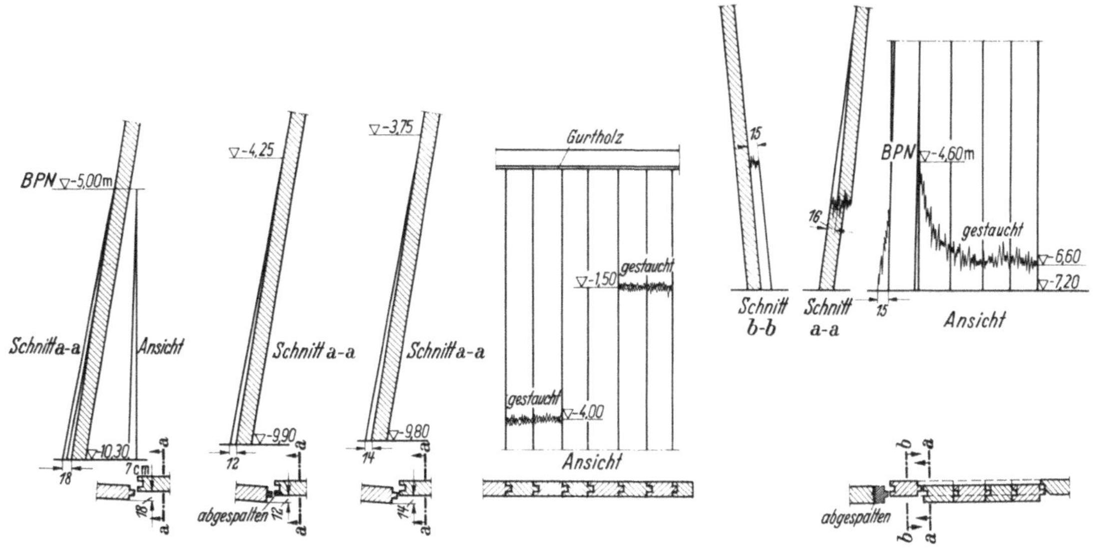

Abb. 5.1.1–3 Festgestellte Schäden an einer gerammten hölzernen Spundwand

nicht erkannt werden, muß jede fertig gerammte Wand nach dem Freibaggern durch Taucher genau auf Schäden untersucht werden. Da die Beseitigung von Schloßschäden im Unterwasserbereich später immer einen großen Aufwand an Zeit und Kosten erfordert, sollte neben der Werksabnahme stets eine sorgfältige und kritische Übernahme auf der Baustelle nach E 98 der EAU stattfinden. Dabei müssen vor allem auch die Schloßtoleranzen nach E 97 der EAU überprüft werden. Ungünstige Bodenschichten müssen vor dem Rammen durch Baggern oder Bohren beseitigt und durch rammfähigen Boden ersetzt werden. Ist dies nicht möglich, sollte das Bauwerk in einer anderen Bauweise errichtet werden.

Abb. 5.1.1–4 Von einer Stahlspundwand durchrammter hölzerner Pfahlrost

Abb. 5.1.1–5 Aus dem Schloß gesprungene Stahlspundwand

Auch wenn die Spundwand am Kopf einwandfrei gerade ist, bedeutet das noch nicht, daß sie es auch in größerer Tiefe ist. Hier können sich, je nach den Untergrundverhältnissen, wellenartige Verformungen eingestellt haben. Im Beispiel nach Abb.5.1.1–6 wiesen die Auslenkungen Stichmaße bis zu 1 m auf. Für das betreffende Bauwerk muß dann von Fall zu Fall entschieden werden, ob derartige Verformungen für die weitere Bauausführung, das Bauwerk selbst und für den späteren Betrieb von Nachteil sein können. Wenn ja, sind geeignete Zusatzmaßnahmen erforderlich.

Wie stark sich beim Rammen auch weicher, bindiger Untergrund in die Bohlen einpreßt, ist aus Abb.5.1.1–7 ersichtlich.

Seit rund 5 Jahrzehnten werden neben den Spundwänden aus Holz und Stahl auch solche aus Stahlbeton und seit rd. 2,5 Jahrzehnten auch solche aus Spannbeton verwendet. Die gebräuchlichen Bohlen schließen sich der Form der Holzspundwände mit Nut und Feder an, wobei die Feder im allgemeinen aber nur am Fußende rd. 1,5 m hoch ausgebildet wird Sie liegt dort auf der der Rammrichtung entgegengesetzten Bohlenseite. Darüber wird auch auf dieser Seite eine Nut angeordnet. Beim Rammen räumt die Feder die Nut der bereits gerammten Bohle aus, so daß durch die Nuten beider Bohlen der erforderliche Hohlraum gebildet wird, um die Dichtung der Wand aufnehmen zu können.

Die Möglichkeit, Stahlbetonspundwände anzuwenden, hängt in erster Linie von den Bedingungen der Örtlichkeit und des Bauwerkes ab. Bezüglich weiterer Einzelheiten sei auf E 21 der EAU verwiesen. Im Hinblick auf die häufigen Dichtungsprobleme, das erschwerte Rammen großer Bohlen und dergleichen haben sich die Stahlbetonspundwände im Großkaimauerbau bisher generell nicht durchsetzen können. Sie haben aber große Vorteile, vor allem in Fällen mit starkem Sandschliff, so auch im Seebuhnenbau – wobei sie dann im allgemeinen als einfache Pfahlwände, aber häufig mit vorgespannten Rammelementen, ausgeführt werden.

[–förmig ausgebildete Spannbetonbohlen, die aneinander gereiht große Hohlräume zur Aufnahme der Dichtung bilden, wären auch für den Bau von Großkaimauern technisch gut geeignet. Sie sind heute aber gegenüber den schweren gemischten Stahlspundwänden wirtschaftlich noch nicht konkurrenzfähig.

In den folgenden Kapiteln werden verschiedene Beispiele von Spundwandbauwerken mit Rundstahl- oder Stahlkabel- oder Schrägpfahlverankerung behandelt und dabei auch durch-

Abb. 5.1.1–6 Wellenartiger Verlauf einer gerammten Stahlspundwand

Abb. 5.1.1–7 Durch Rammen in die Stahlbohlen eingepreßter Klei

geführte Durchbiegungs– und Ankerkraftmessungen wiedergegeben. An den gebrachten Beispielen können die Fortschritte in Berechnung und Konstruktion der letzten 4 Jahrzehnte klar erkannt werden, desgleichen die vielseitigen Anwendungsmöglichkeiten, vor allem von Spundwandbauwerken aus Stahl.

5.1.2 Beispiele

5.1.2.1 Spundwandbauwerk in einem abgeschleusten Fischereihafen an der Mündung eines Tideflusses in die Nordsee

Die Erweiterung eines abgeschleusten Fischereihafens wenige Jahre nach dem zweiten Weltkrieg war in Spundwandbauweise vorgesehen. In einer Rahmenausschreibung blieb es den aufgeforderten Firmen überlassen geeignete Projekte auszuarbeiten und anzubieten. Bei der damaligen wirtschaftlichen Situation mußten die Vorschläge aber nicht nur gut, sondern auch besonders preisgünstig sein, was bei den dort vorliegenden schlechten Bodenverhältnissen nicht leicht zu erreichen war.

Etwa 11,0 m unter der vorhandenen Geländeoberkante begann erst der gewachsene, diluviale Sand. Darüber lagen etwa 2,5 m Torf, gefolgt von etwa 8,5 m weichem Klei. Auf diesen sollte bis zum angestrebten Hafenplanum auf NPH + 8,10 m eine bereits im Ausgangsstadium rd. 2,0 m dicke Sandschicht aufgefüllt werden (Abb.5.1.2.1–1).

Da der Klei in diesem Bereich noch weicher war als in den bisherigen Ausbaustrecken des Fischereihafens, war besondere Vorsicht geboten. Als technisch und wirtschaftlich günstigste Lösung wurde schließlich eine Uferspundwand gewählt, die mit vor- und nachspannbaren patentverschlossenen Stahlkabelankern Ø 38 mm aus St 140/160 gegen eine schwimmende Ankerwand verankert war. Der auftretende Wasserüberdruck wurde mittels einer Rückstauentwässerung entlastet.

Wegen der erhöhten Korrosionsgefahr im Fischereihafen wurde für die Uferspundwand das Profil L IV neu aus StSp 37 gewählt, obwohl das billigere Profil L III neu aus StSpS statisch ausgereicht hätte (Abb.5.1.2.1–1).

Bei dem vorhandenen Baugrund und der von vornherein erforderlichen rd. 2,0 m dicken Sandauffüllung mit späteren Nachfüllungen mußte erfahrungsgemäß mit 1,2 bis 1,5 m Setzungen gerechnet werden, was in der Planung sorgfältig zu berücksichtigen war.

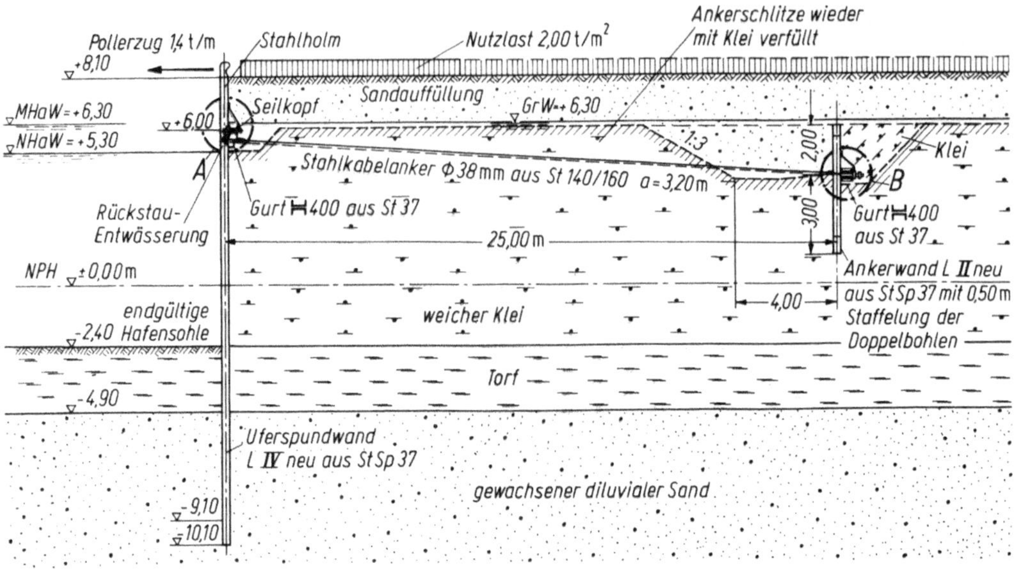

Abb. 5.1.2.1–1 **Normalquerschnitt zum Zeitpunkt der Bauausführung**

An bestehenden Uferspundwänden des Fischereihafens war festgestellt worden, daß selbst weicher Klei bei seiner Setzung vorhandene Anker nur wenig umfließt. Er nimmt sie vielmehr um einen wesentlichen Teil seiner darunter auftretenden Setzungen nach unten mit. Da die geplante Uferspundwand in den tragfähigen Sand einband und sich daher nicht setzen konnte, mußte im vorliegenden Falle mit außerordentlich großen Ankerdurchbiegungen gerechnet werden. Sie konnten aber dem gewählten Stahlkabelanker bei richtigem Anschluß an die Uferspundwand keinen Schaden zufügen. Um Gurte mit üblicher Spreizung anwenden zu können, mußten hier die Anker unterhalb des Gurts mittels einer Sonderkonstruktion an die Uferspundwand so angeschlossen werden, daß sie sich auch bei großen Setzungen frei drehen konnten (Abb.5.1.2.1–2, Anschluß A).

Sowohl die Ufer– als auch die Ankerspundwand mußten zur Überbrückung möglicher besonders schwacher Stellen im Untergrund mit schweren Gurten ⊨ 400 aus St 37 ausgerüstet werden. Die Anker wurden in 3,2 m Abstand in Schlitzen verlegt, die im Bereich hinter der Uferspundwand wieder mit Klei verfüllt wurden.

Um die Anker nicht zu tief an die Ankerwand anschließen zu müssen, wurde vor der Ankerwand der Klei örtlich bis zur Ankerhöhe ausgehoben und ein Stützkörper aus Sand eingebracht. Durch die festere obere Stützung konnte der untere Ankerwandteil entsprechend tiefer geführt werden, ohne Gefahr zu laufen, ein Verkippen der Ankerwand zu begünstigen (Abb.5.1.2.1–1). Da die endgültige Hafensohle erst Jahre nach dem Fertigstellen der Kaianlage ausgebaggert werden sollte, konnten die zu erwartenden Setzungen und zusätzlichen Sandauffüllungen bei der zu wählenden Höhenlage der Ankerwand in der Berechnung mit berücksichtigt werden. Bis zur Vollbelastung konnte mit einer Setzung der Ankerwand um rd. 0,5 m gerechnet werden. Hierbei war die erforderliche Sicherheit in der tiefen Gleitfuge gewährleistet. Da auch mit großen waagerechten Verschiebungen der Ankerwand gerechnet werden mußte, erhielten die Anker auf der Wasserseite einen 900 mm langen Ankerstummel mit durchlaufendem Gewinde (Abb.5.1.2.1–2). Dadurch konnten sie insgesamt etwa 750 mm weit vor– bzw. nachgespannt werden.

Bis zum Ende der Bauzeit wurden die Anker in 2 Stufen auf festgelegte Teillasten vorgespannt und später planmäßig zweimal auf Vollast nachgespannt.

Obwohl das Bauwerk konsequent durchdacht geplant und ausgeführt worden ist und sich bisher bewährt hat, sind Lösungen dieser Art nicht allgemein empfehlenswert. Zweckmäßig wird heute bei so schlechten Bodenverhältnissen der Verkehrsstreifen hinter der Uferwand auf einer Stahlbetonplatte gegründet, die sich vorn auf die Spundwand und hinten auf eine schräge Druckpfahlreihe abstützt. Sie wird mit 1 : 1 geneigten Stahlpfählen verankert, die unter der Rostplatte unmittelbar an die Spundwand oder an den Stahlbetonwandkopf angeschlossen werden. Der eigentliche Verkehrsstreifen bleibt dann von den Kleisetzungen unbehelligt. Für die Stahlankerpfähle muß aber, da sie bei solch ungünstigen Bodenverhältnissen aus den Kleisetzungen auch unkontrollierbar bis und über die Streckgrenze beansprucht werden können, sprödbruchunempfindliches Material – wenn möglich St 52–3 – verwendet werden.

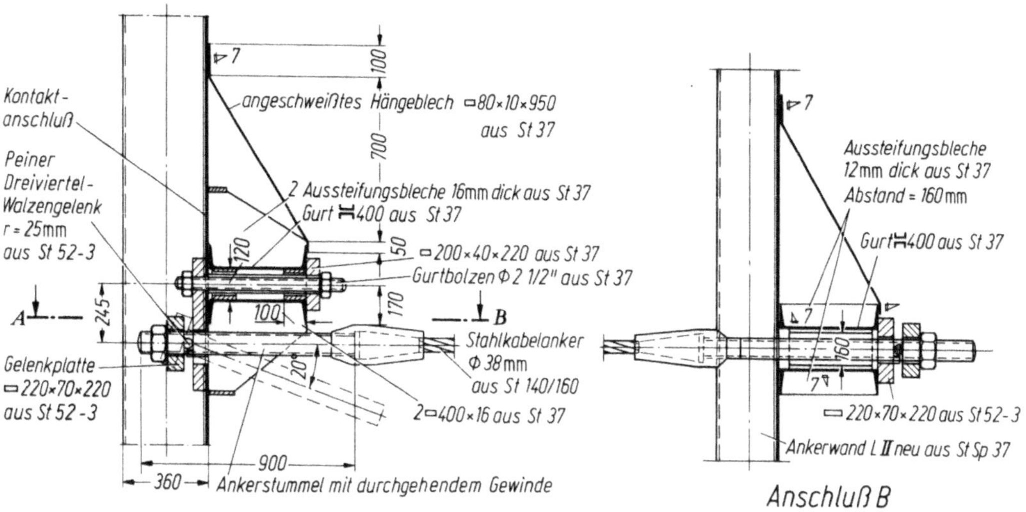

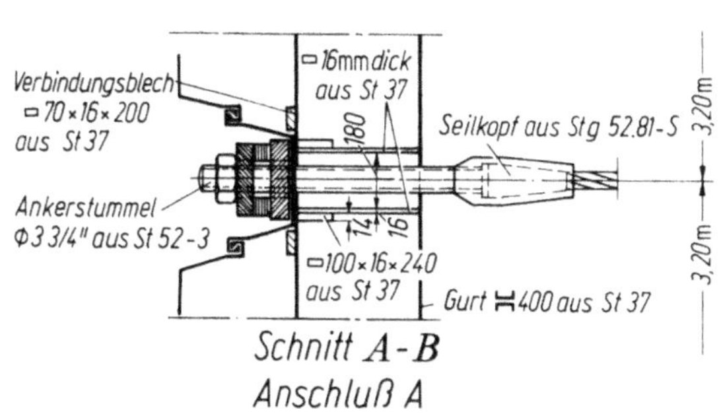

Abb. 5.1.2.1–2 Anschluß des Stahlkabelankers an die Uferspundwand und an die Ankerwand (Anschlußpunkte A und B nach Abb. 5.1.2.1–1)

5.1.2.2 Spundwandbauwerk mit Durchlaufentwässerung vor einer Kohlenumschlaganlage in einem norddeutschen Tidehafen

In einem Hafenbereich, in dem der Baugrund weitgehend aus Sand besteht, mußte Anfang der fünfziger Jahre eine Kaimauer für Kohlenumschlag errichtet werden. Vergleichsuntersuchungen ergaben für die Überwindung des Geländesprunges von NN – 7,7 m bis NN + 6,5 m ein doppelt verankertes Spundwandbauwerk mit Durchlaufentwässerung als technisch günstigste und wirtschaftlichste Lösung (Abb.5.1.2.2–1). Als Profil wurde Hoesch IV aus StSp 37 gewählt. Die Hauptanker ∅ 3" aus St 52–3 mit auf ∅ 3½" aufgestauchten Gewinden und die Nebenanker ∅ 60 mm aus St 37 wurden zu einer 0,5 m dicken und 3,0 m hohen Ankerwand aus Stahlbeton geführt, die 21 m hinter der Spundwand angeordnet und am Ort betoniert wurde. Die Ankeranschlüsse wurden mit Peiner Rollengelenken ausgerüstet (Abb.5.1.2.1–1). Auf der Wasserseite mußte wegen des flach bauenden Spundwandprofils anstelle einer Unterlagsplatte mit Mutter eine Gewindeplatte angewendet werden. Die Stahlgurte wurden auf Konsolen gelagert. Diese Bauweise hatte sich in den letzten Jahren weitgehend durchgesetzt, da die Montage leichter war, als bei Hängeblechen. Da der untere Anker 1,5 m über MTnw an die Uferspundwand angeschlossen wurde, bereitete der Ankereinbau keinerlei Schwierigkeiten.

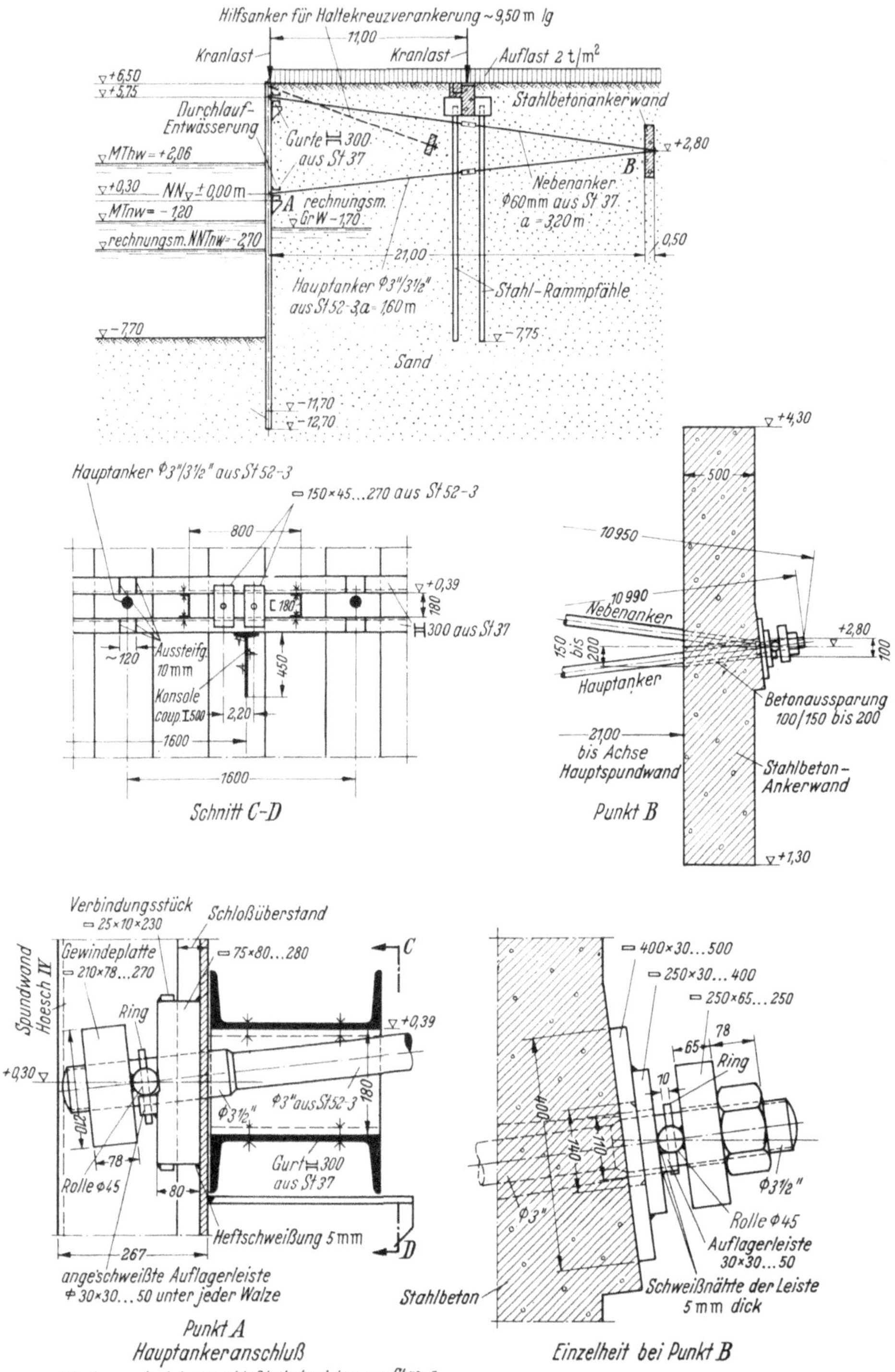

Abb. 5.1.2.2–1 Doppelt verankertes Spundwandbauwerk mit Durchlaufentwässerung

Als Filterschicht der Durchlaufentwässerung wurde Mischkies in die Spundwandberge eingebracht, aber erst nachdem die Uferspundwand voll mit Sand hinterfüllt war. Hierzu wurde jeweils ein zwischen Spundwandberg und Gurt passender Stahlblechschlitten vom Planum auf NN + 6,5 m aus bis NNTnw = – 2,7 m eingespült und aus dem Raum zwischen Spundwand und Schlitten der Sand durch Spülen beseitigt. Anschließend wurden nahe dem wasserseitigen Flansch Wasserdurchtrittsschlitze in die Spundwandstege gebrannt, der leergespülte Hohlraum mit Mischkies verfüllt und der Schlitten wieder gezogen.

Die wasserseitige Kranbahn aus Stahl wurde auf dem Kopf der Uferspundwand montiert und bildete gleichzeitig deren Holm. Es wurde Vorsorge getroffen, daß beim Besteigen der Leitern Handverletzungen durch den Kran nicht möglich waren.

Die landseitige Kranbahn aus Stahlbeton wurde in Abständen von 6,4 m auf Jochen mit 2 lotrechten Stahlpfählen gegründet. Für diese Pfähle wurde altbrauchbares Material verwendet. Der umgebende verdichtete Sand stützt die Kranbahn gegen waagerechte Verschiebungen.

Maßgebend für die Bemessung der Uferspundwand war das rechnungsmäßig niedrigste Niedrigwasser. Wegen der Durchlaufentwässerung wurde damals mit nur 1 t/m² Wasserüberdruck gerechnet. Tatsächlich wird nach späteren Meßergebnissen bei anderen Bauwerken (Kap. 4.3.2 und andere) der Wasserüberdruck größer sein und bei NNTnw etwa 1,5 t/m² betragen. Bei der konstruktiv einwandfreien Lösung und sorgfältigen Bauausführung sind daraus Nachteile für das Bauwerk aber nicht entstanden und auch nicht zu erwarten.

5.1.2.3 Spundwandbauwerk mit Durchlaufentwässerung in einem norddeutschen Tidehafen (vgl. auch Kap.4.3.2)

Vor einem in Bau befindlichen Kühlhaus (Abb.5.1.2.3–1) mußte für den späteren Seeschiffumschlag eine Kaimauer errichtet werden. Nach verschiedenen Vergleichsuntersuchungen wurde ein doppelt verankertes Spundwandbauwerk gewählt, mit dessen Bauausführung 1948 begonnen wurde. Seine Gestaltung, der generelle Bodenaufbau und die Hafenwasserstände gehen aus Abb.5.1.2.3–2 hervor.

Eine weiter zurückliegende Kranbahn (Abb.5.1.2.3–1) wurde – auf Stahlpfählen tief gegründet – erst zu einem späteren Zeitpunkt gebaut (Kap. 14.3).

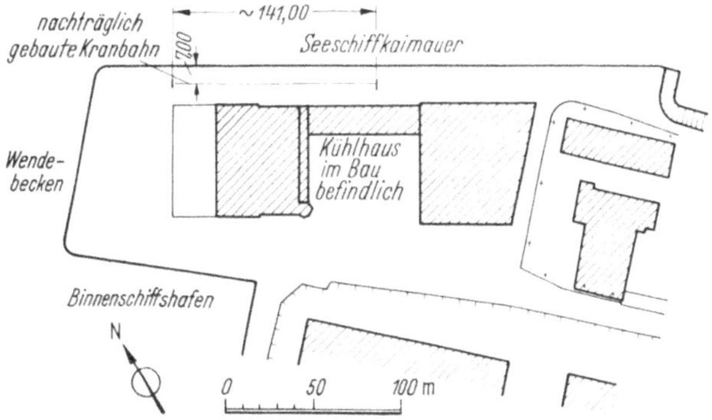

Abb. 5.1.2.3–1 Lageplan der Kaianlage

Um an Spundwandmaterial zu sparen, wurden vorhandene Hafenschlammschichten vorweg abgebaggert und die Aushubgrube nach dem Rammen der Uferspundwand mit feinkiesigem Sand aufgefüllt (Abb.5.1.2.3–2). In der Spundwandberechnung brauchten daher bis unter die Hafensohle nur nichtbindige Schichten berücksichtigt zu werden.

Etwa 1,5 m unter der vertieften endgültigen Hafensohle begann örtlich Lauenburger Ton, der in anderen Bereichen aber auch wesentlich tiefer, zum Teil auch erst unter dem Spundwandfuß anstand.

Um die Beanspruchungen der Spundwand und die Ankerkräfte möglichst klein zu halten, wurde hinter der Spundwand eine Durchlaufentwässerung mit Mischkiesfilter angeordnet. In der statischen Berechnung wurde vorausgesetzt, daß hierdurch der größte Wasserüberdruck auf 1 t/m² herabgemindert wurde. Nur wenn dies, durch Grundwasser– und gleichzeitige Hafenwasserspiegelmessungen bewiesen, tatsächlich zutraf, sollte später die Hafensohle von NN –9,7 m auf NN –10,7 m vertieft werden. Unter diesen Voraussetzungen war das Profil L V aus StSp 37 für die Uferspundwand ausreichend.

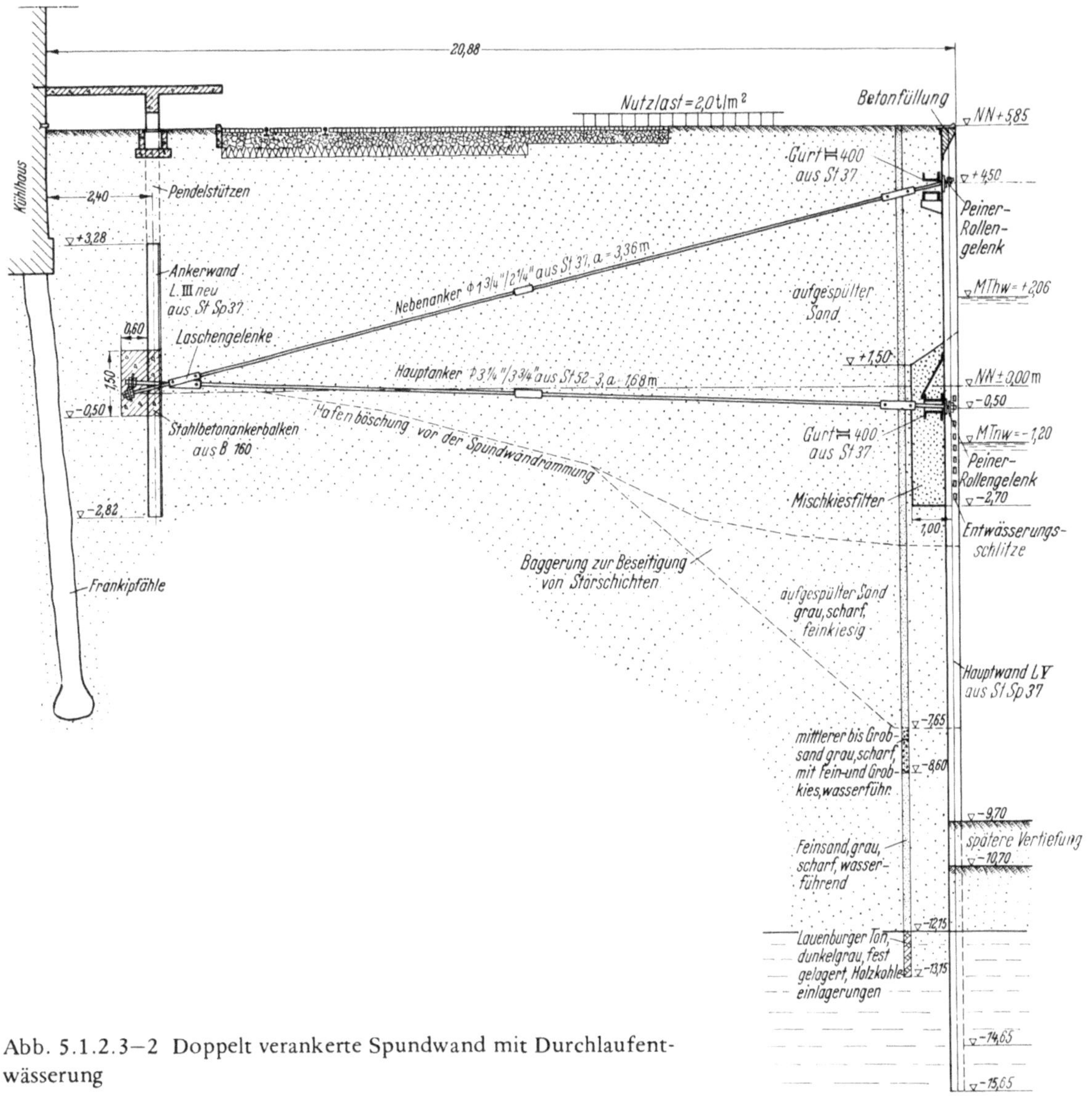

Abb. 5.1.2.3–2 Doppelt verankerte Spundwand mit Durchlaufentwässerung

Als Ankerwand sollte eine vorhandene, knapp vor den Kühlhauspfählen stehende Spundwand L III neu aus StSp 37 herangezogen werden. Sie lag mit ihrer Achse nur 18,48 m hinter der Vorderflucht der Uferspundwand und reichte von NN −2,82 m bis NN +3,28 m. Um eine ausreichende Standsicherheit in der tiefen Gleitfuge zu erhalten, mußte sie als frei aufgelagerte Ankerwand ausgebildet und angeschlossen werden. Dies war aber beim vorhandenen Profil und den angreifenden großen Ankerkräften wegen beachtlicher Überschreitung der zulässigen Ankerwandspannungen nicht ohne besondere Maßnahmen möglich. In dieser Situation wurde anstelle des sonst üblichen Stahlgurtes ein Stahlbetongurt hinter der Ankerwand eingebaut. Er wurde so hoch ausgeführt, daß die zulässigen Spannungen in der Ankerwand nicht mehr überschritten wurden und so breit gewählt, daß die überlagerten Beanspruchungen aus den Haupt-, Neben- und Pollerankerkräften und deren Ungleichmäßigkeiten im Rahmen zulässiger Spannungen aufgenommen werden konnten. Für die waagerechten Belastungen wurde der Stahlbetongurt als Balken auf elastischer Bettung mit dem Bettungsmodul $k_S = 2$ kg/cm^3 berechnet.

Die Spundwandanker wurden wasserseitig erstmalig mit Rollengelenken ausgerüstet, um die Winkeländerungen zwischen der Uferspundwand und den Ankern ohne nennenswerte

Ankerzusatzspannungen aufnehmen zu können. Hinter der Uferspundwand und vor der Ankerwand erhielten die Anker außerdem noch Laschengelenke. Um die Anker besser einpassen und leichter einbauen zu können, wurden die Laschen mit mehreren hintereinander liegenden Bolzenbohrungen geliefert und an Ort und Stelle maßgerecht abgelängt. Die Spannschlösser wurden etwa in Ankermitte angeordnet und ersetzten dort die sonst lieferungs- und einbautechnisch erforderlichen Muffen.

In den Stahlbetongurt der Ankerwand wurden Ankerstummel einbetoniert, die landseitig mit einer angeschweißten Stahlankerplatte und wasserseitig mit einem angeschmiedeten Auge versehen waren, das für den Laschengelenkanschluß vor die Ankerwand ragte. Die Hauptanker wurden zur Verminderung der Lieferkosten und um unhandliche Einbaugewichte zu vermeiden, aus St 52–3 hergestellt und an den Gewinden von sonst ∅ 3¼"auf ∅ 3¾" aufgestaucht. Als Nebenanker reichten ∅ 1¾" aus St 37 mit auf ∅ 2¼" aufgestauchten Gewinden.

Die rd. 30 m entfernt stehenden 60–t–Poller wurden mit einem Stahlbetonfundament an die Uferspundwand und mit gespreizten Rundstahlankern an die Ankerwand angeschlossen.

Viel Sorgfalt und Mühe wurde auch auf eine sinnvolle Ausbildung der Bauwerksecke zum Wendebecken hin verwendet. Die gefundene Lösung mit sich kreuzenden durchlaufenden Ankerwänden und kreuzweise angeordneten Ankern war technisch so ausgereift, daß sie später die Grundlage der einschlägigen Empfehlung E 31 der EAU bildete.

Der Sand zwischen Uferspundwand und Ankerwand wurde größtenteils von der Wasserseite her mit einem Elevator eingefüllt und der Rest vorsichtig eingespült.

Das Bauwerk wurde in zwei Abschnitten erstellt. Im zweiten Abschnitt wurde eine Versuchsstrecke mit Stahlkabelankern ausgerüstet, die teilweise vorgespannt wurden. Auch diese Lösung hat sich bewährt.

Die Durchlaufentwässerung arbeitet auch heute noch einwandfrei. Sie entlastet den Wasserüberdruck aber nicht auf 1,0 t/m^2, sondern in extremen Fällen nur auf 1,5 t/m^2 (vgl. Kap.4.3.2). Die vorgesehene Vertiefung der Hafensohle bis NN −10,7 m konnte daher erst nach Spezialuntersuchungen vorgenommen werden.

Der aus der Not geborene Ankerwandgurt aus Stahlbeton hat sich als so zweckmäßig erwiesen, daß seitdem verschiedene Spundwandbauwerke von vornherein mit einem Stahlbetongurt geplant wurden. Ein solcher kann allen Rammungenauigkeiten leicht angepaßt werden und vermindert den bei Spundwandbauwerken weit überwiegenden Lieferanteil an Stahl.

Gewisse Behinderungen im Einbau ergaben sich aus der tiefen Lage des Hauptankeranschlusses mit Gurt an der Uferspundwand. Es hatte sich gezeigt, daß ein nur 0,7 m über MTnw liegender Ankeranschluß bei einem Tidehub von 3,25 m zu tief lag, um in einer Normaltide lange genug arbeiten zu können. In solchen Fällen sollten die Anker mindestens 1,0, besser aber 1,25 m über NTnw angeschlossen werden, um den Gurt leicht einbauen zu können. Die Verteuerung der Spundwandlieferung wird hierbei durch die einfachere Bauausführung und die verkürzte Bauzeit ausgeglichen. Nur wenn kein unterer Gurt vorhanden ist, die Anker also nur eingehängt zu werden brauchen, ist die Frage der Anschlußtiefe weniger wichtig.

Das beschriebene Spundwandbauwerk hat durch die technisch einwandfreie Grundkonzeption, die gewählten Systeme und Sonderlösungen und die ausgeführten Grundwasserspiegel-, Ankerkraft- und Spundwandspannungsmessungen wie kein anderes zur weiteren Entwicklung der Spundwandbauweise bei Ufereinfassungen in Deutschland beigetragen. Nicht zuletzt die Not der damaligen Zeit hatte die Ingenieure zu diesen Leistungen veranlaßt.

5.1.2.4 Spundwandbauwerk im Außenhafen einer Seeschleuse an der Nordseeküste

Im genannten Schleusenaußenhafen mußte Anfang des zweiten Weltkrieges ein Ausrüstungskai mit Liegeplätzen für Schiffe bis zu 11 m Tiefgang erstellt werden. Da das Kaigelände hochwasserfrei auf DKN +7,0 m liegen mußte und für den Hafen eine Sohlentiefe auf SKN

−13,0 m gefordert war, ergab sich damit ein 20,0 m hoher Geländesprung, der durch ein Bauwerk möglichst günstig abzustützen war (Abb.5.1.2.4−1).

Der Untergrund bestand oben aus aufgefülltem Sand, gefolgt von gewachsenem Sand mit Schluff. Darunter lag eine 2 m dicke Schluffschicht, der auf größere Tiefe diluvialer Grob– bis Feinkies folgte.

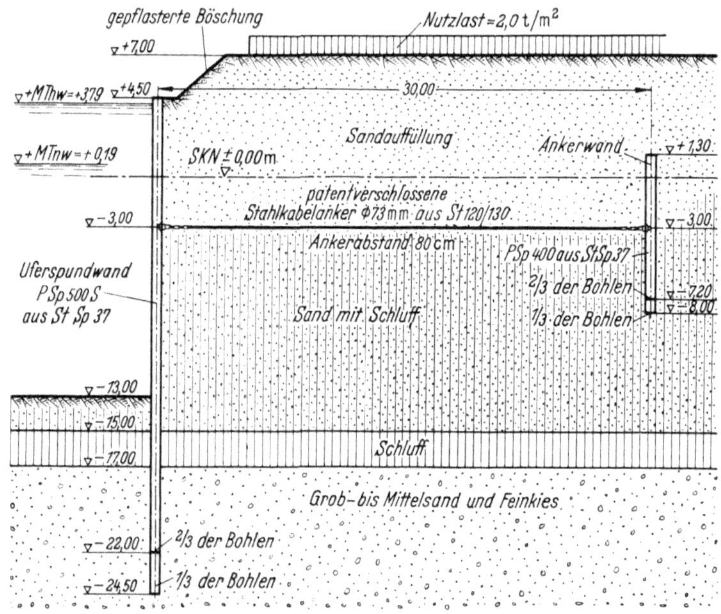

Abb. 5.1.2.4−1 Querschnitt des Spundwandbauwerkes

Nach umfangreichen Voruntersuchungen wurde eine durchlaufende Peiner Spundwand PSp 500 S aus StSp 37 gewählt. Um eine übermäßige Länge der Bohlen zu vermeiden, wurden die obersten 2,50 m des Ausrüstungskais als 1 : 1 geneigte, gepflasterte Böschung ausgeführt.

Die 2 m dicke Schluffschicht führte zu einer wesentlichen Vergrößerung der Rammtiefe. Um an Material zu sparen und das Rammen zu erleichtern, wurde der Spundwandfuß gestaffelt ausgeführt, wobei nur jede dritte Bohle auf volle Tiefe gerammt wurde. Die Peiner Kastenspundbohlen waren so im eingebauten Zustand 26,5 bzw. 29,0 m lang.

Im Hafenplanum waren durchgehende Auflasten bis zu 2 t/m² und Einzellasten bis zu 7 t zu berücksichtigen.

Um eine doppelte Verankerung der schweren Spundwand zu vermeiden, eine möglichst gleichmäßige Ausnutzung des Widerstandsmomentes zu erreichen und den Ankereinbau zu erleichtern, wurde hier erstmalig eine Verankerung mit patentverschlossenen Stahlkabeln mit hoher Stahlgüte und großer Tragfähigkeit, wie sie bisher schon bei Hängebrücken verwendet wurden, angewendet. Die durchgeführten Zerreißproben an den Ankern und Armaturen erbrachten ein in jeder Beziehung zufriedenstellendes Ergebnis.

Um ein größeres Vorwandern der Wand infolge der großen Dehnung der rd. 30 m langen Kabelanker zu vermeiden, wurden bei rd. 95 t maximaler Ankerkraft Anker Ø 73 mm aus St 120/130 gewählt, die zulässigen Spannungen also nur zum Teil ausgenutzt. Außerdem wurden die Kabel im Werk vorgereckt und nach dem Einbau mit dem wasserseitigen Spannschloß teilweise vorgespannt. Die Anker wurden im doppelten Bohlenabstand von 0,80 m verlegt und – um Nebenspannungen in den Anschlußgliedern zu verhindern – mit einem Doppelgelenk angeschlossen (Abb.5.1.2.4−2).

Für die Ankerwand wurde eine Peiner Spundwand PSp 400 S aus StSp 37 gewählt und ebenfalls gestaffelt gerammt (Abb.5.1.2.4−1).

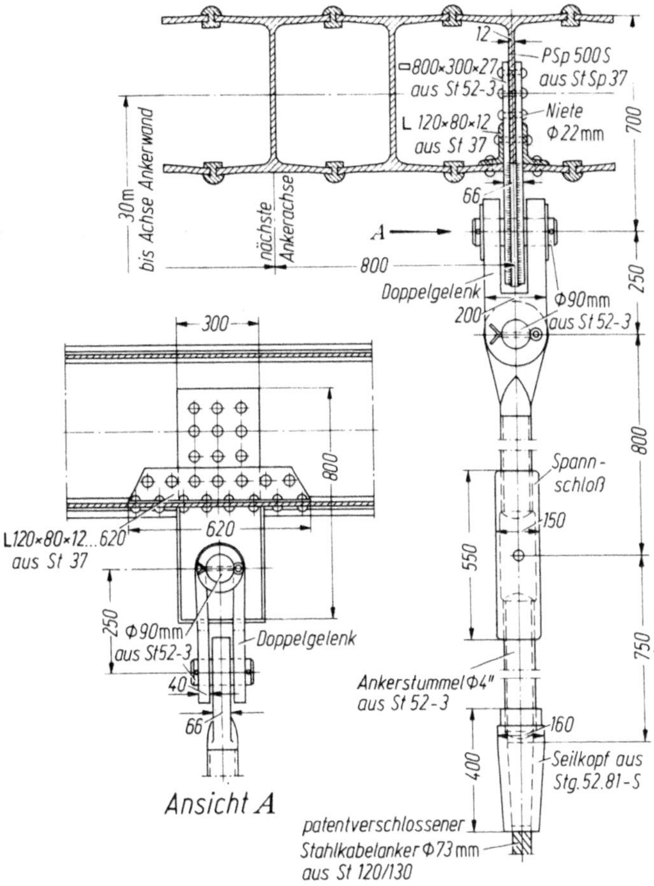

Abb. 5.1.2.4–2 Ankeranschluß und -ausrüstung für rd. 95 t zulässige Ankerkraft

Als erstes wurde die schwere Uferspundwand mit Spülhilfe und dann die Ankerwand vom vorhandenen Gelände aus gerammt. Im Schutze der Uferspundwand und einer Grundwasserabsenkung wurde dann der Boden zwischen beiden Wänden ausgehoben und die Verankerung eingebaut. Hierzu waren besondere Vorkehrungen erforderlich.

Die Ankeranschlußteile, wie Steglaschen und Verstärkungswinkel, mußten bereits vor dem Rammen mit jeder zweiten Spundbohle fest vernietet werden (Abb.5.1.2.4–2). Nach dem Rammen der Wände mußte der wirkliche Spundwand–Achsabstand, der theoretisch 30 m betragen sollte, genau vermessen werden. Der zweite Seilkopf konnte erst nach dem richtigen Ablängen mit dem Stahlkabelanker vergossen werden. Obwohl die Ungleichheiten auch durch das eingebaute Spannschloß teilweise ausgeglichen werden konnten, waren bis zu 30 verschiedene Kabellängen erforderlich. Außerdem standen die mit den Spundwänden fest verbundenen Laschen infolge Verrammens nicht immer senkrecht zur Wandflucht. Diese Schwierigkeiten wurden jedoch nach einer gewissen Anlaufzeit überwunden. Das wasserseitige Spanschloß blieb beim Hinterfüllen anfangs frei und wurde erst in einem späteren Stadium weiter angezogen.

Nach dem Kriege wurde durch die Explosion eines Munitionslagers ein Teil der Spundwand nach dem Wasser hin weggedrückt. Dabei konnte festgestellt werden, daß die außer mit einer bituminierten Juteumwicklung auch noch mit einem Stahlblechrohr geschützten Stahlkabelanker im Verlauf von rd. 15 Jahren keine Korrosionsangriffe aufwiesen.

Bei den guten Erfahrungen mit dieser Art der Verankerung wurden patentverschlossene Stahlkabelanker später auch bei anderen Spundwandbauwerken mit hohen Geländesprüngen gewählt, da hoch belastete Rundstahlanker auch aus St 52–3 mit aufgestauchten Gewinden wesentlich schwerer einzubauen sind als gleich tragfähige zusammengerollt gelieferte patentverschlossene Stahlkabelanker. Der Längenausgleich wird heute in der Regel durch verlängerte Ankerstummel mit überlangem Gewinde oder bei Laschengelenken mit verlängerten Laschen, die zusätzliche Bohrungen erhalten und auf Paßlänge abgebrannt werden, vorgenommen.

Alle profilierten Ankerdrähte erhalten heute einen Mennigeüberzug und der Anker außen eine bituminierte doppelte Stahlbandbandage. Auf das Vorrecken der Anker im Werk wird heute verzichtet, da der Vorreckeffekt beim Zusammenrollen der Anker für den einfacheren Transport wieder verlorengeht. Soweit möglich, werden die Anker auf der Ankergraben-Aushubsohle oder dergleichen verlegt oder durch waagerecht eingebrachte Bohrungen eingebaut. Sie werden in jedem Falle auf eine jeweils festzulegende Last vorgespannt. Die Anschlußbleche an die Spundbohlen werden heute nicht mehr angenietet, sondern bei schweißbarem Spundwandmaterial angeschweißt.

5.1.2.5 Spundwandbauwerke in einem abgeschleusten norddeutschen Fischereihafen

Kurz vor dem zweiten Weltkrieg wurde im vorliegenden Fischereihafen – der zwar abgeschleust, aber trotzdem häufigen und raschen Wasserstandschwankungen bis zu rd. 1 m ausgesetzt war – eine Uferspundwand nach den damals gültigen Regeln entworfen und ausgeführt (Abb.5.1.2.5–1). Bei der Hafensohle auf NPH –1,4 m und dem Hafenplanum auf NPH +8,1 m mit 2,0 t/m^2 rechnungsmäßiger Nutzlast und einem Wasserüberdruck von 1,0 t/m^2 wurde für die Uferspundwand das Profil L V aus StSp 45 benötigt. Die Ankerlänge wurde nach dem damals üblichen Berechnungsgang ermittelt. Der Ankerwandfußpunkt mußte dabei auf der Gleitlinie für den Ankerwiderstand liegen, die in Geländeoberkante an den Schnittpunkt mit der Erddruckgleitlinie anschloß. Die 3,0 m hoch gewählte Ankerwand mußte danach 16,0 m hinter der Uferspundwand angeordnet werden. Als Verankerung wurden Rundstahlanker ∅ 3¼" aus St 37 in 1,68 m Abstand benötigt.

In den ersten Nachkriegsjahren mußte die Kaimauer verlängert werden, wobei eine um 1,0 m tiefere Hafensohle verlangt wurde. Auch hier sollte wieder ein einfach verankertes Spundwandbauwerk errichtet werden. Bei den inzwischen modernisierten Berechnungsverfahren genügte nun trotz der tieferen Hafensohle bei gleicher Ankeranschlußhöhe, gleicher Nutzlast und gleichem Wasserüberdruck das Profil L IV neu aus StSp 37 (Abb.5.1.2.5–2). Um aber auch in der inzwischen als wichtig erkannten tiefen Gleitfuge eine 1,5-fache Standsicherheit zu erhalten, mußte eine 3,5 m hohe Ankerwand 20,6 m hinter der Unferspundwand angeordnet werden. Für die Verankerung reichten Rundstahlanker ∅ 2¾" aus St 37 in 1,6 m Achsabstand aus.

Bei beiden Bauwerken waren die Anker sowohl an der Uferspundwand als auch an der Ankerwand mit Endgelenken angeschlossen.

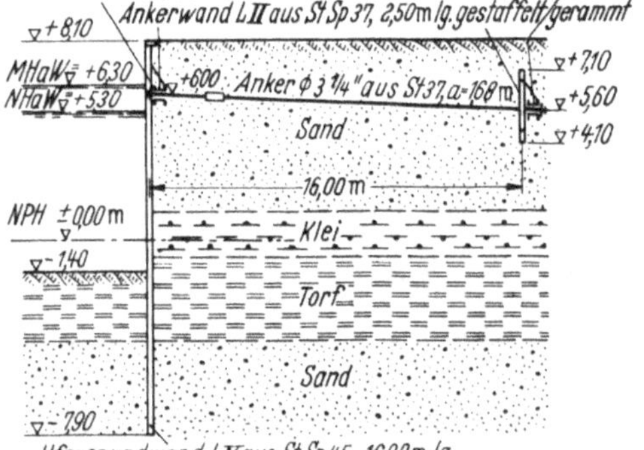

Abb. 5.1.2.5–1 Verankertes Spundwandbauwerk, kurz vor dem zweiten Weltkrieg errichtet

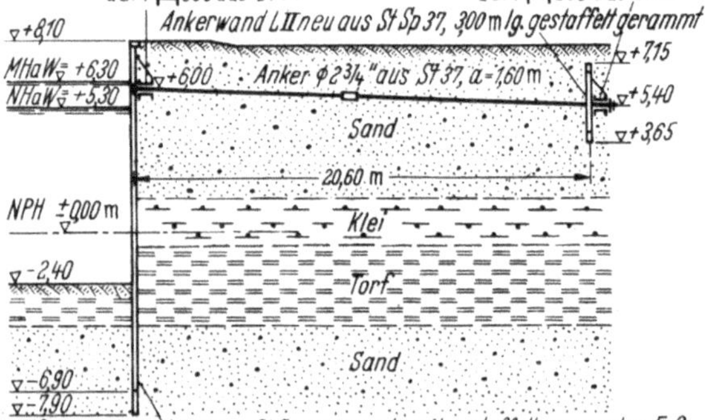

Abb. 5.1.2.5–2 Verankertes Spundwandbauwerk mit vertiefter Hafensohle, kurz nach dem zweiten Weltkrieg errichtet

Beide Bauwerke erwiesen sich als so standsicher, daß Schäden nicht auftraten. Messungen am Vorkriegsbauwerk (Abb.5.1.2.5–1) zeigten jedoch, daß infolge der Setzungen des Untergrundes, vor allem am Übergang zur Uferspundwand, sehr große Ankerdurchbiegungen aufgetreten waren. Nur durch die Ausrüstung der Anker mit Endgelenken waren Ankerbrüche in diesem gefährdeten Bereich vermieden worden. Nach diesen Erfahrungen wurden die späteren Ausbaustrecken des Fischereihafens mit biegsamen Stahlkabelankern ausgerüstet (vgl. Kap.5.1.2.1).

Die vorliegenden Beispiele zeigen, daß durch verfeinerte Rechenmethoden beachtliche Einsparungen an den Kosten von Ufereinfassungen erzielt werden können. Gleichzeitig werden durch neuere Methoden bisherige Fehlerquellen vermieden. Dies gilt vor allem hinsichtlich der Standsicherheit in der tiefen Gleitfuge, deren Nichtbeachtung früher manchem verankerten Spundwandbauwerk zum Verhängnis geworden war.

5.1.2.6 Spundwandbauwerke mit Stahlpfahlverankerung in einem deutschen Hafen am Niederrhein

5.1.2.6.1 Allgemeines

In der zweiten Hälfte der fünfziger Jahre sah sich die Verwaltung eines wichtigen Hafens am Niederrhein – in dem bisher vor allem Braunkohlenbriketts am Strom und in einem Mitte der zwanziger Jahre parallel dazu angelegten Hafenbecken umgeschlagen worden waren – veranlaßt, die Gesamtanlage den neuen Bedarfsverhältnissen anzupassen. Letztere waren vor allem bestimmt durch eine in unmittelbarer Nähe errichtete Großraffinerie. Ihre Fertigprodukte sollten zu einem wesentlichen Teil auf dem Wasserwege abtransportiert werden.

Die Erweiterungsplanung, verbunden mit hydraulischen Modellversuchen zur Ermittlung günstiger Verhältnisse an der Hafeneinfahrt, führte zu der in Abb.5.1.2.6–1 im Grundriß dargestellten Lösung.

Der Baugrund wurde im Erweiterungsbereich durch 8 Bohrungen aufgeschlossen. Sie zeigten, daß etwa ab NN +45,0 m nach oben mit Lehm und Ton durchgesetzter Kies anstand während nach unten auf große Tiefe sauberer Kies lag. Der Bodenaushub im Hafenbecken bis NN +37,5 m wurde daher einem Kiesunternehmen übertragen, das 700.000 m^3 sauberen Kies aushob und mittels eines Pendelzuges in seine etwa 12 km entfernte Kiesaufbereitungsanlage transportierte. Die restlichen 200.000 m^3 verunreinigten Aushubbodens wurden im Nachbargelände des Hafens einplaniert.

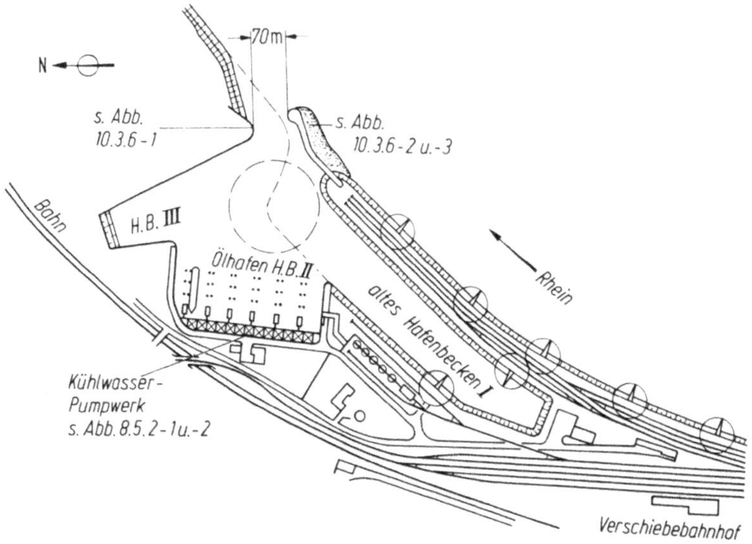

Abb. 5.1.2.6–1 Übersichtsplan der Hafenanlage

In den Standsicherheitsnachweisen der neuen Ufereinfassungen konnten folgende Bodenwerte berücksichtigt werden:

verunreinigter Kies: $\rho_r = 30°$; $c = 0$; $\gamma/\gamma_a = 1{,}8/1{,}1$ t/m³
sauberer Kies: $\rho_r = 35°$; $\gamma/\gamma_a = 1{,}8/1{,}1$ t/m³.

Die zu berücksichtigenden Wasserstände waren durch die Hoch– und Niedrigwasserstände des Rheines bedingt. Sie sind in den Abb.5.1.2.6–2 und –3 dargestellt. HHW = NN +49,01 m entspricht etwa der vorgesehenen Höhe des Hafenplanums auf NN +49,0 m. Ein höheres, absolut hochwasserfreies Hafenplanum war hier betrieblich nicht erforderlich und bei der örtlichen Situation auch nicht erwünscht. Bei NNW = NN +39,94 m wurde für die Schiffahrt noch eine Wassertiefe von 2,0 m gefordert, so daß sich eine planmäßige Hafensohle auf NN +37,94 m ergab. Um einen Bagger-Vorratsraum zu schaffen, wurde die Baggersohle auf NN +37,5 m gelegt.

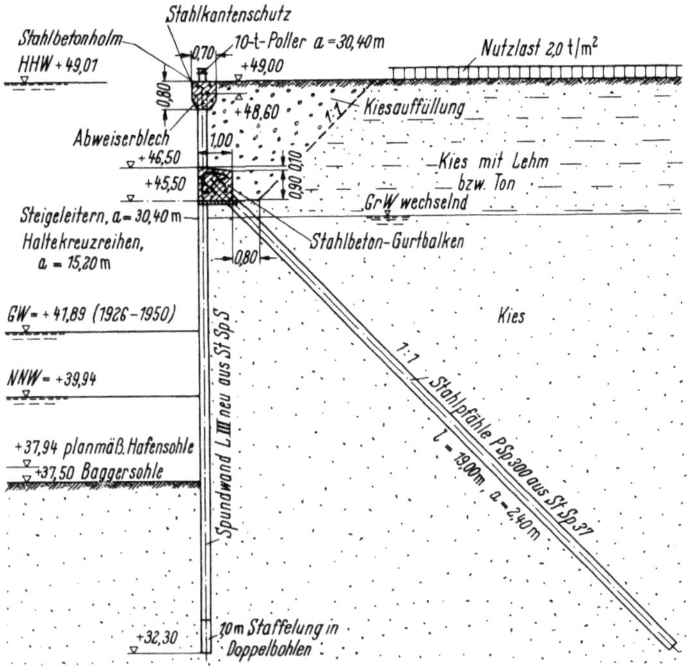

Abb. 5.1.2.6–2 Querschnitt durch die Uferspundwände mit allgemeinem Güterumschlag

Für den Lastfall 1 wurde ein Wasserüberdruck von 1,0 t/m² und für den Lastfall 3 – als Vergleichsfall mit Gr W auf NN +46,0 m – ein solcher von 2,0 t/m² angesetzt.

Im Hafenplanum mußte mit einer Nutz- bzw. Verkehrslast von 2,0 t/m² gerechnet werden. Die Kantenpoller wurden für 10 t und die Haltekreuze für 5 t bemessen. Die Berechnungen und Bemessungen wurden nach den einschlägigen Empfehlungen der EAU durchgeführt.

Bei den beengten Raumverhältnissen (Abb.5.1.2.6–1) mußten die Ufer der neuen Hafenbecken II und III größtenteils in Spundwandbauweise erstellt werden.

5.1.2.6.2 Ausbildung der Uferspundwände

Abb.5.1.2.6–2 zeigt den Querschnitt mit vollem Spundwandausbau bis zum Hafenplanum mit Stahlpfahlverankerung 1 : 1 für die Strecken mit allgemeinem Güterumschlag

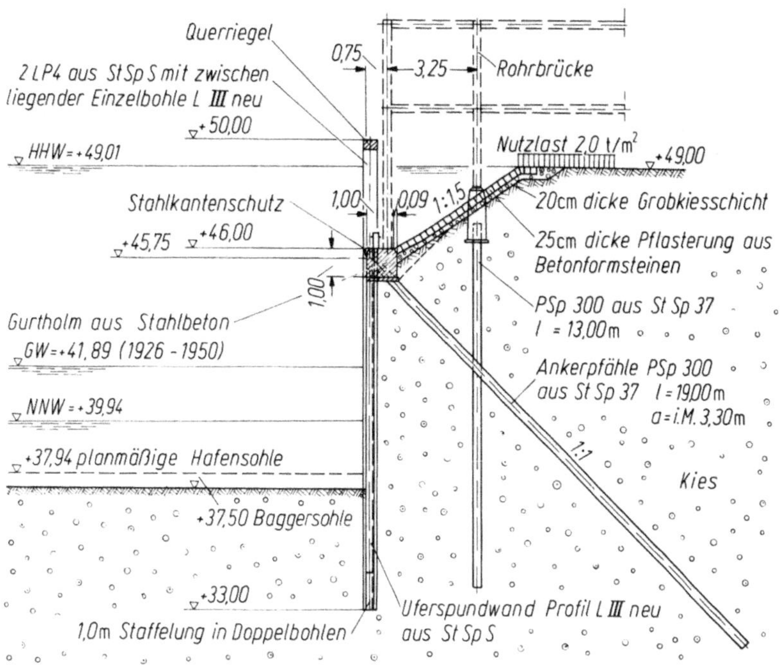

Abb. 5.1.2.6–3 Querschnitt durch das teilgeböschte Ufer vor Kopf des Ölhafens H. B. II

(Abb.5.1.2.6–1). Es war hierfür wahlweise auch eine Lösung mit waagerecht liegender Rundstahlverankerung ausgeschrieben worden, die aber weniger wirtschaftlich war.

Sowohl die Uferspundwand L III neu aus StSpS als auch die Ankerpfähle PSp 300 aus StSp 37 wurden vom Aushubplanum NN + 45,5 m aus gerammt. Schwierigkeiten traten dabei nicht auf. Gleiches gilt auch für die Uferspundwand und ihre Schrägpfahlverankerung auf der Westseite des neuen Ölhafenbeckens H.B.II (Abb.5.1.2.6–3). Hier wurde aus betrieblichen Gründen – obwohl fühlbar teurer – ein teilgeböschtes Ufer ausgeführt.

Bei allen Spundwandbauwerken wurden die Gurte und Holme aus Stahlbeton hergestellt. Da die Stahlpfähle 1 : 1 vor den Spundwänden gerammt wurden, mußten bei den Anschlüssen der Stahlpfähle gewisse Anpaßarbeiten in Kauf genommen werden, worauf sich die Baustelle aber rasch einstellen konnte.

5.1.2.7 Spundwandkaimauer für eine Werft in einem Tidehafen Westpakistans

Im Südabschnitt der Werft wurde in den Jahren 1970/71 eine Spundwandkaimauer errichtet (Abb.9.2.6.4–1). Sie ersetzte eine bisher vorhandene, teilweise abgängige Dalbenreihe, bereinigte die wasserseitigen Zufahrtverhältnisse zu den Werftanlagen, stellte eine dringend benötigte, hochleistungsfähige Ausrüstungskaimauer dar und ermöglichte zusätzlich einen Gewinn an Werftfläche. Sie schloß an den hafenseitigen Wandkopf des Torliegeplatzes für das Trockendock Nr. 2 an (Abb.9.2.6.4–1 und 5.1.2.7–2).

Die rd. 155 m lange Kaimauer wurde als schrägpfahlverankertes Spundwandbauwerk in gemischter Bauweise mit Tragbohlen PSp 600 L aus StSpS mit Lamellenverstärkungen aus St 52–3 und Füllbohlen KS II aus StSp 37 hergestellt. Als Ankerpfähle wurden PSp 350 L aus StSp 37, 35,8 m lang, in 2,52 m Achsabstand unter 1 : 1 gerammt. Sie wurden in den Stahlbetonwandkopf biegesteif eingebunden (Abb.5.1.2.7–1). Wegen des großen Rammwiderstandes im harten Ton mußten in der Bauausführung aber verschiedene Pfähle um bis zu 2,9 m gekappt werden.

Die Ankerpfähle werden im Lastfall 2 mit 112,5 t Zug belastet.

Die am Südende gelegene Flügelwand wurde mit Rundstahlankern gegen Ankerwände verankert. Diese teuerere Lösung wurde hier gewählt, um die Flügelwand bei einer späteren

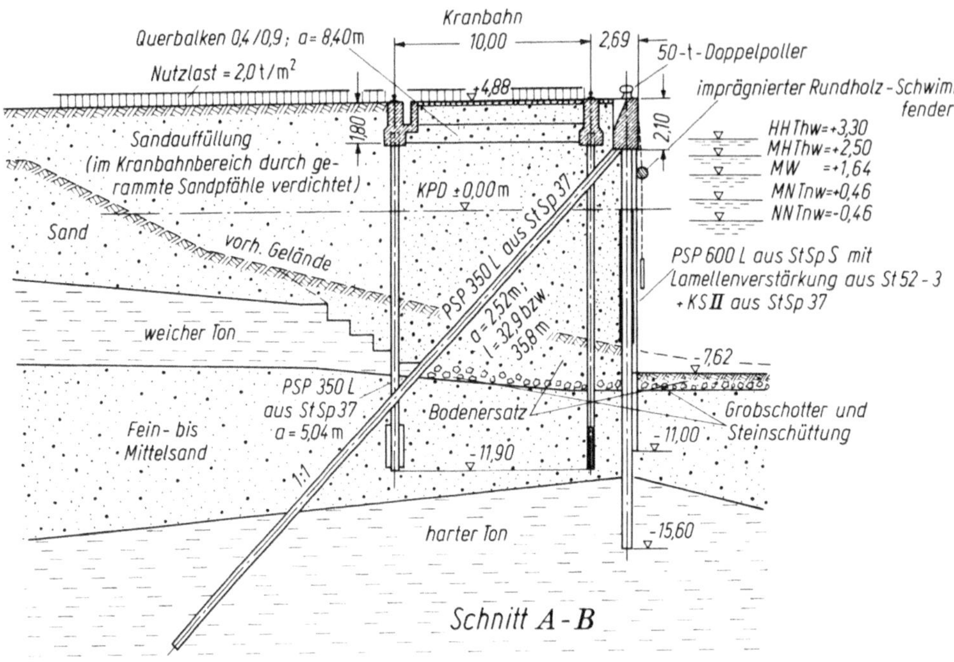

Abb. 5.1.2.7–1 Querschnitt der Spundwandkaimauer

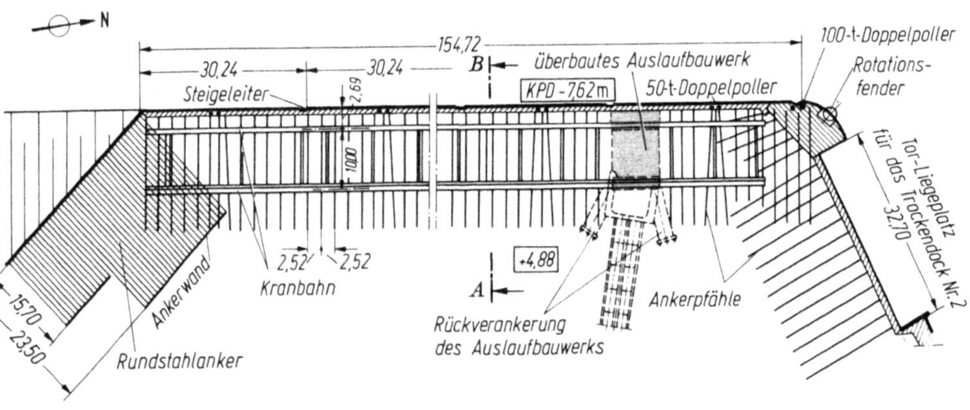

Abb. 5.1.2.7–2 Grundriß der Spundwandkaimauer

Verlängerung der Südkaimauer insgesamt leicht wiedergewinnen und umsetzen zu können.

Die unabhängig von der Kaimauer gegründete Kranbahn mit 10 m Stützweite mußte zwei in engem Abstand arbeitende Werftkrane 30 t x 25 m aufnehmen. Die Laufbahnbalken aus Stahlbeton wurden auf Stahlpfählen PSp 350 L aus StSp 37 in 5,04 m Achsabstand gegründet. Diese Pfähle mußten bei den auftretenden Pfahllasten von 135 t und dem vorhandenen Untergrund mit Fußflügeln ausgerüstet werden. Die Laufbahnbalken wurden zum Spurhalten und Stabilisieren mit Stahlbeton-Querbalken 0,4/0,9 m in 8,4 m Achsabstand miteinander verbunden. Um zu verhindern, daß sich der Hinterfüllungsboden auf die Querbalken aufsetzte, wurden sie mit U-förmigen Stahlbetonfertigteilen, die beim Einbau einen lichten Abstand zwischen ihrer Unterkante und der Oberkante der Querbalken von 10 cm aufwiesen, abgedeckt.

Da in der Höhe der vorhandenen Hafensohle eine dickere, breiige Tonschicht anstand, mußte diese zur Einsparung von Devisen für ein schwereres Spundwandprofil ausgehoben und durch guten Sand ersetzt werden (Abb. 5.1.2.7–1). Zur Vernähung einer eventuellen Schmierfuge wurde die Aushubsohle vor dem Sandauffüllen mit einer etwa 30 cm dicken Schicht aus Grobschotter und kleineren Bruchsteinen abgedeckt.

Eine weitere Erschwernis ergab sich aus der erforderlichen Überbauung eines vorhandenen Auslaufbauwerkes (Abb.5.1.2.7–2). Letzteres mußte zusätzlich mit Rundstahlankern nach hinten verankert werden.

Zur Schonung der Spundwand im Betrieb wurde die Kaimauer mit einer Schwimmfenderung ausgerüstet. Sie bestand aus Rundhölzern, die gegen Bohrmuschelbefall mit Steinkohlenteeröl voll getränkt waren (Abb.5.1.2.7–1).

Gegen Korrosionsangriff wurde die Kaimauer von vornherein mit einer kathodischen Schutzanlage, die mit Fremdstrom betrieben wurde, ausgerüstet.

Einer einwandfreien, mindestens mitteldichten Sandhinterfüllung kam beim vorliegenden Bauwerk von vornherein eine große Bedeutung zu. Bei zu lockerer Lagerung – auch guten Sandes – vergrößerte sich der Erddruck auf die Spundwand und die aufzunehmende Ankerkraft, und es verkleinerte sich die stützende Wirkung für die nur auf Lotpfählen gegründete Kranbahn. Außerdem mußte mit starken Sackungen des Hinterfüllungsbodens gerechnet werden, die für die Pflasterung im Hafenplanum unangenehm, für die schrägen Ankerpfähle aber existenzgefährdend werden konnten. Bei zu starken Sackungen erhielten die Ankerpfähle unkontrollierbar hohe Zusatzbeanspruchungen aus auflastendem Sand, was bei der Stahlgüte StSp 37 im Hinblick auf die Sprödbruchgefahr vermieden werden mußte. Als sich dann durch systematische Untersuchungen herausstellte, daß der eingebaute Hinterfüllungssand weder in erwünschtem Maße rein, noch ausreichend dicht gelagert war, mußte er zwischen den Kranbahnen – hinunter bis zum gewachsenen Sand – nachträglich hochgradig verdichtet werden. Hierzu wurden zwischen den Ankerpfählen mit einem *vorhandenen Gerät* Sand-Verdichtungspfähle im Raster 1,70/1,25 m eingerammt. Diese Maßnahme erforderte aber eine wesentlich längere Zeit als – nach sonstigen Erfahrungen – für eine Tiefenrüttlung nach dem Rütteldruckverfahren benötigt worden wäre.

5.1.2.8 Spundwandbauwerk mit Verpreßpfahlverankerung in einem deutschen Rheinhafen

Beim vorliegenden Projekt wurde in einem neu angelegten Hafenbecken am Rhein die Spundwand der teilgeböschten Ufer mit vorgespannten, gebohrten und verpreßten Ankerpfählen verankert. Letztere wurden mit einem Stahlanker ⌀ 32 mm aus St 60/90 mit aufgewalzten Gewinden bewehrt (Abb.5.1.2.8–1). Solche Ankerpfähle – aber mit Stahlankern ⌀ 26 mm – waren von rückwärts verankerten, vorübergehenden Baugrubenumschließungen her schon gut bekannt. Auch war bereits eine Binnenhafenwand am Main als Dauerbauwerk mit Verpreßankern – bewehrt mit einem vorgespannten Anker ⌀ 26 mm aus St 60/90 – ausgeführt worden.

Um das vorliegende Bauwerk dauernd sicher verankern zu können, wurde für die Ankerstähle nicht nur der größtmögliche Durchmesser = 32 mm mit aufgewalztem Gewinde verlangt, sondern außerdem noch ein zuverlässiger und dauerhafter Korrosionsschutz. Hierzu mußte jeder Stahlanker 1,0 m in die Verpreßzone hinein mit einem übergezogenen PVC-Schlauch ⌀ 38 mm ausgerüstet werden. Um den erforderlichen Schutz auch am spundwandseitigen Ankerende zu erhalten, wurde der PVC-Schlauch bis an die vordere Ankerplatte herangeführt und dort dicht angeschlossen. Der so geschützte Anker wurde im Bereich des Gurtholmes aus Stahlbeton in einem Hydrowellrohr NW 50 mm, das an die Ankerplatte geschweißt wurde, frei geführt. Nach dem Vorspannen der Anker von der Wasserseite her wurden die dort zunächst ausgesparten Nischen im Gurt mit Beton verfüllt.

Die Ankerneigung wurde jeweils so gewählt, daß die Verpreßzone ausreichend tief im stark kiesigen Sand lag (Abb.5.1.2.8–1).

Das Spundwandbauwerk wurde nach den einschlägigen Empfehlungen der EAU berechnet. Der Grundwasserstand wurde im Höhenbereich des lotrechten Uferabschlusses 1,0 m über dem jeweiligen Hafenwasserstand angesetzt. Für die Spundwand und ihre Rammtiefe war wie üblich der niedrigste Außenwasserstand und für die Standsicherheit in der tiefen Gleitfuge der höchste Grundwasserstand maßgebend.

Die Kranbahnen wurden als Flachgründungen aus Stahlbeton hergestellt (Abb.5.1.2.8–1). Sie wurden vor allem auch so bemessen und gegründet, daß eine ausreichende Sicherheit

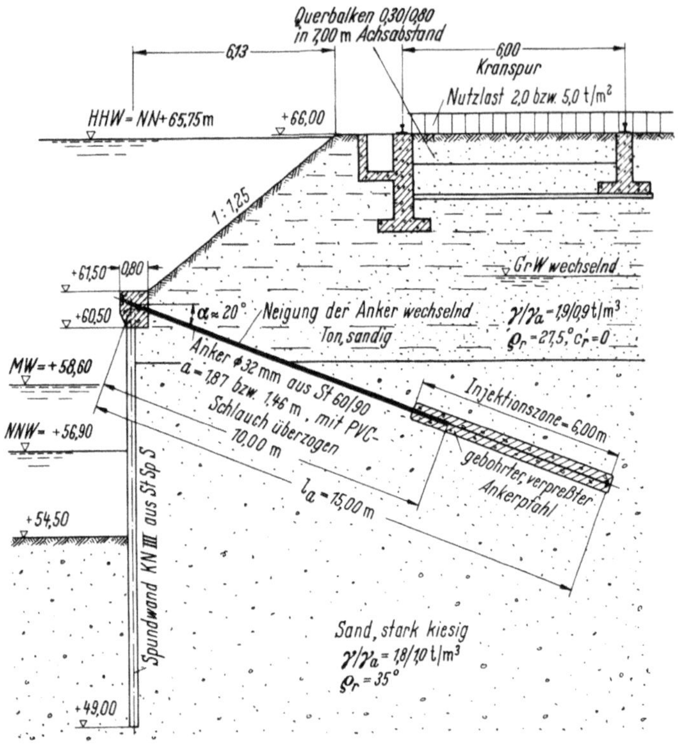

Abb. 5.1.2.8–1 Querschnitt durch die Uferspundwand und die Kranbahn

gegen Gelände- bzw. Grundbruch zum Hafenbecken hin vorhanden war. Bei den Laufbahnbalken auf der Südseite des Hafenbeckens wurden im Abstand von 53,3 m voll verzahnte Bewegungsfugen angeordnet. Bei der später gebauten Kranbahn am Nordufer, die sonst gleich hergestellt werden konnte, wurde zur Verringerung der Beanspruchungen aus Längenänderungen und damit zur Stahleinsparung der Blockfugenabstand aber auf 30,0 m vermindert.

Dauerverankerungen der hier ausgeführten Art mit Einleitung der Ankerkraft in den Verpreßkörper über Haftung können nur angewendet werden, wenn das Grundwasser nicht aggressiv ist. Sonst würde der Ankerstahl an den aus den großen Zugspannungen unvermeidlich auftretenden Querrissen im Verpreßkörper korrodieren und alsbald reißen. Bei aggressivem Grundwasser müssen die Ankerstangen eine gegen Korrosion einwandfrei sichernde Spezialbeschichtung erhalten. Sonst muß ein Ankerpfahltyp gewählt werden, bei dem die Ankerkraft nicht über Haftung, sondern über eine Endplatte in den Verpreßkörper eingeleitet wird. Dann entstehen in letzterem nur Druckspannungen und daher keine Zugrisse.

Im Zuge der weiteren Entwicklung wurde bei späteren Hafenbauwerken das wasserseitige Ende des Ankers aus St 60/90 in das eingebohrte Gewinde eines aus normalem Baustahl entsprechend dick hergestellten Ankerstummels geschraubt. Dieses Ankerende konnte mit einem üblichen Endgelenk ausgerüstet werden. Der Schutz mittels PVC-Schlauch wurde dann auch noch über das dicke Ankerende geführt und so der Korrosionsschutz derart verbessert, daß auch das obere Ende des dünnen Ankers aus St 60/90 voll geschützt ist.

5.1.2.9 Spundwandbauwerk zur Verlängerung einer Kaimauer für Großschiffe an der Einfahrt zu einer großen Seeschleuse an einem norddeutschen Tidefluß und Sanierung des Bauwerks vor allem durch Bodenverbesserung

5.1.2.9.1 Allgemeines

Zur Schaffung eines weiteren Liegeplatzes für Großschiffe in Verlängerung einer vorhandenen seeschifftiefen Kaimauer sowie zur Verbesserung der Verhältnisse im Vorhafen einer

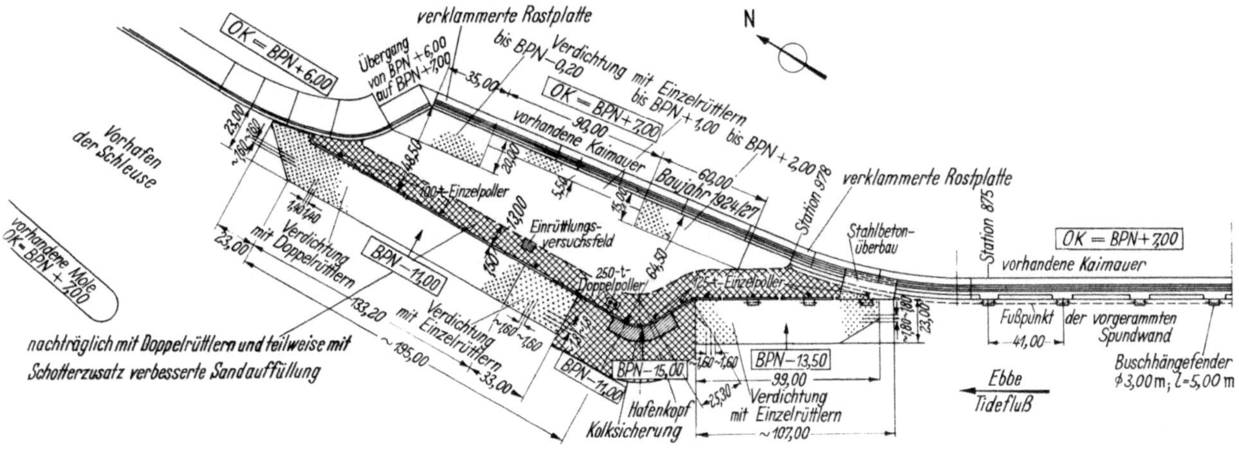

Abb. 5.1.2.9–1 Übersichtsplan mit Angabe der Bodenverbesserungsbereiche

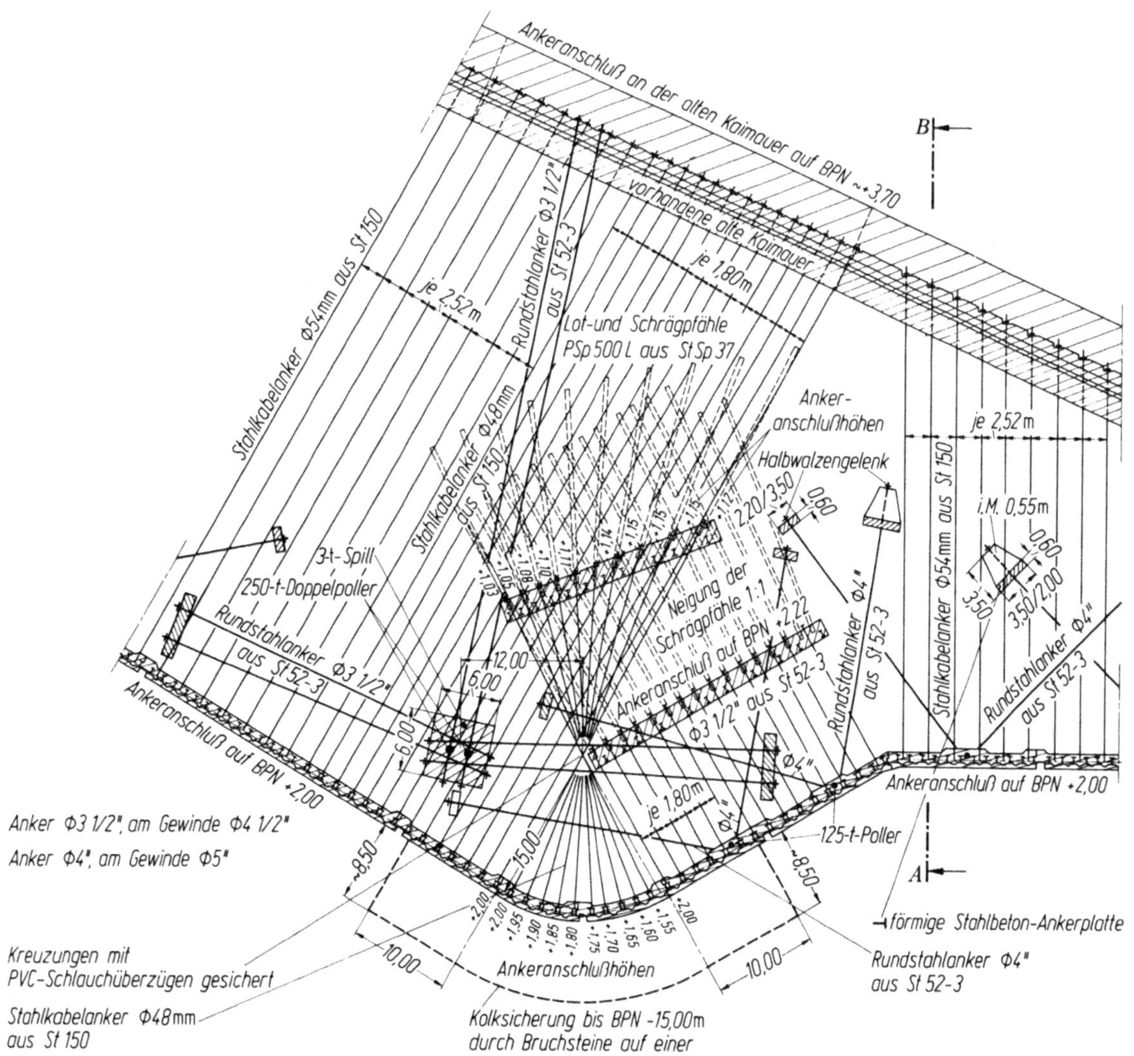

Abb. 5.1.2.9–2 Übersichtsplan mit Angabe der Verankerungen im Bereich des Hafenkopfes

großen Seeschleuse sowohl hinsichtlich der Einfahrt als auch in bezug auf den dort stattfindenden ständigen starken Schlickfall mußte eine Kaimauer mit einem Geländesprung von 20,5 m am Fluß und von 18,0 m im Vorhafen errichtet werden (Abb.5.1.2.9–1 sowie –3 und –4). Am vorspringenden Hafenkopf mußte wegen der Kolkgefahr auch noch eine Vertiefung um 1,5 m berücksichtigt werden, so daß dort mit einem 22,0 m hohen Geländesprung gerechnet werden mußte.

5.1.2.9.2 Die entwurfsmäßige Lösung

Das Bauwerk konnte nur wirtschaftlich ausgeführt werden, wenn der unter der Strom- bzw. Hafensohle anstehende weiche Klei vorher beseitigt und bis zum Anschluß an den diluvialen Sand durch eingebrachten Sand ersetzt wurde. Außerdem mußte der im Erdwiderstandsbereich vor dem Bauwerkfuß anstehende Sand unter Wasser hochgradig verdichtet werden. Wenn außerdem der Wasserüberdruck durch eine leistungsfähige Rückstauentwässerung vermindert wurde, konnte die Kaimauer als einfach verankertes Spundwandbauwerk in gemischter Bauweise ausgeführt werden. Ohne Entwässerung hätte nach den Erfahrungen bei der vorhandenen Kaimauer mit einem mittleren Grundwasserstand auf BPN + 3,5 m und daher mit einem sehr hohen Wasserüberdruck gerechnet werden müssen.

Einzelheiten der gewählten Querschnittausbildungen können den Abb.5.1.2.9–3 und –4 entnommen werden. Für die Anordnung der Verankerungen im Grundriß gibt Abb.5.1.2.9–2 einen Überblick.

In den Normalquerschnitten (Abb.5.1.2.9–3 und –4) wurde die gemischte Spundwand Peine-Krupp mit lammellenverstärkten Einzeltragbohlen PSp 600 L aus StSpS mit setzungsunempfindlichen patentverschlossenen Stahlkabelankern ⌀ 54 mm aus St 150, in 2,52 m Abstand verankert. Die Gebrauchslast von 150 t je Anker im Lastfall 2 wurde in die vorhandene Pfahlrostmauer der Baujahre 1924–27 eingeleitet und mußte von dieser abgetragen werden (Abb.5.1.2.9–1 und –2).

Für den Hafenkopfbereich wurde eine Lösung mit Entlastungsplatte aus Stahlbeton auf Stahlpfählen ausgeschrieben, an der die hier aus doppelten Tragbohlen PSp 600 L aus StSpS gebildete gemischte Spundwand Peine–Krupp drehbeweglich angeschlossen war. Es wurde

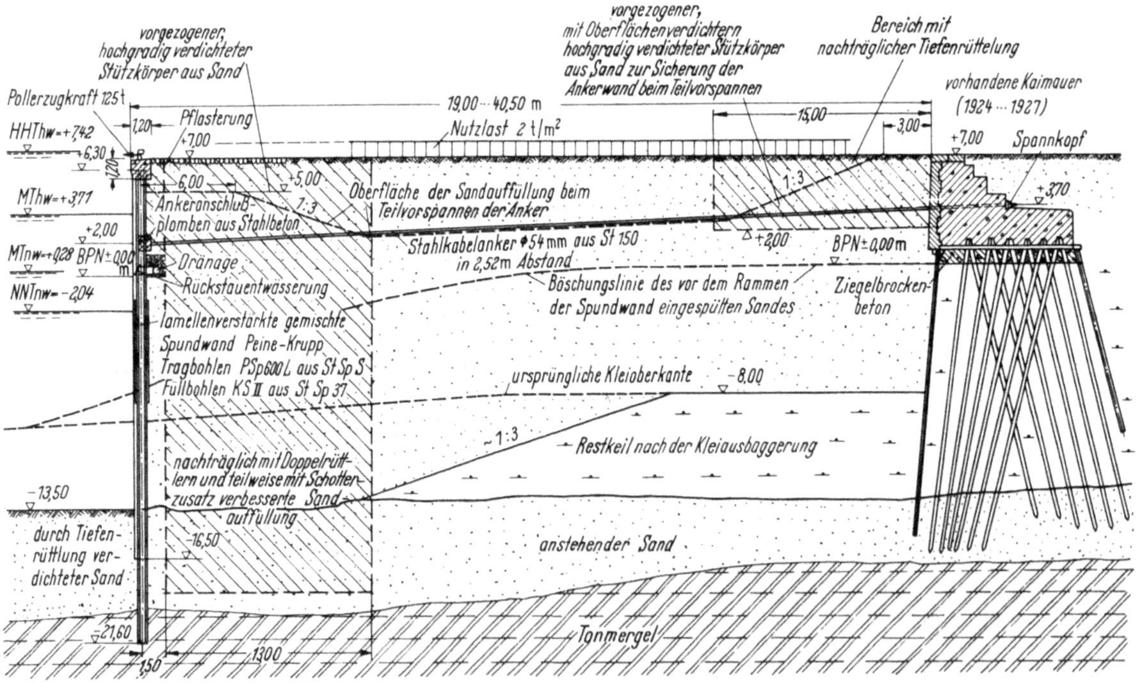

Abb. 5.1.2.9–3 Querschnitt der Kaimauer am Tidefluß (Schnitt A–B nach Abb. 5.1.2.9–2)

jedoch ein Sondervorschlag mit zum Teil sich kreuzenden Ankern nach Abb.5.1.2.9–2 und Verankerung eines Teiles der Wand im Hafenkopfbereich gegen Ankerbalken auf Stahlpfahlböcken fühlbar billiger angeboten und dann auch ausgeführt. Die 1 : 1 geneigten i. M. rd. 38 m langen Ankerpfähle PSp 500 L aus StSp 37 dieser Böcke wurden ohne Flügel so tief in den Tonmergel gerammt, daß sie im Lastfall 3 eine Zugkraft von + 181 t mit ausreichender Sicherheit aufnehmen konnte. Die lotrechten Bockpfähle PSp 500 L aus StSp 37 wurden mit je zwei 4,0 bzw. 6,0 m langen Flügeln PSp 500 L bzw. PSp 350 L aus StSp 37 ausgerüstet, damit sie eine Druckkraft von –291 t im Lastfall 3 ausreichend hoch über dem Tonmergel in den tragfähigen, teils aufgefüllten, teils gewachsenen Sand überleiten konnten.

Der landseitige Anschluß an die vorhandene Kaimauer, von dem aus die Kabelanker vorgespannt wurden, mußte ausreichend tief in die Rostplatte des alten Bauwerkes ein-

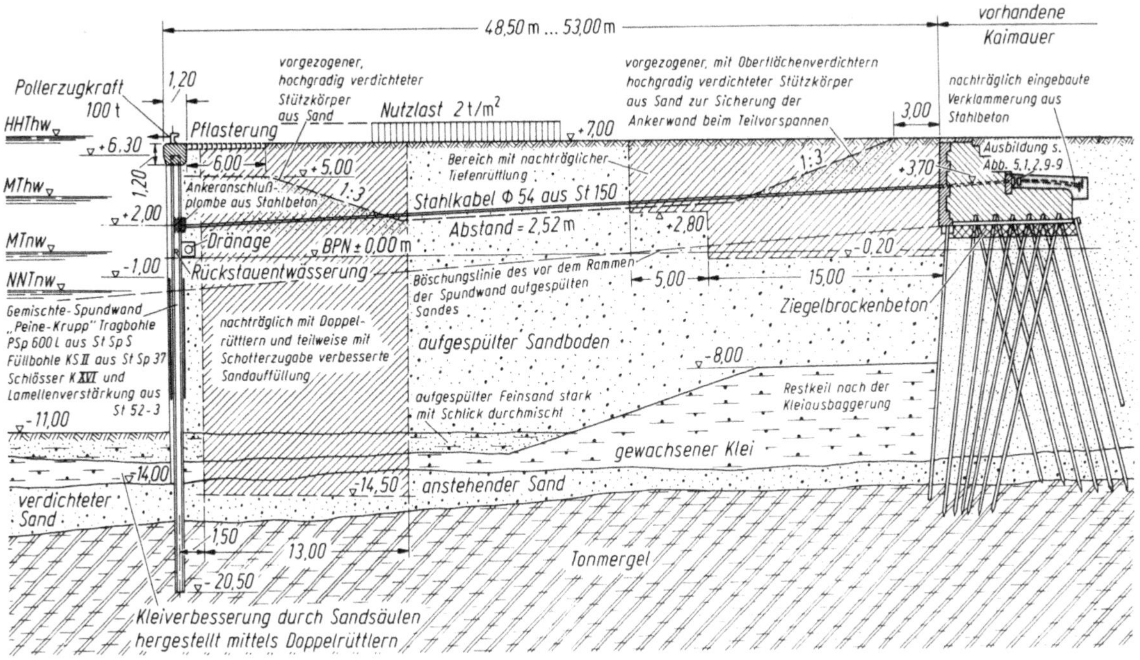

Abb. 5.1.2.9–4 Querschnitt der Kaimauer im Vorhafenbereich, nördlicher Abschnitt

greifen. Nur so konnte das Risiko eines Abreißens des aufgesetzten Wandkopfes von der Rostplatte vermieden werden (Abb.5.1.2.9–5). Außerdem mußte der Sand vor dem Wandkopf hochgradig verdichtet, bis Wandoberkante hochgezogen eingebaut werden (Abb.5.1.2.9–3 und –4), bevor mit dem Teilvorspannen der Anker begonnen werden konnte. In ähnlicher Weise mußte auch die Uferspundwand vor dem Teilvorspannen zusätzlich gesichert werden. Endgültig durften aber die Anker – je nach Lage teilweise bis auf 90 % der Gebrauchslast im Lastfall 2 – erst nach dem vollen Hinterfüllen des Raumes zwischen der Uferspundwand und der vorhandenen Kaimauer vorgespannt werden. Die Vorspannkraft mußte mittels Pressen über Zuglaschen, die an den Nocken des Seilkopfes jedes Kabelankers anfaßten, aufgebracht werden (Abb.5.1.2.9–5). Zur Schaffung des Arbeitsraumes für diesen Arbeitsgang mußte hinter der vorhandenen Kaimauer eine Spundwand gerammt werden, die gegen den Wandkopf abgestützt wurde. Anschließend konnte der Boden davor ausgehoben werden. Soweit erforderlich, war der Arbeitsraum durch eine offene Wasserhaltung trockenzulegen.

An die Uferspundwand wurden die Stahlkabelanker in den Normalbereichen mittels Stahlbetonblomben angeschlossen (Abb.5.1.2.9–6). Je zwei Tragbohlen wurden so durch einen Anker ∅54 mm aus St 150 erfaßt.

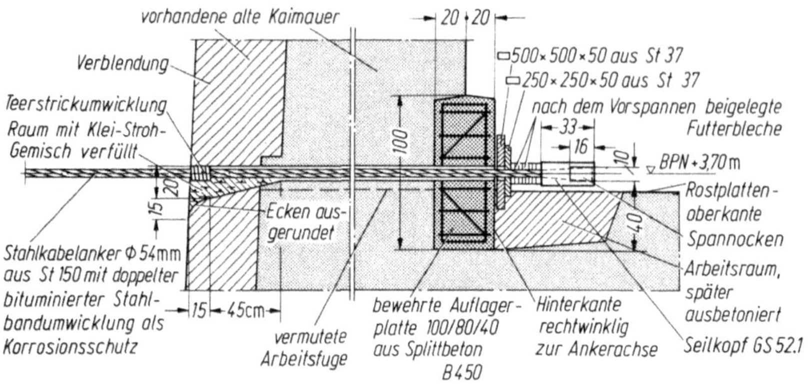

Abb. 5.1.2.9–5 Geplante Ausbildung der Ankerkrafteinleitung in die vorhandene Kaimauer

Nur im Hafenkopfbereich mit doppelten Tragbohlen wurden die hier in 1,66 m Achsabstand liegenden Anker Ø 48 mm aus St 150 stahlbaumäßig angeschlossen (Abb. 5.1.2.9–7).

Das einzige aussteifende Element der Uferspundwand war ihr durchlaufender, stark bewehrter Stahlbetonholm 1,20/1,20 m.

Als Entwässerungsstrang diente ein vorverkiestes Filterrohr mit Mischkiesumschüttung, das laufend durch einen Stahlträger untersützt wurde. Dieser ruhte auf Konsolen, die an die Spundwand geschweißt waren. Die Ausläufe in 7,56 m Abstand wurden durch Rückstauklappen üblicher Bauart gesichert.

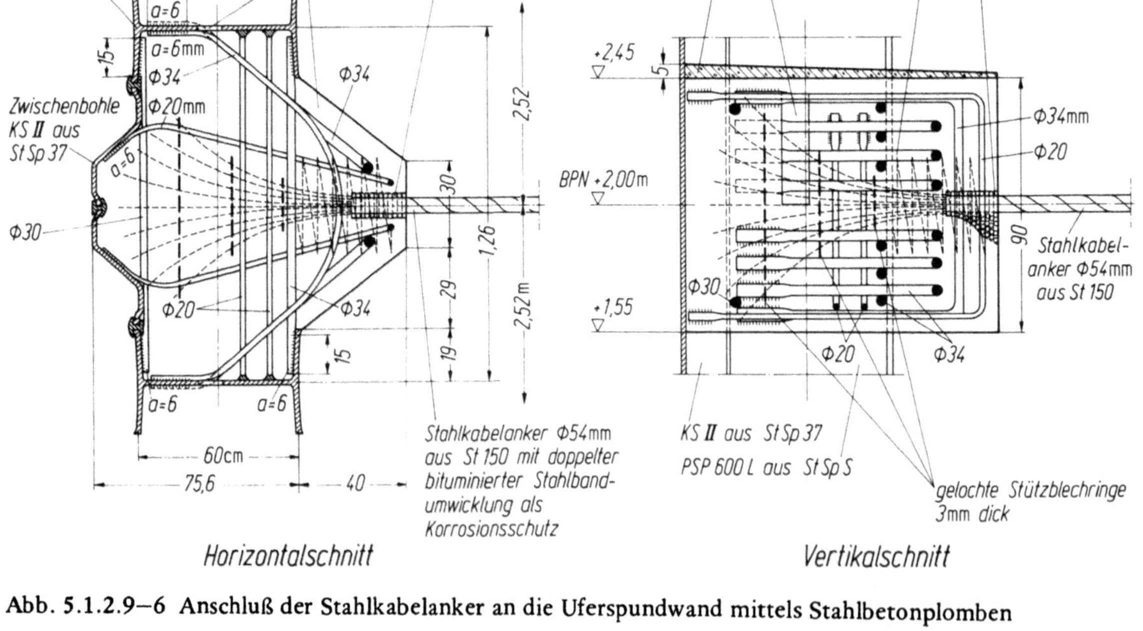

Abb. 5.1.2.9–6 Anschluß der Stahlkabelanker an die Uferspundwand mittels Stahlbetonplomben

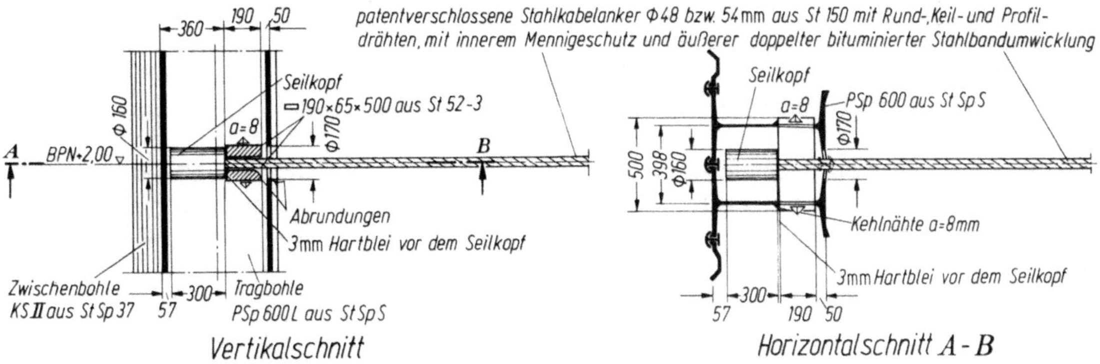

Abb. 5.1.2.9–7 Stahlbaumäßiger Anschluß der Stahlkabelanker an die Uferspundwand mit PSp 600 L-Doppelbohlen im Bereich des Hafenkopfes

5.1.2.9.3 Die Baudurchführung und die erforderliche Sanierung

Aus den Abb.5.1.2.9–3 und –4 sind die Kleiauskofferung und die verschiedenen Stadien des Sandeinfüllens ersichtlich. Nachdem der Klei im planmäßigen Umfang ausgehoben und die Baggergrubensohle ausreichend gesäubert war, wurde die erste Sandlage eingespült. Sie reichte neben der vorhandenen Kaimauer etwa bis in die Höhe von MTnw. Wie bodenmechanische Untersuchungen zeigten, gelang diese Einspülung mit gutem Sand zur vollen Zufriedenheit. Es wurden dabei Lagerungsdichten nach DIN 1054, Ziff.4.2.1 von D = 0,50 bis 0,70 erreicht.

In den so verbesserten Baugrund wurde die Uferspundwand Peine-Krupp gerammt. Nach dem Rammen mußte vor der weiteren Sandauffüllung der inzwischen abgelagerte Schlick beseitigt und anschließend die weitere Sandauffüllung etwa bis Unterkante Ankerlage ausgeführt werden. Vorher mußten aber die Anker provisorisch eingebaut und gegen zu starken Durchgang gesichert werden. Die zweite Sandauffüllung wurde so hoch geführt, daß die Anker überhöht auf die Sandunterlage gebettet werden konnten. Nachdem die Sandstützkörper vor der vorhandenen Kaimauer und hinter der Uferspundwand eingebracht und die Anker teilvorgespannt waren, konnte die restliche Sandmenge bis Geländeoberkante eingebracht werden.

Auch der Sand oberhalb der ersten Sandeinspülung wurde größtenteils eingespült, was bei dem nun vorhandenen, weitgehend geschlossenen Spundwandkasten nur unter besonderen Vorsorgemaßnahmen vorgenommen werden durfte. Vor allem mußte ein sauberer Sand verwendet werden, da eventuell enthaltene Feinteile keine ausreichenden Abflußmöglichkeiten aus dem weitgehend geschlossenen Spundwandkasten mehr hatten. Sie mußten sich beim Einspülen vom Süden aus am Nordende besonders stark anreichern. Später zeigte sich, daß wegen mangelnder Sandqualität und nicht einwandfreier Abführung des schlickhaltigen Spülwassers in großem Umfange Schlick im eingespülten Sand vorhanden war. In verschiedenen Bereichen hatten sich sogar dickere Schichten aus weichem Schlick abgesetzt. Vor allem am Nordende war der eingespülte Boden weitgehend feinkörnig und verunreinigt. Die Drucksondierungen zeigten hier teilweise sehr schlechte Ergebnisse.

Die schlickhaltige Hinterspülung hatte auch die Entwässerung so zugesetzt, daß sie nicht mehr arbeiten konnte. Der schlechte Hinterfüllungsboden benötigte Monate für die Eigenkonsolidierung. Dieser Zustand und der erhöhte Wasserüberdruck infolge Ausfalls der Entwässerung führten dazu, daß die Uferspundwand vor allem am Nordende auszuweichen begann. Hier war auch die Kleiauskofferung mit Sandersatz nicht ausreichend gelungen (Abb.5.1.2.9–4). Außerdem waren die Stahlkabelanker um mehrere Dezimeter zu hoch an die vorhandene Kaimauer angeschlossen worden, so daß die planmäßig vorgesehene wirksame Krafteinleitung in die Pfahlrostplatte (Abb.5.1.2.9–5) nicht mehr gegeben war. Dies führte zu Gleiterscheinungen des Kopfes der alten Kaimauer auf ihrer Rostplatte.

In dieser Situation mußte vor allem der Wasserspiegel im Spundwandkasten baldmöglichst durch Tiefbrunnen abgesenkt werden.

Außerdem mußte der Boden vor der alten Kaimauer in weiten Bereichen mit Tiefenrüttlern hochgradig verdichtet werden (Abb.5.1.2.9–1). Gleiches gilt für den Boden hinter der neuen Uferwand.

Zur Erprobung wurde schnellstens ein Einrüttlungsversuchsfeld angelegt (Abb.5.1.2.9–1 und –8). Die Ergebnisse der Tiefenrüttlung wurden mittels Drucksondierungen überprüft. Später wurde zur Kontrolle noch ein zweites Versuchsfeld angelegt, das die Ergebnisse des ersten voll bestätigte.

Die Ergebnisse des ersten Feldes nach Abb.5.1.2.9–8 waren bereits voll befriedigend. Die vor dem Einrütteln ausgeführte Sondierung zeigte sehr niedrige Spitzenwiderstände. Wesentlich besser waren die Ergebnisse der Sondierungen in einem Rüttelkern, in einem Viertelspunkt und auch etwa in Feldmitte zwischen den Kernen. In allen Bereichen ohne zusammenhängende Störschichten konnte der Boden demnach hochgradig verdichtet werden, wobei vorhandene schwache Stellen im Auffüllboden ausreichend verbessert wurden. Es zeigte sich aber eindeutig, daß in weichen zusammenhängenden Störschichten ein Verdichtungseffekt mit Einzelrüttlern nicht erzielt werden konnte. Hier mußte auf den Einsatz von Doppelrüttlern mit vielfachen Auf- und Abwärtsbewegungen des Gerätes, teilweise mit Schotterzusatz, zurückgegriffen werden.

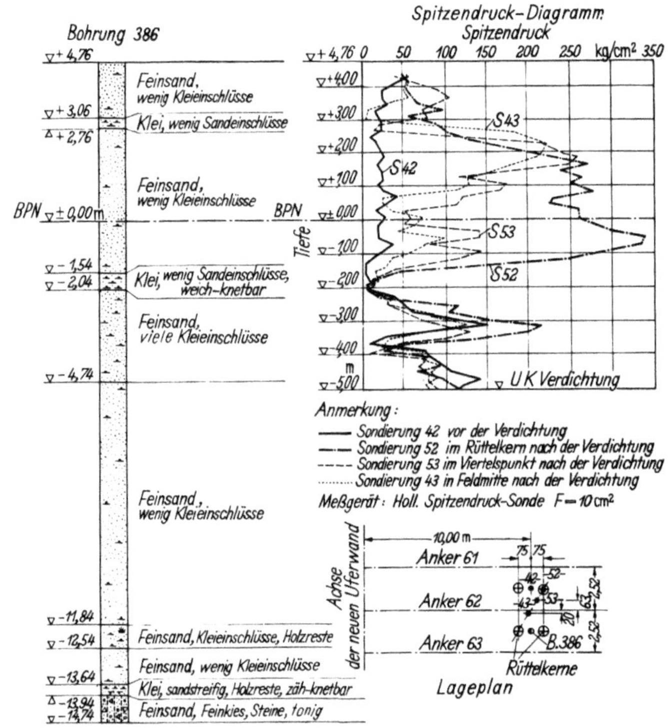

Abb. 5.1.2.9–8 Bohrung und Sondierungen vor und nach der Bodeneinrüttelung im Versuchsfeld (s. Abb. 5.1.2.9–1)

Die ausgeführten Bodenverbesserungen hinter der neuen Uferspundwand und vor der alten Kaimauer sind in den Abb.5.1.2.9–1, –3 und –4 dargestellt.

Am Nordende der Vorhafenspundwand mußte auch der Erdwiderstandsbereich vor der Uferspundwand verbessert werden. Hierzu wurden in engem Abstand lotrechte Sandkörper mit Hilfe von Doppelrüttlern unter Wasser in die verbliebenen Kleischichten eingebracht und der gesamte Sand bis knapp an den Tonmergel heran hochgradig verdichtet (Abb.5.1.2.9–1 und –4).

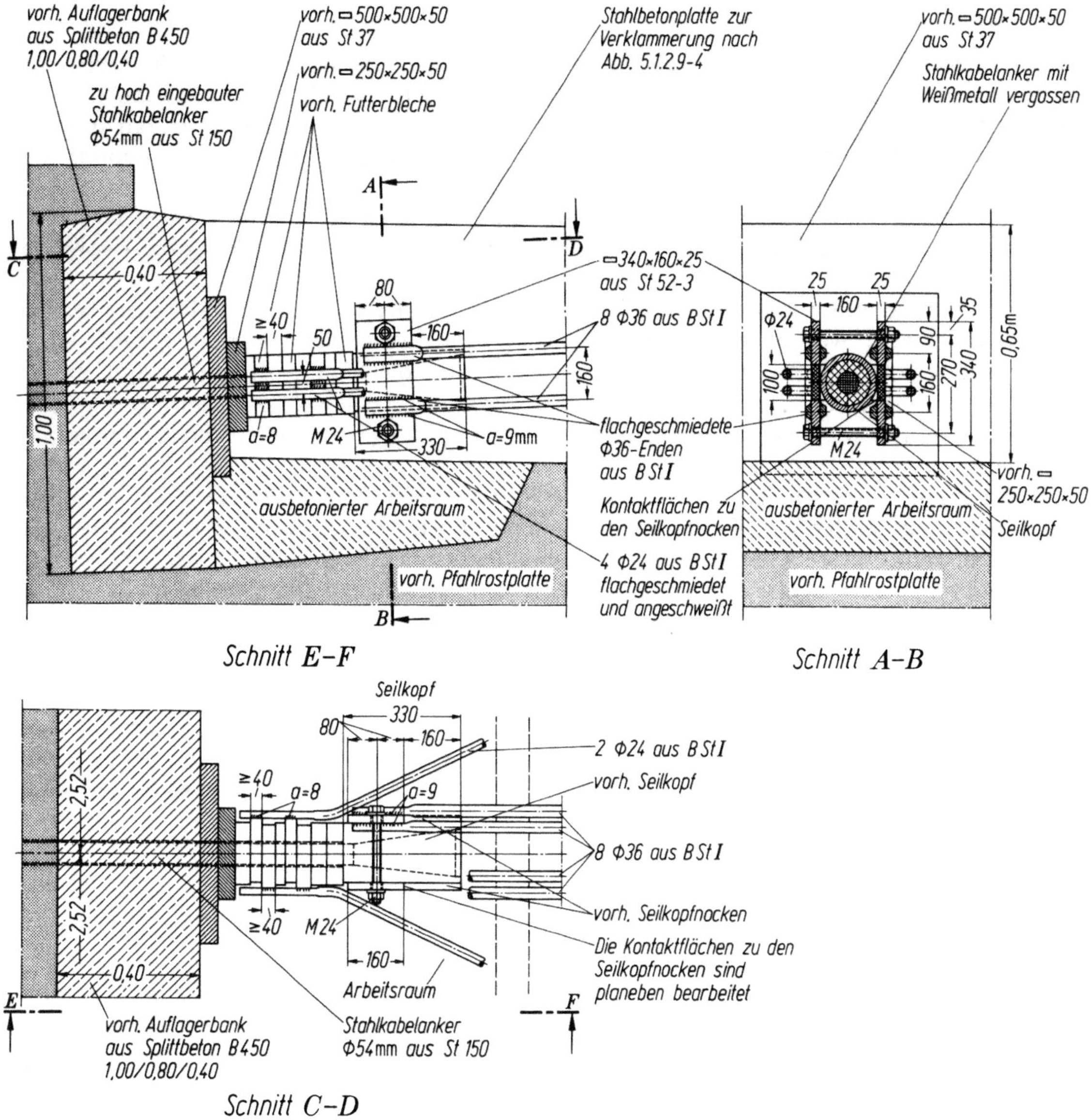

Abb. 5.1.2.9–9 **Anschluß der nachträglich eingebrachten Stahlbetonverklammerung an die Nocken der Seilköpfe der zu hoch eingebauten Stahlkabelanker Φ 54 mm in zwei Bereichen der Vorhafenkaimauer (s. Abb. 5.1.2.9–1)**

Am Nordende, wo nicht zuletzt wegen der zu hohen Ankeranschlüsse der alte Wandkopf auf der ihn tragenden Rostplatte geglitten war, mußten die Ankerkräfte außerdem durch eine klauenartige Konstruktion in die alte Rostplatte eingeleitet werden (Abb.5.1.2.9–4). Hierzu mußten sie aber erst aus den Stahlkabelankern in die Verklammerung aus Stahlbeton übergeleitet werden. Die Lösung hierzu ist in Abb.5.1.2.9–9 dargestellt. Die Anschlußkonstruktion erhielt ihre Kräfte vor allem über die früher zum Vorspannen benutzten Nocken der Seilköpfe.

Eine solche Verklammerung mußte auch am Südende des Bauwerkes, an dem nur ein verhältnismäßig kleiner Abstand zwischen alter und neuer Wand vorhanden war und in dem die Rostplatte gerissen war, ausgeführt werden (Abb.5.1.2.9–1).

Der Entwässerungsstrang hinter der Uferspundwand mußte im gesamten Bauwerk freigelegt und erneuert werden, da auf eine wirksame Entwässerung bei den gewählten Konstruktionsabmessungen nicht verzichtet werden konnte.

5.1.2.9.4 Schlußfolgerungen

Das vorliegende Beispiel zeigt, daß mittels Bodenersatz und Bodenverdichtung wirtschaftliche Ufereinfassungen errichtet werden können, die aber trotz guter Planung und Konstruktion nur dann ausreichend standsicher sind, wenn auch eine einwandfreie Bauausführung stattfindet. Besondere Vorsicht ist bei hohen Hinterspülungen unter Wasser geboten, wenn die Feinteile nicht völlig frei abfließen können.

Nachträgliche Sanierungen können vor allem durch einen geeigneten Einsatz von Tiefenrüttlern — soweit erforderlich auch von Mehrfachrüttlern unter Schotterzugabe — vorgenommen werden.

Bei Pfahlrostbauten mit massiven Wandköpfen aus Beton, die noch in den zwanziger Jahren ausgeführt worden sind, sollte man — wenn keine Pläne mehr vorliegen, die die Ausführung im Detail zeigen — vorsorglich unterstellen, daß sie nicht bewehrt sind und auch keine inneren Anker stärkerer Abmessungen besitzen. Auch die Verzahnungen zwischen Wandkopf und Rostplatte entsprechen in Ausführung und Tragfähigkeit nicht heutigen Vorstellungen.

Wenn irgend möglich, sollten bei solchen schwierigen Bauwerken Entwurf, Ausschreibung, Beratung bei der Vergabe, Bauoberleitung und örtliche Bauüberwachung in einer Hand liegen. Nur dann besteht erfahrungsgemäß eine ausreichende Gewähr für die völlig richtige Koordinierung aller Arbeiten und damit für ein volles Gelingen solcher Projekte.

5.1.2.10 Spundwandbauwerk zur Einfassung des Vorhafens einer Seeschleuse an der deutschen Nordseeküste

Abb.5.1.2.10–1 zeigt den Querschnitt des Spundwandbauwerkes, das in einem Ideenwettbewerb mit verbindlicher Kostenangabe angeboten worden war und den Zuschlag erhalten hatte. Es bestand aus einer gemischten Spundwand mit Tragbohlen PSp 600 L aus StSpS

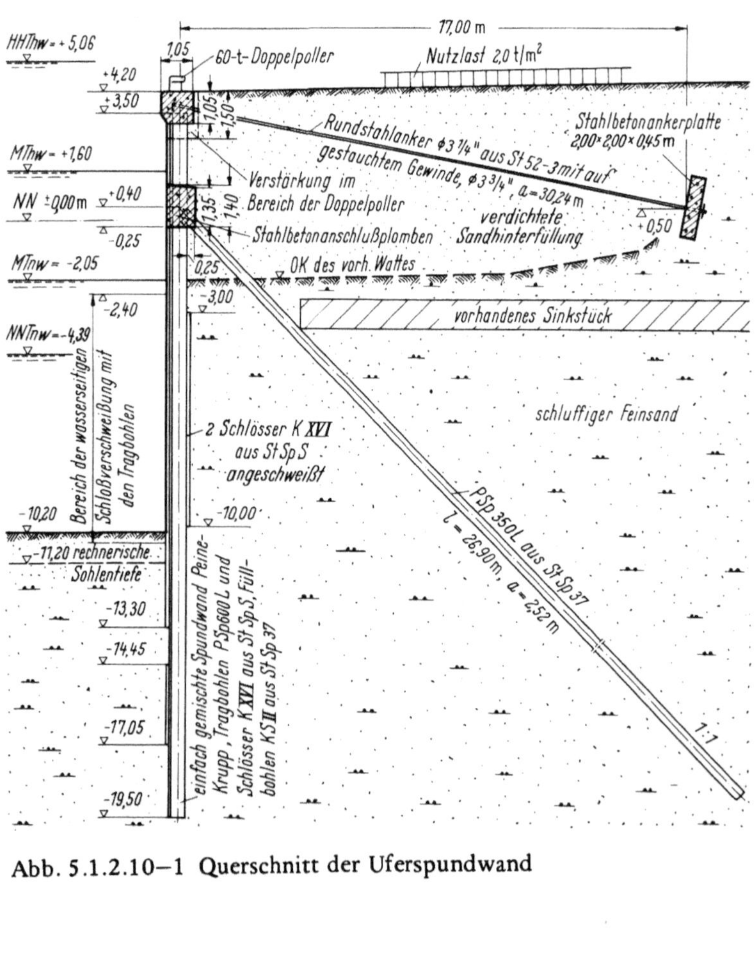

Abb. 5.1.2.10–1 Querschnitt der Uferspundwand

und Füllbohlen KS II aus StSp 37. Die Tragbohlen waren auf einer begrenzten Höhe durch angeschweißte Schloßstähle K XVI aus StSpS verstärkt, die auch dem Anschluß der Füllbohlen dienten. Sie besaßen im Bereich des größten Feldmomentes auch landseitig solche angeschweißten Verstärkungen, desgleichen örtlich einseitig im Einspannbereich im Boden (Abb.5.1.2.10–1).

Die Tragbohlen mußten beim Rammen wegen der vorhandenen Einbindelänge in den Boden von 17,5 m sehr sorgfältig geführt werden. Die Führung wurde aber durch die verhältnismäßig tiefliegende Oberfläche des vorhandenen Wattes begünstigt, so daß Schloßschäden weitgehend vermieden wurden. Sie traten nur fallweise, und zwar im Bereich der Steigeleitern in 30,24 m Achsabstand auf. Dort hingen sie offensichtlich mit einer besonders steif ausgeführten und daher zu unnachgiebigen doppelten Schloßverbindung zusammen. Die Schäden konnten aber mit üblichen Mitteln gedichtet werden.

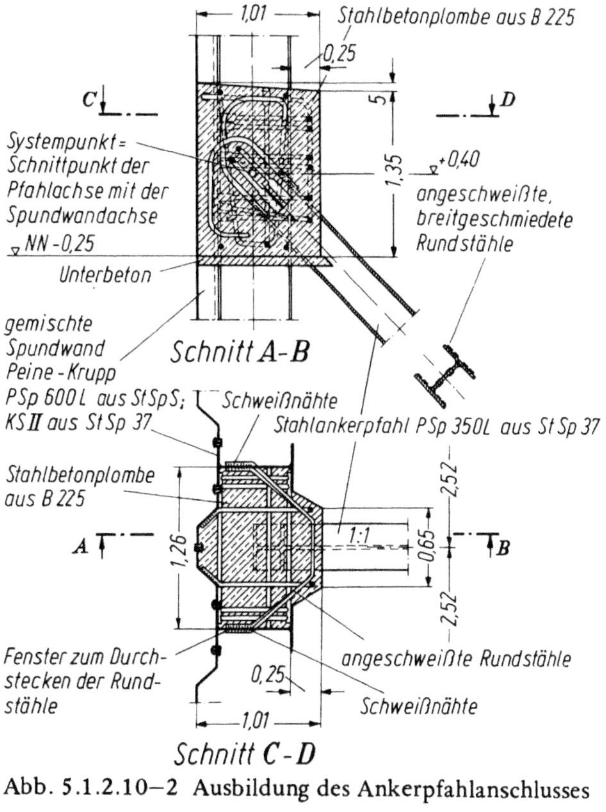

Abb. 5.1.2.10–2 Ausbildung des Ankerpfahlanschlusses

Besonders erwähnt sei die Verankerung mit 1 : 1 geneigten gerammten Stahlankerpfählen PSp 350 L aus StSp 37, l = 26,9 m. Diese Pfähle – in 2,52 m Achsabstand mittig zwischen jeweils 2 Tragbohlen angeordnet – wurden über eine Plombe aus Stahlbeton der Güte B 225 biegesteif an die gemischte Stahlspundwand angeschlossen (Abb.5.1.2.10–2). So wurde jede Tragbohle unmittelbar gehalten, ohne dafür einen durchgehenden Gurt zu benötigen. Die Stahlbetonplomben mußten aber sehr sorgfältig an die Spundwand angeschlossen werden. Gleiches gilt für die Verbindung der Ankerpfähle mit den Plomben. Die Anschlüsse wurden in Zusammenarbeit mit der Baustelle so lange geändert und angepaßt, bis eine sichere und gleichzeitig kostensparende Lösung gefunden war. Die Baugrube hierfür konnte im Schutze eines landseitig auf dem Watt errichteten Sanddammes und der gemischten Spundwand mit offener Wasserhaltung trockengelegt werden.

Für die nötige Steifigkeit des Bauwerkes in Längsrichtung sorgt ein kräftiger Stahlbetonholm (Abb.5.1.2.10–1).

Dieser dient gleichzeitig zur Gründung der 60-t-Doppelpoller (Abreißpoller) in 30,24 m Achsabstand. Der Trossenzug quer zur Uferwand wird durch jeweils einen Rundstahlanker

Ø3¼" aus St 52–3 mit auf Ø3¾" aufgestauchten Gewinden aufgenommen. Die Ankerkräfte in Bauwerkslängsrichtung werden über den Stahlbetonholm auf ausreichende Länge verteilt in die verdichtet eingebrachte Sandhinterfüllung abgeleitet.

5.1.2.11 Spundwandkaimauer für Großschiffe an der Mündung eines norddeutschen Tidestromes (vgl. auch Kap.17.3)

5.1.2.11.1 Allgemeines

Für eine Anfang der sechziger Jahre an der Mündung eines norddeutschen Tidestromes geplante Hafenanlage waren die Grundform und die Vorbaubreite in den Tidestrom durch Modellversuche in einem bekannten norddeutschen Hochschulinstitut untersucht und festgelegt worden. Danach sollte die Vorderkante der eigentlichen Umschlaganlage mit einer ausgebaggerten Sohle auf NN – 15,3 m 270 m vor dem Landesschutzdeich liegen (Abb. 5.1.2.11–1). An einen rd. 400 m langen, mit Sand aufgefüllten Mittelabschnitt mit Planum auf NN + 6,62 bis + 6,8 m und Anschluß an den Landesschutzdeich sollte ober- und unterstromseitig jeweils eine Steinschüttmole als Leitdamm anschließen. Hierdurch sollte der Flut- und der Ebbstrom so geführt werden, daß die einmal gebaggerte Hafensohle möglichst ohne Zusatzbaggerungen in der hergestellten Lage blieb. Außerdem sollte später Schiffen bis zu 100.000 dwt ein stets sicheres An- und Ablegen sowie ein ruhiges Liegen ermöglicht werden.

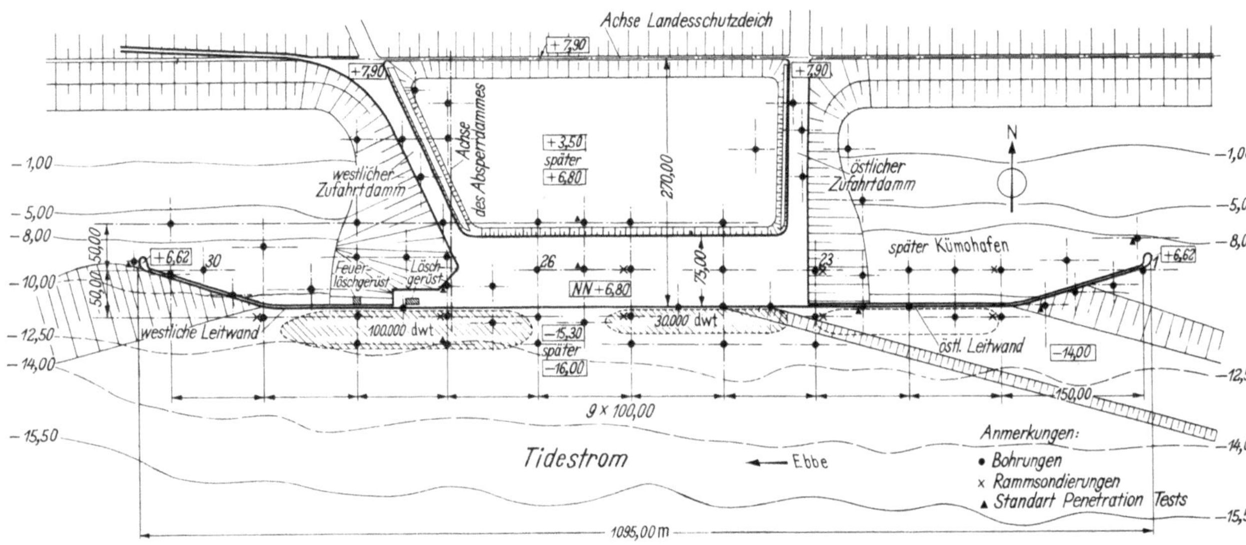

Abb. 5.1.2.11–1 Übersichtsplan der Hafenanlage mit Angabe der Bohrungen und Sondierungen

5.1.2.11.2 Bodenaufschlüsse und primäre Folgerungen

Vor der Erarbeitung des Ausschreibungsentwurfes mußte das gesamte Gebiet sorgfältig abgebohrt und bodenmechanisch untersucht werden. Schon die ersten Aufschlüsse zeigten, daß auf große Tiefe ein breiiger Kleiboden anstand, auf dem der zunächst vorgesehene ober- sowie der unterstromseitige Steinschüttdamm nicht standsicher errichtet werden konnten. Das Projekt wurde daher gemäß Abb.5.1.2.11–1 von Steindämmen auf Leitwände aus Stahlspundwänden umgestellt. In dieser Abbildung ist auch das endgültig festgelegte Bohr- und Sondierprogramm dargestellt. Abb.5.1.2.11–2 zeigt als kennzeichnende Aufschlüsse die Profile der Bohrungen B 23 und B 26 und zur Ergänzung die neben B 23 ausgeführte Rammsondierung.

Die anschließenden Vorprojektarbeiten ergaben, daß diese Hafenanlage nur unter Anwendung einer Bodenverbesserung wirtschaftlich ausführbar war.

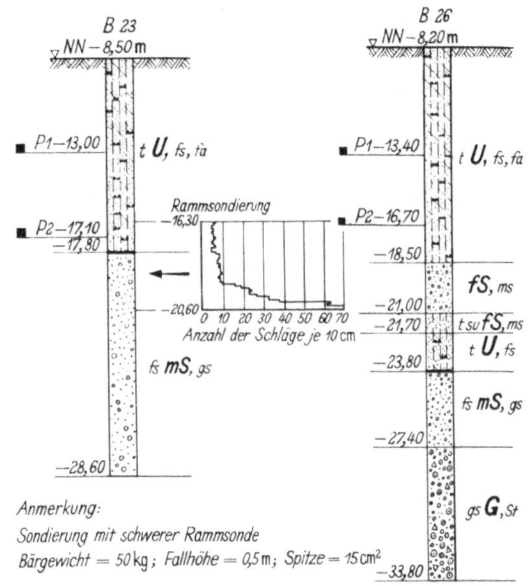

Abb. 5.1.2.11–2 Zwei kennzeichnende Bohrungen, B 23 und B 26 und Rammsondierung bei B 23

Dabei mußte – soweit erforderlich – der breiige Klei ausgekoffert und durch gut tragfähigen Sand ersetzt werden. Die allgemeinen und auch die besonderen Schwierigkeiten, die bei der Realisierung dieses Vorhabens zu berücksichtigen und zu überwinden waren, sind in Kap. 17.3 eingehend behandelt. In den folgenden Ausführungen wird die großräumige Bodenverbesserung daher als gegeben vorausgesetzt.

5.1.2.11.3 Entwurfsbedingungen

Aus Abb. 5.1.2.11–3 ist unter Andeutung der Bodenauskofferungsgrube die zu lösende Projektierungsaufgabe mit ihren Randbedingungen ersichtlich. Danach mußte im Zentralbereich der Anlage eine Kaimauer mit einem Geländesprung von OK auf NN + 6,62 m bis zur rechnerischen Hafensohle auf NN −16,0 m – das sind 22,62 m freie Höhe – in Sand errichtet werden. Auf die Anordnung einer Entwässerung wurde bewußt verzichtet. Die Wasserüberdrücke wurden bei der freien Umströmbarkeit des Bauwerkfußes nach E 19 der EAU angesetzt und den in Frage kommenden Lastfällen 1 und 2 zugeordnet. Die Kantenpoller – als Doppelpoller ausgebildet – mußten unter den gegebenen Verhältnissen für 125 t

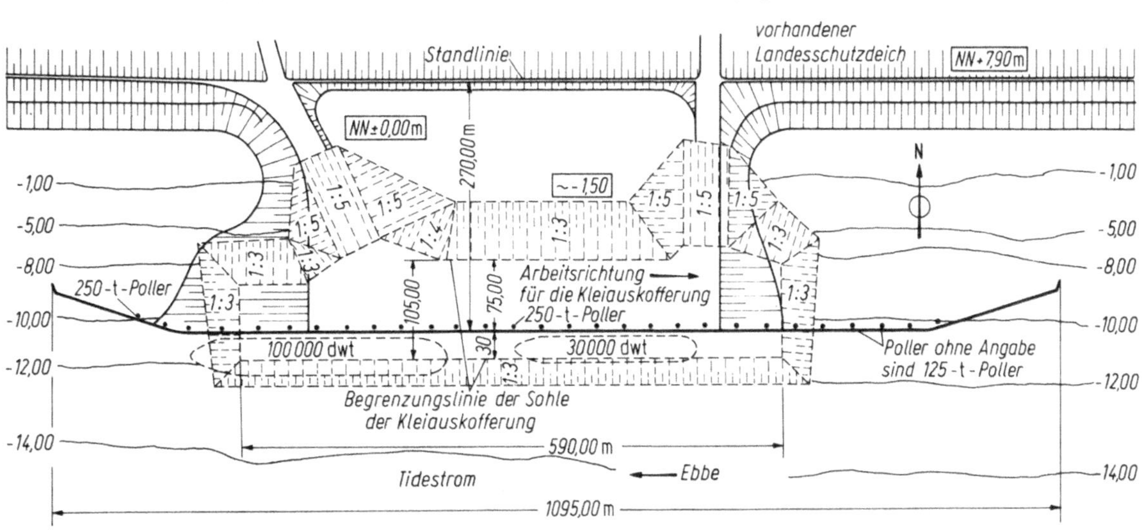

Abb. 5.1.2.11–3 Übersichtsplan der Hafenanlage mit Angabe der Kleiauskofferung

Festmachelast und am Liegeplatz für das 100.000-dwt-Schiff zur Aufnahme der Vor- und der Achterleinen für 250 t bemessen werden. Lage und Bemessungslast der Poller sind ebenfalls in Abb.5.1.2.11–3 angegeben.

Zum Anlegen der großen Schiffe wurden unter den Pollern zunächst Buschhängefender mit ∅ 2,5 m, l = 4,0 m, angeordnet. Zur Aufnahme der Anlegedrücke mußten die dahinter liegenden Kaimauerabschnitte verstärkt werden. Die Steigeleitern mit den beiden daneben liegenden Haltekreuzreihen für jeweils 5 t Trossenzug wurden an den Blockfugen und damit in rd. 30 m Abstand angeordnet. Eine zusätzliche Haltekreuzreihe lag dazwischen. Die wasserseitige Laufbahn für die Uferentlader mußte 2,25 m hinter Vorderkante Kaimauerkopf angeordnet und für zwei nebeneinander arbeitende Uferentlader mit je 258 t Eckdruck – verteilt auf jeweils 4 Laufräder – bemessen werden. Quer zur Kaimauer mußte eine Horizontalkraft von 1/5 jedes Raddruckes angesetzt werden. Die Kranbahn wurde in Verbindung mit der Kaimauer tief gegründet. Bei der nur etwas geringer belasteten 15,0 m weiter hintenliegenden landseitigen Kranbahn wurde unter Voraussetzung einer darunter ausgeführten hochgradigen Sandverdichtung eine Flachgründung auf einem Stahlbetonfundament zugelassen.

Um völlig sicherzugehen, wurde gefordert, daß der Ersatzboden vor dem Kaimauerfuß durch Tiefenrüttler im Rasterabstand 1,7/1,7 m hochgradig verdichtet und gleichzeitig 3 m tief mit dem gewachsenen Sandboden vernäht wurde.

5.1.2.11.4 Ausschreibungs- und Ausführungsentwurf

Unter den obigen Voraussetzungen wurde für die zentrale Hafenanlage der in Abb.5.1.2.11–4 dargestellte Querschnitt mit schrägpfahlverankerter, oben gelenkig angeschlossener Uferspundwand in gemischter Bauweise als günstigste Lösung ermittelt und unter Zulassung von Sondervorschlägen ausgeschrieben. Bei dieser Lösung sollte die gemischte Spundwand, bestehend aus Doppelbohlen PSp 700 S aus StSpS mit aufgeschweißten Lamellen aus St 52–3 und Füllbohlen KS II S aus StSp 37, vom Auffüllplanum NN – 10,5 m aus gerammt werden. Dabei konnte nach ausgeführtem Hinterfüllen des Bauwerkes und Ausbaggern bis zur Hafensohle mit voller Erddruckumlagerung gerechnet werden. Eventuelle Sohlensicherungen vor der Kaimauer sollten eingebracht werden, wenn sich am ausgeführten Bauwerk stärkere Kolkbildungen einstellen sollten.

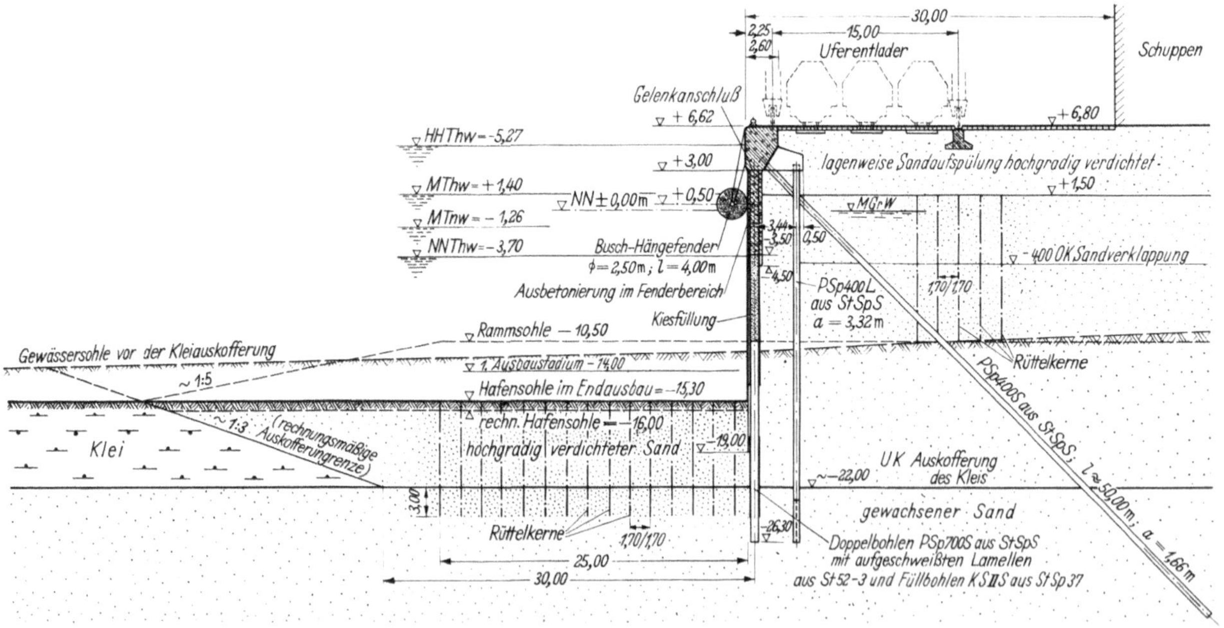

Abb. 5.1.2.11–4 Ausschreibungsquerschnitt der Kaimauer im voll aufgefüllten Bereich

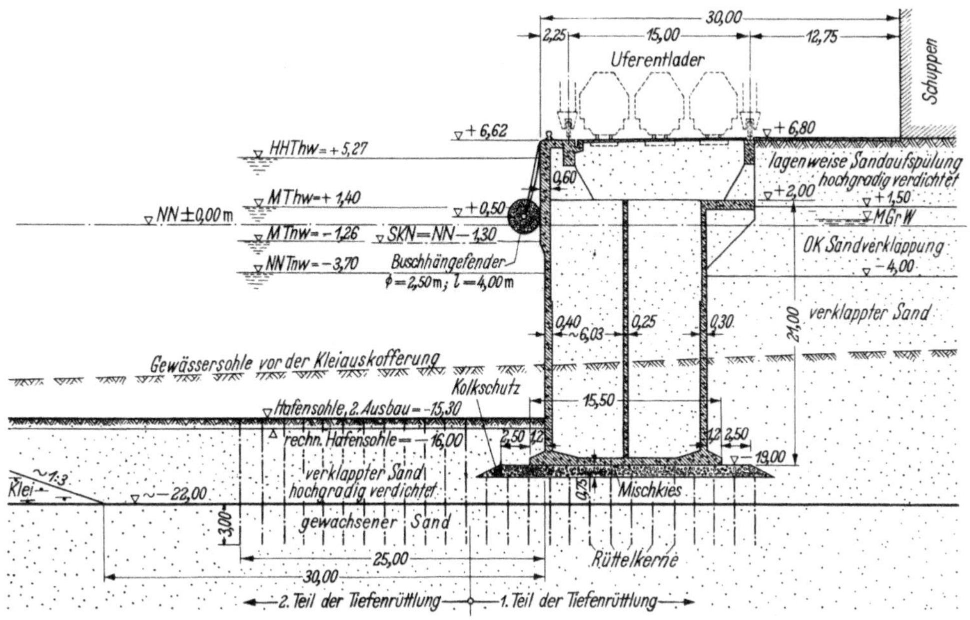

Abb. 5.1.2.11–5 Kaimauer-Vergleichsvorschlag in Schwimmkastenbauweise im voll aufgefüllten Bereich

Abb.5.1.2.11–5 zeigt einen Vergleichsentwurf in Schwimmkastenbauweise, der aber schwieriger in der Ausführung und wesentlich teurer war.

Der Zuschlag wurde schließlich für einen vom Ausschreibungsentwurf nur wenig abweichenden Sondervorschlag nach Abb.5.1.2.11–6 erteilt. Er wies als Uferspundwand im voll aufgefüllten Bereich einen Verbundquerschnitt von Tragbohlen IPB v 1000 aus St 52–3 in 1,715 m Achsabstand mit angeschweißten Larssen-Eckprofilen und Lamellen gleicher Güte auf. Als Zwischenbohlen wurden Dreifachbohlen L 32 aus StSp 37 – mit Laschen gegen zu starken Durchhang gesichert – angewendet.

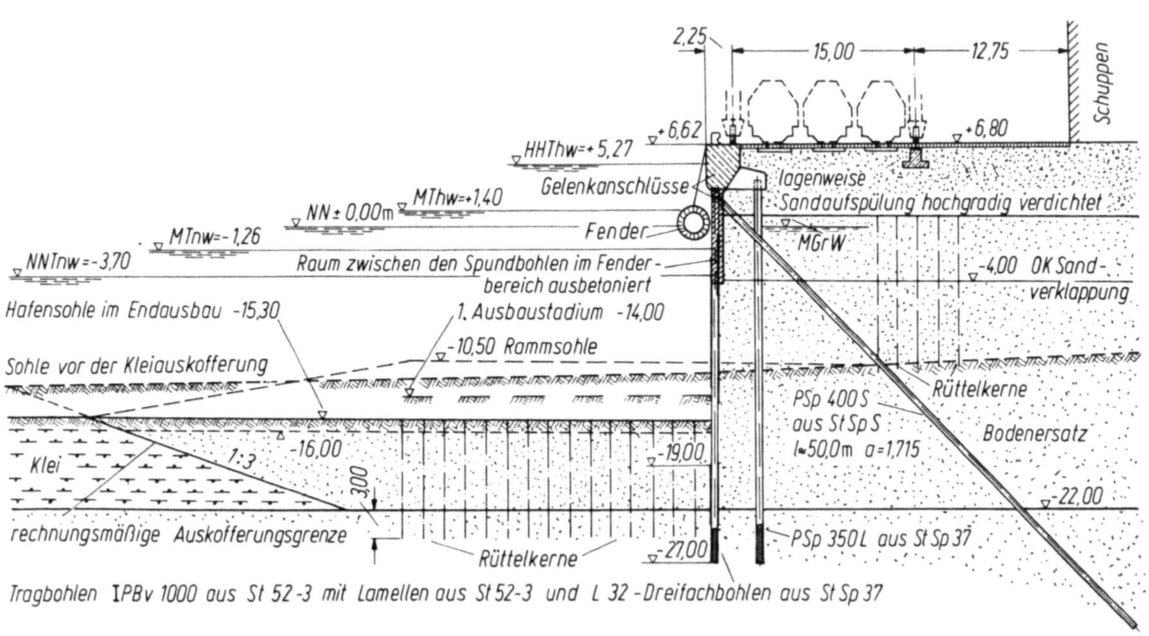

Abb. 5.1.2.11–6 Ausführungsquerschnitt im voll aufgefüllten Bereich

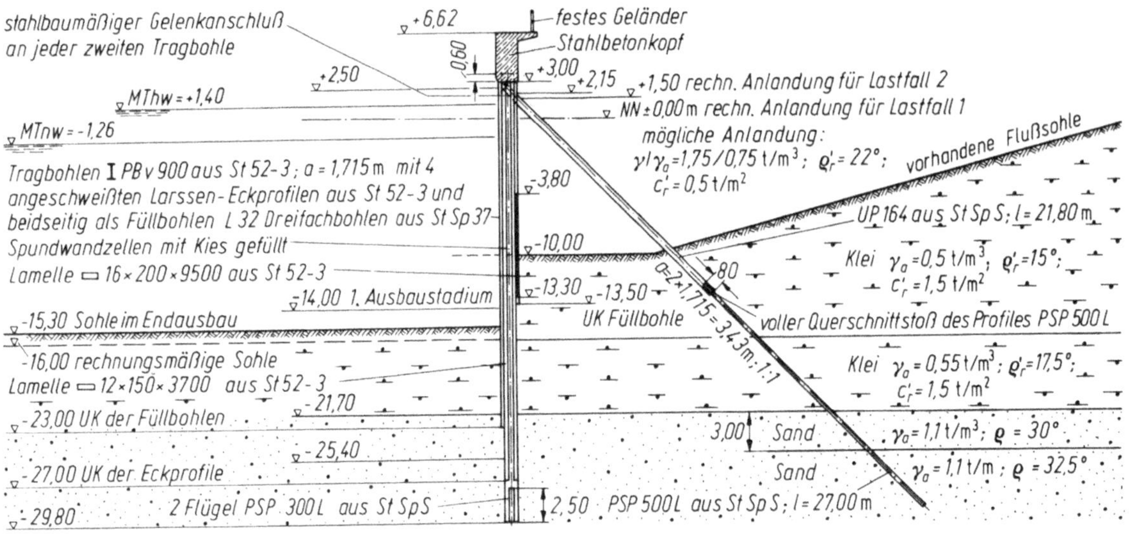

Abb. 5.1.2.11–7 Querschnitt durch die unterstromseitige Flügelwand außerhalb des Auskofferungsbereiches

Außerdem wurden die Ankerpfähle nicht in den Stahlbetonkopf der Wand eingespannt, sondern sofort nach dem Rammen an jede Tragbohle stahlbaumäßig gelenkig angeschlossen, was zur Erhöhung der Sicherheit in der Bauausführung beitrug. Umgekehrt mußten die Tragbohlen als Einzelbohlen besonders sorgfältig angesetzt und gut geführt gerammt werden.

In den nicht hinterfüllten Flügelwandbereichen wurden die ausgeschriebenen Querschnitte ausgeführt. Abb.5.1.2.11–7 gibt hierzu ein kennzeichnendes Beispiel.

5.1.2.11.5 Hinweise zur Bauausführung

Alle Rammarbeiten wurden von einem jeweils vorgestreckten Gerüst aus durchgeführt. Hier traten im aufgefüllten Sand vor Kopf des Gerüstes häufig Kolke auf, die eine laufende Kontrolle und Sicherung erforderten. Sonst lief die Baudurchführung planmäßig. Mit dem Bodenersatz wurde Mitte März 1965 begonnen. Sämtliche Tiefbauarbeiten waren nach 21 Monaten abgeschlossen.

5.1.2.11.6 Fenderprobleme und ihre Lösung

Eine Überraschung ergab sich bei den anderenorts bewährten Buschhängefendern. Sie lösten sich hier bei den vorliegenden Strömungen und Wellen trotz sorfältiger Ausführung in nicht erwartet kurzer Zeit in ihre Bestandteile auf, oder es brach der zentrale Kern. Als es im Jahre 1970 darum ging, an der Kaimauer auch die Voraussetzungen für die Abfertigung geleichteter 250.000-dwt-Tanker zu schaffen, wurden die Buschhängefender ersetzt durch jeweils zwei 2 m lange Elastomere-Fender Ø 1,75 m. Diese Fenderung hat sich bisher bewährt.

5.1.2.12 Spundwandbauwerk für Binnenschiffe in einem Tidehafen des niederländischen Delta-Gebietes

5.1.2.12.1 Allgemeines

Ein chemischer Großbetrieb beabsichtigte, für die Versorgung seines in Aufbau befindlichen Werkes an einem Tidehafen im niederländischen Delta-Gebiet eine Kaianlage für den Umschlag von Massengütern zu errichten, an der vor allem Binnenschiffe bis zu 1350 t Tragfähigkeit (Europaschiff) abgefertigt werden sollten. Die planmäßige Wassertiefe vor dem Bauwerk mit 8,0 m unter NAP = Pegelnull bei einer Baggertiefe bis NAP – 9,0 m ließ

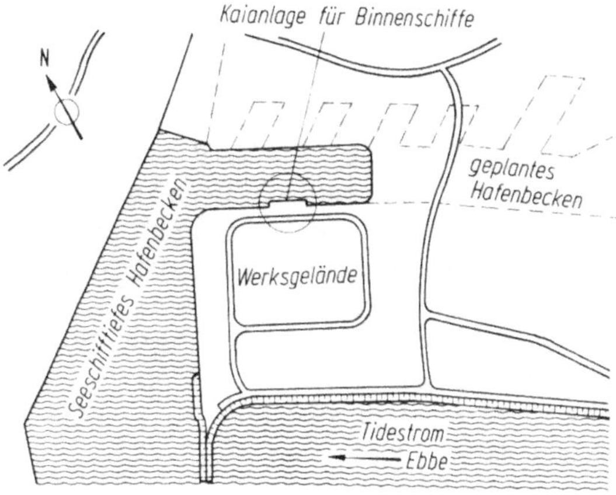

Abb. 5.1.2.12–1 Übersichtsplan mit der Kaianlage für Binnenschiffe

jedoch auch das Abfertigen von Küstenmotorschiffen bis zu ca. 3000 dwt zu. In einer späteren Erweiterung sollte die Anlage nach beiden Seiten hin verlängert werden, wobei einseitig auch der Bau einer seeschifftiefen Ufereinfassung erwogen wurde.

Der Umschlag der Massengüter war mit fahrbaren 10-t-Uferentladern vorgesehen.

Die Lage des Bauwerkes geht aus Abb.5.1.2.12–1 hervor. Einzelheiten des Binnenschiffkais in der ersten Ausbaustufe sind in Abb.5.1.2.12–2 dargestellt. Danach betrug die Nutzlänge des Spundwandbauwerkes rd. 180 m und die Gesamtlänge einschließlich der Böschungsanschlüsse rd. 198 m. Das Bauwerk wurde in 7 Blöcke unterteilt, wobei der erste und der letzte Block als Flügelwände in die Flucht der Kaianlage gelegt und trotz ihres Einbindens in die Hafenböschung so tiefreichend und tragfähig wie die Normalblöcke ausgebildet wurden, um sie bei späteren Erweiterungen voll nutzen zu können.

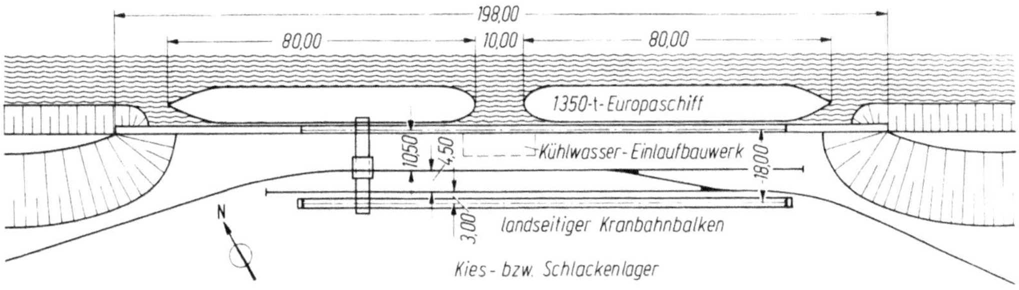

Abb. 5.1.2.12–2 Lageplan des Binnenschiffkais, erste Ausbaustufe

Der in der Mitte des Bauwerkes gelegene Block wurde als Sonderblock ausgebildet, da in ihm ein Kühlwasser-Einlaufbauwerk (Kap.8.5.3) untergebracht werden mußte.

Der anstehende Klei sollte im Zuge der Böschungssicherungsarbeiten bis zum tragfähigen Sandhorizont etwa auf NAP – 3,9 m restlos weggebaggert und durch Sand ersetzt werden. Dieser Bodenaustausch wurde vorgenommen, bevor die Bauarbeiten für die Kaianlage anliefen. Versehentlich war die Kleiauskofferung aber nicht tief genug ausgeführt worden, so daß eine etwa von NAP – 3,0 m bis NAP – 3,9 m reichende gewachsene Kleischicht im Boden verblieb (Abb.5.1.2.12–3).

Das Gelände im Bereich des geplanten Spundwandbauwerkes und seiner Nebenanlagen wurde planmäßig bis NAP + 2,5 m aufgespült (Abb.5.1.2.12–3), das Gebiet landseitig dahinter bis NAP + 5,0 m.

5.1.2.12.2 Bodenverhältnisse, Bodenkennwerte, Wasserstände, Verkehrslasten und weitere Berechnungsgrundlagen

Die Untergrundverhältnisse im Bereich der geplanten Anlage wurden zunächst nur durch 2 Bohrungen und 12 Drucksondierungen erkundet. Vor Baubeginn mußten daher noch 8 weitere Bohrungen – bis NAP – 25,0 m reichend – abgeteuft werden.

Nach den Bodenaufschlüssen standen unter der Geländeoberfläche ursprünglich rd. 3 bis 5 m Klei an. Darunter lag gewachsener Sand. Durch den unter Ziff. 5.1.2.12.1 geschilderten Bodenersatz wurden die Baugrundverhältnisse im oberen Bereich entsprechend Abb. 5.1.2.12–3 geändert.

Nach dem Fertigstellen des Spundwandbauwerkes vom Aufspülplanum NAP + 2,5 m aus wurden die obersten 2,2 m Sand bis unter die Straßendecke schichtweise eingebracht und mit schweren Oberflächenrüttlern hochgradig verdichtet. Vorher war die oberste Zone des aufgespülten Sandes auf NAP + 2,5 m mit schweren Oberflächenrüttlern durch jeweils 4 kreuzweise Durchgänge hochgradig verdichtet worden.

Mit folgenden Bodenkennwerten wurde gerechnet:

Auffüllsand von NAP – 3,9 m bis + 5,0 m und gewachsener Sand von NAP – 3,9 m bis – 16,0 m:

$\gamma/\gamma_a = 1{,}8/1{,}0\ \text{t/m}^3$, $\rho_r = 30°$ (vorsorglich klein)

Sand unterhalb NAP –16,0 m:

$\gamma_a = 1{,}0\ \text{t/m}^3$, $\rho_r = 32{,}5°$

Klei zwischen NAP –3,0 und –3,9 m voll konsolidiert für alle Eigengewichts-, Nutz- und Verkehrslasten:

$\gamma/\gamma_a = 1{,}6/0{,}6\ \text{t/m}^3$, $\rho_r = 23{,}5°$ (als Vergleichswinkel), $c' = 0$.

Bei allen Rammelementen, die mindestens 5 m in den tragfähigen gewachsenen Sand gerammt und dabei gut fest wurden, konnte mit folgenden Grenzlastspannungen gerechnet werden:

$q_{sr} = 500\ \text{t/m}^2$,

Mantelreibung im Sand:

oberhalb NAP – 16,0 m: $q_{rm} = 4{,}0\ \text{t/m}^2$
darunter $q_{rm} = 5{,}0\ \text{t/m}^2$.

Als Sicherheit gegen Erreichen der Grenzlast wurde bei Lastfall 1 und 2 gefordert:

für die Druckpfähle $\eta \geq 1{,}5$
für die 1:1 geneigten Zugpfähle $\eta \geq 1{,}5$.

Die maßgebenden freien Wasserstände sind in Abb. 5.1.2.12–3 angegeben.

An Verkehrslasten auf dem Kaiplanum wurden berücksichtigt:

bis 11,2 m hinter Bauwerkvorderkante $q = 2{,}0\ \text{t/m}^2$,

anschließend auf 11,8 m Breite $q = 3{,}5\ \text{t/m}^2$

und dahinter $q = 7{,}0\ \text{t/m}^2$.

Da das Spundwandbauwerk mit Raupenbaggern hinterfüllt wurde, mußte in den obersten Bauwerkteilen auch eine Nutzlast von 6,0 t/m² bis 1,50 m landeinwärts von Wandkopfhinterkante bzw. von 4,0 t/m² auf 3,5 m Abstand berücksichtigt werden.

Auf der Kranbahn des 1. Bauabschnittes mußten für zwei unmittelbar nebeneinander arbeitende 10-t-Uferentlader auf der Wasserseite jeweils 2 x 53 t Raddruck je Stütze und auf der Landseite 2 x 45 t angesetzt werden, im Bereich der späteren Bauwerkverlängerung je Stütze sowohl land- als wasserseitig 4 x 34 t.

Die Kranbahnen waren mit der Ausgleichszahl $\psi = 1{,}2$ zu berechnen.

In Schienenlängsrichtung war als Bremskraft 1/7 der Radlasten der abgebremsten Räder und in Querrichtung für Wind und Seitenstoß 1/5 jedes Raddruckes anzusetzen.

Die Kantenpoller in rd. 30 m Abstand mußten für 30 t und die Haltekreuze für 5 t Zug bemessen werden.

Der Schiffstoß war nach E 38 der EAU an beliebiger Stelle des Stahlbetonwandkopfes ebenfalls mit 30 t anzusetzen.

Der Eisstoß auf freistehende Pfähle mußte mit 15 t in ungünstigst möglicher Lage und bei den Flügelwänden mit 5,0 t/m berücksichtigt werden.

5.1.2.12.3 Ausbildung des Spundwandbauwerks und der Kranbahnen (Abb.5.1.2.12–3)

Das geplante und ausgeführte Bauwerk bestand vor allem aus einer gemischten Spundwand Peine–Larssen mit PSp 600 L aus StSpS mit 4 angeschweißten Schlössern und im Feld beidseitig angeschweißten Lamellen 170 · 16 · 6600 aus St 52–3. Als Füllbohlen wurden Dreifachbohlen L 31/31 g aus StSp 37 mit Bindeblechen verwendet. Diese gemischte Spundwand wurde an den aufgesetzten schweren Stahlbeton-Gurtholm gelenkig angeschlossen. Der Holm wurde landseitig durch Pfähle PSp 350 L aus StSpS stabilisiert. Die Wand wurde mit 1 : 1 geneigten, 33,0 bis 34,5 m langen Stahlpfählen PSp 400 L aus StSpS in 2,73 bzw. 2,91 m Achsabstand verankert. Um den Wasserüberdruck zu verringern, wurde eine tiefliegende Rückstauentwässerung nach E 32 der EAU auf NAP – 1,9 m angeordnet Hinter dem Kopfgelenk der Spundwand wurde eine kräftige Mischkiesschicht eingebracht, um ein Auswaschen des Hinterfüllungssandes zu verhindern.

Die wasserseitige Kranschiene wurde auf dem Stahlbetonholm, die landseitige auf einem flach gegründeten Stahlbetonbalken verlegt. Der Boden unter dem landseitigen Kranbahnbalken wurde mit Tiefenrüttlern bis NAP – 7,0 m hochgradig verdichtet (Abb.5.1.2.12–3). Da wegen der versehentlich im Boden verbliebenen Kleischicht trotzdem mit gewissen Setzungen und Setzungsunterschieden gerechnet werden mußte, wurden hier die Kranbahnblöcke nur 15 m lang ausgeführt und an den Bewegungsfugen mit voll wirksamen Betongelenken versehen.

Die Spundwände und die Pfähle wurden vom Planung NAP + 2,5 m aus gerammt. Um

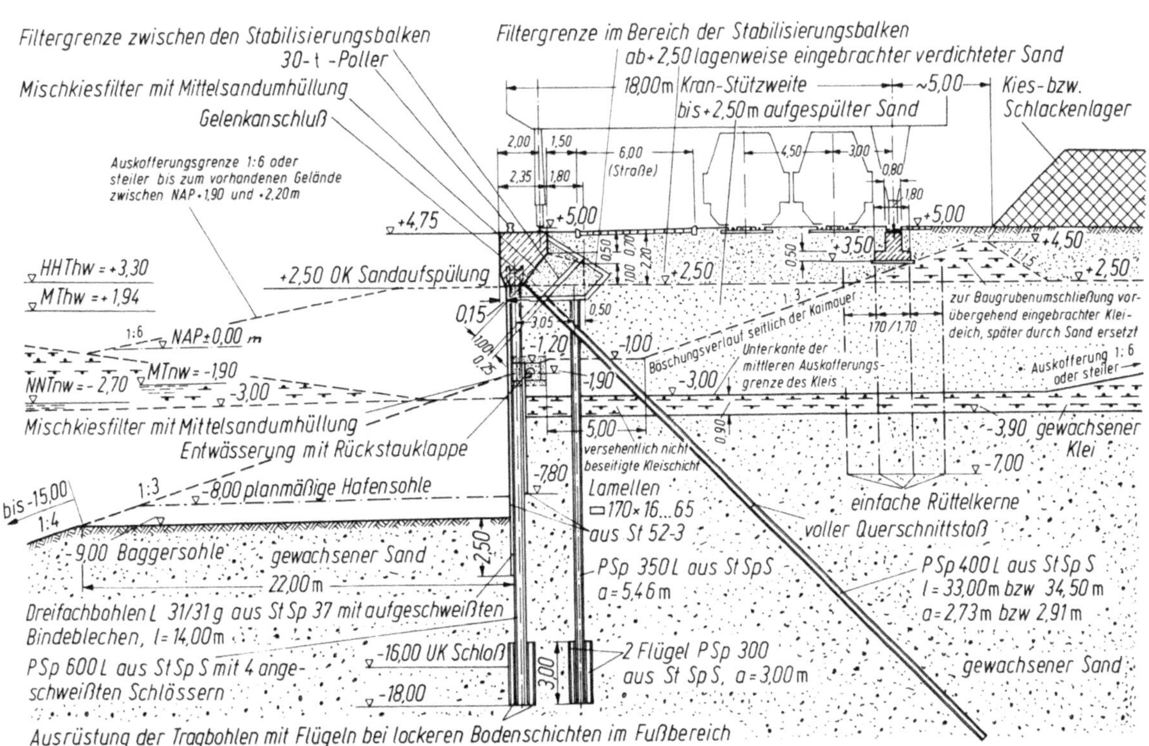

Abb. 5.1.2.12–3 Querschnitt des Binnenschiffkais

Schwierigkeiten bei der gemischten Spundwand zu vermeiden, wurde vorher im Bereich der Wand örtlich ein Graben bis NAP −2,2 m ausgehoben.

5.1.2.12.4 Schlußbemerkungen

Das Bauwerk ist inzwischen in gleicher Konstruktion um rd. 98 m nach Westen verlängert worden. Soweit nach den üblichen Erfahrungen gebaut wurde, verliefen die Bauarbeiten planmäßig.

Gewisse Erschwernisse brachte ein irrtümliches Tieferbaggern der Hafensohle vor dem 1. Bauabschnitt um i.M. 1,5 m. Zum Ausgleich wurden die gebaggerten Übertiefen auf einer Breite von 22,0 m vor dem Spundwandbauwerk bis auf NAP − 8,6 m mit Mischkies (Körnungen bis 70 mm) verfüllt. Das aufgebrachte Material und der gewachsene Sand wurden dann mit Tiefenrüttlern bis NAP rd. − 12 m hochgradig verdichtet mit dem Ziel, eine Lagerungsdichte D $\geqq$ 0,85 zu erreichen.

Wegen gewisser Unsicherheiten bezüglich der tatsächlichen Baggersohle und der Qualität der Auffüllung wurde in der Nachrechnung des Bauwerkes für die geänderten Stützverhältnisse auf die nach E 48 der EAU bei hochgradiger Verdichtung zulässige Erhöhung des Reibungswinkels um 5 % und des Raumgewichtes um 7 % verzichtet.

5.1.2.13 Spundwandbauwerk zur Abgrenzung eines aufgefüllten alten Hafenbeckens gegen einen Schiffswendeplatz in einem großen Binnenhafen am Niederrhein

(vgl. auch Kap.5.4.18)

5.1.2.13.1 Allgemeines

Im Rahmen des Ausbaues einer Stadtautobahn mußte ein altes Hafenbecken neben einer Sperrschleuse zugeschüttet werden, da die Trasse der Stadtautobahn über das alte Hafenbecken und über die westliche Zufahrt zur Sperrschleuse führte (Abb.5.1.2.13−1). Vor der Schleuseneinfahrt war ein Schiffswendeplatz mit einem Durchmesser von 100 m anzulegen. Er sollte durch ein rd. 291 m langes Stahlspundwandbauwerk und ab NN + 26,0 m durch eine Pflasterböschung eingefaßt werden. Das alte Hafenbecken, dessen Sohle etwa auf NN + 14,5 m lag, sollte bis NN + 30,5 m − soweit vertretbar mit Abraummaterial − auf-

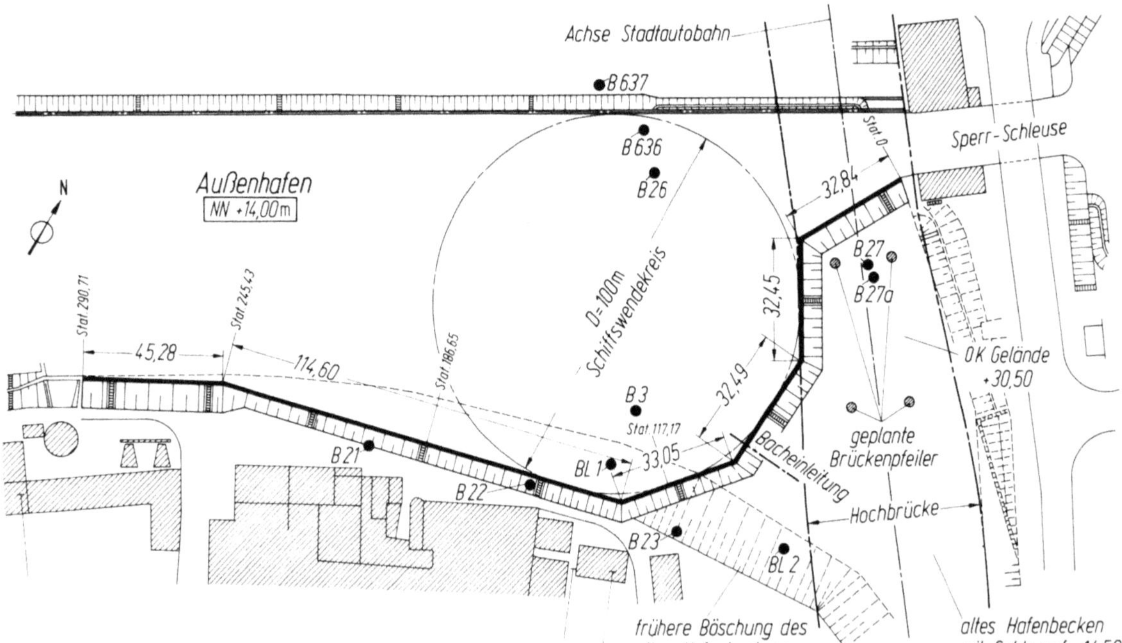

Abb. 5.1.2.13−1 Lage-Übersichtsplan mit Spundwand und Brückenführung sowie Angabe der Bohrungen

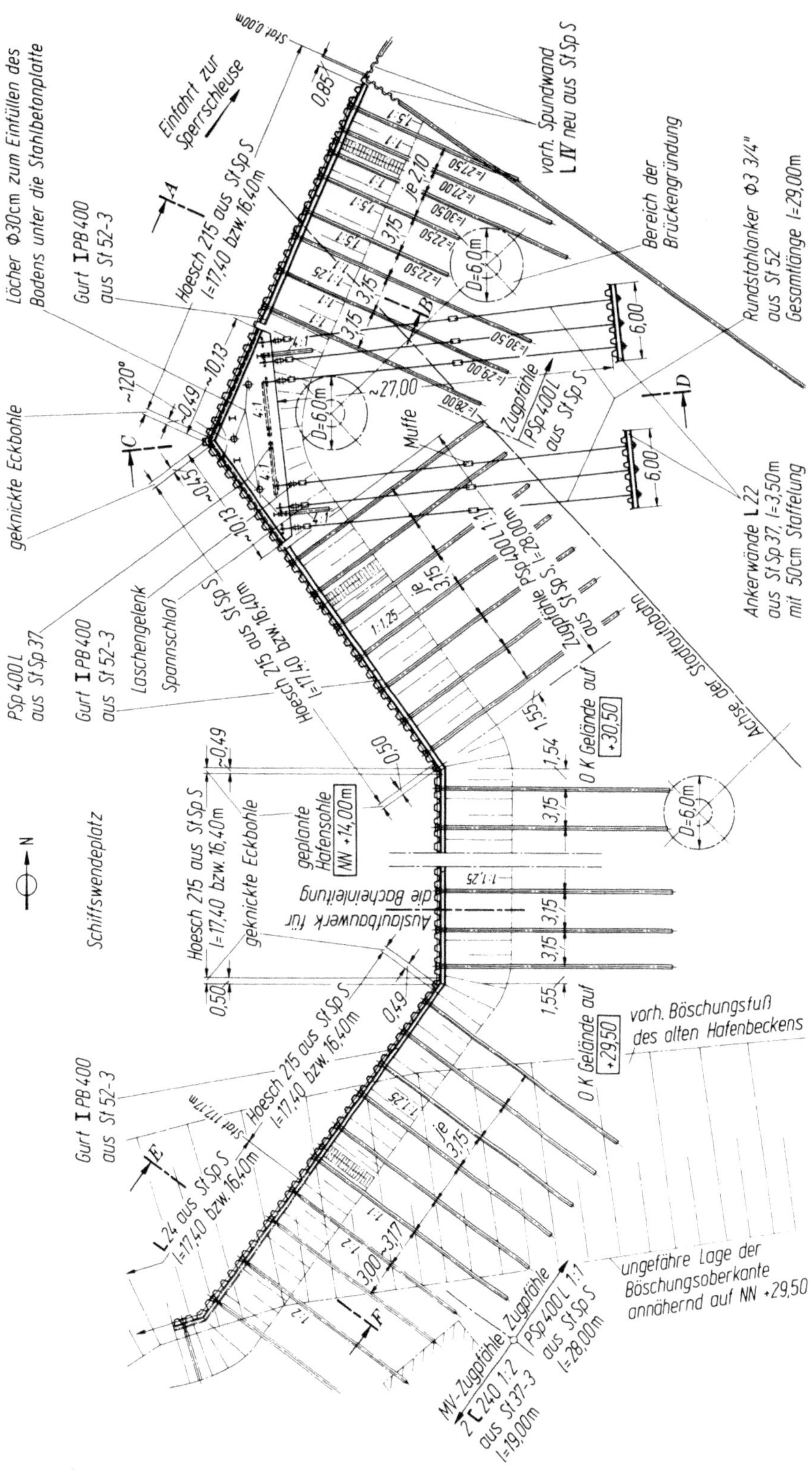

Abb. 5.1.2.13–2 Neue Uferwand im Bereich des alten Hafenbeckens

gefüllt werden. Im Einflußbereich der neuen Uferspundwand war dies jedoch nicht zulässig. Hier mußte mit reinem Sand und Kies – sorgfältig eingebracht und soweit wirtschaftlich möglich hochgradig verdichtet – verfüllt werden.

5.1.2.13.2 Bodenaufschlüsse, Bodenkennziffern, Wasserstände, Verkehrslasten, Sicherheiten und zulässige Spannungen

Der Baugrund wurde durch 8 Bohrungen, die im unmittelbaren Spundwandbereich lagen, aufgeschlossen (Abb.5.1.2.13–1). Im Einvernehmen mit der Auftragverwaltung wurde mit folgenden Bodenkennwerten und Wandreibungswinkeln bei ebenen Gleitflächen gerechnet:

In der Auffüllung aus reinem Sand und Kies von NN + 14,5 bis + 30,5 m:

$$\gamma/\gamma_a = 1{,}8/1{,}1 \ t/m^3, \ \rho_r = 32{,}5°, \ \delta_a = +\tfrac{2}{3}\rho.$$

Im gewachsenen kiesigen Mittel- und Grobsand von NN + 14,5 bis + 29,5 m mit den gleichen Werten.

Im gewachsenen Mittel- bis Grobkies unterhalb NN + 14,5 m:

$$\gamma_a = 1{,}1 \ t/m^3, \ \rho_r = 37{,}5°, \ \delta_a = -\delta_p = \tfrac{2}{3}\rho.$$

Im sandigen, stark tonigen Schluff:

$$\gamma_a = 1{,}1 \ t/m^3, \ \text{Ersatzwinkel} \ \rho_r = 37{,}5°.$$

Dieser Ersatzreibungswinkel wurde von der Auftragverwaltung aufgrund der bei Umbauarbeiten an der Sperrschleuse großflächig beobachteten hohen Scherfestigkeiten festgelegt.

Für die Stahlrammpfähle wurden folgende rechnungsmäßige Grenzlastspannungen festgelegt:

Spitzenwiderstand = q_{sr} = 500 t/m²

Mantelreibung:

im Auffüllbereich ab NN + 14,5 m $q_{mr} = 1{,}0 \ t/m^2$
im gewachsenen Boden $q_{mr} = 6{,}0 \ t/m^2$.

Voraussetzung für den letztgenannten Wert war, daß die Pfähle ausreichend tief in den gewachsenen, tragfähigen Baugrund gerammt wurden, so daß sie einwandfrei fest im Boden standen.

Für den Lastfall 1 wurden folgende Sicherheiten gegen Erreichen der Grenzlast gefordert:

bei den Druckpfählen:	∞ :1 bis 4:1,	$\eta \geqq 1{,}5$
bei den Zugpfählen:	1:1 bis 1,5:1,	$\eta = 1{,}75$
	1:2,	$\eta = 1{,}5$.

Im übrigen waren die Sicherheiten und zulässigen Spannungen nach den EAU einzuhalten.

Das Bauwerk war für Lastfall 1 und in den Bereichen mit hochreichender Spundwand für folgende Wasserstände zu berechnen:

Belastungsfall 1:	Außenwasser	NN + 16,6 m
	Grundwasser	NN + 17,6 m
Belastungsfall 2:	Außenwasser	NN + 25,0 m
	Grundwasser	NN + 26,0 m
Belastungsfall 3:	Außenwasser	NN + 18,0 m
	Grundwasser	NN + 19,0 m.

Als niedrigster Wasserstand für die Bauarbeiten wurde NN + 20,0 m festgelegt.

Als lotrechte Nutzlast mußten auf dem Hafenplanum 3,0 t/m² berücksichtigt werden.

Ein Pollerzug war im Bereich des Schiffswendeplatzes nicht zu berücksichtigen, da hier ein Anlegen der Schiffe nicht gestattet war.

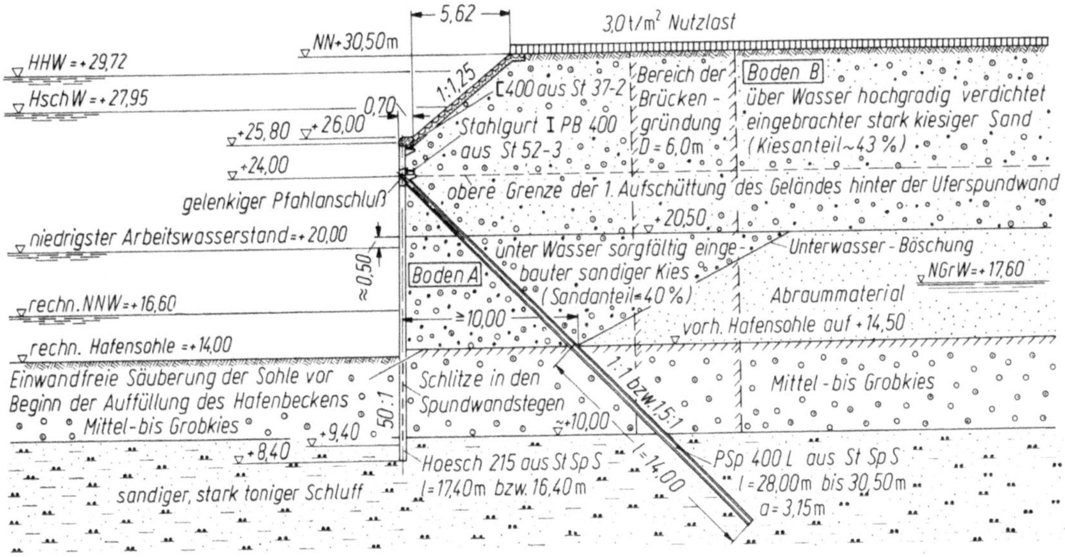

Abb. 5.1.2.13–3 Querschnitt A–B (s. Abb. 5.1.2.13–2)

5.1.2.13.3 Beschreibung der gewählten Lösungen

Die Entwurfsarbeiten einschließlich der statischen Berechnungen für die Ufereinfassungen wurden für drei verschiedene Bereiche durchgeführt. In diesen wurde die Uferspundwand größtenteils mit Schrägpfählen verankert. Die Spundwand erhielt in den ersten beiden Bereichen von Station 0 bis 245,43 m als Kopfabschluß einen 0,7 m breiten Stahlbetonholm mit OK auf NN + 26,0 m, während im anschließenden dritten Bereich OK Holm auf NN + 22,5 m gelegt wurde. Den Übergang zum Hafenplanum auf NN + 30,5 bzw. + 29,5 m bildete eine 1 : 1,25 geneigte Pflasterböschung. Die neue Hafensohle wurde einheitlich auf NN + 14,0 m gelegt. Zur Verminderung des Wasserüberdruckes erhielten die Stege der Spundbohlen – vor allem in den Bereichen mit hoch anstehendem sandigen, stark tonigen Schluff – unterhalb der vertieften Hafensohle schmale Brennschlitze in den Stegen.

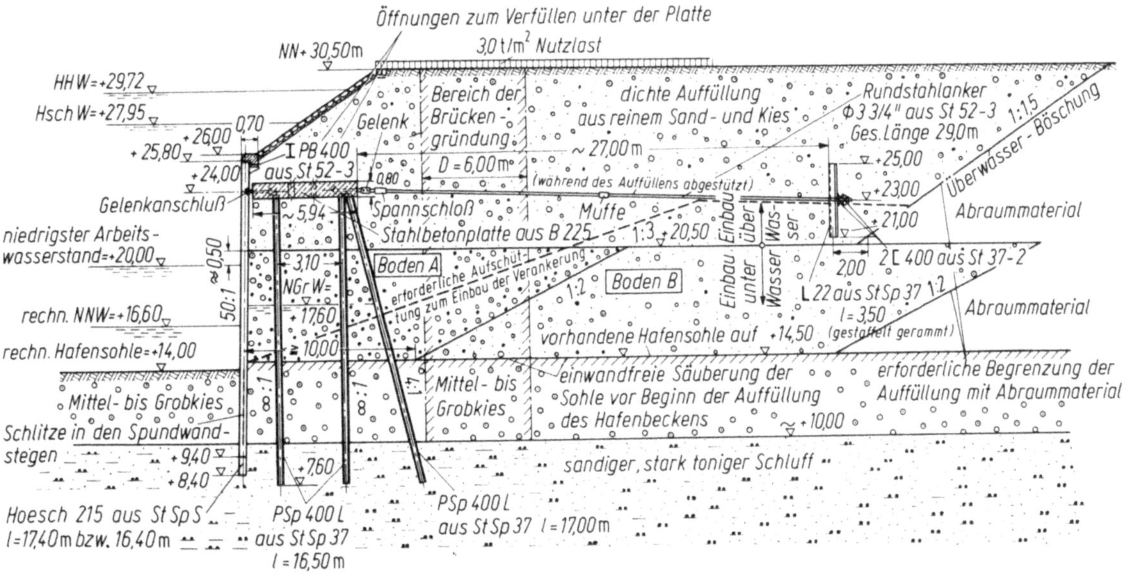

Abb. 5.1.2.13–4 Querschnitt C–D (s. Abb. 5.1.2.13–2)

Von Station 0 bis 117,17 m war für die Spundwand das Profil Hoesch 215 aus StSpS erforderlich (Abb.5.1.2.13–2, –3 und –4). Voraussetzung hierfür war, daß hier die Uferspundwand mit reinem Sand– und Kies sorgfältig hinterfüllt und im trockenen Einfüllbereich oberhalb NN + 20,5 m auch hochgradig verdichtet wurde (Abb.5.1.2.13–3 und –4). Außerdem mußte die alte Hafensohle vor dem Verfüllen von allen weichen Boden– und Schlammresten sorgfältig gesäubert werden. Diese Forderungen mußten gestellt werden, um die Setzungen und Sackungen in der Auffüllung im Einflußbereich der Uferspundwand von vornherein auf ein Mindestmaß zu begrenzen. Die Wand wurde mit Schrägpfählen PSp 400 L aus StSpS in der Neigung 1 : 1 und im Bereich der Gründung der Brückenfundamente für die Stadtautobahn teilweise auch in der Neigung 1,5 : 1 verankert. Nur in der Umgebung des ersten Knickpunktes der Uferspundwand bei Station 32,84 konnte vor allem wegen der Gründung eines Pfeilers der Stadtautobahn, für die eine Grundfläche mit dem Durchmesser D = 6 m freigehalten werden mußte, eine Schrägpfahlverankerung nicht ausgeführt werden (Abb.5.1.2.13–2). Hier wurde die Spundwand drehbeweglich an eine Stahlbetonplatte auf Stahlrammpfählen angeschlossen, die ihrerseits mit langen Rundstahlankern an gerammten Spundwandtafeln des Profiles L 22 aus StSp 37 verankert wurde (Abb.5.1.2.13–2 und –4). Bei dieser Lösung wurden auch sonstige Schwierigkeiten, die beim Rammen von Ankerpfählen in diesem Bereich entstanden wären, vermieden.

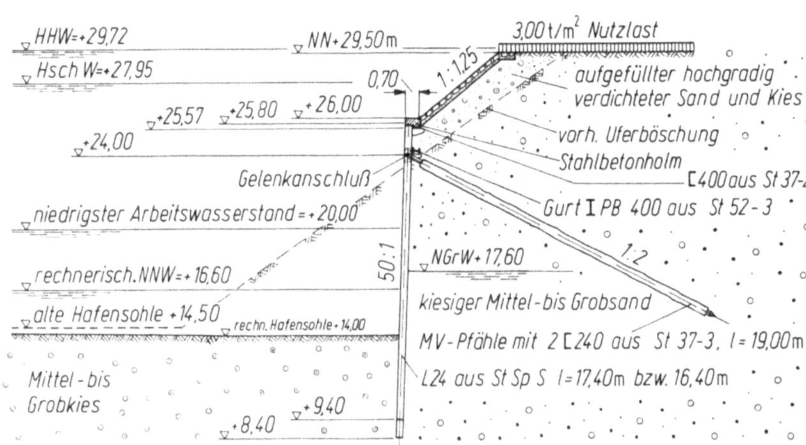

Abb. 5.1.2.13–5 Querschnitt E–F (s. Abb. 5.1.2.13–2)

Von Station 117,17 bis 245,43 m war für die Spundwand das Profil L 24 aus StSpS ausreichend. Hier konnte die Wand in das vorhandene geböschte Ufer gerammt und nach dem Einbau der Verankerung im obersten Teil mit gutem, hochgradig verdichteten Sand und Kies hinterfüllt werden, bevor der Boden vor der Spundwand abgebaggert wurde. Bei dieser Bauausführung war eine Erddruckumlagerung möglich, und die Spundwand konnte hier daher mit Momentenabminderung berechnet werden.

In diesem Abschnitt wurde die Wand mit MV-Pfählen in der Neigung 1 : 2 verankert (Abb.5.1.2.13–2 und –5). Abb.5.1.2.13–6 zeigt hierfür die Ausbildung des Gurtes und den Anschluß der Ankerpfähle im Detail.

Von Station 245,43 bis 290,71 m mit OK Stahlbetonholm auf NN + 22,5 m genügte für die Uferspundwand das Profil L 23 aus StSp 37. Auch diese Wand wurde mit 1 : 2 geneigten MV-Pfählen verankert.

5.1.2.13.4 Hinweise zur Bauausführung

Bei der Bauausführung ergaben sich Schwierigkeiten und Bauunfälle, die bei der qualifizierten Auswahl aller am Projekt und seiner Ausführung Beteiligten nicht zu erwarten waren.

Zunächst fiel die gerammte Uferwand vor dem alten Hafenbecken einer Überschwem-

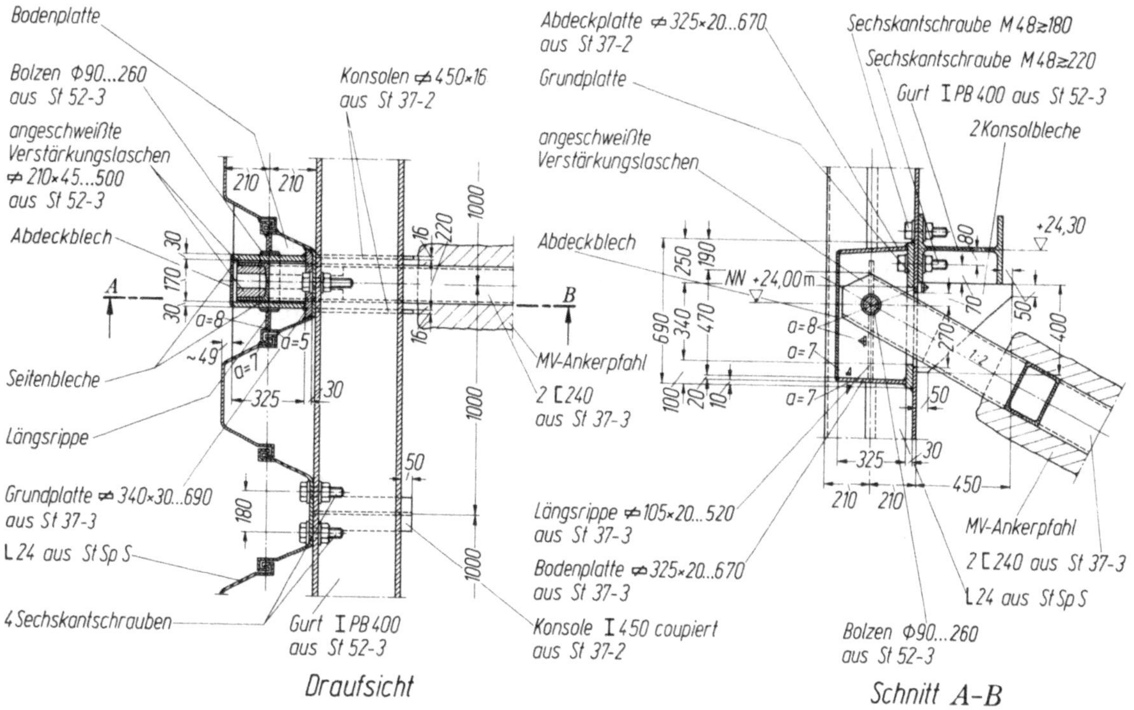

Abb. 5.1.2.13–6 Ausbildung des Gurtes und des Pfahlanschlusses im Bereich mit MV-Pfahl-Verankerung und OK-Holmbalken auf NN + 26,0 m

mung zum Opfer. In der Nacht vom 15. zum 16. Juni 1968 schwoll infolge wolkenbruchartiger Regenfälle der in das Hafenbecken mündende, üblicherweise nur wenig Wasser führende kleine Bach in nicht bekannter Größe an. Er füllte in kurzer Zeit das alte Hafenbecken – das durch die bereits gerammte neue Spundwand ohne ausreichende Durchflußöffnungen abgeschlossen war – so hoch an, daß die Spundwand zwischen Station 0 und 130 m nach dem Wendeplatz hin weggebogen wurde. Die schwimmend gerammte Spundwand war in diesem Stadium zwar im Boden eingespannt, hatte aber keine ausreichende obere Stützung. In solcher Situation können auch schwere Spundwandprofile nur wenigen Metern Wasserüberdruck standhalten, weil für die Entwicklung eines entsprechend großen Erdwiderstandes mit negativem Wandreibungswinkel eine ausreichend große lotrechte Belastung von oben fehlt. Sie tritt erst auf, wenn die Wand bereits stark verbogen ist, so daß darauf eine größere Wassermenge lastet.

Die stark deformierte Spundwand mußte auf einer Strecke von etwa 130 m gezogen und durch eine neue ersetzt werden.

Bei den weiteren Untersuchungen wurde festgestellt, daß im Bereich vor dem alten Hafenbecken in der bereits gerammten Uferspundwand Stahl enthalten war, dessen Streckgrenze σ_S nicht – wie bei StSpS gefordert – 3600 kg/cm², sondern im Mittel nur etwa 3000 kg/cm² betrug. Dieses war bei den Werkabnahmen nicht bemerkt worden.

Sorgfältig durchgeführte Vergleichsuntersuchungen zeigten, daß dieser Mangel unter den gegebenen Verhältnissen nur durch eine hochgradige Verdichtung des nichtbindigen Bodens vor dem Spundwandfuß mit erträglichen Kosten ausgeglichen werden konnte. Diese Verdichtung wurde mit Tiefenrüttlern bis knapp über den sandigen, stark tonigen Schluff auf eine Entfernung von 20,5 m vor dem Spundwandfuß ausgeführt.

Schließlich wich die Spundwand neben der Sperrschleuse noch vor dem vollen Hinterfüllen bis zu 1,69 m weit aus. Die Ursachen hierfür und die Sanierung der Wand sind im Kap. 5.4.18 eingehend behandelt.

5.2 Pfahlrostbauwerke

5.2.1 Allgemeines

5.2.1.1 Vorbemerkungen

Für alle Arten von Pfahlgründungen ist DIN 1054, Baugrund; zulässige Belastung des Baugrunds Ziff. 5. Pfahlgründungen maßgebend.

Als Pfahlbaustoffe werden Holz, Stahl, Stahlbeton und Spannbeton verwendet. Während bis zum ersten Weltkrieg fast ausschließlich Holzpfähle zur Gründung von Bauwerken benutzt wurden, ließ ihre Anwendung anschließend von Jahrzehnt zu Jahrzehnt nach. Dies war auf die Vervollkommnung des Stahlbetons und später auch des Spannbetons bei der Herstellung von Rammpfählen, die Entwicklung hoch tragfähiger Ortbeton-Ramm-, Bohr- und sonstiger -Spezialpfähle und die erfolgreiche Entwicklung des Walzens von Spundbohlen aus Stahl, die auch zu Stahlpfählen zusammengeschweißt werden konnten, sowie die Verwendung sonstiger Stahlprofile und Stahlrohre als Stahlrammpfähle zurückzuführen.

5.2.1.2 Generelles und Erfahrungen mit Holzpfählen

Vor allem dort, wo festere Bodenschichten durchrammt bzw. Pfähle in festere Bodenschichten tief eingerammt werden mußten, waren Holzpfähle besonders gefährdet. Dies zeigte sich beim Freilegen alter Holzpfahlroste, bei denen Stauchungen oder Abrammungen der Pfähle trotz sorgfältiger Überwachung des Rammens unter Führen von Rammprotokollen häufig eingetreten waren (Abb. 5.2.1–1 und –2). Auch sind die Lieferlängen im allgemeinen auf 22 bis 23 m begrenzt.

Von diesen Nachteilen abgesehen, hat der Baustoff Holz den großen Vorteil, daß er sehr leicht ist, sich fast unbegrenzt hält, wenn er unter Wasser bzw. unter Tidehalbwasser bleibt und vor Angriffen von Bohrtieren, wie der Bohrmuschel und der Bohrassel, geschützt wird. Der Lieferpreis von Holzpfählen ist im Vergleich zu dem von Pfählen aus anderen Baustoffen im allgemeinen verhältnismäßig niedrig, auch wenn dem Vergleich die Tonne Tragfähigkeit zugrunde gelegt wird.

Wie stark die natürliche Lagerung des Bodens durch das Einrammen von Pfählen verändert wird, geht aus den Abb. 5.2.1–3 und –4 hervor. Der gerammte Stahlbetonpfahl nach Abb. 5.2.1–4 zog die Bodenschichten eindeutig mit.

Nach Abb. 5.2.1–5 führte das Einrammen der zahlreichen Pfähle eines Holzpfahlrostes in weichen Kleiboden durch das Verdrängen des Kleis entsprechend dem Volumen der eingerammten Holzmasse zu einem Ausweichen des Bodens nach oben hin bis zu einer Höhe von etwa 50 cm.

Zugpfähle, die in eine Stahlbetonrostplatte einbinden, werden im Einbindebereich zweiseitig angeblattet, aber keinesfalls kegelförmig ausgebildet, weil diese umgekehrte Kegelform den Pfahlquerschnitt zu sehr schwächt. Die Zugpfähle erhalten eine zusätzliche Ringbewehrung (Abb. 5.1.2–6).

Die Güte einer gerammten Holzpfahlgründung wird entscheidend beeinflußt vom Abstand und der Richtung der Pfähle zueinander und dabei vor allem auch davon, ob sich die Pfähle im tieferen Untergrund kreuzen. Die Abb. 5.2.1–7 und –8 zeigen die Gefahr des gegenseitigen Abrammens bzw. mindestens der Beschädigung anhand eines freigelegten Bauwerkes. Trotz bester Rammführung kann niemals gewährleistet werden, daß der Spitzenabstand der Pfähle gleich dem Kopfabstand ist. Es sollten daher Pfahlroste mit engem Abstand und verschiedenen Neigungen und Überrammungen keinesfalls gewählt werden. Vielmehr ist eine klarere Gliederung und Gestaltung der Pfahlroste bei gleichzeitig ausreichendem Pfahlabstand in Längs– und Querrichtung anzuwenden.

Das Pfahlproblem ist im Kaimauerbau heute allerdings dadurch wesentlich entschärft worden, daß infolge der Anwendung hochbelastbarer Spezialpfähle aus Stahlbeton oder aus Stahl und durch Ankerpfähle – im allgemeinen unter 1 : 1 geneigt – die Pfahlanzahl wesentlich vermindert werden konnte. Pfahlroste mit einer großen Zahl auch hochbelasteter Pfähle

Abb. 5.2.1–1 Schwer gestauchter Holzpfahl

Abb. 5.2.1.–2 Abgerammter Holzpfahl

Abb. 5.2.1.–3 Durch eine Kleischicht gerammte Holzpfähle

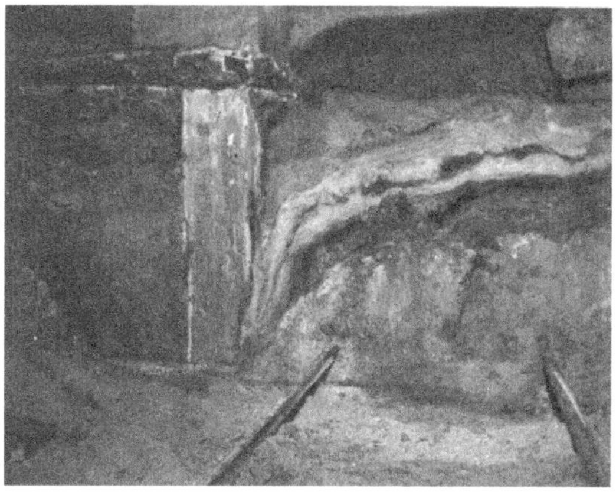

Abb. 5.2.1–4 Mitziehen von Bodenschichten beim Rammen eines Stahlbetonpfahles

in verschiedenen Neigungen kommen heute aber noch häufig in Bauwerksgründungen für die Schwerindustrie vor.

5.2.1.3 Pfähle aus Beton oder Spannbeton

Der Baustoff Stahlbeton ist in den letzten Jahrzehnten für Pfähle immer häufiger angewendet worden, und zwar sowohl mit quadratischem bzw. rechteckigem als auch mit rundem Querschnitt. Letztere werden dann häufig als vorgespannte Schleuderbetonhohlpfähle ausgeführt, die am Fuß auch mit Stahlflügeln ausgerüstet werden können (Kap. 6.2.8). Bei tiefliegendem tragfähigen Baugrund und auch bei nur begrenzt eingelagerten tragfähigen Schichten werden Stahlbetonrammpfähle häufig mit einer Fußverstärkung ausgerüstet (Kap. 15.3.4). Der Stahlbeton hat als Baustoff zweifellos den Vorteil gleichmäßiger Güte, und er

Abb. 5.2.1–5 Hochtreiben des Kleis beim Rammen eines Holzpfahlrostes

Abb. 5.2.1–6 Anblatten von Zugpfählen und Ringbewehrung

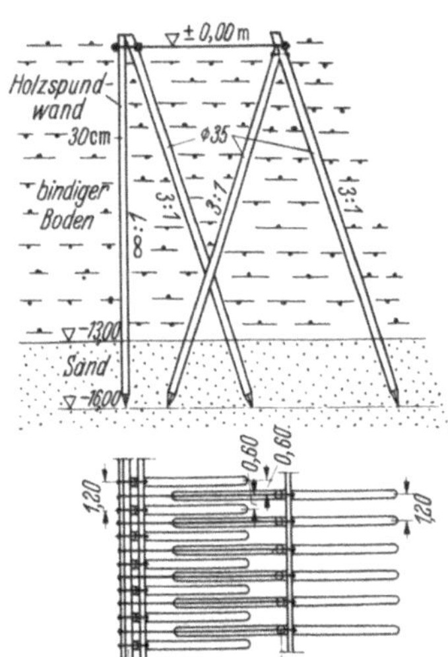

Abb. 5.2.1–7 Holzpfahlrost mit zu eng stehenden, sich kreuzenden Pfählen

Abb. 5.2.1–8 Freigelegter Pfahlrost nach Abb. 5.2.1–7 mit Pfahlabrammungen und -stauchungen

kann den jeweiligen Anforderungen sowohl in der Betongüte als auch in der Pfahlform und in den Pfahlabmessungen angepaßt werden. Gleiches gilt für die Spannbetonrammpfähle. Die Festigkeit von gerammten Betonpfählen soll aber nicht übertrieben hoch gewählt werden, weil sie sonst zu spröde werden und beim Rammen leicht splittern. Auch sollen die Pfähle möglichst jung gerammt werden, wobei sie allerdings bereits eine Würfeldruckfestigkeit von mindestens 300 kg/cm^2 aufweisen sollten.

Die Schwierigkeit beim Durchrammen dicht gelagerter, nichtbindiger Schichten können bei Beton–, aber auch bei allen anderen Arten von Rammpfählen durch Spülen gemindert werden. Bei engen Abständen muß aber auch bei lotrechten Pfählen mit größter Vorsicht und gleichmäßig gespült werden, weil die Pfähle sonst leicht und häufig von ihrer Sollage abweichen und dadurch benachbarte Pfähle gefährden können. Mindestens bei stärker geneigten Pfählen sollte aber – da ein einwandfreies Führen der Spüllanzen in Achsrichtung der Pfähle kaum erreichbar ist – jegliches Spülen vermieden werden. Bezüglich des Herstellens und des Rammens aller Arten von Fertig–Rammpfählen sei hier vor allem auf DIN 4026: Rammpfähle, verwiesen, die auch die zulässigen Belastungen üblicher Rammpfähle angibt.

Neben den gerammten Stahlbetonfertig– oder –Ortpfählen werden Bohrpfähle aus Stahlbeton vor allem dort vielseitig angewendet, wo das Rammen für ein angrenzendes Bauwerk bzw. den Rammpfahl selbst Gefahren mit sich bringt. Bohrpfähle üblicher Abmessungen sollten aber nicht in Konkurrenz mit Stahlbetonrammpfählen nur deshalb ausgeführt werden, weil sie billiger angeboten worden sein sollten. Das Herstellen solcher Bohrpfähle erfordert ja größte Sorgfalt und ein erfahrenes Personal. Im anderen Fall können Schäden auftreten, die nach den gemachten Erfahrungen vor allem auf folgende Ursachen zurückzuführen waren:

a) Mangelhafte Betongüte.
b) Beim Einbringen des Betons wurde die nicht ausreichend fixierte Stahlbewehrung einseitig an das Mantelrohr gedrückt, so daß sie dort zu wenig Betondeckung hatte und rostete.
c) Durch zu schnelles Ziehen des Mantelrohres drang der umgebende Boden von der Seite her so ein, daß die Rundstahlbewehrung teilweise nicht mehr von Beton umgeben war. Die Folge davon war ein Abrosten der Bügel– und eines Teiles der Längsbewehrung.
d) Durch zu rasches Ziehen des Mantelrohres kam seine Unterkante über die Oberfläche des bereits eingebrachten Betons, so daß der umgebende Boden von allen Seiten in die Bohrung hineindrang und sie örtlich auffüllte. Diese Fehlstelle wurde dann nur noch von der Längsbewehrung überbrückt, die natürlich allein zu schwach war, um die Pfahldruckkräfte aufzunehmen und im übrigen dem Angriff aggressiven Grundwassers ungeschützt ausgesetzt in kurzer Zeit völlig korrodiert war.
e) Bei Pfählen mit angeschnittenen Fußverbreiterungen waren diese erst gar nicht hergestellt worden oder vor dem Betonieren bereits voll oder teilweise eingestürzt.

Durch die Herausgabe von DIN 4014, Bohrpfähle; Herstellung und zulässige Belastung, ist erfreulicherweise aber schon seit längerer Zeit die erforderliche Ordnung in dieses Fachgebiet gebracht worden. Diese Norm erfaßt aber nur normale Bohrpfähle bis 50 cm Schaftdurchmesser und nicht die heute bereits häufig und im allgemeinen mit großem Erfolg hergestellten Großbohrpfähle mit Durchmessern bis zu rd. 2,5 m. Für diese Pfähle sind besondere Richtlinien in Arbeit, die vor allem auch Angaben hinsichtlich der zulässigen Belastung unter den jeweiligen Bedingungen bringen sollen. Besonders erwähnt sei hier, daß Großbohrpfähle mit entsprechender Bewehrung auch beachtliche waagerechte Kräfte aufnehmen und über Biegung in den tragfähigen Baugrund überleiten können.

5.2.1.4 *Stahlpfähle*

Seit etwa vier Jahrzehnten wird auch der Baustoff Stahl für Pfähle sehr häufig angewendet. Je nachdem, ob die Pfähle voll im Erdboden oder teilweise frei in Luft oder Wasser stehen und damit der Korrosion verstärkt ausgesetzt sind, werden offene Trägerpfähle oder geschlossene Kasten– oder Rohrpfähle angewendet. Je nach den Untergrundverhältnissen und der erwünschten Belastbarkeit werden die Pfähle mit Fußflügeln ausgerüstet oder nicht. Kap. 14.3 behandelt die erste Anwendung der heute allgemein üblichen und bewährten Stahlflügelpfähle. Der Baustoff Stahl ist zwar verhältnismäßig teuer, hat aber den Vorteil einer hohen Belastbarkeit auf Zug und Druck und einer relativen Unempfindlichkeit gegen Biegebeanspruchungen. Besteht die Gefahr, daß Stahlpfähle – beispielsweise durch Zusammendrücken oder Fließbewegungen von Bodenmassen – bis an die Streckgrenze belastet werden, müssen zur Verminderung der Sprödbruchgefahr anstelle der sonst üblichen Spundwandstähle besonders beruhigte Stähle nach DIN 17100, wie RSt 37–2 oder St 37–3 oder St 52–3 verwendet werden. Für die Beurteilung der Sprödbruchgefahr sind nicht die üblichen Zimmertemperaturen in Versuchsanstalten, sondern die effektive Temperatur im Baugrund, die im allgemeinen etwa der mittleren Jahrestemperatur im Bauwerksbereich entspricht, und bei Arbeiten im Winter die kälteste Temperatur maßgebend, bei der noch gerammt wird.

Im Einbindebereich in den Überbau erhalten Stahlpfähle eine ausreichende Kopfausrüstung.

5.2.1.5 Ausbildung des Überbaus und Berechnung der Pfahlroste

Pfahlrostüberbauten werden heute nur noch aus Stahlbeton hergestellt, wobei entweder eine starre oder eine elastische Rostplatte gewählt wird.

Pfahlroste mit starrer Rostplatte, wie sie bei großen Brücken- oder Hüttenwerkgründungen und dergleichen vorkommen, werden am besten nach dem Nökkentved-Verfahren berechnet. Hierzu stehen heute bereits elektronische Programme auch für räumliche Pfahlroste zur Verfügung, die den Rechenaufwand sehr verringern. Der Entwurfsingenieur ist so in der Lage, verschiedene Systeme mit einem erträglichen Aufwand zu untersuchen und so zu einer optimalen Lösung zu kommen. Leider gibt es für elastische Rostplatten auf elastischer Stützung durch Pfähle noch keine Programme. Hier leistet das Probierverfahren noch heute gute Dienste. Die Lösung ist dann richtig gefunden, wenn die Durchbiegungen der Rostplatte an den Einbindestellen der Pfähle – aus deren Momentenbeanspruchungen errechnet – sich decken mit den Pfahlkopfsenkungen oder -hebungen, die sich aus den Längenänderungen der Pfähle infolge der errechneten Pfahlkräfte ergeben. Wird die Platte rechnungsmäßig durch einen Balken oder einen Trägerrost ersetzt, ist aber die elektronische Berechnung bereits heute möglich.

5.2.1.6 Weitere Hinweise

Um den Betrieb auf Kaimauern möglichst freizügig gestalten und so Eisenbahngleise, Kabel– und Rohrleitungen, Schleifleitungskanäle und dergleichen beliebig anordnen und umsetzen zu können, empfiehlt es sich im allgemeinen, auf der Rostplatte eine 1,5 m dicke Bettung aus Sand oder Kies mit oberer auswechselbarer Schutzschicht anzuordnen, wenn nicht andere Belange eine noch höhere Bettung erfordern. Hierzu wird auch auf E 5 der EAU: Lotrechte Nutzlasten, verwiesen.

5.2.2 Beispiele

5.2.2.1 Kaimauern einer Seeschleusenanlage an der Mündung eines Tideflusses in die Nordsee (vgl. auch Kap.3.3.4)

5.2.2.1.1 Allgemeines auch zu den Bodenaufschlüssen

Da im Jahre 1928 große Schnelldampfer von rd. 50.000 BRT in Dienst gestellt werden sollten, wurde die Wiederaufnahme der Planungen und der Bauarbeiten für eine Seeschleuse, die nach begonnenem Bodenaushub bei Kriegsbeginn 1914 stillgelegt worden war, erforderlich. Aufgrund der beim Ausweichen und teilweisen Bruch einer Kaimauer am benachbarten

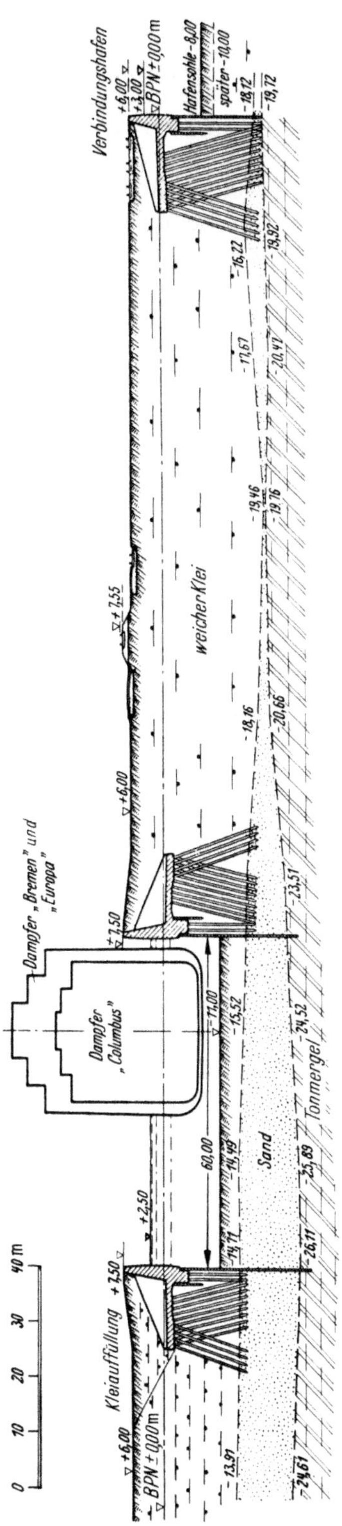

Abb. 5.2.2.1–1 Querschnitt durch die Seeschleusenkammer und die benachbarte Binnenhafenkaimauer mit Angabe der Bodenschichten

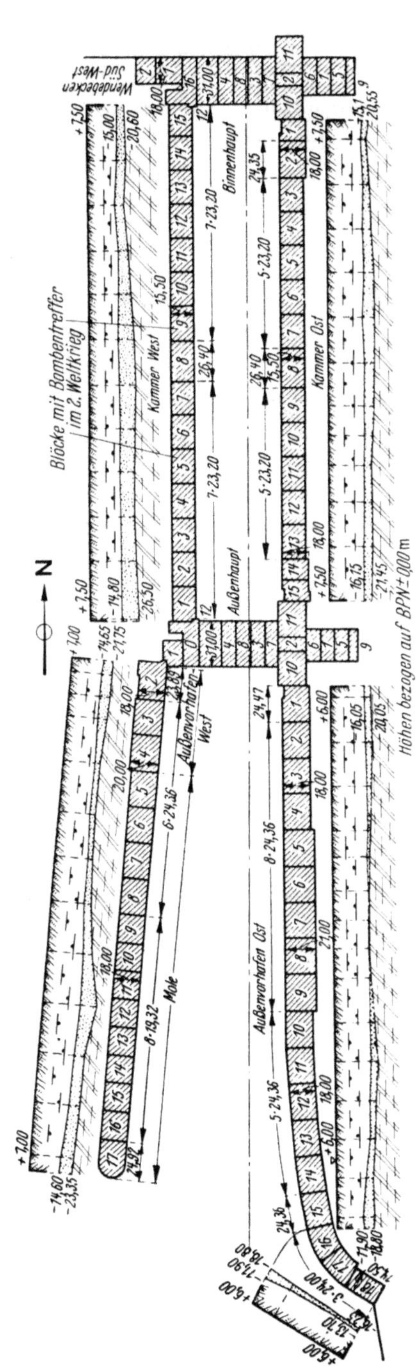

Abb. 5.2.2.1–2 Lageplan der Kaimauern der Seeschleusenanlage mit Angabe der jeweiligen Sandschichtdicken vor der Querverschiebung der Schleuse (s. Abb. 5.2.2.1–1, –3 und –4)

freien Tidefluß gewonnenen Erkenntnisse und Erfahrungen wurde das Gelände vor Beginn der weiteren Planungs- und Bauarbeiten sorgfältig abgebohrt. Die Ober- und Unterkante der zwischen 0,3 m und 12,0 m dicken tragfähigen diluvialen Sandschicht unter dem weichen Klei sowie die Mächtigkeit und Höhenlage des darunter anstehenden Tonmergels konnten dabei genau ermittelt werden. Da es sich bei dem Gesamtobjekt um mehr als 2000 lfdm Ufermauern handelte und die gesamte Bauwerkfläche fast 1,5 km lang und bis zu rd. 0,4 km breit war (Abb.5.2.2.1–1, –2 und –6), verursachte der einwandfreie Aufschluß des schwierigen Untergrundes erhebliche Kosten. Es wurden etwa 400 zum Teil bis zu 50 m tiefe Bohrungen ausgeführt, die seinerzeit eine Summe von rd. 180.000 Mark erforderten. Diese Aufschlußkosten lösten höheren Orts zunächst Bedenken aus, jedoch bewiesen die angetroffenen, zum Teil sehr ungünstigen Bodenverhältnisse die Zweckmäßigkeit der durchgeführten Aufschlußmaßnahmen.

5.2.2.1.2 Einzelheiten zu den Bodenaufschlüssen und zu den bodenmechanischen Untersuchungen

Hand in Hand mit den Bohrungen wurden sowohl der alluviale Klei als auch der diluviale Tonmergel in ihrem stark wechselnden Schichtenverlauf mit örtlich tiefen Kolken bodenmechanisch untersucht. Auch hierbei wurden hinsichtlich Kohäsion, Reibungswinkel und Wassergehalt zum Teil erheblich voneinander abweichende Werte festgestellt. Man entschloß sich daher nicht nur zu sehr eingehenden Untergrundquer- und -längsschnitten, sondern auch noch zu einer räumlichen Darstellung des Oberflächenverlaufes der Sand– und der Tonmergelschicht mit Hilfe eines Schichtenmodelles (Abb. 1.–7 sowie 5.2.2.1–3 und –4). Außerdem wurden die bodenmechanischen Wertigkeiten für die einzelnen Bauwerke in Längs- und Querschnitten dargestellt. Auf diese Weise wurden bei den unterschiedlichen Bodenverhältnissen auch örtlich Berechnungsannahmen erreicht, die den tatsächlichen Verhältnissen weitgehend entsprachen. Unnötige Sicherheiten, die zu erheblichen zusätzlichen Kosten für die Bauwerke geführt hätten, konnten so vermieden werden.

Abb.5.2.2.1–1 und –2 sowie –3 und –4 geben einen Überblick über den Verlauf der so festgestellten maßgeblichen Bodenschichten. Diese weitgehenden Untersuchungen zeitigten folgendes Gesamtergebnis:

Der Untergrund bestand aus einer oberen 17 bis 25 m mächtigen alluvialen, weichen, wenig wasserdurchlässigen Kleischicht. Darunter lag 0,3 bis rd. 12 m hoch diluvialer Sand, der unten von einer ebenfalls wenig wasserdurchlässigen, über 30 m mächtigen halbfesten Schicht aus diluvialem Tonmergel gefolgt war. Im Sand war das Grundwasser artesisch gespannt mit einer Spiegelhöhe auf etwa BPN + 2,5 m. Die Oberflächen des Sandes und des Tonmergels zeigten Höhenunterschiede von 6 bis 12 m. Im Außenvorhafen wurde der tragfähige Sand in zwei rd. 150 m langen Abschnitten nur in einer Dicke von 0,2 bis 1,5 m festgestellt (Abb.5.2.2.1–2). Obwohl der darunter liegende diluviale Tonmergel derartig fest war, daß er aus den Bohrern vielfach nur mit Spezialwerkzeugen herausgeholt werden konnte, zeigten die bodenmechanischen Untersuchungen bei diesem Boden auffallend geringe Reibungswinkel, jedoch eine hohe Kohäsion. Die dann nach dem damaligen Stand der Technik aufgestellten Berechnungen zeigten, daß auf diesen Strecken eine genügende Standsicherheit der 18,5 und 21 m hohen freistehenden Kaimauern auch bei einer 35 m breiten Pfahlrostplatte noch nicht zu erreichen war. Ihre Herstellung hätte außerdem auch eine Unterbrechung wichtiger Gleisanlagen sowie das teilweise Abfangen des rückwärtigen Teiles eines Kaischuppens erfordert.

Die Untersuchungsergebnisse stimmten mit den Erfahrungen bei den Rutschungen von Kaimauern im Hafen von Göteborg und im Hafen von Antwerpen überein. Die dort gefundenen Wertigkeiten der Untergrundverhältnisse waren annähernd gleich niedrig wie die des hier angetroffenen Tonmergels. Zu beachten war dabei, daß die Göteborger Kaimauer bei einer freien Höhe von nur 10 m bereits eine 21 m breite Rostplatte aufwies. Trotz einer erheblichen Verbesserung des Baugrundes durch teilweises Wegbaggern des anstehenden

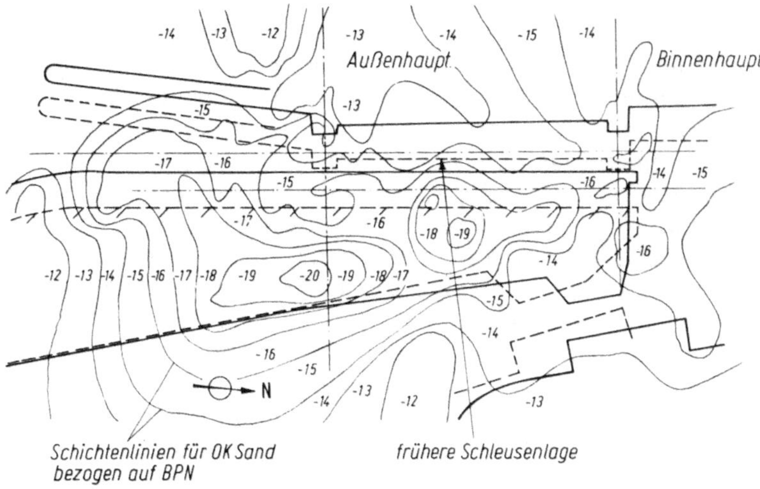

Abb. 5.2.2.1–3*) Modell der Oberfläche des diluvialen Sandes bezogen auf BPN ± 0,00 m

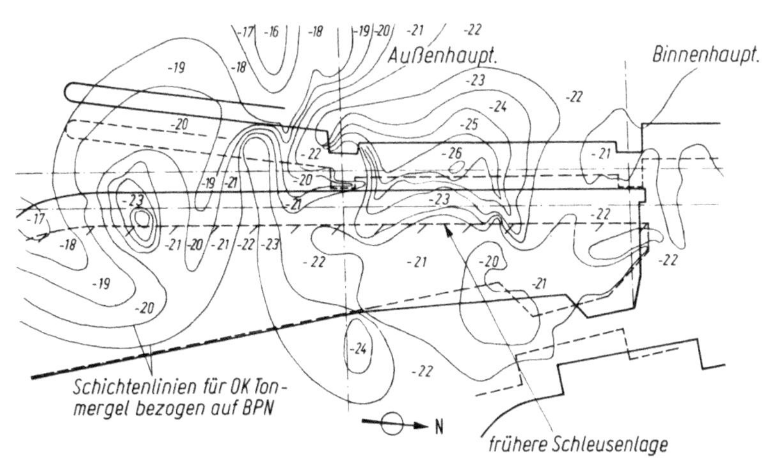

Abb. 5.2.2.1–4*) Modell der Oberfläche des Tonmergels bezogen auf BPN ± 0,00 m

Bodens und Einbringen einer etwa 7 m hohen Sandschicht unter der Hafensohle trat in Göteborg der Bruch des Bodens tief unter der neuen Sandsohle ein.

5.2.2.1.3 Auswirkungen der Bodenverhältnisse auf die Lage des Bauwerkes

Trotz der erbohrten zum Teil ungünstigen Bodenverhältnisse konnte für die Seeschleuse eine wesentlich geänderte Lage nicht gewählt werden, weil die Schleusenhäupter vor dem Kriege bereits 8 m tief ausgehoben waren. Ein Verlegen der Schleuse hätte nicht nur eine erhebliche Bauverzögerung, sondern auch große zusätzliche Kosten verursacht. Außerdem zeigten die Bohrergebnisse, daß günstigere Bodenschichten für die Häupter in erreichbarer Nähe nicht gefunden werden konnten. Die Lösung der Schwierigkeiten mußte also den örtlichen Gegebenheiten besonders Rechnung tragen.

---

*) Die Abb. 5.2.2.1–3 und –4 sind weitgehend entnommen aus Agatz, A.: „Der Bau der Nordschleusenanlage in Bremerhaven", Berlin 1931, Verlag von Wilhelm Ernst & Sohn. Abschnitt Otto, W.: „Die Untersuchung des Baugrundes und die Wasserhaltung"

Ein sorgfältiges Auswerten der aus Bohrungen konstruierten Höhenschichtlinien des tragfähigen Sandes und des Tonmergels ergab, daß unter Beibehaltung der Baugruben für die Häupter ein technisch und wirtschaftlich günstiges Verschieben der Schleusenachse um 47 m nach Westen dann möglich war, wenn die nach dem ursprünglichen Entwurf auf der Westseite liegenden Torkammern auf der Ostseite angeordnet wurden. Hierdurch konnten die Kaimauern des Außenvorhafens und die der Kammer um die Torkammerlänge, also um 47 m, verschoben und so in einen Bereich mit etwas günstigeren Bodenverhältnissen gebracht werden, ohne die Häupterbaugruben nennenswert ändern zu müssen. Außerdem konnte im Außenvorhafen der Deichschutz von der Kaimauer getrennt und um 47 m landeinwärts verlegt werden. Hierdurch konnte die Oberkante der Ostkaimauer von BPN + 7,5 m auf BPN + 6,0 m, also um 1,5 m niedriger gelegt und eine bessere Bauausführung ohne Gefährdung des neuen Landesschutzdeiches ermöglicht werden (Abb.5.2.2.1–6). Da der Drempel der neuen Schleuse auf BPN – 11,0 m gelegt wurde und für die Ostseite des Vorhafens für das Ein- und Ausfahren der großen Fahrgastschiffe eine Sohlenlage ebenfalls auf BPN – 11,0 m statt früher BPN – 12,5 m genügte, ergab sich daraus eine Verringerung des Geländesprunges der Ostkaimauer von ursprünglich 20,0 m auf 17,0 m.

Auf der Westseite des Vorhafens konnte hingegen die dort gegebenenfalls erforderlich werdende Liegestelle für Dampfer auch bei Niedrigwasserständen in genügender Breite auf BPN – 12,5 m ausgebaggert werden. Die rd. 300 m lange Mole wurde dadurch nicht gefährdet, da das rückwärtige Gelände nach der Flußseite sehr niedrig und zum Molenkopf hin stark abfallend gehalten werden konnte.

5.2.2.1.4 *Wahl der Kaimauerkonstruktionen*

Unter Zugrundelegung der vorstehend geschilderten, sehr eingehenden Baugrundaufschlüsse wurde für die Kaimauern die nachfolgend beschriebene Konstruktionsart gewählt. Da in diesem Hafenbereich an der Wattenküste seit vielen Jahrzehnten gute Erfahrungen mit Holzpfahlrosten vorlagen, wurden – auch aus Ersparnisgründen – wieder Holzpfähle für die Gründung der Pfahlrostkaimauern gewählt. Die Rostplatte wurde so tief gelegt, daß die Pfahlköpfe mit Sicherheit dauernd unter Wasser blieben und so vor Pilzfäulnis geschützt waren. Um eine Beschädigung der Pfähle bei einem engen Bockpfahlrost zu vermeiden, wurden auseinandergezogene Pfahlroste gewählt (Abb.5.2.2.1–5). Der Jochabstand von 1,6 m war dabei genügend groß, zumal die Zugpfähle nur noch in ihrem oberen Teil die Druckpfähle kreuzten und so gefahrlos zwischen den Druckpfahlreihen eingerammt werden konnten.

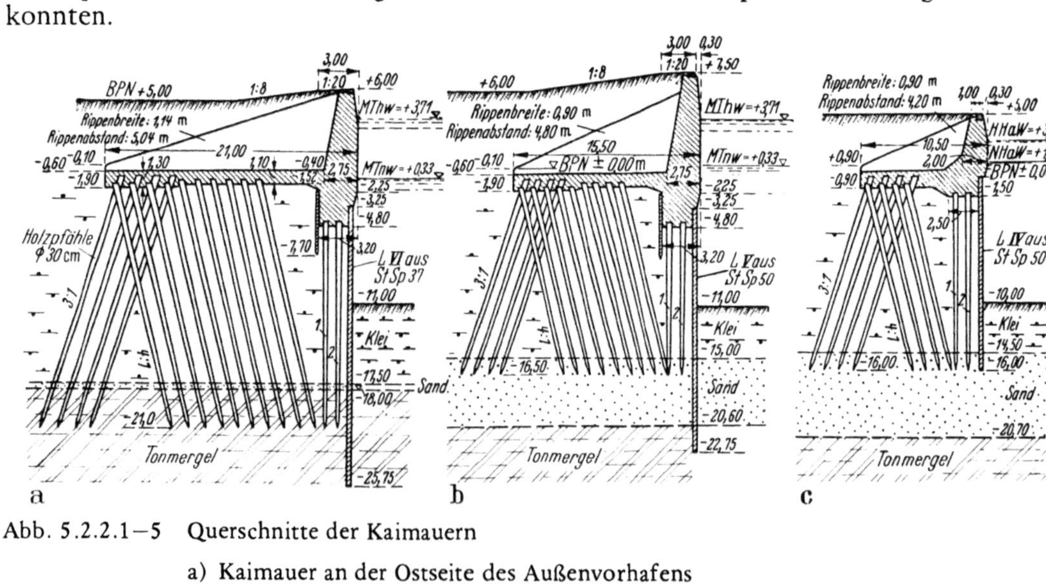

Abb. 5.2.2.1–5 Querschnitte der Kaimauern

a) Kaimauer an der Ostseite des Außenvorhafens
b) Schleusenkammerwand
c) Kaimauer an der Ostseite des Verbindungshafens

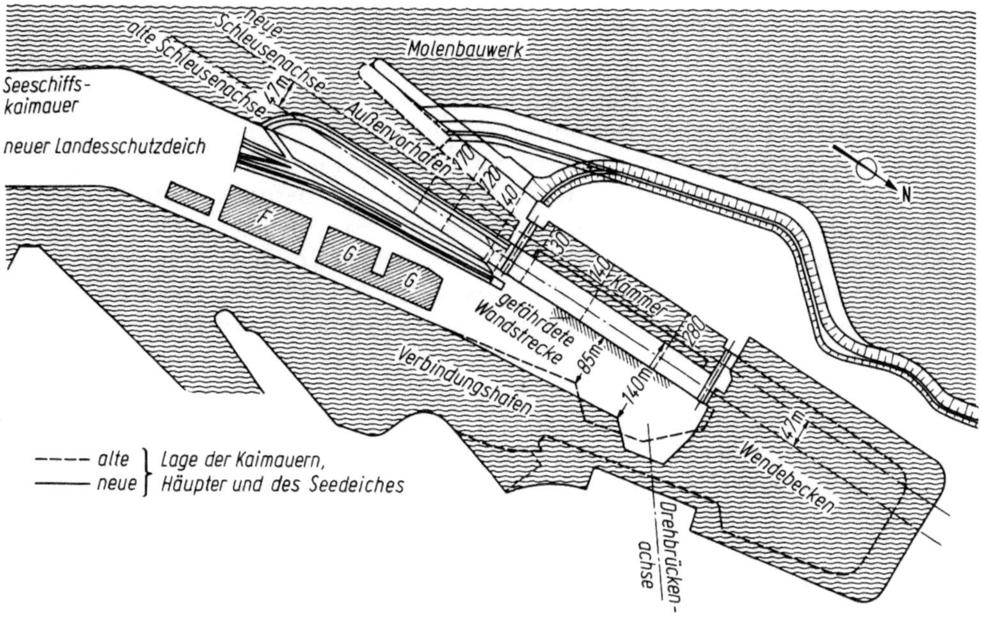

Abb. 5.2.2.1–6 Lageplan der Seeschleusenanlage nach der Verschiebung

Da die spätere Aufhöhung des Geländes gering war, konnten die Zugpfähle ohne Gefährdung auch etwas über die Hinterkante der Rostplatte hinausragen (Abb.5.2.2.1–5), zumal die Erfahrungen bei herausgezogenen Holzzugpfählen gezeigt hatten, daß eine gewisse Durchbiegung der Pfähle verantwortet werden konnte. Außerdem setzte sich infolge der Grundwasserabsenkung während der Bauzeit der rd. 20 m mächtige obere Klei bereits vor dem Rammen der Holzpfähle im allgemeinen so stark, daß später nach dem Einstellen der Grundwasserabsenkung und dem Freibaggern der Hafensohle und bei Aufnahme des Hafenbetriebes nur noch mit einer geringen zusätzlichen Setzung zu rechnen war.

Die Holzpfähle wurden planmäßig nur so tief in den tragfähigen Sand gerammt, daß – wie sorgfältig geführte Rammprotokolle zeigten – Rammbeschädigungen nicht eintraten. Als Abschluß der Mauer zur Wasserseite hin wurde eine Stahlspundwand in genügender Tiefe in den Untergrund gerammt. Hierfür wurden Stahlspundwände L V und L VI aus StSp 50 mit Längen bis zu 28 m verwendet.

Der Überbau aus Stahlbeton erhielt einen hammerförmigen Querschnitt (Abb.5.2.2.1–5). Hierdurch wurde die freie Länge der vorderen Pfähle verringert und die Beanspruchung der Stahlspundwand und ihre Durchbiegung soweit wie möglich beschränkt. Dabei wurde auch die Durchbiegung der dahinter liegenden Holzpfähle entsprechend klein gehalten.

Die Stahlbetonrostplatte wurde durch Rippen ausgesteift (Abb.5.2.2.1–5).

Infolge der großen Anzahl der Pfähle mußte mit einer Verdrängung des Bodens sowohl nach den Seiten als auch nach oben gerechnet werden. Der Bauvorgang wurde daher so gewählt, daß die Druckpfähle von hinten nach vorn gerammt wurden, wobei die erst zum Schluß gerammte Stahlspundwand keine nennenswerten Verdrängungsbeanspruchungen erhalten konnte. Die Zugpfähle wurden von innen nach außen gerammt, um das Verdrängen des Bodens nach der Landseite hin zu gewährleisten.

Aufgrund eingehender Pfahlprobebelastungen auf Druck bzw. Zug wurden in Anbetracht des ungünstigen Untergrundes für die größten Belastungen der Pfähle, mit i.M. Ø 30 cm, Pfahlkräfte bis 48 t Druck und 32 t Zug zugelassen. Dabei wurde eine zweifache Sicherheit gegenüber den Pfahlgrenzlasten auf Zug und Druck eingehalten.

5.2.2.1.5 Ausbildung der Verankerung der Kaimauer-Spundwand

Besonders sorgfältig mußte die Verankerung der Kaimauerspundwand ausgebildet werden. Die statischen Untersuchungen hatten nämlich ergeben, daß die Stahlspundwand mit Rücksicht auf ihre zulässige Beanspruchung vom Eigengewicht des Betonkörpers entlastet werden mußte. Seine lotrechten Kräfte waren also voll von den Holzpfählen aufzunehmen. Hierzu mußte der Spundwandkopf außerdem so an den Stahlbeton—Überbau angeschlossen werden, daß durch eine gewisse Kopfeinspannung die Biegebeanspruchungen im Feld verringert wurden. Über dem Spundwandkopf wurde daher im Beton zunächst eine Aussparung freigelassen. Die in der Betonschürze der Rostplatte liegende Verankerungskonstruktion wurde so eingebaut, daß sie sich beim Zusammendrücken der Holzpfähle infolge ihrer Auflasten gemeinsam mit dem Überbau in lotrechter Richtung bewegen konnte, ohne lotrechte Kräfte in die Spundwand zu übertragen. Für die Rundstahlanker wurden in den Spundbohlen Langlöcher angeordnet. Die oberen Flachstahlanker hatten in ihrer Konstruktion genügend Spielraum, um den Setzungen des hinterfüllten Betonkörpers folgen zu können. Diese Lösung mit Langlöchern war möglich, weil zum Zeitpunkt des Hinterfüllens des Überbaus die Kaimauer noch voll im Boden stand, die Anker also praktisch spannungslos waren und daher an den Ankerköpfen auch keine Reibungskräfte übertragen werden konnten. Nachdem das Betongewicht in die Holzpfahlgründung abgeleitet war, wurde die Spundwand für die Aufnahme der übrigen lotrechten Kräfte und des Einspannmomentes fest an den Betonkörper angeschlossen. Hierzu wurden die Muttern der Rundstahlanker festgeschraubt und die Aussparung über der Spundwand mit Beton ausgestampft.

5.2.2.1.6 Fragen zur Sicherung der Schleusenkammersohle

Die bei der Sohlenlage auf BPN — 11,0 m an verschiedenen Stellen der Schleusenkammer nur noch 1,5 m dicke Kleischicht hätte ohne Befestigung der Sohle dem artesischen Wasserüberdruck im darüberliegenden Sand während des Betriebes nicht standhalten können. Es bestand so die akute Gefahr mindestens örtlicher Aufbrüche dieser dünnen Kleischicht mit einer Verminderung der Standsicherheit der Kaimauern und einer Behinderung des Schiffsbetriebes in der Schleuse. Um dieses auszuschalten, wurden zwei Ausführungsmöglichkeiten in Betracht gezogen, und zwar:

a) ein stärkeres Ausführen der Kaimauerquerschnitte für die volle freie Bauwerkhöhe bis zum Sand mit Aushub des Kleis im Trockenen und Wiederauffüllen mit Sand und Befestigen der Sohle mit Betonquadern, oder
b) das Durchrammen des wasserführenden Sandes mit Stahlspundwänden bis in den Tonmergel hinein. Diese Lösung wurde für die Bauausführung bestimmt (Abb.5.2.2.1—5b). So konnte unter weitgehender Verminderung der Gefahr von Sohlenaufbrüchen auf den Trockenaushub und die Befestigung der Sohle verzichtet werden, wobei aber die Durchlässigkeit der Spundwandschlösser mit zu beachten war.

5.2.2.1.7 Wirtschaftlicher Erfolg der sorgfältigen Planung

Infolge genauer Kenntnis der verschiedenen Höhenlagen des tragfähigen Sandes und des Tonmergels konnten die Pfähle und Spundbohlen ohne sonst übliche Sicherheitszuschläge in genauen Längen bestellt werden. Durch laufendes Anpassen der Kaimauern an die jeweiligen Untergrundverhältnisse konnten erhebliche Ersparnisse erzielt werden (Abb.5.2.2.1—2 und —5). Dies bedingte allerdings, daß nicht nur 4, sondern 20 verschiedene Kaimauerquerschnitte berechnet und bis ins Detail durchkonstruiert werden mußten. Ihre Rostplattenbreiten schwankten zwischen 10,5 und 21 m bei einer freien Höhe von 15 bis 20 m und einer Wassertiefe bei MThw von 13 bis 16 m. Die Kosten für diese Kaimauern bewegten sich zwischen 4.200 und 7.100 Mark/lfdm. Die Kosten der Mole betrugen rd. 12.000 Mark/lfdm; alles nach dem Preisstand von 1929. Um den Preisstand von 1975 zu erfassen, müßten die obigen Zahlen etwa mit dem Faktor 10 multipliziert werden.

Durch dieses Anpassen der Kaimauerkonstruktionen an die jeweiligen Baugrundverhältnisse konnten Ersparnisse erzielt werden, die ein Vielfaches der aufgewendeten Kosten für das genaue Abbohren des Baugeländes und die vermehrten statisch-konstruktiven Arbeiten betrugen.

5.2.2.1.8 Auswirkung von Bombeneinschlägen im zweiten Weltkrieg

Während des zweiten Weltkrieges wurden die Blöcke 9 und 11 der westlichen Schleusenkammermauer durch je eine 500-kg-Bombe getroffen. Die Bombe bei Block 9 war vor der Detonation nicht weit in den Klei über der Rostplatte eingedrungen und verursachte so nur ein Vorgehen des Mauerkopfes um 17 cm, ohne die Konstruktion ernstlich zu beschädigen.

Die zweite Bombe, die den Block 11 traf (Abb.5.2.2.1–7), war vor der Detonation fast bis zur Rostplatte eingedrungen, ohne letztere jedoch zu beschädigen. Sie riß bei der Detonation die beiden benachbarten Rippen aus ihrer Verankerung in der Rostplatte und verschob sie seitwärts. Die Vorderwand zwischen diesen Rippen wurde am Kopf bis zu 1,23 m vorgedrückt, blieb aber in dieser Lage stehen. Die Schleusenkammer konnte so noch rd. 3 Jahrzehnte lang weiter genutzt werden, wobei die Reparatur der beiden Kaimauerblöcke entsprechend verschoben werden konnte.

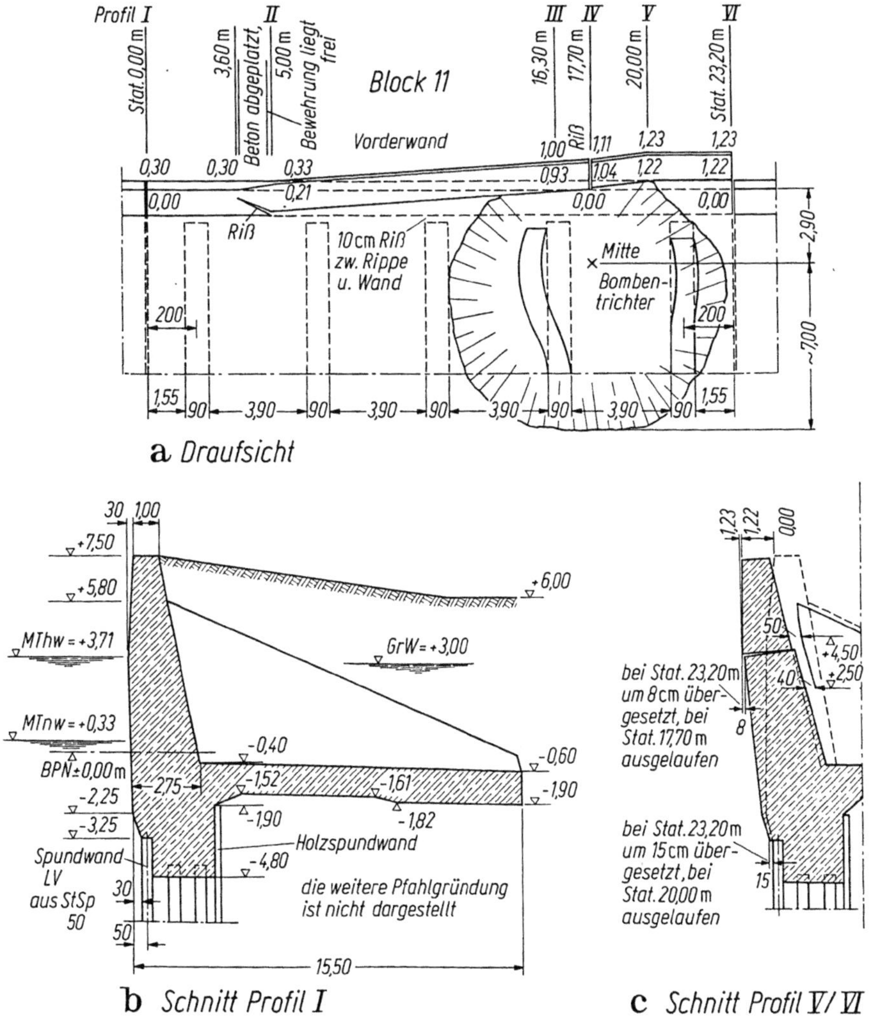

Abb. 5.2.2.1–7 Auswirkungen einer im zweiten Weltkrieg auf Block 11 der westlichen Schleusenkammermauer gefallenen und detonierten 500-kg-Bombe

5.2.2.2 Kaimauern in einem deutschen Marinehafen an der Nordsee mit Tideeinfluß

5.2.2.2.1 Allgemeines, Boden- und Grundwasserverhältnisse

Bei den hier beschriebenen Bauvorhaben handelt es sich um Kaimauern in einer Gesamtlänge von etwa 10 km, die Mitte der dreißiger Jahre beginnend teilweise im Binnenhafen, als Schleusenkammermauern, und teilweise im Außenhafen errichtet werden mußten. Je nach Lage und Aufgabe waren unterschiedliche Belastungen und Gestaltungen zu berücksichtigen, so daß voneinander abweichende Querschnitte ausgearbeitet und angewendet werden mußten. Sie unterschieden sich zum Teil wesentlich. Dabei wurden massiv gegründete Kaimauern mit Sporn und Pfahlrostkaimauern mit vorderer schwerer Stahlspundwand oder Betonschürze zwischen leichteren Stahlspundwänden gewählt. Von der zuständigen Verwaltung waren folgende besonderen Forderungen gestellt worden:

a) Sicherung der Bauwerke gegen Bombeneinwirkungen durch eine entsprechend starke Ausbildung der Hafenabschlußfront im allgemeinen in Form einer Betonschürze und einer schweren Frontmauer des Stahlbetonüberbaues.
b) Bei den Binnenhafenmauern die Berücksichtigung von weit ausladenden Kranen mit 45 t Tragfähigkeit bei unveränderlich geforderter Kranstützweite von 10,0 m.
c) Nutz- und Verkehrslasten auf und hinter den Kaimauern von 0,5 bis 2,0 t/m^2 im Bereich des Außenhafens, von 2,0 t/m^2 im Bereich der Schleusenkammern und von 3,0 bzw. 5,0 t/m^2 im Bereich der Binnenhafenkaimauern.

Nach diesen Sondervorschriften sind die nachfolgend geschilderten Konstruktionen entworfen und errichtet worden. Es ergaben sich dabei schwerere Kaimauerquerschnitte, als sie bei Handelshäfen erforderlich gewesen wären. Der obere Wandteil aus Stahlbeton wurde bei allen Bauwerken 30 – 80 cm vor die vordere Spundwand gezogen, um Beschädigungen derselben durch an- und ablegende Schiffe sicher zu verhindern.

Zur Ermittlung der Boden- und Grundwasserverhältnisse hatte die zuständige Verwaltung auf dem großen Erweiterungsgelände für den Binnen- und den Außenhafen sowie für die Schleusen- und Dockanlagen etwa 230 Aufschlußbohrungen, teilweise bis zu 70 m unter Gelände- bzw. Wasseroberfläche abteufen lassen. Sie ergaben im Bereich hinter den vorhandenen Seedeichen eine oben liegende 2 bis 3 m dicke Kleischicht und anschließend einen Baugrund, der im oberen Teil aus alluvialem und darunter aus diluvialem Sand bestand. Der alluviale Sand war durchgehend lockerer gelagert als der diluviale.

Das Ergebnis der Grundwasseruntersuchungen wich von den bisherigen Erfahrungen im dortigen Bereich nicht ab. Vor allem wurde artesisch gespanntes Grundwasser nicht festgestellt. Das Grundwasser war jedoch zum Teil aggressiv.

5.2.2.2.2 Auswahl der Pfähle für die Pfahlrostkaimauern aufgrund von Proberammungen und Probebelastungen

Da es sich bei dem großen Bauobjekt um rd. 40.000 bis 50.000 Pfähle handelte und mit Baustoffen – insbesondere mit Stahl – sparsam umgegangen werden mußte, war die Frage des zweckmäßigsten Pfahlmaterials und -querschnitts von entscheidender Bedeutung. Fest stand dabei von vornherein, daß sich erhebliche Zeit- und wahrscheinlich auch Kostenersparnisse erzielen ließen, wenn die zulässigen Druck- bzw. Zugbelastungen der Gründungspfähle über das sonst übliche Maß hinaus erhöht wurden. Es wurden daher 35 Pfähle verschiedener Werkstoffe mit 7 verschiedenen Pfahlarten geprüft, um den Rammverlauf und die jeweils erreichbaren Grenzbelastungen festzustellen. Die Pfähle wurden dabei bis auf die später vorgesehene Gründungstiefe der Kaimauern in den anstehenden Sand gerammt. Hierzu wurde eine Freifallramme mit 2,1 t Bärgewicht und 2 m Fallhöhe verwendet. Die Untersuchungsergebnisse lassen sich wie folgt zusammenfassen:

Holzpfähle ergaben geringe Grenzlasten auf Druck bzw. Zug und schieden beim erforderlichen tiefen Durchrammen der Sandschicht schon deshalb aus, weil die Pfähle nur mit

Spülhilfe ohne Gefährdung hätten eingebracht werden können. Diese Hilfe schied aber wegen der Schrägneigung der Holzpfähle ihrerseits wieder aus.

Ähnlich lagen die Verhältnisse bei Stahlbetonrammpfählen, so daß trotz der damals herrschenden Stahlknappheit nur Stahlpfähle angewendet werden konnten. Nachdem Versuche mit verschiedenen Querschnittformen und dabei auch mit Kastenpfählen, Rohrpfählen, gedrillten Trägerpfählen, Trägerpfählen mit im unteren Bereich eingeschweißten Schrägblechen und dergleichen durchgeführt worden waren, fiel die Wahl auf das Profil IP 300 aus St 37 ohne jegliche weitere Fußausrüstung. Dieser Pfahltyp lieferte bei verhältnismäßig niedriger Rammleistung und Rammzeit und nicht sehr hohem Stahlgewicht je lfdm optimale Grenztragfähigkeiten. Sie lagen im Durchschnitt bis zu 100 % höher als die der Holzpfähle.

Die Druckprobebelastungen der gerammten 13 bis 15 m langen Druckpfähle IP 300, die sich zwischen ½ bis 1½ Monaten im Boden befanden, ergaben Grenzbelastungen zwischen 100 und 150 t bei 0,5 bis 6,5 mm bleibender Einsenkung. Die Probebelastungen der rd. 17 m langen Zugpfähle brachten Grenzlasten von 90 bis 130 t bei einer bleibenden Hebung von 0,7 bis 18 mm.

Die späteren Ergebnisse bei den gerammten Stahlpfählen IP 300 in den Kaimauern bewegten sich in etwa gleicher Höhe. Da beim anstehenden Baugrund mit einem wirksamen Zuwachs der Grenzlast infolge Verkrustung noch vor dem Aushub vor den Kaimauern bis zur Hafensohle gerechnet werden konnte, wurden bei den Druckpfählen max. 95 t und bei den Zugpfählen max. 50 t als Pfahlkräfte zugelassen. Sie lagen damit erheblich höher, als die damals bei Stahlpfählen sonst zugelassenen.

5.2.2.2.3 Generelle Hinweise zur Ausbildung der Pfahlrostkaimauern

Die im oberen Teil liegende 2 bis 3 m dicke Kleischicht wurde vor dem Herstellen der Rostplatte weggeräumt und der verbleibende Aushubraum später mit verdichtetem Sand verfüllt. Wegen der Aggressivität des Grund- und des Hafenwassers wurde der Pfahlrost verhältnismäßig tief gelegt, so daß sich die Oberkante der Pfähle und der Spundwände 3 bis 4 m unter NHaW bzw. MTnw befand. Die Mauern aus Stahlbeton blieben unverkleidet, da ein verhältnismäßig dichter Beton gewährleistet werden konnte.

Die Druckpfähle wurden in der Reihenfolge von vorn nach hinten gerammt und anschließend die Zugpfähle in gleicher Weise. Da beim Rammen das Planum bis zu 25 cm absank, wurde erkennbar, daß der zunächst locker gelagerte Sand durch die Rammerschütterungen entsprechend verdichtet wurde.

Zum Übertragen der Pfahllast in die Rostplatte erhielten die Druckpfähle am Kopf eine angeschweißte Ausrüstung mit zusätzlicher Ringbewehrung. An die Zugpfähle wurden Flachstahllaschen geschweißt. Auch hier wurde eine zusätzliche Ringbewehrung angeordnet.

Nach den eingehenden Rammversuchen konnten beim locker gelagerten Sand die leichten Spundwandprofile L III neu aus StSp 37 trotz teilweise großer Länge verwendet werden. Beim Aushub der Schürzen zeigten sich örtlich allerdings gewisse Schäden, die unter Kap. 5.2.2.2.7 näher beschrieben werden.

5.2.2.2.4 Kaimauern für die Schleusenkammern (Abb. 5.2.2.2–1)

Hier mußte ein Geländesprung von 19 m überwunden werden. Die Betonschürze war im Mittel 1,75 m dick. Die Schalungsspundwände wurden über der Sohle und oben an ihren Köpfen gegenseitig verankert und während des Bodenaushubes ausgesteift. Die Druck- und die Zugpfähle wurden 3 : 1 geneigt eingebracht. Anschließend erst wurden die vorderen Stahlspundwände gerammt. Bei den hohen zugelassenen Pfahllasten und einer gewählten, nur geringen Grundbruchsicherheit konnte die Mauer unverhältnismäßig schlank gehalten werden. Vor dem Fuß der Spundwandschürze wurde aber zusätzlich eine 5 m breite und 1,5 m dicke Betonplatte als Fußsicherung angeordnet, an die sich das 1 m dicke, aus Betonplatten bestehende Pflaster der Schleusenkammersohle anschloß.

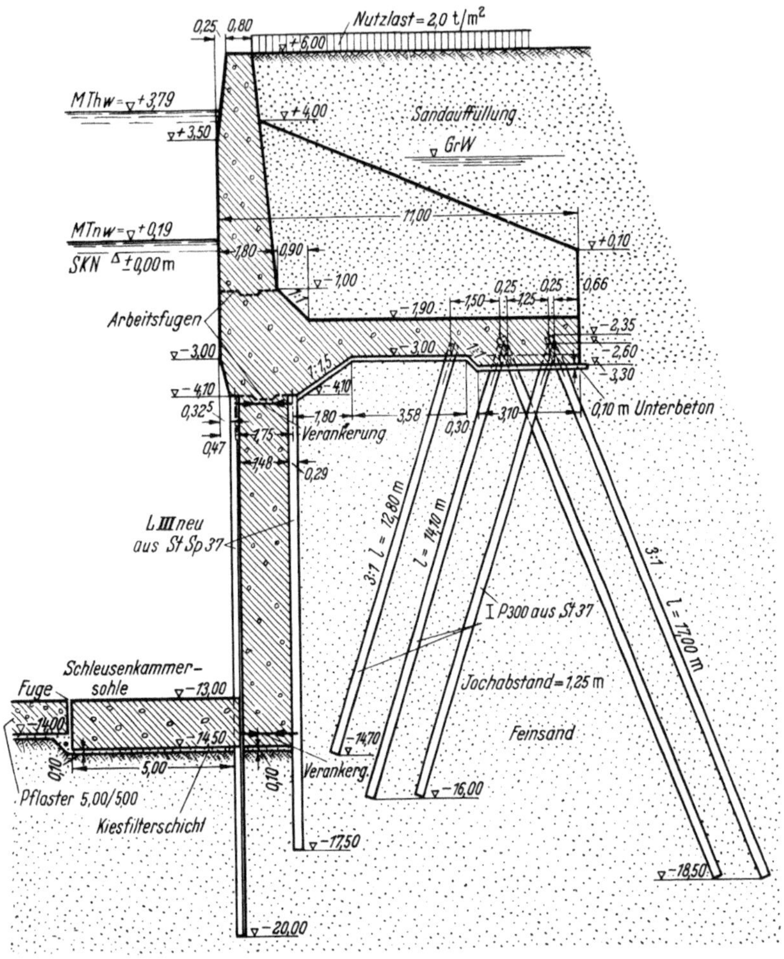

Abb. 5.2.2.2–1 Querschnitt der Schleusenkammermauern

Die Mauer hat sich trotz ihrer leichten Konstruktion bewährt. Sie hat im zweiten Weltkrieg auch Treffer von 500-kg-Bomben, die auf die Rostplatte und dahinter fielen, ohne nennenswerte Schäden überstanden.

5.2.2.2.5 *Die Anschlußmauern an den Außenhafen* (Abb.5.2.2.2–2) *und die Kaimauern im Außenhafen* (Abb.5.2.2.2–3)

In grundsätzlich gleicher Konstruktion wie die Schleusenkammermauern wurden auch die Anschlußmauern nach den und die Kaimauer im Außenhafen ausgeführt. Die größte freie Höhe der Anschlußmauern betrug 22,5 m bei 0,5 t/m² geforderter Nutzlast. Auch hier haben sich keinerlei Schwächen gezeigt.

5.2.2.2.6 *Die Kaimauern im Binnenhafen*

Diese Kaimauern waren für die Kranlasten und die Nutzlasten nach Ziff.5.2.2.2–1b) und –1c) zu bemessen und mußten außerdem zwei Leitungskanäle und einen Schleifleitungskanal für den schweren Kran mit Kranlaufbahnen in 10,0 m Achsabstand aufnehmen. Die lotrechten Kranlasten betrugen umgerechnet rd. 20 t/lfdm sowohl bei der wasserseitigen als auch bei der landseitigen Kranbahn. Der Pollerzug war mit 4 t/m anzusetzen. An Hafenwasserständen waren zu berücksichtigen: MHaW = SKN + 2,75 m und NHaW = SKN + 0,5 m.

Bei den Anschlußkaimauern für die Übergänge zu den Trockendocken (Kap.9.2.2 und 9.2.3) wurde die Rostplatte wegen des bereits vorhandenen Bodenaushubes verhältnismäßig

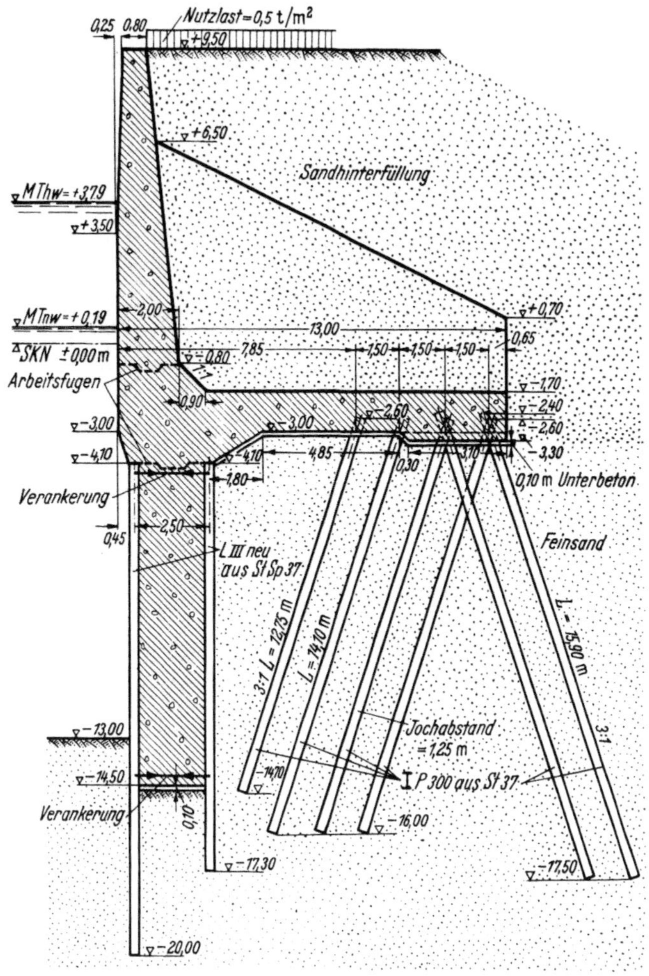

Abb. 5.2.2.2–2 Querschnitt der Anschlußkaimauern an die Außenhäupter

tief gelegt. Sie wurde jedoch so breit gehalten, daß die hintere Kranlast von 20 t/lfdm sicher auf die Rostplatte abgestützt werden konnte. In diesen Anschlußstrecken wurde wegen der tiefliegenden Rostplatte auf eine vordere Betonschürze verzichtet. Hier wurde als vordere Begrenzung eine schwere Peiner Stahlspundwand PSp 400 S aus StSp 37 gewählt. Wegen des vorhandenen tiefen Bodenaushubes für die Dockhäupter wurden hier die Pfähle und die Spundwand tiefer gerammt als in den sonstigen Kaimauerstrecken.

Die übrigen Pfahlrostquerschnitte am Binnenhafen erhielten eine vordere Betonschürze in einer mittleren Breite von 2,5 bis zu 2,75 m. Der Pfahljochabstand schwankte hier zwischen 1,5 und 1,68 m.

5.2.2.2.7 Bauerfahrungen

In Bezug auf das Rammen der Stahlspundwände, den Aushub der Schürzen und die Grundwasserabsenkung wurden die im folgenden geschilderten Erfahrungen gesammelt.

Um an Stahl möglichst zu sparen und unter Berücksichtigung der Tatsache, daß die Stahlspundwände der Schürzen nur als Schalung gegen den Erdboden und nur am Fuß zum Schutz gegen waagerechte Verschiebungen und Grundbruch dienten, wurde trotz der tiefen Rammung und der Verdichtung des Bodens im Fußbereich im allgemeinen das verhältnismäßig leichte Profil L III neu und nur in wenigen Bereichen das Profil L IV neu, beide aus StSp 37, gewählt. Das Profil L III neu erwies sich aber fallweise als zu leicht für den durch das Rammen der Druckpfähle und der Spundwände selbst sowie durch die Grundwasserab-

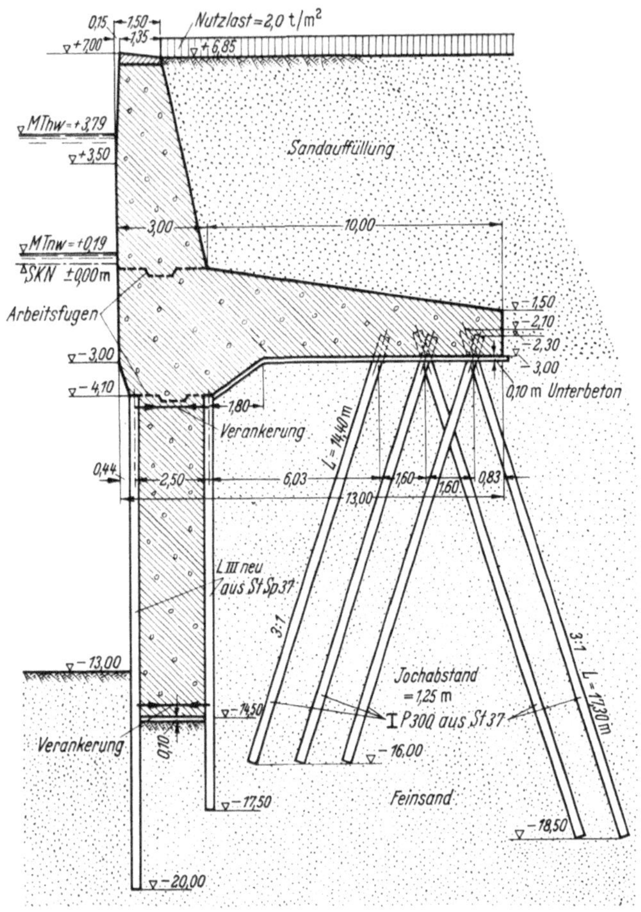

Abb. 5.2.2.2–3 Normalquerschnitt der Kaimauern im Außenhafen

senkung verdichteten Sand. Im Fußbereich der Schürze war der Sand zum Teil so verdichtet, daß er nur mit Spitzhacken gelöst werden konnte.

Wie sich immer wieder zeigte, war es mit Hilfe der Rammgurte möglich, die Spundwände in ihrer Oberkante fluchtgerecht einzubringen. Dies gab aber keine Gewähr dafür, daß die Flucht auch im unteren Teil der Spundwände vorhanden war. So stellte sich bei Bodenaushub der Schürzen heraus, daß die Spundwände im Fußbereich häufig unterschiedliche Abstände aufwiesen, so daß die Absteifungen und Anker darauf besonders abgestellt werden mußten. Auch waren an verschiedenen Stellen Bohlen aus dem Schloß gesprungen und vereinzelt Spundbohlen auch aufgerollt. Dies konnte aber in Kauf genommen werden, da die Betonschürze zwischen den Spundwänden den angreifenden Erd- und Wasserdruck abtragen konnte.

Im großen und ganzen waren die festgestellten Schäden und Erschwernisse jedoch im Hinblick darauf, daß insgesamt rd. 50.000 t Spundwände gerammt worden waren, unerheblich.

Da die Betonschürzen teilweise bis zu 2,5 m unter die Hafensohle reichten, ergaben sich dort bei den Bauarbeiten zwischen den Spundwänden gewisse Schwierigkeiten durch das nicht weit genug abgesenkte Grundwasser. In solchen Fällen mußten dann örtlich zusätzlich Einzelbrunnen angeordnet werden.

5.2.2.3 Pfahlrostkaimauer in einem deutschen Fischereihafen mit Tide an der Nordsee

Der weitere Ausbau einer Kaistrecke in einem norddeutschen Fischereihafen mit Tide war unter Verwendung der Pläne des vorhergehenden Abschnittes ausgeschrieben worden. Dieser

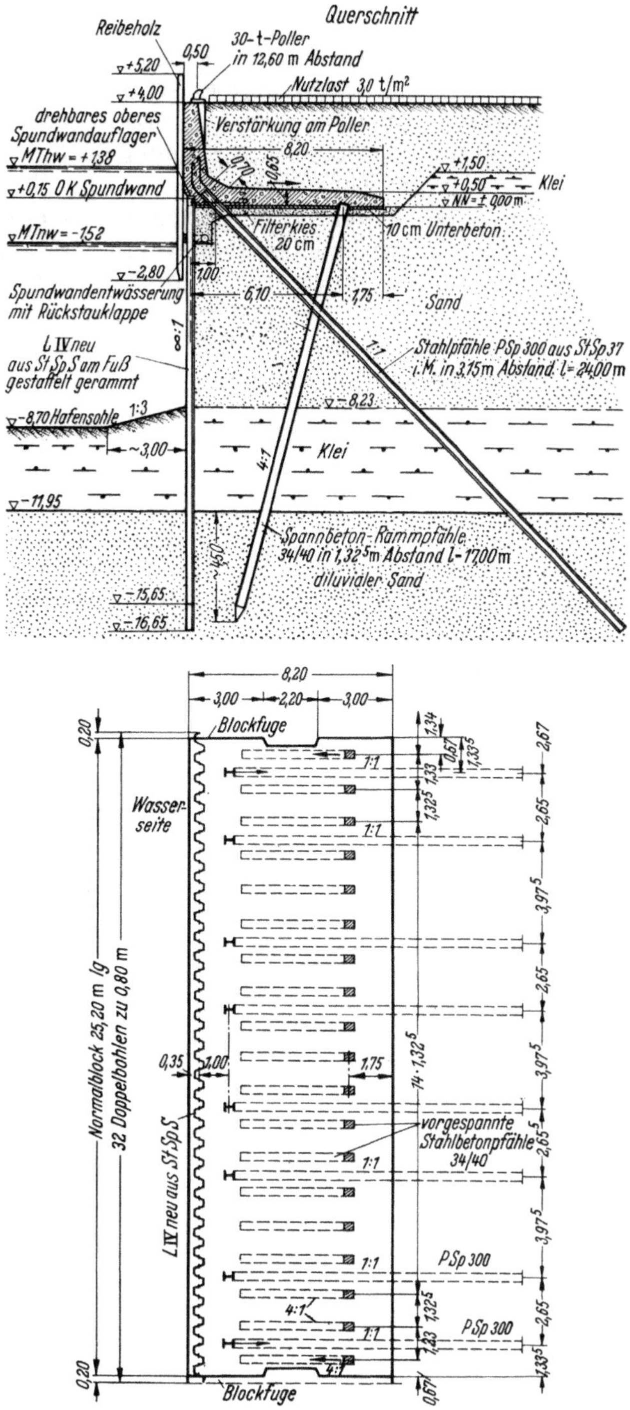

Abb. 5.2.2.3–1 Querschnitt und Grundriß eines Normalblockes der Kaimauer

wies vorne eine auch lotrecht tragende, oben eingespannte Stahlspundwand und als hintere Abstützung der aufgesetzten Winkelmauer aus Stahlbeton sowie zur Verankerung je eine in Bockform angeordnete Zug- und Druckpfahlreihe auf. Im Rahmen zugelassener Sondervorschläge wurde hierzu eine Ausführung nach Abb.5.2.2.3–1 angeboten und als günstigster Vorschlag auch ausgeführt. Im Gegensatz zum Ausschreibungsentwurf wurde der Überbau hier auf der Stahlspundwand gelenkig gelagert. Das Lager wurde stahlbaumäßig einwandfrei ausgeführt, so daß es gut drehbar war und Spundwandeinspannmomente vom Überbau ferngehalten wurden. Bei diesen klaren statischen Verhältnissen war eine zutreffende Berechnung des Überbaues möglich, ohne daß wechselnde Einspannmomente am Spundwandkopf, z. B. aus möglichen Verschiebungen des Überbaues, mit berücksichtigt werden brauchten. Dieses führte gegenüber der Lösung mit oberer Einspannung der Spundwand zu beachtlichen Einsparungen auch an der Rostplattenbewehrung.

Auch von den inzwischen erprobten, unter 1 : 1 gerammten Ankerpfählen wurde Gebrauch gemacht. Abweichend von konventionellen Pfahlrosten, bei denen die schrägen Druckpfähle mit den schrägen Zugpfählen bockartig zusammengefaßt waren, wurde der Ankerpfahl 1 : 1 bis knapp an die Spundwand vorgeschoben. Der Pfahl konnte hier günstig an die Vorderwand des Stahlbetonüberbaues angeschlossen werden. Der waagerechte Anteil der Ankerpfahlkraft wird dabei von der Rostplatte und der lotrechte von der hohen Vorderwand unter jeweils optimalen Bedingungen aufgenommen und verteilt. Die Spundwand konnte diese durch den Überbau gleichmäßig eingeleitete lotrechte Zusatzbelastung ohne nennenswerte Zusatzspannungen aufnehmen und in den Untergrund abtragen. Diese neue Anordnung der Ankerpfähle führte auch zu Einsparungen bei den schrägen Druckpfählen und zu einer weiteren Verminderung der Bewehrung in der Rostplatte, auch dadurch, daß ein wesentlicher Teil der aufzunehmenden waagerechten Kräfte auf kürzestem Wege in den Ankerpfahl übergeleitet wurde.

Die Ausführung nach Abb.5.2.2.3–1 führte zu einer Baukosteneinsparung von rd. 30 % gegenüber der ausgeschriebenen Lösung. Sie ist inzwischen häufig mit gutem technischen und wirtschaftlichen Erfolg angewendet worden.

5.2.2.4 Seeschiffkaimauer an einem Tidefluß in Thailand

Nach dem für die Anlage eines neuen Seehafens an einem Tidefluß in Thailand aufgestellten Generalplan mußte eine rd. 1900 m lange Kaimauer mit dahinterliegenden Kaischuppen, Straßen und Gleisanlagen Ende der dreißiger Jahre errichtet werden. Als Sohlentiefe vor dem Kai waren bis zu 10 m unter NNTnw, gleichzeitig mit einem 0,45 m über HHThw liegenden Hafenplanum gefordert worden, wobei sich eine gesamte freie Höhe der Kaimauer von rd. 13,75 m ergab.

Die Schwierigkeiten bei der konstruktiven Gestaltung lagen in den sehr ungünstigen Bodenverhältnissen. Die obersten rd. 12 m bestanden aus einem sehr weichen, blauen Ton. Darunter stand ein steifer, gelber, fetter Ton an. Es mußte nun mit möglichst wirtschaftlichen Mitteln eine Ufereinfassung gefunden werden, die die genügende Sicherheit gegen Grund- und Geländebruch, Horizontalverschiebung und bei entsprechender Ausbildung auch gegen eine zu starke Durchbiegung der Stahlspundwand und damit auch der Pfahlkonstruktion bot.

Die konstruktive Lösung und die Bauarbeiten wurden international ausgeschrieben. Nach Auswertung der eingereichten Entwürfe und Angebote erschien eine Lösung mit hohem Pfahlrost auf Holzpfählen mit vorne liegender Stahlspundwand besonders geeignet. Nachdem auch die zugehörigen umfangreichen statischen Berechnungen und Konstruktionszeichnungen sorgfältig geprüft waren, wurde der Regierung von Thailand empfohlen, auf diese Konstruktion den Zuschlag zu erteilen (Abb.5.2.2.4–1 und –2).

Die ausgewählte Lösung wies eine elastische Rostplatte aus Stahlbeton auf. Die vorne angeordnete Stahlspundwand KN III aus StSp 37 wurde im Schutze eines vorgeschütteten Dammes aus weichem Ton so tief angeschlossen, daß die Hauptkorrosionszone wenigstens zum Teil ausgeschaltet wurde. Die Rostplatte lag dabei auch so tief, daß die Pfahlköpfe im Grundwasser blieben und die Pfähle nicht durch Pilzfäulnis zerstört werden konnten.

Um den horizontalen Schub auf die Mauer und den Druck auf die Pfähle und die Spundwand mit der Gefahr einer zu großen Durchbiegung zu vermeiden, wurde der hinter der Kaimauer liegende Schuppen einschließlich seines Fußbodens ebenfalls auf Holzpfählen gegründet. Gleichzeitig wurde dort der Boden zur weiteren Entlastung der Kaimauer bis MSL – 1,5 m ausgehoben. Damit sich der Hohlraum unter dem Schuppen nicht im Lauf der

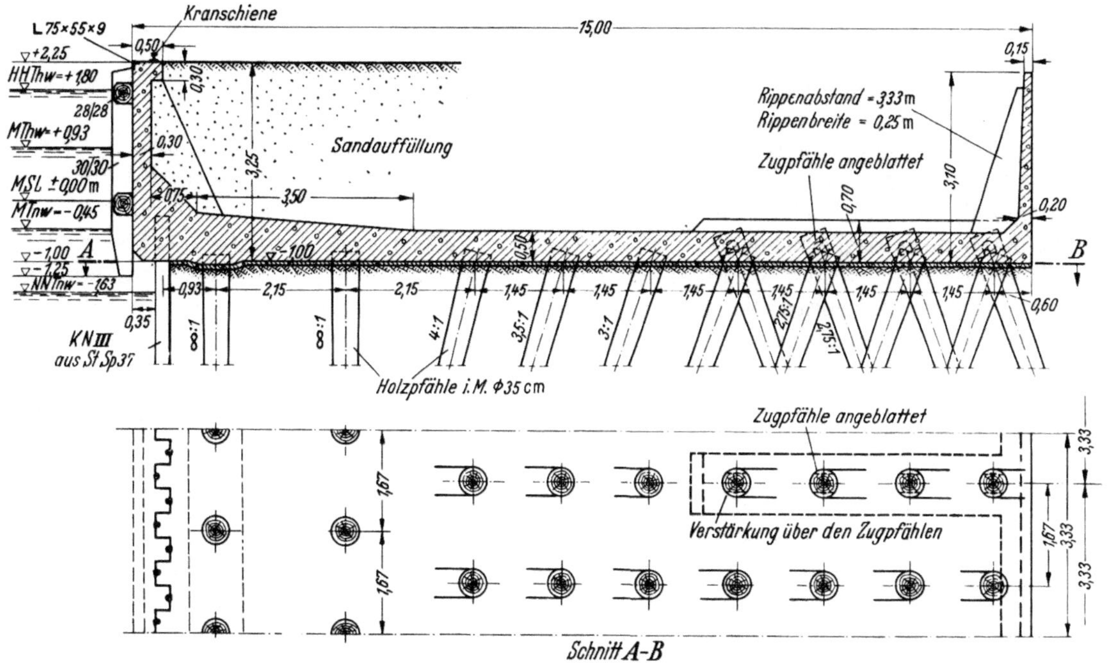

Abb. 5.2.2.4–1 Elastische Rostplatte der Kaimauer auf Holzpfählen

Zeit durch im Tidewechsel eintretendes schlickhaltiges Wasser weitgehend zusetzen konnte, wurde er gegen eindringendes Flußwasser gesichert und zur Abführung von Sickerwasser mit Entwässerungsrohren Ø 50 cm versehen. Diese wurden im unteren Teil der Kaimauer in rd. 70 m Abstand eingebaut und mit Rückstauklappen ausgerüstet. Die Holzpfähle für den Kaischuppen einschließlich seines Fußbodens wurden im oberen Teil mit Stahlbetonstützen aufgeständert (Abb. 5.2.2.4–2).

Von der international arbeitenden und anerkannten ausführenden Baufirma war die vordere Abschlußspundwand nach neuzeitlichen Methoden unter Berücksichtigung von Erddruckumlagerung berechnet worden. Sie hatte auch die Berechnung des Pfahlrostes als hochgradig statisch unbestimmtes System mit elastischer Rostplatte und elastischer Stützung

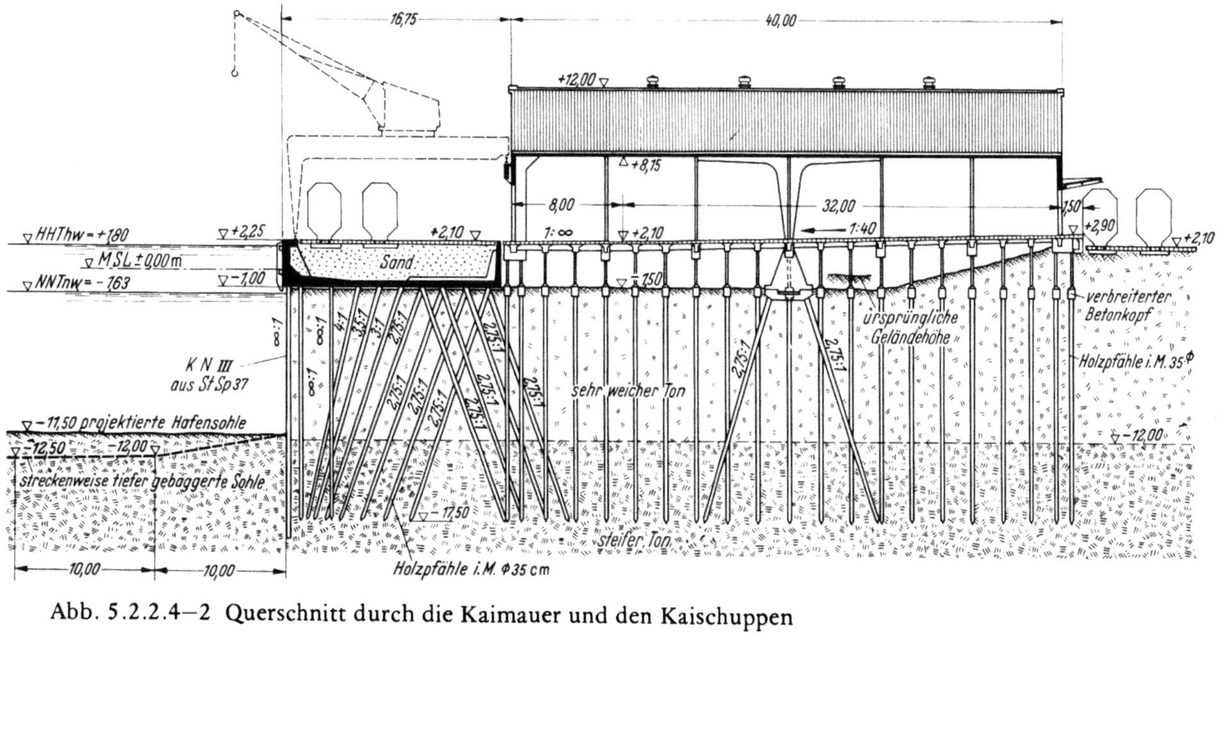

Abb. 5.2.2.4–2 Querschnitt durch die Kaimauer und den Kaischuppen

auf den Pfählen nicht gescheut, um das Bauwerk besonders kostengünstig ausbilden zu können. Diese Berechnungen zeigten, daß das gewählte Bauwerk sinnvoll entworfen war und die geforderten Sicherheiten in jeder Hinsicht aufwies, was auch die folgenden Ausführungen beweisen.

Auf einer Strecke von rd. 450 m wurde im späteren Hafenbetrieb irrtümlich tiefer als vorgesehen gebaggert. Die Zusatztiefen betrugen an einigen Stellen in 10 m Abstand vor der Kaimauer 0,5 m, in rd. 20 m Abstand 1,0 m und in 30 m Abstand 1,5 m (Abb.5.2.2.4–2).

Die nach dem Baggern angeordneten Messungen ließen auch an diesen Stellen weder an der Kaimauer noch an der Spundwand ungünstige Bewegungen bzw. Durchbiegungen erkennen. Das Bauwerk konnte die schlechtere Stützung demnach ohne weiteres aushalten. Die rechnerischen Ermittlungen der Baufirma, die nachgeprüft wurden, ergaben für den ursprünglichen Zustand mit Sohlenlage auf MSL – 11,5 m eine mittlere Sicherheit η = rd. 1,5. Für den ungünstigsten Baggerzustand betrug die niedrigste Sicherheit allerdings nur noch etwa $\eta = 1{,}2$.

Im Laufe des zweiten Weltkrieges waren die Rückstauklappen der Entwässerungsrohre entfernt worden. Dieser Eingriff wurde erst nach dem Kriege bemerkt, als hinter der Kaimauer unter dem Kaischuppen eine bis zu 80 cm hohe Aufschlickung festgestellt wurde, wobei jedoch die Entwässerungsrohre frei geblieben waren. Daraufhin wurden die Entwässerungsrohre vollständig gereinigt und die Rückstauklappen erneut angebracht. Auch diese zusätzliche Belastung durch die Aufschlickung ließ bei der Kaimauer keine ungünstigen Auswirkungen erkennen.

Als Ergebnis kann deshalb festgestellt werden, daß diese vorne geschlossene Konstruktion die richtige Wahl gegenüber einer überbauten Böschung gewesen war, die außerdem höhere Kosten verursacht hätte.

Die Kaimauer ist nunmehr rd. 3½ Jahrzehnte ohne Beanstandungen voll in Betrieb.

5.2.2.5 Seeschiffkaimauer an der Mündung eines Tideflusses in Indien

An der Mündung eines ausgedehnten Creeksystems mit großem Gezeiteneinfluß im Wattengebiet an der Westküste Indiens sollte ein neuer Hafen errichtet werden. Von seiten der Regierung waren hierfür umfangreiche Bohrungen und bodenmechanische Untersuchungen des anstehenden Baugrundes veranlaßt worden, die im großen Durchschnitt Bodenverhältnisse nach den Abb.5.2.2.5–1 und –2 ergaben. Die oberen 10–15 m bestanden im allgemeinen aus sehr weichem Ton mit Schluff- und auch mit Sandanteilen. Darunter lag zwischen 5 und 13 m hoch Sand, gefolgt von hartem, braunen Ton.

Wie empfindlich die obere weiche Tonschicht war, zeigte sich an der laufenden Erosion dieser Schicht durch den Tidestrom, der bei einem mittleren Springtidehub von 7,2 m ein laufendes Nachrutschen und Absinken des Bodens nach der Wasserseite hin hervorrief. Erschwerend kam hinzu, daß eine Konstruktion gewählt werden mußte, die genügend standsicher gegen mittelschwere Erdbeben war.

Die Hafenanlage wurde in einem Ideenwettbewerb mit verbindlichen Preisangeboten unter erfahrenen Baufirmen international ausgeschrieben. Nach eingehender Prüfung der eingereichten Entwürfe und Angebote entschloß sich die Regierung, den Entwurf nach Abb.5.2.2.5–3 mit einer Kaimauergründung auf Schleuderbetonpfählen Ø 50 cm mit Längen bis zu 24 m und der Schuppen- und Speichergründung auf quadratischen Stahlbetonpfählen mit Längen bis zu 18 m für die Ausführung zu wählen. Die Gesamtgründung auf Stahlbetonpfählen versprach die beste Sicherung gegen Erdbeben. Die Gründung der Kaimauer war mit derjenigen der Kaischuppen auf Schrägpfahlböcken als einheitliche Konstruktion verbunden (Abb.5.2.2.5–3).

Um späteren Rutschungen der weichen Tonschicht vorzubeugen, welche die Pfahlgründungen in Mitleidenschaft gezogen hätten, sah die gewählte Lösung eine vorne offene Kaianlage in Pierkonstruktion mit einer während der Bauzeit hergestellten, größtenteils unter Wasser liegenden Böschung 1 : 3 vor.

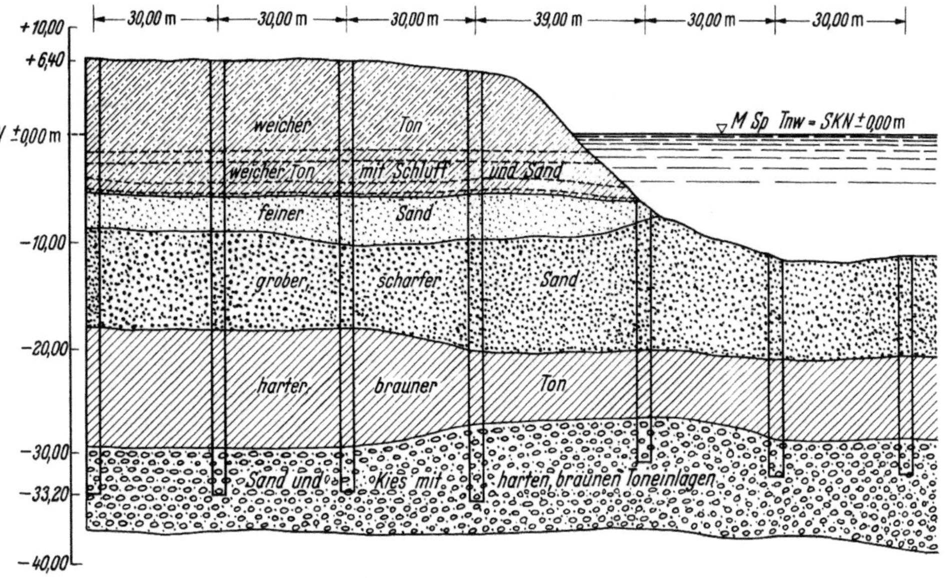

Abb. 5.2.2.5–1 Baugrundquerschnitt im mittleren Bereich der Kaimauer

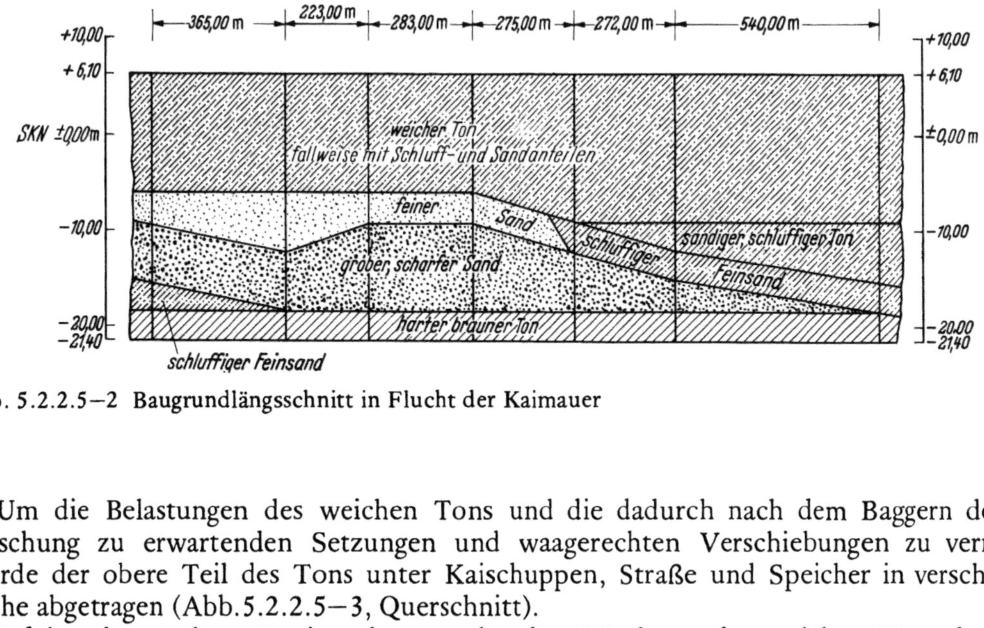

Abb. 5.2.2.5–2 Baugrundlängsschnitt in Flucht der Kaimauer

Um die Belastungen des weichen Tons und die dadurch nach dem Baggern der 1 : 3 Böschung zu erwartenden Setzungen und waagerechten Verschiebungen zu verringern, wurde der obere Teil des Tons unter Kaischuppen, Straße und Speicher in verschiedener Höhe abgetragen (Abb. 5.2.2.5–3, Querschnitt).

Infolge der starken Erosion der anstehenden Böschung des weichen Tons durch den Tidestrom ergaben sich gewisse Schwierigkeiten beim Herstellen der Kaianlage im Schutze eines Erddammes. Sie konnten aber ohne Gefahr für den Bau und seinen Fortschritt jeweils örtlich überwunden werden.

Die Vorderfront des Kais erhielt an den Stellen, wo Poller und Fender in einem Abstand von rd. 23 m vorgesehen waren, eine verstärkte Betonwand. Sie wurde bis auf MSpTnw heruntergeführt und kragt noch rd. 0,5 m über die obere Mauerflucht vor. So wurde die verhältnismäßig leichte Konstruktion gegen Beschädigungen beim Anlegen der Frachter geschützt.

Die Anlage ist seit rd. 2 Jahrzehnten in Betrieb. Ein leichteres Erdbeben hat die Konstruktion bereits einwandfrei überstanden. Irgendwelche Schäden am Bauwerk und Nachteile im Betrieb haben sich bisher nicht ergeben.

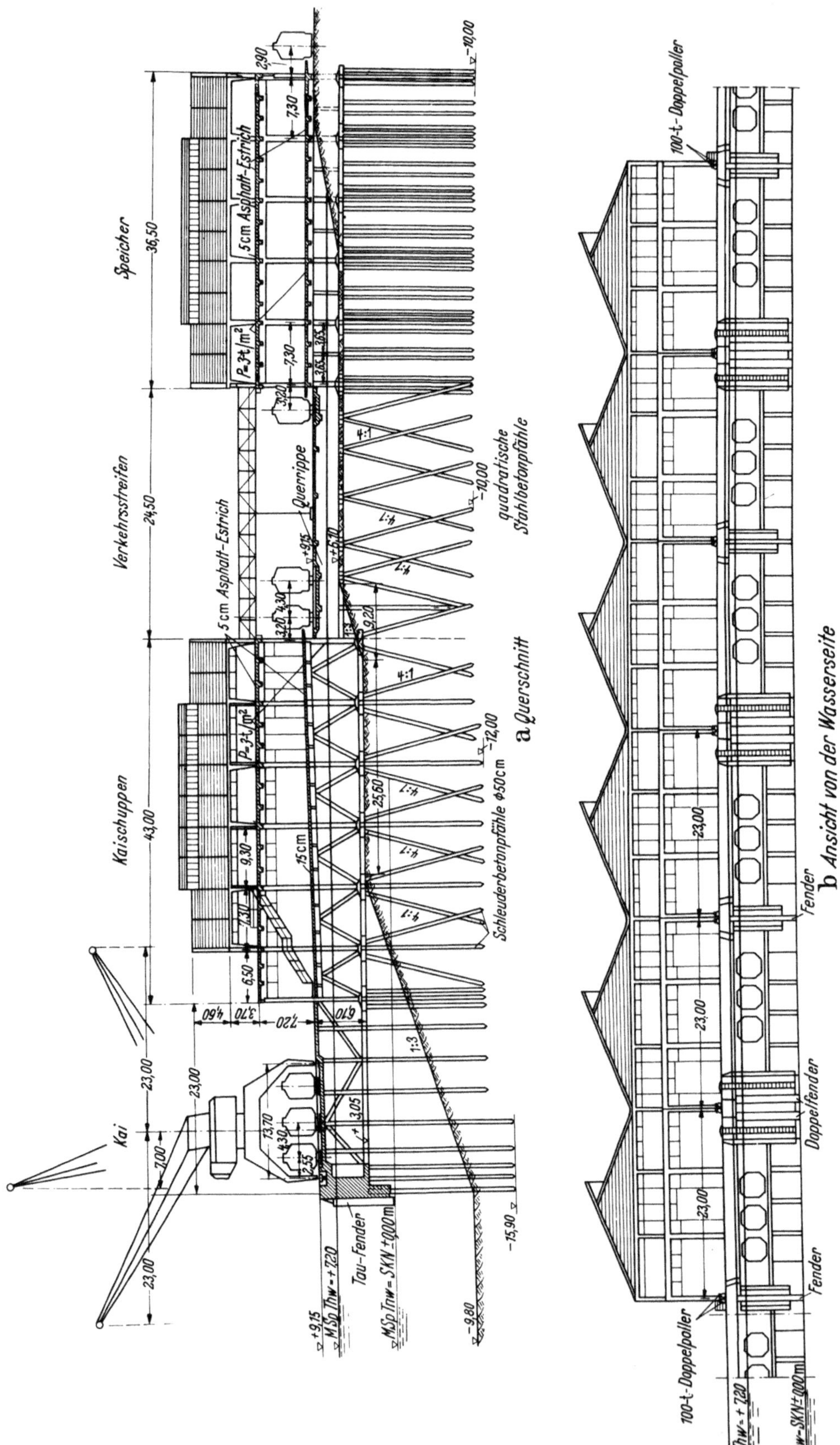

Abb. 5.2.2.5–3 Querschnitt der Kaimauer mit Schuppen und Speicher im mittleren Bereich und Ansicht von der Wasserseite

5.2.2.6 Kaianlage für ein Großkraftwerk an einem norddeutschen Tidestrom

5.2.2.6.1 Allgemeines

Die hier behandelte Kaianlage wurde Ende der fünfziger Jahre von einem großen norddeutschen Stromversorgungsunternehmen im Zusammenhang mit der Errichtung eines neuen Großkraftwerkes neben einem bestehenden Kraftwerk für eine Wassertiefe an der Hauptkaimauer von 12 m unter MTnw geplant. Dabei mußten neben der Hauptkaimauer für den Kohleumschlag auch Nebenkaimauern (Vorsetze) und ein neues Einlauf- sowie ein neues Auslaufbauwerk errichtet werden. Hinzu kamen an den Enden der Anlage die Kaimaueranschlüsse an das Ufer. Für die Kaimauern wurden 1958 vollständige Ausschreibungsentwürfe aufgestellt und ausgeschrieben, wobei Sondervorschläge im Rahmen der gestellten Technischen Bedingungen zugelassen wurden.

Die Anordnung der verschiedenen Anlagenteile ist aus Abb.5.2.2.6–1 ersichtlich. Diese Gesamtanordnung, die nach betrieblichen Belangen und unter Auswertung von hydraulischen Modellversuchen festgelegt worden war, durfte auch bei Sondervorschlägen für die Kaimauern nicht geändert werden.

Die einzelnen Kaistrecken mußten ihren verschiedenen Aufgaben entsprechend unterschiedlich ausgebildet werden. Die im folgenden genannten Grundforderungen waren verbindlich. Für den Kohleumschlag aus Seeschiffen war eine Kailänge von rd. 322 m vorgesehen. Hier lag bei der geforderten Wassertiefe die Hafensohle auf NN – 12,8 m. Die Oberkante der Mauer mußte mindestens auf NN + 5,5 m liegen. Die Vorderfläche der Kaimauer war aus hydraulischen Gründen und mit Rücksicht auf das ruhige Liegen der Schiffe geschlossen auszuführen. Auf der Hauptkaimauer mußten drei schwere Greifer-Wippkrane mit 15,0 m Stützweite nebeneinander arbeiten können. Die wasserseitige Kranschiene mußte mit ihrer Achse 2,0 m hinter Kaimauer-Vorderkante angeordnet werden. Zwischen den Kranbahnen waren eine Straße und zwei Kohlenförderbänder unterzubringen. Am oberstromseitigen Ende der Hauptkaimauer mußte ein unterirdisches Umlenkbauwerk für die Förderbänder errichtet werden (Abb.5.2.2.6–1).

An der unterstromseitigen Vorsetze stieg die Hafensohle von NN – 12,8 m auf NN – 7,8 m an. Hier lag das neu zu errichtende Einlaufbauwerk (vgl. Kap.8.5.5).

Die oberstromseitige Vorsetze mit der Aschenumschlaganlage war insgesamt 140 m lang. Hier war größtenteils eine Sohlenlage auf NN – 7,0 m erforderlich. In diesem Bereich war auch ein neues Auslaufbauwerk zu errichten (Abb.5.2.2.6–1).

Auch die beiden Vorsetze mußten bis NN + 5,5 m lotrecht und mit geschlossener Vorderwand ausgeführt werden.

Die Bauarbeiten an der oberstromseitigen Vorsetze waren terminlich so zu legen, daß die Bauarbeiten an den Kanälen für das Ein- und das Auslaufbauwerk des bestehenden Kraftwerkes in den Sommermonaten ausgeführt werden konnten, in denen das alte Kraftwerk außer Betrieb war (Abb.5.2.2.6–1).

Die Übergangswände von der Hauptkaimauer zu den Vorsetzen und die an diese anschließenden Flügelwände zu den bestehenden Uferböschungen wurden jeweils unter 45° zur Stromrichtung angeordnet.

Die genaue zeitliche Reihenfolge der einzelnen Bauarbeiten wurde vorweg in einem generellen Bauzeitenplan festgelegt.

5.2.2.6.2 Bodenverhältnisse, Wasserstände, Lastfälle, zulässige Spannungen und Sicherheiten

Für die Kaianlage wurden umfangreiche Bohrungen und bodenmechanische Untersuchungen durchgeführt.

Die angetroffenen Bodenverhältnisse und der Befund der ungestörten Bodenproben ließen eine Vereinheitlichung der Bodenkennwerte zu, wobei folgende Werte den Berechnungen zugrunde gelegt wurden:

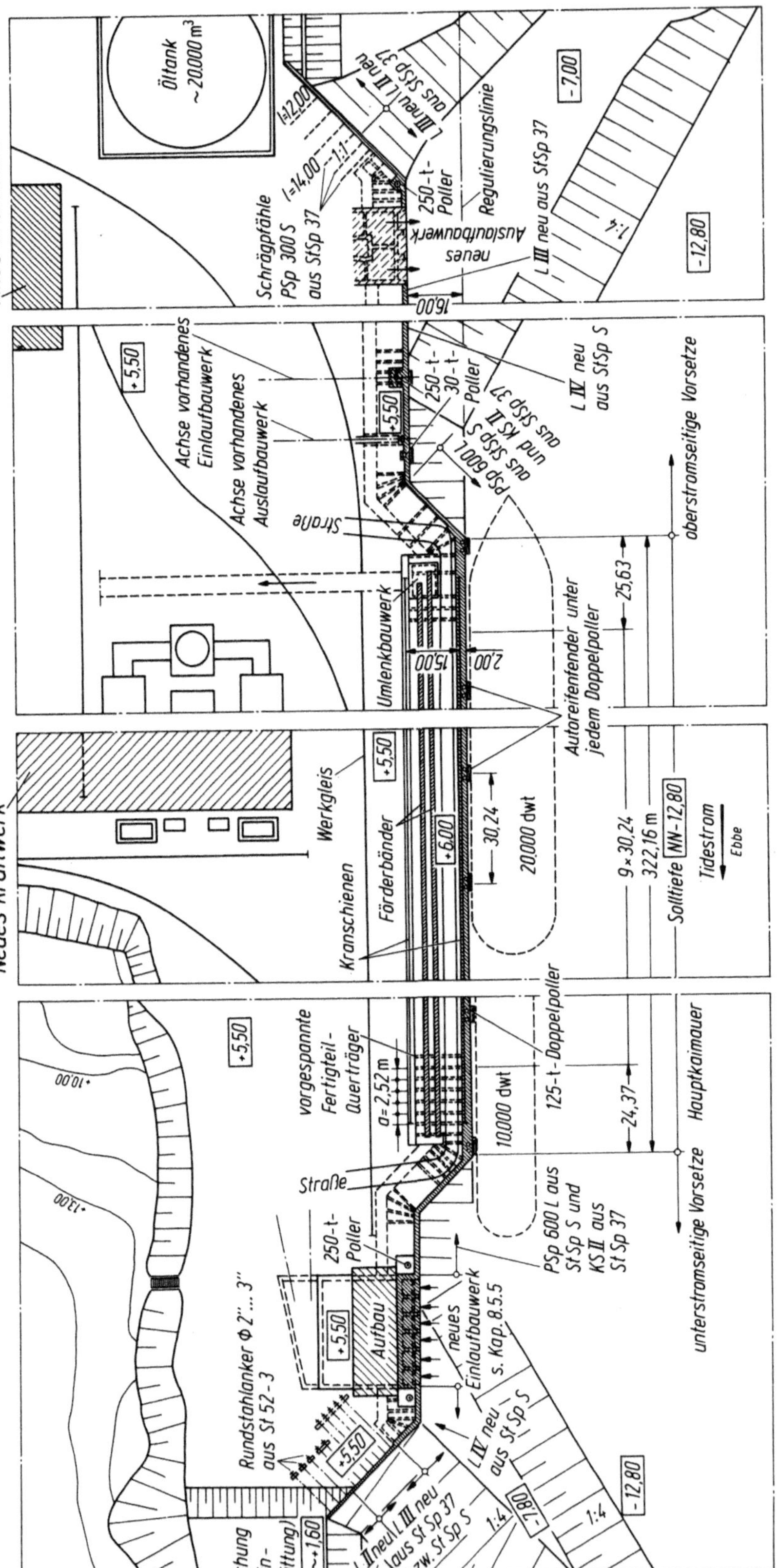

Abb. 5.2.2.6–1 Übersichtsplan für die endgültige Ausführung der Kaianlagen

Aufgefüllter Sand:

γ/γ_a = 1,8/1,1 t/m³, ρ_r = 30°.

Gewachsener Sand:

γ/γ_a = 1,8/1,1 t/m³, ρ_r = 32,5°.

Geschiebemergel:

γ_a = 1,1 t/m³, ρ'_r = 32,5°, c'_r = 1,0 t/m².

Der Reibungswinkel für den aufgefüllten Sand wurde vorsorglich niedrig angesetzt. Da eine Verdichtung bis zu einer Lagerungsdichte D $\geqq$ 0,7 gefordert wurde, war ρ_r = 30° auch bei einer weniger günstigen Sandqualität in einzelnen Bereichen in jedem Fall gewährleistet.

Zur rechnungsmäßigen Ermittlung der Pfahlgrenzlasten durften sowohl für die Stahlpfähle als auch für die Stahlspundwände im anstehenden Geschiebemergel folgende Grenzlastspannungen angesetzt werden:

Spitzenwiderstand: q_{sr} = 300 t/m²

Mantelreibung: q_{mr} = 5 t/m².

Voraussetzung hierfür war, daß die Pfähle bzw. die Spundwände ausreichend tief in den gut tragfähigen Geschiebemergel gerammt und dabei einwandfrei fest wurden.

Die maßgebenden Außenwasserstände sind in Abb.5.2.2.6–2 und in die sonstigen Kaimauerquerschnitte eingetragen.

Die angreifenden Lasten waren den Lastfällen 1, 2 und 3 nach E 18 der EAU zuzuordnen. Für die zulässigen Spannungen galt E 20 der EAU, und zwar für alle Bauteile.

Der Wasserüberdruck war nach E 19 der EAU anzusetzen, wobei bei voller Hinterfüllung eine Rückstauentwässerung nach E 32 einzubauen war. Für den Fall des vollständigen Versagens der Entwässerung, der berücksichtigt werden mußte, wurden im Bauwerk die Spannungen für Lastfall 3 zugelassen.

Als Sicherheiten gegen Erreichen der Grenzlast wurden für den maßgebenden Lastfall 2 gefordert:

bei den Druckpfählen und Spundwänden η = 1,5
bei den Zugpfählen in der Neigung 1 : 1 η = 1,75
bei den Zugpfählen in der Neigung 2 : 1 η = 2,00.

Zwischenwerte durften geradlinig eingeschaltet werden.

Im übrigen sollten die Empfehlungen E 26 und E 27 der EAU berücksichtigt werden.

5.2.2.6.3 Verkehrslasten, Pollerzüge und Schiffstöße

Im Bereich der Kohlentransportbandanlage mußte mit einer lotrechten Belastung von 0,4 t/m Band gerechnet werden, auf der gesamten übrigen Kaianlage mit einer durchgehenden Nutzlast von 2 t/m². Hinzu kamen noch die Kranlasten.

Für die Greifer-Wippkrane wurde eine Tragkraft von 10 t bei 36,0 m maximaler Ausladung gefordert. Der maximale Eckdruck betrug wasserseitig rd. 150 t und landseitig rd. 190 t. Er mußte von jeweils vier Rädern aufgenommen werden.

Der horizontale Raddruck aus Wind und Seitenstoß war bei den jeweils hoch belasteten Rädern mit 1/6 der Vertikallast anzusetzen. Die Kranbahnen waren mit der Ausgleichszahl ψ = 1,2 zu berechnen.

Als Pollerausrüstung wurde gefordert:

Bei der Hauptkaimauer:

125-t-Poller als Doppelpoller in rd. 30 m Abstand (Abb.5.2.2.6–1)

250-t-Poller als Einzelpoller, je 2 Stück oberstrom- und unterstromseitig der Hauptkaimauer im Bereich der Vorsetze (Abb.5.2.2.6–1).

Bei den Vorsetzen:
30-t-Poller in rd. 30 m Abstand.

Die in den Ausschreibungsplänen angegebene Lage der Poller war auch für Sondervorschläge verbindlich. Gleiches galt auch für die Lage und Höhe der 5-t-Haltekreuze, Fenderbügel, Baggerbügel und Leitern.

Der Schiffstoß war am Stahlbetonkopf der Hauptkaimauer nach E 38 der EAU mit 125 t – auf eine Fläche von 0,5/0,5 m verteilt – an beliebiger Stelle wirkend anzusetzen, bei den Vorsetzen mit 30 t.

Im übrigen wurde für den normalen Anlegebetrieb je Baublock ein geeigneter Fender gefordert.

5.2.2.6.4 *Ausschreibungsentwürfe* (Abb.5.2.2.6–2 und –3)

Für die Kaimauern wurden größtenteils Spundwandbauwerke mit Stahlkabelankern aus St 140, die zu gerammten Ankerwänden führten, ausgeschrieben. Der untere Anker wurde als Hauptanker für die volle Ankerkraft bei gerechneter einfacher Verankerung der Uferspundwand bemessen. Der obere Anker diente nur als Hilfsanker und wurde entsprechend ausgebildet.

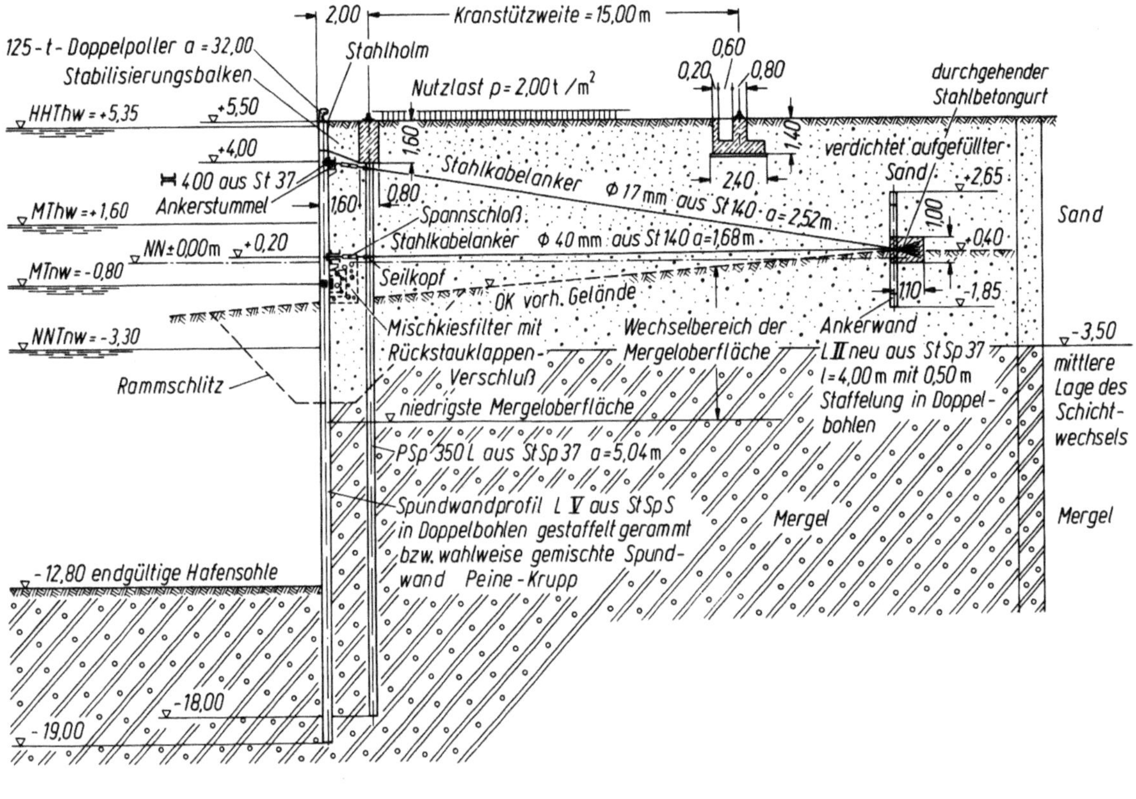

Abb. 5.2.2.6–2 Ausgeschriebener Querschnitt der Hauptkaimauer

Abb.5.2.2.6–2 zeigt den Querschnitt der Hauptkaimauer und Abb.5.2.2.6–3 als Beispiel den Querschnitt der oberstromseitigen Vorsetze neben dem inneren 250-t-Poller. Für die wasserseitige Spundwand genügte in der Hauptkaimauer das Profil LV aus StSpS bzw. wahlweise die gemischte Spundwand 2 PSp 500 L + KS II, alles aus StSp 37 oder PSp 600 L aus StSpS + KS II aus StSp 37.

Für die Vorsetze wurden die Profile L IV neu aus StSpS bzw. StSp 37 und das Profil L III neu aus StSp 37 benötigt.

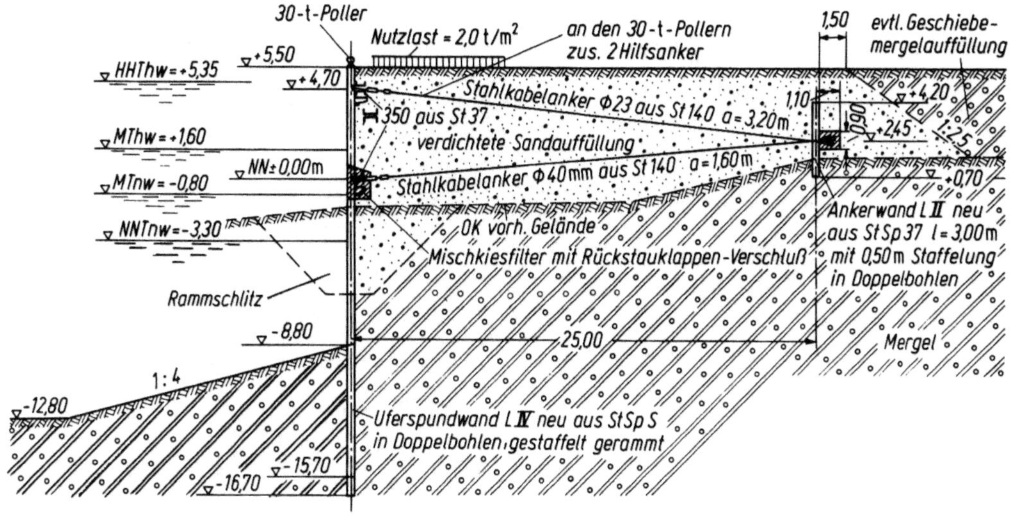

Abb. 5.2.2.6–3 Ausgeschriebener Normalquerschnitt der oberstromseitigen Vorsetze neben dem inneren 250-t-Poller

Das Rammen der Uferspundwände sollte durch einen Rammschlitz erleichtert werden (Abb. 5.2.2.6–2 und –3).

Am wasserseitigen Ankeranschluß waren schwere aussteifende Stahlgurte aus St 37 vorgesehen. Sie bestanden an der Hauptkaimauer aus ⌶ 400 und an den Vorsetzen aus ⌶ 350.

An der Ankerwand wurden die zu Besen aufgeflochtenen Stahlkabelankerenden jeweils in einen schweren Druckgurt aus Stahlbeton einbetoniert, der hinter der gerammten Ankerwand im Profil L II neu aus StSp 37 angeordnet war. Nachdem die Ankerwand und die Uferspundwand ausreichend mit verdichtetemSand hinterfüllt waren, sollten die Stahlkabelanker von der Wasserseite her vorgespannt werden.

Die Spundwandentwässerung wurde bedingungsgemäß nach Ziff. 5.2.2.6.2 eingeplant.

Die im Bereich der Hauptkaimauer benötigte Kranbahn wurde wasserseitig auf Stahlpfählen PSp 350 L aus StSp 37 in 5,04 m Achsabstand gegründet. Der Laufbahnbalken 0,8/1,6 m aus Stahlbeton der Güte B 225 wurde an den Pfählen durch Querbalken, die gelenkig an die Uferspundwand angeschlossen waren, stabilisiert. Die landseitige Kranbahn konnte auf der verdichteten Sandauffüllung flach gegründet werden.

5.2.2.6.5 *Ausgeführte Sonderentwürfe* (Abb. 5.2.2.6–4 und –6)

Nach Prüfung der Angebote, einschließlich der Sonderentwürfe, entschied sich der Bauherr für Lösungen mit überbauter Böschung. Die ausgewählte und später auch ausgeführte Konstruktion der Hauptkaimauer ist in Abb. 5.2.2.6–4 dargestellt. Als Uferspundwand diente hier eine gemischte Wand PSp 600 L aus StSpS mit KS II aus StSp 37. Auf NN + 1,0 m wurde darauf ein Überbau aus Stahlbeton der Güte B 225 gelenkig gelagert. Seine vorgefertigten und zum Teil nachträglich vorgespannten Querträger aus B 300 verbinden den wasserseitigen Wandkopf einschließlich Kranbahn mit dem landseitigen Kranbahnbalken. Der vordere Wandkopf überträgt seine lotrechten Lasten in die Uferspundwand, während alle waagerechten Kräfte, einschließlich der Ankerkraft der Uferspundwand, vom landseitigen Pfahlbock aufgenommen werden. Als Druckpfähle in der Neigung 3 : 1 wurden hier PSp 600 L und als 1 : 1 geneigte Zugpfähle PSp 350 L, beide aus StSp 37, gewählt. Der Überbau trägt auch die lotrechten Überbaunutzlasten und landseitig ebenso die dort wirkenden Kranlasten in den Gründungen ab.

Abb. 5.2.2.6–5 zeigt Detailangaben für den vorgefertigten vorgespannten Querträger mit seinen Montageauflagern im Bauzustand.

Gegenüber dem ausgeschriebenen Querschnitt nach Abb. 5.2.2.6–2 hatte die ausgeführte Lösung der Hauptkaimauer zweifellos den Vorteil, daß bei ihr Nachrichtearbeiten an der

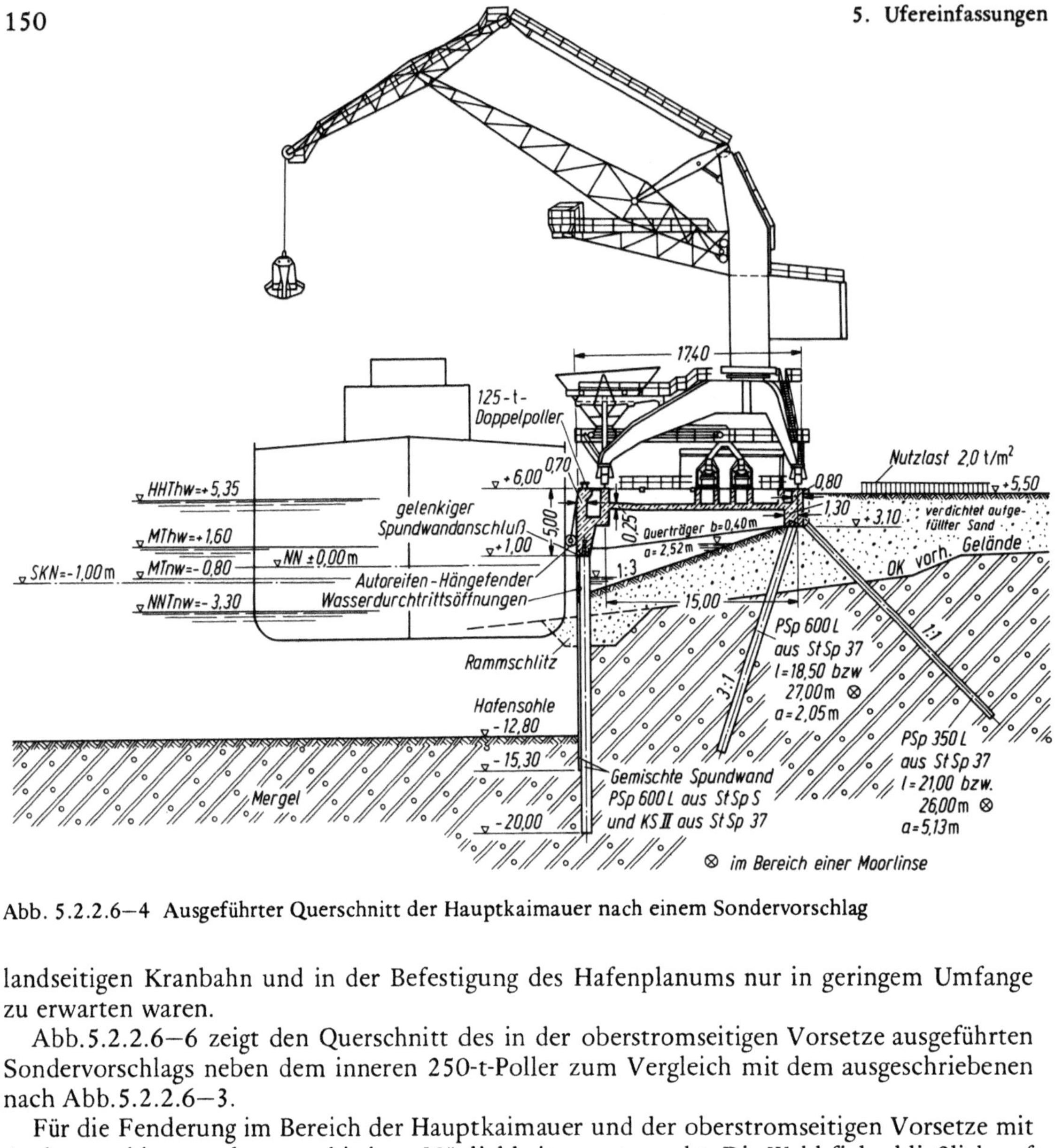

Abb. 5.2.2.6–4 Ausgeführter Querschnitt der Hauptkaimauer nach einem Sondervorschlag

landseitigen Kranbahn und in der Befestigung des Hafenplanums nur in geringem Umfange zu erwarten waren.

Abb. 5.2.2.6–6 zeigt den Querschnitt des in der oberstromseitigen Vorsetze ausgeführten Sondervorschlags neben dem inneren 250-t-Poller zum Vergleich mit dem ausgeschriebenen nach Abb. 5.2.2.6–3.

Für die Fenderung im Bereich der Hauptkaimauer und der oberstromseitigen Vorsetze mit Ascheumschlag wurden verschiedene Möglichkeiten untersucht. Die Wahl fiel schließlich auf Autoreifenfender, die jeweils an den Pollern aufgehängt wurden. Die Steigeleitern wurden im Bereich der Blockfugen angebracht.

5.2.2.6.6 Schlußbemerkungen

Die Bauausführung nach den Sondervorschlägen verlief größtenteils planmäßig. Eine gewisse Überraschung trat nur insofern ein, als Probebelastungen von Druck- und von Zugpfählen geringere Grenzlastwerte ergaben, als nach den Angaben von Ziff. 5.2.2.6–2 errechnet worden waren. Während bei den ausreichend fest gewordenen Pfählen der in der Ausschreibung genannte, rechnungsmäßige Grenzlast-Spitzenwiderstand q_{s_r} = 300 t/m² gut mit den Versuchswerten übereinstimmte, erreichte die Grenzlastmantelreibung nicht q_{m_r} = 5, sondern nur etwa 3 bis 3,5 t/m². Damit waren die Sicherheiten der Bockpfahlgründung wesentlich kleiner als ursprünglich angenommen. Bei dem in der Querrichtung statisch bestimmt gelagerten Überbau, den nur kurzzeitig auftretenden maximalen Pfahlzugkräften und den ausgeführten Pfahllängen im anstehenden Mergel war die vorhandene Sicherheit der Zugpfahlverankerung aber noch vertretbar. Das Bauwerk hat sich im Betrieb nun seit etwa 1,5 Jahrzehnten auch in jeder Weise bewährt.

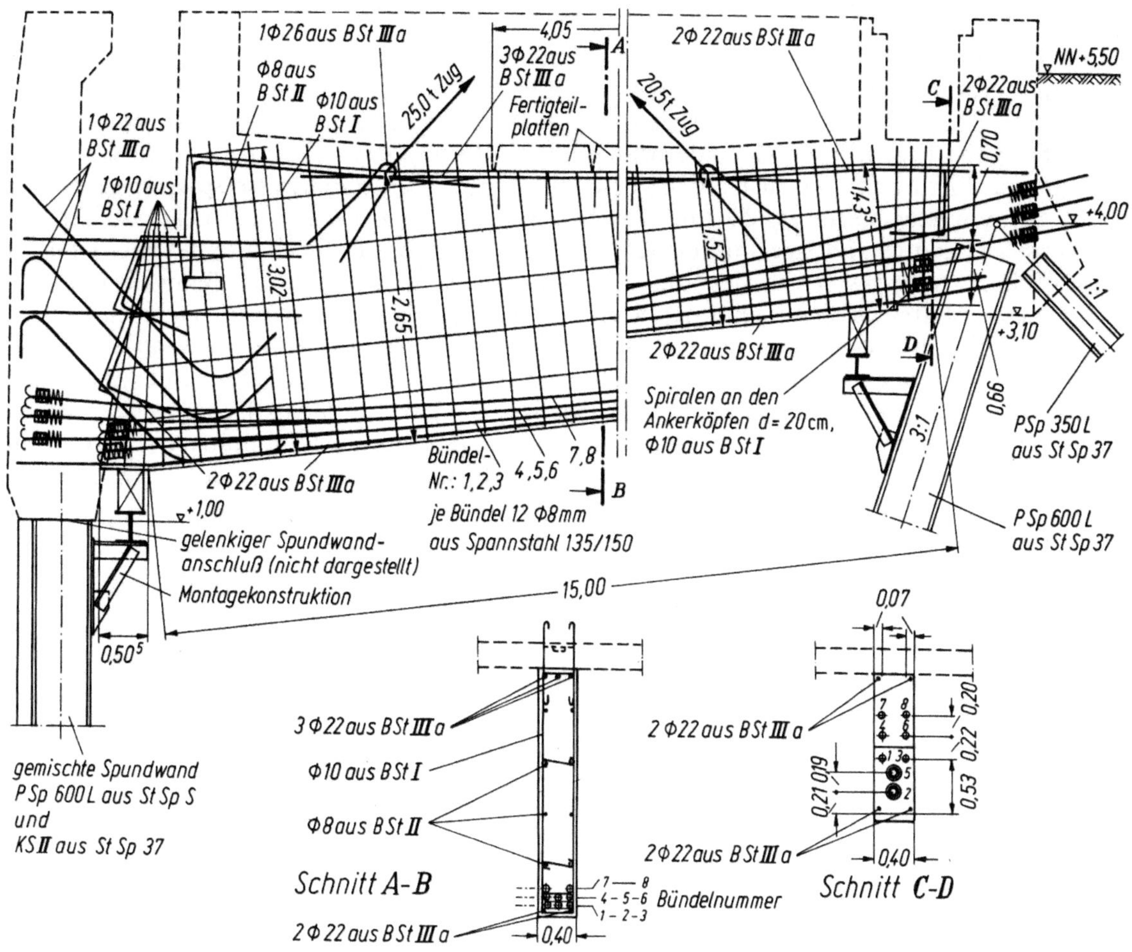

Abb. 5.2.2.6–5 Detailangaben zum vorgefertigten und vorgespannten Querträger im Montagezustand nach dem ausgeführten Sondervorschlag

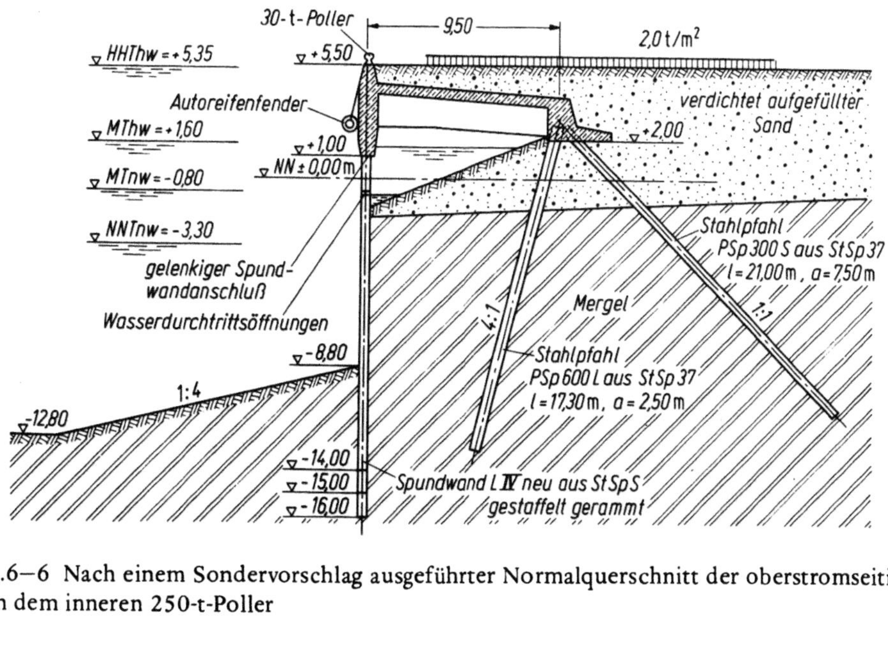

Abb. 5.2.2.6–6 Nach einem Sondervorschlag ausgeführter Normalquerschnitt der oberstromseitigen Vorsetze neben dem inneren 250-t-Poller

5.2.2.7 Erzkaimauer in einem Schleusenhafen Norddeutschlands

Zum Löschen großer Erztanker in einem norddeutschen Schleusenhafen wurde Anfang der sechziger Jahre eine Erzkaimauer errichtet. Sie mußte die schweren Uferentlader, deren maximale Eckdrücke rd. 300 t betrugen, aufnehmen und außerdem beim anstehenden breiigen Klei den beachtlichen Geländesprung von rd. 16 m überwinden. Außerdem mußte sie den Wasserüberdruck, der sich aus den Schwankungen des Hafenwasserspiegels gegenüber dem Grundwasserspiegel ergab, und vor allem auch den Erddruck aus der Nutzlast von 15 t/m² auf dem Erznotlager hinter dem Bauwerk abtragen. Dafür mußte der Klei als nicht konsolidiert vorausgesetzt werden. Bei diesen Gegebenheiten konnte das Bauwerk nur wirtschaftlich gestaltet werden, wenn der Klei vor dem Bauwerkfuß auf volle Tiefe und ausreichende Breite ausgekoffert und durch Sand ersetzt wurde. Der eingebrachte Sand mußte mit Hilfe von Tiefenrüttlern mit dem gewachsenen Sand auch gut vernäht werden, wodurch gleichzeitig eine hochgradige Verdichtung des Sandes eintrat und das Bauwerk die erforderliche feste Fußstützung erhielt. Im Bereich des Notlagers mußten Sanddränagen eingebracht werden, damit der Klei wenigstens für die ausgeführte Aufsandung von rd. 3,2 m konsolidiert war, bevor eine volle Belegung des Erzlagers mit 15 t/m² eintrat.

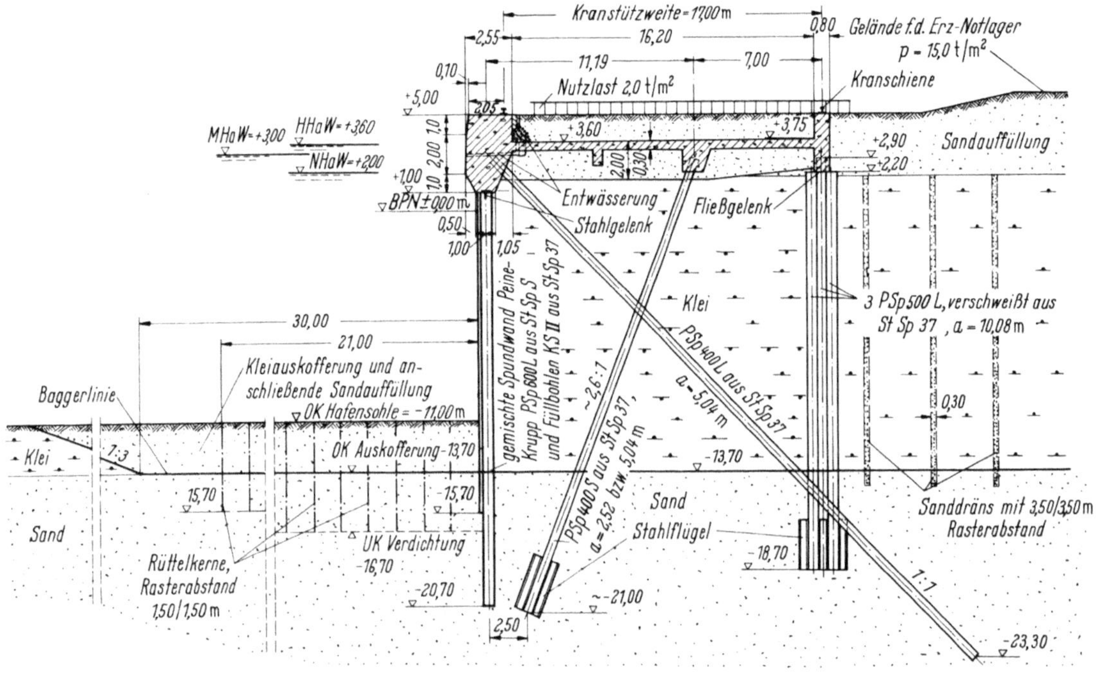

Abb. 5.2.2.7–1 Querschnitt durch die Erzkaimauer

Anhand von vertieften Vorentwürfen konnte festgestellt werden, daß hier eine Kaimauer mit vorderer Stahlspundwand und Stahlbetonüberbau auf Stahlpfählen mit Schrägpfahlverankerung unter 1 : 1 die grundsätzlich günstigste Lösung darstellte. Ein solcher Querschnitt mit oben liegender Stahlbetonplatte ohne Bettung wurde mit allen erforderlichen technischen und sonstigen Bedingungen ausgeschrieben, wobei Sondervorschläge zugelassen wurden.

Den Zuschlag erhielt nach einer gewissen technischen Überarbeitung ein Sondervorschlag. Alle technischen Einzelheiten hierzu sind aus Abb. 5.2.2.7–1 ersichtlich. Er unterschied sich von der ausgeschriebenen Lösung nur durch die Anordnung einer 1,4 m hohen Bettung über der nun in Balken und Platten gegliederten Stahlbetonrostplatte und deren zusätzliche Abstützung durch eine 2,6 : 1 geneigte Druckpfahlreihe.

Die maximale Last der dreiteiligen hinteren Stahlpfähle betrug rd. 450 t Druck, die der schrägen Druckpfähle rd. 250 t und die der 1 : 1 geneigten Ankerpfähle rd. 95 t Zug.

Die Bauausführung konnte planmäßig abgewickelt werden, und das Bauwerk hat sich im Betrieb bewährt.

5.2.2.8 In Bewegung geratene Seeschiffkaimauer an der Mündung eines Tideflusses in die Nordsee (vgl. auch Kap.2.7, 3.3.6, 4.4.2 und 5.4.1)

5.2.2.8.1 Allgemeines

Um ein schnelleres und besseres Abfertigen von großen Fahrgastschiffen zu erreichen, entschloß sich der zuständige Senat vor rd. 5 Jahrzehnten, etwa 150 m vor einem Landesschutzdeich im Wattengebiet der Mündung des Tideflusses eine rd. 900 m lange Kaimauer zu errichten. Die für dieses Bauwerk gewählte hohe Pfahlrostkonstruktion sollte im diluvialen Sand gegründet werden, der nach den durchgeführten Bohrungen (Abb.1.—5) unter einer weichen alluvialen, rd. 13 m hohen Kleischicht lag.

Seit Jahrzehnten lagen für das abgeschleuste Hafengebiet an der Flußmündung beste Erfahrungen mit Kaimauern vor, die auf einem eng gestellten hölzernen Bockpfahlrost errichtet waren. Ihr Überbau war rd. 4,0 m breit und die freie Höhe betrug rd 14 m (Abb.5.2.2.8—1). Aber auch für die der Tide ausgesetzte Einfahrt zur Seeschleuse dieses Hafengebietes hatte sich bislang eine ähnliche, wenn auch entsprechend schwerer ausgeführte Konstruktion bewährt (Abb.5.4.8—1). Es wurde daher für das zu errichtende Bauwerk mit einer freien Höhe von anfangs 17 m und später rd. 19,5 m eine ähnliche Konstruktion gewählt, wobei jedoch der hölzerne Pfahlrost weiter verstärkt und der Überbau auf 8,6 m verbreitert wurde (Abb.5.2.2.8—2). Die Druckpfähle sollten 4,5 m und die Zugpfähle rd. 2,3 m bzw. 3,3 m tief — soweit erforderlich mit Spülhilfe — in den diluvialen Sand gerammt werden (Abb.5.2.2.8—2).

5.2.2.8.2 Bodenaufschlüsse

Die im bewegten Wasser der Flußmündung liegenden Bohrungen waren schwierig auszuführen. Sie wurden in Abständen bis zu 100 m rd. 3 m unter den anstehenden Klei in den festen diluvialen Sand abgeteuft. Die Dicke der Sandschicht wurde nicht ermittelt, da bei den vielen Bohrungen, die seit Jahrzehnten im Hafenbereich ausgeführt worden waren, niemals festgestellt wurde, daß die Sandschicht keine genügende Mächtigkeit aufwies. Wie sich später nach verfeinerten und tieferen Bohrungen zeigte, war diese Annahme aber falsch. Im Bereich dieses Bauwerkes stand teilweise schon knapp unter der erbohrten Tiefe Tonmergel an (Abb.1.—5). Diese Tatsache wirkte sich für das Bauwerk folgenschwer aus. Gleiches gilt für den Umstand, daß bei der ersten Bohrserie, die der Bauwerkgestaltung zugrunde gelegt wurde, ein versandeter, mit weichen Schlickschichten durchsetzter, stark wasserführender Priel — der schräg auf das Bauwerk zulief — nicht festgestellt worden war (Abb. 1.—6).

Auch die nach Fertigstellung des Bauwerkes auftretenden Grundwasserstände waren beim Entwurf nicht zutreffend angesetzt worden, zumal der vorerwähnte Priel nicht bekannt war. Die später durch Messungen festgestellten Grundwasserstandshöhen sind im Kap.4.4.2 eingehend behandelt. Ganz allgemein muß aber festgestellt werden, daß die zu erwartende Größenordnung der Wasserüberdrücke erst in den letzten 2,5 Jahrzehnten anhand von zahlreichen Grundwasserstandsbeobachtungen ausreichend zutreffend erkannt worden ist (vgl. auch E 19 der EAU).

5.2.2.8.3 Die Ursachen für das Vorgehen der Mauer

Wie im Kap.3.3.6 eingehend beschrieben, sind beim vorliegenden Bauwerk zum Teil beachtliche den Bestand des Bauwerkes ernstlich gefährdende Bewegungen eingetreten. Sie waren auf verschiedene, sich ungünstig überlagernde Ursachen zurückzuführen, die im folgenden kurz angesprochen werden sollen:

a) Im Bereich mit den größten Verschiebungen der Mauer stieg nach Abb.1.—5 und —5c

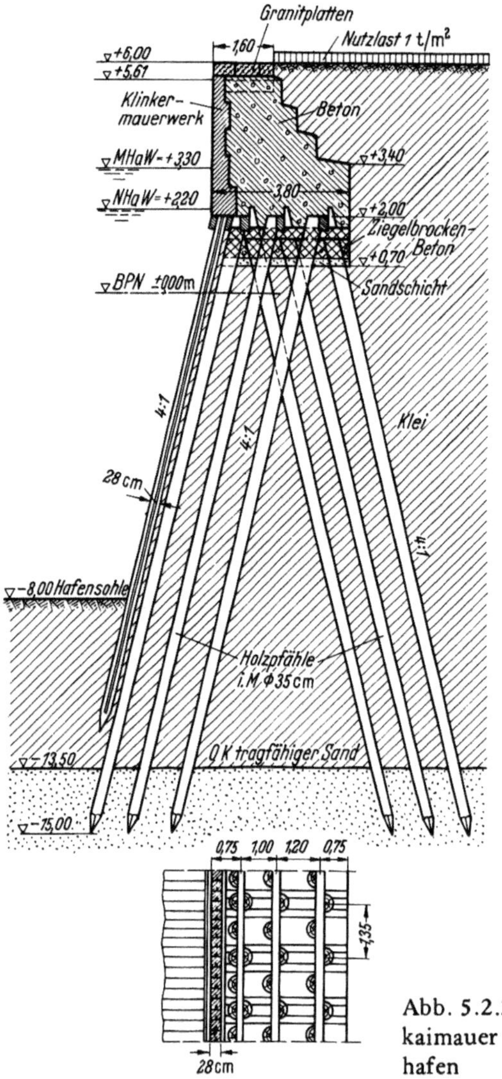

Abb. 5.2.2.8–1 Normalquerschnitt einer Seeschiffkaimauer in Pfahlbockkonstruktion im Schleusenhafen

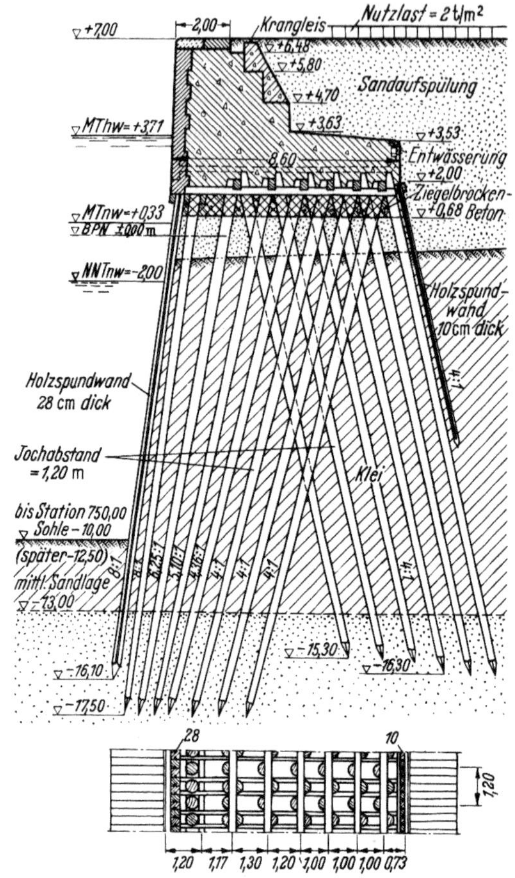

Abb. 5.2.2.8–2 Querschnitt einer in Bewegung geratenen Seeschiffkaimauer

die Oberfläche des diluvialen Tonmergels von BPN − 25,2 auf BPN − 18,1 m an. Da hier die Spitzen der Druckpfähle zwischen BPN − 17,2 und BPN − 18,0 m lagen, kamen sie in gefährliche Nähe des bindigen Untergrundes.

b) Auch durch die Verschlickung der Bauwerkentwässerung traten ganz allgemein und vor allem im Bereich des versandeten Prieles wesentlich höhere Wasserüberdrücke auf, als der Berechnung zugrunde gelegt worden waren. Durch das Hinterspülen der Kaimauer mit Sand können darüber hinaus vorübergehend auch noch weitere Wasserüberdrücke hinzugekommen sein.

c) Im Bereich des schräg anlaufenden Priels bildete dessen landseitige Begrenzung eine vorgegebene ungünstige Gleitfläche (Abb.4.4.2–3), die zu wesentlich größeren Erddrükken als berechnet führte. Bezüglich solcher Probleme sei vergleichsweise auch auf E 110 der EAU: „Ansatz von Erddruck und Wasserüberdruck und Ausbildungshinweise für Ufereinfassungen mit Bodenersatz und verunreinigter oder gestörter Baggergrubensohle", hingewiesen.

d) Zahlreiche Druck- und Zugpfähle waren beim Einbringen abgerammt oder gestaucht worden und wiesen somit eine verminderte Tragfähigkeit auf. Einzelheiten hierzu sind unter Ziff. 5.2.2.8.5 behandelt.

e) Im oberstromseitigen Abschnitt der Kaimauer trat im hinteren Teil der aus unbewehrtem Beton bestehenden Rostplatte im Bereich zwischen der vierten und dritten Zugpfahlreihe von hinten (Abb.5.2.2.8–2) teilweise ein Längsriß auf. Dadurch wurde dort die Verankerungswirkung der Pfahlbockkonstruktion wesentlich geschwächt.
f) Nach heutigen Erkenntnissen lag aber eine sehr wichtige Ursache für die Überlastung der Kaimauer darin, daß damals der große und ungünstige Einfluß nicht konsolidierter Zustände im weichen Klei noch nicht erkannt war. Während an den Kaimauern nach Abb. 5.2.2.8–1 und 5.4.8–1 bei ihrer Errichtung der Kleiboden bereits etwa bis zum Kaiplanum anstand und daher hinter der Kaimauer kaum Bodenaufhöhungen nötig waren, wurde im vorliegenden Falle der Raum hinter dem Bauwerk von der ehemaligen Wattoberfläche auf rd. BPN – 1,0 m an bis BPN + 7,0 m, also bis zu rd. 8 m hoch mit Sand aufgespült. Dies entspricht einer wirksamen lotrechten Zusatzbelastung von rd. 11 t/m^2, für die der Klei nicht konsolidiert war und für die in den Berechnungsansätzen ein Zusatzerddruck von rd. $11 \cdot (1{,}0 - 0{,}4) = 6{,}6$ t/m^2 nicht erfaßt war. Bei einer geschätzten Kleihöhe von nur 12 m zum Zeitpunkt des Freibaggerns der Hafensohle vor der Kaimauer ergab dies bereits einen Fehlbetrag von rd. $6{,}6 \cdot 12{,}0$ = rd. 79 t Horizontalkraft je lfdm Kaimauer.
Bezüglich der Berücksichtigung nicht konsolidierter Zustände beim Erddruckansatz in weichen, bindigen Böden wird vor allem auf E 130 der EAU: „Ermittlung des Erddrukkes bei wassergesättigten, nicht- bzw. teilkonsolidierten weichen, bindigen Böden" hingewiesen.

5.2.2.8.4 Rammschäden und Bruch der vorderen Holzspundwand

Untersuchungen am schadhaften Bauwerk ergaben, daß die Ausführung mit Nut und Feder nicht immer genügte, um die Bohlen in ihrer Richtung zu halten. An verschiedenen Stellen wurde ein Ausweichen der Feder aus der Nut festgestellt (Abb.5.1.1–3). Außerdem wurden an verschiedenen Stellen der Spundwand – die zum Teil mit Spülhilfe rd. 3 m in den diluvialen Sand gerammt worden war – durch Taucher verschiedene Stauchungen und Brüche festgestellt (Abb.5.1.1.3). Im Bereich der Hauptausweichbewegung der Kaimauer mit gebrochener Holzspundwand (Abb.5.2.2.8–3) war diese so vorgegangen, daß nicht der hinter der Spundwand liegende Klei, sondern der aufgespülte Sand zwischen die ausgewichene und gebrochene Spundwand und den Klei geflossen war. Danach war der Bruch der Spundwand im Feld nicht auf einen zu großen unmittelbaren Kleidruck, der durch den dahinter stehenden Pfahlrost ja wesentlich abgeschirmt war, zurückzuführen, sondern auf den Gesamtverformungs- und Bruchzustand des Bauwerkes, der in Abb.3.3.6–2 rekonstruiert dargestellt ist.

5.2.2.8.5 Der Zustand der Druck- und der Zugpfähle

Wegen der nach dem Entwurf (Abb.5.2.2.8–2) erforderlichen verhältnismäßig großen Rammtiefe vor allem der Druckpfähle im diluvialen, dicht gelagerten Sand waren gewisse Rammschwierigkeiten von vornherein zu erwarten, weshalb Spülhilfe gestattet wurde. Davon wurde auch Gebrauch gemacht. Vorsorglich wurden aber bei allen Pfählen auch Rammdiagramme aufgenommen. Aus diesen hätte man nach dem heutigen Stand der Erkenntnisse in zahlreichen Fällen bereits schließen können, daß Rammschäden eingetreten sein mußten. Doch ist anzuerkennen, daß infolge des Spülens das sofortige Feststellen der Rammschäden erschwert wurde. Damals war man im Erkennen von Rammschäden auch noch nicht weit genug. Erst ein Vergleich der Rammdiagramme der gezogenen Pfähle mit deren festgestellten Verletzungen zeigte die Zusammenhänge im allgemeinen sehr klar (Abb.5.2.2.8–4). Beispielsweise aus dem Rammdiagramm nach Abb.5.2.2.8–5 mit den großen Zugmaßen des Pfahles im diluvialen Sand hätte aber bereits erkannt werden können, daß der Pfahl nicht mehr in Ordnung war.

Die Durchbiegung der Pfähle in der Längsrichtung des Bauwerks war auf das Spülen oder das beim engen Jochabstand leicht mögliche Auftreffen auf Nachbarpfähle zurückzuführen. In diesem Zusammenhang sei auf Kap.5.2.1 mit den Abb.5.2.1–7 und –8 nochmals besonders hingewiesen. Aber auch eine besondere Unsitte beim Verzimmern von Holzpfahlrosten sei hier erwähnt. Um das Anbringen der Verbände zu erleichtern, wurden die Köpfe der gerammten Pfähle häufig mit Flaschenzügen weit über ein vertretbares Maß hinaus in ihre Sollage gebracht. Hieraus konnten sich Pfahlbrüche bereits beim Verziehen oder später unter der einwirkenden Pfahlkraft einstellen. Wenn man wegen des erforderlichen Verzimmerns bei den alten Holzpfahlrosten dem Verziehen der Pfähle noch ein gewisses Verständnis entgegenbringen kann, ist heute bei den modernen Pfahlrosten auf hoch ausgelasteten Pfählen mit einer Rostplatte aus Stahlbeton ein stärkeres Verziehen in jedem Falle abzulehnen. Vielmehr müssen stärker verrammte Pfähle, wie sie eben stehen, in die Rostplatte eingebunden werden.

Pfahl	Abgerammt		Gestaucht	Angeknickt, angestaucht	Durchbiegungen in cm zur Bauwerksflucht	
	völlig	z. Teil			längs	quer
1	ja	–	–	1mal	–	16
2	ja	–	–	4mal	–	6
3	–	1/3 F	–	2mal	–	20
4	ja	–	–	4mal	6	–
5	–	–	–	1mal	–	–
6	ja	–	–	–	–	–
7	–	–	ja	–	–	–
8	–	–	ja	–	–	–
9	ja	–	–	–	–	ja
10	–	–	ja	–	ja	–
11	ja	–	–	–	–	–
12	ja	–	–	–	–	–
13	nicht gezogen		–	–	–	–
14	ja	–	–	–	–	–
15	–	2/3 F	–	3mal	5,5	–
16	–	4/5 F	–	–	–	–
17	–	–	–	1mal	–	–
18	–	–	–	–	–	–
19	–	–	–	–	–	–
20	–	1/5 F	–	–	–	–
21	–	–	ja	–	–	–
22	–	1/2 F	–	3mal	–	–
23	ja	–	–	–	–	16
24	–	–	ja	3mal	–	10
25	–	–	–	–	–	6,5
26	–	–	–	1mal	–	9,5
27	–	1/4 F	–	1mal	–	–
28	–	–	–	2mal	–	–

Tabelle 5.2.2.8–1 Zustand der gezogenen Holzrammpfähle

Um beim vorliegenden Bauwerk den Zustand der Holzpfähle festzustellen, wurden an 10 verschiedenen Stellen der Mauer zwischen den Stationen 160 und 870, also auf einem rd. 700 m langen Bauwerkabschnitt, insgesamt 27 Pfähle gezogen. Die Tab.5.2.2.8–1 zeigt das dabei erzielte Ergebnis.

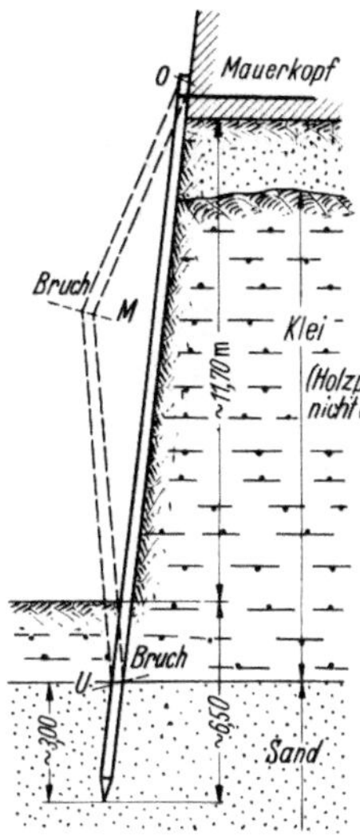

Abb. 5.2.2.8–3 Gebrochene Holzspundwand (schematisch dargestellt)

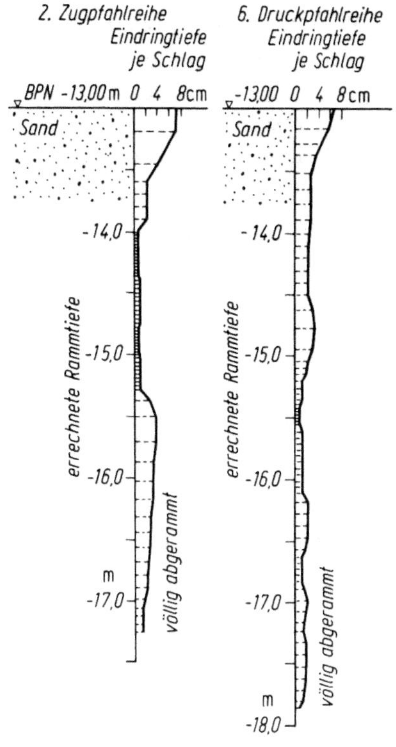

Abb. 5.2.2.8–4 Rammdiagramme von gestauchten bzw. abgerammten Holzpfählen

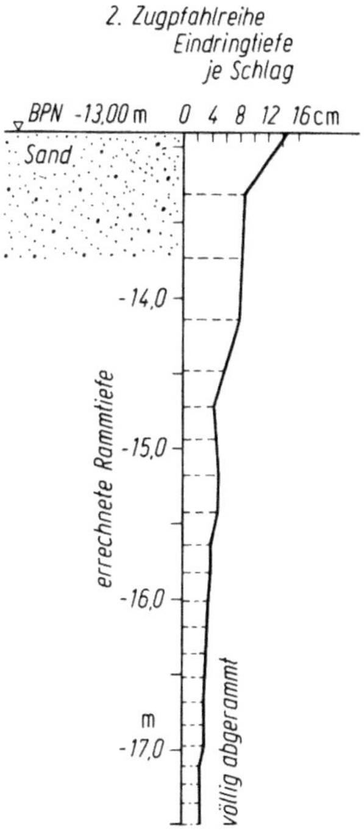

Abb. 5.2.2.8–5 Rammdiagramm eines völlig abgerammten Zugpfahles

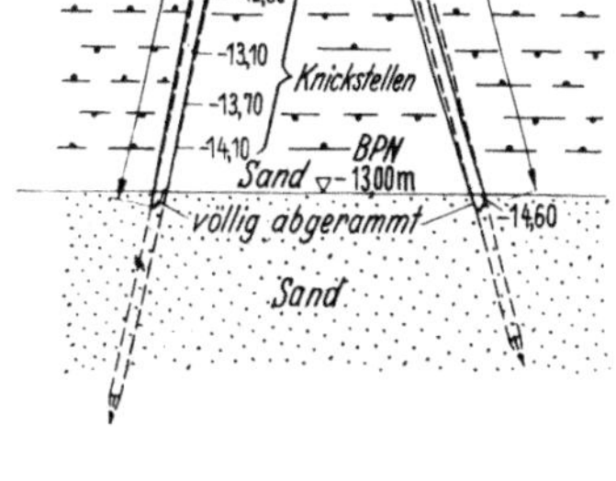

Abb. 5.2.2.8–6 Festgestellte Rammbeschädigungen an den Holzpfählen

Von 27 gezogenen Pfählen waren:

9 Stück völlig abgerammt,
6 Stück zum Teil abgerammt,
5 Stück gestaucht,
12 Stück angeknickt oder angestaucht,
2 Stück unversehrt.

Von diesen waren wiederum:

in Richtung quer zur Kaimauer 8 Stück 6 bis 20 cm durchgebogen (in der Mitte der gezogenen Pfähle bzw. Pfahlstücke gemessen) und in der Längsrichtung des Bauwerkes durch Spülen oder Auftreffen auf Nachbarpfähle 3 Stück 5,5 bis 6 cm durchgebogen, zwei weitere weniger.

Nur die beiden Pfähle Nr. 18 und 19 konnten als unversehrt angesprochen werden.

Abb.5.2.2.8–6 gibt noch einen zusätzlichen Überblick über die festgestellten Rammbeschädigungen.

Die beobachteten Durchbiegungen der Pfähle zeigen auch, daß das Einspülen von Pfählen bei engem Pfahlrost nur mit größter Vorsicht anzuwenden, am besten aber ganz zu unterlassen ist.

Bei der dargestellten Situation war die Holzpfahlgründung nur noch in beschränktem Umfange in der Lage, ihre Aufgabe zu erfüllen.

5.2.2.8.6 Schlußbemerkungen

Daß es bei den vorliegenden Verhältnissen nicht zur vollen Katastrophe kam, war nur darauf zurückzuführen, daß zum Zeitpunkt der auftretenden großen Bauwerkbewegungen der Boden vor der Kaimauer erst zum Teil weggebaggert war und im ausweichenden Bereich sofort große Sandmengen vorgeklappt wurden. Im unterstromseitigen Abschnitt war das Freibaggern auf die Tiefe BPN – 10,0 m erst in 20 bis 30 m Abstand von Vorderkante Mauer fortgeschritten. Von dort an stieg die Flußsohle bis zur hölzernen Spundwand auf BPN – 7,5 bis – 8,0 m. Von Station 650 an, wo die Mauer zu einem Seeschleusenvorhafen hin abbog, war nur bis BPN – 9,0 m auf 20 m Abstand vor der Mauer gebaggert. Die Flußsohle lag hier an der Holzspundwand bereits auf BPN – 4,7 m. Die Flußsohle vor der Mauer stieg dann bis zum Mauerende bis zur alten Watthöhe an. Auf dieser Reststrecke war die Kaimauer nicht vorgegangen.

Aus den sehr eingehenden und sich über mehrere Monate hin erstreckenden Untersuchungen der Schadensursachen ergaben sich damals folgende, auch heute noch gültige Lehren:

a) Der zusammengedrängte schmale hölzerne Bockpfahlrost war wirtschaftlich gesehen wohl eine ausgezeichnete Lösung der Vergangenheit. Er hatte jedoch den großen Nachteil, daß zu leicht gegenseitige Beschädigungen der eingerammten Holzpfähle auftraten und daß Pfähle und Holzspundwand auf keinen Fall tiefer in den sandigen oder kiesigen Untergrund gerammt werden durften, als es der Baustoff Holz erlaubte.

b) Auch wenn jahrzehntelange Erfahrungen über die Untergrundverhältnisse vorlagen, durfte auf das Erschließen des Untergrundes durch ein genügend enges und tief geführtes Bohrungsnetz nicht verzichtet werden. Die Aufschlüsse mußten gleichzeitig durch umfassende bodenmechanische Untersuchungen ergänzt werden.

c) Eingehende Beobachtungen der Grundwasserstände mit und ohne artesische Einwirkungen und ihr Verhalten im Vergleich zu den freien Wasserständen sind unerläßlich, insbesondere in Gebieten mit großem Tidehub oder sonstigen raschen und großen Schwankungen des freien Wasserspiegels. Dies gilt vor allem, wenn der Bauwerkfuß nicht umströmt werden kann.

Da das vorliegende Bauwerk nicht standsicher war, mußte es ausreichend verstärkt werden. Die gewählten Lösungen sind im Kap.5.4.1 behandelt.

5.3 Massiv gegründete Kaimauern

5.3.1 Massive Seeschiffkaimauer in einem Schleusenhafen der deutschen Marine an der Nordsee

Wie im Kap. 5.2.2.2 beschrieben, mußten in einem deutschen Marinehafen mehrere Kaimauern errichtet werden. Von der dort im allgemeinen gewählten Pfahlrostkonstruktion auf Stahlpfählen wurde in dem hier behandelten Sonderfall aber abgewichen. Im Übergangsbereich von den Dockhäuptern zu den Pfahlrostkaimauern, in dem der Boden bereits bis SKN − 10,0 m ausgehoben war, wurde eine massiv gegründete Kaimauer gewählt (Abb. 5.3.1−1).

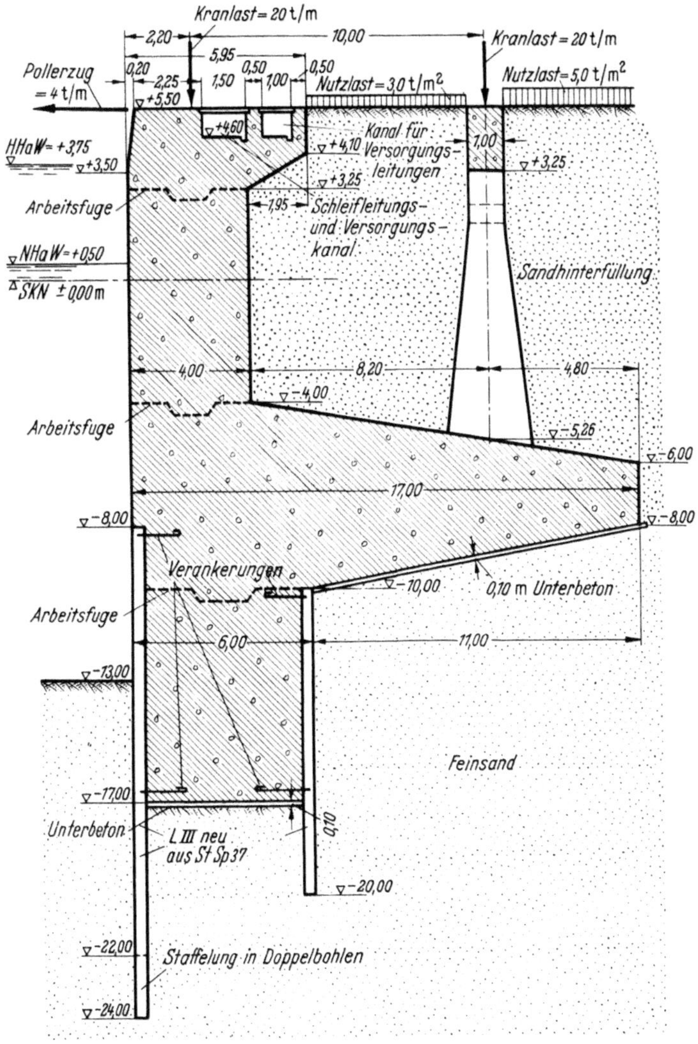

Abb. 5.3.1−1 Querschnitt durch die massive Kaimauer mit hinterem Sporn

Als Gründungskörper wurde ab SKN − 10,0 m ein 6,0 m breiter Betonpfeiler zwischen zwei Stahlspundwänden L III neu aus StSp 37 bis SKN − 17,0 m eingebracht. Daran schloß sich oben ein vorn 6,0 m hoher, nach hinten 11,0 m auskragender, sich auf 2,0 m verjüngender Block an. Der folgende aufgehende Vorderwandteil entsprach den im Kap.5.2.2.2 erwähnten Pfahlrostkaimauern am Binnenhafen.

Die hintere Kranbahn wurde durch Pfeiler auf dem Sohlenkragarm gegründet (Abb. 5.3.1–1).

Da die vordere Schürzenspundwand erst unverhältnismäßig tief ansetzte, konnte hier auf ein Vorziehen des darüber liegenden Mauerkörpers verzichtet werden.

Der Querschnitt dieses Kaimauerabschnittes mußte so schwer ausgebildet werden, um der Forderung des Bauherrn nach möglichst geringen Auswirkungen eventueller Bombentreffer gerecht zu werden.

5.3.2 Kaimauer mit Tideeinfluß hinter einem Wellenbrecher an der Westküste Afrikas (vgl. auch Kap. 3.3.5 und 10.2.2)

5.3.2.1 Allgemeines

Wie im Kap. 10.2.2 im einzelnen beschrieben, mußte für die Frachter der Afrikafahrt an der westafrikanischen Küste, die der dauernden atlantischen Dünung ausgesetzt ist, ein Hafen im Schutz eines Wellenbrechers errichtet werden. Die ursprüngliche Sohle des Hafens war auf SKN – 7,25 m vorgesehen. Eine eingehende Überprüfung der Zufahrt von der See her und der Tiefenverhältnisse in der vorhandenen Bucht mittels Echolot ergab, daß bei der in diesem Gebiet vorherrschenden 1 bis 2 m hohen Dünung des Atlantiks der Hafen bei Hochwasser auch von Seeschiffen bis zu 23 ½ Fuß Tiefgang angelaufen werden konnte, wenn man

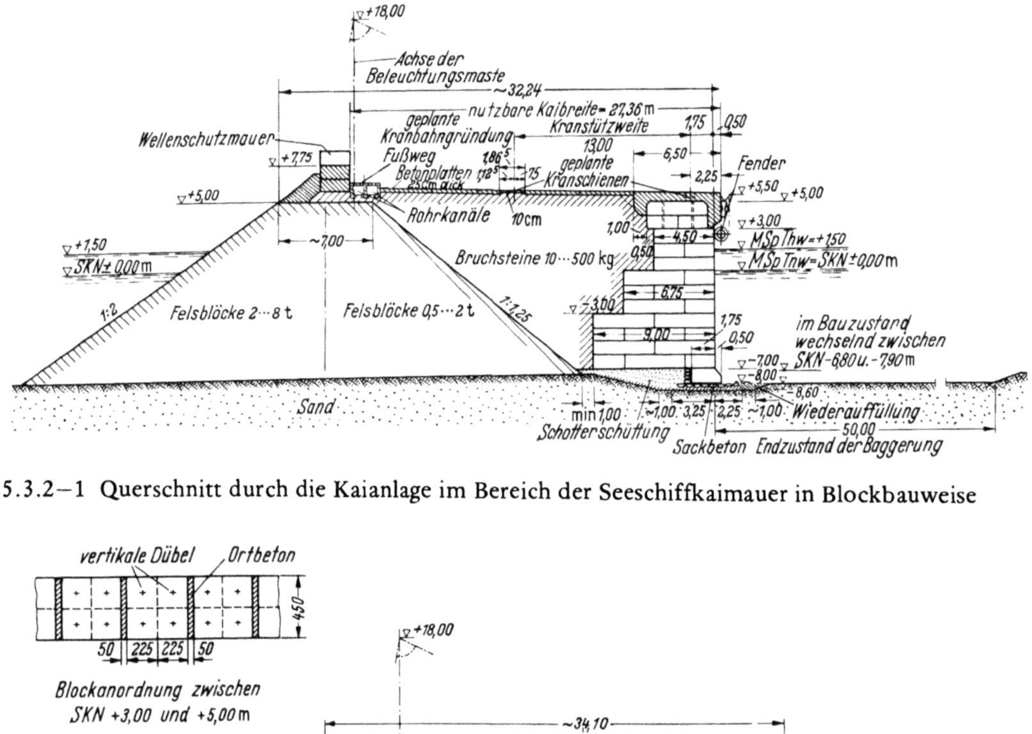

Abb. 5.3.2–1 Querschnitt durch die Kaianlage im Bereich der Seeschiffkaimauer in Blockbauweise

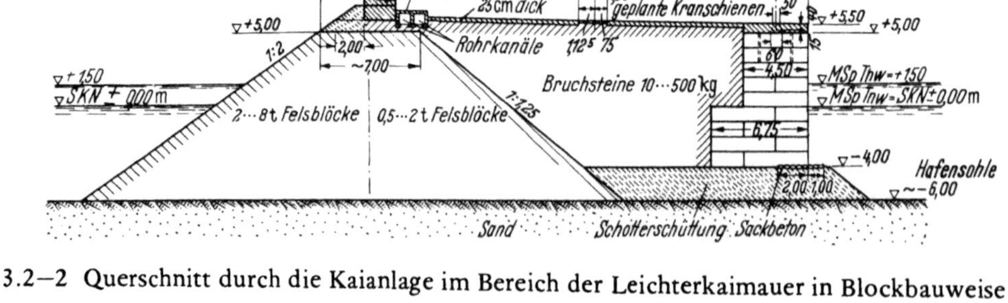

Abb. 5.3.2–2 Querschnitt durch die Kaianlage im Bereich der Leichterkaimauer in Blockbauweise

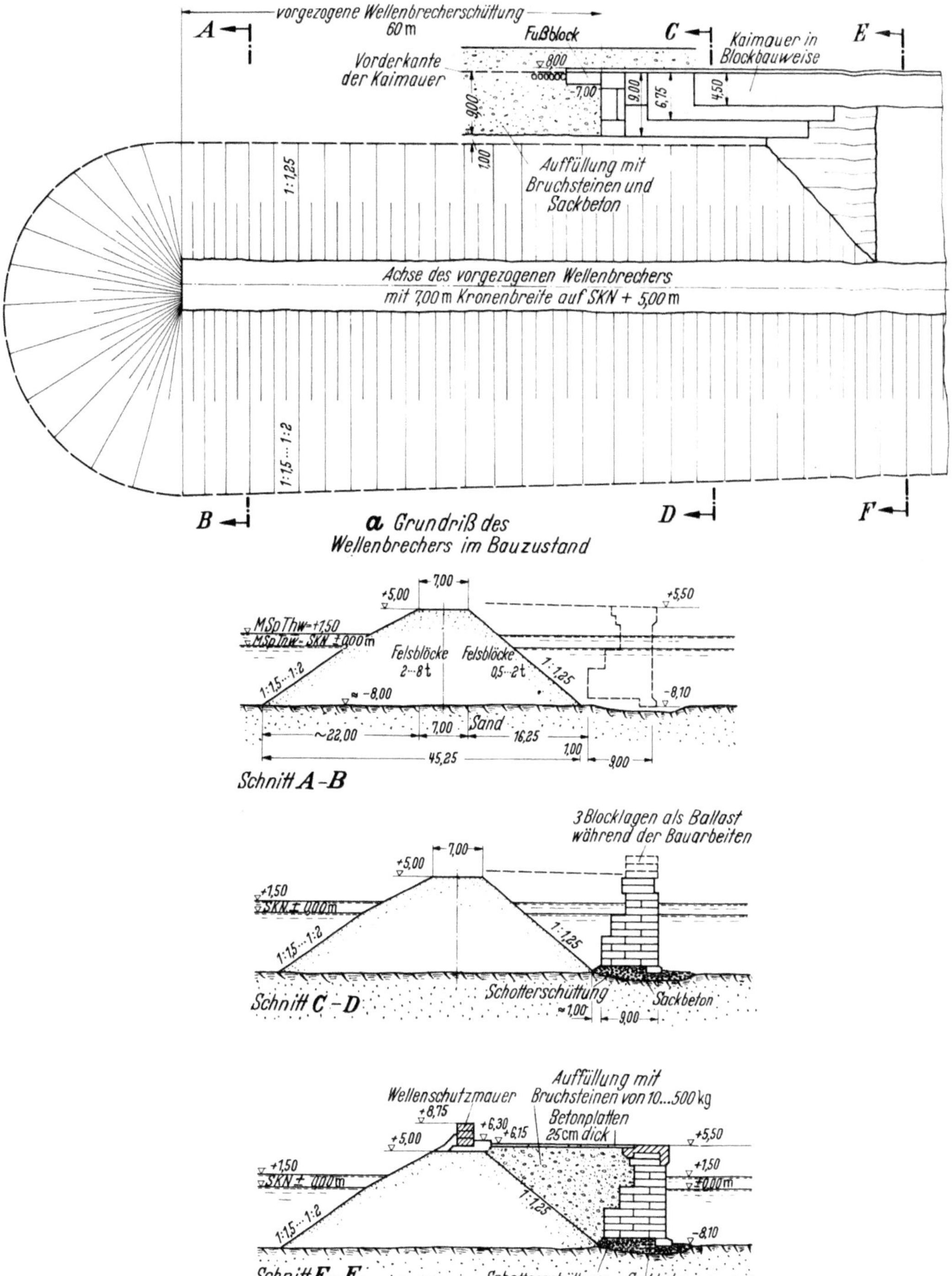

Abb. 5.3.2–3 Bauvorgang der Blocksteinmauer im Schutze des Wellenbrechers

sich entschloß, die Kaimauer und das Liegebecken des Hafens auf 8,1 m unter SKN zu vertiefen. Dieser Vorschlag wurde dann auch endgültig ausgeführt (Abb.10.2.2–1).

Die gesamte Kailänge von 250 m wurde auf rd. 181 m Länge für Seefrachter und auf rd. 69 m für Leichter und kleine Seeschiffe ausgebaut (Abb.10.2.2–1).

5.3.2.2 Ausbildung der Kaimauer

Die Kaimauer wurde in Blockbauweise ausgeführt (Abb.5.3.2–1 und –2). Hierzu wurden Betonblöcke 1,0 x 2,25 x 4,5 m mit rd. 25 t Gewicht verwendet. Sie wurden mit einem Derrick und unter Wasser auch mit Taucherhilfe versetzt. Die unterste Lage wurde auf eine von Tauchern abgeglichene Schotterschüttung mit einer vorn angeordneten oberen Ausgleichschicht aus Sackbeton verlegt. Die Kaimauer erhielt, wie auch aus den Abb.5.3.2–1 und –2 hervorgeht, in Längs- und Querrichtung einen regelrechten Verband. Um eine genügend dicke Ausgleichschicht aus Schotter einbringen zu können, wurde im Bereich des Seeschiffkais der Boden vorher mit Hilfe eines Greifers bis SKN – 8,5 m bzw. – 8,0 m ausgehoben. Damit die Seeschiffe mit ihren seitlichen Schlingerkielen nicht auf den vorgezogenen Fußblock aufsitzen konnten, der wegen der während des Baues beschlossenen Vertiefung der Hafensohle bis SKB – 8,1 m angeordnet worden war, wurde der Betonkopf der Kaimauer um 50 cm und damit um das gleiche Maß wie der Fußblock vorgezogen.

Die Oberfläche des Molenkais wurde zum Hafen hin 1 : 30 geneigt, um überspritzendes Seewasser und Regenwasser rasch ablaufen zu lassen. Die Kaifläche wurde mit 25 cm dicken Betonplatten mit Baustahlgewebeeinlage befestigt.

5.3.2.3 Baudurchführung und dabei gemachte Feststellungen

Beim Hafenbau an offener Küste hat aus Sand bestehender Meeresboden infolge ständiger Umlagerung unter der Einwirkung von Wellen und Strömungen ein lockeres Gefüge. Hier mußte von vornherein mit Setzungen in sonst ungewohnter Größenordnung gerechnet werden.

Da außerdem unter den damaligen besonderen Verhältnissen aus technischen, zeitlichen und finanziellen Gründen ein Abbohren des Untergrundes unter der späteren Kaimauer in der ständigen Ozeandünung nicht durchgeführt werden konnte, war es auch im Hinblick auf das Bodenrisiko wohlüberlegt, den Wellenbrecher jeweils 60 m gegenüber dem Bau der Kaimauer vorzuziehen (Abb.5.3.2–3). Hierdurch konnten Bodenschichten schlechterer Qualität durch ein stärkeres Setzen des Wellenbrechers oder durch ein seitliches Aufwölben des Meeresbodens festgestellt werden. Beides ist beim Bau des Wellenbrechers selbst aber nicht eingetreten, was im Hinblick auf die späteren Bewegungen nach Kap. 3.3.5 überrascht.

Ein beschleunigter Ablauf der bei solchen Bauwerken und den vorliegenden Untergrundverhältnissen unvermeidlichen Setzungen und Sackungen sollte dadurch erzwungen werden, daß die Blockmauer nach Erreichen der Ordinate SKN + 5,0 m für die Dauer von 2- 4 Wochen noch mit weiteren 3 Betonblocklagen auf der 4,5 m breiten Mauerkrone, das ist mit rd. 7,5 t/m^2, belastet wurde (Abb.5.3.2–3, Schnitt C–D). Hierdurch wurde erreicht, daß sich die Kaimauer im allgemeinen zwischen 10 und 20 cm setzte. Dann klang die Setzung rasch ab.

Messungen des Wasserüberdruckes hinter der fertigen Mauer, der nach den Modellversuchen mit bis zu rd. 1,25 t/m^2 zu erwarten war, zeigten, daß hier ein solcher praktisch nicht auftrat. Dieses dürfte einerseits auf die gewählte gute Bruchsteinhinterfüllung und andererseits auf die 1–3 cm breiten Fugen der Blocksteinmauer zurückzuführen sein.

5.3.2.4 Ausrüstung der Kaianlage

Unterhalb des Betonkopfes wurde zunächst ein 1 m dicker Manilatau-Fender in einer rohrgesicherten Aufhängung und vor dem Kopfbeton ein Gummifender aus alten Autoreifen angebracht. Da der Taufender und seine Aufhängung infolge des feuchten Klimas mit den schweren Regenfällen innerhalb von nur 2 Jahren verrottet waren, wurde als unterer Fender nun ein neuer rd. 1,75 m langer Spezialfender, bestehend aus aneinander gepreßten altbrauchbaren Gummireifen, gewählt. Er hat sich seitdem bewährt.

An der Kaikante wurde auf Veranlassung der zuständigen Verwaltung zur Sicherung des Fahrzeugverkehrs zunächst ein schwerer durchlaufender Holzbalken angeordnet. Er sollte ein Abstürzen von Fahrzeugen in den Hafen sicher verhindern. Da sich auch das einheimische Holz gegen Sonne und Tropenfeuchtigkeit trotz Karbolineumanstrich als nicht haltbar erwies und innerhalb von 2 Jahren zu zerfallen begann, wurde dieser Holzbalken später durch einen Stahlbetonbalken ersetzt.

Auf Anweisung der Verwaltung wurden auf dem Kai am Fuße der Wellenschutzmauer auch zwei Rohrkanäle für Versorgungs- und Ölleitungen angeordnet (Abb. 5.3.2–1 und –2).

Die Molenleuchten wurden auf rd. 12 m hohen Lampenmasten aus Stahlrohrkonstruktion in 20 m Abstand mit zwei Armen so angeordnet, daß die Molenfläche bis Vorderkante Kai gleichmäßig ausgeleuchtet und eine Blendwirkung nach See hin vermieden wurde (Abb. 5.3.2–1 und –2).

5.4 Verstärkung und Vertiefung von Ufereinfassungen

5.4.1 Verstärkung einer in Bewegung geratenen Seeschiffkaimauer an der Mündung eines Tideflusses in die Nordsee (vgl. auch Kap. 2.7, 3.3.6, 4.4.2 und 5.2.2.8)

5.4.1.1 Allgemeines

Die in den oben erwähnten Kapiteln beschriebene, in Bewegung geratene Kaimauer mußte, nachdem die Ursachen für ihr Versagen festgestellt waren, verstärkt werden. Um Kosten im möglichen Umfange zu sparen, wurden die gewählten Verstärkungen den Untersuchungs-

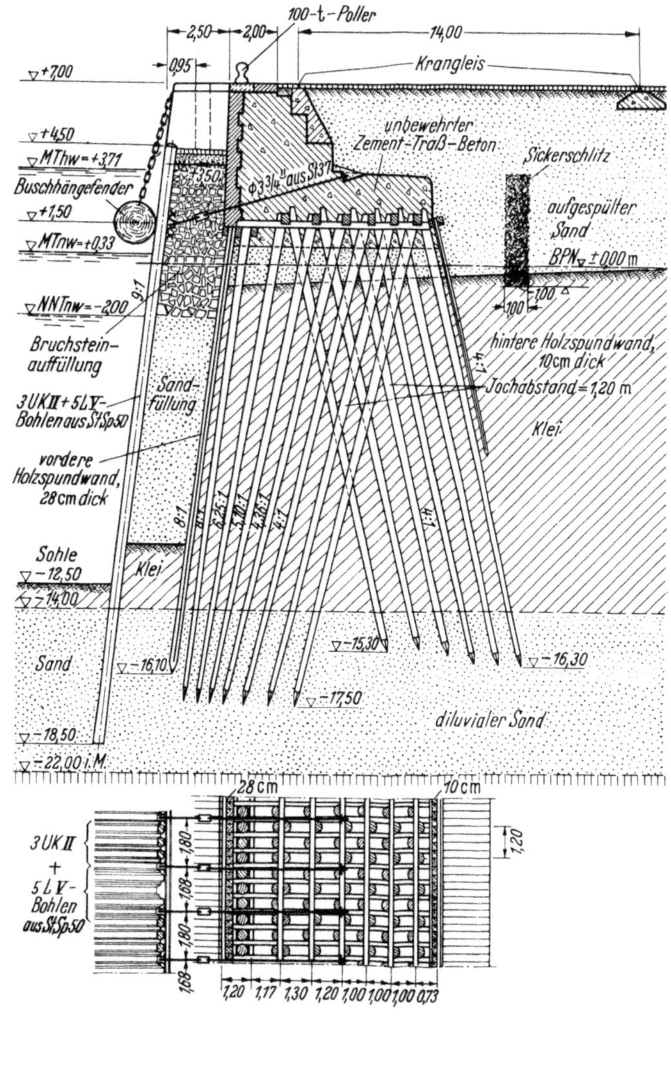

Abb. 5.4.1–1 Neu flußseitig verstärkte Kaimauer

ergebnissen auf der rd. 700 m langen gefährdeten Kaistrecke angepaßt. So ergaben sich Abschnitte mit nur flußseitiger und solche mit flußseitiger und landseitiger Verstärkung. Die Baggersohle vor der Kaimauer wurde vorerst auf BPN – 10,0 m festgelegt, wenn die endgültige Sohle auch auf BPN – 12,5 m eingeplant war.

5.4.1.2 Die Kaimauerverstärkung auf der Flußseite

Da die vordere, 28 cm dicke Holzspundwand mit ihren Rammbeschädigungen (Abb. 5.1.1–3) einen schwachen Teil der bestehenden Konstruktion darstellte und der Fuß der Kaimauer mit den zum Teil abgerammten Pfählen gegen waagerechte Verschieblichkeit, Grund- und Geländebruch möglichst gut gesichert werden mußte, wurde vor die gesamte Kaimauer eine schwere Stahlspundwand aus StSp 50 gerammt (Abb. 5.4.1–1, –2 und –3). Sie wurde mit ihrer Achse etwa 2,5 m vor die bestehende Mauervorderkante gelegt. Ihre Neigung wurde der Neigung 9 : 1 der vorhandenen Holzspundwand angepaßt.

Im Bereich mit nur flußseitig erforderlicher Verstärkung genügten die Profile 3 UK II + 5 LV-Bohlen (Abb. 5.4.1–1), während in den besonders gefährdeten Bereichen mit auch landseitiger Verstärkung die Profile 3 UK II + 1 LV-Bohle (Abb. 5.4.1–2 für den Hauptschadenbereich) bzw. das Profil LV mit Lamellenverstärkungen (Abb. 5.4.1–3) angewendet wurden. Schwerere Profile konnten damals noch nicht gewalzt werden.

Die Stahlspundwand wurde jeweils fachweise bis BPN – 18,5 m gerammt und reichte oben bis BPN + 4,5 m. Im Raum zwischen der Holz- und der Stahlspundwand blieb auf der beschädigten Strecke unten der vorgeklappte Sand liegen. Im übrigen Bereich wurde der anstehende Klei in diesem Zwischenraum belassen. Auf diesem Boden wurde nach oben bis

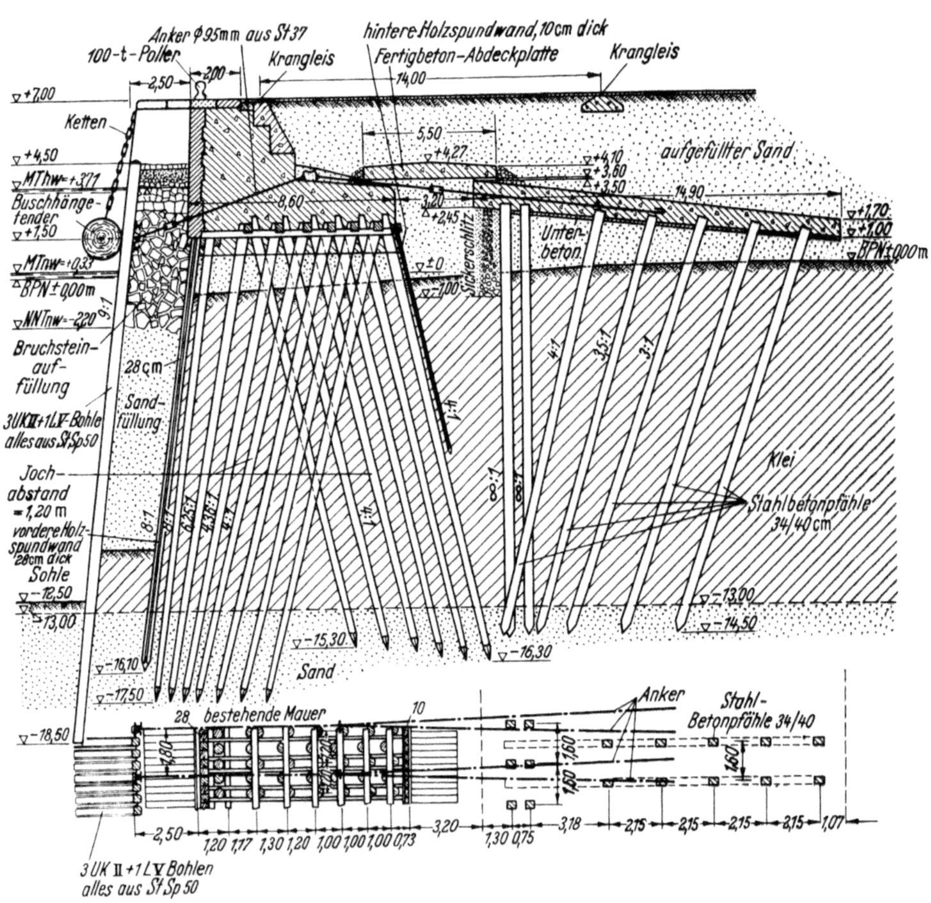

Abb. 5.4.1–2 Fluß- und landseitig verstärkte Kaimauer im Hauptschadensbereich mit Zusatzverankerung durch einen Pfahlrost mit schräg gestellten Druckpfählen

zum Kopf der Stahlspundwand eine Bruchsteinfüllung eingebracht. Die Stahlspundwand wurde durch Stahlanker in der Rostplatte der alten Mauer bzw. – sofern vorhanden – in der rückwärtigen Verstärkungskonstruktion verankert (Abb.5.4.1–1, –2 und –3).

Um die 9 : 1 geneigte Stahlspundwand gegen Schiffstöße zu sichern, erhielt der Mauervorbau 10 m lange Köpfe aus Stahlbeton in jeweils 30 m lichtem Abstand, die von BPN + 3,5 m bis zur Oberkante der Kaimauer auf BPN + 7,0 m reichten. Sie wurden in aufgelöster Bauweise hergestellt und lehnten sich mit 5 lotrechten Rippen gegen den vorhandenen Mauerkopf. Die durchlaufende Vorderwand bildete das obere Auflager der Spundwand, vor die kräftige, waagerecht liegende Buschfender gehängt wurden (Abb.5.4.1–1, –2 und –3 sowie Abb.5.4.1–5).

5.4.1.3 Die landseitigen Kaimauerverstärkungen

Im Bereich des versandeten Priels, in dem die Kaimauer bis zu 93 cm vorgegangen war und bereits Brucherscheinungen zeigte, wurde sie auf der Landseite zusätzlich durch eine nach hinten geneigte und auf Stahlbetonschrägpfählen 34/40 cm ruhenden Stahlbetonrostplatte verstärkt. Diese Konstruktion lieferte die erforderliche zusätzliche Verankerungskraft. Die vorgerammte Stahlspundwand wurde daran mittels Rundstahlankern Ø 95 mm aus St 37 verankert. Sie wurden über einen Ankerstuhl, der auf der Rostplatte der alten Mauer ruhte, umgelenkt (Abb.5.4.1–2). Die Verankerungsrostplatte wurde auf dieser Strecke 14,9 m breit ausgeführt. Nach den Flügeln hin wurde sie auf rd. die halbe Breite abgetreppt verjüngt. Der 5,5 m breite Zwischenraum zwischen alter Mauer und Verankerungsrostplatte wurde zur Verringerung des Erddruckes auf die alte Mauer durch eine 5,5 m breite Fertigbetonplatte abgedeckt (Abb.5.4.1–2).

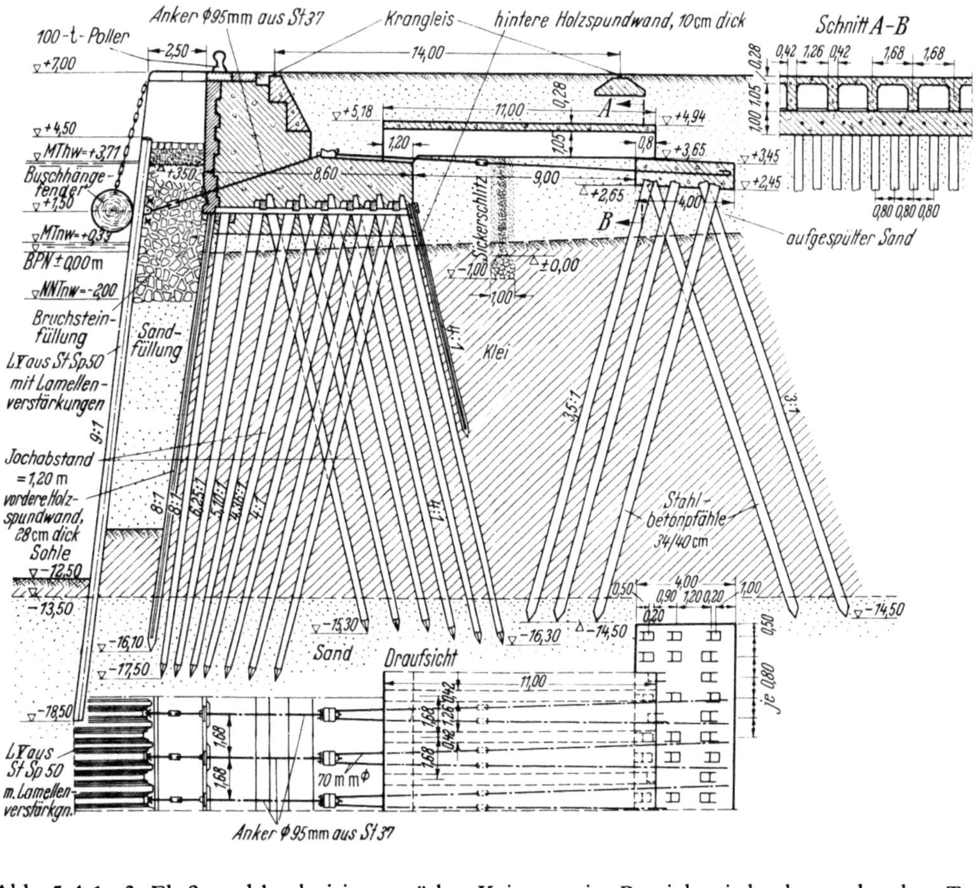

Abb. 5.4.1–3 Fluß- und landseitig verstärkte Kaimauer im Bereich mit hoch anstehendem Tonmergel mit Zusatzverankerung durch einen Bockpfahlrost

Auf der Strecke, in der das Bauwerk nach dem Freibaggern auch wegen des dort höher anstehenden Tonmergels vorgegangen war, mußte die Kaimauer ebenfalls landseitig verstärkt werden. Hier wurde die Lösung nach Abb.5.4.1–3 gewählt. Die zusätzliche Verankerungskraft wurde dabei durch einen Bockpfahlrost mit einer Stahlbetonrostplatte auf schrägen Stahlbetonpfählen 34/40 cm mit den Neigungen der Druckpfähle 3,5 : 1 und der Zugpfähle 3 : 1 geliefert. Die Ausbildung dieses Pfahlrostes wurde der Höhenlage des Tonmergels angepaßt. Der Zwischenraum zwischen neuer Rostplatte und altem Bauwerk wurde durch eine auf beiden gelagerte 11,0 m lange Stahlbetonrippendecke überbrückt (Abb.5.4.1–3).

Die Verankerung der neuen Stahlspundwand wurde auch hier, wie vor beschrieben, ausgeführt.

Die so gewählten hinteren Verstärkungen führten neben der erwähnten zusätzlichen Verankerung auch zu einer wesentlichen Abminderung des auf das bestehende Bauwerk wirkenden Erddruckes.

Alle Kaimauerstrecken, die nach dem Hinterspülen mit Sand und dem Freibaggern der Hafensohle keine ungewöhnlichen Bewegungen aufwiesen, wurden landseitig nicht verstärkt (Abb.5.4.1–1).

5.4.1.4 Entlastung vom hohen Wasserüberdruck

Um die Kaimauer auf voller Länge vom hohen Wasserüberdruck nach Abb.4.4.2–1 zu entlasten, wurde eine auf ganzer Bauwerklänge durchlaufende 1,0 m breite und von BPN – 1,0 bis BPN + 3,0 m reichende Kiesfilterentwässerung eingebaut (Abb.5.4.1–1, –2 und –3). Das eintretende und zu Sammelschächten fließende Wasser wurde durch selbsttätig anspringende Pumpen in den Fluß geleitet.

5.4.1.5 Ergebnisse der weiteren Beobachtungen der verstärkten Kaimauer

Die anschließenden, rd. 30 Jahre laufenden Beobachtungen der Mauer zeigten folgendes:

a) Etwa 4 Jahre nach Abschluß der Verstärkungsarbeiten konnte die Sohle vor der Kaimauer von BPN – 10,0 auf BPN – 12,0 m vertieft werden, nachdem Messungen an der vorgerammten Stahlspundwand ergeben hatten, daß das Tieferbaggern um 2 m zu keiner Gefährdung der Spundwand führte, wenn die künstliche Grundwasserentlastung beibehalten wurde. Es wurde jedoch ein 1 : 4 geneigter und 8 bis 10 m breiter Böschungskeil vor der Spundwand stehen gelassen. Die nach dieser Vertiefung ausgeführten Durchbiegungsmessungen der Stahlspundwand und die sonstigen Bewegungsmessungen ergaben keine wesentlichen Überschreitungen der zugelassenen Spundwanddurchbiegungen und auch keine nennenswerte Vorwärtsbewegung der Kaimauer.

b) Die künstliche Grundwasserabsenkung wurde während des zweiten Weltkrieges eingestellt. Da die Messungen nach dem Kriege zeigten, daß die Kaimauer keine weiteren waagerechten und lotrechten Bewegungen durchgemacht hatte, wurde auf die Wiederinbetriebnahme der Grundwasserabsenkung verzichtet, die Kaimauer aber weiter beobachtet.

c) Bei der laufenden Überprüfung der Kaimauer stellte sich heraus, daß diese mit der Gezeitenbewegung atmete. Bei MThw senkte sich der Mauerkopf um rd. 5,5 mm und ging bei MTnw um das gleiche Maß wieder hoch. Bei MTnw ging die Mauer um rd. 7 mm nach vorn und bei MThw wieder auf die Ausgangslage zurück (Abb.5.4.1–4). Die Art der Bewegung hängt im vorliegenden Falle mit der Bockkonstruktion der alten Pfahlrostmauer zusammen.

d) Die in der Hauptkorrosionszone, das ist etwa in Höhe des MSpTnw $\approx$ BPN $\pm$ 0,0 m auftretende Abrostung betrug etwa 0,12 mm pro Jahr. Im Bereich des maximalen Feldmomentes war sie geringer. Sie betrug dort etwa 0,05 mm pro Jahr.

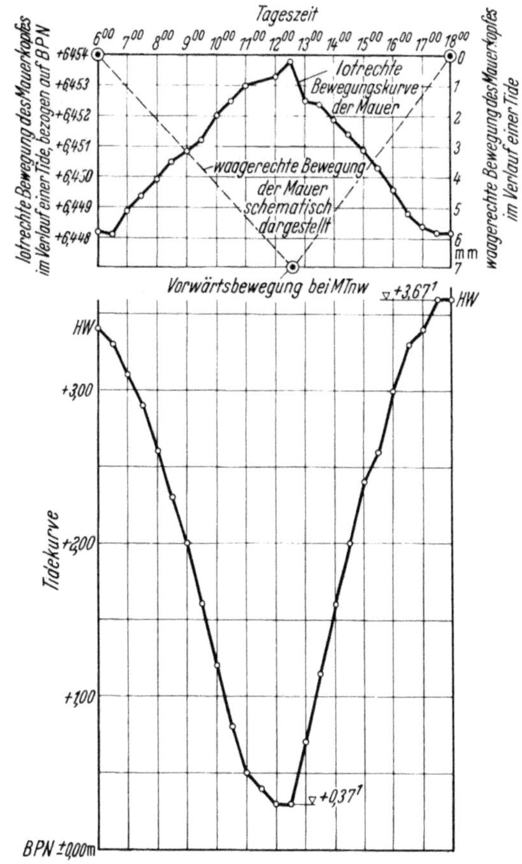

Abb. 5.4.1–4 Bewegungen des Kaimauerkopfes während einer normalen Tide

5.4.1.6 Die Fenderung der verstärkten Kaimauer

Die in rd. 40 m Achsabstand angeordneten Spezialfender aus Buschwerk wurden mit Achse auf BPN + 1,5 m, also zwischen MTnw = + 0,33 m und MThw = + 3,71 m gehängt. Sie blieben so ständig durchnäßt, nachdem sie sich bei dem schlickhaltigen Flußwasser mit Schlick vollgesetzt hatten und nicht mehr aufschwammen. An diesen Fendern konnten die großen Seeschiffe weich anlegen, ohne daß die Fender selbst durch den Schiffdruck oder -stoß zerstört werden. Wie in Abb.5.4.1–5 dargestellt, bestanden diese Fender aus einem 60 cm dicken, inneren Kern aus Rundhölzern und einem äußeren Ring von Eichenbuschfaschinen. Der gesamte Fender war 1,5 m dick und 3,0 m lang. Sowohl der innere Kern als auch die einzelnen Faschinen wurden mit Stahltrossen bzw. mit kräftigem Draht gerödelt und dann durch 4 außen herumgelegte, kräftig angezogene Umwicklungen mit Stahltrossen ∅ 20 mm fest miteinander verbunden. Die Fender wurden mit einem Drahtseil ∅ 26 mm an

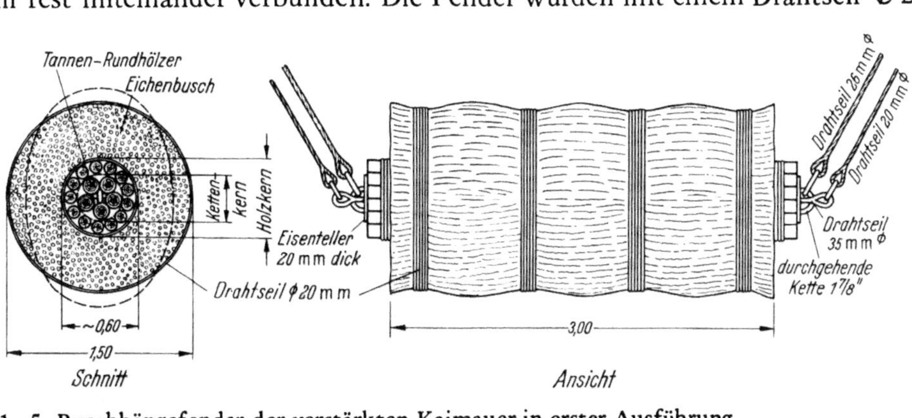

Abb. 5.4.1–5 Buschhängefender der verstärkten Kaimauer in erster Ausführung

den beiden Enden nach oben aufgehängt. Ein zweites längeres Drahtseil Ø 20 mm wurde angeordnet, um das Wiederanheben von Fendern, die durch das Reiben der Schiffe gegebenenfalls losgerissen waren, zu erleichtern. Die Fender wurden später aufgrund der Erfahrungen beim Anlegen der großen Fahrgastschiffe auf 2,5 m Durchmesser und 4,0 m Länge vergrößert.

Diese sehr einfache und billige Konstruktion der Fender hat sich beim vorliegenden Bauwerk in den vergangenen rd. 45 Jahren bewährt. Die Ausbildung wurde vor etwa 1½ Jahrzehnten durch E 61 der EAU: „Buschhängefender für Großschiffsliegeplätze an Ufermauern", geregelt. Wie sonstige Erfahrungen gezeigt haben, sollten sie aber bei Kaimauern mit häufigen, stärkeren längslaufenden Wellen nicht angewendet werden, weil sie dann durch das Herausreißen von Buschwerk einem zu raschen Verschleiß unterliegen.

5.4.1.7 *Schlußbemerkungen*

Die in den Jahren 1927/28 durchgeführte Verstärkung hat in den vergangenen rd. 4½ Jahrzehnten ihre Aufgabe erfüllt. Wegen der in diesem Zeitraum eingetretenen Abrostungen an der vorderen Stahlspundwand, für die ein vollkommener Kathodenschutz immer noch nicht entwickelt werden konnte, und wegen einer erwünschten weiteren Vertiefung der Hafensohle vor der Mauer für den Schiffsverkehr muß diese Mauer demnächst erneut verstärkt werden. Sie soll dabei mit ihrer Kaifläche für einen neuzeitlichen Stückgutumschlag ausgebaut werden.

5.4.2 Verstärkung eines hölzernen Bohlwerks in einem norddeutschen Schleusenhafen

Auf der betrieblich nicht genutzten Seite eines Verbindungshafens mit Dockanlagen mußte für die ein- und auszudockenden Schiffe eine genügende Tiefe der Hafensohle gewährleistet

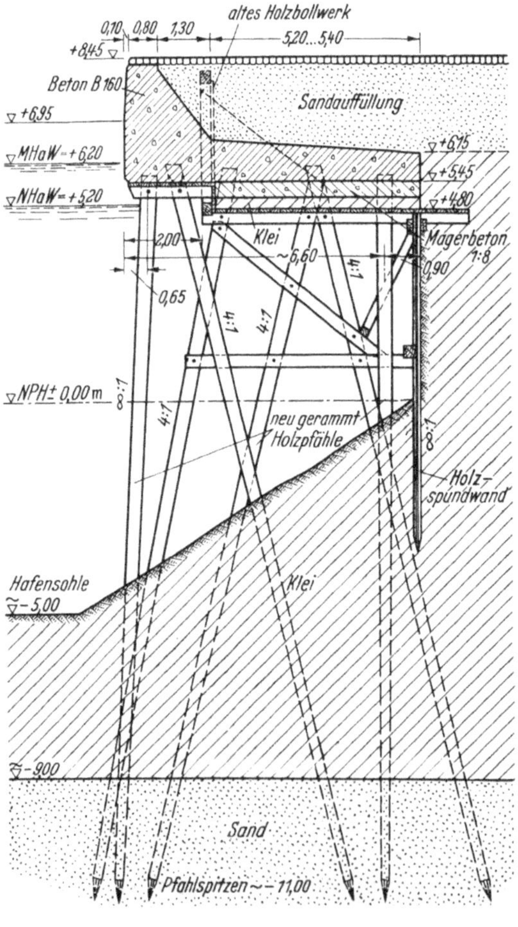

Abb. 5.4.2–1 Umgebautes hölzernes Bohlwerk

werden. Da das Begrenzungsbauwerk sehr leicht gehalten werden konnte, enschloß man sich zu Beginn dieses Jahrhunderts – als Stahlspundwände noch nicht bekannt waren – eine überbaute Stützkonstruktion aus Holz zu errichten. Sie ist in Abb.5.4.2–1 angedeutet und hat sich in den anschließenden 40 Jahren in vollem Umfange bewährt. Dann aber fing die Holzkonstruktion im Wasserwechselbereich an zu verrotten, wobei auch die Bolzenverbindungen durchrosteten und sich lösten.

Da der Bohlenbelag des Überbaues zum Teil durchgebrochen war, mußte man sich nach dem zweiten Weltkrieg sofort mit der Frage eines Neubaues oder einer Verstärkung des Bauwerkes beschäftigen. Ein Neubau, der sicher am besten gewesen wäre, konnte aber aus finanziellen Gründen und auch wegen der damaligen Materialknappheit nicht realisiert werden. Die alte Konstruktion wurde daher freigelegt, und es wurden zunächst die schadhaften Teile ersetzt. Zur Aufnahme der nun geforderten höheren Lasten und gleichzeitig zur Entlastung des dahinter liegenden alten Pfahlrostes wurden vor der bisherigen Flucht im vorhandenen Jochabstand auf Luke jeweils ein Holzpfahlbock und auch vor der bestehenden hinteren Holzspundwand jeweils ein Holzpfahl hinzugerammt. Die so verstärkte Pfahlgründung wurde durch einen neuen Überbau aus Stahlbeton zusammengefaßt.

Wenn diese Konstruktion auch nicht als Ideallösung bezeichnet werden kann, zeigt sie doch, daß unter dem Druck der Verhältnisse auch mit einfachen und billigen Mitteln ein ausreichendes Ergebnis erzielt werden kann. In den nachfolgenden rd. 25 Jahren haben sich Nachteile nicht gezeigt, obwohl diese verstärkte alte Konstruktion inzwischen auch für Ölumschlag benutzt wird.

5.4.3 Verstärkung eines ausgewichenen Spundwandbauwerkes an einem norddeutschen Tidefluß (vgl. auch Kap.3.3.7)

Als bei dem im Kap.3.3.7 behandelten Spundwandbauwerk (Abb.3.3.7–1 und –2) außer starken Wandverschiebungen nach dem Tidefluß hin in der Geländeoberfläche auch größere Erdrisse im Bereich des zu erwartenden Austritts der maßgebenden Erddruckgleitfuge auftraten, bestand für das Bauwerk eine unmittelbare Einsturzgefahr. Zur Entlastung wurden in die Spundwand etwa in Unterkante der Sandauffüllung sofort zahlreiche Löcher gebrannt, um das Grundwasser rasch abfließen zu lassen. Dabei wurde auch ein Teil des Auffüllsandes ausgewaschen. Ein weiterer Teil wurde über die Spundwand vor den Bauwerkfuß geworfen. Hierdurch wurde das Bauwerk entlastet und sein Einsturz verhindert. Anschließend wurde mit den Dauersicherungsarbeiten begonnen.

Die Nachrechnung des Bauwerkes hatte ergeben, daß das Profil der Uferspundwand und die Ankerstangen ausreichend bemessen waren. Eine Standsicherheit in der *tiefen Gleitfuge* – das ist die Verbindungslinie zwischen dem Fußpunkt der frei aufgelagerten Ankerwand und dem Drehpunkt der Uferspundwand im Erdauflager – war aber nicht vorhanden. Es hatte daher ein Abgleiten des Bauwerkes in der tiefen Gleitfuge eingesetzt.

Zur Sicherung mußte die Verankerung um etwa 13 m verlängert werden. In diesem Abstand wurde eine weitere Ankerwand im Profil L II neu aus StSp 37 gerammt, die in der Lage war, die gesamte Ankerkraft aufzunehmen (Abb.5.4.3–1). Auch die Verbindung zwischen alter und neuer Ankerwand wurde für die volle Ankerkraft bemessen. Da die Muttern der Anker an der alten Ankerwand auch nicht einzeln gelöst werden durften, um das Bauwerk nicht vermehrt zu gefährden, mußten die neuen Anker an den vorhandenen Gurt ⵖ 380 aus St 37 angeschlossen werden. Hierzu wurden sie mit einem Spezialgelenk mit durchgestecktem Dorn eingehängt (Abb.5.4.3–2).

Hinter der Uferspundwand wurde eine leistungsfähige Entwässerung eingebaut (Abb. 5.4.3–1). Sie mußte wegen des schlickhaltigen Flußwassers als Rückstauentwässerung ausgebildet werden. Als Dränage wurde eine durchgehende Bruchsteinschicht eingebracht, die in üblicher Form in Filterkies eingebettet wurde (vgl. E 32 der EAU).

Die Verformung der Uferspundwand bis zur Ankerhöhe wurde in Kauf genommen. Über den Ankern wurden die Spundbohlen jedoch soweit erforderlich aufgebrannt, in die vertikale Lage zurückgebogen und wieder verschweißt.

Die durchgeführten Maßnahmen hatten das Bauwerk so verstärkt, daß seine Bewegungen zur Ruhe kamen.

Abschließend sei erwähnt, daß die Gefahr ungenügender Standsicherheit in der tiefen Gleitfuge damals kaum bekannt war. Der vorliegende Fall hatte dann mit dazu beigetragen, daß hierfür in den EAU eine besondere Empfehlung veröffentlicht wurde und der Nachweis der Standsicherheit in der tiefen Gleitfuge nach E 10 seitdem für jedes verankerte Spundwandbauwerk gefordert wird.

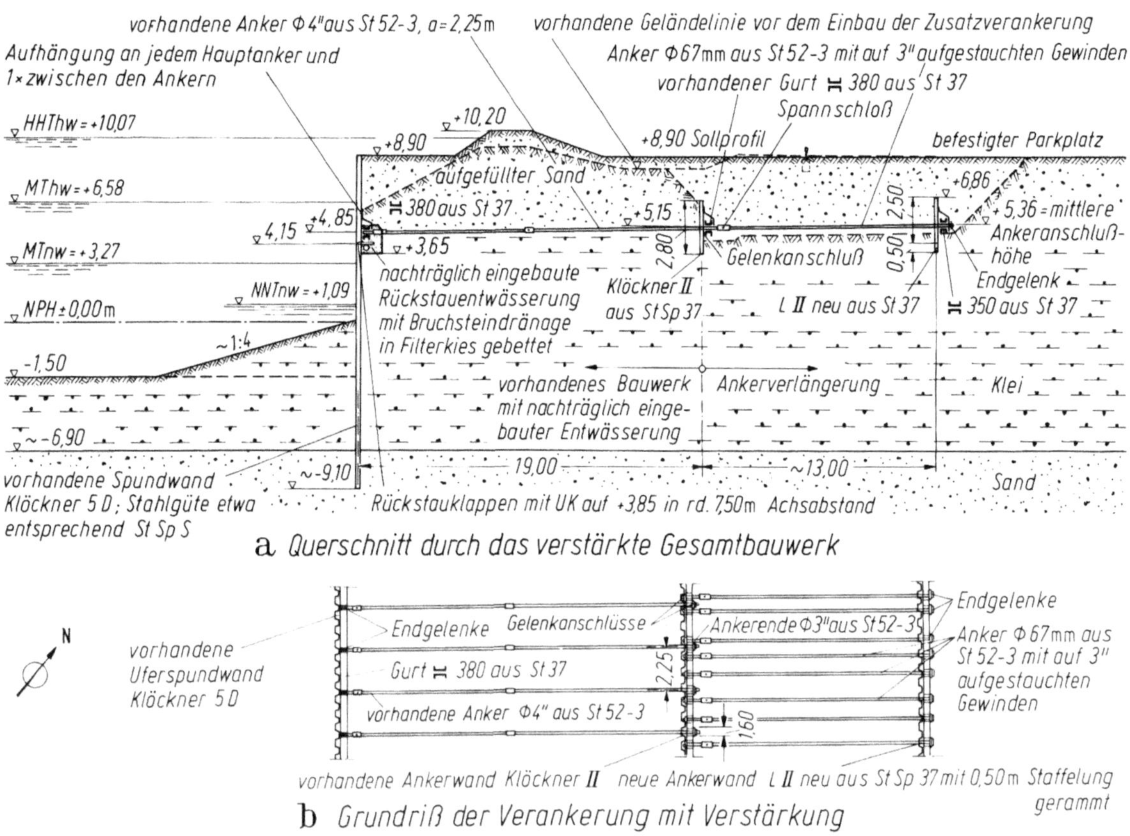

Abb. 5.4.3–1 Querschnitt durch das verstärkte Spundwandbauwerk, ohne Darstellung der Verformungen und der Ankersetzungen, und Grundriß der Verankerung mit Verlängerung

5.4.4 Sicherung einer alten Kaimauer in einem deutschen Schleusenhafen an der Nordsee

An einer alten Kaimauer in einem norddeutschen Schleusenhafen waren seit langem vor allem waagerechte Bewegungen beobachtet worden. Während des zweiten Weltkrieges wurden sie durch Erschütterungen aus Bomben, die in der Nähe detoniert waren, gefährlich vergrößert, wobei die Mauer zu kippen drohte. Das Bauwerk mußte daher nach dem Krieg so rasch wie es die Mittel erlaubten, verstärkt werden.

Das auf einem tiefen Holzpfahlrost gegründete Bauwerk bestand im wesentlichen aus Mauerwerk mit eingeschalteten Sparkammern, die mit Sand gefüllt waren (Abb. 5.4.4–1). Die Bodenverhältnisse waren gekennzeichnet durch eine dicke Kleischicht, die etwa vom Hafenplanum auf NPH + 8,55 m bis NPH + 0,75 m reichte. Sie endete dabei etwa 1,0 m unter dem Massivteil der Mauer. Darunter lag diluvialer Sand, in den die Holzpfähle einbanden.

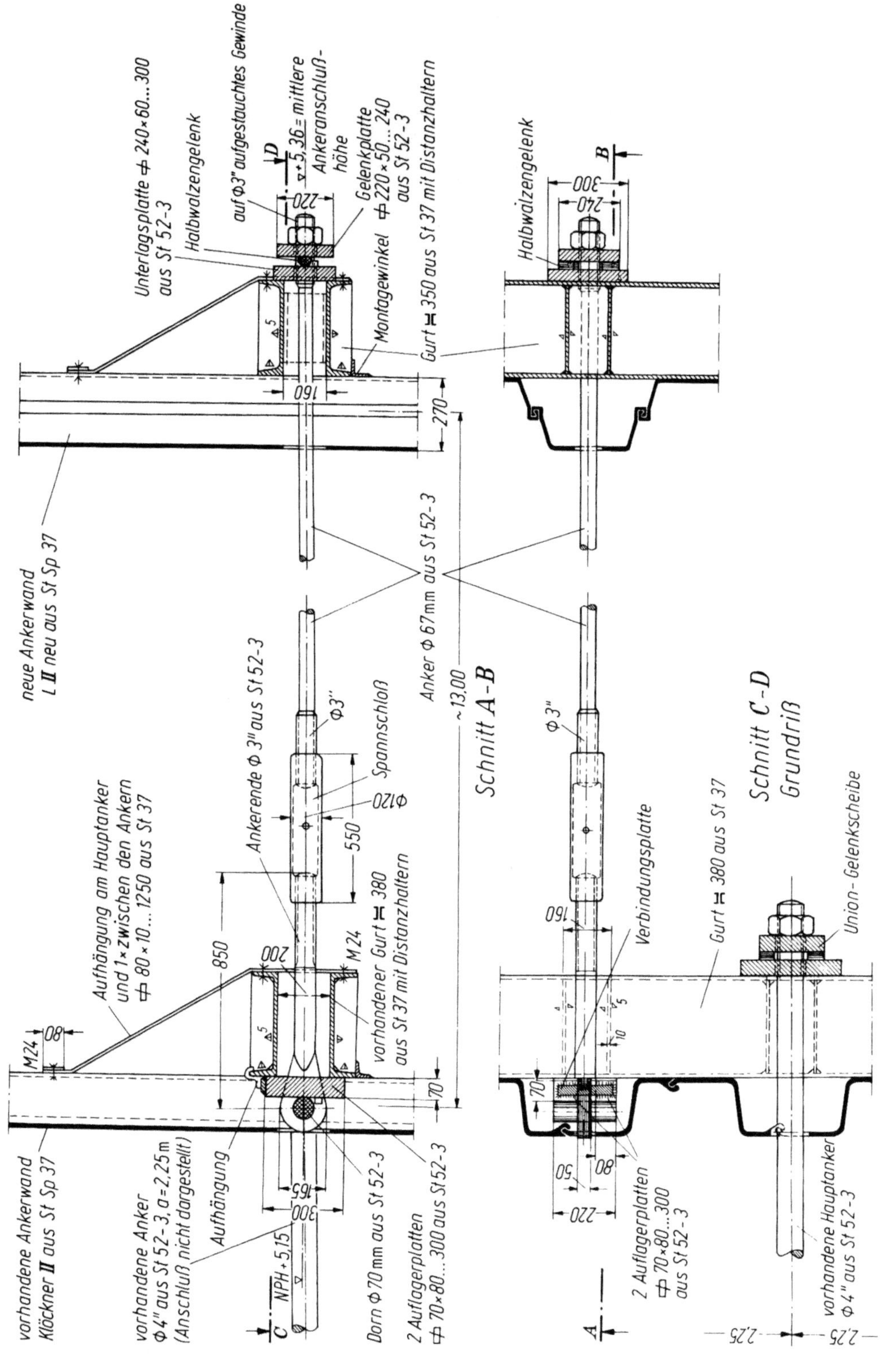

Abb. 5.4.3–2 Detailangaben zum Anschluß der Ankerverlängerung an die vorhandene Verankerung und sonstige Details

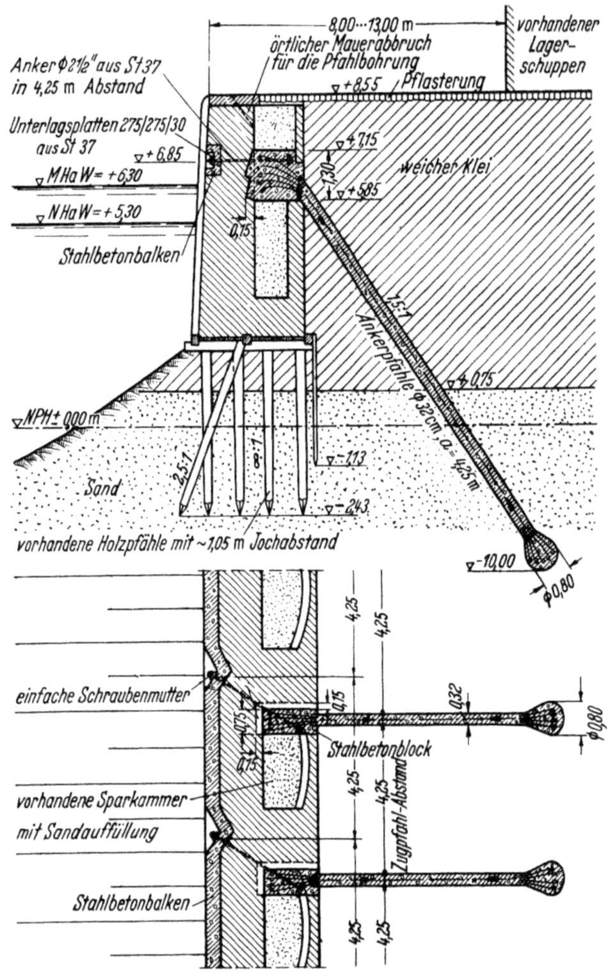

Abb. 5.4.4–1 Sicherung einer alten Kaimauer durch schräg gebohrte Ankerpfähle mit Fußverbreiterung

Als Nutzlast auf der Kaimauer waren beim vorhandenen schweren Straßenverkehr 1,0 t/m^2 anzusetzen, als Pollerzug 1,0 t/m. Da das Hafenwasser in verhältnismäßig kurzer Zeit von MHaW = NPH + 6,3 m auf NHaW = NPH + 5,3 m absinken konnte, mußte mit einem Wasserüberdruck von 1,0 t/m^2 gerechnet werden.

Nach Vergleichsuntersuchungen verschiedener Verstärkungsmöglichkeiten, auch mit vorgerammter Stahlspundwand, erwies sich die Sicherung des vorhandenen Bauwerkes durch gebohrte Ankerpfähle mit verdicktem Fuß als technisch, wirtschaftlich und betrieblich günstige Lösung (Abb.5.4.4–1). Da das bestehende Bauwerk dabei als Haupttragsystem erhalten blieb, lagen die Verstärkungskosten erfreulich niedrig. Die Bauarbeiten konnten jeweils auf einen kleinen Raum beschränkt werden, ohne einen vorhandenen Lagerschuppen zu gefährden.

Die rechnungsmäßig mit 30 t belasteten Ankerpfähle wurden alle 4,25 m eingebracht. Sie erhielten einen Schaftdurchmesser von 32 cm und wurden am Fuß auf ∅ 80 cm verdickt. Ihre Längsbewehrung betrug 10 ∅ 16 mm. Die 6 mm dicke Bügelbewehrung wurde als Spirale mit 15 cm Ganghöhe ausgebildet. Die gesamte Bewehrung bestand aus BSt I. Die Ankerpfähle wurden jeweils am Rande einer Sparkammer angeordnet und mittels einer Stahlbetonplombe mit dem benachbarten Pfeiler verzahnt verbunden. Um den waagerechten Anteil der erforderlichen Ankerkraft aus dem Bauwerk in die Ankerpfähle ableiten zu können, wurde jede Plombe mit einem Anker ∅ 2½" aus St 37 an einen durchlaufenden Stahlbetongurt angeschlossen. Dieser war auf der Vorderseite der Kaimauer in einem

Stemmschlitz untergebracht. Er war so bemessen, daß er die waagerechten Lasten aufnehmen und im Rahmen zulässiger Spannungen zu den Ankerpfählen hin abtragen konnte.

Die Bauarbeiten gingen ohne Schwierigkeiten vor sich. Das Bauwerk kam nach der Verstärkung zur Ruhe und hat sich seitdem im Betrieb bewährt.

5.4.5 Vertiefung und Verstärkung einer Ufermauer in einem Seekanalhafen in Norddeutschland

5.4.5.1 Allgemeines, Bodenverhältnisse und Angaben über das bestehende Bauwerk

Die Hafensohle der hier behandelten Ufermauer mußte Anfang der fünfziger Jahre um 2,5 m vertieft werden, damit alle den Kanal berfahrenden Schiffe ohne Leichtern anlegen konnten.

Die vorhandene Ufermauer war den stark wechselnden Bodenverhältnissen angepaßt aus-

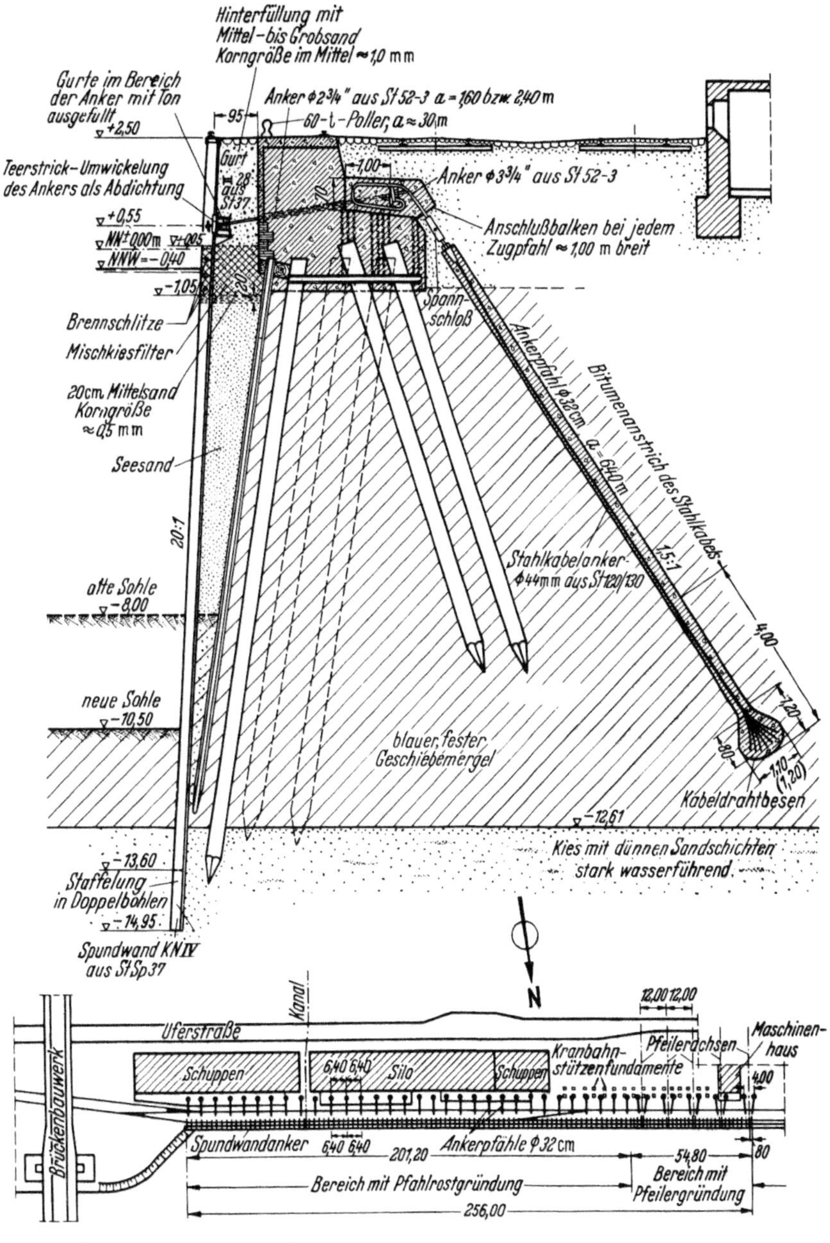

Abb. 5.4.5–1 Gesamtlageplan und Querschnitt der Kaimauer im Ostteil mit Pfahlrostgründung

geführt worden. In einem rd. 201 m langen Bereich mit hoch anstehendem blauen Geschiebemergel war sie als hoher Pfahlrost auf Holzpfählen mit vorderer Holzspundwand und Betonkopf errichtet (Abb.5.4.5–1). Die Holzpfähle und die Holzspundwand reichten hier etwa 4.5 m unter die alte Hafensohle.

In der anschließenden rd. 55 m langen Strecke begann der Geschiebemergel erst etwa 4 m unter der alten Hafensohle. Hier war die Ufermauer als Pfeilergründung ausgeführt. Die Pfeiler mit der Grundfläche 3,0/6,0 m waren mit 12 m Achsabstand als offene Brunnen abgesenkt worden. Die 9,0 m breiten Zwischenräume waren durch Gewölbe mit wasserseitigem massiven Kopf überspannt und hinten durch eine Holzspundwand abgeschlossen (Abb.5.4.5–2). Die Pfeilergründung auf NN – 9,5 m lag 1,0 m über der vertieften Hafen-

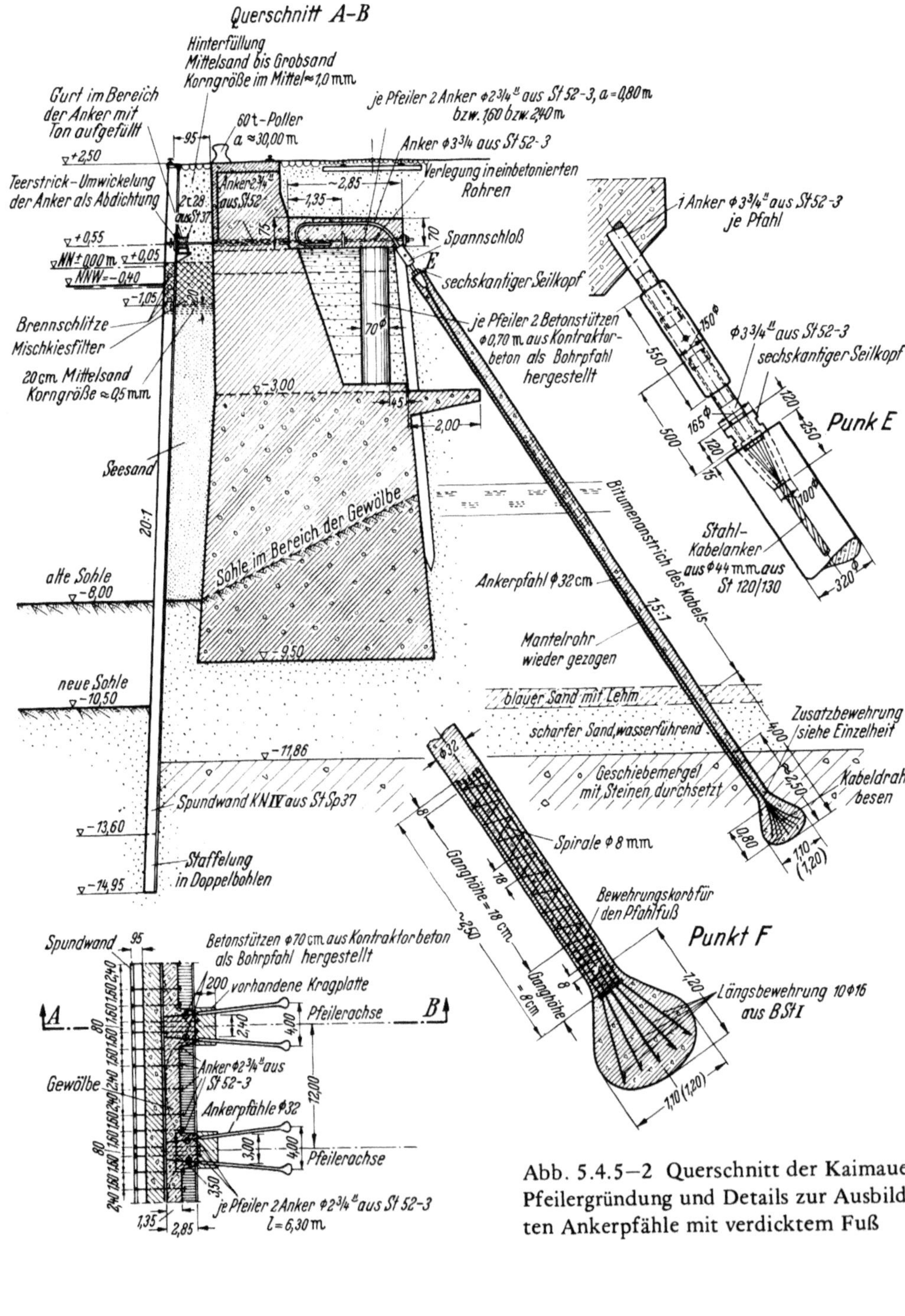

Abb. 5.4.5–2 Querschnitt der Kaimauer im Bereich mit Pfeilergründung und Details zur Ausbildung der gebohrten Ankerpfähle mit verdicktem Fuß

sohle auf NN − 10,5 m, was bei der Berechnung und Bemessung der Bauwerkvertiefung und -verstärkung besonders berücksichtigt werden mußte.

Für die Vertiefung und Verstärkung ergab sich eine vor die bestehende Ufermauer gerammte Stahlspundwand mit zusätzlicher Schrägpfahlverankerung als technisch einfachste und wirtschaftlichste Lösung.

5.4.5.2 Ausbildung und Anschluß der vorgerammten Spundwand

Sorgfältige Berechnungen zeigten, daß in beiden Abschnitten das Spundwandprofil KN IV aus StSp 37 für die Vertiefung ausreichte. Die Spundwand wurde mit ihrer Achse 0,95 m vor dem Kopf der vorhandenen Ufermauer angeordnet, so daß hinter der Wand noch ausreichend Arbeitsraum für die Montage des Gurtes, den Einbau der Anker, die Seesandauffüllung, den Durchlauffilter und die darüber liegende Sandauffüllung verblieb.

Bei der gewählten Neigung 20 : 1 lag die Stahlspundwand noch so weit vor den alten Gründungen, daß diesen beim Rammen der Wand die Stützung nicht entzogen wurde.

Mit an die Stahlspundwand durch Endgelenk beweglich angeschlossenen und auch im Mauerwerk und im Stahlbeton in einbetonierten Rohren beweglich verlegten Rundstahlankern ⌀ 2¾" aus St 52−3 wurde die vorgerammte Spundwand mit dem neuen Gurtbalken beziehungsweise mit der neuen Stützplatte aus Stahlbeton verbunden, die hinter dem alten Wandkopf angeordnet wurden.

5.4.5.3 Ausbildung der Ankerpfähle, ihr Anschluß an die bestehenden Bauwerkteile und ihre Vorspannung

Beide vertieften Bauwerkabschnitte wurden mittels 1,5 : 1 geneigten gebohrten Ankerpfählen mit verdicktem Fuß gesichert (Abb.5.4.5−1 und −2). Diese Pfähle mit 32 cm Schaftdurchmesser wurden mit einem wieder gezogenen Stahlrohr gebohrt und erhielten im Geschiebemergel eine angeschnittene Fußverdickung auf ⌀ 1,10 bis 1,20 m. Um die erforderliche Ankerkraft von 85 t übertragen zu können, wurde jeder Pfahl mit einem patentverschlossenen Stahlkabelanker ⌀ 44 mm aus St 120/130, ausgerüstet. Das Fußende dieser Anker wurde zu einem etwa 0,8 m langen Kabeldrahtbesen entflochten. Dieser wurde gemeinsam mit einem kurzen Rundstahlbewehrungskorb mit 10 ⌀ 16 mm aus BSt I als Fußanschlußbewehrung zusammengebogen und durch das Bohrrohr in den vorher ausgeschnittenen Fußraum abgelassen. Dort angekommen, federten Kabeldrahtbesen und Fußanschlußbewehrung wieder selbsttätig elastisch auseinander (Abb.5.4.5−2, Punkt F). Die erforderliche Einbindung in den anschließend mittels Betonierrohr, ⌀ 120 mm, eingepreßten Pfahlbeton war dabei gewährleistet.

Oben endete jeder Stahlkabelanker in einem sechskantigen Seilkopf. Daran schloß sich über einen Ankerstummel ein Spannschloß an, das zu einem Anker ⌀ 3¾ aus St 52−3 führte (Abb.5.4.5−2, Punkt E). Im Pfahlrostbereich band dieser Anker kraftschlüssig in einen neu hergestellten durchlaufenden Stahlbeton-Gurtbalken ein (Abb.5.4.5−1). Im Pfeilerbereich führte der Anker ⌀ 3¾", in eine neu erstellte 0,7 m dicke Stahlbetonplatte. Letztere stützte sich wasserseitig auf die alte Vorderwand der Ufermauer und landseitig über zwei neue Stahlbetonsäulen, ⌀ 70 cm, die als Bohrpfähle eingebracht wurden, auf einen Absatz der vorhandenen Pfeiler ab (Abb.5.4.5−2).

Nachdem die vorgerammte Spundwand verankert und hinterfüllt war, wurde vor dem Verfüllen der Baugrube hinter dem alten Wandkopf in jedem Ankerpfahl die volle rechnerische Pfahlkraft von 85 t mit Hilfe des Spannschlosses als Vorspannlast eingebracht. Hierzu war eine etwa 3 m lange Spannstange erforderlich, die von 3 bis 4 Arbeitern betätigt wurde. Dabei mußte umgekehrt der Seilkopf mit einem langen und schweren Sechskant-Schraubenschlüssel gegen Verdrehen gehalten werden. Das Maß der Ankervorspannung wurde den vorher für Vollast berechneten Dehnlängen der Anker angepaßt. Da das Spannschloß gut zugänglich war, konnten die Stahlkabelanker so ohne nennenswerte Schwierigkeiten mit einfachsten Mitteln vorgespannt werden. Bequemer, aber in den Armaturen teurer, wäre allerdings ein Vorspannen mittels Pressen von Oberkante Gurtbalken bzw. Stahlbetonplatte aus gewesen.

5.4.5.4 Ergänzende Hinweise

Bei den gesamten Bauarbeiten konnte das für den Durchfahrtverkehr wichtige landseitige Gleis vor dem Schuppen und dem Silo in Betrieb bleiben (Abb.5.4.5–1), was als besonderer Vorteil der Verankerung mittels Schrägpfählen anzusehen war.

Durch die gewählte Ausführung konnte das Bauwerk bei nur örtlicher Störung des Umschlagbetriebes mit geringstmöglichem Aufwand und ohne nennenswerte Schwierigkeiten so verstärkt werden, daß es den gestellten Anforderungen seither voll entspricht. Die gebohrten Ankerpfähle mit der angeschnittenen Fußverbreiterung haben einwandfrei gehalten. Hier muß allerdings beachtet werden, daß diese Fußverbreiterungen in einem einwandfrei tragfähigen Geschiebemergel, durch das Bohrrohr gesichert, im Trockenen hergestellt und ausbetoniert werden konnten. Da auch im Bereich der Pfeilergründung die Ankerpfähle 2,5 m tief in den Geschiebemergel reichten (Abb.5.4.5–2), konnten gefährliche Auflockerungen des Bodens, insbesondere oberhalb des Pfahlschaftes und der Fußverdickung, hier nicht wirksam werden bzw. auftreten. Da kurz nach der Ausführung dieser Bauwerkverstärkung flach geneigte Stahlankerpfähle eingerammt werden konnten, wurde eine anschließende Verlängerung der Verstärkung aber bereits mit den letzteren ausgeführt.

5.4.6 Vertiefung einer alten Kaimauer in einem norddeutschen Tidehafen

5.4.6.1 Allgemeines, Bodenverhältnisse und Belastungen

Im Zuge der Vertiefung von Liegeplätzen in einem norddeutschen Tidehafen um rd. 5 m mußte Mitte der fünfziger Jahre eine alte, abgängige, mit Sparkammern versehene Kaimauer auf Holzpfahlrost größtenteils abgebrochen und durch eine neue Uferwand ersetzt werden. In diesem Hafengebiet bestand der tiefere Baugrund aus diluvialem Sand mit einzelnen eingelagerten, eiszeitlich vorbelasteten Schluffbändern knapp unter der vertieften Hafensohle. Darüber befand sich alluvialer Sand mit einer eingebetteten örtlichen etwa 1 m dicken Kleischicht, die aber im Kaimauerbereich im Zuge der Bauarbeiten weggeräumt werden konnte.

Auf der Kaianlage waren eine gleichmäßig verteilte Nutzlast von 2,0 t/m^2, die Lasten aus einer später mit ihrer Achse 1,75 m hinter der Kaimauervorderkante angeordneten, flach gegründeten Kranbahn für übliche Hafenkrane sowie je 60 t Trossenzug an Pollern in rd. 30 m Abstand zu berücksichtigen. Das Uferbauwerk mußte in der Lage sein, den Geländesprung von der Hafensohle auf NN – 10,0 m bis zum Hafenplanum auf NN + 7,28 m sicher abzustützen. Bei MThw = NN + 2,06 m, MTnw = NN – 1,2 m und NNTnw = NN – 3,22 m waren wegen der eingelagerten diluvialen Schluffbänder beachtliche Wasserüberdrücke zu erwarten, wenn nicht eine leistungsfähige Rückstauentwässerung eingebaut wurde.

5.4.6.2 Gewählte Lösung und Baudurchführung

Als insgesamt zweckmäßigste und am einfachsten auszuführende Lösung ergab sich ein doppelt verankertes Spundwandbauwerk mit dem Profil L V aus StSpS als Uferspundwand (Abb.5.4.6–1). Zu einer in der Lieferung billigeren gemischten Spundwand Peine-Krupp konnte sich der Bauherr nicht entschließen, zumal damals der Liefervorteil durch geforderte höhere Rammpreise zum Teil wieder verlorenging.

Nach Abbruch des alten Mauerwerkes und Ziehen der vordersten schrägen Holzpfahlreihe und der alten Reibepfähle wurde die Uferspundwand ausreichend weit vor den verbleibenden Pfahlrost gerammt. Verankert wurde sie mit patentverschlossenen Stahlkabeln (Abb. 5.4.6–1).

Die unteren Hauptanker wurden 1,1 m über MTnw angeschlossen, so daß in der Normaltide ausreichend Zeit vorhanden war, um Gurt und Anker einzubauen. Die Stahlkabelanker

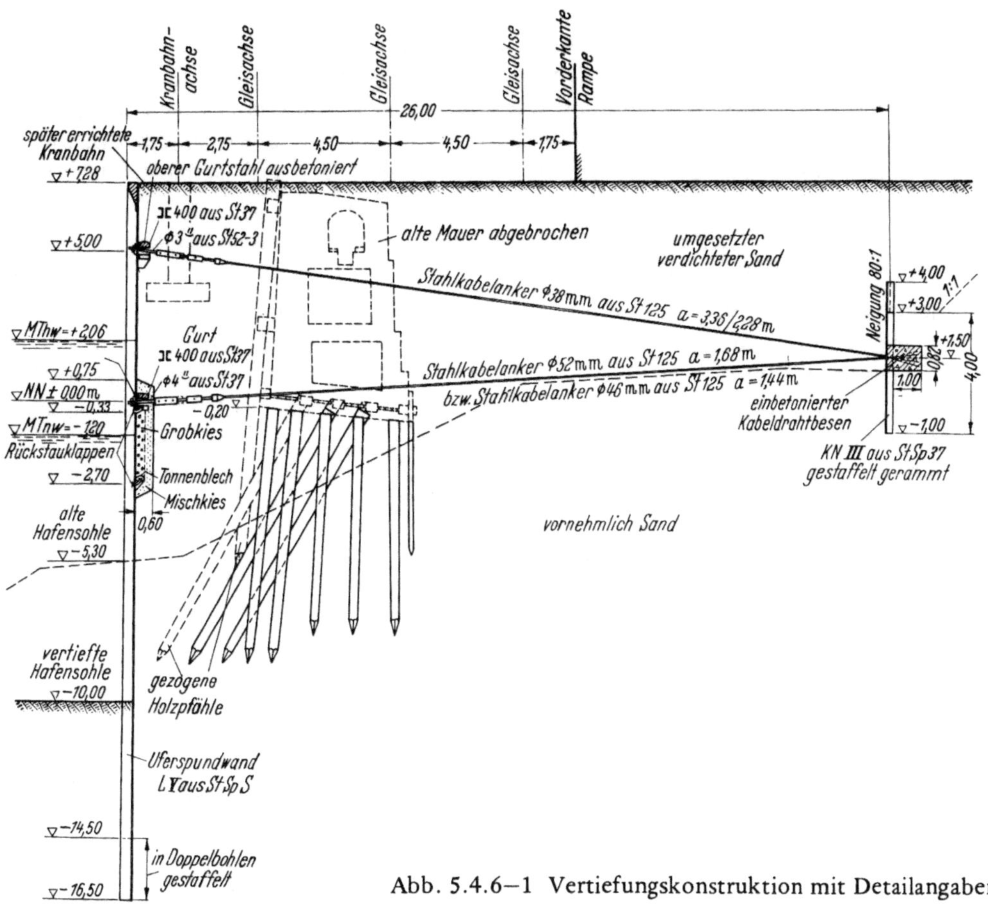

Abb. 5.4.6–1 Vertiefungskonstruktion mit Detailangaben

wurden wasserseitig vorsorglich mit den bei Rundstahlankern üblichen Garnituren ausgerüstet und konnten sowohl über ein Spannschloß als auch von der Wasserseite her vorgespannt werden. Landseitig wurden die Stahlkabelanker zu einem Kabeldrahtbesen aufgeflochten und unmittelbar in den Stahlbetongurt der Ankerwand KN III aus StSp 37 einbetoniert. Um die Anker einbauen zu können, wurde gleichlaufend mit dem Abbruch der alten Mauer die erforderliche Baugrube bis zur Hauptanker-Unterkante ausgehoben und unter Einlegen der Anker in richtiger Position und Ausschluß der Kleischicht im laufenden Umsetzverfahren wieder mit Sand aufgefüllt. Letzterer wurde dabei sorgfältig verdichtet.

5.4.6.3 Detailangaben zur ausgeführten Entwässerung

Um den Wasserüberdruck abzumindern, wurde eine Entwässerung mit Sammlern und Rückstauverschlüssen in zwei verschiedenen Höhenlagen eingebaut. Als oberer Sammler wurde der untere ⊓ -Stahl des unteren Spundwandgurtes][400 aus St 37 benutzt. Sein oberer ⊔-Stahl wurde gleich wie der des oberen Gurtes zur Sicherung gegen Korrosion ausbetoniert. Als unterer Entwässerungssammler wurde – etwa in Höhe des NNTnw und damit unter Wasser – ein Tonnenblech eingebaut (Abb.5.4.6–1). Dazwischen wurde Grobkies 30–50 mm eingebracht und das Ganze mit Mischkies umschüttet. Letzterer wurde mit folgendem Kornaufbau gemischt: 1–3 mm ... 20 %, 3–7 mm ... 20 %, 15–20 mm ... 60 %. Da die unteren Rückstauverschlüsse bei der gewählten Anordnung praktisch dauernd unter Wasser liegen und daher nicht ausreichend beobachtet werden können und auch weitgehend unzugänglich sind, war eine besonders sorgfältige Ausführung erforderlich. Außerdem mußte gefordert werden, daß auch bei völligem Ausfall der unteren Entwässerung noch eine – wenn auch geringe – Reststandsicherheit des Bauwerkes vorhanden war.

5.4.6.4 Kranbahnbalken hinter der Uferspundwand

Der Kranbahnbalken hinter der Uferwand wurde erst später eingebaut und flach gegründet. Er wurde 3,0 m hoch gewählt, so daß seine Gründungsplatte unter den oberen Ankern lag, die durch überhöhte Aussparungen im Steg des Balkens führten. Durch die gewählten Abmessungen erhielt der Kranbahnbalken das erforderliche Tragvermögen, um die als unvermeidlich vorausgesetzten Ungleichmäßigkeiten seiner Bettung schadlos überbrücken zu können.

5.4.6.5 Abschließende Hinweise

Die vorliegende Lösung war insgesamt so günstig, daß sie auch bei den folgenden Ausbauabschnitten angewendet wurde. Uferwand und Entwässerung sowie die nachträglich eingebaute Kranbahn haben sich bisher im Betrieb bewährt. Die gute Funktionstüchtigkeit der gewählten Entwässerung hängt allerdings auch damit zusammen, daß im Hafenbecken kaum Schlickfall eintritt. Im allgemeinen empfiehlt es sich aber, so tiefliegende Entwässerungen vorsorglich mit doppelt gesicherten, von oben zugänglichen Entwässerungsschleusen auszurüsten.

5.4.7 Verstärkung und Vertiefung einer bombenbeschädigten Kaimauer in einem norddeutschen Tidehafen

5.4.7.1 Allgemeines und ausgeschriebener Entwurf

Im zweiten Weltkrieg war die hier beschriebene Kaimauer auf hohem Pfahlrost mit überbauter Böschung und hinten liegender Holzspundwand durch Bombeneinwirkung so stark beschädigt worden, daß ein Umschlagbetrieb nicht mehr möglich war. In einzelnen Bereichen hatte sich der Überbau schräggestellt und verschoben, während in anderen die Mauer noch etwa in der alten Lage war.

Anfang der fünfziger Jahre mußte diese Kaimauer saniert werden. Gleichzeitig mit den erforderlichen Sicherungsarbeiten war die Hafensohle bis NN − 10,7 m zu vertiefen. Hierzu sollte nach der Ausschreibung eine Stahlspundwand L III neu aus StSp 37 vorgerammt und über einen aufgesetzten Stahlbetonkopf mit dem bestehenden Überbau biegesteif verbunden werden. Zur Verstärkung des beschädigten und durch Erschütterungen geschwächten alten Bauwerkes und zur Aufnahme der zusätzlichen Belastungen aus der Sohlenvertiefung war hinter der Kaimauer eine Entlastungsplatte auf üblichen Schrägpfahlböcken geplant, an die die vorgerammte Stahlspundwand mit neuem Wandkopf mit vorgespannten Rundstahlankern angeschlossen werden sollte. Sondervorschläge waren zugelassen.

5.4.7.2 Angebotener und ausgeführter Sondervorschlag

Von der Möglichkeit Sondervorschläge anzubieten, machte eine deutsche Großbaufirma erfolgreichen Gebrauch. Sie schlug eine neuartige Sicherungskonstruktion mit unter 1 : 1 gerammten Stahlankerpfählen vor und erhielt dafür bei Übernahme des vollen Risikos für den Bestand des alten Bauwerkes, das Einrammen der Pfähle und deren planmäßige Tragfähigkeit den Auftrag.

In den Bereichen mit starker Beschädigung wurde die ausgeschriebene Lösung mit Entlastungsplatte im grundsätzlichen beibehalten. Die üblichen Pfahlböcke wurden aber durch 1 : 1 geneigt gerammte Stahlankerpfähle ersetzt (Abb.5.4.7−1a). Diesen mit Fußflügeln ausgerüsteten Ankerpfählen wurde eine zulässige Pfahlkraft von 75 t zugeordnet.

Die Baustadien der Verstärkung und die dabei wirksamen Tragsysteme wurden für sich berechnet und die Einflüsse überlagert. Dabei zeigte sich, daß der Pfahlrost in seiner verschobenen und gekippten Lage wesentlich günstigere Pfahlkräfte aufwies, als in seiner Ausgangsstellung. Das beim Bombenangriff im Einsturz befindliche Bauwerk hatte sich offenbar beim Durchgang durch die günstigere Stützung wieder gefangen.

In den einigermaßen gesunden Bereichen der alten Mauer wurden lediglich am hinteren

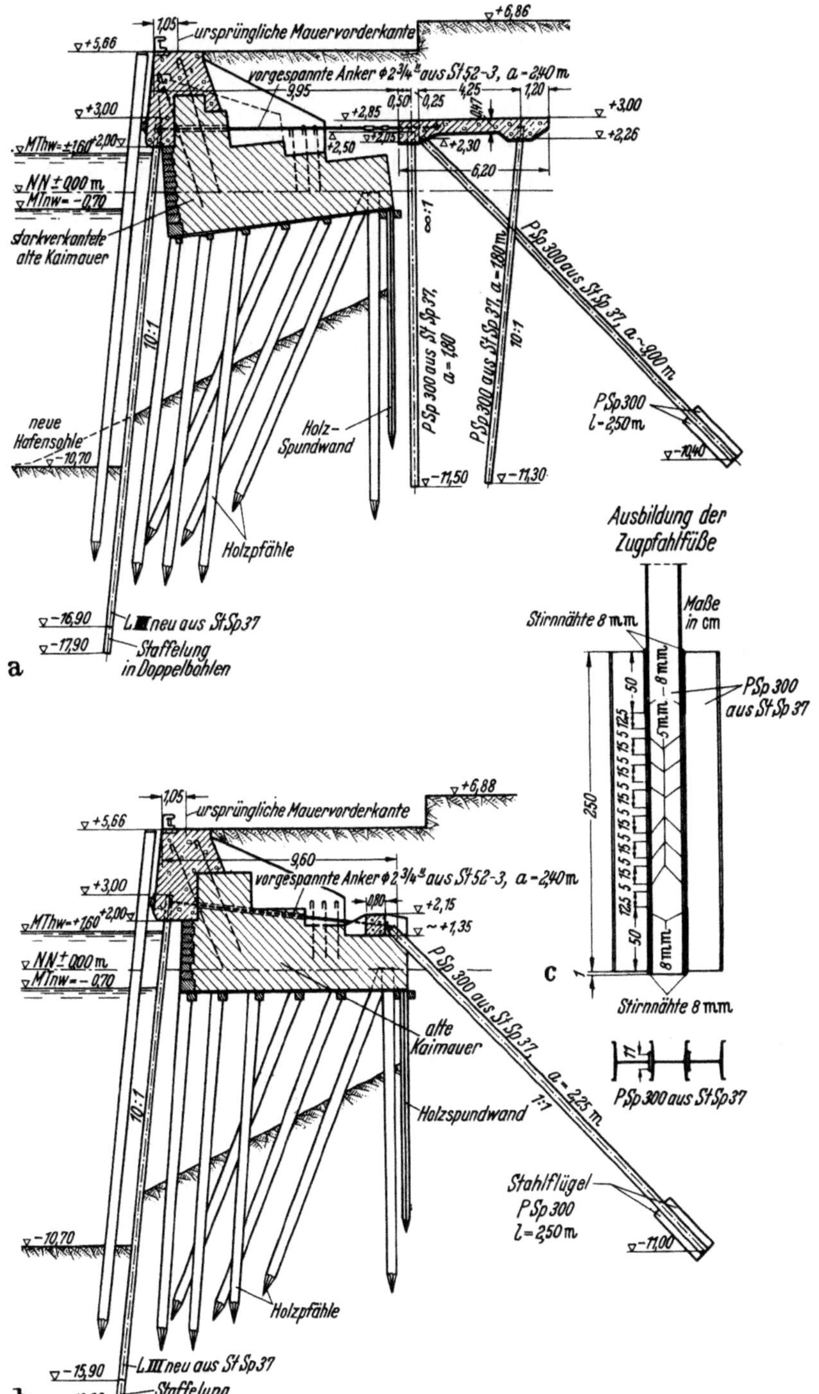

Abb. 5.4.7–1 Verstärkungs- und Vertiefungskonstruktionen der bombenbeschädigten Kaimauer

a) Bereich mit sehr starken Schäden
b) Bereich mit leichten bis mittleren Schäden
c) Ankerpfahl-Fußverstärkung mit angeschweißten Stahlflügeln

Ende der Rostplatte 1 : 1 geneigte Stahlankerpfähle gerammt und unmittelbar mit der Rostplatte und dem Spundwandanker mit einer Stahlbetonkonstruktion verbunden (Abb. 5.4.7–1b). Ankerpfahl und bestehendes Bauwerk bildeten hierbei ein neues Gesamtsystem, in dem der Ankerpfahl vor allem die anteiligen Zugkräfte aufnehmen und der übrige Pfahlrost die Aufgabe der Druckpfahlgruppe übernehmen mußte. Auch hier wurden in der Berechnung die einzelnen Baustadien und die dabei vorhandenen Tragsysteme nacheinander untersucht und die Beanspruchungen überlagert. Dabei bestätigte sich – wie vorauszusehen war – daß durch die nunmehr günstigere Lage des System-Nullpunktes wesentlich bessere Eigenschaften des Gesamtsystems erreicht wurden.

5.4.7.3 Bauausführung

Da es damals noch keine Rammen gab, mit denen Ankerpfähle der vorliegenden Art in der Neigung 1 : 1 gerammt werden konnten, mußte die bauausführende Firma ein besonderes Rammgerät entwickeln. Bei diesem wurden die Pfähle auf einem schlittenartigen längsfahrbaren Wagen bereitgelegt und mit Hilfe eines auf Rollen laufenden Freifallbärs in den Boden getrieben. Darüber hinaus war vorsorglich eine Zugvorrichtung angeordnet worden, die die Wirkung der Rammschläge erhöhen sollte. Sie brauchte aber nicht betätigt zu werden, da sich die Pfähle ohne Schwierigkeiten auf Tiefe rammen ließen.

Die Probebelastungen zeigten, daß die nach den damaligen Erfahrungen ausgelegten Stahlflügelpfähle die in sie gesetzten Erwartungen voll erfüllten. Auch sonst verlief alles planmäßig und das Bauwerk hat sich bis heute bewährt.

Die so durchgeführten Bauwerksicherungen und die Vertiefung war etwa 25 % billiger als die ursprünglich nach konventionellen Methoden vorgesehene Lösung.

5.4.7.4 Ergänzende Hinweise

Flach geneigte, gerammte Ankerpfähle mit und ohne Fußflügeln haben sichinzwischen allgemein durchgesetzt und werden im In- und Ausland mit bestem Erfolg angewendet. Sie werden heute im allgemeinen mit normalen Rammen mit einem Zusatzgerät sowohl vom Rammgerüst als auch schwimmend gerammt. Sie stellen einen echten technischen Fortschritt dar und sind heute aus dem modernen Kaimauerbau nicht mehr wegzudenken. Ingenieurmäßiges Können und unternehmerisches Wagnis führten so zu einer Neuentwicklung von beachtlicher volkswirtschaftlicher Bedeutung.

5.4.8 Sicherung der westlichen Vorhafenkaimauer einer Seeschleuse an einem norddeutschen Tidefluß mittels Grundwasserabsenkung (vgl. auch Kap.3.3.8 und 5.4.9)

5.4.8.1 Allgemeines, Bodenverhältnisse, Wasserstände und Auftriebgefährdung der Kleisohle

Bei der im Kap.3.3.8 behandelten, kurz vor der Jahrhundertwende errichteten und nach dem zweiten Weltkrieg zunehmend ausweichenden Kaimauer mußten die dringend erforderlichen Sicherungsmaßnahmen unter den schwierigen Nachkriegsverhältnissen ausgeführt werden. Die Baustoffe für eine dauerhafte Verstärkung der Mauer und die erheblichen Geldbeträge für die zu sanierende rd. 202 m lange Kaimauer waren nicht verfügbar (Abb.5.4.8–1). Erschwerend kam hinzu, daß sich das Bauwerk in einem Gebiet befand, in dem die auf dem Tonmergel liegende rd. 12 m hoch anstehende, stark wasserführende, diluviale Sandschicht nahezu 20 m hoch von Klei überlagert war (Abb.5.4.8–2). Letzterer war in seinen oberen Bereichen stark sandhaltig und hatte in größerer Tiefe einen hohen Anteil an organischen Substanzen. Das Raumgewicht dieses durchwachsenen tiefliegenden Kleis unter Wasser war $\gamma_a = 0{,}4\ t/m^3$.

Da der diluviale Sand in großer Entfernung vom Bauwerk in den das Urstromtal des Tideflusses begrenzenden Geestrücken überging, wurde er von dort her laufend mit Grundwasser aus Niederschlägen gespeist. Hierdurch hatte das Grundwasser im diluvialen Sand eine von der Tide weitgehend unabhängige Standrohrspiegellage auf BPN + 2,5 m. Schon beim MTnw = BPN + 0,33 m und vor allem beim NNTnw = BPN – 2,0 m stand die Hafensohle unter starkem Wasserüberdruck von unten. Bei der Hafensohlenlage auf BPN – 8,0 m hatte die Kleisohle ein wirksames Gewicht von $6{,}0 \cdot 0{,}4 = 2{,}4\ t/m^2$, dem bei MTnw = BPN

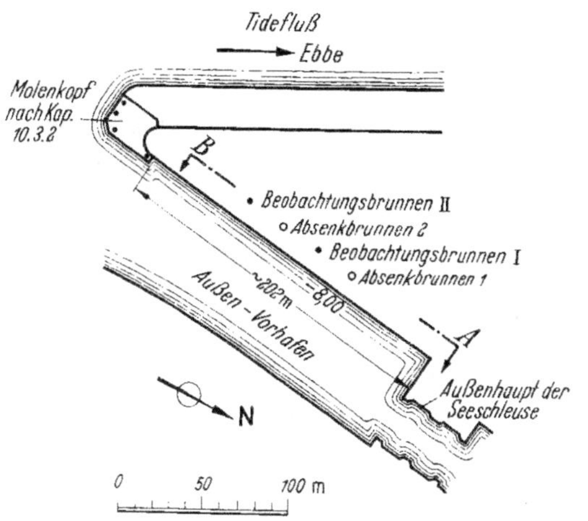

Abb. 5.4.8–1 Lage-Übersichtsplan mit Angabe der Grundwasser-Absenkbrunnen und der -Beobachtungsbrunnen

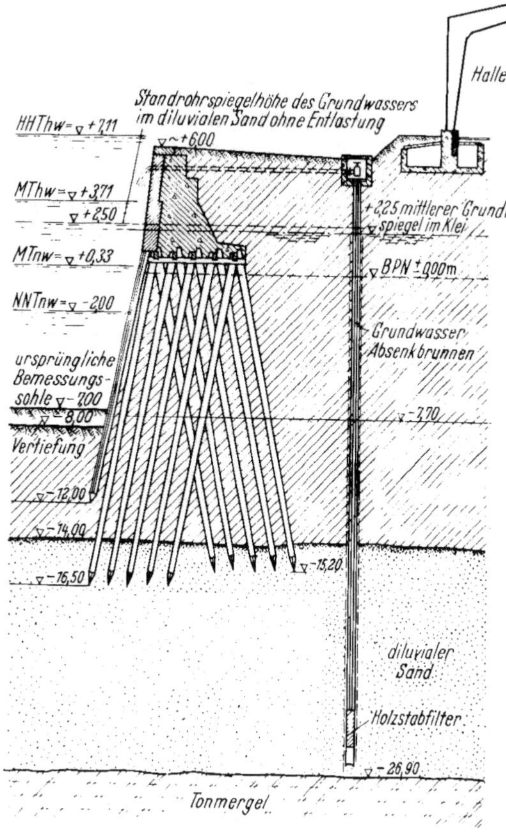

Abb. 5.4.8–2 Querschnitt durch die Kaimauer mit Grundwasserabsenkbrunnen

+ 0,33 m ein artesischer Druck von 2,50–0,33 = 2,17 t/m² gegenüberstand. Die Kleisohle befand sich daher bereits bei MTnw nahezu in einem Schwebezustand. Bei MSpTnw ≈ BPN ± 0,0 m begann sie aufzuschwimmen, und bei NNTnw wirkte von unten ein Überdruck von 4,5 – 2,4 = 2,1 t/m². Wenn das Grundwasser rasch hätte nachströmen können, wäre die Sohle in solchen Fällen großflächig aufgebrochen. Bei den vorhandenen Strömungswiderständen im Untergrund konnte sich die Kleisohle bei niedrigem Tnw aber nur langsam heben. Beim anschließenden Thw wurde sie ebenso langsam wieder auf den diluvialen Sand heruntergedrückt. Unter diesen Umständen waren nur örtliche beulenartige Aufbrüche an Schwachstellen der Kleisohle möglich. Das unter der angehobenen Sohle angesammelte Wasser konnte einer beginnenden Beule rasch zufließen und so einen örtlichen Aufbruch bewirken. Dabei wurde aber gleichzeitig der artesische Druck auf die Kleisohle auch in der weiteren Umgebung der Aufbruchstelle vorübergehend entlastet und damit die Bruchgefahr bis auf weiteres beseitigt.

5.4.8.2 Auswirkungen des artesischen Druckes auf die Standsicherheit des Bauwerks

Unter den vorliegenden Verhältnissen trat bei niedrigen Hafenwasserständen nicht nur die größte waagerechte Belastung des Bauwerkes durch Wasserüberdruck, sondern gleichzeitig auch eine entscheidend geschwächte Stützung auf der Erdwiderstandsseite auf. Abgesehen von der Stützung durch die in den diluvialen Sand einbindenden Holzpfähle konnte dabei im Klei nur noch der Scherkraftanteil aus Kohäsion stützen. Auch der Erdwiderstand im Sand wurde infolge der verminderten bzw. fehlenden Kleiauflast stark herabgesetzt. Durch diese gleichzeitig wirkenden ungünstigen Einflüsse war das Bauwerk bei niedrigen Außenwasserständen auch ohne Sohlenaufbrüche bereits hochgradig gefährdet.

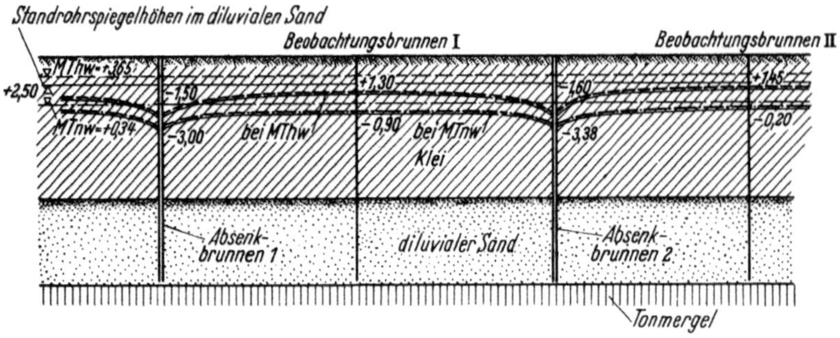

Abb. 5.4.8–3 Längsschnitt A–B nach Abb. 5.4.8–1 mit den Randlagen der verminderten Standrohrspiegelhöhen im diluvialen Sand infolge der Grundwasserabsenkung

5.4.8.3 Ausgeführte Sicherung

Um den akuten Gefahrenzustand zu beseitigen, wurden hinter der Kaimauer zwei leistungsfähige Tiefbrunnen bis zur Sohle des diluvialen Sandes reichend eingebaut und laufend betrieben (Abb.5.4.8–1 und –2). Wie die Kontrollmessungen in zwei Beobachtungsbrunnen (Abb.5.4.8–1) zeigten, wurde der artesische Druck hierdurch wirksam abgemindert. Bei MTnw lag die Standrohrspiegelhöhe im Sand nur noch etwa auf BPN – 0,2 bzw. – 0,9 m gegenüber früher BPN + 2,5 m (Abb.5.4.8–3). Die Stützung des Bauwerkes durch den Erdwiderstand wurde hierdurch entscheidend verbessert.

In Abb.5.4.8–4 sind gemessene Wasserstandsganglinien für die Tide im Hafen und die gleichzeitig gemessenen Spiegelhöhen der Beobachtungsbrunnen I und II schematisch dargestellt.

Durch die Entlastung des artesischen Druckes im diluvialen Sand verminderte sich gleichzeitig auch der Porenwasserdruck im Klei hinter der Kaimauer. Sein natürlicher Grundwasserspiegel lag früher auf BPN + 2,25 m (Abb.5.4.8–2). Selbst wenn dieser durch Speisung von oben nicht nennenswert abgesenkt worden sein sollte, wurde der wirksame Wasserüber-

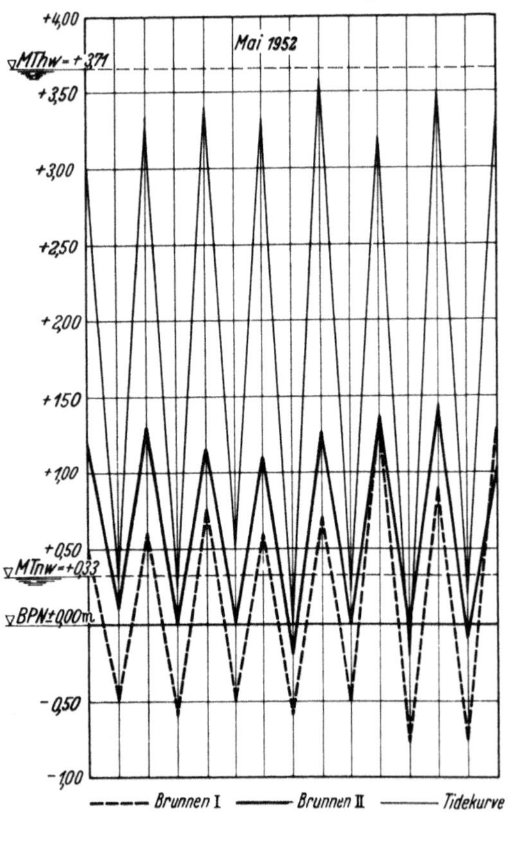

Abb. 5.4.8–4 Schematische Darstellung des Verlaufes der Tidekurve und der verminderten Standrohrspiegelhöhen im diluvialen Sand infolge der Grundwasserabsenkung

druck im Klei durch die Verminderung der Standrohrspiegelhöhe im diluvialen Sand und die dadurch ausgelöste lotrechte Grundwasserströmung im Klei entsprechend vermindert. Dies führte zu einer weiteren Entlastung des Bauwerkes.

Die Grundwasserabsenkung hat die Standsicherheit des Bauwerkes durch diese doppelte Wirkung maßgebend verbessert. Es traten nur noch geringfügige zusätzliche Bewegungen auf (Abb.3.3.8–1). Das Bauwerk wurde auf diese Weise über mehrere Jahre gesichert, bis es dauerhaft verstärkt werden konnte.

5.4.8.4 Schlußfolgerungen

Die künstliche Absenkung der Grundwasserspiegelhöhe im Bereich von Kaimauern mit Einbau von selbsttätig sich ein- und ausschaltenden Pumpen hat zweifelsohne den Nachteil der Stromkosten und Ausgaben für den Einbau, die Überwachung und Unterhaltung. Sie hat andererseits aber den Vorteil, daß mit ihrer Hilfe eine im Ausweichen begriffene Kaimauer mit einem erträglichen Aufwand für eine bestimmte Zeit gesichert und im Betrieb gehalten werden kann. Zum gegebenen Zeitpunkt kann dann eine dauerhafte Verstärkung vorgenommen werden. Wie diese Verstärkung beim vorliegenden Bauwerk ausgeführt wurde, ist in Kap.5.4.9 geschildert.

5.4.9 Verstärkung und Vertiefung der westlichen Vorhafenkaimauer einer Seeschleuse an einem norddeutschen Tidefluß (vgl. auch Kap.3.3.8 und 5.4.8)

5.4.9.1 Allgemeines

Da an der in den Kap.3.3.8 und 5.4.8 behandelten Vorhafenkaimauer Anfang der fünfziger Jahre Fahrgastverkehr aufgenommen und hinter dem Bauwerk eine Fahrgastabfertigungsanlage errichtet worden war, mußte für das Anlegen größerer Fahrgastschiffe nach wenigen Jahren die Hafensohle um rd. 2 m vertieft werden. Hierfür mußte die Kaimauer endgültig und dauerhaft verstärkt werden. Bei der Wahl der Verstärkungskonstruktion mußten vor allem folgende Forderungen berücksichtigt werden:

a) Sicherstellen der erforderlichen Sohlentiefe von rd. 10 m unter MSpTnw, was BPN – 10,0 m entsprach.
b) Möglichst weitgehendes Heranziehen der vorhandenen Bockpfahlkonstruktion der alten 1896–1899 errichteten Mauer unter gleichzeitigem Aufhöhen der hinteren Kaifläche um rd. 1 m.
c) Möglichst geringe Beeinflussung der dicht hinter der Kaimauer liegenden, in einer Sonderkonstruktion unmittelbar auf dem Klei gegründeten weitgespannten hölzernen Halle (vgl. Kap.3.4.5).

Dabei waren die Bodenverhältnisse und Wasserstände nach Abb.5.4.9–1 den Standsicherheitsnachweisen zugrunde zu legen.

5.4.9.2 Gewählte Verstärkungs- und Vertiefungskonstruktion

Für die Verstärkung unter gleichzeitigem Vertiefen der Hafensohle bis BPN – 10,0 m wurden zahlreiche Möglichkeiten untersucht. Als insgesamt günstigste Lösung ergab sich die Ausführung nach Abb.5.4.9–1. Sie wurde so ausgeschrieben und nach Auswertung der Submissionsergebnisse auch ausgeführt. Vor die alte Kaimauer wurde eine Spundwand L IV neu aus StSp 45 in der Neigung 7 : 1 gerammt, wobei in 5,2 m Achsabstand Kastenpfähle LP 4, ebenfalls aus StSp 45, zwischengeschaltet wurden. Die Spundwand hatte den Geländesprung waagerecht abzustützen und gleichzeitig das wasserseitige Auflager für eine aufgesetzte neue Stahlbeton-Winkelmauer zu bilden. Durch die geneigte Lage der Spundwand konnte die Winkelmauer verkürzt und sowohl der Auffüllraum hinter der Spundwand als auch der Erddruck aus diesem Raum vermindert werden. Der Raum zwischen der vorgerammten Stahl- und der vorhandenen Holzspundwand wurde mit Bruchsteinen und grobem Abbruchmaterial des alten Mauerkopfes aufgefüllt. Nur so konnte sichergestellt werden, daß

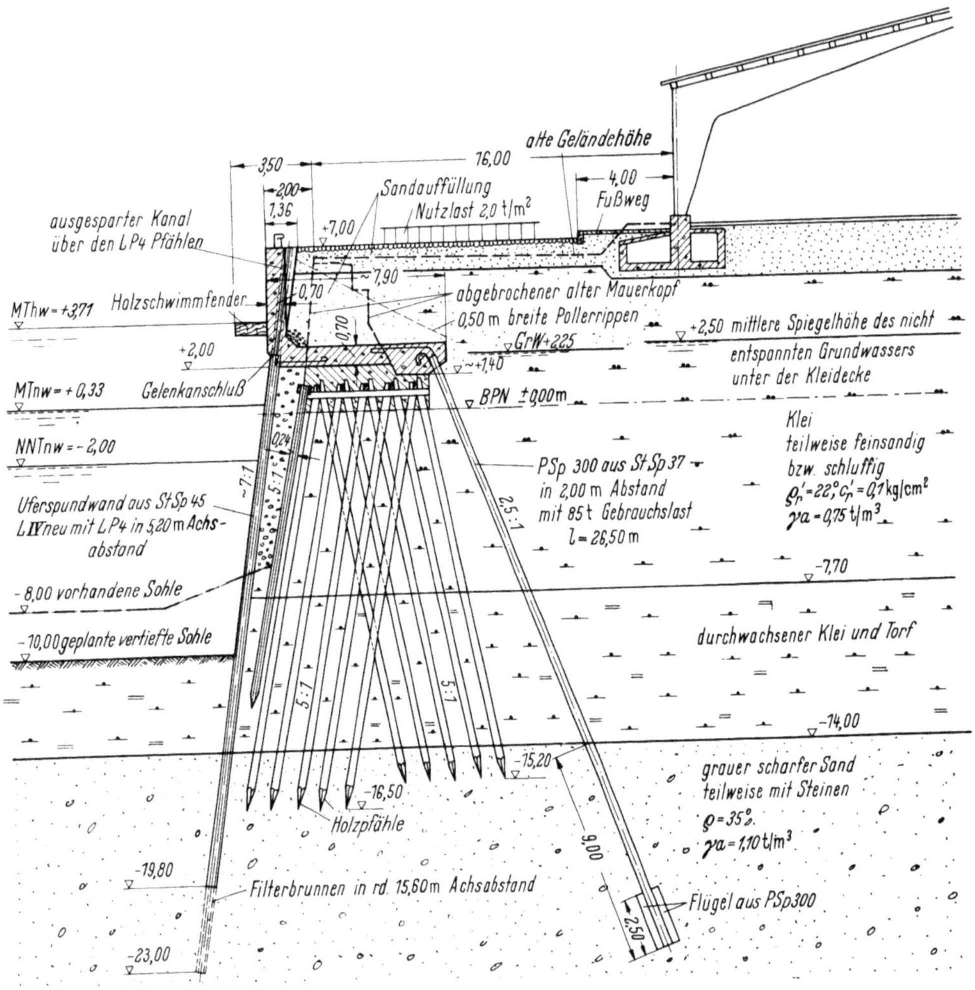

Abb. 5.4.9–1 Verstärkung und Vertiefung einer Vorhafenkaimauer

die Schmierschicht auf der Holzspundwand durchdrungen und Reibungskräfte zwischen Verfüllung und Holzspundwand übertragen wurden. Bei einem Verfüllen mit Sand oder Kies wäre dies nicht erreicht worden. Bei einer glatten Kontaktfuge an der Holzspundwand wäre aber der Druck auf die vorgerammte Wand wesentlich erhöht worden, was eine schwerere Spundwand erfordert hätte. Das grobe Material der Verfüllung ermöglichte auch beim stark schlickhaltigen Hafenwasser ein Entwässern des Raumes hinter der Stahlspundwand durch einfache Brennöffnungen ohne besondere Filter und Verschlüsse.

Wichtig für eine wirtschaftliche Bemessung der Stahlspundwand war auch ein dauernd wirksamer Abbau des artesischen Druckes im Grundwasser unter der Hafensohle.

Die Winkelmauer wurde auf der Stahlspundwand gelenkig aufgelagert (Abb. 5.4.9–2b und –2c). Im übrigen lag die Winkelmauer auf dem nicht abgebrochenen Rest des Überbaues des vorhandenen Pfahlrostbauwerkes und wurde am rückwärtigen Ende durch in 2,0 m Achsabstand gerammte, 2,5 : 1 geneigte Zugpfähle PSp 300 aus StSp 37 mit Fußflügeln verankert. Eine flachere Neigung war nicht möglich, weil sonst die Zufahrt zur Seeschleuse durch die Ramme behindert worden wäre. Die Stahlzugpfähle wurden für eine Gebrauchslast von 85 t bemessen. Probebelastungen – etwa drei Wochen nach dem Rammen – ergaben eine Grenzzuglast von rd. 160 t. Die Probepfähle wurden aus Forschungsgründen so an das Bauwerk angeschlossen, daß die Probebelastungen jederzeit wiederholt werden konnten. Nach etwa einem Jahr wurde festgestellt, daß die Grenzlast der Pfähle vor allem durch Verkrustung um mehr als 50 % gestiegen war. Zum Teil dürfte nun aber auch der Klei an der Grenzlasterhöhung beteiligt gewesen sein, der sich im Laufe der Zeit unter Abbau der Rammstörungen fest an den Pfahl angeschlossen haben wird.

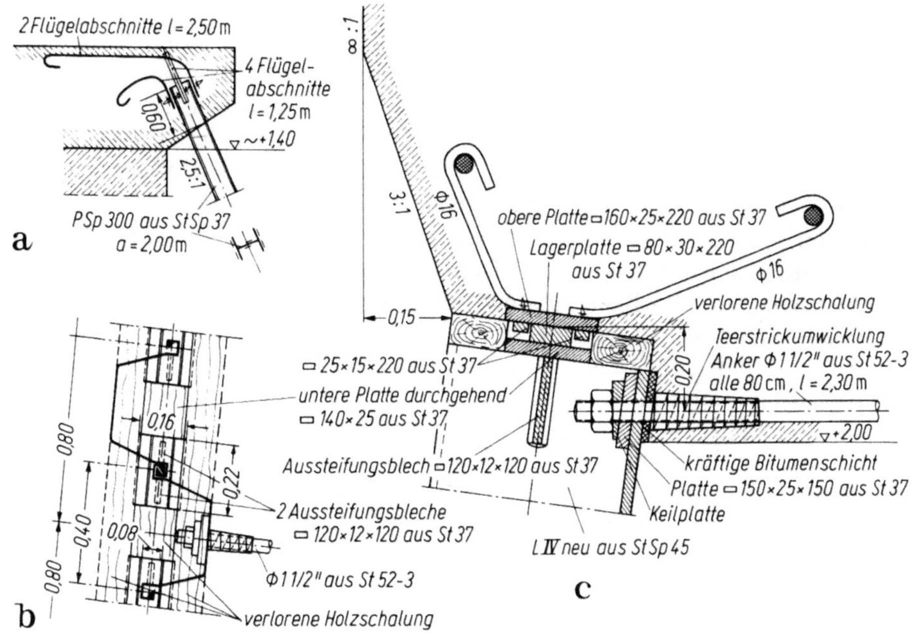

Abb. 5.4.9–2 Details zur Verstärkung einer Vorhafenkaimauer

a) Anschluß des Ankerpfahls an den neuen Überbau
b) Grundriß des Gelenkanschlusses der Spundwand an den neuen Überbau
c) Querschnitt des Spundwand-Gelenkanschlusses

Die Stahlbetonwinkelmauer wurde in rd. 30 m lange Blöcke aufgeteilt. Sie erhielt nur in Blockmitte – jeweils hinter dem 60-t-Poller – eine Rippe, um den Pollerzug besser in das Bauwerk leiten zu können.

5.4.9.3 Absenkung des Standrohrspiegels im Grundwasser unter der Kleisohle

Der ohne Absenkung vorhandene Standrohrspiegel im diluvialen Sand auf BPN + 2,5 m (vgl. Kap.3.3.8 und 5.4.8) hätte nach der Sohlenvertiefung um 2,0 m, bei der das wirksame Sohlengewicht unter Auftrieb nur noch 4 x 0,4 = 1,6 t/m² betrug, bereits beim normalen Tidenniedrigwasser den Erdwiderstand vor dem Spundwandfuß entscheidend vermindert. Wollte man wirtschaftlich bauen, konnte dieses nicht hingenommen werden. Zum dauernden Abbau des artesischen Druckes mußten Überlaufbrunnen eingebaut werden. Diese Brunnen waren um so wirksamer, je günstiger sie zum Erdwiderstandsgleitkeil lagen. Landseitig konnten sie wegen der vorhandenen Kaimauer nur in größerem Abstand eingebracht werden. Hafenseitig durften die Brunnen wegen der Gefährdung durch Baggerungen nicht ausgeführt werden. Zwischen alter und neuer Spundwand war der Raum zu eng, und es bestand die Gefahr, daß durch die Bohrarbeiten den vorderen Holzpfählen die Stützung entzogen wurde. Man entschloß sich daher, die Brunnen in der Spundwand selbst anzuordnen. Hierzu wurde nach je sechs Doppelbohlen L IV neu jeweils der erwähnte Kastenpfahl LP 4 gerammt. Auf diese Weise stand alle 5,2 m ein Bauelement zur Verfügung, durch das je nach Bedarf ein Brunnen gleich oder später eingebaut werden konnte. Dazu mußte aber die Querschnittsöffnung jedes Kastenpfahls durch den Überbau bis zum Hafenplanum auf BPN + 7,0 m geführt werden. Diese Schächte wurden in der Stahlbetonvorderwand der aufgesetzten Winkelmauer ausgespart. Später wurde von oben durch jeden dritten Kastenpfahl ein Filterbrunnen eingebaut (Abb.5.4.9–1). Die Brunnen wurden mit vorverkiesten Filtern Ø 150 mm aus Stahl ausgerüstet, die gegen Korrosion und Verkrustung mit einem Kunststoffüberzug versehen waren. Das Steigrohr jedes Filterbrunnens endete im Kastenpfahl knapp über der alten Hafensohle. Aus dem Pfahl konnte das Grundwasser durch Brennöffnungen etwa in Höhe des NNTnw ins Hafenwasser austreten. Die Überlaufbrunnen waren so auch bei niedrigsten Hafenwasserständen noch voll wirksam.

Wenige Wochen nach dem Fertigstellen der Überlaufbrunnen wurden Kontrollen durchgeführt. Dabei wurde festgestellt, daß sich in den Brunnen Schlick abgelagert hatte, so daß nur noch ein schmaler Wassereintritt in die Brunnen verblieben war. Die Brunnen wurden daraufhin gesäubert. Die Verschlickung war aber in kurzer Zeit wieder vorhanden.

Sie war zurückzuführen auf den Rückstrom des schlickhaltigen Hafenwassers durch die Überlaufbrunnen in den Untergrund, wenn der Hafenwasserstand die Standrohrspiegelhöhe im artesisch gespannten Grundwasser überschritten hatte. Nachdem dies festgestellt war, wurde ein Spezial-Rückstauverschluß mit Kugelventil entwickelt, der im Kastenpfahl von oben, dicht schließend, auf das Brunnensteigrohr gesetzt wurde. Sämtliche Brunnen wurden mit einem solchen Verschluß ausgerüstet, der wohl den Abfluß des Grundwassers, nicht aber den Rückstrom schlickhaltigen Wassers gestattete. Auch spätere Kontrollen ergaben, daß die Brunnen nun sauber blieben und damit das Problem einwandfrei gelöst war.

Wegen der entscheidenden Bedeutung des artesischen Druckes wurden hinter der Kaimauer mehrere Beobachtungsbrunnen eingebaut, die zweimal jährlich kontrolliert wurden. Die Beobachtungen haben gezeigt, daß das Entlastungssystem einwandfrei arbeitet. Unter dem gesamten Erdwiderstandsgleitkeil vor dem Spundwandfuß war danach kein artesischer Überdruck zu erwarten, der größer war als 1,0 t/m^2. Für diesen Restdruck war die Kaimauer bemessen worden.

5.4.9.4 Sonstiges

Wegen der Neigung 7 : 1 der vorgerammten Stahlspundwand mußte das Bauwerk mit schwimmenden Holzfendern ausgerüstet werden, die sicherstellten, daß anlegende Schiffe bei den verschiedenen Wasserständen nicht gegen die Stahlspundwand stoßen konnten (Abb.5.4.9–1).

Wie die Bewegungsmessungen des Bauwerkes nach der Verstärkung gezeigt haben, hat diese das angestrebte Ziel voll erreicht. Die Bauwerksbewegungen blieben nun minimal klein (Abb.3.3.8–2).

Unter Ausnutzung der gegebenen technischen Möglichkeiten wurde hier eine Bauwerksverstärkung und -vertiefung erzielt, die mit einem Kostenminimum in einer Bausaison hergestellt werden konnte. Da die Wirksamkeit der eingebauten Überlaufbrunnen nachlassen konnte, mußten sie auch weiterhin beobachtet werden. Im Bedarfsfalle sollten in die noch freien Stahlkastenpfähle weitere Brunnen eingebaut oder die vorhandenen Brunnen ausgewechselt werden. Diese Erschwernisse standen aber in keinem Verhältnis zu den durch die ausgeführte Spezialentwässerung eingesparten Baukosten an Spundwand und Verankerung.

Bisher waren keine Zusatzmaßnahmen erforderlich.

5.4.10 Verstärkung und Vertiefung einer Seeschiffkaimauer in einem norddeutschen Tidehafen (vgl. auch Kap.4.2 und 4.4.1)

5.4.10.1 Allgemeines

Bei der im Kap.4.4.1 beschriebenen Kaimauer war auf einer längeren Strecke eine besonders starke Abflachung der Unterwasserböschung eingetreten. Es sprach viel dafür, daß diese Abflachung auf Bomben zurückzuführen war, die im zweiten Weltkrieg in das Hafenbecken gefallen waren. Wäre die starke Abflachung allein auf die Wasserbewegungen durch das An- und Ablegen der Seeschiffe oder auf Schraubenmanöver zurückzuführen gewesen, hätte die 1000 m lange Kaistrecke beim anstehenden gleichmäßigen Baugrund aus Sand auch etwa gleichmäßig in Mitleidenschaft gezogen sein müssen.

Im Bereich der starken Böschungsabflachung war der hinten angeordneten 25 cm dicken Holzspundwand die Stützung so weit entzogen worden, daß sie streckenweise durchgebrochen war. Es war daher erforderlich, die Kaimauer zu sichern, was gleichzeitig mit einer Vertiefung der Hafensohle um etwa 2,0 m verbunden werden sollte. Während dieser Umbauarbeiten mußte der Eisenbahnverkehr auf dem Hafenplanum größtenteils weiterlaufen.

Außerdem sollte der Betrieb im dahinter liegenden Hafenschuppen so wenig wie irgend möglich gestört werden.

5.4.10.2 Die gewählte Verstärkungslösung

Die gewählte Art der Verstärkung (Abb.5.4.10–1) berücksichtigte die genannten Forderungen. Hierbei wurde knapp hinter der Holzspundwand eine Stahlspundwand L IV neu aus StSp 50 auf ausreichende Tiefe gerammt. Sie wurde wasserseitig durch einen schweren Stahlbetongurt abgestützt, der im Schutz einer örtlich begrenzten gegen die Stahlspundwand abgesteiften Baugrube – auf der Rostplatte liegend – ausgeführt wurde

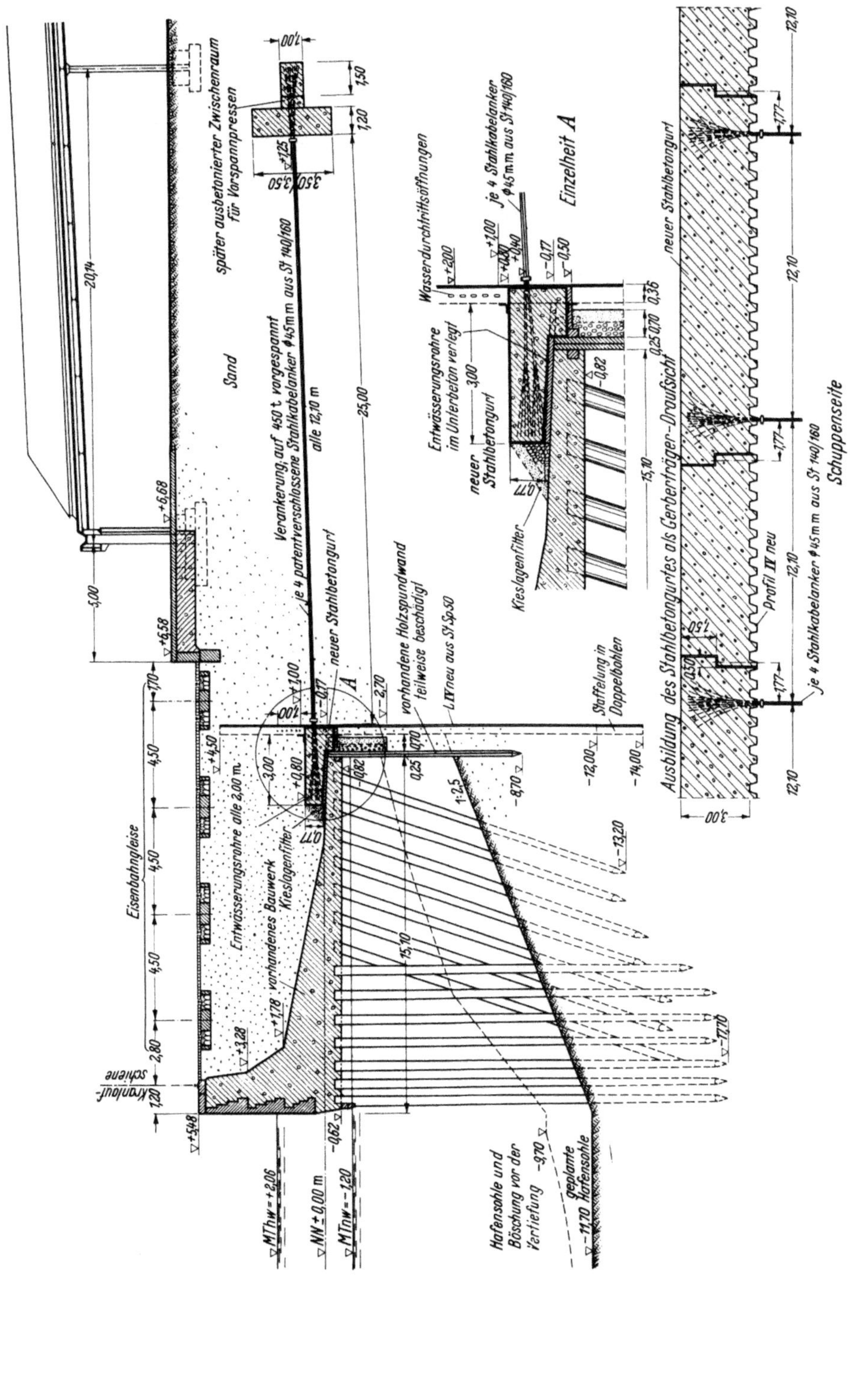

Abb. 5.4.10–1 Querschnitt durch die Kaimauer mit Detailangaben

(Abb.5.4.10–1). Er überdeckte den Spalt zwischen Rostplatte und Stahlspundwand, so daß auch bei weiterer Zerstörung der alten Holzspundwand keine Schädigungen des Bauwerkes auftreten konnten. Der Gurtbalken wurde mit jeweils 4 Stahlkabeln Ø 45 mm aus St 140/160 gegen Stahlbeton-Ankerplatten 3,5/3,5 m verankert. Letztere wurden in 12,1 m Achsabstand mitten im Kaischuppen jeweils in einer örtlichen Baugrube hergestellt (Abb.5.4.10–1). Die Anker mußten auf die volle rechnungsmäßige Ankerkraft von 450 t aus der Stahlspundwand vorgespannt werden. Sie waren wasserseitig zu einem Kabeldrahtbesen aufgespleist im Gurtbalken einbetoniert und landseitig in gleicher Weise in einen Stahlbetonblock. Letzterer war so weit hinter der Stahlbeton-Ankerplatte angeordnet, daß vier Vorspannpressen dazwischen untergebracht werden konnten. Nach dem Vorspannen war der Zwischenraum zunächst mittels Abstandhaltern zu sichern, so daß die Pressen ausgebaut werden konnten. Anschließend wurde der Zwischenraum ausbetoniert. So konnten teuere Ankerarmaturen vermieden werden.

Der Stahlbetongurt wurde als Gerberträger ausgebildet. Zwischen jeweils zwei verankerten Balken mit Kragarmen wurde ein Gelenkbalken eingehängt (Abb.5.4.10–1).

Durch einen Kies-Lagenfilter vor dem Stahlbetongurt und im 10 cm dicken Unterbeton verlegte Abflußrohre wurde der Ablauf des über der Rostplatte anfallenden Grundwassers ermöglicht. Auf eine sonstige Bauwerkentwässerung zur Entlastung des Wasserüberdruckes auf die Spundwand wurde verzichtet (vgl. Kap.4.4.1).

5.4.10.3 Ergänzende Hinweise

Um Aushubschlitze für die Anker zu vermeiden, wurden sie durch verschraubte Stahlrohre eingezogen, die von der Baugrube vor der Spundwand her mit Hilfe von schweren Pressen – abschnittweise verlängert – durch den Boden bis zur Ankerplattenbaugrube gedrückt wurden. Nach jedem Ankereinbau wurden die Rohre wieder gezogen und erneut verwendet. Nach Überwindung üblicher Anlaufschwierigkeiten ging dieser Ankereinbau planmäßig vor sich. Trotz der rd. 25 m langen Durchpreßstrecke waren die Abweichungen an der Ankerplattenbaugrube gering. Sie betrugen maximal 0,5 m. Die Ankerplatte wurde dann jeweils so angeordnet, daß der Anker zentrisch anschloß.

Durch die sinnvoll gewählte Verstärkungskonstruktion und Baudurchführung konnten die Arbeiten wie gewünscht ohne nennenswerte Störungen des Eisenbahn- und Hafenbetriebes und mit einem verhältnismäßig geringen Kostenaufwand ausgeführt werden.

Das verstärkte Bauwerk hat sich im Betrieb bewährt.

5.4.11 Instandsetzung einer bombenbeschädigten alten Kaimauer in einem Schleusenvorhafen an der Nordsee

Eine alte aus Großblöcken zwischen Holzspundwänden hergestellte massive Einfahrtmauer zu einer Seeschleuse war im zweiten Weltkrieg durch Bomben schwer beschädigt worden. Vor dem Ausbaggern der Schleuseneinfahrtrinne nach dem Kriege mußte die Mauer wieder instandgesetzt werden.

Hinter der auf einer Steinschüttung im diluvialen Sand gegründeten Mauer stand mehr als 12 m hoch verhältnismäßig weicher Klei an. Vor der Mauer befand sich über diesem bis zur alten Einfahrtssohle reichenden Klei breiiger Schlick, der sich nach den Bombeneinwirkungen abgesetzt hatte (Abb.5.4.11–1).

Zur Instandsetzung wurde knapp vor das vorhandene Restbauwerk eine Stahlspundwand L IV neu aus StSp 37 gerammt. Sie erhielt eine auf SKN + 1,0 m angeschlossene Hauptverankerung mit vorgespannten patentverschlossenen Stahlkabelankern Ø 44 mm aus St 120/130 in 2,4 m Achsabstand (Abb.5.4.11–1). Zur Zuführung der Ankerkraft und zur Aussteifung wurde ein Stahlgurt ⊨ 350 aus St 37 angeordnet. Landseitig wurden die Anker mit ihrem zu einem Kabeldrahtbesen aufgespleisten Ende in den Stahlbetongurt der im Klei gestaffelt gerammten, 6,0 m hohen Ankerwand L III neu aus StSp 37 einbetoniert. Auch

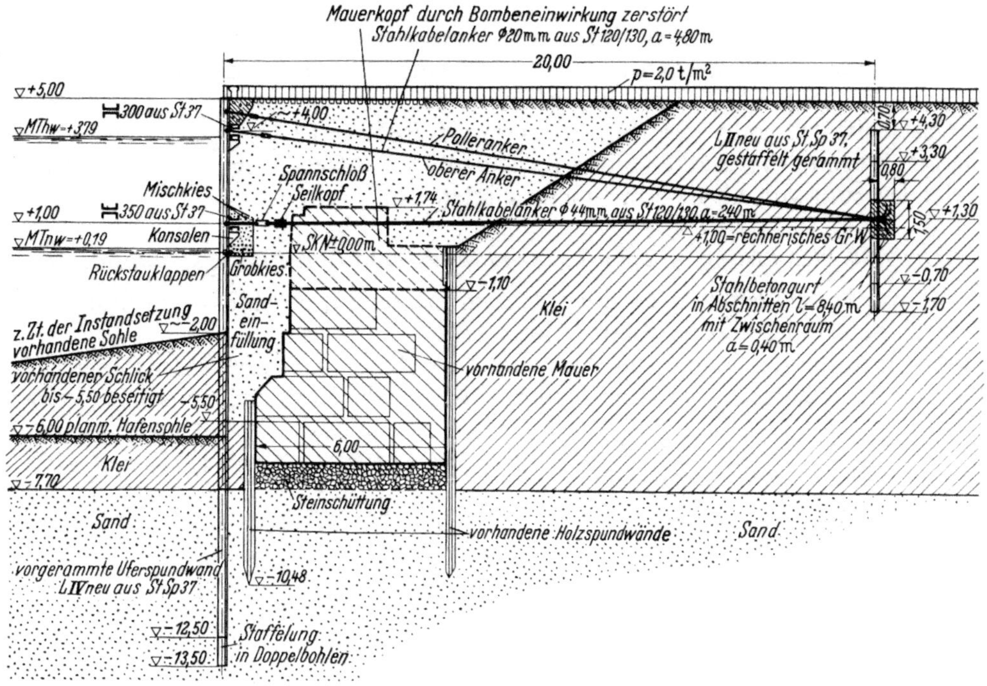

Abb. 5.4.11−1 Normalquerschnitt des instandgesetzten Bauwerkes mit Verankerung im Klei

die aus Stahlkabeln bestehenden Nebenanker und Polleranker wurden in gleicher Weise und Höhe wie die Hauptanker an den Stahlbetongurt angeschlossen.

Die Vorspannung wurde bei allen Ankern mit Hilfe eines Spannschlosses knapp hinter der Uferspundwand in der erforderlichen Größe aufgebracht.

Die durch den Stahlbetongurt ausgesteifte Ankerwand war so hoch gewählt worden, damit die Ankerkräfte weit verteilt in den anstehenden Boden eingeleitet werden konnten, so daß trotz der Verankerung im Klei keine nachteiligen Verschiebungen auftraten. Der Stahlbetongurt wurde in nur 8,4 m langen Blöcken mit einem lichten Zwischenraum von 0,4 m also ohne jegliche Verzahnung hergestellt. Dabei konnten neben den Ankerkräften auch die zu erwartenden Ankerkraftunterschiede im Rahmen zulässiger Spannungen aufgenommen werden.

Durch eine Rückstauentwässerung wurde der auf die Uferspundwand wirkende Wasserüberdruck im erwünschten Umfange abgemindert. Um den Erddruck auf die Uferspundwand zu verkleinern, wurde der Schlick zwischen der alten Mauer und der vorgerammten Stahlspundwand so tief ausgehoben und durch Sand ersetzt, daß nur noch im unteren Sockelbereich der alten Mauer weiche Bodenreste verblieben.

Die gewählte, den örtlichen Gegebenheiten angepaßte Lösung ermöglichte eine wirtschaftliche Instandsetzung des Einfahrtbauwerkes. Sie hat sich unter den vorliegenden Verhältnissen so gut bewährt, daß einige Jahre später auch die gegenüberliegende Einfahrtseite in gleicher Weise instandgesetzt wurde.

5.4.12 Verbreiterung und Vertiefung eines Seeschiffkais für eine Fahrgastanlage an der Mündung eines Tideflusses in die Nordsee

5.4.12.1 Allgemeines

Als im Jahre 1951 die Besatzungsmacht erlaubte, am Südende des von ihr benutzten rd. 0,9 km langen Fahrgastkais eine für die zivile Schiffahrt bestimmte Fahrgastanlage zu errichten, war dazu eine Verlängerung dieses Kais um rd. 250 m erforderlich. Auf dieser Strecke befand sich eine im Jahre 1890 errichtete Kaimauer auf hohem Holzpfahlrost, die – da noch gut erhalten – für den Entwurf der neuen Fahrgastanlage zur Abstützung des Geländesprungs mit herangezogen werden konnte, wenn eine entsprechende Konstruktion gewählt wurde. Die Hafensohle vor der neuen Anlage mußte mit Rücksicht auf die Anforderungen der Fahrgastschiffahrt auch für die Zukunft auf BPN – 12,5 m gelegt werden. Da OK Hafenplanum wegen des anschließenden Kais auf BPN + 7,0 m gelegt werden mußte, war ein freier Geländesprung von rd. 19,5 m zu überwinden.

5.4.12.2 Die gewählte Lösung mit ihren Ausbildungs- und Berechnungsgrundsätzen

Als Lösung wurde schließlich eine etwa 22,7 m breite, auf geschlossenen Stahlpfählen gegründete Stahlbeton-Pierplatte gewählt (Abb. 5.4.12–1).

Zur Vereinfachung der Bauausführung wurde die Rostplatte größtenteils über MThw angeordnet. Nur am Übergang zur alten Mauer wurde sie durchgehend tiefer heruntergezogen,

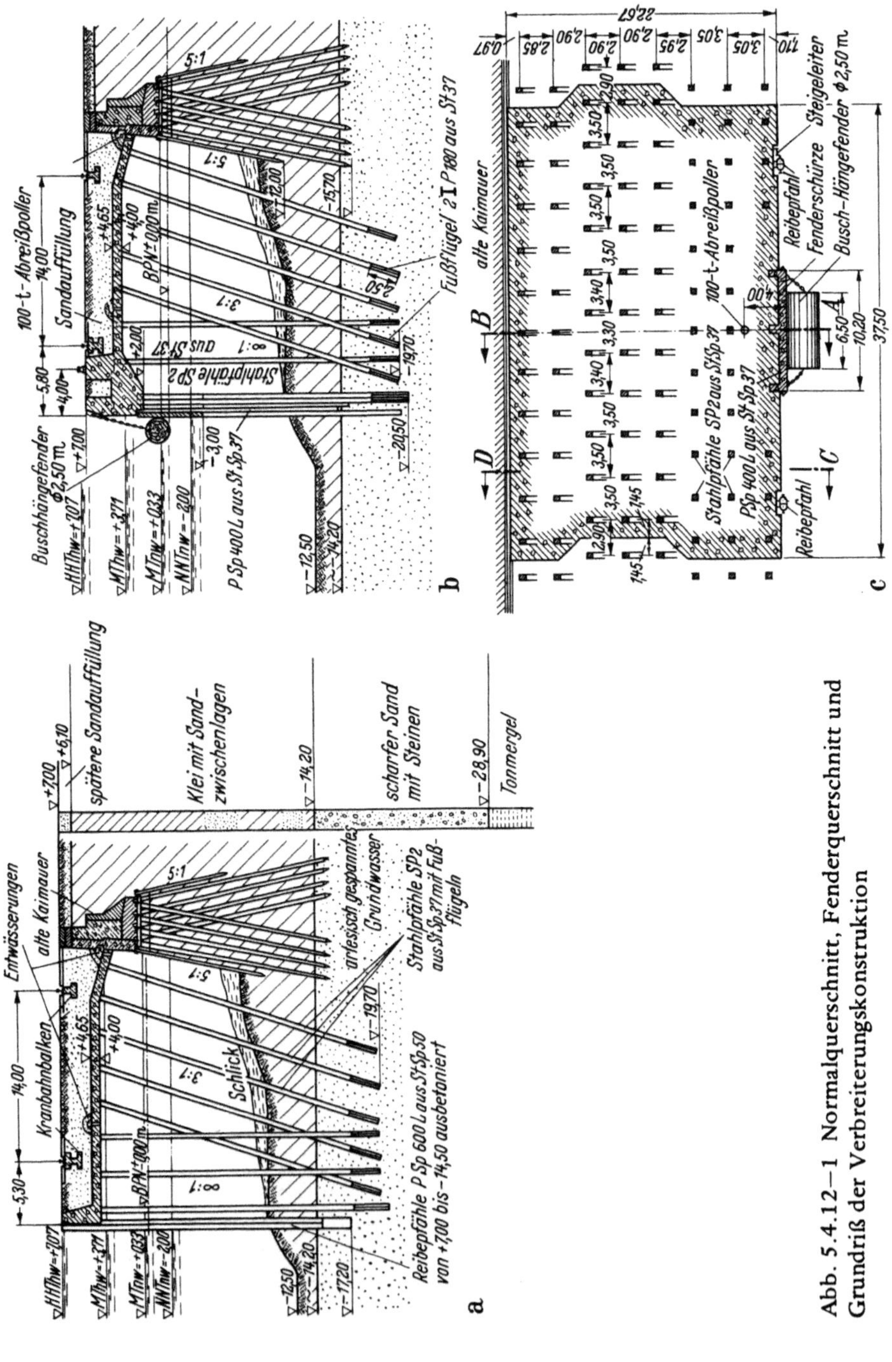

Abb. 5.4.12–1 Normalquerschnitt, Fenderquerschnitt und Grundriß der Verbreiterungskonstruktion

um das alte Bauwerk in günstiger Höhenlage zusätzlich zu stützen. Die Stahlpfähle wurden unter Berücksichtigung der wirksamen Vertikallasten so angeordnet, daß sich die Pierplatte auch bei den größten in Frage kommenden seeseitig gerichteten waagerechten Belastungen noch gegen das alte Bauwerk lehnte (Abb.5.4.12–1a und –1b).

Zur Aufnahme der Stöße beim Anlegen großer Schiffe wurde im Mittelbereich der 37,5 m langen Baublöcke der Stahlbeton der Rostplatte um 2,0 m etwa bis zum Tidehalbwasser heruntergeführt. Er bildete dort das waagerechte Auflager einer Fenderschürze, bestehend aus einer durchlaufenden Peiner Stahlspundwand PSp 400 L aus StSp 37, die bis BPN – 3,0 m mit Sand aufgefüllt und darüber ausbetoniert wurde. Vor diese 10,2 m breite Schürze wurde ein 6,5 m langer Busch-Hängefender $\varnothing$ 2,5 m mit Mittelachse auf MTnw = BPN + 0,33 m (vgl. auch E 61 der EAU und Kap.5.4.1) gehängt (Abb.5.4.12–1b und –1c).

Um zu verhindern, daß Kleinschiffe, wie Schlepper, Barkassen und dergleichen, unter die hochliegende Rostplatte gelangten, erhielt jeder Block zusätzlich auch zwei schwere Reibepfähle aus Stahl. Sie wurden in üblicher Weise mit angeschweißten 5-t-Haltepollern ausgerüstet: An einem dieser Pfähle wurde jeweils auch eine Steigeleiter befestigt (Abb.5.4.12–1c).

Für die Pfahlgründung wurden größtenteils die geschlossenen Stahlpfähle Sp 2 aus StSp 37 gewählt. Sie wurden nach dem Rammen und ihrer Abstützung am Kopf bis oben hin mit Sand verfüllt. Wegen der für die damaligen Erfahrungen verhältnismäßig hohen Pfahllast von 85 t wurden die Pfähle mit je zwei angeschweißten Fußflügeln IP 180 aus St 37, 2,5 m lang, versehen. Wie Probebelastungen zeigten, stieg durch diese Maßnahme die Druck-Grenzlast von rd. 90 t beim Pfahl ohne Flügel auf die geforderten rd. 135 t.

Zum Schutz gegen Korrosion im Hauptangriffbereich wurden die Pfähle bereits im Werk im oberen Teil metallisch rein gesandstrahlt und mit aller Sorgfalt etwa 0,4 mm dick spritzverzinkt. Im eingebauten Zustand reichte dieser Korrosionsschutz dann von UK Rostplatte etwa bis BPN – 4,0 m. Wie beobachtet werden konnte, ist auch heute noch eine gewisse Zinkschicht vorhanden, obwohl sie sich im Laufe der Zeit aufbrauchen muß, da sie für die nicht verzinkten sonstigen Stahloberflächen als Anode wirkt.

Bei den Pfählen der Fenderschürze und bei den Reibepfählen war ein Verzinken im Werk nicht möglich. Sie mußten unter den wesentlich ungünstigeren allgemeinen und klimatischen Verhältnissen auf der Baustelle spritzverzinkt werden. Dies mag mit ein Grund dafür sein, daß hier die Verzinkung bereits nach wenigen Jahren zum größten Teil weggefressen war.

Die 0,65 m dicke elastische Stahlbetonrostplatte wurde durch die elastischen Stahlpfähle so abgestützt, daß bei allen Belastungen möglichst geringe Beanspruchungen auftraten. Aus diesem Grunde mußte vor allem auch an der landseitigen Knickstelle der Platte eine Pfahlreihe angeordnet werden. Hinter der Fenderschürze, wo örtlich große Zusatzbeanspruchungen auftreten können, wurden die daraus herrührenden Kräfte ebenfalls durch Stützpfähle örtlich aufgenommen. So wurde vermieden, daß sich zusätzliche große Biegebeanspruchungen auf die übrige Konstruktion ausbreiten konnten. Um störende Zusatzmomente zu vermeiden, wurde auch die Verzahnung der Blöcke großflächig ausgeführt (Abb.5.4.12–1c).

Die Berechnung des hochgradig statisch unbestimmten Systems der elastischen Platte mit örtlichen Unstetigkeiten auf elastischen Pfählen wurde nach der Probiermethode aufgestellt. Die Lösungsversuche wurden für alle maßgeblichen Belastungsfälle so lange wiederholt, bis an den Pfahleinbindestellen die aus den Biegemomenten ermittelten Durchbiegungen der Platte jeweils den lotrechten Pfahlkopfverschiebungen aus den auftretenden Pfahllasten entsprachen.

Die Kaimauer wurde mit Laufkranen ausgerüstet. Die Lage der Kranbahnen mußte sich nach den vorhandenen Kranbahnen auf der anschließenden Kaimauer richten. Die Laufbahnbalken wurden unabhängig von der übrigen Stahlbetonkonstruktion in der verdichteten Sandauffüllung über der Rostplatte gegründet und nach dem Bettungszifferverfahren für $B = 5\ kg/cm^3$ berechnet. Zur besseren Lastverteilung wurde die schwerer belastete wasserseitige Kranbahn in I-Form ausgebildet. Auf der Landseite genügte die übliche T-förmige Ausführung (Abb.5.4.12–1a und –1b).

5.4.12.3 Ergänzende Hinweise

Bei der Bauausführung wurden die beiden vordersten Lotpfahlreihen zur Unterstützung der Laufbahn des Rammwagens und später der Betoniereinrichtung herangezogen. Sämtliche Gründungspfähle wurden für die Abstützung der Schalung benutzt.

Trotz sorgfältiger Bauausführung wurden von einer Sturmbö die Schalungen von zwei Baublöcken zertrümmert. Mit Rückschlägen solcher Art muß bei seenahen Baustellen immer gerechnet werden, auch wenn sie in günstiger Jahreszeit ausgeführt werden.

Der Kaimauervorbau wurde zur Überprüfung seines Setzungsverhaltens etwa 4 Jahre nach Fertigstellung nachgemessen. Die eingetretenen Setzungen betrugen an der Vorderkante des Normalquerschnitts rd. 25 mm und an der Vorderkante des verstärkten Fenderquerschnitts rd. 30 mm. Sie blieben damit in erwarteter Größenordnung.

Die gewählte Lösung unter Benutzung der altbrauchbaren Kaimauer führte zu Baukosten, die nur etwa ⅔ derjenigen betrugen, die eine völlige Neukonstruktion erfordert hätte.

Das Bauwerk hat sich nun seit etwa zweieinhalb Jahrzehnten bewährt.

5.4.13 Vertiefung der Kaimauer für ein Kraftwerk an einem norddeutschen Tidefluß

5.4.13.1 Allgemeines

Vor und auch bald nach dem zweiten Weltkrieg wurde das Kraftwerk mit englischer Kohle betrieben, die in Schiffen bis zu 5 m Tiefgang antransportiert wurde. Sie benötigten eine Hafensohle auf NN – 7,0 m. Der erhöhte Energiebedarf nach der Währungsreform im Jahre 1948 erforderte eine beachtliche Erweiterung des Kraftwerkes und in ihrer Folge eine Verlängerung der bisherigen Umschlagstrecke. Auch mußte eine leistungsfähige neue Verladebrücke installiert werden. Bei diesem Ausbau konnte streckenweise eine vorhandene Stahlspundwand, die bis dahin nur Uferschutzaufgaben zu erfüllen hatte, mit verwendet werden. Hierzu erhielt sie einen winkelförmigen Überbau aus Stahlbeton, der sich wasserseitig auf die vorhandene Spundwand und landseitig auf 2 Reihen von Preßbetonpfählen Ø 32 cm, abstützte (Abb.5.4.13–1a).

Eine rd. 120 m lange, bisher geböschte Uferstrecke wurde als verankertes Spundwandbauwerk im Profil L IV neu aus StSp 37 ausgebaut. Seinen oberen Abschluß bildete ein Stahlbetonkopf, auf dem auch die wasserseitige Kranlaufbahn verlegt wurde.

Bereits wenige Jahre später war in größeren Schiffen herantransportierte amerikanische Kohle billiger als die englische. Wegen des wesentlich größeren Tiefganges konnten diese Schiffe aber die für die Sohlentiefe NN – 7,0 m ausgebaute Kaimauer nur geleichtert erreichen. Um das verteuernde Leichtern, das rd. 35 km stromabwärts vorgenommen werden mußte, zu vermeiden, mußte die Sohle vor der Kaimauer von NN – 7,0 m auf NN – 11,15 m vertieft werden.

5.4.13.2 Die gewählte Lösung

Die Vertiefung wurde als Ideenwettbewerb zwischen erfahrenen Tiefbaufirmen ausgeschrieben. Als günstigste Lösung erwies sich dabei eine vorgerammte gemischte Stahlspundwand Peine-Krupp mit Tragbohlen PSp 600 L aus StSpS und örtlich hinten aufgeschweißten Schlössern Nr. II aus StSpS. Da eine besondere Korrosionsgefahr nicht bestand, brauchten die Füllbohlen KS II aus StSp 37 nur so hoch geführt zu werden, daß der Raum zwischen vorgerammter und vorhandener Spundwand ausreichte, um, mit Sand aufgefüllt und mit schützender Abdeckung versehen, den bestehenden Bauwerken die erwünschte zusätzliche Fußstützung zu geben (Abb.5.4.13–1a) und –b)). Die Füllbohlen erhielten am oberen Ende einen schrägen Stahlabweiser, so daß Schiffe dort nicht aufsitzen konnten.

Die Köpfe der Tragbohlen wurden mit einem winkelförmig ausgebildeten Holmgurt aus

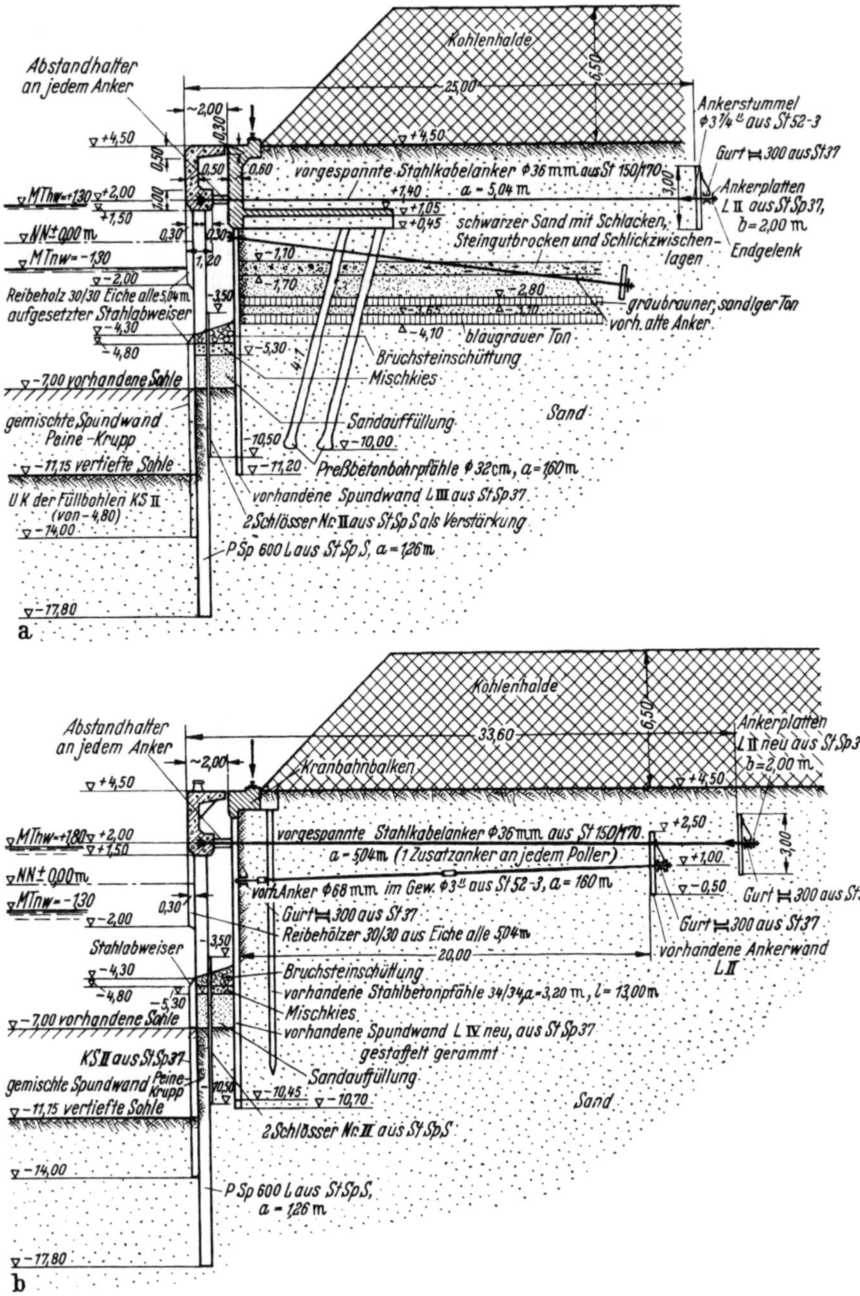

Abb. 5.4.13–1 Normalquerschnitte der bis NN –11,15 m vertieften Kaimauer

a) Bereich mit alter Uferwand und neuem Pfahlrostüberbau für die Sohlenlage NN –7,0 m

b) Bereich mit neuerer Uferwand für die Sohlenlage NN –7,0 m

Stahlbeton zusammengefaßt. Eine daran anschließende vorgespannt eingebaute zusätzliche obere Verankerung aus patentverschlossenen Stahlkabelankern Ø36 mm aus St 150/170, a = 5,04 m, übernahm die Ankerkräfte, die sich aus der statischen Berechnung der vorgerammten Wand ergaben. Die Stahlkabelanker wurden wasserseitig zu einem Drahtbesen aufgespleist in den Stahlbetonkopf einbetoniert. Landseitig wurden sie mit dem Vorspannende an 2,0 m breite Ankerplatten aus Stahlspundbohlen L II neu aus StSp 37 angeschlossen. Um zu vermeiden, daß der Stahlbetonkopf beim Vorspannen oben gegen das vorhandene Bauwerk gedrückt wurde und dadurch eine Kopfeinspannung der Spundwand eintrat, wurde der Betonkopf an jedem Anker gegen das vorhandene alte Bauwerk mit einem Abstandhalter aus

Beton abgestützt. Durch ein gewisses Überspannen der Anker konnte so das jeweils vorhandene alte Bauwerk in günstiger Höhenlage auch noch zusätzlich gesichert werden. Der Stahlbetonkopf wurde an den Enden mit zwei 100-t-Pollern und sonst mit acht 60-t-Pollern in 30 m Abstand sowie mit Haltekreuzen und Steigeleitern ausgerüstet. Die Laufbahn für die Verladebrücke konnte jeweils auf den vorhandenen Bauwerken verbleiben.

Für ein ungefährdetes Liegen der Schiffe wurden unterhalb des Stahlbetonkopfes alle 5,04 m Reibehölzer 30/30 cm aus Eiche bündig mit der Stahlbetonvorderfläche angeordnet. Letztere erhielt keinerlei Fenderung, so daß die Tauwerkfender, die alle Schiffe ohnehin vorhalten müssen – beim Anlegemanöver zwischengehalten – ohne Schwierigkeiten abrollen konnten.

5.4.13.3 Ergänzende Hinweise

Die Bauarbeiten verliefen planmäßig. Nur die Füllbohlen ließen sich – mit Jungfer – in den diluvialen Feinsand verhältnismäßig schwer rammen. Schloßschäden sind aber nicht aufgetreten.

Um den Belastungssprung zeitlich zu mildern, wurde die Sohle in 2 Baggerschnitten vertieft. Größere Bauwerkbewegungen sind hierbei nicht aufgetreten.

Durch ein sinnvolles Einordnen der Bauwerke für die Sohlenlage auf NN – 7,0 m in das jeweilige Gesamtsystem mit Sohlenlage auf NN –11,15 m konnten die Umbaukosten so niedrig gehalten werden, daß sie durch eingesparte Leichterkosten in ungewöhnlich kurzer Zeit wieder eingebracht wurden.

Das Beispiel zeigt aber auch, wie schnell Verkehrsbauten durch Verkehrsänderungen veralten können. Man sollte sie daher so entwerfen und ausführen, daß sie später leicht verstärkt, vertieft oder ersetzt werden können.

5.4.14 Ermittlung des Erddrucks auf eine Kaimauer vor einem Erzlagerplatz unter Berücksichtigung von Kohäsion

5.4.14.1 Allgemeines

Da auch trockene Massengüter, beispielsweise Erz, zunehmend mit Großtankern angeliefert werden und diese wegen der hohen Schiffkosten auch bei Ausfall einer zum Hauptlagerplatz führenden Förderbandanlage kurzfristig entladen werden müssen, ist hinter jeder Massengutkaimauer ein Notlagerplatz für große Auflasten zweckmäßig. Aus einem solchen Notlagerplatz können je nach den Baugrundverhältnissen und -eigenschaften beachtliche Erddrücke auf die Umschlagkaimauer wirken. Ein Notlagerplatz muß daher in einem optimalen Abstand hinter der Kaimauer eingerichtet werden. Einerseits muß er von den Uferentladern noch gut beschickt werden können und andererseits von der Kaimauer so weit entfernt sein, daß der Erddruck von der Mauer noch wirtschaftlich aufgenommen werden kann. Um die Auswirkungen des Notlagerplatzes auf die Kaimauer bei verschiedenen Abständen feststellen zu können, müssen der Erddruck und seine Verteilung – abhängig von Form und Größe der Massengutauflast, von der Bodenschichtung, den Bodenkennwerten, insbesondere den rechnungsmäßigen Scherparametern, und vom jeweiligen Konsolidierungsgrad der bindigen Schichten – für lotrechte Bezugsebenen in verschiedenen Abständen von der Kaimauer ermittelt werden.

5.4.14.2 Berechnungsverfahren

Für solche Berechnungen eignet sich am besten ein erweitertes Culmann-Verfahren. Bei bindigem Untergrund muß das Verfahren so erweitert werden, daß auch der Kohäsionseinfluß in jedem Stadium der Konsolidierung richtig erfaßt werden kann.

Abb.5.4.14–1 zeigt ein solches graphisches Berechnungsverfahren bei voll konsolidiertem bindigen Boden, im einzelnen für die Prüflinie 3.

Steht wassergesättigter, nichtkonsolidierter, bindiger Boden an, ist $\varphi_r' = 0$ und $c_r' = c_{u_r}$ zu setzen. Die c_u-Werte sind dabei vorher durch Versuche im Feld oder an ungestört entnom-

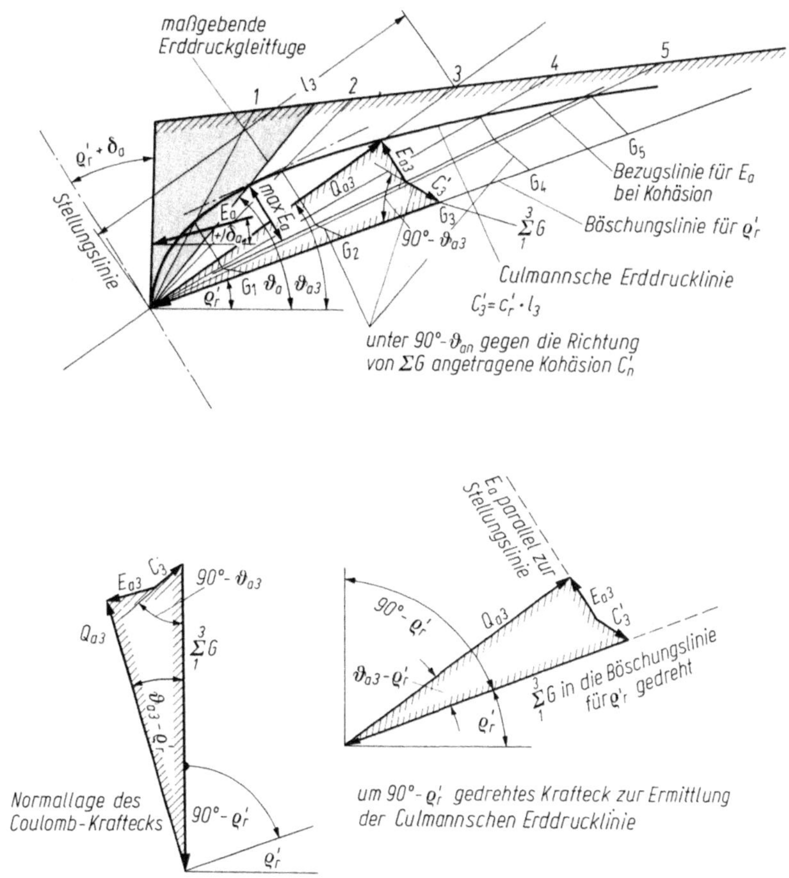

Abb. 5.4.14–1 Ermittlung des Erddruckes unter Berücksichtigung der Kohäsion bei voll konsolidiertem bindigen Boden nach einem erweiterten Culmann-Verfahren, im einzelnen dargestellt für die Prüflinie 3

menen Proben zu ermitteln. Die c_{u_r}-Werte ergeben sich dann aus den c_u-Grundwerten und den geforderten Sicherheiten nach E 96 der EAU. Die Neigung des Erddruckes kann aber auch in diesem Falle vereinfachend in der üblichen Größe angesetzt werden, womit auch die Adhäsion erfaßt wird.

Sind noch weitere Lasteinflüsse vorhanden, z. B. bekannte Erddrücke aus einer darüber liegenden Schicht, müssen diese in der zugehörenden Größe und Richtung mit berücksichtigt werden.

Ergänzend zeigt Abb.5.4.14–2 das erweitere Culmann-Verfahren zur Ermittlung des Erdwiderstandes mit Kohäsion bei voll konsolidiertem bindigen Boden, im einzelnen für die Prüflinie 6.

5.4.14.3 Darstellung der Erdruckermittlung nach dem erweiterten Culmann-Verfahren für den voll konsolidierten Zustand in einem praktischen Beispiel

Auch das geschilderte erweitere Culmann-Verfahren kann als solches jeweils nur in einer einheitlichen Bodenschicht angewendet werden. Jedoch lassen sich damit auch Fälle mit geschichtetem Boden – wie in Abb.5.4.14–3 dargestellt – und sogar solche mit schrägliegenden Schichtgrenzen berechnen. Es muß dann nur vorher – soweit erforderlich nach dem erweiteren Culmann-Verfahren – von oben nach unten fortschreitend eine Erddruck-Hilfskurve für jede obere Schichtgrenze ermittelt werden. Diese Hilfskurve muß für die betrachtete Stelle der Schichtoberfläche den Gesamt-Erddruck angeben, der auf eine an ihr beginnende, lotrecht stehend vorausgesetzte und bis zur Erd- bzw. Schüttungsoberfläche reichende Wand wirkt. Je eine solche Erddruck-Hilfskurve ist in Abb.5.4.13–3 für die Schichtgrenzen auf NN + 3,8, –0,9 und –10,5 m dargestellt.

Mit dieser Erddruck-Hilfskurve für die obere Schichtgrenze kann für die untere Schichtgrenze – aber auch für jeden beliebigen Punkt in der untersuchten Schicht – wieder der Gesamterddruck auf eine in diesem Punkt angesetzte, bis zur Erd- bzw. Schüttungsoberfläche reichende, lotrecht vorausgesetzte Wand nach dem erweiterten Culmann-Verfahren ermittelt werden.

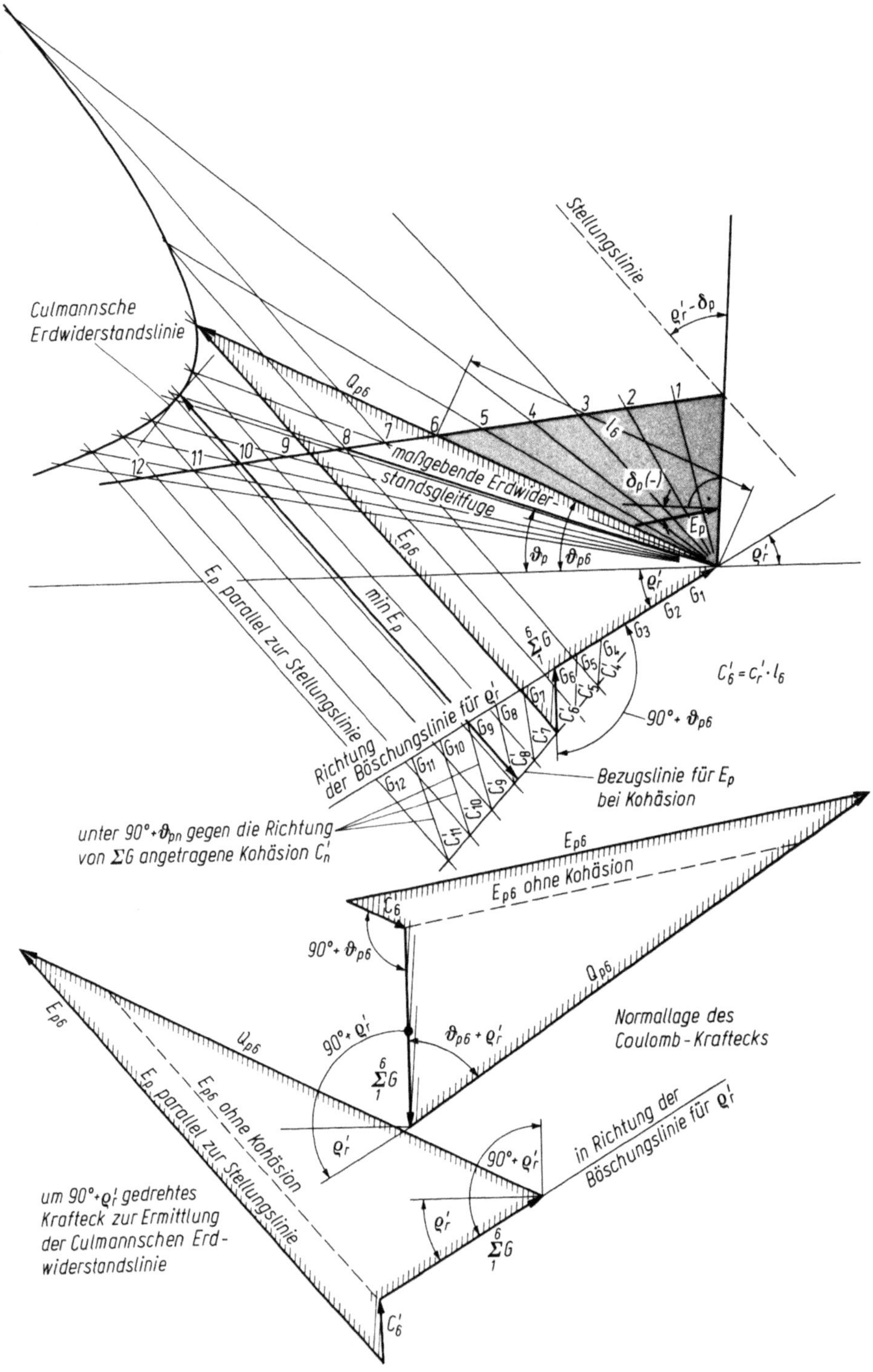

Abb. 5.4.14–2 Ermittlung des Erdwiderstandes unter Berücksichtigung der Kohäsion bei voll konsolidiertem bindigen Boden nach einem erweiterten Culmann-Verfahren, im einzelnen dargestellt für die Prüflinie 6

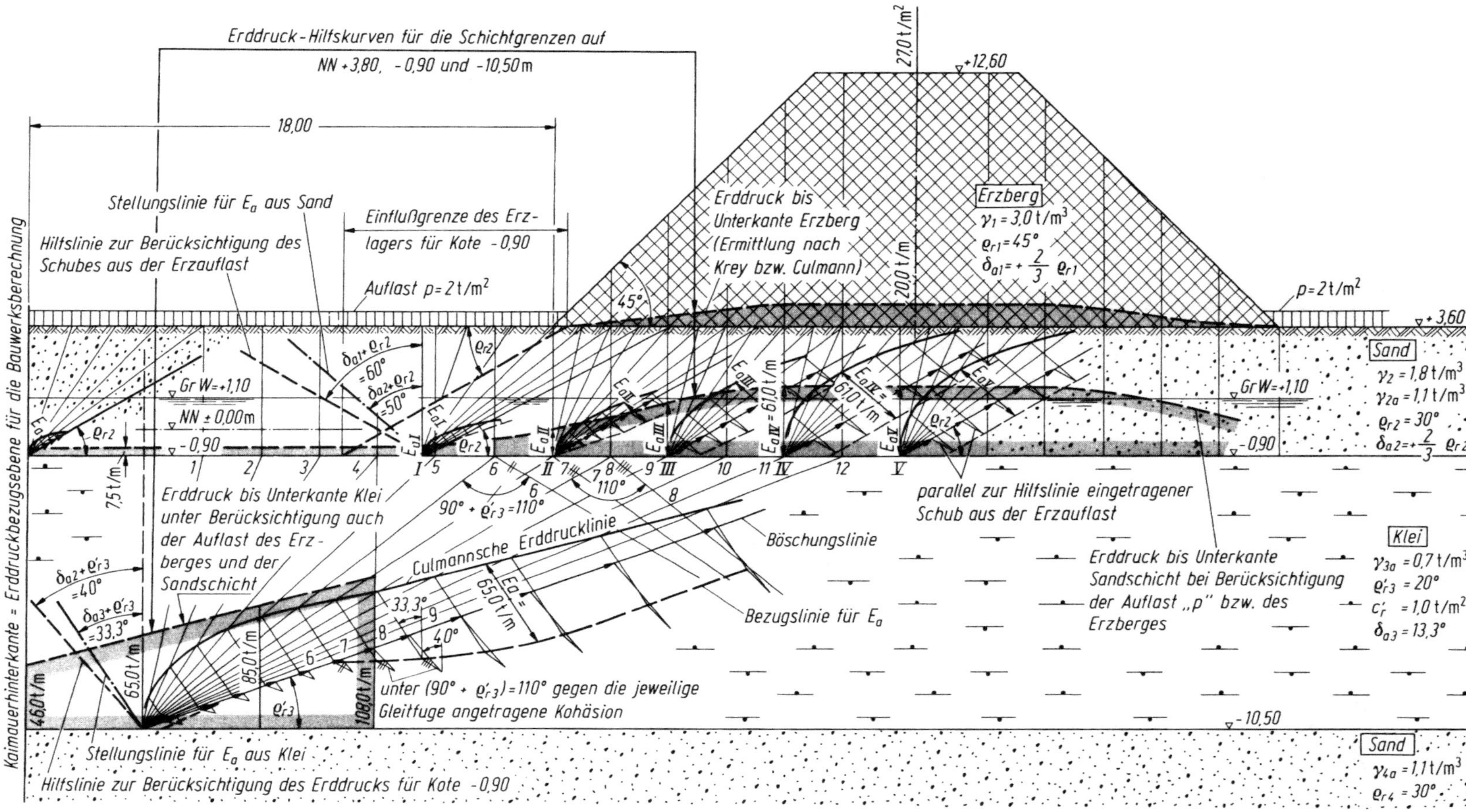

Abb. 5.4.14–3 Erddruckermittlung nach dem erweiterten Culmann-Verfahren für eine Erzlagerauflast und wechselnde Bodenschichten für den voll konsolidierten Zustand des Kleis (ohne Darstellung der Erddruckverteilung in der Erddruckbezugslinie für das Bauwerk)

Soweit zeigt Abb.5.4.14–3 die Untersuchungsergebnisse. Die Erddruckverteilung in der Erddruckbezugsebene für die eigentliche Bauwerkberechnung – zum Beispiel eine hintere Spundwand oder eine gedachte lotrechte Bezugsebene in Hinterkante Bauwerk – kann dann von oben nach unten fortschreitend durch Differenzenbildung gewonnen werden. Es empfiehlt sich, dabei nicht zu hohe Untersuchungsabschnitte zu wählen und dann den für die jeweilige Stufe errechneten Erddruckanteil einfach als Rechteck anzusetzen.

Die Erddruck-Hilfskurven nach Abb.5.4.14–3 zeigen deutlich den Einfluß der Erzauflast von hier maximal 27,0 t/m² auf die Größe des Erddruckes, vor allem auch abhängig von der Lage des Untersuchungsschnittes zum Erzberg.

5.4.14.4 Weitere Hinweise, insbesondere auch zur Verminderung des Erddruckes aus unkonsolidierten Schichten

Berechnungen der vorliegenden Art sind auch elektronisch durchführbar. Nach Erarbeitung geeigneter Programme können dadurch entscheidende Arbeitserleichterungen und Zeitersparnisse erzielt werden.

Stehen unter einem Massengutlagerplatz für hohe Nutzlasten mächtige weiche bindige Bodenschichten an, empfiehlt es sich dringend, den Lagerplatz systematisch so zu entwickeln, daß daraus auf vorhandene benachbarte Stützbauwerke wirkende Erddrücke in tragbaren Grenzen bleiben. Der Entwicklungsablauf ist im einzelnen so zu gestalten, daß unter Berücksichtigung der fortschreitenden Konsolidierung jeweils nur Lasten zusätzlich aufgebracht werden, bei denen die benachbarten Bauwerke noch eine ausreichende Standsicherheit aufweisen. Um die Entwicklungszeit zu verkürzen, werden solche Massengutlagerplätze und deren Vorfelder häufig mit lotrechten Sanddränagen versehen.

Weiteres zur Dränagefrage kann dem Kap.17.5 entnommen werden.

5.4.15 Verstärkung und Vertiefung eines Spundwandbauwerks vor einem Massengutlagerplatz in einem deutschen Rheinhafen

5.4.15.1 Allgemeines

Das hier behandelte zu verstärkende und zu vertiefende Spundwandbauwerk wurde Ende der zwanziger Jahre in einer Art Kastenfangedammbauweise errichtet (Abb.5.4.15–1). Die Hafensohle lag damals auf NN + 17,0 m. Sie wurde später wegen der Rheinerosion auf rd. NN + 16,5 m vertieft.

Das Bauwerk wurde nicht für Umschlagzwecke benutzt. Auch war auf den Bermen auf Kote NN + 28,0 m und NN + 31,0 m kaum Verkehr. Jedoch wurde auf dem Hafenplanum auf NN + 33,7 m in großem Umfange Schwefelkiesabbrand ($\gamma = 1{,}6$ t/m³ und $\rho_r = 35°$) mit einer Schütthöhe bis zu 30,6 m gelagert (Abb.5.4.15–1) sowie vorübergehend auch Eisenerz. Unter diesen Belastungen begann das Bauwerk allmählich nachzugeben. Auch wies die Uferspundwand vor allem am Kopf und an den luftseitigen Verankerungsteilen allmählich starke Korrosionsschäden auf.

Anfang der sechziger Jahre wurden daher von der Hafenverwaltung umfangreiche Nachrechnungen des Bauwerkes hinsichtlich seiner Standsicherheit bei verschiedenen Nutzungsmöglichkeiten veranlaßt. Sie zeigten, daß das Bauwerk auch ohne nennenswerte Nutzlasten in einzelnen Teilen bereits im Rahmen der zulässigen Spannungen und der zu fordernden Sicherheiten ausgenutzt war. Da die Hafensohle in absehbarer Zeit bis NN + 14,5 m vertieft werden sollte, wurde daher eine umfassende Verstärkung erforderlich, die Mitte der sechziger Jahre in der im folgenden beschriebenen Art ausgeführt wurde.

5.4.15.2 Bodenverhältnisse und Wasserstände

Schon für die Nachrechnung des bestehenden Bauwerkes waren ausreichende Bodenaufschlüsse erforderlich. Hierzu wurden vom Leinpfad auf NN +28,0 m aus 4 Bohrungen bis NN +7,5 m abgeteuft. Sie zeigten, daß fast ausnahmslos rolliger Boden anstand, der vom

Feinsand bis zum Grobsand reichte. Diese Sande enthielten jedoch mehr oder weniger starke tonige Beimengungen. Auch wurden in verschiedener Höhenlage einige Schichten aus Fein- bis Grobkies angetroffen.

Zwei vom Hafenplanum auf NN +33,7 m abgeteufte Bohrungen wiesen zunächst eine 4,1 bzw.4,6 m dicke Auffüllung aus Haldenschutt auf. Darunter folgten 4,3 bzw. 5,1 m Mittelsand und von dort ab bis zur erbohrten Tiefe auf NN +21,7 m Fein- bis Grobkies.

Bei diesen Bodenverhältnissen konnte aufgrund der Laborversuchsergebnisse einheitlich mit rolligem Boden mit γ/γ_a = 1,8/1,1 t/m³ und ρ_r = 35° gerechnet werden.

In den Berechnungen mußten folgende extreme freie Wasserstände berücksichtigt werden:

HHW = NN +29,72 m, rechn. NNW = NN +18,55 m.

Beim Ansatz des Wasserüberdruckes konnte angenommen werden, daß bei abfallendem Außenwasserspiegel das Grundwasser mit 1,0 m Abstand folgte.

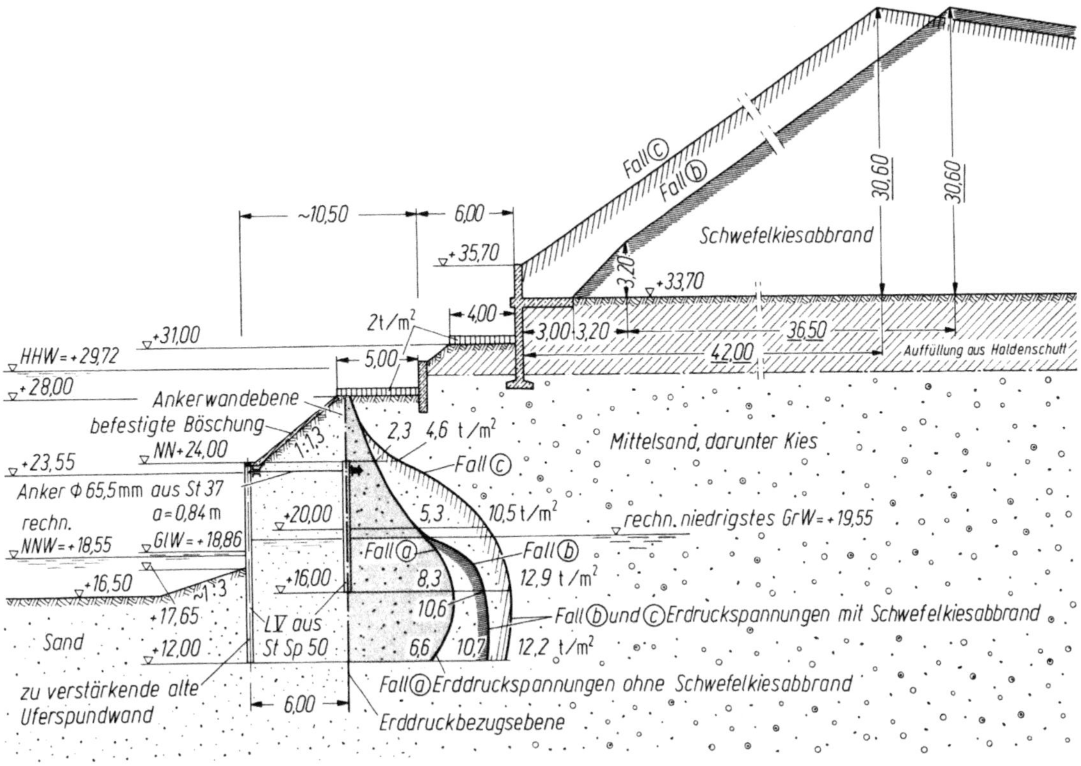

Abb. 5.4.15–1 Waagerechte Komponenten der Erddruckspannungen in der Ankerwandebene ermittelt nach „Culmann" für verschiedene Belastungsfälle

5.4.15.3 Nachrechnung der bestehenden Uferspundwand

Um die Standsicherheit der Uferspundwand zu ermitteln, mußten vorweg die auf die Ankerwandebene wirkenden Erddrücke bei verschiedenen Nutzlasten und Grundwasserständen ermittelt werden. Dieses war mit Hilfe des Culmann-Verfahrens möglich. Abb.5.4.15–1 zeigt hierfür einige kennzeichnende Ergebnisse. Daraus ist vor allem der große Einfluß der hohen Halde aus Schwefelkiesabbrand und ihrer Lage zur Uferwand zu erkennen. Sie beeinflußt die Standsicherheit des Bauwerkes entscheidend. Einzelheiten hierzu sollen hier jedoch nicht wiedergegeben werden, zumal wegen der geforderten Vertiefung der Hafensohle bis NN + 14,5 m eine Verstärkung und Vertiefung des Bauwerkes in jedem Falle nötig war. Für die Berechnungen hierzu leisteten die für die Ankerwandebene errechneten Erddruckverteilungen zur Erfassung der verschiedenen Nutzlasteinflüsse gute Dienste.

5.4.15.4 Die ausgeführte Bauwerkverstärkung und -vertiefung

Da die Nachrechnung der Uferspundwand LV aus StSp 50 ergeben hatte, daß sie auch noch für die auf NN +14,5 m vertiefte Sohlenlage ausreichte, wenn sie entsprechend tiefer als bisher verankert wurde und 2,5 m tiefer in den Boden reichte, bot sich eine ganz bebestimmte Art der Verstärkung und Vertiefung an. Hierbei mußte die Uferspundwand um rd. 2,5 m tiefer gerammt und mit waagerechten Rundstahlankern oder schrägen Ankerpfählen ausreichender Tragfähigkeit und entsprechend tieferem Anschluß verankert werden. Um

Abb. 5.4.15–2 Querschnitt durch das verstärkte Spundwandbauwerk mit MV-Pfahl-Verankerung

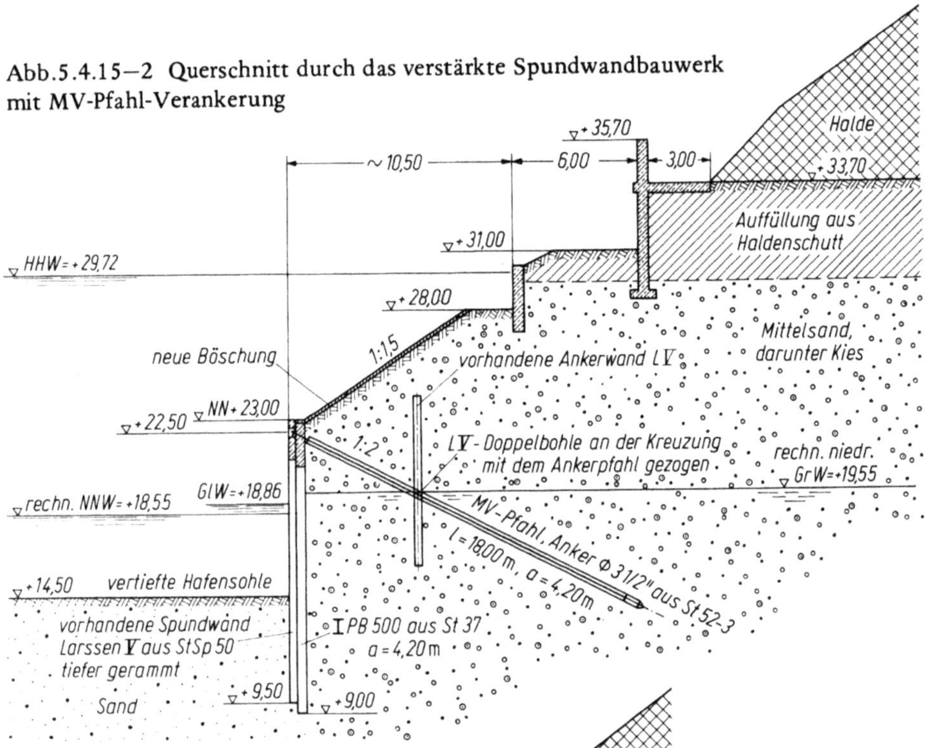

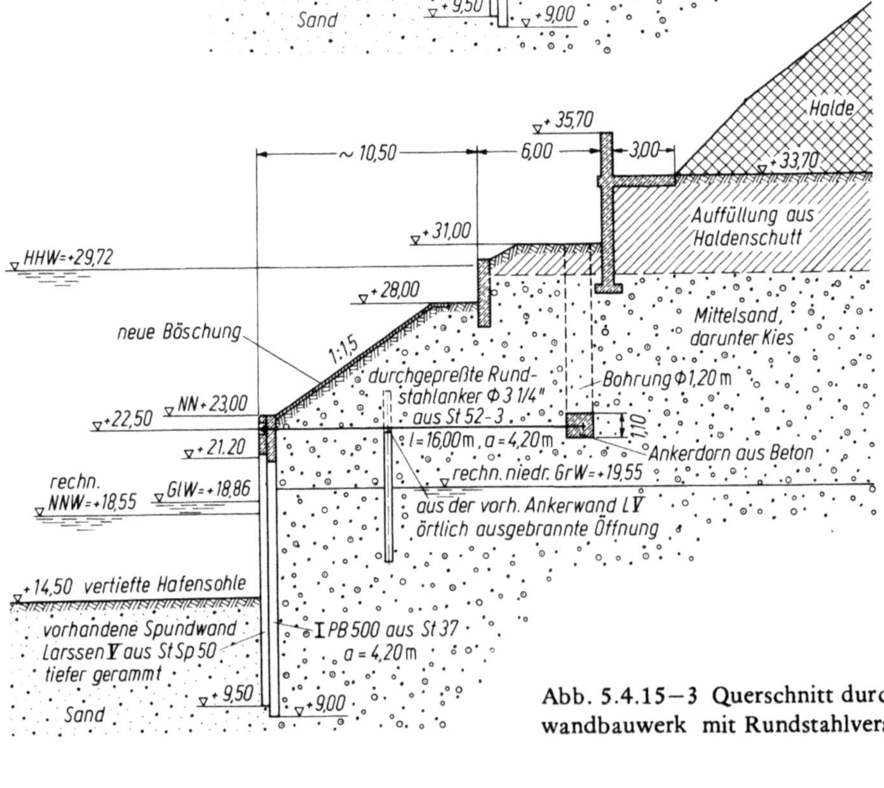

Abb. 5.4.15–3 Querschnitt durch das verstärkte Spundwandbauwerk mit Rundstahlverankerung

klarzusehen, veranlaßte der Bauherr am östlichen Ende des vorgesehenen Verstärkungsbereiches eine Proberammung, bei der die Uferspundwand örtlich in Doppelbohlen um rd. 2 m tiefer gerammt wurde. Sie verlief so positiv, daß man auf ein Probeziehen von Doppelbohlen der vorhandenen Ankerwand LV verzichten zu können glaubte. Ein Ziehen war aber überall dort erforderlich, wo ein Ankerpfahl der Verstärkung die Ankerwand kreuzte. Abb.5.4.15–2 zeigt einen Querschnitt durch das verstärkte und vertiefte Bauwerk mit MV-Pfahl-Verankerung.

Im Vergleich dazu zeigt Abb.5.4.15–3 einen Querschnitt durch das verstärkte und vertiefte Bauwerk mit Rundstahlverankerung in 4,2 m Achsabstand. Bei dieser Lösung wurde an jedem Anker der Boden zwischen Uferspundwand und Ankerwand örtlich ausgehoben und in die Wand eine Öffnung gebrannt. Durch diese wurde dann der erforderliche Rundstahlanker ∅ 3¼″ aus St 52–3 durch den Boden bis in die Bohrung ∅ 1,20 m gepreßt, die von der Berme auf NN +31,0 m aus abgeteuft worden war. Anschließend wurde die Bohrung in unteren Teil 1,1 m hoch ausbetoniert und darüber mit gut verdichtetem Aushubboden verfüllt.

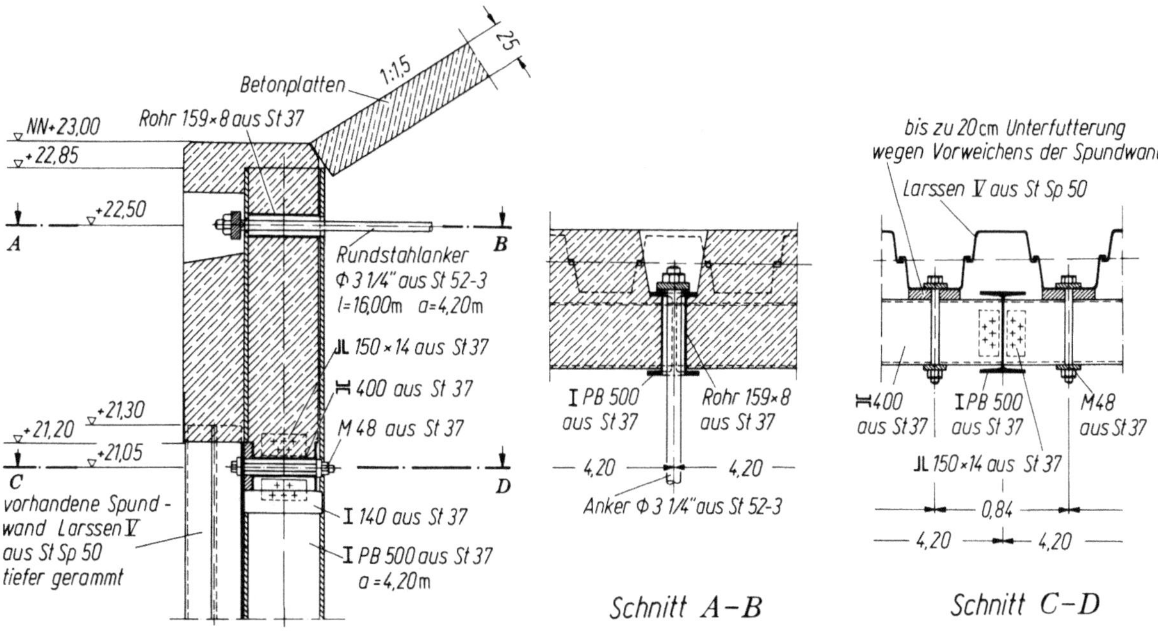

Abb. 5.4.15–4 Wandkopf des verstärkten Spundwandbauwerkes mit Rundstahlverankerung

Der neue Ankeranschluß wurde jeweils auf NN +22,5 m gelegt. Bei beiden Lösungen wurde die neue Verankerung mit einem Endgelenk an einen unmittelbar hinter die Uferspundwand in 4,2 m Achsabstand gerammten IPB 500 aus St 37 angeschlossen (Abb. 5.4.15–4). Die Ankerkraft der Spundwand wurde durch einen mit seiner Achse auf NN +21,05 m angeordneten neuen Gurt ⊨400 aus St 37 laufend aufgenommen und dem neuen Verankerungssystem zugeführt. Zum Schutze dieser Maßnahmen wurde die Uferspundwand LV mit einem MRB 400 und bei Schwierigkeiten mit einem MRB 500 in Doppelbohlen 2,5 m tiefer gerammt und sofort mit Gurtbolzen M 48 aus St 37 auf NN +21,05 m an den neuen Gurt angeschlossen. Einzelheiten der Ausbildung des Wandkopfes des verstärkten Spundwandbauwerkes mit Rundstahlverankerung sind in Abb.5.4.15–4 dargestellt.

In Bereichen mit MV-Pfahl-Verankerung ist – abgesehen vom schrägen Pfahlanschluß – in gleicher Weise verfahren worden.

Der neue Wandkopf des verstärkten und vertieften Bauwerkes wurde als Holmgurt ausgebildet und aus Stahlbeton hergestellt (Abb.5.4.15–4). Diese Lösung erwies sich als sehr zweckmäßig, weil dadurch aus dem Bauvorgang herrührende, unvermeidliche Bewegungen des Kopfes der LV-Wand nach der Wasserseite hin leicht ausgeglichen werden konnten.

5.4.15.5 Ergänzende Hinweise

Die Verstärkung und Vertiefung des Bauwerkes wurde im westlichen Hafenbereich mit MV-Pfahl- und im östlichen mit Rundstahl-Verankerung ausgeführt. Wenn von den besonderen Schwierigkeiten beim Ziehen der Doppelbohlen der Ankerwand im MV-Pfahl-Bereich abgesehen wird, verliefen die Bauarbeiten einschließlich des Tieferrammens der Uferspundwand um 2,5 m sowohl terminlich als auch kostenmäßig nach Plan. Die waagerechte Rundstahlverankerung mit hinterem Ankerdorn aus Beton erwies sich unter den vorliegenden Verhältnissen als besonders günstig und empfehlenswert.

5.4.16 Vertiefung und Verstärkung einer Umschlagkaimauer in einem Großhafen am Niederrhein

5.4.16.1 Allgemeines und Bodenaufschlüsse

Im Jahre 1969 mußten die Entwurfsarbeiten für den vertieften Ausbau des Nordufers eines Beckens in einem Großhafen am Niederrhein durchgeführt werden. Hierzu wurde vorweg das Gebiet der neuen Ufereinfassung durch 8 Wasserbohrungen und 9 Landbohrungen aufgeschlossen. Dabei zeigte sich ein verhältnismäßig einheitlicher Aufbau des Baugrundes. Er bestand im oberen Bereich herunter bis i.M. NN + 11,0 m aus Fein- bis Grobkies mit Sandeinlagerungen, die nach der Geländeoberkante hin schluffig waren. Darunter folgte fester Ton, dessen OK in den Bohrungen zwischen NN +8,19 m und NN +11,41 m angetroffen wurde.

Beim Ausbau sollte die bisher vorhandene Hafenböschung des Beckens durch ein 675 m langes verankertes Spundwandbauwerk eingefaßt werden (Abb. 5.4.16–1 bis –4).

5.4.16.2 Konstruktive Forderungen an den Entwurf

Die Oberkante des Stahlbetonholmes der neuen Wand sollte einheitlich auf NN +22,0 m liegen. Daran sollte sich nach oben in der Neigung 1:1,25 eine gepflasterte Böschung bis auf NN +25,45 m anschließen. Als Verankerung kamen sowohl horizontal eingebrachte Rundstahlanker als auch in der Neigung 1 : 2 gerammte MV-Pfähle in Frage. Die etwa auf NN +15,00 m liegende vorhandene Hafensohle sollte bis NN +13,3 m vertieft und bis an die neue Uferspundwand heran waagerecht ausgeführt werden.

Die Entwurfsarbeiten waren für einen 550 m langen Kaibereich mit vorhandener Kranbahn und einen im Westen 28 m und im Osten 97 m langen anschließenden Bereich ohne Kranbahn durchzuführen.

Die vorhandene wasserseitige Kranbahn bestand aus Zweifeld-Trägern, die auf schweren Pfeilern aus Bruchsteinmauerwerk im Achsabstand von 7,0 m ruhten. Die Pfeilersohle 5,1/3,1 m lag auf NN +20,95 m. Infolge von Bergschäden war das Bruchsteinmauerwerk dieser Gründungspfeiler stellenweise gerissen. Die technische Bearbeitung einer Sanierung dieser Pfeiler war aber nicht Gegenstand der hier behandelten Entwurfsbearbeitung. Die landseitige Kranbahn lag etwa 32 m hinter der geplanten Spundwandachse, weshalb die Kranlasten dieser Bahn keinen Einfluß auf die neue Ufereinfassung mehr ausüben konnten.

Die Entscheidung über den endgültig zu wählenden Abstand zwischen der Spundwandachse und der Pfeilervorderkante sollte erst nach Vergleichsrechnungen getroffen werden, die mit dem Abstand von 3,0 m bzw. 4,0 m durchgeführt werden sollten. Da sich die Beanspruchungen des Bauwerks bei 4,0 m Abstand als wesentlich günstiger erwiesen, wurde dieser Abstand endgültig gewählt.

Im Ostabschnitt ohne Kranbahn mußte eine mittlere Geländehöhe auf NN +26,3 m berücksichtigt werden.

5.4.16.3 Berechnungsgrundlagen

Die Berechnungen wurden für die genannten Bereiche und Bodenarten mit folgenden bauseitig gestellten, auf örtlichen Erfahrungen beruhenden Bodenkennwerten durchgeführt:

Von Geländeoberkante bis NN + 20,5 m: Mittelsand, teils schluffig, teils kiesig

$\gamma/\gamma_a = 1{,}9/1{,}1\ t/m^3;\ \rho_r = 32{,}5°$

von NN + 20,5 m bis zur Oberkante des festen Tones: Fein- und Grobkies mit Sandeinlagerungen, dicht gelagert:

$\gamma/\gamma_a = 1{,}8/1{,}0\ t/m^3;\ \rho_r = 37{,}5°$

für den darunter liegenden festen Ton:

$\gamma/\gamma_a = 1{,}8/1{,}0\ t/m^3;\ \rho_r = 37{,}5°$ (als Ersatzreibungswinkel).

Die Ufereinfassung mußte für die Spannungen nach Lastfall 1 der EAU bemessen werden, wobei folgende Belastungsfälle zu berücksichtigen waren:

Belastungsfall 1:	rechn. Grundwasser:	NN + 18,0
	rechn. Hafenwasser:	NN + 17,0
		$w_ü = 1{,}0\ t/m^2$
Belastungsfall 2:	Grundwasser:	NN + 22,0
	Hafenwasser:	NN + 21,0
		$w_ü = 1{,}0\ t/m^2$.

Da die Uferspundwand bis in den festen, praktisch wasserundurchlässigen Ton zu rammen war, mußte beim obigen Ansatz der Wasserüberdrücke dafür gesorgt werden, daß sich die Wasserstände hinter der Spundwand möglichst rasch dem jeweiligen Hafenwasserstand angleichen konnten. Deshalb wurden die Stege der kurzen Doppelbohlen im Kies unterhalb der neuen Hafensohle mit jeweils 3 Schlitzen 150 x 20 mm versehen.

Im Kaimauerbereich mit Kranbahn mußte mit einer Nutzlast von 5,0 t/m^2 ab Hinterkante des wasserseitigen Kranbahnbalkens gerechnet werden. Auf der landseitigen Betonfläche neben der wasserseitigen Kranschiene wurde vorsorglich eine Nutzlast von 2,0 t/m^2 angesetzt. Für den Bereich der Kaimauer ohne Kranbahn wurde bauseitig bereits ab Oberkante Pflasterböschung die Berücksichtigung einer Nutzlast von 5,0 t/m^2 gefordert.

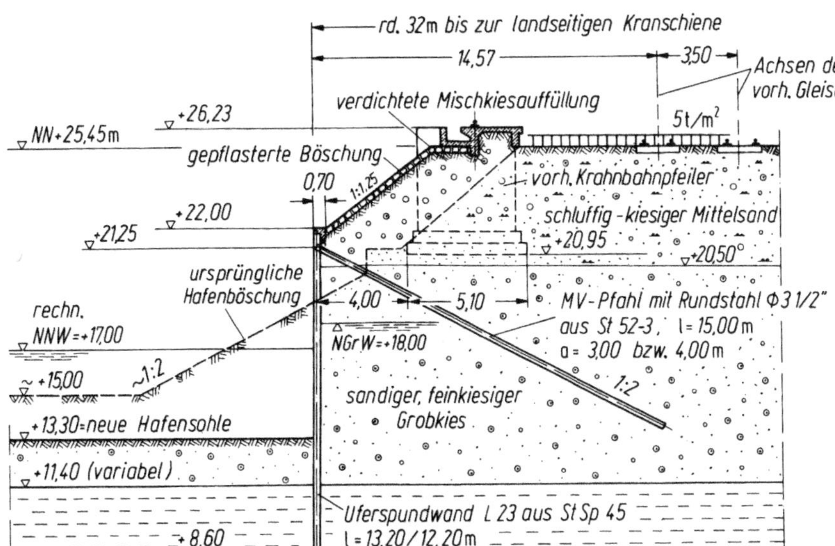

Abb. 5.4.16–1 Querschnitt der Kaimauer im Kranbahnbereich, Lösung mit schräger MV-Pfahl-Verankerung

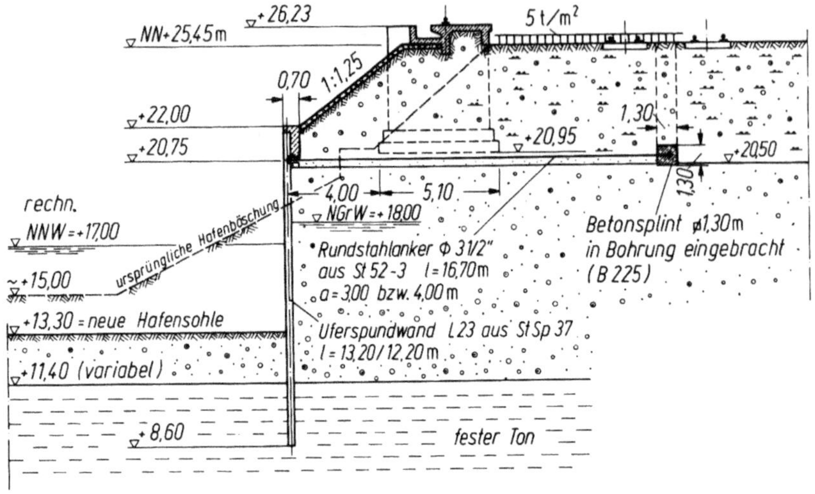

Abb. 5.4.16–2 Querschnitt der Kaimauer im Kranbahnbereich, Lösung mit waagerechter Rundstahlverankerung

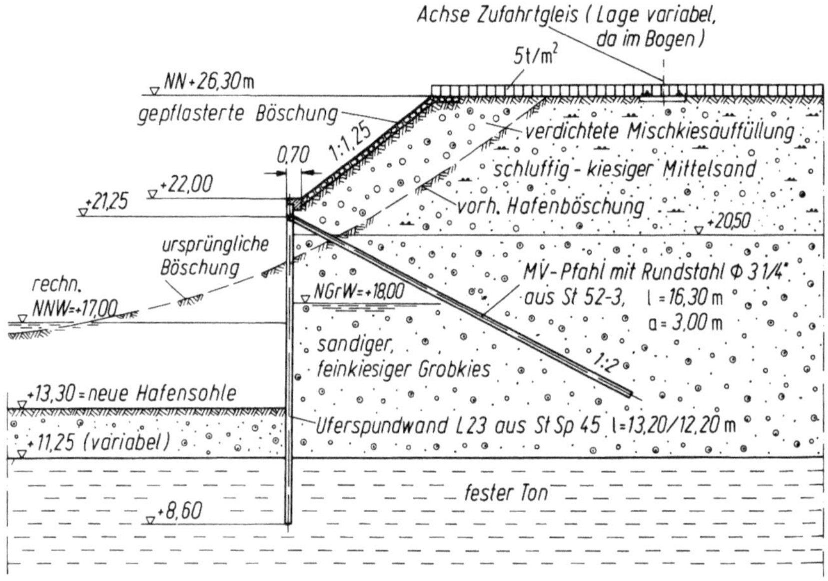

Abb. 5.4.16–3 Querschnitt der Kaimauer ohne Kranbahn, Lösung mit schräger MV-Pfahl-Verankerung

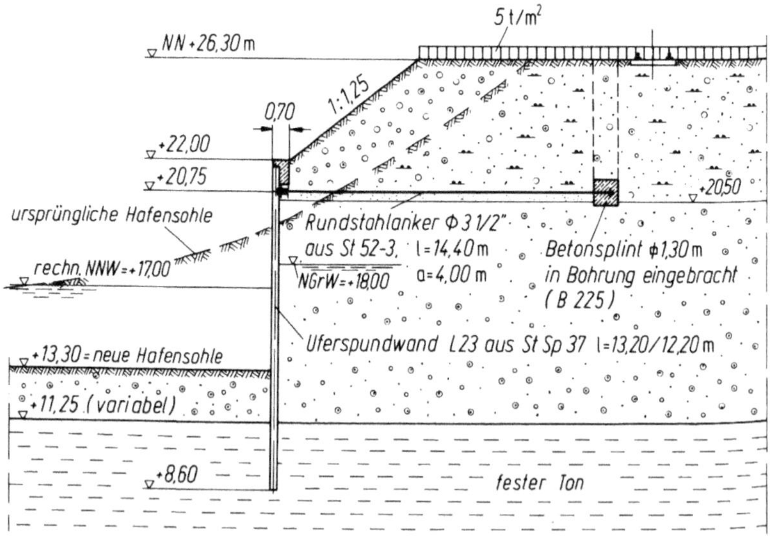

Abb. 5.4.16–4 Querschnitt der Kaimauer ohne Kranbahn, Lösung mit waagerechter Rundstahlverankerung

Als Kranlasten waren je Ecke 4 x 21 = 84 t und aus Wind sowie Seitenstoß eine Horizontalkraft quer zum Ufer von 1/5 V = 16,8 t zu berücksichtigen.

Für die Ermittlung der Grenztragfähigkeit der MV-Pfähle konnte nach den örtlichen Erfahrungen von einer Grenzlastmantelreibung $q_m = 15{,}0\ t/m^2$ ausgegangen werden.

Im übrigen mußten bei allen Ansätzen, Berechnungen und Lösungen die einschlägigen Empfehlungen der EAU berücksichtigt werden.

5.4.16.4 Entwurfs- und Berechnungsergebnisse

Die Entwurfs- und Berechnungsergebnisse für den Bereich mit Kranbahn bei 4,0 m Pfeilerabstand von der Spundwandachse und den Ostbereich ohne Kranbahn sind in den Abb.5.4.16–1 bis –4 dargestellt. Die Abb.5.4.16–1 und –3 zeigen die Lösungen mit MV-Pfahl-Verankerung und die Abb.5.4.16–2 und –4 die entsprechenden mit Rundstahlverankerung.

Da die Spundbohlen in den am Bauwerk anstehenden festen Ton erfahrungsgemäß nur schwer eingerammt werden konnten, bestand die Gefahr, daß sie in Bereichen mit höher liegender Tonoberkante nicht bis zu der für eine volle Einspannung der Spundwand im Boden rechnerisch erforderlichen Tiefe zu rammen waren. Für den Fall, daß die für die volle Einspannung erforderliche Tiefe ohne Beschädigung der Spundbohlen nicht erreicht werden konnte, war damit zu rechnen, daß trotzdem in den meisten Fällen eine volle Fußeinspannung der Wand vorhanden war, wenn die Spundbohlen mindestens 1,0 m tief durchgehend in die sehr feste Tonschicht einbanden.

Nur in Gebieten mit einem Tonhorizont oberhalb NN +10,5 m waren geringe Spannungsüberschreitungen in der Spundwand infolge nicht ausreichender Rammtiefe im Ton wahrscheinlich. Dieses wollte die Hafenverwaltung jedoch in Kauf nehmen. Die Verankerungen und deren Anschlußkonstruktionen mußten vorsorglich jedoch in jedem Fall für eine nur teilweise Einspannung der Spundwand bemessen werden. Hierbei war die höchste festgestellte Lage des Tones auf NN +11,41 m und eine mögliche durchgehende Einbindung in diese Schicht von 1,0 m zugrunde zu legen.

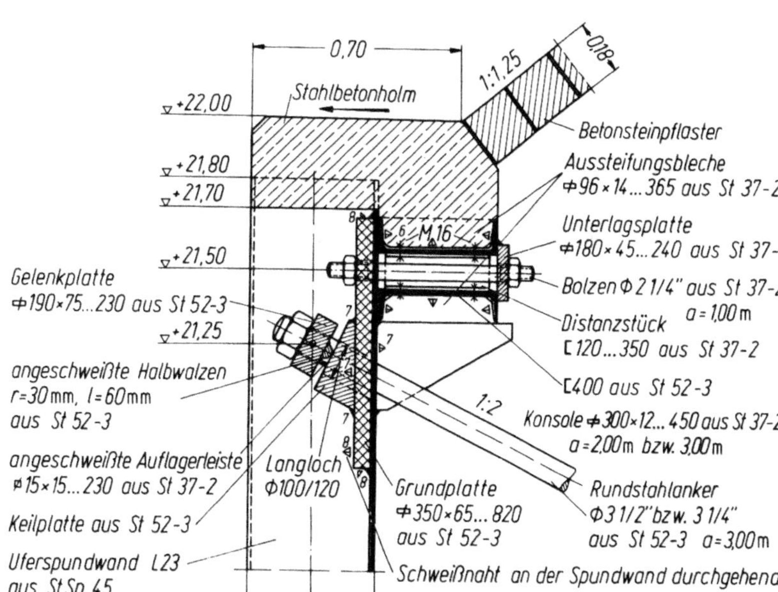

Abb. 5.4.16–5 Ausbildung des Uferwandkopfes bei MV-Pfahl-Verankerung

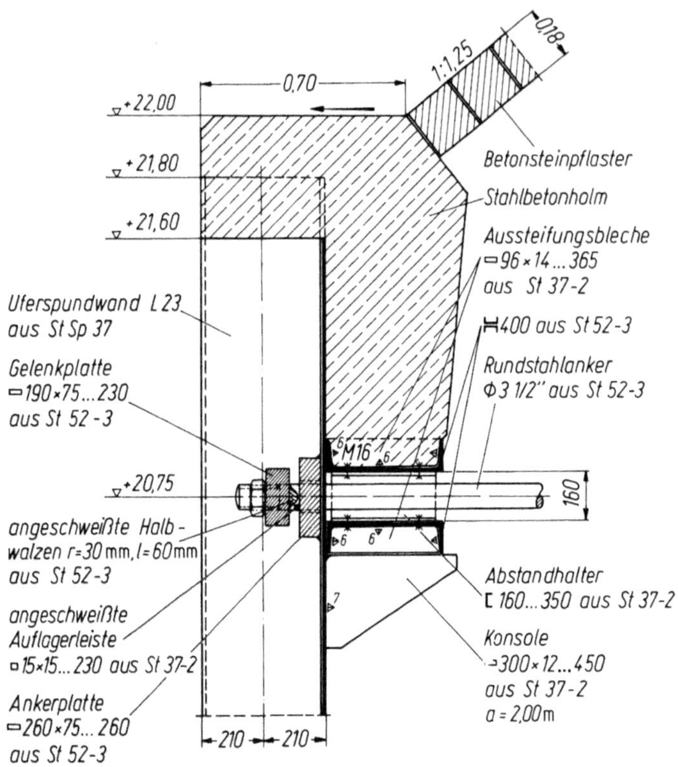

Abb. 5.4.16–6 Ausbildung des Uferwandkopfes bei Rundstahlverankerung

Einzelheiten der Ausbildung des Uferwandkopfes bei Verankerung mit schrägen MV-pfählen sind in Abb.5.4.16–5 und mit waagerechten Rundstahlankern in Abb.5.4.16–6 dargestellt.

Besonders erwähnt sei hier, daß Sackungsschäden an den Kranbahnpfeilern infolge des Einrammens der Spundwand und der Verankerung keinesfalls auszuschließen waren.

5.4.16.5 Erfahrungen bei der Bauausführung

Aufgrund der bisher im Hafengebiet mit MV-Pfählen gemachten guten Erfahrungen wurden vom Bauherrn die Lösungen nach den Abb.5.4.16–1 und –3 mit MV-Pfahl-Verankerung für die Ausführung bestimmt. Die Bauarbeiten liefen im Herbst 1972 an und waren planmäßig im Herbst 1973 beendet. Die Spundbohlen konnten mit einer Ramme MR 27 ohne Schwierigkeiten auf die Solltiefe NN +8,6 m mit 1 m Staffelung des Spundwandfußes in Doppelbohlen gerammt werden. Infolge der vorsichtigen Bauausführung auch beim Einbringen der Verankerung und der offensichtlich hohen Lagerungsdichte des nichtbindigen Baugrundes unter den Kranbahnpfeilern sind dort auch keine nennenswerten Sackungen aus den Rammerschütterungen eingetreten.

5.4.17 Verlängerung einer Erzkaimauer in einem nordwestdeutschen Schleusenhafen

5.4.17.1 Allgemeines

Im Zuge der Vertiefung und Erweiterung eines Schleusenhafens an der Nordsee mußte Mitte der sechziger Jahre ein vorhandener Erzkai vertieft und um rd. 139 m verlängert werden. Die vorhandene Erzkaimauer bestand aus einem hochliegenden Pfahlrost mit hinterer Abschlußspundwand. Das Hafenplanum lag auf NN +3,5 m und die Hafensohle auf NN –8,4 m. Sie sollte bis NN –10,9 m vertieft werden. Hierzu war das Vorrammen einer neuen Stahl-

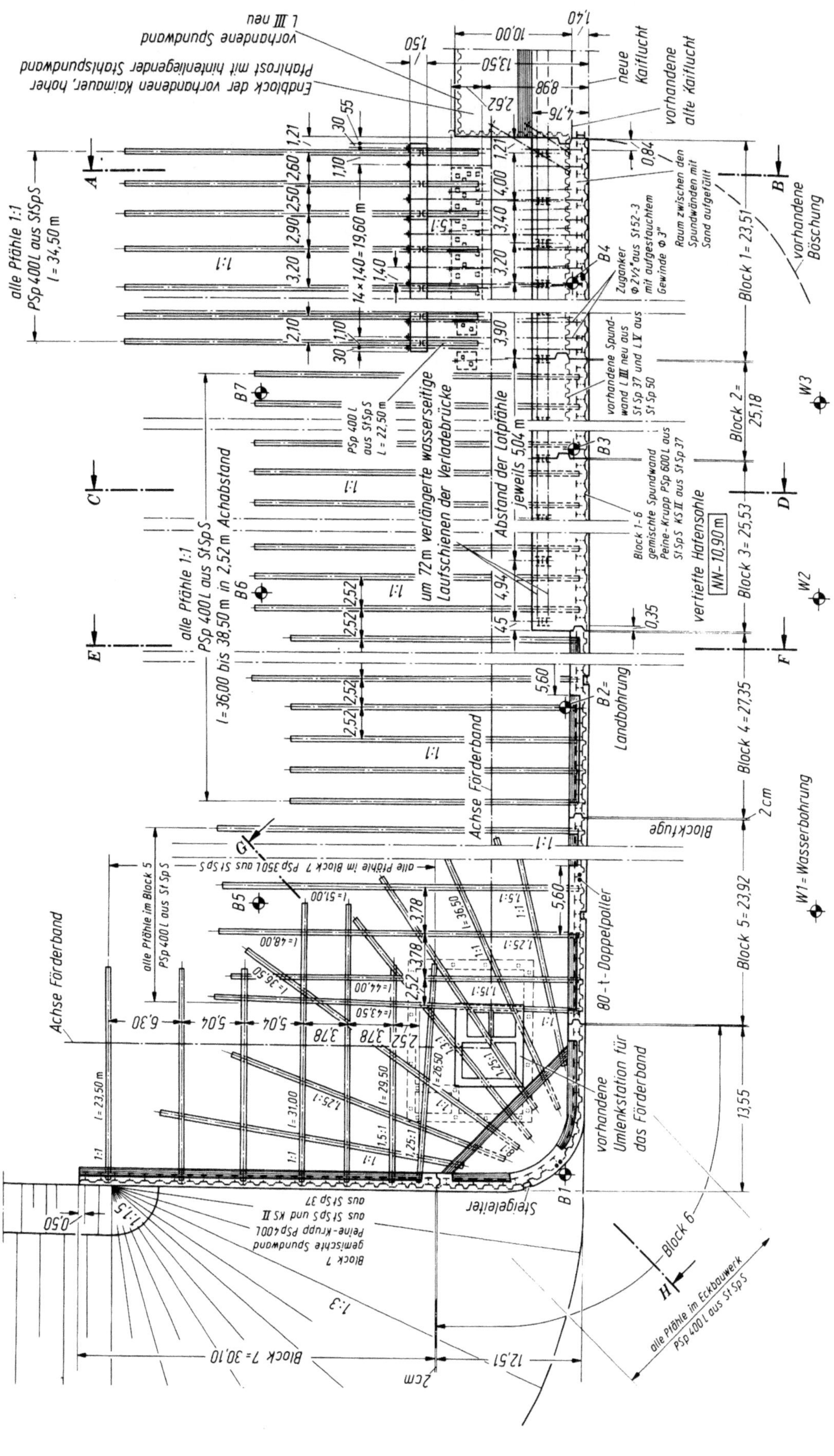

Abb. 5.4.17–1 Grundriß-Übersichtsplan für die Baumaßnahmen im Verlängerungsbereich der Erzkaimauer

spundwand erforderlich, wobei die neue Flucht der Kaimauer 1,4 m vor der alten liegen mußte. Der vorhandenen Kaimauer war in dem zu verlängernden Bereich eine Flügelspundwand und eine anschließende Hafenböschung 1 : 3 vorgelagert. Die vorhandene Situation und die gewählte Lösung der Verlängerung sind in Abb. 5.4.17–1 im Grundriß dargestellt. Unter Berücksichtigung der neu festgelegten Kaimauerflucht wurde für die Verlängerung im Bereich der bestehenden Flügelwand eine neue schwere Wand in gemischter Bauweise vorgerammt. Die vorhandenen Bauteile wurden dabei hinsichtlich der Kraftabtragung soweit möglich und in der Bauausführung voll berücksichtigt. Die anschließenden Abschnitte der Verlängerung konnten völlig frei gestaltet werden.

Auch die vorhandene Kranbahn mußte im Zuge des Kaimauerausbaues um 72 m verlängert werden (Abb. 5.4.17–1).

Beim Entwurf mußte berücksichtigt werden, daß der Erzumschlag am bestehenden Kai durch die Bauarbeiten für die Verlängerung nicht gestört werden durfte. Vor allem aber mußte auf das im Bereich der Verlängerung liegende und laufend in Betrieb befindliche Förderband sowie auf seine Eckstation, durch die das Erz vom Kai zu den Lagerplätzen befördert wurde, bei der Wahl von Konstruktion und Bauausführung Rücksicht genommen werden. Eine auch nur kurzfristige Unterbrechung oder Verlegung des Bandes während der Bauausführung war aus betrieblichen Gründen nicht möglich. Hierdurch und bedingt durch den bestehenden Zustand des Ufers ergaben sich für die Verlängerung unterschiedliche Konstruktionsabschnitte, die im folgenden kurz beschrieben werden. Es kamen dabei vor allem Lösungen in Frage, bei denen die Uferwand und der Kaimauerkopf keinen großen Arbeitsraum erforderten und zur Verankerung der Bauwerke möglichst keine Aushubgräben, die das Förderband kreuzten und dessen Betrieb störten, erforderlich machten. Danach boten sich als zweckmäßigste Lösungen schrägpfahlverankerte Spundwandkaimauern an, soweit die örtlichen Gegebenheiten und vor allem auch die Bodenverhältnisse eine solche Lösung ermöglichten.

5.4.17.2 Bodenverhältnisse und Folgerungen

Um die Bodenverhältnisse zu klären, wurden im Verlängerungsbereich 3 Wasserbohrungen und 7 Landbohrungen etwa 30 m tief abgeteuft und neben den Landbohrungen jeweils auch

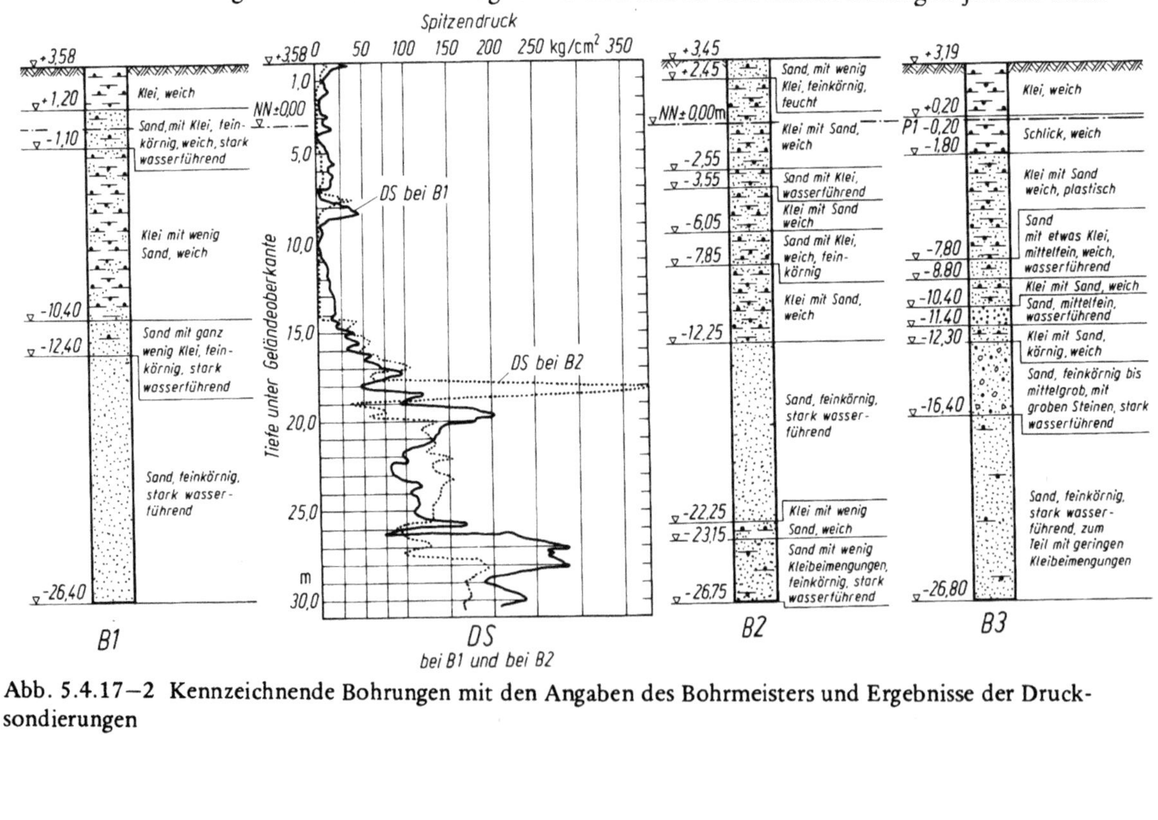

Abb. 5.4.17–2 Kennzeichnende Bohrungen mit den Angaben des Bohrmeisters und Ergebnisse der Drucksondierungen

eine Drucksondierung auf gleiche Tiefe ausgeführt. An gestörten, nichtbindigen und an ungestört entnommenen bindigen Proben wurden die zu berücksichtigenden Bodenkennwerte ermittelt. Die Lage der Bohrungen ist in Abb.5.4.17–1 dargestellt. Abb.5.4.17–2 zeigt für drei kennzeichnende Bohrstellen die Aufschlußergebnisse. Danach stand bis in eine Tiefe von etwa NN –10,4 m bis NN –12,5 m größtenteils weicher Klei mit Sandzwischenlagen an. Dann folgte im allgemeinen unmittelbar und auf große Tiefe reichend Feinsand, in einzelnen Bereichen überlagert von einer bis zu rd. 4,0 m dicken gröberen Schicht (Abb.5.4.17–2). Fallweise waren auch im Feinsand noch gewisse, für die Gründungen aber unerhebliche Kleieinschlüsse vorhanden.

Die Ergebnisse der Drucksondierungen (Abb.5.4.17–2) zeigten, daß die Voraussetzungen für Spundwandlösungen mit Ankerpfählen vorlagen. Die bei den auftretenden großen Beanspruchungen nur in Frage kommende gemischte Spundwand konnte ihre V-Lasten ohne Schwierigkeiten in den nichtbindigen Baugrund abtragen. Die erforderlichen langen Stahlankerpfähle konnten bei guten Reibungsverhältnissen auch auf große Tiefe gerammt werden, wenn sie ohne Fußflügel ausgeführt wurden.

5.4.17.3 Entwurfsgrundlagen

Den Berechnungen konnten – bei den bindigen Böden für den konsolidierten Zustand – die Bodenkennwerte nach Tab.5.4.17–1 zugrunde gelegt werden:

Bodenart	γ/γ_a t/m³	ρ_r/ρ_r'	δ_a/δ_p	c_r' t/m²
Sand mit wenig Klei	1,8/1,0	25°	± 16,7°	0
Klei, teilweise mit Sand vermischt	1,7/0,7	20°	± 13,3°	1,0
Sand, locker gelagert	1,8/1,0	30°	± 20,0°	0
Sand, dicht gelagert	1,9/1,1	32,5°	± 21,7°	0

Tabelle 5.4.17–1 Bodenkennwerte für die Berechnungen

Soweit im Verlängerungsbereich der Kaimauer mit unkonsolidierten Zuständen im Klei gerechnet werden mußte, wurde dies durch den Ansatz $\sigma_W = 0$ bei der Übertragung der Lasten, für die der Boden noch nicht konsolidiert war, berücksichtigt.

Als Wasserüberdruck wurde für den maßgebenden Lastfall 2 die Differenz zwischen dem rechnungsmäßigen Grundwasserspiegel = NN +1,1 m und dem abgesenkten Hafenwasserspiegel = NN +0,1 m,
also $w_ü = 1{,}0$ t/m² angesetzt.

Im gesamten Verkehrsstreifen bis zum Fuße des Erzberges, der rd. 29,6 m hinter Vorderkante Kaimauer lag, wurde eine Nutzlast von 2,0 t/m² berücksichtigt.

Im Erzlager wurde mit $\rho_r = 45°$ und $\gamma = 3{,}0$ t/m³ bei 9 m Schütthöhe gerechnet.

Vor den wasserseitigen doppelten Laufschienen für die beiden nebeneinander arbeitenden Verladebrücken mit je 15 t Tragfähigkeit mußte je Stütze ein Eckdruck von:

2 × (55 + 55) = 220 t aufgenommen werden, dazu gleichzeitig eine Horizontalkraft H = ± 32,5 t je Stütze quer zur Kaimauer.

Die Poller mußten als Kanten-Doppelpoller für einen Trossenzug von 80 t bemessen werden. Die Grenzlasten der Stahlpfähle konnten mit folgenden Spannungen ermittelt werden:

$$q_{sr} = 500 \text{ t/m}^2, \quad q_{mr} = 5 \text{ t/m}^2$$

wobei vorausgesetzt wurde, daß die zur Abtragung von Axiallasten herangezogenen Rammelemente so tief in den tragfähigen Boden gerammt wurden, daß sie ausreichend fest saßen.

Die Lastfälle, zulässigen Spannungen und zu fordernden Sicherheiten wurden nach den einschlägigen Empfehlungen der EAU festgelegt.

5.4.17.4 Gestaltung der Querschnitte in den Blöcken 1 bis 7

Die Kaimauerverlängerung wurde in 7 Blöcke von unterschiedlicher Länge und Konstruktion unterteilt (Abb.5.4.17–1). Die Verlängerung der Kranbahn erstreckte sich nur auf die ersten 3 Blöcke. Im übrigen Bereich war auch für die Zukunft weder eine Erzlagerung noch eine Kranbahn vorgesehen. Da mit starken Verbiegungen der Stahlankerpfähle infolge von Setzungs- und Fließerscheinungen im Klei gerechnet werden mußte, durfte hierfür nur weitgehend sprödbruchunempfindlicher Stahl gewählt werden. Es wurde daher mindestens die Güte StSpS gefordert.

5.4.17.4.1 Gestaltung des Blockes 1

Die gewählte Ausbildung ist in Abb.5.4.17–1 und –3 dargestellt.

Der 23,52 m lange Block 1 schloß an die bestehende Kaimauer an und lag damit im Bereich der vorhandenen Flügelwand, die an dem Fundament eines nicht mehr vorhandenen Kohlenkippers verankert war. Wegen der Gründung dieses Fundamentes auf Stahlbeton-Rammpfählen, die nicht durchrammt werden konnten, durften hier keine schrägen Stahlankerpfähle, die unmittelbar an die vorgerammte Uferspundwand anschlossen, angewendet werden.

Zum Verankern der gemischten Uferspundwand PSp 600 L aus StSpS + KS II aus StSp 37 sowie zum Abstützen der schweren Kranbahn für die Verladebrücken wurde ein 4,76 m breiter und 2,1 bzw. 1,65 m hoher Stahlbetonbalken auf der Spundwand gelenkig gelagert. Auf der Landseite wurde er in der Achse der Kranbahn durch Stahlpfähle mit einem Achsabstand zwischen 3,2 und 4,0 m abgestützt. Hierfür wurden 3 zusammengeschweißte PSp 500 L aus StSpS gewählt, von denen nur eine tragend in den Beton einband, so daß sich dort ein Fließgelenk ausbilden konnte. Am Pfahlfuß wurden mit Rücksicht auf die großen Kranlasten 4 Flügel PSp 350 L aus StSpS, 5,0 m lang, angeschweißt (Abb.5.4.17–3).

Der Stahlbetonbalken wurde mit Rundstahlankern Ø 2½"/3" aus St 52–3 in 1,4 m Achsabstand im Stahlbeton-Kopfbalken 1,5/1,5 m eines neu gerammten Stahlpfahlbockes mit Druckpfählen 5 : 1 und und Ankerpfählen 1 : 1 verankert. Er konnte hinter den vorhandenen Gründungen unter Berücksichtigung der Lage der landseitigen Gründungspfähle des alten Kipperfundamentes ohne Schwierigkeiten ausgeführt werden. Einzelheiten zur Ausbildung der Verankerung sowie zur gelenkigen Auflagerung der Spundwand sind in Abb.5.4.17–7 dargestellt.

Der Hohlraum zwischen der alten und der vorgerammten Spundwand wurde mit Sand aufgefüllt. Hierfür mußten im Überbau Aussparungen angeordnet werden, die später ausbetoniert wurden. Außerdem mußten die beiden Spundwände am Übergang von der vorhandenen Kaimauer zu Block 1 etwa in Verlängerung der bestehenden Querspundwand durch Spundbohlen verbunden werden, damit ein seitliches Ausfließen des Sandes verhindert wurde.

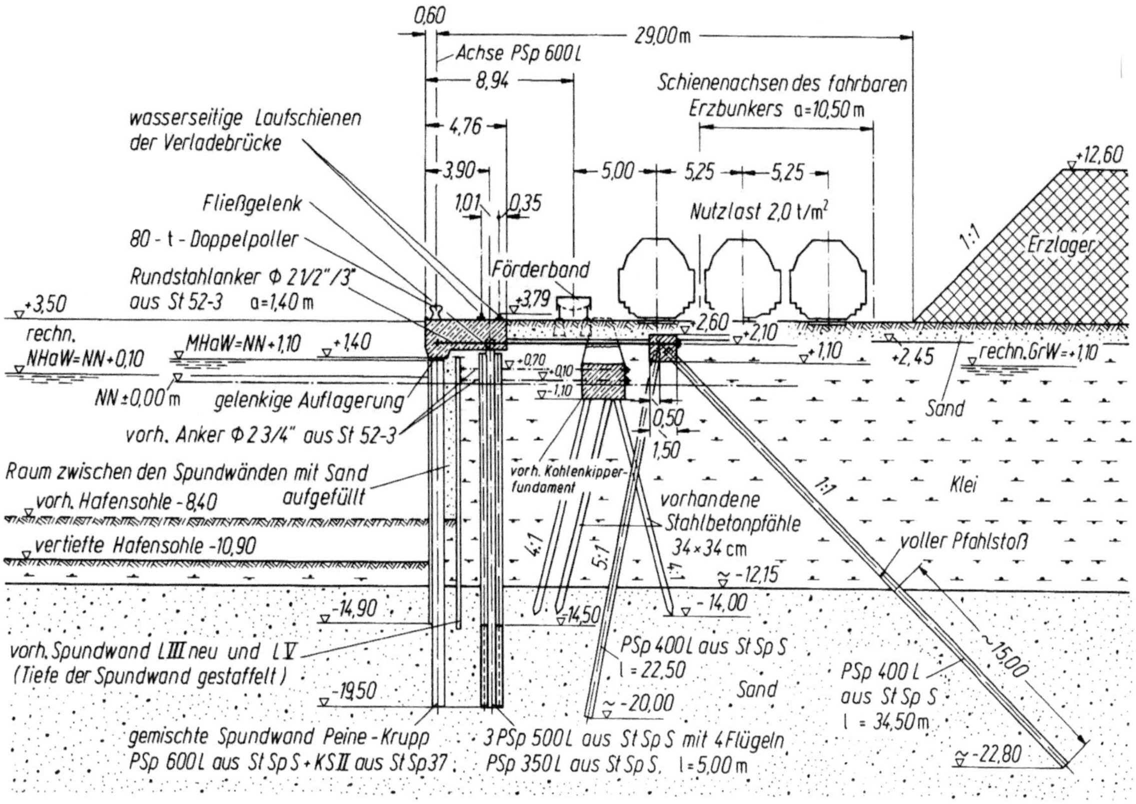

Abb. 5.4.17–3 Schnitt A–B, Block 1

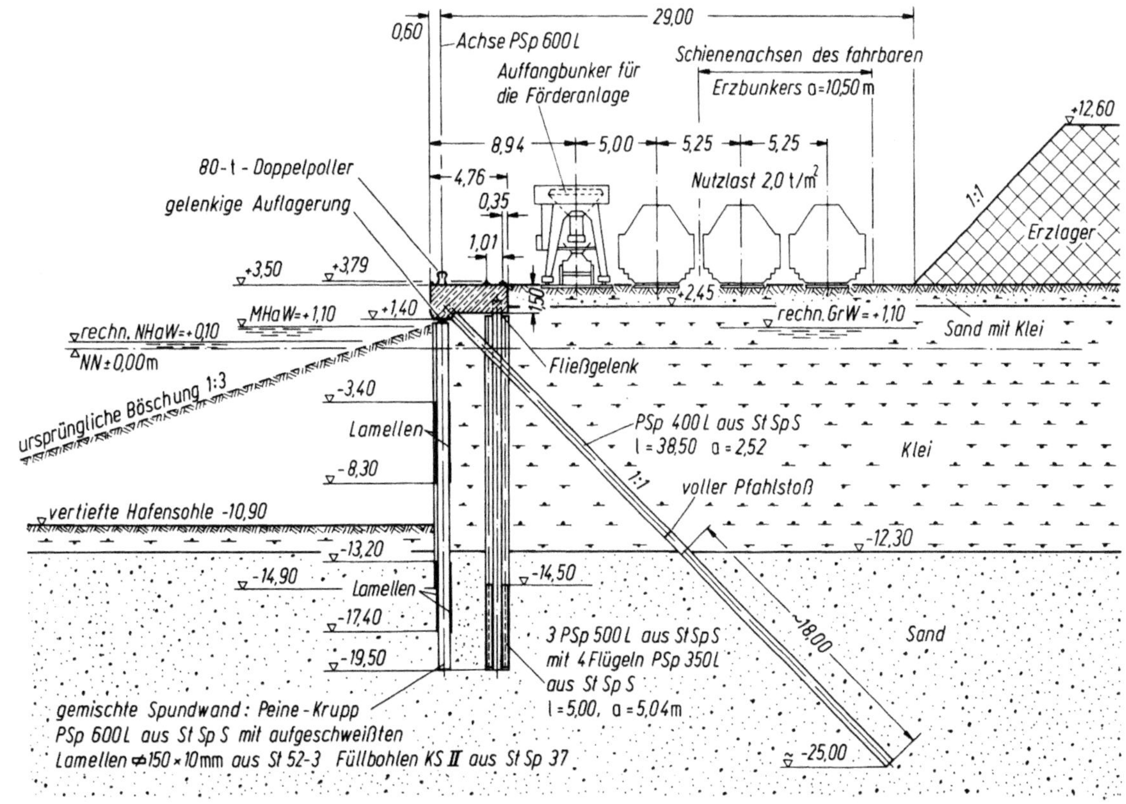

Abb. 5.4.17–4 Schnitt C–D, Block 2 und 3

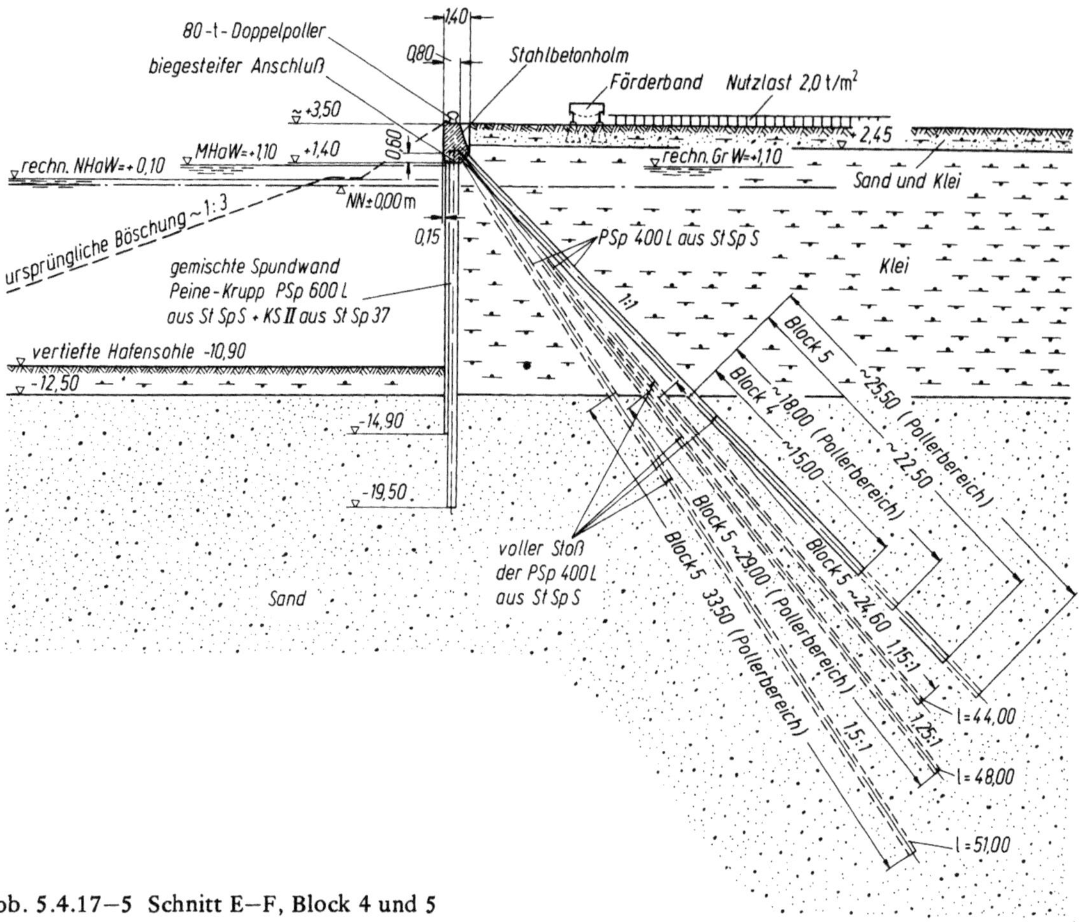

Abb. 5.4.17–5 Schnitt E–F, Block 4 und 5

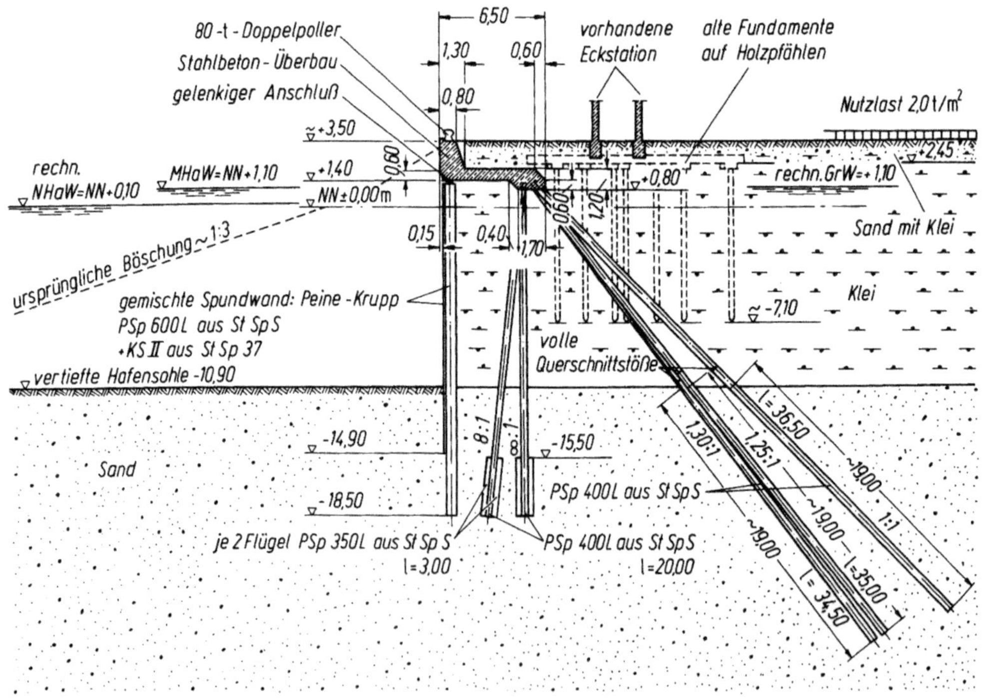

Abb. 5.4.17–6 Schnitt G–H, Block 6

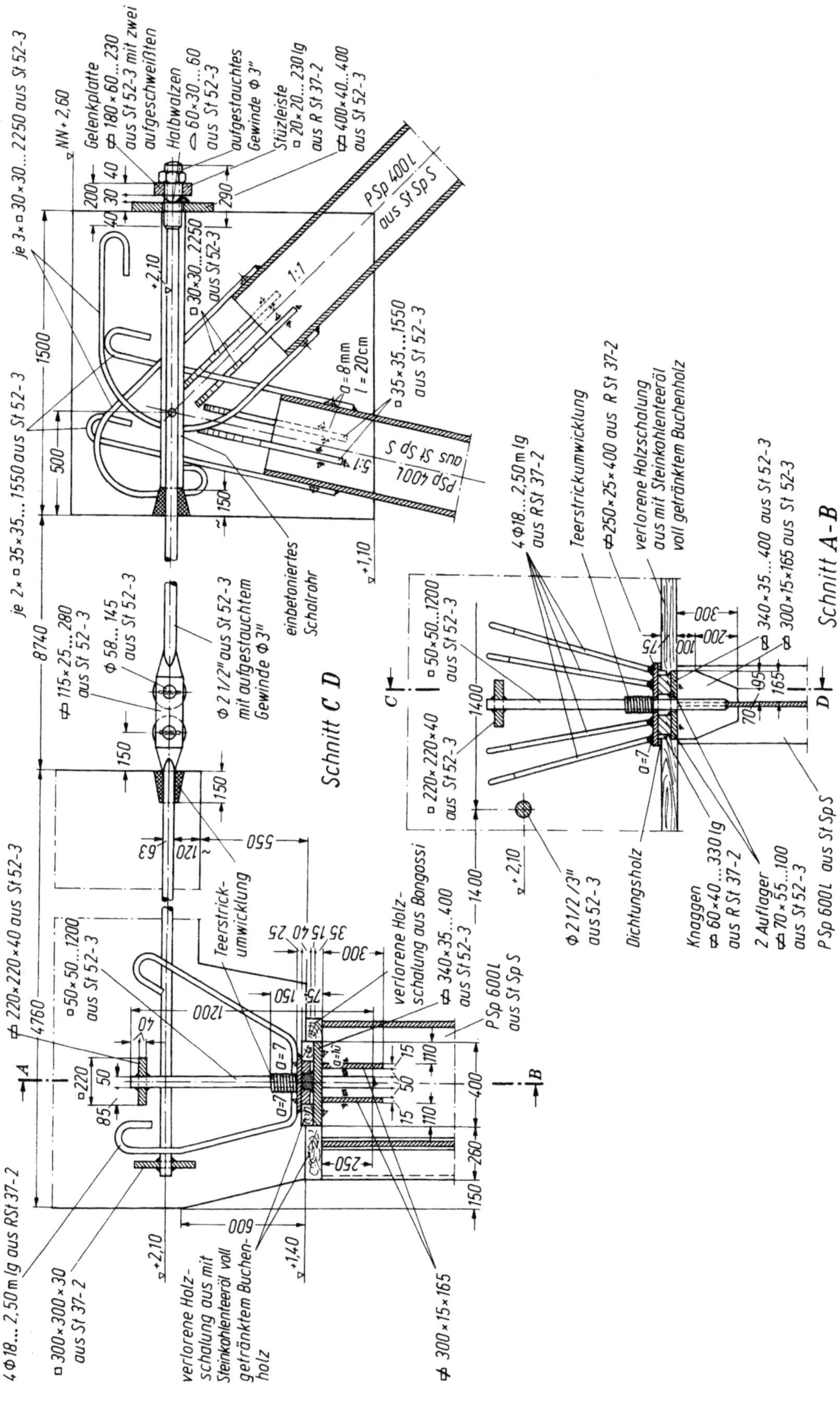

Abb. 5.4.17–7 Auflager- und Ankerdetails für Block 1

5.4.17.4.2 Gestaltung der Blöcke 2 und 3

Die gewählte Ausbildung ist in Abb.5.4.17–1 und –4 dargestellt. Die Konstruktion der Uferspundwand entsprach weitgehend derjenigen von Block 1, jedoch konnten hier die Horizontalkräfte von den 1 : 1 geneigten Ankerpfählen PSp 400 L aus StSpS unmittelbar an der Spundwand aufgenommen und in den tragfähigen Baugrund geleitet werden. Da hier keine vorhandene Spundwand zum Mittragen herangezogen werden konnte, mußten die Tragbohlen PSp 600 L aus StSpS sowohl im Bereich des maximalen Feld- als auch des Einspannmomentes mit aufgeschweißten Lamellen ≠ 150 · 10 aus St 52–3 verstärkt werden.

5.4.17.4.3 Gestaltung der Blöcke 4 und 5

Da bei diesen Blöcken keine Kranbahn für die Verladebrücke und auch kein Erzberg mehr zu berücksichtigen waren, konnte eine Ausbildung nach Abb.5.4.17–1 und –5 gewählt werden.

Als Uferwand wurde hier eine gemischte Spundwand PSp 600 L aus StSpS mit KS II aus StSp 37 und einem 2,1 m hohen, biegesteif angeschlossenen Gurtholm aus Stahlbeton gewählt. Die Horizontalkräfte werden von daran biegesteif angeschlossenen Ankerpfählen PSp 400 L aus StSpS in den tragfähigen Boden abgeleitet. Im Block 4 wurde einheitlich die Pfahlneigung 1 : 1 und ein Achsabstand der Pfähle von 2,52 m angewendet. Im Block 5 erhielten die Pfähle zur Vermeidung von Kollisionen mit den Ankerpfählen von Block 6 bei einem größtenteils einheitlichen Pfahlabstand von 3,78 m unterschiedliche Neigungen zwischen 1 : 1 und 1,5 : 1. In beiden Blöcken wurden die neben den Pollern stehenden Ankerpfähle 3,00 m länger ausgeführt als die Normalpfähle.

5.4.17.4.4 Gestaltung des Blockes 6

Block 6 bildet den Eckabschluß der Kaimauerverlängerung und mußte daher möglichst steif ausgebildet werden. Die gewählte Lösung ist in Abb.5.4.17–1 und –6 dargestellt. Der Block 6 ist – gemessen in der Achse der vorderen Flansche der Peiner Bohlen – in der Abwicklung 18 · 1,26 = 22,68 m lang. Die gemischte Uferspundwand PSp 600 L aus StSpS mit KS II aus StSp 37 wurde an eine Rostplatte aus Stahlbeton gelenkig angeschlossen. Auf der Landseite wurde die Platte durch Pfahlböcke aus Pfählen verschiedener Neigungen abgestützt. Diese Pfahlböcke mit Stahlpfählen PSp 400 L aus StSpS mußten neben den lotrechten Auflagerkräften auch gleichzeitig die waagerechten Lasten aus der Spundwand-Ankerkraft, den anteiligen Erddruck auf die Rostplatte und den Trossenzug aus dem 80-t-Poller aufnehmen.

Zwischen den Ankerpfählen der Blöcke 5, 6 und 7 traten Kreuzungen auf. Um rammtechnische Schwierigkeiten zu vermeiden, wurde so geplant, daß sich kreuzende Pfähle immer einen gegenseitigen Abstand von rd. 2 m aufweisen. Rammschwierigkeiten sind deshalb in der Bauausführung nicht aufgetreten.

Die Lage der Pfähle und die Abmessungen der Stahlbetonplatte bei Block 6 mußten sich auch nach den Holzpfählen eines alten Lockschuppenfundamentes und der Gründung der Eckstation für das Förderband richten. Die Eckstation mußte während des Betonierens der neuen Pfahlrostplatte besonders gesichert werden.

5.4.17.4.5 Gestaltung des Blockes 7

Der Block 7 liegt in einem Winkel von 90° zur Kaimauerflucht und stellt den Flügelwandabschluß der Kaimauerverlängerung dar. Er wurde als gemischte Uferspundwand PSp 400 L aus StSpS mit KS II aus StSp 37 und einem 2,1 m hohen Gurtholm aus Stahlbeton hergestellt. Die Länge der Spundbohlen konnte dem Anstieg der Böschung angepaßt werden. Die waagerechten Kräfte wurden mit Ankerpfählen PSp 350 L aus StSpS in den tragfähigen Boden abgeleitet. Sie mußten im Anschluß an Block 6 – um gegenseitige Störungen zu vermeiden – unterschiedlich geneigt werden. Ihr Abstand wächst von 2,52 m am Blockanfang bis auf 6,3 m am auslaufenden Blockende.

5.4.17.5 Ergänzende Hinweise

Trotz ihrer teilweise sehr großen Länge konnten die Ankerpfähle auf volle Tiefe gerammt werden. Auch die gemischte Spundwand konnte ohne Schwierigkeiten und ohne Schloßschäden eingebracht werden. Das gute Gelingen der Rammarbeiten wurde durch die vorliegenden Bodenverhältnisse mit mächtiger, weicher Kleischicht über gut rammfähigem Sand allerdings sehr begünstigt. Durch die sorgfältige Planung traten auch am schwierigen Eckblock 6 keine gegenseitigen Rammstörungen der Pfähle auf.

Um sicherzugehen und anpassungsfähig zu bleiben, sollten bei räumlichen Pfahlrosten mit sich kreuzenden Pfählen stets Modelle etwa im Maßstab 1 : 10 auf der Baustelle eingesetzt werden, in denen jeder Pfahl in seiner eingebrachten Lage so gut wie möglich erfaßt und berücksichtigt wird. Die Anordnung der noch zu rammenden Pfähle ist dann notfalls zu korrigieren.

5.4.18 Verstärkung eines ausgewichenen Spundwandbauwerkes in einem großen Binnenhafen am Niederrhein (vgl. auch Kap. 5.1.2.13)

5.4.18.1 Vorbemerkungen

Noch vor der Hinterfüllung des im Kap.5.1.2.13 beschriebenen Spundwandbauwerks auf volle Höhe wich Ende 1969 die Spundwand im Bereich zwischen der Sperrschleuse und der ausgesteiften Ecke plötzlich aus, wobei eine maximale Kopfverschiebung von 1,69 m auftrat (Abb.5.4.18–1). Bei dieser Situation wurde im Einvernehmen zwischen der Auftragverwaltung und dem Entwurfsbearbeiter sofort beschlossen, den Boden hinter dem Spundwandbauwerk in diesem Bereich entsprechend weit und tief auszuheben. Dadurch sollte das Bauwerk von einem Teil des Erddruckes entlastet und so verhindert werden, daß noch weitere Ausweichbewegungen eintraten. Als Schadenursache wurde zunächst angenommen, daß die Ankerpfähle die ihnen zugedachte Last im Boden nicht abtragen konnten und daher nachgegeben hatten. Nach den Aushubarbeiten zeigte sich jedoch, daß Anschlüsse der Pfähle 1 bis 8 abgerissen waren. Abb.5.4.18–2 zeigt die kennzeichnenden Bruchbilder der Pfähle 1, 3 und 7.

Obwohl in den anschließenden Spundwandstrecken keine Kopfverschiebungen eingetreten waren, wurden auf Wunsch des Entwurfsbearbeiters vorsorglich auch noch weitere Pfahlanschlüsse freigelegt. Dabei zeigte sich, daß im Bereich des aufgefüllten Hafenbeckens die Pfähle 14 und 25 schwer beschädigt waren. Abb.5.4.18–3 zeigt die bei Pfahl 25 aufgetretenen Schäden. An den Pfählen 9, 19, 22, 24, 26 und 29 war neben starken Pfahldurchbiegungen jeweils nur ein leichter Anriß an der Unterseite des Pfahlanschlusses, ausgehend von der Ausklinkstelle des Pfahlflansches, festzustellen. Die übrigen 16 freigelegten Pfahlanschlüsse waren dem Augenschein nach nicht beschädigt. Die Pfähle waren größtenteils aber ebenfalls stark durchgebogen, so daß sie mit ihrer unteren Flanschseite bereits gegen die Spundwand drückten. Erst beim Übergang in die alte Hafenböschung (Abb.5.4.18–1) wurden die Pfahldurchbiegungen zunehmend geringer und hörten schließlich ganz auf.

5.4.18.2 Schadensursachen

Um eine objektive Basis für die weitere Behandlung des Schadenfalles und vor allem auch für die erforderlichen Sanierungsmaßnahmen zu gewinnen, mußten zunächst die Schadenursachen geklärt werden. In diesem Zusammenhang war folgendes festzustellen:

5.4.18.2.1 Konstruktive Ausbildung der Pfahlanschlüsse

Im Zuge der Entwurfsarbeiten waren der Auftragverwaltung für verschiedene Spundwand- und Gurtlösungen insgesamt 8 verschiedene Ankeranschlüsse – teils mit gelenkigem und teils mit eingespanntem Anschluß – vorgelegt worden. Sie entschied sich unter Berücksichtigung eines im vorliegenden Falle besonders erwünschten Spundwandprofils und aus hafenbetrieb-

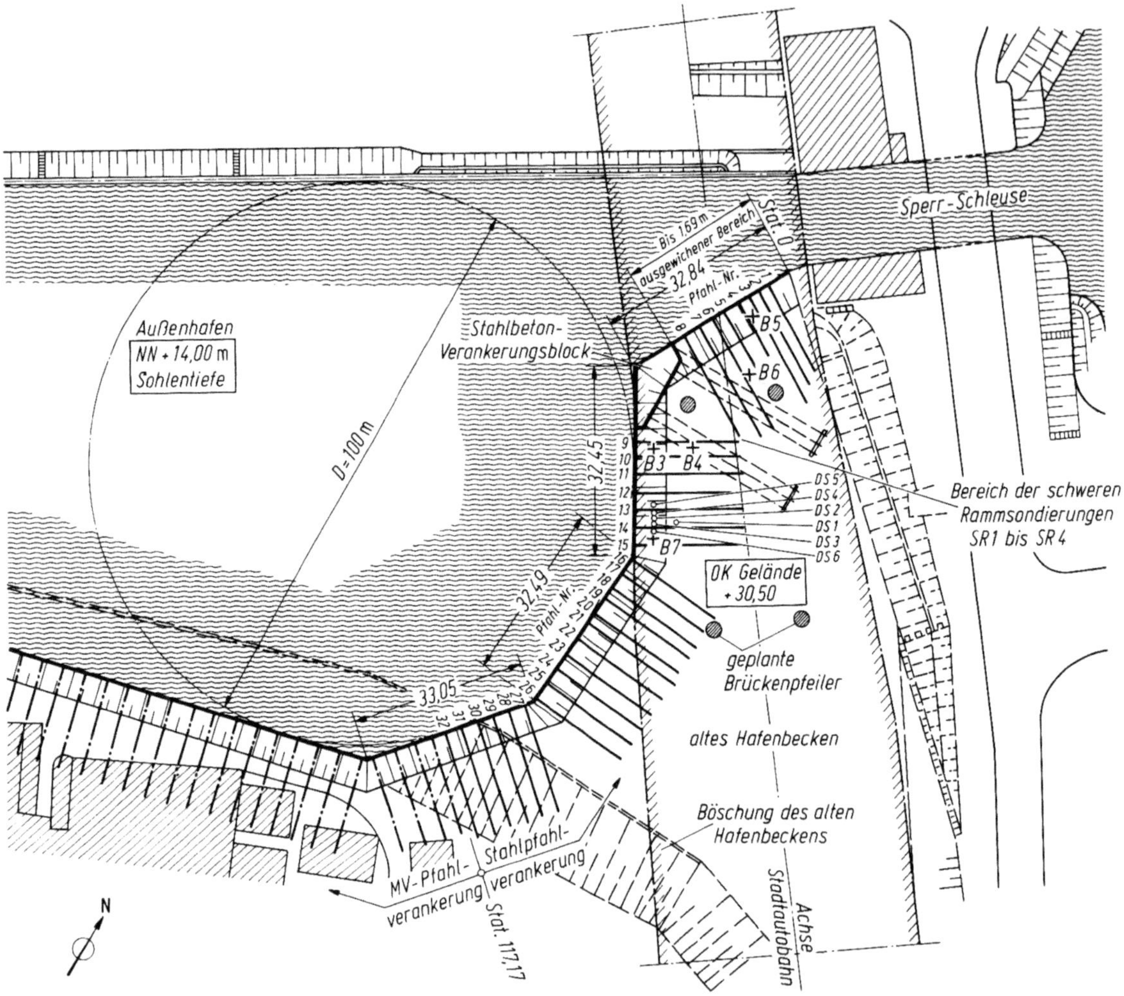

Abb. 5.4.18–1 Lage-Übersichtsplan mit Angaben zu den Ankerpfählen, Bohrungen und den Druck- sowie Rammsondierungen

lichen Gründen für 2 Lösungen, die von ihr dann ausgeschrieben wurden. Beide wurden von den angesprochenen, namhaften Tiefbaufirmen vorbehaltlos angeboten, wobei von der Auftragverwaltung für die stahlbaumäßig ungünstigere Lösung nach Abb.5.4.18–4 der Auftrag erteilt wurde. Für die Hinterfüllung der Uferwand war dabei im Entwurf ein besonders gutes Bodenmaterial ohne bindige Beimengungen gefordert worden und gleichzeitig eine einwandfreie Säuberung der Hafensohle von Schlammablagerungen, so daß stärkere Pfahldurchbiegungen mit Sicherheit vermieden werden konnten. Die gewählte und ausgeführte Lösung nach Abb.5.4.18–4 hatte aber im Anschlußbereich der Pfähle eine von keinem der Beteiligten erkannte Schwäche. Sie bestand darin, daß die am Gelenkpunkt nötige große Dicke der Anschlußbleche unabgemindert auch in den Ankerpfahl hinein beibehalten wurde. Dabei war das laufende Überfließen der Ankerkraft in den Steg des Ankerpfahles – und im Endbereich auch in dessen Flansche – behindert. Infolge der fest verschweißten Verbindung zwischen den dicken Anschlußblechen und dem Steg konnte der größte Teil der Ankerkraft erst am Ende der Bleche in den Ankerpfahl übergehen. Wären beispielsweise die Anschlußbleche nur in Stegdicke ausgeführt und zum Ankerbolzen hin durch aufgeschweißte Lamellen auf die dort erforderliche Dicke von 50 mm verstärkt worden, hätte die Konstruktion diese innere Schwäche nicht aufgewiesen. Trotzdem konnte dies nur einen Teil der Schadenursachen darstellen. Wie aus Vergleichsversuchen eines Gutachters zur Erkundung dieser Ursachen hervorgeht, hatte die Konstruktion bei reiner Zugbeanspruchung und der im

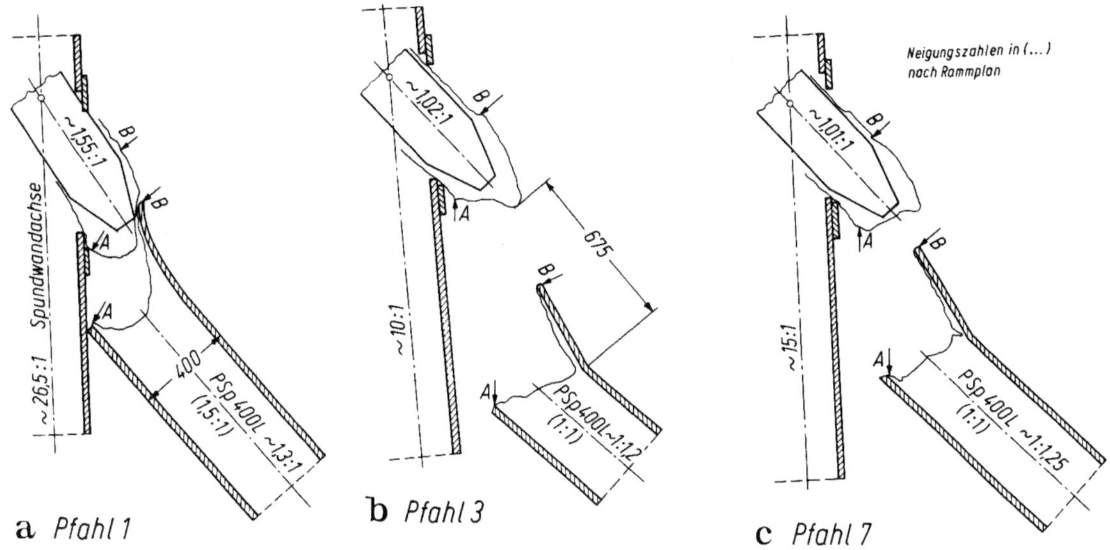

Abb. 5.4.18–2 Abgerissene Ankerpfähle (Lage s. Abb. 5.4.18–1)

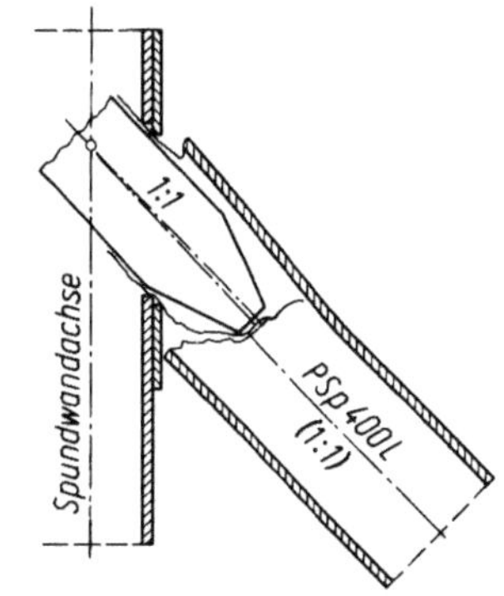

Abb. 5.4.18–3 Schwer beschädigter Ankerpfahl Nr. 25 (Lage s. Abb. 5.4.18–1)

Bruchbereich der Spundwand maximal auftretenden Pfahlkraft von rd. 132 t noch eine Sicherheit gegen Bruch $\eta = 1{,}61$. Zum Zeitpunkt des Schadeneintritts betrug die Ankerpfahlkraft aber erst etwa 100 t, wobei noch eine Sicherheit von $\eta \approx 2{,}00$ gegen Bruch vorhanden war. Der Bruch war daher offensichtlich eingetreten, weil sich den Zugbeanspruchungen noch starke Biegespannungen überlagert hatten und auch die Qualität der Bauausführung des Pfahlanschlusses zu wünschen übrig ließ.

5.4.18.2.2 Festgestellte Bodenverhältnisse hinter dem Spundwandbauwerk und daraus folgende Durchbiegungen der Ankerpfähle

Um die Schichtenfolge und die Qualität der Auffüllung im Schadenbereich zu erkunden, wurden hier nach dem Bauunfall die Bohrungen B3 bis B7 abgeteuft (Abb.5.4.18–1). Die Ergebnisse der Bohrungen B3, B4, B5 und B7 sind auf Abb.5.4.18–5 dargestellt. Sie zeigen einen stark geschichteten Aufbau der größtenteils rolligen Böden mit vereinzelten Schlufflinsen und zum Zeitpunkt der Aufschlüsse noch 20 bis 40 cm dicken Schluffeinlagerungen. Außerdem traten bei den Bodenentnahmen verhältnismäßig häufig Kernverluste ein, was auf Abweichungen von der sonst vorhandenen sandig-kiesigen Auffüllung schließen läßt. Zur weiteren Bodenerkundung wurden im mittleren Hafenbereich anschließend an die steif ausgebildete Bauwerkecke sechs Drucksondierungen ausgeführt. Ihre Lage ist aus Abb.5.4.18–1 ersichtlich. Die Sondierergebnisse sind in Abb.5.4.18–6 dargestellt. Abgesehen von der Sondierung DS1, die in etwa doppelt so großem Abstand von der Uferspundwand wie die üblichen Sondierungen ausgeführt worden war, zeigten die Drucksondierungen 2 bis 6 beim eingefüllten Material ungewöhnlich niedrige Spitzenwiderstände, die eine sehr lockere La-

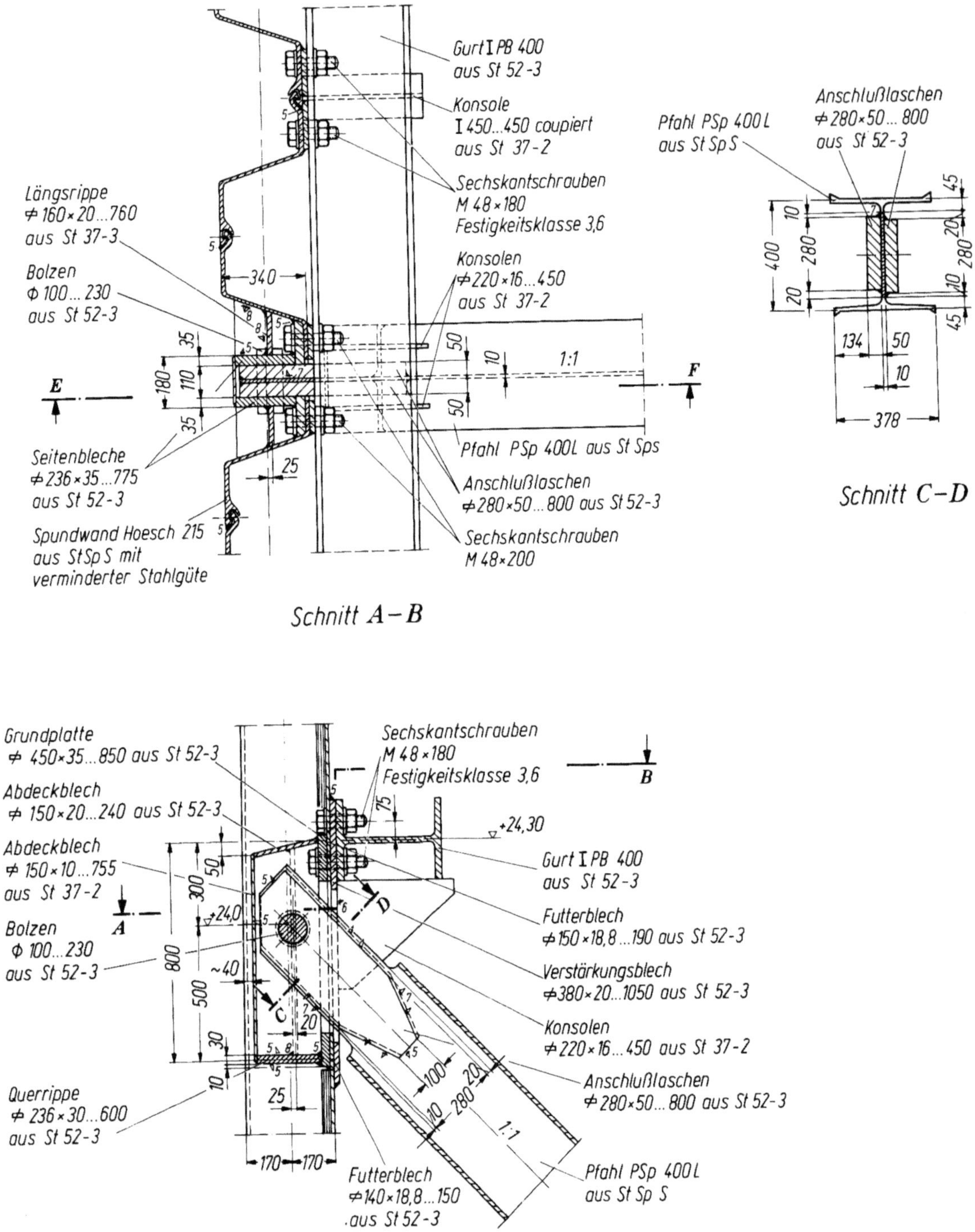

Abb. 5.4.18—4 Stahlbaumäßiger Anschluß der Ankerpfähle mit zu dicken Anschlußblechen

gerung der Hinterfüllung erkennen ließen. Ein grundsätzlich gleiches Bild zeigten 4 Sondierungen mit der schweren Rammsonde, deren Ergebnisse in Abb.5.4.18—7 dargestellt sind. Hier rutschte die Sondierstange in Bodenbereichen, die hochgradig verdichtet sein sollten, teilweise ohne Schlageinwirkung durch bzw. erforderte das Eintreiben zum Teil nur ungewöhnlich niedrige Schlagzahlen.

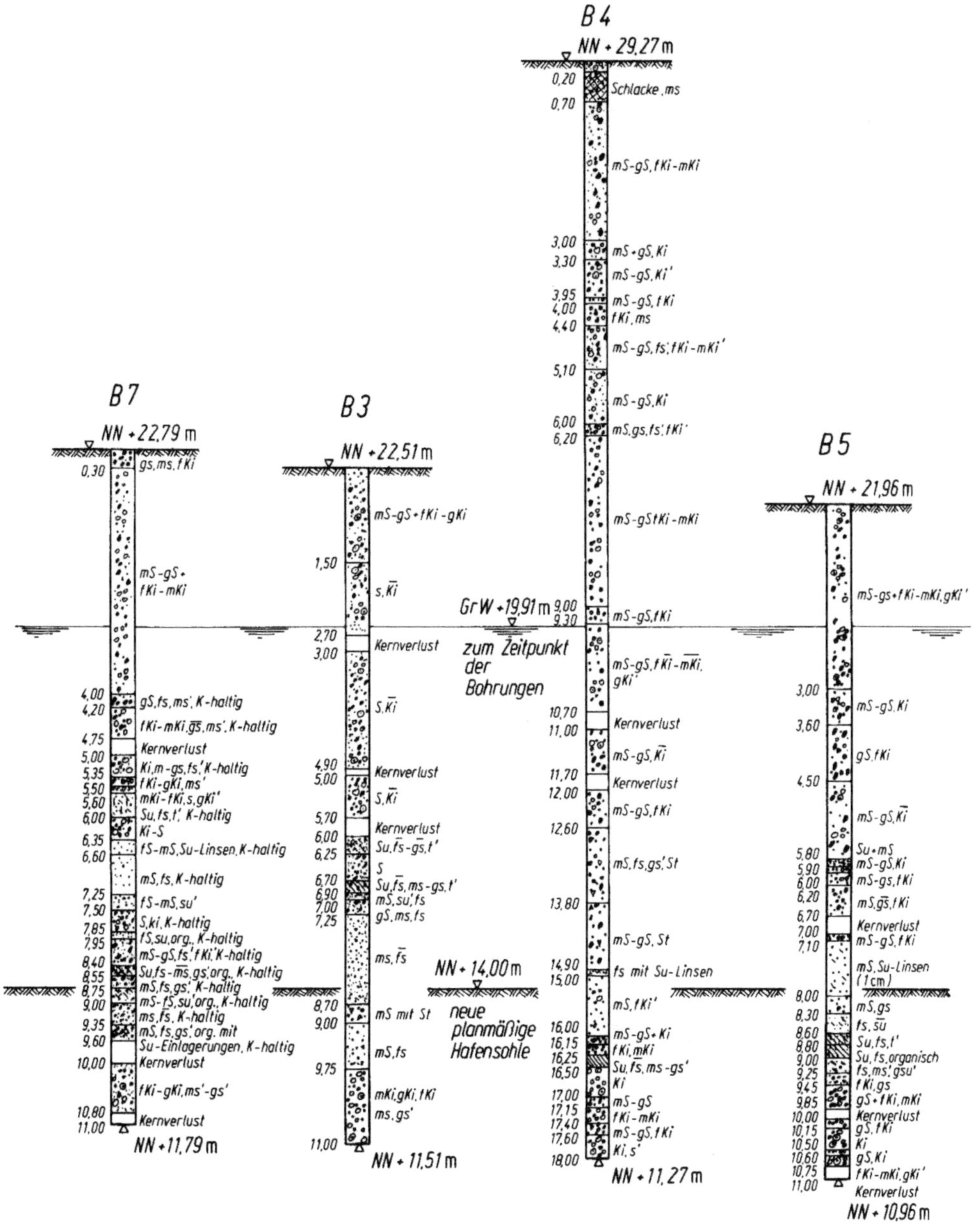

Abb. 5.4.18–5 Kennzeichnende Bohrungen (Lage s. Abb. 5.4.18–1)

Die Tatsache einer sehr lockeren Lagerung des Auffüllbodens zeigte sich auch beim Einschalen der Brücke im Bereich zwischen der Sperrschleuse und der ausgesteiften Ecke des Spundwandbauwerkes (Abb. 5.4.19–1). Hier sah sich die Brückenbau-Arge – die mit der Errichtung des Spundbauwerkes nichts zu tun hatte – gezwungen, anstelle der ursprünglich vorgesehenen flachgegründeten Schalungsunterstützung zu einer Holzpfahlgründung überzugehen, die in die Auffüllung gerammt wurde. Wie später in Erfahrung gebracht werden konnte, zeigten die Holzpfähle beim Rammen besonders hohe Zugmaße.

Die hier geschilderten Eigenschaften der Hinterfüllung, die von den für das Spundbauwerk nach Kap. 5.1.2.13 geforderten Qualitäten teilweise weit abwichen, führte zu unerwartet hohen Setzungen der Hinterfüllung. Dabei wurden die Ankerpfähle im Feld nach unten mitgenommen und verbogen, während sie an der Spundwand durch das Bolzengelenk unverschieblich gestützt wurden. Hierdurch wirkten die Ankerpfähle in starkem Maße auch als Biegebalken, wobei entsprechend hohe Querkräfte zum Gelenk hin abgetragen wurden. So

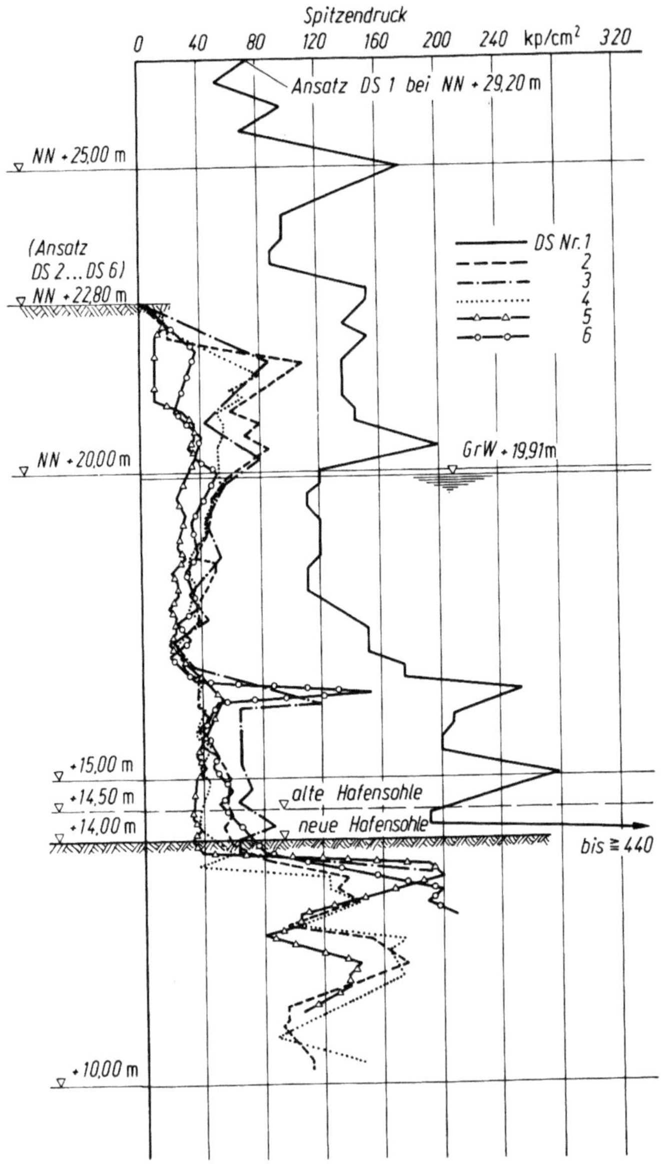

Abb. 5.4.18–6 Kennzeichnende Drucksondierungen (Lage s. Abb. 5.4.18–1)

konnten auch schon knapp hinter dem Gelenkbolzen im Pfahlanschlußbereich starke Biegemomente auftreten, die sich den Zugbeanspruchungen in gefährlicher Weise überlagerten.

Kennzeichnend für die genannten Zusammenhänge war es im übrigen, daß die vollständig abgerissenen Pfahlanschlüsse in dem Bereich lagen, in dem durch das Einrammen der Holzpfähle und die dadurch ausgelösten Erschütterungen besonders starke Sackungen der lockeren Hinterfüllung eintreten mußten.

Die Einbindung der Ankerpfähle in den gewachsenen Boden konnte nach nochmaliger Überprüfung der Rammergebnisse als voll tragfähig vorausgesetzt werden. Auch bestand beim verwendeten Stahl StSp S kein Grund zur Annahme, daß die Pfähle aus der starken Durchbiegung auch im Schaftbereich Schaden gelitten hätten. Sie standen daher für die erforderlichen Sanierungsmaßnahmen uneingeschränkt zur Verfügung.

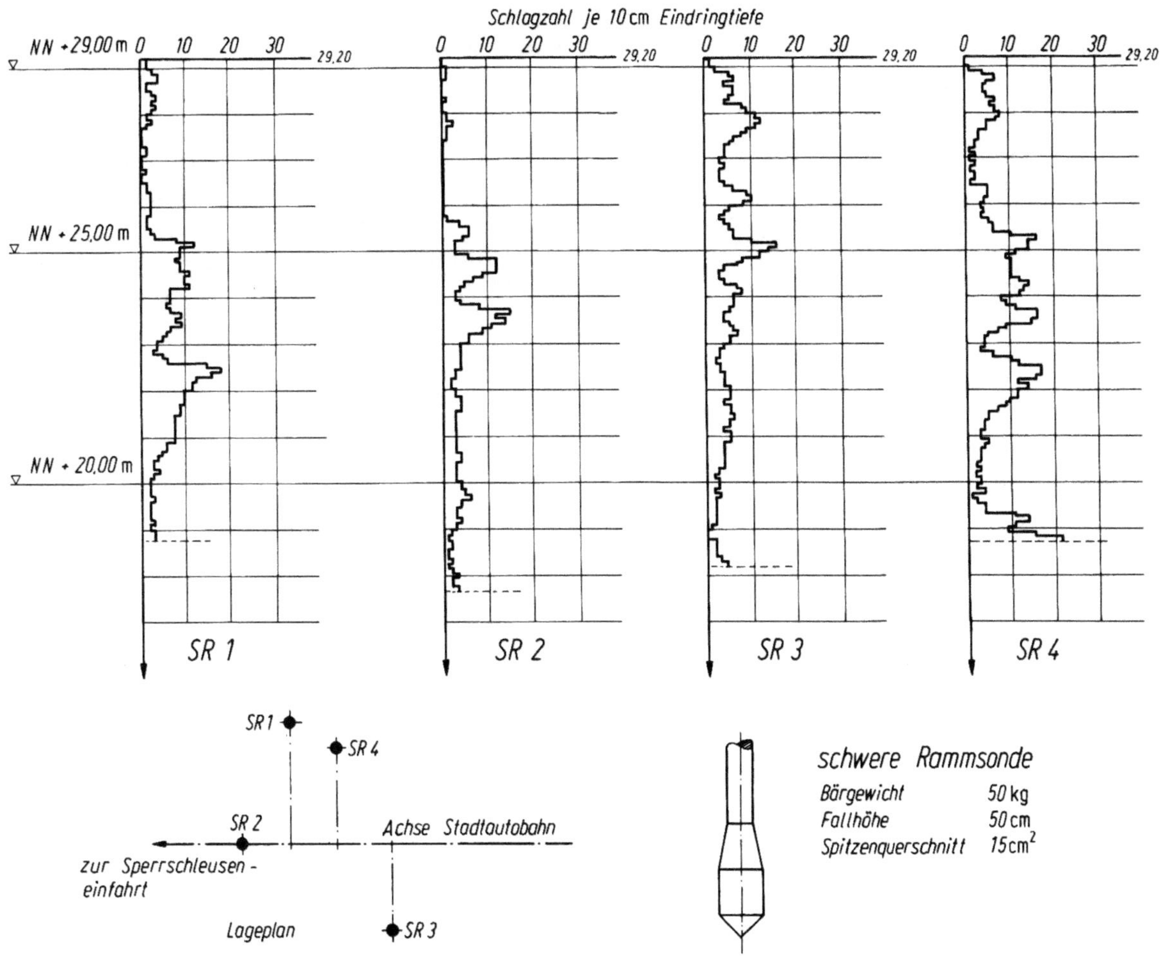

Abb. 5.4.18–7 Kennzeichnende Rammsondierungen

5.4.18.2.3 Bauausführung der Pfahlanschlüsse

Wie ein Vergleich der Konstruktionszeichnung Abb.5.4.18–4 mit den Abb.5.4.18–2 und –3 ergibt, wies die Bauausführung der Pfahlanschlüsse nicht die erforderliche Qualität auf. Statt der an den Ausklinkstellen der Flansche besonders wichtigen sauberen Ausrundungen, waren teilweise gefährliche einkerbende und daher rißauslösende Brennschnitte ohne jede Nachbearbeitung ausgeführt worden.

5.4.18.3 Sofortmaßnahmen zur Sicherung

Um eine Zunahme der Schäden am Bauwerk zu verhindern, waren neben dem im gesamten gefährdeten Bereich durchgeführten entlastenden Bodenaushub vor allem auf der Strecke der gerissenen Pfahlanschlüsse weitere Sofortmaßnahmen erforderlich. Hier mußte die ausgewichene Spundwand auf dem schnellsten Wege wieder an die vorhandenen Ankerpfähle angeschlossen werden. Die gewählte und ausgeführte stahlbaumäßige Lösung ist auf Abb. 5.4.18–8 dargestellt.

5.4.18.4 Sicherung des Bauwerkes im Bereich der gefährdeten aber noch nicht abgerissenen Pfahlanschlüsse

In diesem Bereich mußten die Ankerpfähle unter Ausschaltung der Schwäche im bisherigen Pfahlanschluß volltragend mit der Spundwand neu verbunden werden. Hierzu bot sich ein

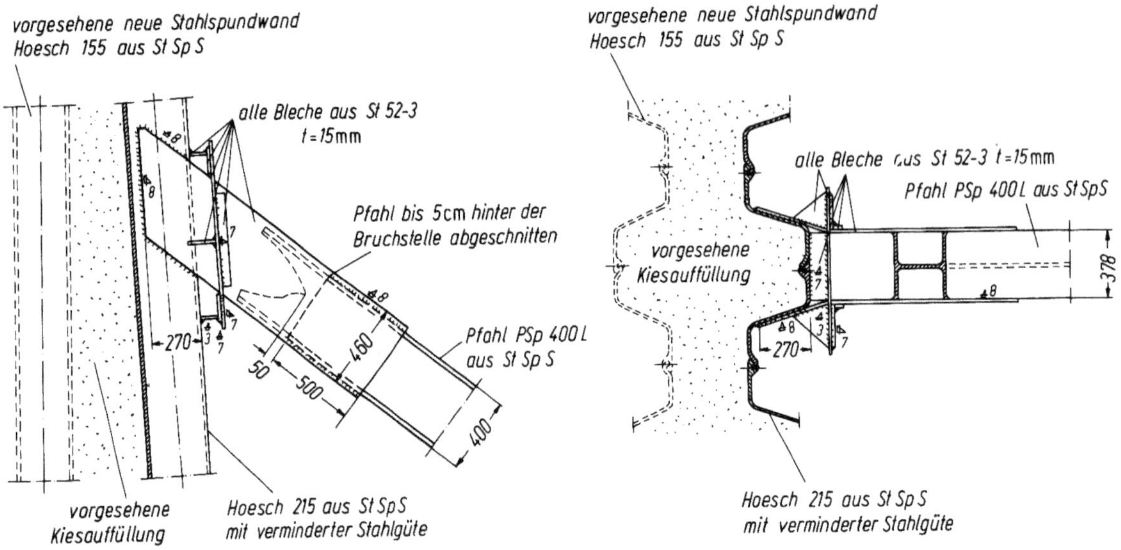

Abb. 5.4.18–8 Provisorische Verankerung der vorhandenen Stahlspundwand im Bereich der abgerissenen Ankerpfähle

biegesteifer Anschluß mit Hilfe einer Plombe aus Stahlbeton an. Die Abmessungen der Plombe und die an die Spundwand bzw. an den Ankerpfahl unmittelbar angeschweißten Vierkantstähle aus RSt 37–2 sind in Abb. 5.4.18–9 dargestellt. Die Plombe wurde außerdem noch mit an die Spundwand geschweißten Bügeln angeschlossen und erhielt die ihren Funktionen und Beanspruchungen entsprechende Bewehrung.

Da durch den eingespannten Anschluß der Ankerpfähle das Feldmoment der vorhandenen Spundwand noch vergrößert werden konnte und die besonders lockere Hinterfüllung zu einem vergrößerten Erddruck führte, mußte diese Wand, die nach Ziff. 5.1.2.13.4 in einer gegenüber StSpS verminderten Qualität geliefert worden war, für die geänderten Verhältnisse nachgerechnet werden. Infolge der verminderten Stahlqualität betrug die Spannung an der Streckgrenze nur $\sigma_S = 3000$ und nicht 3600 kg/cm². Da nach DIN 1050 für den Lastfall 1 eine Sicherheit gegen Erreichen der Steckgrenze $\eta = 1{,}71$ gefordert wird, konnte für diesen Lastfall in der vorhandenen Wand nur mit $\sigma \text{ zul} = \frac{3000}{1{,}71} = 1750$ kg/cm² gerechnet werden. Die zulässigen Spannungen für die Lastfälle 2 und 3 ergaben sich dann nach E 20 der EAU zu 2012 bzw. 2275 kg/cm².

Im Anschlußquerschnitt des Ankerpfahles wurde ein Moment angesetzt, bei dem aus der Gesamtheit der Beanspruchungen aus Biegung und Zug gerade die Streckgrenze erreicht wurde. Auch wurde die gleichzeitig am Anschluß wirkende Querkraft des Pfahles berücksichtigt. Da nun aber umgekehrt infolge des Mittragens der Ankerpfähle bei der Spundwand eine wirksame Momentenverminderung eintrat, die in der Berechnung der Spundwand nicht berücksichtigt worden war, konnten in dieser zum Ausgleich die Spannungen nach Lastfall 3 zugelassen werden. Bei dem durch die Bodenverdichtung nach Ziff. 5.1.2.13.4 verbesserten Erdauflager blieben die Spundwandspannungen daher in zulässigen Grenzen.

5.4.18.5 Verstärkung des Bauwerkes im ausgewichenen Bereich mit den abgerissenen Pfahlanschlüssen

In diesem Bereich zwischen der Einfahrt zur Sperrschleuse und der ausgesteiften Bauwerkecke mußte eine neue Spundwand vor die ausgewichene gerammt werden. Nur so konnte die betrieblich erforderliche einwandfreie Führung der Schiffe an der Einfahrt zur Sperrschleuse gewährleistet werden.

Da die abgerissenen Ankerpfahlenden stark nach unten gebogen waren, mußte ein tieferer Anschluß der Ankerpfähle als bisher mit erhöhter Pfahlkraft ausgeführt werden. Außerdem

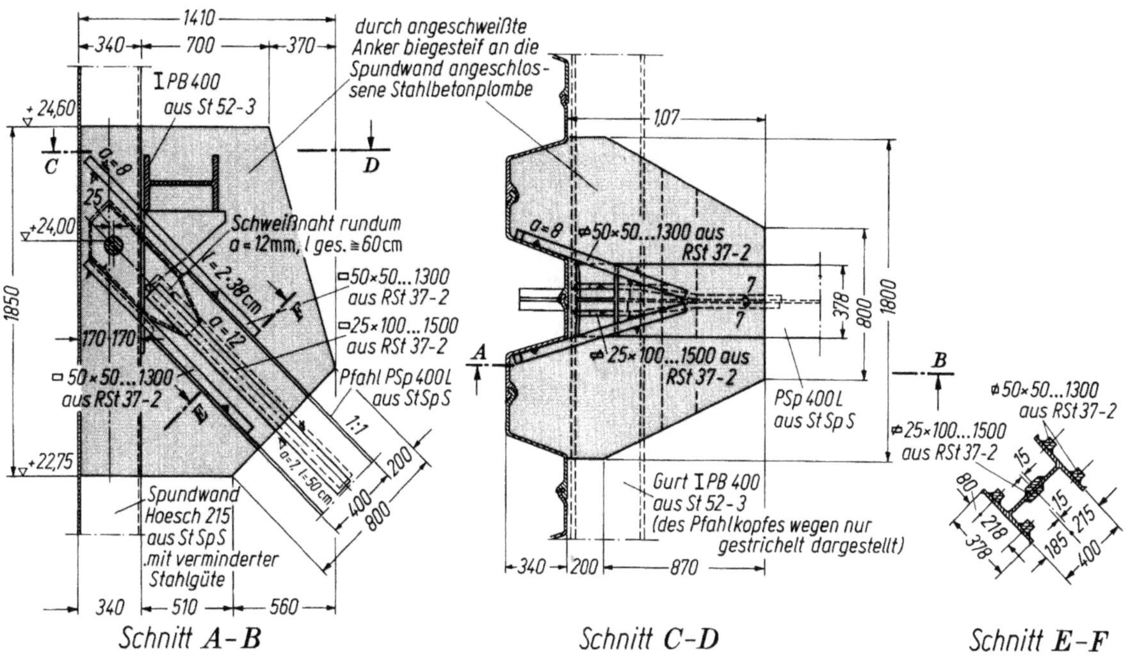

Abb. 5.4.18–9 Neuer Anschluß der Ankerpfähle

mußte der angreifende, wegen der lockeren Lagerung der Hinterfüllung und der Schrägneigung der ausgewichenen Spundwand erhöhte Erddruck, durch zusätzliche Maßnahmen verringert werden. Im Einvernehmen mit der Auftragverwaltung wurde daher die Berme auf NN + 26,0 m von bisher 0,7 m auf bis zu 4,0 m verbreitert mit einer geforderten Nutzlast von nur 0,5 t/m². Hinter der gepflasterten Böschung 1 : 1,25 brauchte das Gelände nur noch bis NN + 29,75 m statt früher bis NN + 30,5 m aufgefüllt zu werden, wobei gleichzeitig die Nutzlast von 3,0 t/m² auf 1,0 t/m² vermindert werden durfte. Dieses Entgegenkommen führte zu einer fühlbaren Erleichterung der Sanierungsmaßnahmen.

Der Sanierungsquerschnitt im Bereich der abgerissenen Ankerpfahlanschlüsse ist auf Abb. 5.4.18–10 dargestellt. Die vorgerammte Spundwand Hoesch 155 aus StSpS mußte möglichst kurz gehalten werden, damit die Doppelbohlen beim Rammen noch unter der vorhandenen Brückenunterkante auf NN + 37,0 m eingefädelt werden konnten. Dies war bei der erforderlichen Länge der Doppelbohlen von 14,7 m bzw. 13,7 m aber nur möglich, wenn das Fädelschloß der bereits gerammten Doppelbohle oben jeweils 4,5 m bzw. 3,5 m hoch weggebrannt wurde. Der so entstandene Schlitz wurde nach dem Rammen der anschließenden Doppelbohle durch ein aufgeschweißtes Blech wieder geschlossen. Der Kopf der vorgerammten Spundwand wurde in die Stahlbetonkonstruktion, die in Verbindung mit dem neuen biegesteifen Anschluß der vorhandenen Ankerpfähle an die bestehende Spundwand hergestellt wurde, verankert (Abb.5.4.18–10 und –11). Dann wurde der Hohlraum zwischen alter und neuer Spundwand von oben her mit Kies, der mit Tauchrüttlern verdichtet wurde, aufgefüllt, um auch im Feld ein einwandfreies Zusammenwirken beider Spundwände sicherzustellen.

Die statische Berechnung des neuen Systems erforderte besondere Überlegungen. Das aus der alten, ausgewichenen und der neuen, vorgerammten Spundwand bestehende System ließ sich wegen der unterschiedlichen Ankerlagen und Einspannverhältnisse im Boden nicht in einem geschlossenen Arbeitsgang berechnen. Die beiden Wände wurden daher einzeln untersucht, wobei für jede Spundwand die Hälfte des möglichen Gesamtwiderstandes aus dem hochgradig verdichteten Boden vor dem Spundwandbauwerk als Fußstützung angesetzt wurde. Der auf die vorgerammte Spundwand wirkende Silo- bzw. Erddruck der verdichteten Kiesauffüllung wurde für die alte Spundwand herunter bis NN + 14,0 m stützend angesetzt.

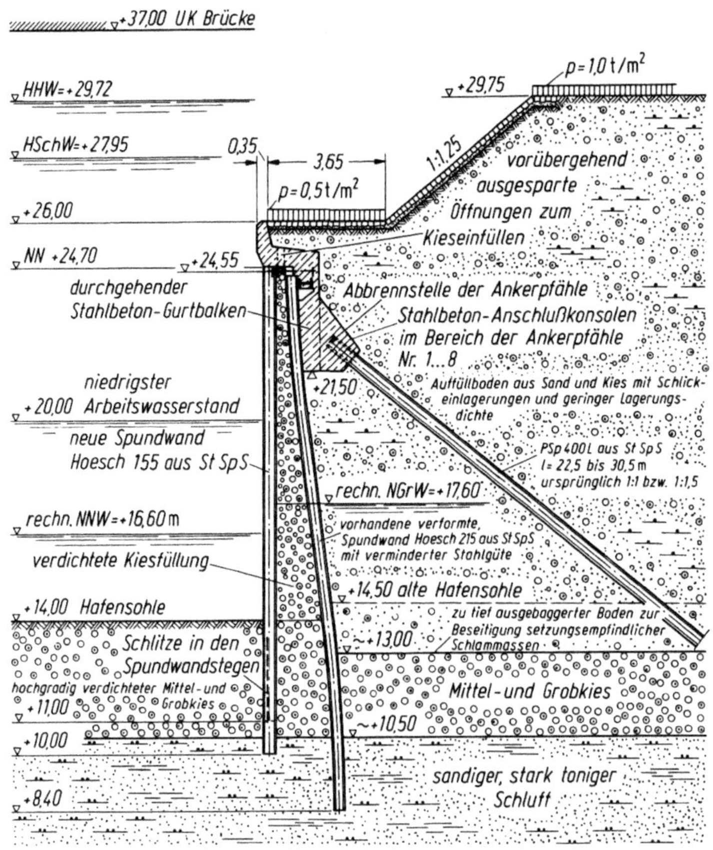

Abb. 5.4.18–10 Sanierungsquerschnitt im Bereich der abgerissenen Anker (vgl. hierzu auch Abb. 5.4.18–1)

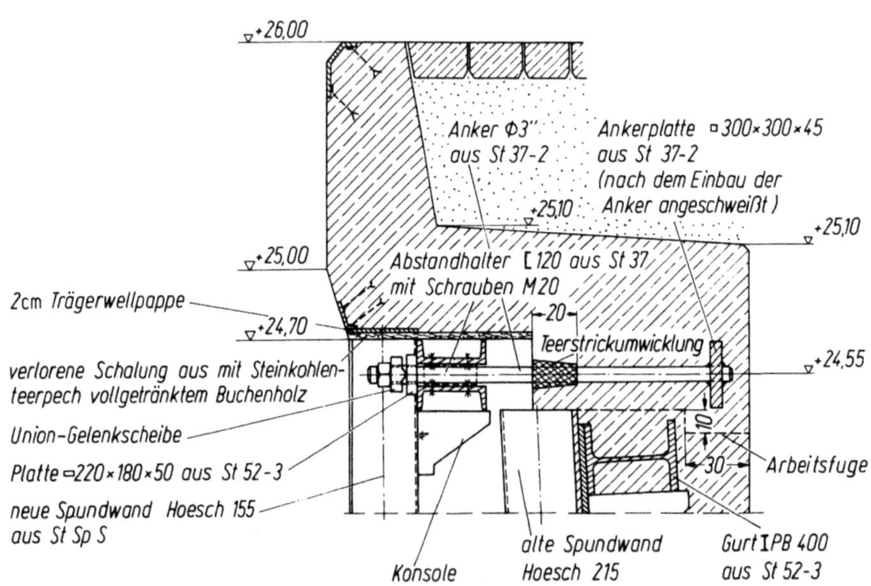

Abb. 5.4.18–11 Detail zum Sanierungsquerschnitt nach Abb. 5.4.18–10

Der Wasserüberdruck von insgesamt 1,0 t/m² wurde beiden Spundwänden je zur Hälfte zugeteilt.

Für die alte Spundwand konnten auch hier wieder die Spannungen für Lastfall 3 mit σ zul = 2275 kg/cm² zugelassen werden. Die vorgerammte Spundwand aus StSpS, die nur aus der Kiesfüllung zwischen den Spundwänden und dem Wasserüberdruck von 0,5 t/m² belastet wurde, mußte dagegen für Lastfall 1 mit σ zul = 2100 kg/cm² berechnet werden.

Obwohl der provisorische stahlbaumäßige Anschluß der Ankerpfähle nach Abb. 5.4.18–8 rechnerisch in der Lage war, die gesamte Ankerzugkraft aufzunehmen, wurde er in der endgültigen Konstruktion vorsorglich nicht berücksichtigt. Zum Ausgleich wurden in den tragenden Anschlüssen der Pfähle und der Stahlbetonkonstruktion an die Spundwand aber Spannungen von 0,85 σ_S zugelassen. Das Pfahlanschlußmoment und die gleichzeitig im Anschlußbereich angreifende Querkraft wurden wie unter Ziff. 5.4.18.4 geschildert, angesetzt. Dabei wurde die Querkraft an einem mit einer Gleichlast belasteten Ersatzbalken berechnet, der am Stahlbetonkörper und 1,5 m im gewachsenen Boden eingespannt vorausgesetzt wurde.

Im Bereich vor der ausgesteiften Bauwerkecke, in dem die vorhandene Spundwand nicht ausgewichen war, sondern nur in der Übergangszone eine leichte Kopfdurchbiegung erhalten hatte, konnte die zur Begradigung vorgerammte Spundwand über der Stahlbetonplatte an der vorhandenen Wand verankert werden.

Die Sanierungsarbeiten wurden vor allem im Jahre 1970 ausgeführt.

5.4.18.6 Weitere Abwicklung des Schadenfalles und allgemeine Erfahrungshinweise

Unter Ziff. 5.4.18.2 sind verschiedene Schadenursachen aus technischer Sicht geschildert worden. Darüber hinaus waren aber auch vertragliche Probleme zu beachten und hinsichtlich der Schadenersatzansprüche selbstverständlich auch die geltenden rechtlichen Belange. Diese Fragen werden hier bewußt nicht im einzelnen behandelt. Es kam unter maßgeblicher Mitwirkung einer großen deutschen Versicherungsgesellschaft, bei der mehrere der Beteiligten versichert waren, ohne Anerkennung einer jeweiligen Schuld zu einer vorprozeßuellen Einigung über die von verschiedenen Beteiligten zu leistenden Vergütungen. Aus dem vorliegenden Fall können aber verschiedene allgemeine Lehren für die Zukunft gezogen werden, die entscheidend dazu beitragen könnten, solche Schadenfälle weitgehend zu vermeiden. Die nachfolgend aufgeführten Hinweise stehen jedoch nur zum Teil im Zusammenhang mit dem behandelten Schadenfall. Ihr Zweck ist es, aus den gewonnenen Erkenntnissen *allgemeine* Erfahrungssätze und Hinweise festzuhalten. Danach kann empfohlen werden:

a) Sind an einem schwierigen Projekt mehrere Bauherren beteiligt, sollte einer von Ihnen als alleiniger Auftraggeber herausgestellt werden. Dieser Bauherr sollte auch die „Auftragsverwaltung" übernehmen, und zwar – wenn möglich – der spätere Eigentümer des Bauwerkes, wenn er die fachliche Eignung besitzt. Er ist dann im Schadenfalle seinen Partnern gegenüber allein verantwortlich.

b) Bei einer Lösung nach a) sind die besten Voraussetzungen dafür gegeben, daß das Baugeschehen lückenlos überblickt und auch überwacht wird. Dabei wird bei optimalen Verhältnissen hinsichtlich der Qualifikation auch erreicht, daß alle Verantwortlichkeiten in klarer Linie vorliegen. Wenn dann ein Schaden eintreten sollte, wären sie auch leicht erkennbar.

c) Der „Entwurfsbearbeiter", sei es eine Gruppe in der Auftragsverwaltung, ein Beratender Ingenieur oder wer immer, sollte nicht nur mit dem Entwurf und der Lieferung der endgültigen statischen Berechnungen und der Ausführungszeichnungen befaßt werden, sondern – wenn er zum Zeitpunkt der Bauausführung noch voll zur Verfügung steht – auch einen generellen Beratungsauftrag für Belange der Vergabe und der Bauausführung erhalten. Da er aus seiner Arbeit heraus das Projekt im allgemeinen besser kennen muß als die Auftragsverwaltung – selbst wenn es sich dabei um eine besonders qualifizierte Fachverwaltung handelt – sollte er verpflichtet werden, die Baustelle in regelmäßigen

Abständen zu besuchen, um dabei die Qualität der Ausführung mindestens generell und auf Übereinstimmung mit seinem Entwurf zu überprüfen. Außerdem sollte er zu allen wichtigen Baubesprechungen hinzugezogen werden, um im Bedarfsfall – insbesondere bei Projektänderungen – auf Gefahren hinweisen und notwendige Kontrollen fordern zu können.

d) Die gesamte Bauausführung sollte in der Hand eines einzigen qualifizierten „Auftragnehmers" liegen. Als solcher kann bei größeren Projekten auch eine Arbeitsgemeinschaft auftreten, bei der mindestens die federführende Firma über besondere einschlägige Erfahrungen verfügen muß. Dies erleichtert die Führung und Koordination aller Baumaßnahmen. Hierdurch wird die Gefahr von Schadenfällen entscheidend abgemindert. Sollte dann trotzdem noch ein Schaden eintreten, ergeben sich eindeutige Verantwortlichkeiten. Nach geltendem deutschen Recht ist der Auftragnehmer als Lieferer des „Werkes" – mindestens primär – allein verantwortlich, wenn er gegen eine Konstruktion oder ein Bauverfahren nicht nachweislich einen fundierten Einspruch erhoben hat.

e) Jeder Auftragnehmer ist, wenn der Entwurf und die Bauausführungsunterlagen von anderer Seite geliefert werden, im Rahmen seiner „Allgemeinen Prüfungs- und Anzeigepflicht" verpflichtet, diese mindestens auf eventuelle offensichtliche Fehler in Planung und Konstruktion selbst sorgfältig zu überprüfen, damit die Gefahr von Schäden von vornherein auf ein Mindestmaß begrenzt wird. Dies gilt auch im Falle einer Prüfung dieser Unterlagen durch einen erfahrenen „Prüfingenieur für Baustatik".

f) Ein Prüfingenieur für Baustatik haftet bei prüfpflichtigen Bauwerken nur im gleichen Umfange wie ein Beamter der Baupolizei, also nur bei grobfahrlässigem oder vorsätzlichem Verhalten. Bei nicht prüfpflichtigen Bauwerken haftet der Prüfingenieur jedoch im gleichen Umfange wie ein „Beratender Ingenieur", wenn die höhere Haftung nicht ausdrücklich vertraglich ausgeschlossen worden ist.

g) Die „Allgemeine Prüfungs- und Anzeigepflicht" des Auftragnehmers stellt einen zusätzlichen Schutz für den Bauherrn dar, insbesondere in Zeiten einer Hochkonjunktur, in der alle am Baugeschehen Beteiligten oft zu einer ungewöhnlichen Eile gezwungen sind.
Hat der Auftragnehmer Bedenken gegen den ihm von anderer Seite gelieferten Entwurf oder gegen bestimmte Ausführungsunterlagen bzw. gegen gewisse Ausführungsanweisungen der Auftragsverwaltung oder ihrer Erfüllungsgehilfen, muß er sie der Auftragsverwaltung umgehend per Einschreiben mitteilen, da er sonst auch voll für daraus entstehende Mängel und Schäden aufkommen muß.

h) Für jedes schwierige Bauvorhaben sollte ein sogenannter „Verantwortlicher Bauleiter" im Sinne der „Musterbauordnung für die Länder des Bundesgebietes" ernannt werden. Dieser sollte – wenn irgend möglich – identisch sein mit dem Bauleiter des Auftragnehmers. Nur dann ist eine sinnvolle Bauabwicklung möglich. Ein anderer verantwortlicher Bauleiter müßte sonst laufend auch in interne Entscheidungen des Auftragnehmers eingreifen, was in der Regel zu unhaltbaren Zuständen auf der Baustelle führen würde.

i) Jedes schwierige Bauvorhaben sollte aber auch mit einer vom Auftragnehmer völlig unabhängigen Bauüberwachung ausgestattet werden, die bei allen Bauarbeiten auf der Baustelle anwesend sein muß. Diese Bauüberwachung, die von der Auftragsverwaltung selbst und sonst am besten vom Entwurfsbearbeiter gestellt wird, hat zu überwachen, daß der Bauvertrag voll eingehalten und das Bauvorhaben planungsgemäß ausgeführt wird. Sie darf aber auf der Baustelle nur Anweisungen geben, wenn Gefahr im Verzuge ist. Im Normalfalle teilt sie ihre Forderungen dem Verantwortlichen Bauleiter mit. Im übrigen obliegen ihr die Prüfung der Termine und der Abrechnungsunterlagen, die Bauabnahmen und dergleichen.

k) Übernimmt der Entwurfsbearbeiter die örtliche Bauüberwachung, sollte ihm von der Auftragsverwaltung auch die „Oberleitung der Bauausführung" wie sie in der GOI umrissen ist, übertragen werden.

l) Bei Stahlbauteilen sollten schwierige Konstruktionen – vor allem geschweißte Anschlüsse von hochbelasteten Bauteilen mit räumlicher Lastabtragung — stets aus sprödbruchunempfindlichem Stahl hergestellt werden. Werden sie in größerer Stückzahl angewendet und kommt es auf jeden Anschluß an, sollten vor ihrer Anwendung im Bauwerk wenn irgend möglich Probebelastungen im Maßstab 1 : 1 bis zum Bruch durchgeführt werden, um neben der rechnerischen Tragfähigkeit stets auch die effektive unter den Bedingungen im Bauwerk zu ermitteln. Nur so lassen sich die Tragfähigkeit wichtiger, hochbelasteter, geschweißter Anschlüsse wirklich zutreffend ermitteln und eventuell erforderliche konstruktive Änderungen richtig und rechtzeitig feststellen.

m) Die Auftragsverwaltung sollte nach Einholung ihrer Zustimmung die vertragliche Abwicklung aller Lieferungen und Leistungen dem Auftragnehmer überlassen, damit die Verantwortung sowohl für die Qualität als auch für den zeitgerechten Termin der Lieferung beim Auftragnehmer verbleibt. Durch die Einführung des Mehrwertsteuersystems entfällt jetzt im übrigen die früher dabei anfallende erhöhte Umsatzbesteuerung.

n) Vor dem Liefern der Stahlbauteile sind Werkkontrollen und Werkabnahmen in ausreichendem Umfang vorzunehmen und deren Ergebnisse sowohl der Bauleitung des Auftragnehmers als auch der Bauüberwachung rechtzeitig vorzulegen. Bei Lieferungen nach Übersee sollte stets auch eine „pre-shipping inspection" durchgeführt werden. Darüber hinaus sind die Lieferungen beim Eintreffen auf der Baustelle vom Unternehmer stets ordnungsgemäß zu übernehmen. Hierzu sei auf E 98 der EAU: Übernahmebedingungen für Stahlspundbohlen und Stahlpfähle auf der Baustelle, besonders hingewiesen.
Sollte zum Zeitpunkt der Lieferung der Auftragnehmer noch nicht feststehen, sollten seine Aufgaben von der Auftragsverwaltung übernommen werden.

o) Die Ausführungen geschweißter Konstruktionen müssen auch auf der Baustelle laufend auf Übereinstimmung mit den Zeichnungen und den probebelasteten Mustern überprüft werden. Bei stärker beanspruchten Brennschnitten und sonstigen nicht kerbfreien Trennflächen sollte ein Nachbearbeiten in jedem Falle bereits in den Zeichnungen gefordert und auf der Baustelle auch sorgfältig ausgeführt werden. Auch Spezialkontrollen der Schweißnähte sind mindestens probeweise erforderlich.

p) Tritt trotz aller nötigen Sorgfalt ein Schaden ein, sollte die Auftragsverwaltung unter Einschaltung der Beteiligten dafür sorgen, daß der Schaden auch bei hoher Versicherung mit dem erreichbaren Kostenminimum behoben wird. Außerdem sollte sie unter Wahrung der bestehenden Rechtslage bestrebt sein, in objektiver Weise dafür zu sorgen, daß der oder die rechtlich Zuständigen für den Schaden aufkommen, auch wenn beispielsweise bei nicht vorhersehbaren Ereignissen und höherer Gewalt die Bauherrnseite selbst betroffen sein sollte. Sie sollte zur Vermeidung unnötiger Kosten darüber hinaus aber auch bemüht sein, die Kostenfrage bereits im vorprozessuellen Stadium im allseitigen Einvernehmen zu klären.

q) Ein ordnungsgemäßes Beweissicherungsverfahren sollte in jedem Falle durchgeführt werden. Dabei sollte das Beobachtete unvoreingenommen festgestellt und festgehalten werden. Es sollten im Rahmen dieses Verfahrens aber keine gegen Beteiligte gerichteten Schuldfeststellungen getroffen werden, weil sonst dem weiteren Verlauf — insbesondere einem möglichen gerichtlichen Verfahren — vorgegriffen würde. Solche Schuldfeststellungen könnten sonst zu einer Ablehnung des Gutachters wegen Befangenheit führen.

6. Freistehende Pieranlagen

6.1 Allgemeine Entwurfs- und Ausbildungsgrundsätze

6.1.1 Generelles

Freistehende Pieranlagen sind brückenartige Verkehrsbauwerke, die errichtet werden, um einen Übergang vom Land- zum Schiffsverkehr und umgekehrt in ausreichend tiefem Wasser und in der jeweils erforderlichen Art zu ermöglichen. Sie können ganz oder in Teilen senkrecht, parallel oder schräg zum Ufer angeordnet werden. Sie werden im allgemeinen auf Pfählen so tief und so solide gegründet, daß jeder Pfahl die größten auf ihn einwirkenden vertikalen Lasten aus dem Eigengewicht und dem Verkehr auf dem Überbau auch ohne Mitwirkung benachbarter Pfähle ohne schädliche Setzungen aufnehmen kann. Gleiches gilt im allgemeinen auch für die Pfahlbeanspruchungen aus unmittelbar angreifenden waagerechten Belastungen aus Wind- und Strömungsdruck, Eisdruck und Eisstoß. Belastungen aus dem Anlegestoß großer Schiffe und die dabei auftretende Schiffreibung, die Pollerzüge sowie die waagerechten Kranlasten werden durch den Überbau auf eine größere Anzahl von Pfählen verteilt, sofern die ersteren nicht von vornherein durch besondere Bauwerke aufgenommen werden.

In jedem Falle müssen geeignete Anlegekonstruktionen die Gründungspfähle vor schweren Anlege-Schiffstößen schützen. Vorsorglich wird bei jedem Pfahl aber mit einem Stoß von 15 t aus der Kleinschiffahrt, wie Schleppern, Barkassen usw., in ungünstiger, aber möglicher Höhenlage angreifend gerechnet, wodurch auch unmittelbar einwirkender Eisstoß bzw. Eisdruck berücksichtigt wird.

6.1.2 Ausbildungsgrundsätze

Als Überbau wurden früher im allgemeinen Fachwerkkonstruktionen aus Stahl mit oben aufgelagerter Fahrbahn gewählt. Heute führt die Pfahlgründung, die in der Regel aus kräftigen und wegen der Korrosionsgefahr geschlossenen Stahlpfählen, aber auch aus soliden Stahlbeton- oder Spannbetonpfählen besteht, zu Jochen, die mit dem weiteren Überbau aus Stahlbeton biegesteif verbunden sind. Der Überbau erhält in großen Abständen bewegliche Auflager zum Ausgleich der Längenänderungen aus Schwinden und Temperatur. Durch Schrägstellen bestimmter Pfahlgruppen werden die in Längs- und Querrichtung auf die Pfahlgründung und den Überbau wirkenden waagerechten äußeren Kräfte aufgenommen. Die Schrägpfahlböcke werden dabei so systematisch angeordnet, daß die inneren Kräfte aus den Längenänderungen des Überbaues möglichst klein bleiben.

Es kann aber auch auf gerammten Großrohr- oder auf Großbohrpfählen gegründet werden, die in der Lage sind, neben den lotrechten auch die in Frage kommenden waagerechten Belastungen aufzunehmen und über Querkraft und Biegung in den Untergrund abzutragen. Die Bewegungsfugen im Überbau werden dabei so angeordnet, daß die Beanspruchungen aus den Längenänderungen des Überbaues im letzteren und in den Gründungselementen in aufnehmbaren Grenzen bleiben.

Fallweise wird der Überbau aber auch auf massiven Pfeilern gegründet, wenn die besonderen örtlichen Verhältnisse dies technisch richtig und wirtschaftlich sinnvoll erscheinen lassen. Dies ist vor allem bei felsigem Baugrund der Fall. Bei rammfähigem Baugrund kommt auch eine massive Gründung auf Spundwandkästen in Frage.

Bei verhältnismäßig leichten Pieranlagen — wie sie vor allem für den Umschlag von Flüssigkeiten in Frage kommen — werden die Anlege- und Festmacheeinrichtungen im allgemeinen unabhängig von der Pierbrücke gegründet.

Zum Festmachen werden dann zweckmäßig auf Schrägpfählen gegründete Pollerdalben mit einem Stahlbetonkopf unmittelbar neben die Umschlagbrücke sowie vor beiden Brükkenenden in solchen Abständen und mit solchem Tragvermögen errichtet, daß alle für die Pieranlage in Frage kommenden Schiffe daran einwandfrei festgemacht werden können.

Als Anlegeeinrichtungen kommen dann vor allem elastische Stahldalben mit besonderen Fenderschürzen und bei nur wenig wechselnden Wasserständen auch elastische Leitwerke aus Stahl in Frage. Im Zusammenhang mit den obigen Anlagen sei vor allem auf folgende Empfehlungen der EAU besonders hingewiesen:

E 12: Anordnung und Belastung von Pollern für Seeschiffe

E 39: Übliche Schiffsabmessungen

E 62: Abnahmebedingungen für Fender-Elastomere (Fendergummi)

E 63: Elastomerelager für Hafenbecken und -stege

E 69: Berechnung elastischer Bündeldalben in nichtbindigen Böden

E 70: Ausrüstung von Großschiffsliegeplätzen mit Sliphaken

E 111: Federkonstante für die Berechnung und Bemessung von schweren Fenderungen und schweren Anlegedalben

E 112: Verwendung hochfester, schweißbarer Baustähle bei elastischen Anlege- und Vertäudalben im Seebau

E 128: Auftretende Stoßkräfte und erforderliches Arbeitsvermögen von Fenderungen und Dalben in Seehäfen.

Beim Umschlag von trockenen Massengütern mit schweren fahrbaren Uferentladern müssen die Gründungen des Pierüberbaues im allgemeinen sehr tragfähig ausgeführt werden. Häufig werden die Gründungspfähle dann pfeilerartig zusammengefaßt. In solchen Fällen wird die Pfahlgründung so ausgebildet, daß sie auch große waagerechte Belastungen ohne Schwierigkeiten aufnehmen kann. Dann werden die Poller oder Sliphaken auf den schweren Überbau dieser Gründungen gesetzt. Für den Anlege- und Liegebetrieb werden dann im allgemeinen elastische Fender verwendet, die sich gegen den Überbau mit oder ohne Zwischenschaltung einer im Boden gegründeten Stahlschürze abstützen. Eine Lösung dieser Art bietet sich vor allem auch bei großflächigen Pierplatten und bei massiven Pierpfeilern auf Fels oder bei umspundeten Pfeilern auf Lockergestein an.

6.1.3 Planungs- und Entwurfsgrundlagen

Für die Gesamtplanung müssen die allgemeinen örtlichen Bedingungen bekannt sein, wie vor allem:

- Wind, Wetter, Nebel, Eisgang,
- Wind- und Dünungswellen,
- Wasserstände mit Tide- und Sturmeinflüssen, eventueller besonderer Windstau, Auswirkungen der Oberwasserführung in Flußmündungen usw.,
- Strömungsverhältnisse mit Richtungen und Geschwindigkeiten,
- Sohlentiefen im gesamten Bereich der Anlage sowie Daten über Sinkstoff- und Geschiebeführung,
- Belange eines vorbeiführenden Schiffahrtweges, Landverkehrswege,
- eventuelle Erdbebeneinflüsse,
- Lager- und sonstige Flächen im benachbarten Gelände mit den dort vorliegenden Bodenverhältnissen,
- Auflandungsmöglichkeiten und dergleichen.

Für die Gesamtplanung sind in der Regel auch hydraulische Modellversuche in einer besonders erfahrenen Versuchsanstalt erforderlich. In diesen Versuchen sollen anhand der örtlich unter den verschiedenen Bedingungen gemessenen Strömungsverhältnisse sowie der vorhandenen oder noch zu schaffenden Wassertiefen die jeweiligen Anfahr-, Liege- und

Abfahrbedingungen so genau wie möglich ermittelt werden. Hierzu gehören auch Angaben über die erforderlichen bzw. zu erwartenden Anfahrgeschwindigkeiten quer zum Liegeplatz an den Fenderelementen, abhängig von der Tragfähigkeit der Schiffe in dwt, ihrer Abladung und vom Anlegen mit bzw. ohne Schlepperhilfe. Dabei sollten auch die Einflüsse der sonstigen Umweltbedingungen mindestens geschätzt werden. Auch sollte mindestens versucht werden, die zu erwartenden größten Trossenkräfte zu ermitteln für den Fall, daß auch besonders ungünstige Bedingungen am Liegeplatz eintreten können.

In den hydraulischen Modellversuchen sollte auch die günstigste Lage und Richtung der Liegeplätze ermittelt werden. Bei etwa gleich starkem Flut- und Ebbstrom kann für die günstigste Richtung aber von vornherein von der Winkelhalbierenden zwischen Flut- und Ebbstrom ausgegangen werden.

Auch ist die Frage zu klären, ob in Vorderkante Pieranlage eine durchgehende Leitwand anzuwenden ist, um den Strom in günstiger Weise zu führen und Anlandungen oder Kolke an den Schiffliegeplätzen und ihren Zufahrten zu vermeiden. Hierbei muß auch geklärt werden, ob bzw. in welchem Umfange hinter der Anlage ein Durchströmen beibehalten werden soll oder unterbunden werden muß.

Voraussetzung für gute Entwürfe der Gründung einer Pieranlage sind sorgfältige Bodenaufschlüsse zweckmäßig mit Schlauchkernentnahme, Drucksondierungen, mindestens aber Standard-Penetration-Tests in ausreichender Stückzahl und sorgfältige bodenmechanische Untersuchungen an gestört und — bei bindigem Untergrund — auch an ungestört entnommenen Bodenproben, im üblichen Umfang.

6.1.4 Ergänzende Hinweise

Pieranlagen können im allgemeinen — auch wenn sie weit vom Ufer entfernt liegen — mit niedrigeren Kosten als Kaimauern für sonst gleiche Forderungen hergestellt werden. Sie haben in Gewässern mit starkem Schlickfall darüber hinaus den Vorteil, daß ihre Bauausführung durch diesen nicht gestört wird.

In der Regel sollten Pieranlagen in Bereichen errichtet werden, in denen im allgemeinen günstige Gesamtbedingungen vorliegen. Auch gehört es zur geübten Praxis, daß die Schiffe bei zu erwartenden schweren Stürmen ungeschützt freistehende Pieranlagen rechtzeitig verlassen. Eine solche Pieranlage hat nicht die Aufgaben und auch nicht die Eigenschaften eines geschützten Hafens. Im übrigen ist für jedes richtig gebaute Großschiff ein ausreichend tiefes freies Gewässer, insbesondere die freie See, der sicherste Aufenthaltsort auch bei schwersten Stürmen und Seegang.

6.2 Neue Bauwerke

6.2.1 Freistehender Pier für Getreideumschlag in einem norddeutschen Tidehafen

6.2.1.1 Allgemeines

Der hier behandelte Pier war Bestandteil einer Getreideumschlaganlage, die 1914—1916 in einem norddeutschen Tidehafen errichtet worden war. An diesem Pier wurde das aus Übersee ankommende Getreide entweder unmittelbar in eine große Siloanlage befördert oder auf Eisenbahnwagen bzw. auf Binnenschiffe zum Abtransport ins Binnenland umgeschlagen. Der Pier wurde im zweiten Weltkrieg durch Bombeneinwirkungen stark beschädigt. Da nach dem Kriege Getreide in zunehmend großen Mengen importiert werden mußte, entschloß sich die Hafenverwaltung zu einer Modernisierung der gesamten Getreideanlage. Hierbei wurde der hier behandelte Pier nach eingehenden Überlegungen nicht ausgebessert, sondern unter Verzicht auf Eisenbahngleise zur Installation von 6 modernen fahrbaren Getreidehebern größtenteils abgerissen und in massiver Bauweise neu errichtet (Abb.6.2.1—1). Die Getreideheber hatten ein Eigengewicht von 240 t und ein Arbeitsgewicht von 360 t. Sie hatten 6 Förderbänder zu bedienen, die zu dem im Kap. 13.3.2 beschriebenen Elevatorturm führen. Nur der am Südende stehende alte umspundete Pierkopf, der unbeschädigt geblieben war, wurde in das neue Bauwerk einbezogen.

Der Entschluß zu dieser Lösung beruhte auf dem Umstand, daß die alte auf Holzpfahljochen in 4,75 m Achsabstand gegründete Konstruktion mit ihrem leichten Überbau in aufgelöster Stahlgitterkonstruktion wohl durch Hinzurammen von Holzpfählen in ihrer Gründung leicht saniert und verbreitert werden konnte. Die Verstärkung des Stahlüberbaues für die neuen Lasten und Aufgaben war aber bei den damaligen überaus großen Schwierigkeiten in der Lieferung neuer Walzstahlprodukte nicht möglich. Umgekehrt bereitete aus örtlich bedingten Gründen die Versorgung mit Zement keine Schwierigkeiten. Gleichzeitig standen auf der nicht sehr weit entfernten, nun stillgelegten Großbaustelle für das unter Kap. 12.4 beschriebene Bauwerk altbrauchbares schweres Trägermaterial und Bewehrungsstahl in ausreichender Menge zur Verfügung.

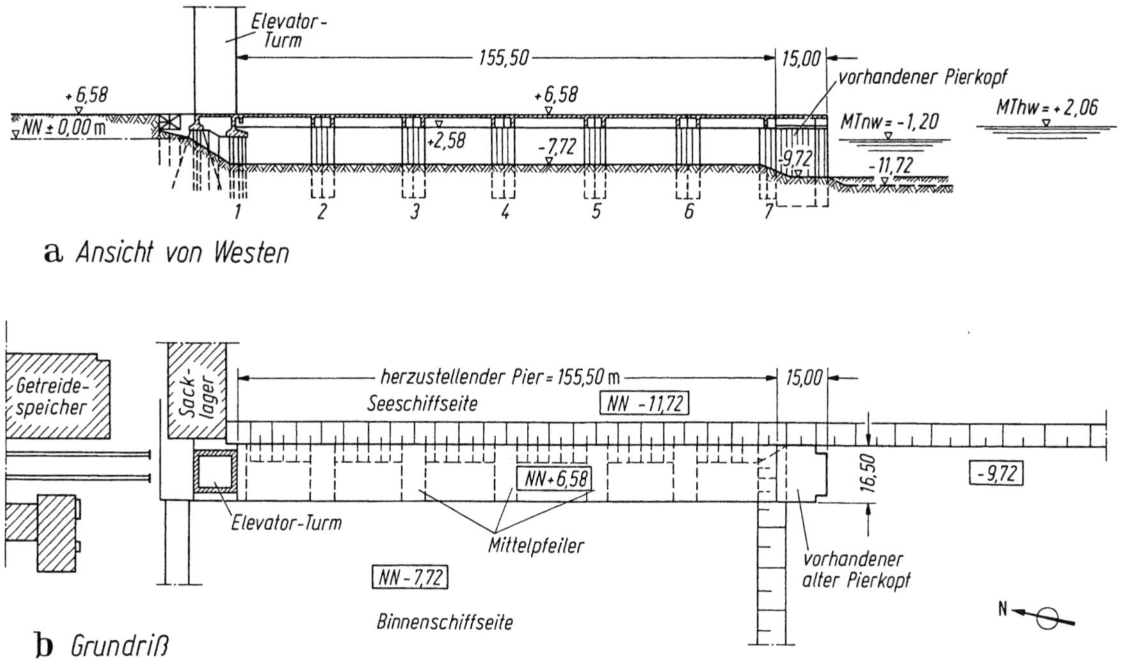

Abb. 6.2.1–1 Übersichtsskizze der Pieranlage

Schließlich hätte auch die angestrebte Vertiefung des vorhandenen Piers um bis zu 4,0 m die bestehende Holzpfahlgründung ernstlich gefährdet. So kam es zum Neubau mit Stahlbetonüberbauten auf massiven Pfeilern.

6.2.1.2 Baugrundverhältnisse

Zur Erschließung des Baugrundes wurden 7 Probebohrungen ausgeführt, deren Ergebnisse in Abb. 6.2.1–2 dargestellt sind. Danach lag im Bereich der alten Hafensohle eine etwa 1,0 m dicke jung abgelagerte weiche Schlickschicht. Ihr folgte stark geschichtetes, aber insgesamt gut tragfähiges Diluvium. Es bestand in seinen oberen Lagen aus verschiedenen Sanden – auch mit eingelagerten kleinen Steinen und dünneren Schichten aus Lauenburger Ton – der in größeren Tiefen das Grundgebirge bildete. Bei diesen Untergrundverhältnissen war mit gewissen Setzungsunterschieden zu rechnen. Für den Brückenüberbau wurde daher eine statisch bestimmte Lagerung als Balken auf zwei Stützen gewählt.

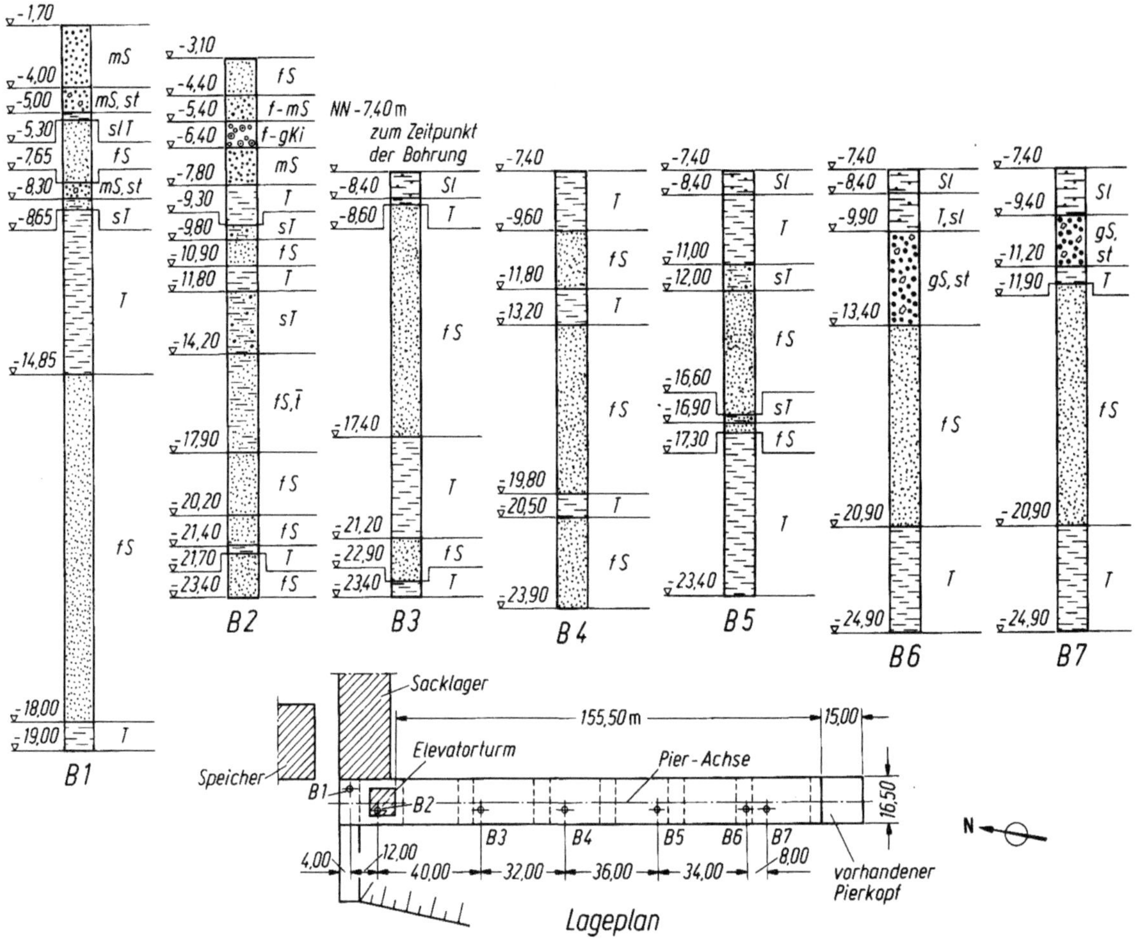

Abb. 6.2.1–2 Bodenaufschlüsse durch Bohrungen, ausgeführt in den Jahren 1947 und 1948

6.2.1.3 Ausbildung des neuen Piers

6.2.1.3.1 Allgemeine Hinweise

Abweichend vom üblichen Weg, zunächst das Bauwerk und seine Konstruktion zu entwerfen und dann das geeignete Material zu besorgen, mußte hier umgekehrt vorgegangen werden. Bei allen Planungen und konstruktiven Überlegungen für den Pier mußte hier vom vorhandenen Material ausgegangen werden. Dieser Umstand, verbunden mit den örtlichen Verhältnissen auch des Baugrundes, führte zu der in Abb.6.2.1–1 skizzierten Gesamtkonzeption.

Der Pierüberbau wurde 16,5 m breit ausgeführt. Die landseitigen Lager des ersten Überbaufeldes wurden auf das stahlpfahlgegründete Fundament des Elevatorturmfundamentes gelegt (Abb.13.3.2–1 bis –3 und Abb.6.2.1–1). Im übrigen wurde die Brücke auf 5 Mittelpfeilern und einem am umspundeten Pierkopf verankerten Endpfeiler gegründet (Abb. 6.2.1–1, –3 und –4). Die Überbauten wurden im allgemeinen 26,1 m und in den Endfeldern 25,45 m lang ausgebildet. Sie erhielten auf einer Seite zwei feste und auf der anderen zwei rollende Lager aus Stahlguß. Die maximale lotrechte Lagerlast je Überbau betrug 770 t. Zur Aufnahme leichterer waagerechter Havariestöße und sonstiger Horizontallasten wurden in jeder Lagerebene zwei Schubknaggen angeordnet. Die Stützweite der Überbauten betrug 21,15 bzw. 21,1 m.

6.2.1.3.2 Hinweise zu den Brückenüberbauten

Die Brückenüberbauten erhielten zwei T-förmige 3,5 m hohe und 1,5 m breite Hauptträger aus Stahlbeton. Sie wurden über den Lagern und in Feldmitte jeweils durch einen Querträger verbunden. Die Druckzone der Hauptträger wurde 0,8 m hoch und 4,75 m breit ausgeführt. Dazwischen wurde eine rd. 20 cm dicke Platte eingehängt. Da die Hauptträger die Laufbahnen der Getreideheber trugen, mußte sich der Abstand der Träger nach der Spurweite der letzteren richten. Die Balken erhielten in der Zugzone eine Formstahlbewehrung aus 4 Stahlträgern I 600 aus St 37. In den Querträgern wurden dafür 2 Träger I 600 aus St 37 angeordnet. Zur Schubsicherung wurden abgewinkelte, 4,5 m lange Flachstähle 100 bzw. 130 X 12 mm aus St 37 auf die oberen Flansche der Träger geschweißt. Für den Rest der Schubsicherung wurde Rundstahlbewehrung eingelegt.

Die Brückenüberbauten wurden wie folgt in drei Abschnitten betoniert:

a) Hauptträger und Querbalken bis Unterkante Druckzone in einem Guß,
b) die Druckzonen der beiden Hauptträger sowie der Querträger und anschließend
c) die eingehängte Brückenplatte.

6.2.1.3.3 Hinweise zur Ausbildung der Pfeiler

Die Pfeiler wurden größtenteils aus unbewehrtem Kontraktorbeton hergestellt (Abb.6.2.1–4). Stärker bewehrt wurden nur die Pfeiler-Kopfplatten. Die Pfeiler erhielten eine 4,0 m dicke Sohle, auf die ein ringsum geführter 7,0 m hoher und 1,32 bzw. 1,35 m

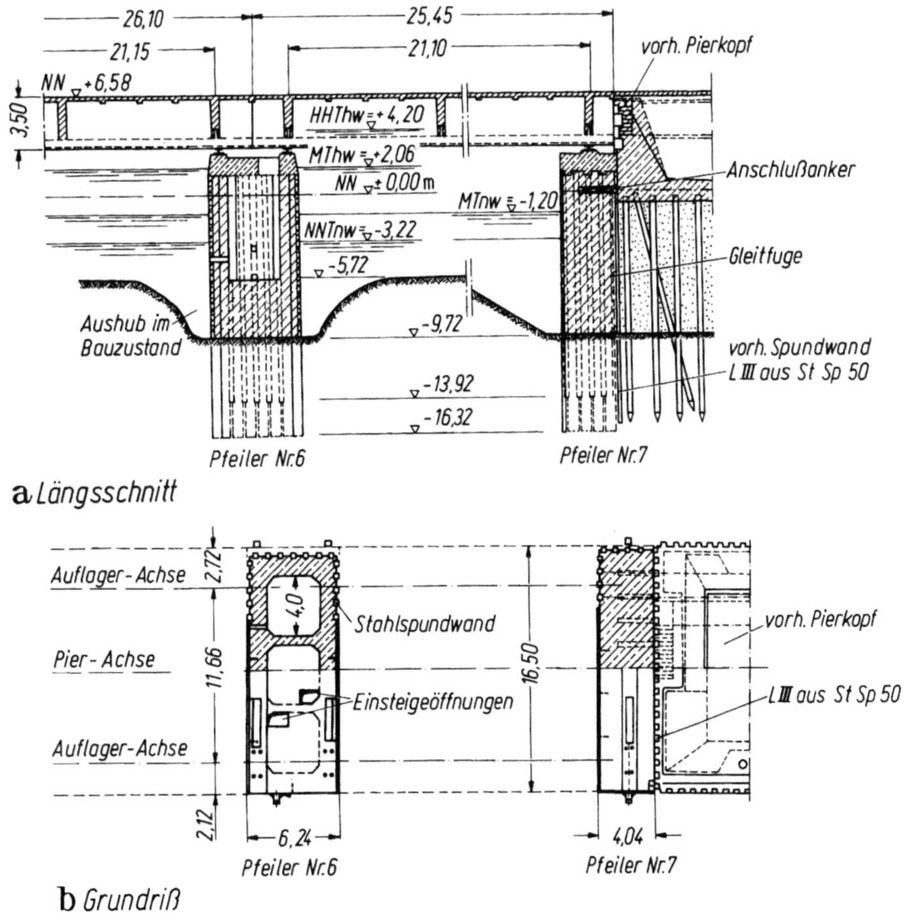

Abb. 6.2.1–3 Längsschnitt und Grundriß des südlichsten Mittelpfeilers Nr. 6 und des Pfeilers am vorhandenen Pierkopf Nr. 7

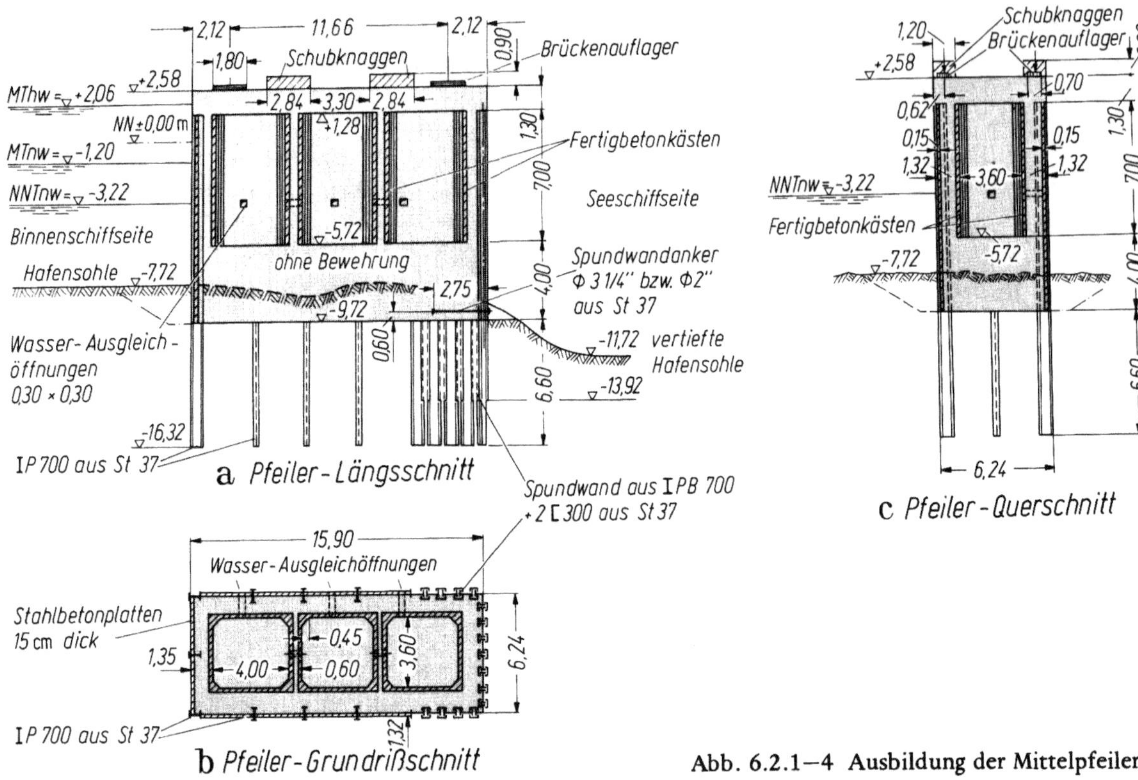

Abb. 6.2.1–4 Ausbildung der Mittelpfeiler

dicker Außenwandrahmen aufgesetzt wurde. Der durch diesen gebildete Hohlraum mit dem Gesamtquerschnitt 3,6/13,2 m wurde durch zwei 0,6 m dicke und 7,0 m hohe Querwände in 3 Kammern von 3,6/4,0 m lichtem Querschnitt unterteilt. Jeder so geschaffene Hohlpfeiler wurde oben durch eine 1,3 m dicke durchlaufende Kopfplatte geschlossen. Auf dieser wurden über den Seitenwänden die Brückenauflager auf Sockeln mit 0,7/1,8 m Auflagerfläche angeordnet. Jeder Pfeiler stellte demnach ein räumliches Tragsystem dar, das nach den Regeln der Baustatik und des Betonbaues berechnet und bemessen wurde.

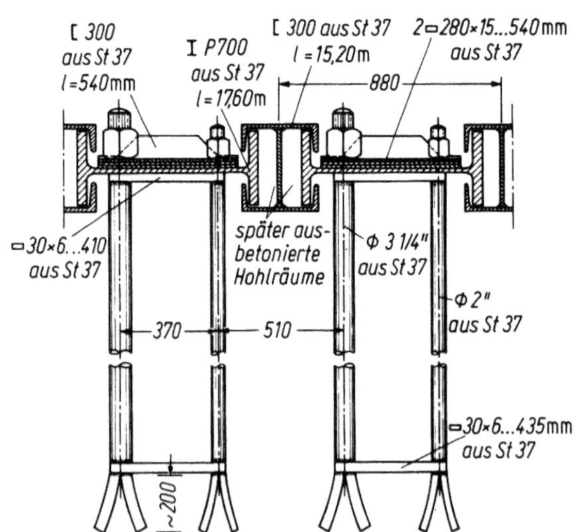

Abb. 6.2.1–5 Umspundung des östlichen Kopfes der Gründungspfeiler mit altbrauchbaren Stahlprofilen und ihre Verankerung

Für die Bauausführung und zur Abstützung des Gründungsbodens mußte auf der Seeschiffseite mit bis NN −11,72 m vertiefter Hafensohle eine schwere Stahlspundwand angeordnet werden. Sie wurde aus altbrauchbarem Stahlmaterial hergestellt und in die Pfeilersohle hinein verankert (Abb.6.2.1−4 und −5).

Die Pfeilersohle und die Pfeilerschäfte wurden nacheinander aus Kontraktorbeton hergestellt. Dabei wurden die Außenflächen − abgesehen vom Bereich mit Umspundung − mit unter Wasser zwischen gerammte Stahlträger gesetzten Stahlbetonplatten 2,95 • 2,50 • 0,15 m mit rd. 2,65 t Einzelgewicht geschalt. Die Stahlträger IP 700 aus St 37 reichten rd. 6,6 m unter die Pfeilergründungssohle. Die Innenzellen wurden mit Fertigbetonkästen geschalt, die mit Kranhilfe eingesetzt wurden.

Um bei den wechselnden Außenwasserständen größere Wasserüberdrücke auf die Pfeilerwände zu vermeiden, wurden in den Außenlängswänden und auch in den Zwischenwänden Wasserausgleichsöffnungen 30/30 cm angeordnet (Abb.6.2.1−4).

Bei der gewählten Ausbildung erhielten die Pfeiler eine gemischte Flach- und Pfahlgründung, was in der statischen Berechnung berücksichtigt wurde. In der Flachgründung allein wären die zulässigen Bodenpressungen überschritten worden. Den Stahlpfählen wurde eine Nutzlast von jeweils 80 t zugeordnet. Dabei ergaben sich in der Gründungsfuge der Pfeiler noch maximale Bodenpressungen von 5,7 kg/cm^2.

Der am umspundeten Pierkopf verankerte Endpfeiler unterschied sich von den Mittelpfeilern durch seine schmalere, aber vollmassive Ausbildung (Abb.6.2.1−3). Zum Pierkopf hin wurde für eine glatte Anschlußfuge gesorgt, so daß sich der Endpfeiler unabhängig setzen konnte. Dies wurde auch im Anschluß seiner waagerechten Verankerung an den vorhandenen Pierkopf berücksichtigt.

6.2.1.4 Untersuchung des vorhandenen umspundeten Pierkopfes für die Vertiefung der Hafensohle auf der Seeschiffseite

Bei der erforderlichen Vertiefung der vorhandenen Hafensohle auf der Seeschiffseite von bisher NN − 9,72 m auf NN − 11,72 m ergaben sich vor allem für die Umspundung geänderte statische Verhältnisse. Dabei traten in der Spundwand und in deren Verankerung höhere Spannungen auf. Um diese rechnungsmäßig feststellen zu können, war es erforderlich, die Beanspruchungen des Bauwerkes seit seiner Erstellung zu verfolgen (Abb.6.2.1−6). Wie aus den Akten des zuständigen Hafenbauamtes festgestellt werden konnte, wurde beim Bau des Pierkopfes bei einer damaligen Sohlenlage auf NN − 8,72 m zunächst die Umfassungsspundwand L III aus StSp 50 von NN + 2,78 m bis NN − 15,72 m reichend gerammt. Dann folgten die im Spundwandkasten stehenden Holzpfähle. Nach dem Einbau der mit Laschengelenken ausgerüsteten Anker ∅ 1¾" aus St 48, mit Ankerstummel ∅ 2¼" auf Kote NN + 0,08 m wurde der Kasten mit Sand gefüllt. Von der Hafensohle bis zur Unterkante des Betonüberbaus auf Kote NN − 0,72 m wurde dabei aktiver Erddruck wirksam. Der Wasserüberdruck wurde durch eingebaute Durchlaufentwässerungen mit bis NN − 2,72 m reichenden Kiesfiltern weitgehend ausgeschaltet. Anschließend wurde die etwa 1,5 m dicke Rostplatte betoniert, wobei der Erddruck sich noch um den Anteil aus dieser zusätzlichen Auflast vergrößerte. Infolge dieser Belastungen erhielt die Spundwand eine elastische Durchbiegung, wobei auch eine Verdrehung des freien Spundwandkopfes am Anker und eine Ankerdehnung eintraten. Nach dem Erhärten des Betons der Rostplatte wurde der Pierkopf weiter aufgebaut, wobei durch die Umfassungswände für den Spundwandkopf ein festes Widerlager geschaffen wurde. Eine Kopfeinspannung der bis NN + 2,78 m reichenden Spundwand war damit konstruktiv geschaffen. Ein nennenswertes Kopfeinspannmoment trat bei normalen Wasserständen aber noch nicht auf, weil eine Zunahme des Erddrucks infolge der Abschirmung durch die Rostplatte nicht möglich war. Lediglich bei Hafenwasserständen, die niedriger waren als die Hafenwasserstände zur Zeit der Erhärtung der aufbetonierten Wandköpfe, wirkte die Spundwand für auftretende Zusatzbelastungen als oben eingespannt.

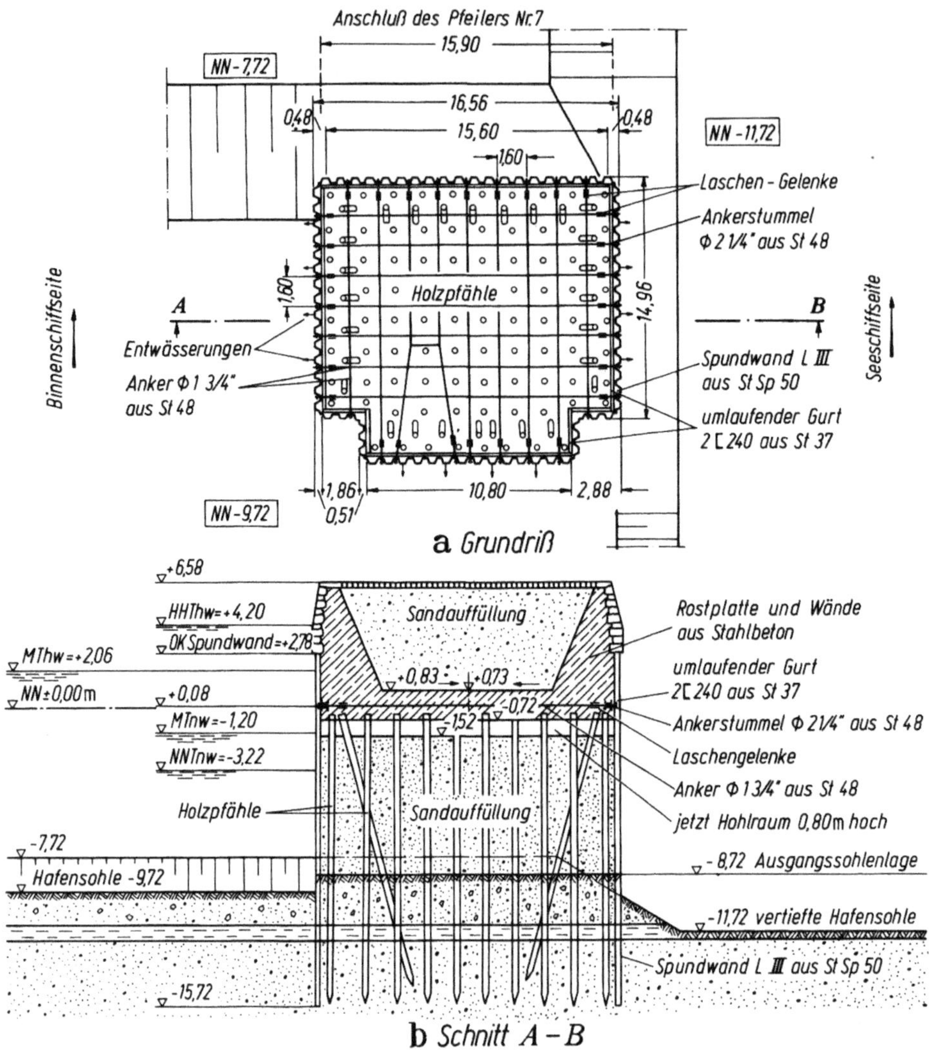

Abb. 6.2.1–6 Vorhandener umspundeter Kopf des alten Piers

Später wurde die Hafensohle von NN – 8,72 m auf NN – 9,72 m vertieft, wobei nun die Kopfeinspannung der Spundwand anteilig wirksam wurde.

Bei der nun erforderlichen weiteren Vertiefung der Hafensohle von NN – 9,72 m auf NN – 11,72 m sank die untere Stützung der Spundwand durch Erdwiderstand erheblich tiefer, was zu einer Vergrößerung der Stützweite führte. Da sich die Spundwand am Kopfe nun nicht mehr frei bewegen konnte, trat eine wirksame Kopfeinspannung der Wand ein. Sie wirkte sich zwar beim Feldmoment günstig aus, brachte aber neben einem größeren Kopfeinspannmoment vor allem erhebliche Anker-Zusatzspannungen mit sich. Außerdem konnten die Wasserstand-Differenzen zwischen Innen- und Hafenwasser eventuell einen großen Einfluß auf die Beanspruchungen von Spundwand und Verankerung ausüben. Da vorerst nicht bekannt war, ob die Entwässerung noch arbeitete, wurden die tatsächlich auftretenden Wasserstände im Kasten über eine gesamte Tide verfolgt. Dabei wurde festgestellt, daß im Verlaufe einer Tide im äußersten Fall nur ein Wasserüberdruck von 0,2 m auftrat. Gleichzeitig wurde beobachtet, daß sich unter der Rostplatte ein rd. 0,8 m hoher Hohlraum mit etwa waagerechter Oberfläche des Verfüllungsbodens gebildet hatte. Aus sonstigen Unterlagen ging weiter hervor, daß das Spundwandprofil an der Ankereinmündung zur Sicherung und zur Aufnahme eines Kopfeinspannmomentes örtlich durch eine jeweils innen angeschweißte Lamelle ≠ 16 · 240 · 2000 je Bohle verstärkt war.

Die nun durchgeführte Nachrechnung unter Berücksichtigung des Bauvorganges und der Vertiefungen erbrachte in der Summe zufriedenstellende Ergebnisse. Die maximalen Spundwandspannungen betrugen $\sigma = 1{,}99\ t/cm^2$ im Feld und $\sigma = 1{,}21\ t/cm^2$ im oberen Einspannbereich und blieben damit unter der für Lastfall 2 zulässigen Spannung von $1{,}8 \cdot 1{,}15 = 2{,}07\ t/cm^2$. Eine zusätzliche innere Reserve bestand in einer gewissen Vernähung der Erddruckgleitfugen durch die Holzpfähle, die in der Berechnung nur zum Teil berücksichtigt worden war.

Bei der Verankerung ergab sich eine maximale Spannung im Schaft von $\sigma = 2{,}02\ t/cm^2 < \sigma\ zul = 2{,}07\ t/cm^2$ und im Kern von $\sigma = 1{,}70\ t/cm^2 > \sigma\ zul = 1{,}50\ t/cm^2$. Diese rechnungsmäßige Spannungsüberschreitung wurde in Kauf genommen, zumal eine verfeinerte Nachrechnung mit Berücksichtigung der Ankerdehnung zu einem gewissen Abfall der Ankerkraft vor allem aus dem Momentenanteil geführt hatte.

Die Hafensohle vor dem Pierkopf konnte daher ohne Gefahr bis NN – 11,72 m vertieft werden.

6.2.1.5 Schlußbemerkungen

Das vorliegende Beispiel zeigt, daß auch mit altbrauchbarem Material gute und standsichere Bauwerke errichtet werden können. Der Aufwand an Überlegungen ist dabei allerdings erheblich, was aber vor allem in Notzeiten mit akutem Mangel an neuwertigem Baumaterial in Kauf genommen werden muß.

6.2.2 Pier für einen Fähranleger an einem Tidefluß im norddeutschen Raum

6.2.2.1 Allgemeines

Am linken Ufer eines norddeutschen Tideflusses mußte eine Fährbettanlage und die dazugehörige einspurige Zufahrtbrücke – Klasse 45 – für ein neues Fährschiff von 650 t Wasserverdrängung zum Transport von Personen und von Straßenfahrzeugen errichtet werden. Der zugehörige zweite Fähranleger am rechten Ufer lag geschützt gegen Strömung in einem bestehenden Hafenbecken.

Um Seitendrücke aus dem Tidefluß möglichst klein zu halten, mußte das neue Fährbett etwa in die Richtung des Flut- und Ebbstromes gelegt werden.

Folgende mittlere Wasserstände waren zu berücksichtigen: MThw = NN + 1,6 m und MTnw = NN – 2,0 m. Hinzu kamen aber noch große Wasserstandschwankungen bei Springtiden und infolge von Windeinflüssen.

Um die Baukosten in betrieblich vertretbaren Grenzen zu halten, wurde NN + 3,2 m als höchster und NN – 2,5 m als niedrigster schiffbarer Wasserstand festgelegt. Dabei konnte die Fähranlage bis auf wenige Stunden im Jahr voll in Betrieb bleiben. Bei der max. Höhendifferenz von 5,7 m der Arbeitswasserstände mußte für den Übergang vom Fährschiff zur festen Brücke eine 55 m lange bewegliche Brücke eingeschaltet werden (Abb.6.2.2–1 und –2).

Die Anlage wurde im übrigen so bemessen und ausgeführt, daß das eingefahrene Fährschiff durch ein Zapfenlager drehbar aber unverschieblich mit der beweglichen Brücke verbunden werden konnte. Letztere überträgt die auftretenden Längskräfte in den vorderen Spundwandkastenpfeiler mit Kopfrahmen (Abb.6.2.2–2, Schnitt C–D).

Die anschließende feste Brücke mußte im Bogen geführt werden, um aus der Richtung des Fähranlegers in die der Landanschlußbrücke zu gelangen (Abb.6.2.2–1).

Die Flußsohle stieg im Bauwerkbereich von NN – 7,0 m am Fährbett auf etwas über NN ± 0,0 m vor der eigentlichen Uferböschung an. Oberkante Ufer lag auf NN + 5,1 m.

Der tragfähige Baugrund aus Sand und Kies reichte von großer Tiefe bis NN – 8,0 m. Darüber stand bis zur Flußsohle weicher Klei an.

Die feste Brücke wurde so geneigt, daß sie von NN + 5,1 m am Ufer auf NN + 4,0 m am Übergang zur beweglichen Brücke abfiel (Abb.6.2.2.2–2, Schnitt C–D).

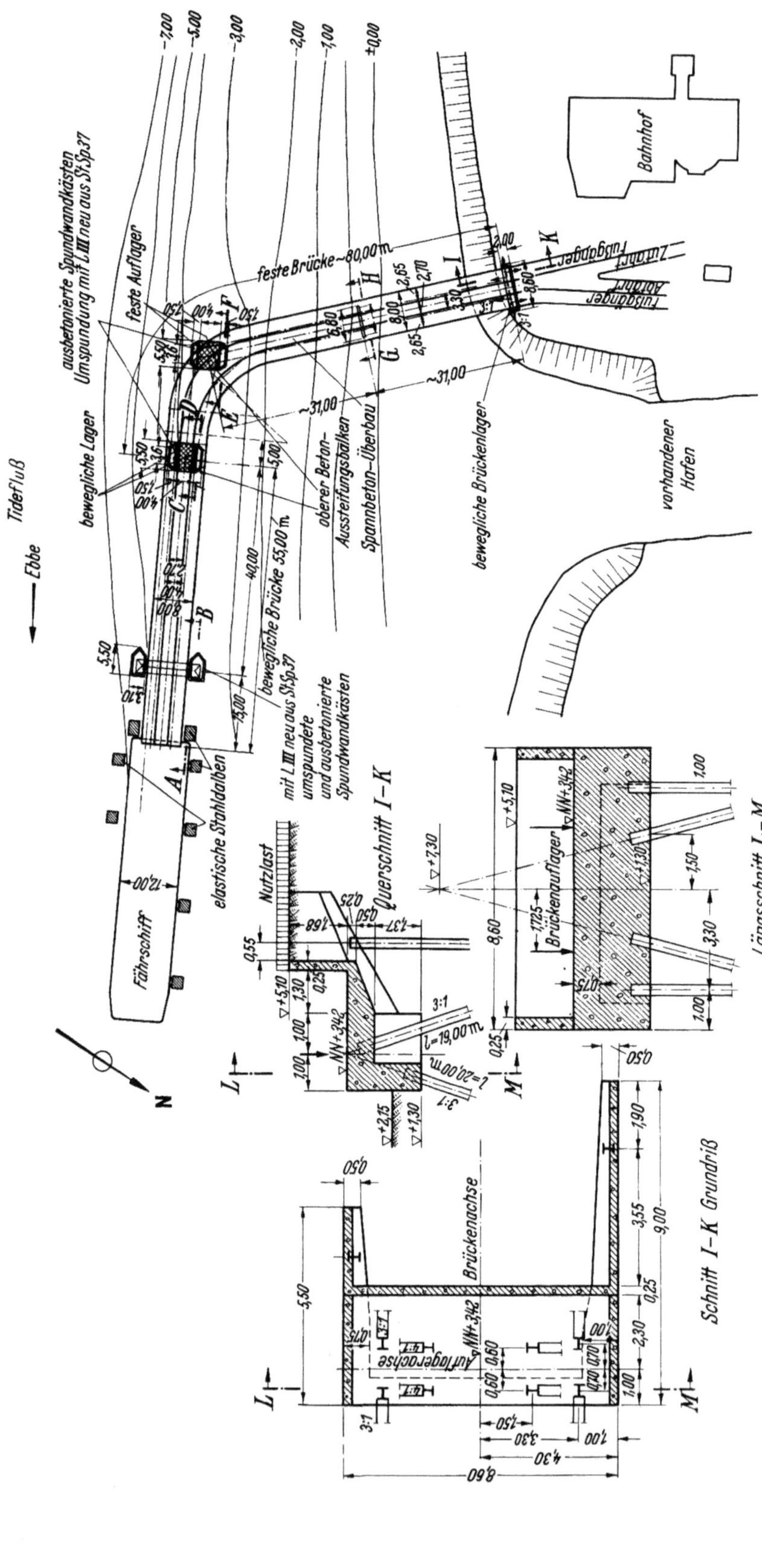

Abb. 6.2.2–1 Grundriß des Fähranlegers mit Schnitten durch das Landwiderlager

6.2.2.2 Gründungen

Das Landwiderlager aus Stahlbeton wurde auf rd. 20 m langen Stahlpfählen PSp 300 aus StSp 37 gegründet (Abb.6.2.2–1).

Die Pfeilergründungen der Brücke mußten dem Untergrund, der Strömung, dem Eisgang, den Brückenbelastungen und den Bedingungen der beweglichen Brücke angepaßt werden.

Sie wurden als Spundwandkastengründungen ausgeführt (Abb.6.2.2–2), und je nach den örtlichen Verhältnissen so wirtschaftlich wie möglich gestaltet. Der erste Strompfeiler wurde als gegliederte Peiner Wand mit PSp 350 L aus StSp 37 hergestellt (Abb.6.2.2–2, Schnitt G–H). Er wies so in Längsrichtung der Brücke die gewünschte Biegsamkeit auf, wobei die Brücke gelenkig aufgelagert werden konnte. Da die Bohlenköpfe verschweißt und die Zellen bis etwa 3,0 m unter Flußsohle ausbetoniert wurden, war der Wandpfeiler in der Lage, die in Flußrichtung wirkenden Kräfte aus Wind, Strömungsdruck, Eisdruck und Eisstoß als zweihüftiger Rahmen aufzunehmen und in den tragfähigen Baugrund abzuleiten. Um die lotrechten Bauwerklasten und die Momenteneinflüsse aufnehmen zu können, wurden beidseitig je 5 Kastenbohlen – von denen die erste, dritte und fünfte mit Fußflügeln ausgerüstet wurde – bis NN – 16,0 m gerammt.

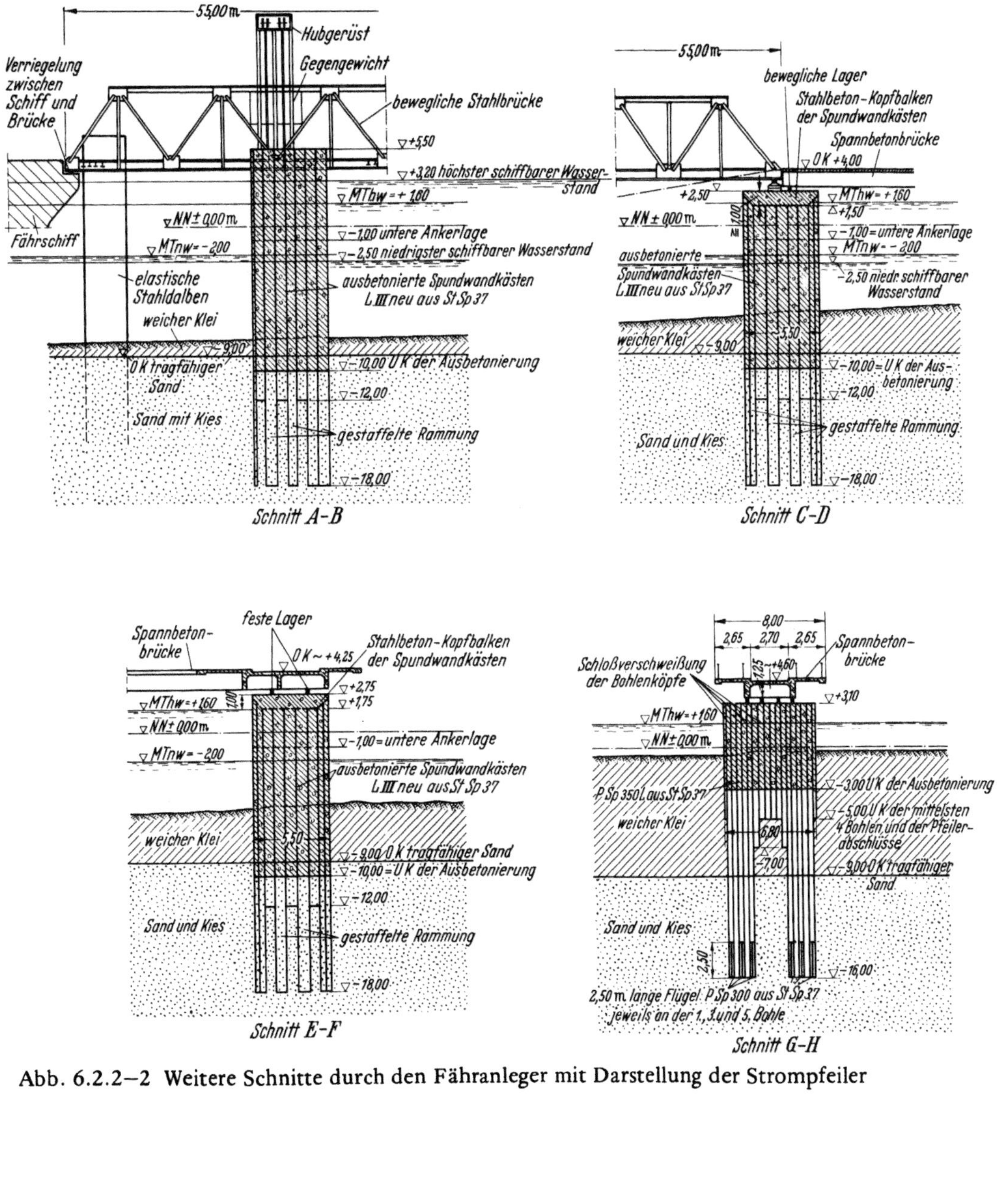

Abb. 6.2.2–2 Weitere Schnitte durch den Fähranleger mit Darstellung der Strompfeiler

Die nächsten beiden Strompfeiler wurden im Profil L III neu aus StSp 37 als doppelte Spundwandkästen ausgeführt (Abb.6.2.2–1 und –2, Schnitte C–D und E–F). Die Kästen wurden 5,5 m lang und 1,5 m breit gewählt. Die Spundbohlen wurden auf NN – 1,0 m gegeneinander verankert. Die beiden Kästen der Pfeiler wurden im lichten Abstand von 4,0 m angeordnet und bis 1 m in den tragfähigen Baugrund nach dem Kontraktorverfahren ausbetoniert. Am Kopf wurden sie durch eine 1,0 m dicke Stahlbetonplatte rahmenförmig zusammengefaßt (Abb.6.2.2–2, Schnitte C–D und E–F).

Die das Hubgerüst tragenden, 5,5 m langen Endpfeiler wurden ebenfalls als ausbetonierte Spundwandkästen im Profil L II neu aus StSp 37 und Verankerungen auf NN – 1,0 m, aber auch auf NN + 5,3 m hergestellt. Da sie nicht wirksam gegeneinander abgestützt werden konnten, wurden sie 3,1 m breit ausgeführt (Abb.6.2.2–1).

6.2.2.3 Dalben

Die Stirndalben neben der beweglichen Brücke wurden als 6-pfählige Rohrdalben aus Feinkornstählen der Güte 65/75 hergestellt, und zwar so, daß das Fährschiff bei Maschinenschaden mit der Geschwindigkeit des Flutstromes von 1,20 m/s gegen die Dalben fahren konnte, ohne diese zu überfahren und die Brücke zu gefährden.

Alle übrigen Fährbettdalben wurden ebenfalls in Stahlrohrkonstruktion gleicher Stahlgüte hergestellt und für ein Arbeitsvermögen von 20 tm bei Erreichen der Streckgrenze bemessen.

6.2.3 Ölumschlaganlage an der deutschen Nordseeküste

6.2.3.1 Allgemeines

In einer Bucht an der deutschen Nordseeküste mußte im Jahre 1957 eine Ölumschlaganlage mit großer Umschlagleistung geplant und noch bis zum Herbst des Jahres 1958 gebaut werden.

An dieser Anlage sollte der Betrieb mit Tankern von 12.500 dwt bis hinauf zu den damals vorherzusehenden größten Tankern von 100.000 dwt sicher und schnell abgewickelt werden. Letztere erforderten eine Wassertiefe von rd. SKN – 15,0 m und damit im vorliegenden Falle eine Sohlenlage auf NN – 17,24 m.

Für alle Tankergrößen mußten einwandfreie Anlege-, Liege- und Ablegemöglichkeiten sowie ausreichende Zuwegungen und Rohrleitungen geschaffen werden.

Die Ölumschlaganlage wurde zunächst für 3 Großschiffliegeplätze ausgebaut (Abb. 6.2.3–1). Sie sollte später auf 6 Großschiffliegeplätze erweitert werden.

Vor Beginn der eigentlichen Planungs- und Entwurfsarbeiten sind von einem anerkannten Institut eingehende Strömungsmessungen und Modellversuche durchgeführt worden, deren Ergebnisse beim Entwurf der Anlage entsprechend berücksichtigt wurden. Außerdem standen die Ergebnisse langjähriger Beobachtungen der Wind- und Wetterverhältnisse, Wasserstände, Sturmfluten usw. zur Verfügung.

Aufgrund allgemeiner Erfahrungen, der Bodenaufschlüsse und der sonstigen besonderen örtlichen Bedingungen stand alsbald fest, daß hier als Lösung nur eine offene Pierkonstruktion auf verhältnismäßig schlanken, keine tiefen Kolke verursachenden Pfählen in Frage kam. Die Pfähle mußten aber widerstandsfähig genug sein, um neben den Beanspruchungen aus den Brückenüberbauten, den Rohrleitungslasten, dem Wind- und Strömungsdruck, vor allem auch den Eisdruck bzw. Eisstoß sowohl im Bau- als auch im Betriebszustand sicher aufnehmen zu können.

Um ein einfaches An- und Ablegen und ein ruhiges Liegen der Tanker zu gewährleisten und umfangreiche Baggerungen zu vermeiden, mußte die Löschbrücke möglichst in die Stromrichtung gelegt und bis zur natürlichen Sohlenlage auf SKN – 15,0 m = NN – 17,24 m vorgestreckt werden.

Die Strömungsmessungen hatten ergeben, daß hier Flut- und Ebbstrom miteinander einen Winkel von 6° einschlossen. Da beide Ströme etwa gleiche Geschwindigkeiten aufwiesen, wurde die Löschbrückenachse in die Winkelhalbierende gelegt.

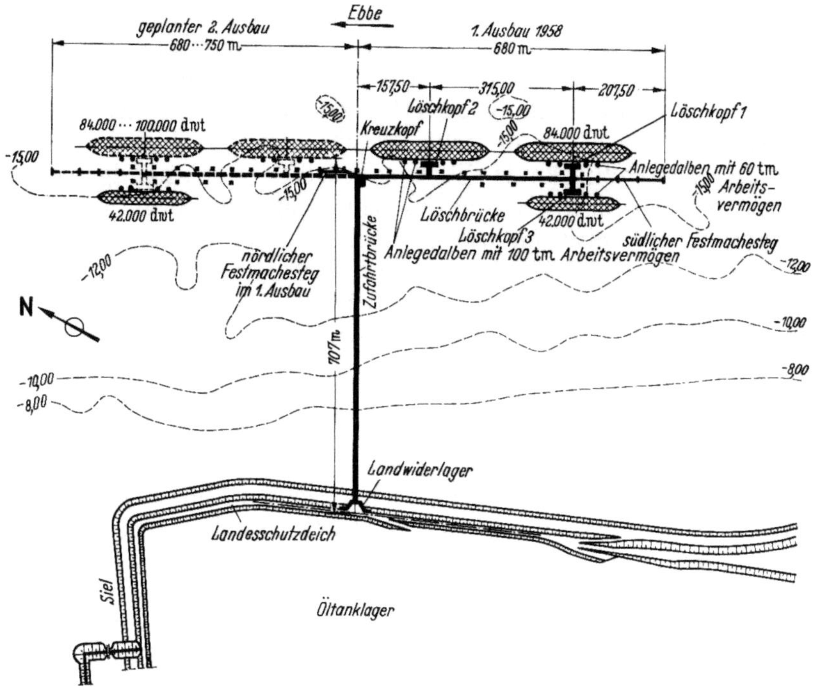

Abb. 6.2.3–1 Lageplan der Ölumschlaganlage mit Angabe der vorhandenen Wassertiefen bezogen auf SKN = NN – 2,18 m

Die seeseitigen Liegeplätze erforderten einen Abstand von 707 m von der Deichkante, um die erforderliche Wassertiefe zu erreichen. Eine Störung der Fahrwasserverhältnisse zu einem südwärts liegenden Seehafen trat dabei noch nicht ein.

6.2.3.2 Örtliche Verhältnisse

Die Windverhältnisse waren günstig. Die größte stündliche Windgeschwindigkeit betrug 26 m/s, das Jahresmittel 5,7 m/s. Der Einfluß des Windes auf die Wasserstände in der Bucht war jedoch verhältnismäßig groß. Durch die Überlagerung von Tidehochwasser und Windstau ergaben sich die folgenden definierten Sturmfluten:

„Sturmflut" =
MThw + 1/3 des mittleren Tidehubes als Windstau = rd. NN + 2,75 m

„Schwere Sturmflut" =
MThw + 2,2 m Windstau = rd. NN + 3,75 m

„Sehr schwere Sturmflut" =
MThw + 3,2 m Windstau = rd. NN + 4,75 m.

Infolge der geschützten Lage in der Bucht war die größte Wellenhöhe nur etwa 1,3 m. Die größte Strömungsgeschwindigkeit betrug etwa 1,27 m/s.

Die kennzeichnenden Wasserstände sind unter anderem in Abb.6.2.3–2 dargestellt. Der mittlere Tidehub beträgt 3,61 m.

Die Pack- und Treibeisverhältnisse im Gebiet der Brücke hingen sowohl von der Schwere des Winters als auch von den Windverhältnissen ab.

Wetter und Sicht entsprachen den üblichen Bedingungen an der deutschen Nordseeküste. An rd. 10 Tagen im Monat war die Regenhöhe = 1,0 mm und an rd. 15 Tagen = 0,1 mm.

Zur Erkundung des Untergrundes wurden – der geplanten Brückenform angepaßt – 20 Seebohrungen und eine Landbohrung ausgeführt. Außerdem standen die Landbohrungen für das gleichzeitig projektierte Tanklager zur Verfügung (Abb.6.2.3–1).

Im Bereich der Löschbrücke stand ab Gewässersohle zunächst eine diluviale Deckschicht aus gröberem Material und zum Teil verkittetem Feinsand an, unter der im allgemeinen tertiäre mehr oder weniger schluffige Mittel- und Feinsande bis in große Tiefe folgten. Zwischen Kreuzkopf und Löschkopf 2 (Abb.6.2.3–1) wurde im tertiären Sand 6–8 m unter Sohle beginnend eine bis zu 2,5 m dicke Schicht aus Holzstämmen erbohrt. Sie mußte vor allem bei den tiefen Gründungen der Festmachedalben berücksichtigt werden. Zur Erkundung der bodenmechanischen Eigenschaften des Baugrundes waren nur ergänzende Untersuchungen der schluffigen Einlagerungen erforderlich, da im übrigen ausreichende Erfahrungswerte von benachbarten früheren Großbauten zur Verfügung standen. Diese Schluffschichten wiesen natürliche Wassergehalte zwischen 16 und 19,4 % und im Bereich der Gebrauchslasten Steifezahlen zwischen 100 und 400 kg/cm^2 auf.

6.2.3.3 *Besondere Technische Bedingungen*

Alle Tanker von 12.500 bis zu 100.000 dwt mußten auch bei ungünstigen Hoch- bzw. Niedrigwasserständen leer bzw. voll abgefertigt werden können. Diese Forderung war entscheidend für die Gesamtgestaltung und mitbestimmend für die Höhenlage der Brückenplattform. Als niedrigster Arbeitswasserstand wurde NN − 3,6 m und als höchster NN + 4,4 m gewählt. Diese Wasserstände wurden in 10 Jahren nur einmal unter- bzw. überschritten. Durch eine geeignete Abstimmung des Anlegens bei Tidehochwasser mit der Abpumpleistung konnte aber auch bei den größten Schiffen selbst bei anschließenden Wasserständen unter dem niedrigsten Arbeitswasserstand eine Bodenberührung mit Sicherheit vermieden werden.

Der größte Höhenunterschied der Schlauchanschlüsse bei den extremen Schiffsgrößen, Arbeitswasserständen und gleichzeitig ungünstigstem Belastungszustand betrug rd. 22 m.

Für die Bemessung der Ölumschlagbrücke wurden 3 Lastfälle mit verschiedenen Sicherheitsgraden festgelegt und die möglichen Lastkombinationen je nach Wahrscheinlichkeit und Häufigkeit des Auftretens diesen Lastfällen systematisch zugeordnet.

Die Anordnung der Festmacheeinrichtungen und die dafür geforderten Festmachekräfte von 125 bzw. 250 t sind aus Abb.6.2.3–1 ersichtlich.

Für die Anlegedalben des Löschkopfes 2 (Abb.6.2.3–1 und –9) wurde ein Arbeitsvermögen von 100 tm, für die der anderen Löschköpfe ein solches von 60 tm gefordert. Diese Dalben mußten leicht auf 100 tm verstärkt werden können.

Für die Zufahrt- und die Löschbrücke wurde neben beidseitigen schmalen Fußwegen ein 5,50 m breiter Fahrweg für eine Stand- und eine Fahrspur gefordert. Die Brücken mußten außer Menschengedränge und einem 12-t-Feuerwehrfahrzeug vor allem auch die waagerechten Kräfte aus den Rohrschüben aufnehmen und in die Festpunktjoche ableiten. Die Reibung an den Rohrrollenlagern mußte dabei mit ± 0,05 V berücksichtigt werden.

6.2.3.4 *Ausführungsentwurf*

6.2.3.4.1 Allgemeine Hinweise

Nach sorgfältigem Studium des Standes der Technik auf dem einschlägigen Gebiet wurde eine Stahlbetonbrücke auf Stahlpfählen mit unabhängig davon angeordneten Festmachedalben und Anlegedalben als Ausschreibungsentwurf mit allen Einzelheiten erarbeitet und unter ausgewählten im Seebau besonders erfahrenen Großfirmen beschränkt ausgeschrieben. Hierbei wurden im Rahmen der technischen Bedingungen auch Sondervorschläge zugelassen. Nach sorgfältiger Prüfung aller Vorschläge und Angebote erhielt eine Firmengruppe den Auftrag, den Ausschreibungsentwurf auszuführen. Der so bestimmte Ausführungsentwurf gliederte sich nach Abb.6.2.3–1 in das Landwiderlager, die Zufahrtbrücke, den Kreuzkopf, die Löschbrücke, die Löschköpfe 1, 2 und 3, die 125-t- und 250-t-Festmachedalben mit den zugehörigen Festmachestegen und die jeweils vier Anlegedalben vor jedem Löschkopf.

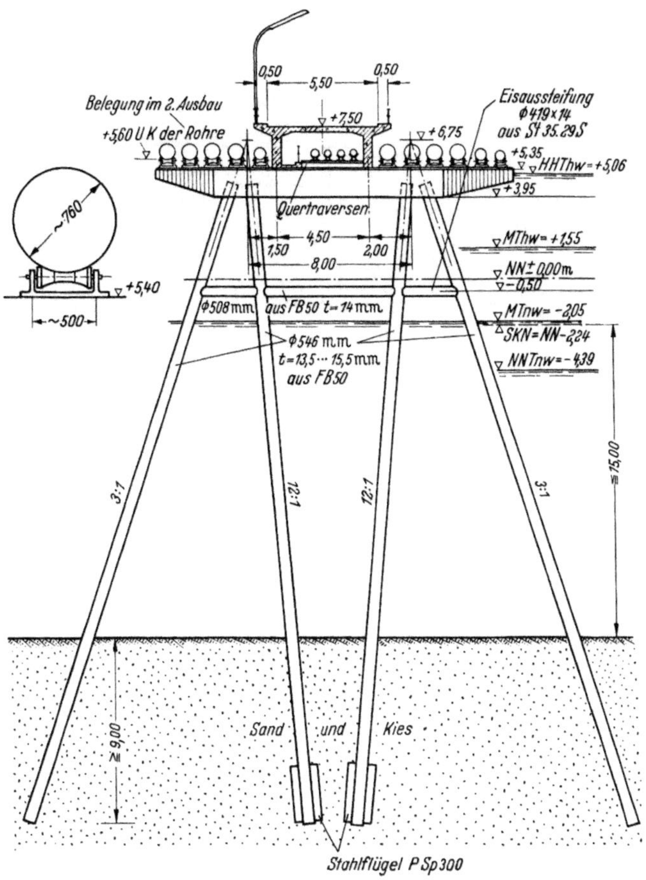

Abb. 6.2.3–2 Querschnitt der Zufahrtbrücke mit den geplanten Rohrleitungen im Endzustand

6.2.3.4.2 Gründungspfähle

Als Gründungspfähle wurden – abgesehen vom Landwiderlager – mit Rücksicht auf die Korrosionsgefahr und die erforderlichen Gegenmaßnahmen nahtlose Stahlrohrpfähle Ø546 mm aus Feinkornstahl mit einer Mindestwanddicke von 13,5 mm bei den Brücken- und 14 mm bei den Festmachedalbenpfählen gewählt (Abb.6.2.3–2 und –3).

Die Wandung des obersten Pfahlrohrschusses im Hauptangriffsbereich erhielt einen Korrosionszuschlag von 2 mm und im nächsten nach unten anschließenden Schuß einen solchen von 0,5 mm.

Um Lochfraß zu verhindern, wurden auf einem Werkplatz im benachbarten Seehafen vorweg alle Außenflächen der Brücken- und Dalbenpfähle, bis 2,0 m unter Hafensohle im späteren Einbauzustand, gesandstrahlt. Außerdem wurden sie von Unterkante Jochbalken bis etwa NN – 6,4 m sowie von 5 m über bis 2 m unter Hafensohle im Einbauzustand mit einem vierlagigen Steinkohlenteerpech-Kaltanstrich versehen. Die dazwischen liegenden Pfahlabschnitte wurden nicht gestrichen, um die beim Öltransport in den Rohrleitungen entstehenden elektrischen Ströme über diese freien Bereiche großflächig austreten lassen zu können und so örtlich verstärkte Korrosion zu vermeiden. Vorsorglich wurden umgekehrt auch alle Vorkehrungen für einen späteren kathodischen Schutz mit Fremdstrom getroffen.

Die Pfähle wurden durch Veränderung der Einbindelänge in den tragfähigen Baugrund, durch eine besondere Fußausrüstung mit angeschweißten Stahlflügeln sowie eine geeignete Kopfausrüstung dem Untergrund und den angreifenden Lasten angepaßt (Abb.6.2.3–2, –3, –6 und –8). Bei den Brückenpfählen waren Druckkräfte von – 100 bis – 180 t, bei den Festmachedalbenpfählen maximal – 280 t Druck und + 230 t Zug zu übertragen.

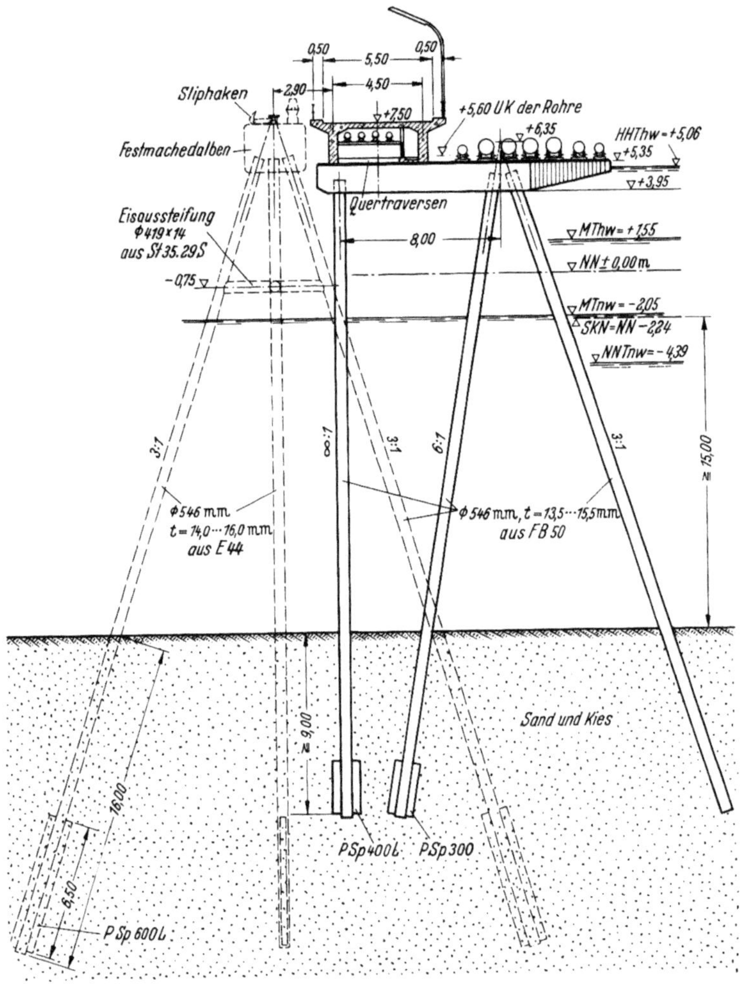

Abb. 6.2.3–3 Querschnitt der Löschbrücke mit Ansicht eines davorstehenden selbständigen 250-t-Festmachedalbens

Die Fußflügel wurden so ausgebildet und angeschlossen, daß bei einwandfrei gewährleisteter Pfropfenbildung die Pfahlfüße den Rammvorgang ohne Zerstörung sicher überstehen konnten. Im Bereich der Holzschicht mußten die Pfähle in der Normalausführung verkürzt und mit einer unten sorgfältig eingeschweißten, etwa 10 m langen Wurzel im Profil PSp 400 S aus StSp 37 versehen werden, weil die Normalpfähle hier nicht ausreichend tief hätten eingerammt werden können.

Die Pfahlköpfe wurden mit durchgesteckten und mit den Pfählen verschweißten Eisenbahnschienen sowie mit an die Pfähle geschweißten Laschen ausgerüstet.

6.2.3.4.3 Jochbalken und Brückenüberbau

Sowohl bei der Zufahrt- als auch bei der Löschbrücke erwies sich ein Pfahljoch-Achsabstand von 15 m als zweckmäßig.

Die vier bzw. drei Pfähle der Joche wurden durch aufgesetzte Stahlbetonbalken zusammengefaßt (Abb.6.2.3–2, –3 und –4). Diese Jochbalken mußten die Straßenbrücke sowie die schweren Rohre, die frei von Joch zu Joch gespannt waren, tragen.

Alle in Querrichtung auf das Brückenbauwerk unmittelbar einwirkenden Horizontalkräfte mußten durch die Schrägpfahlböcke der Joche aufgenommen werden.

Die Straßenbrücke erhielt Bewegungsfugen mit Rollenlagern in 120 m Abstand. Die dazwischen liegenden 7 Joche wurden mit dem Brückenüberbau biegesteif verbunden (Abb.6.2.3–5). Alle auf einen 120 m Brückenabschnitt wirkenden Längskräfte wurden an

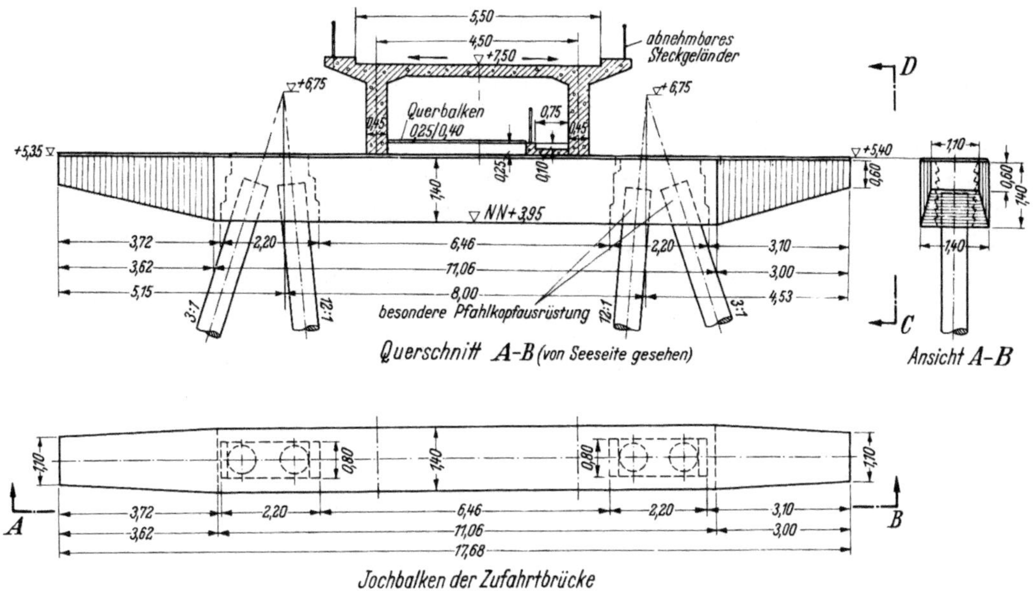

Abb. 6.2.3–4 Querschnitt durch die Zufahrtbrücke mit Detailangaben zur Ausbildung der Jochbalken

einem mittig gelegenen Festpunktjoch durch je 4 in Brückenlängsrichtung gestellte Böcke mit 3 : 1 geneigten Pfählen aufgenommen.

Um die Momente aus den Längskräften im Brückenüberbau klein zu halten, wurde der Schnittpunkt der Festpunktpfähle in die Schwerachse des Überbaus gelegt.

Die 75 t schweren Jochbalken der Zufahrtbrücke und die 65 t schweren der Löschbrücke wurden auf einer Kaifläche im benachbarten Seehafen hergestellt, mit einem Schwimmkran zur jeweiligen Einbaustelle gebracht, auf die ausgerichteten Pfahljoche gesetzt und durch Betonplomben aus B 300 einwandfrei mit den Pfählen verbunden.

Lediglich die Festpunktjochbalken, einige Jochbalken im flachen Wasser des Landanschlußbereiches und die unterschiedlichen Jochbalken der Löschköpfe und des Kreuzkopfes wurden aus Gründen der Fertigung, des Einbringens und der Wirtschaftlichkeit an Ort betoniert.

Alle Jochbalken erhielten – nach oben vorstehend – die erforderliche Anschlußbewehrung, um später eine in Längs- und Querrichtung biegesteife Verbindung mit dem Brückenüberbau herzustellen.

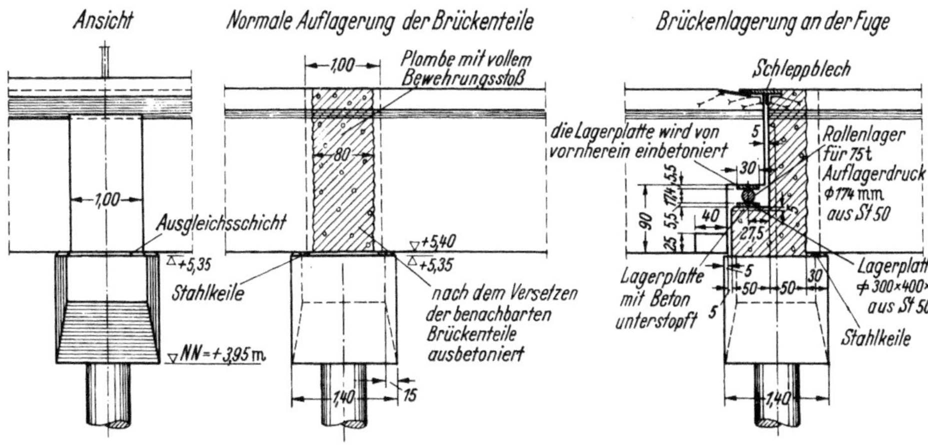

Abb. 6.2.3–5 Ausbildung der Brückenauflagerung

Der Einbindebereich der Gründungspfähle in die Jochbalken wurde so bewehrt, daß neben den planmäßigen Beanspruchungen auch zu erwartende Pfahleinspannmomente in jeder in Frage kommenden Richtung im Rahmen zulässiger Spannungen aufgenommen werden konnten. Diese Bewehrung wurde bei den Fertigbetonjochbalken schlaufenförmig, bei den Festpunktjochen zum Teil ringförmig ausgebildet.

Die Ölleitungsrohre erhielten Rollenlager (Abb.6.2.3–2) und bei Bewegung in zwei Richtungen – wie beispielsweise am Kreuzkopf (Abb.6.2.3–1) – Teflon-Gleitlager.

Wegen der Vielzahl von Wechselbeanspruchungen und nur schwer überblickbaren Zusatzbeanspruchungen wurden sowohl die Jochbalken als auch die Brückenüberbauten mit BSt I schlaff bewehrt.

Der Brückenüberbau mußte aus betrieblichen Gründen als unten offener Trogquerschnitt ohne Querscheiben ausgebildet werden (Abb.6.2.3–2, –3 und –4). Lediglich in den äußeren Viertelspunkten der Brückenfelder durften unten Stahlbetonbalken 0,25/0,40 m als Zugbänder zur Aussteifung des Überbaus und als Traversen für das Auflagern kleinerer Rohre angeordnet werden. Der unter der Brücke befindliche Revisonssteg aus Stahlbeton diente gleichzeitig zur Aussteifung des Brückenüberbaues (Abb.6.2.3–4).

Die unmittelbar befahrene Stahlbeton-Fahrbahnplatte wurde nach den einschlägigen DIN-Vorschriften hergestellt. Sie erhielt ein Quergefälle von 1,5 % und wurde zur Erhöhung der Seitensteifigkeit 0,25 m dick ausgeführt.

Die Brückenüberbauten wurden als rd. 14,2 m lange Fertigteile aus B 225 mit etwa 137 t Stückgewicht am gleichen Bauplatz wie die Jochbalken hergestellt, ebenfalls mit einem Schwimmkran zur Einbaustelle transportiert und auf die fertig eingebauten Jochbalken gesetzt. Um später als Durchlaufträger zu wirken, mußten alle Längsbewehrungsstähle des Brückenüberbaues über den Jochbalken auf 0,8 m Plombenlänge durch Überdeckung gestoßen werden. Durch Ausbetonieren der Plomben mit B 300 wurden dann durchlaufende 120 m lange Brückenabschnitte gewonnen.

6.2.3.4.4 Landwiderlager

Das Landwiderlager (Abb.6.2.3–1), das örtlich auch die Aufgaben des Landesschutzdeiches übernehmen mußte, erforderte in Planung, Ausbildung und Baudurchführung besondere Überlegungen, damit in keinem Stadium eine Gefährdung des Hinterlandes durch Sturmfluten eintreten konnte.

6.2.3.4.5 Festmachedalben und -einrichtungen

Die Festmachedalben der Löschbrücke wurden unabhängig von dieser gegründet (Abb.6.2.3–1 und –3). Bei den nördlich und südlich anschließenden Festmachestegen wurden sie auch zur Gründung dieser Stege herangezogen (Abb.6.2.3–6 und –7). Die 125-t-Festmachedalben erforderten vier, die 250-t-Dalben acht hoch belastbare 3 : 1 geneigte Gründungspfähle (Abb.6.2.3–3, –6 und –7). Zur Verminderung der Knicklänge und als Eisaussteifung erhielten sämtliche Festmachedalben einen alle Pfähle verbindenden Aussteifungsrahmen mit Achse auf NN – 0,75 m. Er bestand aus 14 mm dicken Stahlrohren Ø 419 mm aus St 35.29 S. Alle Festmachedalbenköpfe wurden an Ort aus B 225 hergestellt.

Jeder Festmachedalben wurde vom Wasser aus über eine Steigeleiter zugänglich gemacht. Sie wurde an der Fenderkonstruktion aus Basralocusholz auf Stahlprofilen befestigt, die das Anlegen von Kleinschiffen – wie Schlepper und Barkassen – ermöglichte (Abb.6.2.3–6 und –7).

Die seeseitigen Festmachedalben wurden knapp vor der Löschbrücke angeordnet und sind daher von dieser aus unmittelbar zugänglich, die landseitigen über leichte abnehmbare Stahlstege mit Gitterrostabdeckung, die über die Ölleitungsrohre hinwegführen.

Die Verbindungsbrücken zu den Festmachedalben des südlichen und nördlichen Festmachesteges (Abb.6.2.3–1, –6 und –7) wurden zur Vermeidung häufiger Unterhaltungsarbeiten aus Stahlbeton hergestellt. Alle Stege wurden wegen des ruckartigen Zurückschnellens der Festmachedalben beim Ausslippen der Trossen auf Schwingmetall gelagert.

Die Festmachedalben sollten ursprünglich mit zwei 125-t- bzw. 250-t-Pollern aus Stahlguß und einem 1-t-Elektrospill zum Hochholen der Trossen ausgerüstet werden. Die Abmessungen der Betonköpfe wurden so gewählt, daß ausreichend Arbeitsraum für die Festmacher vorhanden war und die Köpfe der Gründungspfähle einwandfrei zusammengefaßt wurden.

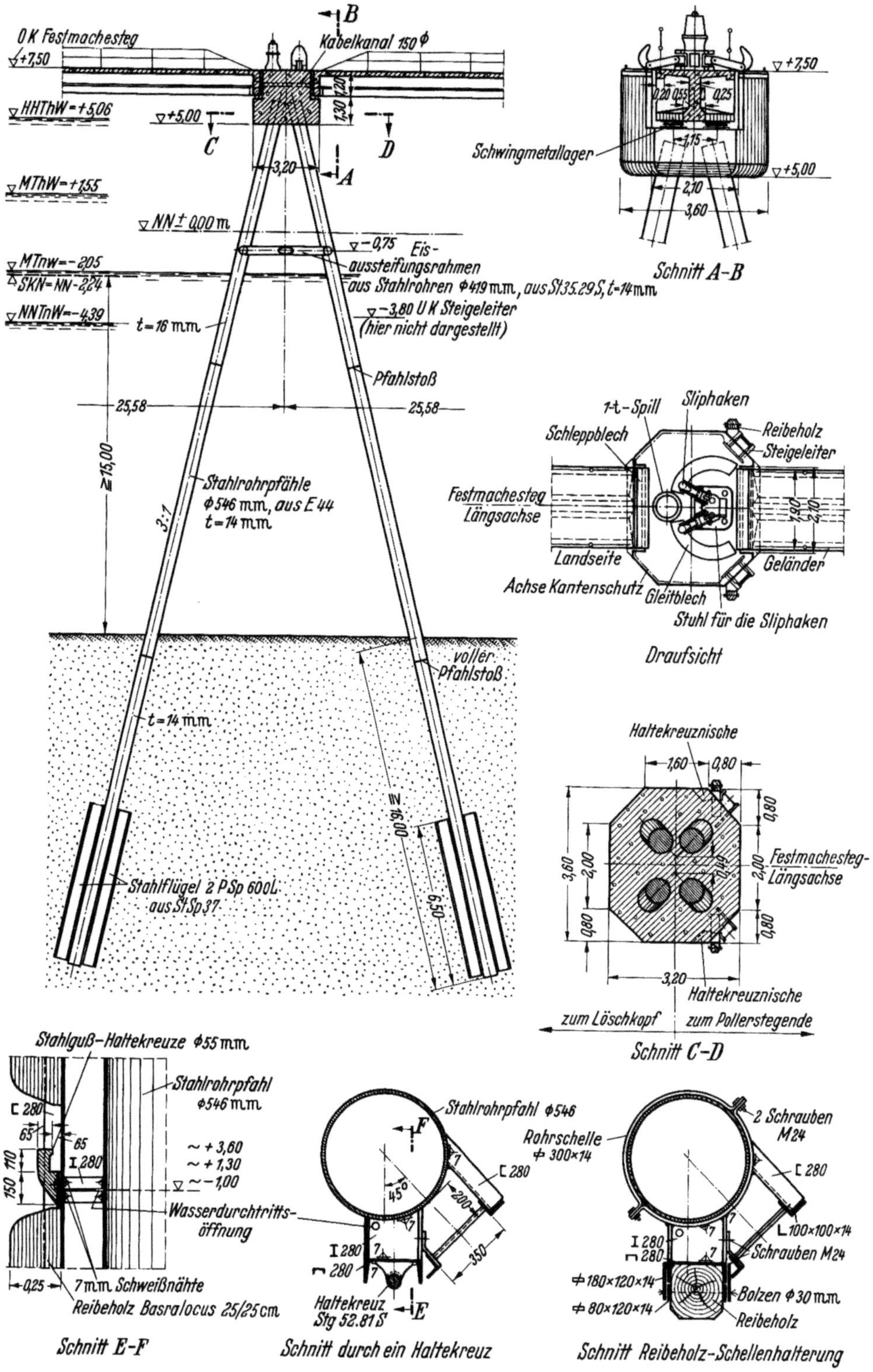

Abb. 6.2.3–6 Ausbildung des Festmachesteges mit 125-t-Festmachedalben

Alle Festmachedalbenköpfe erhielten auch einen Stahlkantenschutz, der ein Abgleiten der Festmacher verhindert, dem Abfluß der Niederschläge aber freien Weg läßt (Abb.6.2.3–6 und –7).

Um bei Gefahr auch Stahltrossen rasch lösen zu können, wurde noch während der Pla-

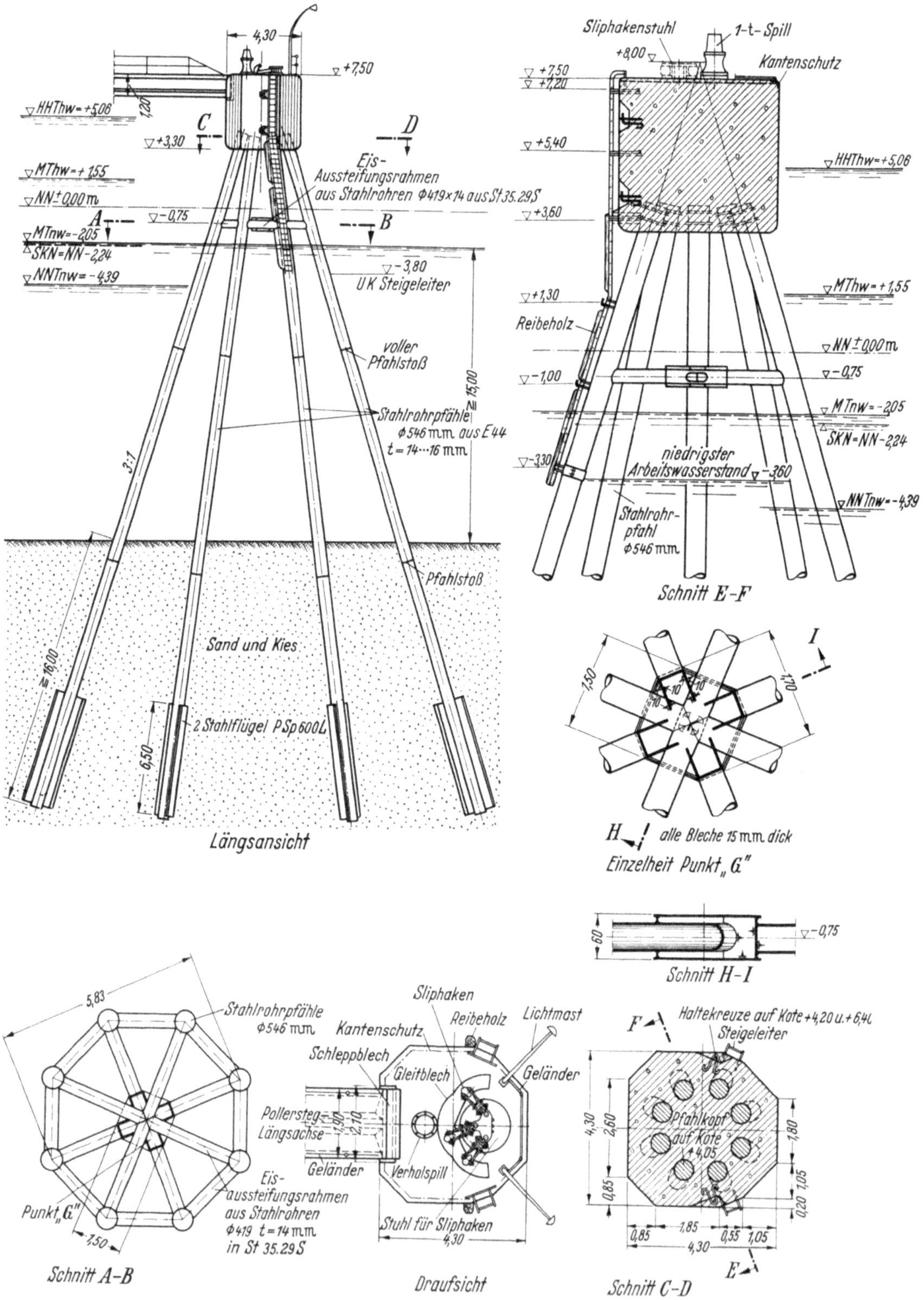

Abb. 6.2.3–7 Ausbildung des 250-t-Festmache-Enddalbens

nung beschlossen, anstelle der Poller ein besonderes Slipgeschirr für eine Grenzlast von 125 t pro Sliphaken zu entwickeln und anzuwenden (Abb.6.2.3–3, –6, –7 und –8).

Die Sliphaken wurden mittels Kreuzgelenk an geschweißten Stühlen allseitig beweglich befestigt. Die Fußplatten der Sliphakenstühle wurden gleich den Füßen der ursprünglich vorgesehenen 125-t- bzw. 250-t-Poller ausgebildet, so daß im Bedarfsfalle auch jederzeit eine Umwechslung stattfinden konnte.

Abb. 6.2.3–8 Zweiteiliges Sliphakengeschirr

6.2.3.4.6 Anlegedalben

Bei Berücksichtigung aller Anforderungen für den Anlege- und Liegebetrieb erwiesen sich im vorliegenden Falle elastische Stahldalben aus Stahlrohren als technisch, betrieblich und wirtschaftlich besonders günstig (Abb.6.2.3–1 und –9).

Als Dalbenpfähle wurden nach Vergleichsrechnungen auch für spätere Verstärkungsfälle von 60 auf 100 tm Arbeitsvermögen Rohre ⌀ 750 mm aus den hochwertigen Feinkornstählen FB 50 und FB 70 gewählt. Ihre Wanddicken wechselten schußweise von 15,5 mm am oberen Ende bis 33,5 mm, bzw. in Verstärkungsfällen noch mehr, in der Zone größter Beanspruchungen.

Um zusätzliche Beanspruchungen aus waagerechter Biegung am Übergang in den stützenden Baugrund zu vermeiden, wurden die Dalbenpfähle bis 1,5 m über und unter die Hafensohle ausbetoniert. Sie wurden in der Neigung 20 : 1 nach der Wasserseite überhängend ausgebildet (Abb.6.2.3–9). Hierdurch wurde in Verbindung mit der vorstehenden Fenderung erreicht, daß auch bei der größten zugelassenen Dalbendurchbiegung von rd. 1,3 m kein Schiff tief unter der Wasseroberfläche gegen die Dalbenpfähle stoßen und sie beschädigen konnte.

Die Stahlrohrdalben wurden oben durch 2 Verbände zusammengefaßt. Davon wurde der untere als Torsionsverband ausgebildet (Abb.6.2.3–9), wodurch eine weitgehend gleiche Beanspruchung der Dalbenpfähle erreicht wurde.

Jeder Dalben erhielt eine auswechselbare Fenderschürze aus Basralocusholz auf Stahlgerüst (Abb.6.2.3–9). Jede Fenderschürze wog insgesamt rd. 28 t. Sie konnte mit einem Schwimmkran leicht eingehängt und auch wieder abgenommen werden. Sie stützte sich mit einem Pfannenlager auf den unteren Verband ab und wurde am oberen Verband durch eine Laschenkonstruktion gehalten, wobei der Stahlrahmen der Fenderschürze an den Verbandscheiben geführt wurde.

Basralocusholz wurde bei allen Fenderungen bewußt gewählt. Es ist sehr fest und gleichzeitig widerstandsfähig gegen den Befall durch die Bohrmuschel oder die Bohrassel.

Die Verbände und die Fenderschürzen aller elastischen Anlegedalben wurden so ausgebildet, daß sie untereinander beliebig ausgetauscht werden konnten.

6.2.3.5 Die Bauausführung

Die Bauausführung wurde einer Bietergruppe übertragen, die anbot, die Rammarbeiten mit einer „Hubinsel" als Plattform für eine MR 60-Ramme auszuführen. Die Ramme war auf einem besonderen Schlitten montiert, in Längs- und Querrichtung verschiebbar, um 360° drehbar und bis zur Neigung 3 : 1 auch über Kopf kippbar.

Zum Rammen der Anlegedalbenpfähle (Abb.6.2.3–9) wurde an der Hubinsel ein Gerüst befestigt und darauf der obere und der untere Dalbenverband als Rammführungen montiert.

Trotz des teilweise ungleichmäßigen Untergrundes lag erfreulicherweise die anhand der Bohrungen und Bodenwerte festgelegte Rammtiefe der Pfähle in den meisten Fällen richtig.

Wegen der großen Pfahlkräfte mußten alle Pfähle der Festmachedalben mindestens 16 m tief gerammt werden. Wie zu erwarten, war dies nur mit entsprechend großer Rammarbeit möglich.

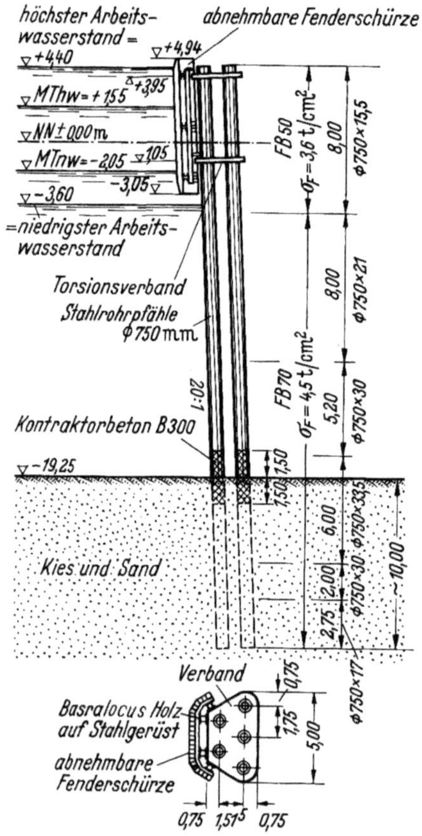

Abb. 6.2.3–9 Ausbildung des 100-tm-Anlegedalbens

Besonders sorgfältig mit Schablonen mußte die an den Stößen der Brückenfertigteile jeweils auskragende Stoßbewehrung der Längsträger festgelegt und einbetoniert werden, um Schwierigkeiten beim Absetzen der Brückenteile zu vermeiden.

Die Fertigbetonteile wurden mit einem 150 t tragenden, schwimmend selbstfahrenden A-Bock, der durch Anbau zweier zusätzlicher Schiffschrauben am Bug gut manövrierfähig gemacht worden war, transportiert und eingesetzt. Der Ortbeton wurde zum Teil in einer Betonfabrik am Landwiderlager gemischt und von dort aus über bereits fertiggestellte Brückenteile gepumpt oder an die Einbaustelle gefahren. Zum überwiegenden Teil wurde er aber auf einer schwimmenden Betonieranlage unmittelbar vor der jeweiligen Einbaustelle hergestellt und mittels Kran eingebaut.

Zwei schwimmende Turmdrehkrane vervollständigten die Baustelleneinrichtung und ermöglichten die Versorgung jedes beliebigen Bereiches der Löschbrücke, Löschköpfe, Festmächedalben, Festmachestege, Anlegedalben und des größten Teiles der Zufahrtbrücke auf dem Wasserwege.

Die Ölrohrleitungen der Zufahrtbrücke wurden hinter dem Landwiderlager zusammengeschweißt und als Ganzes laufend vorgeschoben.

Die Ausrüstung der Festmachedalben mit Kantenschutzstählen, Gleitblechen usw. wurde weitgehend an Land zusammengebaut und als Ganzes eingesetzt. Die schweren Anker der Sliphakenstühle wurden mit einer Schablone gerichtet, in die Schalung montiert und im Zuge des Betonierens des Kopfes einbetoniert.

Die Beschädigungen des Anstriches der Pfähle und Dalbenrohre beim Transport zur Baustelle und beim Rammen waren verhältnismäßig gering. Wenige Wochen nach dem Rammen hatte sich aber – bevorzugt an den Anstrichflächen – ein dicker Bewuchs vor allem von Seepocken angesiedelt. Er wurde häufig mitsamt dem Kaltanstrich durch entlang rutschende Trossen der schwimmenden Geräte fladenartig abgerissen. Diese Stellen wurden später bis zur Niedrigwasserlinie mittels Heißanstrichen ausgebessert. Aufgrund dieser Erfahrungen entschloß man sich später bei einem Teil der Verbände der Anlegedalben und der Fenderschürzen, von vornherein mit Heißanstrich zu arbeiten, den man wegen der Löslichkeit in Öl zunächst nicht anwenden wollte.

Die Bauarbeiten für die Brücke einschließlich der Anlege- und der Festmachedalben konnten in 11 Monaten ausgeführt werden, obwohl die Arbeiten im November anlaufen mußten und mitten in der Bauzeit infolge einer Sturmbö fast das gesamte schwimmende Gerät untergegangen war und erst mühevoll wieder gehoben werden mußte. Nach weiteren zwei Monaten war auch die zwischenzeitlich angelaufene Ausrüstung installiert, und es legten die ersten beiden Öltanker an. Die Anlage hat sich seitdem in jeder Weise bewährt.

6.2.4 Erweiterung einer Ölumschlaganlage an der deutschen Nordseeküste

6.2.4.1 Allgemeines und technische Daten

Wegen der stark zunehmenden jährlichen Umschlagmengen und der in den letzten Jahren sprunghaft gestiegenen Tankergrößen mußte im Jahre 1970 die Erweiterung der im Kap.6.2.3 beschriebenen Ölumschlaganlage in Angriff genommen werden. Hierzu wurde ein vierter Liegeplatz für die Abfertigung von 250.000-dwt-Tankern geplant und 1970/71 ausgeführt (Abb.6.2.4–1), mit gewissen Reserven für noch größere Schiffe.

Dabei mußten zum Teil in geringfügiger Abweichung von den Verhältnissen zur Zeit des Ausbaues 1957/58 unter anderem folgende äußere Bedingungen berücksichtigt werden:

Kennzeichende Wasserstände, bezogen auf NN:

HHThw	= + 5,21 m	MTnw	= – 1,99 m
MThw	= + 1,63 m	NNTnw	= – 4,41 m
SKN	= – 2,18 m		

Größte Stromgeschwindigkeit = rd. 1,5 m/s
Größte Wellenhöhe = rd. 1,3 m
Größte Windgeschwindigkeit = rd. 26 m/s.

Baugrundverhältnisse:

Generell lag oben gröberer Sand, gefolgt in größerer Tiefe von Feinsand, mitteldicht gelagert, oder von schluffigen Sanden bzw. sandigen Schluffen.

Während beim Ausbau 1957/58 für den Betrieb mit Tankern bis zu 100.000 dwt noch eine Sohlenlage auf rd. NN – 17,2 m ausreichte, mußte die Sohle für die Erweiterung 1970/71 in Form einer Wanne bis rd. NN – 23,2 m vertieft werden (Abb.6.2.4–4 und –6). Bei dieser großen Wassertiefe wirkte sich eine verwitterte, bis zu rd. 2 m dicke Holzschicht, deren Oberkante im Brückenbereich 10–15 m unter der bisherigen Hafensohle lag (Abb. 6.2.4–2), erschwerend aus.

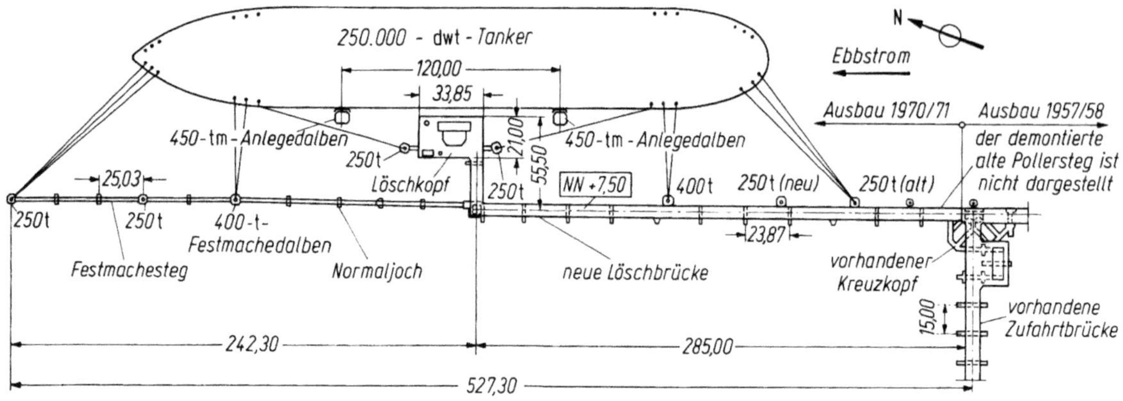

Abb. 6.2.4–1 Übersichtsplan der Öllöschbrücke, Erweiterung 1970/71

6.2.4.2 Die konstruktiven Lösungen

Auch bei der Erweiterung 1970/71 wurden sowohl die Pfahljochbalken als auch die darauf abgestützten Brückenüberbauten als Stahlbeton-Fertigteile an Land hergestellt und mit einem Schwimmkran an Ort transportiert und abgesetzt. Es wurde ein Jochabstand von 23,87 m gewählt, was zu rd. 200 t schweren Brückenüberbauteilen führte. Sie konnten mit dem zur Verfügung stehenden Gerät noch leicht bewältigt werden.

Abb.6.2.4–3 zeigt für die gewählte Lösung den Querschnitt durch die Löschbrücke, einschließlich Jochbalken und Ausrüstungsdetails.

Abb.6.2.4–4 bringt die Seitenansicht des vierten Löschkopfes mit Ausrüstung, einen Querschnitt durch den 100.000-dwt-Tanker voll abgeladen bei MTnw, und für die gleichen Bedingungen den 250.000-dwt-Tanker, gleichzeitig aber auch in leerem Zustand mit Ballast bei MThw.

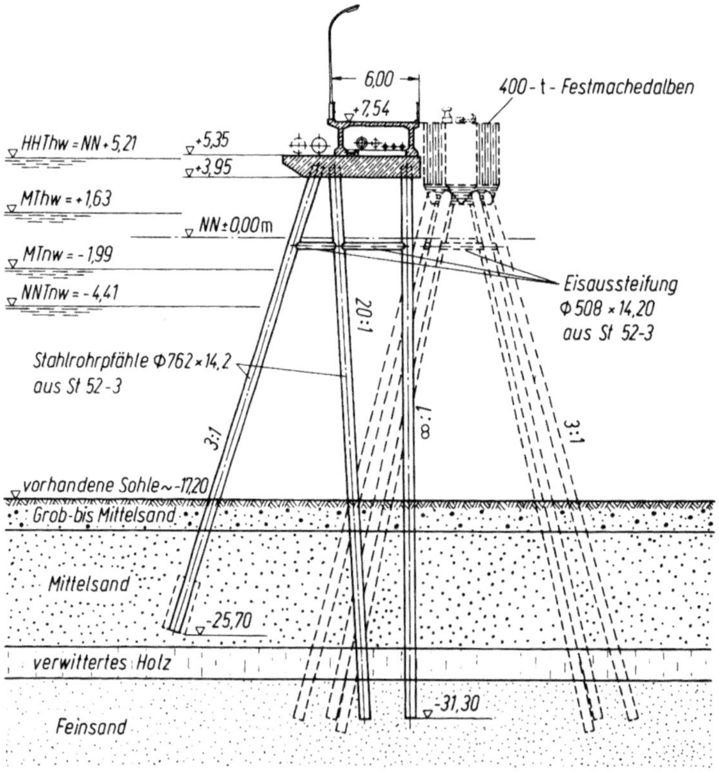

Abb. 6.2.4–2 Normaljoch der Öllöschbrücke, Erweiterung 1970/71

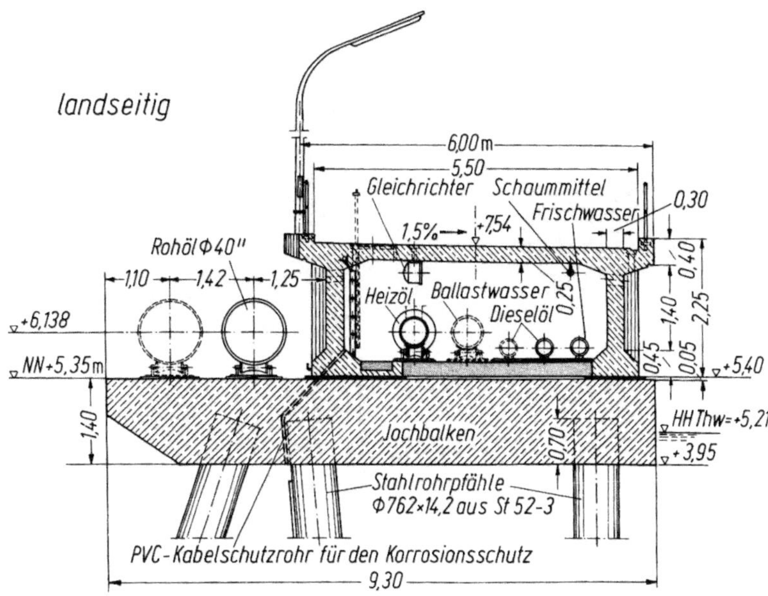

Abb. 6.2.4–3 Normalquerschnitt durch die Löschbrücke, Erweiterung 1970/71

Auf Abb.6.2.4–5 ist die Pfahlanordnung im vierten Löschkopf und in den benachbarten 250-t-Springleinen-Festmachedalben dargestellt. Sie wurde bei einer Neigung der Schrägpfähle von 3 : 1 so gewählt, daß eine möglichst gute Ausnutzung aller Tragpfähle eintrat.

Zum Vertäuen der Großtanker erhielt der vierte Liegeplatz, abgesehen von den 250-t-, auch zwei 400-t-Festmachedalben (Abb.6.2.4–1). Jeder Dalben wurde mit drei Sliphaken mit je 180 t Gebrauchslast ausgerüstet.

Die Anlegedalben wurden in 120 m Achsabstand angeordnet (Abb.6.2.4–1) und wesentlich schwerer als bei der bestehenden Anlage nach Kap.6.2.3 ausgebildet (Abb.6.2.4–6). Sie

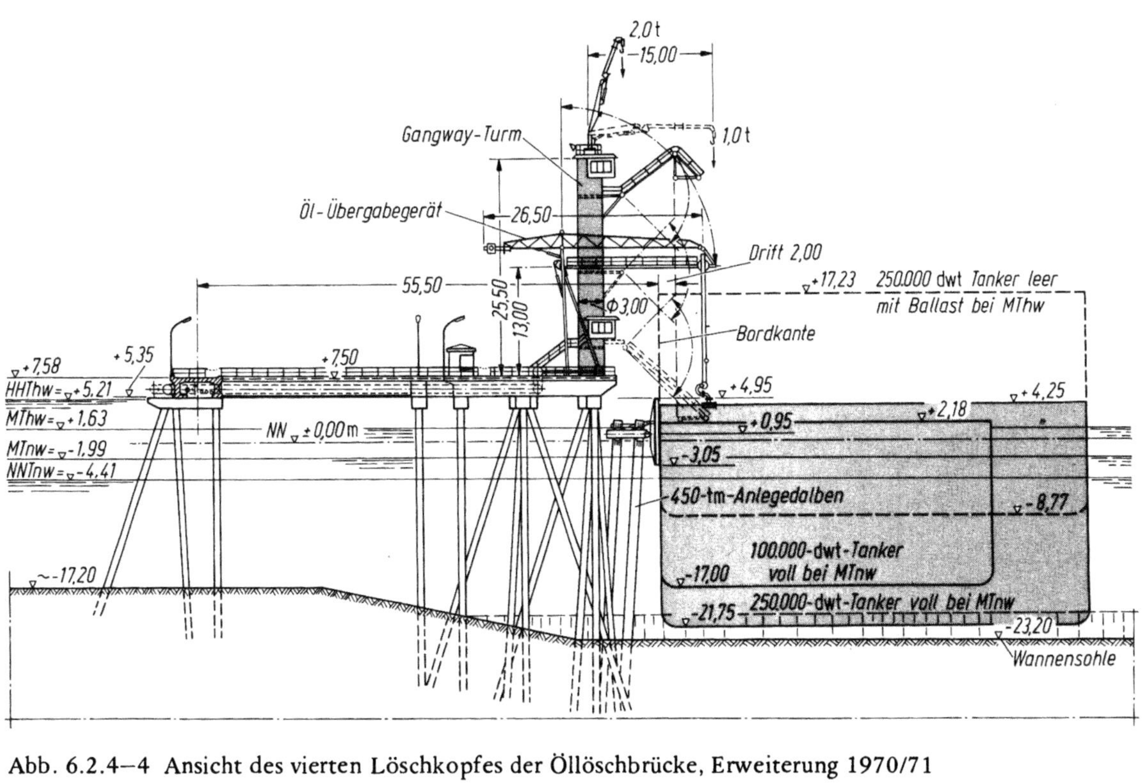

Abb. 6.2.4–4 Ansicht des vierten Löschkopfes der Öllöschbrücke, Erweiterung 1970/71

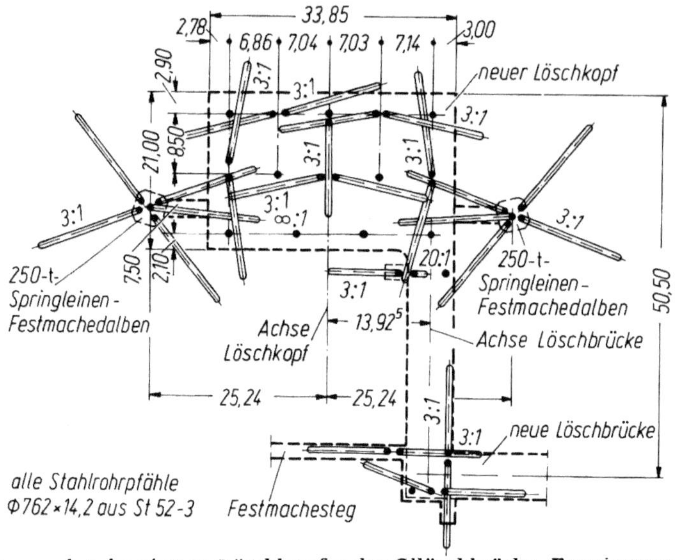

Abb. 6.2.4–5 Rammplan des vierten Löschkopfes der Ollöschbrücke, Erweiterung 1970/71

wurden zunächst für 450 tm Arbeitsvermögen bemessen bei einem maximalen Anlegedruck von 425 t, könnten aber leicht auf 550 tm Arbeitsvermögen verstärkt werden. Der Anlegedruck würde dann auf ca. 500 t ansteigen.

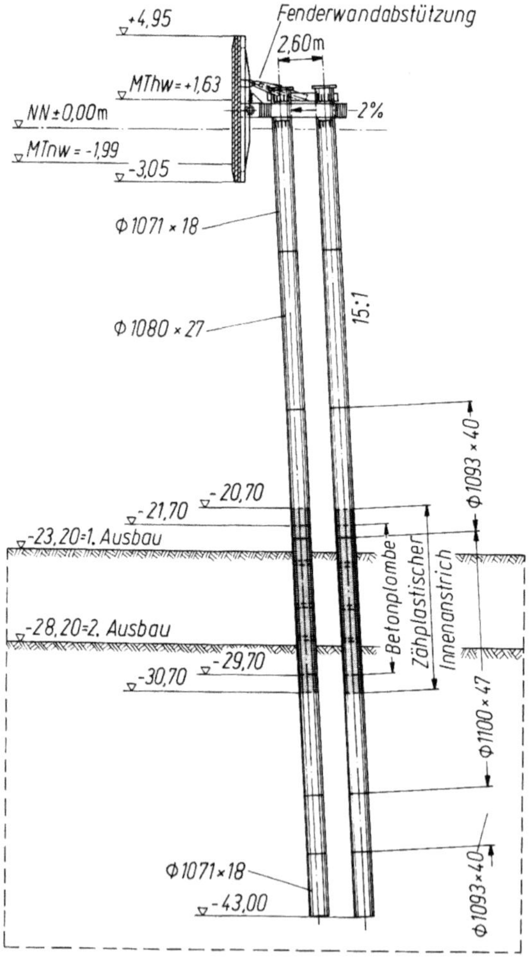

Abb. 6.2.4–6 450-tm-Anlegedalben der Ollöschbrücke, Erweiterung 1970/71

Auf besondere Schutzdalben neben dem Löschkopf wurde bei der Erweiterung 1970/71 verzichtet.

Von den Tankschiffreedereien wurde gefordert, daß der Druck der Fenderschürze auf die Schiffshaut im Mittel 10 t/m^2 nicht übersteigt. Die Fenderschürze mußte daher entsprechend groß ausgebildet und so drehbar gelagert werden, daß auch bei den auftretenden großen Durchbiegungen des Dalbens ein sattes Anliegen der Fenderschürze an der Schiffshaut gewährleistet blieb. Auf Abb.6.2.4–6 ist die gewählte Lösung und auch die eingerechnete maximale spätere Vertiefungsmöglichkeit für noch größere Schiffe dargestellt. Wie bereits beim Ausbau 1957/58 wurden die Dalbenrohre im Einbindebereich in den Boden ausbetoniert, wodurch die hier sonst bestehende Gefahr des Einbeulens ausgeschaltet wurde.

6.2.4.3 Korrosionsschutz

Zum Schutz gegen Korrosion wurden zunächst alle laufend mit Seewasser in Berührung kommenden Stahlrohre für die Gründungen und die Dalben bis 2 m unterhalb der theoretischen Konstruktionssohlenlage von rd. NN – 23,2 m metallisch rein gesandstrahlt. Unterhalb der Mittelwasserlinie erhielten sie dann einen 80 μm dicken Anstrich auf Steinkohlen-Teerpech-Epikote-Basis. Oberhalb der Mittelwasserlinie wurden sie mit zwei Zinkstaub-Epikote-Grundanstrichen von je 50 μm und vier Deckanstrichen auf Steinkohlen-Teerpech-Epikote-Basis mit einer Gesamt-Trockenfilmdicke von 330 μm versehen.

In sinngemäß gleicher Weise wurden auch die sonstigen mit dem Seewasser in Berührung kommenden Stahlbauteile geschützt.

Darüber hinaus erhielten alle seewasserberührten Stahlpfähle und sonstigen Stahlkonstruktionen von vornherein einen vollen kathodischen Schutz.

Alle übrigen, mit Seewasser nicht in Berührung kommenden Stahlbauteile wurden nach dem Sandstrahlen durch zwei Zinkstaub-Epikote-Grundanstriche von je 50 μm und zwei Deckanstriche auf Epikote-Basis, pigmentiert mit Aluminium, mit einer Gesamt-Trockenfilmdicke von 220 μm konserviert.

6.2.4.4 Ergänzende Hinweise, auch zur Havarie im Sommer 1974 und ihre Sanierung

Die Bauausführung ging weitgehend planmäßig vor sich, und die vorgesehenen Baukosten wurden eingehalten.

Nachdem das Bauwerk auch seinen betrieblichen Anforderungen etwa 3 Jahre lang in jeder Weise entsprochen hatte, ereignete sich am 7.8.1974 eine schwere Havarie. Ein voll abgeladener 200.000-dwt-Tanker fuhr bei einem Wendemanöver mit seinem Bug mit einer Geschwindigkeit von etwa 1 m/s frontal gegen den Löschkopf. Er verschob den Löschkopfüberbau mit seinem Verbindungssteg zur Löschbrücke (Abb.6.2.4–1) etwa 15 m weit nach der Landseite. Dabei sackte der Überbau nahezu bis auf den Hafengrund ab und riß im übrigen auch 3 Felder der anschließenden Löschbrücke und 1 Feld des Festmachesteges mit sich. Daraufhin wurde umgehend eine Bergungsfirma beauftragt, alle bei der Havarie beschädigten Pfähle etwa in Sohlenhöhe abzubrennen und den zerstörten Löschkopf sowie die sonstigen in Mitleidenschaft gezogenen Teile der Löschbrücke und des Festmachesteges zu bergen und abzutransportieren. Hierzu gehörte auch der beschädigte südliche Springleinen-Festmachedalben. Anschließend wurde das Bauwerk wieder in der bisherigen Form errichtet, wobei lediglich die Gründungspfähle etwas verschwenkt werden mußten. Von einem Ziehen der beschädigten Pfähle wurde aus Termin- und Kostengründen abgesehen, zumal der beim Ziehen aufgelockerte Boden vor dem Rammen der neuen Pfähle hätte verdichtet werden müssen. Für die Wiederherstellungsarbeiten an der Anlage wurde ein Gesamtzeitraum von etwa 8 Monaten veranschlagt, der auch eingehalten worden ist.

Die beiden Anlegedalben mit je 450 tm Arbeitsvermögen blieben bei der ungewöhnlichen Art der Havarie von dieser völlig unberührt.

Besondere Schutzdalben unmittelbar neben dem Löschkopf hätten die Havarieschäden nicht verhindern können, da das Arbeitsvermögen des gegenfahrenden Tankers etwa 12.500 tm betragen hat und beim mittigen Angriff des Schiffes auf den Löschkopf die seitlich angeordneten Schutzdalben erst nach einem sehr langen Zerstörungsweg hätten wirksam werden können.

6.2.5 Ölumschlaganlage in einem norddeutschen Seehafen an einem Tidestrom

6.2.5.1 Allgemeines

Um für zwei im Seehafen gelegene Großraffinerien einen wirtschaftlichen Antransport von Rohöl durch Großtanker mit einem Umschlag im Hafen außerhalb des freien Tidestromes zu ermöglichen, wurde ein früherer Jachthafen als Tankschiffhafen um- und ausgebaut. Der neue Ölhafen, an der Einmündung eines längeren Hafenbeckens in den Tidestrom gelegen, wies 2 Liegeplätze für Tanker von 16.000 bis zu 50.000 dwt auf (Abb.6.2.5–1). Alle Umbauarbeiten und Vertiefungen am neuen Ölhafenbecken wurden von der Bauverwaltung des Seehafens ausgeführt und sind hier nicht weiter behandelt. Die Ölumschlagbrücke einschließlich der Anlegedalben und der Festmachedalben sowie der Umschlaganlagen wurden im Auftrage der beiden Raffinerien bzw. ihrer Muttergesellschaften errichtet, die diese Anlagen auch gemeinsam betreiben.

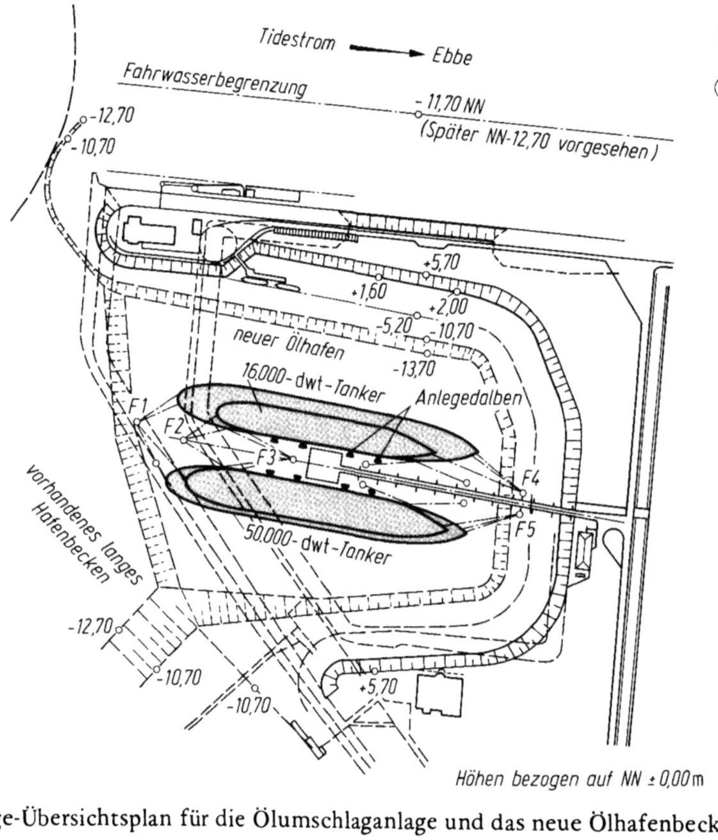

Abb. 6.2.5–1 Lage-Übersichtsplan für die Ölumschlaganlage und das neue Ölhafenbecken

6.2.5.2 Entwurfsgrundlagen

6.2.5.2.1 Wasserstände, bezogen auf NN

HHThw	=	+ 5,7 m	MThw	=	+ 1,6 m
MTnw	=	– 0,7 m	NNTnw	=	– 3,22 m
H.A.W.	=	+ 4,1 m	N.A.W.	=	– 2,7 m

Als höchster bzw. niedrigster Arbeitswasserstand (H.A.W. bzw. N.A.W.) wurden diejenigen Extremwasserstände zugrunde gelegt, die im Laufe von 5 Jahren nur jeweils einmal über- bzw. unterschritten wurden.

6.2.5.2.2 Hafensohle

Die planmäßige Hafensohle wurde auf NN – 13,7 m festgelegt, bei einer Baggersohle mit Toleranz auf NN – 14,2 m.

6.2.5.2.3 Bodenverhältnisse

Der Baugrund im neuen Ölhafenbecken bestand im oberen Teil aus ziemlich locker gelagertem Fein- bis Grobsand, der hinunter bis etwa NN – 24,3 m reichte. Dann folgte eine etwa 0,5 m dicke Geröllschicht aus Steinen bis zu ⌀ 100 mm. Darunter kamen Geschiebemergel, gebänderter Beckenton bzw. Schluff. Bei diesem Baugrund mußten die Druckpfähle etwa 1,5 m über der Geröllschicht enden, um eine Überlastung der darunter liegenden bindigen Schichten zu vermeiden.

6.2.5.2.4 Schiffanlegegeschwindigkeiten

Die Anfahrtverhältnisse aus dem Tidestrom über die Mündung des anschließenden Hafenbeckens unmittelbar in das Ölhafenbecken mußten vor allem bei großen Fließgeschwindigkeiten im Tidestrom als „ziemlich schwierig" angesehen werden. Andererseits brauchte aber nur mit mäßigem Wind und geringer Wellenbewegung gerechnet zu werden. Unter den gegebenen Verhältnissen mußte für die Anlegedalben beim 50.000-dwt-Tanker eine Anlegegeschwindigkeit quer zum Liegeplatz von 0,25 m/s berücksichtigt werden.

Zur Aufnahme der dabei einwirkenden Anlegeenergie konnte hier aus nautischen Gründen bei den elastischen Anlegedalben nur eine Durchbiegung bis zu 1,0 m zugelassen werden.

6.2.5.2.5 Belastungen der Festmachedalben

Sie mußten nach E 12 der EAU unter Berücksichtigung der besonderen örtlichen Verhältnisse, vor allem der Sogwirkung durch das Vorbeifahren großer Schiffe im angrenzenden Hafenbecken, festgelegt werden mit:

250 t bei den End-Festmachedalben und beim gleichzeitig von zwei Tankern belasteten Springleinen-Festmachedalben unmittelbar vor dem Löschkopf (F 3 nach Abb.6.2.5–1) und mit:

125 t bei den übrigen Festmachedalben.

6.2.5.2.6 Stöße von Kleinschiffen und Eisdruck

Jeder Gründungspfahl mußte neben seinen sonstigen Beanspruchungen eine waagerechte Einzelkraft aus Schiffsstoß oder Eisdruck von 15 t in möglicher ungünstiger Lage mit Spannungen nach Lastfall 3 aufnehmen können.

6.2.5.3 Ausbildung der Ölumschlaganlage

6.2.5.3.1 Allgemeiner Aufbau der Anlage

Die Ölumschlaganlage (Abb.6.2.5–1) gliedert sich in folgende Bauteile:

- Zufahrtbrücke, 175 m lang, 4,6 m breit,
- Löschkopf, 25 m lang, 23 m breit,
- zweimal vier elastische Anlegedalben,
- sieben starre Festmachedalben und
- zwei elastische Festmachedalben.

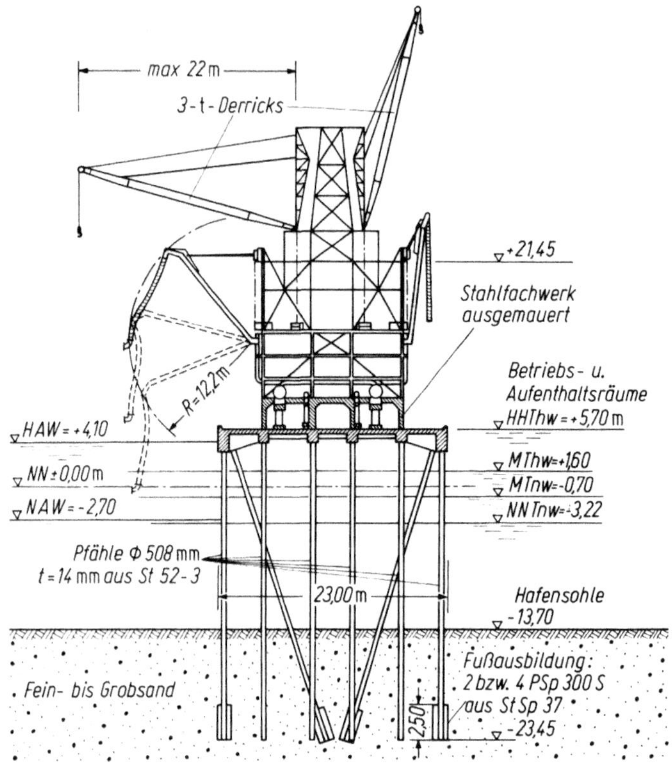

Abb. 6.2.5–2 Übersichtsquerschnitt durch den Löschkopf mit dem Löschgerüst (Löschkopfausbildung vor der Sanierung)

6.2.5.3.2 Zufahrtbrücke und Löschkopf

Beide Bauwerke wurden als Stahlbetonplatten mit Jochbalken auf Stahlrohrpfählen mit Fußflügelverstärkungen ausgeführt (Abb.6.2.5–2 und –3). Die größten Pfahllasten treten im Löschkopf auf und betragen rd. – 220 t Druck und + 140 t Zug.

Die Felder der Zufahrtbrücke wurden als Fertigteile in Verbundbauweise zwischen der Fahrbahnplatte aus Stahlbeton und den Hauptträgern aus Stahlrohrkonstruktion an Land hergestellt, mittels eines schweren Schwimmkrans auf die in rd. 14,6 m Achsabstand stehenden Stahlbetonjochbalken abgesetzt und dort auf Schwingmetall gelagert. Die Jochbalken und der gesamte Löschkopfüberbau sowie auch die Köpfe und Verbände der Festmachedalben wurden aus Ortbeton der Güte B 225 hergestellt.

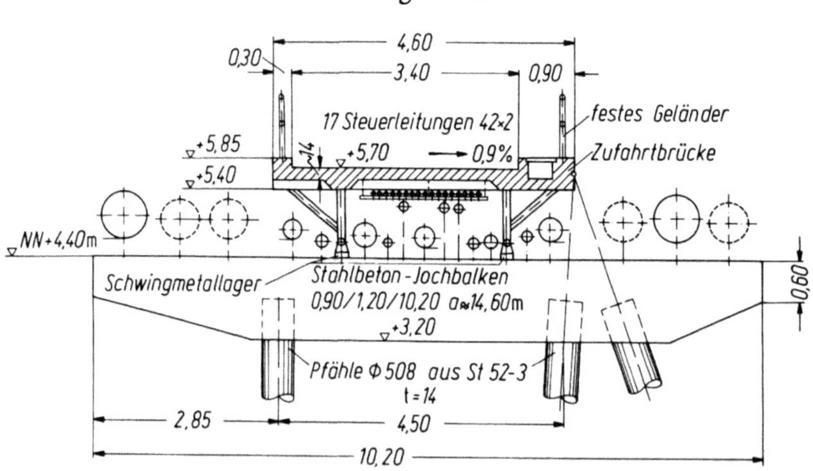

Abb. 6.2.5–3 Querschnitt durch die Zufahrtbrücke mit Andeutung der installierten Rohrleitungen

6.2.5.3.3 Elastische Anlegedalben

Die Anlegedalben wurden unter den gegebenen Verhältnissen für eine Anfahrenergie von 100 tm bemessen. Dabei ergab sich eine maximale Stoßkraft von ca. 200 t, die bei einer flächenhaften Fenderung den Schiffen noch zugemutet werden konnte. Sie reichte auch aus, um im Liegebetrieb die maximalen Winddrücke mit Spannungen nach Lastfall 2 aufzunehmen. Die konstruktive Gestaltung der Anlegedalben deckt sich weitgehend mit derjenigen nach Kap.6.2.3, nur daß im vorliegenden Fall wegen der geringeren Wassertiefe die Dalbenpfähle mit ∅ 700 mm ausgeführt wurden.

Hier sowie auch bei den elastischen Festmachedalben wurden für die Beanspruchungen aus Schiffsstoß folgende Spannungen zugelassen:

Beim Stahl FB 50: $\sigma_{zul} = \sigma_F = 3{,}6\ t/cm^2$
Beim Stahl FB 70: $\sigma_{zul} = \sigma_F = 4{,}5\ t/cm^2$ für $t \leq 50$ mm
bzw. $\sigma_{zul} = \sigma_F = 4{,}3\ t/cm^2$ für $t > 50$ mm.

Für Rund- und Längsnähte wurde der Schweißnahtfaktor $\nu = 1$ gefordert, wobei alle Nähte im Werk geröntgt werden mußten.

6.2.5.3.4 Elastische Festmachedalben

Bei der gegebenen Lage und der maßgebenden Windrichtung quer zum Liegeplatz brauchten die elastischen Festmachedalben F 1 und F 2 nur für die Trossenzüge *eines* 50.000-dwt-Tankers bemessen zu werden. Es genügte also, Festmachezüge von 250 t bzw. 125 t zu berücksichtigen. Bei diesen Festmachedalben bestand aber die Gefahr, daß einfahrende und unter Umständen auch auslaufende Schiffe ungewollt dagegen stießen. Damit dabei Schäden an den Schiffen und/oder an den Festmachedalben vermieden oder mindestens möglichst klein gehalten wurden, mußte die Bewegungsenergie eines gegenstoßenden Tankers nachgiebig abgefangen werden. Um gleichzeitig die Festmacheforderungen noch ausreichend zu erfüllen, durften die Dalben aber auch nicht zu weich werden und waren daher als mittelsteife Federdalben auszubilden.

Der außen liegende Festmachedalben F_1 (Abb.6.2.5–1 und –4) wurde für eine Havarie-Anfahrgeschwindigkeit von 0,4 m/s bemessen. Diese erforderte bei einem angesetzten „Minikinfaktor" von nur 0,45 bei einem 50.000-dwt-Tanker ein Arbeitsvermögen von rd. 250 tm. Bei einem Verschiebeweg von 0,88 m ergab sich hierbei eine Stoßkraft von rd. 570 t. Eine flächenhafte Holzfenderung war daher unerläßlich. Außerdem wurden auf Wunsch der Seehafenverwaltung zusätzlich auch noch Elastomere-Rundfender vorgehängt. Um die großen Stoßkräfte sicher und gleichzeitig preiswert aufnehmen zu können, wurden die Verbände aus Stahlbeton hergestellt. Die Kraftübertragungsstellen der Verbände erhielten eine Stahlpanzerung und wurden im übrigen mit Stahlankern ausgerüstet.

Der geschützter liegende Festmachedalben F_2 (Abb.6.2.5–1 und –5) konnte – abgesehen von ausgesprochenen Havariefällen – nur unter einem verhältnismäßig spitzen Winkel angefahren werden. Da die Anfahrgeschwindigkeit quer zum Dalben mit spitzer werdendem Anfahrwinkel abnimmt, wurde für diesen Dalben die rechnungsmäßige Havarie-Anfahrgeschwindigkeit eines 50.000-dwt-Tankers nur noch mit 0,25 m/s angesetzt. Der Festmachedalben F_2 war so für ein Arbeitsvermögen von 100 tm zu bemessen. Bei einer Durchbiegung von 56 cm ergab sich beim gewählten Dalben nach Abb.6.2.5–5 dafür eine Anfahrstoßkraft von rd. 360 t.

Auch die beiden elastischen Festmachedalben F_1 und F_2 wurden mit Sliphaken ausgerüstet. Diese sollten später durch Fernsteuerung ausgelöst werden. Bis dahin wurden die Haken blockiert, da die Beschleunigung der rückfedernden, von den vollen Trossenkräften entlasteten Dalben von einem auf dem Dalben stehenden Bedienungsmann nicht ohne Gefahr ernster gesundheitlicher Schäden ertragen werden könnte.

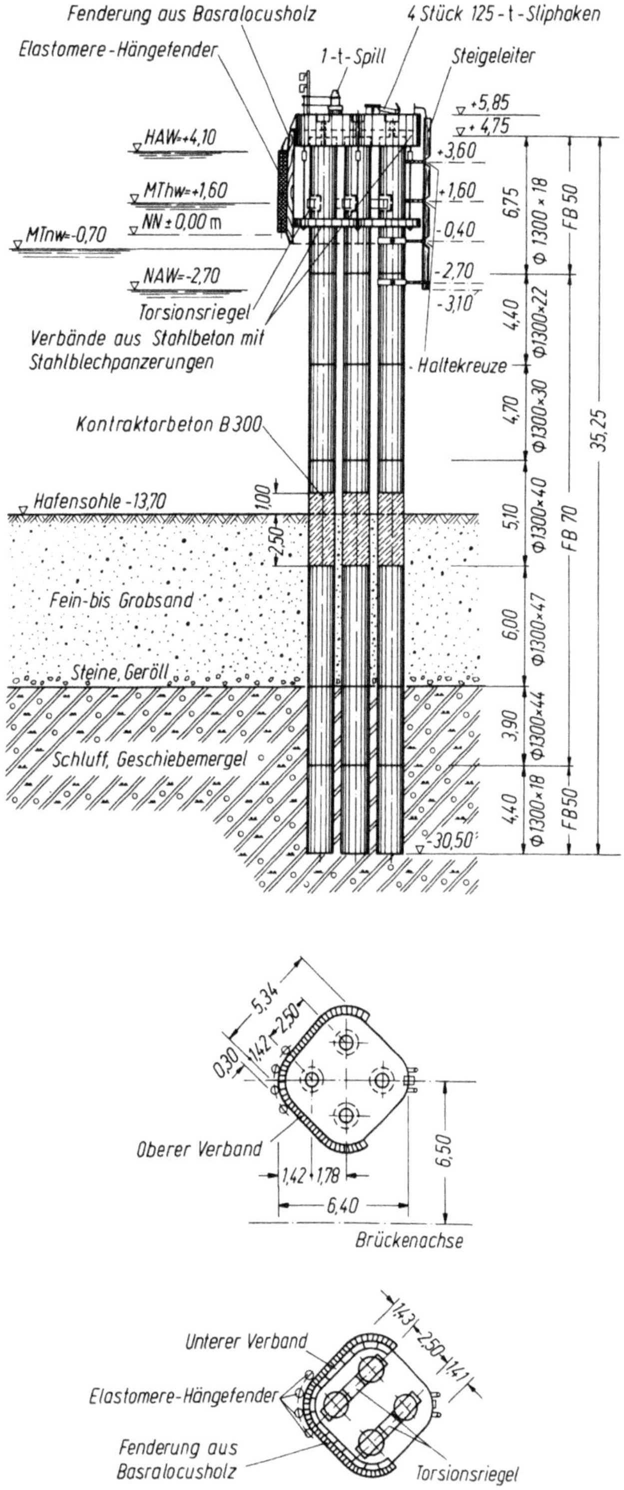

Abb. 6.2.5–4 Elastischer 250-t-Festmachedalben (F 1), gleichzeitig Schutzdalben, maximale Stoßkraft 570 t

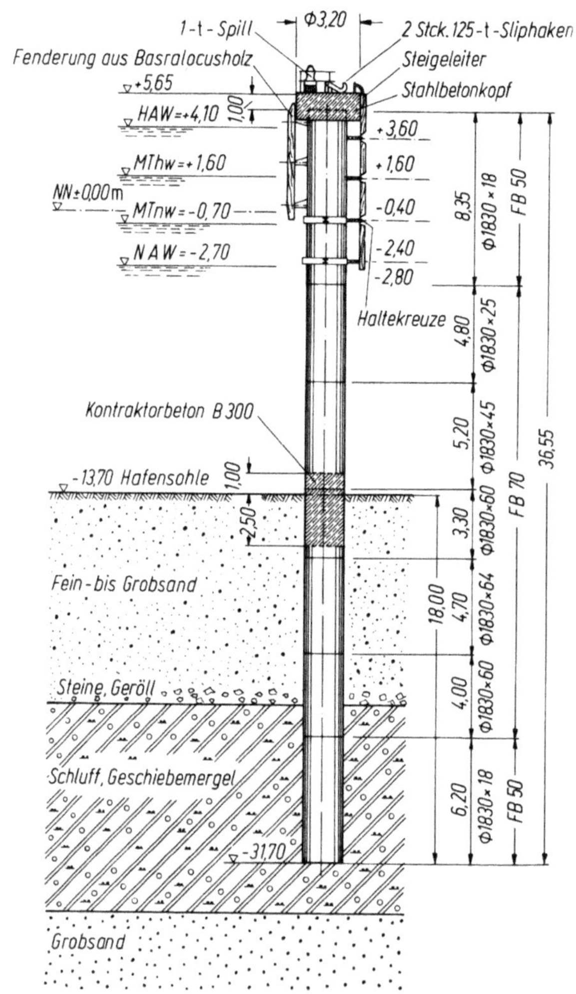

Abb. 6.2.5–5 Elastischer 125-t-Einpfahl-Festmachedalben (F 2) für 360 t Stoßkraft im Havariefall

6.2.5.3.5 Starre Festmachedalben

Mit Ausnahme der Festmachedalben F_1 und F_2 an der Einfahrt konnten alle übrigen als starre Bockkonstruktionen mit 4 Pfählen bei den 125-t-Dalben und 7 Pfählen bei den 250-t-Dalben ausgebildet werden. Die maximalen Pfahlkräfte betrugen dabei rd. − 250 t Druck und + 200 t Zug. Die konstruktive Lösung entspricht weitgehend derjenigen nach Kap.6.2.3.

Die Köpfe der Festmachedalben aus Stahlbeton wurden mit Sliphaken von 125 t Grenzzugkraft ausgerüstet, deren Zahl der jeweils möglichen Belegung mit Leinen angepaßt wurde.

6.2.5.4 Bauausführung und Sanierung der Pfahlgründung

Die Rammarbeiten wurden unter Benutzung einer gerade zur Verfügung stehenden Hubinsel, auf der eine MR 60 montiert wurde, ausgeführt. Da es sich nicht um ein typisches Hubinselprojekt handelte und die Rammarbeiten auch in konventioneller Weise hätten ausgeführt werden können, wurde dem von der Unternehmerseite vorgeschlagenen Einsatz der teueren, aber leistungsfähigen Hubinsel bauseitig nur unter der Bedingung zugestimmt, daß sonst zumutbare Wartezeiten keine zusätzliche Vergütung für eine verlängerte Einsatzzeit der Hubinsel auslösten.

In Bereichen lockerer Lagerung des nichtbindigen Bodens oberhalb der Geröllschicht mußten — damit auch hier die Pfähle einwandfrei fest wurden — die Fußflügel der Druckpfähle verstärkt und das Pfahlrohr unten durch ein kräftiges Querblech abgeschlossen werden. Im übrigen war es nicht schwierig, die Geröllschicht mit den großkalibrigen, langen Dalbenpfählen zu durchrammen.

Der Frischbeton wurde als Transportbeton angeliefert und von der Brückenwurzel aus entweder gepumpt oder mittels Schuten an die Einbaustelle gefahren und mit Kübeln eingebracht.

Die Tiefbauarbeiten wurden im Frühjahr 1962 begonnen und mit einer Verspätung von etwa 3 Monaten — einschließlich aller Restarbeiten, wie der nachträglich eingebauten Eis-

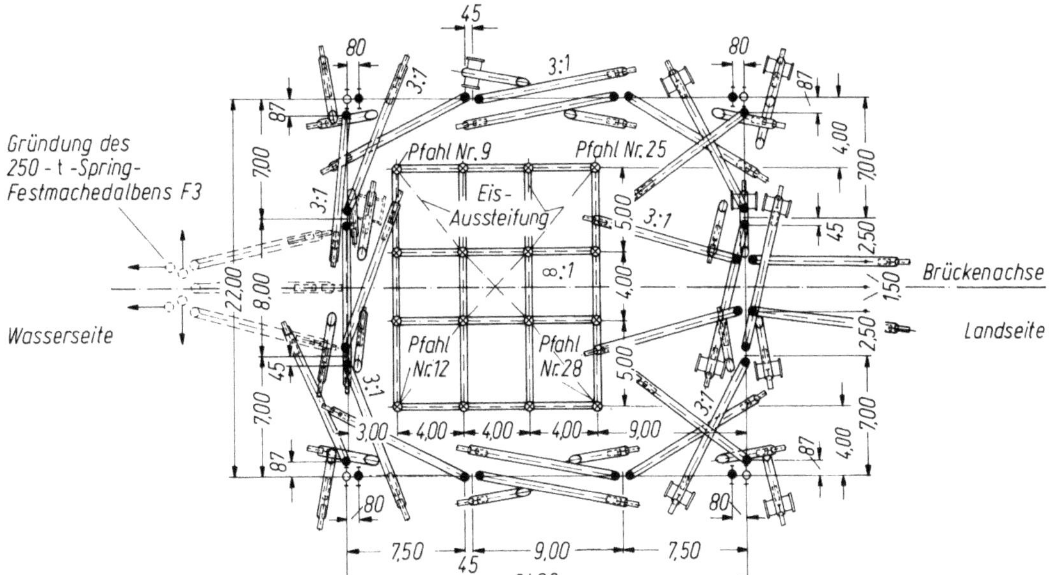

• neu zu rammende Stahlpfähle Φ 508, t=14 aus St 52-3

⊗ gerammte Stahlpfähle bleiben erhalten

O Im Boden verbleibende Pfahlenden der ausgewechselten Pfähle
Stahlpfähle des Löschkopfes Φ508, t=14 aus St 52-3, Pfahlneigung 3:1 bzw. ∞:1

Abb. 6.2.5–6 Sanierung der Pfahlgründung des Löschkopfes

aussteifung – Mitte 1963 fertiggestellt. Diese Verspätung war darauf zurückzuführen, daß sich mitten in der Bauausführung Schwächen bei den Gründungspfählen vor allem des Löschkopfes zeigten. Entgegen dem Liefervertrag waren die Rundnähte dieser Pfähle vom Lieferwerk nicht geröntgt worden, so daß enthaltene Schweißfehler nicht rechtzeitig festgestellt worden waren. Um diese Mängel auszugleichen, mußten beim Löschkopf alle außenstehenden, den Stoßeinflüssen von Kleinschiffen und dem Eisdruck besonders ausgesetzten, bereits gerammten Pfähle 1 m unter endgültiger Hafensohle abgebrannt und durch neue ersetzt werden (Abb.6.2.5–6). Die im Inneren des Pfahlrostes geschützter stehenden 16 Lotpfähle erhielten eine eingeschobene Rundstahlbewehrung aus BSt I mit 10 Längsstählen Ø 20 mm und spiralförmiger Bügelbewehrung Ø 6 mm. Sie wurden mit Kontraktorbeton der Ausgangsgüte B 300 ausbetoniert. Zur weiteren Sicherung der nicht ersetzten 16 inneren Lotpfähle wurden sie durch eine Eisaussteifung mit Achse auf NN – 3,6 m untereinander abgestützt (Abb.6.2.5–7). Diese Eisaussteifung wurde unter der bereits betonierten Rostplatte zusammengebaut, auf Solltiefe abgesenkt und dann mittels zahlreicher Schrauben M 30 mit den ausbetonierten Lotpfählen fest verbunden. Weitere Einzelheiten hierzu können Abb.6.2.5–7 entnommen werden.

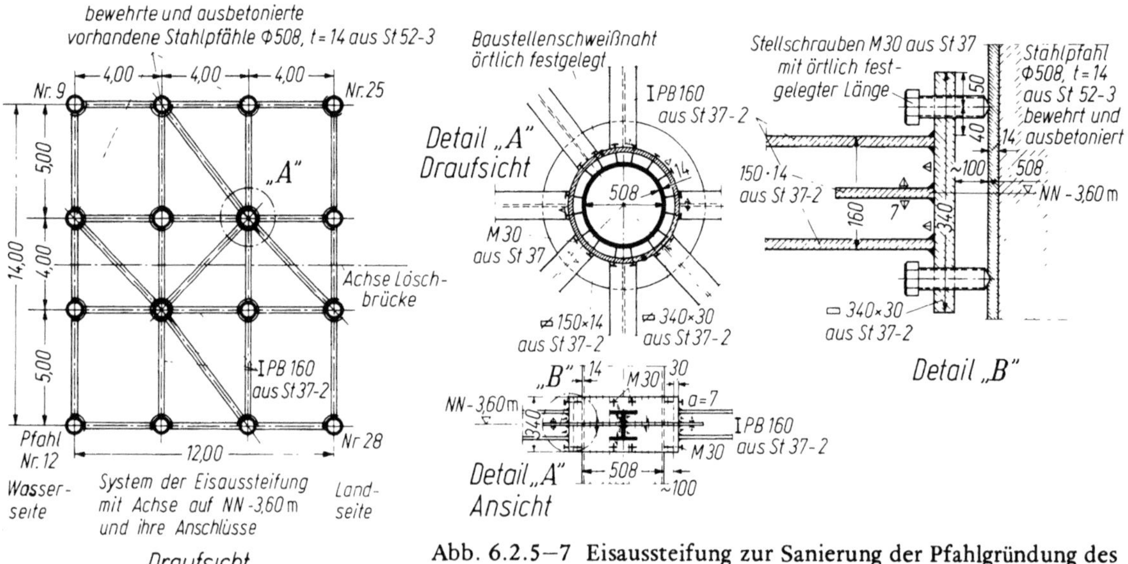

Abb. 6.2.5–7 **Eisaussteifung zur Sanierung der Pfahlgründung des Löschkopfes**

6.2.5.5 Ergänzende Hinweise

Das vorliegende Beispiel zeigt, daß rechtzeitige sorgfältige Prüfungen im Werk und auf der Baustelle vor allem bei hochwertigem und später hochbelastetem Baumaterial äußerst wichtig sind. Ist in solchen Fällen schadhaftes Material erst eingebaut, ergeben sich trotz kostenloser Ersatzlieferung stets erhebliche Schwierigkeiten in der Sanierung und beachtliche Zusatzkosten.

6.2.6 Bunkerstation an einem Seekanal in Norddeutschland

6.2.6.1 Allgemeines

Anfang der sechziger Jahre mußte an einem bedeutenden Seekanal in Norddeutschland eine Bunkerstation für die dort verkehrenden Schiffe – mit im Grenzfall bis zu 40.000 dwt im teilbeladenen Zustand – errichtet werden. Hierzu mußte der Kanal entsprechend verbreitert und mit den erforderlichen Anlagen für das Löschen und Bunkern, ein einfaches und sicheres An- und Ablegen ohne Schlepperhilfe sowie ein ruhiges Liegen ausgerüstet werden. Die gewählte Lösung ist auf Abb.6.2.6–1 dargestellt. Danach verfügte die Anlage über eine im

Westen angeordnete Bunkerbrücke (Abb.6.2.6–2) und eine im Osten liegende Löschbrücke. Über die Länge der beiden zugehörigen Liegeplätze führte durchlaufend eine elastische Leitwand aus Stahl, die an jeder Stelle ein Arbeitsvermögen von mindestens 90 tm aufwies. Dabei konnte z. B. 10.000-dwt-Schiffe voll abgeladen höchstens mit v = 50 cm/s und solche von 20.000 dwt mit höchstens v = 35 cm/s quer zur Leitwand anfahren. Einem Schiff mit 40.000 dwt entsprachen dabei v = 25 cm/s. Ein Teil der Köpfe der Leitwandpfähle wurde als 60-t-Poller ausgebildet (Abb.6.2.6–1 und –2).

Zur Versorgung des Bunkerliegeplatzes mußte hinter der elastischen Leitwand ein starr gegründeter leichter Versorgungssteg (Catwalk) errichtet werden. Seine Jochbalken mußten gleichzeitig die Rohrleitungen abstützen (Abb.6.2.6–1 und –3). Die Höhen der Anlagen wurden so aufeinander abgestimmt, daß der Leitwandbalken unter die Brücken und unter den Catwalk zurückfedern konnte.

Zum Festmachen der kleineren Seeschiffe reichten die 60-t-Poller der Leitwand aus (Abb.6.2.6–1, –2 und –3). Beim Festmachen der großen Schiffe genügten diese aber nur zur Aufnahme der Springleinen. Für das weitere Festmachen mußten an Land Poller mit einer Nutzlast von 125, 150 und 275 t errichtet werden (Abb.6.2.6–1). Ihre Bemessungslast und ihre Anordnung wurden von der zuständigen Tankschiffreederei festgelegt.

6.2.6.2 Bodenverhältnisse und Bodenkennwerte

Zum Erkunden der Bodenverhältnisse wurden bei Beginn der Planung etwa 5 m vor der späteren Leitwandflucht 8 Wasserbohrungen gleichmäßig über die vorgesehene Bauwerklänge verteilt bis NN –21,0 m und zum Teil bis NN –26,0 m abgeteuft. Im Bereich der Landanschlüsse der beiden Brücken sollten 4 Probebohrungen 20 m tief geführt werden. Wegen Steinhindernissen erreichten sie aber nur Tiefen von 14,3 bis 18,4 m. Die ausgeführten Bohrungen und bodenmechanischen Untersuchungen zeigten, daß im Bereich der Bunkerstation Geschiebemergel anstand, der in weiten Bereichen von zum Teil mächtigen rolligen Bodenschichten durchzogen war. Die Kornverteilung der letzteren reichte vom Feinsand bis zum Grobkies mit Steineinlagerungen.

Folgende Bodenkennwerte konnten den statischen Berechnungen zugrunde gelegt werden:

Rollige Schichten: $\gamma/\gamma_a = 1{,}8/1{,}0$ t/m^3, $\rho_r = 32{,}5°$
Geschiebemergel: $\gamma/\gamma_a = 2{,}1/1{,}1$ t/m^3, $\rho_r' = 30°$ $c_r' = 2{,}0$ t/m^2.

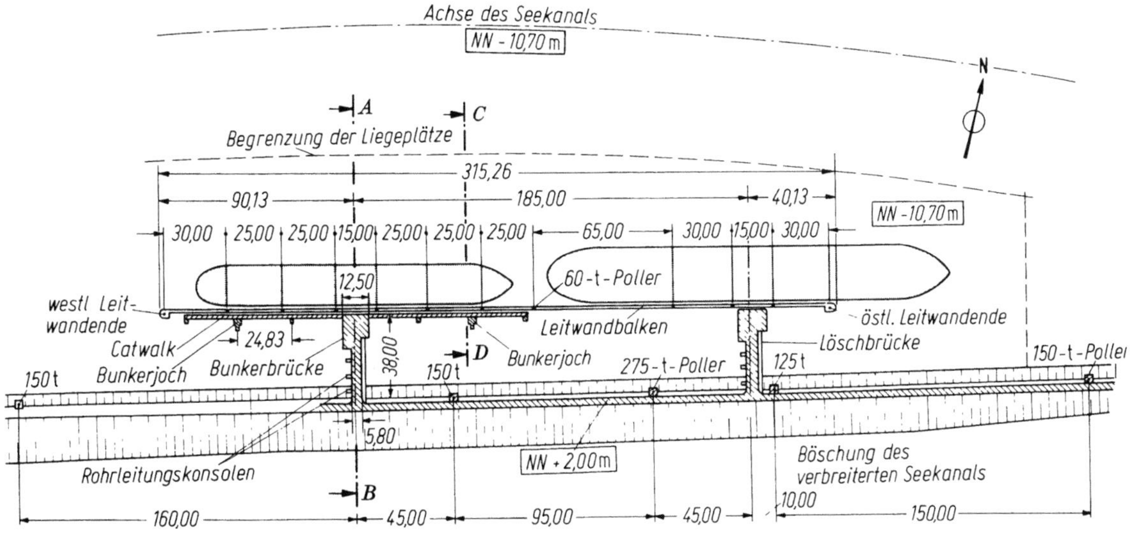

Abb. 6.2.6–1 Lage-Übersichtsplan der Bunkerstation

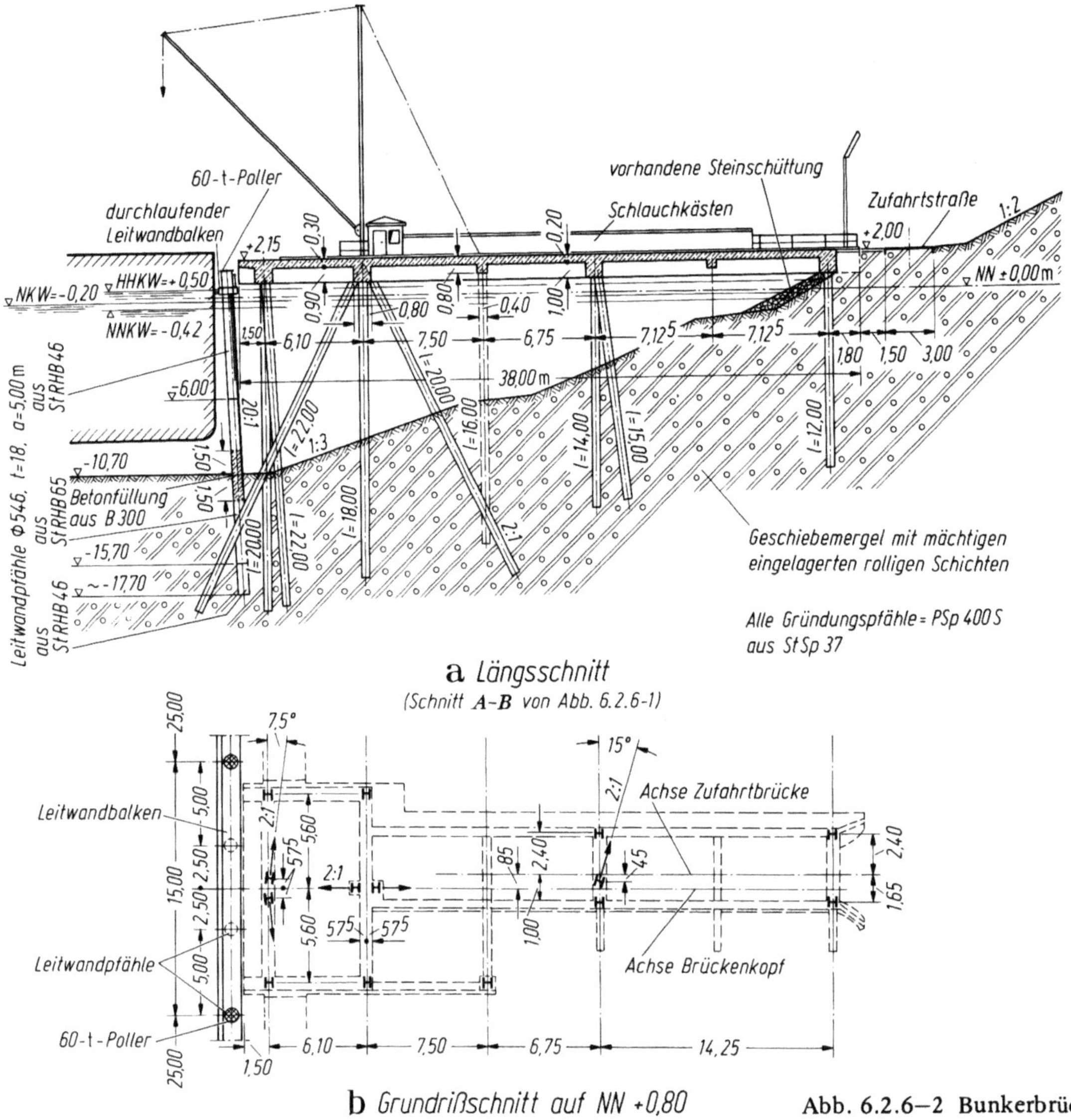

Abb. 6.2.6–2 **Bunkerbrücke**

Die Pfahltragfähigkeiten konnten mit folgenden Grenzlastwerten errechnet werden:

Mantelreibung einheitlich: $q_{mr} = 5{,}0\ t/m^2$
Spitzenwiderstand einheitlich: $q_{sr} = 400\ t/m^2$.

Letzterer wurde in dieser Größe festgelegt, um auf der sicheren Seite zu bleiben, auch wenn Pfähle im Geschiebemergel endeten. Sonst hätte mit $q_{sr} = 500\ t/m^2$ gerechnet werden können.

Für die Brückenpfähle wurden ohne Probebelastungen Sicherheiten gegen Erreichen der Grenzlast gefordert, die etwa denen der DIN 1054 in letzter Fassung mit 2 Probebelastungen entsprechen. Bei den Gründungen der schweren Landpoller, die als Abreißpoller ausgebildet wurden, begnügte man sich sowohl bei den Druck- als auch bei den Zugpfählen mit $\eta = 1{,}25$.

6.2.6.3 Ausbildung der Bunker- und der Löschbrücke

Abb.6.2.6–2 zeigt kennzeichnende Schnitte der Bunkerbrücke. Es mußte die Brückenklasse 6 nach DIN 1072, aber zur Erfassung der Gewichte von Geräten, von Ausrüstungs-

und Ersatzteilen sowie von Proviant zur Versorgung der anlegenden Schiffe abweichend davon auf den Verkehrsstreifen eine gleichmäßig verteilte Nutzlast von 0,75 t/m² zugrunde gelegt werden. Im Bereich der Brückenhausplatte betrug die Ersatzlast 0,5 t/m².

Bei der Löschbrücke mußte im Bereich der Mischbühne eine verteilte Last von 1,5 t/m² angesetzt werden. Im übrigen entsprachen die verteilten Nutzlasten und die Ausbildung denen der Bunkerbrücke.

Die Rohrlasten wurden bei beiden Brücken nach den effektiven Gewichten der gefüllten Rohre entsprechend dem bauseitig gestellten Lastenplan angesetzt.

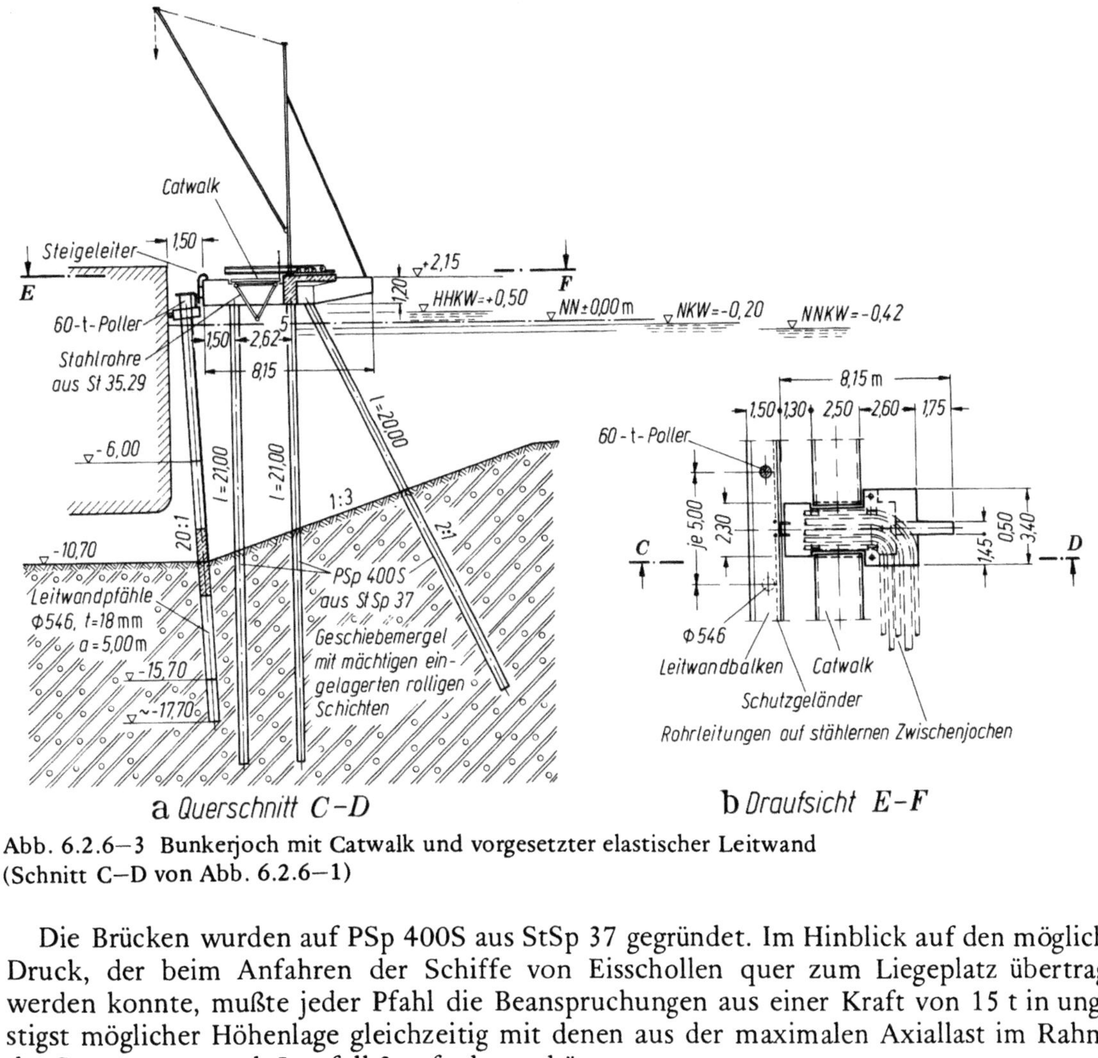

Abb. 6.2.6–3 Bunkerjoch mit Catwalk und vorgesetzter elastischer Leitwand (Schnitt C–D von Abb. 6.2.6–1)

Die Brücken wurden auf PSp 400S aus StSp 37 gegründet. Im Hinblick auf den möglichen Druck, der beim Anfahren der Schiffe von Eisschollen quer zum Liegeplatz übertragen werden konnte, mußte jeder Pfahl die Beanspruchungen aus einer Kraft von 15 t in ungünstigst möglicher Höhenlage gleichzeitig mit denen aus der maximalen Axiallast im Rahmen der Spannungen nach Lastfall 3 aufnehmen können.

Für die Längsrichtung der Anlage brauchte gleichzeitig nur eine Kraft von 5 t/Pfahl angesetzt zu werden.

Auch der Überbau mußte an jeder Pfahleinbindestelle und in der anschließenden Konstruktion die aus den Eislasten herrührenden Beanspruchungen im Rahmen der zulässigen Spannungen nach Lastfall 3 aufnehmen können. Im Gesamtbrückenbauwerk brauchten diese Eisdrücke zur Ermittlung der äußeren Standsicherheit aber nur einmal angesetzt zu werden.

Der Brückenüberbau wurde aus B 225 hergestellt und mit BSt I bewehrt.

Bei der Bauausführung zeigte sich, daß die rolligen Schichten zum Teil verhältnismäßig locker gelagert waren, so daß die Gründungspfähle fallweise tiefer als ursprünglich vorgesehen gerammt werden mußten, damit sie einwandfrei fest wurden. Hierzu müßten sie durch aufgeschweißte Enden verlängert werden.

6.2.6.4 Ausbildung des Catwalks

Der Catwalk dient der Bunkeranlage als Transport- und Verkehrsbrücke. Er verbindet vor allem die beiden Endabgabestellen an den Bunkerjochen mit der eigentlichen Bunkerbrücke (Abb.6.2.6–1). Auf seinen landseitig auskragenden Gründungsjochen ruhen die Versorgungsleitungen (Abb.6.2.6–3).

Da auf dem Catwalk Geräte und Ausrüstungsteile sowie Ersatzteile und Proviant für die Schiffe, die an der Endabgabestelle anlegen, an- bzw. abtransportiert werden, mußte er auch für den Verkehr von Elektrokarren mit einer Gesamtlast von 2,4 t bemessen werden.

Als Tragsystem des Catwalks wurde ein geschweißter Dreigurtfachwerkträger aus Rohrkonstruktion gewählt. Die Fahrbahn wurde aus nebeneinander gelegten 8 cm dicken voll imprägnierten Kiefernholzbohlen der Güteklasse II hergestellt. Da bei Eisstoß auf die Pfahljoche mit gewissen Bewegungen gerechnet werden muß, wurden die 24 m langen und 2,5 m breiten Catwalkbrücken auf Schwingmetall-Lager gesetzt.

6.2.6.5 Ausbildung und Berechnung der elastischen Leitwand

Anordnung und Lage der Leitwand sind aus den Abb.6.2.6–1, –2 und –3 und konstruktive Einzelheiten aus Abb.6.2.6–4 und –5 ersichtlich. Die elastische Leitwand wurde biegesteif durchlaufend, auf einer Länge von rd. 315 m angeordnet. Der elastische Leitwandbalken aus St 52–3 wurde alle 5 m durch Stahlrohre Ø 546 mm aus St RHB 46 bzw. 65 mit einheitlich 18 mm Wanddicke, die bis zum Erreichen der vollen Einspannung in den Boden gerammt wurden, elastisch gestützt. Ein gegen diese Anlage stoßendes Schiff erzeugt eine elastische Verbiegung sowohl des Balkens als auch einer gewissen Anzahl von Pfählen, so daß die Anfahrenergie auf zweifachem Wege abgefangen wird. Beim geforderten Arbeitsvermögen von 90 tm mußte hier ein Anlegedruck von 180 t an jeder beliebigen Stelle aufgenommen werden können, bei einer elastischen Durchbiegung von rd. 1 m.

Wie bei elastischen Anlegedalben aus Stahl üblich, wurden in den Pfählen auch hier Spannungen bis zur Streckgrenze zugelassen, desgleichen im elastischen Leitwandbalken.

An den Leitwandenden wurden dalbenartige Verstärkungen angeordnet (Abb.6.2.6–1 und –4).

Der Leitwandbalken und seine verstärkten Enden erhielten wasserseitig eine 20 cm dicke Verkleidung aus Eichenkanthölzern.

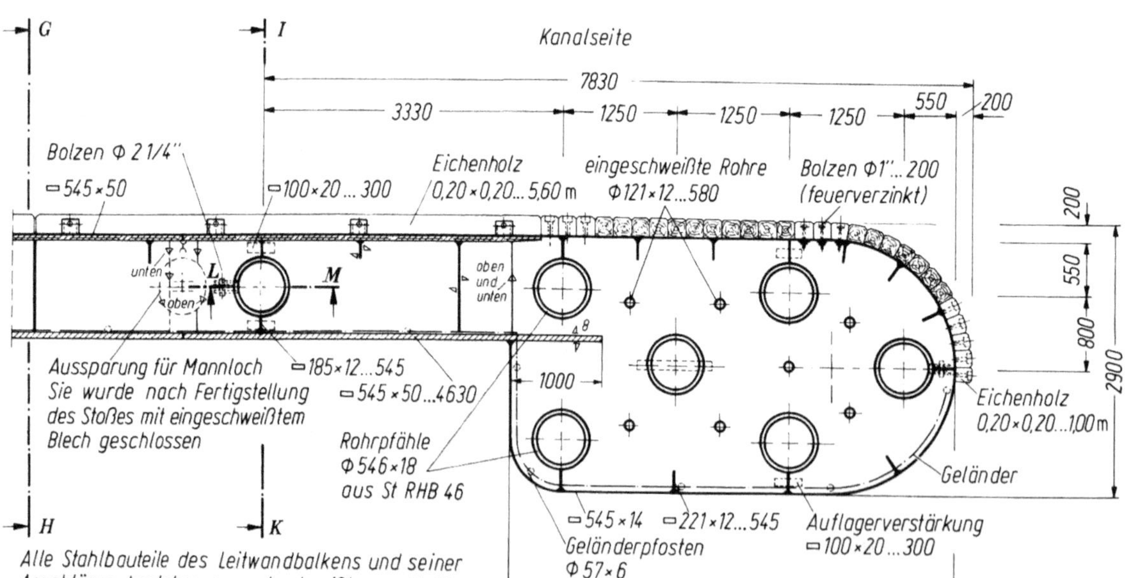

Abb. 6.2.6–4 Grundriß-Schnitt des verbreiterten östlichen Leitwandendes

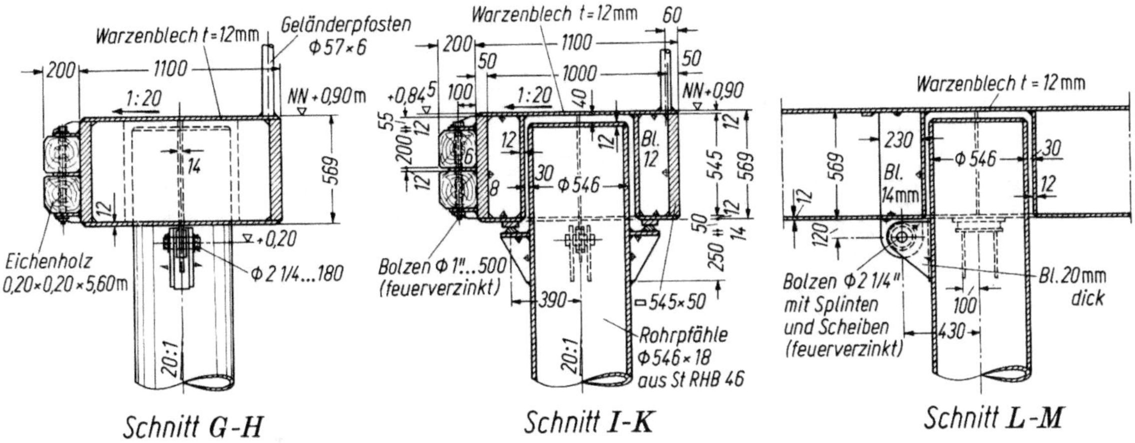

Abb. 6.2.6–5 Querschnitte durch den Leitwandbalken (Lage der Schnitte s. Abb. 6.2.6–4)

6.2.6.6 Ausbildung der Gründungen für die schweren Festmachepoller

Die schweren, nach Abb.6.2.6–1 am oberen Böschungsrand der Seekanalverbreiterung angeordneten Poller wurden auf Stahlpfählen gegründet, die am Kopf zentral zusammenlaufen und durch einen Stahlbetonkopf zusammengefaßt werden. Für die 125-t- und die 150-t-Pollerdalben wurden 4 Stahlgründungspfähle PSp 400 S aus StSp 37 und für den 275-t-Pollerdalben 6 solche Pfähle benötigt. Da in den Berechnungen alle möglichen Beanspruchungen berücksichtigt wurden, konnten in den Baugliedern Spannungen nach Lastfall 3 zugelassen werden.

6.2.6.7 Ergänzende Hinweise

Das Bauwerk hat seit seiner Inbetriebnahme alle Erwartungen erfüllt. Der auf elastischen Stahlrohrpfählen gegründete durchlaufende elastische Leitwandbalken aus Stahl hat sich dabei in jeder Weise bewährt.

6.2.7 Pieranlage für Flüssig- und Trockengutumschlag aus Großschiffen an einem norddeutschen Tidestrom

6.2.7.1 Allgemeines

Zur Förderung der Ansiedlung von Großindustrie entschloß sich ein norddeutsches Küstenland im Jahre 1969 zur Errichtung einer Hafenanlage für Großschiffe an einem Tidestrom.

Bei der Planung mußte berücksichtigt werden, daß im südlichen Teil der Anlage Tanker mit feuergefährlichen Flüssigkeiten und im nördlichen Teil gleichzeitig Trockentanker abgefertigt werden mußten. Einzelheiten der Gesamtanlage sind in Abb.6.2.7–1 dargestellt.

Folgende örtliche Gegebenheiten waren unter anderem zu berücksichtigen:

Kennzeichnende Wasserstände, bezogen auf NN:

HHThw	= + 5,73 m	MTnw	= – 1,07 m
MThw	= + 1,48 m	NNTnw	= – 3,45 m

Größte Stromgeschwindigkeit = rd. 1,4 m/s
Größte Wellenhöhe = rd. 1,2 m
Größte Windgeschwindigkeit = rd. 37 m/s.

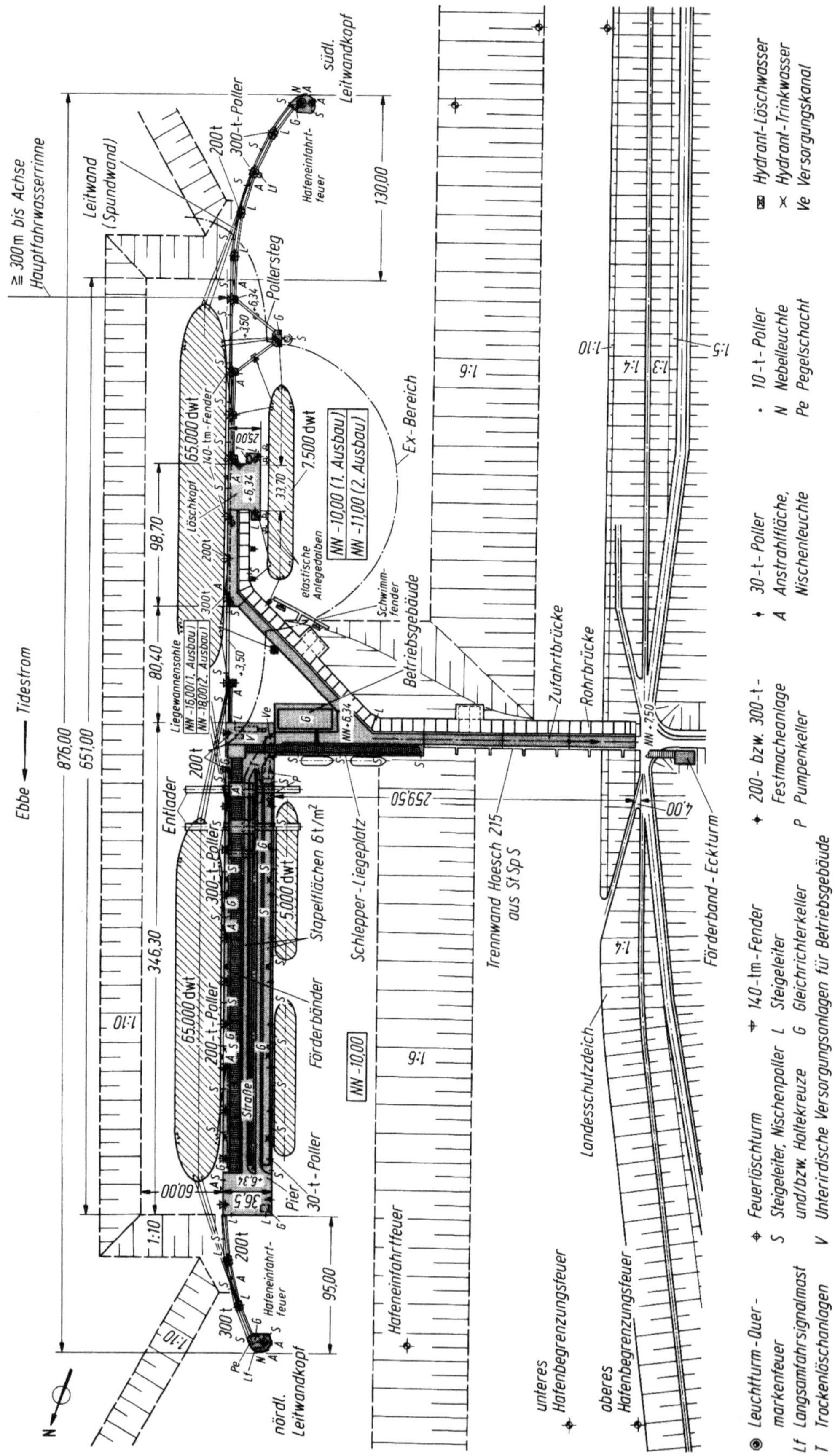

Abb. 6.2.7—1 Übersichtsplan der Pieranlage

Baugrundverhältnisse:

Im Bereich der Leitwand stand auf rd. 6 bis 9 m Tiefe unter der vorhandenen Flußsohle locker gelagerter Mittel- bis Feinsand mit dünnen Kleizwischenlagen an. Darunter war dieser Sand ohne Störschichten mitteldicht bis dicht gelagert.

Größte anlegende Schiffe:

Im ersten Ausbau mit Sohlenlage auf NN −16,0 m mußten 65.000-dwt-Schiffe vollabgeladen bei MThw anlaufen können. Diese Schiffe konnten bis zum Wasserstand NN −2,07 m – das ist bis 1 m unter MTnw – unabgeladen in der vorgesehenen Liegewanne schwimmen.

Im Endausbau mit der Sohlenlage auf NN −18,0 m müssen 150.000-dwt-Schiffe bei MThw anlaufen können und müssen dann bei MTnw bereits teilentladen sein.

In der Planung war die Forderung der zuständigen Wasser- und Schiffahrtsdirektion zu beachten, wonach der Abstand der Vorderkante der Anlage von der Achse des Hauptfahrwassers zu einem stromauf gelegenen Welthafen ≧ 300 m sein mußte.

Die Anlage mußte im übrigen unter Anordnung einer Leitwand und Absperrung des Wasserdurchflusses hinter dieser so ausgebildet werden, daß der Strom die vertieften Zufahrten und die Liegewanne vor dem Bauwerk von Ablagerungen freihielt.

6.2.7.2 Die planerischen und die konstruktiven Lösungen

Einzelheiten der Anlage, einschließlich der Verkehrsbänder, Lagerflächen, Umschlagstellen, Vertäuanlagen, Fender, Leitwand, Leitwandenden, Zufahrt usw. sowie die Belegung mit zwei 65.000-dwt-Tankern sind aus Abb.6.2.7−1 ersichtlich.

Der größere Teil des Bauwerkes wurde als Pierkonstruktion auf Stahlrammpfählen mit Stahlbetonüberbau geplant mit Herstellung an Ort (Abb.6.2.7−1, −2, −3 und −4).

Die Leitwand wurde größtenteils als gemischte Spundwand geplant mit Doppelbohlen PSp 600 S aus StSpS mit Lamellen verstärkt und doppelseitigen Füllbohlen KS II S aus StSp 37, abgestützt auf Zug und Druck durch 37 m lange Stahlpfähle – Profil UP 164 aus StSpS, verlängert durch PSp 500 L aus StSp 37 – in der Neigung 1 : 1. Aus Fertigungsgründen wurde dann aber als Tragbohle das für dieses Projekt seitens des Herstellerwerks besonders entwickelte Profil PSp 700 Sv aus StSpS verwendet. Dabei konnte auf Verstärkungslamellen verzichtet werden.

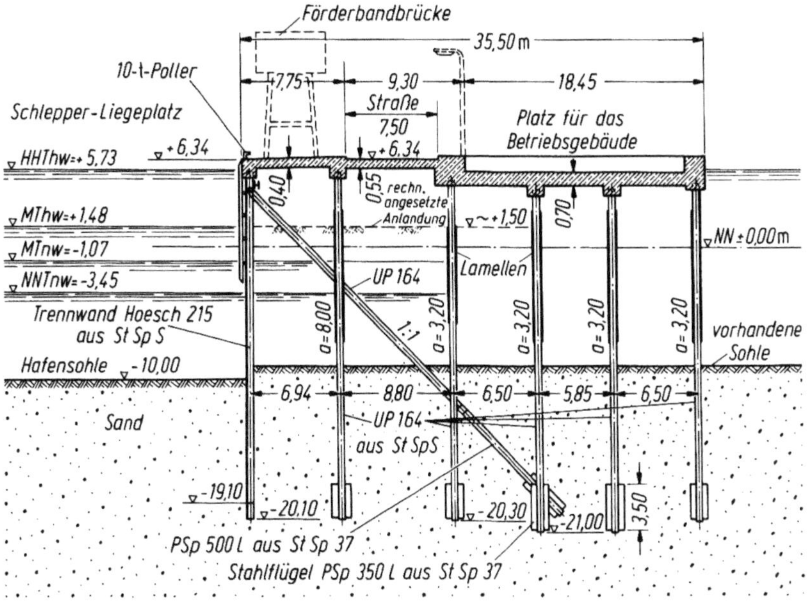

Abb. 6.2.7−2 Querschnitt der Zufahrtbrücke im Bereich des Schlepperliegeplatzes und des Betriebsgebäudes

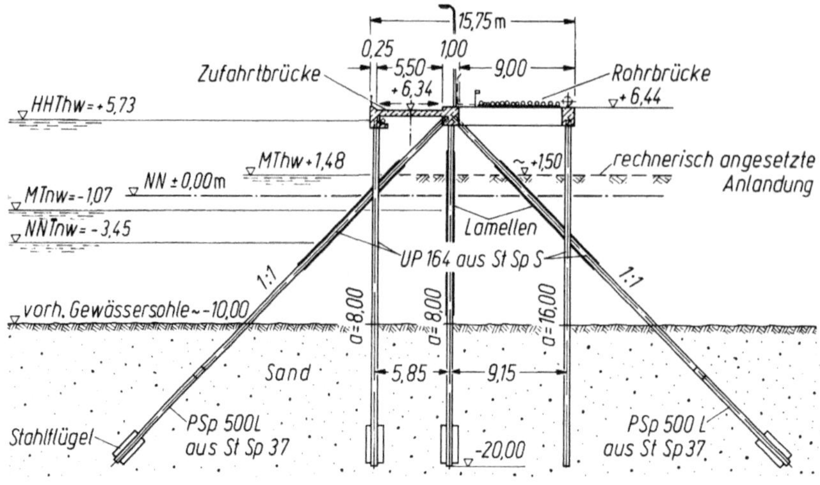

Abb. 6.2.7–3 Querschnitt der schrägen Zufahrtbrücke zum Löschkopf

Die größten Pfahlkräfte der Leitwand betrugen etwa +145 t Zug und −140 t Druck. Da eine Anlandung hinter der Leitwand erst im Laufe der Zeit erwartet wurde, standen die Stützpfähle zunächst auf großer Länge frei im Wasser, so daß für ihre Bemessung der Druck aus Schiffstoß maßgebend war. Alle freistehenden Pfähle wurden gleichzeitig für einen waagerechten Eisstoß bzw. Eisdruck von 15 t in möglicher ungünstigster Höhenlage bemessen.

In der nördlichen Hälfte der Umschlaganlage für Trockenmassengut und Stapellasten bis zu 6 t/m² erwies sich eine Lösung mit Spundwand-Kastenfangedamm und möglichst dicht eingebrachter Sandauffüllung mit Rückstauentwässerung als technisch und wirtschaftlich zweckmäßig (Abb.6.2.7–5). Die Fangedammspundwände wurden in gemischter Bauweise ausgeführt mit Einzeltragbohlen, stromseitig aus Profilen PSp 700 S aus StSpS und landseitig aus PSp 600 S aus StSpS mit Zwischenbohlen KS II S aus StSp 37. Sie wurden gegeneinander mit schweren Rundstahlankern doppelt verankert (Abb.6.2.7–5).

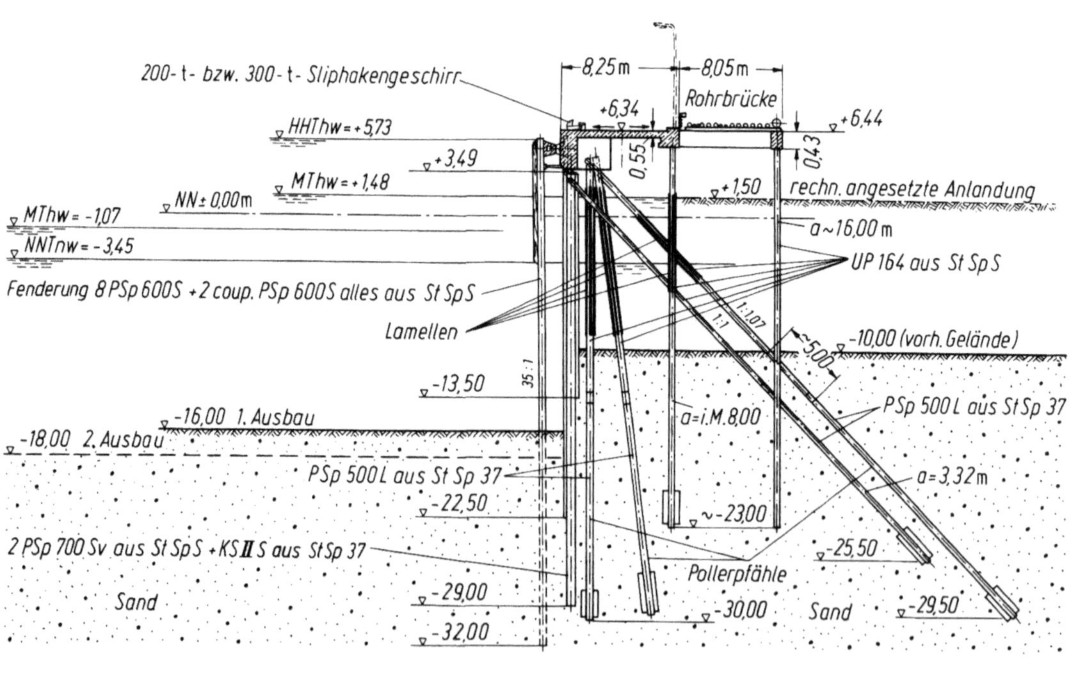

Abb. 6.2.7–4 Querschnitt der Zufahrtbrücke vor dem Löschkopf

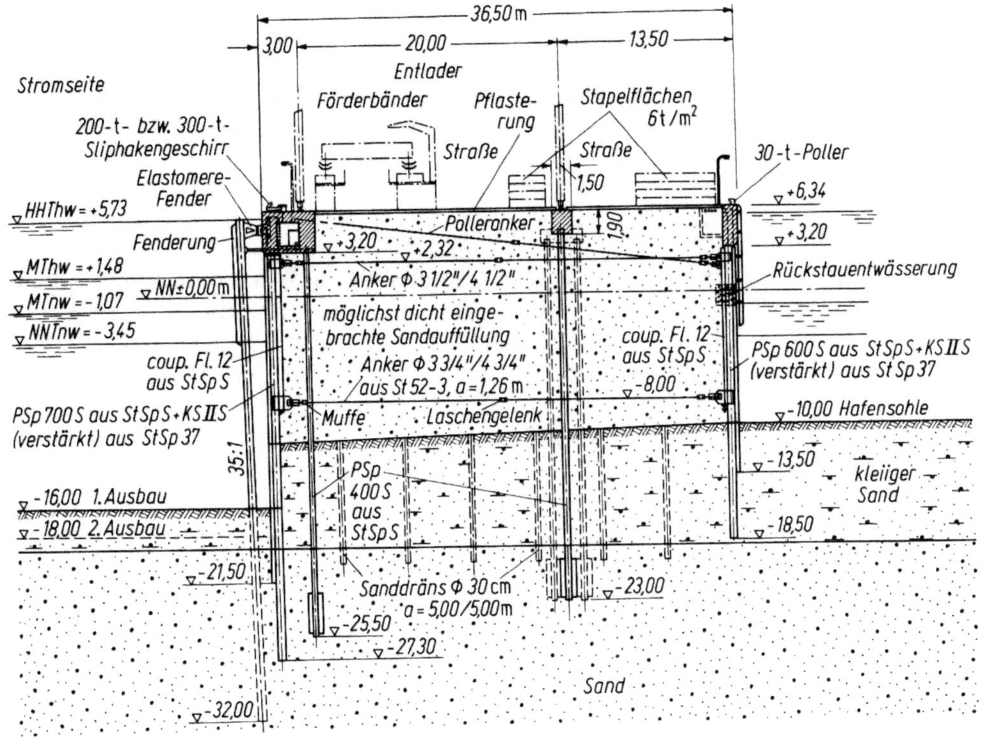

Abb. 6.2.7–5 Normalquerschnitt durch den Spundwand-Kastenfangedamm

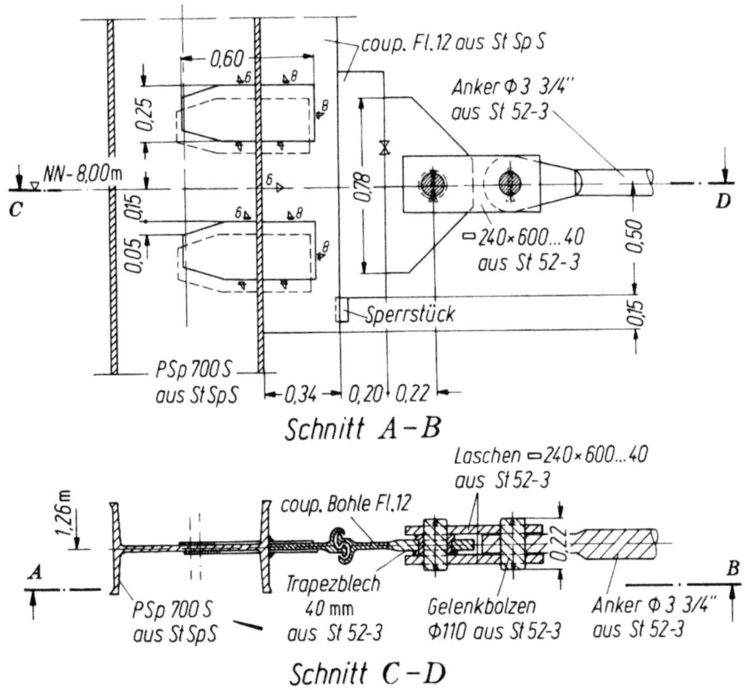

Abb. 6.2.7–6 Anschluß des Hauptankers an die stromseitige Fangedamm-Spundwand

Abb.6.2.7–6 zeigt den Anschluß des auf Kote NN −8,0 m liegenden Hauptankers ∅ 3¾" aus St 52–3 – an den Gewinden auf ∅ 4¾" aufgestaucht – der unter Wasser eingebaut werden mußte.

Die Vertäueinrichtungen – mit dreiteiligem Sliphakengeschirr ausgerüstet – wurden von vornherein für den Endausbau ausgelegt und daher für eine Nennlast von 300 bzw. 200 t bemessen.

6.2.7.3 Einzelheiten zur Ausbildung der Fenderung

Abb.6.2.7–7 zeigt in genereller Darstellung die Kopfausbildung der Fendertafeln, die in rd. 25 bis 34 m Achsabstand angeordnet wurden. Sie besitzen ein Arbeitsvermögen von je 143 tm, das sich aus dem Arbeitsvermögen der Stahlfenderwand von rd. 18 tm und dem Arbeitsvermögen der Elastomere-Doppeltrapezfender von rd. 125 tm zusammensetzt. Der bei Vollauslastung auftretende größte Anlegedruck beträgt rd. 225 t, wovon rd. 40 t von der Fenderwand und rd. 185 t vom Doppeltrapezfender aufgenommen werden. Eine vorgesetzte Verkleidung mit dicht an dicht liegenden verschraubten Bongossiholzbalken 30/30 cm sorgt für eine möglichst flächenhafte Einleitung des Anlegedruckes in die Schiffshaut.

Da bei dieser Lösung das Schiff mit der Elastomere-Fenderung nicht in Berührung kommt, brauchte nur der Reibungsfaktor 0,5 angesetzt zu werden. Die in Längsrichtung durch Reibung auftretende Horizontalkraft wurde durch einen am Fenderkopf gelenkig angeschlossenen und im Stahlbeton-Leitwandkopf längsverschieblich geführten Stahldorn aufgenommen (Abb.6.2.7–7).

Um ein Ausknicken der Doppeltrapezfender unter Last zu vermeiden, mußte eine verschiebliche Führung besonders entwickelt werden (Abb.6.2.7–7).

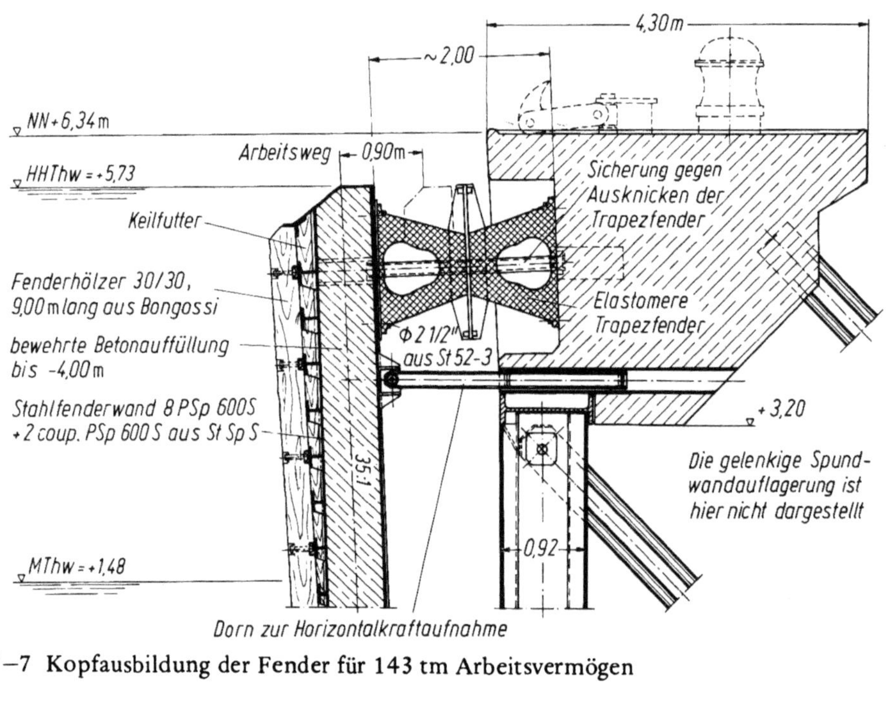

Abb. 6.2.7–7 Kopfausbildung der Fender für 143 tm Arbeitsvermögen

6.2.7.4 Einzelheiten zum Korrosionschutz

Großer Wert mußte beim vorliegenden Bauwerk auf einen einwandfreien Korrosionsschutz gelegt werden. Hierzu wurden alle wasserbenetzten Stahlteile bis 2 m unter späterer Hafensohle metallisch blank gesandstrahlt, mit doppelter Grundierung aus Zinkstaubfarbe je 50 μm und zweifachem Deckanstrich auf Steinkohlenteerpech-Epoxidbasis mit je 150 μm versehen. Außerdem wurden alle Vorbereitungen für den späteren Einbau eines kathodischen Korrosionschutzes mit Fremdstrom getroffen.

In der Bauausführung traten beim gewählten Korrosionsschutz keine technischen Schwierigkeiten auf. Er mußte aber terminlich sehr sorgfältig eingeplant werden, um Verzögerungen auf der Baustelle zu vermeiden.

6.2.7.5 Ergänzende Hinweise

Der Auftrag für die Bauausführung wurde im April 1970 erteilt mit der Verpflichtung, das Bauwerk bis Ende 1972 fertigzustellen. Darüber hinaus mußten für Ausrüstungszwecke und für Teilinbetriebnahmen verschiedene Zwischentermine strikt eingehalten werden. Unter diesen Umständen wurde ein ungewöhnlich hoher Einsatz an Rammen, Rammgerüsten sowie an schwimmendem und sonstigem Gerät erforderlich. Hierdurch und durch einen sorgfältig geplanten und koordinierten Arbeitseinsatz konnten trotz der in dieser Zeit gerade herrschenden Hochkonjunktur auf dem Tiefbausektor Norddeutschlands die Termine gehalten werden. Die Baukosten blieben in den vertraglich festgelegten Grenzen.

6.2.8 **Pieranlage in einem Seehafen mit Tide in Togo** (vgl. auch Kap. 10.2.3)

6.2.8.1 Allgemeines einschließlich der Bodenverhältnisse

Der neue Seehafen der Republik Togo, dessen Umschlagpier hier behandelt wird, ist in seiner generellen Planung und Anlage im Kap. 10.2.3 beschrieben.

Abb.6.2.8–1 zeigt einen Ausschnitt aus dem 1964 beschlossenen Gesamtplan, der in Abb.10.2.3–1 dargestellt ist.

Um die Wellenausbreitung und damit ihre Abflachung im Hafen zu begünstigen und Reflektionen so weit wie möglich zu vermeiden, sollten die inneren Hafenränder als Steinschüttböschungen ausgeführt werden. Vor allem im ersten nach Osten noch offenen Ausbaustadium durften auch an den Kaistrecken mit Hafenumschlag keine lotrechten Wände errichtet werden. Daher schied hier eine anderenorts mit Erfolg angewandte massive Kaimauer in Blockbauweise verbunden mit der Steinschüttmole von vornherein aus. Gleiches galt für eine von der Mole unabhängige, mit Spundwänden eingefaßte und mit Sand verfüllte Hafenzunge.

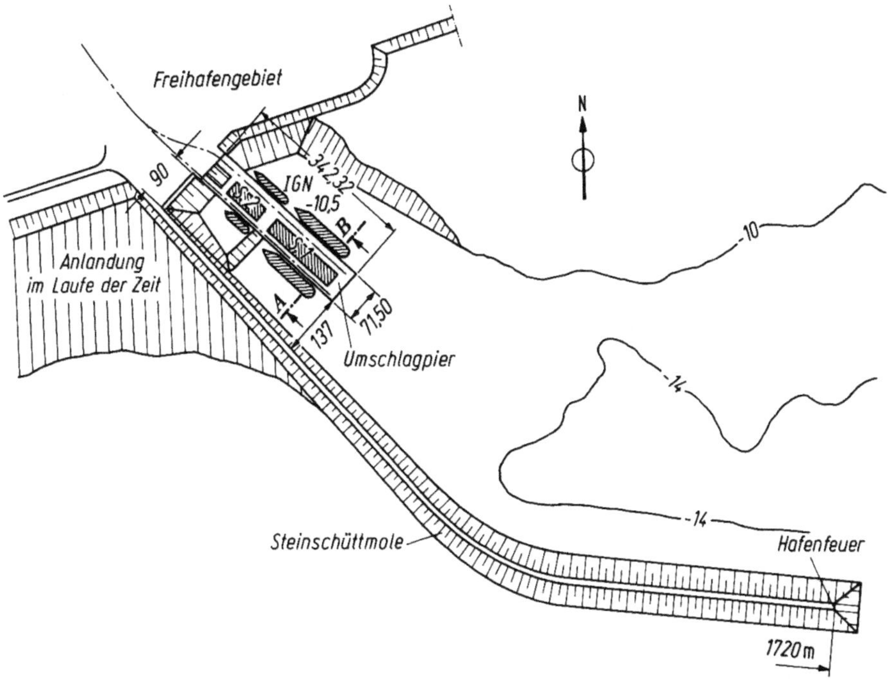

Abb. 6.2.8–1 Lageskizze des Piers, 1. Ausbaustufe (Gesamtübersicht s. Abb. 10.2.3–1)

Bei den keinesfalls günstigen Untergrundverhältnissen kam als Kaianlage daher nur eine leichte, offene Pierkonstruktion auf zahlreichen Pfählen in Frage. Bei dieser wurden die Wellen zusätzlich gebremst, aber nicht reflektiert und die Eigengewichts- und Nutzlasten weitgehend gleichmäßig verteilt in den Baugrund abgeleitet. Letzterer bestand bis auf große Tiefe aus wechselnden Schichten von Sand und Grobschluff, teilweise in lockerster Lagerung, sowie aus weicherem bis steifem Ton. Um eine sichere Gründung der Pfähle zu gewährleisten, mußte der Baugrund – laut Bauvertrag vom bauausführenden Konsortium – durch Bohrungen und Drucksondierungen sorgfältig aufgeschlossen werden. Da – wie in Kap. 10.2.3 beschrieben – bei den ersten Aufschlußbohrungen mittels Bohrschiff schlechte Erfahrungen gemacht worden waren und eine Hubinsel nicht zur Verfügung stand, wurde vom Konsortium ein besonderes Gerät entwickelt und im Bereich des geplanten Piers auch mit gutem Erfolg eingesetzt. Es bestand aus drei Stahlblech-Hohlzylindern mit nach oben abnehmenden Außendurchmessern. Sie wurden entsprechend der Wassertiefe aufeinandergesetzt und fest verbunden. Durch flut- und lenzbare Schwimmzellen konnte dieses Gerät angehoben, an die neue Untersuchungsstelle geschleppt und wieder auf den Meeresboden abgesetzt werden. Um die notwendige Schwimmstabilität zu erreichen, wurde der unterste Hohlzylinder – angepaßt an die jeweilige Wassertiefe – in Abschnitten ausbetoniert. Die gewählte Form des Gerätes sicherte gegen zu starkes Unterspülen und gegen Kippen infolge Welleneinwirkung. Es konnten damit Bodenaufschlüsse bis in 10 m Wassertiefe ausgeführt werden. Die Bohrungen und Sondierungen wurden vom Deck des obersten Hohlzylinders im Inneren des Schaftes ohne jegliche Behinderung durch die Dünung abgeteuft. Auf diesem Wege wurden 19 Bohrungen im Mittel 25 m, maximal aber auch 30 m tief unter die Meeressohle ausgeführt sowie 46 Drucksondierungen auf etwa gleiche Tiefe. Auch gestörte und ungestörte Proben wurden in großer Zahl gewonnen und davon eine ausreichende Zahl kennzeichnender Proben in einem bekannten norddeutschen Hochschulinstitut laufend bodenmechanisch untersucht.

Ferner wurden im Bereich des Piers auch 23 Spülsondierungen unter Wasser niedergebracht, 22 davon 8 bis 16 m und eine 18 m unter Hafensohle.

6.2.8.2 Ausbildung der Pierplatte sowie Wahl und Anordnung der Gründungspfähle

Um bei der örtlichen starken Korrosionsgefahr Unterhaltungsarbeiten auf ein Minimum zu beschränken, wurde eine Pierplatte aus möglichst dichtem Beton der Güte B 225 gewählt, die auf vorgespannten Schleuderbetonpfählen ∅ 0,75 m gegründet wurde. Die Pierplatte wurde mit Torstahl bewehrt, wobei aber die zulässigen Spannungen auf 1800 kg/cm^2 begrenzt wurden.

Abb.6.2.8–2 zeigt einen Querschnitt durch die Gesamtanlage in der 1. Ausbaustufe, zwischen den Schuppen 1 und 2.

In Abb.6.2.8–3 ist ein Teilquerschnitt durch die Pierplatte an der Ostseite dargestellt. Zum Verlegen verschiedener Rohrleitungen erhielt die Pierplatte außerhalb der Schuppengrundflächen größtenteils eine 0,50 bis 0,55 m dicke hochgradig verdichtete Sandbettung, auf der 10 cm dicke SF-Vollverbundsteine als Betonsteinpflaster verlegt wurden. Die Eisenbahngleise wurden auf Stahlschwellen und einem darunter liegenden rd. 0,25 m dicken, hochgradig verdichteten Schotterbett verlegt. In diesen Bereichen wurde die Pierplatte zwischen den über den Pfahlreihen angeordneten Längsbalken 0,45 m dick und zur Entwässerung mit einem geringen Gefälle ausgeführt (Abb.6.2.8–3).

In den Schuppen und anschließend bis zur nächsten Pfahlreihe wurde zur Lasteinsparung auf eine Bettung verzichtet, die Stahlbetonplatte auf Planumhöhe hochgezogen und zwischen den Balken 0,40 m dick ausgeführt.

Für die Gründungspfähle wurden in Querrichtung Achsabstände von 4 x 6,0 m, 6 x 5,0 m und 3 x 4,5 m gewählt. Zum Schutze gegen Beschädigungen durch Schiffe wurde die äußerste Pfahlreihe mit ihrer Achse beidseitig 2 m hinter Pierplatten-Außenkante angeordnet. In Längsrichtung wurde für eine möglichst einfache Bauausführung ein einheitlicher Achsabstand der Pfähle von 5,0 m gewählt (Abb.6.2.8–4). Desgleichen wurde auf

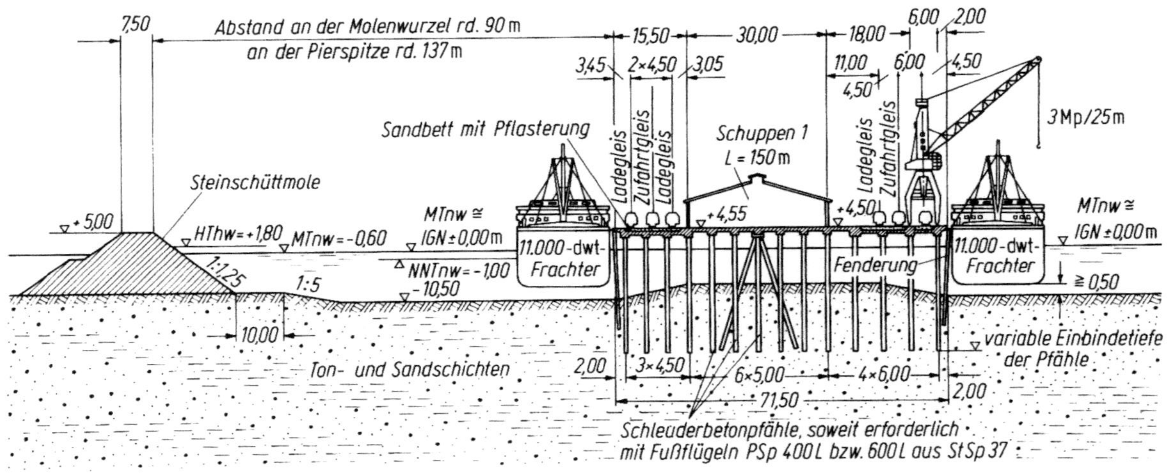

Abb. 6.2.8–2 Querschnitt A–B durch Pier und Steinschüttmole in der ersten Ausbaustufe (Lage des Schnittes s. Abb. 6.2.8–1)

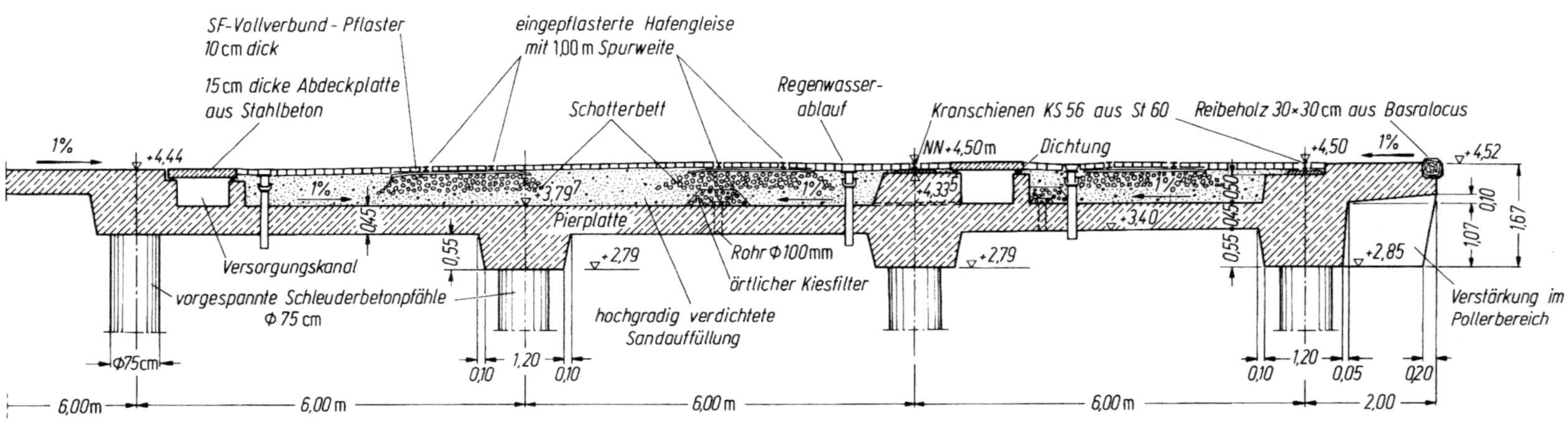

Abb. 6.2.8–3 Teilquerschnitt durch die Pierplatte auf der Ostseite

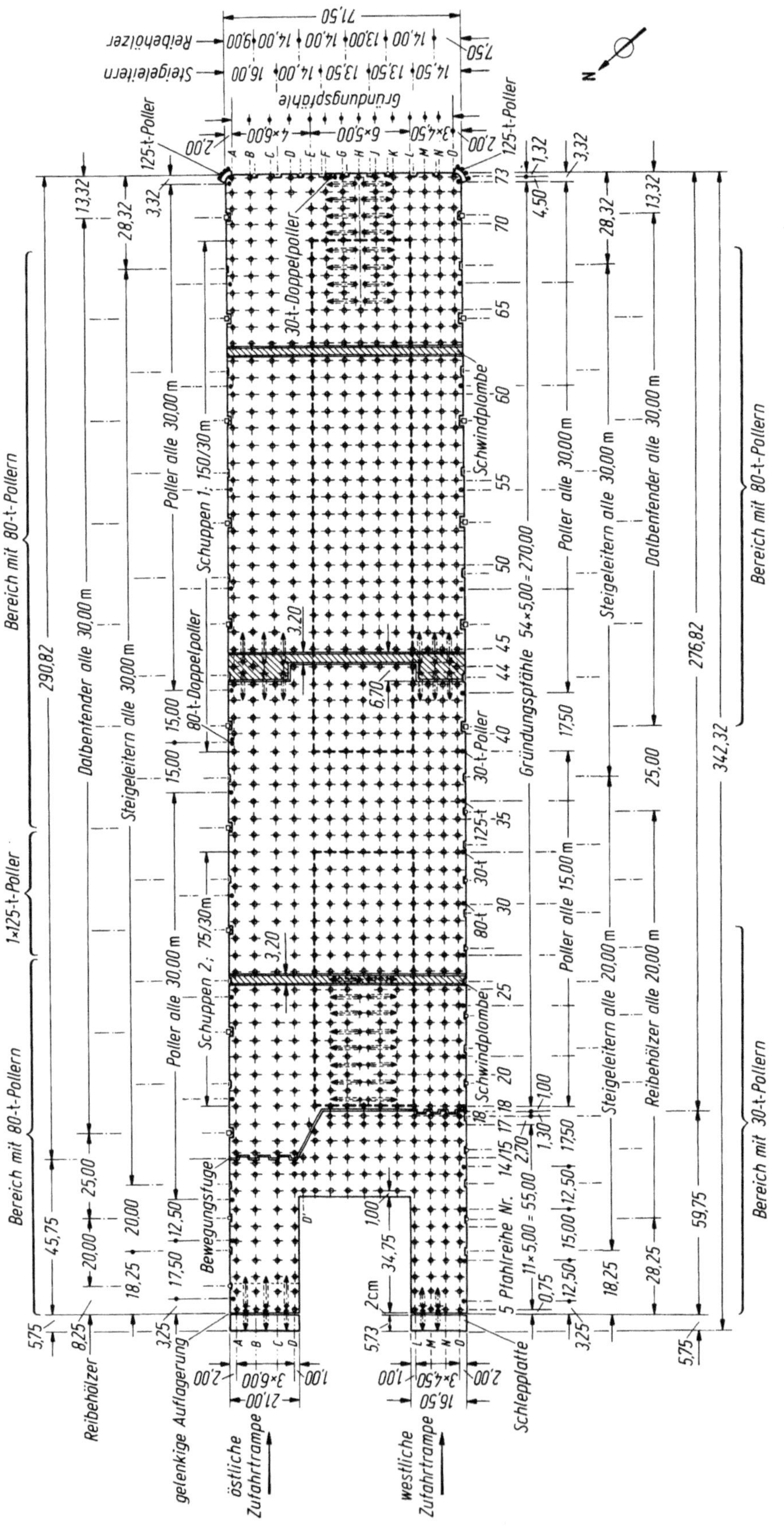

Abb. 6.2.8–4 Grundriß der Pierplatte mit Eintragung der Schwindplomben, der Gründungspfähle sowie der Ausrüstung mit Dalbenfendern, Reibepfählen, Steigeleitern und Pollern

Querträger verzichtet. Die Schrägpfähle zur Aufnahme der Horizontalkräfte aus Schiffsstoß, Trossenzug, Strömungsdruck, Windlast und Bremsen wurden so angeordnet, daß die Temperatureinflüsse auch dann noch in niedrigen Grenzen blieben, wenn die Pierplatte im fertigen Zustand auf großer Länge durchlaufend ausgebildet war. Hierbei wurde die geringstmögliche Anzahl an Schrägpfählen sowohl in Quer- als auch in Längsrichtung erreicht. Letztere wurden zur Aufnahme der Längskräfte im Mittelabschnitt der Platte konzentriert, wobei auf jeder Seite 2 x 3 Schrägpfähle 3 : 1 genügten (Abb.6.2.8–4).

Die Landanschlußbrücken wurden in einem Stück mit dem Nordwestende der Pierplatte ausgeführt. Letzteres wurde unabhängig von der weiteren Pierplatte gegründet und mit dieser zur Aufnahme von Horizontalkräften quer zur Pierplatte lediglich in der Bewegungsfuge waagerecht verzahnt (Abb.6.2.8–4).

Zur Aufnahme der angreifenden Horizontalkräfte quer zum Pier wurden an den beiden Enden der durchlaufenden Pierplatte mittig jeweils 2 x 8 Schrägpfähle 3 : 1 angeordnet (Abb.6.2.8–4).

Eine optimale Wirtschaftlichkeit konnte bei der Pierplattenlösung aber nur erreicht werden, wenn die späteren Gründungspfähle bereits zum Abstützen der Schalung benutzt werden konnten und die Schalung weitgehend fahr- oder verschiebbar ausgeführt wurde. Diese Forderungen waren bestimmend für die Detailgestaltung der Platte mit Längsbalken und für den Bauablauf. Sobald – vom Landanschluß her fortschreitend – eine neue Pfahlreihe gerammt und gesichert war, wurde über jeden Pfahlkopf in Pierlängsrichtung ein kurzer Stahlbetonfertigbalken aus B 450 gelegt. Seine überstehenden Kragarme bildeten die Auflager für die Hängebolzen ⌀ 32 mm aus St 80/105, an denen knapp neben jedem Pfahl durchlaufende Träger][280 aus St 52–3 aufgehängt wurden. Diese dienten Gleitbahnträgern als Auflager. Auf den letzteren wurden die als Einheit zusammengebauten Platten- und Balkenseitenschalungen – nach ausreichendem Erhärten des Betons – etwa nach 1½ Wochen – abgespindelt und ins nächste Feld vorgezogen.

Um den Bauvorgang nicht zu stören, wurde die Betonplatte im Bereich der in Pierlängsrichtung stehenden Schrägpfahlböcke in Verbindung mit der mittleren Schwindplombe zunächst ausgespart und erst nach dem Durchgang der Schalung und dem Rammen der Schrägpfähle von der Pierplatte aus mit örtlich angebrachter Schalung zubetoniert (Abb.6.2.8–4).

Bei dem gewählten Arbeitsvorgang mußte ein ausreichender Arbeitsraum unter der Pierplatte vorhanden sein. Bei OK Pierplanum auf IGN + 4,5 m, tiefster Balkenunterkante auf IGN + 2,79 m, MThw auf etwa IGN + 1,0 m und MTnw auf IGB ± 0,0 m reichte der Raum für eine zügige Baudurchführung gerade noch aus. Gleiches gilt auch für die 0,5 bis 0,55 m hohe Sandbettung über der Stahlbetonplatte. Wenn keine Einschränkungen in der Bauhöhe erforderlich gewesen wären, hätte man die Bettung aber besser $\geqq$ 0,75 m ausgeführt, auch wenn dadurch höhere tote Lasten aufgetreten und mehr Gründungspfähle erforderlich geworden wären. Das Verlegen von Versorgungsleitungen mit Kreuzungspunkten im richtigen Gefälle wäre dabei doch wesentlich erleichtert worden.

Abb.6.2.8–4 zeigt auch die Lage der 3 Schwindplomben, die quer durch die gesamte Pierplatte gelegt wurden und erst später, als das Schwinden bereits weitgehend abgeklungen war, ausbetoniert wurden. So konnten die Schwindwege und damit die aus der Verbiegung der Pfähle herrührenden Horizontalkräfte in der Platte aus Schwinden in Längsrichtung entsprechend klein gehalten werden.

Aus Abb.6.2.8–4 kann auch die Ausrüstung der Anlage mit Pollern, Dalbenfendern, Steigeleitern usw. entnommen werden.

6.2.8.3 Ausbildung und Herstellung der vorgespannten Schleuderbetonpfähle

Die Pfähle, ⌀ 0,75 m mit 0,12 m Wanddicke aus B 450, wurden unter rechtzeitigem Anpassen an den jeweiligen Baugrund in Längen von rd. 25 m bis 30 m hergestellt (Abb.6.2.8–5). Sie erhielten eine schlaffe Längsbewehrung 12 ⌀ 12 mm bzw. 12 ⌀ 20 mm aus BSt IIIb, eine spiralförmig angeordnete Bügelbewehrung ⌀ 8 mm aus BSt I mit max.

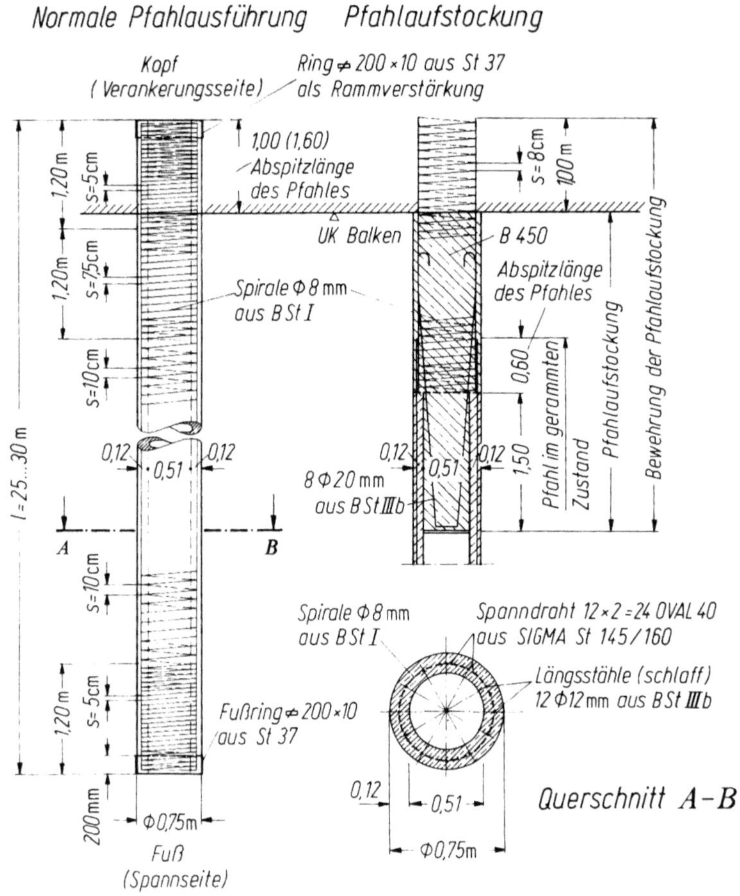

Abb. 6.2.8–5 Normalausführung und Anschluß eines vorgespannten Schleuderbetonpfahles an den Balken der Pierplatte und Ausführung bei Pfahlaufstockung

10 cm Ganghöhe und als Vorspannbewehrung 12 · 2 = 24 oval 40 aus SIGMA-St 145/160. Um ein Auseinandersprengen des Pfahlkopfes und des Pfahlfußes beim Rammen zu vermeiden, wurde sowohl am Kopf als auch am Fuß ein in die Schleuderform passender 200 mm hoher und 10 mm dicker Stahlring ⌀ 750 mm aus St 37 mit eingeschleudert.

Nach Abschluß des Rammens wurde jeder ausreichend hoch stehende Pfahl am Kopf abgespitzt und die Bewehrung nach Abb.6.2.8–5 in den Balkenbeton der Pierplatte eingebunden. Abb.6.2.8–5 zeigt auch das Aufstocken von Pfählen die beim Rammen erst zu tief fest wurden.

Zur Begrenzung des Gewichtes auf 18 t wurde die maximale Pfahllänge auf 30 m begrenzt. Wenn die Gefahr bestand, daß Pfähle auch bei dieser Länge beim Rammen nicht ausreichend fest wurden oder wenn es wegen der anstehenden Bodenschichten sinnvoll war, die Einbindetiefe in eine höher liegende, gut tragfähige Schicht begrenzter Höhe zu vermindern, erhielten die Pfähle eine Fußverstärkung aus Stahlflügeln. Hierzu wurde – um die Flügel durch Schweißung tragfähig anschließen zu können – bei nur 2 m langen Flügeln aus coup. PSp 400 L aus StSp 37 anstelle des üblichen Fußringes eine 1,5 m lange und 14 mm dicke Hülse aus St 37 mit eingeschleudert. Alle weiteren Einzelheiten hierzu sind aus Abb. 6.2.8–6 zu ersehen. In besonders ungünstigen Bodenbereichen wurden 4 Stück bis zu 6 m lange coup. PSp 400 L aus StSp 37 angeschweißt. Die Fußhülse wurde in diesen Fällen bis zu 4 m lang – auch in getrennten Abschnitten – ausgeführt (vgl. Abb.6.2.8–6). Sie erhielt im erforderlichen Umfang Betonieröffnungen, die später wieder zugeschweißt wurden.

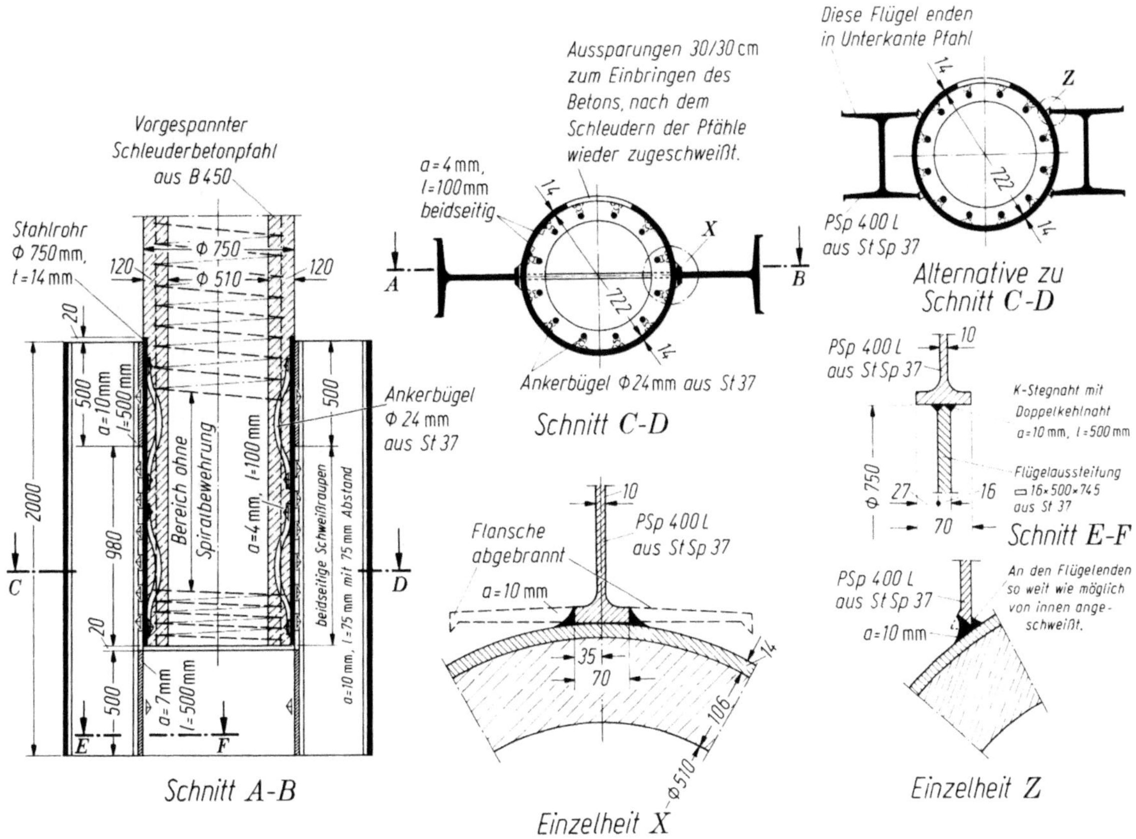

Abb. 6.2.8–6 Fußausrüstung der Schleuderbetonpfähle mit Stahlflügeln

Grundlage der Entscheidung für die jeweilige Ausbildung waren die benachbarten Bohrungen und Drucksondierungen sowie das Verhalten schon gerammter benachbarter Pfähle. Hierzu war eine laufende enge Zusammenarbeit zwischen der Bauleitung des Konsortiums und der Bauüberwachung des Ingenieurs erforderlich.

Die Pfähle wurden mittels Menck-Rammen MR 60 mit einem 10-t-Dampfzylinder-Freifallbär (MRB 1000) gerammt. Die Rammen liefen auf einem um 5 m verschiebbaren Gerüst, das auf den bereits gerammten Pfählen abgestützt wurde.

Obwohl die Steinschüttmole mit einem gewissen Vorlauf gegenüber dem Rammen der Pfähle und dem Betonieren der Pierplatte hergestellt wurde, mußten alle Pfähle gegen Schäden aus Dünungseinflüssen gesichert werden. Noch bevor ein Pfahl von der Vorschubramme freigemacht wurde, mußte er nahe dem Kopf durch Zangen gefaßt und dadurch gegen starkes Hin- und Herbiegen gesichert werden.

6.2.8.4 Fenderanlagen

Zur Verminderung der laufenden Hafenbetriebskosten wurde bauseitig gefordert, daß die Schiffe mit nur einem Hafenschlepper oder auch ganz ohne Schlepperhilfe anlegen sollten. Hierzu wurde die Pierplatte durch 16 schwere Dalbenfender nach Abb.6.2.8–7 gesichert. Sie bestanden aus einer Stahltafel, die wie ein Stahlfederdalben im Boden eingespannt, zusätzlich aber am Kopf durch eine schwere Elastomere-Pufferung abgestützt und durch einen Stahlrahmen geführt war.

Die Stahltafel wurde wasserseitig mit Basralocusholz verkleidet. Nach Abb.6.2.8–4 stehen diese Dalbenfender in 30 m Achsabstand. Sie wurden für ein Arbeitsvermögen von 50 tm bemessen und erhielten dabei einen Anlegedruck von ca. 220 t. Hiervon gingen bei Mittelwasser ca. 180 t über die Elastomere-Pufferung, die zur Aufnahme dieser Kraft sorgfältig gegen Ausknicken gesichert werden mußte, in die Pierplatte und der Rest über die Stahltafel

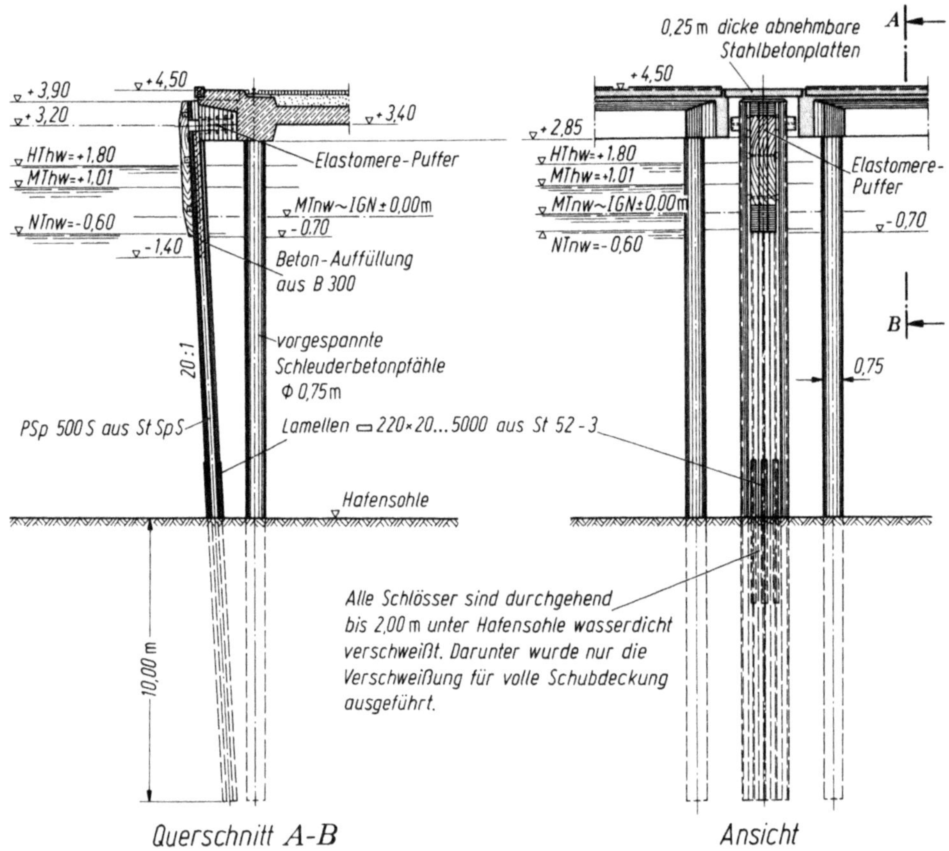

Abb. 6.2.8–7 Dalbenfender mit oberer Elastomere-Pufferung

in den Boden. Um günstige Bedingungen für die Aufnahme der Anlegeenergie zu erhalten, wurden die Stahltafeln – stärker als 20 : 1 im fertig eingebauten Zustand – überhängend gerammt und dann mit 10 t Zugkraft zum Bauwerk hin vorgespannt. Hierdurch bleiben die Dalbenfender bei Anlegedrücken unter 10 t unbeweglich und arbeiten daher – abgesehen von der Durchbiegung der oben und unten gestützten Stahltafel – erst bei höheren Drücken. Erst dann wird der eigentliche Fendermechanismus wirksam. Durch diese Ausbildung wurde vermieden, daß bei der Elastomere-Pufferung unnötig große Verformungswege ermöglicht werden mußten und daß die Stahltafeln sich in der Hafendünung dauernd hin- und herbewegten, wodurch bald Ermüdungserscheinungen im Stahl auftreten konnten.

Die 50 tm Arbeitsvermögen verteilen sich mit
rd. 35 tm auf die Elastomere-Puffer und
rd. 15 tm auf die im Boden eingespannte Stahltafel.

Im Nordwestbereich des Hafenbeckens zwischen Steinschüttmole und Pierplatte, in dem nur kleine Schiffe anlegen können, wurden anstelle der geschilderten Dalbenfender nur Stahlreibepfähle UP 134 aus StSp 37 in 20 m Achsabstand angeordnet (Abb.6.2.8–4).

Die seeseitigen Ecken am Kopfe der Pierplatte erhielten eine an die Pierplatte gehängte schwere Fenderschürze aus Basralocusholz auf Stahlgerüst, das durch aneinandergereihte einfache Elastomere-Puffer 30/30/30 cm gegen die Pierkonstruktion nachgiebig abgestützt wurde.

Neben dem Kaltanstrich mit Steinkohlenteerpech auf metallisch rein gesandstrahlter Oberfläche wurden die unter Mittelwasser liegenden Stahlteile von vornherein durch kathodischen Schutz mit Fremdstrom gegen Korrosion gesichert.

6.2.8.5 Ergänzende Hinweise

Die Bauarbeiten am Pier erforderten eine reine Bauzeit von 36 Monaten. Sie waren im Dezember 1967 fertiggestellt. Das Bauwerk wurde Anfang 1968 in Betrieb genommen und hat sich seitdem bewährt.

6.3 Verstärkung von Pieranlagen

6.3.1 Verstärkung einer Pierbrücke für Massengutumschlag an einem norddeutschen Tidefluß

6.3.1.1 Allgemeines

Wegen zunehmender Größe der anlegenden Schiffe war eine alte Pierbrücke an einem norddeutschen Tidefluß bereits Mitte der zwanziger Jahre durch besondere Pollerblöcke verstärkt worden. Da im Laufe der Zeit die Hafensohle am Tidefluß mehr und mehr vertieft wurde und auch die angreifenden Kräfte vor allem aus Pollerzug und Schiffstoß mit den Schiffgrößen zunahmen, traten schließlich große Bauwerkbewegungen ein. Die Horizontalverschiebung der Pollerblöcke zum Fluß hin betrug zum Teil mehr als 50 cm. Mitte der fünfziger Jahre mußte die Anlage daher erneut verstärkt werden.

Die Pierbrücke besaß Pollerblöcke in rd. 55 m Achsabstand, die auf einem ebenen verzimmerten Holzpfahlrost aus 53 Pfählen gegründet und mit einem über dem Holzrost 10,9 m langen, 6 m breiten und rd. 5 m hohen Betonkopf abgedeckt waren (Abb.6.3.1–1). Dazwischen lag eine leichte Stahlpierkonstruktion, deren Joche in 5 m Achsabstand auf räumlich angeordneten Holzpfahlbündeln gegründet waren (Abb.6.3.1–2). Wie bei älteren Holzpfahlrosten häufig beobachtet, waren auch hier die Verzimmerung und die Verdübelung zu schwach ausgeführt. Sie mußten bei größeren Horizontalbelastungen nachgeben oder brechen, lange bevor die Pfähle selbst die Grenzlast oder auch nur die zulässige Belastung erreichten.

Durch die Vertiefung wurde auch der waagerechte Druck des hinter der Brücke hoch anstehenden gewachsenen Kleis auf die Holzpfahlroste vergrößert (Abb.6.3.1–3). Da der Leichterhafen hinter der Anlage betrieblich nicht mehr benötigt und daher auch nicht mehr auf Solltiefe ausgebaggert wurde, lagerte sich darin auch immer mehr Schlick ab, der zusätzlich belastend wirkte (Abb.6.3.1–3). Schließlich waren auch die Lasten aus den Verladebrücken, die auf der Anlage verkehrten, teilweise vergrößert worden.

6.3.1.2 Ausgeführte Verstärkungen

Um die Anlage wieder ausreichend betriebssicher zu machen und gleichzeitig ihre Wirtschaftlichkeit nicht zu gefährden, mußte versucht werden, sie mit geringstmöglichen Kosten zu verstärken. Hierzu wurden die Pollerblöcke durch eine seitlich und hinten anschließende Stahlbeton-Manschette auf zusätzlichen Pfählen unterfangen. Die Manschette wurde wasserseitig durch drei kräftige gegen Korrosion geschützte Rundstahlanker zusammengehalten. Sie waren mit einem Spannschloß versehen und wurden später vorgespannt. Im mittleren Bereich wurden sie in den alten Wandkopf eingeklaut und mittels verpreßter Anker gesichert (Abb.6.3.1–3).

Die Verstärkungsmanschette wurde auf 33 zusätzlichen 20 m langen Holzpfählen Ø 35 cm gegründet. Die Pfahlköpfe wurden ordnungsgemäß angeblattet und in den Stahlbetonrahmen so eingebunden, daß auch ihre Grenzlast auf Zug und Druck noch übertragen werden konnte. Zur Aufnahme der Horizontalkräfte in Längsrichtung des Piers mußten flach geneigte 30 m lange Stahlpfähle PSt 90 S aus StSp 37 mit 2,5 m langen Fußflügeln eingerammt werden. Wegen der Gründungspfähle der Pierbrücken hätten die zur Lastaufnahme erforderlichen zahlreichen Holzpfähle nicht mehr untergebracht werden können. Um

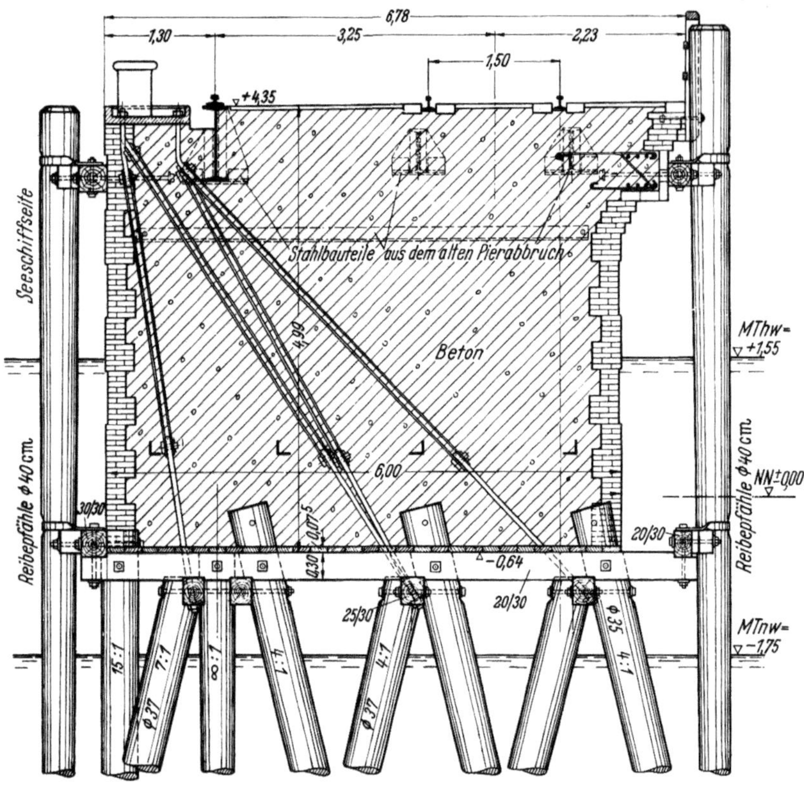

Abb. 6.3.1–1 Vorhandener Pollerblock, unter Einschluß eines Stahlpiers errichtet

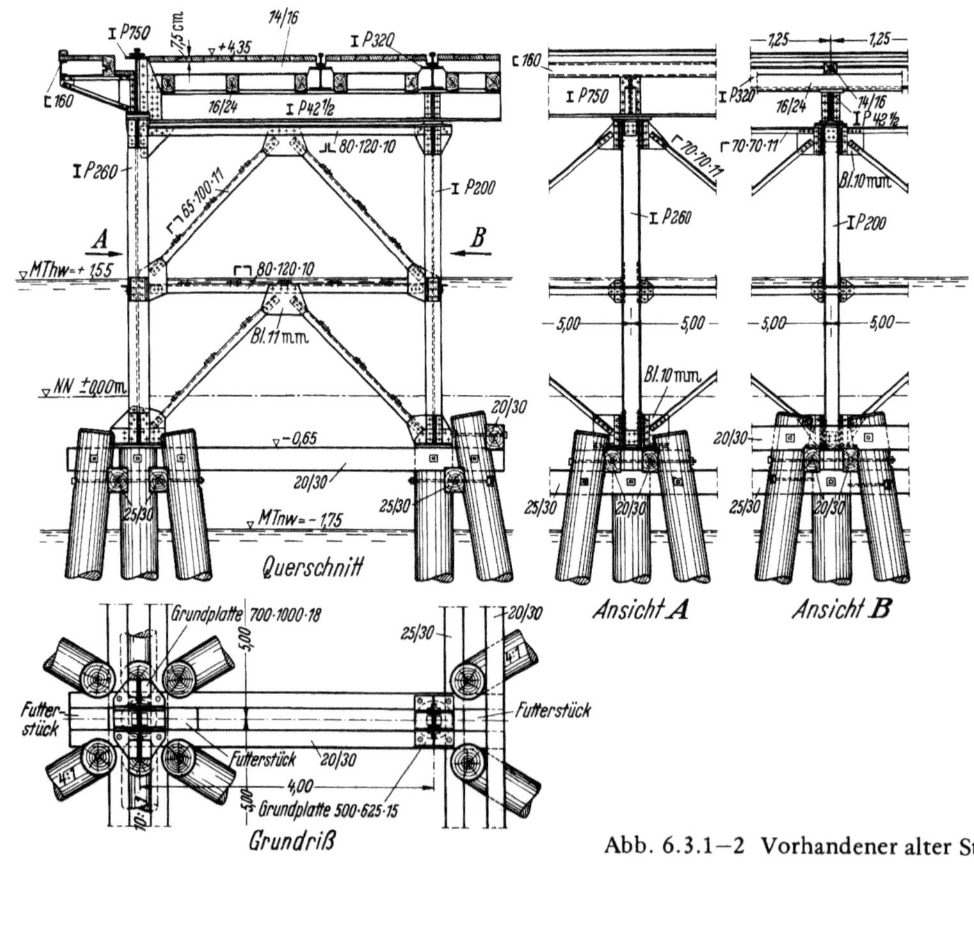

Abb. 6.3.1–2 Vorhandener alter Stahlpier

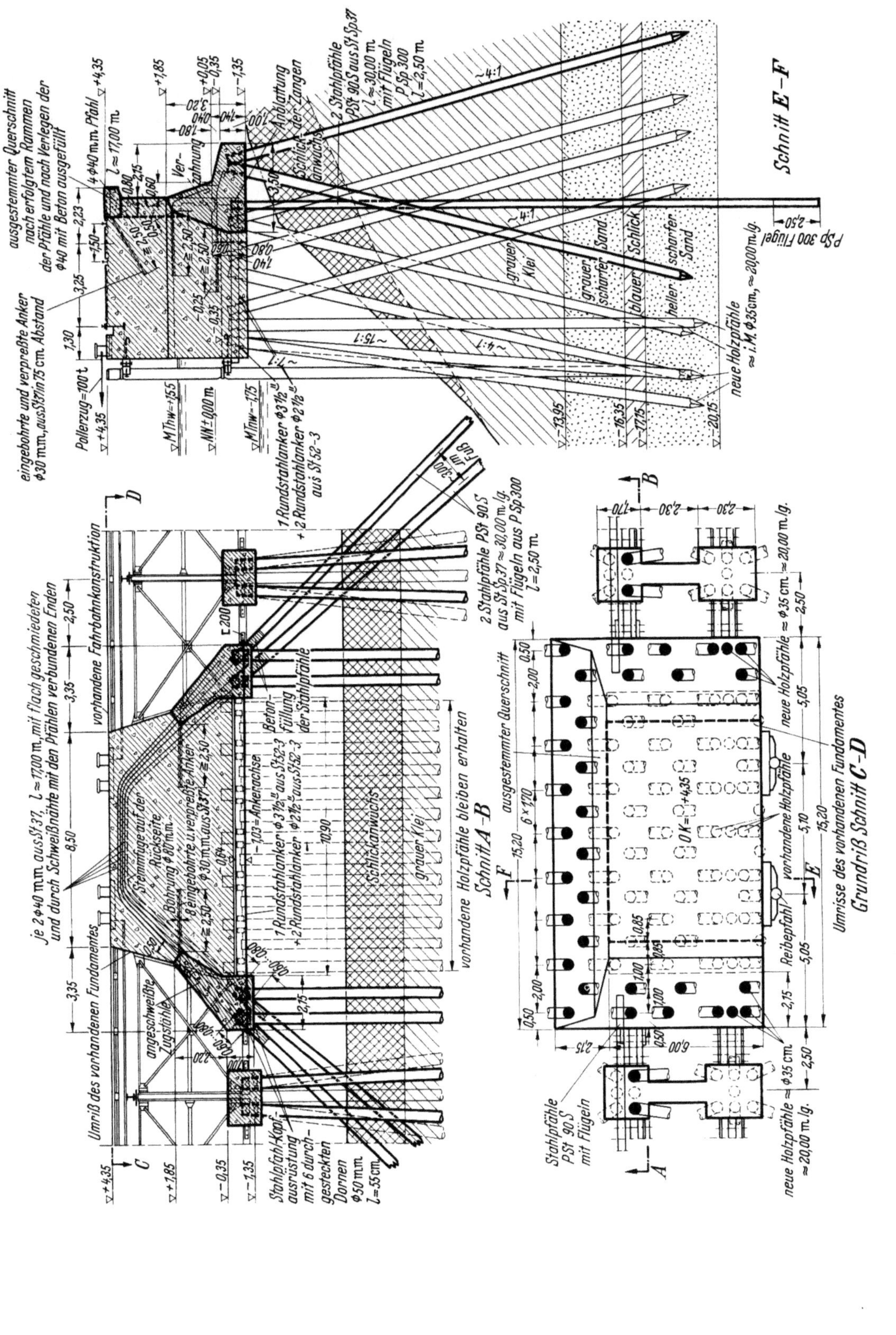

Abb. 6.3.1–3 Verstärkung des Pollerblockes und der Pierbrücke

sonstige Pfähle nicht zu gefährden, mußten die Stahlpfähle verhältnismäßig weit hinten angeordnet werden.

Die Joche der Zwischenbrücke erhielten landseitig zwei zusätzliche Holzpfähle. Alle Gründungspfähle wurden dann am Kopf ordnungsgemäß angeblattet und durch einen Stahlbetonbalken zusammengefaßt. So wurde eine einwandfreie Kraftüberleitung in alle Pfähle des Joches sichergestellt. Durch den Stahlbetonjochbalken wurde infolge Verminderung der Knicklänge der Stiele auch die Stahlbrücke verstärkt (Abb.6.3.1–3).

Die Berechnung des Verstärkungssystems der Pollerblöcke war verhältnismäßig schwierig. Es mußten sowohl die Beanspruchungen aus dem alten als auch die aus dem neuen System berechnet und überlagert werden.

Die Bemessung wurde für 100 t Pollerzug in allen möglichen zum Strom hinweisenden Richtungen durchgeführt. Der Schiffstoß wurde quer zur Brücke mit 100 t an einem der vorhandenen Reibepfähle angreifend angesetzt. Gleichzeitig wurde an seiner Angriffstelle eine Reibungskraft von 30 t in Brückenlängsrichtung berücksichtigt. Durch den exzentrischen Angriff von Pollerzug, Schiffstoß und Reibungskraft usw. traten beachtliche Momenteneinflüsse auf, die auch in der Pfahlgründung sorgfältig verfolgt und berücksichtigt werden mußten.

6.3.1.3 Ergänzende Hinweise

Die Bauausführung ging planmäßig vor sich. Die Verstärkungen konnten in der geschätzten Kostenhöhe ausgeführt werden. Die so verstärkten Abschnitte der Anlage haben sich seither einwandfrei verhalten. Bei einem Teil der Blöcke, die sich nur wenig bewegt hatten, wurde zunächst nur ein mittlerer 7,9 m langer Teil der hinteren Stützkonstruktion mit Pfählen und abgebogen einbetonierten Anschlußstählen ausgeführt. Die Restverstärkung soll eingebracht werden, sobald ein zwingender Bedarf dafür vorliegt.

7. Hellinge und Slipanlagen

7.1 Allgemeines

Hellinge und Slipanlagen (Schiffsaufschleppen) sind Bauwerke in Schiffswerften, von denen die ersteren nur zum Bau und Zuwasserbringen von Schiffen geeignet sind, während die letzteren vorwiegend zur Reparatur und zum Überholen von Schiffen dienen. Sie können aber auch zum Bau von Schiffen verwendet werden.

In beiden Fällen handelt es sich um schiefe Ebenen, die sowohl als Arbeitsplätze als auch als Bewegungsbahnen dienen. Sie führen bei Hellingen vom trockenen Werftgelände ins ausreichend tiefe Wasser und ermöglichen bei Slipanlagen den Schiffen auch den umgekehrten Weg. In beiden Fällen können die Schiffe in oder quer zur Bewegungsrichtung liegen, wobei dann von einer Längs- oder Querhelling bzw. einem Längs- oder Querslip gesprochen wird.

Der Tiefteil, der später unter Wasser liegt, kann bei beiden Bauwerken beispielsweise im Schutze einer Umspundung im Trockenen flach oder auf Pfählen und dergleichen tief gegründet hergestellt werden. Für den Tiefteil leichter Anlagen kommen vor allem Holzpfahlgründungen in Frage. Die Pfähle werden dann schwimmend gerammt und unter Wasser mit einer gut geführten Kreissäge — auf langer Welle montiert — in richtiger Höhenlage und Neigung abgeschnitten. Die Laufbahnen werden dabei im Trockenen im allgemeinen auf einem geeigneten Stahlträgerrost montiert, der mit einem Schwimmkran in Teilstücken auf die vorbereiteten Gründungspfähle abgesenkt und daran gut befestigt wird. Anschließend werden die freistehenden oberen Pfahlenden noch mit nichtbindigem Boden umschüttet und durch eine Steinabdeckung gesichert.

Im höher liegenden Wasserwechselbereich und im Überwasserteil bereiten die Gründungen keine Schwierigkeiten. Sie werden dem Baugrund und den auftretenden Lasten angepaßt nach wirtschaftlichen Überlegungen ausgebildet. Vor allem bei Querslipanlagen werden mit Vorteil auch Normalspur-Querschwellengleise auf einem soliden Schotterbett verlegt angewendet.

Der Übergang vom Über- zum Unterwasserteil muß so gesichert werden, daß keine Unterspülung des Überwasserteils eintritt, die letzterem die Stützung entziehen würde.

Hauptforderung sowohl bei Hellingen als auch bei Slipanlagen ist neben einer ausreichenden Gründung eine einwandfrei ebene Ausführung der Laufbahnen.

Auf einer Längshelling können praktisch Schiffe aller Größen gebaut werden, wenn auch heute bei Supertankern und dergleichen der Bau in geeigneten Baudocken bevorzugt wird. Dies ist darauf zurückzuführen, daß Großschiffe beim Stapellauf von der Helling den größten jemals auftretenden Beanspruchungen ausgesetzt sind. Der Bau des Schiffes auf der Helling wird im Überwasserteil ausgeführt. Fallweise wird auch mit einer Tiefhelling gearbeitet, bei der der untere Hellingteil in einer Wanne mit Torverschluß trockengelegt und erst vor dem Stapellauf geflutet wird.

Die Schiffslasten werden im Bauzustand über Stapel und Pallen entsprechend verteilt, in die bei größeren Anlagen aus Stahlbeton bestehende Hellingplatte und von dort weiter in die Gründungen abgetragen. Zum Stapellauf werden unter dem Schiff im allgemeinen zwei Ablaufbahnen montiert, mit Stapellauffett geschmiert und mit Ablaufschlitten versehen. Auf diese werden die Schiffslasten dann umgelagert, so daß sie schließlich nur noch auf den Ablaufbahnen ruhen. Vorher muß das Schiff aber einwandfrei nach oben gehalten werden. Bei Beginn des Stapellaufes werden die Halterungen gelöst, wobei das Schiff in das Wasser abzugleiten beginnt. Das immer tiefer eintauchende Heck des Schiffes erfährt dabei einen zunehmenden Auftrieb. Schließlich dreht es sich von der Gleitbahn ab und wird unten nur noch vom Wasser und oben von den für diesen Zustand in Bugnähe besonders angebrachten Stützgerüsten getragen. Dabei treten in Schiffslängsrichtung sehr große Biegemomente auf.

Gleichzeitig erhält die Helling – abhängig vom Ablaufwasserstand, dem Schiffsgewicht, der Schiffslänge, Bauform und Gewichtsverteilung – dabei in bestimmten, dafür besonders bemessenen Bereichen die größten Ablaufbelastungen. Die jeweils in Frage kommenden Ablaufdiagramme für die auf einer Helling zu bauenden Schiffe werden heute von den Werften mit elektronischen Programmen errechnet und dem die Helling bautechnisch bearbeitenden Entwurfsingenieur zur Verfügung gestellt.

Bei einer Querhelling, die im allgemeinen aber nur zum Bau kleinerer See- und Binnenschiffe und zum Beispiel auch von Stahlbetonpontons benutzt wird, treten diese hohen Ablauflasten nicht auf.

Bei den Slipanlagen werden die Schiffe im Tiefteil im allgemeinen auf keilförmige Wagen abgesetzt, so daß sie waagerecht auf den vorbereiteten Kielstapeln und Kimmpallen ruhen. Die Keilwagen laufen auf zahlreichen Rädern und werden mit Hilfe von Seilzugwinden, die synchron arbeiten, auf den Laufschienenbahnen bis in die gewünschte Lage hochgezogen. Sind auch seitliche Abstellplätze vorhanden, wird über dem Keilwagen zusätzlich ein durchlaufender oder geteilter Oberwagen angeordnet. Darauf ruht dann das geslipte Schiff und kann in der gewünschten Höhenlage damit quer verfahren und auf Seitenplätzen abgestellt werden. Diese Maßnahme ist sowohl bei einem Längs- als auch bei einem Querslip möglich.

Längsslipanlagen erhalten im allgemeinen:
zwei die Lasten in erster Linie übernehmende mittlere Laufschienenbahnen und
zur Stabilisierung auch je eine seitliche schwächere Laufbahn.

Als Last jeder Seitenbahn werden im allgemeinen 10 % der Last der Mittelschienenbahnen angesetzt.

Längsslipanlagen werden im Überwasserteil im allgemeinen mit einer Stopper-Einrichtung ausgerüstet, so daß der Keilwagen auch ohne Seilzüge in gewünschter Höhenlage fixiert werden kann.

Slipanlagen sind für den Bau und die Reparatur sowie das Überholen großer Schiffe nicht geeignet. Hierfür kommen nur Schwimm- oder Trockendocke in Frage.

7.2 Hellinge

7.2.1 Tiefhelling für Seeschiffe in einem norddeutschen Schleusenhafen

7.2.1.1 Allgemeines

Anfang der sechziger Jahre faßte eine an einem norddeutschen Schleusenhafen gelegene Werft den Beschluß, eine alte, neben zwei vorhandenen Trockendocken liegende Helling durch eine entsprechend größere Tiefhelling zu ersetzen (Abb.7.2.1–1). Die Bauarbeiten hierzu mußten so ausgeführt werden, daß der Werftbetrieb – vor allem in den Trockendocken – nicht gestört wurde. Auch war der Einsatz schwimmender Baugeräte wegen der sonst im Werfthafen befindlichen Schiffe begrenzt.

Die vorhandene Westkaimauer des Werfthafens mußte, um den richtigen Anschluß an die neue Tiefhelling zu erhalten, zum Teil abgebrochen werden. Brauchbare Abbruchmaterialien – vor allem die Spundwände – mußten dabei zur Wiederverwendung bereitgelegt werden. Die meisten Bauteile aus Stahl wurden bauseitig geliefert.

Sowohl die Tiefhelling als auch die Kranbahnen mußten im übrigen so ausgebildet werden, daß sie später ohne Schwierigkeiten landseitig verlängert werden konnten.

Die *Bodenverhältnisse* im Baugebiet waren durch frühere Aufschlußbohrungen schon ziemlich gut bekannt. Bei dem häufigen Wechsel der Bodenschichten wurden aber noch Zusatzbohrungen ausgeführt. Ein Teil der dabei gewonnenen Aufschlüsse ist in Abb.7.2.1–2 dargestellt. Die Bodenverhältnisse waren danach insgesamt so, daß alle Kranbahnen sowie der Toranschlag und die Verlängerung der Westkaimauer auf Pfählen tief gegründet werden mußten, während die Hellingwanne flach gegründet werden konnte.

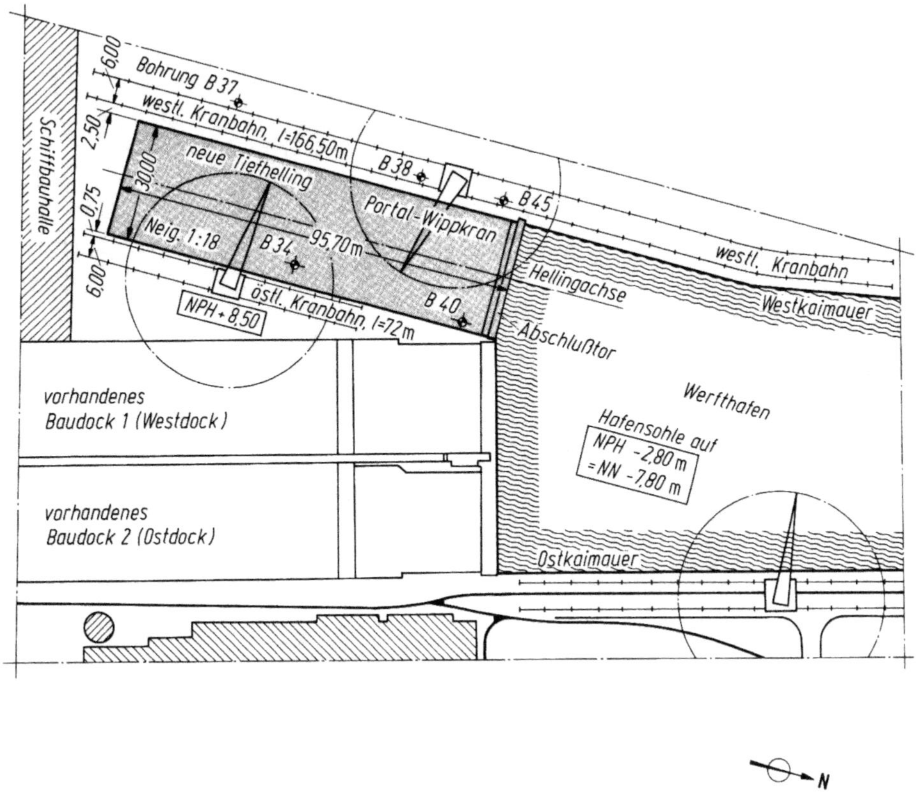

Abb. 7.2.1–1 Lage-Übersichtsplan mit Angabe eines Teiles der Aufschlußbohrungen

Folgende Bodenkennwerte wurden den Berechnungen zugrunde gelegt:

Für den tonigen Feinsand und für Lehm: γ/γ_a = 1,9/0,9 t/m³, ρ_r = 27,5° c_r' = 0
Für Sand: γ/γ_a = 1,8/1,0 t/m³, ρ_r = 30°.

Als Spitzendruck- und Mantelreibungsgrenzlastwerte durften nach den örtlichen Erfahrungen angesetzt werden:

Im halbfesten tiefliegenden Ton: q_{sr} = 100 t/m², q_{mr} = 4,0 t/m²
Im tiefliegenden dichten Sand: q_{sr} = 500 t/m², q_{mr} = 5,0 t/m²

bei entsprechender Einbindetiefe der Pfähle.

Die maßgebenden rechnungsmäßigen Wasserstände bezogen auf NPH waren:

HGrW = + 6,8 m
HHaW = + 6,8 m
MHaW = + 6,3 m
NHaW = + 5,8 m.

7.2.1.2 Belastungen, zul. Spannungen und erforderliche Sicherheiten

Im Werftplanum auf NPH = + 8,5 m = NN + 3,5 m mußte eine gleichmäßig verteilte Nutzlast von 2,0 t/m² berücksichtigt werden, jedoch bei den Abdeckungen der Versorgungskanäle auch ein einzelner Raddruck von 5 t.

Die Werftkrane hatten bei 6,0 m Achsabstand der Laufbahnen und einem Stützenabstand von ebenfalls 6,0 m einen max. Eckdruck mit Wind im Betrieb von 4 × 29 = 116 t. Bei den Rädern Ø 700 mm betrugen die Radstände 800–900–800 mm. Als Ausgleichszahl mußte ψ = 1,2 angesetzt werden.

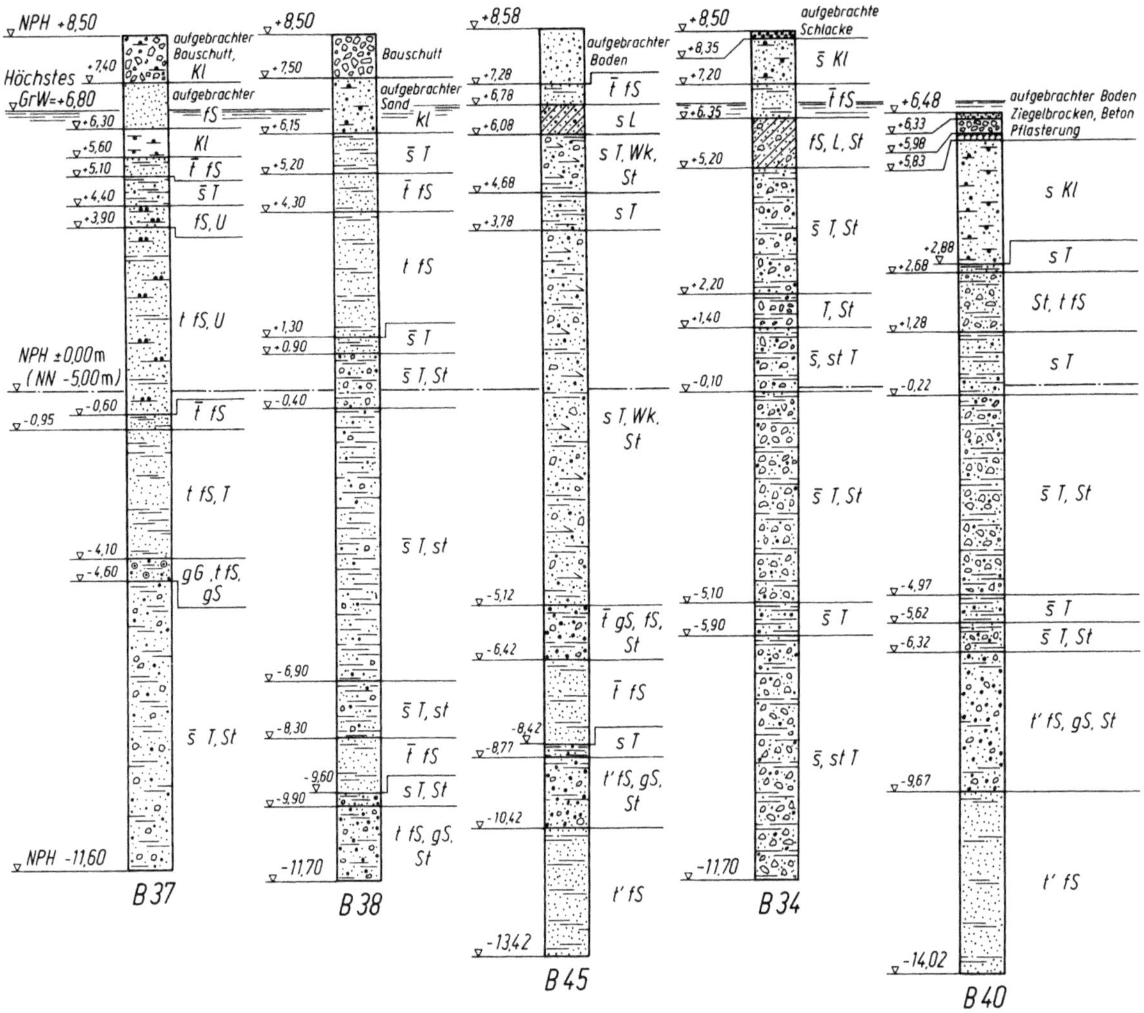

Abb. 7.2.1–2 Profile von Aufschlußbohrungen

In der Hellingberechnung war zu berücksichtigen, daß die Lasten im Bauzustand des Schiffes vor allem über die Kiel- und die Kimmstapel abgetragen werden, während beim Ablaufvorgang das nach dem Fluten der Tiefhelling verbleibende Schiffsgewicht über die beiden Ablaufbahnen auf die Hellingsohle übertragen wird. Je nach dem Stadium des Ablaufes und dem Aufdrehen des Schiffes sind die von den sogenannten Läufern übertragenen Lasten verschieden groß. Hierfür wurden auch im vorliegenden Falle von der Werft konkrete Daten genannt, die hier im einzelnen nicht wiedergegeben sind.

Im übrigen waren für die Berechnungen, Bemessungen und Standsicherheitsnachweise vor allem maßgebend:

Die Empfehlungen des Arbeitsausschusses „Ufereinfassungen" (EAU) sowie
die DIN 1054 und 1045.

7.2.1.3 Ausbildung der Hellingwanne

Sie besteht nach den Abb.7.2.1–3, –4, –5 und –6 aus einer Sohle, die jeweils so dick gewählt wurde, daß sie im leeren Zustand der Tiefhelling und einem rechn. HGrW auf NPH + 6,8 m ausreichend sicher gegen Aufschwimmen war. Im hochliegenden Teil mit 0,5 m Sohlendicke war sie so kräftig gewählt, daß sie die Beanspruchungen aus den Schiffslasten ohne Schwierigkeiten aufnehmen konnte. Dort mußte die Sohle auch durch eine entsprechende Bettung gegen Hochfrieren gesichert werden. Als Sohlenneigung wurde 1 : 18 ge-

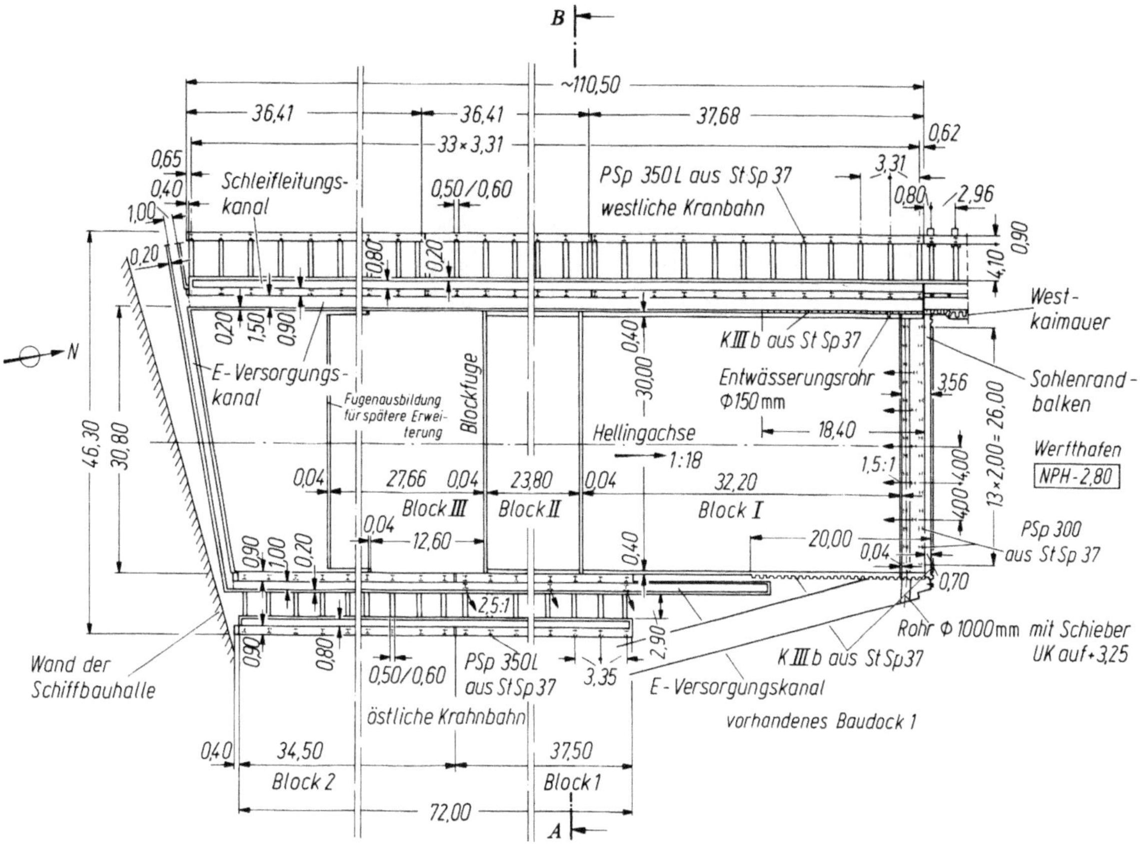

Abb. 7.2.1–3 Grundriß der Hellinganlage

wählt. Die Sohle wurde durch doppelt gedichtete und verzahnte Bewegungsfugen in drei Blöcke unterteilt. Den dichten Abschluß nach den Seiten hin erhielt sie durch aufgesetzte Stahlbetonwände (Abb.7.2.1–6).

Alle Stahlbetonbauteile wurden aus einem möglichst wasserdichten Beton der Güteklasse $\geqq$ B 225 hergestellt und mit glattem Betonstahl IIa oder quergeripptem Betonstahl IIIa bewehrt.

Die Sohle wurde nach dem Bettungszifferverfahren mit $k_s = 2{,}0$ kg/cm³ berechnet.

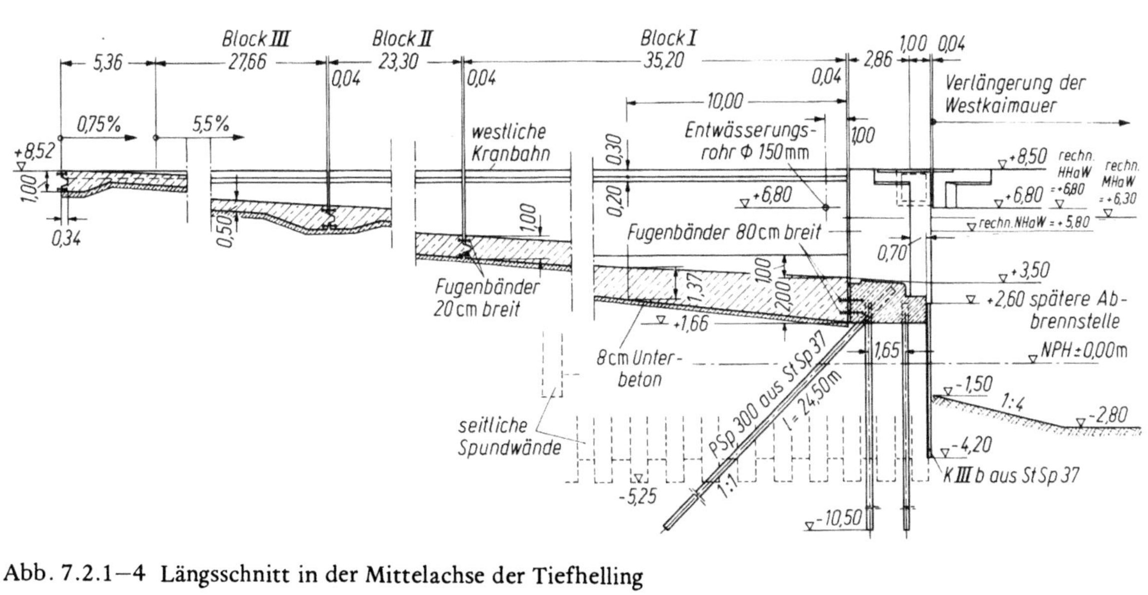

Abb. 7.2.1–4 Längsschnitt in der Mittelachse der Tiefhelling

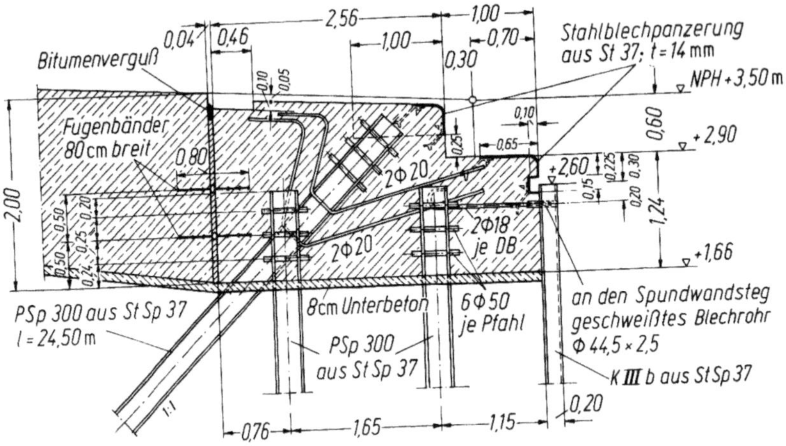

Abb. 7.2.1–5 Gründungs-Einzelheiten für den Sohlenrandbalken

7.2.1.4 *Ausbildung des Toranschlagbalkens*

Einzelheiten hierzu sind aus den Abb.7.2.1–3, –4 und –5 ersichtlich. Um den Balken herstellen zu können, wurde nach dem Rammen seiner Gründungspfähle die Hellingbaugrube zunächst durch die Querspundwand KIIIb aus StSp 37, die bis über HHaW = + 6,8 m reichte und oben entsprechend abgestützt war, vom Werfthafen getrennt. In der trockengelegten Baugrube wurden dann die erforderlichen Schweißanschlüsse nach Abb.7.2.1–5 hergestellt und der Balken betoniert. Die Abschlußspundwand wurde später auf NPH + 2,6 m abgebrannt. Sie bildete so den hafenseitigen Abschluß der Tiefhelling.

7.2.1.5 *Ausbildung der Hellingkranbahnen*

Hierzu wird auf die Abb.7.2.1–3 und –6 verwiesen. Sie ruhen auf Stahlrammpfählen PSp 350 L aus StSp 37 in 3,31 m Achsabstand und tragen zusätzlich jeweils den Schleifleitungskanal und den E-Versorgungskanal. Die Kranbahnbalken jeder Seite sind miteinander durch

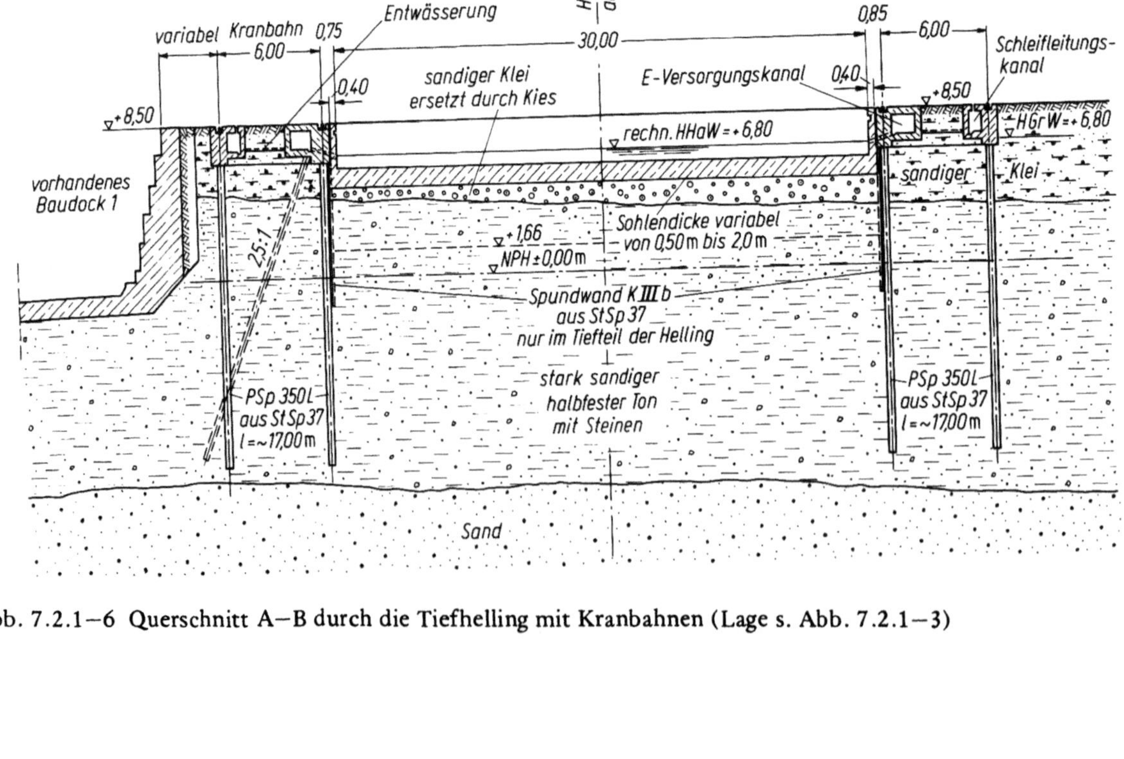

Abb. 7.2.1–6 Querschnitt A–B durch die Tiefhelling mit Kranbahnen (Lage s. Abb. 7.2.1–3)

Querbalken 0,5/0,6 m aus Stahlbeton in 3,31 m Achsabstand verbunden und dadurch auch stabilisiert.

7.2.1.6 Verlängerung der Westkaimauer

Alle erforderlichen Einzelheiten zur konstruktiven Lösung sind auf Abb.7.2.1–7 dargestellt. Auf die Stabilisierung der landseitigen Kranbahn mittels Verbindungsbalken mit wasserseitig gelenkigem Anschluß sei besonders hingewiesen.

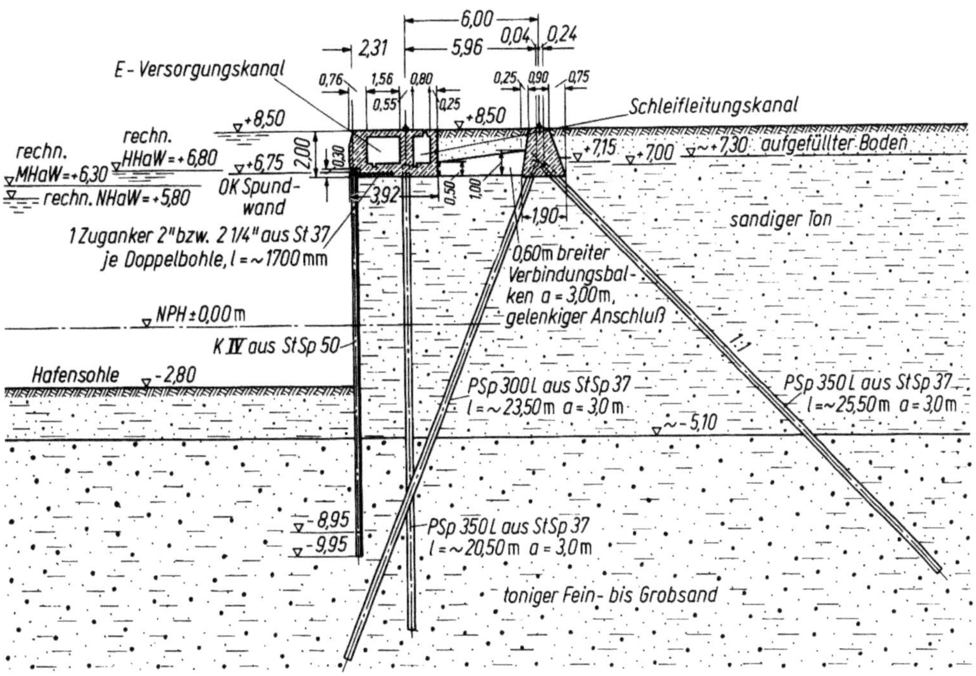

Abb. 7.2.1–7 Querschnitt durch die Verlängerung der Westkaimauer

7.2.2 Helling für Seeschiffe in einem Tidehafen Westpakistans (vgl. auch Kap. 9.2.6.4)

Mitte der sechziger Jahre entschloß sich die Leitung einer Schiffswerft in Westpakistan zu einer größeren Erweiterung ihrer Schiffbauanlagen. Die dabei gewählte Anordnung der Tiefbauwerke ist in Abb.9.2.6.4–1 dargestellt. Die hier behandelte Helling Nr. 2 mußte unmittelbar neben dem bereits bestehenden Trockendock Nr. 1 errichtet werden, wobei die Dockkrane gleichzeitig auch die Helling Nr. 2 bedienen sollten. Die dockseitige Begrenzung von Helling Nr. 2 – als Kranbahn ausgebildet – war bereits gleichzeitig mit dem Trockendock Nr. 1 gebaut worden.

Auf der 30,48 m breiten und 212,78 m langen Helling Nr. 2 sollten Schiffe bis zu 25.000 dwt gebaut werden. Für noch größere Schiffe konnte die Hochhelling, die mit gewissen Tragreserven entworfen worden war, landseitig noch um rd. 15 m verlängert werden.

Die Berechnung und Bemessung der Hellingplatte und ihrer Ablaufbahnen mußte den Lasten im Bau und im Ablaufzustand der Schiffe angepaßt werden. Die Ablauf-Lastdiagramme hierzu wurden in einer norddeutschen Werft elektronisch berechnet. Die beiden Ablaufbahnen in je 3,3 m Achsabstand von der Kiellinie (Abb.7.2.2–2 und –3) wurden biegesteif mit der Stahlbeton-Hellingplatte verbunden.

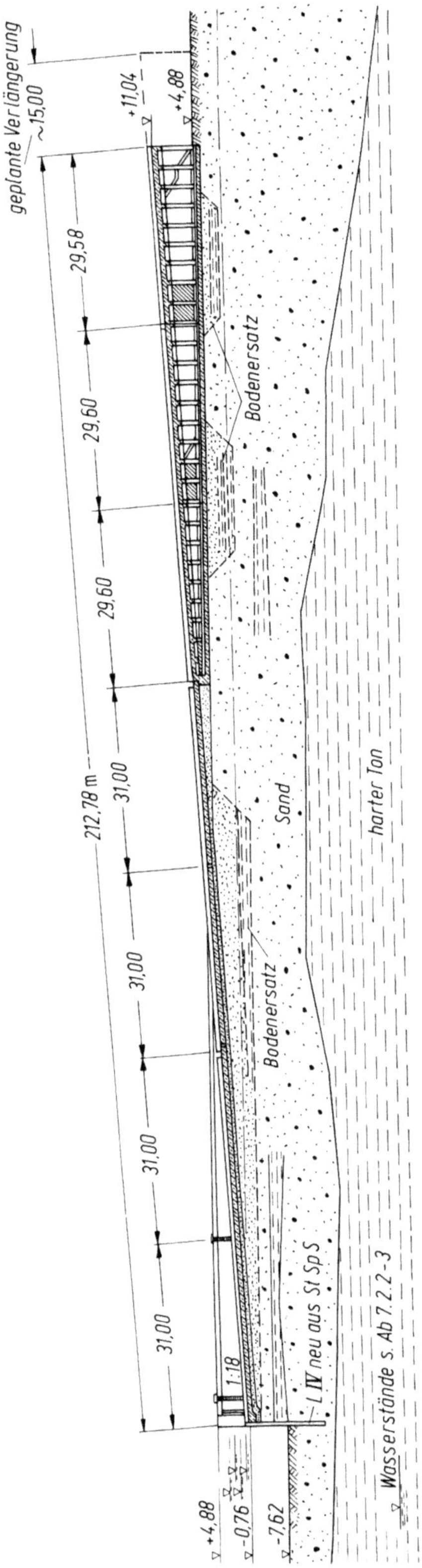

Abb. 7.2.2–1 Längsschnitt der Helling Nr. 2

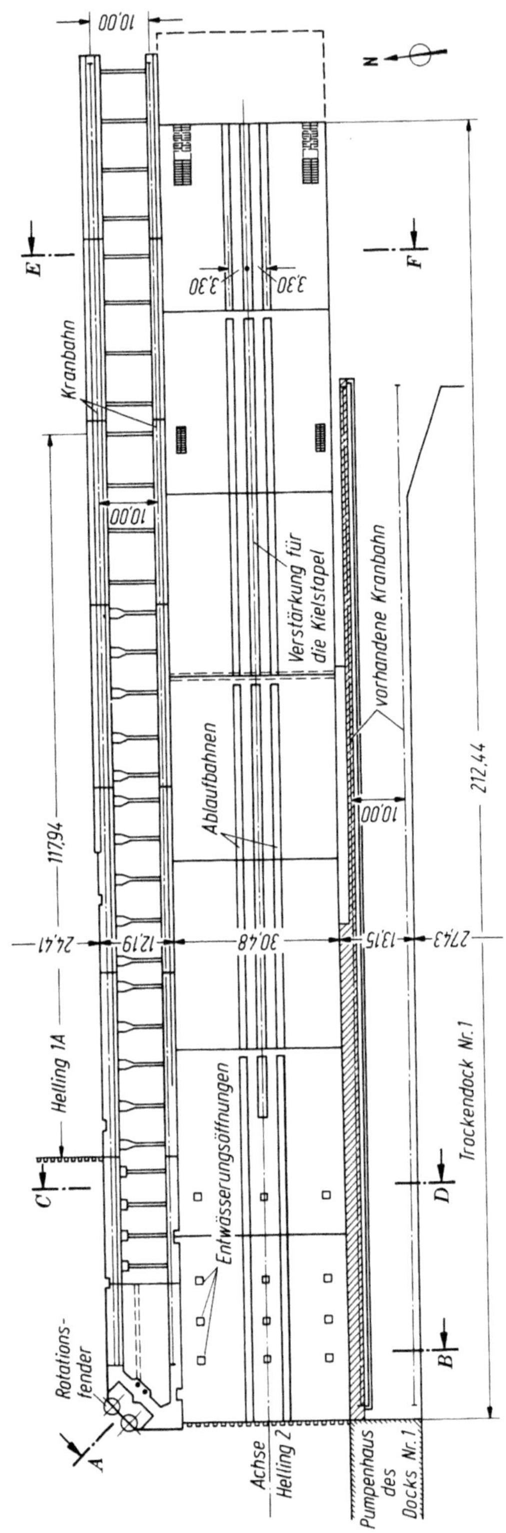

Abb. 7.2.2–2 Grundriß der Helling Nr. 2

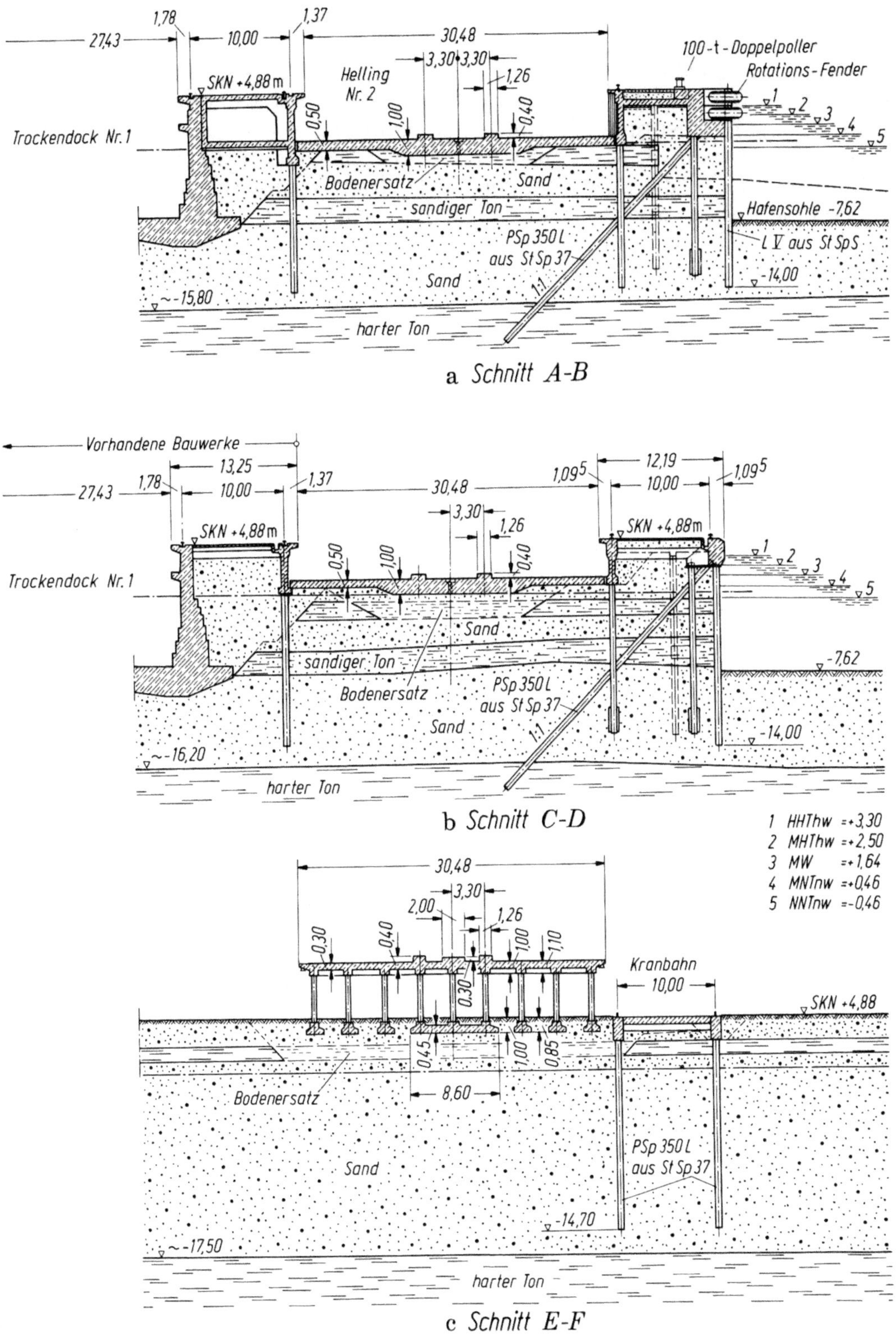

a *Schnitt A-B*

b *Schnitt C-D*

c *Schnitt E-F*

Abb. 7.2.2–3 Querschnitte der Helling Nr. 2 (Lage der Schnitte s. Abb. 7.2.2–2)

Die nördliche Kranbahn mußte zwei in engem Abstand nebeneinander arbeitende Kräne 40 t x 25 m mit einer Spurbreite von 10 m aufnehmen. Einschließlich der auskragenden Kranbahnteile ergab sich so ein 12,19 m breiter Verkehrsweg zwischen der Helling Nr. 2 und der daran anschließenden Helling Nr. 1A (Abb.7.2.2–2 und –3). Dies führte im Tiefteil zu einer molenartigen Ausbildung, deren Einzelheiten aus Abb.7.2.2–3, Schnitt A–B und C–D ersichtlich sind. Der Kopf dieser Mole wurde mit 4 schweren Rotationsfendern (System Firestone–Burleigh) ausgerüstet, die ein Arbeitsvermögen von insgesamt rd. 213 tm bei einer Gesamtstoßkraft von rd. 430 t aufwiesen. Durch diese qualifizierte Fenderung sollten ausdockende Schiffe – die dem Flutstrom und fallweise stürmischen Winden ausgesetzt sind und eventuell gegen den Molenkopf schlagen können – sowie der Molenkopf selbst vor Beschädigungen geschützt werden (Abb.9.2.6.4–1).

Für den Bau der Helling Nr. 2 wurden umfangreiche Bodenaufschlüsse und bodenmechanische Untersuchungen durchgeführt. Der Untergrund wich hier insofern von dem der Trokkendocks ab, als in der oberen Sandzone in größerem Umfang Schluffschichten, deren Konsistenz teilweise breiig war, anstanden. Um die Helling als Flachgründung ausführen zu können, mußten daher umfangreiche Bodenverbesserungen unter Auskofferung der schlechten Schichten und Ersatz durch verdichteten Sandboden vorgenommen werden (Abb. 7.2.2–1 und –3).

Der Tiefteil der Helling wurde im Schutze eines Spundwandfangedammes hergestellt, in den eine vorhandene, stark ausgewichene Ufersicherungswand sinnvoll mit einbezogen werden konnte.

Der Sohlenwasserdruck im Tiefteil während des Bauzustandes und fallweise auch im Betrieb wurde durch Entwässerungen mit Rückstauverschlüssen entlastet. Ihre Lage ist aus Abb.7.2.2–2 ersichtlich.

7.3 Slipanlagen

7.3.1 Längsslipanlage für die Reparatur seegehender Schiffe mit bis zu 1000 t Aufschleppgewicht in einem abgeschleusten norddeutschen Werfthafen

In einem Werfthafen, hinter einer Seeschleuse mußte eine Längsslipanlage zur Reparatur von seegehenden Schiffen mit einem Aufschleppgewicht bis zu 1000 t errichtet werden. Bei der Größe dieser Schiffe, der Höhe des 55 m langen Keilwagens und bei der gewählten Slipbahnneigung 1 : 11,5 lag der tiefste Punkt der Slipbahn 8,05 m unter dem mittleren Hafenwasser. Bei einem Keilwagengewicht von 200 t wurden zum Aufschleppen des Gesamtgewichtes von 1200 t und zum Überwinden der rollenden Reibung eine maximale Windenzugkraft von 200 t benötigt.

Unter den genannten Verhältnissen ergab sich ein 93 m langer Unterwasserteil der Slipbahn. Der Überwasserteil wurde 55 m lang gewählt, damit der Keilwagen voll aus dem Wasser gezogen werden konnte. An die Slipbahn schloß sich noch das 7,1 m lange und 9,9 m breite Windenfundament an (Abb.7.3.1–1).

Der Untergrund bestand zum Teil aus hochliegenden Störschichten, im wesentlichen aber aus leicht tonigem Sand. Für die Gründung kamen mit Rücksicht auf die Bodenverhältnisse, die konstruktive Gestaltung und die Bauausführung der Anlage nur Pfähle in Frage. Im Überwasserteil wurden wegen der Fäulnisgefahr 8,5 m lange Stahlbetonrammpfähle gewählt, und zwar unter der Mittelbahn Pfähle 34/34 cm mit P_{zul} = 50 t und unter den Außenbahnen Pfähle 30/30 cm P_{zul} = 35 t. Im Unterwasserteil wurden 8,5 m lange Holzpfähle ⌀ 32 cm mit P_{zul} = 35 t gerammt. Diese wurden nicht nur gewählt, weil sie besonders wirtschaftlich waren, sondern vor allem weil sie mit Hilfe einer unter Wasser arbeitenden Kreissäge leicht in richtiger Höhe und Neigung abgeschnitten werden konnten. Die Kreissäge

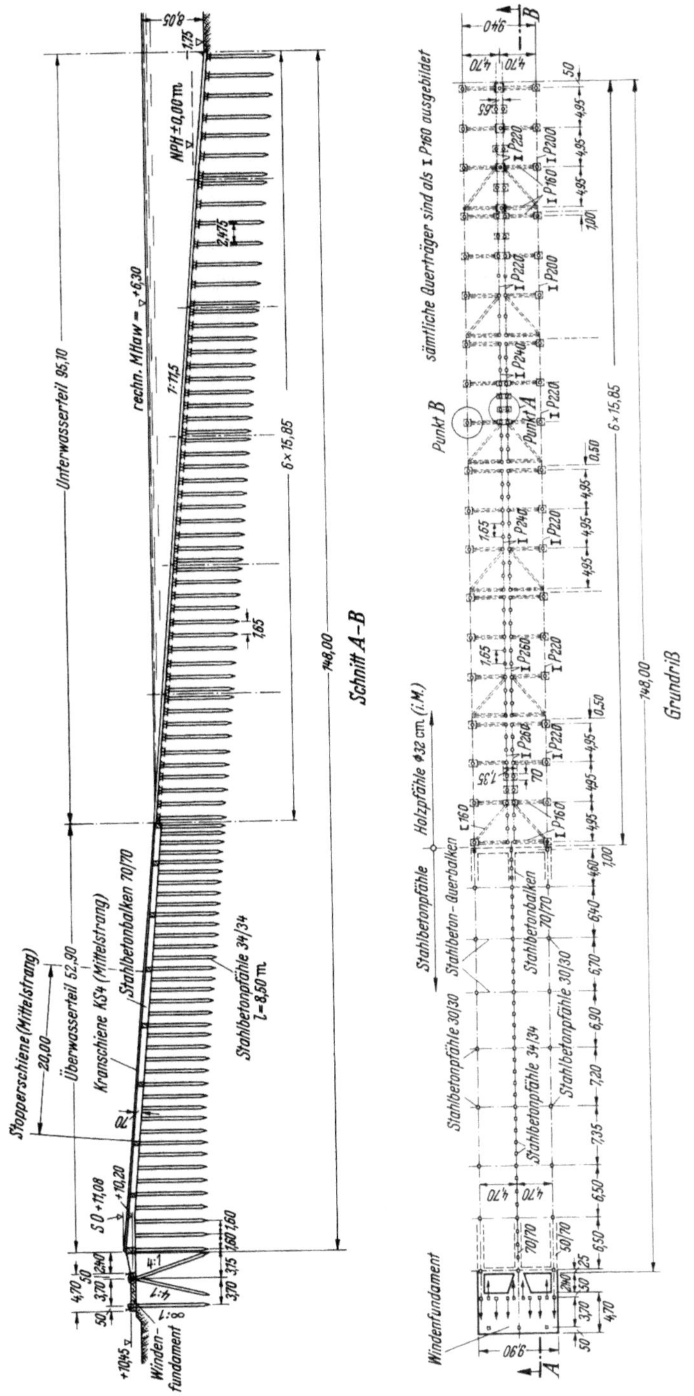

Abb. 7.3.1–1 Längsschnitt und Grundriß der Slipanlage

– mit verstellbarer Welle an einem Schiff befestigt – konnte im ruhigen Hafenwasser sehr genau eingestellt werden.

Der Abstand der Pfähle wurde dem Ablauflastdiagramm der Mittelbahn sowie den gewählten Längsträgern angepaßt. Für jede Seitenbahn mußten als Last jeweils 10 % der Mittelbahnlast angesetzt werden.

Der Unterwasserteil der Slipbahn wurde aus Stahl hergestellt (Abb.7.3.1–1, –2 und –3). Er wurde in sechs im Grundriß je 15,85 m lange Abschnitte aufgeteilt. Diese konnten als Einheit, bestehend aus zwei Seitenbahnen und einer doppelgleisigen Mittelbahn mit Querträ-

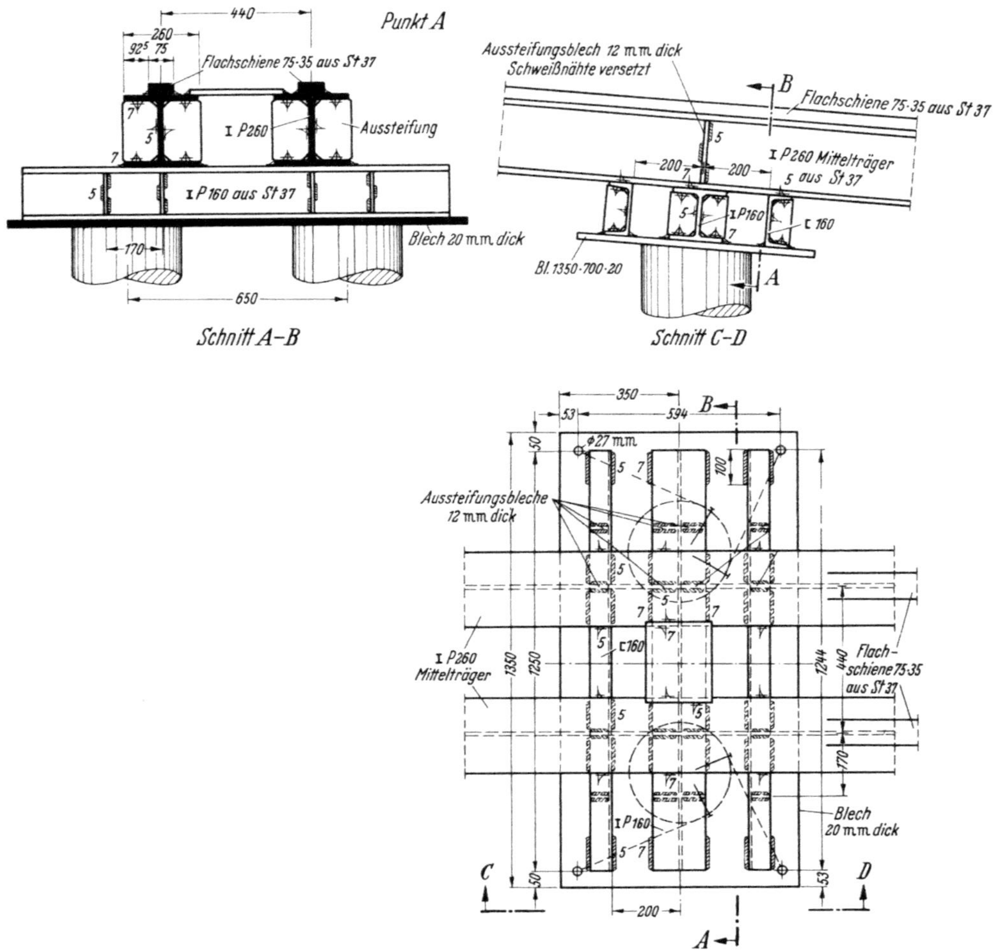

Abb. 7.3.1–2 Auflagerung der zweigleisigen Mittelbahn auf den Holzpfählen

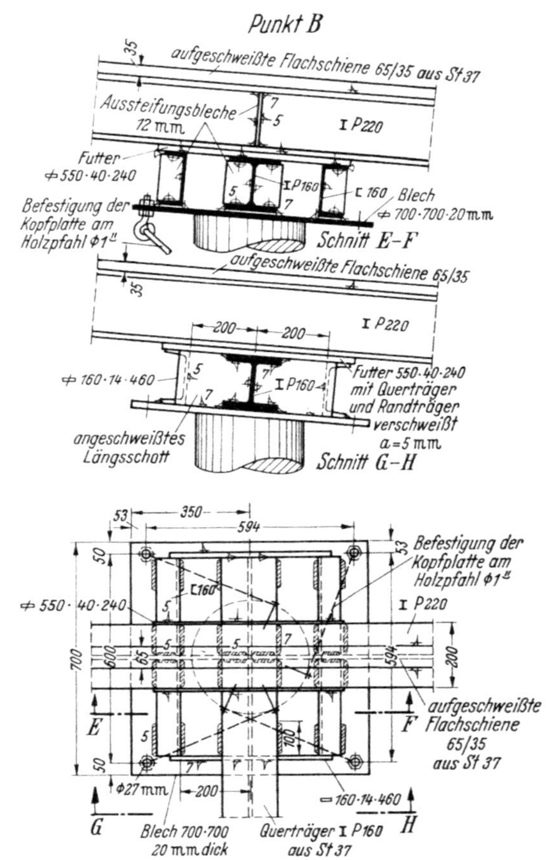

Abb. 7.3.1–3 Auflagerung der Außenbahnen auf den Holzpfählen

gern, Diagonalen und allem weiteren Zubehör, an Land fertig zusammengebaut, mit einem Schwimmkran an Ort gebracht und auf die vorbereitete Holzpfahlgründung abgesetzt werden. Um Rammungenauigkeiten der Pfähle auszugleichen, mußten die Laufbahnträger mit besonderen Stahlauflagerkonstruktionen versehen werden (Abb.7.3.1–2 und –3). Diese mußten mindestens 10 cm Exzentrizität der Stützpfähle in jeder Richtung abdecken und lastmäßig aufnehmen können. Mit Rundstahlankern, durch deren Endösen von einem Taucher kräftige Stahlnägel geschlagen wurden, konnten sie an den Holzpfählen ausreichend befestigt werden (Abb.7.3.1–2 und – 3).

In den Mittelbahnen wurden als Laufschienen Flachstähle ≠75 · 35 mm und an den Seitenbahnen Flachstähle ≠65 · 35 mm, beide aus St 37, auf die Längsträger geschweißt. Die Stahlkonstruktion wurde im übrigen so ausgebildet, daß die Abschnitte nach dem Absenken von Tauchern leicht gegeneinander verankert werden konnten und die einzelnen Laufbahnen fluchtgerecht und in genauer Höhe ineinander übergingen.

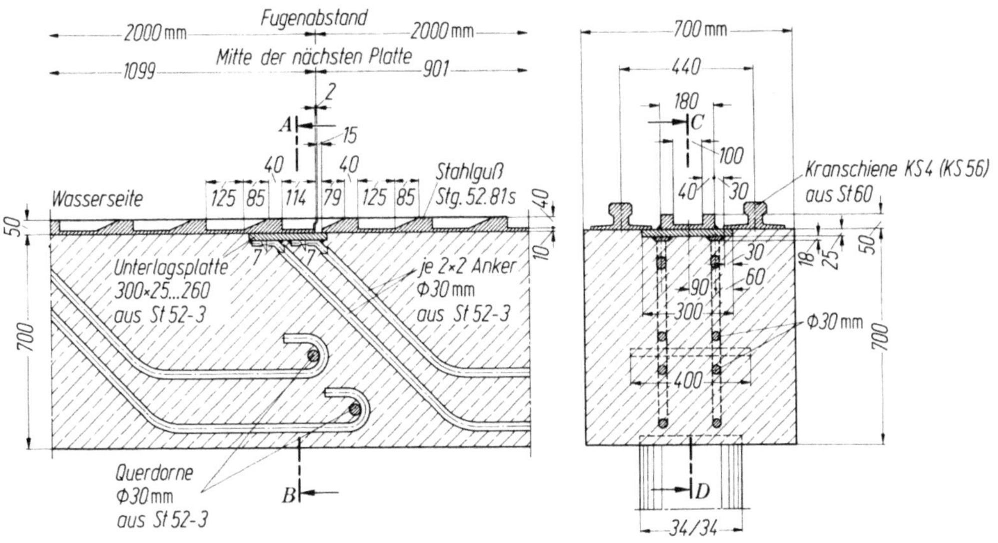

Abb. 7.3.1–4 Stopperschiene am Mittelstrang der Slipanlage

Im Überwasserteil wurden die Laufbahnträger und die Querträger aus Stahlbeton hergestellt. Als Laufschiene wurde an den Mittelbahnen die Kranschiene KS 4 (KS 56) und an den Außenbahnen die Kranschiene KS 3 (KS 43), beide aus St 60 verwendet. Im Überwasserteil der Mittelbahn mußte auch eine rd. 20 m lange Stopperschiene aus Stg. 52.81S angeordnet werden (Abb.7.3.1–1 und –4). Die beim Stoppen auftretenden Beanspruchungen wurden in der Schiene, dem Stahlbetonbalken und in der Gründung berücksichtigt.

Die Bauausführung ging planmäßig vor sich. Da sie mit der in solchen Fällen erforderlichen Sorgfalt vorgenommen worden ist, hat sich die Anlage im Betrieb bewährt.

7.3.2 Querslipanlage für die Reparatur von Seeschiffen mit bis zu 2000 t Aufschleppgewicht an einem norddeutschen Tidefluß

Zur Reparatur und zum Überholen von Seeschiffen bis zu 2000 t Aufschleppgewicht wurde an einem norddeutschen Tidefluß eine Querslipanlage errichtet. Sie erhielt im Endausbau 13 Normalspurbahnen (Abb.7.3.2–1). Unter Berücksichtigung der örtlichen und betrieblichen Verhältnisse wurde die Bahnneigung 1 : 8 gewählt. Aus der Keilwagenlänge und -höhe ergab sich beim gewählten niedrigsten Arbeitswasserstand der tiefste Punkt der Slipbahn auf NN –2,75 m. Er lag damit 1,55 m unter MTnw = NN –1,2 m. Die Bahnen wurden 70 m

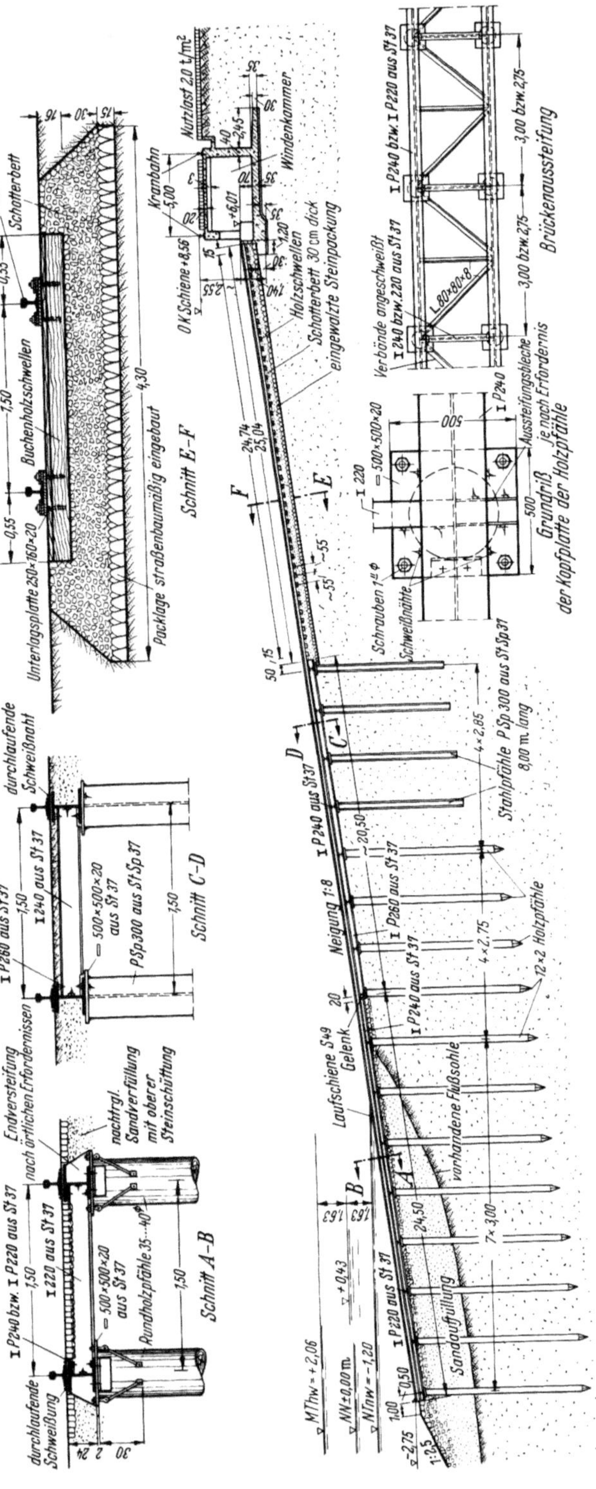

Abb. 7.3.2–1 Querslipanlage mit konstruktiven Einzelheiten

lang ausgebildet (Abb.7.3.2–1). Der Baugrund im Bereich der Slipanlage bestand größtenteils aus Sand und Kies und der Rest aus festem Lehm. Der über MThw liegende Teil der Laufbahnen konnte daher als Schwellengründung auf Packlage und Schotterbett ausgeführt werden. Als Laufschienen wurden in der gesamten Anlage normale Eisenbahnschienen S 49 verwendet.

Unterhalb der Schwellenbahn wurden die Laufbahnträger IP 240 und IP 220 aus St 37 auf Pfählen gegründet. Wegen der Fäulnisgefahr wurden etwa bis zur Mittelwasserhöhe auf NN + 0,43 m Stahlrammpfähle PSp 300 aus StSp 37, 8 m lang, mit P_{zul} = 50 t angewendet. Im anschließenden Bereich wurden Holzpfähle ∅ 35–40 cm, etwa 10 m lang mit P_{zul} = 40 t gerammt. Sie waren auch hier besonders wirtschaftlich und konnten nach dem Rammen in der Unterwasserzone mittels einer einstellbaren Unterwasser-Kreissäge leicht unter 1 : 8 auf genaue Höhe abgeschnitten werden.

Die beiden Laufbahnträger jeder Bahn wurden mit 1,5 m Achsabstand durch Querträger und Diagonalen zu einem liegenden Stahlfachwerk verschweißt und in längeren Einheiten auf die Gründungspfähle gelegt. Unter Wasser wurden diese fertigen Einheiten mit einem Schwimmkran abgesetzt. Um Rammexzentrizitäten der Pfähle bis zu 10 cm in jeder Richtung ausgleichen zu können, wurde der Laufbahnrost oberhalb jedes Pfahlkopfes mit einer Auflagerplatte ≠ 500 · 500 · 20 mm aus St 37 versehen und an den Pfahljochen quer zur Slipbahn durch ein I 220 bzw. I 240 aus St 37 ausgesteift (Abb.7.3.2–1).

Die Laufbahn des Unterwasserteils lag bis zu 4 m über der Flußsohle. Um auch die in Flußrichtung wirksamen Horizontalkräfte aufnehmen zu können, mußte der Unterwasserteil bis Unterkante Laufschiene mit Sand aufgefüllt und durch eine Steinschüttung gesichert werden. Diese Lösung war billiger als eine Verzimmerung unter Wasser durch Taucher, die nur bei einer einwandfreien Arbeit, die kaum gewährleistet werden konnte, tatsächlich richtig getragen hätte.

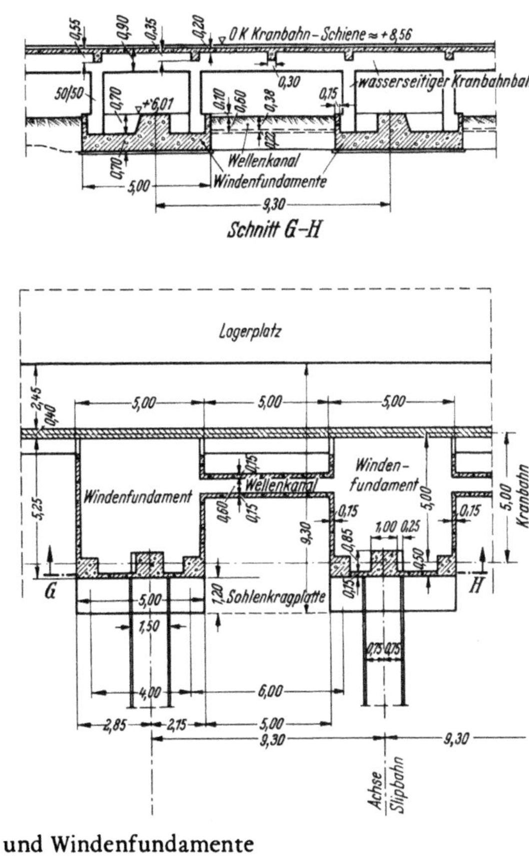

Abb. 7.3.2–2 Kranbahn und Windenfundamente

Zum Aufschleppen der 2000 t schweren Schiffe einschließlich der 13 je 8 t schweren Keilwagen wurde eine maximale Gesamt-Windenzugkraft von 520 t benötigt. Um sie übertragen zu können, wurde vor Kopf jeder der 13 Slipbahnen ein Windenfundament aus Stahlbeton errichtet (Abb.7.3.2–2). Der Antriebmotor wurde in der Mitte der Anlage angeordnet. Eine schwere durchlaufende Welle übertrug sein Drehmoment gleichmäßig auf alle Winden, so daß auf allen Slipbahnen die gleiche Windenzugkraft von 40 t wirksam wurde (Abb.7.3.2–2). Die Windenfundamente wurden hinten mit einer durchlaufenden Abschlußwand versehen. Sie stützte den Lager- und Werkplatz gegen die Slipbahn ab. Gleichzeitig bildete sie die landseitige Laufbahn für den über der Windenanlage verkehrenden Werftkran mit 5,0 m Stützweite. Die wasserseitige Laufbahn des Kranes überspannte als durchlaufender Stahlbetonbalken die Öffnungen für die Windenseile und den Zwischenraum zwischen den Windenfundamenten.

Die Anlage wurde zunächst nur für kleinere Schiffe mit 8 Bahnen gebaut. Sechs Jahre nach Inbetriebnahme wurde sie dann für Seeschiffe mit bis zu 2000 t Aufschlepplast durch die Errichtung von 5 zusätzlichen Bahnen erweitert. Sie hat sich im Betrieb bewährt.

7.3.3 Längsslipanlage für die Reparatur von Schiffen mit bis zu 500 t Aufschlepplast an einem Tidestrom in Thailand (vgl. auch Kap.18.3.8)

7.3.3.1. Allgemeines

Ende der fünfziger Jahre entschloß sich das zuständige Ministerium der Regierung von Thailand zur Errichtung der hier behandelten Längsslipanlage. Sie bestand im ersten Ausbau aus der eigentlichen Slipbahn ~ 1 : 12 mit 3 wasserseitigen schweren Führungsdalben und der oben vorgesetzten Windenanlage, zwei seitlichen Reparaturplätzen und flankierenden Ufermauern zum Teil in Pierkonstruktion mit OK auf MSL + 2,24 m. Hinzu kamen noch die Gebäude für die Werkstatt, Verwaltung u. dgl. Im zweiten Ausbau sollten weitere Ufermauerabschnitte errichtet und die Arbeitsplattform nach Westen erweitert werden.

Die allgemeine Anordnung der Bauwerke kann aus Abb.7.3.3–1 entnommen werden. Sie war bedingt durch die Lage der bestehenden Eisenbahnlinie zum Strom und die sonst bereits vorhandene oder verbindlich geplante benachbarte Bebauung. Es ergab sich dabei ein verhältnismäßig günstiger Winkel der Slipbahn zum Tidestrom, in dem eine maximale Fließgeschwindigkeit von 1,60 m/s auftreten konnte. Auch die Ein- und Ausfahrmanöver zum nördlich anschließend geplanten Trockendock konnten später nicht behindert werden.

Als maßgebende Wasserstände im Strom, bezogen auf MSL, mußten berücksichtigt werden:

HHThw	=	+ 1,8 m
MThw	=	+ 0,93 m
MSL	=	± 0,0 m
MTnw	=	− 0,45 m
NNTnw	=	− 1,63 m.

Mit folgenden Lasten mußte gerechnet werden:

Schiff	500 t
Unterwagen	~ 120 t
Oberwagen	~ 90 t
Nutzlast	2,0 t/m²
Mobilkran Krupp Ardelt, Typ 25 GM	
Pollerzug	30 t
Schiffsstoß	30 t
Windenzugkraft	120 t
Stopperschienenstoßkraft geneigt 70 t.	

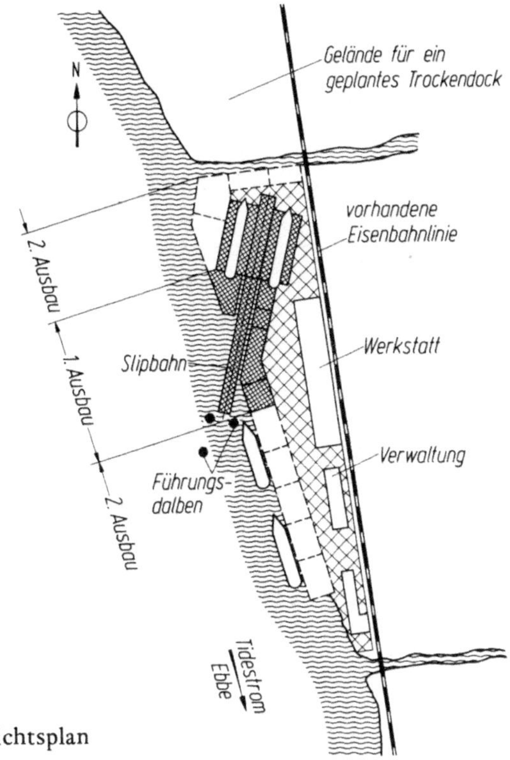

Abb. 7.3.3–1 Lage-Übersichtsplan

Bei einer Länge des größten zu slipenden Schiffs von 50 m zwischen den Loten mußte der keilförmige Unterwagen 40 m lang sein. Er erhielt eine durchgehend 13 m breite Arbeitsplattform, die auf 4 Kranschienenbahnen lief, wobei jeweils 2 Räder in einer Schwinge zusammengefaßt waren. Der Wagen konnte unter Vollast mit 3 m/min und leer – durch ein Umschaltgetriebe – mit 12,0 m/min bewegt werden. Die Windenzugkraft von 120 t verteilte sich auf 4 Seilzüge mit je 30 t. Mit Hilfe des Stoppers konnte der Wagen im oberen Laufbahnabschnitt so fixiert werden, daß die Seile auch ausgebaut werden konnten. Wenn der beladene Unterwagen in der oberen Endstellung war, konnten seine auskragenden Querträger mit den Betonwänden des anschließenden Reparaturplatzes waagrecht und lotrecht verriegelt werden (Abb.7.3.3–2 und –3). Anschließend konnte der Oberwagen mit dem Schiff über die Querlaufbahnen seitlich verholt und abgestellt werden.

Der obere Teil der Slipbahn war als Betonwanne ausgebildet, die durch Dammbalken abgeschlossen und trockengelegt werden konnte. So konnten im Bedarfsfalle auch am unteren Teil des Unterwagens Reparaturen ausgeführt werden, wobei der Wagen dann höher als üblich gezogen werden mußte.

Das Herunterholen des Wagens konnte notfalls auch durch Windenzüge unterstützt werden, wobei die Zugkraft über zwei Umlenkrollen, die an den beiden landseitigen Führungsdalben (Abb.7.3.3–2 und –3) angebracht waren, auf den Unterwagen ausgeübt wurde.

Für den Betrieb wurde gefordert, daß auch bei MTnw = MSL –0,45 m noch geslipt werden konnte. Dabei ergab sich folgende größte Tiefe der Slipbahn, wenn nachstehende Maßangaben berücksichtigt wurden:

Höhe des Unterwagens am unteren Ende	=	4,45 m
Höhe des Oberwagens mit Kielstapeln	=	1,2 m
Tiefgang des Schiffes bei Berücksichtigung von Schlagseite und Wellengang	=	3,5 m
Höhendifferenz zwischen Slipbahn und Unterkante Unterwagen	=	0,2 m
Summe	=	9,35 m.

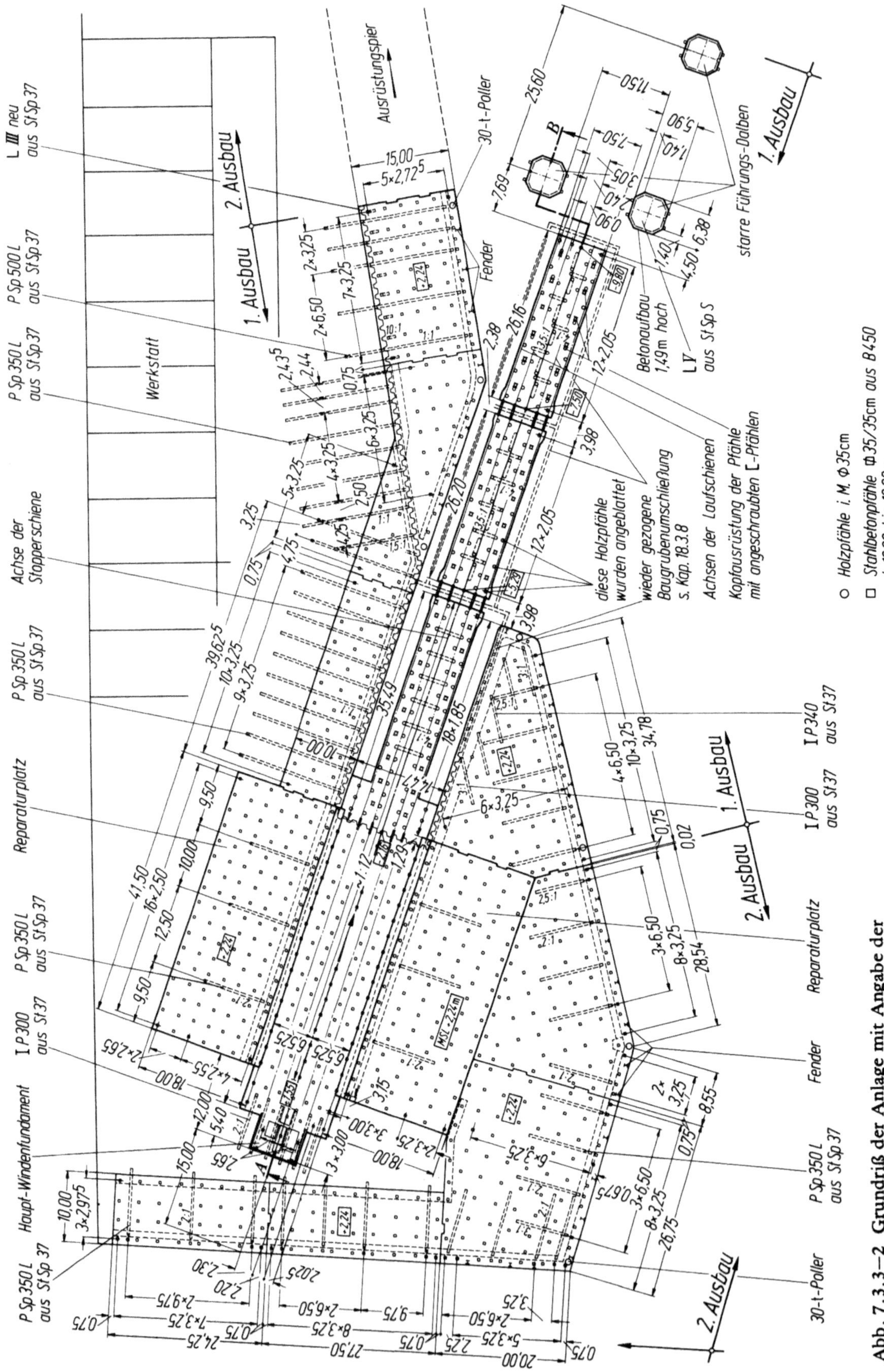

Abb. 7.3.3–2 Grundriß der Anlage mit Angabe der Gründungselemente

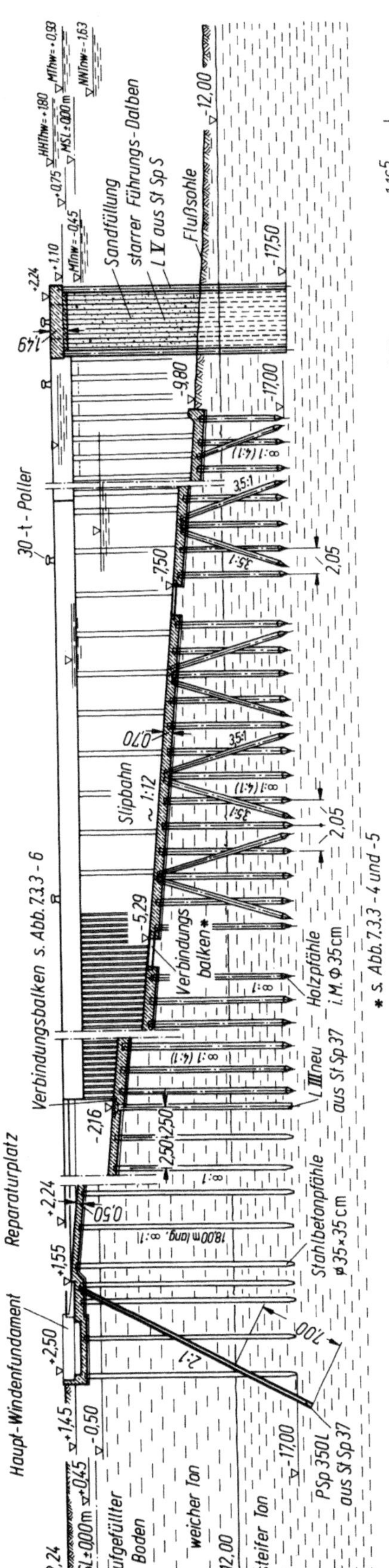

Abb. 7.3.3–3 Längsschnitt durch die Slip-Bahn

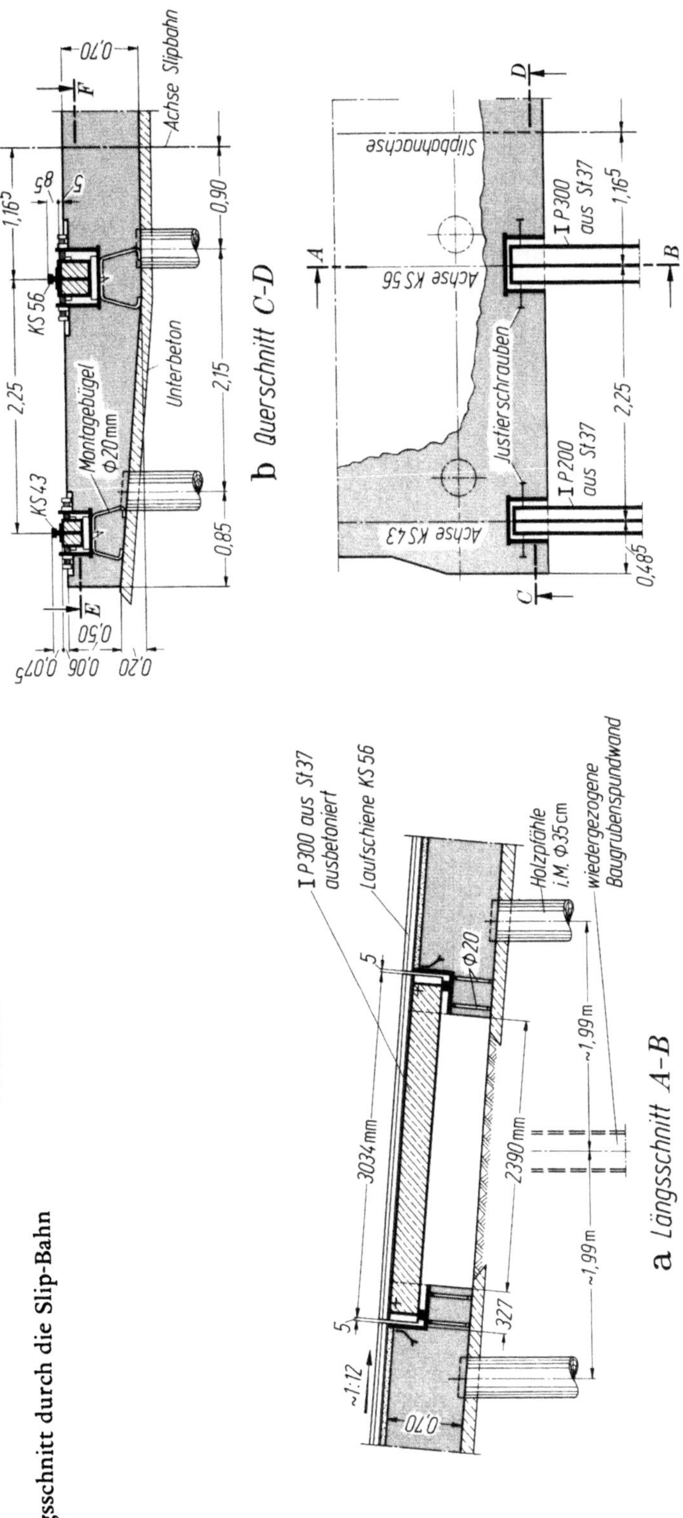

Abb. 7.3.3–4 Ausbildung der Slipbahn im Tiefteil

OK Slipbahn am unteren Ende ergab sich somit auf MSL – (0,45 + 9,35) = MSL – 9,8 m (Abb.7.3.3–3).

Für die Projektbearbeitung waren die geltenden DIN und die einschlägigen Empfehlungen des Arbeitsausschusses „Ufereinfassungen“ (EAU) verbindlich.

7.3.3.2 Bodenverhältnisse, Bodenkennwerte und zulässige Pfahlkräfte

Die Bodenverhältnisse waren ziemlich einheitlich. Von Geländeoberkante bis MSL –12,00 m stand im allgemeinen weicher und darunter etwas steiferer Ton an. Dafür wurde mit folgenden Bodenkennwerten gerechnet:

Für den unkonsolidierten Zustand:

oberer Ton:	unterer Ton:
γ/γ_a = 1,6/0,6 t/m³	γ_a = 1,0 t/m³
ρ_{ur} = 0	ρ_{ur} = 0
c_{ur} = 1,5 t/m²	c_{ur} = 7,0 t/m².

Für den konsolidierten Zustand:

oberer Ton:	unterer Ton:
γ/γ_a = 1,6/0,6 t/m³	γ_a = 1,0 t/m³
ρ_r' = 15°	ρ_r' = 27,5°
c_r' = 1,0 t/m²	c_r' = 2,5 t/m².

Aufgrund von Probebelastungen, die benachbart unter gleichen Verhältnissen durchgeführt worden waren, konnten bei Pfählen, die mindestens 5 m in den unteren Ton einbanden, folgende Pfahldruckkräfte zugelassen werden:

Stahlbetonpfähle 35/35 cm; P_{zul} = 40 t
Holzpfähle im Rammzustand i. M. ϕ 35 cm; P_{zul} = 30 t.

Bei den Stahlankerpfählen konnte, wenn sie mindestens 6 m in den unteren Ton einbanden, eine Grenzlast-Mantelreibung q_{mr} = 5,0 t/m² angesetzt werden. Für kurzfristige Belastungen wurde in den Lastfällen 2 und 3 im oberen Ton eine Grenzlastmantelreibung q_{mr} = 2,0 t/m² berücksichtigt.

7.3.3.3 Konstruktive Lösung und Baudurchführung

Unter den gegebenen Verhältnissen mußte die gesamte Anlage auf stehenden Pfählen im unteren Ton gegründet werden. Die Lösung im Gesamten mit Unterteilung in Baublöcke und Anordnung der Gründungspfähle ist auf den Abb.7.3.3–2 und –3 dargestellt. Der Tiefteil der Slipbahn wurde in drei voneinander unabhängigen Baublöcken im Schutze einer jeweiligen Umspundung im Trockenen hergestellt (Abb.7.3.3–2 und –3). Einzelheiten hierzu sind im Kap. 18.3.8 behandelt.

Die Bahn besteht aus einer 7,5 m breiten, 0,5 bis 0,7 m dicken Platte aus Stahlbeton der Güte B 225. Auf ihr wurden die Laufschienen – KS 43 außen und KS 56 innen – befestigt. Die Laufbahnplatte ruht auf der erforderlichen Anzahl von Holzpfählen, die gleichlaufend mit der Umspundung in den jeweils erforderlichen Neigungen gerammt wurden und dabei etwa gleich hoch wie die Umspundung reichten. Sie wurden nach dem Trockenlegen der jeweiligen Spundwandbaugrube so abgeschnitten und in die Stahlbetonplatte eingebunden, daß sie ihrer jeweiligen Tragfunktion einwandfrei nachkommen konnten.

In den Bereichen, in denen die später wieder zu ziehenden Querspundwände standen, mußten die Schienen über besonders gestaltete und unter Wasser einwandfrei montier- und

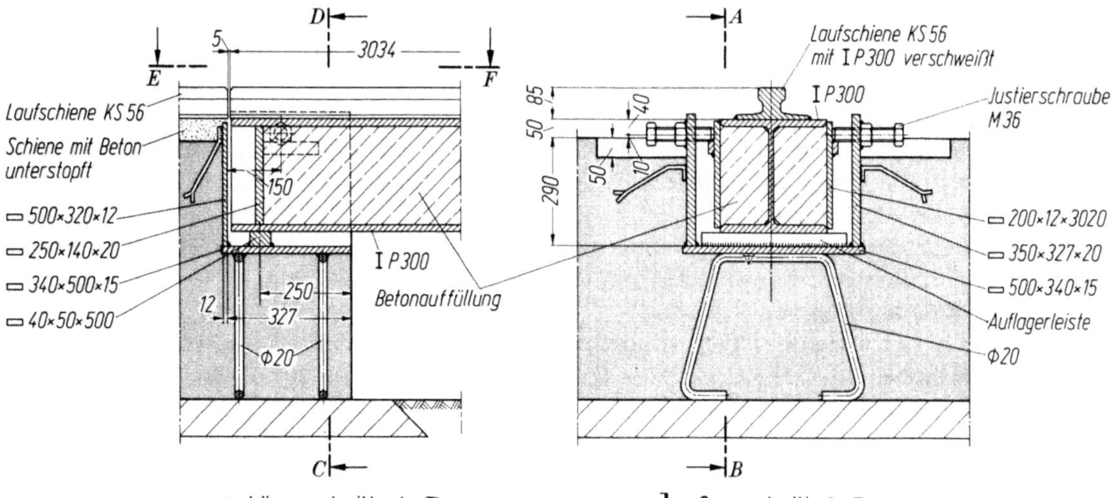

a *Längsschnitt A–B*   b *Querschnitt C–D*

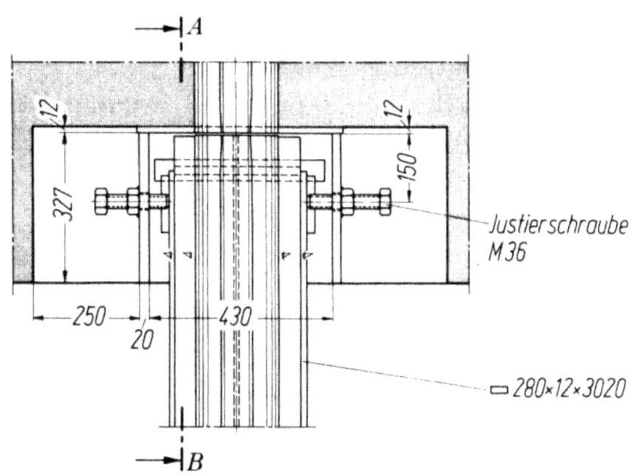

c *Draufsicht E–F*

Abb. 7.3.3–5 Ausbildung der mittleren Laufbahnen im Übergangsbereich zwischen den Bauabschnitten

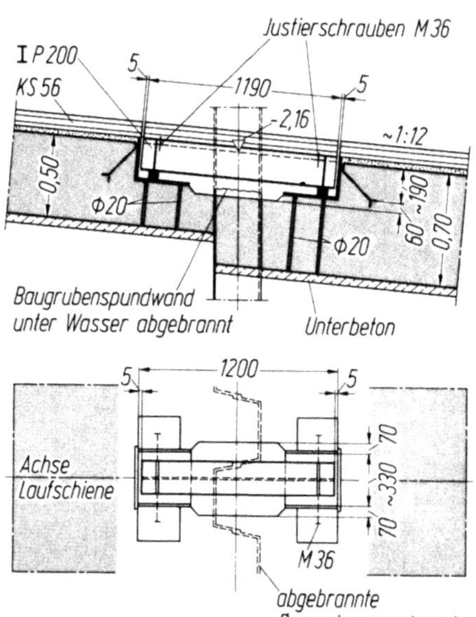

Abb. 7.3.3–6 Ausbildung der Laufbahnen am Übergang vom Tiefteil zum Mittelabschnitt

seitenjustierbare Gleisbrücken aus Stahl geführt werden (Abb.7.3.3–4, –5 und–6). Die richtige lotrechte Lage konnte bei den Bauarbeiten in trockener Baugrube von vornherein gewährleistet werden. Die Seitenjustierung wurde von Tauchern mit Hilfe von waagerechten Justierschrauben vorgenommen.

Alle über Wasser liegenden Pieranlagen erhielten eine zur Vereinfachung der Bauausführung nicht gegliederte, durchlaufende, unmittelbar befahrbare Platte aus Stahlbeton der Güte B 225, bewehrt mit BSt 1.

Alle auf die Pierplatten und Kaimauern wirkenden waagerechten Kräfte wurden durch gerammte Stahlankerpfähle – im allgemeinen PSp 350 L aus StSp 37 – in den Neigungen 1 : 1 bis 3 :1 aufgenommen

Außerhalb des Tiefteiles der Slipbahn wurden alle lotrechten Lasten und Kräfte mit Stahlbetonrammpfählen 35/35 cm aus B 450 in den tragfähigen Baugrund abgeleitet (Abb.7.3.3–2 und –3).

In der Mittelachse des oberen Teils der Slipbahn wurde auf 76 m Länge eine Stopperschiene eingebaut. Es war eine Schiene aus Stahlguß mit oberen Nocken, die unten auf ein I-Profil geschweißt war, das in die Betonplatte einbetoniert wurde (Abb.7.3.3–2).

Die starren Führungsdalben mit den Außenabmessungen 5,98/5,50 m wurden als Spundwandkästen mit Sandauffüllung und Stahlbeton-Kopflatte hergestellt. Sie wurden mit Material umspundet, das früher zum Umschließen der Slipbahnbaugruben verwendet und wiedergewonnen worden war.

Die Bauarbeiten liefen – abgesehen von Schwierigkeiten bei der untersten Tiefteilbaugrube, ausgelöst durch örtlich schlechten Baugrund, die in Kap.18.3.8 beschrieben sind – planmäßig ab.

Die flach geneigten Stahlankerpfähle wurden – da eine Spezialramme nicht zur Verfügung stand – mit einem auf der Baustelle entwickelten und hergestellten Behelfsgerät gerammt.

8. Schiffschleusen, Sperrwerke, Wehranlagen, Siele und Schöpf-, Pump-, Ein- und Auslaufbauwerke

8.1 Allgemeines über Seeschleusen

8.1.1 Ausbildung der Schleusenkammern

Auf die Kammersohle wirkt nur der Unterschied zwischen dem Grund- und dem Schleusenwasserstand belastend. Daher werden nur verhältnismäßig geringe Sohlendicken benötigt, sofern bei entsprechenden Bodenverhältnissen auf eine durchgehende Sohle bzw. auch auf eine durchlässige Sohlenbefestigung in der Kammer nicht ganz verzichtet werden kann. Auch die Seitenwände der Seeschleusen erhalten im allgemeinen nur Belastungen, die ohne Schwierigkeiten aufgenommen werden können.

Deshalb ist der überwiegende Teil der Sohlen der Seeschleusenkammern entweder unbefestigt oder mit durchlässigem Säulenbasalt- oder Betonpflaster ausgeführt worden. Nur wenige Schleusenkammern erhielten eine massive, gegen vollen Wasserdruck gesicherte Sohle. Eine solche Lösung ist nur erforderlich, wenn die Schleusenkammer fallweise trokkengelegt werden muß.

Seeschleusen sind dann immer in offener, trockengelegter Baugrube errichtet worden, wenn die Bodenverhältnisse eine entsprechende Senkung des Grundwasserspiegels erlaubten. Diese Bauweise ist für das Herstellen der Betonbauteile die statisch, konstruktiv und ausführungsmäßig beste Lösung.

Die Seitenwände der Seeschleusenkammern werden am einfachsten in Spundwand- oder Pfahlrostbauweise hergestellt, wobei die Stahlspundwände und die Pfähle ausreichend tief in den unter dem Bauwerk anstehenden tragfähigen Boden gerammt werden müssen. Steht — was an der deutschen Nordseeküste im allgemeinen der Fall ist — in erreichbarer Tiefe diluvialer, bindiger Boden an, werden die Stahlspundwände möglichst in diesen hineingerammt. Hierdurch wird die Schleusenkammer dann weitgehend wasserdicht eingeschlossen.

Steht über solchen tragfähigen, bindigen Schichten jedoch schweres Geröll an, muß dieses im Bereich der Spundwände vor dem Rammen durch einen Bagger- oder Großbohrpfahlschlitz oder dergleichen beseitigt und durch eingefüllten Sand ersetzt werden. Nur dann ist sichergestellt, daß die Spundwände ohne schwere Schloßschäden eingebracht werden können.

Für die Seitenwände kommen aber auch Druckluft-, Brunnen- oder ähnliche Gründungen und kombinierte Bauweisen in Frage, sofern eine Schleuse nicht in gesundem Fels errichtet wird und dann eine leichte Wandverkleidung ausreicht.

8.1.2 Torverschlüsse und Umläufe

Als Verschlüsse von Seeschleusen werden vereinzelt Stemmtore, im allgemeinen aber Schiebetore angewendet. Die Schleusenkammern werden durch Umläufe gefüllt und geleert. Sie laufen entweder längs der Kammerwände mit Stichkanälen in die Sohle, unter dem Drempel, zwei- oder einseitig durch die Schleusenhäupter, und in letzterer Zeit vor allem als Durchlässe durch die Schiebetore. Die Umläufe und ihre Ein- und Austrittsöffnungen bzw. die Tordurchlässe müssen dabei so gestaltet und ausgerüstet werden, daß das Wasser möglichst gleichmäßig und mit geringer Geschwindigkeit ein- bzw. austritt. Hierdurch wird das Auskolken einer unbefestigten Sohle inner- und außerhalb der Schleusenkammer vermieden, und die in der Schleuse liegenden Schiffe werden nicht durch die Wasserbewegungen gestört. Die Formgebung der Umläufe und vor allem der Tordurchlässe und ihrer Einbauten muß daher durch Modellversuche mit verschiedenen Wasserständen so festgelegt werden, daß sich im

Fließquerschnitt keine Wasserstränge ablösen können, die unabhängig vom sonstigen langsamen Gesamtdurchfluß mit großer Geschwindigkeit durchschießen und austreten.

Um möglichst wenig bewegliche Teile unter Wasser zu haben, wird heute bei den Schiebetoren fast allgemein das „Schubkarrensystem" angewendet. Bei diesem ruht das Tor vorn auf einem Unterwagen, der auf Schienen, die auf der Torkammersohle befestigt sind, läuft. Hinten ruht es auf einem oberhalb des höchsten Wasserspiegels laufenden Oberwagen.

Die Verbindung zwischen Antrieb und Tor hat verschiedene Wandlungen durchgemacht. Heute hat sich der elektrische Antrieb mit unterteilter, in die Torkammer umlenkbarer Zahnstange – die an den Oberwagen angeschlossen ist – weitgehend durchgesetzt.

Die schweren Unterwagenschienen werden in 6–10 m langen Abschnitten wie schwere Kranschienen auf der Torkammersohle verlegt und befestigt. Bei ihrer Bemessung sind ausreichende Reserven für Verschleiß und Korrosion einzurechnen. Die Schienen werden so angeschlossen, daß sie mit Hilfe einer Taucherglocke leicht ausgewechselt werden können und es bei Reparaturen nicht mehr erforderlich ist, die Schleusenhäupter trockenzulegen. Hierdurch können beachtliche Baukosten eingespart werden. Im Gegensatz dazu erhalten die Torkammern auch heute noch Dammbalkenverschlüsse, so daß sie bei eingeschobenem Tor trockengelegt werden können. Im Bedarfsfalle kann das Tor dann in der Torkammer überholt oder konserviert werden.

8.1.3 Toranschläge und Torkammerbauwerke

Im Gegensatz zu den Schleusenkammern erhalten die Schleusenhäupter wegen der Torbewegungen in jedem Falle eine durchgehende Beton- oder Stahlbetonsohle. Gegen Unterspülen wird sie mit Spundwänden eingefaßt oder fallweise an den Seiten genügend tief in vorhandenen Fels eingebunden.

Um die Jahrhundertwende wurden in Norddeutschland in einigen Fällen die Sohlen der Schleusenhäupter nach dem Unterwasser-Schüttverfahren aus Kalk-Traß-Beton hergestellt. Auch diese Sohlen haben den betrieblichen Anforderungen mehr als zwei Menschenalter lang genügt, auch wenn der Beton nach heutigen Qualitätsmerkmalen starke Mängel aufwies. Die heutigen Verfahren zum Herstellen von Unterwasserbeton, das Kontraktor- und das Colcrete-Verfahren, haben demgegenüber aber wesentliche technische Vorteile und sind bei Schleusen und schleusenartigen Bauwerken in den Jahren seit dem zweiten Weltkrieg oft mit Erfolg angewendet worden.

Auch das Druckluftverfahren eignet sich für Schleusenbauten. Da die Druckluft-Arbeitskammer auch unterteilt werden kann, ist es möglich, selbst Baukörper mit großen Grundflächen und damit jeweils ein ganzes Schleusenhaupt mit einem einzigen Senkkasten herzustellen. Hierbei können die senkrechten und waagerechten Toranschläge von vornherein in ihrer gegenseitig richtigen Lage ausgeführt und gesichert werden.

Bei den Wänden der Schleusenhäupter wurde früher häufig Massenbeton ohne Stahleinlagen verwendet. In den letzten Jahrzehnten haben sich schlankere Konstruktionen aus Stahlbeton durchgesetzt. Wegen der erforderlichen Maßhaltigkeit der Anschläge sollten aber vor allem bei Spundwandschleusen keine noch leichteren Konstruktionen angewendet werden.

Die Torkammerbauwerke werden als Halb- und Ganzrahmen ausgebildet. Letztere haben unzweifelhaft den konstruktiven Vorteil der wirtschaftlichen Ausbildung und der geringeren Durchbiegungen.

Bei den Toranschlägen müssen vor allem ungleiche Setzungen und Verschiebungen verhindert werden. Die von den Stahlbau- und Maschinenbauanstalten gestellten Forderungen auf Gewährleistung keiner oder nur äußerst geringfügiger Bewegungen der Toranschläge gehen allerdings oft zu weit. Selbstverständlich müssen nicht zu vermeidende ungleichmäßige Setzungen und Bewegungen aneinandergrenzender Baublöcke durch bauliche Maßnahmen auf ein Mindestmaß reduziert werden. Aber auch die Tore und ihre Antriebe müssen so gestaltet werden, daß ihnen gewisse Unterschiede in den Auflagerbedingungen zugemutet werden können. Allerdings muß hierzu rechtzeitig die erforderliche Abstimmung zwischen den beteiligten Gruppen stattfinden.

Die Einflüsse gewisser Bewegungsunterschiede bei den unteren und oberen Torlaufbahnen können im allgemeinen durch Schienenbrücken leicht unschädlich gemacht werden.

8.1.4 Schlußbemerkungen

Auch unter Benutzung einwandfreier Bodenaufschlüsse und Bodenuntersuchungen durchgeführte Setzungsberechnungen und nachfolgende Bauwerksbeobachtungen haben gezeigt, daß selbst heute noch die Ergebnisse der mit aller Sorgfalt durchgeführten Setzungsberechnungen so stark von den später gemessenen Setzungen abweichen, daß vom Gründungsingenieur keine auf Setzungsberechnungen fußenden Garantien für bestimmte auftretende Bewegungen und ihrer Unterschiede übernommen werden sollten. Dies gilt vor allem, wenn sich verschiedene Einflüsse, wie Hebungserscheinungen des Baugrundes nach großen Aushubarbeiten, Einflüsse großräumiger Grundwasserabsenkungen usw., überlagern und dabei auch noch geschichteter bindiger Baugrund ansteht. In solchen Fällen müssen die Häupter einschließlich ihrer Gründungen als ein zusammenhängender Baukörper so hergestellt werden, daß unzulässige Bewegungen einzelner Bauteile gegeneinander von vornherein unmöglich gemacht werden.

8.2 Ausgeführte Schleusenprojekte

8.2.1 Seeschleuse für Großschiffe an der Mündung eines Tideflusses in die Nordsee (vgl. auch Kap.2.2, 2.4, 3.3.2 und 18.3.10)

Als die Errichtung der hier behandelten neuen Seeschleuse für Großschiffe (Abb.8.2.1–1) im Jahre 1928 beschlossen war, wurde – wie im Kap.3.3.2 geschildert – der Untergrund sehr eingehend abgebohrt. Die dabei festgestellten Untergrundverhältnisse ergaben für die Häupterbaugruben folgendes Bild:

a) Die Dicke der Bodenschichten war stark wechselnd.
b) Die Oberfläche der diluvialen Sandschicht wies Höhenunterschiede bis zu 3 m auf, die des darunter anstehenden Tonmergels solche bis zu 6 m.

Es wurden daraufhin Bodenschichtenmodelle für den gesamten Bereich der Schleuse und insbesondere der Schleusenhäupter angefertigt, bevor der Beschluß über die Art der Bauausführung gefällt wurde (vgl. Abb.5.2.2.1–3, –4 und Abb.1.–7).

Bei der unverhältnismäßig großen freien Höhe des Geländesprunges von im Bauzustand rd. 20 bis 22 m, den erheblichen Abmessungen und teilweise schwierigen Untergrundverhältnissen wollte man auf die früher übliche Ausführung der Schleusenhäupter mit Unterwasser-Schüttbeton nicht wieder zurückgreifen. Dabei wurde berücksichtigt, daß laufende Messungen an einer in der zweiten Hälfte des vorigen Jahrhunderts erbauten Seeschleuse für die damaligen Regelschiffe des Weltverkehrs im gleichen Hafen im Laufe von rd. sieben Jahrzehnten doch größere Setzungen der bis 12 m dicken Unterwasser-Kalktrassbeton-Sohle ergeben hatten. Der Schleusenbetrieb war durch sie allerdings nicht gestört worden. Das Außenhaupt der alten Schleuse mit Stemmtorverschlüssen hatte sich in den ersten 34 Jahren um 91 mm gesetzt, kam dann aber zur Ruhe. Das Binnenhaupt mit einem auf Rollen laufenden Schiebetorverschluß setzte sich im gleichen Zeitraum um 44 mm, um dann gleichfalls zur Ruhe zu kommen.

Bei den vorliegenden Untergrundverhältnissen und der stark wechselnden Lage und Dicke der Sandschicht unter dem alluvialen weichen Klei mußte mit ähnlichen Setzungen für die Häupter (Abb.8.2.1–1 und –2) gerechnet werden, wenn nicht Abhilfemaßnahmen ergriffen wurden. Sie mußten eine Vorwegnahme von Setzungen vor allem des alluvialen Kleis und des unter dem Sand anstehenden diluvialen Tonmergels während der Bauzeit bewirken.

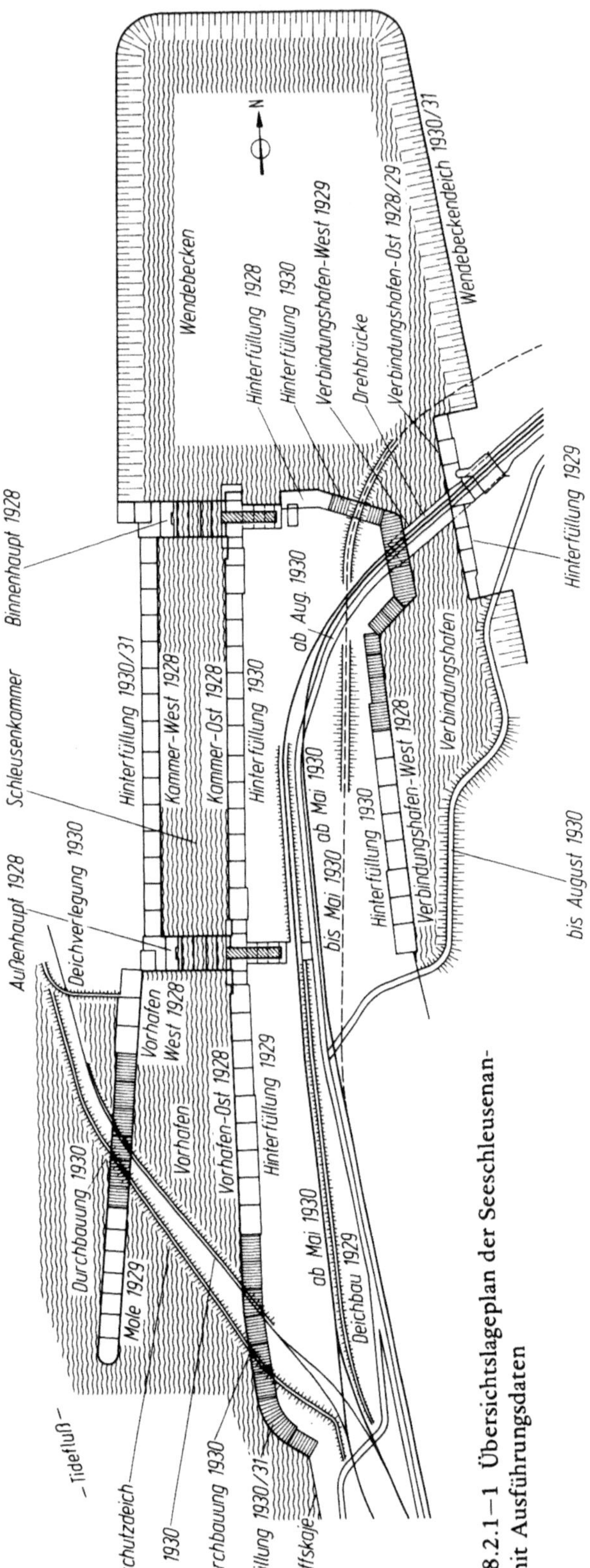

Abb. 8.2.1–1 Übersichtslageplan der Seeschleusenanlage mit Ausführungsdaten

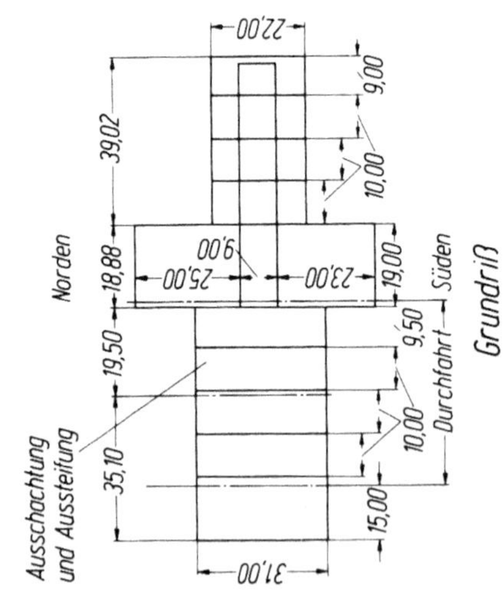

Abb. 8.2.1–2 Grundrißabmessungen des Außenhauptes

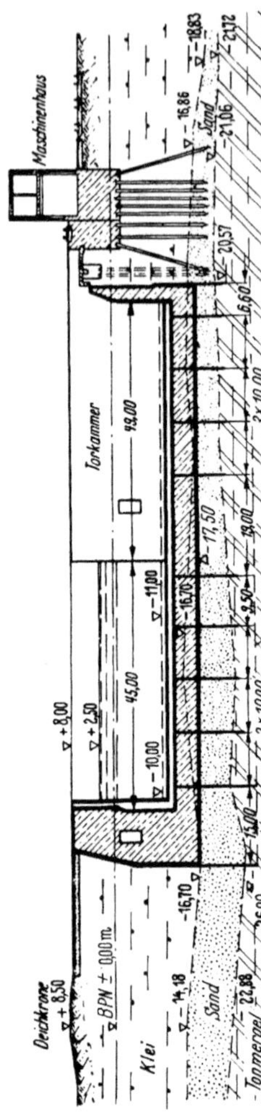

Abb. 8.2.1–3 Längsschnitt durch die Torkammer des Außenhauptes

Dieses wurde durch eine tiefe Grundwasserabsenkung erreicht, die durch Wegfall des auf den Boden wirkenden Auftriebes im abgesenkten Bereich eine erhebliche zusätzliche Belastung des Untergrundes während der Absenkzeit zur Folge hatte. In der durch die tiefe Grundwasserabsenkung geschaffenen trockenen Baugrube konnten die Bauteile der Schleusenhäupter aus Stahlbeton hergestellt werden, was eine wesentliche Verminderung der Sohlendicke, aber auch der sonstigen Querschnitte der Häupterbauwerke ermöglichte. Die tiefen Häupterbaugruben erforderten aber besondere Sicherungen und sorgfältig abgestimmte Bauvorgänge, die im Kap.18.3.10 behandelt sind. Dabei mußten die untersten rd. 10 m der Häuptergründungen im Schutze einer ausgesteiften Umspundung hergestellt werden. Die Schleusenhäupter wurden durch weitere Quer- und Längsspundwände nach Abb.8.2.1–2 und –3 in 12 Baublöcke unterteilt.

Da bei den schwierigen Untergrundverhältnissen auch mit erheblichen unterschiedlichen Setzungen der einzelnen Häupterbaublöcke zu rechnen war, wurde folgender Bauvorgang gewählt:

Zuerst wurde jeweils der dritte Sohlenblock der Häupter von Osten ab gerechnet ausgehoben und dabei ausgesteift, dann bewehrt und betoniert. Anschließend folgten umschichtig die weiteren Sohlenblöcke (Abb.18.3.10–2). Dann konnte jeweils der dazwischen liegende Baugrubenabschnitt ohne Aussteifung der Querspundwände gegeneinander ausgehoben und betoniert werden. Nachdem alle Sohlblöcke fertig betoniert waren, wurde der aufgehende Beton für die Torkammern und die Toranschlagblöcke hergestellt.

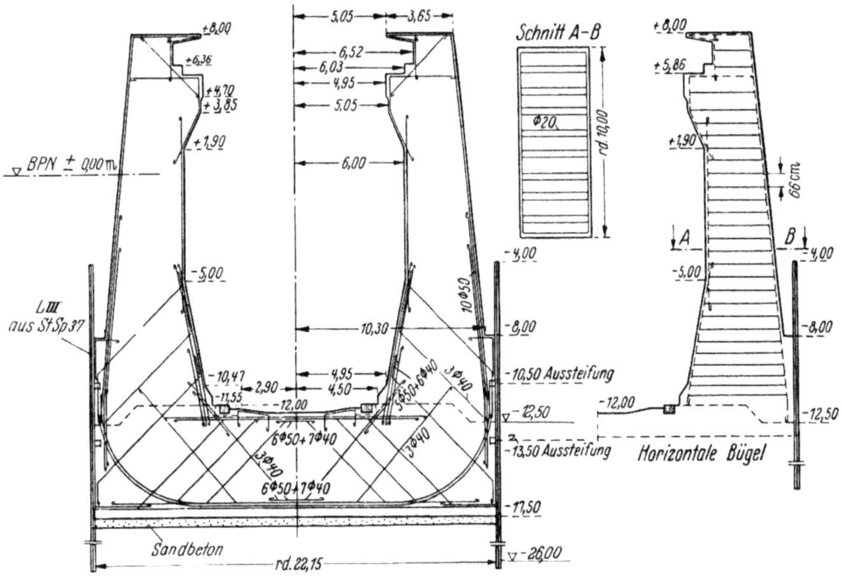

Abb. 8.2.1–4 Querschnitt durch die Torkammer mit Bewehrungsangaben

Die Torkammern aus Stahlbeton wurden als Halbrahmen ausgebildet (Abb.8.2.1–4). Um Auswirkungen der unterschiedlichen Setzungen für die Torlaufbahnen auszuschalten, wurden in der Sohle zunächst Aussparungen vorgesehen. In diese wurden erst kurz vor dem Fluten der Schleusenbaustelle die Torlaufschienen auf besonderen Montagegerüsten aus Stahl abgesetzt, justiert und sodann einbetoniert. Zu diesem Zeitpunkt waren nach dem gemessenen Setzungsverlauf der einzelnen Häupterbauteile die Setzungen nahezu abgeklungen.

Auf ein Verblenden der Betonaußenflächen wurde verzichtet, einmal um die vollen Bauwerkquerschnitte auch beim Bemessen der Bewehrung voll ausnutzen zu können und um andererseits zu möglichst hohen Betonierabschnitten und damit zu möglichst wenigen waagerechten Arbeitsfugen zu kommen. Die Bewehrung wurde an besonderen Montagegerüsten aus Stahl montiert.

Auf 1 m^3 fertigen Beton wurden folgende Zuschlagstoffmengen verwendet: 268 kg Hochofenzement, 44,6 kg Trass und 1800 kg Sand und Kies.

Aufgrund hydraulischer Modellversuche wurden die Schleusenumläufe nicht mehr um die Torkammern herum, sondern durch die Torkammern geführt. Die jeweiligen Ein- und Ausmündungen der Umläufe wurden trompetenförmig erweitert. Die Füllzeit der Schleuse betrug beim größten Wasserstandunterschied von rd. 4 m etwa 29 min und beim durchschnittlichen Unterschied von rd. 2 m etwa 18 min.

Weitere Einzelheiten der Schleusenanlage, insbesondere auch die Unterteilung der Schleusenkammerwände in Baublöcke, und die wichtigsten Daten für die Bauausführung können der Abb. 8.2.1–1 entnommen werden. Die Ausbildung der Schleusenkammerwände ist aus Abb. 5.2.2.1–5 ersichtlich. Die Schleusenkammer erhielt keine Sohlenpflasterung. Sie wäre beim häufig erforderlichen Schlickbeseitigen auch zu sehr gefährdet worden.

Das Bauwerk hat sich in den vergangenen viereinhalb Jahrzehnten bewährt.

8.2.2 Doppelseeschleuse für Großschiffe an der deutschen Nordseeküste

8.2.2.1 Allgemeines

Für die Erweiterung wichtiger Marine-Hafenanlagen Mitte der dreißiger Jahre wurde auch der Bau einer Seeschleuse für Großschiffe erforderlich. Die Bauverwaltung, in deren Händen die Generalplanung lag, stellte besonders hohe Anforderungen an die Betriebssicherheit der Schleuse unter Berücksichtigung von Schutzmaßnahmen gegen Bombenschäden. Die Anlage wurde daher als Doppelschleuse geplant, mit 150 m Abstand der Schleusenachsen. Die Kammern für die Schiebetore wurden mit 4,5 m dicken Schutzdecken versehen. Für jede Schleuse wurde am Außen- bzw. am Binnenhaupt eine weitere überdeckte Kammer mit

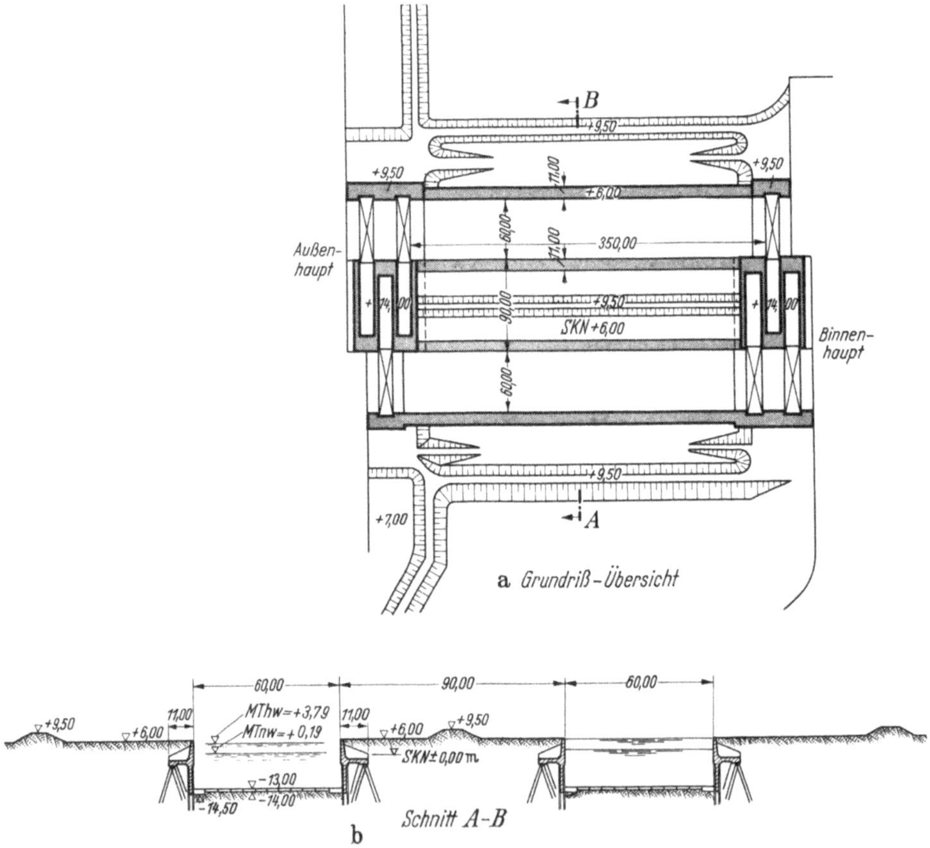

Abb. 8.2.2–1 Grundriß-Übersicht und Querschnitt der Doppel-Seeschleuse

einem darin befindlichen Reserveschleusentor angeordnet, so daß im Fall einer Beschädigung der im Betrieb befindlichen Tore in jeder Schleuse sofort ein betriebsfertiges Ersatztor zur Verfügung stand (Abb.8.2.2–1 und –2).

Die Abmessungen der Schleusenanlage wurden wie folgt festgelegt:

400 m größte Länge zwischen den Außentoren bzw. 350 m Länge bei Betätigung des jeweiligen Innentors.

60 m Breite in den Schleusenkammern und in den Häuptern.

Sohlenlage der Drempel und der Kammern auf SKN – 13,0 m, was bei den Wasserständen MTnw = SKN + 0,19 m und MThw = SKN + 3,79 m Durchfahrtstiefen von rd. 13,3 bis rd. 16,8 m ergab.

Damit war auch eventuell havarierten Schiffen mit übergroßem Tiefgang die Zufahrt zu den im neuen Hafen geschaffenen Reparaturanlagen möglich.

Als weitere Sicherheitsmaßnahme wurde die gesamte Schleusenanlage in den Landesschutzdeich mit einer Kronenhöhe auf SKN + 9,5 m mit einbezogen, so daß auch bei Schäden an einer der Schleusenkammern oder an einer Seite der Torverschlüsse der Sturmflutschutz noch gewährleistet war.

8.2.2.2 Bodenverhältnisse und zugelassene Bodenpressungen

Der Baugrund bestand – vor allem in größeren Tiefen – aus dichtgelagertem diluvialen Feinsand. In den höheren Lagen war er lockerer mit gelegentlichen schmalen Bändern von stark humosem Ton und von Muschelbänken. Die Untersuchungen der Bauverwaltung ergaben Reibungswerte für die statischen Berechnungen von ρ_r = 30 bis 32,5° bei einem Raumgewicht von γ/γ_a = 1,8/1,0 t/m^3 und eine zulässige Belastung des Untergrunds für die Häupterbauwerke bis zu 6 kg/cm^2. Gegenüber der Vorbelastung aus der vorhandenen Überdeckung ergab dies eine zusätzliche Belastung von 3,7 kg/cm^2. Hiergegen war nichts einzuwenden, zumal durch die erforderliche tiefe Grundwasserabsenkung bereits eine weitere Vorbelastung des Baugrundes eintrat.

8.2.2.3 Einzelangaben zur technischen Lösung

Die Breite der Schleuseninsel von 90 m ermöglichte es, die beiden Torkammern eines Schleusenhauptes mit ihren Maschinenanlagen und Toranschlägen gemeinsam mit der Torkammer der zweiten Schleuse in einem großen Baublock von rd. 72 × 98 m Grundrißfläche – durch Dehnungsfugen unterteilt – unter einer einheitlichen, 4,5 m dicken Bombenschutzdecke zusammenzufassen.

Bei der gewählten Lösung nach Abb.8.2.2–2 sind die Torkammern statisch gesehen vierstielige Rahmen, bei denen die Schutzdecke als Riegel noch jeweils 5 m seitlich überkragt.

Die Anordnung der Schleusenkammern, der zugehörigen Torkammern mit den Maschinenräumen und der Toranschlagblöcke kann Abb.8.2.2–1 entnommen werden. Die Einteilung der Häupterbauwerke in einzelne Baublöcke ist aus Abb.8.2.2–2 im Detail ersichtlich. Die maximale Bauwerkhöhe von Unterkante Sohle bis zur Oberkante der Schutzdecke beträgt 33,15 m bzw. von OK der Durchfahrtsohle 27,0 m. In den anschließenden Kammern haben die Wände die Kräfte aus einem 19 m hohen Geländesprung aufzunehmen.

Um den sehr erheblichen Baugrubenaushub möglichst einzuschränken und die einzelnen Baublöcke jeweils für sich gründen und später hochziehen zu können, schließlich auch als Sicherung gegen Unterläufigkeit, wurde die Baugrube der Häupter durch eine Reihe von Spundwänden unterteilt. Innerhalb dieser einzelnen Spundwandkästen wurden die Baublöcke unmittelbar auf dem Sand gegründet.

Grundsätzlich wurde bei den Betonbauwerken der Schleusenhäupter und bei den Kaimauern größter Wert auf möglichst wenige horizontale Fugen gelegt. Die Schütthöhen betrugen teilweise bis zu 15 m, wobei gefordert wurde, daß die Betonschüttrohre immer in den Beton hineinragten. Die wenigen horizontalen Arbeitsfugen wurden verzahnt und mit Rundstahl-Dübeln versehen. Vor dem Weiterbetonieren wurden die Oberflächen aufgerauht. Die schwe-

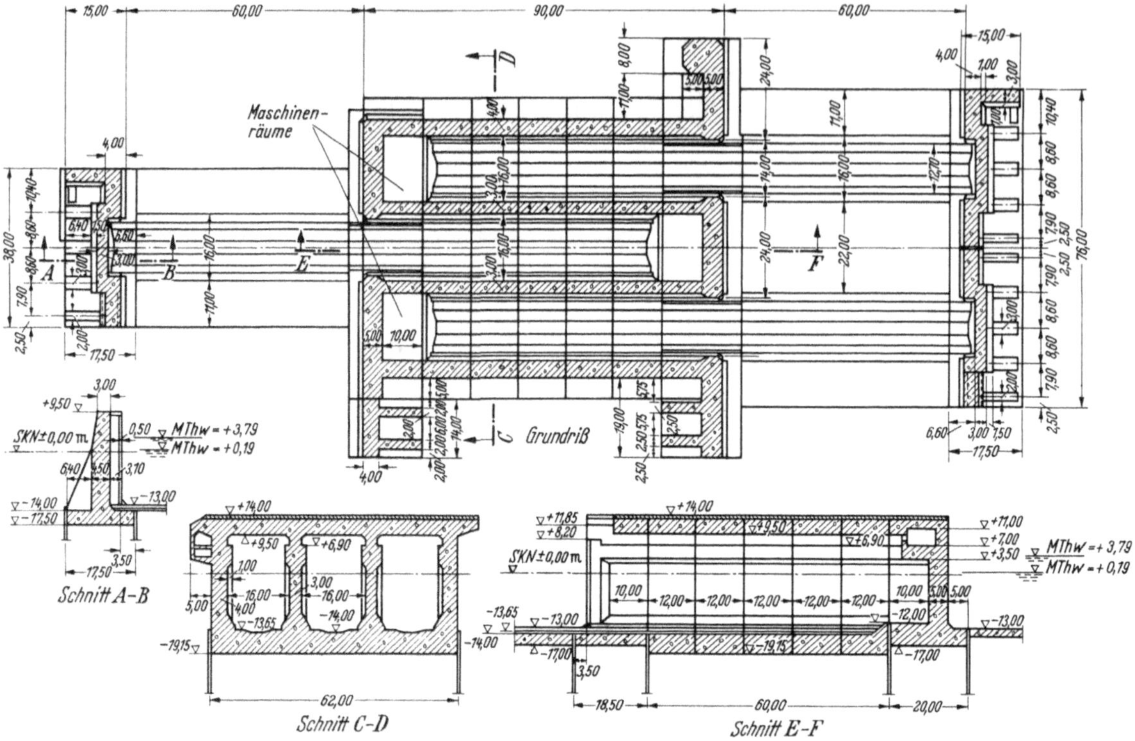

Abb. 8.2.2–2 Grundriß, Quer- und Längsschnitt für das Außenhaupt der Doppel-Seeschleuse

ren Torkammer- und Anschlagbauwerke wurden zuerst betoniert, da sie größere Setzungen erwarten ließen als die nur rd. 6 m dicken Sohlenblöcke der Durchfahrten.

Für die Dichtung der Fugen in den Häuptern wurde anfangs Bleiwolle in der Weise verwendet, daß zwischen den zueinander geneigten Flachstählen des Kantenschutzes zuerst ein mit Teer getränkter, weicher Strick und nachher Bleiwolle verstemmt wurde. Später wurde anstelle der damals schwer zu beschaffenden Bleiwolle Bitumen mit einem Kunststoff-Fugenband verwendet.

Nach dem Setzen der Bauwerke wurden die oberen und die unteren Torlaufschienen mit stählernen Montagegerüsten als Einbaulehren montiert und sorgfältig vergossen.

Für die senkrechten und die waagrechten Toranschläge waren Stahlgußplatten vorgesehen, die vor dem Betonieren eingebaut und an besonderen Toranschlagsäulen befestigt wurden. Auf diese Weise konnte unter sorgfältiger Behandlung des eingebrachten Betons ein fester Anschluß der Panzerung an den hochbelasteten Bauwerkskanten erreicht werden.

Wie richtig es war, die Torkammern und die Toranschlagsbauwerke zuerst zu betonieren, ergab die spätere Kontrolle der Setzungen. Nach einem Zeitraum von rd. 4 Jahren schwankten die Setzungen des Torkammerbauwerkes am Außenhaupt zwischen rd. 50 und 70 mm und die der Anschlagbauwerke zwischen rund 20 und 40 mm. Am Binnenhaupt lagen die Setzungen des Torkammerbauwerkes zwischen rd. 40 und 50 mm und die der Anschlagbauwerke zwischen rd. 30 und 50 mm. Das niedrigere Setzungsergebnis im Binnenhaupt war darauf zurückzuführen, daß das Binnenhaupt später ausgeführt wurde, die Grundwasserabsenkung einen höheren Einfluß hatte und außerdem die Gründungssohle durch Stampfen verdichtet worden war.

Die Schleusenkammerwände wurden als Pfahlrostbauwerke entworfen und gebaut, wobei die Vorderwand unterhalb des mit Rippen ausgesteiften Winkelmauerüberbaues als schwere Betonschürze zwischen Spundwänden ausgeführt wurde (vgl. auch Kap. 5.2.2.2).

Die Schleusenkammersohle wurde als großflächiges, 1 m dickes Betonplattenpflaster auf einer Kiesfilterunterlage hergestellt, dessen Fugen mit Filterkies aufgefüllt wurden. Auf diese Weise wurde ein Herausspülen des anstehenden Sandes verhindert. Die Sohlenplatten vor den

Kammermauern wurden zur besseren Stützung des Spundwandfußes 5,0 m breit und 1,5 m dick ausgeführt.

In den Schleusenkammern wurden zur Aufnahme des geforderten Pollerzuges von 200 t jeweils drei Kaimauerblöcke miteinander waagerecht verzahnt.

Bei der Berechnung der Kaimauern wurde eine gleichmäßig verteilte Bomben-Ersatzlast als Auflast auf dem Gelände angenommen. Sie wurde nach der Wirkung einer Bombe von 1 t Gewicht aus 4500 m bzw. von 4,5 t Gewicht aus 1000 m Höhe abgeworfen, mit einer Stoßziffer von 1,5 festgelegt.

Da das Grundwasser teilweise aggressiv war und von der Außenseite her See- bzw. Brackwasser auf den Beton einwirken konnte, wurde grundsätzlich Hochofenzement mit Trasszusatz verwendet und der Beton durch einen besonders guten Kornaufbau möglichst dicht hergestellt. Verwendet wurde eine Mischung von 300 kg Hochofenzement, 60 kg Trass und 1.800 kg Sand und Kies je m^3 fertigen Beton.

Auf eine Verblendung oder einen Anstrich des Betons konnte verzichtet werden. Als Sicherung gegen Rißbildung in der Oberfläche der Betonkörper wurde durchgehend Baustahlgewebe in 5 cm Abstand von der Außenfläche angeordnet. Um den richtigen Abstand der Bewehrungen von der Außen- und Innenschalung und gegeneinander zu gewährleisten, wurden sie auf leichten Stahlhilfsgerüsten montiert. Es wurde Stahlschalung verwendet.

Die Doppel-Seeschleuse hat sich bis zur Sprengung der Häupter nach dem zweiten Weltkrieg auf Veranlassung der Besatzungsmächte betrieblich bewährt. Sie ist inzwischen mit etwas verminderten Abmessungen der Verschlußtore wieder hergestellt und in Betrieb genommen worden.

8.2.3 Schleusendock im norddeutschen Raum für das Zuwasserbringen und Prüfen von Unterseebooten (vgl. auch Kap.3.4.8 und 12.3)

Bei der Entwurfsbearbeitung einer bombengeschützten Werft für den Zusammenbau von U-Booten aus angelieferten Sektionen im Taktverfahren, die im Kap.12.3 näher beschrieben ist, mußte am Ende der Taktmontage auch das Problem des Zuwasserbringens der U-Boote und deren Prüfung auf Tauchfähigkeit, Dichtigkeit und Motorleistung gelöst werden. Für die Tauchprobe wurde eine Wassertiefe von mindestens 21,0 m benötigt.

Für das Zuwasserbringen gab es drei Möglichkeiten, und zwar die schräge Ablaufbahn, die vertikale Absenkbühne und das Schleusendock.

Sorgfältige Untersuchungen ergaben im vorliegenden Falle einwandfreie Vorteile des Schleusendocks gegenüber den beiden anderen Absenkmöglichkeiten sowohl hinsichtlich des Materialaufwandes und der Bauzeit als auch bezüglich der Betriebssicherheit. Gleichzeitig konnte das Schleusendock auch als Tauchgrube und als Reparaturdock benutzt werden.

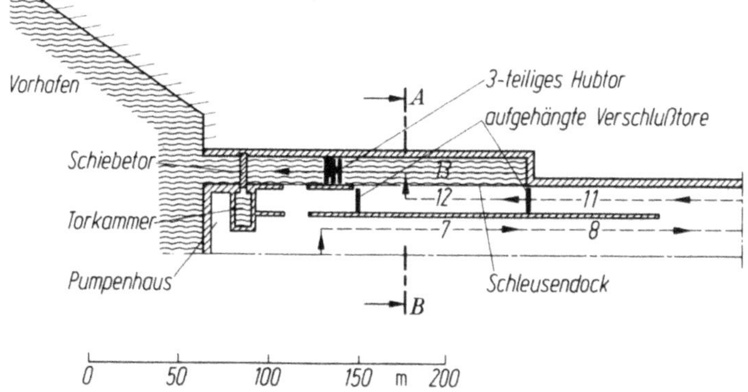

Abb. 8.2.3–1 Grundriß der U-Boot-Bunkerwerft im Bereich des Schleusendocks

So fiel die Entscheidung zugunsten des Schleusendocks. Es wurde im Tiefteil 12 m und im oberen Teil 28 m breit ausgebildet. Seine Nutzlänge betrug rund 105 m.

Die U-Boote sollten – wie die Abb.8.2.3–1 und –2 zeigen – vom Taktplatz 11 der Bunkerwerft auf den Taktplatz 12 im Schleusendock im Werftplanum auf NN + 4,2 m im Trockenen eingefahren werden. Durch anschließendes Aufstauen des Schleusenwassers bis NN + 13,0 m sollten sie von den Bootswagen abgehoben werden. Im schwimmenden Zustand sollten sie dann mit Hilfe von Trossen von Hand aus quer über den Tiefteil des Schleusendocks auf den Taktplatz 13 der Werft verholt werden. Nach Abschluß der Tauchprobe sollten sie – an Schwimmpollern festgemacht und geführt – durch Absenken des Stauwasserspiegels bis in die Höhe des Ausfahrtwasserstandes gebracht werden.

Vor Beginn des Aufstauens mit einer Pumpenanlage, bestehend aus 6 Schraubenschauflern mit je 1 m^3/s Leistung (Abb.8.2.3–1), mußte der Schleusenraum zur Werft hin durch zwei aufgehängte Schiebetore geschlossen werden. Die Tore mußten zur Vermeidung von Wasseraustritt in die Bunkerwerft bei den anfänglich geringen Stauhöhen mechanisch an ihre Anschläge gepreßt werden. Gleichzeitig war das dreiteilige Hubtor auf der Vorhafenseite, das gegen das Stauziel von NN +13,0 m kehren mußte, zu schließen (Abb.8.2.3–1).

Im geöffneten Zustand mußten die genannten Tore die Durchfahrt für die U-Boote bzw. die Bootswagen freigeben.

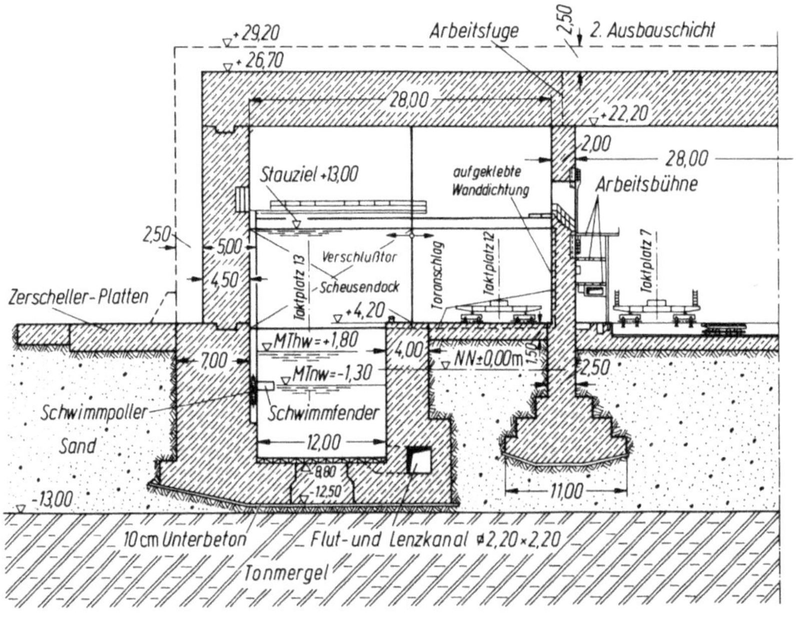

Abb. 8.2.3–2 Querschnitt A–B der U-Boot-Bunkerwerft im Bereich des Schleusendocks (vgl. Abb. 8.2.3–1)

Ein schweres Schiebetor – vor allem als Schutztor gegen Bombeneinwirkungen im Ausfahrtbereich zum Vorhafen angeordnet – ermöglichte es, die untere Schleusendockkammer restlos trockenzulegen, wenn sie als Trockendock benutzt werden sollte (Abb.8.2.3–1).

Für das Zu- und Ableiten des Stau- und Schleusungswassers wurde im unteren Teil der Schleusendock-Seitenwand zwischen Taktplatz 12 und 13 ein Flut- und Lenzkanal angeordnet (Abb.8.2.3–2). Er mündete mit zahlreichen Abzweigungen in die Kammersohle ein. Durchgeführte Versuche in einer Wasserbauversuchsanstalt hatten gezeigt, daß bei dieser Anordnung die U-Boote während des gesamten Schleusenvorgangs völlig ruhig lagen.

Die große Wassertiefe von 21,8 m bei aufgestautem Wasserspiegel erlaubte die geforderte Tauchprobe. Anschließend konnte nach dem Ablassen des Stauwassers auf Taktplatz 13 der Probelauf der Diesel-Motore stattfinden, wofür ein besonderer Entlüftungskamin installiert war.

Das Bauwerk war im Rohbau mit 4,5 m Wand- und Deckendicke der ersten Ausbaustufe, abschnittsweise aber auch schon im 7 m Ausbau und hinsichtlich der Installationen weitgehend fertig, als der zweite Weltkrieg zu Ende ging. Die Bauarbeiten wurden dann sofort eingestellt und die Einbauteile in den nächsten Monaten von den Lieferfirmen wieder demontiert.

8.2.4 Seeschleuse für einen Fischereihafen an der deutschen Nordseeküste (vgl. auch Kap.18.3.7)

8.2.4.1 Allgemeines

Im Zuge des Ausbaues eines bedeutenden Fischereihafens an der deutschen Nordseeküste in der ersten Hälfte der sechziger Jahre war es technisch sinnvoll und wirtschaftlich vertretbar, einen bisher als Tidehafen betriebenen neuen Fischereihafen im Zuge seiner Erweiterung mit einer Seeschleuse abzuschließen. Bei diesem Umbau konnte auch eine begradigte Zufahrt zum Fischereihafen geschaffen werden. Die allgemeine Umbaugestaltung ist in Abb.8.2.4–1 dargestellt. Die Schleuse wurde in der Längsrichtung zweiteilig ausgeführt mit den nutzbaren Kammernlängen 90 bzw. 96 m und 25 m lichter Kammerbreite. Die Kammer- und die Drempelsohle der Schleusenhäupter wurde auf NN – 11,0 m gelegt. So konnten in der Schleuse 2 moderne Hochsee-Trawler neben- und hintereinander liegen und in Zukunft auch moderne Fischereifabrikschiffe von 5.000 BRT bei üblichen Tideniedrigwasserständen die Schleuse passieren.

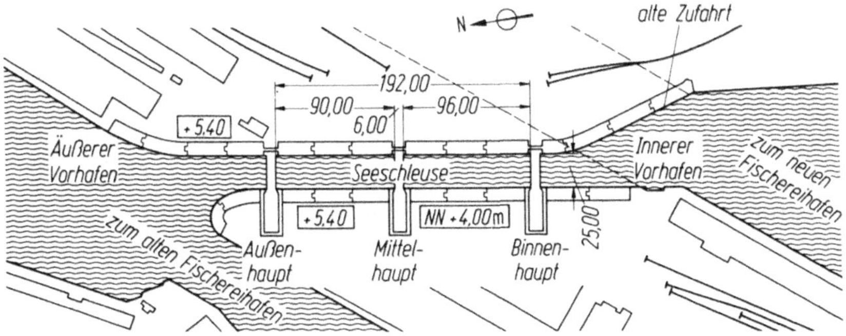

Abb. 8.2.4–1 Lage-Übersichtsplan

Das Außen- und das Mittelhaupt und ihre Schiebetore sowie das umgebende Gelände mußten zur Sturmflutsicherung des neuen Fischereihafens bis NN + 5,4 m reichen, während die Höhe des Binnenhauptes und das an das Mittelhaupt mit einem Übergang anschließenden Gelände auf NN + 4,0 m gelegt bzw. belassen werden konnte.

Durch die Schleuse, verbunden mit der sturmflutsicheren Eindeichung konnte der neue Fischereihafen und seine Erweiterung wesentlich besser und sicherer genutzt und der bisher 1,5 m pro Jahr betragende Schlickfall weitgehend reduziert werden. Durch die erzielten geringen Wasserstandsschwankungen im abgeschleusten Hafen konnten auch die weiteren Ufereinfassungen leichter gehalten werden. Die Unterteilung durch das Mittelhaupt hatte den Vorteil der doppelten Sicherung gegen höchste Hochwässer und ermöglichte den Schleusenbetrieb, selbst wenn ein Tor ausfiel. Sie führte auch zu einem verminderten Wasseraustausch, wenn nur mit einem Kammerteil geschleust wurde.

8.2.4.2 Bodenverhältnisse und Wasserstände

Der Bodenaufbau im Bereich der Schleusenanlage war weitgehend einheitlich. Er ist in den Abb.8.2.4–2, –3 und –4 dargestellt. Lediglich im Bereich des Binnenhaupts stieg OK Klei von sonst NN –8,0 m auf NN –7,4 m an.

Mit folgenden Bodenkennwerten konnte gerechnet werden:

Sand unter dem Hafenplanum: γ/γ_a = 1,8/1,0 t/m³, ρ_r = 30°
Schluffiger Feinsand: γ/γ_a = 2,1/1,1 t/m³, ρ_r = 25°
Klei: γ/γ_a = 1,6/0,6 t/m³, ρ'_r = 20°, c'_r = 1,5 t/m²
tiefliegender Fein- bis Grobsand: γ_a = 1,1 t/m³, ρ_r = 32,5°.

Im Untergrund waren zwei Grundwasserstockwerke zu unterscheiden. Das obere Stockwerk mit freiem Spiegel lag in der obersten Sandschicht und reichte nach unten durch den schluffigen Feinsand bis zur Oberfläche des Kleis. Das untere Stockwerk lag im Sand unter dem Klei. In beiden Stockwerken waren die jeweiligen Standrohrspiegelhöhen auch von der Tide abhängig, wobei die Spiegelhöhe im unteren Stockwerk um NN ± 0,0 m und im oberen um NN +0,9 m pendelte. Zur Entlastung des oberen Grundwasserstockwerks wurden im Zuge der Bauarbeiten hinter der Rostplatte der Schleusenkammerwände in genügender Anzahl Bohrungen durch die Kleischicht gebracht, die mit Mischkies aufgefüllt wurden und so eine Verbindung der beiden Grundwasserstockwerke herstellten. Außerdem wirkten auch die Tiefbrunnenfilter der Grundwasserabsenkungsanlage als Dränagen (Abb.8.2.4–4).

Die maßgebenden freien Wasserstände sind in Abb.8.2.4–4 dargestellt. Sie reichen von NNTnw = NN – 4,01 m bis HHThw = NN + 5,0 m (Febr. 1962).

Als extreme Schleusungswasserstände wurden festgelegt:

NSchlW = NN – 2,8 m und
HSchlW = NN + 3,8 m.

Im abgeschleusten Hafen betrugen:

MHaW = NN ± 0,0 m und
MHHaW = NN + 1,0 m.

Bei zu erwartenden ungewöhnlich hohen Außenwasserständen sollten aber auch höhere Hafenwasserstände bis HHaW = NN + 3,2 m angewendet werden.

8.2.4.3 Belastungsangaben, Lastfälle und zul. Spannungen

Als Berechnungsgrundlagen waren die einschlägigen DIN-Vorschriften und die Empfehlungen des Arbeitsausschusses „Ufereinfassungen" (EAU) maßgebend. Im einzelnen sei noch auf folgendes hingewiesen:

Trossenzug = Schiffstoß = 30 t
Polleranordnung in Baublockmitte mit rd. 30 m Abstand,
gleichmäßig verteilte Kainutzlast = 1,0 t/m².

Wegen der hergestellten Verbindung der beiden Grundwasserstockwerke konnten für die Schleusenkammerwände die Grundwasserstände in Anlehnung an E 19 der EAU angesetzt werden.

Die angreifenden Lasten wurden in der üblichen Weise den Lastfällen 1, 2 und 3 zugeordnet mit den jeweiligen Erhöhungen der zul. Spannungen um 15 bzw. 30 % gegenüber denen des Lastfalls 1. Folgende Wasserstände wurden in den Berechnungen der *Schleusenkammerwände* den Lastenfällen zugeordnet.

Lastfall 1: GrW auf NN + 0,23 m, dabei Schleusenwasserstand auf NN –1,7 m,
Lastfall 2: GrW auf NN ± 0,0 m, dabei Schleusenwasserstand auf NN –2,8 m,
Lastfall 3: GrW auf NN ± 0,0 m, dabei Schleusenwasserstand auf NN –4,0 m.

Für die *Torverschlüsse* wurden den Lastfällen 1 bis 3 folgende freie Wasserstände zugeordnet:

Lastfall 1: innen NN + 1,0 m, außen NN – 2,83 m; sowie innen NN ± 0,0 m, außen NN + 3,33 m
Lastfall 2: innen NN + 1,0 m, außen NN + 3,8 m
Lastfall 3: innen NN + 1,0 m, außen NN – 4,0 m; sowie nur für das Außen- und das Mittelhaupt: innen NN + 3,2 m, außen NN + 5,4 m.

Bei den Gründungspfählen wurde mit folgenden Grenzlastspannungen gerechnet:

Im dichten Sand unter NN −15,8 m
$q_{sr} = 650\ t/m^2$, $q_{mr} = 6{,}5\ t/m^2$.

Die Verankerungssicherheit in den Stahlankerpfählen 1 : 1 wurde in den Lastfällen 1, 2 und 3 festgelegt mit η = 1,75, 1,63 und 1,5. Die Vergrößerung der Sicherheit im Laufe der Zeit durch Verkrustung wurde rechnerisch nicht berücksichtigt.

Alle Stahlbetonbauteile wurden aus wasserdichtem seewasserbeständigem B 225 hergestellt und mit BSt II bewehrt.

8.2.4.4 Ausbildung und Herstellen der Schleusenkammer

Für die Ausbildung der Schleusenkammer war bauseitig eine detailliert ausgearbeitete Lösung ausgeschrieben worden (Abb.8.2.4–2). In dieser waren als Schleusenkammerwände hohe Pfahlroste mit vorderer Stahlspundwand und darauf aufgesetzter Winkelmauer aus Stahlbeton vorgesehen. Diese lagerte hinten auf Pfahlreihen, bestehend aus einer 4 : 1 und einer 8 : 1 geneigten Druckpfahlreihe aus Frankipfählen Ø 50 cm, a = 1,84 m und einer Reihe von 1 : 1 geneigten Ankerpfählen PSp 300, a = 2,0 m. Die Spundwand war auf NN − 3,8 m mittels Rundstahlanker – die nahe den Stützpfählen in die Rostplatte einmündeten – verankert und etwa auf NN + 0,7 m auch waagerecht gestützt. So konnten trotz der ungünstigen Boden- und Belastungsverhältnisse die Spundwandabmessungen noch in erträglichen Grenzen gehalten werden. Als Schleusensohle sollte eine kräftige Bruchsteinschüttung mit OK auf NN − 11,0 m unter Wasser eingebracht werden.

Für die Ausführung bestimmt und in Auftrag gegeben wurde aber ein Sondervorschlag, bei dem noch beachtliche Kosteneinsparungen gegenüber dem Ausschreibungsentwurf erzielt werden konnten. Er ähnelte weitgehend dem auf Abb.8.2.4–3 und –4 dargestellten Querschnitt, nur daß der Klei unter Wasser bis NN − 15,8 m restlos ausgehoben und durch guten Sand ersetzt werden sollte. Als Sohlensicherung waren Stahlbetonplatten auf einem Mischkiesfilter in trockener Baugrube verlegt, vorgesehen. Für eine solche Lösung war die Spundwand auch berechnet, geliefert und gerammt worden (Abb.8.2.4–4). Im Hinblick auf die mögliche Verschlickung der Sandauffüllung, bei der dann ein Grundwasserausgleich um den Spundwandfuß nicht mehr möglich war, wurde aber noch im Zuge der Baudurchführung das Projekt geändert. Nach dem Erstellen der Kammerwände und einer Grundwasserabsenkung bis mindestens NN − 12,0 m wurde der Klei innerhalb der Spundwände bis NN − 12,0 m ausgehoben.

Dann wurden zwei Reihen Sohlenankerpfähle PSp 400 L aus StSp 37, l = 18 m, a = 4,5 m gerammt, mit angeschweißter Kopfausrüstung versehen und auf 30 cm Mischkiesschicht und 10 cm Unterbeton eine durchgehende, dicht schließende 0,6 m dicke Sohlenplatte aus Stahlbeton eingebracht. Sie wurde auch mit den Kammerspundwänden auftriebsicher verbunden (Abb.8.2.4–3 und –4). Diese Umstellung war möglich, weil die Spundwand unter Berücksichtigung der Verformungen und Beanspruchungen aus den Bauzuständen auch die bei der neuen Lösung auftretenden Beanspruchungen ohne Schwierigkeiten aufnehmen konnte. Weitere Einzelheiten können der Abb.8.2.4–4 entnommen werden. Danach reicht die Stahlspundwand LV aus StSpS mit aufgeschweißten Lamellen ≠ 150 · 15 · 500 aus St 52–3 nur bis NN − 3,0 m. Sie wurde dort mit einem durchlaufenden voll dichtenden Stahlgelenk an den Stahlbetonüberbau angeschlossen, dessen Rostplattenunterkante auf NN ± 0,0 m liegt. Landseitig wurde der Überbau durch eine 4 : 1 geneigte Reihe von Frankipfählen Ø 50 cm, a = 2,52 m unterstützt.

Die angreifenden Horizontalkräfte wurden im wesentlichen durch 1 : 1 geneigte Stahlankerpfähle PSp 350 L aus StSp 37 aufgenommen. Ein Teil der Horizontalkräfte wird aber auch duch die hinteren 4 : 1 geneigten Druckpfähle abgetragen. Durch die statisch bestimmte Auflagerung des Überbaus war seine Berechnung einfach und einwandfrei möglich, so daß keine zusätzlichen Reserven eingebaut werden mußten.

An maximalen Pfahlkräften treten auf:

In den Frankipfählen 153 t Druck, in den 1 : 1 geneigten Ankerpfählen 137 t Zug und in den lotrechten Pfählen unter der Kammersohle 130 t Zug.

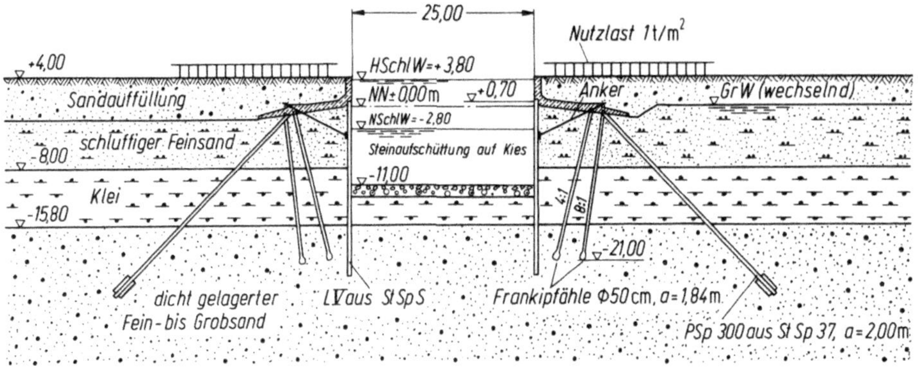

Abb. 8.2.4—2 Ausgeschriebener Normalquerschnitt der Schleusenkammer im Bereich zwischen dem Binnen- und dem Mittelhaupt

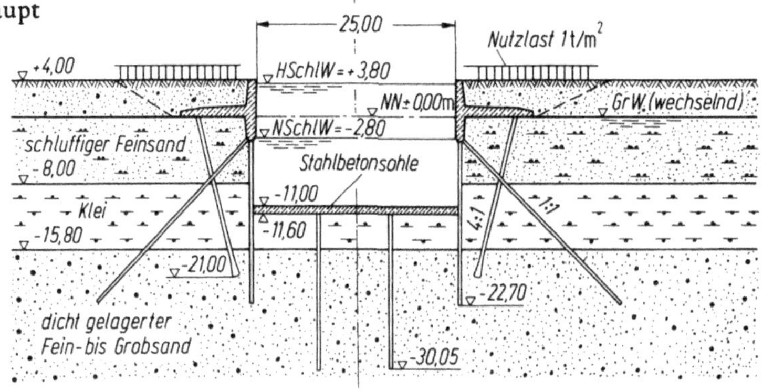

Abb. 8.2.4—3 Ausgeführter Normalquerschnitt der Schleusenkammer im Bereich zwischen dem Binnen- und dem Mittelhaupt

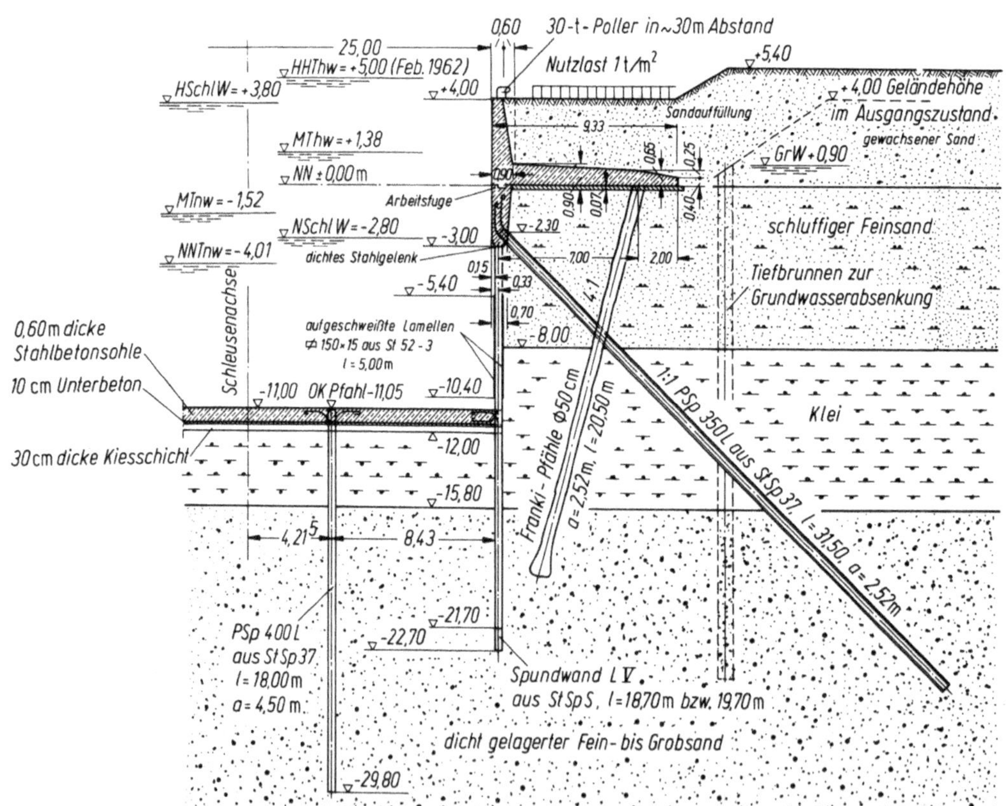

Die Frankipfähle wurden mit einem gewissen oberen Leerschlag vom vorhandenen Gelände auf NN + 4,0 m aus gerammt, die Spundwand und die 1 : 1 geneigten Ankerpfähle im Schutze einer leichten Vacuumabsenkung vom vorübergehenden Aushubplanum NN − 3,0 m aus und die Sohlenankerpfähle ab OK Kiesschüttung auf NN − 11,7 m.

8.2.4.5 Ausbildung und Ausführung der Schleusenhäupter

Lage und Anordnung der Schleusenhäupter sind in Abb.8.2.4–1 dargestellt. Die Ausbildung im einzelnen für das Binnenhaupt geht aus Abb.8.2.4–5 hervor. Das Außen- und das Mittelhaupt unterscheiden sich vom Binnenhaupt nur in der Höhe. Ihre Oberkante mußte auf NN + 5,4 m gelegt werden, während beim Binnenhaupt NN + 4,0 m ausreichte.

Die Schleusenhäupter mit Durchfahrt und Torkammer wurden im Schutze einer ausgesteiften Umspundung etwa auf NN − 15,8 m flach gegründet, nachdem der Klei bis zum tragfähigen, dicht gelagerten Sand einwandfrei beseitigt war. Ausbildung und Ausführung dieser Häupterbaugrube sind in Kap.18.3.7 gesondert behandelt. Die in Abb.8.2.4–5 dargestellten Sohlenanker wurden nur im Bauzustand zur Verankerung der als unterer Baugrubenabschluß eingebrachten 0,6 m dicken Colcretebetonsohle benötigt.

Die für den Bauzustand erforderlichen Umfassungsspundwände L IV neu aus StSpS verblieben im Bauwerk bzw. wurden lediglich im Bereich der Schleusendurchfahrten nach dem Fertigstellen des jeweiligen Haupts herausgebrannt. Da sie bis NN − 21,6 m reichen, bilden sie einen guten Schutz gegen eine zu hohe Unterläufigkeit des jeweiligen Drempels.

Die Torkammern wurden im Lichten 10 m breit und mit einer Überlänge von 8 m ausgebildet, um die 6 m breiten und zwischen den Anschlagleisten 26 m langen Tore darin montieren und auch reparieren zu können. Hierzu kann jede Torkammer vorn durch Dammbal-

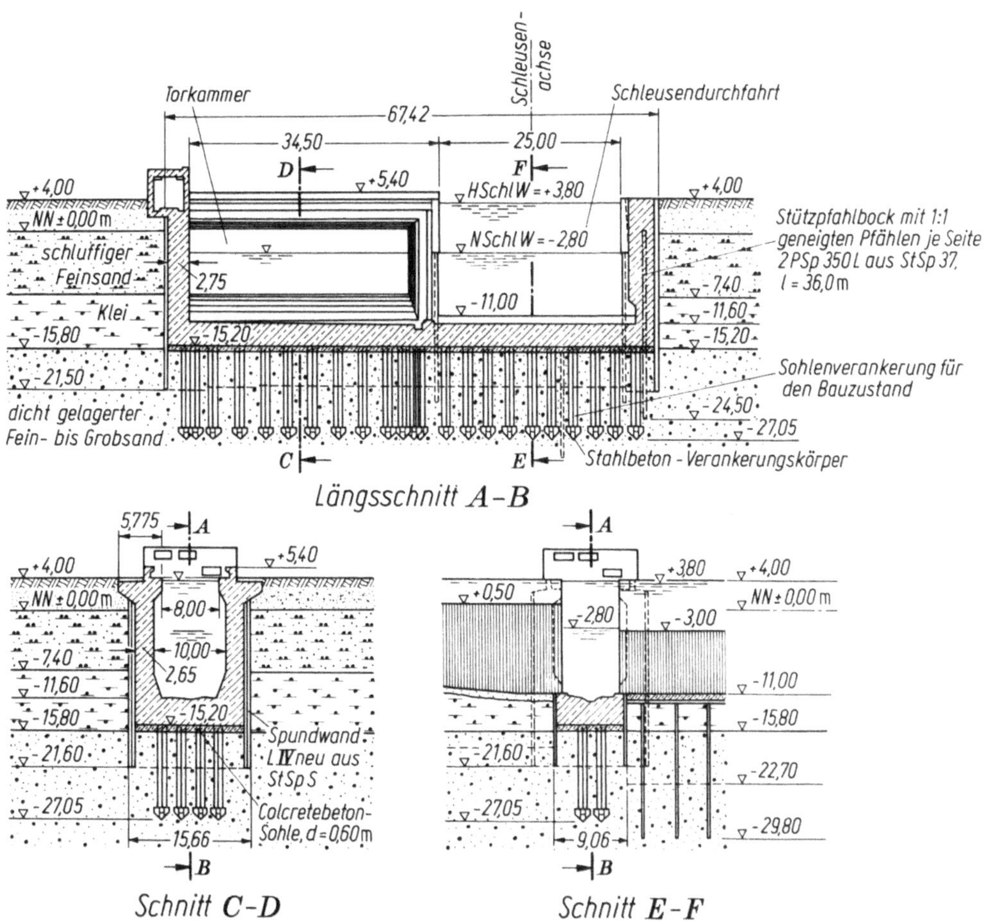

Abb. 8.2.4–5 Ausbildung des Binnenhauptes der Schleuse

ken abgeschlossen und leergepumpt werden. Da die Torkammerbauwerke größtenteils weit in gewachsenes und oben zum Teil hochgradig verdichtetes Erdreich eingebettet sind, bestanden hier hinsichtlich der erforderlichen äußeren Standsicherheit von vornherein keine Schwierigkeiten. Der Toranschlag auf der gegenüberliegenden Seite mußte aber durch Böcke aus unter 1 : 1 gerammten 36 m langen Pfählen PSp350 L aus StSp 37 gesichert werden (Abb.8.2.4—5, Längsschnitt A—B).

Durch das Herstellen in offener Baugrube konnte sichergestellt werden, daß die Torlaufbahnen und -anschläge mit der erforderlichen Genauigkeit ausgerichtet und einbetoniert bzw. vergossen werden konnten. Die gewählten kräftigen Bauwerksabmessungen sorgten trotz der aufzunehmenden beachtlichen Lasten und Kräfte für das erwünschte Verformungsminimum.

8.2.5 Umbau der Binnenschiffschleuse einer alten Wehranlage an einem norddeutschen Tidefluß

Ein in den Jahren 1874/75 errichtetes, auf dem anstehenden Sand flach gegründetes Wehr mit Schleuse, das den Abschluß eines norddeutschen Tideflusses bildete (Abb.8.2.5—1) und bereits schwere Altersschäden aufwies, so daß die Schleuse schon außer Betrieb gesetzt werden mußte, sollte dringend saniert und gleichzeitig umgebaut werden. Bei den durch den zweiten Weltkrieg und die schwierigen ersten Nachkriegsjahre gegebenen Verhältnissen konnte mit diesen Arbeiten aber erst im Sommer 1948 nach der Währungsreform begonnen werden. Dabei sollten vor allem gefährdete Bauteile mit dem Profil Hoesch III aus StSp 37 umspundet werden.

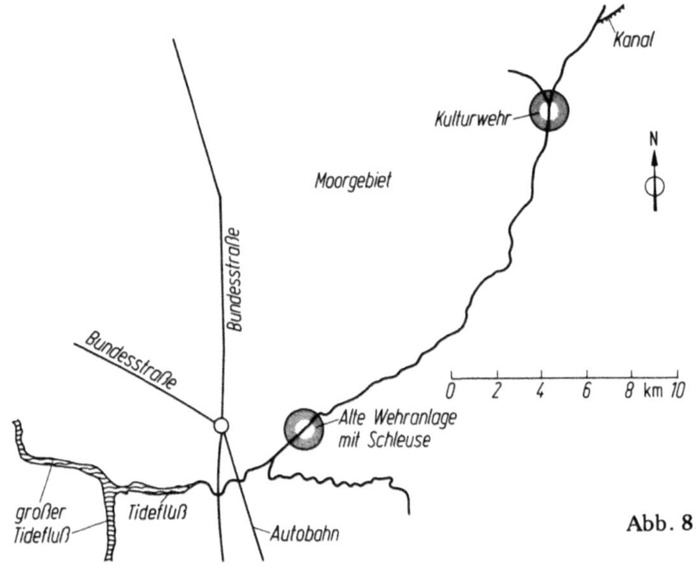

Abb. 8.2.5—1 Genereller Lage-Übersichtsplan

Im Zuge der Rammarbeiten traten bei einer schweren Sturmflut einzelne Bauwerksakkungen bis zu 1,5 m ein. Das Bauwerk wurde dann zunächst behelfsmäßig gesichert. Die endgültigen Sanierungs- und Umbauarbeiten für die Schleuse konnten erst im Jahre 1950 anlaufen. Dabei stellte sich heraus, daß die Schäden auf schwere Unterläufigkeiten zurückzuführen waren. Das Bauwerk war durch eine zu kurze Umspundung aus Holz nur unzulänglich gesichert gewesen. Die seit dem Bau der Anlage eingetretene Vervielfachung des Tidehubes im Vorfluter auf rd. 1,7 m hatte das ihrige zur Unterspülung beigetragen.

Da auf diesem Fluß der Schiffsbetrieb im Laufe der letzten Jahrzehnte abgenommen hatte und als größtes Schiff nur noch ein kleinerer Bagger verkehrte, wurde die Schleuse im Zuge der Umbau- und Sicherungsarbeiten verkürzt, zumal der damals noch herrschende Baustoffmangel zu jeder nur möglichen Einsparung zwang.

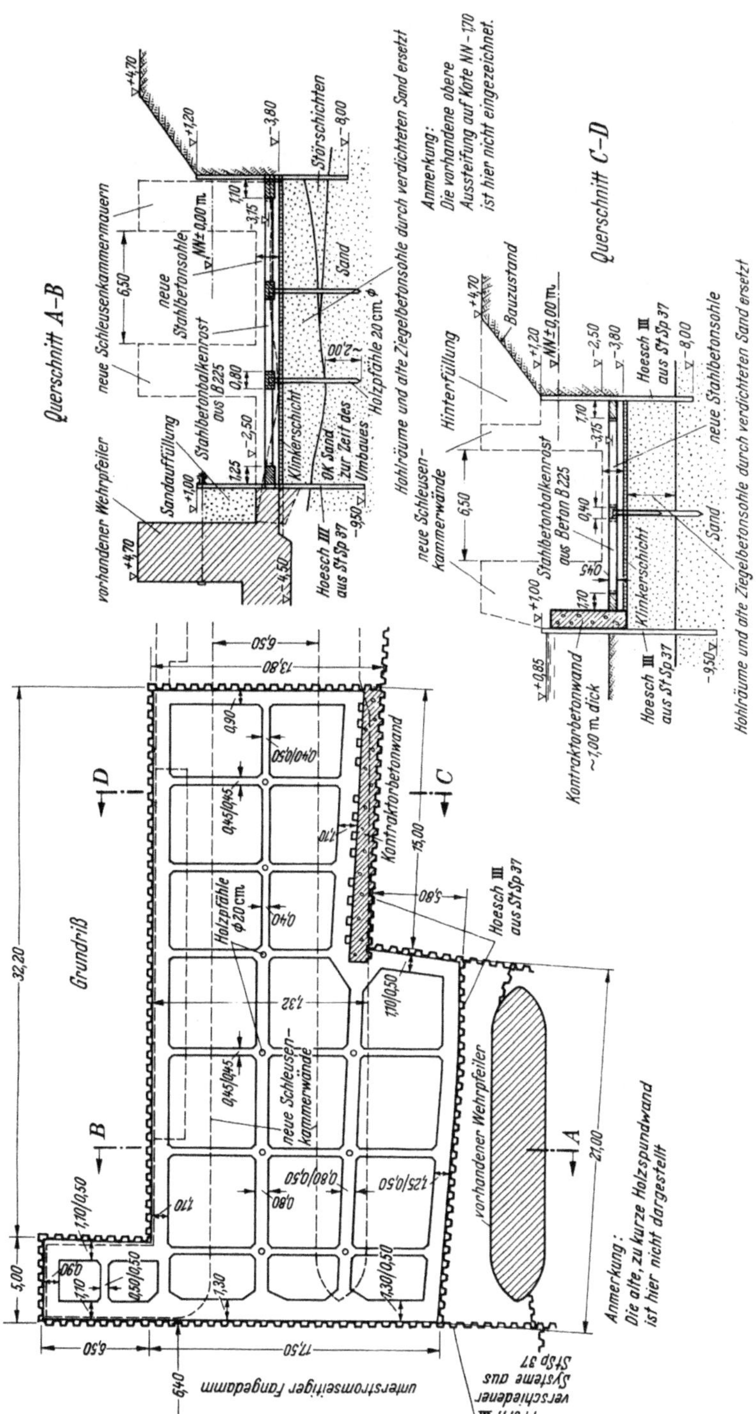

Abb. 8.2.5–2 Grundriß und Querschnitte der Schleuse mit Aussteifungsrahmen aus Stahlbeton

Auch für die neue Schleuse war eine Flachgründung vorgesehen. Ihre Baugrube wurde im noch freien Abschnitt mit dem Profil Hoesch III aus StSp 37 umspundet (Abb.8.2.5–2). Die gesamte Stahlumspundung sollte, soweit sie nicht aus betrieblichen Gründen in Sohlenoberkante abgebrannt werden mußte, als Sicherung gegen Unterläufigkeiten im Bauwerk verbleiben.

Der Abbruch der alten und zum Teil abgesackten Bauwerksohle wurde im Schutze einer Grundwasserabsenkung mit über 20 Tiefbrunnen mit Tauchpumpen und einer maximalen Wasserförderung von 560 l/s vorgenommen. Dabei zeigte sich, daß unter der Sohle vielfach kein stützender Sand, sondern große Hohlräume vorhanden waren, in die auch Mudde und Torf eingeschlämmt waren. Wie mit einer Sonde leicht festzustellen war, reichten diese Störzonen teilweise mehr als 2 m unter die alte Bauwerksohle. Die Baugrubenspundwände Hoesch III banden dabei zum Teil nur noch etwa 2 m in den tragfähigen Sand ein.

Diese Feststellung zwang zu einer weitgehenden Umstellung des Bauvorganges und der Baugrubensicherung. Um die ausgeführte Umspundung mit Aussteifung auf Kote NN – 1,7 m beibehalten zu können, wurde etwa in der Mitte der noch zu errichtenden neuen Schleusensohle eine Rahmenaussteifung aus Stahlbeton eingebaut, die die Umfassungsspundwände gegeneinander absteifte. Auch der erstellte unterstromseitige Spundwand-Kastenfangedamm wurde durch diese Rahmenaussteifung gestützt (Abb.8.2.5–2). Im Schutze dieser Aussteifung wurde dann der gesamte Störboden vorsichtig und zum Teil abschnittsweise ausgehoben und durch guten Sand, der unter starker Wasserzugabe mit Beton-Tauchrüttlern hochgradig verdichtet wurde, ersetzt. Das Eigengewicht der Aussteifung wurde außen durch die Spundwände und innen durch leichte Holzpfähle abgetragen.

Beim Betonieren der Aussteifung wurden die Spundwandtäler ausgespart, so daß die äußere Eckbewehrung des neuen Schleusentroges – soweit erforderlich – nach oben geführt werden konnte (Abb.8.2.5–2). In ähnlicher Weise wurde mit Abschalkästen auch in einem Abschnitt verfahren, in dem vor der Umschließungsspundwand im Zuge der ersten Sanierungsarbeiten bereits eine Kontraktorbetonwand errichtet worden war.

Durch diese Lösung mit Rahmenaussteifung aus Stahlbeton und Einbau von verdichtetem Sand ohne besondere Zusatzmaßnahmen konnten entscheidende Erschwernisse, Baukostenerhöhungen und Bauzeitverlängerungen vermieden werden. Dieser Weg konnte aber erst beschritten werden, nachdem durch sorgfältige Berechnungen festgestellt worden war, daß in den jeweiligen Aushubabschnitten bei dem dort gewählten Bauvorgang keine Grundbruchgefahr für die Spundwandumschließung vorlag. Sonst hätten noch zusätzliche Maßnahmen, wie eine Bodenverfestigung oder dergleichen, ausgeführt werden müssen.

Nach Einbau der Rahmenaussteifung und des verdichteten Sandes konnten die Bauarbeiten wie ursprünglich geplant und ohne weitere Rückschläge durchgeführt werden.

Wegen des stark aggressiven Grundwassers wurde anstelle von Unterbeton eine Klinkerschicht, deren Fugen mit Bitumen vergossen wurden, angewendet. Das Schleusenbauwerk war im Frühjahr 1951 fertiggestellt und hat sich seitdem bewährt.

Das vorliegende Beispiel zeigt deutlich, wie wichtig es ist, alte Wasserbauwerke mit Stauaufgaben in regelmäßigen Abständen, insbesondere aber nach schweren Sturmfluten und vor geplanten Umbauten, vor allem auch auf Unterläufigkeiten und ihre Auswirkungen hin zu untersuchen. Wenn ein altes Stauwerk nicht bereits bei seiner Errichtung durch eine ausreichend tief reichende vollständige Holzspundwandeinfassung sorgfältig gegen Unterläufigkeit gesichert worden ist, muß bei nichtbindigem Baugrund stets mit erheblichen Fehlstellen im Gründungsboden gerechnet werden.

8.3 Sperrwerke und Wehranlagen

8.3.1 Tidesperrwerk mit Schiffschleuse an einem norddeutschen Tidefluß

8.3.1.1 Allgemeines

Um bestimmte optimale Vorflutverhältnisse im weiteren Hinterland zu erreichen, mußte der Tidefluß durch ein Tidesperrwerk abgeschlossen werden. Zur Sicherung auch gegen Sturmfluten mußte anschließend knapp hinter der Mündung dieses Flusses in einen großen Tidefluß das im Kap.8.3.2 behandelte Sturmflutsperrwerk errichtet werden. Die generelle Situation ist in Abb.8.3.1–1 dargestellt.

Die Gesamtanlage des Tidesperrwerkes mit Schleuse, Anschlußwänden und -dämmen sowie die Straßen- und die Deichführungen gehen aus Abb.8.3.1–2 hervor. Zur Erfüllung der betrieblich geforderten Aufgaben mußte das Sperrwerk zwei unabhängige 8 m breite Kam-

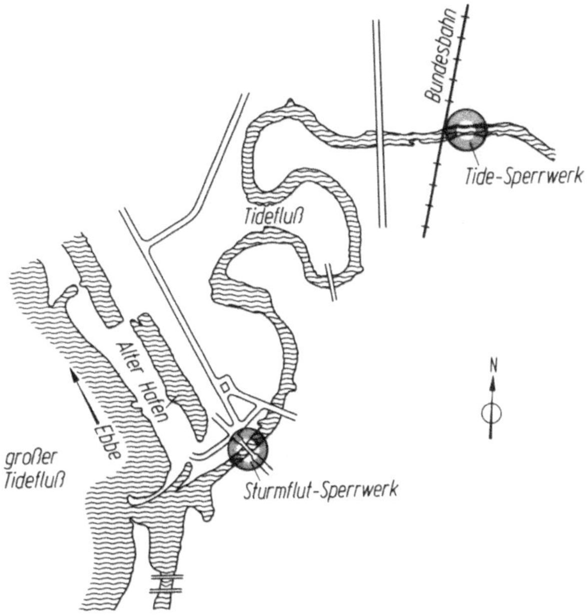

Abb. 8.3.1–1 Genereller Lage-Übersichtsplan

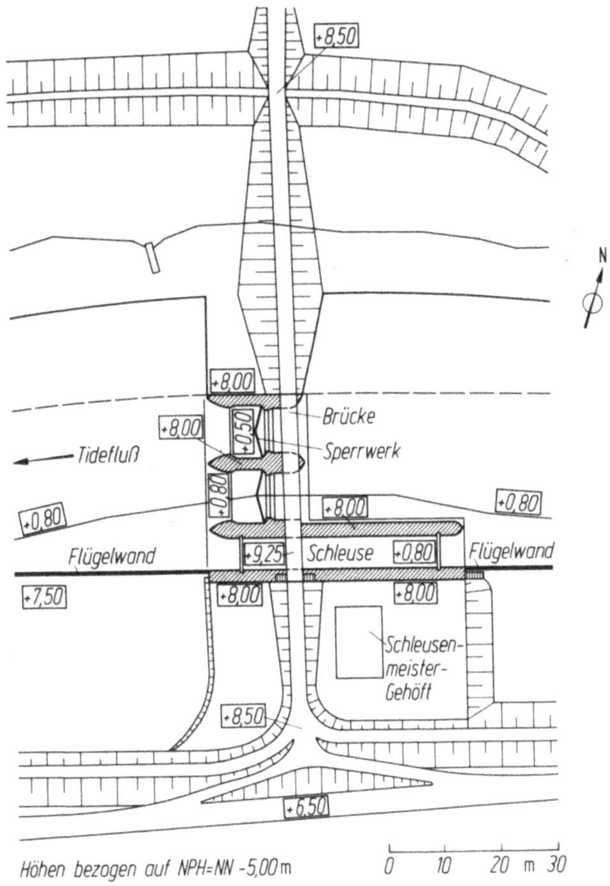

Abb. 8.3.1–2 Übersichtsgrundriß der Tidesperrwerkanlage

mern erhalten, die mit einem Stemmtor und einem dahinterliegenden Hubtor ausgerüstet wurden. Das Stemmtor ermöglichte den ungehinderten Abfluß und schloß sich, wenn ein Rückstrom einsetzte. Mit dem Hubtor konnte der Abfluß so gesteuert werden, daß ein Normalstau auf NPH + 5,3 m und ein Mindeststau auf NPH + 4,1 m erreicht wurde (Abb.8.3.1–5). Um an Stemmtorhöhe zu sparen und gleichzeitig die Stemmtordrücke zu vermindern, erhielten die Stemmtore nicht nur unten einen Drempel, sondern auch einen oberen Toranschlag gegen einen die Kammern überspannenden Stahlbetonbalken mit aufgesetzter Stauwand (Abb.8.3.1–5). Das Bauwerk konnte so bei einem MThw = NPH + 6,6 m auch gegen Tidehochwasserstände bis NPH + 8,0 m kehren.

Die Schleuse wurde nur für kleine Schiffe, Schuten, kleine Schwimmbagger und dergleichen ausgelegt. Sie kann durch Betätigung der Hubtore gelenzt oder geflutet werden.

Im Bereich der Anlage stand ab Geländeoberkante auf NPH + 8,0 m bzw. ab Flußsohle bis etwa NPH – 4,3 m weicher Klei an. Darunter lag auf große Tiefe Grob- und Mittelkies.

8.3.1.2 Ausgeschriebener Vorschlag und ausgeführter Sondervorschlag

Die Ausschreibung sah eine Flachgründung der Anlage in einer umspundeten Baugrube mit Grundwasserabsenkung vor. Letztere war aber beim anstehenden Grob- und Mittelkies mit großen Risiken verbunden. Sie lagen nicht nur in den zu pumpenden Wassermengen, sondern auch in ihrer großen räumlichen Ausdehnung mit möglichen Absenkungsschäden auch in beachtlicher Entfernung.

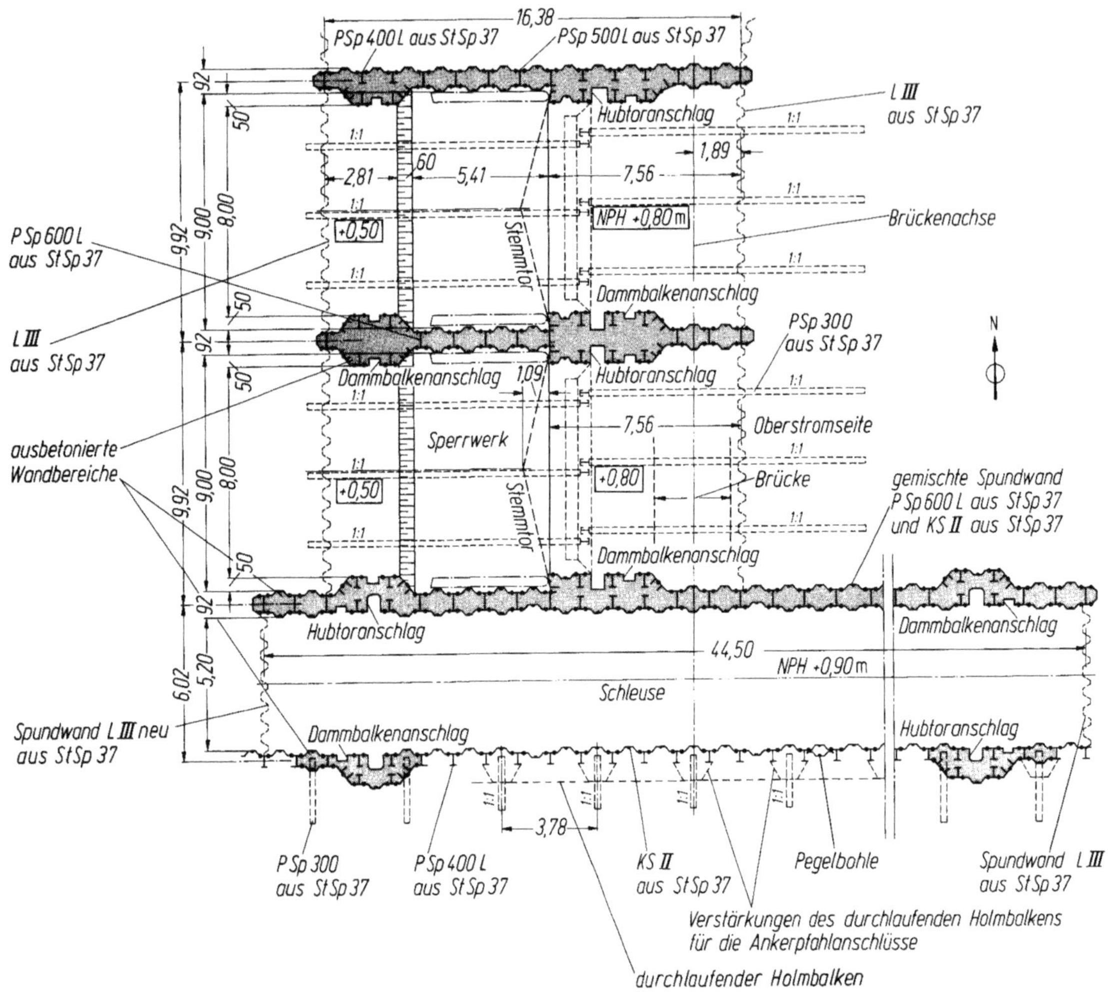

Da Sondervorschläge zugelassen waren, konnten von den Bietern auch Lösungen ohne Grundwasserabsenkung erarbeitet und angeboten werden. Den Zuschlag erhielt eine Bietergruppe auf einen Sonderentwurf ohne Grundwasserabsenkung. Seine Ausbildung und Baudurchführung sind in den Abb.8.3.1–3, –4 und –5 dargestellt. Bei dieser Lösung wurden die Spundwände nicht nur zur Baugrubenumschließung benutzt, sondern bildeten – abgesehen von den in Sohlenoberkante abzubrennenden oberen Stirnspundwandenden – später die Haupttragglieder der Anlage. Sie mußten daher von vornherein für ihre späteren Funktionen im Bauwerk bemessen und ausgebildet werden. Abgesehen von der landseitigen Schleusenwand und ihren Flügelwänden mußten alle Längswände als doppelwandige gemischte Spundwände ausgebildet werden. Ihre Zwischenräume mußten ausbetoniert werden (Abb. 8.3.1–3).

Die gewählte Lösung stellte eine Stahlpfahlgründung dar, wobei alle lotrechten Lasten – ob Zug oder Druck – durch die Tragbohlen der gemischten Wände und durch die tragend angeschlossenen Wellenspundwände an den Stirnseiten aufgenommen und in den tragfähigen Baugrund abgeleitet wurden. Die Wasserüberdrücke in Bauwerklängsrichtung wurden durch 1 : 1 geneigte Stahlpfahlböcke unter dem Sperrwerk aufgenommen. Die landseitige Schleusenwand war so großflächig und innig mit dem Klei verbunden, daß hier in Längsrichtung keine Schrägpfahlböcke benötigt wurden. Wohl aber erhielt diese Wand aus technischen und wirtschaftlichen Gründen eine Kopfverankerung mit 1 : 1 gerammten Stahlpfählen (Abb. 8.3.1–4), die an den Holmbalken aus Stahlbeton angeschlossen wurden (Abb.8.3.1–6). Die gegenüberliegende Schleusenlängswand wurde oben freitragend und unten in der Sohle und im tragfähigen Baugrund eingespannt ausgeführt.

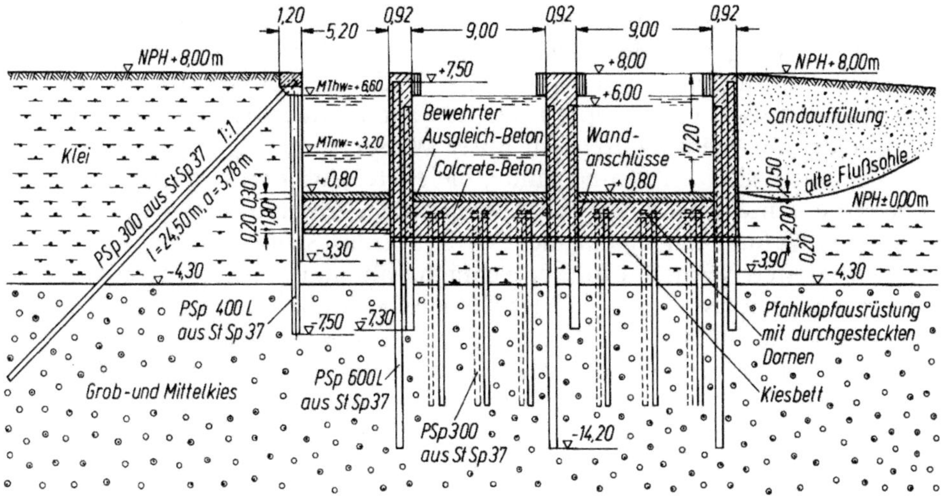

Abb. 8.3.1–4 Querschnitt durch Schleuse und Sperrwerk

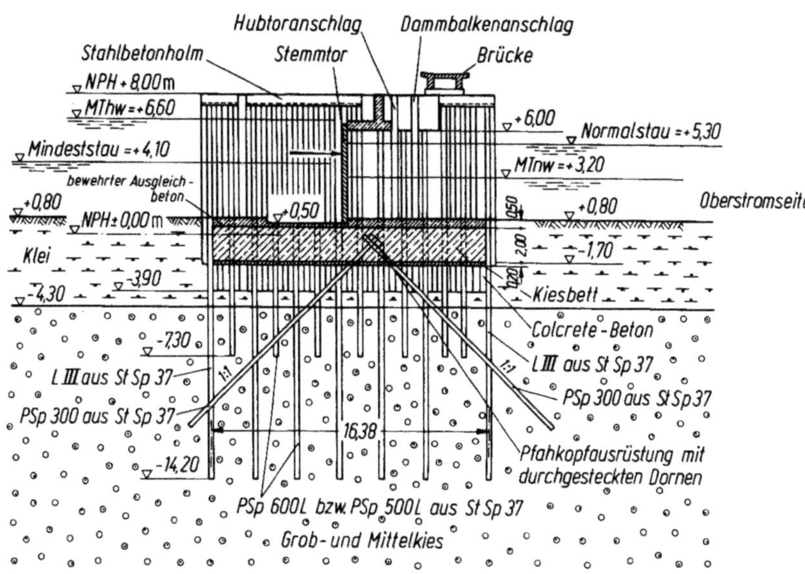

Abb. 8.3.1–5 Längsschnitt durch das Sperrwerk

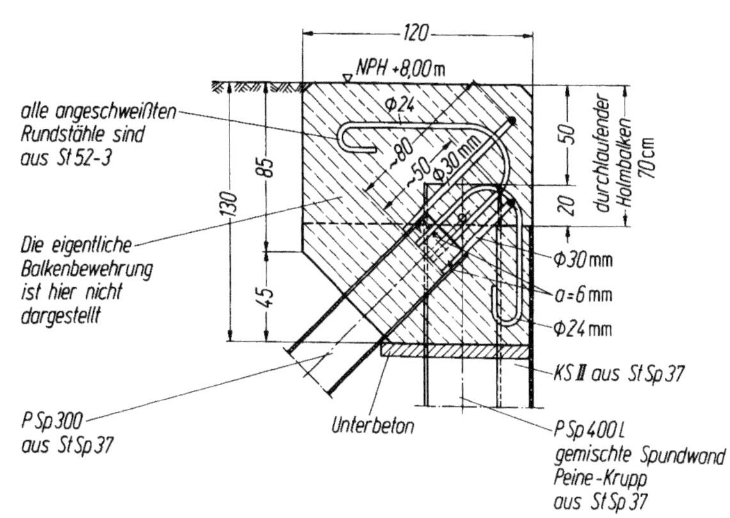

Abb. 8.3.1–6 Ankerpfahlanschluß an den Schleusen-Holmbalken

Nach Abschluß der Rammarbeiten, Einbau der Aussteifungen und Betonieren des Stahlbetonholmes der landseitigen Schleusenwand wurde unter Einhaltung eines mittleren Wasserstands innerhalb der umspundeten Baugrube der Klei jeweils bis 20 cm unter die planmäßige Bauwerksohle ausgehoben. Danach wurden alle an den späteren Sohlenbeton grenzenden Spundwand- und Stahlpfahlflächen unter Wasser sorgfältig von anhaftendem Klei befreit. Auch aus den Zellen der Spundwände, die später ausbetoniert wurden, mußte aller Klei bis Sohlenunterkante einwandfrei entfernt werden. Anschließend wurde vorhandener Kleischlamm abgesaugt und ein 20 cm dickes Kiesbett als Sauberkeitsschicht eingebracht. Nachdem die vorbereiteten Anschlüsse der Schrägpfähle und der Spundbohlen ausgerüstet waren, konnte das Steingerüst $\emptyset > 6$ cm der Colcretebetonsohle – durch die Umspundung gegen Verschlickung geschützt – eingebracht werden. Danach wurde es unter laufenden Kontrollen mit Colgrout verpreßt. Nach dem Erhärten der mit den Spundwänden und den Stahlpfählen auftriebsicher verbundenen Sohle konnte die Baugrube leergepumpt werden. Im Trockenen konnten nun die aus kräftigem Stahlblech bestehenden Anschläge für die Tore zusammengebaut, genauestens montiert und mit den Spundbohlen verschweißt werden. Dann wurde die Oberfläche des Colcretebetons soweit vorhanden von mangelhaften Stellen befreit sowie aufgerauht und der bewehrte Ausgleichbeton über der Colcretebetonsohle eingebracht. Zuvor wurden die erforderlichen Ankerstähle an die Spundbohlen geschweißt. Schließlich wurden die Pfeilerschäfte ausbetoniert und die bewehrten Pfeilerkopfbalken und sonstigen Bauteile hergestellt. Nach der Montage aller Feineinbauten für die Toranschläge, Führungen und Antriebe wurden die Tore eingesetzt. Nun konnten die Kammern geflutet, die Aussteifungen ausgebaut, die Stirnspundwände der Baugrubenumschließung über der Sohle abgebrannt und abtransportiert und das Bauwerk in Betrieb genommen werden. Anschließend wurde der Flußbettabschnitt nördlich des Sperrwerks, durch den während der Bauarbeiten der Tidefluß strömte, mit Sand aufgefüllt und durch Flügelwände gesichert.

8.3.1.3 Erfahrungen bei der Baudurchführung

Die hier gewählte Lösung hat sich bewährt. Wesentlich für das Gelingen war aber ein einwandfreies Herstellen der Colcretebetonsohle, ihre sicher tragende Verbindung mit den Spundwänden und Stahlpfählen und eine absolut einwandfreie Taucherarbeit. Der Anschluß an die Tragpfähle konnte sehr einfach mit Stahldornen ausgeführt werden. Sie wurden nach dem Rammen und dem Bodenaushub von Tauchern durch maßgerechte Bohrungen gesteckt und fixiert, die vor dem Rammen vorsorglich in größerer Anzahl angebracht worden waren. Bei den Spundwänden mußten aber zur Aufnahme der Dorne vor dem Rammen Bleche so geformt an die Stege der Füllbohlen geschweißt werden, daß sie den Rammvorgang heil überstanden. Abb.8.3.1–7 zeigt die hierfür gewählte Ausführung als kennzeichnendes Beispiel. Durch die lotrechte Anordnung der Bleche und ihr Anschweißen an die Füll-

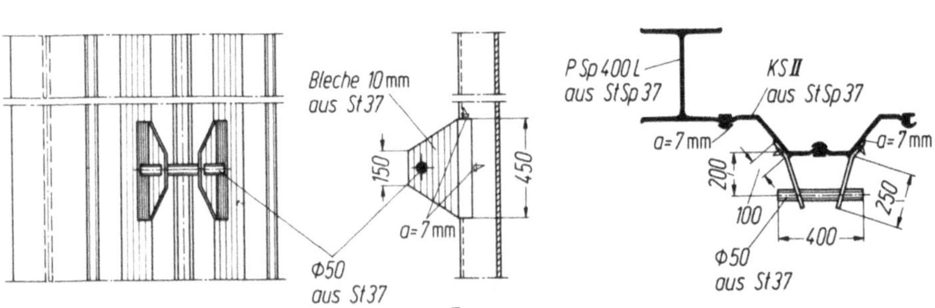

Abb. 8.3.1–7 Tragender Anschluß der Colcretebetonsohlen an die gemischten Stahlspundwände Peine-Krupp
a) Ansicht b) Lotrechter Schnitt c) Waagerechter Schnitt

bohlenstege konnten nur verhältnismäßig geringe Rammwiderstände auftreten, und es wurden gefährliche Schwingungen der Bleche aus den Rammschlägen vermieden. Auch das Weiterleiten der Sohlenauflagerkräfte bereitete keine Schwierigkeiten. Da die Füllbohlen die Kräfte nicht in den tragfähigen Baugrund ableiten konnten, mußten sie an zugänglichen Stellen der Schlösser mit den Tragbohlen verschweißt werden.

Die Bauarbeiten wurden im Jahre 1958 begonnen. Nach zwei Jahren war die Gesamtanlage mit allen Installationen planmäßig fertiggestellt.

8.3.2 **Sturmflutsperrwerk an einem norddeutschen Tidefluß** (vgl. auch Kap.18.3.9)

8.3.2.1 Allgemeines, Boden- und Wasserverhältnisse

Das in Abb.8.3.1–1 lagemäßig dargestellte Sturmflutsperrwerk mußte in einem Bereich des Tideflusses errichtet werden, in dem dieser beidseitig von altersschwachen Kaimauern eingefaßt war. Die Südkaimauer war an dieser Stelle einige Jahre vorher durch den Einbau einer Verankerung behelfsmäßig gesichert worden.

Der Untergrund im Bereich des Sturmflutsperrwerkes war sehr ungleichmäßig und am Südufer bis in größere Tiefen zum Teil von nur bedingt tragfähigen Tonschichten durchzogen (Abb.8.3.2–1, –2 und –5). Bei der geplanten Sohlenlage auf NPH – 4,3 m bzw. – 4,8 m reichten diese Tonschichten teilweise bis etwa NPH – 3 m. Unmittelbar in der Gründungsfuge stand toniger bzw. schluffiger Sand an.

Obwohl die alten Kaimauern keine Spundwände besaßen, zeigte der Meßpegel hinter der Nordkaimauer, daß bei einem Tidehub von rd. 3,4 m der Grundwasserspiegel über eine Tide nur noch um etwa 1 m schwankte (Abb.8.3.2–1 und –3). Bei Tideniedrigwasser traten dabei Wasserüberdrücke auf, die etwa E 19 der EAU entsprachen.

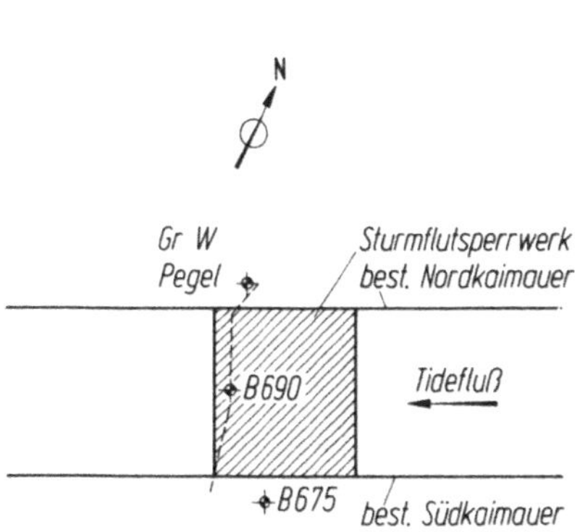

Abb. 8.3.2–1 Grundrißskizze mit Lage der Bohrungen und des Grundwassermeßpegels

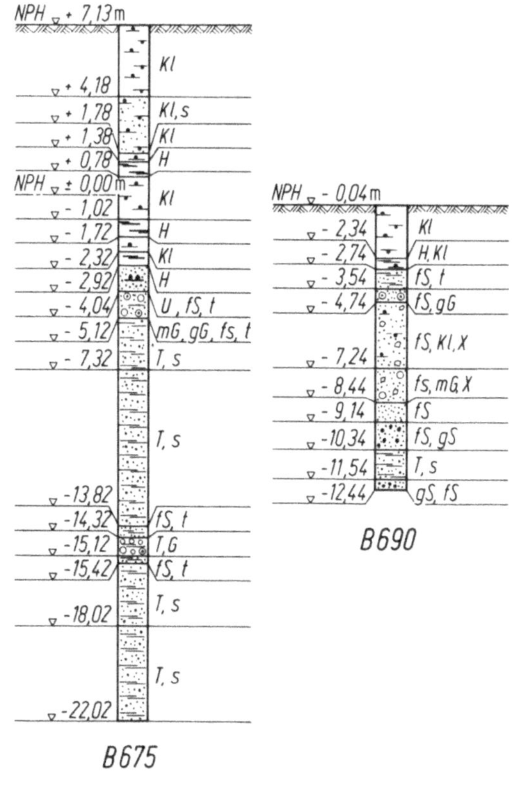

Abb. 8.3.2–2 Bodenschichten der Bohrungen B 675 und B 690

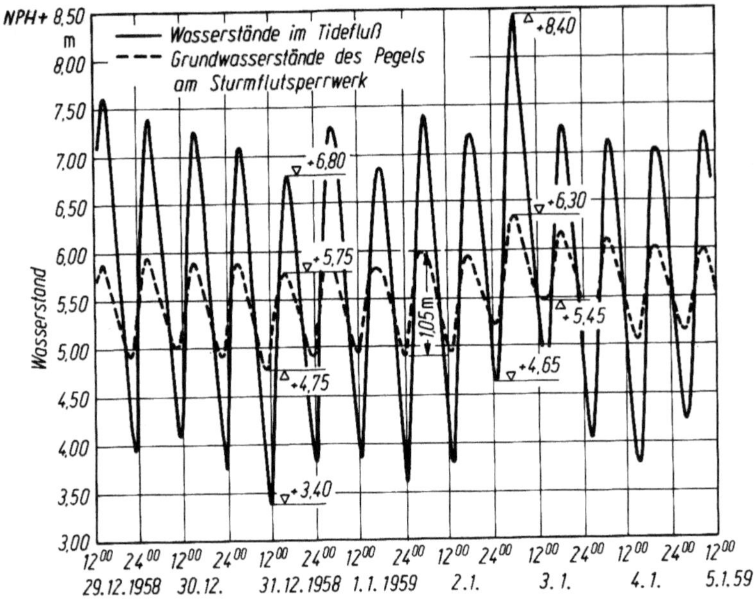

Abb. 8.3.2–3 Wasserstandsganglinien

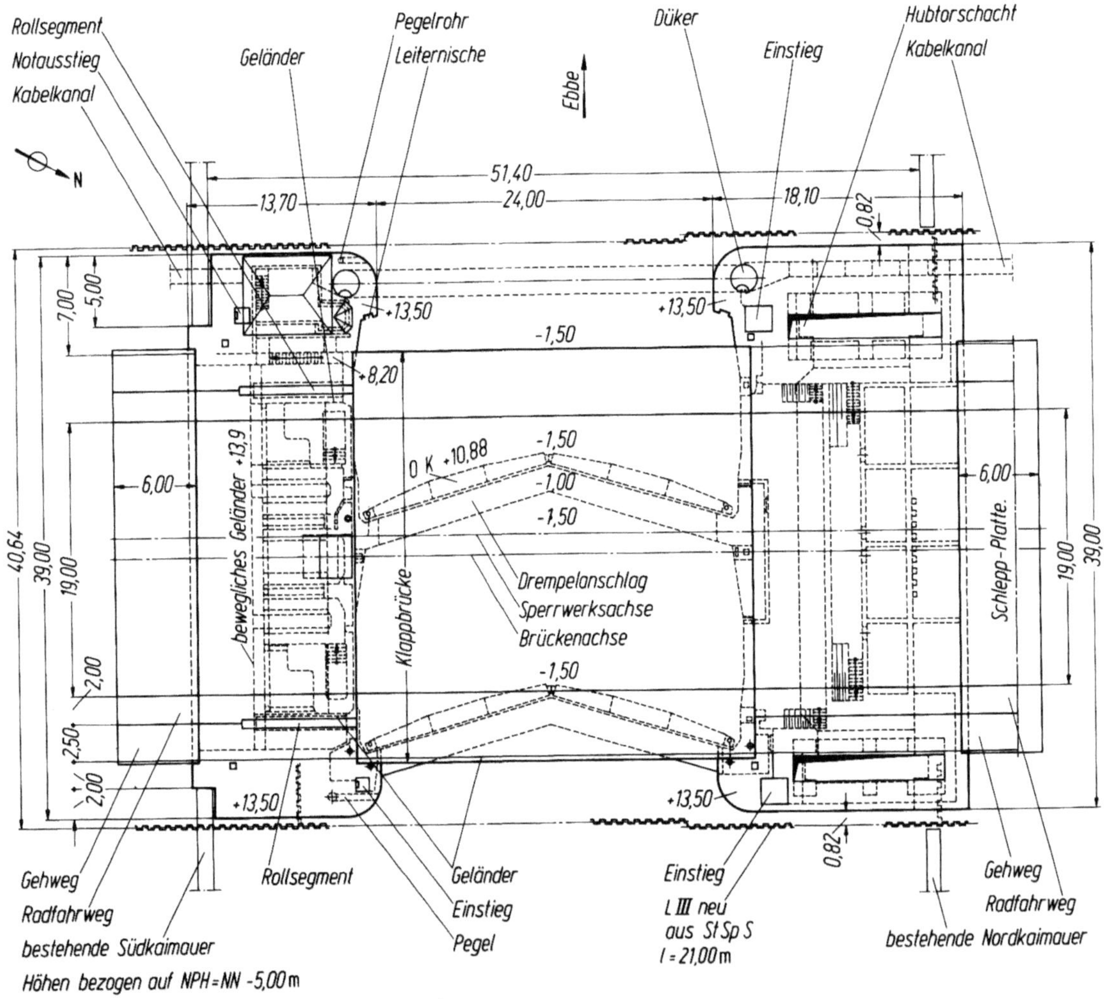

Abb. 8.3.2–4 Grundriß des Sturmflutbauwerkes nach dem Ausschreibungsentwurf

8.3.2.2 Ausschreibungsentwurf

Da beim Bau des flußaufwärts liegenden Tiedesperrwerkes (Kap.8.3.1) mit unter Wasser hergestellten Colcretebetonsohlen gute Erfahrungen gemacht worden waren, schrieb der Bauherr das Sturmflutsperrwerk von vornherein mit einer solchen Sohle aus. Dieses und weitere Einzelheiten des Ausschreibungsentwurfes sind aus den Abb.8.3.2–4 und–5 ersichtlich. Erwähnt seien vor allem die doppelten Stemmtore, die über das Bauwerk geführte Hauptstraße mit Klappbrücke und Antriebskeller am Südufer, der große, mit zwei Hubtoren verschließbare Umlaufkanal auf der Nordseite und das unterstromseitig zur Aufnahme von Versorgungsleitungen einzubetonierende Dükerrohr ∅ 2,0 m.

Erschwerend für die Planung und die Bauausführung war die Forderung nach einer während der gesamten Bauzeit freizuhaltenden mindestens 20 m breiten Schiffahrtsöffnung. Da das Bauwerk den gesamten Flußquerschnitt zwischen den alten Kaimauern ausfüllte (Abb.8.3.2–5), lagen dem Ausschreibungsentwurf auch bereits gewisse Wünsche bezüglich der Baugrubenumschließung und der Baudurchführung bei.

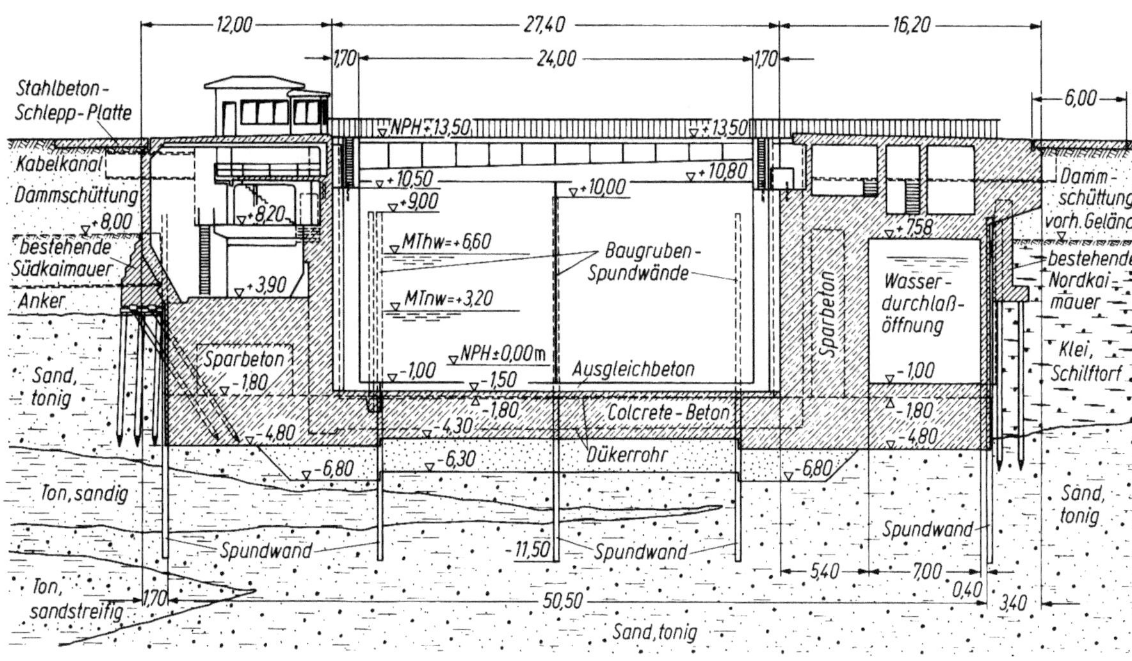

8.3.2.3 Ausführungsentwurf

In der Ausschreibung wurden Sondervorschläge zugelassen. Von dieser Möglichkeit machte eine Bietergruppe erfolgreich Gebrauch. Sie erhielt auf ihren Sonderentwurf nach Abb. 8.3.2–6 den Zuschlag. Auf folgende technische und wirtschaftliche Vorteile des Sonderentwurfs sei hier zur allgemeinen Orientierung hingewiesen:

a) Durch die zusätzliche Sicherung der Nordwand mit 1 : 1 geneigten Stahlankerpfählen und die Verlängerung der Verankerung auf der Südseite um 5 m zur Erhöhung der Standsicherheit in der tiefen Gleitfuge bei voll ausgehobener Sohle wurde die jeweilige Baugrubenumschließung gegen Verschiebungen aus dem jeweils nur einseitig wirkenden Erddruck gesichert.

b) Da zwei Längsspundwände durch Stahlpfähle ersetzt werden konnten, wurde der Aufwand für zwei zusätzliche Stahlpfahlreihen mehr als ausgeglichen. Diese tief gerammten Stahlpfähle verminderten im übrigen als tragfähige Sohlenanker die Beanspruchungen der Colcrete-Betonsohle nach dem Leerpumpen der Baugrube. Sie wurden so angeordnet und bemessen, daß sie gleichzeitig einen vollwertigen Bestandteil der Baugrubenaussteifung und der Baugerüste bildeten (Kap. 18.3.9).

c) Da nun – gegenüber drei Spundwänden im Ausschreibungsentwurf – nur noch die unvermeidliche mittlere Spundwand den Sohlenbeton voll und glatt durchschnitt, konnte die Colcrete-Betonsohle in Querrichtung im erforderlichen Umfang mit kräftigen Stählen bewehrt werden (Abb. 8.3.2–6). Auch die schwere Bewehrung zur gegenseitigen Verankerung der Stemmtordrücke im konstruktiven Ausgleichbeton über der Colcrete-Betonsohle wurde nur noch an der Mittelspundwand gestört. Hier mußte der Kraftfluß durch Anker, die an die Stege der Spundbohlen geschweißt wurden, ermöglicht werden. Mit Hilfe der Pfahlreihen konnte die Sohle bei ihrer Herstellung nun in tragbar breite Baublöcke unterteilt werden. Hierdurch konnte die Installation der Colgrout-Anlage wesentlich verbilligt werden.

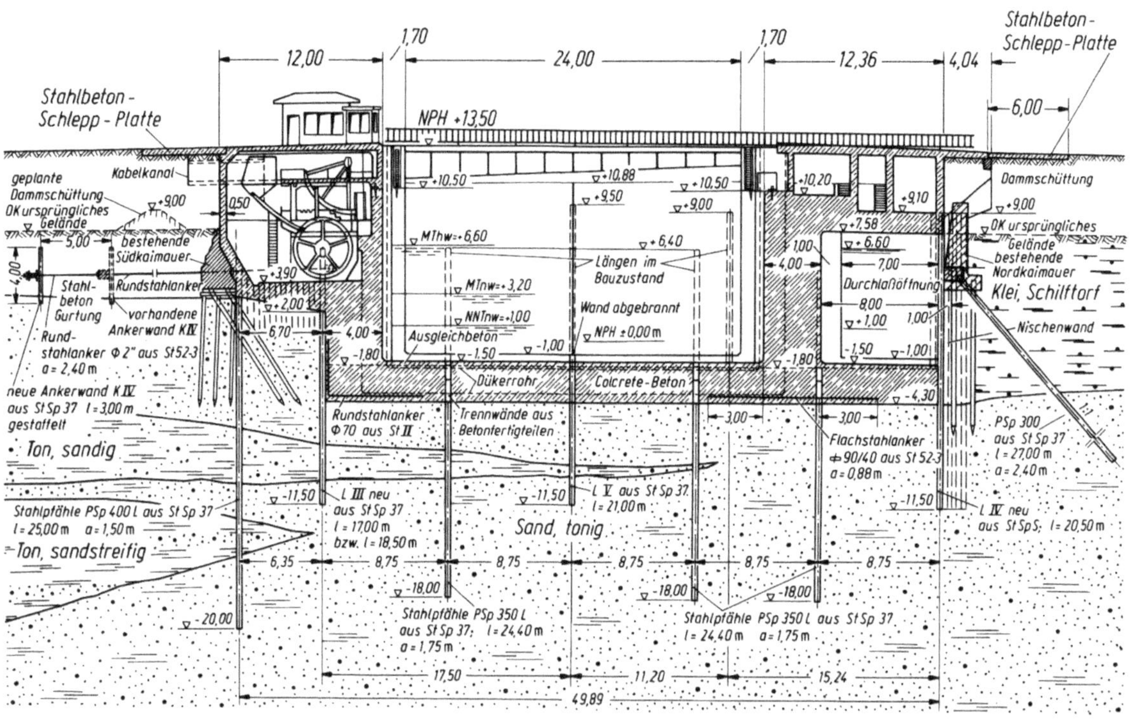

Abb. 8.3.2–6 Querschnitt des Ausführungsentwurfes

d) Durch die Sohlenankerpfähle konnten in den Seitenbereichen der Sohle und in den Seitenpfeilern beachtliche Betonmassen eingespart werden.

e) Da der 10,7 m breite Südpfeiler durch einen nur 4 m breiten Pfeiler mit kräftiger Kopfplatte ersetzt wurde, die sich hinten auf eine tiefe in den tragfähigen Sand reichende Stahlpfahlreihe abstützte, konnten sich Setzungen aus den dort anstehenden weniger tragfähigen Tonschichten nicht mehr auswirken. Außerdem blieben bei dieser Lösung die sonst zu durchrammenden schrägen Druckpfähle der Südkaimauer unbeschädigt.

f) Im Sonderentwurf wurde keinerlei Sparbeton vorgesehen. Die Erfahrung hatte gezeigt, daß in solchen Fällen Lösungen mit Sparbeton wegen der zusätzlichen Schalungskosten und des schwierigen Einbringens des Magerbetons teurer waren als Ausführungen aus einheitlich gutem pumpfähigen Konstruktionsbeton. Gleichzeitig wurden dabei verschiedene statisch-konstruktive Schwierigkeiten vermieden.

In der technischen Bearbeitung der Anlage wurde die räumliche Lastabtragung durch das Gesamtbauwerk sorgfältig berücksichtigt. Die Baugrubenumschließung und ihre Bauvorgänge wurden dem Sonderentwurf angepaßt. Sie sind im Kap. 18.3.9 eingehend behandelt.

8.3.2.4 Hinweise zum Wert eines vollständigen Ausschreibungsentwurfs

Wenn der Sonderentwurf technisch und wirtschaftlich günstiger und ausgereifter war als der Ausschreibungsentwurf, sollte hier und auch ganz allgemein nicht vergessen werden, daß bei einem vorliegenden guten Ausschreibungsentwurf Sonderentwürfe bereits von einem entsprechend hohen Niveau aus gestartet werden können. Auch wenn ein Sonderentwurf besser ist und ausgeführt wird, hat ein guter Ausschreibungsentwurf seinen Zweck voll erreicht, denn ohne ihn als Basis wäre es zum besseren Sonderentwurf wohl kaum gekommen. Leider werden diese Zusammenhänge auch von sonst durchaus fachkundigen und erfahrenen Bauherren häufig nicht ausreichend erkannt. Auch wird immer wieder vergessen, daß eine gute Planung und statisch-konstruktive Bearbeitung entscheidend zur Qualität und Lebensdauer des Bauwerkes bei gleichzeitig niedrigen Baukosten beiträgt.

8.3.2.5 Zusatzmaßnahmen infolge einer späteren Änderung der Stadtplanung

Die Baudurchführung lief in jeder Weise planmäßig ab. Schwierigkeiten ergaben sich aber, als das Bauwerk beinahe fertig war, durch eine Änderung in der Stadtplanung. Um den Raum unter der Straße bis NPH + 8,0 m nutzen zu können, sollte die geplante hohe Dammschüttung am Südufer nun durch eine Brücke und eine Stahlspundwand als Hochwasserschutz ersetzt werden. Diese Bauwerke konnten an sich ohne besondere Schwierigkeiten technisch bearbeitet und ausgeführt werden. Durch den Wegfall des Erddruckes aus der südseitigen Dammauflast wurde das Sturmflutsperrwerk aber ungünstig einseitig beansprucht. Es fehlte auf der Südseite auch ein wesentlicher Teil des stützenden Erddruckmomentes, so daß die Stützpfahlreihe hinter der landseitigen Maschinenkellerwand stark überlastet wurde. Auch mußte damit gerechnet werden, daß der unverändert gebliebene Erddruck auf der Nordseite zum Teil durch Sohlreibung so weit aufgenommen wurde, daß die Druckkraft im Südteil der Sohle nicht mehr ausreichte, um die Zugspannungen in der Sohleneckbewehrung und sonst in der Colcretebetonsohle in tragbaren Grenzen zu halten. Um diese Störungen auszugleichen, mußte südseitig vor beiden Stahlbeton-Endscheiben des Maschinenkellers je eine Stützkonstruktion auf einem sorgfältig überlegten und ausgebildeten Stahlpfahlsystem errichtet werden. Mittels schwerer Pressen wurden sie in günstiger Brückenposition mit je rd. 500 t gegen das Sturmflutsperrwerk vorgespannt und im vorgespannten Zustand bleibend so angeschlossen, daß die Belastung der Stützpfeiler im ungünstigsten Falle oberstromseitig 825 t und unterstromseitig 760 t nicht überschritt. Hierdurch wurde der fehlende Erddruck auf der Südseite ausreichend ausgeglichen.

Das Bauwerk hat sich im Betrieb bewährt. Seine Feuertaufe erhielt es bei der großen Sturmflut am 12. Februar 1962. Obwohl damals noch nicht ganz fertiggestellt, hat es das dahinterliegende Stadtgebiet vor einer Flutkatastrophe bewahrt.

8.3.3 Kulturwehr mit Bootschleuse an einem kleinen norddeutschen Fluß

8.3.3.1 Allgemeines und technische Lösung

An einem Fluß mit maximal 10 m^3/s Wasserführung, der ein norddeutsches Moorgebiet durchzieht (Abb.8.2.5–1), mußte aus wasserwirtschaftlichen Gründen ein Wehr errichtet werden. Um den vorhandenen Wassersport nicht zu stören, mußte mit dem Wehr auch eine Bootschleuse gebaut werden. Auch ein Fischpaß wurde benötigt (Abb.8.3.3–1). Bei der Planung war darauf zu achten, daß die Flußwassermenge ohne teuere Umleitungen in jedem Baustadium leicht abgeführt werden konnte.

Bereits die ersten Vorüberlegungen zeigten, daß sich hier eine Spundwandlösung mit Stahlbetonsohle am besten eignete. Die Baugrubenumspundung konnte – im Bauzustand nur einfach ausgesteift – später in die tragenden Wandsysteme der Anlage einbezogen werden (Abb.8.3.3–1, –2, –3 und –4). Die Stirnspundwände wurden genauso wie die Längswände mit waagerechten und schrägen angeschweißten Stählen an die Stahlbetonsohlen tragend angeschlossen. Sie wurden in Sohlenoberkante abgebrannt, wenn der zugehörige

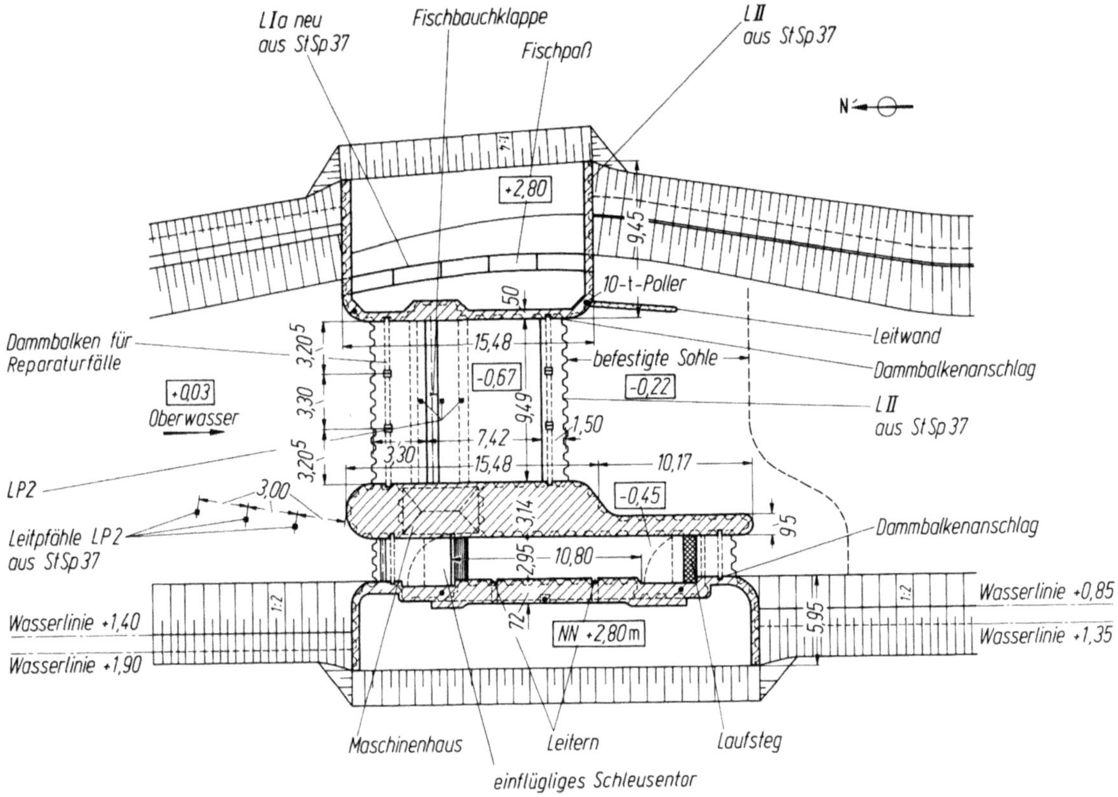

Abb. 8.3.3–1 Übersichtsgrundriß der Kulturwehranlage

Bauabschnitt fertiggestellt war. Die Schleuse und das Wehr mußten dabei in zeitlicher Reihenfolge so hintereinander erstellt werden, daß das Flußwasser durch den jeweils nicht in Bau befindlichen Teil abfließen konnte. In der anschließenden Baugrube wurde das Grundwasser jeweils mit Tiefbrunnen abgesenkt.

8.3.3.2 Bodenverhältnisse, Bodenkennwerte, Lastfälle und zulässige Spannungen

Der Bodenaufbau im Bereich der Anlage ist aus Abb.8.3.3–2 zu ersehen. Dem Entwurf konnten folgende Bodenkennziffern zugrunde gelegt werden:

aufgefüllter Sand	$\gamma/\gamma_a = 1{,}8/1{,}0\ t/m^3,\ \rho_r = 30°$
Torf	$\gamma/\gamma_a = 1{,}1/0{,}1\ t/m^3,\ \rho'_r = 15°,\ c'_r = 0{,}5\ t/m^2$
oberer Feinsand	$\gamma/\gamma_a = 1{,}8/1{,}0\ t/m^3,\ \rho_r = 30°$
weicher Ton	$\gamma/\gamma_a = 1{,}7/0{,}7\ t/m^3,\ \rho'_r = 17{,}5°,\ c'_r = 1{,}0\ t/m^2$
unterer Feinsand	$\gamma_a = 1{,}0\ t/m^3,\ \rho_r = 32{,}5°.$

In der Berechnung und der Bemessung wurden folgende drei Lastfälle berücksichtigt:

Lastfall 1 = Betriebsfall:
Höchster Stau im Oberwasser = NN + 1,9 m
Normaler Stau im Unterwasser = NN + 0,85 m.

Lastfall 2 = Reparaturfall:
Höchster Grundwasserstand = NN + 1,9 m
Schleuse bzw. Wehrteil leer.

Lastfall 3 = Bauzustand:
Grundwasserstand außen = NN + 1,4 m
Abgesenkter Grundwasserspiegel innen:
in der Schleuse = NN − 1,2 m
im Wehrteil = NN − 1,5 m.

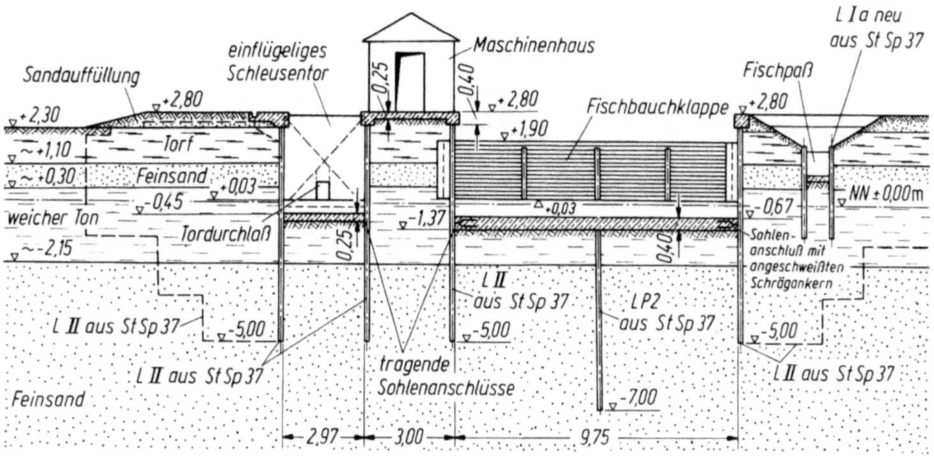

Abb. 8.3.3–2 Querschnitt durch Schleusenkammer, Tosbecken und Fischpaß

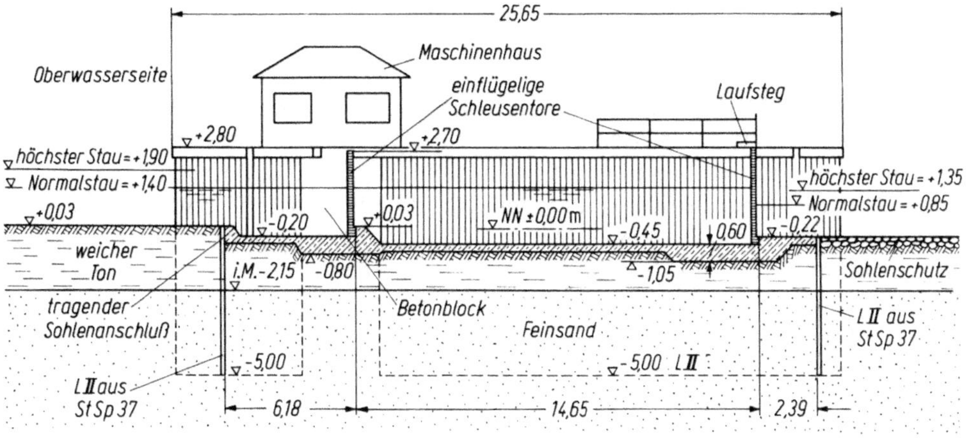

Abb. 8.3.3–3 Längsschnitt durch die Bootschleuse

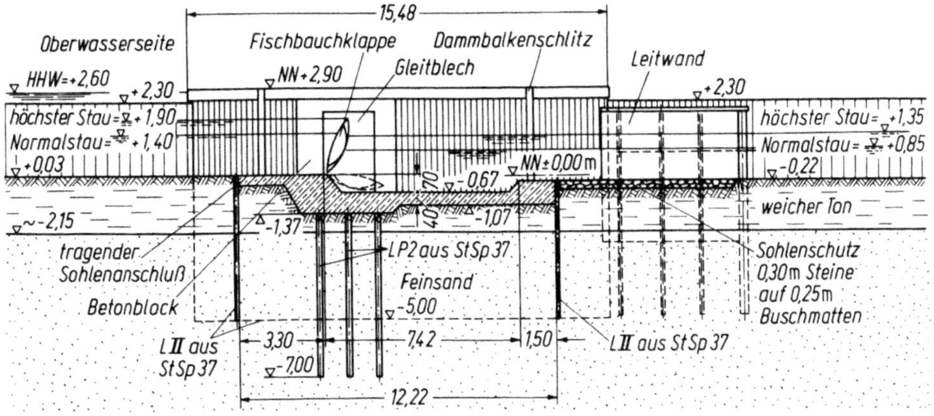

Abb. 8.3.3–4 Längsschnitt durch das Wehr

Die Spannungen in den Stahlspundwänden und in sonstigen Stahlbauteilen wurden nach E 20 der EAU den Lastfällen 1, 2 und 3 zugeordnet. Daran anlehnend wurden auch für die Sohlen und die Wandteile aus Stahlbeton die nach DIN 1045 für Lastfall 1 zul. Spannungen im Lastfall 2 um 15 % und im Lastfall 3 um 30 % erhöht.

8.3.3.3 Wehrverschluß und Schleusentore

Um das Landschaftsbild nicht durch hohe Aufbauten zu stören, um wirtschaftlich zu bleiben und vor allem auch um schwimmenden Baugeräten bei Stauausgleich die Durchfahrt durch die Wehröffnung zu ermöglichen, wurde das Wehr mit einer nach unten absenkbaren Fischbauchklappe ausgerüstet (Abb.8.3.3–1, –2 und –4). Diese stützt sich durchgehend auf die Sohlplatte ab und wird durch einen seitlich angeordneten im Maschinenhaus untergebrachten Antrieb bewegt.

Bei dieser Lösung genügte für die vorliegenden Verhältnisse eine einzige Wehröffnung. Auch bei Ausfall des Antriebes konnte die Klappe ausgeklinkt und dadurch geöffnet werden. Im übrigen konnte das Hochwasser auch mit einem nur geringen Anstieg über das höchste planmäßige Stausoll schadlos über die geschlossene Klappe abfließen.

Die Schleuse wurde durch zwei einflügelige Drehtore vom Ober- zum Unterwasser hin abgeschlossen (Abb.8.3.3–1, –2 und –3).

8.3.3.4 Konstruktive Maßnahmen und Hinweise

Im Bereich aller Toranschläge wurden die Spundwände mit Stahlbeton verstärkt. Diese Wandabschnitte wurden biegesteif mit der dort ebenfalls verstärkten Stahlbetonsohle verbunden, so daß keine größeren Verformungen auftreten konnten und die Anschläge dadurch maßhaltig blieben. Die Stahlbetonsohle bildet den tragenden, auftrieb- und kolksicheren unteren Abschluß von Wehr und Schleuse. Sie steift auch beide gegeneinander aus und überträgt die waagerechten Kräfte in die Flankierungsspundwände. Von dort aus werden sie zum Teil nach unten in den tragfähigen Sand bzw. über die Spundwandanschlußflächen in den angrenzenden Baugrund flächenhaft abgetragen. Die Stahlbetonholme und -platten, die sich gegen die Stahlbetonwandverstärkungen abstützen (Abb.8.3.3–1), sichern die Spundwandköpfe gegen unerwünschte Durchbiegungen.

Im Unterwasserbereich wurde die Flußsohle durch 0,25 m dicke Buschmatten mit aufgelegter 0,30 m dicker Steinschüttung gegen Kolke gesichert.

Die Bauarbeiten liefen im Frühjahr 1960 an und konnten noch im gleichen Jahr abgeschlossen werden.

Das vorliegende Beispiel zeigt, daß durch eine sinnvolle Nutzung von Stahlspundwänden zuerst zur Umschließung der Baugrube und später als tragende Wände des Bauwerkes technisch gute, leicht ausführbare und preisgünstige Lösungen erreicht werden können.

8.3.4 Wehranlage an einem norddeutschen Tidestrom als Tidesperrwerk und Stauanlage für ein Pumpspeicherwerk (vgl. auch Kap.18.2.3)

8.3.4.1 Allgemeines

Wegen der Vertiefung des Fahrwassers zu einem unterhalb der Wehranlage befindlichen Welthafen seit der Mitte des vorigen Jahrhunderts waren die Niedrigwasserstände im Strom im Bereich der geplanten Wehranlage seit 1880 um rd. 150 cm und das Mittelwasser um rd. 100 cm gesunken. Dies führte zu einem vergrößerten Gefälle und damit zu einer verstärkten Strömung und diese wieder zu einer fortschreitenden Erosion der Sohle in den beeinflußten Stromabschnitten und insgesamt zu einer zeitweisen Behinderung der Binnenschiffahrt. Auch die Grundwasserstände in den anschließenden Ländereien sanken entsprechend ab. Um diese nachteiligen Einflüsse auszuschalten und freie Hand für die weitere Vertiefung des Stroms bis zum Welthafen zu erhalten, wurde etwa 25 km oberhalb des Hafens eine Wehranlage mit 4 gleichen Wehröffnungen von je 50 m lichter Weite geplant, mit deren Hilfe ein

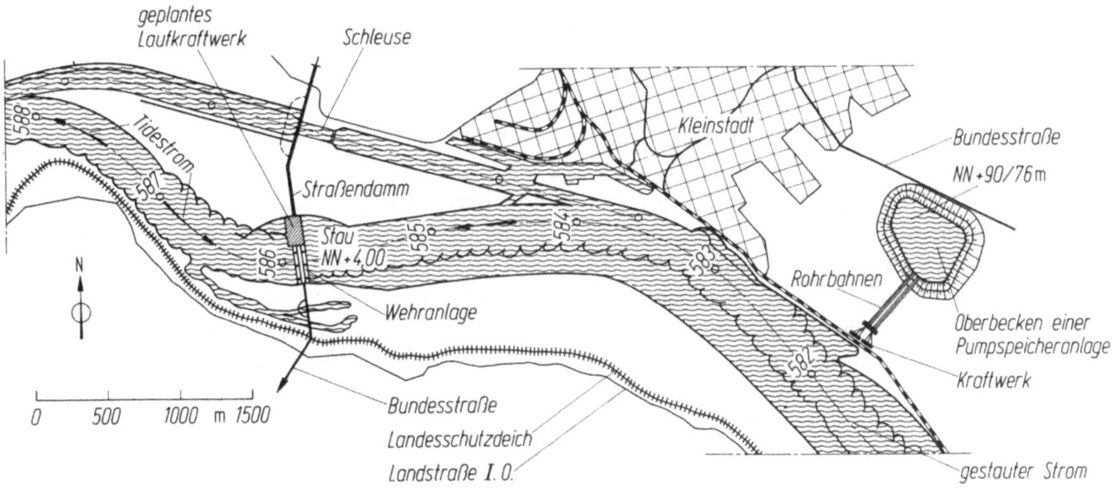

Abb. 8.3.4–1 Übersichtsplan mit Wehranlage, Schleuse und Pumpspeicheranlage

Normalstau von zunächst NN + 5,0 m angestrebt wurde (Abb.8.3.4–1, –2 und –3). Sie sollte gleichzeitig als Tidesperrwerk dienen. Höhere Sturmfluten von der See her (das HHThw lag bis dahin auf NN + 7,32 m) sollten aber ungehindert durchlaufen können, damit unterhalb der Wehranlage die Wasserstände bei schweren Sturmfluten im Strom nicht höher als bisher anstiegen. Diese Aufgabe wurde optimal erreicht, wenn zum Abschluß der Wehröffnungen Sektorverschlüsse angewendet wurden, die nach dem Oberwasser hin kehrten (Abb.8.3.4–3).

Da mit dem Nachbarland eine Einigung über einen Normalstau auf NN + 5,0m nicht erzielt werden konnte, wurde das Wehr wohl dafür berechnet, als Normalstau aber bis auf weiteres NN + 4,0 m festgelegt. Beim vorhandenen MThw = NN + 2,61 m und MTnw = NN + 1,75 m lohnte sich dabei aber der Ausbau des geplanten, am rechten Ufer an den Wehrpfeiler 5 anschließenden Laufkraftwerkes nicht mehr. Er wurde daher vorerst zurückgestellt (Abb.8.3.4–1 und –2). An diesem Zustand hat sich bis heute nichts geändert.

Der Normalstau auf NN + 4,0 m reichte aber noch aus, um das Unterbecken für das rd. 4 km oberhalb der Wehranlage zu errichtende Pumpspeicherwerk auch für dessen Vollausbau zu bilden (Abb.8.3.4–1). Als Wasserentnahme waren im 1. Ausbau 3 X 35 = 105 m^3/s und als Turbinenwassermenge 3 X 60 = 180 m^3/s mit einer Leistung von 105 MW geplant. Für den Vollausbau waren eine Entnahme von 4 X 35 = 140 m^3/s und eine Turbinenwassermenge von 6 X 60 = 360 m^3/s mit einer Leistung von 210 MW vorgesehen.

Vergleichsweise betrug die niedrigste Oberwasserführung des Stromes NNQ = 135 m^3/s bei einem MNQ = 270 m^3/s und einem HHQ = 3620 m^3/s (im Jahre 1895).

Für die Binnenschiffahrt wurde unter Umgehung der Wehranlage eine moderne Doppelschleuse mit ausreichend langen Zufahrten errichtet (Abb.8.3.4–1), die hier aber nicht behandelt wird.

Die Wehrpfeiler sollten gleichzeitig als Brückenpfeiler einer über das Wehr geführten Bundesstraße benutzt werden.

8.3.4.2 Bodenverhältnisse

Abb.8.3.4–3 zeigt den kennzeichnenden Aufbau der anstehenden Bodenschichten. Unter der Stromsohle liegt mit zunehmender Tiefe gröber werdender Sand, der – etwa 18 m unter der Flußsohle beginnend – von einer rd. 2 m dicken Schicht aus halbfestem Ton unterlagert wird. Auf diese folgen abwechselnd Sand, Kies und Tonschichten. Über der obersten Tonschicht ist der Grobsand mit Steinen durchsetzt.

8.3.4.3 Gestaltung der eigentlichen Wehranlage und konstruktive Hinweise

Den generellen Überblick hierzu liefern die Abb.8.3.4–1, –2 und –3. Danach besteht das Wehr aus der linken Wehrwange (Pfeiler 1), den Steuerpfeilern 2 und 4, dem Mittelpfeiler 3, dem auf die Belange des späteren Laufkraftwerkes abgestimmten Trennpfeiler 5 sowie 4 gleich ausgebildeten Wehrfeldern. Die Anlage wurde in den Jahren 1957 bis 1960 in 3 Bauabschnitten im Schutze von umspundeten Baugruben errichtet. Einzelheiten über den Bauablauf werden im Kap.18.2.3 behandelt. Bei diesem Bauvorgang bildete in den ersten beiden Bauabschnitten der jeweilige linke Wehrpfeiler einen Teil der rechten Baugrubenumschließung für das nächste Feld, was bei der Bemessung entsprechend berücksichtigt werden mußte. Alle Pfeiler erhielten eine bis NN – 14,0 m reichende Umspundung (Abb.8.3.4–4, –5 und –6), die an das in den Spundwandachsen 10,43 m breite Pfeilerfundament angeklemmt wurde. Bei dieser Lösung konnten in die Spundwände wohl waagerechte Querkräfte und Momente, aber keine Axialkräfte eingeleitet werden. So stand die resultierende lotrechte Gesamtbelastung des Pfeilers voll zur Erzeugung von Reibung in der Sohlfuge zur Verfügung. Da bei Bauwerken dieser Art die geforderte Gleitsicherheit im allgemeinen am schwierigsten zu erreichen ist, war dies besonders wichtig.

Einzelheiten der Pfeilergründungen gehen aus den Abb.8.3.4–4, –5 und –6 hervor. Abb.8.3.4–6 gibt auch einen gewissen Einblick in die Gestaltung der Steuerpfeiler 2 und 4. Bekanntlich werden Sektorverschlüsse unter Ausnutzung der Unterschiede im Wasserstand auf der Ober- und der Unterwasserseite gesteuert, indem die Standrohrspiegelhöhe unter dem Wehrverschluß entsprechend verändert wird. Bei hohen Hochwässern müssen die Verschlüsse

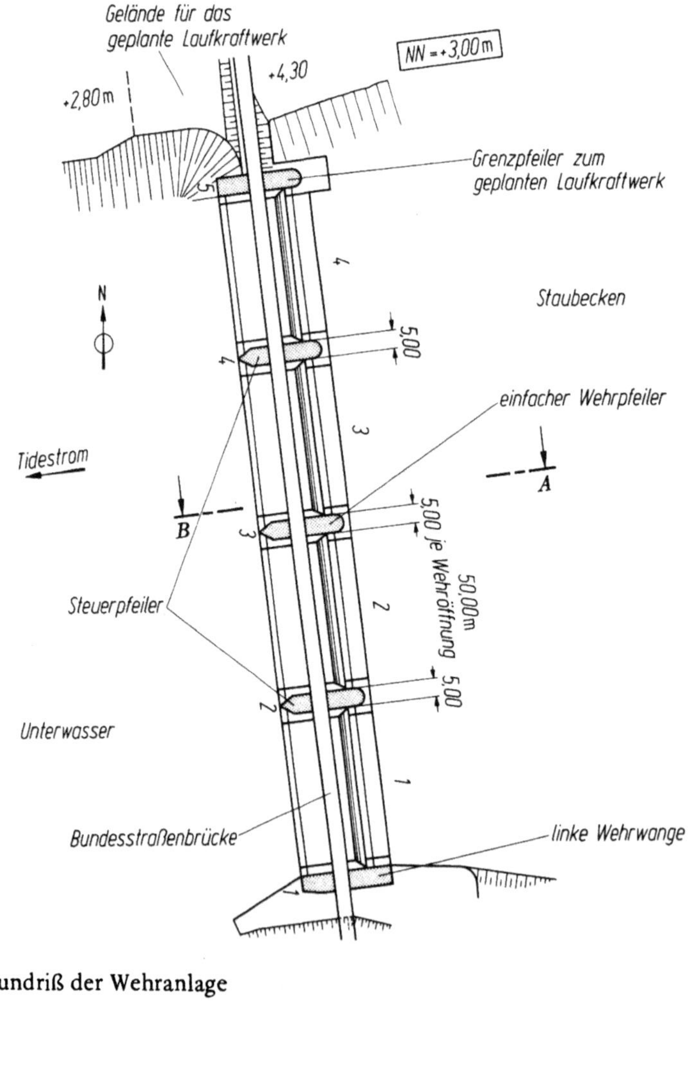

Abb. 8.3.4–2 Grundriß der Wehranlage

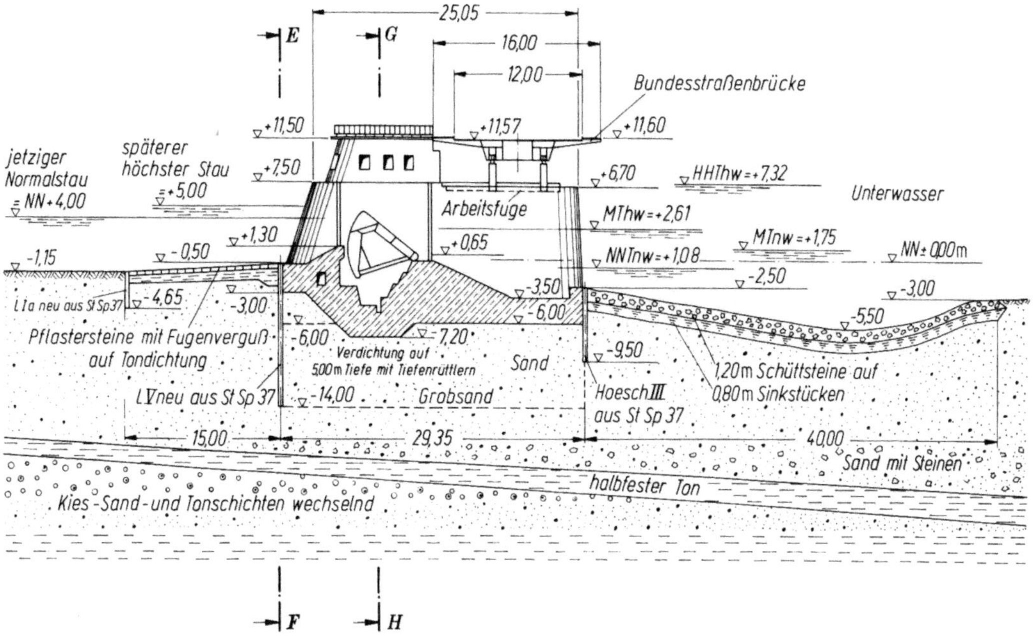

Abb. 8.3.4–3 **Querschnitt A–B durch das Wehrfeld 3** (Lage s. Abb. 8.3.4–2 und 8.3.4–4)

aber voll in die Sektorgrube (Abb.8.3.4–3 und –7) abgesenkt werden. Da dann kaum noch ein Unterschied zwischen dem Ober- und dem Unterwasserspiegel vorhanden ist, versagt die übliche Steuerung. Für solche Fälle wurden beim vorliegenden Projekt die Steuerpfeiler mit Druckpumpen ausgerüstet, mit deren Hilfe der Druck im Wasser unter den Verschlüssen so gesteigert werden konnte, daß sie sich wieder in die gewünschte Verschlußstellung hochdrehten.

Auch an die Stirnseiten der Wehrfeldersohlen aus Stahlbeton wurden die Einfassungsspundwände nur angeklemmt (Abb.8.3.4–3 und –7). Die unterstromseitige Spundwand brauchte hier aber auch bei voller Kolksicherung nur bis NN –9,5 m gerammt zu werden (Abb.8.3.4–3). Auf ein Einrammen der oberstromseitigen Spundwand in die anstehende

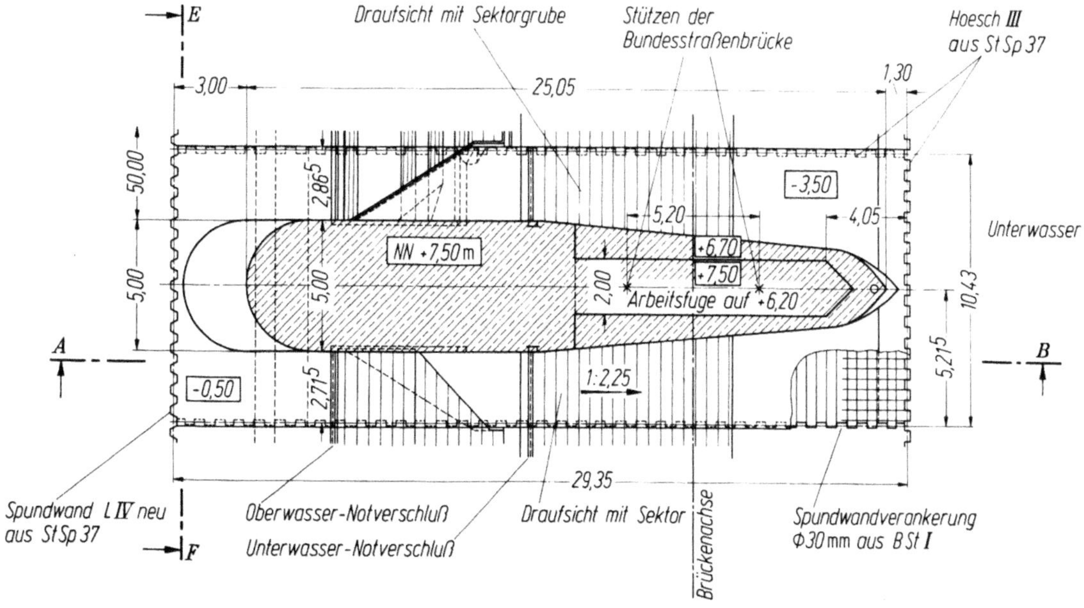

Abb. 8.3.4–4 **Grundriß-Querschnitt C–D durch den Wehrpfeiler 3** (Lage s. Abb. 8.3.4–5)

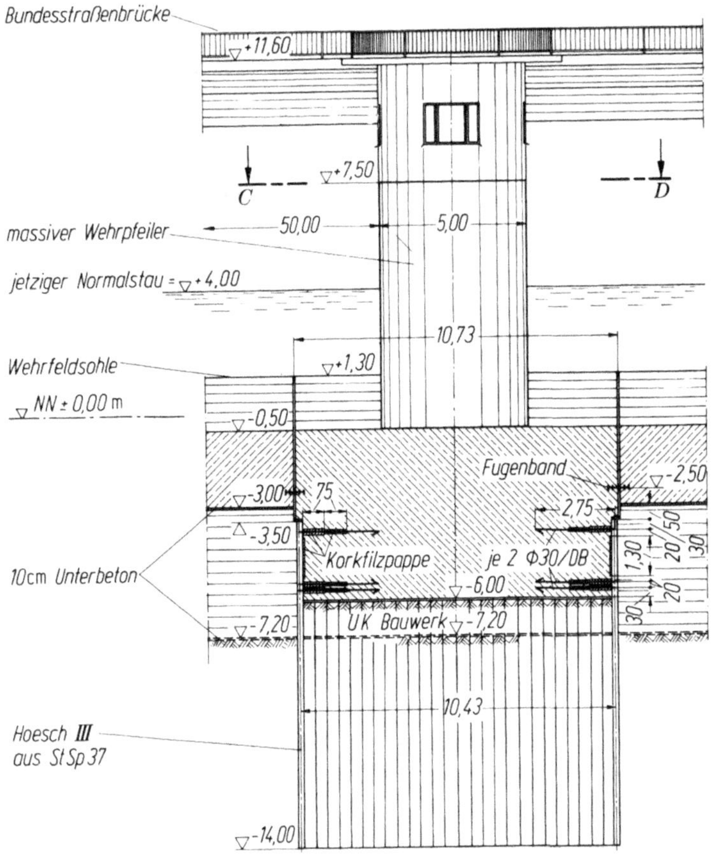

Abb. 8.3.4–5 Schnitt E–F durch die Gründung des Wehrpfeilers 3 (Lage s. Abb. 8.3.4–3 und –4)

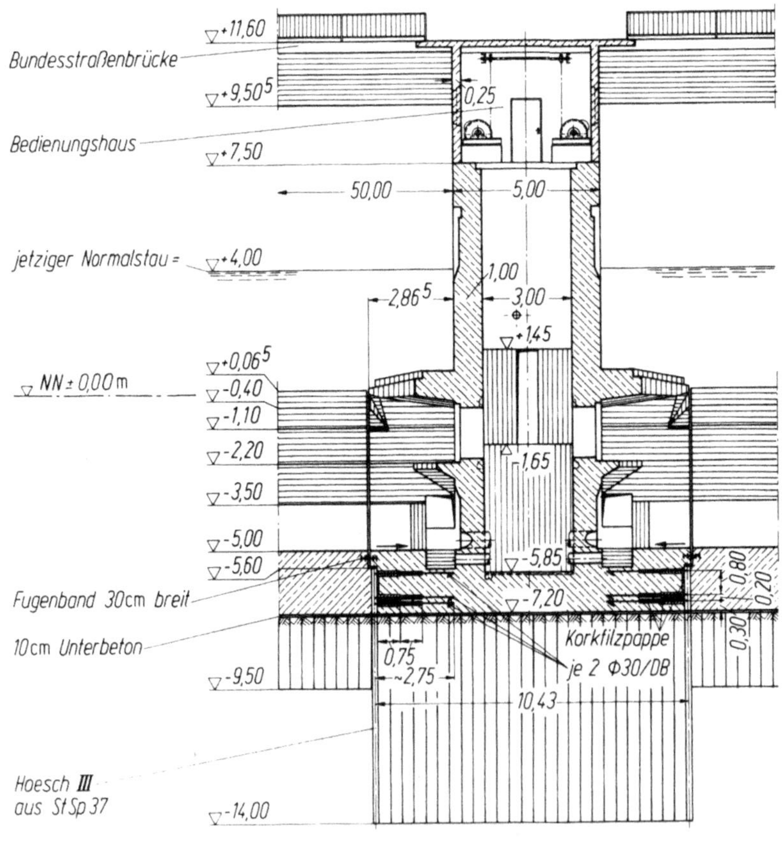

Abb. 8.3.4–6 Schnitt G–H durch die Steuerpfeiler 2 bzw. 4 (Lage s. Abb. 8.3.4–3)

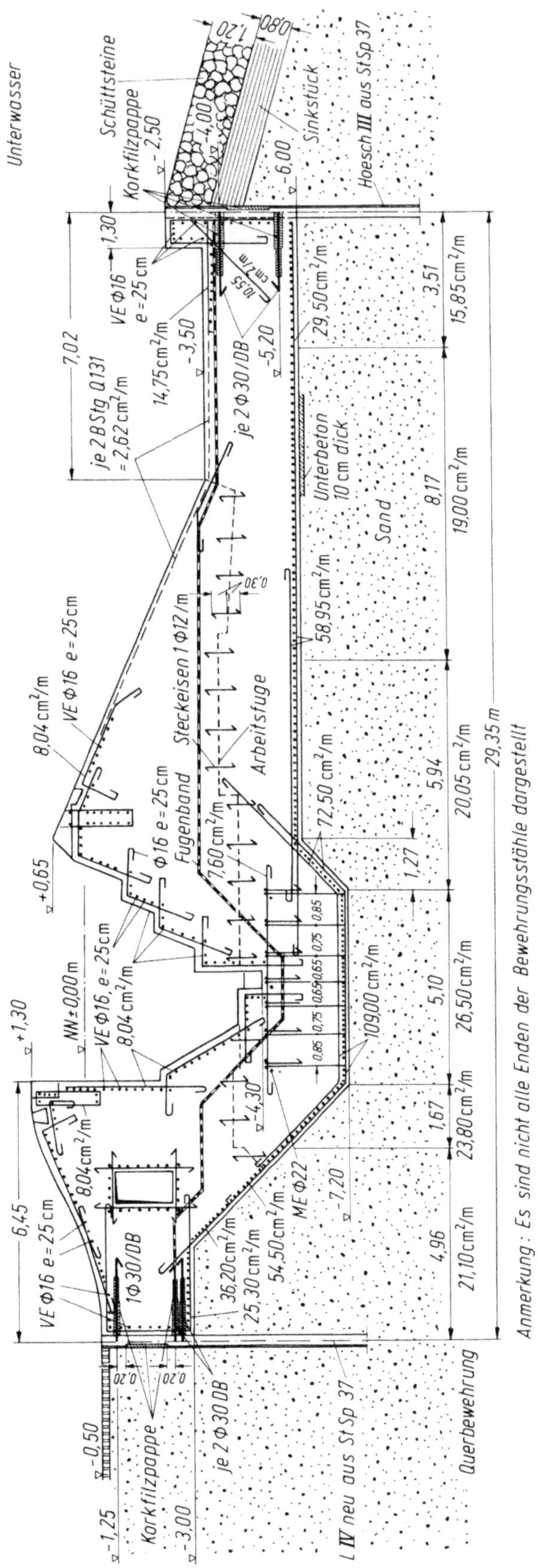

Abb. 8.3.4–7 Querschnitt der Wehrsohle mit Bewehrungsangaben

halbfeste Tonschicht wurde hier und bei den Wehrpfeilern wegen der darüber liegenden Steine verzichtet. Durch Modellversuche war nachgewiesen worden, daß auch bei verhältnismäßig geringen Schloßschäden einer in den Ton gerammten Spundwand der Sohlenwasserdruck unter dem Wehrkörper nur unwesentlich geringer war als bei einer Spundwandrammung bis NN −14,0 m. Da keine Gewähr bestand, daß die oberstromseitige Spundwand heil in den halbfesten Ton gerammt werden konnte, wurde ihre Unterkante daher auf NN − 14,0 m festgelegt.

Abb.8.3.4−7 zeigt einen Querschnitt durch die Wehrsohle mit der erforderlichen Bewehrung. Bei ihrer Berechnung für zahlreiche Betriebs- und Reparaturlastfälle wurden neben den Biegemomenten auch die Normalkräfte berücksichtigt. Die Reibungskräfte wurden hierzu proportional den lotrechten Bodenpressungen verteilt. Um die Kraftaufnahme mit einem Winkel von $\rho_r = 35°$ sicherzustellen, wurde der Baugrund bis 5 m unter die Gründungssohle mit Tiefenrüttlern hochgradig verdichtet. Beim Bemessen der Anschlüsse der Umfassungsspundwände wurden verschiedene Grenzlastfälle und Verschiebungszustände berücksichtigt. Abb.8.3.4−7 zeigt, daß die Hauptbewehrung auf der Unterseite der Sohle erforderlich ist und dort vor allem unter der tiefreichenden Sektorgrube. Auf der Oberseite genügte eine konstruktiv angeordnete Verteilerbewehrung. Abb.8.3.4−7 zeigt auch, wie in solchen Wehrsohlen Arbeitsfugen sinnvoll angeordnet werden, sowie die Führung des Bandes zur Dichtung der Bewegungsfugen zwischen Pfeiler und Wehrsohle.

8.3.4.4 Zusatzmaßnahmen oberhalb und unterhalb des eigentlichen Wehrs

Abb.8.3.4−3 zeigt die angewendeten Maßnahmen. Oberhalb des Wehrs wurde zur Verminderung des Sohlenwasserdrucks unter dem eigentlichen Wehr ein 15 m breiter, dichter Vorboden, bestehend aus Pflastersteinen mit Fugenverguß aus Bitumen und darunter liegender Tondichtung, eingebracht. Bei der Art seines Aufbaus mußte dieser Vorboden in trockener Baugrube hergestellt werden.

Die Kolksicherung auf der Unterstromseite wurde von vornherein einer natürlichen Kolkform angepaßt. Sie bestand aus einem beim Einbau 0,8 m dicken Sinkstück und einer darüber aufgebrachten 1,2 m dicken Lage aus Schüttsteinen. Sie wurde, nachdem die Baugrubenumschließung abgebaut und das Sohlenprofil hergestellt war, unter Wasser eingebracht.

8.3.4.5 Schlußbemerkung

Die Wehranlage konnte in der geplanten Form und Termingestaltung errichtet werden und hat sich seither bewährt.

8.4 Siele und Schöpfwerke

8.4.1 Siel und Schöpfwerk an einem norddeutschen Tidefluß

An einem norddeutschen Tidefluß mußte das im Kanalsystem hinter dem Landesschutzdeich anströmende Wasser so abgeführt werden, daß binnendeichs der gewöhnliche Binnenpegel GBP = NN − 0,8 m sowohl bei den Außenwasserständen MTnw = − 1,47 m als auch bei MThw = + 1,86 m gehalten werden konnte. Bei Niedrigwasser im Tidefluß konnte dabei das Wasser durch das Siel im natürlichen Gefälle abfließen, während bei höheren Außenwasserständen das Kanalwasser mittels Pumpen herausgedrückt werden mußte. Hierzu war es erforderlich, ein Siel, verbunden mit einem Schöpfwerk zu errichten (Abb.8.4.1−1 und−2).

Der Baugrund bestand bis etwa 2 m unter Bauwerksohle aus Klei mit Torfschichten. Anschließend folgte scharfer diluvialer Sand auf große Tiefe. Bei diesen Verhältnissen schien es zunächst zweckmäßig, den Klei zwischen den Umfassungsspundwänden des Bauwerkes auszuheben und durch verdichteten Sand zu ersetzen. Kostengegenüberstellungen zeigten jedoch, daß es hier insgesamt wirtschaftlicher war, auf die Bodenverbesserung zu verzichten und das Bauwerk auf verhältnismäßig kurzen Holzpfählen zu gründen. Der beim Aushub im Trockenen vorhandene artesische Druck im Grundwasser unter der Kleischicht mußte hierbei durch Tiefbrunnen so weit entlastet werden, daß die Kleisohle nicht aufbrechen konnte.

Das 37 m lange und 27,8 m breite Bauwerk war Bestandteil des Landesschutzdeichs. Es wurde ohne Bewegungsfugen ausgeführt. Um die Schwindbeanspruchungen klein zu halten, wurden an zwei Stellen durchgehende Plomben in Sohle, Wänden und Decken ausgespart, die erst geschlossen wurden, nachdem das Schwinden in den Hauptblöcken abgeklungen war. Die Längsbewehrung wurde dabei ohne Stoß durch die Plomben geführt. Die Plomben wurden mit 2,0 m so breit gewählt, daß die aus dem Schwinden herrührenden zusätzlichen Stahlspannungen 300 kg/cm^2 nicht überstiegen und das Eigenschwindmaß der Plomben ausreichend klein blieb. So konnten trotz der monolithischen Wirkung im Endzustand schwächere Stellen im Bauwerk, die bei einer Anhäufung von Bewehrungsstößen in den Plomben entstanden wären, vermieden werden.

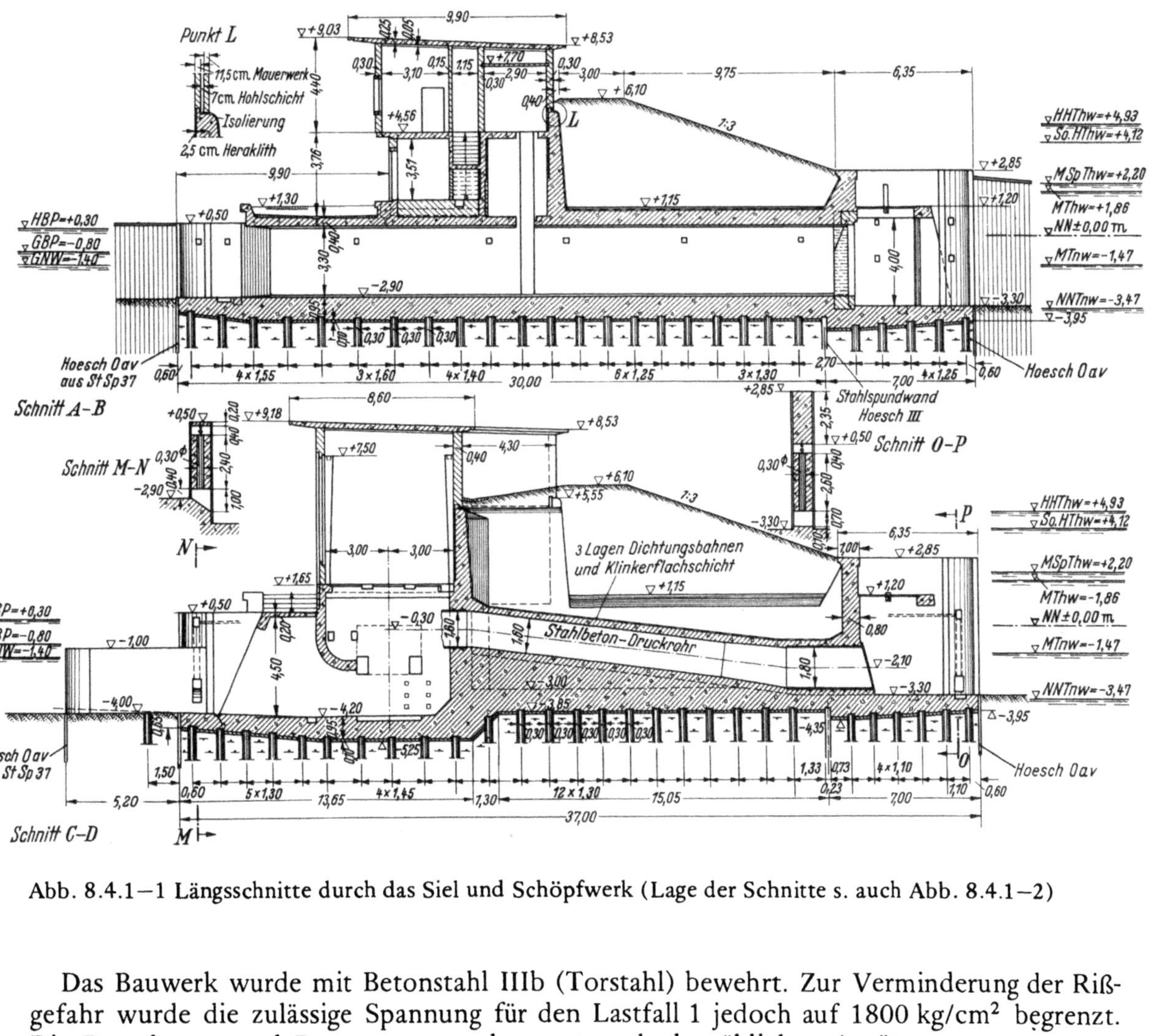

Abb. 8.4.1—1 Längsschnitte durch das Siel und Schöpfwerk (Lage der Schnitte s. auch Abb. 8.4.1—2)

Das Bauwerk wurde mit Betonstahl IIIb (Torstahl) bewehrt. Zur Verminderung der Rißgefahr wurde die zulässige Spannung für den Lastfall 1 jedoch auf 1800 kg/cm^2 begrenzt. Die Berechnung und Bemessung wurde sonst nach den üblichen Ansätzen vorgenommen, wobei die zahlreichen, bei solchen Bauwerken möglichen Lastkombinationen je nach Häufigkeit und Wahrscheinlichkeit ihres Auftretens den Lastfällen 1 bis 3 zugeordnet wurden. Mit besonderer Sorgfalt mußte auch die Längsbewehrung des Bauwerkes berechnet werden, da die Last des Landesschutzdeiches durch das Bauwerk aufgenommen und in Längsrichtung verteilt über die Holzpfähle in den tragfähigen Baugrund abgeleitet werden mußte.

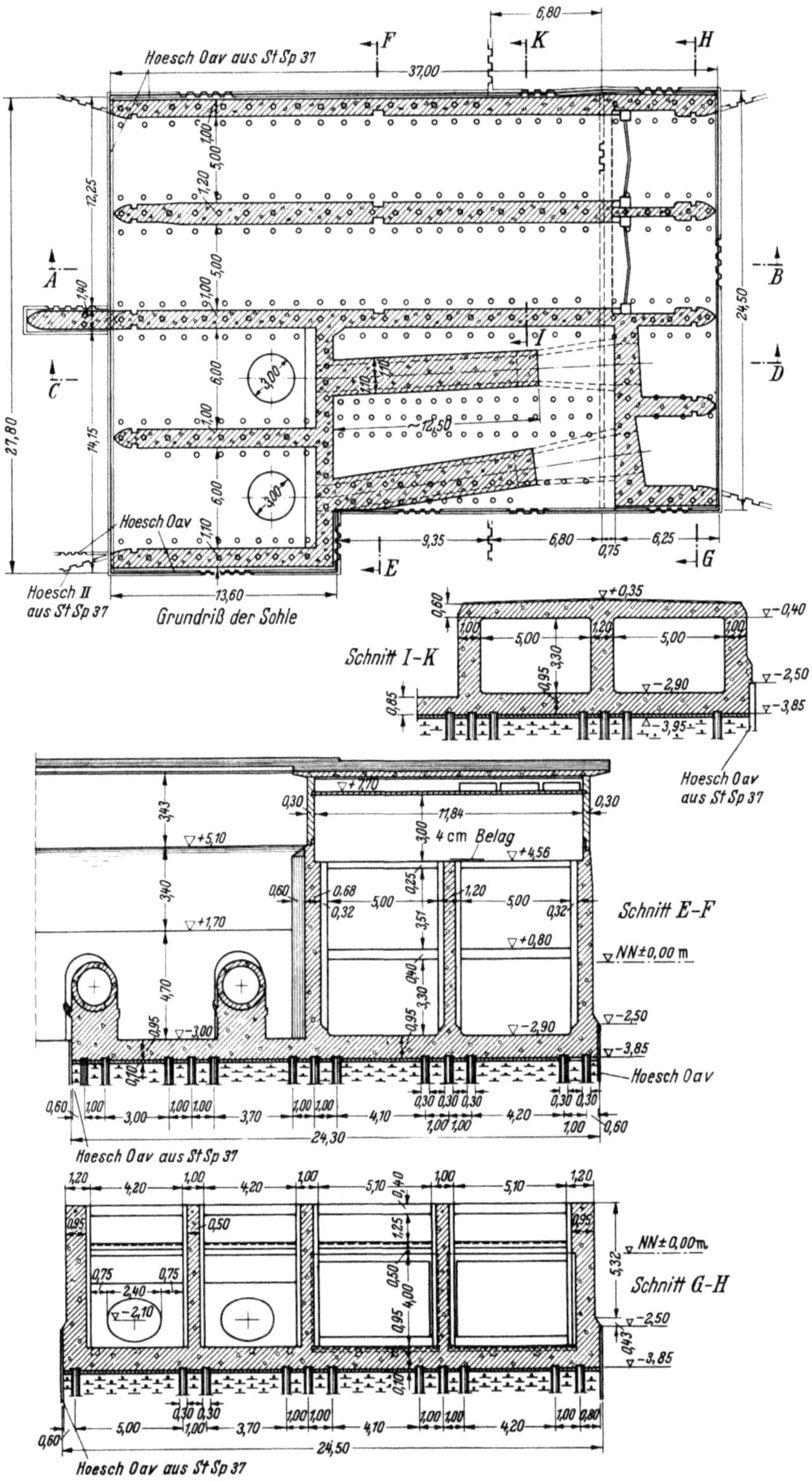

Abb. 8.4.1–2 Grundriß und Querschnitte durch das Siel und Schöpfwerk

Wegen der im Herbst und Winter zu erwartenden Sturmfluten mußte das Bauwerk als Bestandteil des Landesschutzdeiches sowohl in der Konstruktion als auch in der zeitgerechten Baudurchführung besonders sorgfältig geplant werden. Die gewählten Baumaßnahmen mußten sich bereits bewährt haben oder sonst in allen Einzelheiten klar überblickbar und auch zeitgerecht sowie einwandfrei ausführbar sein. Sie waren auch auf mögliche versteckte Risiken hin zu untersuchen und mußten nach einem in allen Einzelheiten festgelegten Bauzeitenplan ausgeführt werden. Notfalls müßte bei solchen Bauwerken die termingerechte Durchführung auf der Baustelle mit der nötigen Strenge erzwungen werden, denn Wassereinbrüche in das Hinterland durch einen Baustellenbereich im Landesschutzdeich könnten katastrophale Folgen haben und müssen daher unter allen Umständen vermieden werden.

8.4.2 Vertiefung und Verstärkung eines alten Sielbauwerks an einem norddeutschen Tidefluß

Ein hundert Jahre altes Deichsiel in einem Landesschutzdeich mußte um 0,66 m vertieft werden, um dem Kanalsystem eines dahinter liegenden Entwässerungsgebietes die natürliche Vorflut zu einem Tidefluß in günstigerer Höhenlage zu geben. Außerdem war es für eine Straßenüberführung zu verbreitern.

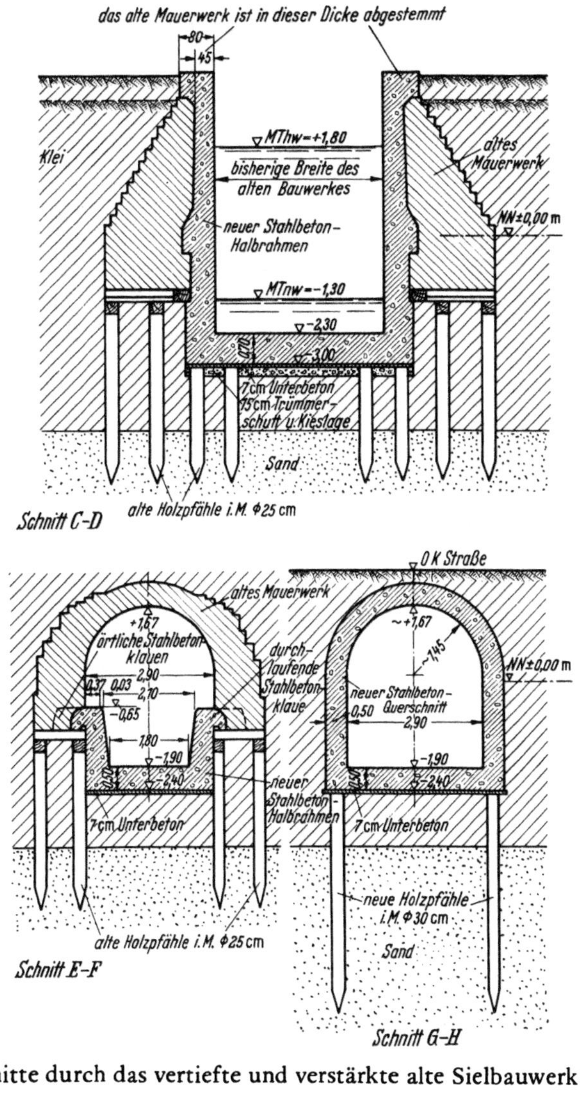

Abb. 8.4.2–1 Querschnitte durch das vertiefte und verstärkte alte Sielbauwerk (Lage der Schnitte s. Abb. 8.4.2–2)

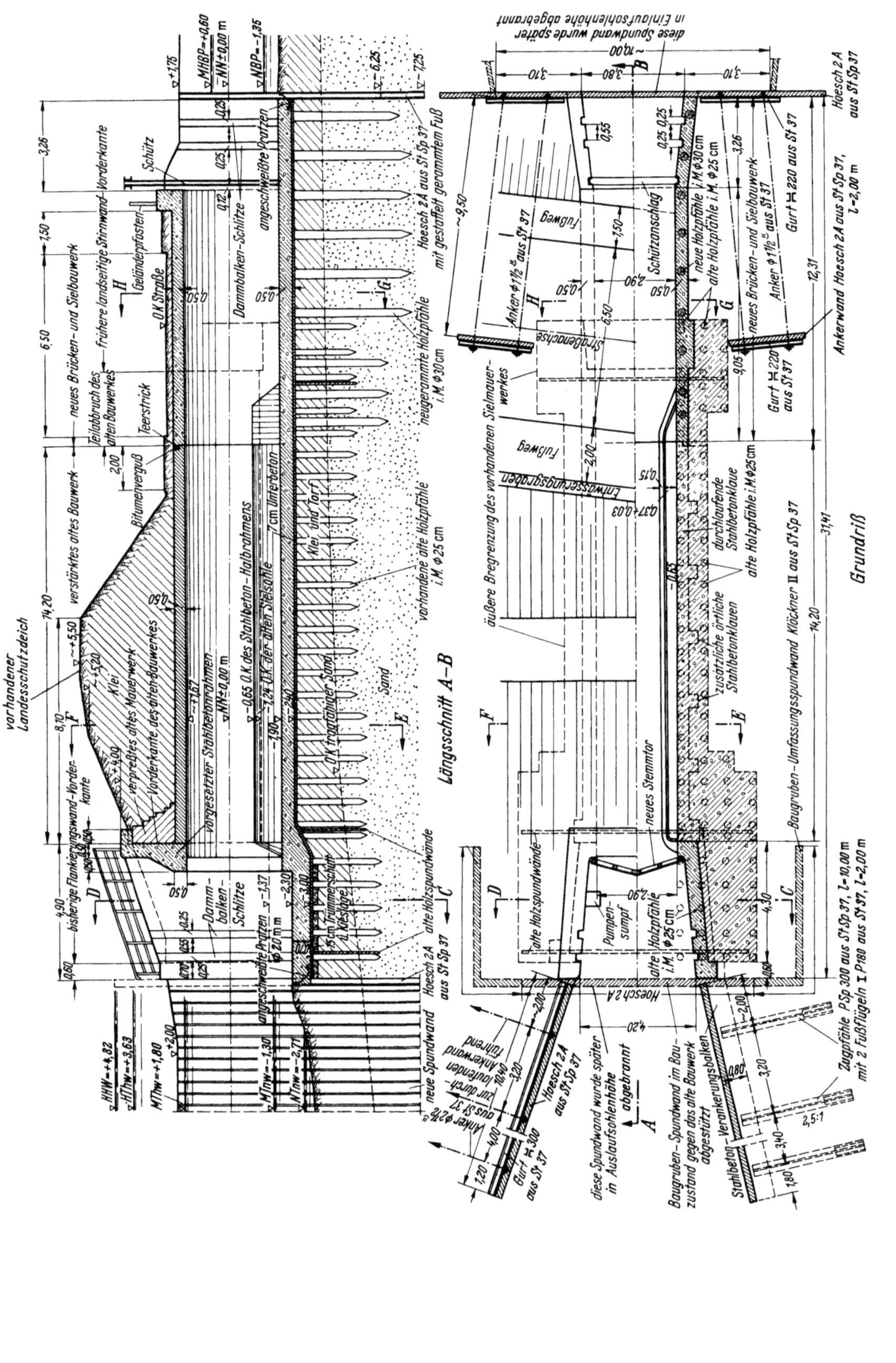

Abb. 8.4.2–2 Grundriß und Längsschnitt durch das vertiefte und verstärkte alte Sielbauwerk

Zunächst sollte das alte Bauwerk völlig abgebrochen werden. Da das Mauerwerk und die Steinauskleidung auf der Innenseite des Durchlasses aber noch in gutem Zustand waren, wurde versucht, den Durchlaß zu erhalten und in das neue Bauwerk einzubeziehen. Dabei konnte der Landesschutzdeich beinahe unangetastet bleiben. Hierzu wurde in den alten Durchlaß ein entsprechend tief reichender Stahlbetontrog eingebaut, der die waagerechten Beanspruchungen als Halbrahmen aufnahm und seine lotrechten Lasten als Balken auf zwei Stützen auf das vorhandene Pfahlsystem abtrug (Abb.8.4.2–1, Schnitt E–F).

Bei den Bauarbeiten wurde festgestellt, daß ein Teil der alten Holzpfähle stark angefault war, obwohl sie dauernd unter Wasser gestanden hatten. Untersuchungen ergaben, daß es sich hier um den seltenen Fall von Bakterienfäulnis handelte, die im Gegensatz zu Pilzfäulnis auch unter Wasser stattfindet. Das Kernholz war aber auch bei den angefaulten Pfählen heil geblieben. Da die Nachrechnung zeigte, daß die noch heil gebliebenen Pfähle allein in der Lage waren, die auftretenden Lasten aufzunehmen, wurde der Umbau in der geplanten Form fortgesetzt.

Im Zuge des Umbaus wurde das Siel binnenseitig verlängert, so daß die geplante Straße darüber hinweggeführt werden konnte (Abb.8.4.2–1, Schnitt G–H und –2). Der Sieleinlauf konnte so ohne Behinderung durch vorhandene Bauteile in wirtschaftlichster Form als Stahlbetonrahmen auf Holzpfählen mit binnenseitiger Spundwandsicherung hergestellt werden.

Auf der Außenseite wurde das neue Bauwerk mit der bestehenden Gründung verbunden (Abb.8.4.2–1, Schnitt C–D, und –2). Die linke Flügelspundwand des Auslaufes wurde über einen Stahlbetongurt mit 2,5 : 1 geneigten Zugpfählen PSp 300 aus StSp 37 und Fußflügeln IP 180 aus St 37 verankert. An der rechten Flügelspundwand wurden anstelle der Zugpfähle waagerechte Anker ∅ 2½″ aus St 37 angewendet, die zu einer durchgehenden Ankerwand führten.

Durch die gewählte Ausführungsform unter Verwendung des alten Bauwerkes konnten etwa 25 % der sonst anfallenden Baukosten eingespart werden, was vor allem bei landwirtschaftlich genutzten Anlagen wichtig ist. Außerdem wurde Bauzeit eingespart. Da der Landesschutzdeich unangetastet bleiben konnte, wurde das Baurisiko in erwünschter Weise vermindert.

8.5 Pumpwerke sowie Ein- und Auslaufbauwerke

8.5.1 Kühlwasserpumpwerk für eine Ölraffinerie an einem norddeutschen Schleusenhafen

An einem abgeschleusten norddeutschen Industriehafen wurde wenige Jahre nach dem zweiten Weltkrieg ein Pumpwerk errichtet, das in der Lage sein mußte, eine Ölraffinerie auch bei den tiefsten in Frage kommenden Hafenwasserständen mit Brauch- und Löschwasser zu versorgen. Dabei mußte berücksichtigt werden, daß bei einer Havarie der Hafenschleuse der Wasserspiegel im Hafen beträchtlich unter das planmäßige NHaW des Hafens absinken konnte. Die Oberkante der Pumpenkellersohle mußte daher 3,5 m tief unter den derzeit niedrigsten Hafenwasserstand NHaW = NN + 0,28 m gelegt werden (Abb.8.5.1–1). Das Bauwerk war soweit wie irgend möglich aus vorrätigem Material zu errichten.

Der Baugrund bestand aus Sand, der nur knapp unter dem Raffinerieplanum einer Störschicht aus weichem Klei aufwies.

Nach verschiedenen Vergleichsuntersuchungen ergab sich für den Tiefteil eine Spundwandgründung als günstigste Lösung (Abb.8.5.1–1). Die Pumpenkammer und ein Teil des Einlaufbauwerkes wurden dabei mit einer 9 m langen Spundwand L II aus StSp 37 eingefaßt. Nachdem die Spundwände am Kopf auf einheitliche Höhe abgebrannt und behelfsmäßig ausgesteift waren, wurde der Erdboden zwischen den Wänden im Nassen bis 0,8 m unter Oberkante Pumpenkellersohle = NN – 4,02 m ausgehoben. Anschließend wurden die Spundwandflächen unter Wasser sorgfältig von anhaftendem Boden gesäubert. Dann wurde eine 70 cm dicke Kontraktorbetonsohle eingebracht. Nachdem sie ausreichend erhärtet war,

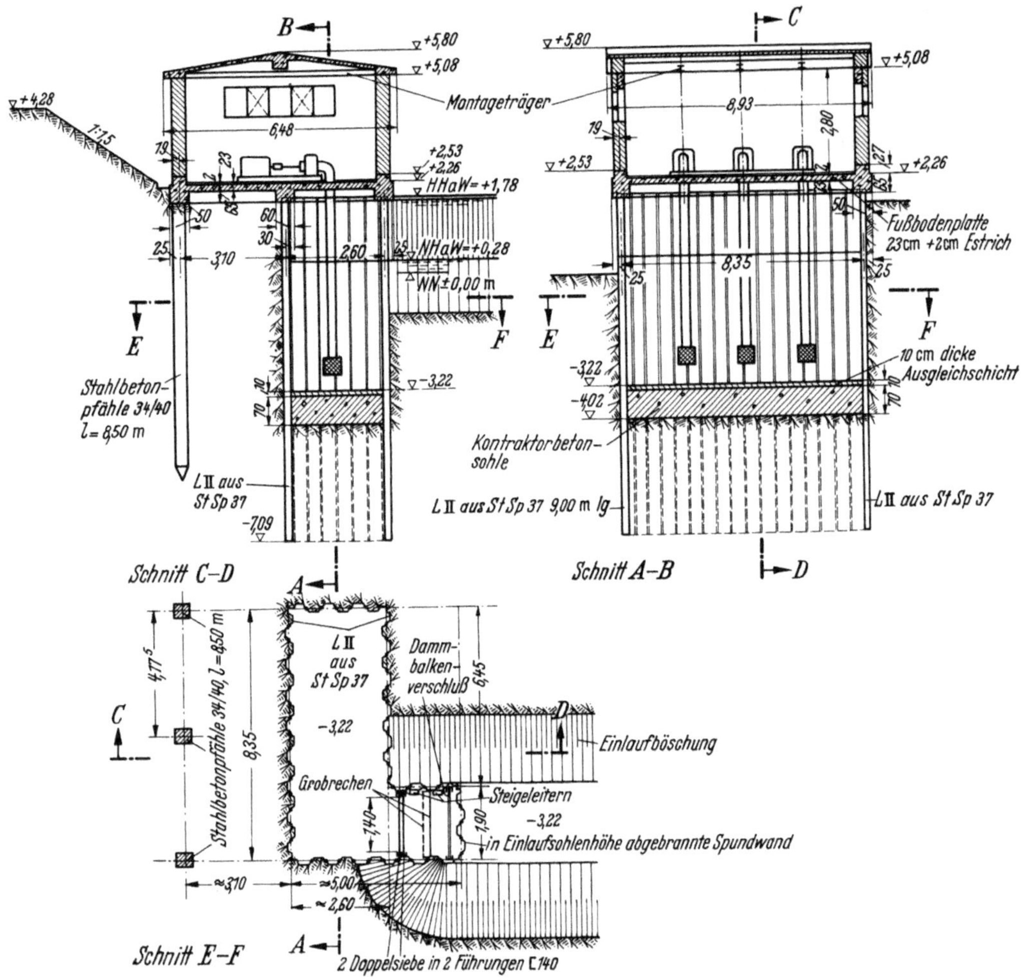

Abb. 8.5.1–1 Grundriß und Schnitte durch das Pumpwerk

wurde die Baugrube vorsichtig leergepumpt. Anschließend wurde die Betonoberfläche von losem Material gesäubert, etwas eingeebnet und 0,10 m dick mit Aufbeton abgeglichen. Die dünne Kontraktorbetonsohle war völlig dicht, was neben einer einwandfreien Bauausführung wohl auch auf ihre nur geringe Flächenausdehnung zurückzuführen war.

Der landseitige Teil der Überbaus wurde auf 8,5 m langen vorrätigen Stahlbetonrammpfählen 34/40 cm gegründet. Pfähle und Umspundung wurden oben durch Stahlbetonringbalken und eine monolithische Stahlbetonabdeckplatte zusammengefaßt. Die Platte bildete – örtlich verstärkt – gleichzeitig die Gründung für die drei Kreiselpumpen.

Die Armaturen im Einlauf, wie Grobrechenführung, Dammbalkenanschläge, Feinsiebführung und Steigeleiter, wurden an die Umspundung geschweißt. Nachdem sie eingebaut und alle Stahlbetonkopfbalken hergestellt und erhärtet waren, wurde der Pumpenkeller geflutet, die stirnseitige Abschlußspundwand bis zur Einlaufsohle abgebrannt und auch das übrige Bauwerk fertiggestellt.

Das Pumpwerk war sehr preiswert und bereitete in der Ausführung keinerlei Schwierigkeiten. Es hat sich im Betrieb bewährt.

Rückblickend wird – trotz besten Gelingens im vorliegenden Falle – empfohlen, bei ähnlichen Bauwerken die Kontraktorbetonsohle dicker auszuführen, um vor unliebsamen Überraschungen, wie Undichtigkeiten und dergleichen, voll gesichert zu sein.

8.5.2 Kühlwasserpumpwerk für eine Ölraffinerie an einem deutschen Hafen am Niederrhein

8.5.2.1 Allgemeines

Etwa in der Mitte der teilgeböschten westlichen Uferwand des im Kap. 5.1.2.7 behandelten Hafenausbaus (Abb. 5.1.2.7–1) mußte ein Kühlwasserpumpwerk für die benachbarte Ölraffinerie errichtet werden. Sein Tiefteil war zunächst in einfacher Form als oben durch die Pumpenkellerdecke ausgesteifter gerammter Spundwandkasten mit den Achsmaßen 13,28/4,18 m geplant. In diesen sollten die Pumpen eingehängt werden. Ein Trockenlegen des Pumpenkellers war nicht vorgesehen. Für die Umspundung genügte hafenseitig das Profil L II neu aus StSp 37, das lediglich für den Schiffsbetrieb in 7,6 m Abständen durch zwei bis NN + 50,0 m reichende LP 4 aus StSpS mit zwischenliegender Einzelbohle L II neu aus StSp 37 verstärkt war (Abb. 8.5.2–1).

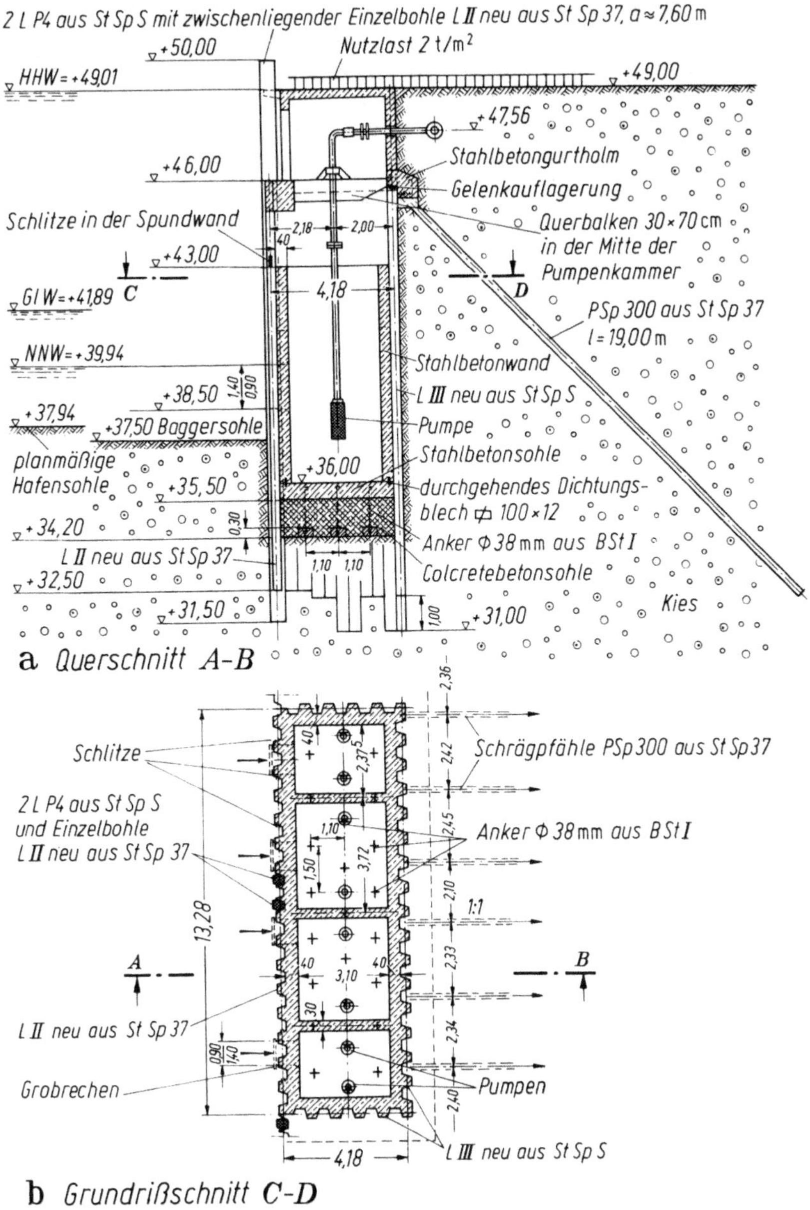

Abb. 8.5.2–1 Querschnitt und Grundriß der Pumpenkammer

An den Stirnseiten und der Rückseite des Kastens wurde das Profil L III neu aus StSpS benötigt. Am Kopf wurden die Spundwände durch kräftige Stahlbetonbalken eingefaßt und durch einen Querbalken gegeneinander abgesteift (Abb.8.5.2–1 und –2). Nach rückwärts wurde der Spundwandkasten mittels 1 : 1 gerammter Ankerpfähle PSp 300 aus StSp 37, l = 19 m verankert (Abb.8.5.2–1 und –2). Gegen Ausspülen sollte die Pumpenkellersohle durch eine leichte Colcretebetonschicht gesichert werden.

Als die Umspundung mit Kopfbalken und Verankerung bereits gerammt und die Sohlensicherung eingebracht war, kam eine wesentliche Planänderung. Es wurde gefordert, den Pumpenkeller bis zu Hafenwasserständen von etwa NN + 42,0 m auch trockenlegen zu können. Dafür war ein Teil der bisher eingebrachten Bauglieder aber nicht ausreichend bemessen.

8.5.2.2 Umstellung des Projektes auf die neue Forderung

Die Lösung und die kennzeichnenden Wasserstände sowie die Bodenverhältnisse sind in Abb.8.5.2–1 dargestellt. Die schwache Colcretebetonsohle mußte herausgebrochen und durch eine 1,3 m dicke ersetzt werden. Die Spundwände mußten bis NN +43,0 m durch einen vierzelligen Stahlbetonkasten ausgesteift werden, dessen Außenwände an den Spundwandtälern noch 0,4 m und dessen innere Querwände 0,3 m dick waren. Als unteren dichten Abschluß erhielt dieser Kasten eine 0,5 m dicke Stahlbetonsohle, die mit insgesamt 25 Ankern Ø 38 mm aus BSt I zugfest mit der Colcretebetonsohle verbunden wurde. Der Stahlbetonkasten wurde im Bereich seiner Sohle auch mit den Stahlspundwänden so verbunden, daß letztere mit zur Sicherung gegen Aufschwimmen herangezogen werden konnten. Um gegen Überlastungen gesichert zu sein, wurden unmittelbar über NN + 43,0 m Schlitze in die hafenseitige Spundwand gebrannt, durch die eventuell leere Pumpenkellerzellen automatisch geflutet wurden, wenn der Hafenwasserspiegel höher anstieg.

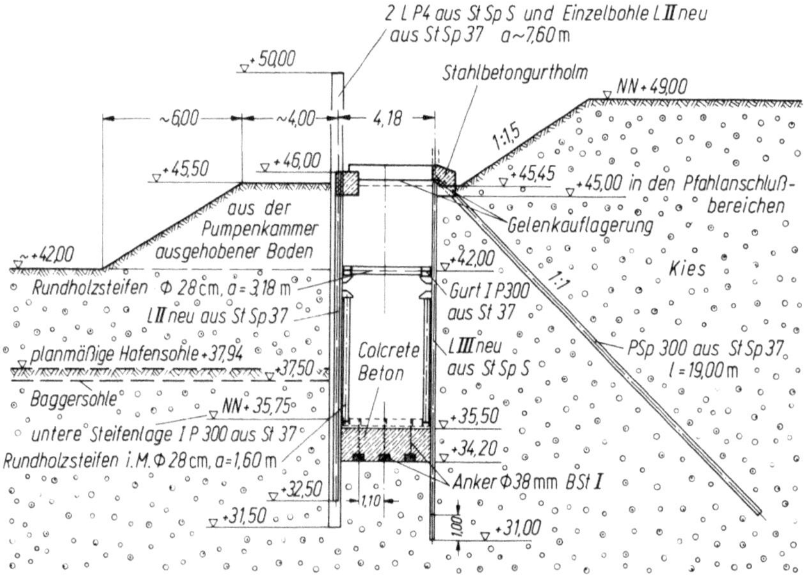

Abb. 8.5.2–2 Herstellen und Sichern der Baugrube

Weitere Einzelheiten der statisch-konstruktiven Gestaltung des Bauwerkes und seiner Ausrüstung können den Abb.8.5.2–1 und –2 entnommen werden.

8.5.2.3 Baudurchführung

Da es sich um ein Umbauprojekt handelte, mußte die Baudurchführung besonders sorgfältig geplant werden. Zum Zeitpunkt der Projektumstellung lagen folgende Geländeverhältnisse vor:

OK Gelände im Hafenbereich = rd. NN + 42,0 m
OK Gelände in der Umgebung der Pumpenkammer = rd. NN + 45,5 m
mit anschließender landseitiger Böschung 1 : 1,5 bis NN + 49,0 m.

Die Bauarbeiten wurden terminlich so gelegt, daß das Wasser im Hafenbereich nicht über NN + 42,0 m stand. Für die Bauzustände wurden in allen Bauteilen die Spannungen nach Lastfall 3 zugelassen. Im übrigen wurde folgender Bauvorgang festgelegt:

a) Zusammenbau des später mit Achse auf NN + 35,75 m liegenden unteren Stahlrahmens über der Wasseroberfläche im Kasten.
b) Einbau der Aussteifung mit Achse auf NN + 42,0 m.
c) Abbruch der vorhandenen dünnen Colcretebetonsohle unter Wasser.
d) Herablassen des bereits zusammengebauten unteren Stahlrahmens und Verkeilen mit der Spundwand durch Taucher.
e) Restlicher Aushub des Bodens im Kasten bis NN + 34,2 m.
f) Einbau der Sohlenanker ∅ 38 mm, der Verpreßlanzen und des Steingerüstes für die neue Colcretebetonsohle von NN + 34,2 bis + 35,5 m und anschließendes gleichmäßiges Einpressen des Colgrouts von unten nach oben.
g) Einbau der senkrechten Holzsteifen i.M. ∅ 28 cm im Achsabstand von rd. 1,6 m und Verkeilen des Stahlrahmens gegen die Colcretebetonsohle nach ihrem Erhärten.
h) Leerpumpen der Pumpenkammer bis zur Sohle auf NN + 35,5 m.
i) Anschweißen von Sicherungen an die Spundwände gegen Aufschwimmen der Colcretebetonsohle und Bewehren der 0,5 m dicken Sohlenplatte.
j) Lösen der Hartholzkeile des unteren Aussteifungsrahmens und Ausbau der senkrechten Holzsteifen sowie der gesamten unteren Aussteifung.
k) Betonieren der Stahlbetonsohle zwischen NN + 35,5 m und + 36,0 m.
l) Betonieren der Wandschalen und der Zwischenwände bis NN + 41,0 m.
m) Ausbau der Aussteifung auf NN + 42,0 m nach dem Erhärten der Wandverstärkungen.
n) Betonieren der Wandschalen und der Zwischenwände zwischen NN + 41,0 und 43,0 m.
o) Fluten der Pumpenkellerkammern.
p) Fertigstellen noch fehlender Stahlbetonwände, -decken und -balken oberhalb NN + 43,0 m.
q) Ausbaggern des anschließenden Hafenbeckens in Stufen bis NN + 37,5 m.
r) Ausbrennen der Schlitze mit UK auf NN + 43,0 m sowie der 4 Wassereintrittsöffnungen 0,9/1,4 m zu den Pumpenkammern aus der hafenseitigen Spundwand.
s) Montage der Pumpen, Rohrleitungen, Grobrechen und sonstigen Installationen.
t) Hinterfüllen des Bauwerkes bis NN + 49,0 m und sonstige Restarbeiten.

Die Arbeiten sind in dieser Reihenfolge ausgeführt worden, ohne daß es zu irgendwelchen Schwierigkeiten kam.

8.5.3 Kühlwasser-Einlaufbauwerk für ein chemisches Werk im niederländischen Delta-Gebiet

8.5.3.1 Allgemeines

Nahe der im Kap.5.1.2.13 beschriebenen Kaianlage wurde ein Kühlwasser-Pumpwerk zur Versorgung einer großen chemischen Fabrik errichtet. Das Einlaufbauwerk hierfür mußte unmittelbar hinter und in Verbindung mit der Uferspundwand erstellt werden. Von hier aus wird das Kühlwasser dem Pumpwerk mit 4 Heberleitungen ∅ 1400 mm zugeführt. Die allgemeine Lageübersicht geht aus Abb.5.1.2.13–1 hervor. Die Bodenverhältnisse sind im Kap.5.1.2.13 beschrieben. Die kennzeichnenden Hafenwasserstände sind aus Abb.8.5.3–3 ersichtlich.

Die betrieblich bedingte Gestaltung des Einlaufbauwerkes ist in den Abb.8.5.3–1, –2 und –3 dargestellt. Das Einlaufbauwerk besteht demnach aus zwei voneinander unabhängigen Kammern mit den geforderten Lichtweiten von rd. 6,0/7,0 m. Wegen der starken Korrosionsgefahr mußten die als gemischte Spundwände Peine–Larssen hergestellten tragenden Umfassungswände ausbetoniert werden.

Ein Leerpumpen der Entnahmekammern nach ihrer Fertigstellung für eventuelle Reparaturen war nicht vorgesehen. Das Auswechseln der Rohre und alle sonst in Frage kommenden Maßnahmen können von oben durch die in der Stahlbetonkopfplatte angeordneten Montageöffnungen vorgenommen werden. Letztere sind jeweils durch eine befahrbare Stahlbetonplatte abgedeckt.

Um einen ausreichenden Wasserzufluß zum Einlaufbauwerk auch bei Niedrigwasserständen und Schiffsbelegung zu gewährleisten, wurde vor dem Einlaufbauwerk die Spundwand um etwa einen Meter zurückverlegt. Wegen der verspringenden Spundwandflucht muß-

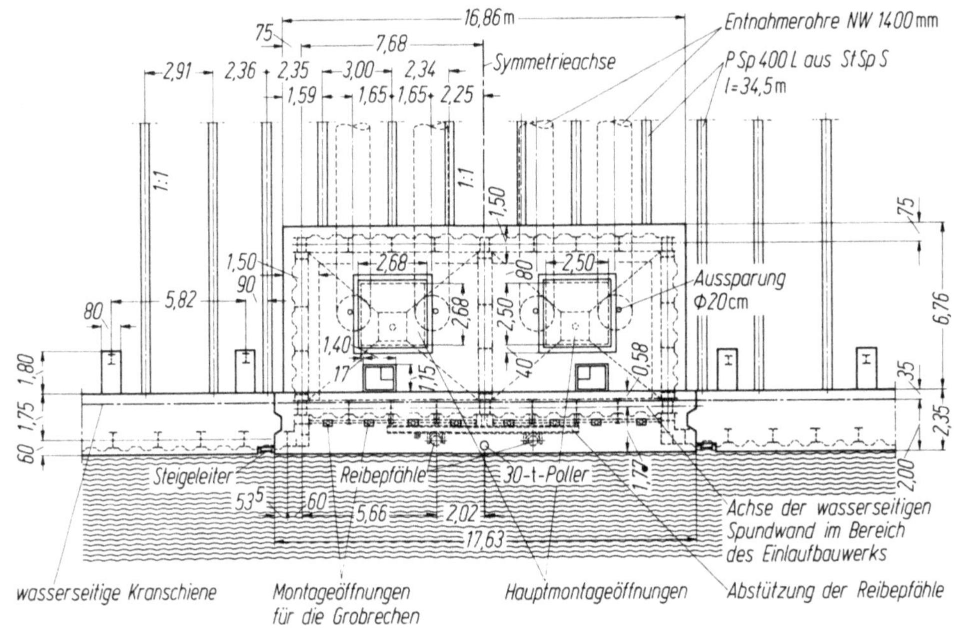

Abb. 8.5.3–1 Draufsicht auf das Einlaufbauwerk

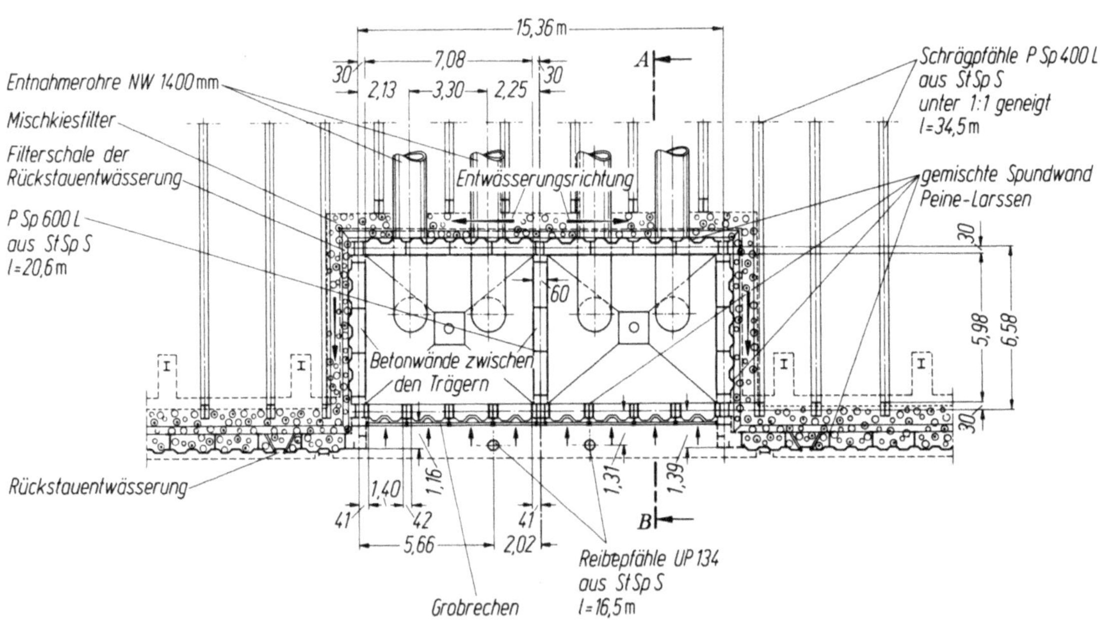

Abb. 8.5.3–2 Grundriß-Schnitt C–D durch das Einlaufbauwerk (Lage des Schnittes s. Abb. 8.5.3–3)

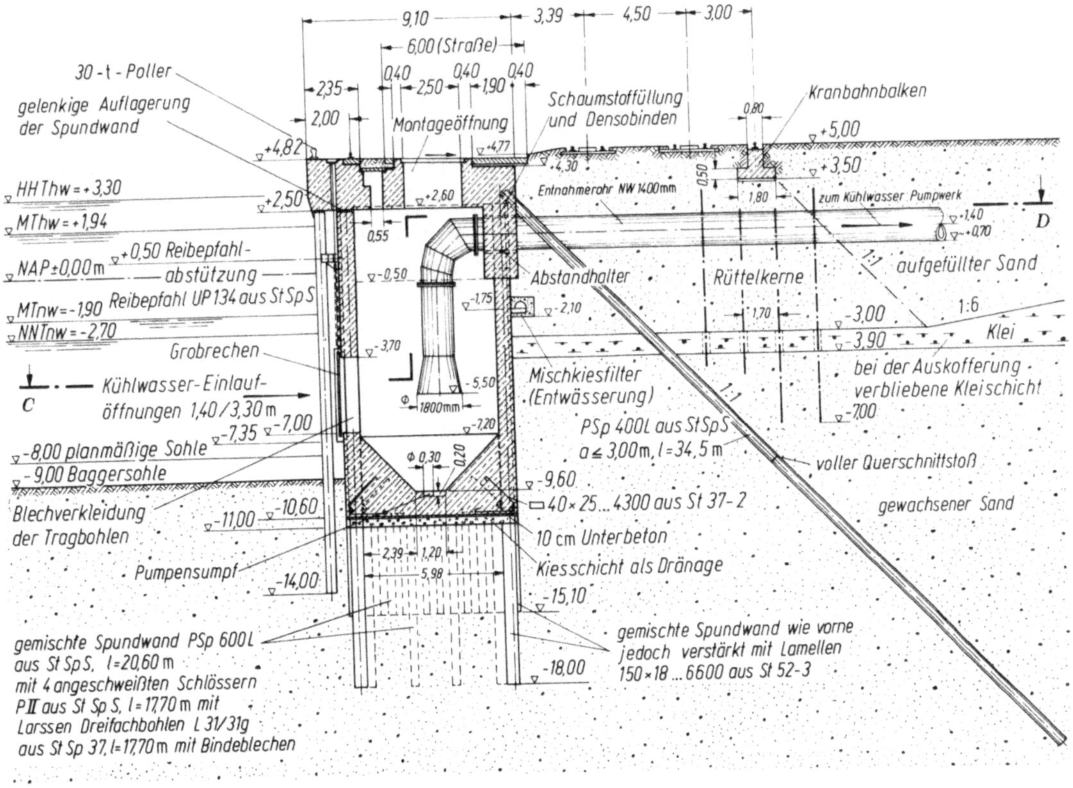

Abb. 8.5.3–3 Querschnitt A–B durch das Einlaufbauwerk (Lage des Schnittes s. Abb. 8.5.3–2)

ten vor dem Einlaufbauwerk zwei Reibepfähle angeordnet werden, damit die Schiffe nicht unter den Stahlbetonüberbau haken konnten.

8.5.3.2 Die gewählte konstruktive Ausbildung und die Bauausführung

Hierfür boten sich bei voller Umspundung der Einlaufkammern zunächst zwei Lösungen an. Bei der ersten sollten die Bauarbeiten im Tiefteil im Schutze einer Grundwasserabsenkung hinter dem Spundwandbauwerk ausgeführt werden. Bei der zweiten sollte der Spundwandkasten nach unten mittels einer 1,3 m dicken Unterwasserbetonsohle – mit Stahlpfahlverankerung im tiefen Baugrund – trockengelegt und anschließend entsprechend ausgebaut werden. Die Wahl fiel schließlich auf die Lösung mit Grundwasserabsenkung.

Die konstruktive Ausbildung ist in den Abb. 8.5.3–1, –2 und –3 im Detail dargestellt. Aus Abb. 8.5.3–3 ist auch zu erkennen, daß – wie Kontrollbohrungen gezeigt hatten – die hinter der Uferwand und dem Einlaufbauwerk im Naßbaggerverfahren vorgesehene Beseitigung des Kleis nicht vollständig gelungen ist. Zum Ausgleich wurde der aufgefüllte Sand unter der Kranbahn so gut wie möglich mit Tiefenrüttlern verdichtet, und es wurden in der Kranbahn in 16,0 m Abstand Betongelenke angeordnet.

Bei der Bauausführung wurden zunächst die Umschließungsspundwände und die Ankerpfähle 1 : 1 gerammt. Anschließend wurde im Kasteninneren der Boden unter gegenseitiger Abstützung der Spundwände bis 11 m unter Pegelnull = NAP ausgehoben. Dann wurde das Grundwasser etwa bis NAP – 11,5 m abgesenkt und im Trockenen eine 30 cm dicke Kiesschicht, 10 cm Unterbeton, die Stahlbetonsohle und der Beton der Wände zwischen den Tragbohlen und den Mittelwandstützen eingebracht. Vor Beginn der Montagearbeiten mußte der Stahlbetonüberbau weitgehend ausgeführt und genügend tragfähig sein. Sobald dies zutraf, folgte die Montage der auf der Sohle angeordneten Schlammpumpen sowie die der vier Entnahmerohre ∅ 1400 mm.

Die Grundwasserabsenkung mußte so gestaltet und gesichert werden, daß auch bei längeren Stromausfällen die Sohle nicht hochbrechen und das Bauwerk nicht auftreiben konnte. Hierzu diente die 30 cm Kiesschicht unterhalb des Unterbetons der Sohle, die als Dränage mit Entlastungsrohren nach oben versehen war.

Nach Abschluß sämtlicher Arbeiten innerhalb der Entnahmekammern wurden diese geflutet. Dann wurden die Füllbohlen der wasserseitigen Spundwand zwischen NAP − 3,7 m und −7,0 m von außen durch Taucher herausgebrannt und so die im Beton der Vorderwand bereits ausgesparten 8 Einlauföffnungen 1,4 m × 3,3 m freigelegt.

Für die Grobrechen waren an den Tragbohlen der wasserseitigen Spundwand vor dem Rammen Führungen angeschweißt worden, in die die Rechen bis vor die Einlauföffnungen abgelassen und im Bedarfsfalle auch wieder ausgebaut werden konnten.

Die Bauarbeiten liefen ohne Schwierigkeiten ab.

8.5.4 In Druckluftbauweise gegründetes Einlaufbauwerk für ein Hüttenwerk an einem norddeutschen Tidefluß

Für die Wasserversorgung eines norddeutschen Hüttenwerkes aus einem Tidefluß mußten im Laufe der Zeit zwei große Einlaufbauwerke – dem Ausbau des Hüttenwerkes folgend – errichtet werden (Abb.8.5.4–1 und –2).

Nach Vergleichsuntersuchungen entschloß man sich, das erste Einlaufbauwerk in Druckluftbauweise herzustellen. Hierzu wurde auf einem über MThw = NN + 2,06 m liegenden Arbeitsplanum auf NN + 2,6 m ein statisch und absenktechnisch besonders günstiger kreisrunder Senkkastenfuß Ø 17,7 m mit 1,85 m hoher Arbeitskammer hergestellt. Anschließend wurden der ringförmige Schaft und die Innenwände laufend aufbetoniert und das Bauwerk dabei ständig und sobald erforderlich unter Druckluft abgesenkt. Die gesamte Absenktiefe betrug 15,6 m (Abb.8.5.4–2). Der Überbau erhielt zur Schaffung eines größeren Maschinenraumes und zur Aufnahme der Sammelleitung einen quer zum Fluß beidseitig überkragenden rechteckigen Grundriß.

Sämtliche Baustadien wurden rechnungsmäßig erfaßt und das Bauwerk so bemessen, daß auch bei den ungünstigsten Zuständen die zul. Spannungen für Lastfall 3 nicht überschritten

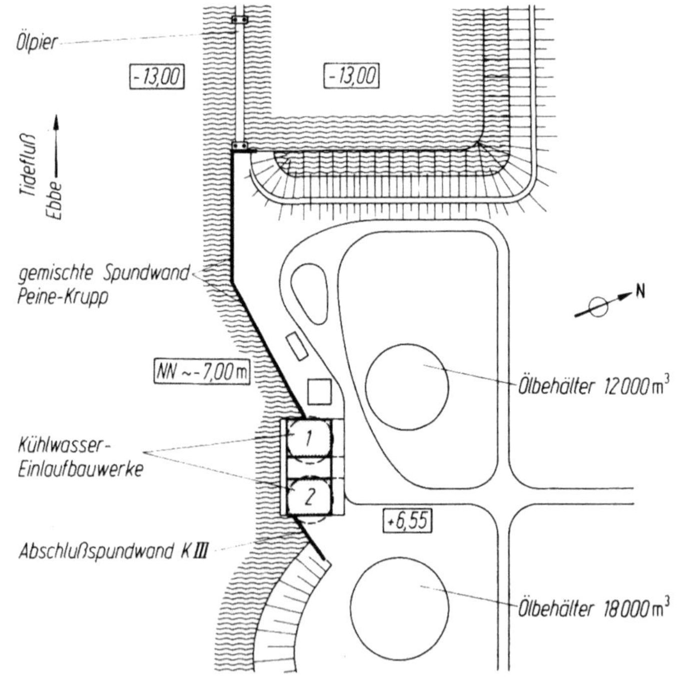

Abb. 8.5.4–1 Lage-Übersichtsplan

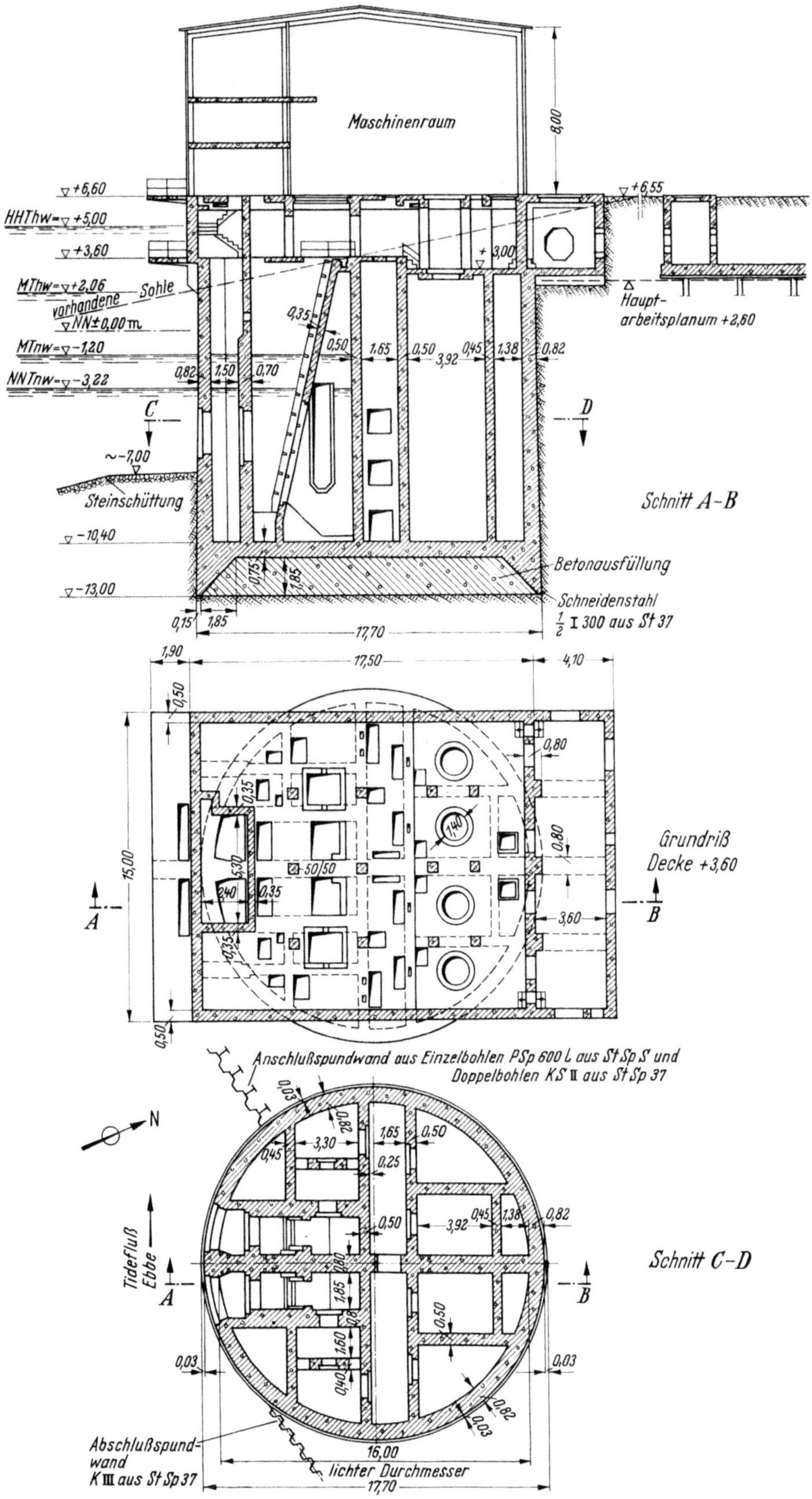

Abb. 8.5.4–2 Querschnitt und Grundrißschnitte durch das Einlaufbauwerk Nr. 1

wurden. Besonders sorgfältig wurde die Arbeitskammer mit ihrer Außenwand einschließlich Schneide und ihrer Decke behandelt.

Die Arbeiten gingen planmäßig ohne alle Schwierigkeiten vor sich. Inzwischen wurde 5 Jahre später neben dem bestehenden ersten ein gleichartiges zweites Einlaufbauwerk ausgeführt. Seine Lage ist aus Abb. 8.5.4–1 ersichtlich.

Die Erfahrungen bei Planung und Ausführung haben gezeigt, daß für Bauwerke dieser Art Druckluftgründungen besonders gut geeignet sind, weil dabei Gründung und Innenausbau gleichzeitig und unter günstigen Bedingungen hergestellt werden können, ohne daß der Innenausbau durch Baugrubenaussteifungen und dergleichen erschwert wird.

8.5.5 Einlaufbauwerk für ein Großkraftwerk an einem norddeutschen Tidestrom

Das hier beschriebene Einlaufbauwerk befindet sich am westlichen Ende der Kohlenumschlagkaimauer für ein Großkraftwerk (Abb. 5.2.2.6–1). Es mußte für den Kühlwasserbedarf nach dem Endausbau des Kraftwerkes bemessen werden, wobei vorerst nur die jetzt schon benötigten Pumpensätze installiert wurden. Die Abb. 8.5.5–1, –2 und –3 zeigen in einem Grundrißschnitt, einem Querschnitt und einem Längsschnitt die Bauwerkabmessungen und

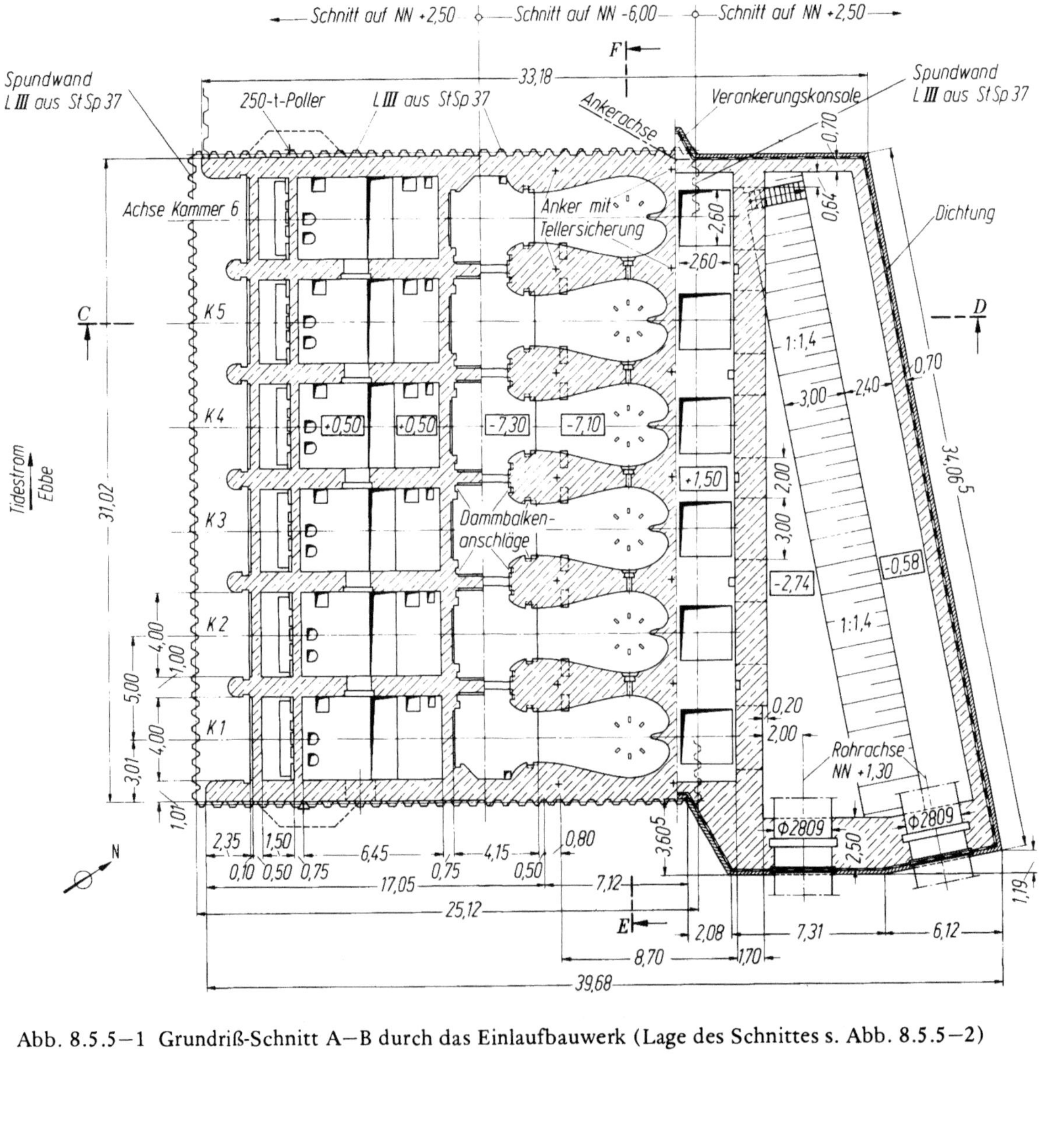

Abb. 8.5.5–1 Grundriß-Schnitt A–B durch das Einlaufbauwerk (Lage des Schnittes s. Abb. 8.5.5–2)

seine Gestaltung. Das Einlaufbauwerk mußte im Zulaufbereich zu den Pumpen so tief liegen, daß es auch bei NNTnw = NN − 3,3 m noch voll funktionsfähig blieb. Dies ergab eine Sohlenlage in den Pumpenzuläufen auf NN − 7,1 m und eine Einlaufsohlenlage am wasserseitigen Ende auf NN − 7,8 m (Abb.8.5.5−2).
Das Bauwerk gliedert sich in drei Teile, den Einlaufteil, den Förderteil und den Aufbauteil (Abb.8.5.5−1 bis −3). Der Aufbauteil oberhalb NN + 5,5 m wird nur zum Abstellen von Geräten benötigt und wurde nach Hochbaugrundsätzen schlank ausgebildet. Die Abmessungen der übrigen Teile mußten kräftiger gewählt werden, als es für die inneren Beanspruchungen nötig gewesen wäre, denn es mußte für die erforderliche Sicherheit gegen Aufschwimmen bei leergepumptem Bauwerk gesorgt werden.

Der untere Abschnitt des Einlaufteiles wurde voll umspundet hergestellt. Die stromseitige Spundwand vor den Einläufen reichte im Bauzustand bis über HHThw = NN + 5,35 m. Sie bildete entsprechend abgestützt den Abschluß gegen den Tidestrom und wurde nach dem Fertigstellen des Bauwerkes auf NN − 7,8 m abgebrannt (Abb.8.5.5−2). Oberhalb der sonstigen Einlaufteilumspundung schützten Erddämme gegen eindringendes Wasser. Die Umfassungsspundwände wurden mit den Wänden des Einlaufteiles durch angeschweißte Stähle so verbunden, daß sie zur Sicherung gegen Aufschwimmen mit herangezogen werden konnten. Für den Nachweis wurde eine Standrohrspiegelhöhe unter dem Einlaufteil auf HHThw = NN + 5,35 m gefordert. Der Einlaufteil mußte, damit der Beton nicht chemisch angegriffen werden konnte, aus möglichst wasserdichtem Beton der Güte ≧ B 225 hergestellt werden. Betrieblich waren für diesen Teil nach dem Leerpumpen keine völlig trockenen Räume gefordert. In den Einlaufteil mußten alle Verschlüsse und Rechen eingebaut werden, desgleichen die erforderlichen Dammbalkenanschläge zum Trockenlegen einzelner Kammern in Reparaturfällen.

An den Einlaufteil schließt sich landseitig darüber der Förderteil an (Abb.8.5.5−1 bis −3). Er beinhaltet die Pumpen, Motore, E-Einrichtungen, Steuerungen, Rohrleitungen usw. und muß daher durch eine einwandfreie wasserdruckhaltende Dichtung völlig trockenge-

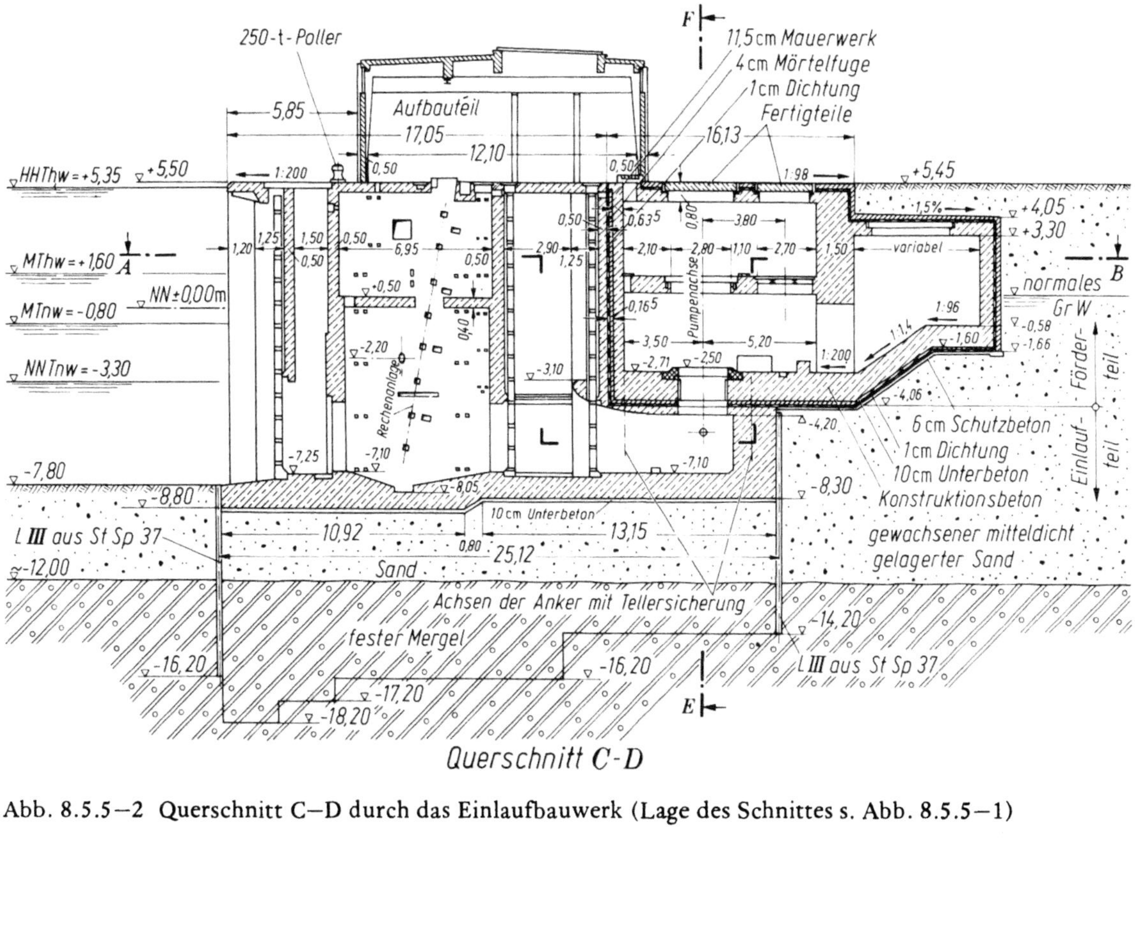

Abb. 8.5.5−2 Querschnitt C−D durch das Einlaufbauwerk (Lage des Schnittes s. Abb. 8.5.5−1)

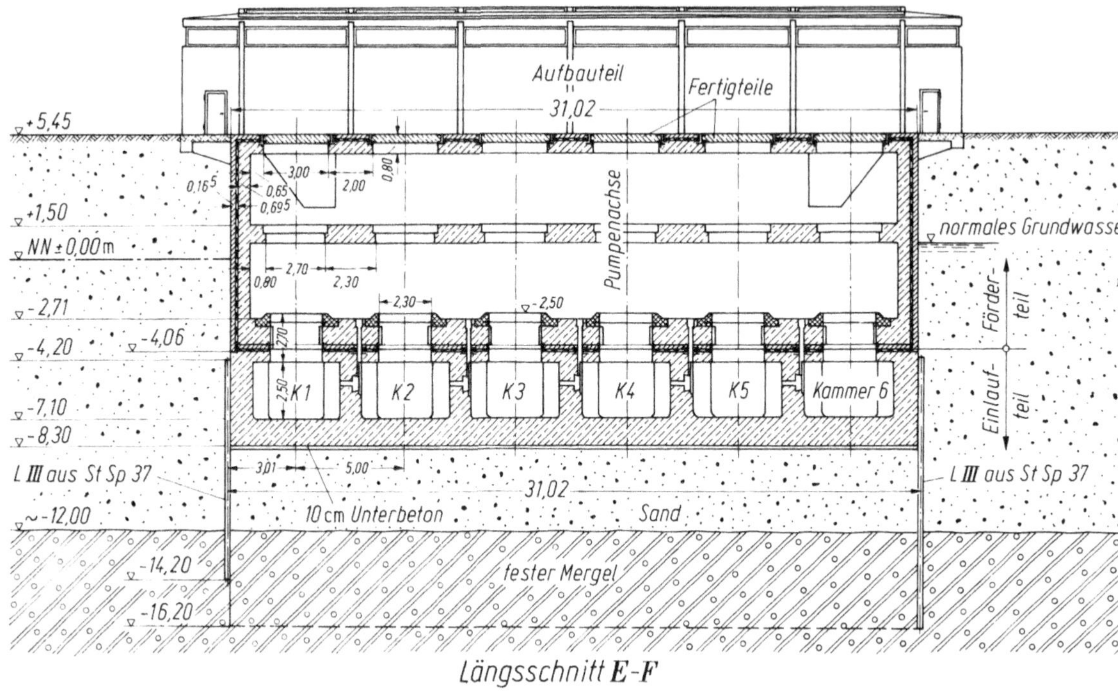

Abb. 8.5.5–3 Längsschnitt E–F durch das Einlaufbauwerk (Lage des Schnittes s. Abb. 8.5.5–2)

halten werden. Da der Einlauf- und der Förderteil sich nicht gegeneinander bewegen durften, wurden sie durch kräftige, die Dichtung durchdringende lotrechte Stahlanker verbunden. Die Durchdringungsstellen der Dichtung wurden mit tellerartigen Dichtungselementen einwandfrei gesichert.

Der Erddruck auf das Bauwerk aus dem anstehenden und dem Hinterfüllungssand wurde als Erdruhedruck mit λ_o = 0,5 angesetzt und mit den Raumgewichten γ/γ_a = 1,8/1,0 t/m^3 errechnet. Außerdem mußten im Betriebszustand die unter den gegebenen Verhältnissen auftretenden Wasserüberdrücke aufgenommen werden sowie die Trossenzüge von zwei stromseitig angeordneten 250-t-Pollern. An der Westseite wurde auch ein Teil der anschließenden Flügelspundwand in der westlichen Außenwand des Förderteiles verankert (Abb.8.5.5–1).

Alle Zwischenwände wurden für den höchstmöglichen Wasserdruck bei leerer Nachbarzelle bemessen.

Die Bauarbeiten liefen planmäßig ab, und das Bauwerk hat sich bewährt.

8.5.6 Einlaufbauwerk für den Abwasserdüker unter einem Tidefluß in einer norddeutschen Seehafenstadt (vgl. auch Kap.18.3.11)

8.5.6.1 Allgemeines

Anfang der sechziger Jahre wurde das hier behandelte Dükereinlaufbauwerk geplant und ausgeführt. Es mußte im Zusammenhang mit der Anlage eines großen Klärwerkes am linken Ufer des Tideflusses errichtet werden, in dem auch der größte Teil der Abwässer der überwiegend am rechten Flußufer liegenden Großstadt zu reinigen war. Das Einlaufbauwerk hatte am rechten Ufer des Tideflusses vor allem den Übergang von 2 Druckrohrleitungen Ø 1500 mm aus Stahl zu 2 den Tidefluß unterquerende Dükerleitungen Ø 1300 mm ebenfalls aus Stahl herzustellen (Abb.8.5.6–1). Diese Aufgabe erforderte im vorliegenden Falle eine besondere Sorgfalt, weil die Druckrohrleitungen Ø 1500 mm aus übergeordneten Gründen – mitten im Landesschutzdeich liegend – ankamen und auch das Einlaufbauwerk im Landesschutzdeich errichtet werden mußte. Neben den Belangen des Hochwasserschutzes

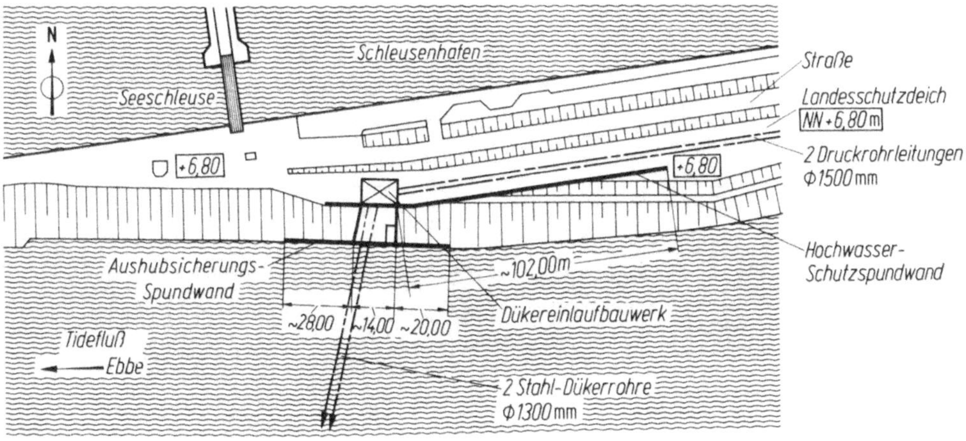

Abb. 8.5.6–1 Lage-Übersichtsplan

mußten auch die betrieblichen Anforderungen und nicht zuletzt auch die mit der Verlegung der Dükerrohre Ø 1300 mm und ihrem Anschluß an die Druckrohrleitungen Ø 1500 mm zusammenhängenden Probleme technisch einwandfrei und möglichst wirtschaftlich gelöst werden. Dabei mußte in jedem Stadium der Baudurchführung der volle Hochwasserschutz bis NN + 6,8 m gewährleistet sein. Außerdem mußte fallweise mit einer gewissen Erosion des Flußufers gerechnet werden. Auch Überlegungen im Zusammenhang mit der späteren Errichtung einer Uferspundwand im benachbarten Schleusenhafen mußten beachtet werden. Sie sind hier aber nicht wiedergegeben. Um den gestellten Anforderungen zu entsprechen, bot sich die Herstellung des Bauwerkes und seiner Teile im Schutze einer besonderen Hochwasser-Schutzspundwand an.

Einzelheiten zum Hochwasserschutz und zum gesamten Bauvorgang des Einlaufbauwerkes sind im Kap. 18.3.11 behandelt.

8.5.6.2 Bodenverhältnisse, Bodenkennwerte, geforderte Sicherheiten, Wasserstände zulässige Spannungen und Baustoffe

In Abb. 8.5.6–2 ist ein kennzeichnendes Bodenprofil dargestellt. Danach stand größtenteils guter rolliger Boden an, wobei mit folgenden Bodenkennwerten gerechnet werden konnte:

$\gamma/\gamma_a = 1{,}8/1{,}0$ t/m^3, $\rho_r = 32{,}5°$.

Wegen des verhältnismäßig hohen Kiesanteils wurde bei den Stahlpfählen nur mit folgenden Grenzlastspannungen gerechnet:

Spitzenwiderstand $q_{sr} = 400$ t/m^2
Mantelreibung $q_{mr} = 4$ t/m^2,

und es wurden folgende Sicherheiten bei allen Lastfällen gefordert:

Druckpfähle $\eta = 1{,}5$
Zugpfähle 1:1 $\eta = 1{,}75$.

Die kennzeichnenden Wasserstände im Tidefluß gehen aus den Abb. 8.5.6–4 und –5 hervor. Maßgebend für die möglichen Grundwasserstände waren aber auch die folgenden Wasserstände im benachbarten Schleusenhafen bezogen auf NN (Abb. 8.5.6–1):

HHaW = + 2,1 m
MHaW = + 1,8 m
NHaW = + 0,8 m.

Im übrigen waren vor allem auch die Empfehlungen E 19 und E 20 der EAU zu berücksichtigen.

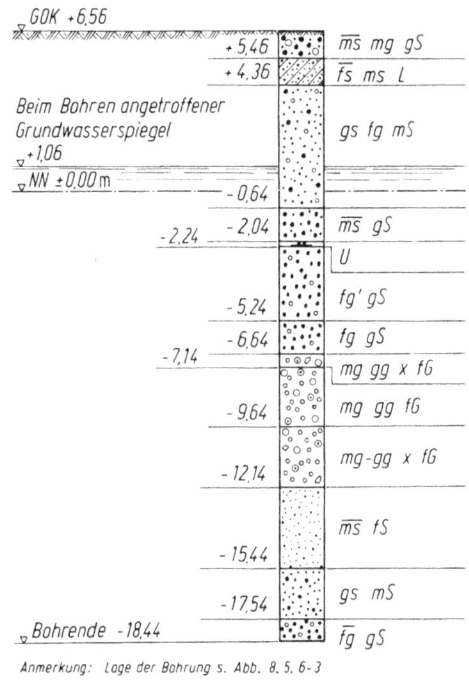

Abb. 8.5.6–2 Kennzeichnendes Bodenprofil

Beim HHThw = NN + 5,35 m war eine Welleneinflußhöhe von rd. 1,5 m zusätzlich anzusetzen.

Bei der Hochwasser-Schutzspundwand im Landesschutzdeich (Abb.8.5.6–1, –3 und –5) mußte auch der Fall des Bruches der Druckrohrleitungen ⌀ 1500 mm berücksichtigt werden, wobei mit einem Ansteigen des Grundwasserstandes hinter der Spundwand bis NN + 6,8 m zu rechnen war. Gleichzeitig mußte vor der Wand eine erodierte Flußböschung angesetzt werden, die an der Wand auf NN + 0,5 m beginnend in der Neigung 1 : 5 in das bisherige Flußufer überging (Abb.8.5.6–5), sowie ein Außenwasserstand auf MSpTnw = NN – 1,25 m.

Umgekehrt mußte die Schutzspundwand auch noch einwandfrei standsicher bleiben, wenn bei einem flußseitigen, rechnungsmäßigen Wasserstand mit Welleneinfluß auf NN + 6,8 m der Boden hinter der Wand örtlich bis NN + 3,0 m, also unter UK der Druckrohre freigelegt war und infolge überschlagender Wellenkämme das Grundwasser hinter der Spundwand bis NN + 3,0 m angestiegen war.

Bei diesen extremen Lastannahmen für die Hochwasser-Schutzspundwand durften die Spannungen nach Lastfall 3 zugrunde gelegt werden. Gleiches galt auch für die Bauzustände beim Einlaufbauwerk.

Um im Hinblick auf die Korrosion möglichst solide Wanddicken zu erhalten, wurde bei den Spundwänden nur StSp 37 zugelassen. Für die Stahlbetonbauteile wurde ein B 225 mit mindestens 300 kg Hochofenzement HOZ 275 je m^3 Beton gefordert. Dieser Beton mußte jedoch durch einen besonders guten Kornaufbau nahe der Linie E möglichst dicht sein. Für die Bewehrung war einheitlich BSt I vorgesehen.

8.5.6.3 Gestaltung des Einlaufbauwerks und seiner wichtigsten Teile

Die Hochwasser-Schutzspundwand mußte auf der Wasserseite des Landesschutzdeichs angeordnet werden und oben mit ihrer Holmausrüstung bis NN + 6,8 m reichen. Unten führte sie im Bereich des Einlaufwerks bis NN – 7,3 m und sonst bis NN – 6,75 m (Abb.8.5.6–1, –3, –4, –5). Nach den Belastungen der Wand in den verschiedenen Bau- und Betriebszuständen

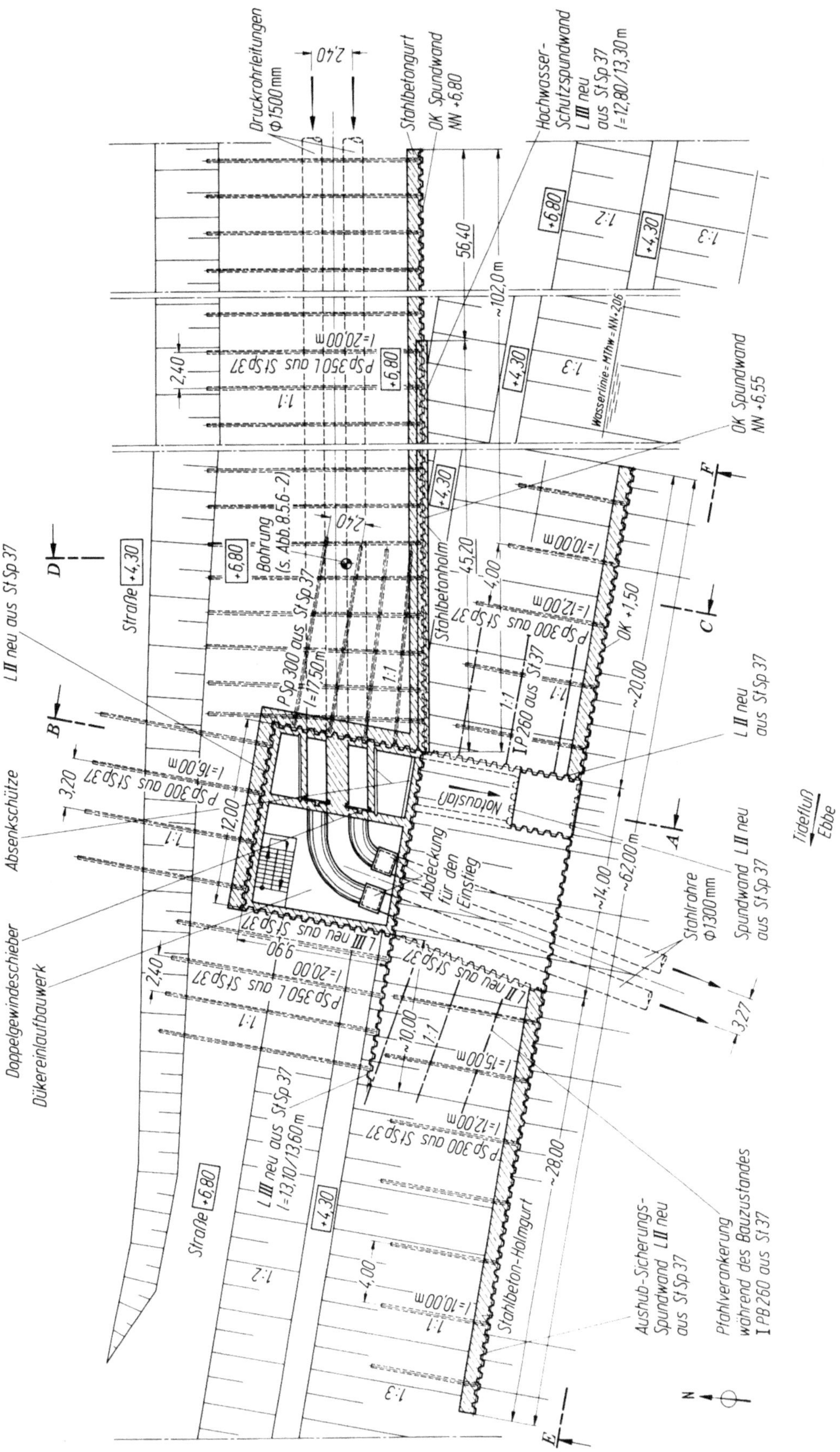

Abb. 8.5.6–3 Grundriß-Lageplan des Dükereinlaufbauwerks

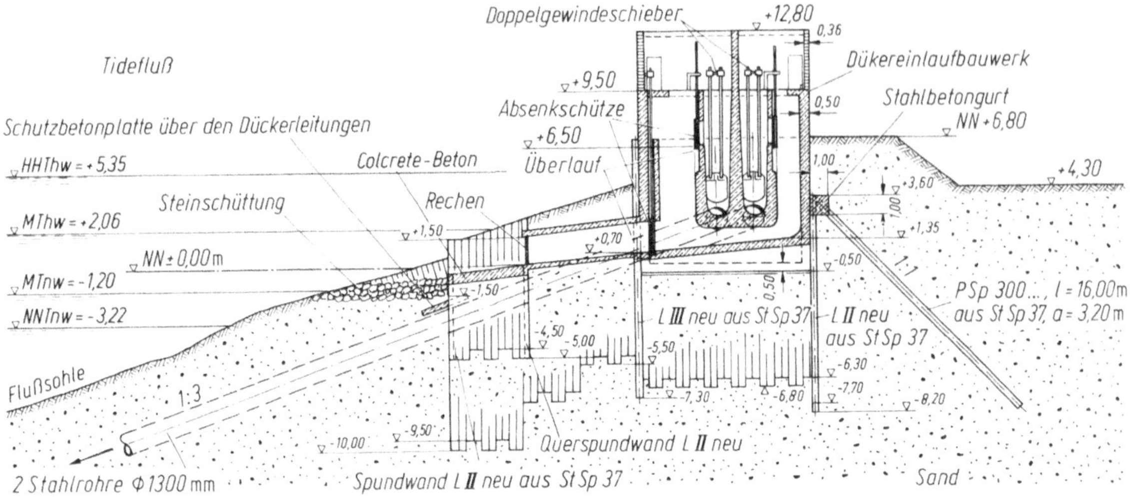

Abb. 8.5.6–4 Querschnitt A–B durch das Dükereinlaufbauwerk (Lage des Schnittes s. Abb. 8.5.6–3)

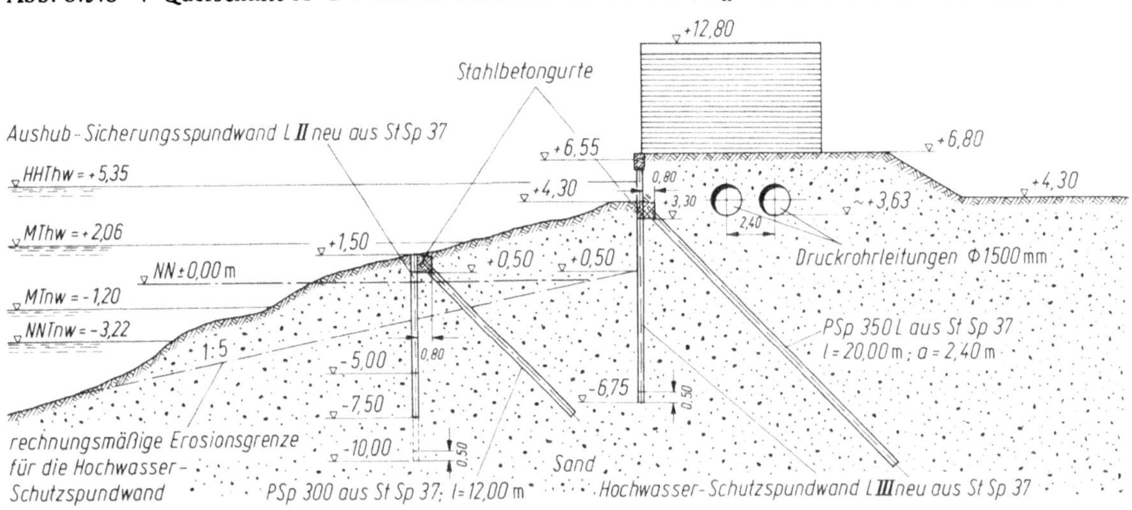

Abb. 8.5.6–5 Querschnitt C–D (Lage s. Abb. 8.5.6–3)

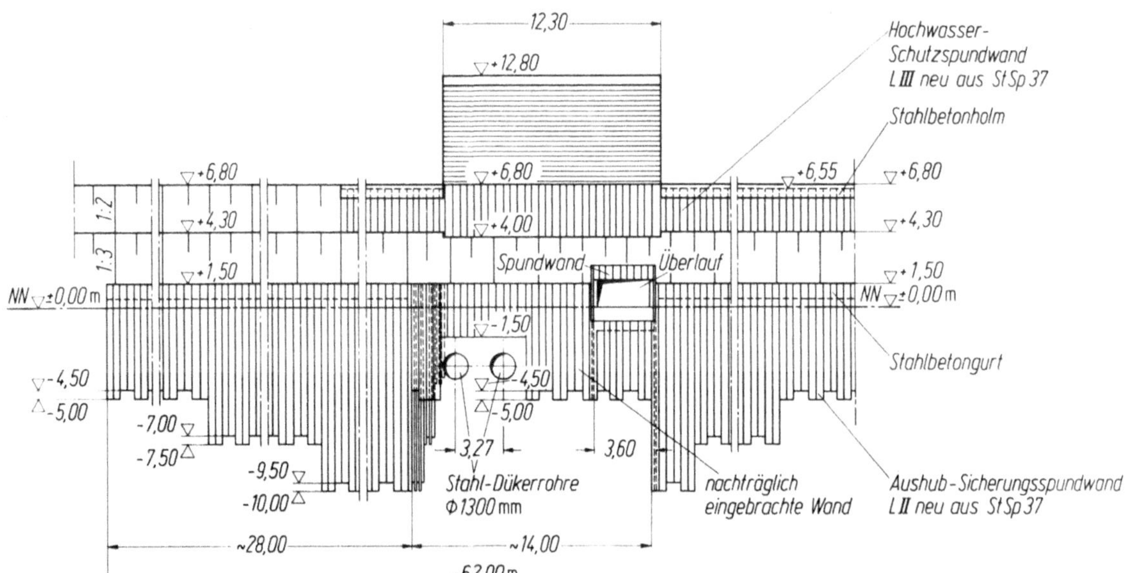

Abb. 8.5.6–6 Längsschnitt E–F (Lage s. Abb. 8.5.6–3)

war das Profil L III neu aus StSp 37 erforderlich. Gleiches galt auch für die unterstromseitige Querwand des Einlaufwerks.

Im Schutz dieser Wände konnte der Landesschutzdeich im Bereich des späteren Einlaufbauwerks an der Oberstromseite abgeböscht bis NN + 3,6 m ausgehoben werden. Danach wurde die Baugrube des Einlaufbauwerks durch die nur bis NN + 3,6 m reichende oberstromseitige Querwand sowie die hintere Abschlußspundwand L II neu, beide aus StSp 37 abgeschlossen (Abb.8.5.6–3 und–4). Die hintere Abschlußwand, die oberstromseitige Querwand und die gesamte Hochwasser-Sicherungsspundwand erhielten einen Gurt aus Stahlbeton und wurden durch Zugpfähle 1 : 1 im Profil PSp 300 bzw. PSp 350 L aus StSp 37 verankert (Abb.8.5.6–3, –4 und –5). Soweit erforderlich, wurden die Ankerpfähle durch Brennöffnungen in den Spundwänden, die später wieder geschlossen wurden, gerammt. Auch die zum Abschluß der Flußböschung gegen die Aushubgrube für das Verlegen der Dükerrohre ∅ 1300 mm angeordnete Aushub-Sicherungsspundwand wurde mit 1 : 1 geneigten Stahlankerpfählen PSp 300 aus StSp 37 verankert (Abb.8.5.6–1, –3 und –5).

Um die Dükerrohre bis an die Hochwasser-Schutzspundwand heranführen zu können, wurden in wasserseitiger Verlängerung der Querspundwände des Einlaufbauwerks bis zur Aushub-Sicherungsspundwand Querwände im Profil L II neu aus StSp 37 gerammt. Sie reichten oben bis NN + 4,0 m und unten von NN – 5,5 m bis NN – 10,0 m (Abb.8.5.6–3 und –4).

Im Schutze dieser pfahlverankerten Spundwände konnten die Dükerrohre ∅1300 mm bis an das Einlaufbauwerk heran verlegt und wieder eingeschüttet werden. Ihr Anschluß an das Einlaufbauwerk erforderte besondere Maßnahmen, die im Kap.18.3.11 geschildert sind.

Weitere Einzelheiten der Gestaltung des Einlaufbauwerkes, das auch mit einem Überlauf ausgerüstet wurde, und der Hochwasser-Sicherungsspundwand können den Abb.8.5.6–3, –4, –5 und –6 entnommen werden.

Gerammt wurde von einer festen Rammebene und dabei, soweit erforderlich, von einem Gerüst aus.

9. Trockendocke

9.1 Allgemeines

9.1.1 Generelle Hinweise

Grundsätzlich ist die Planung und Gestaltung von Trockendocken abhängig von:
- der Länge, Breite und dem Tiefgang des größten in Frage kommenden Schiffes,
- den Untergrundverhältnissen, wie Fels, bindige oder rollige Böden.
- den Wasserstandsverhältnissen mit seitlichem Wasserdruck und Sohlenwasserdruck, gegebenenfalls unter Einsatz von Grundwasserentlastungen,
- der Lage des Bauwerks im Gelände mit Errichtung in gewachsenem oder angeschüttetem Boden oder im freien Wasser,
- der Art der Bauausführung, wie dem Bau in offener, trockener Baugrube, mit Druckluft-, Schwimmkasten- oder Brunnengründung, Gründung auf Unterwasserbeton und dergleichen.

Bei den Docken müssen allgemein zwei Typen unterschieden werden, und zwar:

a) die „Instandsetzungsdocke", auch „Reparaturdocke" genannt, deren Größe den Grundrißabmessungen und vor allem aber auch dem Tiefgang der größten im Reparaturfalle den Hafen bzw. die Werft anlaufenden Schiffe anzupassen ist. Hierfür können auch sogenannte „Dockschleusen" verwendet werden.

b) die wesentlich flacher gebauten „Baudocke", die ausschließlich für den Bau von Schiffen, nicht aber für die Instandsetzung benutzt werden, wobei die Schiffe das Dock bereits in einem erst teilausgerüsteten Zustand und daher mit besonders vermindertem Tiefgang verlassen.

Die Drempeltiefe ist in erster Linie vom Tidehub, von der Verwendung als Reparatur- oder Baudock und von den Zuschlägen die für beschädigte Schiffe gemacht werden müssen, abhängig. Während man bei Baudocken, die nur in größeren zeitlichen Abständen geflutet werden, für das Ausdocken etwa vom MThw ausgehen kann, wird man bei Reparaturdocken mit ihren häufigen Flutungen beim Festlegen des rechnungsmäßigen Ein- bzw. Ausdockwasserstandes etwa um 1/5 des normalen Tidehubs unter dem MThw bleiben.

Als Baugrund werden entweder wasserundurchlässige Böden aus Fels bzw. bindigem Material oder wasserdurchlässige Böden, die aus klüftigem oder porösem Fels, aus geschichtetem bindigen oder aus rolligem Material bestehen, angetroffen. Dabei wirkt auf die Docksohle entweder der volle Sohlenwasserdruck entsprechend der freien oder gespannten Grundwasserspiegelhöhe in der Umgebung des Dockes oder ein Sohlenwasserdruck, der durch eine Grundwasserentlastung vermindert oder völlig beseitigt worden ist.

Bei den früher üblichen reinen Schwergewichtsdocken, die meist ohne Stahlbewehrung ausgeführt worden sind, wurde die Sohle so schwer ausgebildet, daß sie allein dem größten auftretenden Sohlenwasserdruck mit Sicherheit das Gleichgewicht halten konnte. Dabei wurde sie mit den Seitenwänden verbunden oder davon getrennt ausgeführt. Dagegen konnte die Sohle bei nach unten gewölbter Formgebung leichter gehalten werden, während das Gesamtbauwerk aber so schwer sein mußte, daß der Sohlenwasserdruck unter dem gesamten Bauwerk mit Sicherheit aufgenommen werden konnte. Gleiches gilt für Rahmenkonstruktionen mit eingespannter und mit eingehängter Sohle. Bei Lösungen mit verankerter Sohle ist das Gewicht von Sohle und übrigem Bauwerk kleiner als der gesamte Sohlenwasserdruck, der zu einem entsprechenden Anteil von den Sohlenankern aufgenommen wird. Die Sohle wird hier mit den Seitenmauern im allgemeinen gelenkig verbunden.

Als Dockverschlüsse findet man bei alten Bauwerken Stemmtore, in den meisten Fällen aber heute Schwimmtore oder Klapptore. Schiebetore werden wegen der hohen Kosten nur in Sonderfällen angewendet. Bei Baudocken für übergroße Schiffe werden heute auch nadelwehrähnliche Verschlüsse verwendet, die in einzelne Abschnitte unterteilt mit dem schweren Dockkran transportiert, eingesetzt und ausgebaut werden. Hierzu muß die Kranbahn dann entsprechend weit – zum Teil auch über das Dockhaus hinaus – vorgezogen werden.

Moderne Docke werden über einen hinter oder unter dem Drempel liegenden Querkanal, der über die gesamte Dockbreite reicht, geflutet. Fallweise werden noch zusätzlich Durchlässe in den Docktoren mit herangezogen.

Bei den wachsenden Abmessungen der Docke muß beim Fluten auf eine gleichmäßige Verteilung des einströmenden Wassers besonders geachtet werden, wenn die Füllzeiten nicht erheblich vergrößert werden sollen.

Das Pumpenhaus wird am besten dicht neben oder hinter dem Dockhaupt angeordnet und bildet dann gleichzeitig einen der beiden seitlichen Docktoranschläge. Wird ein Zwischenhaupt angeordnet, kann dieses die Lage des Pumpenhauses wesentlich beeinflussen.

Als Pumpen dienen heute häufig Kreiselpumpen oder Schraubenschaufler mit lotrechter Achse, die elektrisch angetrieben werden.

Die Fließgeschwindigkeit in den Kanälen und der Kostenaufwand für die Pumpenhäuser und die Pumpen sowie für ihren Betrieb sind primär für die Flut- und Lenzzeiten maßgebend. Dazu müssen aber auch die Wünsche der Kunden berücksichtigt werden.

Als Flut- und Lenzzeiten werden bei Reparaturdocken im allgemeinen 2–3 Stunden angesetzt. Bei Baudocken sind auch längere Zeiten bis etwa 6 Stunden üblich und auch akzeptabel.

Beim Lenzen spielt vor allem das Beseitigen des „Restwassers“ auf der Docksohle eine besondere Rolle. Um dieses möglichst rasch zum Pumpenhaus zu leiten, wird fallweise die Docksohle außerhalb der Kiellinie mit einem durchlaufenden oder einem dachförmigen Gefälle ausgeführt. Auch leistungsfähige Längskanäle können den Abfluß des Restwassers beschleunigen. Für das Abpumpen des Restwassers ist der Pumpenkeller tief und geräumig zu gestalten, damit möglichst lange noch mit einer Hauptlenzpumpe gearbeitet werden kann und so der Einsatz der Nachlenzpumpen begrenzt wird. Die Laufzeit der jeweiligen Pumpen wird nach einem versuchsmäßig ermittelten Programm festgelegt und automatisch gesteuert.

9.1.2 Auswirkungen der Tragfähigkeit des Baugrundes und seiner Durchlässigkeit

Art und Aufbau des Baugrundes sind für die Querschnittgestaltung, die Bauzeit und die Baukosten, meist aber nicht für die Ausführbarkeit von Trockendocken als solcher entscheidend, solange die Belastung des Docks einschließlich Schiffslast oder Wasserfüllung vom anstehenden Baugrund aufgenommen werden kann. Immer jedoch ist ein einwandfreies Nachprüfen der Wasserdurchlässigkeit des Untergrundes im Hinblick auf eine mögliche Grundwasserentlastung nötig. Davon hängt es ab, ob eine Lösung mit vollem oder teilweise bzw. ganz entlastetem Sohlenwasserdruck angestrebt werden kann. Wesentlich ist hierbei auch die Frage, ob der Untergrund bei der vorgesehenen Entlastung des Auftriebs die auftretenden Belastungen noch tragen kann. Die Untersuchungen auch gegen Bodenaufbruch sind dabei nicht nur für den Horizont in Unterkante Docksohle, sondern auch für tiefere Lagen zu führen.

Eingehende Bodenuntersuchungen und -prüfungen sind deshalb sowohl für die Ermittlung der Bodengegendruckverteilung und der zu erwartenden Setzungen als auch für die Untersuchung der Aufbruchsicherheit der Sohle vor allem bei entwässerten Docken in geschichteten Böden unbedingt erforderlich.

9.1.3 Konstruktive Hinweise

Da die Dicke einer den vollen Wasserdruck aufnehmenden Docksohle mit der Docktiefe sehr rasch wächst, mußten mit den wachsenden Schiffsgrößen zunehmend Lösungen angestrebt werden, bei denen der Sohlenwasserdruck teilweise oder ganz beseitigt wurde, sowie Konstruktionen, die das Gewicht des Bauwerkes einschließlich der Seitenwände und gegebenenfalls der Wandreibung des Erddruckes mit erfassen bzw. den Boden unter der Sohle zur Auftriebaufnahme mit heranziehen.

Vorhandene Docke zeigen, daß in gesundem, wenig klüftigem Fels dünne Betonauskleidungen den Anforderungen an Sohle und Seitenwände genügen. Die Seitenwände werden besonders bei großen Docktiefen und den heute meist angewendeten lotrechten Dockwänden unten durch die Sohle gestützt und oben im Fels rückverankert, soweit bei tieferliegendem Fels der obere Mauerteil nicht als Stützmauer auszubilden ist (Kap.9.2.4). Durch den Einbau einer dünnen, durchlässigen Schicht mit örtlich konzentriertem und gesichertem Wasseraustritt nach oben kann dabei jeder nennenswerte Sohlen- bzw. Auskleidungswasserdruck abgebaut werden.

Eine auftriebsichere Schwergewichtssohle ist, selbst wenn die schweren Seitenwände zur Auftriebaufnahme mit herangezogen werden, bei großen Docken meist unwirtschaftlich.

Eine Gewölbesohle (Kap.9.2.2) verlangt in der Mitte oft eine Tiefe, die der einer Schwergewichtssohle nahekommt. Ersparnisse treten jedoch an den Seiten auf.

Werden die Seitenwände zur Aufnahme des Sohlenwasserdrucks mit herangezogen (Kap.9.2.2), wird durch Sporne oder aufgelöste Bauweisen die Erdauflast über der Wandgründung mit einbezogen. Auf den Ansatz der senkrechten Bodenreibungskäfte der Seitenwände als Sicherung gegen Aufschwimmen wurde bisher im allgemeinen verzichtet, weil – mindestens in Deutschland nach DIN 1054 – dann die Sicherheit gegen Aufschwimmen im Lastfall 2 um 0,30 und im Lastfall 3 um 0,15 erhöht werden muß. Die Seitenreibung wurde daher meist nur als zusätzliche Sicherheit betrachtet und das Gesamtgewicht des Dockes mit den ständig wirkenden Auflasten – entsprechend DIN 1054 – nur wenig größer als der gesamte Sohlenwasserdruck gewählt.

Ist das Gewicht der Seitenwände verhältnismäßig groß, kann hieraus eine zusätzliche Biegebeanspruchung der Sohle eintreten, wenn nicht durch einen geeigneten Bauvorgang die Lasten der Wandblöcke durch vorübergehend offen gehaltene Arbeitsfugen, wenigstens zum Teil, unabhängig von der Sohle in den Baugrund abgeleitet werden. Hier spielt bei bindigen Böden das Zeit-Setzungsverhalten eine wesentliche und zu beachtende Rolle (Kap.9.2.2).

Dünne Sohlen mit Zugpfahl- oder Brunnen- oder vorgespannter Stahlkabelverankerung sind an verschiedenen Orten ausgeführt worden. Bezüglich der letzten sei vor allem auf das Kap.9.2.6 verwiesen.

Die teilweise Entlastung des Sohlenwasserdruckes (Kap.9.2.1) ohne oder mit Entlastungsbrunnen ist ebenfalls bereits erfolgreich angewendet worden. Lassen die vorhandenen Brunnen in ihrer Wirkung nach, kann durch neue Brunnen der Entlastungszustand im gewünschten Umfang wieder hergestellt werden. Hierfür müssen aber von vornherein entsprechende Aussparungen eingeplant werden.

Docke mit dünner Sohle und voller Auftriebsentlastung bedürfen einer besonders sorgfältigen statisch-konstruktiven Bearbeitung und Bauausführung, da Entwässerungen, wenn sie der Gefahr der Verstopfung unterliegen, zum Bruch der Sohle führen können.

Das Kontraktor- und das Colcretebeton-Verfahren, mit denen jetzt Unterwasserbeton hergestellt wird, sind heute zwar voll ausgereift, aber nur zum Herstellen begrenzter Blöcke geeignet. Für die großflächigen Docksohlen müssen deshalb umfangreiche Unterwasserschalungen eingebracht werden, um die Docksohle beim Betonieren in geeignete Einzelblöcke aufzulösen.

Beim Herstellen im Trockenen mit Grundwasserabsenkung können während der Bauausführung ständig einwandfreie Kontrollen durchgeführt werden, so daß dabei ein hochwertiger Stahlbeton in jedem Falle gewährleistet werden kann.

Das Betonieren unter einer Taucherglocke kann für große Massen, wie sie zum Beispiel bei schweren Docksohlen anfallen beim heutigen Stand der Unterwasserbetontechnik nicht mehr empfohlen werden.

Das Druckluftverfahren ist für Dockbauten nach wie vor wichtig. Um die Druckluftarbeiten einzuschränken, wurden bei einem Trockendock beispielsweise nur die hintere Querwand und die Längswände sowie das Dockhaupt als Stahlbetonsenkkästen unter Druckluft auf den tragfähigen und wasserundurchlässigen Fels abgesenkt. Nach dem Einsetzen des Verschlußtores konnte dann das Dockinnere ausgepumpt und die Docksohle im Trockenen hergestellt werden.

Auch kombinierte Schwimmkasten-Druckluftgründungen und Brunnengründungen sind bereits angewendet worden.

9.1.4 Dichtung der Bauwerksfugen und der Pumpenhäuser

Interessant ist, daß eine Anzahl bestehender Docke ohne Dichtung der Bauwerksfugen ausgeführt worden ist. Beim Unterwasserbeton hat man früher die Sohle durchgehend betoniert und die Risse sich dort einstellen lassen, wo sie sich von selbst bildeten. Durch diese sehr unregelmäßig verlaufenden Rißfugen ließ man das Wasser heraustreten. Diese Methode war solange nicht gefährlich, als durch solche Fugen und Risse nicht Boden ausgespült wurde. Hierzu war entweder ein stark bindiger Baugrund oder ein mischkiesiger Boden erforderlich, bei dem nach anfänglichem Auswaschen feineren Materials vor einem Riß sich bald ein Filter selbsttätig aufbaut.

Durch das Herstellen in trockener Baugrube und die Anwendung der Brunnen-, Druckluft- oder Schwimmkastengründung trat hier aber ein Wandel ein, der letzten Endes von der Vorsicht diktiert war, auf jeden Fall Bodenausspülungen zu verhindern.

Es wurden besondere Dichtungen aus teergetränkten Stricken mit Bitumeneinfüllungen und Bleiwolle-Stemmdichtungen ausgeführt. In verschiedenen Fällen wurden auch noch Kupferbleche oder bitumenumhüllte Bleistreifen in die Bauwerksfugen einbetoniert. Sie haben ihren Zweck im allgemeinen erfüllt. In den letzten Jahrzehnten ist man im allgemeinen zu doppelten Dichtungen mit Elastomere-Fugenbändern übergegangen, die sich gut bewährt haben.

Bei großen Docktiefen wurden die Dichtungsarbeiten für die unter Flur liegenden Pumpenhäuser immer schwieriger und führten meist zur vollen Abdichtung des Antriebsmaschinenraumes, einschließlich des Raumes für die elektrischen Anlagen. Um Kosten zu sparen, wurden alle wasserempfindlichen Teile möglichst hoch angeordnet. Als Dichtungen wurden des öfteren voll verschweißte Stahlblechkästen mit $\geqq 6$ mm Blechdicke gewählt. Sie sind besonders vorteilhaft, weil sie gleichzeitig als Schalung dienen und Stützkräfte auch durch sie hindurchgeleitet werden können.

9.1.5 Berechnung der Trockendocke

Es ist bedauerlicherweise wenig geschehen, um über den tatsächlichen Verlauf der Bodengegendruckspannungen unter der Sohle und unter den Seitenwänden von Trockendocken zu einwandfreien Erfahrungswerten zu kommen. Dies liegt bei den Bodendruckmessungen daran, daß Störungen in der Umgebung der Einbaustelle der Meßdosen, bedingt duch die verschiedene Elastizität der Meßdosen und des Betons, die örtlichen Unterschiede in der Steifigkeit des Bodens, die Störungen der natürlichen Beschaffenheit des Bodens beim Aushub und die Fehler beim Einbau der Meßdose und anderes mehr, in den meisten Fällen die Meßergebnisse verfälschten. Zuverlässige Messungen würden aber erst zutreffende Anhaltspunkte für die Verteilung des Bodengegendrucks bei den verschiedenen Boden-, Belastungs- und Bauwerkverhältnissen liefern und wesentlich zur Anwendung zutreffenderer Berechnungsmethoden beitragen.

Auch über die Bewegung des Dockkörpers beim Füllen und Leeren liegen nur wenige Meßergebnisse vor.

Messungen des Sohlenwasserdruckes unter Docken sind dagegen mittels Standrohren leicht möglich.

Die weiteste Verbreitung in der Berechnung der Docksohlen hat das Bettungszifferverfahren gefunden. Angaben über die Größe der jeweils angesetzten Bettungsziffer finden sich in der Literatur in großer Zahl. Die benutzten Werte schwanken jedoch derart, daß der entwerfende Ingenieur hieraus keine klaren Schlüsse ziehen kann. Meßergebnisse an ausgeführten Bauwerken die Rückschlüsse ermöglichen, liegen nur in geringem Umfang vor.

Das Bettungszifferverfahren, das ursprünglich nur für lotrechte Belastungen gedacht war, wurde später auch für das elastische Verhalten des Bodens hinter Widerlagern in waagerechter Richtung angewendet, wobei dann meist angenommen wurde, daß die Bettungsziffer von der Sohle des Widerlagers zur Erdoberfläche gradlinig auf 0 abfällt.

Gegen das Bettungszifferverfahren wurde mit Recht immer wieder eingewendet, daß es die Druckausbreitung im Baugrund nicht berücksichtigt. Wenn trotzdem auch heute noch häufig mit dem Bettungszifferverfahren gearbeitet wird, so liegt dies neben an sich brauchbaren praktischen Ergebnissen wohl daran, daß dieses Verfahren bei gleichbleibendem Trägheitsmoment mit ausgearbeiteten Tabellen- und Kurvenwerten eine einfache Berechnung gestattet. Sobald der Gründungskörper aber veränderliche Trägheitsmomente aufweist, sind auch diese Tabellenwerte nicht mehr anwendbar. Hier kann z. B. auf graphische Verfahren zurückgegriffen werden. Die Lösung ist dabei durch mehrfaches Probieren zu erreichen, wobei für eine angenommene Bodengegendruckverteilung die Durchbiegung des Gründungskörpers bestimmt wird, die dann mit der Zusammendrückung des Bodens, die sich aus der Bodengegendruckverteilung und der Bettungsziffer ergibt, übereinstimmen muß. Heute stehen im übrigen auch schon elektronische Programme zur Verfügung.

Für die Sohlenbemessung sind die Horizontalkräfte in auftretender Größe anzusetzen. Bei einer nach dem Dockinneren gerichteten Bewegung der Seitenwände wird als unterer Grenzwert der aktive Erddruck und der Wasserüberdruck auf die Wände angesetzt, soweit letzterer voll auftritt. Es sollte hierbei aber bedacht werden, daß schon geringe Undichtigkeiten des Dockes fallweise zu einer starken örtlichen Grundwasserentlastung führen können. In der Docksohle und in den Seitenwänden ist dabei auch der sogenannte Fugenwasserdruck nach DIN 19702 zu berücksichtigen, der zu einer Vergrößerung der Bewehrung führt.

Bei Docken mit auftriebsicherer Schwergewichtssohle wird die Baublockeinteilung parallel zur Dockachse wenn möglich so gewählt, daß die Schiffslasten keine großen Momentenbeanspruchungen ergeben. Werden derartige Docke aber so hergestellt, daß sie als einheitlicher Querschnitt wirken, müssen die Einflüsse der Wandblock- und der Kiellasten sowie ihre Aufnahme stets rechnerisch nachgewiesen werden.

Gewölbesohlen können fallweise zu wirtschftlichen Lösungen führen, erfordern aber, um einen genügenden Stich des Gewölbes zu erhalten, besonders bei breiten Docken in der Dockachse meist einen größeren Bodenaushub als Rahmendocke mit flacher Sohle. Der oberhalb der Gewölbe zum Herstellen einer horizontalen Docksohle erforderliche Füllbeton wirkt sich auf die Verteilung der Schiffslasten günstig aus. Er kann aber, soweit er nicht in kleine Abschnitte unterteilt wird, die Gewölbewirkung in gewissen Grenzen verfälschen.

9.1.6 Schlußbemerkungen

Die Fragen der statischen Berechnung wurden hier nur in großen Zügen umrissen. Immerhin dürften schon diese kurzen Andeutungen genügen, um die Vielfalt der Probleme aufzuzeigen, die bei der Berechnung derartig großer Grundbauwerke auf den Konstrukteur in Entwurf und Berechnung zukommen. Bei jedem Trockendock müssen daher, mehr noch als bei sonstigen Bauvorhaben, Konstruktion und Bauausführung engstens aufeinander abgestimmt werden, wenn als Ergebnis wirtschaftliche und gleichzeitig ausreichend stand- und betriebssichere Bauwerke entstehen sollen. Abschließend sei noch darauf hingewiesen, daß bei modernen Großdocken für Reparaturzwecke, insbesondere in Tidegebieten, Wassertiefen bis zur Docksohle von 15 m keine Seltenheit sind, daß Kieldrücke bis zu 1200 t/lfdm aufgenommen werden müssen und bei der intensiven Ausnutzung des Dockplanums Geländeauflasten bis zu 5 t/m^2 und Kranlasten bis zu 80 t/m Schiene fallweise der Berechnung zugrunde zu legen sind.

Welche Verantwortung in wirtschaftlicher und konstruktiver Hinsicht damit dem entwerfenden und auch dem bauausführenden Ingenieur übertragen wird, kann nur der ermessen, der am Entwurf und Bau derartiger Objekte selbst beteiligt war.

9.2 Neue Bauwerke und Entwürfe

9.2.1 Baudock für Großschiffe an einem Tidefluß in Norddeutschland (vgl. auch Kap. 12.4)

9.2.1.1 Allgemeines und Bodenverhältnisse

Für das Baudock war eine lichte Breite von 60 m und eine lichte Länge bis zum Tor von 360 m sowie eine Sohlenlage auf NN −7,0 m, das waren rd. 9 m unter MThw = NN + 2,06 m, gefordert. Bezüglich seiner allgemeinen Lage am Fluß wird auf Abb. 12.4−1 verwiesen.

Da für die konstruktive Gestaltung des Dockquerschnittes die Bodenverhältnisse und die Größe des zu erwartenden Sohlenwasserdrucks eine maßgebende Rolle spielten, wurde der Untergrund sorgfältig abgebohrt, verbunden mit eingehenden Wasserstandsmessungen. Wie aus dem geologischen Längsschnitt (Abb. 9.2.1−1) hervorgeht, stand im Bereich des Baudocks sogenannter „Lauenburger Ton" etwa bis NN − 7,0 m an. Es handelte sich dabei um einen Mergelboden, der entweder aus Tonmergel oder Geschiebemergel und fallweise auch aus Mehlsandmergel bestand. Auf einer Teilstrecke im Westen schob sich unter dem sonst vorherrschenden Tonmergel Geschiebemergel hoch, der bodenmechanisch wesentlich günstigere Kennziffern auswies als der Tonmergel.

Die zum Teil mehr als 40 m mächtige Formation aus Lauenburger Ton war von wasserführenden Sandadern durchzogen. Dies mußte bei der konstruktiven Gestaltung des Dockquerschnittes hinsichtlich der Aufnahme von Sohlenwasserdrücken berücksichtigt werden.

Wie der geologische Längsschnitt (Abb. 9.2.1−1) zeigt, lag über dem Lauenburger Ton eine 1−4 m dicke Sandschicht, die mit schwerem Geröll, zum Teil in Findlingsgröße, durchsetzt war (Abb. 9.2.1−2). Es handelte sich hierbei um eine typische Moränenschicht.

9.2.1.2 Gewählte Lösung und Bauausführung

Unter den gegebenen Verhältnissen bot sich ein teilentwässertes Dock, bis OK Lauenburger Ton in 1 : 1,5 geböschter und darunter in umspundeter Baugrube im Trockenen hergestellt, an (Abb. 9.2.1−3a und −3b). Vor dem Rammen der Spundwände mußte aber die Moränenschicht örtlich beseitigt werden. Im anderen Falle wäre ein einwandfreies Umrammen der Baugrube mit einer Spundwand nicht möglich gewesen.

Wegen des Druckwassereinflusses in den Sandadern des Lauenburger Tons wurde die Docksohle 4 m dick ausgeführt und seitlich gegen schwere, hinterfüllte Winkelmauern abgestützt (Abb. 9.2.1−3a und −3b). Außerdem wurde die Einfassungsspundwand der Baugrube L II aus StSp 37 bis NN − 13,5 m reichend gerammt. Der Mittelteil der Sohle wurde noch zusätzlich mit Spundwänden L III neu aus StSp 37, die bis NN − 20,0 m reichten, eingefaßt. Hierdurch wurde der Zustrom zu den wasserführenden Schichten unter der Docksohle weitgehend unterbunden. Die inneren Spundwände wurden außerdem noch zur Verankerung der Sohle mit herangezogen. Um darüber hinaus Wasserstauungen und damit Sohlenwasserdruck unmittelbar unter der Docksohle zu vermeiden, wurde zwischen den inneren Spundwänden auf dem Lauenburger Ton eine rd. 0,25 m dicke Kiesfilterschicht aufgebracht und mit einer 0,2 m dicken Filterschicht aus porösem Beton abgedeckt. In dieses Filter-

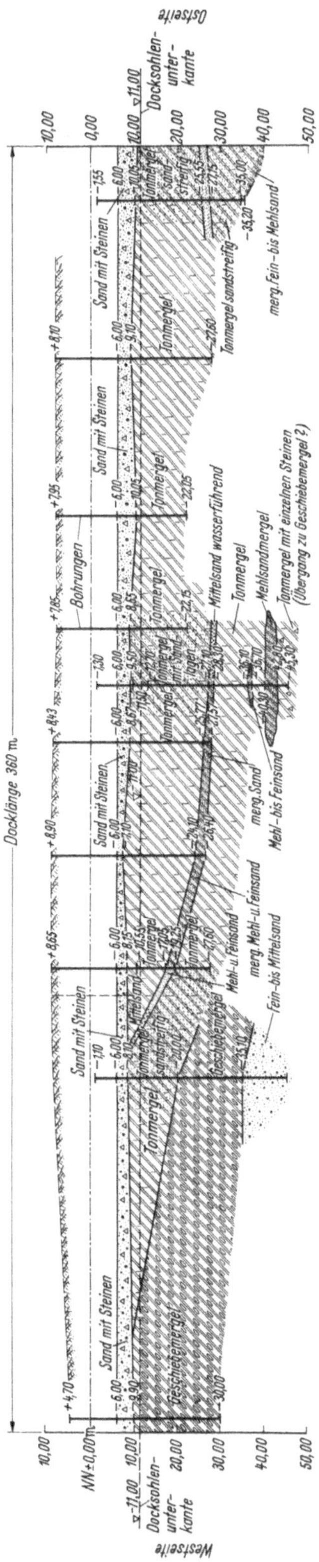

Abb. 9.2.1–1 Untergrundlängsschnitt in Achse des Baudocks ohne Darstellung der oberen Schichten

Abb. 9.2.1–2 Findling in der Moränenschicht

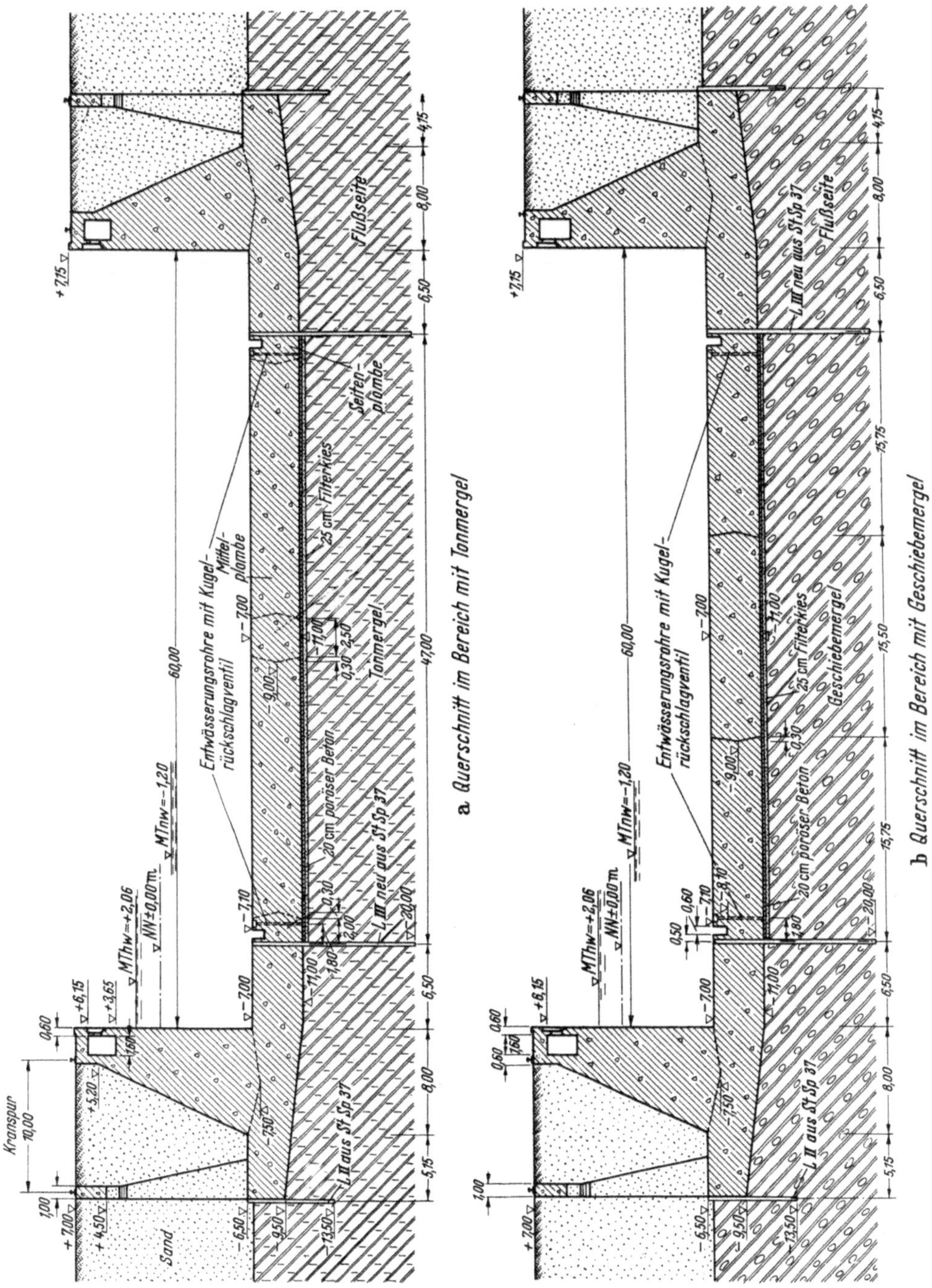

Abb. 9.2.1–3 Querschnitte des Baudocks abhängig vom Gründungsboden

system führten von oben durch die Docksohle Entwässerungsrohre, die mit einem Kugelrückschlagventil ausgerüstet waren, um Verschmutzungen von oben her zu vermeiden (Abb.9.2.1–3a und –3b).

Bei der konstruktiven Ausbildung der Docksohle mußten durch entsprechende Längsfugen die zu erwartenden unterschiedlichen Setzungen des Dockes im Bereich mit Tonmergel bzw. Geschiebemergel berücksichtigt werden (Abb.9.2.1–3a und –3b). Im Bereich mit Tonmergel erhielt die Docksohle eine 2,5 m breite mittlere und neben den inneren Längsspundwänden je eine seitliche 2,0 m breite Plombe (Abb.9.2.1–3a). Die Plomben wurden erst geschlossen, nachdem die Setzungen der schweren Seitenwandblöcke in ausreichendem Umfang abgeklungen waren. Auf diese Weise konnten unerwünschte zusätzliche Sohlenbeanspruchungen im Feld aus dem Eigengewicht der schweren Wände vermieden werden.

Im Bereich mit Geschiebemergel genügten zwei Längsfugen etwa in den Drittelspunkten des inneren Sohlenabschnittes. Hierbei wurden zuerst die beiden äußeren Sohlenabschnitte und erst später der mittlere Sohlenteil betoniert (Abb.9.2.1–3b).

Das Dock war im zweiten Weltkrieg bis auf die Torkammer fertiggestellt und hinterfüllt,als die weiteren Bauarbeiten unterbrochen werden mußten. Zum Tidefluß hin blieb das Dock weiterhin durch einen Fangedamm abgeschlossen. Die restliche Baugrube und die Dockkammer wurden durch das Abstellen der Grundwasserabsenkungsanlage geflutet. Irgendwelche Mängel am Bauwerk hatten sich bis zu diesem Zeitpunkt nicht ergeben.

Der weitere Ausbau des Dockes als U-Boot-Sektionswerft wird im Kap.12.4 behandelt.

9.2.2 Baudock für Großschiffe in einem Schleusenhafen an der Nordsee

Kurz vor dem zweiten Weltkrieg wurde in einem deutschen Kriegshafen ein Baudock mit der von der Verwaltung festgelegten lichten Breite von 60 m, nutzbaren Länge von 360 m und rd. 8,5 m Wassertiefe über der Docksohle bei MHaW entworfen und ausgeführt.

Der Untergrund im Bereich des Bauwerkes bestand aus diluvialem, mit einzelnen Kiesadern durchsetzten Sand. Der mittlere Hafenwasserstand MHaW lag auf SKN + 3,75 m. Oberkante Sohle des Docks wurde auf SKN – 4,8 m gelegt. Für das Dock wurde nach verschiedenen Vorentwürfen die Gewölbelösung nach Abb.9.2.2–1 gewählt und aus folgenden Gründen in der dargestellten Art ausgebildet.

a) Der konstruktiv tragende Teil des Sohlenbetons konnte in der gewölbten unteren Zone der Docksohle konzentriert werden. Der gesamte über das Sohleneigengewicht hinausgehende Sohlenwasserdruck wurde dabei vom Gewölbe übernommen. Der über dem Gewölbe liegende Beton – abgesehen vom Bereich über dem Entwässerungshauptkanal – konnte daher als unbewehrter Massenbeton ausgeführt werden.
b) Der über dem statisch wirksamen Gewölbe liegende Massenbeton schützte die tragende Sohle gegen Schäden aus Bombeneinwirkungen.
c) Die Gewölbelösung ergab einen bei der damaligen Knappheit an Rundstahl erwünschten, verhältnismäßig geringen Stahlbedarf für die Docksohle.
d) Das Gewölbe konnte an die vorkragende Sohle der Seitenwände so angeschlossen werden, daß auch die Sohlenkragarme nur wenig bewehrt zu werden brauchten.
e) Die landseitigen Sohlenkragarme der Seitenwände mit dem darüber liegenden Hinterfüllungsboden stellten die Aufnahme des lotrechten Anteils des Gewölbeschubes in kostengünstiger Weise sicher.
f) Die landseitigen Sohlenkragarme ermöglichten gleichzeitig eine einfache und einwandfreie Gründung der Laufbahnen für die schweren Dockkrane.
g) Durch die mittlere und die beiden seitlichen Plomben wurde das Gewölbe in zwei gleiche Abschnitte unterteilt, bei denen durch die gewählte Betonierfolge die Schwindeinflüsse gering blieben.
h) Da die Seitenplomben erst geschlossen wurden, nachdem die Seitenwände hergestellt und hinterfüllt waren, wurden alle Setzungseinflüsse und -auswirkungen der Seitenmauern auf das Sohlengewölbe ausgeschaltet, obwohl die Sohlenbewehrung auch an den Plomben durchlief.
i) Da die Blockfugen schon im Gewölbeteil mit Kupfer-Aluminium-Folien, Bitumen-Pappe und einem Teerstrick doppelt gedichtet wurden, konnte jegliche Fugendichtung im Massenbeton über dem Gewölbe unterbleiben.
j) Im Massenbeton konnte in Dockmitte ein leistungsfähiger begehbarer Hauptentwässerungskanal untergebracht werden, an den die gesamte Sohlenentwässerung durch schräge Einläufe angeschlossen wurde.

Das Dock wurde zwar fertiggestellt, jedoch nicht mehr in Betrieb genommen. Es wurde nach Kriegsschluß durch die Besatzungsmächte gesprengt.

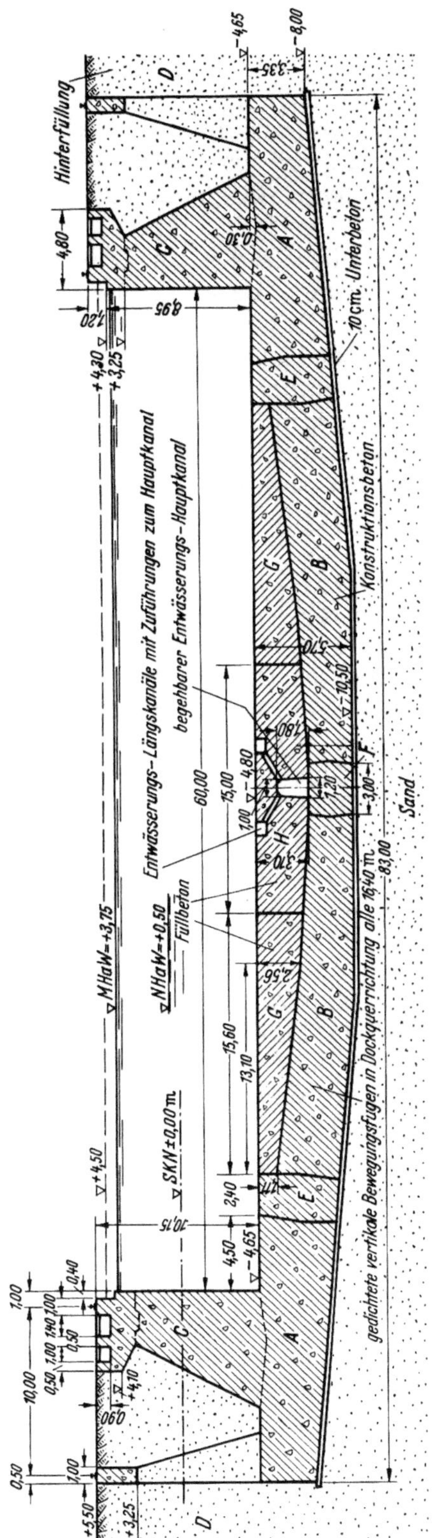

Abb. 9.2.2–1 Querschnitt durch das Baudock

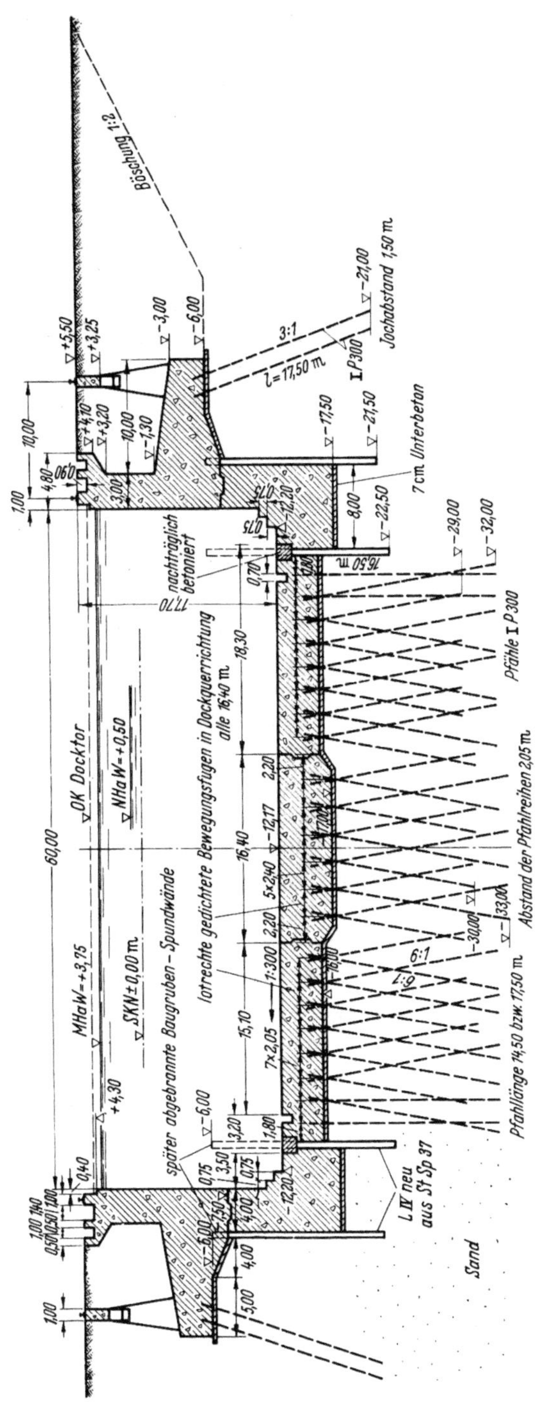

Abb. 9.2.3–1 Querschnitt des geplanten Reparaturdocks

9.2.3 Geplantes Reparaturdock für Großschiffe in einem Schleusenhafen an der Nordsee

Für Marinezwecke wurde kurz vor dem Beginn des zweiten Weltkrieges ein Reparaturdock für größere Schiffe entworfen und in Bau genommen.

Die Verwaltung hatte die Dockbreite mit 60 m und die Docklänge mit 360 m festgelegt und mit Rücksicht auf das Einschwimmen schwer havarierter Kriegsschiffe mit ihren dann außergewöhnlichen Tiefgängen eine Drempeltiefe von rd. 15,9 m unter dem mittleren Hafenwasser MHaW = SKN + 3,75 m gefordert. Als Kiellast mußten 500 t/m und örtlich bis zu 1200 t/m aufgenommen werden können.

Unter Geländeoberkante standen zunächst 2–3 m weicher alluvialer Klei an, gefolgt von diluvialen Sanden, die unter der Docksohle stellenweise von stark wasserführenden Kiesadern durchsetzt waren.

Bei der großen geforderten Tiefe kam eine Schwergewichtslösung wegen der dabei erforderlichen außerordenlich dicken Sohle sowie der tiefen Ausschachtung und Grundwasserabsenkung von vornherein nicht in Frage. Gleiches galt beim stark durchlässigen Baugrund auch für eine entwässerte Lösung. Eine dauernde Grundwasserabsenkung hätte in weiten Gebieten der benachbarten zum Teil auf Klei flach gegründeten Stadt große Bauwerkschäden ausgelöst. Schließlich war noch zu beachten, daß für die Baugrube wegen vorhandener Werkhallen nur ein begrenzter Raum zur Verfügung stand.

Aufgrund verschiedener Vorentwürfe wurde der in Abb.9.2.3–1 dargestellte neuartige Querschnitt gewählt. Die Docksohle bestand aus einem 4,85 m dicken und 16,4 m langen mittleren Block für die Gründung der Kielstapel und zwei rd. 3,85 m dicken und 18,30 m langen Seitenblöcken. Die gesamte Sohle, die bei den genannten Dicken den bis zu rd. 20,8 t/m^2 betragenden Sohlenwasserdruck nicht aufnehmen konnte, wurde mit gerammten Stahlzugpfählen IP 300 aus St 37 in gegenseitiger Neigung von 6 : 1 und einem Jochabstand von 2,05 m verankert. In jeder zweiten Reihe reichten die Pfähle im mittleren Sohlenabschnitt bis SKN – 33,0 m und seitlich bis SKN – 32,0 m. Die Pfähle der dazwischen liegenden Reihe waren 3,0 m kürzer. Durch die gegenseitige Neigung der Pfähle wurde gewährleistet, daß der zwischen den Pfählen befindliche Boden bei der Aufnahme der Pfahlzugkräfte aus dem Sohlenwasserdruck voll mitwirkt.

Die Verwendbarkeit verschiedener Pfähle wurde durch Ramm-, Zug- und Druckversuche überprüft. Dabei wurden auch Versuche mit gedrillten Stahlträgerpfählen und auch sonst mit Pfählen verschiedener Querschnittsform durchgeführt. Am zweckmäßigsten und wirtschaftlichsten erwiesen sich dabei einfache, geneigt gerammte IP 300 aus St 37.

Bei den erwähnten Versuchen wurden vergleichsweise auch Winkeleisenrahmen, an denen vier Rundstahlanker befestigt waren, die in die Docksohle einbetoniert werden sollten, mit Tiefenrüttlern rd. 15 m tief in den Untergrund eingerüttelt. Hierbei ergaben sich keine Schwierigkeiten. Wegen Einstellung der Bauarbeiten wurde diese neuartige Form der Verankerung von Docksohlen aber nicht weiter untersucht und verfolgt.

Um die Baugrube den räumlich beengten Verhältnissen entsprechend klein zu halten, sollte zuerst der unterste 8,0 m breite Teil der massiven Seitenwände zwischen zwei Baugrubenspundwänden hergestellt werden. Auf diesen Wandblock sollte dann zwecks Stahlersparnis eine massive Winkelmauer gesetzt werden, auf der auch die hintere Laufbahn der schweren Dockkrane zu gründen war. Die Winkelmauer wurde landseitig durch zwei Reihen 17,5 m langer Stahlzugpfähle IP 300 aus St 37 gesichert. Im Schutze dieser Seitenwände konnten dann die Bodenmassen bis Unterkante Docksohle ausgehoben und die Zugpfähle für die Docksohle gerammt werden.

Blockfugen waren in 16,4 m Abstand geplant und sollten mit Kupfer-Aluminium-Folien, Bitumen-Pappe und einem Teerstrick doppelt gedichtet werden.

Als Dockverschluß war ein kastenförmiges Schwimmtor mit nur seitlicher Wasserdruckabtragung vorgesehen.

Das Fluten und Lenzen des Dockes sollte über einen Flut- und Lenzkanal am Dockhaupt

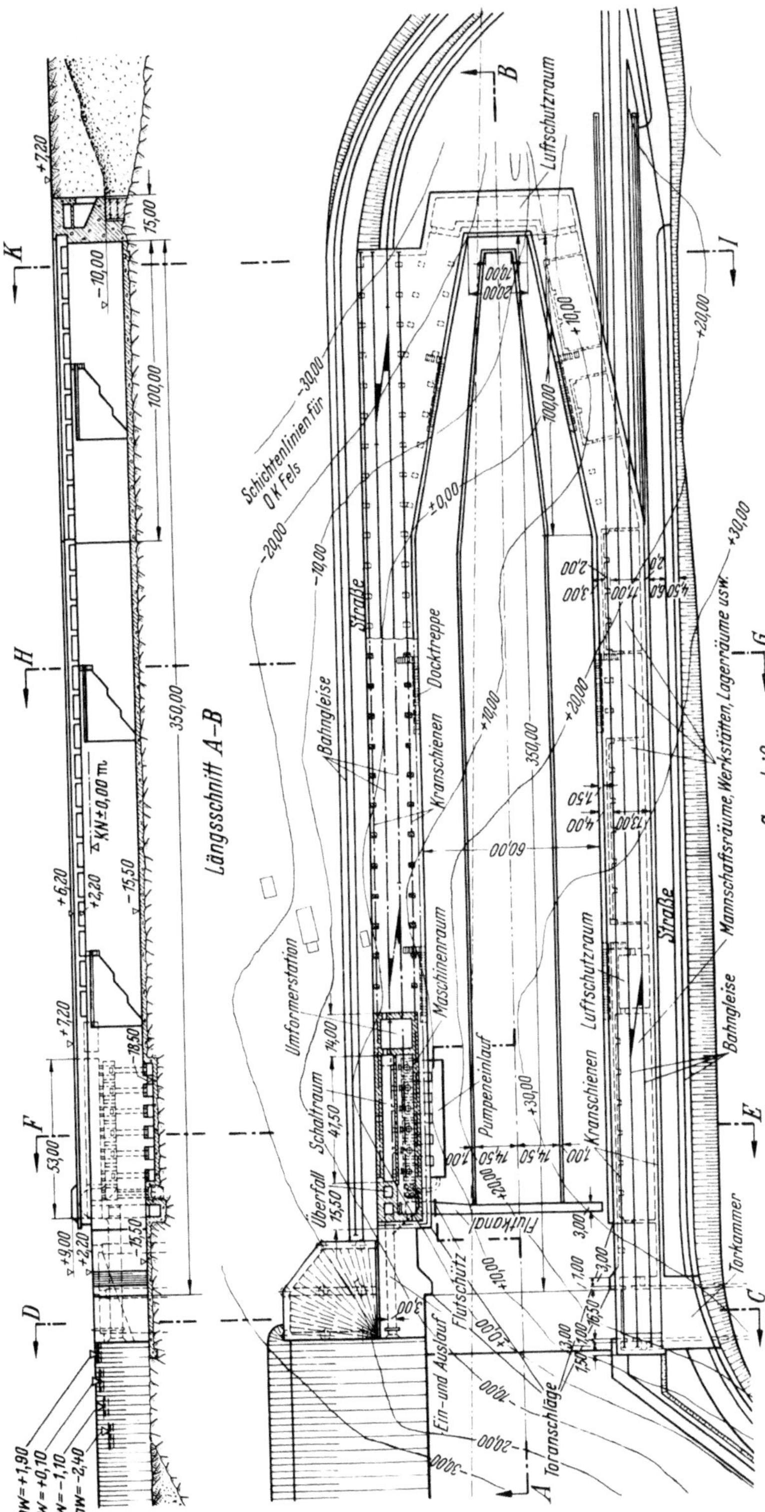

Abb. 9.2.4–1 Grundriß und Längsschnitt des geplanten Reparaturdocks auf Fels in Norwegen

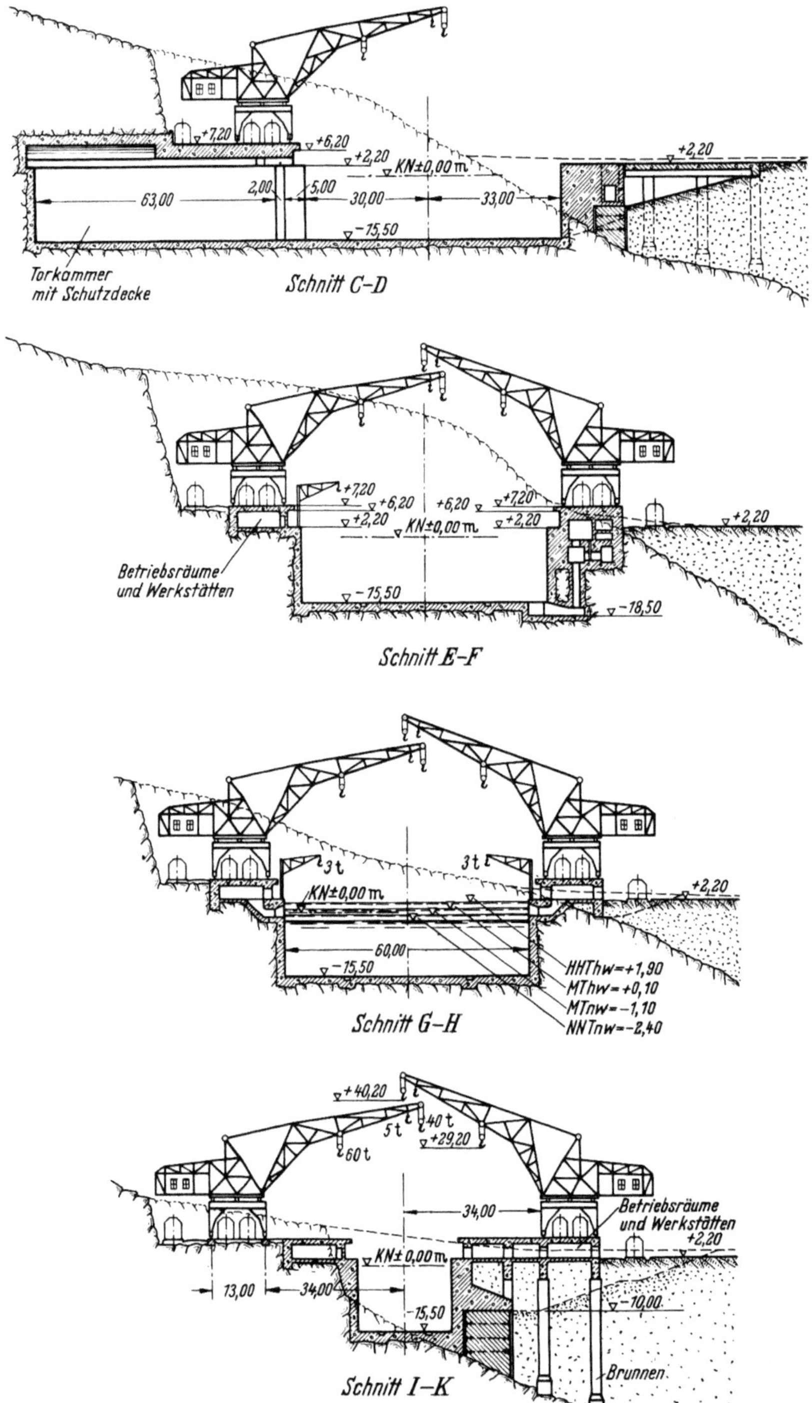

Abb. 9.2.4–2 Querschnitte durch das geplante Reparaturdock auf Fels in Norwegen (Lage des Schnittes s. Abb. 9.2.4–1)

vorgenommen werden, der in ein unterirdisches Pumpenhaus führte, das gleichzeitig das im Kap.9.2.2 geschilderte Dock bedienen sollte.

Vom gesamten Dock konnten aus kriegsbedingten Gründen nur noch die unteren Seitenwandblöcke hergestellt und ein kleiner Teil der schrägen Zugpfähle gerammt werden.

9.2.4 Geplantes Reparaturdock für Großschiffe auf Fels in Norwegen

Dieses Reparaturdock war im zweiten Weltkrieg von der deutschen Marinebauverwaltung 60 m breit und mit 350 m Nutzlänge geplant worden, wobei die Docksohle rd. 15,5 m unter Kartennull, KN ± 0,0 m, liegen sollte. Wegen örtlich schwierigerer Untergrundverhältnisse, vor allem im Bereich der Dockspitze, und der geforderten kurzen Bauzeit mußte die Dockbreite nach der Spitze hin verjüngt werden (Abb.9.2.4–1 und –2).

Da das Dock sonst weitgehend auf gesundem Fels errichtet werden konnte, der nur nach den Enden zu stark abfiel, brauchte im größten Teil des Dockes der Felsausbruch nur verhältnismäßig dünn mit Beton ausgekleidet zu werden (Abb.9.2.4–2, Schnitt G–H).

Nach der Dockspitze zu war aber auf dem stark abfallenden Fels zur Hälfte eine Massivgründung zwischen Stahlspundwänden erforderlich (Abb.9.2.4–2, Schnitt J–K). Die gleiche Konstruktion war auch für den wasserseitigen Docktoranschlagblock vorgesehen. Das unmittelbar anschließende unterirdische Pumpenhaus konnte aber bereits im gesunden Fels errichtet werden (Abb.9.2.4–2, Schnitt E–F).

In den Dockseitenmauern wurden die Kanäle für die Versorgungsleitungen sowie die Betriebsräume und Werkstätten untergebracht.

Aus kriegsbedingten Gründen wurden nur die Entwürfe fertiggestellt, ohne daß mit dem Bau noch begonnen werden konnte.

9.2.5 Reparaturdock für Großschiffe im Nordwesten Spaniens (vgl. auch Kap.18.2.2)

9.2.5.1 Allgemeines

In der zweiten Hälfte der sechziger Jahre entschloß sich eine an einer geschützten Bucht des Atlantiks im Nordwesten Spaniens liegende Werft zum Bau eines zweiten Trockendockes zur Reparatur von Schiffen bis etwa 60.000 dwt. Seine allgemeine Lage ist aus Abb.9.2.5–1 ersichtlich. In diesem Gebiet traten zwar große Wasserstandschwankungen von NNTnw = KN = ± 0,0 m bis HHThw = KN + 4,5 m, aber nur niedrige Wellen auf.

Der Untergrund bestand bis in stark wechselnde Tiefen aus sandigem Schluff, der durch Verwitterung des anstehenden Grundgebirges aus Schiefer entstanden war. Er wurde daher mit zunehmender Tiefe fester und ging in den gesunden Schiefer über. Einzelheiten hierzu können Abb.9.2.5–2 entnommen werden. Dort sind die Ergebnisse von 4 kennzeichnenden Aufschlußbohrungen dargestellt, deren Lage aus Abb.9.2.5–1 hervorgeht. Abb.9.2.5–2 zeigt auch die Schlagzahlen für die neben den Bohrungen durchgeführten Standard Penetration Tests (SPT).

In Höhe der Gründungssohle der einzelnen Bauwerkteile konnte aufgrund bodenmechanischer Aufschlüsse mit folgenden Bodenwerten gerechnet werden:
$\gamma_a = 0{,}95\ t/m^3$, $\rho'_r = 27{,}5°$ und $c'_r = 1{,}5\ t/m^2$.

Als Bettungsziffer wurde bei allen im sandigen Schluff gegründeten Bauteilen $k_s = 3{,}0\ kg/cm^3$ angesetzt.

Da die Umfassungswände der Dockanlage aus Blocksteinmauerwerk (Abb.9.2.5–3) und deren Hinterfüllung im Endzustand sehr stark wasserdurchlässig waren, wurde – wenn ungünstig wirkend – der Grundwasserstand gleich dem Außenwasserstand angesetzt.

Bei den örtlichen Einheitskosten für Material, Geräte und Arbeitskräfte hatte sich der Bauherr gemeinsam mit dem bereits beauftragten Unternehmer für eine Schwergewichtslösung des Dockes und die Herstellung in offener Baugrube unter Heranziehung vorher hergestellter Bauwerke, wie der Blocksteinmauern und des Einfahrtblockes, entschieden.

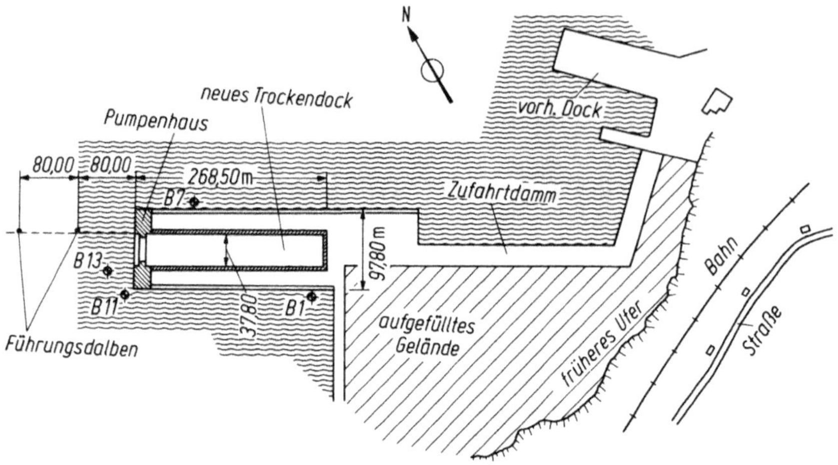

Abb. 9.2.5–1 Dock-Lageplan mit ausgewählten Aufschlußbohrungen

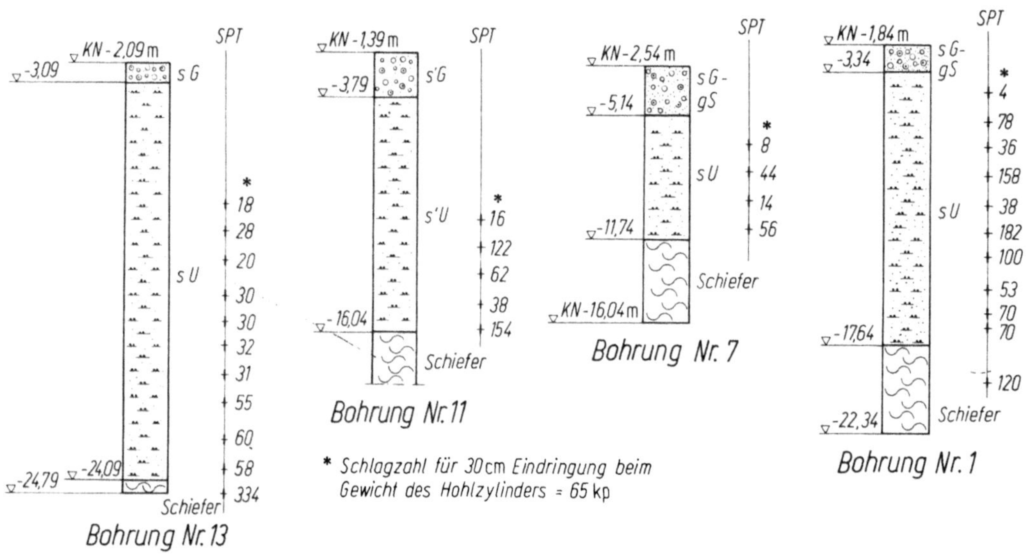

Abb. 9.2.5–2 Kennzeichnende Bohrungen und Standard Penetration Tests (SPT) (Lage s. Abb. 9.2.5–1)

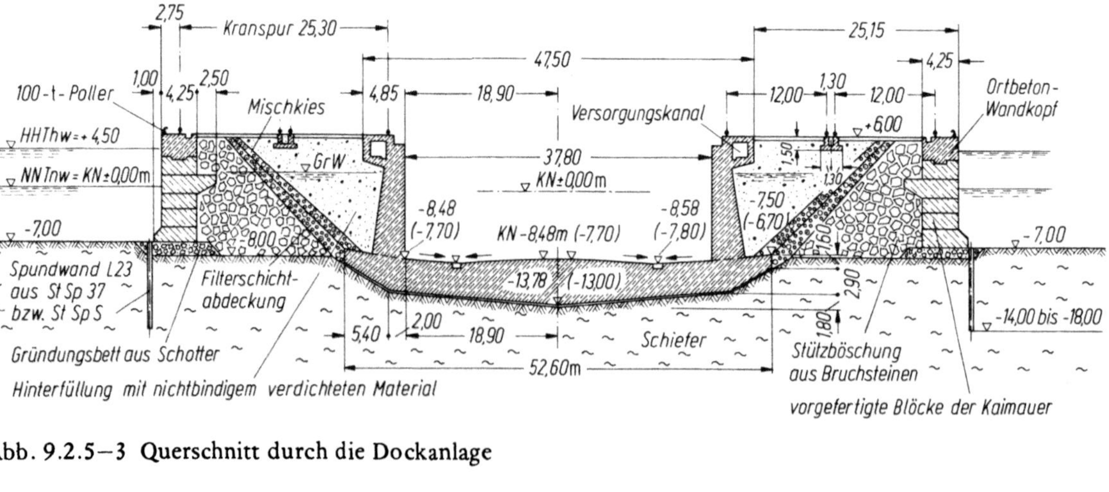

Abb. 9.2.5–3 Querschnitt durch die Dockanlage

Einzelheiten hierzu und die weitere Entwicklung sind in Kap.18.2.2 eingehend behandelt.

Dem Ingenieur oblag hier die weitere ingenieurtechnische Ausarbeitung und Berechnung im Rahmen der genannten Grundkonzeption, wobei hinsichtlich der Blocksteinmauern auf Kap.18.2.2 verwiesen wird.

9.2.5.2 Belastungen, Lastfälle zulässige Spannungen und geforderte Sicherheiten

9.2.5.2.1 Belastungen

Im gesamten Dockplanum auf KN + 6,0 m mußte eine Nutzlast p = 4 t/m² berücksichtigt werden. Auf den Kranbahnen mußte jeweils mit zwei unmittelbar nebeneinander arbeitenden Kranen mit einem maximalen Eckdruck einschließlich Wind von 140 t gerechnet werden. Diese Krane hatten je Ecke 4 Räder, wobei der gegenseitige Achsabstand der beiden äußersten Räder 4,0 m betrug. Als Horizontalkraft quer zur Schiene mußte jeweils ⅕ des Raddruckes angesetzt werden, und zwar 1/10 für Kranseitenstoß und 1/10 für Wind.

Die geforderte Ausgleichzahl betrug ψ = 1,2. Die Tossenzüge und der Schiffsstoß mußten nach den einschlägigen Empfehlungen der EAU angesetzt werden, jedoch im Dockinneren wegen der dort eingesetzten Spezial-Führungskonstruktion nur in halber Größe des üblichen.

Beim Ansatz der *Schiffslasten auf der Docksohle* mußten zwei Fälle unterschieden werden, und zwar der Belastungsfall A mit einem großen gedockten Schiff und der Belastungsfall B mit zwei hintereinander gedockten kleineren Schiffen.

Im Belastungsfall A mußte auf dem größten Teil der Docklänge mit einer Kiellast von 210 t/m auf 1,0 m breiten Kielstapeln gerechnet werden, jedoch im Maschinenbereich, 9,0 m hinter dem Docktor beginnend auf 40 m Länge, mit 300 t/m. Im normalen Kiellastbereich mußte außerdem auf jeweils 15 m Länge an beliebiger Stelle für Tankproben eine Zusatzlast von 250 t/m berücksichtigt werden. Die regulierbaren, jeweils 6,0 m langen und in Längsrichtung in 12,0 m Achsabstand stehenden Kimmpallen (Abb.9.2.5–4) mußten innen 70 t und außen 150 t abtragen können.

Im Belastungsfall B waren die Kiellasten halb so groß wie im Falle A, während die zusätzlichen, veränderlichen Tankprobenlasten mit 190 t/m auf 12 m Länge zu berücksichtigen waren. Für die Kimmpallen wurden die gleichen Lasten gefordert wie im Belastungsfall A.

Auf bestimmte weitere Lastangaben, insbesondere für den Einfahrtblock, wird bei der Bauwerkbeschreibung noch hingewiesen.

9.2.5.2.2 Lastfälle

Dem *Lastfall 1* wurden alle Lasten außer Schiffsstoß und Trossenzug zugeordnet.
Im *Lastfall 2* mußten alle Lasten erfaßt werden.
Lastfall 3 galt nur für Bauzustände.

9.2.5.2.3 Zulässige Spannungen und geforderter Sicherheiten

Hierfür galten die einschlägigen Empfehlungen der EAU und die einschlägigen Normen des DIN (Deutsches Institut für Normung).

9.2.5.3 Ausbildung und Berechnung der Dockkammer

Die Abmessungen und die Ausbildung dieses Bauwerkteils sind in den Abb.9.2.5–3, –4, –5, –6, und –7 dargestellt.

Der Berechnung der Docksohle wurde folgender Bauvorgang zugrundegelegt.:

a) Betonieren der bewegungsfugenlosen Sohle auf voller Breite einschließlich der Sporne in drei Abschnitten.
b) Betonieren der bewegungsfugenlosen Seitenwände auf der erhärteten Sohle.
c) Betonieren der Stirnwand ohne Bewegungsfugen auf der erhärteten Sohle gleichzeitig mit den anschließenden Seitenwänden oder im Anschluß daran.
d) Hinterfüllen der Wände und anschließend Einstellen der Grundwasserabsenkung.

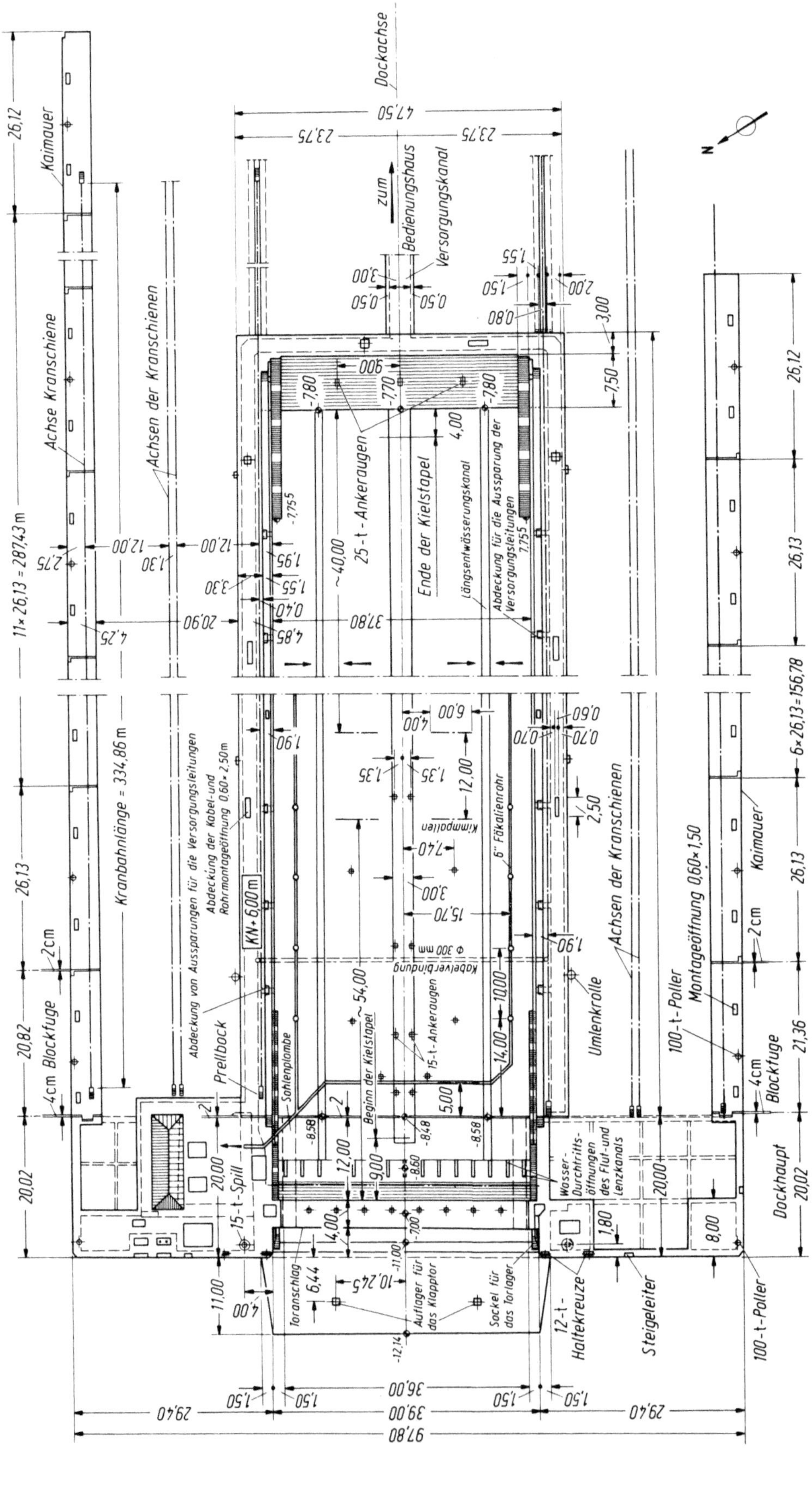

Abb. 9.2.5—4 Grundriß des Docks mit Ausrüstung

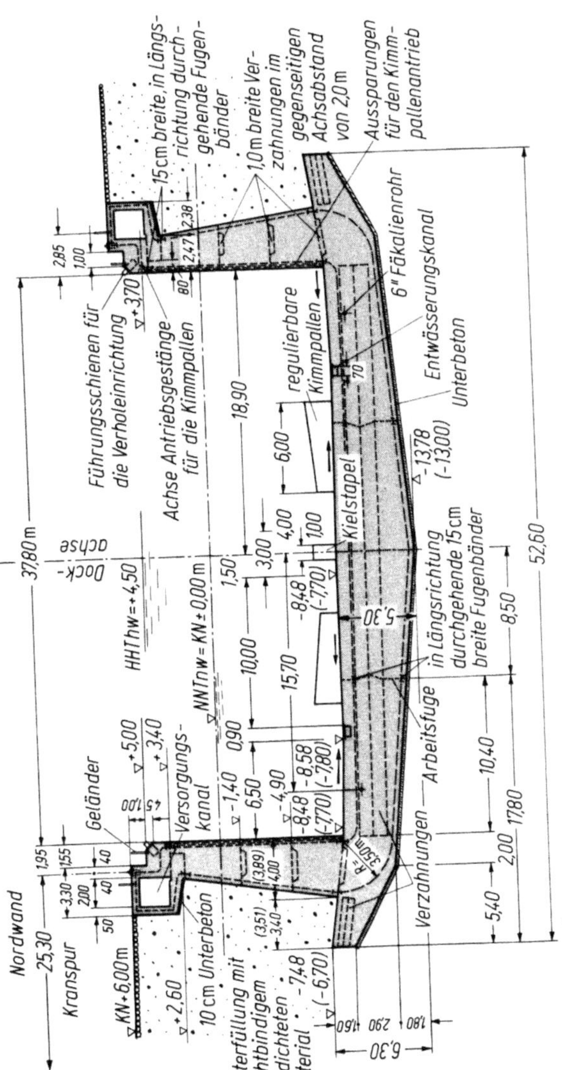

Abb. 9.2.5–5 Normalquerschnitt durch die Dockkammer

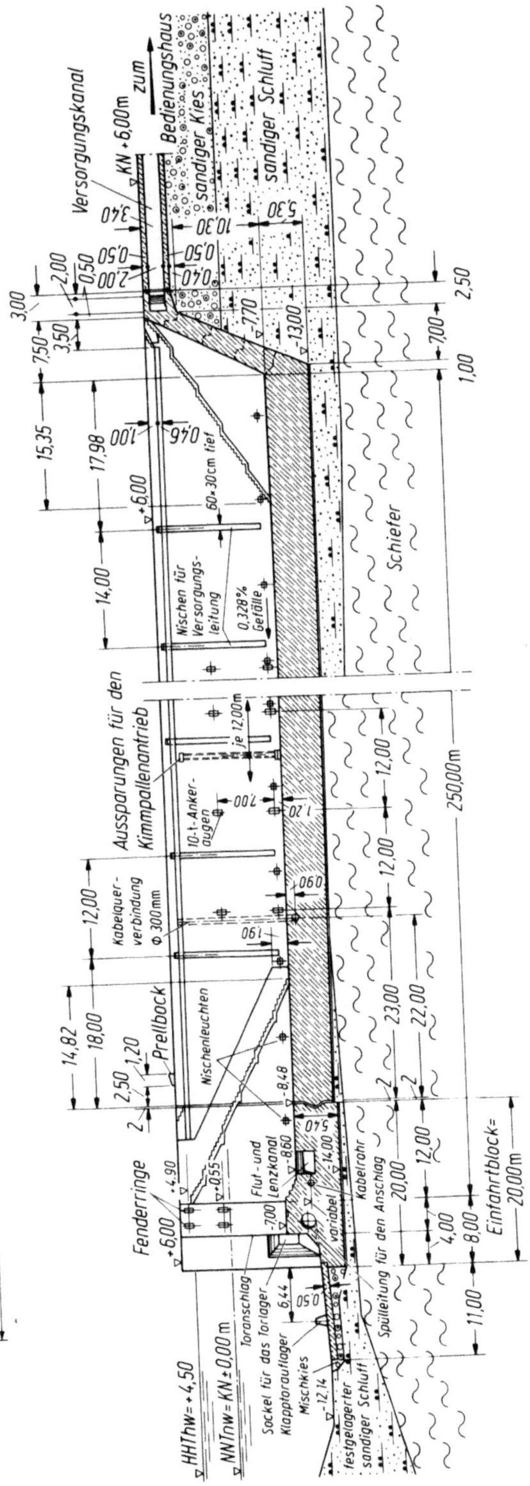

Abb. 9.2.5–6 Längsschnitt in Dockachse und Wandausrüstung

Der 17,0 m breite Mittelblock der Sohle wurde von den je 17,8 m breiten Seitenblöcken durch eine verzahnte Arbeitsfuge mit durchlaufender Bewehrung und doppelter Dichtung mit Fugenbändern getrennt (Abb.9.2.5–5). Nach dem Erhärten des Betons wirkt die Sohle so in der Querrichtung als durchlaufender, elastisch gebetteter, biegesteifer Balken. Auch in der Längsrichtung läuft die Sohle, die in etwa 10 m langen, verzahnten Baublöcken mit durch die Arbeitsfugen laufender Bewehrung und doppelten Dichtungsbändern in den Arbeitsfugen hergestellt wurde, durch. So enthält die gesamte Sohle der eigentlichen Dockwanne im Endzustand keine Bewegungsfuge. Diese Lösung wurde nach den örtlichen Erfahrungen auf besonderen Wunsch des Bauherrn und des Tiefbauunternehmers gewählt. Sie setzte einen örtlich erprobten besonderen Aufbau des Sohlenbetons voraus, der beinahe zur

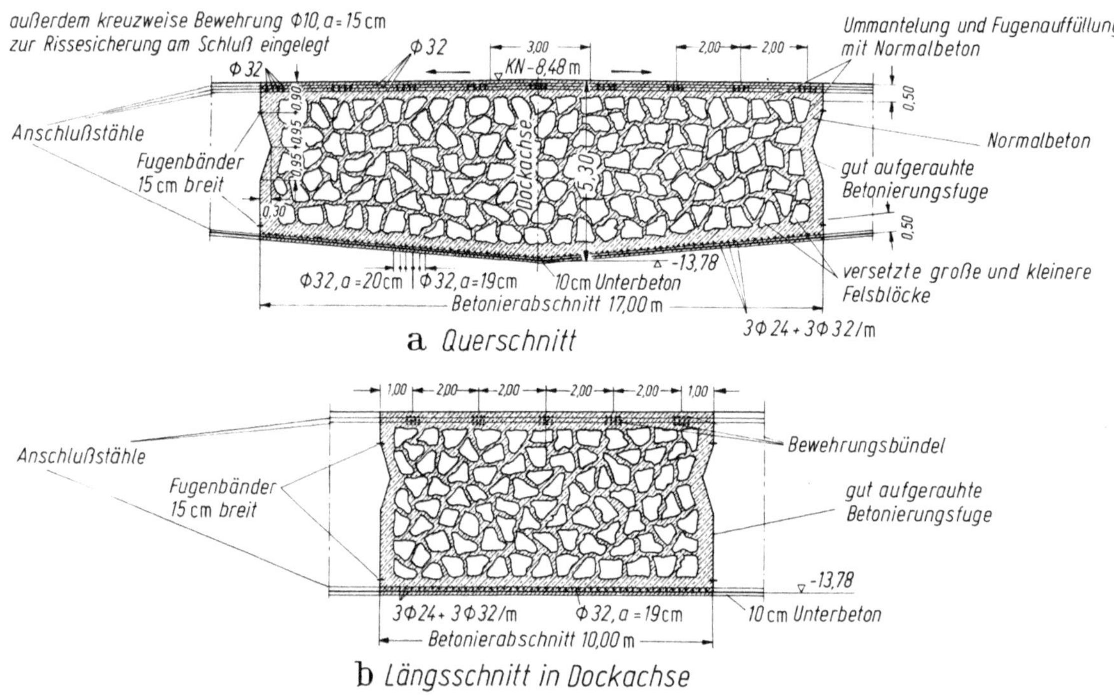

Abb. 9.2.5–7 Sohlenbewehrung der Dockkammer

Hälfte aus großen Felsblöcken bestand (Abb.9.2.5–7). Nur die untersten und die obersten 0,5 m, in denen die Bewehrung liegt, wurde aus Normalbeton der Güte B 225 hergestellt. Die Felsblöcke wurden mit Kranen durch die gebündelt angeordnete obere Bewehrung auf der vorher eingebrachten 0,5 m dicken, noch weichen unteren Normalbetonschicht so eingebaut, daß sie voneinander einen Abstand von mindestens 15 cm aufwiesen. Diese Blocklage wurde dann mit Normalbeton vergossen und die Füllung mit Tauchrüttlern verdichtet sowie nach unten mit dem vorher eingebrachten, noch nicht erhärteten Normalbeton vermengt. So wurden die Sohlenbaublöcke systematisch bis 0,5 m unter Sohlenoberkante hergestellt und dann frisch auf frisch die oberste 0,5 m dicke Normalbetonschicht eingebracht. Diese Bauart führte zu einem zement- und daher auch schwindarmen Beton. Sie mußte aber so zügig ausgeführt werden, daß sich die einzelnen Normalbetonschichten homogen miteinander verbinden konnten. Dies galt vor allem auch für die oberste 0,5 m dicke Normalbetonschicht. Wenn diese zu spät aufgebracht wurde, war sie mit der eigentlichen Masse des Sohlenbetons nicht ausreichend zug- und schubfest verbunden. Wenn der Sohlenbeton dann auch nicht völlig wasserdicht war, konnte sich später im Betrieb zwischen der im allgemeinen dichten obersten Normalbetonschicht und dem Felsblockbeton eine unter Druck stehende Wasserblase bilden, die zu Aufwölbungen der obersten Schicht führen konnte. Dies ist in einem Bereich des Dockes im späteren Betrieb auch eingetreten. Um den planmäßigen Zustand wieder herzustellen, wurden dort in die angehobene Deckschicht Löcher gebohrt, aus denen das Druckwasser entweichen konnte, die oberste Schale mit eingebohrten Vorspannkern mit der Sohlenmasse verbunden und die nach dem Vorspannen verbleibende dünne Fuge zwischen Deckschicht und Felsbrockenbeton mit feinem Zementmörtel verpreßt.

Die Sohle wurde mit glattem Stahl, der etwa dem BSt I entsprach, bewehrt. Einzelheiten hierzu sind in Abb.9.2.5–7 dargestellt.

Im Nachweis der Standsicherheit der Dockwanne gegen Auftrieb konnte der Sohlenbeton – aufgrund von Gewichtsuntersuchungen – mit einem mittleren Raumgewicht von 2,5 t/m³ angesetzt werden. Gleiches galt auch für die verhältnismäßig hoch bewehrten Seitenwände.

In den Berechnungen wurde der Fugenwasserdruck nach DIN 19702, Ziff.2.2.3.5 berücksichtigt.

Die Betonüberdeckung wurde hier, wie auch beim Einfahrtblock und den sonstigen Bauwerkteilen, über Wasser 4 cm und unter Wasser 5 cm dick ausgeführt.

9.2.5.4 Ausbildung und Berechnung des Einfahrtblockes mit Pumpenhaus

Einzelheiten der Ausbildung gehen aus den Abb.9.2.5–4, –6 und –8 hervor.

Der Einfahrtblock wurde wegen der zu erwartenden ungleichmäßigen Setzungen zunächst in drei voneinander unabhängigen Abschnitten hergestellt, und zwar den beiden Seitenteilen und dem Block unter der eigentlichen Einfahrt. Erst nachdem die Abschnitte fertig errichtet und die Ballastzellen verfüllt waren, wurden die vorerst ausgesparten 2,0 m breiten Plomben, in denen die Bewehrung durchging, geschlossen. Im Endzustand wurde so eine biegesteife Verbindung aller drei Teile erreicht.

Der Einfahrtblock stützt sich waagerecht über besonders angeordnete Kontaktflächen auch gegen den Beton der Dockwanne ab (Abb.9.2.5–8).

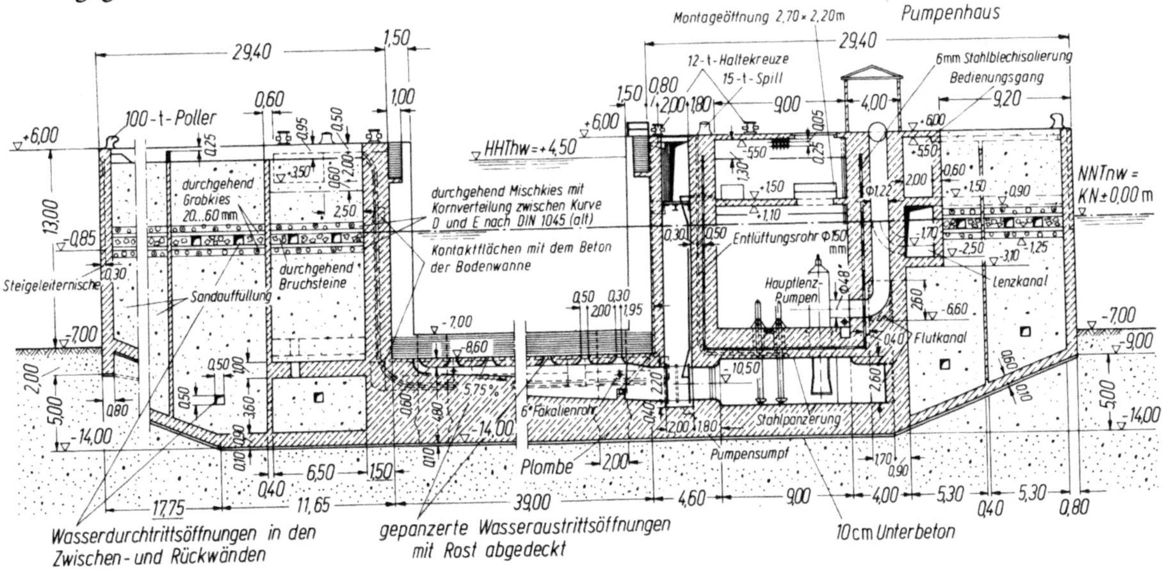

Abb. 9.2.5–8 Querschnitt durch das Dockhaupt mit Pumpenhaus im Bereich des Flut- und Lenzkanals

Um den auf die Zellenwände wirkenden Wasserüberdruck klein zu halten, wurden in allen Zwischenwänden des Einfahrtblocks und in der landseitigen Außenwand Wasserdurchtrittsöffnungen 0,50 × 0,50 m angeordnet und eine etwa 2,0 m dicke durchgehende Dränageschicht eingebaut (Abb.9.2.5–8). Bei diesen Maßnahmen wurde vorsorglich noch mit einem Wasserüberdruck von 1,0 t/m² gerechnet. Beim Verfüllen der Zellen mußte mit Oberflächenverdichtern für eine gleichmäßig gute Lagerungsdichte gesorgt werden, wobei gefordert wurde, daß die Bodenoberfläche benachbarter Zellen nicht um mehr als 1 m differierten. Nur im obersten Teil wurde ein Höhenunterschied von 3 m einkalkuliert, um eventuelle spätere Einbauten zu erleichtern. Wegen der geringen Biegsamkeit der Wände wurde der Erddruck auf alle Wände als Erdruhedruck angesetzt, dabei jedoch um 15 % erhöhte Spannungen nach Lastfall 2 zugelassen.

Sofern ungünstiger als die geforderte Gleichlast p = 4,0 t/m² wirkend, mußten die Stahlbetonabdeckungen der Montageöffnungen auch für eine Einzellast von 6,5 t auf einer Fläche von 0,3 X 0,3 m berechnet werden. In der Decke über dem Pumpenraum wurde auch eine Einzellast von 12 t in beliebiger Stellung berücksichtigt, damit im Reparaturfall die Pumpen neben den Montageöffnungen abgesetzt werden können.

Die Innendecken wurden für die ihnen jeweils zukommenden Aufgaben bemessen. Gleiches gilt für die Wandungen der Kanalsysteme.

Außerdem waren im Einfahrtblock die Auflagerkräfte des dreiseitig gelagerten Klapptors mit Windenantrieb zu berücksichtigen. Hinzu kamen die Trossenzüge von je 100 bzw. 40 t auf jeder Einfahrtseite und ein Schiffsstoß von 100 t mit 0,5 X 0,5 m Stoßfläche der an jeder beliebigen Stelle des Einfahrtblocks angreifen konnte. Außerdem mußten die Kräfte aus je einem 15-t-Spill auf jeder Einfahrtseite und je 25 t Lasten aus der Verholeinrichtung für die Schiffe – sofern ungünstig wirkend – mit angesetzt werden.

Die Gestaltung des Pumpenhauses sowie die Kanalführungen für das Fluten und Lenzen des Dockes wurden in einer bekannten Versuchsanstalt in Madrid überprüft. Sie wurden soweit erforderlich den Versuchsergebnissen angepaßt. Die Bereiche, in denen Stahlpanzerungen erforderlich waren, sind in Abb.9.2.5–8 besonders gekennzeichnet.

Das Docktor wurde als dreiseitig gelagertes Klapptor ausgebildet. Gegen Verschlickung im Torbereich wurde eine besondere Spülanlage installiert (Abb.9.2.5–6).

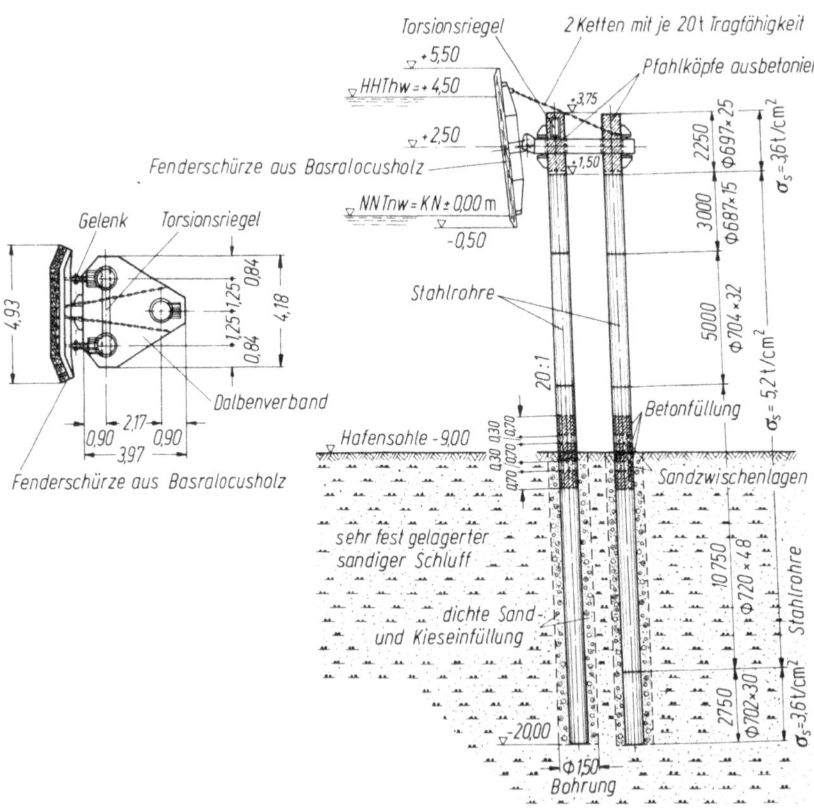

Abb. 9.2.5–9 Führungsdalben mit 95 tm Arbeitsvermögen

9.2.5.5 Ausbildung und Berechnung der Leitdalben

Im Bereich vor der Dockeinfahrt wurden, um die Manöver beim Ein- und Ausdocken zu erleichtern, zwei elastische Dalben angeordnet. Die Lage dieser Dalben ist aus Abb.9.2.5–1 ersichtlich. Die Dalben wurden für ein 240 m langes Schiff, das bei 47.000 t Wasserverdrängung 7,0 m tief eintaucht und mit einer Geschwindigkeit von 0,15 m/s quer zum Liegeplatz anfährt, bzw. ein gleich großes Schiff, aber mit nur 17.000 t Wasserverdrängung bei 3,0 m Eintauchtiefe und 0,30 m/s Anfahrgeschwindigkeit, bemessen. Hierfür mußten sie ein maximales Arbeitsvermögen von rd. 92 tm aufweisen. Im Einvernehmen mit dem Bauherrn wurde eine maximale Stoßkraft von 175 t zugelassen mit einem mittleren Flächendruck an der Fenderschürze von 10 t/m^2. Die dafür erforderliche Ausbildung der Dalben geht aus Abb.9.2.5–9 hervor.

Die drei Dalbenpfähle wurden auf KN + 2,5 m durch einen Verband zusammengefaßt. Zwei Dalbenpfähle wurden durch einen robusten Torsionsriegel miteinander verbunden. Wegen der Festigkeit des anstehenden Baugrunds mußten die Dalbenpfähle in vorgebohrte Löcher gestellt werden. Die verbleibenden Räume im Boden wurden mit Mischkies dicht verfüllt. Im Bereich unmittelbar oberhalb und unterhalb der Hafensohle wurden die Dalbenrohre durch eine mit Sandzwischenlagen unterbrochene Betonauffüllung gegen Einbeulen gesichert. Die Sandzwischenlagen hatten die Aufgabe, den Schubverbund zwischen Plombe und Stahlpfahl auf ein Minimum herabzusetzen.

Die großflächig gewählte Fenderschürze wurde aus einer Stahlkonstruktion mit vorgeschraubten Kanthölzern 30 ×30 cm aus Basralocusholz gebildet. Sie wurde auf dem waagerecht liegenden Verband über eine Achse drehbar gelagert und kann sich so der Neigung des Dalbens und der Bordwand anpassen.

9.2.6 Gegen den Baugrund vorgespannt verankerte Trockendocke

9.2.6.1 Allgemeines

Bei diesem Verfahren wird der größte Teil des Auftriebs bzw. Sohlwasserdrucks nicht durch Bauwerks- oder Ballastgewichte, sondern durch lotrechte Gegenkräfte aufgenommen, die durch Vorspannen hochbelastbarer Stahlkabelanker mobilisiert in die elastisch verformbare Sohle eingeleitet werden, und diese so gegen den Baugrund vorspannen. Diese Anker führen zu tiefliegenden Ankerkörpern, deren Form, Ausbildung und Einbringen den jeweiligen Untergrundverhältnissen anzupassen ist. Bei dieser Lösung wird der Boden zwischen den Ankerkörpern und der Docksohle als Ballast zur Aufnahme des Auftriebs herangezogen.

Die Docksohle wird dabei nur so dick ausgeführt, daß die in der Sohle auftretenden Momenten-Querkraft- und Normalkraftbeanspruchungen aus den Schiff-, Kran- und sonstigen Verkehrslasten, Sohlenwasserdruck, Bodengegendruck, seitlichem Wasserdruck und Erddruck sowie aus den Vorspann-Ankerkräften und deren nachstellbarer Einleitung in die Docksohle ohne Schwierigkeiten und mit einer optimal gering bleibenden Bewehrungsmenge aufgenommen werden können. Dabei bleibt die Sohle so elastisch, daß ihr Momentenverlauf durch sinnvolles Anordnen der Vorspannanker und durch einen gezielten Bauvorgang noch zusätzlich günstig beeinflußt werden kann.

Das Grundsätzliche dieses Verfahrens liegt in der elastischen Speicherung der Ankervorspannkraft im Baugrund. Sie löst in der Sohlfuge des Docks Bodengegendruck aus, der sich aber auf den planmäßig vorgesehenen Rest abbaut, sobald nach dem Einstellen der Grundwasserabsenkung der volle Sohlwasserdruck wirksam wird. Dabei tritt eine geringfügige, der elastischen Dehnung des Gründungsbodens entsprechende Hebung der Docksohle ein. Da diese Bewegung klein ist gegenüber dem Vorspannweg der Sohlenanker, behalten diese eine beinahe konstante Zugbelastung. Dies gilt auch umgekehrt für die Senkungen aus den Kiellasten, was sich auf die Dauerstandsicherheit der Verankerung günstig auswirkt.

Das Verfahren setzt einen tragfähigen Gründungsboden unter der Sohle und im Verankerungsbereich voraus, was, sofern nicht von vornherein vorhanden, fallweise auch durch

Bodenverbesserungen (Einrütteln, Verpressen usw.) sichergestellt werden kann. Es wird umso zweckmäßiger und relativ wirtschaftlicher, je schwieriger die sonstigen Bedingungen sind, das heißt je breiter und tiefer das Trockendock ist. Die wirtschaftlichen Vorteile liegen vor allem darin, daß:

a) der Auftrieb bzw. Sohlwasserdruck durch eine vorgespannte Verankerung wesentlich billiger aufgenommen werden kann, als durch Betongewicht,
b) durch sinnvolles Anordnen der Anker und richtiges Bemessen der Vorspannung günstige Beanspruchungen in der Docksohle erreicht werden, so daß bei einer verhältnismäßig dünnen Sohle gleichzeitig auch die Bewehrungsanteile niedrig bleiben,
c) durch die verminderten Baumassen und die gut überblickbare Bauausführung die Bauzeit verkürzt und das Baurisiko vermindert wird,
d) durch die verminderte Aushubtiefe die Grundwasserabsenkung flacher sowie durch die Einsparung an Baumassen ihre Laufzeit kürzer wird, und durch die flachere Baugrube eventuell erforderliche Umschließungen und Aussteifungen billiger werden.

Da die Ankerköpfe kontrollier- und nachspannbar ausgebildet werden, können im Bedarfsfalle – beispielsweise bei Umbauten oder sonstigen Laständerungen – die Ankerkräfte in einem gewissen Umfange den geänderten Verhältnissen angepaßt werden.

Es ist naheliegend, daß dieses Verfahren nicht nur bei Trockendocken, sondern auch bei sonstigen, tief in das Grundwasser reichenden Trogkörperbauwerken, wie Einfahrtrampen von Unterwassertunneln, niveaufreien Kreuzungen von Verkehrswegen, unterirdischen Behältern und dergleichen mit Erfolg angewendet werden könnte.

In jedem Falle sind aber sorgfältige Bodenaufschlüsse, eine einwandfreie Ausführung der Verankerung mit verläßlichem Korrosionsschutz und eine dem Verfahren gerecht werdende saubere Planung und Berechnung der Trogkörperbauwerke erforderlich.

9.2.6.2 Reparaturdock in einem Schleusenhafen an der Nordsee

9.2.6.2.1 Allgemeines

Im Spätherbst des Jahres 1952 faßte eine große Werft an der Nordseeküste den Beschluß zur Errichtung eines Trockendocks in ihrem Werftgelände (Abb.9.2.6.2–1). Er basierte auf der Erkenntnis, daß Trocken- und Schwimmdocks für Bau- und Reparaturzwecke in den Häfen und Werftanlagen an der deutschen Nordseeküste gegenüber den Verhältnissen vor dem Kriege erst in beschränktem Umfange wieder vorhanden waren. Die Entscheidung fiel dabei zugunsten eines Reparaturdocks.

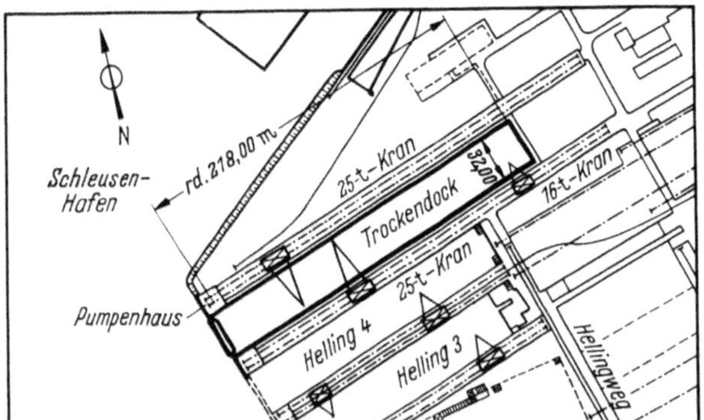

Abb. 9.2.6.2–1 Lageplan des Trockendocks

Aufgrund eingehender Überlegungen, insbesondere in bezug auf die in Frage kommenden Schiffsgrößen, wurde für die Bemessung des Docks ein Schiff von 38.000 dwt zugrunde gelegt. Damit ergaben sich folgende Abmessungen und Lastdaten:

Maximale lichte Länge des Docks zwischen Innenkante Docktor und Dockspitze	218,0 m
Lichte Breite über die ganze Länge endgültig	32,0 m
Höhenlage des Drempels und der übrigen Sohle in Dockmitte unter mittlerem Hafenwasser	8,2 m.

Als Kiellasten mußten 155 t/m mit örtlichen Erhöhungen auf 300 bzw. 250 t/m in der Nähe des Dockhauptes und der Dockspitze berücksichtigt werden, als Kimmpallenlast anteilig etwa $^1/_{10}$ der auf ihren Abstand entfallenden normalen Kiellast.

Längs des Docks mußte nordseitig eine schwere Kranbahn für letztlich zwei unmittelbar nebeneinander arbeitende 25-t-Krane errichtet werden, während südseitig eine Helgenkranbahn – abschnittsweise verstärkt – und die daneben liegende Helling 4 während der gesamten Dockbauarbeiten in Betrieb bleiben mußten (Abb.9.2.6.2–1).

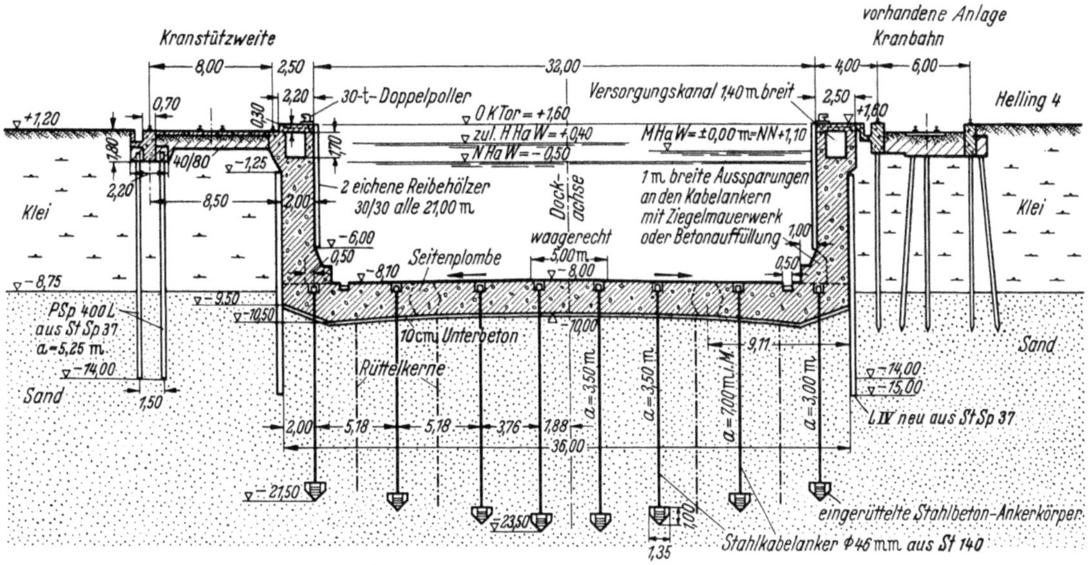

Abb. 9.2.6.2–2 Entwurfsquerschnitt des Docks

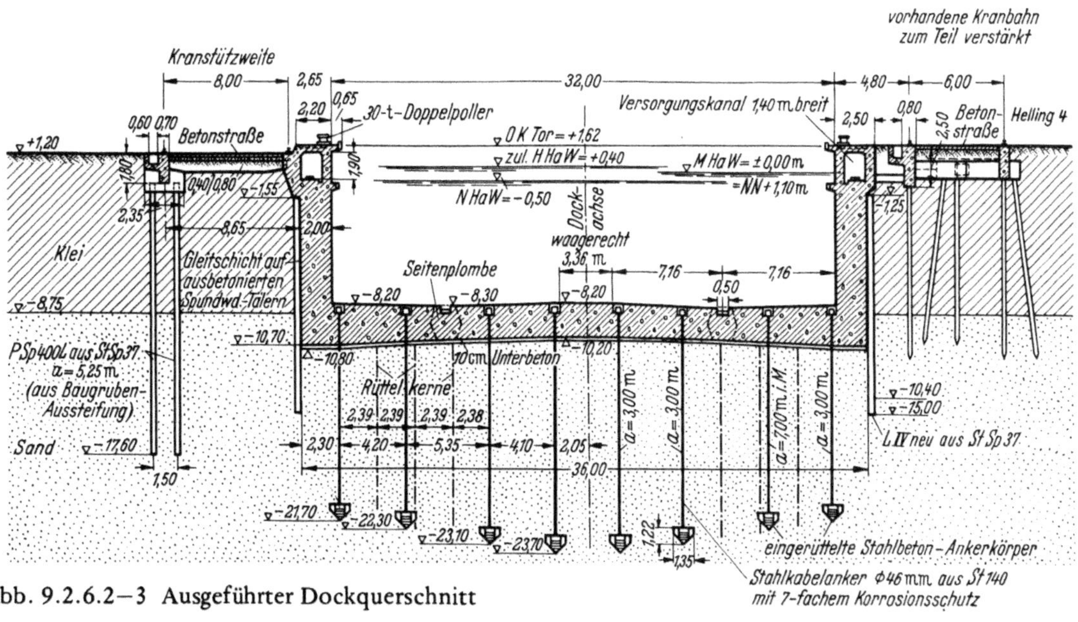

Abb. 9.2.6.2–3 Ausgeführter Dockquerschnitt

9.2.6.2.2 Ausschreibungs- und Ausführungsquerschnitt

In der Vorplanung wurden verschiedene Trockendockkonstruktionen untersucht. Aufgrund eingehender Überlegungen hinsichtlich der günstigsten Bauausführung, der konstruktiven Gestaltung und der Kosten wurde – erstmalig in der Baugeschichte – vorgeschlagen, für das Dock einen elastischen Stahlbetonkörper zu wählen, der mittels patentverschlossener Stahlkabelanker an eingerüttelten Stahlbetonankerkörpern unter Vorspannung gegen den Baugrund verankert wurde (Abb.9.2.6.2–2). Dieser Vorschlag wurde bei der gewählten Ausführungsart für eine Bettungsziffer k_s = 8 kg/cm^3 bemessen und beschränkt ausgeschrieben. Es wurden jedoch auch Sondervorschläge zugelassen, wovon alle Bieter Gebrauch machten.

Die anschließende Überprüfung der Angebote und Sondervorschläge ergab dann ausführungs- und kostenmäßig so viele Vorteile des Ausschreibungsentwurfes, daß sich die Werft

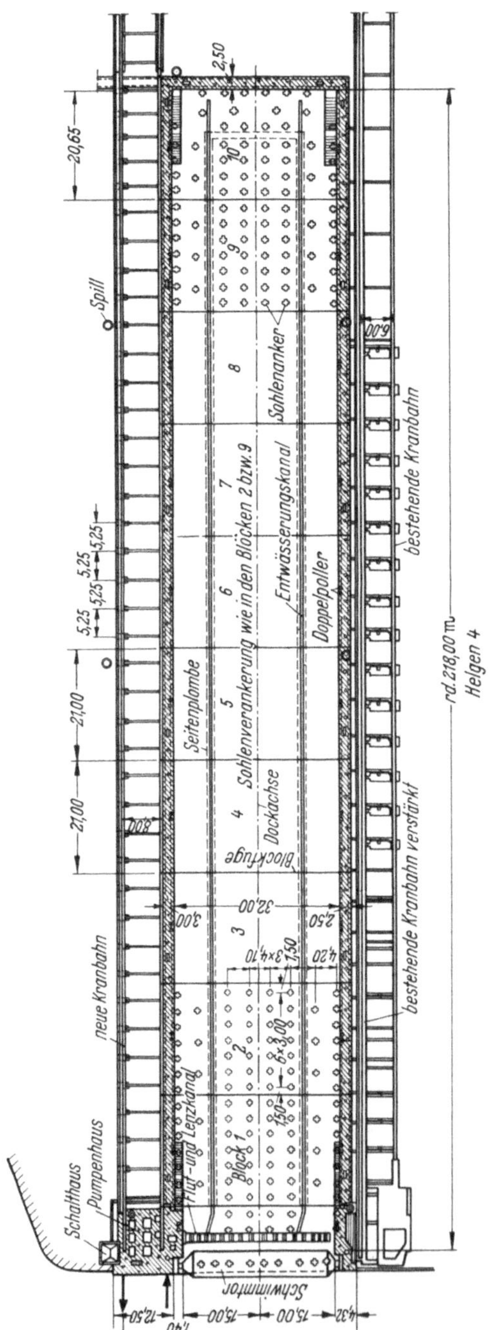

Abb. 9.2.6.2–4 Grundriß des Docks mit Lage der Sohlenanker und Angabe der Baublockeinteilung

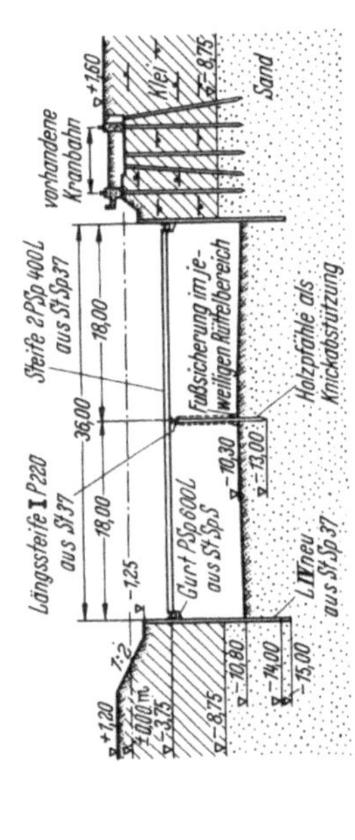

Abb. 9.2.6.2–5 Querschnitt durch die ausgesteifte Dockkammerbaugrube

entschloß, das mit Vorspannung gegen den Baugrund verankerte Trockendock ausführen zu lassen.

Der Ausschreibungsentwurf (Abb.9.2.6.2–2) hatte einen Wannenkörper mit seitlichen Vouten. Bei dieser Lösung wurde die Bewehrung für die Wandanschlüsse auf ein Minimum beschränkt. Aufgrund betrieblicher Forderungen der Werft mußte dieser Querschnitt jedoch auf einen vollen Rechteckquerschnitt nach Abb.9.2.6.2–3 umgewandelt werden.

Die Stahlbeton-Docksohle wurde in Dockmitte 2 m dick gewählt. Gleich dick waren auch die Seitenwände. Der Bedarf an Stahlbeton, größtenteils der Güte B 160, betrug dabei einschließlich der pumpenhausseitigen neuen Kanbahn rd. 28.100 m^3. An Bewehrungsstahl waren rd. 1350 t, davon rd. 90 t BSt II und BSt IIIa, erforderlich. Anschließend an das Dockhaupt wurde die Dockwanne durch Bewegungsfugen in zehn im allgemeinen 21 m lange Baublöcke unterteilt (Abb.9.2.6.2–4). Sie wurden in den Blockfugen sorgfältig gegeneinander abgedichtet und wiesen nur eine leichte gegenseitige Verzahnung in Form eines Eselrückens auf.

9.2.6.2.3 Baugrundaufschlüsse

Vor Beginn der Planung und später der Bauausführung wurde das Gelände sorgfältig abgebohrt. Dabei wurde ein Baugrundaufbau gefunden, wie er in Abb.9.2.6.2–3 und –4 dargestellt ist. Danach stand von Geländeoberkante bis etwa Oberkante Docksohle Klei an. Darunter befand sich Feinsand und örtlich auch Grobsand. Dazwischen waren zum Teil auch schluffige Einlagerungen vorhanden. Um einen Überblick über die notwendige Grundwasser-Absenkungsanlage zu erhalten, wurden zwei Probeabsenkungen vorgenommen. Danach konnte mit den üblichen Durchlässigkeitsbeiwerten der Nordsee-Wattenküste gerechnet werden. Die spätere Bauausführung bestätigte bis auf das Antreffen einer stärkeren örtlichen Tonlinse im Dockhaupt und das Anschneiden einer ebenfalls örtlich begrenzten, aber wider Erwarten sehr stark wasserführenden Zone die Richtigkeit der Aufschlüsse.

9.2.6.2.4 Baugrubenumschließungen

Wegen der örtlichen Gegebenheiten mußten alle Baugrubenabschnitte umspundet werden.

Zugleich mit dem Umrammen der Dockkammer-Baugrube durch Stahlspundwände L IV neu aus StSp 37 (Abb.9.2.6.2–5) wurden außerhalb der Baugrube die Brunnen für die Grundwasserabsenkung eingebracht, und es wurde mit dem Bodenaushub oberhalb des jeweiligen Grundwasserstandes begonnen.

Das Dockhaupt wurde durch eine von der übrigen Umspundung unabhängige Stahlspundwand L III neu aus StSp 37 umschlossen und hier der Baufortschritt beschleunigt, weil das vordere Drittel des Docks frühzeitig für die Montage des Docktores benötigt wurde (Abb.9.2.6.2–6). Außerdem erforderte die maschinelle Ausrüstung des Pumpenhauses einen größeren Zeitraum.

Die Dockhaupt-Baugrube wurde durch eine kombinierte Holz- und Stahlkonstruktion ausgesteift, die anschließende Dockkammer-Baugrube durch eine Lage schwerer Stahlstreifen 2 PSp 400 L aus StSp 37. Letztere erhielten, um die Abmessungen in wirtschaftlichen Grenzen zu halten, in der Mitte eine Knickunterstützung durch Holzpfähle (Abb.9.2.6.2–5). Der Achsabstand der Steifen wurde mit 6,0 m gewählt. So konnte der Boden ohne Schwierigkeiten mit Greifern ausgehoben werden, und die Ankerkörper konnten später unbehindert von den Steifen eingerüttel werden (Abb.9.2.6.2–6). Die Steifen PSp 400 L wurden später zur Gründung der nordseitigen Kranbahn verwendet.

9.2.6.2.5 Vorgespannte Sohlenverankerung

Für die Sohlenverankerung wurden insgesamt 496 Stück siebenfach isolierte patentverschlossene Stahlkabelanker ⌀ 46 mm aus St 140 eingerüttelt, die oben mit einem Seilkopf und am unteren Ende mit einem Stahlbeton-Ankerkörper ausgerüstet waren. Diese Anker wurden vor dem Schließen der Sohlenplomben (Abb.9.2.6.2–3) bei einer Gebrauchslast von 95 t auf

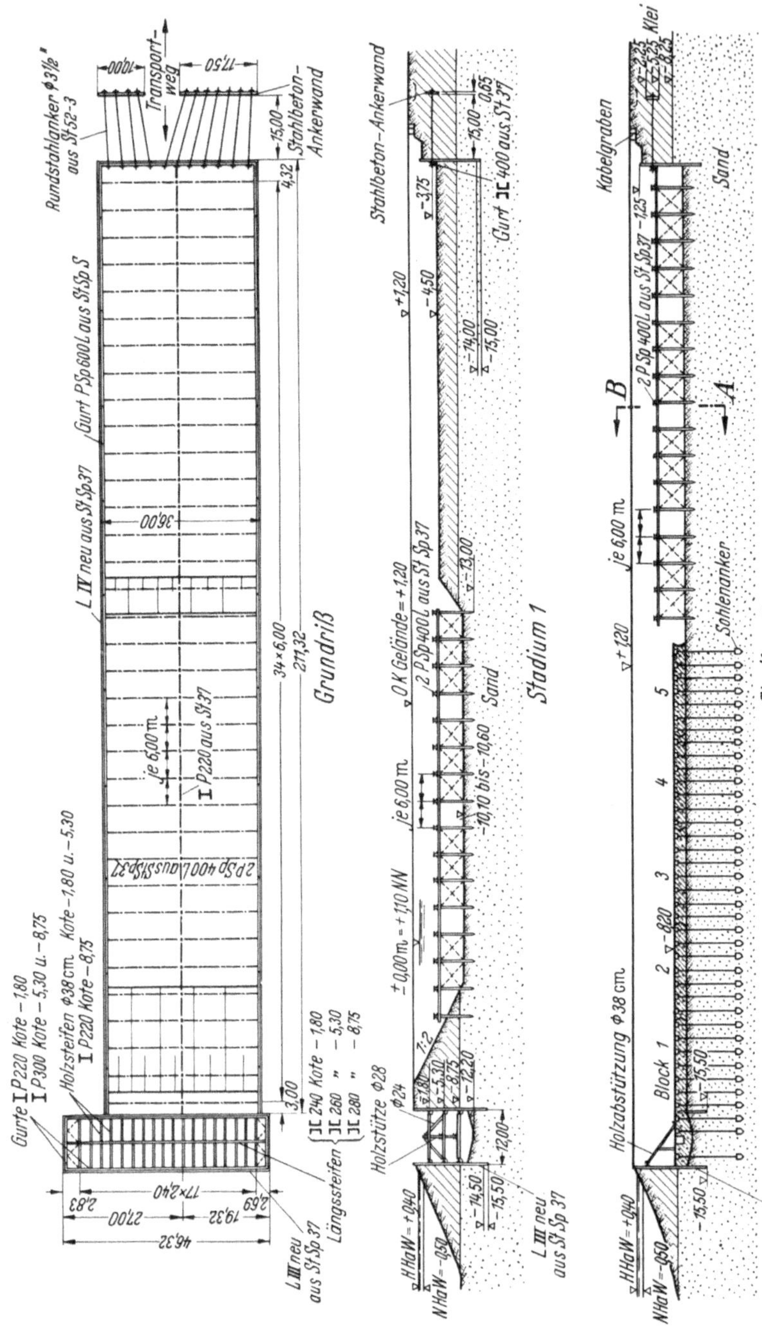

Abb. 9.2.6.2–6 Die verschiedenen Stadien der Bauausführung des Docks

105 t vorgespannt. Die Plomben wurden so bewehrt und ausgebildet, daß die Sohle im fertigen Zustand als durchlaufende Platte wirkte.

Abb.9.2.6.2–4 zeigt die Anordnung der Anker in den 21 m langen Baublöcken sowie die Gestaltung des Dockhauptes mit Pumpenhaus, die Lage der Kranbahnen und wichtiger Dockausrüstungsteile.

Die Anker können bei der gewählten Ausbildung ihres Kopfes nach Abb.9.2.6.2–7 jederzeit nachgespannt werden.

Die unten anbetonierten Stahlbeton-Ankerkörper mußten mit Tiefenrüttlern unter Wasserzugabe bis zu 13,5 m unter die Aushubsohle abgesenkt werden (Abb.9.2.6.2–3). Hierzu wurden sie kreuzförmig ausgebildet, so daß im Bedarfsfalle 4 Tiefenrüttler angesetzt werden konnten.

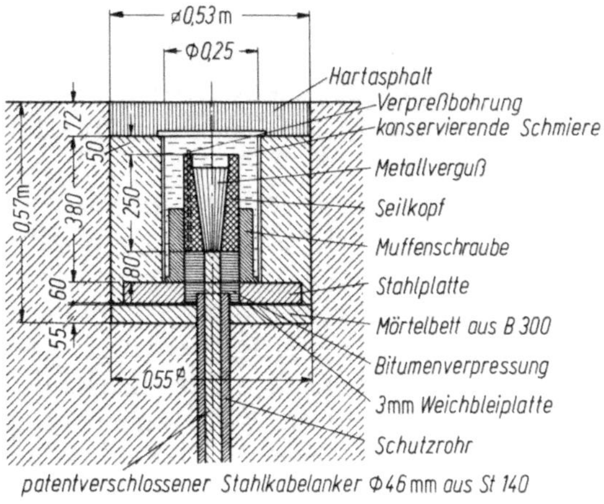

Abb. 9.2.6.2–7 Ausbildung des Ankerkopfes

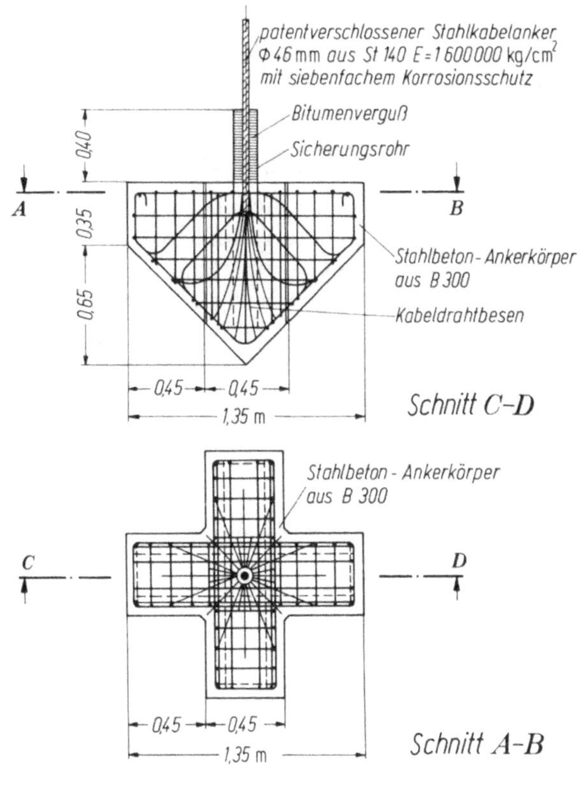

Abb. 9.2.6.2–8 Ausbildung des Ankerfußes

Die übrige Formgebung und Ausbildung der Ankerkörper richtete sich nach statisch-konstruktiven und nach bodenmechanischen Belangen. Wenn die Vorspannkraft aufgebracht wird, hebt sich der Ankerkörper um das Maß der Zusammendrückung des stützenden Bodens oberhalb der Druckfläche. Dabei entsteht unter dem Ankerkörper ein kleiner Hohlraum, in den Sand von oben einfließt. Hierdurch kann eine Auflockerung des Bodens in den Bereichen neben den lotrechten Flächen des Ankerkörpers eintreten. Der Ankerkörper mußte daher an seiner niedrigsten Stelle so hoch ausgebildet werden, daß der beim Vorspannen unter dem Ankerkörper entstandene Hohlraum aufgefüllt und damit der Fließvorgang beendet wurde, bevor die Auflockerungszone die Oberfläche des Ankerkörpers erreichte. Nur dann war eine stabile Lage des Ankerkörpers sichergestellt. Um diese Voraussetzung erfüllen zu können, mußte der Verankerungsboden einen möglichst günstigen Kornaufbau mit einem großen Unterschied im Volumen zwischen lockerster und dichtester Lagerung und eine möglichst hohe Verdichtung aufweisen. Dies war für die richtige Wahl des beim Einrütteln erforderlichen Nachfüllmaterials von besonderer Bedeutung.

9.2.6.2.6 Weitere Hinweise zur Konstruktion, zur Baudurchführung und zu den gemachten Erfahrungen

Wie bei allen Erstausführungen zweckmäßig, wurde bei der Gestalung des Docks mit aller Vorsicht vorgegangen. Zur Schaffung klarer Randbedingungen wurden die flankierenden Baugrubenspundwände im Bauwerk belassen und mit einer Gleitschicht versehen, so daß bei einem gewissen Nachgeben der Anker keine unkontrollierten Beanspruchungen von den Spundwänden her in das Dock übertragen werden konnten.

Bei der rechnungsmäßigen Zugbelastung der Anker von 95 t hatte die Docksohle in allen Lastfällen vollen Bodenkontakt. Durch das Vorspannen auf 105 t wurden die zu erwartenden Kriecherscheinungen im Stahlkabelanker und in den Anschlüssen ausgeglichen und ein Anpressen der Docksohle an den Untergrund in erhöhtem Maße gewährleistet.

Die im Dockhaupt angetroffene Tonlinse wurde mit Hilfe von Tiefenrüttlern unter Nachfüllen von Sand so weit beseitigt, daß das Dockhaupt eine ausreichende Stützung durch den Sanduntergrund erhielt. Als zusätzliche Sicherung wurde die Dockhauptsohle an die Umfassungsspundwand tragfähig angeschlossen.

Der im vorderen Drittel des Docks auf der Seite der Helling 4 angetroffene starke Wasserzustrom wurde durch einen örtlich konzentrierten, wesentlich vermehrten Brunneneinbau mit verstärkter Absenkung und in beschränktem Maße auch durch das örtliche Einbringen eines Rüttelsperrdammes im Sanduntergrund längs der Baugrubenspundwand aufgefangen. Durch hochgradiges Verdichten kann die Durchlässigkeit eines Mischsands mittlerer Lagerungsdichte etwa auf ⅓ reduziert werden. Um sich voll auswirken zu können, müßte die verdichtete Zone aber auch entsprechend breit sein.

Das Absenken und Einrütteln der Ankerkörper spielte sich rasch ein. Die Stahlkabelanker mit ihren Ausrüstungen wurden von einer Arbeitsbühne aus — die auf den Stahlspundwänden L IV neu fahrbar gestützt war — an der planmäßigen Stelle angesetzt und mit Hilfe zweier Tiefenrüttler abgesenkt (Abb.9.2.6.2–9). Das Absenken dauerte etwa 10 Minuten und das anschließende Verdichten, das unter langsamem Hochziehen der Rüttler vorgenommen wurde, etwa 2 Stunden. Zwischen den Ankern wurden noch zusätzlich Rüttelkerne zur Bodenverdichtung hergestellt. Das Einbringen der Sohlenanker und die Bodenverdichtung ließen sich gut in die übrigen Bauarbeiten einpassen und waren keinesfalls terminbestimmend.

Abb. 9.2.6.2–9 Ankerkörper vor dem Absenken

Kontrollen der Ankerzugkräfte, die mehrere Jahre nach der Inbetriebnahme des Dockes ausgeführt worden sind, sowie die unverändert feste Lage des Dockes haben gezeigt, daß es bisher nicht nötig war, die Anker nachzuspannen. Es sei jedoch erwähnt, daß einzelne Anker — die anscheinend in einer Schluffschicht endeten oder bei denen aus sonstigen Gründen die oben erwähnten Bedingungen nicht erfüllt waren — nicht die volle Nennlast aufgenommen haben. Man sollte daher in Zukunft im Hinblick auf die Verdichtung besser mit 4 Rüttlern arbeiten, auch wenn dies zum Absenken der Ankerkörper nicht erforderlich sein sollte. Der größte Teil der Anker hat sich jedoch planmäßig verhalten.

Nach 15 Monaten Bauzeit konnte das Dock fertiggestellt werden. Es ist nunmehr seit über 20 Jahren in Betrieb, ohne daß sich irgendwelche Veränderungen in der Höhenlage der verankerten Sohle ergeben haben. Damit konnte der Nachweis für die Dauerhaftigkeit derartig verankerter Docksohlen auch am ausgeführten Bauwerk erbracht werden.

9.2.6.3 Reparaturdock in einem Tidehafen in Westpakistan

9.2.6.3.1 Allgemeines

Zur Schaffung einer ausreichenden Dockkapazität mußte 1955 in einem Tidehafen in Westpakistan der Bau eines Trockendocks in Angriff genommen werden. Im Hinblick auf die größten anlaufenden Schiffe wurden dafür folgende lichte Abmessungen gewählt:

Länge = 190 m,
Breite = 27,4 m,
Sohlenlage = 6,7 m unter KPD.

Ein solches Dock konnte 170 m lange und 23 m breite und 7,9 m tiefgehende Schiffe aufnehmen, wenn bei Tidehochwasser ein- und ausgedockt wurde.

Einzelheiten zur Lage dieses Trockendocks Nr. 1 können der Abb.9.2.6.4–1 entnommen werden, die allerdings ein späteres Ausbaustadium der Werftanlage wiedergibt.

9.2.6.3.2 Bodenverhältnisse

Bis rd. 19,5 m unter Werftplanung bestand der Baugrund größtenteils aus leicht schluffigem Sand mit einzelnen Störschichten aus Schluff, die aber alle oberhalb der Gründungssohle des Docks lagen. Dieser Boden war vor allem in den obersten Schichten stark wasserdurchlässig, so daß der Grundwasserspiegel im Dockgelände dem freien Wasserspiegel des Hafens ohne wesentliche Dämpfung folgte. Darunter befand sich eine etwa 9 m dicke Schicht aus hartem Ton, unterlagert von etwa 5 m verkittetem tonigen Kies. Dann folgte auf große Tiefe ein Boden, bei dem etwa 5 cm dicke Schichten aus Sandstein bzw. Sand laufend wechselten.

9.2.6.3.3 Gewählte Dockausführung

Anhand eines Dock-Rahmenentwurfs wurden 1954 mehrere international bekannte Baufirmen aufgefordert, ausführungsreife Entwürfe mit verbindlichen Kostenangeboten einzureichen. Nach sorgfältiger technischer und wirtschaftlicher Auswertung der Angebote ergab sich ein gegen den Baugrund vorgespannt verankertes Dock als günstigste Lösung. Es erforderte nur eine maximale Sohlendicke von 1,85 m gegenüber 5,5 m bei einem Schwergewichtstyp.

Nach einer gewissen Variation von Querschnitt und Ankeranordnung gegenüber der angebotenen Lösung wurde der in Abb.9.2.6.3–1 dargestellte Dockquerschnitt für die Aus-

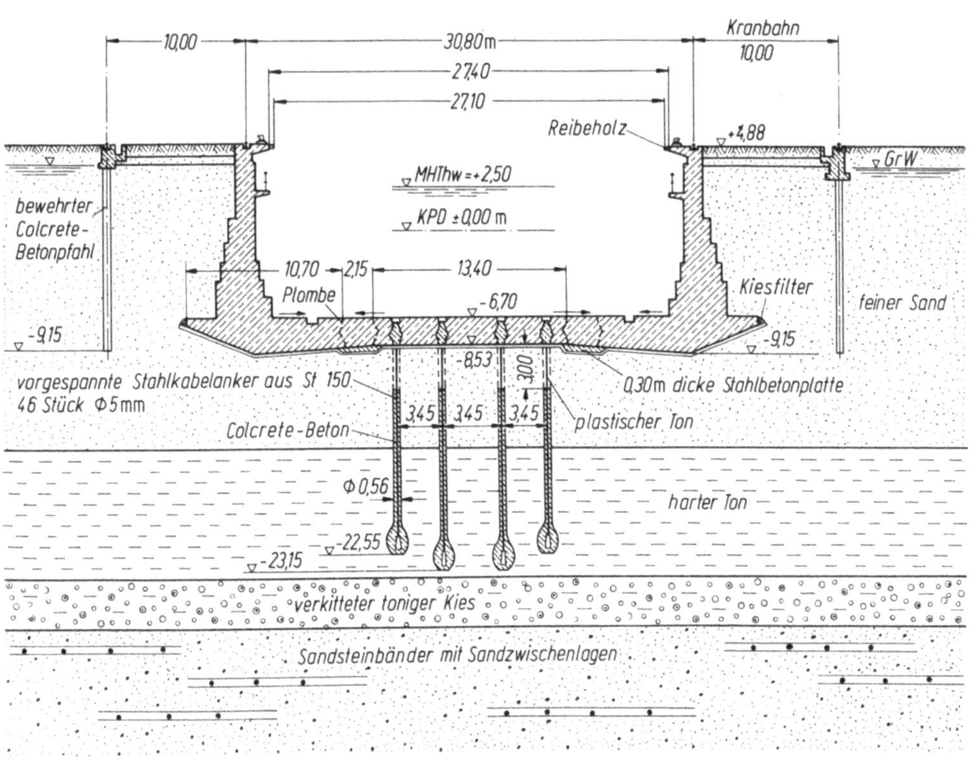

Abb. 9.2.6.3–1 Normalquerschnitt des Trockendocks

führung bestimmt. Er berücksichtigte außer den örtlichen Forderungen und Belangen der Bauausführung vor allem auch die neben und unter dem Dock vorhandenen Untergrundverhältnisse in optimaler Weise.

Zur Verankerung bot sich die Schicht aus hartem Ton an. Seine hohe Steifezahl von 600 bis 800 kg/cm^2 gewährleistet eine volle Sicherheit für die Verankerung.

Da die Bauarbeiten nicht durch benachbarte Bauwerke behindert waren, konnte der Boden in offener, geböschter Baugrube ausgehoben werden. Es wurden so mit Schürfkübelbaggern rd. 154.000 m^3 gefördert und größtenteils zur Landgewinnung und -Aufhöhung im Werftgelände eingebaut.

Das Grundwasser wurde mit Hilfe sogenannter „Well points" abgesenkt, die in zwei und am Dockpumpenhaus in drei Staffeln angeordnet waren.

Beim vorliegenden Dock wurde ein wesentlicher Teil des Auftriebes durch die vorgespannten Sohlenanker aufgenommen. Diese wurden im übrigen so angeordnet, daß die Gesamtbeanspruchungen der Sohle aus allen Lasteinflüssen möglichst gering blieben. Beim gewählten Querschnitt beteiligt sich auch das Gewicht des auf den erdseitigen Sohlenkragarmen liegenden Bodens an der Auftriebaufnahme und gleicht das aus Erddruck, Geländeauflast, Wasserdruck, Kranseitenschub (und Pollerzug) herrührende Einspannmoment der Seitenwände in der Sohle zum Teil aus.

Um eine möglichst wirtschaftliche Sohlenverankerung und -bewehrung zu erhalten, wurde der Bauvorgang der Sohle und der Seitenwände sinnvoll aufeinander abgestimmt. Hierzu wurden die 10,7 m breiten Sohlenblöcke unter den Seitenwänden vom 13,4 m breiten Mittelblock der Sohle, in dem die Anker liegen, durch 2,15 m breite Plomben getrennt (Abb.9.2.6.3–1). Im Bereich dieser Plomben wurden alle Bewehrungsstähle durch Überdeckung gestoßen. Zur Sicherung gegen Grundwassereintritt im Bauzustand wurden die Plombenöffnungen unten durch eine 30 cm dicke Stahlbetonplatte abgeschlossen, die sich gegen die angrenzenden Sohlenblöcke des Docks abstützt.

Vor Beginn des Grundwasseranstieges wurden die Sohlenanker mit einer Gebrauchslast von 100 t auf 105 t vorgespannt. Die Seitenwände waren bis dahin in voller Höhe betoniert und bis KPD ± 0,0 m hinterfüllt. Bei einem konstant gehaltenen Grundwasserspiegel auf KPD – 3,0 m wurden die Plomben ausbetoniert. Nach dem Erhärten der Plomben wurden die Seitenwände bis zum Dockplanum auf KPD + 4,88 m mit Sand hinterfüllt, der laufend hochgradig verdichtet wurde.

9.2.6.3.4 Ausbildung und Einbau der vorgespannten Sohlenanker

Die Sohle wurde mit insgesamt 242 vorgespannten Stahlkabeln verankert (Abb.9.2.6.3–2). Hierzu wurden zunächst Öffnungen 65/65 cm in der Docksohle ausgespart (Abb.9.2.6.3–3). Durch diese wurde ein Bohrrohr ∅ 56 cm unter laufendem Aushub des Bodens in den harten Ton bis zur planmäßigen Sohle des verdickten Ankerfußes abgeteuft und anschließend wieder bis zu dessen Oberkante hochgezogen. Nach vollem Entleeren des Wassers wurde ein Arbeiter in das Bohrrohr abgelassen, der dann von Hand aus mittels Preßluftspaten die dem Ankerkörper entsprechende Kaverne mit einem Maximaldurchmesser von 1,5 m aus dem harten Ton heraushöhlte (vgl. hierzu Abb.9.2.6.3–4). Das Aushubmaterial wurde mit Kübeln hochgezogen. Inzwischen wurde der Vorspannanker vorbereitet. Er bestand aus 46 Stählen ∅ 5 mm aus St 150. Diese Stähle wurden zu einem Kabel gebündelt. Am unteren Kabelende wurden die Stähle auseinandergezogen und nach dem BBRV-Verfahren durch Aufstauchen der Köpfe in einer Stahlplatte verankert.. Das Ganze wurde in einen konischen Stahlbeton-Körper einbetoniert (Abb.9.2.6.3–4).

Am oberen Ende wurden die Stähle des Ankers durch Aufstauchen in einem Schraubenkopf verankert, der später durch eine Presse hochgezogen und in dieser vorgespannten Lage mit einer äußeren Schraubenmuffe festgehalten wurde (Abb.9.2.6.3–3). Diese Konstruktion gestattet jederzeit auch ein Nachspannen der Anker.

Um die Kabel gegen Korrosion zu schützen, wurden sie so in heißes Bitumen getaucht, daß alle Stähle einen kräftigen Bitumenüberzug erhielten und das Bitumen auch alle Hohlräume

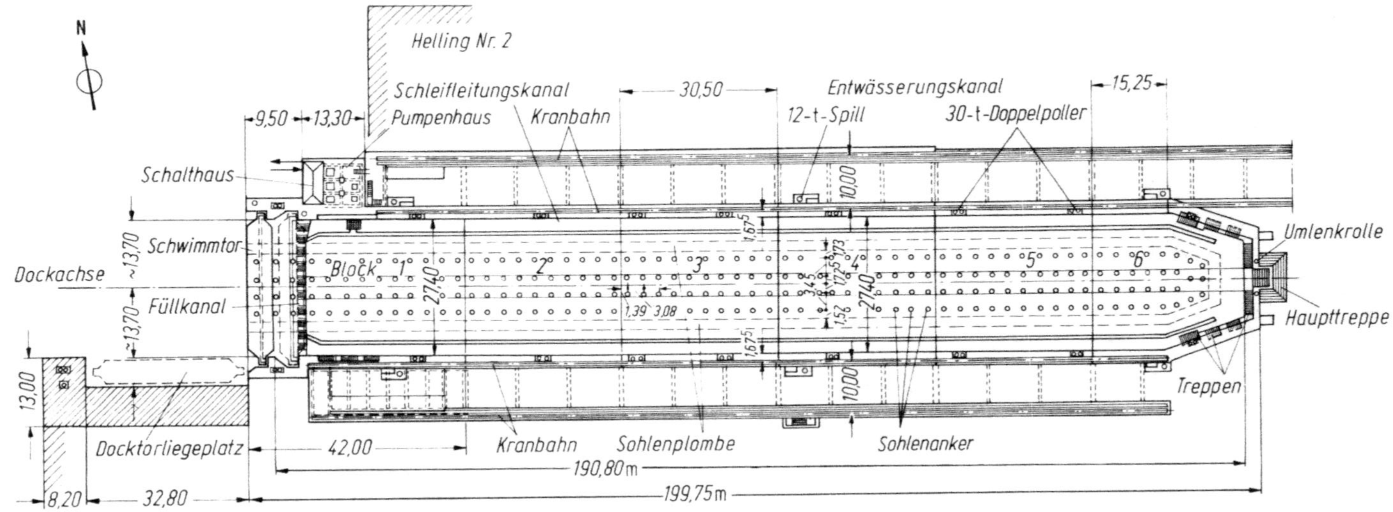

Abb. 9.2.6.3–2 Grundriß des Trockendocks

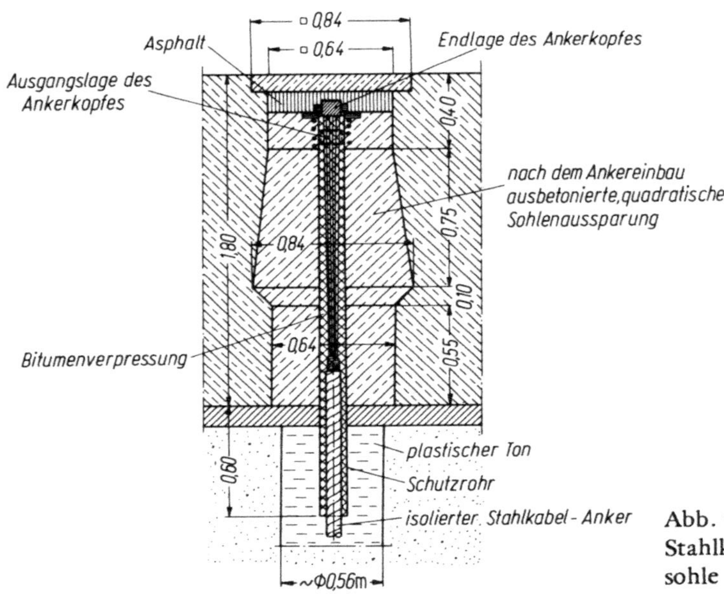

Abb. 9.2.6.3–3 Anschluß der Stahlkabelanker an die Docksohle

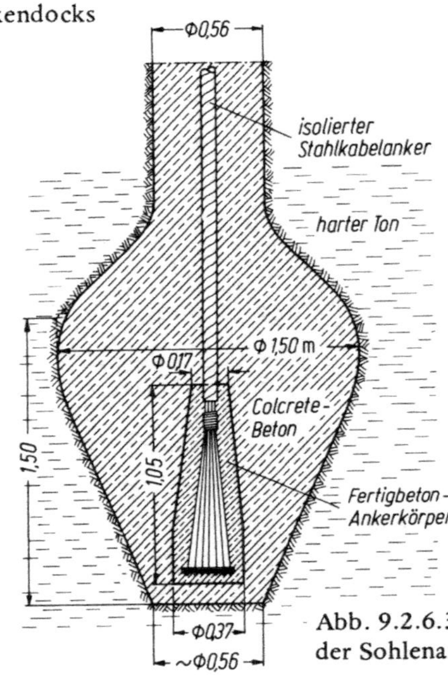

Abb. 9.2.6.3–4 Ausbildung des Fußes der Sohlenanker

zwischen den Stählen ausfüllte. Anschließend wurde das Kabelbündel außen zusätzlich mit Bitumen gestrichen und mit bituminierten Jutebändern umwickelt. Dann wurde der Kabelanker außen nochmals mit Bitumen gestrichen.

Nach dem Einbau des vollständig ausgerüsteten und isolierten Ankers wurden Kaverne und Bohrrohr vorsichtig mit Geröll bis 3 m unter Docksohle aufgefüllt und nach dem Colcrete-Verfahren ausbetoniert. Die obersten 3 m wurden mit plastischem Ton verfüllt. So erhielten die Anker einen zusätzlichen Schutz und die erforderliche solide Verbindung mit dem Untergrund, ohne die Docksohle von unten abzustützen.

Die Vorspannung wurde in zwei Stufen aufgebracht. Wie Kontrollen zeigten, hielt sie sich ausgezeichnet. Sechs Monate nach dem vollen Spannen wurde trotz der im bindigen Boden unvermeidlichen lotrechten Anfangshebung der Ankerkörper nur ein Spannungsabfall bis zu 3 % gemessen. Vor der Übergabe wurden alle Anker nochmals auf 105 t gespannt. Vor Ablauf der Gewährleistungsfrist im Jahre 1960 wurden alle Anker nochmals überprüft. Dabei wurden kaum noch Spannungsabfälle festgestellt.

9.2.6.3.5 Weiteres zu Konstruktion, Bauausführung und Ausrüstung

Das Dock wurde seiner Länge nach durch 5 Dehnungsfugen in 6 Blöcke unterteilt (Abb. 9.2.6.3–2). Die Blocklänge betrug im allgemeinen 30,5 m. Die Dehnungsfugen wurden mit Schlaufenblechen aus Kupfer abgedichtet. Es wurden rd. 30.800 m^3 Stahlbeton der planmäßigen Güte B 160 ausgeführt. Vor allem die Wände wurden den örtlichen Erfahrungen und Gepflogenheiten entsprechend in zahlreiche kleine Einheiten aufgegliedert betoniert. Der Beton wurde mit Hilfe von Loren herangebracht und mit Derricks eingebaut. Nach dem Einbringen wurde er mit Innenrüttlern bearbeitet. Die Betonqualität wurde durch Druckversuche im Baustellenlabor laufend überprüft. Die erzielten Festigkeiten überstiegen die geforderten Werte im allgemeinen beachtlich.

Bewehrt wurde mit BSt I.

Die gesamte Schalung bestand aus Holz.

Zur Entwässerung des Docks wurde beidseitig je eine 60 cm breite, am Dockende 30 cm und am Dockhaupt 60 cm tiefe Entwässerungsrinne angeordnet. Die Sohlenoberfläche wurde zu diesen Rinnen geneigt. Im Betrieb zeigte sich, daß ein außerhalb des Kielstapelbereiches sinnvoll angelegtes Längsgefälle in der Gesamtsohle zu einem erwünschten rascheren Abfluß des Restwassers geführt hätte.

Das mit 3 Schraubenschauflern von je 1830 l/s Leistung ausgerüstete Pumpenhaus wurde mit dem Dockhaupt monolithisch verbunden.

Auf beiden Seiten des Dockes wurde je eine Kranbahn zur Aufnahme von Laufkranen 30 t × 25 m mit 10 m Stützweite angeordnet (Abb.9.2.6.3–1 und –2). In der Nähe des Dockhauptes wurden die Kranbahnen mit Lagerräumen kombiniert und auf der Nordseite gleichzeitig auch mit der Seitenwand einer benachbarten Helling (Abb.9.2.6.4–1). Die Kranbahnen wurden auf bewehrten Colcretebetonpfählen ⌀ 40 cm gegründet. Die rd. 12 m langen Pfähle binden ausreichend tief in den tragfähigen Baugrund ein (Abb.9.2.6.3–1).

Zur Aufnahme der Schiffslasten wurden in Dockachse in 0,8 m lichtem Abstand 1,2 m hohe Kielstapel 0,4/1,2 m angeordnet. Sie übernehmen die Kiellast von 150 t/m, die örtlich auch mit 220 t/m berücksichtigt werden mußte. Außerdem erhielt das Dock beidseitig je 14 verstellbare Kimmpallen, die mittels Handwinden vom Wandkopf aus bedient werden können. Sie erleichtern das Eindocken der Schiffe wesentlich. Auch die übrige Ausrüstung des Docks wurde nach dem letzten Stand der Technik ausgeführt.

Die Bauarbeiten erforderten etwa 2 1/2 Jahre. Das Dock wurde im Frühjahr 1958 in Betrieb genommen und hat sich seitdem bei laufender Ausnutzung bewährt.

9.2.6.4 Zweites Reparaturdock in einem Tidehafen Westpakistans

9.2.6.4.1 Allgemeines

Da das Trockendock Nr. 1 (Kap.9.2.6.3) laufend ausgebucht war und weitere Dockkapazität dringend benötigt wurde, entschloß sich der Bauherr im Jahre 1963, ein zweites Trockendock zu errichten.

Es sollte zwischen den Betonwandköpfen eine Nutzbreite von 24,38 m und – wenn das Docktor am inneren Anschlag lag – eine Nutzlänge von 170,7 m aufweisen (Abb.9.2.6.4–1 bis –5). Oberkante Docksohle in Dockachse war auf KPD – 6,1 m gefordert. Die Oberkante der 1,22 m hohen Kielstapel lag dabei auf KPD – 4,88 m.

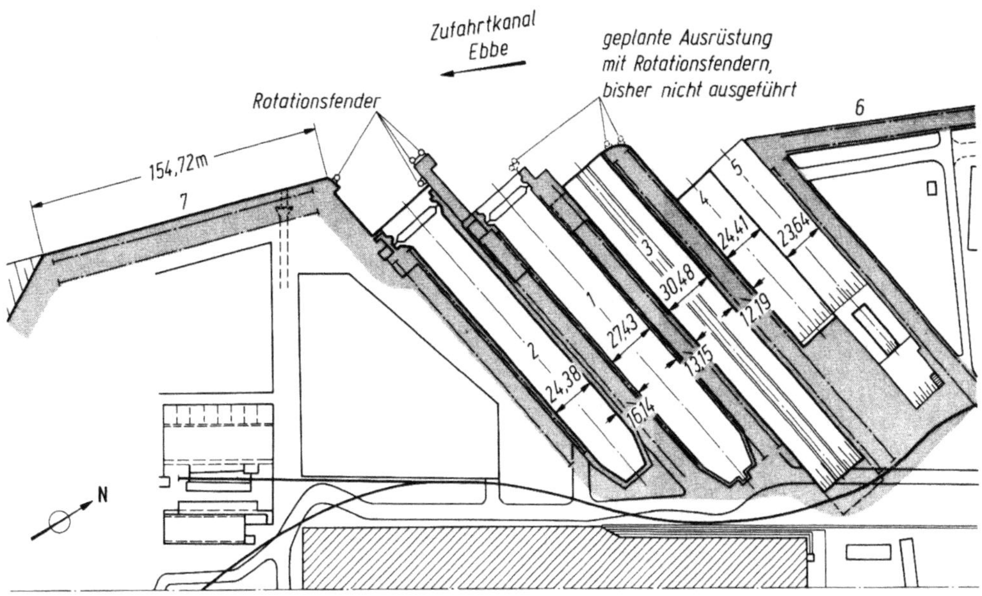

1 Trockendock Nr. 1 (bestehend) 2 Trockendock Nr. 2 3 Helling Nr. 2
4 Helling Nr. 1A 5 Helling Nr. 1 (bestehend) 6 Nord-Kaimauer (bestehend)
7 Süd-Kaimauer

Abb. 9.2.6.4–1 Übersichtsplan der Werftanlage in Westpakistan

MHThw liegt auf KPD + 2,5 m und MNTnw auf KPD + 0,46 m. Weitere Hafenwasserstandangaben zeigt Abb.9.2.6.4–2.

Infolge der großen Durchlässigkeit der oberen Bodenschichten folgte das Grundwasser – wie beim Trockendock Nr. 1 – weitgehend den Hafenwasserständen.

Bei den obigen Grundabmessungen und Wasserständen konnten Schiffe bis zu rd. 18.000 dwt gedockt werden. Als Kiellast mußten daher 125 t/m und in bestimmten Randbereichen 185 t/m berücksichtigt werden. Hinzu kamen verschiedene weitere Belastungen der Docksohle aus den Kimmpallenlasten und den Abstützlasten bei Tankproben und dergleichen.

Zur Berücksichtigung der Belastungen des Werftplanums auf KPD + 4,88 m mußte dort eine fallweise vorhandene gleichmäßig verteilte Nutzlast von 2,0 t/m^2 berücksichtigt werden.

Um später die Tore beider Docks wechselweise verwenden zu können, mußte die Breite des Toranschlages von Trockendock Nr. 2 der des breiteren Trockendocks Nr. 1 angepaßt werden (Abb.9.2.6.4–2 und –4).

Da sich die Bauweise des Trockendocks Nr. 1 mit vorgespannter Verankerung der Sohle gegen den Baugrund als besonders wirtschaftlich und auch sonst vorteilhaft erwiesen und im Betrieb bewährt hatte, beschloß der Bauherr, von vornherein auch das Trockendock Nr. 2 in dieser Bauweise ausführen zu lassen. Hierzu waren weitere einwandfreie Bodenaufschlüsse, bodenmechanische Untersuchungen und Probe-Grundwasserabsenkungen erforderlich.

9.2.6.4.2 Bodenaufschlüsse, bodenmechanische Untersuchungen und Probe-Grundwasserabsenkungen

Sie wurden in 2 Stufen durchgeführt. Die erste Stufe mußte den nötigen Überblick für eine ausreichend genaue Bearbeitung des Ausschreibungsentwurfes liefern. Sie bestätigte im wesentlichen den Bodenaufbau und die Bodeneigenschaften, wie sie bereits beim Trockendock Nr. 1 ermittelt worden waren (Abb.9.2.6.4–2, –3 und –5). Sie zeigten aber wechselnde Dicken der harten Tonschicht und fallweise dickere weiche, bindige Einlagerungen im feinen Sand.

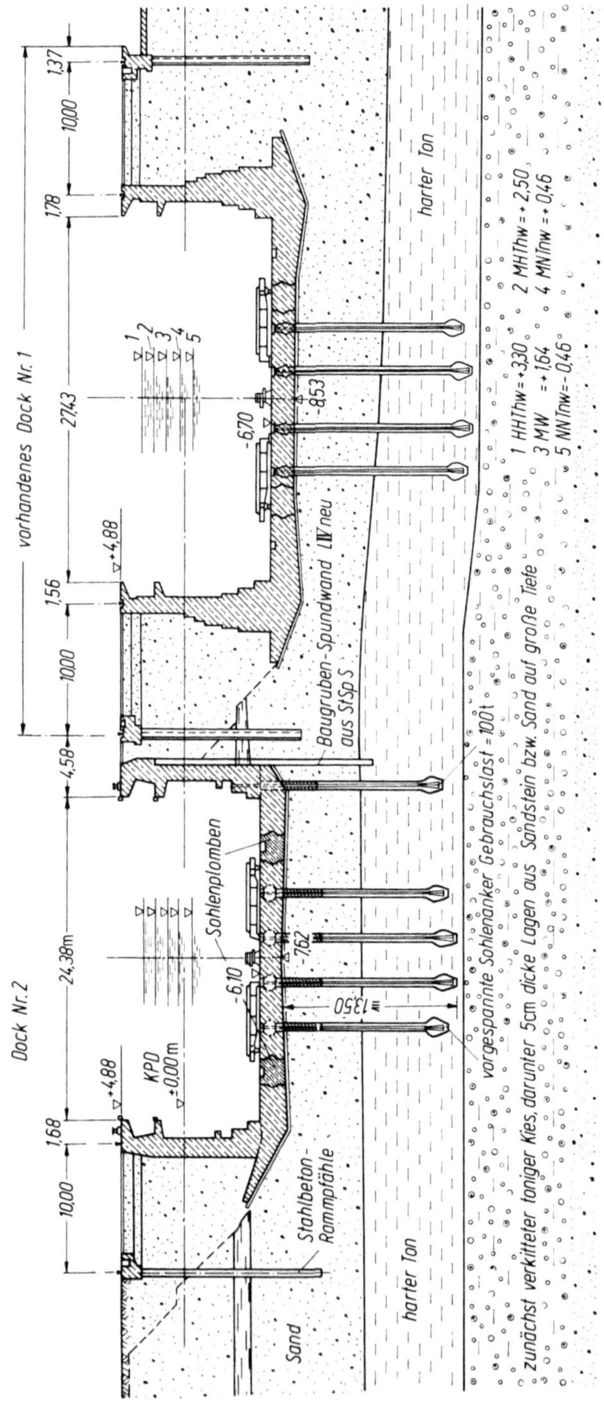

Abb. 9.2.6.4–2 Querschnitt durch die Trockendocks Nr. 1 und 2

Um die erforderlichen Grundlagen für die spätere Grundwasserabsenkung der Dockbaugrube und für Fragen einer eventuellen Entlastung des Druckes im Grundwasserstockwerk unter dem harten Ton zu gewinnen, mußten in der ersten Untersuchungsstufe auch Probeabsenkungen des Grundwassers sowohl in der Sandzone als auch im unteren Grundwasserstockwerk des verkitteten, tonigen Kieses ausgeführt werden.

Im Zuge dieses Aufschlußprogrammes wurden auch die erforderlichen Drucksondierungen, Standard-Penetration–Tests und bodenmechanische Laborversuche durchgeführt.

Die zweite Aufschlußstufe konnte erst nach Erteilung des Bauauftrages für die Tiefbauarbeiten anlaufen. Sie wurde programmgemäß dem Unternehmer übertragen, der den Auftrag für das Herstellen der Sohlenverankerung und der Grundwasserabsenkung erhalten hatte. Durch dieses Verfahren wurde sichergestellt, daß für die Bauausführung alle erforderlichen Aufschlüsse einwandfrei zur Verfügung standen und die Verantwortlichkeiten für den Bestand des Bauwerkes klar fest und in einer Hand lagen.

9.2.6.4.3 Hinweise zur Gestaltung des Docks und seiner Bauausführung

Für die Gestaltung des Trockendocks Nr. 2 und seine Bauausführung war die unmittelbare Nachbarschaft des voll in Betrieb bleibenden Trockendocks Nr. 1 von entscheidender Bedeutung (Abb.9.2.6.4–2). Um Schäden am bestehenden Dock zu vermeiden, mußte die Baugrube für das neue Dock an der Nordseite durch eine Stahlspundwand gesichert werden. Diese Wand mußte nicht nur den Bestand des als Auflast auf dem Sohlenkragarm des Trockendocks Nr. 1 und als waagerechte und lotrechte Abstützung wirkenden Erdkörpers hinter der Dockseitenwand sichern, sondern auch dafür sorgen, daß das Grundwasser im Bereich des bestehenden Dockes nicht nennenswert absinken konnte.

Hierzu mußte die Wand bis in den abdichtenden harten Ton geführt werden (Abb.9.2.6.4–2). Im Bereich des bestehenden Dockeinfahrtbauwerkes und Torliegeplatzes (Abb.9.2.6.4–1, –4 und –5) mußte die Baugrubensicherung durch die südseitige Spundwand dieses Bauwerkes übernommen werden. Da diese nicht bis in den harten Ton reichte, wurde eine Abdichtung mittels Chemikalinjektionen vorgesehen (Abb.9.2.6.4–3), die beim stark salzhaltigen Grundwasser dann allerdings nicht einwandfrei ausgeführt werden konnte. Dort mußte daher später eine zusätzliche Abdichtungsspundwand vorgerammt werden.

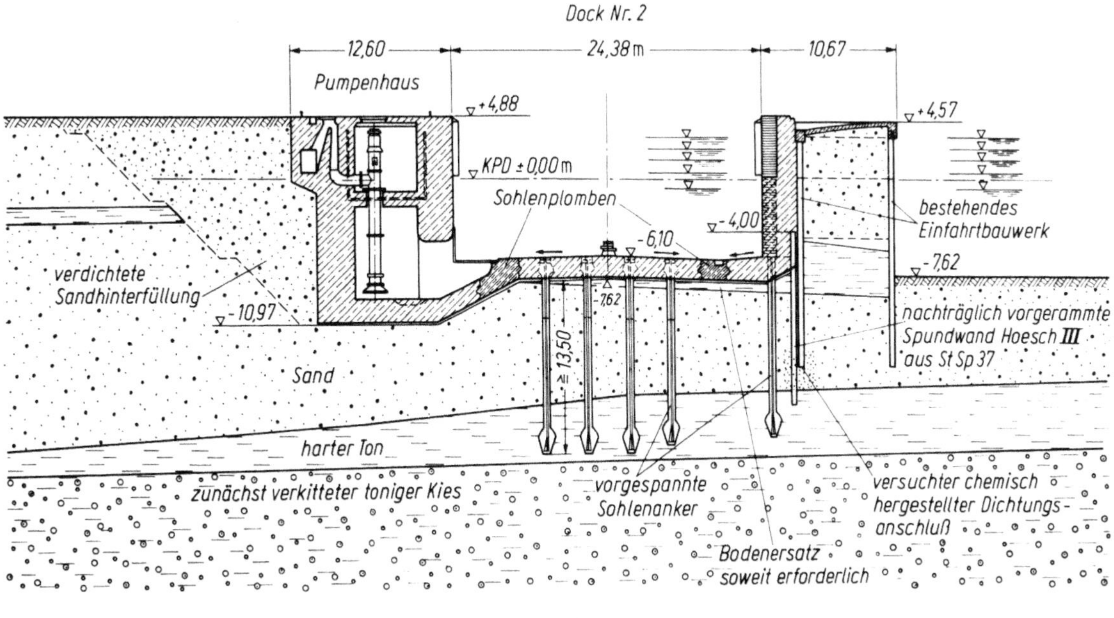

Abb. 9.2.6.4–3 Querschnitt durch Haupt- und Pumpenhaus des Trockendocks Nr. 2

Auf der Nordseite mußte die vorhandene Kranbahn erhalten und während der gesamten Bauarbeiten im Bedarfsfalle voll benutzbar bleiben. Da die noch zu installierenden Krane dieser Bahn auch das neue Trockendock Nr. 2 bedienen sollten, mußte letzteres so nahe wie technisch möglich und vertretbar an das bestehende Dock herangerückt werden. Es wurde mit seiner Wandkopf-Vorderkante 4,58 m vor die Achse der benachbarten Kranschiene gelegt (Abb.9.2.6.4–2). Da bei dieser Situation und der erforderlichen nördlichen Einspundung der Baugrube für einen nördlichen Sohlensporn kein Platz mehr war, mußte das Trockendock ohne einen solchen und daher unsymmetrisch ausgebildet werden.

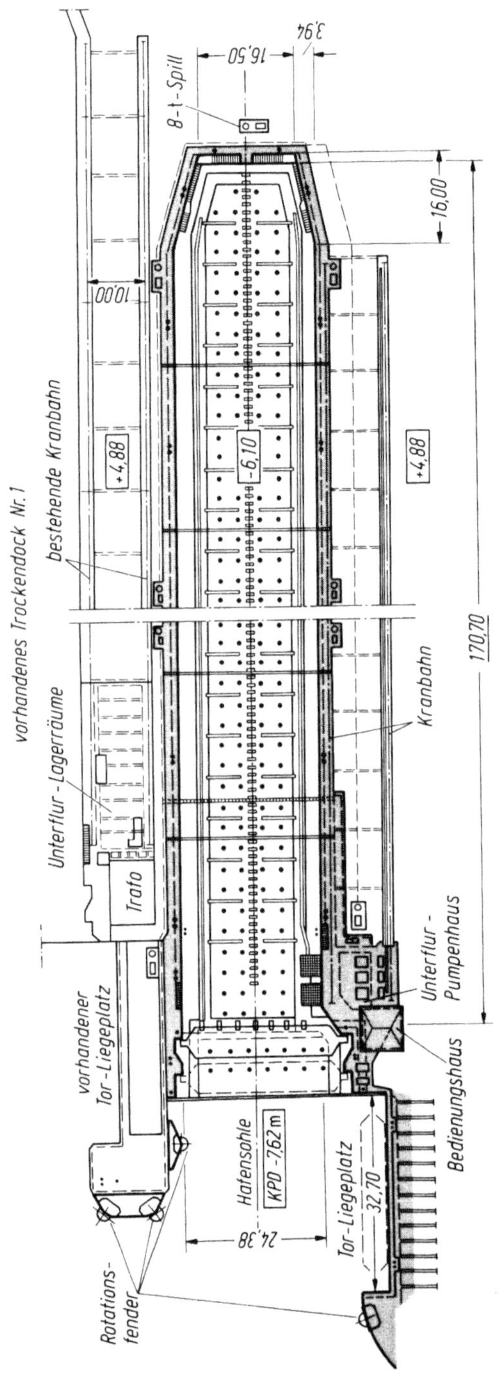

Abb. 9.2.6.4–4 Grundriß des Trockendocks Nr. 2

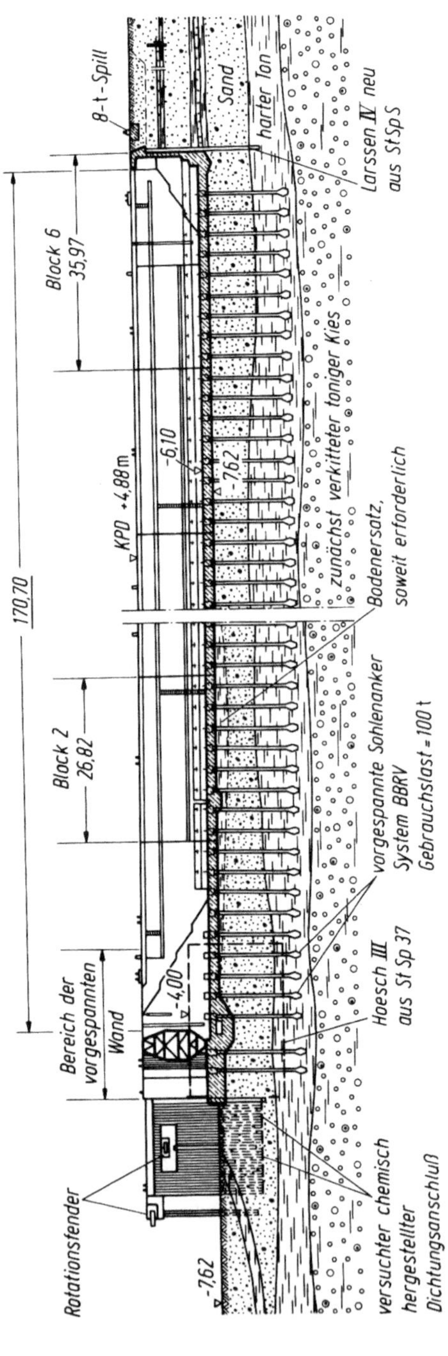

Abb. 9.2.6.4–5 Längsschnitt in Achse des Trockendocks Nr. 2

Im mittleren Sohlenteil wurden Sohlenankerreihen untergebracht (Abb.9.2.6.4–2, –3 und –4), die vor dem Schließen der beiden Sohlenplomben für die Gebrauchslast von 100 t/Anker auf 105 t vorgespannt wurden. Die Sohlenankerreihe neben der nördlichen Seitenwand mußte die hier fehlende Erdspornauflast ersetzen. Da die Bewehrung durch die beiden Sohlenplomben voll hindurchgeführt wurde, ergab sich nach der Fertigstellung ein biegesteifer Trogquerschnitt.

Die statische Berechnung der Sohle wurde nach dem Bettungszifferverfahren mit ks = 6 kg/cm³ durchgeführt. Hierbei wurden neben den wechselnden Lasten auch alle Stadien der Bauausführung einschließlich der Sohlenankervorspannung folgerichtig berücksichtigt.

Die Grundwasserabsenkung mit Well-Points mußte den Baustadien der Docksohle und der Sohlenvorspannung angepaßt werden.

Das Dock wurde aus Beton der Güte B 225 hergestellt und mit BSt I bewehrt. Der Bewehrungsanteil betrug rd. 70 kg/m³ Beton.

Weitere Einzelheiten, z. B. über die Baublockeinteilung in der Längsrichtung, Detailgestaltung des Normalquerschnittes und des Pumpenhausquerschnittes, die Ausbildung des Dockhauptes, der Kranbahn, der Dockausrüstung usw. können den Abb.9.2.6.4–2, –3, –4 und –5 entnommen werden.

Den wasserseitigen Abschluß der Dockbaugrube bildete ein Spundwand-Kastenfangedamm, der an das bestehende Einfahrtbauwerk und an die Spundwand des Torliegeplatzes für das Trockendock Nr. 2 anschloß (Kap.18.2.5).

Im Schutze einer ausreichend langen Querspundwand an der Dockspitze konnte die südliche Seitenwand des Trockendocks Nr. 2 bis zur Sohlenplombe als Stahlbetonwinkelmauer in offener Baugrube ausgeführt werden (Abb.9.2.6.4–2). Der weitere Bauvorgang mit den erforderlichen Aussteifungen der Stahlspundwand gegen die südliche Dockseitenwand ist im Kap.18.3.12 eingehend behandelt.

9.2.6.4.4 Ausbildung und Einbau der vorgespannten Sohlenverankerung

Abb.9.2.6.4–6 zeigt die Ausbildung eines Sohlenankers im Detail. Er wurde in der bereits beim Trockendock Nr. 1 erprobten Art (Kap.9.2.6.3) hergestellt und entsprach auch in seiner Form und Ausbildung diesem Anker weitgehend.

Erschwernisse traten aber vereinzelt dadurch auf, daß beim Dock Nr. 2 die Tonschicht dünner war und teilweise ihre Wasserdurchlässigkeit nach unten stark zunahm. So konnte bei einzelnen Ankern die Fußbirne wegen zu starken Wasserdranges von unten bzw. wegen Bruches der Dichtungen am Ende der Einbindung des Bohrrohres in den harten Ton nicht ausgebrochen werden. In solchen Fällen wurde die Bohrung ∅ 56 cm in den verkitteten tonigen Kies hinein verlängert, wobei die Ankerkraft über Seitenreibung des Colcretebetonschafts in den tragfähigen Baugrund abgeleitet wurde.

9.2.6.4.5 Abschließende Hinweise

Der Bauauftrag wurde im Herbst 1966 an eine pakistanische Firma erteilt, die das Bauwerk nach 15 Monaten reiner Bauzeit fertigstellen sollte. Die finanziellen Nachwirkungen des indisch-pakistanischen Krieges im Jahre 1965 führten jedoch zu Verzögerungen, so daß die Bauarbeiten erst im Jahre 1971 abgeschlossen werden konnten.

Die Methode der Vorspannung der elastischen, dünnen Docksohle gegen den Baugrund brachte im vorliegenden Falle zusätzliche, ganz besondere Vorteile. Bei der gewählten Sohlendicke von nur 1,52 m wurden optimal geringe Kosten für die Docksohle, den Aushub, die Grundwasserabsenkung und vor allem auch für die Baugrubenumschließung und -aussteifung erreicht. Ein Dock mit Schwergewichtssohle hätte bei den vorliegenden Verhältnissen mit laufendem Betrieb des benachbarten Dockes Nr. 1 zu kaum überwindbaren Schwierigkeiten geführt.

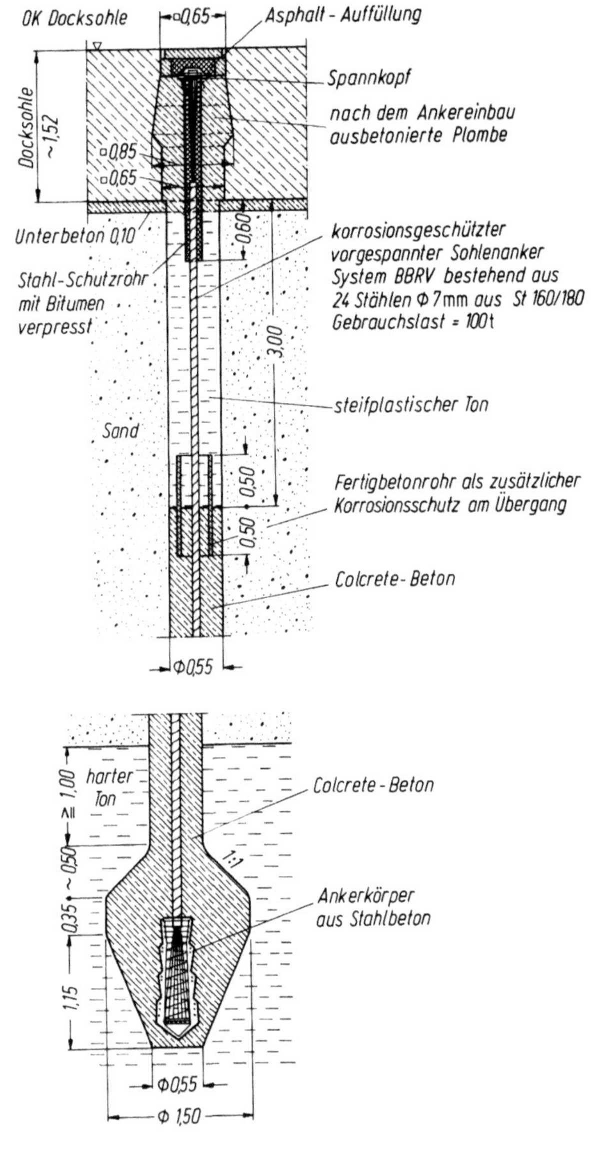

Abb. 9.2.6.4–6 Vorgespannte Sohlenanker

9.2.6.5 Reparaturdock für Großschiffe in einem ägyptischen Seehafen am Mittelmeer

9.2.6.5.1 Allgemeines

Für das hier behandelte Trockendock war Anfang der sechziger Jahre ein in allen Einzelheiten durchgearbeiteter Schwergewichtsentwurf weltweit ausgeschrieben worden. Bei Einhaltung besonderer technischer Bedingungen durften aber neben dem Ausschreibungsentwurf auch Sonderentwürfe angeboten werden. Von dieser Möglichkeit machten verschiedene Bietergruppen Gebrauch.

Für das Dock wurden eine Nutzlänge von rd. 259 m, eine Nutzbreite von rd. 42 m und eine Tiefe bis OK Sohle von rd. 11 m unter MHaW gefordert. Als Kiellast mußten über die gesamte Docklänge 500 t/m berücksichtigt werden.

Nach Ausarbeitung und Kalkulation verschiedener Vergleichsvorschläge durch die später erfolgreiche Bietergruppe ergab sich auch für das vorliegende Dock ein Entwurf mit gegen den Baugrund vorgespannt verankerter Sohle als technisch, wirtschaftlich und terminlich günstigste Lösung. Dieser Vorschlag ist in Abb.9.2.6.5–1 dargestellt. Nach eingehenden

Verhandlungen, in denen erst die Bedenken des Bauherrn und seiner Berater gegen eine solche Lösung ausgeräumt werden mußten, beschloß der Bauherr, die Lösung nach Abb.9.2.6.5–1 ausführen zu lassen. Sie brachte große Einsparungen an Baumassen und durch die um mehr als 5 m verminderte Gründungstiefe gegenüber der ausgeschriebenen Schwergewichtslösung auch beachtliche Erleichterungen in der Baudurchführung. Abb.9.2.6.5–2, in der in den ausgeschriebenen Schwergewichtsquerschnitt die für die Ausführung bestimmte vorgespannt verankerte Lösung eingetragen ist, zeigt die Unterschiede deutlich.

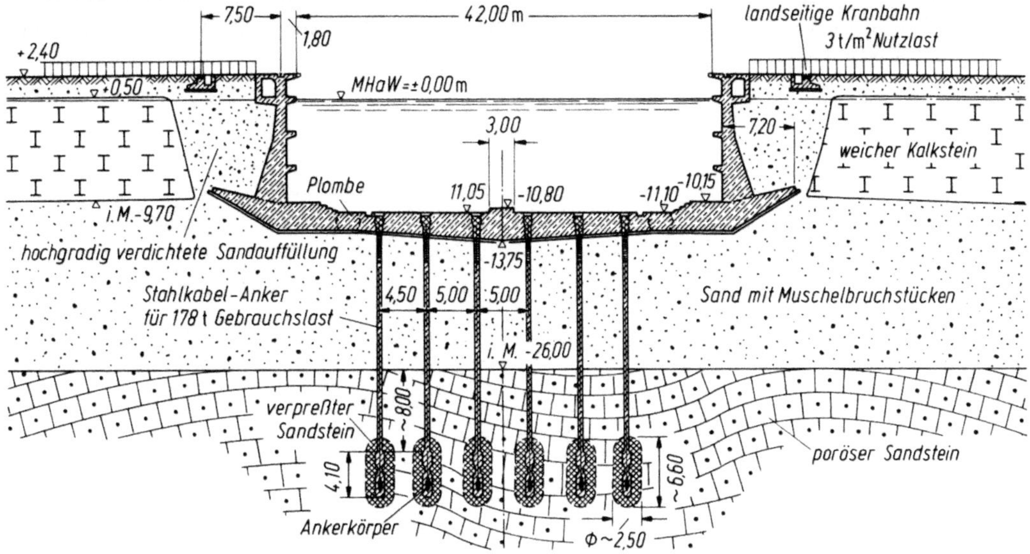

Abb. 9.2.6.5–1 Querschnitt des ausgeführten, gegen den Baugrund vorgespannt verankerten Trockendocks

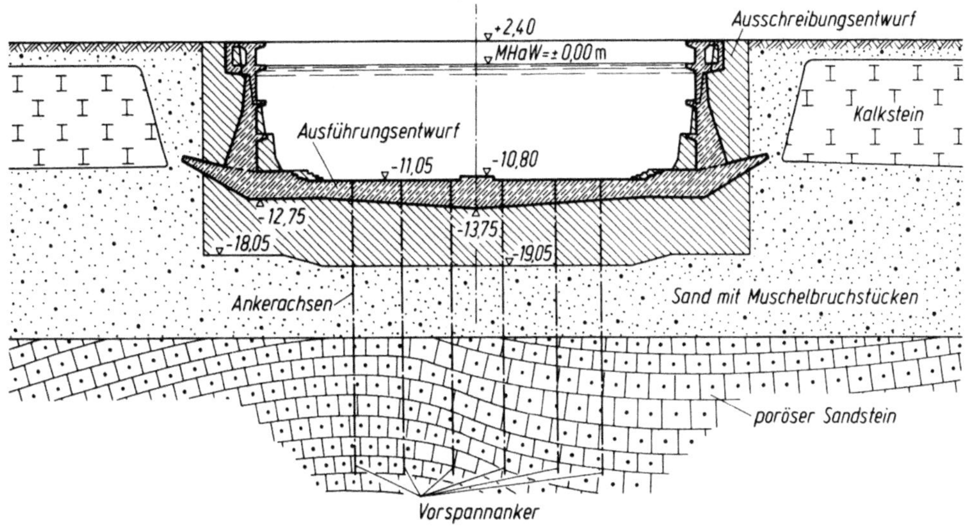

Abb. 9.2.6.5–2 Vergleich der Querschnitte des ausgeschriebenen Schwergewichtdocks und des vorgespannt verankerten Docks

9.2.6.5.2 *Bodenverhältnisse*

Aus Abb.9.2.6.5–1 ist der kennzeichnende Aufbau des Baugrundes ersichtlich. Nach einer an der Geländeroberfläche beginnenden, etwa 2 m dicken Sandschicht kommt eine im Mittel rd. 10 m dicke Bank aus weichem Kalkstein. Dann folgt Mittel- bis Grobsand mit einem hohen Anteil an Muschelbruchstücken in einer Mächtigkeit von rd. 16 m. Darunter steht auf große Tiefe poröser Sandstein an. Dieser Sandstein war zur Aufnahme der Ankerkräfte grundsätzlich geeignet. Wegen seiner verhältnismäßig tiefen Lage wurde aber von vornherein mit schwereren Sohlenankern gearbeitet, weshalb der Sandstein im Bereich der Lastabtragungen in den Boden durch Zementinjektionen verfestigt werden mußte.

9.2.6.5.3 Ausbildung und Ausführung der Dockwanne

Der gewählte Querschnitt nach Abb.9.2.6.5–1 beinhaltete alle Möglichkeiten, die zu einer wirtschaftlichen Gestaltung führen. Zur Aufnahme der hohen Kiellast wurde die an den Plomben 1,65 m dick gewählte Sohle nach unten dachförmig auf 2,7 m in der Mittelachse zunehmend verstärkt (Abb.9.2.6.5–1).

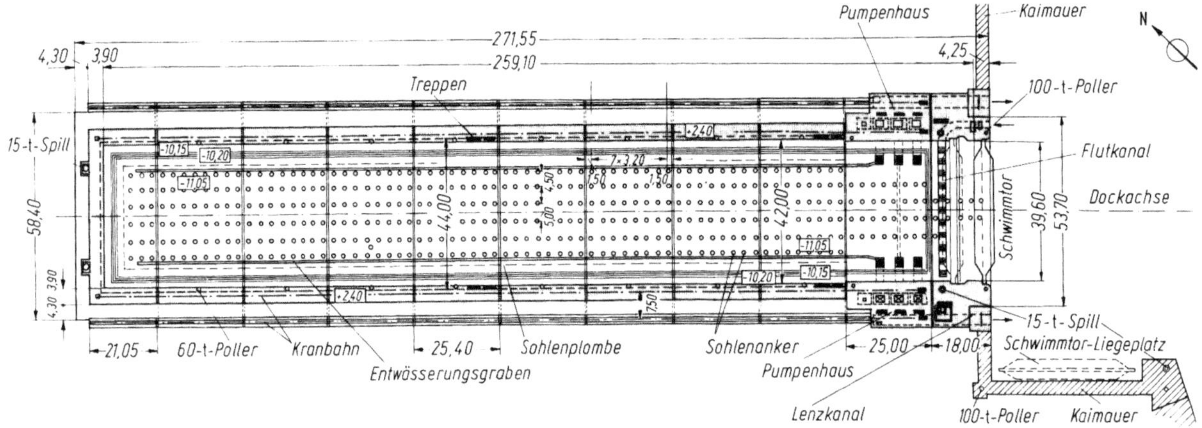

Abb. 9.2.6.5–3 Grundriß-Übersichtsplan des vorgespannt verankerten Trockendocks

Der Grundriß-Übersichtsplan (Abb.9.2.6.5–3) zeigt die Baublockeinteilung in 25,40 m lange Normalblöcke mit Anordnung der Sohlenanker, die Ausbildung des Dockhauptes mit den Pumpenhäusern und dem Flutkanal, die Lage und Anordnung der Kranbahnen, der Treppen, sonstigen Dockausrüstungen usw.

9.2.6.5.4 Ausbildung und Ausführung der vorgespannten Sohlenverankerung

Die Sohlenanker wurden für eine Gebrauchslast von 178 t bemessen und auf 190 t vorgespannt. Sie wurden nach dem BBRV-Verfahren ausgeführt und bestanden aus jeweils 44 parallel gebündelten Stählen ⌀ 7 mm. Als Stahlgüte war zunächst vorsorglich St 160/180 vorgesehen. Bei der Ausführung wurde aber St 140/160 gewählt, wobei die maximalen Zugspannungen zwar über den deutschen, aber noch unter den schweizerischen Zulassungen lagen.

Die Anker wurden sorgfältig isoliert. Bevor man die Stähle ⌀ 7 mm bündelte, wurden sie in heißes Bitumen getaucht, das Bündel dann mit Heißbitumen gestrichen, mit bitumengetränkten Jutebändern umwickelt und dann noch mit je einer 0,2 mm und 0,3 mm dicken Corothene-Bandage umwickelt. Im Bereich unmittelbar unter der Docksohle, in dem die Bohrungen mit plastischem Ton aufgefüllt wurden, erhielt jeder Anker noch einen zusätzlichen Schutz durch einen übergezogenen Plastikschlauch mit 2 mm Wanddicke.

Abb.9.2.6.5–4 zeigt den vorweg durch Zementeinpressung verfestigten Bereich des porösen Sandsteins in der Umgebung des Ankerfußes. In diese verfestigte Zone wurde die mit Verbreiterungen auf 0,55 m versehene Ankerbohrung ⌀ 0,4 m eingebracht. Dann wurde der fertige, am Fuße mit einem Stahlbeton-Ankerkörper ausgerüstete Stahlkabelanker eingeführt, die Bohrung vorsichtig bis auf 2 m Abstand von der Docksohle mit Steinen aufgefüllt und mit Colcrete-Mörtel von unten her verpreßt. Die obersten 2 m unter der Docksohle wurden nur mit plastischem Ton gefüllt, um Druckkräfte von den Schäften der Ankerkörper fernzuhalten. Der Übergang vom Colcrete-Beton zum plastischen Ton wurde durch ein Fertigbetonrohr zusätzlich gesichert.

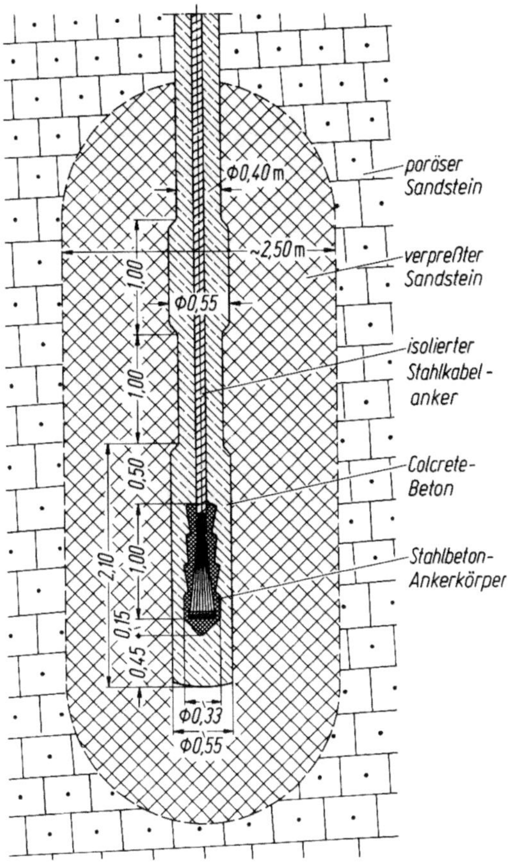

Abb. 9.2.6.5–4 Fußausbildung der Sohlenanker

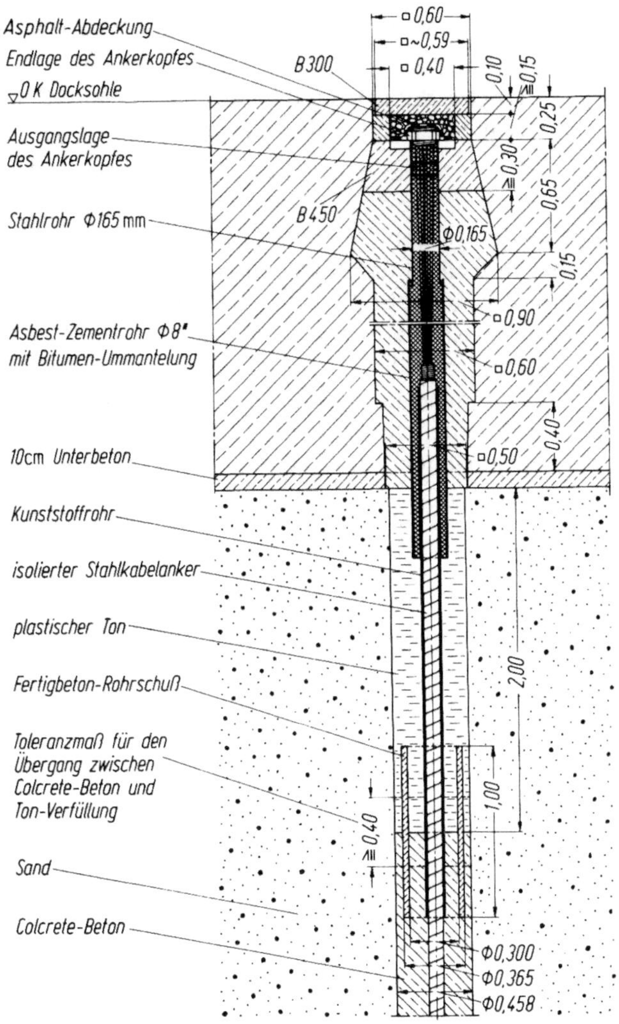

Abb. 9.2.6.5–5 Kopfausbildung der Sohlenanker

Alle Arbeiten an der nachspannbaren Verankerung wurden erst ausgeführt, nachdem die mittlere Sohlenplatte betoniert war. Die hierfür erforderlichen Aussparungen in der Sohle und Einzelheiten über den Ankerkopf, die Ankerausbildung und -isolierung im Bereich der Docksohle und in den ersten Metern darunter sind in Abb.9.2.6.5–5 dargestellt.

9.2.6.5.5 Ergänzende Hinweise

Das Bauwerk wurde in offener Baugrube hergestellt. Als Abschluß der Baugrube zum Hafen hin wurde ein Steinfangedamm mit Spundwanddichtung gewählt. Nach dem Ausbruch des weichen Kalksteins wurde das Grundwasser mit Hilfe von Tiefbrunnen, die größtenteils außerhalb der Baugrube rings um das Dock verteilt angeordnet waren und tief in die untere Sandschicht reichten, abgesenkt. Das Dock konnte so ohne Behinderung durch Wasser voll zugänglich im Trockenen hergestellt werden. Ein von einer auslaufenden anderen Großbaustelle herangebrachter, die Dockbaugrube überspannender, längsfahrbarer, schwerer Kabelkran gewährleistete den Materialnachschub für jeden beliebigen Punkt des Bauwerks.

Mit den Bauarbeiten wurde im November 1962 begonnen. Sie waren im Juli 1965 beendet.

9.3 Verbesserung bestehender Dockbauwerke

9.3.1 Dockverlängerung für Großschiffe in einem Schleusenhafen in Norddeutschland (vgl. auch Kap.2.3, 3.3.1 und 18.3.3)

9.3.1.1 Allgemeines

Ein in den Jahren 1910 bis 1912 erbautes rd. 268 m langes Trockendock, das in Sohlenhöhe rd. 35 m und an der Oberkante rd. 41 m breit war, gestattete nur Schiffe bis zu 40.000 BRT zu docken, obwohl die Drempeltiefe auch für größere Schiffe genügt hätte.

Da inzwischen Fahrgastschiffe von 50.000 BRT und mehr in Betrieb bzw. in Bau waren, stand man im Jahre 1930 vor der Frage, entweder ein neues großes Dock zu errichten oder das vorhandene mit möglichst geringeren Kosten umzubauen. Hierfür kam nur eine Verlängerung an der Dockspitze in Frage (Abb.9.3.1–1 und –2). Dabei tauchten drei Probleme auf, die eingehend untersucht werden mußten:

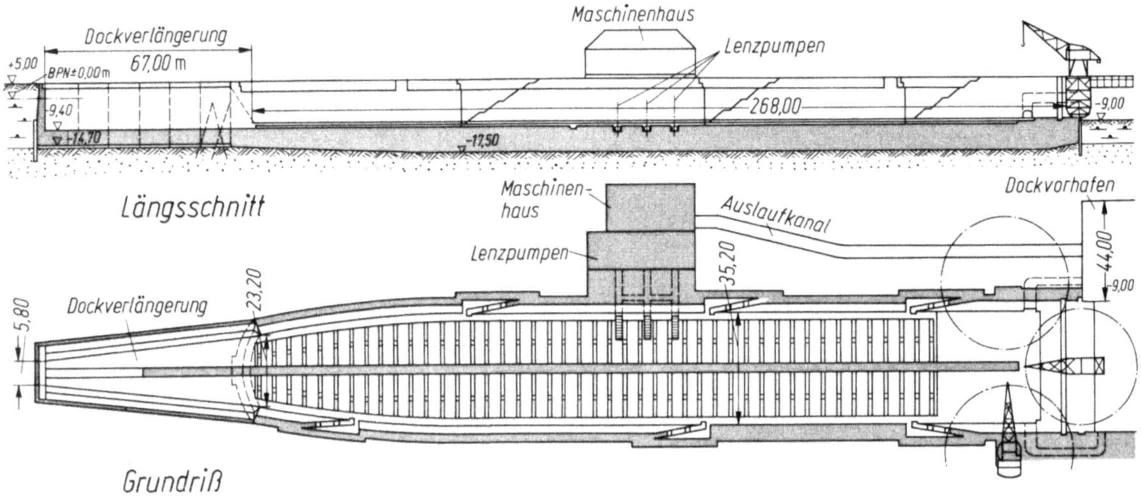

Abb. 9.3.1–1 Längsschnitt und Grundriß des Trockendocks mit Verlängerung

a) Genügten die Abmessungen des bestehenden Dockkörpers für die Aufnahme größerer Schiffe bis 75.000 BRT?
Die Tiefe über den Kielstapeln betrug bei MHaW rd. 11 m und bei angespanntem Hafenwasser rd. 12 m. Sie wurde für den Docktiefgang der 75.000-BRT-Schiffe als ausreichend erachtet. Bei der vorhandenen lichten Breite an der Docksohle und an der Oberkante konnten die in Frage kommenden Fahrgastschiffe von 50.000–75.000 BRT mit genügendem Spielraum aufgenommen werden, zumal der größte Querspant dieser Schiffe an den Seiten erhebliche Abrundungen aufwies. Es war daher nur eine Verlängerung des Dockes um 67 m auf eine Gesamtlänge von 335 m erforderlich (Abb.9.3.1–1).
b) Bot der bauliche Zustand des bestehenden Dockes, das vor rd. 20 Jahren mit einer Schwergewichtssohle aus Kalk-Trass-Beton mit Unterwasserschüttung und darüber aus Stampfbeton hergestellt worden war, die genügende Sicherheit für den zukünftigen Betrieb (vgl.Abb.9.3.1–3, –4 und –5)?
Vorhandene Risse im alten Dockkörper ergaben keine wesentlichen Wasserdurchtritte. Die Klinkerverblendung war vom dahinterliegenden Kalk-Trass-Beton infolge der engen Verzahnung nirgends abgeplatzt. Wenn auch der Kalk-Trass-Beton in den Seitenwänden als Stampfbeton schichtweise eingebracht war (Abb.9.3.1–3 und –4), entsprach er in seiner Festigkeit doch noch den gestellten Anforderungen. Gleiches galt für den Unterwasser-Schüttbeton der Docksohle (Abb.9.3.1–5).

c) War es möglich, die Tiefabsenkung des Grundwassers um rd. 12–17 m, die zur Dockverlängerung erforderlich war, so vorzunehmen, daß das alte Dock nicht zu ungleich beansprucht wurde, was erhebliche Risse zur Folge haben konnte?
Dieses Problem konnte nur durch eine sinnvoll gestaltete Grundwasserabsenkung entschärft werden.

9.3.1.2 Gewählte Ausführung

Nach eingehenden Untersuchungen entschloß man sich zur Dockverlängerung um 67 m, die sich zur Spitze hin allmählich auf 5,8 m innerer Breite verjüngte (Abb.9.3.1–1). Der Verlängerungskörper wurde aus Stahlbeton mit leichten Seitenwänden hergestellt und die Sohle nur rd. 5 m dick ausgeführt (Abb.9.3.1–2). Auf diese Weise konnten 3 m Grundwasserabsenkungstiefe eingespart werden.

Für die Grundwasserabsenkung wurden Tiefbrunnen rings um die Verlängerungsbaugrube und außerdem zu beiden Seiten des vorhandenen Dockkörpers so angeordnet und bemessen, daß der gesamte alte Dockkörper von BPN – 12,5 m bis BPN – 10,25 m nach dem Dockhaupt zu allmählich ansteigend fast gleichmäßig vom Sohlwasserdruck entlastet wurde (Abb.9.3.1–6). Nicht so günstig verlief allerdings die Entlastung unter dem Nachbardock (Abb.9.3.1–6).

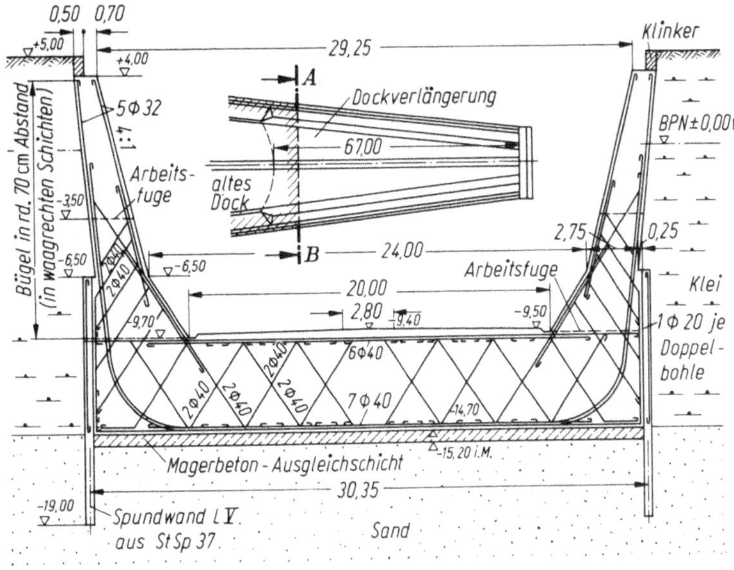

Abb. 9.3.1–2 Querschnitt A–B der Dockverlängerung mit Bewehrungsangaben pro lfdm

Die Dockverlängerung wurde in rd. 10 m lange Baublöcke unterteilt und die Fugen durch eine außen- und innenliegende Teerstrickdichtung geschlossen. Außerdem wurden die Seitenmauern noch durch einen in der Mitte liegenden Tonkern 20/20 cm zusätzlich gedichtet. Zur Dichtung auf der Dockinnenseite wurden schräg zueinander gestellte Flachstähle einbetoniert und der so entstandene Raum im hinteren bzw. unteren Teil mit teergetränktem Werg und im vorderen bzw. oberen Teil mit Bleiwolle verstemmt (Abb.9.3.1–7). An der Bauwerksohle wurde auf einer 25 cm dicken Magerbeton-Ausgleichsschicht eine Asphalt-Filz-Dichtung angeordnet und der Übergang vom alten zum neuen Dock durch eine Tonkerndichtung zusätzlich gesichert (Abb.9.3.1–7).

9.3.1.3 Ergänzende Hinweise

Die Bauarbeiten für die Dockverlängerung wurden 1931 erfolgreich abgeschlossen. Wenn auch die oben beschriebene Bauweise erhebliche Risiken in sich trug, ergab doch der Bauablauf, daß die angestellten Überlegungen richtig waren. An dem bestehenden alten Dock-

Abb. 9.3.1–3 Fugen im Stampfbeton

Abb. 9.3.1–4 Wasserdurchlässigkeit der Stampfbetonfugen der Dockseitenwände

Abb. 9.3.1–5 Unter Wasser geschütteter Kalk-Traß-Beton mit Schichtenbildung in der Docksohle

körper traten keine neuen Risse auf, und das Dock selbst setzte sich, wie im Kap.3.3.1 beschrieben, fast gleichmäßig.

Auch beim Nachbardock machten sich keine weiteren Schäden bemerkbar.

Die Kosten der Verlängerung betrugen 1930/31 rd. RM 2,5 Mio., während unter den damaligen Preisverhältnissen ein neues Dock etwa RM 16 Mio. gekostet hätte. Die gewählte Dockverlängerung hat sich damit als sinnvoll und wirtschaftlich erwiesen.

Das Dock mit seiner Verlängerung ist nunmehr seit etwa viereinhalb Jahrzehnten im Betrieb. Irgendwelche Undichtigkeiten und neue Risse haben sich weder im alten noch im neuen Dockkörper gezeigt.

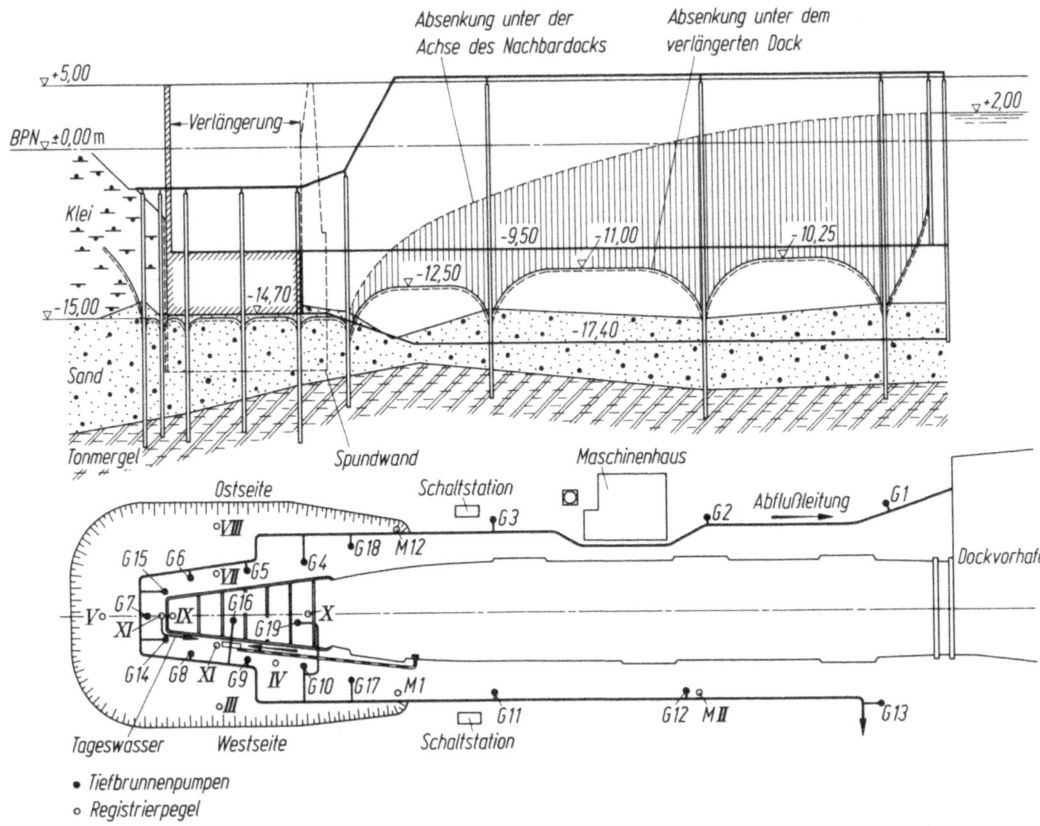

Abb. 9.3.1–6 Lageplan der Tiefbrunnenanlage und die erreichte Absenkung unter dem verlängerten Dock und einem benachbarten zweiten Dock

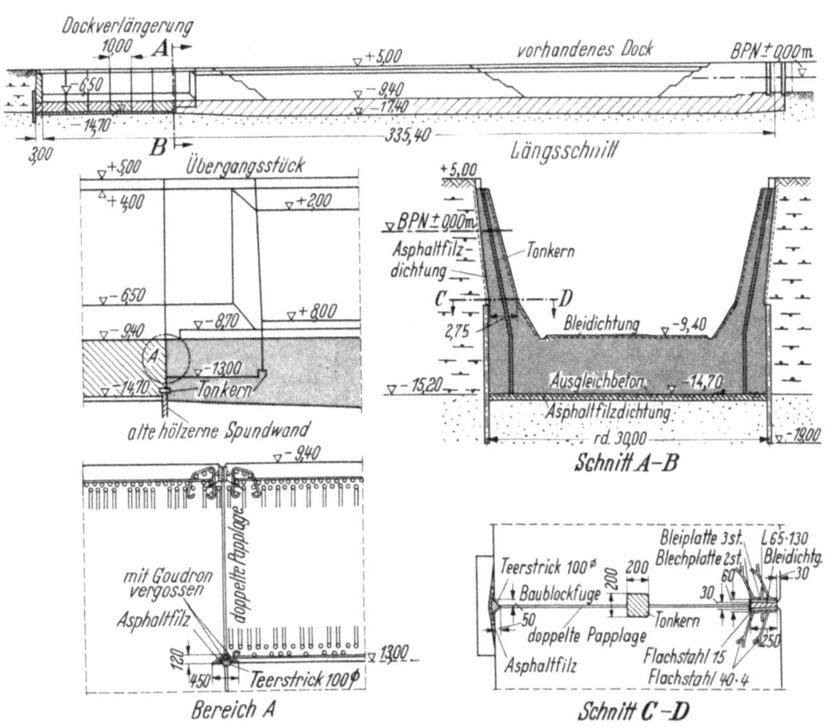

Abb. 9.3.1–7 Die Dichtung der Baublockfugen in der Dockverlängerung

9.3.2 Verbreiterung der Einfahrt eines alten Trockendocks im norddeutschen Kleigebiet

9.3.2.1 Allgemeines

An einem Tidefluß im norddeutschen Kleigebiet war Mitte des neunzehnten Jahrhunderts ein sogenanntes Klei-Dock errichtet worden. Es besaß zwar ein einwandfreies Einfahrtbauwerk mit Stemmtoren, sauber verzimmertem Holzboden und gemauerten Seitenwänden (Abb.9.3.2–1 und –2) sowie zur Aufnahme der Kiellasten einen Holzrost auf Holzpfählen. Ein auftriebsicherer abdichtender Dockboden war bei solchen Klei-Docken jedoch nicht vorhanden. Seine Aufgabe übernahm der vorhandene, unter der Docksohle im vorliegenden Falle noch etwa 7 m dick anstehende Klei (Abb.9.3.2–2). Unter dem Klei stand diluvialer mitteldicht gelagerter Sand an.

Anfang der fünfziger Jahre mußte auf dieses Dock zurückgegriffen werden. Es war damals stark reparaturbedürftig. Eine Seitenwand mußte durch eine vorgesetzte Stahlbetonwand, die auf Stahlrohrpfählen gegründet und oben verankert wurde, gesichert werden. Auch mußten zusätzliche Pfähle zur Aufnahme der Kiellasten gerammt werden. Besonders nachteilig war jedoch, daß das Verhältnis der Docklänge zur Einfahrtbreite nicht mehr den Maßen neuzeitlicher Schiffe entsprach. Hier konnte nur eine Einfahrtverbreiterung helfen. Sie wurde mit 3,1 m beschlossen und ausgeführt. Als Verschluß wurde ein vergrößertes Stemmtor aus Stahl gewählt.

9.3.2.2 Konstruktive Lösung und Baudurchführung

Der Umbau war besonders schwierig, weil vom vorhandenen Einfahrtbauwerk keine Pläne, Bauberichte oder Baubeschreibungen mehr aufzufinden waren. Es war auch nicht möglich, die genaue Ausbildung durch Erkundung am Bauwerk festzustellen, ohne dieses zu gefähr-

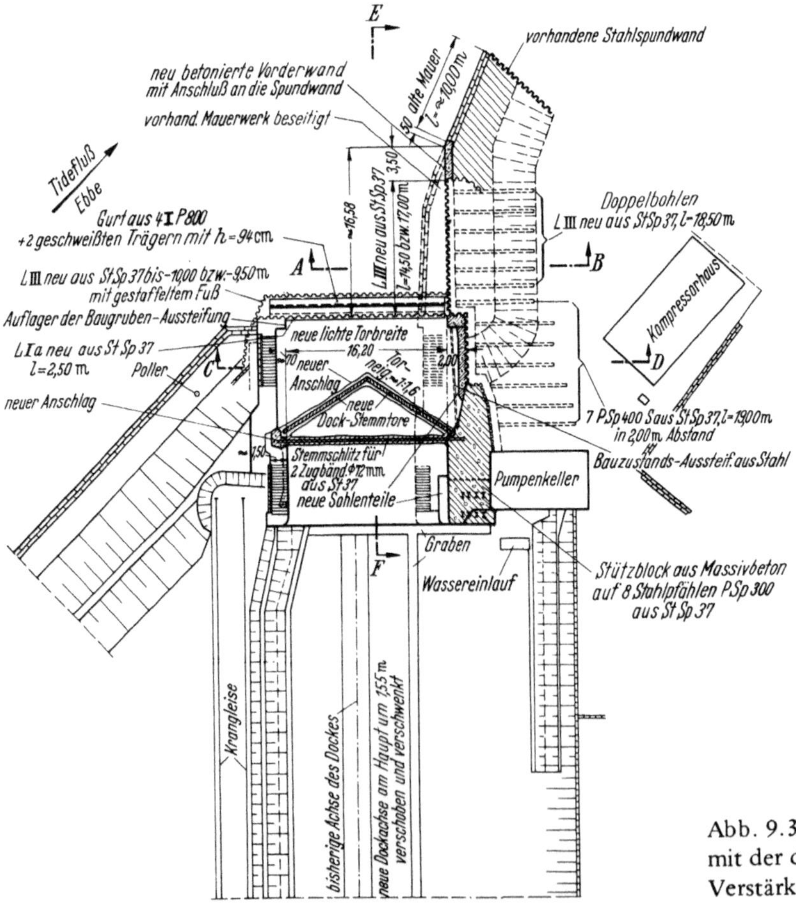

Abb. 9.3.2–1 Grundriß des Dockhauptes mit der durchgeführten Verbreiterung und Verstärkung

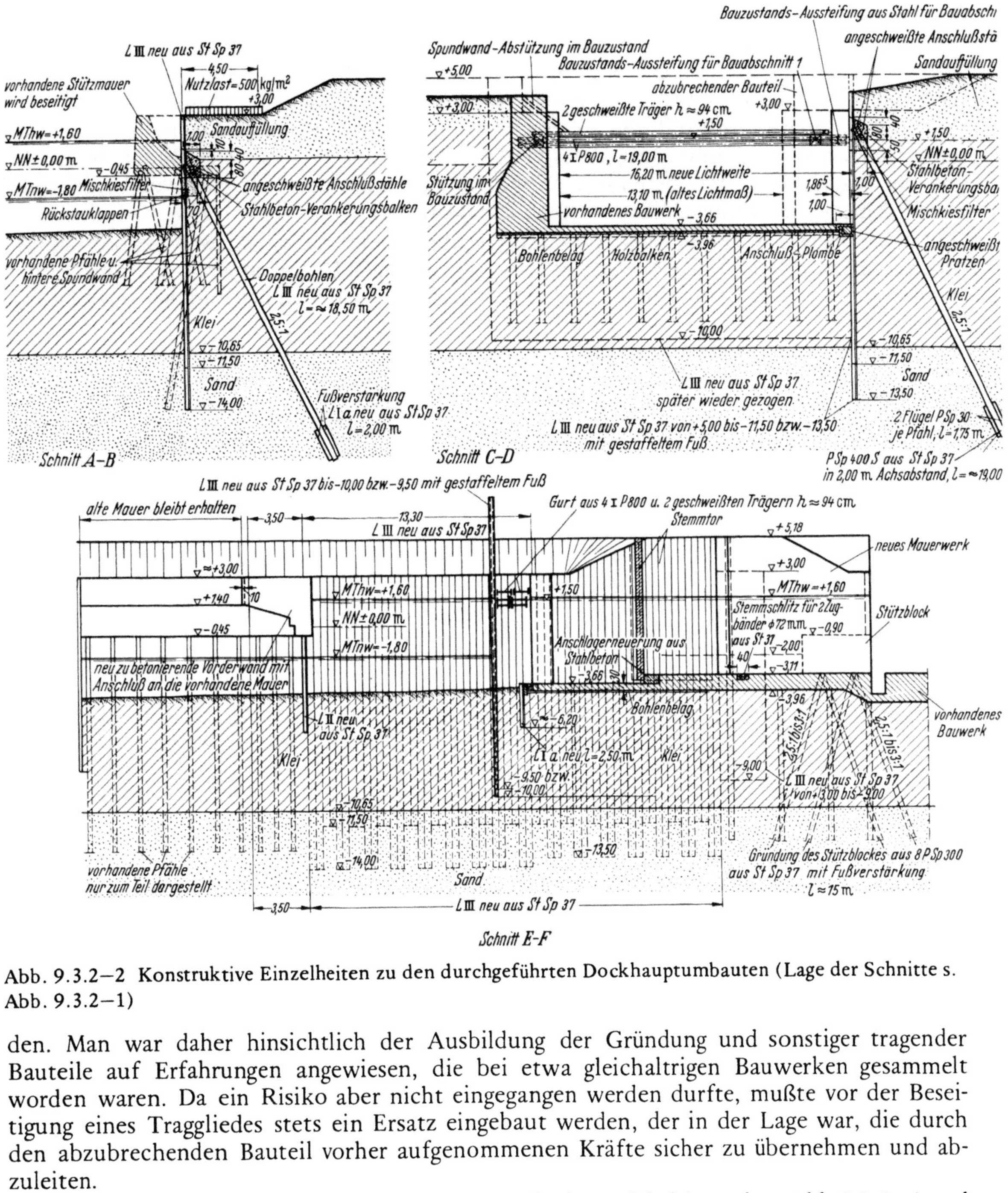

Abb. 9.3.2–2 Konstruktive Einzelheiten zu den durchgeführten Dockhauptumbauten (Lage der Schnitte s. Abb. 9.3.2–1)

den. Man war daher hinsichtlich der Ausbildung der Gründung und sonstiger tragender Bauteile auf Erfahrungen angewiesen, die bei etwa gleichaltrigen Bauwerken gesammelt worden waren. Da ein Risiko aber nicht eingegangen werden durfte, mußte vor der Beseitigung eines Traggliedes stets ein Ersatz eingebaut werden, der in der Lage war, die durch den abzubrechenden Bauteil vorher aufgenommenen Kräfte sicher zu übernehmen und abzuleiten.

Einen Überblick über die alte und die neue verbreiterte Einfahrt geben Abb. 9.3.2–1 und –2. Bei der exzentrischen Lage des Dockes zur Einfahrtachse brauchte nur die landseitige Einfahrtwand umgebaut zu werden. Hierzu wurde, nachdem die Einfahrt umspundet worden war, zunächst ein Stützblock neben dem Pumpenkeller errichtet (Abb. 9.3.2–1 und –2).

Er wurde auf 15 m langen, unter 2,5 : 1 bis 3 : 1 gerammten Stahlpfählen PSp 300 aus StSp 37 mit Fußflügeln so gegründet, daß der gesamte auf der Landseite der Einfahrt wirkende Wasserdruck aufgenommen werden konnte.

Ein weiterer wesentlicher Bestandteil des Umbaues war die Umspundung der Baugrube mit dem Profil L III neu auf StSp 37 mit ihren Aussteifungen. Sie wurde, soweit sie ständig im Bauwerk verblieb, später auch zur Aufnahme lotrechter Bauwerkslasten herangezogen und gestaffelt in den tragfähigen Boden gerammt. In diesen Bereichen wurde sie landseitig mit 19 m langen 2,5 : 1 geneigten Stahlpfählen, PSp 400 S aus StSp 37 mit Fußflügeln verankert, die mit Hilfe eines Stahlbetongurtes an die Spundwand angeschlossen wurden.

Die Baugrubenspundwand vor der Einfahrt wurde durch einen Stahlgurt, bestehend aus mehreren schweren Stahlträgern, abgestützt. Er fand in der wasserseitigen Einfahrtwand und auf der Landseite, zuerst ebenfalls in der Einfahrtwand und später in einer vorübergehenden Abstützung gegen den neuen Toranschlag, seine Auflager.

Da die Baugrubenwand vor der Einfahrt später wieder zu ziehen war, mußte dahinter noch eine im Bauwerk verbleibende Sicherungswand gegen Unterläufigkeit gerammt werden. Sie wurde mit einer Betonplombe an den bestehenden Vorboden der Einfahrt angeschlossen (Abb.9.3.2–2).

Der umgebaute Stemmtoranschlag wurde durch zwei in die Sohle einbetonierte Zuganker Ø 72 mm aus St 37 so gesichert, daß die Wände durch den vergrößerten Stemmdruck nicht auseinandergetrieben werden konnten (Abb.9.3.2–1 und –2).

Auch die Einfahrtkaimauer mußte zum Teil abgebrochen werden. Sie wurde durch eine Stahlspundwand L III neu aus StSp 37 mit Stahlbetongurt und 18,5 m langen Ankerpfählen aus Doppelbohlen L III neu aus StSp 37 mit Fußflügeln ersetzt (Abb.9.3.2–2).

9.3.2.3 Ergänzende Hinweise

Der Umbau wurde mit der gebotenen Vorsicht vorgenommen. Er ging ohne besondere Schwierigkeiten und Rückschläge vor sich. Die gewählte Lösung hat sich bewährt.

Das vorliegende Beispiel zeigt, daß es auch bei wesentlichen Umbauten alter Bauwerke fallweise möglich ist, auf einen Totalabbruch zu verzichten. Hierbei können fallweise beachtliche Einsparungen an Bauzeit und Baukosten erzielt werden.

Nachdem das umgebaute Dock etwa eineinhalb Jahrzehnte seine Aufgabe voll erfüllt hatte, mußte es 1965 im Zuge einer neuen Stadtplanung zugeschüttet werden.

10. Molenbauwerke

10.1 Allgemeines

Molenbauwerke werden für verschiedene Zwecke errichtet. Vor allen sollen sie Wellen von Hafenbecken oder von deren Zufahrten möglichst weitgehend fernhalten. Dabei werden sie auf ihrer geschützten Seite fallweise gleichzeitig für Umschlagzwecke ausgebaut.

Nach ihrer Form werden Molen mit lotrechten und solche mit schrägen Außenflächen unterschieden. Ihre Gestaltung richtet sich weitgehend nach den Möglichkeiten der Herstellung, den zur Verfügung stehenden Baustoffen und nach den Dünungsverhältnissen.

10.1.1 Molen mit schrägen Außenflächen

Molen mit schrägen Außenflächen werden im allgemeinen als Steinschüttmolen hergestellt. Sie haben den Vorteil, daß die Wellen an ihnen nicht reflektiert werden. Durch ihr schräges Auflaufen als Luft-Wasser-Gemisch wird ihre Energie weitgehend schadlos in Wärme umgewandelt. Molen dieser Art sind dann besonders wirtschaftlich, wenn geeigneter seewasserbeständiger Fels in erreichbarer Entfernung ansteht und sich dieser Fels auch gut in großen Blöcken gewinnen läßt. Solches Material wird vor allem bei ständig anlaufender schwerer Dünung – am besten vom Land aus fortschreitend – mit einem weit ausladenden Laufkatzenkran großer Tragfähigkeit eingebaut. Um die Durchlässigkeit der Mole entsprechend klein zu halten, wird der Molenkern aus feinerem Material – im allgemeinen mit einem Stückgewicht von 1–3000 kg – hergestellt. Dieses Material wird in großen, vorne und oben offenen Blechbehältern (Skips) vom Steinbruch zur Einbaustelle gefahren. Beim Vorbau vom Lande aus werden diese Behälter mit dem Spezial-Molenkran in die richtige Position gebracht und dann gekippt. Bei gleislosem Vorbau mit Muldenkippern wird das Material vor Kopf und seitlich gekippt. Es rollt und rutscht dann zunächst im obersten trockenen Teil und dann unter Wasser nach unten, wobei es jeweils in der Grenzneigung liegen bleibt. Bei schwimmendem Einbau wird das feine Material verklappt.

Das Kernmaterial wird durch eine 1,5 bis 2,0 m dicke gröbere Schicht abgedeckt, die so aufgebaut sein muß, daß sie als Filter wirkend den Austritt des Kernmaterials in größeren Mengen verhindert. Je nach Höhe und Länge der ankommenden Wellen kann diese Schicht gleichzeitig bereits die äußere Schutzschicht darstellen. Bei fallweise schwerem Wellengang erhält die Mole außen aber noch eine Abdeckung mit schweren Felsblöcken, deren Größe sich nach der Wassertiefe, der Böschungsneigung und der Energie der anlaufenden Wellen richtet. An der Außenseite erhalten Steinschüttmolen im allgemeinen die Neigung 1: 1,5 und im obersten Teil 1 : 1,75 bis 1 : 2. Auf der Innenseite genügt die Neigung 1 : 1,25 und oben 1 : 1,5. Die Größe der Blöcke auf der Außenseite wird am besten durch Modellversuche bestimmt. Fallen im Steinbruch nicht genug ausreichend große Blöcke an, werden quaderartige Betonblöcke oder aber besser Tetrapoden oder gleichwertige große Einheiten aus Beton, wie Tripoden, Multipoden usw., versetzt. Solche Schichten besitzen eine große Durchlässigkeit, verbunden mit einer besonders guten gegenseitigen Verzahnung der Betonkörper. Das Stückgewicht der letzteren kann daher wesentlich kleiner als das quaderartiger Betonblöcke gehalten werden.

Soll in Verbindung mit der Mole auf der Innenseite eine mit Sand hinterfüllte Kaimauer errichtet werden, wird dort, soweit es Dünung und Seegang erlauben, nur feineres Material eingebaut. Seine Böschung wird so flach gehalten, daß der aufzubringende, verhältnismäßig teure Mischkiesfilter – dessen Außenfläche im allgemeinen nicht steiler als etwa 1 : 2 sein kann – im unteren Teil nicht zu unwirtschaftlich dick wird.

Beim Vorbau vom Lande aus muß die obere Fläche der Steinschüttmolen so breit sein, daß die Einbaugeräte darauf einwandfrei verkehren können. Das Arbeitsplanum muß auch ausreichend hochwasserfrei liegen.

Spezial-Molenkrane laufen entweder auf schweren Raupenfahrwerken oder auf schweren Laufschienen mit Rädern, die an einer entsprechenden Anzahl von Schwingen montiert sind. Die Laufschienen werden im allgemeinen auf schweren Holzschwellenrosten gegründet. Gut bewährt haben sich Molenkrane mit einer Dreibeinstützung, die gegen ungleichmäßige Stützensenkungen weitgehend unempfindlich sind. Trotzdem werden im allgemeinen nur ungleiche Senkungen bis etwa 15 cm zugelassen, damit eine zu große Schrägstellung des Kranes nicht seinen Betrieb behindern oder gefährden kann.

Obwohl es sich bei Steinschüttmolen um robuste und anpassungsfähige Bauwerke handelt, muß der Baugrund auch bei diesen sorgfältig aufgeschlossen werden. Ist der Untergrund nicht einwandfrei tragfähig, kann es sonst sehr leicht zu Geländebrüchen oder auch zu Grundbrüchen am Molenfuß kommen, die die Baugeräte und die Termine gefährden und zu unnötig erhöhten Baukosten führen. Fallweise genügen bereits verhältnismäßig schmale Stein-Teppiche vor den Molenfüßen, um gegen Ausquetsch- und Brucherscheinungen zu sichern. Sonst müssen die Teppiche entsprechend schwerer und breiter ausgeführt werden, wenn es dann nicht sinnvoller ist, schlechte Bodenschichten vor Beginn der Molenschüttung auszukoffern. Aber auch abrechnungstechnische Überlegungen erfordern einwandfreie Bodenaufschlüsse. Dies gilt vor allem dann, wenn das Material nicht nach abgewogenen Tonnen, sondern nach Zeichnung vergütet wird. In diesem Falle fehlen ohne einwandfreie Bodenaufschlüsse und bodenmechanische Untersuchungen den Bietern die erforderlichen Kalkulationsgrundlagen, um die im Boden versackten oder sonst ein- oder seitlich herausgedrückten Materialmengen genau erfassen zu können.

Die Köpfe der Molen werden häufig erst beim Rücklauf der Geräte auf die endgültige Höhe gebracht. Diese Bauweise ermöglicht schmalere Molen und führt zu einer richtigeren Höhenlage der Molenkrone, weil bis dahin häufig ein wesentlicher Teil der Setzungen und Sackungen des Bauwerkes abgeklungen ist. Gelegentlich wird der Kopf der Molen abschließend auch noch mit einer aufgesetzten Betonmauer ausgerüstet.

Bleibt die Krone unter dem normalen Wasserspiegel oder ragt sie nur wenig darüber hinaus, wird von einem „Wellenbrecher" gesprochen.

Da die beim Branden langer und hoher Wellen auftretenden Beanspruchungen außerordentlich groß und darüber hinaus auch noch nicht einwandfrei erfaßbar sind, sollten Steinschüttmolen niemals in der Brandungszone, sondern stets seewärts davon errichtet werden. Der Molenausbau quer durch die Brandungszone läßt sich aber bei ständig anlaufender Dünung nicht vermeiden. In besonders schwierigen Fällen kann die Brandungszone durch eine Brükke überbaut werden, von der aus dann die Mole von den beiden Seitenrändern her geschüttet wird.

10.1.2 Molen mit lotrechten oder praktisch lotrechten Seitenwänden

Steht Steinschüttmaterial in erforderlicher Qualität und Menge nicht oder nicht ausreichend kostengünstig zur Verfügung, ist man fallweise gezwungen, zu einem Molenbau mit lotrechten Seitenwänden überzugehen. Hierbei werden im allgemeinen Schwimmkästen oder Brunnen aus Stahlbeton, die im eingebauten Zustand noch über das MW bzw. das MThw reichen, auf einer vorbereiteten Steinschüttung, die mit Schotter abgeglichen ist, abgesetzt. Die Gründungssohle wird dann, wenn erforderlich, noch mit Zementmörtel verpreßt oder bei Brunnen mit einer Unterwasserbetonplombe versehen. Anschließend werden die Baukörper mit Sand oder sonstigem rolligen Material verfüllt. Den oberen Abschluß bildet dann eine Stahlbetonplatte. Dieses Bauverfahren ist auch für den oberen Abschluß von Steinschüttmolen in besonders tiefem Wasser angewendet worden.

In Mittelamerika ist ein Molenbauwerk mit lotrechten Wänden auch schon in Fangedammbauweise mit Kreiszellen errichtet worden. Die Überwindung der Bauzustände mit noch nicht verfüllten Zellen bereitete dabei zunächst große Schwierigkeiten, gelang aber schließlich durch die Sicherung mit besonderen inneren und äußeren Stützkonstruktionen aus Stahl die auf Stahlpfählen ruhten.

Auch Molen mit lotrechten Wänden sollten niemals in der Brandungszone errichtet werden, sondern davor, damit die Wellen am Bauwerk nicht branden. Zum Unterschied von geböschten Molen sollen die Wellen am Bauwerk reflektiert werden. Bei sehr schrägem Wellenanlauf ist neben der normalen Wellenaufhöhung infolge eines Reflektionsanteiles auch noch der sogenannte „Mach-Effekt" zu berücksichtigen, durch den eine weitgehend längslaufende Welle mehr als den 2-fachen Betrag ihrer Ausgangshöhe erreichen kann.

10.1.3 Molen in Pierbauweise mit abschließender Stahlspundwand

Wenn in Seegebieten ohne Dünung mit nur fallweise auftretenden kleineren Wellen ein Molenbauwerk mindestens auf der Innenseite auch Verkehrsaufgaben übernehmen muß, vor allem aber, wenn gleichzeitig erst in großer Tiefe trag- und rammfähiger Boden ansteht, empfiehlt es sich, Molen in Pierform, am besten mit einem kastenförmigen Stahlbetonkopf auf Pfählen zu errichten. An geeigneter Stelle wird dabei eine oben frei aufgelagerte und ausreichend tief in den tragfähigen Baugrund reichende Stahlspundwand angeordnet. Sie muß die fallweise aus den Welleneinwirkungen herrührenden dynamischen Wechselbeanspruchungen für die Zeit des Verkehrsalters des Bauwerkes aufnehmen und die auftretenden Belastungen in das Stützbauwerk sowie in den tragfähigen Baugrund ableiten können. Deshalb dürfen für die Spundwand und ihre Anschlußteile nur besonders beruhigte Stähle, wie St 37–3 und St 52–3 oder gleichwertige Stähle, verwendet werden. Die zulässigen Spannungen richten sich nach den Angaben für dynamische Beanspruchungen in E 20 der EAU.

Als Gründungspfähle für den Überbau werden im allgemeinen geschlossene Stahlpfähle verwendet.

Dem Schutz gegen Korrosion und fallweise auch gegen Sandschliff ist besondere Aufmerksamkeit zu widmen.

10.2 Steinschüttmolen

10.2.1 Molenbauwerke für einen deutschen Eisenbahnfährhafen an der Ostsee

10.2.1.1 Allgemeines

Um die Eisenbahnverbindung zwischen der Bundesrepublik Deutschland und Dänemark zu verbessern, wurde Ende der fünfziger Jahre auf einer vorgelagerten Ostseeinsel – die gleichzeitig mit dem Festland durch eine leistungsfähige Straßen- und Eisenbahnbrücke verbunden wurde – eine großzügige Eisenbahnfähranlage im Schutze eines neuen, in die Ostsee vorgestreckten Hafens errichtet. Dieser Hafen ist in Abb.10.2.1–1 dargestellt. Er besteht aus einer bis NN – 8,0 m gebaggerten Rinne außerhalb des Hafens, dem im mittleren Bereich 280 m breit bis NN – 8,0 m vertieften Hafenbecken, den seitlichen Hafenmolen mit aufgesetztem Stahlbetonkopf und besonderem Molenkopf am seeseitigen Ende, den Fährbetten und den Liegeplätzen für die Fährschiffe. Die beiden letztgenannten Anlagen werden hier nicht weiter behandelt.

Der Hafenmund zwischen den Molenköpfen wurde aus navigatorischen Gründen 85 m breit gewählt. Hierbei wurden die Schiffsgeschwindigkeiten beim Ein- bzw. Ausfahrmanöver, die Querströmung vor dem Hafenmund und die möglichen Windeinflüsse entsprechend berücksichtigt. Die Nutzlänge des Hafenbeckens von $\geq$ 565 m ergab sich ebenfalls aus der erforderlichen bzw. zulässigen Schiffsgeschwindigkeit am Hafenmund, dem Anfahr- bzw. dem Bremsvermögen und der Navigierfähigkeit der Fährschiffe zum Ansteuern der verschiedenen Fährbetten bzw. umgekehrt des Hafenmundes.

Die Molenköpfe mußten trotzdem noch so gestaltet und bemessen werden, daß sie auch leichte Havarien ohne nennenswerte Schäden überstehen konnten.

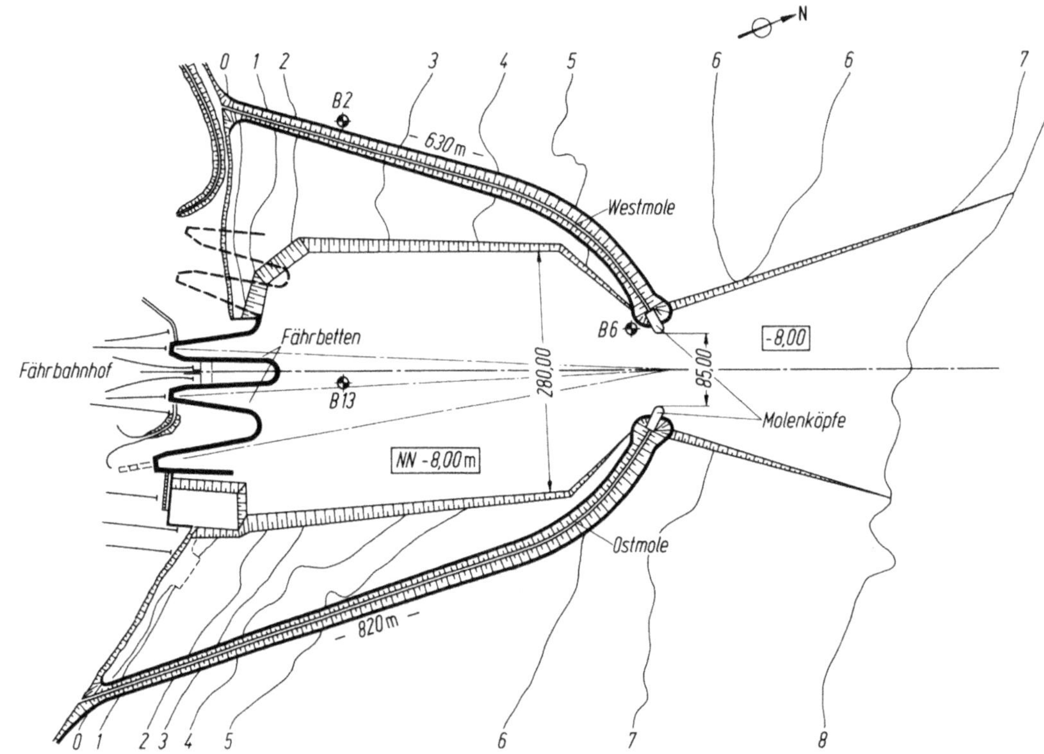

Abb. 10.2.1–1 Lage-Übersichtsplan des Fährhafens mit Angabe einzelner Bohrstellen

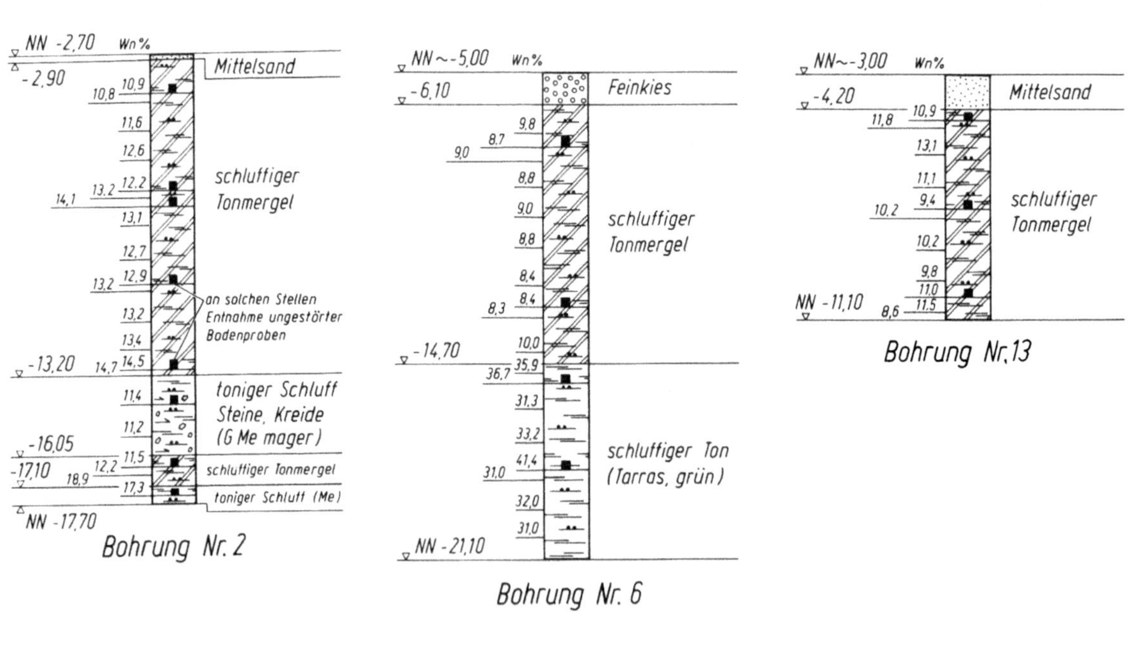

Abb. 10.2.1–2 Auswahl kennzeichnender Bohrprofile

10.2.1.2 Bodenverhältnisse

Der Baugrund im Bereich des Fährhafens bestand größtenteils aus bindigem, teilweise gut tragfähigem Diluvialboden, der abschnittsweise von einer Sandschicht wechselnder Dicke überlagert war. Um den Baugrund zu erkunden, wurden sowohl auf dem Lande als auch im Wasser zahlreiche Bohrungen ausgeführt. Auf Abb.10.2.1–2 sind die Bohrprofile für drei ausgewählte kennzeichnende Bohrungen dargestellt, deren Lage aus Abb.10.2.1–1 ersichtlich ist. Danach bestand der Boden größtenteils aus sehr gut tragfähigem Geschiebemergel mit einem natürlichen Wassergehalt w_n von i. M. etwa 12 % und dem zum Teil wesentlich weniger tragfähigen Tarras mit einem mittleren w_n von etwa 33 %.

Mit folgenden auf der sicheren Seite liegenden Bodenwerten konnte gerechnet werden, wobei in den rechnungsmäßigen Scherparametern die Einflüsse von Harnischflächen berücksichtigt worden sind:

N i c h t b i n d i g e S c h i c h t e n :

$\gamma_a = 1{,}0$ t/m^3, $\rho_r = 30°$

T a r r a s :

$\gamma'_a = 0{,}9$ t/m^3, $\rho'_r = 10°$, $c'_r = 0{,}3$ kg/cm^2

$E_s = 40–200$ kg/cm^2

G e s c h i e b e m e r g e l :

$\gamma'_a = 1{,}15$ t/m^3, $\rho'_r = 25°$, $c'_r = 0{,}25$ kg/cm^2

$E_s = 800–1000$ kg/cm^2

Verschiedene Bohrungen im Geschiebemergel mußten wegen großer Steine und Findlinge abgebrochen werden. Beim vorliegenden Projekt war das Stein- und Findlingsproblem vor allem für die Naßbaggerarbeiten vor dem Hafen und im Hafenbecken von Bedeutung. In solchen Fällen ist es bereits schwierig, die Ausschreibung der Baggerarbeiten so abzufassen, daß bei der Vergabe im Bauvertrag ein wirklich zutreffender, auskömmlicher und angemessener Preis festgelegt werden kann. Die Bodenaufschlüsse durch Bohrungen und Sondierungen sollten in solchen Fällen – wenn irgend möglich vor der Ausschreibung – durch eine Probebaggerung ergänzt werden

10.2.1.3 Belastungsangaben und Berechnungsgrundlagen, Lastfälle und zulässige Spannungen sowie Anforderungen an die Baustoffe

10.2.1.3.1 Belastungsangaben und Berechnungsgrundlagen

Es mußten folgende Belastungsangaben berücksichtigt werden:

Eigengewicht nach DIN 1055

Auflasten auf der Mole und den Molenköpfen 500 kg/m^2 im Normalfall

Winddruck nach DIN 1072

Strömungsdruck für eine maximale Strömungsgeschwindigkeit $v = 1{,}0$ m/s

Wellendruck für eine maximale Wellenhöhe $H = 2{,}6$ m bei einer Wellenlänge $L = 56$ m

Horizontalbelastung durch Eis = 10 t/m zwischen NN – 2,5 m und NN + 4,0 m auf 0,5 m Höhe verteilt.

Schiffstoß an den Molenköpfen = 60 t an beliebiger Stelle zwischen NN – 2,0 m und NN + 4,0 m auf einer Fläche von 0,5/0,5 m angreifend.

Als *Berechnungsgrundlagen* mußten für die einzelnen Konstruktionsteile die einschlägigen DIN–Vorschriften beachtet werden sowie die Empfehlungen des Arbeitsausschusses „Ufereinfassungen".

10.2.1.3.2 Lastfälle und zul. Spannungen

Die Belastungen wurden den Lastfällen 1, 2 und 3 wie folgt zugeordnet:

Lastfall 1: Eigengewicht, Verkehrslasten und Strömungsdruck

Lastfall 2: wie bei Lastfall 1, jedoch zusätzlich Winddruck und Wellendruck

Lastfall 3: wie bei Lastfall 2, jedoch zusätzlich Schiffsstoß oder Eisdruck ohne Wellendruck.

Gegenüber den zulässigen Spannungen nach Lastfall 1 durften bei Lastfall 2 bzw. 3 die zul. Spannungen bei allen Bauteilen um 15 % bzw. 30 % erhöht werden.

10.2.1.3.3 Anforderungen an die Baustoffe

Wegen des Seewasserangriffs wurden folgende Forderungen gestellt:

a) Das Stein- und Geröllmaterial mußte witterungs- und seewasserbeständig sein und durfte keinerlei Beimengungen an Kalk und Splint enthalten. Die geforderten Stein- und Geröllgrößen waren mit einer Toleranz von ± 20 % einzuhalten.
b) Die Betonzuschlagstoffe mußten im besonders guten Bereich nahe der Linie E liegen. Die Zuschlagstoffe mußten getrennt in den Größen 0–7 mm und über 7 mm zugegeben werden.
c) Als Zement durfte nur HOZ 275 mit 300 kg/m^3 fertigen Beton verwendet werden mit einem plastifizierenden Zusatz, so daß der Beton mit Rüttelhilfe einwandfrei eingebaut werden konnte. Als Anmachwasser durfte auch Seewasser verwendet werden.
d) Der Beton mußte mindestens die Qualität B 225 aufweisen. Er mußte aber wasserdicht ausgeführt werden. Der Betonaufbau war vom Bieter in physikalischer und chemischer Hinsicht genau zu beschreiben. Seine für die Ausführung festgelegte Zusammensetzung mußte später im Baubetrieb laufend nachgewiesen werden.
e) Unter den vorliegenden Verhältnissen durfte in allen wichtigen tragenden Bauteilen nur Betonstahl I verwendet werden.

10.2.1.4 Ausbildung der Hafenmolen und der Molenköpfe

10.2.1.4.1 Ausbildung der Hafenmolen

Aufbauend auf den umfangreichen, vor allem in Dänemark gesammelten Erfahrungen wurden die Hafenmolen als Steinmolen mit aufgesetztem Stahlbetonkopf ausgebildet. Sie dienen als Wellenbrecher und auch sonst zur Beruhigung des Hafenwassers sowie als Schutz gegen Sandeintrieb und Eisangriff. Im Hinblick auf die zu erwartenden zahlreichen Besucher mußten sie auch gut begehbar sein. Ihr Querschnitt und Aufbau sind aus der Abb.10.2.1–3 ersichtlich.

Der Kern besteht aus 5–200 kg schweren Steinen. Er wird auf der Seeseite durch eine 2,0 m und auf der Hafenseite 1,5 m dicken Schicht von 1–2 t schweren Steinen abgedeckt. Die Deckschicht ist zur Seeseite hin 1 : 2 und zur Hafenseite hin 1 : 1,5 geböscht. Eine solche Steinabdeckung sichert auch den Abschluß der Molenköpfe, deren Steinschüttung bis NN + 2,1 m reicht.

Den oberen Molenabschluß bildet ein 3,0 m breiter und 1,7 m hoher Stahlbetonkopf dessen Gehwegoberkante auf NN + 3,3 m gelegt wurde. Die Baublöcke des Stahlbetonkopfes wurden 7,5 m lang hergestellt und in waagerechter Richtung miteinander verzahnt. Entsprechend bewehrt konnten sie so extreme Lagerungsbedingungen, die infolge von Setzungen oder Sackungen der Steinmolen oder infolge von extremen Eisschüben auftraten, ohne zu brechen überstehen. Sie konnten notfalls mit schwerem Hebegerät auch wieder in ihre Ausgangslage zurückgeholt werden. Hierzu wurden die Molenköpfe vorsorglich auch für schwere Hebezeuge befahrbar ausgeführt.

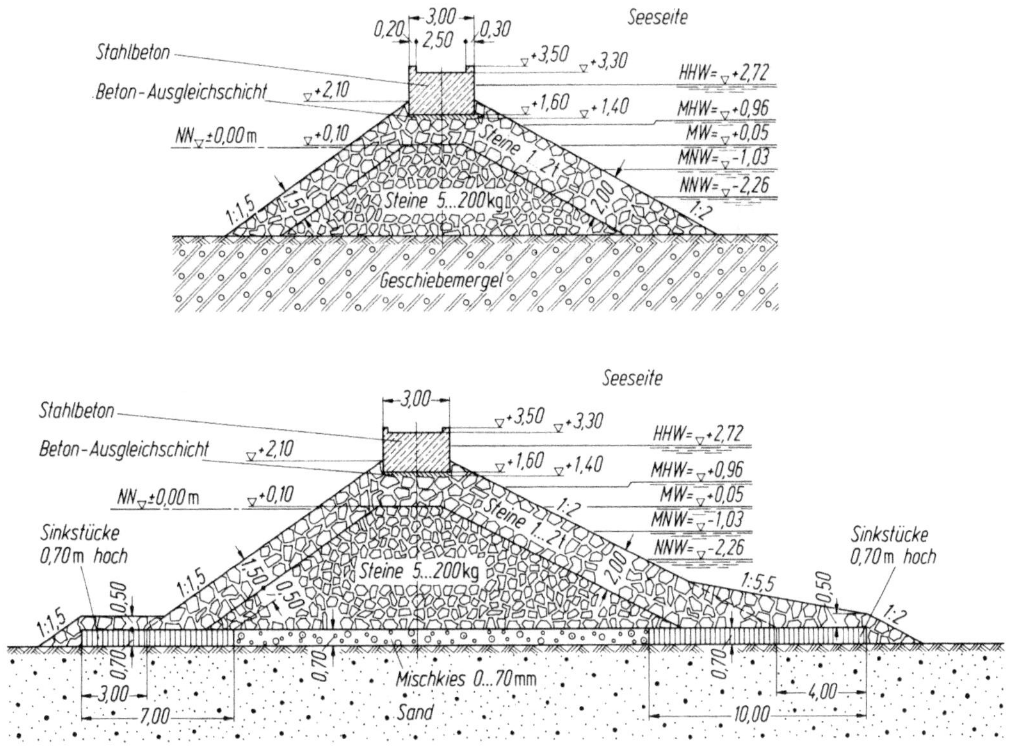

b *Mole im tieferen Wasser auf Sand*

Abb. 10.2.1–3 Kennzeichnende Molenquerschnitte

Die 1–2 t schweren Abdecksteine wurden von den für die Ostsee bekannten Steinfischern an bestimmten Fundstellen geborgen und mit Kähnen zur Einbaustelle an den Molen befördert. Dort wurden sie mit geeignetem Gerät auf die Mole geworfen bzw. darauf abgesetzt.

In Bereichen, in denen Sand anstand, durfte wegen der Auswaschgefahr weder die Schüttung aus 5–200 kg schweren Steinen noch die Deckschicht unmittelbar auf den anstehenden Meeresboden abgesetzt werden. Vielmehr mußten hier die Molenränder zuerst durch 0,7 m hohe, im Hafen 7,0 m und auf der Seeseite 10,0 m breite Sinkstücke und dazwischen durch eine 0,7 m hohe Mischkiesschicht der Körnungen 0–70 mm nach Abb.10.2.1–3b gesichert werden. Auch weitere wichtige Einzelheiten können dieser Abbildung entnommen werden.

10.2.1.4.2 Ausbildung und Einbringen der Molenköpfe

Die Hafeneinfahrt wurde begrenzt durch zwei je 30 m lange und 12 m breite, aus Stahlbeton B 225 hergestellte und als Schwimmkästen eingebrachte Mohlenköpfe mit lotrechten Umfassungswänden (Abb.10.2.1–4). Die mittleren Zellen der Schwimmkästen wurden im Zuge der Absenkung mit Sand gefüllt, die äußeren anschließend mit Beton der Güte B 160. Weitere konstruktive Einzelheiten können der Abb.10.2.1–4 entnommen werden.

Zur Gründung wurde zunächst der Boden im Bereich der Molenköpfe durch Naßbaggern mit allseitig 5 m Spielraum bis NN –10,0 m beseitigt. Die so geschaffene Grube wurde mit Geröll ∅ 3–7 cm 1,0 m hoch aufgefüllt und eingeebnet. Hierfür wurde eine so ebene Oberfläche der Geröllschicht gefordert, daß der aufgesetzte Molenkopf auf seiner gesamten Sohle satt aufsaß. Da dieses Ziel aber kaum realisierbar war, wurden in der statischen Berechnung und in der Bemessung auch Reitzustände des Schwimmkastens sowohl an den Rändern als

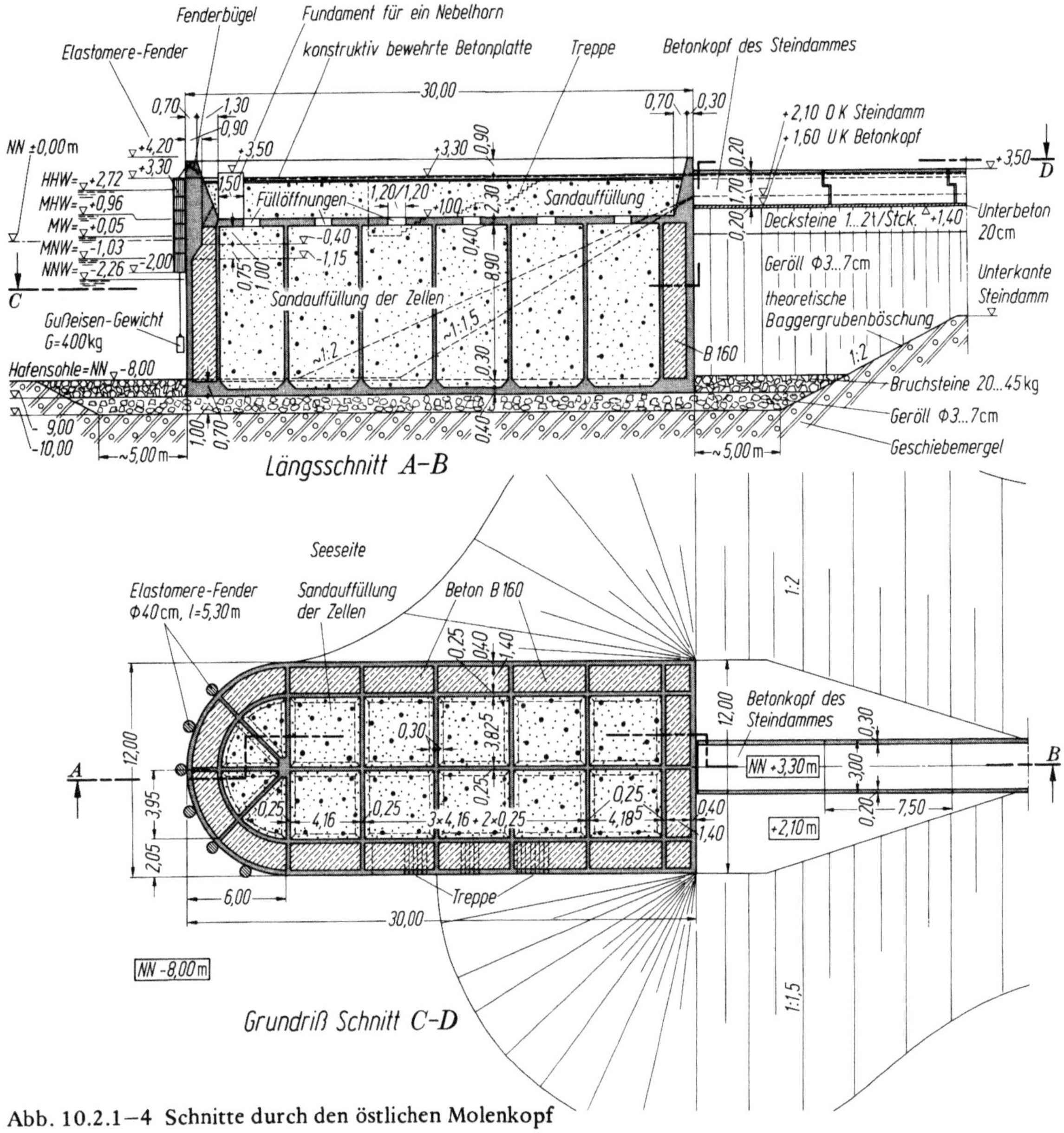

Abb. 10.2.1–4 **Schnitte durch den östlichen Molenkopf**

auch umgekehrt im mittleren Bereich berücksichtigt. Hierbei wurden aber Stahlspannungen bis 85 % der Streckgrenze und entsprechend erhöhte Betondruckspannungen zugelassen.

Die Molenköpfe erhielten auf der Hafenseite eine Anlegemöglichkeit für Kleinschiffe. An der Einfahrtseite wurden sie mit runden 0,4 m dicken und 5,3 m langen lotrechten Elastomere-Fendern gesichert. Die Fender mußten bis NNW reichen und wurden mit einem 400 kg schweren Gewicht aus Gußeisen versehen. Das Gewicht mußte so tief gehängt werden und solche Abmessungen aufweisen, daß das Anstoßen eines Fährschiffes mit Sicherheit vermieden wurde. Bezüglich weiterer Einzelheiten insbesondere auch des Anschlusses der Steinmole an den Molenkopf, wird auf Abb.10.2.1–4 verwiesen.

10.2.1.5 Schlußbemerkungen

Die Bauarbeiten konnten in der geplanten Form und in der vorgesehenen Bauzeit ausgeführt werden. Die Schwimmkästen wurden in einem Dock in einem weit entfernten Ostseehafen hergestellt und bei ruhigem Wetter über See bis zur Einbaustelle geschleppt.

10.2.2 Mole für einen Seehafen mit Tide in Westafrika (vgl. auch Kap.3.3.5 und 5.3.2)

Zur Gewinnung eines geschützten Hafens für das Löschen und Laden von Afrikadampfern bis zu einem Tiefgang von rd. 7 m wurde 1956 an der offenen Küste Westafrikas ein Wellenbrecher aus gebrochenem Fels geschüttet. Seine Leeseite wurde gleichzeitig als Umschlagkai für Seeschiffe und für Leichter ausgebaut (Abb.10.2.2–1).

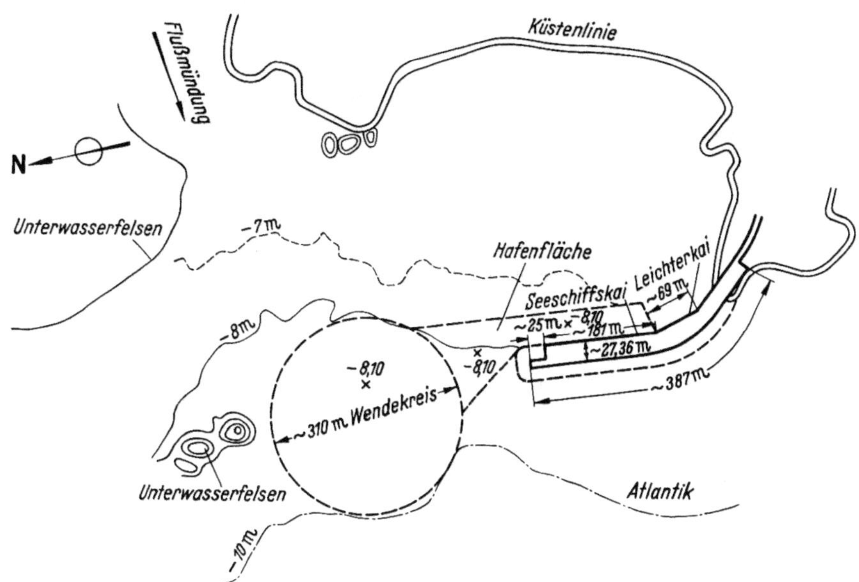

Abb. 10.2.2–1 Lageplan des Seehafens

Bei der ständig anlaufenden bis zu 3 m hohen Dünung des Atlantik konnte die ursprünglich vorgesehene Bauweise, bei der Wellenbrecher und Kais etwa gleichzeitig vorgebaut werden sollten, nicht ausgeführt werden. Um ausreichend ruhiges Wasser für das Herstellen der Kais zu erreichen, entschloß man sich daher, den Wellenbrecher mit einem Vorlauf bis zu jeweils 60 m vor dem dahinter zu errichtenden Kai in das Meer zu schütten (Abb.5.3.2–3).

Das Liegebecken wurde rd. 275 m lang und rd. 50 m breit ausgeführt. Vor der Einfahrt zum Hafen stand zwischen dem Kopf der Mole und einem vorhandenen Riff ein genügend großer Wendekreis von rd. 310 m Durchmesser zur Verfügung (Abb.10.2.2–1).

Der Wellenbrecher wurde für die Dauer der Bauzeit zunächst mit einer Außenböschung 1 : 1,5 bis 1 : 2 und einer Binnenböschung 1 : 1,25 hergestellt. Seine Krone wurde 5 m über SKN ± 0,0 m gelegt und rd. 7 m breit ausgeführt, damit die Felsschüttung im Vor-Kopf-Verfahren mit Lorenkippern eingebracht werden konnte. Der Wellenbrecher bestand auf der seeseitigen Hälfte aus Felsblöcken von 2 bis 8 t und binnenseitig von o,5 bis 2 t (Abb.10.2.2–2).

Die Erfahrung und die überschlägliche Nachrechnung nach den neuesten Berechnungsverfahren hatten ergeben, daß diese Kopfbreite des Wellenbrechers und die gewählte Neigung der Außenböschung bei den angreifenden Wellen und der gewählten Größe der Felsblöcke nahezu das Minimum an erforderlichen Querschnittsabmessungen darstellte. Diese Lösung war aus Gründen der Kostenersparnis, der begrenzten Bauzeit für die Gesamtanlage und des nur in begrenzter Menge anstehenden geeigneten Felsgesteins erforderlich.

Wo die brandenden Wellen bei hoher Dünung nahezu normal zur Richtung des Wellenbrechers aufprallten, zeigten sich wohl stärkere Erschütterungen, jedoch hielt das Bauwerk den Beanspruchungen noch ohne Rutschungen und Verschiebungen stand. Die zunächst provisorische Außenböschung des Wellenbrechers mit der Neigung 1 : 1,5 bis 1 : 2

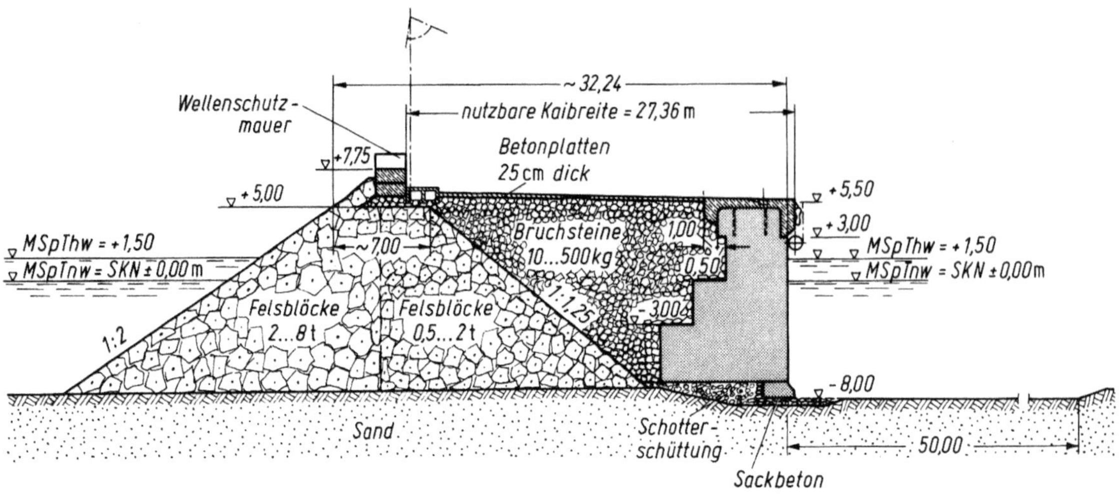

Abb. 10.2.2–2 Querschnitt durch den Wellenbrecher und den Seeschiffkai im Endzustand

(Abb.10.2.2–2 und 5.3.2–3) wurde später nach dem Fertigstellen des binnenseitigen Kais durch weitere 5–8 t schwere Felsblöcke so ausgeglichen, daß eine durchlaufende Dauerböschung von rd. 1 : 2 erreicht wurde (Abb.5.3.2–1 und –2).

Seeseitig erhielt der Wellenbrecherkopf im Zuge des weiteren Ausbaues zum Schutz des Molenkais noch eine Wellenschutzmauer aus Betonblöcken (Abb.10.2.2–2). In den Bereichen mit ungünstigem Wellenangriff wurde sie dreilagig ausgeführt, in den übrigen Strecken mit schräg zum Bauwerk anlaufenden Wellen zweilagig (Abb.5.3.2–2 und –1). Der Zwickel zwischen Oberkante Außenböschung auf SKN + 5,0 m und Außenkante Schutzmauer wurde in der Neigung 1 : 2 mit schweren Felsblöcken ausgefüllt, um so die restliche Kraft der Wellenkämme zusätzlich abzuschwächen (Abb.10.2.2–2). Bei einer Beschädigung der Böschung konnte dieses Material auch nachrutschen.

In den ersten vier Jahren nach dem Fertigstellen der Hafenanlage hatte sich die Böschung 1 : 2 in der ausgeführten Art auch bei einem schweren Seegang bis zu 4,5 m Wellenhöhe als standsicher erwiesen. Durch den Wellenstoß und durch den viel gefährlicheren Wellensog wurden dabei nur einzelne, gegenseitig nicht genügend verzahnte Felsblöcke aus dem Verband der Böschung gerissen. Die Böschung wurde aber nicht großflächig verletzt. Dies war ein Beweis für die ausgezeichnete Qualität und die gegenseitige Verspannung der sorgfältig eingebauten, naturrohen schweren Felsblöcke.

Da sich in den genannten vier Jahren herausgestellt hatte, daß von seiten der zuständigen Hafenverwaltung die für Wellenbrecher unbedingt notwendigen Kontroll- und Sicherungsmaßnahmen nicht durchgeführt worden waren, wurden vorsichtshalber an den Stellen der herausgeschlagenen Felsblöcke zusätzlich schwere ungleichseitige Betonblöcke eingebaut, in die rd. 30–50 cm herausragende alte Eisenbahnschienen einbetoniert waren. Die Böschung des Wellenbrechers hat sich seitdem zufriedenstellend gehalten.

10.2.3 Steinschüttmole eines Seehafens in Togo

10.2.3.1 Allgemeines

Die Küste Togos besitzt keine natürlichen Buchten oder größere Flußmündungen. Sie besteht aus einem gleichmäßig flachen Sandstrand, gegen den das ganze Jahr über die atlantische Dünung – größtenteils aus südwestlicher bis südlicher Richtung – mit 1,2 bis 1,5 m, fallweise aber auch mit 4,0 bis 5,0 m hohen Wellen schräg zur Strandlinie anläuft. Durch das Branden der Dünungswellen wird ständig Sand aufgewirbelt. Dieser wird durch die Wellen

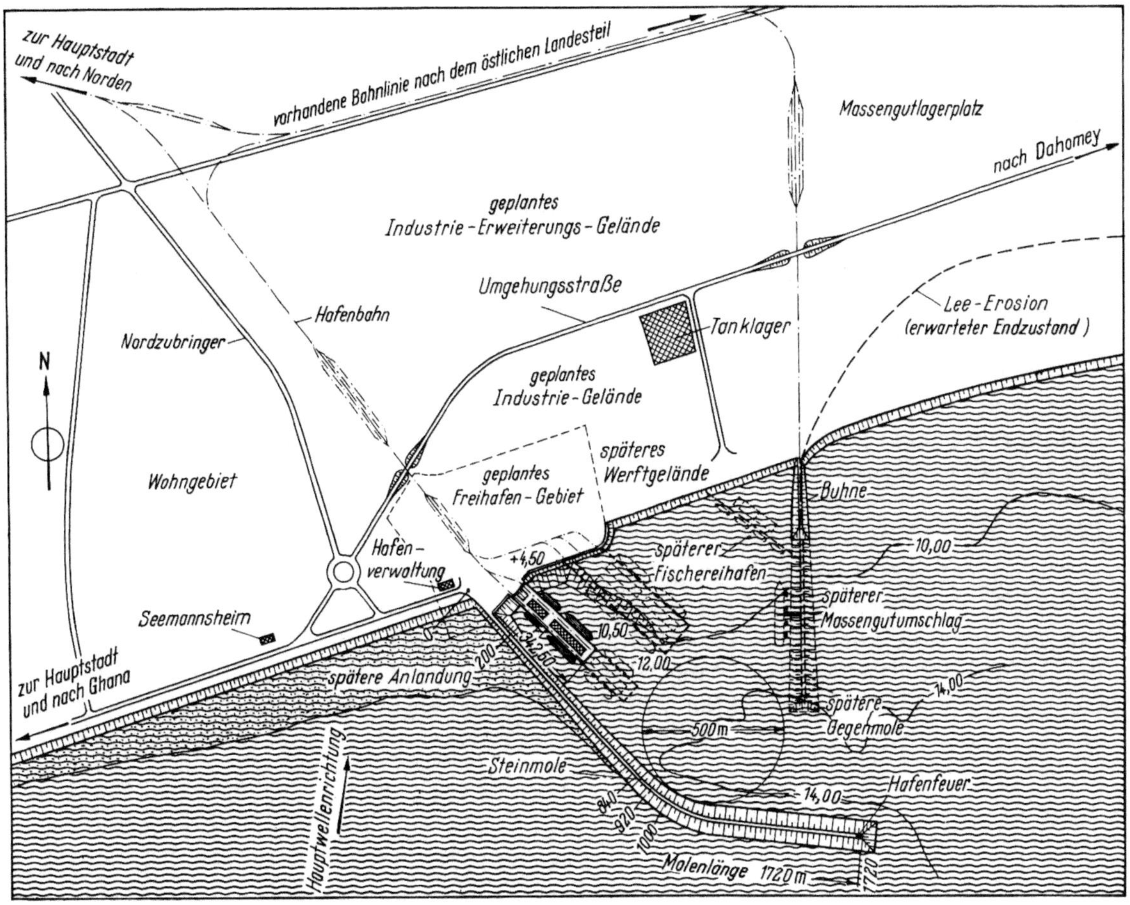

Abb. 10.2.3–1 Lage-Übersichtsplan des Hafens in der 1. Ausbaustufe mit Andeutung der Erweiterungen

hochgetragen, um dann in der Fallinie des Ufers wieder in die Brandungszone zurückzulaufen. Hierdurch entsteht ein sägeförmiger Sandtransport. Verbunden mit dem Brandungsstrom und dem im allgemeinen von Westen nach Osten laufenden Küstenstrom ergibt sich so ein nach Osten gerichteter Sandtransport von rd. 1,5 Mio. m^3/Jahr.

Bei diesen Verhältnissen konnte ein Seehafen nur im Schutz einer weit in das tiefe Wasser hinausreichenden Mole errichtet werden (Abb.10.2.3–1). Sie hatte die Aufgabe, einen Teil des antreibenden Sandes vor dem Hafen zu stauen und im übrigen den größten Teil des um die Mole fließenden Sandes so in das tiefe Wasser abzulenken, daß Baggerarbeiten größeren Umfanges im Hafen erst nach vielen Jahren erforderlich wurden. Im übrigen sollte im vorliegenden Fall die Hauptmole allein bereits für den größten Teil des Jahres zu einem ausreichend ruhigen Wasser im Hafen führen. Bei einer solchen Lösung mußte auf der Lee-Seite beim anstehenden Boden eine „Lee-Erosion" als unvermeidlich in Kauf genommen werden (Abb.10.2.3–1).

Als Molenbauwerk kam sowohl aus wirtschaftlichen als auch aus bautechnischen und betrieblichen Gründen nur eine Steinschüttmole aus Felsbruchmaterial in Frage. Solches konnte aus großen Gneisvorkommen rd. 75 km vom Hafen entfernt in hervorragender Qualität gewonnen werden.

Als günstigster Standort wurde ein etwa 7,5 km östlich des Zentrums der Hauptstadt Lomé beginnendes Gebiet ermittelt. Es konnte auch leicht an das vorhandene, in Meterspur ausgebaute Eisenbahnnetz des Landes angeschlossen werden (Abb.10.2.3–1). Wichtig war dabei vor allem der Anschluß an die Nordstrecke, die in das Landesinnere führt. Über diese Strecke konnten auch die für den Molenbau benötigten umfangreichen Gneisvorkommen gut erreicht werden.

10.2.3.2 Bodenaufschlüsse

Vor Beginn der Ausschreibungsplanung mußten die Bodenverhältnisse im vorgesehenen Hafengebiet ermittelt werden. Bei den Aufschlußarbeiten bereiteten die Seebohrungen besondere Schwierigkeiten. Sie wurden von einem seegängigen Handelsschiff von etwa 1500 dwt von einer außenbords befestigten Plattform aus abgeteuft. Dabei störte die normale Dünung nicht. In gewissen Zeitabständen ergaben sich aber Wellenüberlagerungen, bei denen die See völlig ruhig erschien, sich aber über mehrere Minuten wie ein Fluß nach einer Richtung bewegte. Dabei verschob sich das Bohrschiff trotz sorgfältiger Vertäuung so stark, daß die Bohrrohre häufig abbrachen und die Bohrmannschaft ernstlich gefährdet wurde. Unter diesen Umständen waren die mit den Seebohrungen gewonnenen Aufschlüsse keinesfalls zufriedenstellend. Immerhin ergaben sie noch einen gewissen Überblick, so daß eine noch ausreichend zutreffende Ausschreibung für den Hafenbau vorgenommen werden konnte. Darin wurde aber gefordert, den Boden im Zuge der Bauausführung mit einem geeigneten Gerät sorgfältig aufzuschließen (vgl. Kap.6.2.8).

10.2.3.3 Durchführung der Molenbauarbeiten

Der Auftrag für den Bahnanschluß des Hafengebietes an die Nordstrecke wurde im Oktober 1963 erteilt. Der Anchluß war im Sommer 1964 fertiggestellt.

Im Herbst 1963 wurden die Bauarbeiten für den Seehafen ausgeschrieben. Aufgrund der Submissionsergebnisse erhielt Anfang 1964 eine Arbeitsgemeinschaft „Hafenbau Lomé“ den Zuschlag. Die Tiefbauarbeiten liefen Mitte 1964 an und waren Ende 1967 abgeschlossen.

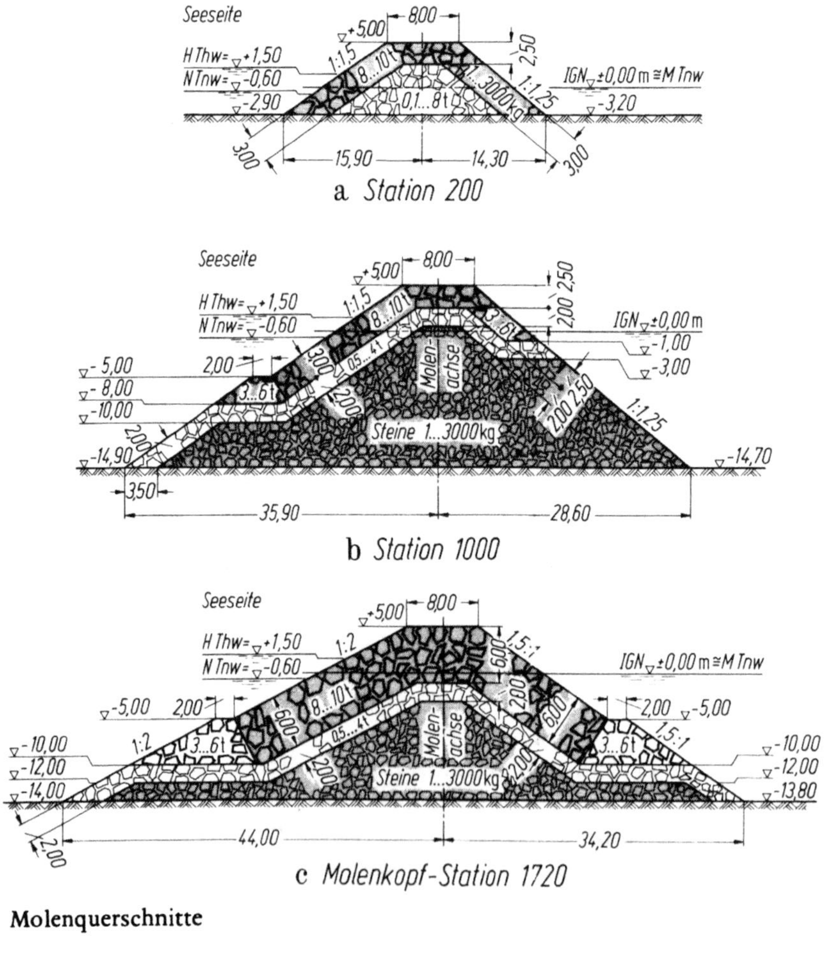

Abb. 10.2.3–2 Molenquerschnitte

Maßgebend für einen reibungslosen Bauablauf war ein zügig laufender Transport der Steine und deren Einbau in der Hauptmole. Deren Aufbau und Abmessungen sind in Abb.10.2.3–2 dargestellt. Der Aufbau und die Neigung des jeweiligen Molenquerschnitts wurden so gewählt, daß die Deckschicht den ungünstigsten Wellenbeanspruchungen standhalten konnte. Der Kern aus feinerem Material verhinderte eine zu große Durchlässigkeit und ein zu starkes Versinken des Molenmaterials im anstehenden Baugrund. Die dazwischen liegenden Steingrößen hatten neben ihrer Tragaufgabe auch Filterfunktionen zu erfüllen. Mit der Durchführung der Transporte wurde die togoische Eisenbahnverwaltung als Subunternehmer der Arbeitsgemeinschaft „Hafenbau Lomé" beauftragt. Sie lieferte in der Spitze 2.600 t Steinmaterial pro Tag bei einem mittleren Soll von 1.500 t.

Das Wahrzeichen der Baustelle war der Molenkran, der nach den besonderen Anforderungen der Arge und der bauüberwachenden Ingenieure von einer bedeutenden deutschen Kranbaufirma entworfen und geliefert worden war. Er hatte bei 50 m Ausladung noch eine Tragkraft von 16 t und gestattete bei vollem Einsatz auch in den Nachtstunden ein einwandfreies und planmäßiges Herstellen der Mole.

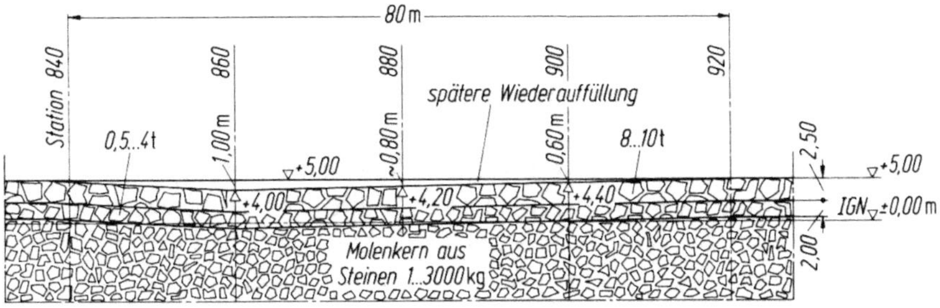

Abb. 10.2.3–3 Längsschnitt der Mole im Senkungsbereich zwischen den Stat. 840 und 920 (5mal überhöht dargestellt)

Die Molenbauarbeiten liefen größtenteils planmäßig, abgesehen von einer Absackung etwa in halber Länge der Hauptmole. Wie in Abb.10.2.3–3 dargestellt, traten im Bereich zwischen den Stationen 840 und 920 unerwartet Setzungen bis zu 1 m auf. Sie waren auf seitliche Ausweichbewegungen örtlicher, weicher Bodenschichten unter der Mole, die nicht entdeckt worden waren, zurückzuführen. Zur Eindämmung dieser Setzungen wurden beidseitig der Mole etwa 2 m hohe und 10 m breite Fußsicherungen aus Steinmaterial zusätzlich eingebaut und im übrigen die Absackungen vom Molenkran profilgerecht ausgeglichen. Die Beruhigung der Bewegungen trat aber zweifellos nicht durch die nur geringen seitlichen Sicherungen, sondern dadurch ein, daß durch das Wegquetschen des schlechten Bodens der Molenkörper wieder auf einem ausreichend tragfähigen Baugrund aufsaß.

10.2.3.4 Ergänzende Hinweise

Der Molenbau wurde auf der Basis der eingebauten Tonnen Steinmaterial abgerechnet. Hierzu wurden die Waggons vor der Hafenbaustelle sowohl im beladenen als auch im entleerten Zustand gewogen und die Gewichtsdifferenz registriert. Die großen Steine wurden auf Plattformwagen mit hölzernen Schwellrosten und das feinere Material in Kübeln (Skips) mit etwa 15 t Fassungsvermögen, die auf die Plattformwagen gestellt wurden, befördert. Der Molenkran hob die Skips vom Wagen ab und verkippte sie an der planmäßig festgelegten Stelle. Die großen Steine wurden vom Molenkran einzeln mittels einer Zange vom Wagen gehoben und über der festgelegten Position fallengelassen. Durch diesen Einbau konnte das planmäßige Profil jeweils sehr gut eingehalten werden. Hierfür war – in der Waagerechten gemessen – eine Toleranz von ± 50 cm zugelassen.

In der Planung waren – ausgehend vom Sollprofil und den gemessenen Wassertiefen – die jeweiligen Materialmengen in m^3 errechnet worden. Im Hinblick auf gewisse Einbauverluste, vor allem aber auf die Setzungen des größtenteils bindigen, steifen bis halbfesten, örtlich aber auch weichen Bodens unter der Molensohle, sowie auf die seitlichen Verdrängungen des Baugrundes und das Eindringen von Boden von unten in das Molenmaterial wurden dabei entsprechende Reserven eingeplant. Aus der Bauausführung und den dabei gemachten Feststellungen ergab sich dann ein rückgerechnetes nominelles Raumgewicht von 2,1 t/m^3 des planmäßigen Ausgangsvolumens.

Die Bauarbeiten und Installationen wurden unter der Führung einer begrenzten Anzahl von deutschen Ingenieuren, Verwaltungsfachleuten und Facharbeitern größtenteils von angelernten togoischen Arbeitskräften ausgeführt. Die Zusammenarbeit war in jeder Weise vorbildlich.

10.3 Sonstige Molenbauwerke

10.3.1 Mole für einen Schleusenvorhafen an der Mündung eines norddeutschen Tideflusses (vgl. auch Kap.18.3.2)

10.3.1.1 Allgemeines

An der Nordseite des Außenvorhafens der im Kap.8.2.1 behandelten Seeschleuse (Abb.8.2.1–1) mußte die Kaimauer (Kap.5.2.2.1) in Form einer Mole in den Tidefluß geführt werden und dabei den vorhandenen Landesschutzdeich durchqueren (Abb.10.3.1–1 u. 18.3.1–1). Abgesehen von den statisch-konstruktiven Schwierigkeiten, die ein Molenbau fast immer mit sich bringt, war im vorliegenden Falle der Durchstich des Landesschutzdeiches das Hauptproblem. Er erforderte zusätzliche Sicherungen gegen Wassereinbruch bei Sturmfluten und schwerem Wellengang. Da das dahinter liegende Gelände nur etwa in Höhe des mittleren Tidehochwassers lag, durften die anschließende Stadt mit damals rd. 120.000 Einwohnern und umfangreichen Industrieansiedlungen sowie eine große Anzahl von Dörfern und das benachbarte intensiv bewirtschaftete Marschengelände unter keinen Umständen gefährdet werden.

Andererseits erlaubten weder die Bautermine noch das Baugelände die Anlage eines Reservedeiches zum Schutz der Mole (Abb.10.3.1–1). Deshalb mußte das Problem durch einen sinnvoll gestalteten Molenquerschnitt mit sorgfältig überlegtem Bauvorgang gelöst werden.

10.3.1.2 Gewählter Molenquerschnitt

Man entschloß sich zu dem in der Abb.10.3.1–2 dargestellten Molenquerschnitt. Er bestand aus einer auf Holzpfählen ruhenden Stahlbeton-Rippenplatte, die seitlich durch zwei Stahlspundwände begrenzt und in Längsrichtung durch Querspundwände in selbständige rd. 20 m lange Bauabschnitte unterteilt wurde. Die Landesschutzbehörde genehmigte diese Lösung und den geplanten Bauvorgang, der im folgenden unter Ziff.10.3.1.3 behandelt wird. Die Bauwerksabmessungen und vor allem die der Längsspundwände wurden weitgehend durch die Beanspruchungen im Bauzustand bestimmt.

Die hafenseitige Spundwand L V aus StSp 50/60 mußte mindestens 2 m in die diluviale Sandschicht gerammt werden, während die außen liegende Spundwand L IV bzw. L III aus StSp 50/60, dem Verlauf des Außendeichgeländes angepaßt werden und größteneils im Klei enden konnte.

Zur Sicherung der Holzpfähle gegen Fäulnis und gegen zu starke Durchbiegung war es erforderlich, die Rostplatte noch unter MTnw zu legen. Hierzu mußte die Baugrube gegen Überfluten bei Sommerhochwässern geschützt werden.

Die wegen der unterschiedlichen Zusammendrückung der Holzpfähle und der vorderen Stahlspundwand während der Bauausführung der Mole verschieblich angeordnete Rundstahlverankerung der hafenseitigen Spundwand in der Stahlbeton-Rostplatte ist in Abb.10.3.1-3 dargestellt.

Die 4 Ankeranschlußbolzen für einen Doppelanker je Doppelbohle mit normalen Rundlöchern und Kopfplatte sowie Dichtungsfilz wurden jeweils mit der Doppelbohle gerammt.

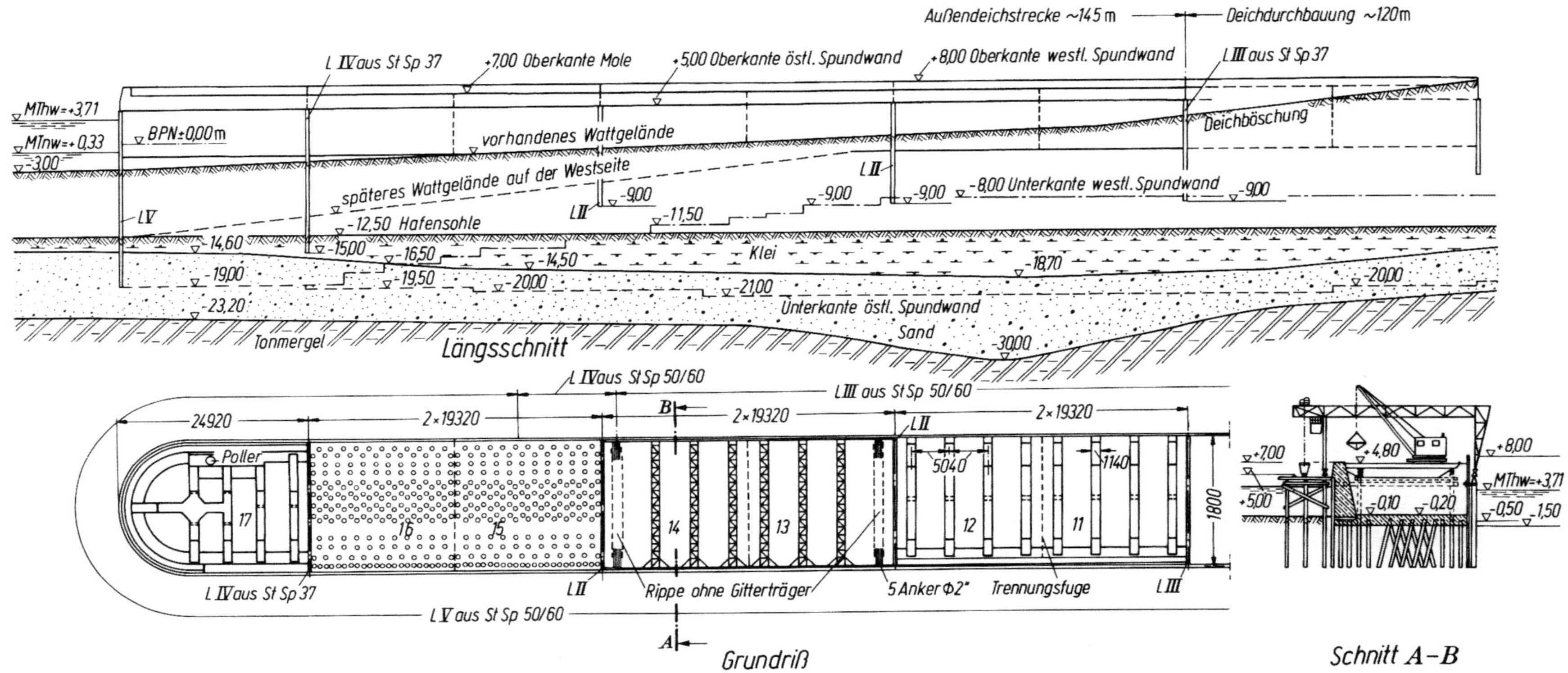

Abb. 10.3.1–1 Grundriß, Quer- und Längsschnitt der rd. 300 m langen Vorhafenmole mit Bodenschichten und Arbeitsvorgang

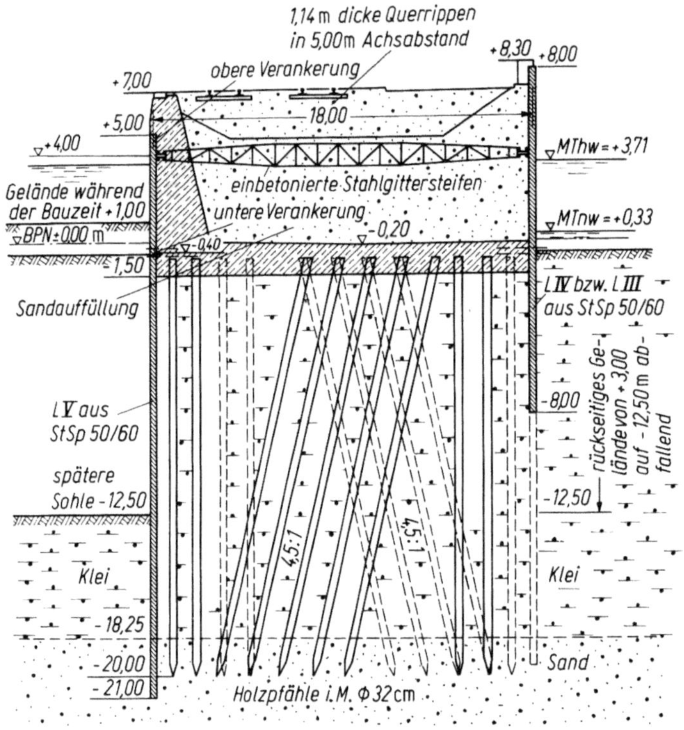

Abb. 10.3.1–2 Normalquerschnitt der Mole im fertigen Zustand

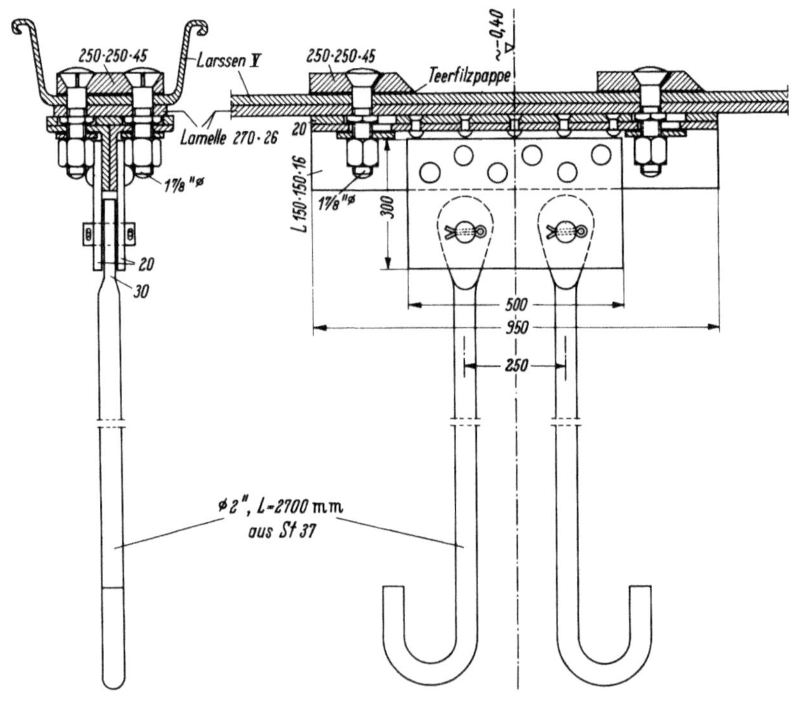

Abb. 10.3.1–3 Während der Bauzeit verschieblich angeordnete Rundstahlverankerung der Stahlspundwand im Molenbeton

Beschädigungen traten beim anstehenden weichen Klei nicht auf. An diese Konstruktionsseite wurde dann die Anschlußkonstruktion der beiden Betonanker geschraubt.

10.3.1.3 Bauvorgang

Der Bauvorgang ist in Abb.10.3.1–1 angedeutet. Es wurde zuerst die rd. 145 m lange Außenstrecke vor dem Landesschutzdeich hergestellt, um auf diese Weise eine genügend starke Fußsicherung des Landesschutzdeiches zu erhalten. Anschließend wurde der eigentliche Deich rd. 120 m lang durchbaut. Die restlichen 35 m konnten binnendeichs gefahrlos hergestellt werden.

Da im Baugrubenbereich schwer wasserdurchlässiger alluvialer Klei anstand, konnte von einer Grundwasserabsenkung abgesehen und durchsickerndes Wasser in offener Wasserhaltung beseitigt werden. Der Bauvorgang (Abb.10.3.1–1) wurde so gewählt, daß zuerst die Holzpfähle, i.M. ⌀ 32 cm, von innen nach den Außenseiten und zum Schluß die Stahlspundwände gerammt wurden. Auf diese Weise konnten die Pfähle unbehindert eingebracht werden. Die Gitter-Aussteifungen wurden erst im weiteren Baufortgang eingebaut. Sie wurden so angebracht (Abb.10.3.1–2), daß sie später in die Rippen des Stahlbetonkörpers einbetoniert und als zusätzliche Bewehrung benutzt werden konnten.

Die weitere Bauausführung mit Bodenaushub, Abschneiden der Holzpfahlköpfe, Einbringen einer Unterbetonschicht zum einwandfreien Verlegen der Bewehrung und das Betonieren selbst wurde in den durch die Querspundwände unterteilten Abschnitten vorgenommen.

Der Seedeich konnte so ohne Gefährdung durchgebaut und das Molenbauwerk selbst einwandfrei standsicher hergestellt werden. Weiteres s. Kap.18.3.2.

10.3.2 Spundwandmolenkopf am Vorhafen einer Seeschleuse an einem Tidefluß in Norddeutschland

10.3.2.1 Allgemeines

Zur Erweiterung einer Fahrgastanlage mußte der vorhandene Hafenkopf zwischen einem Tidefluß und der Einfahrt zu einer benachbarten Seeschleuse verlängert werden (Abb. 5.4.8–1). Wegen des Termines für die Aufnahme des Fahrgastverkehrs mußten diese Bauarbeiten zum Teil in ungünstigster Jahreszeit mit zu erwartenden Nordweststürmen ausgeführt werden. Sowohl nach dem Vorhafen zu als auch zum Tidefluß hin stand nur ein begrenzter Raum zur Verfügung, da die vorhandenen Kaifluchten eingehalten werden mußten. Dieses mußte bei der Wahl der Konstruktion und der Art der Bauausführung berücksichtigt werden. In Anbetracht der genannten Wind- und Wetterverhältnisse, aber auch wegen der mit der Tide wechselnden starken Strömung, mußte so gebaut werden, daß alle eingebrachten Bauteile in jedem Baustadium ausreichend sicher abgestützt waren.

10.3.2.2 Boden- und Grundwasserverhältnisse

Die Oberkante des vorhandenen Hafenkopfes lag auf
BPN + 7,0 m und die Hafensohle zunächst auf
BPN – 10,0 m wobei eine spätere Vertiefung bis
BPN – 11,0 m zu berücksichtigen war. Bis etwa
BPN – 14,0 m stand weicher, durchwachsener Klei an,

darunter gut tragfähiger, diluvialer Sand und Kies. Infolge des vorhandenen artesischen Überdruckes im Grundwasser unter dem Klei mit einer Standrohrspiegelhöhe auf etwa BPN + 2,5 m schwamm die Kleischicht bei niedrigen Wasserständen im Tidefluß langsam auf. Dabei erhielt der diluviale Sand statisch eine freie Oberfläche. Die wirksame Höhe des Geländesprunges betrug dann etwa 21 m.

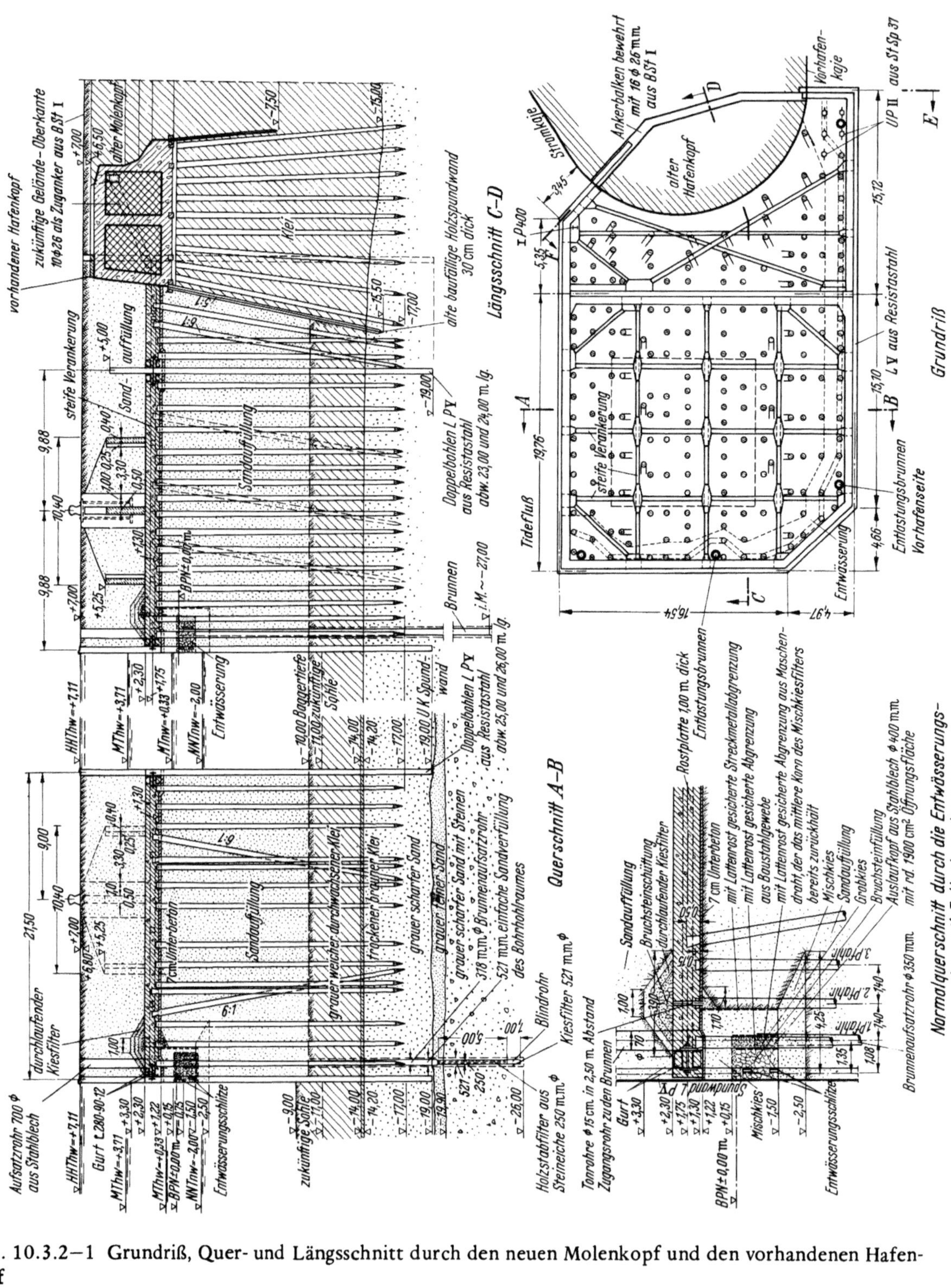

Abb. 10.3.2–1 Grundriß, Quer- und Längsschnitt durch den neuen Molenkopf und den vorhandenen Hafenkopf

10.3.2.3 Gewählte bautechnische Lösung

Nach Abwägung verschiedener Lösungsmöglichkeiten wurde entschieden, den vorhandenen Hafenkopf durch einen angeschlossenen Spundwand-Molenkopf zu verlängern, der mit Sand verfüllt wurde. So entstand ein Kastenfangedamm, der bei seinen großen Abmessungen trotz der im Sohlenbereich vorhandenen weichen Kleizone in der Lage war, auch die angreifenden Horizontalkräfte abzutragen (Abb.10.3.2–1).

Damit die Belastung der Spundwand aus dem Erddruck der Hinterfüllung wirksam verringert und das Bauwerk gleichzeitig gegen Schiffstöße zusätzlich ausgesteift wurde, war es erforderlich, in den Spundwandkasten eine 1 m dicke Entlastungsplatte aus Stahlbeton auf Holzpfählen einzubauen. Sie wurde mit ihrer Unterkante 0,95 m über MTnw angeordnet, so daß sie im Tidebetrieb noch einwandfrei hergestellt werden konnte. Um optimale statisch-konstruktive Verhältnisse zu erreichen, mußte die Spundwand an die Platte drehbeweglich und vertikal verschieblich angeschlossen werden. Ein biegesteifer Anschluß hätte zu einem großen Einspannmoment der Spundwand mit seinen Auswirkungen auf die Rostplatte und zu einer erhöhten Ankerkraft geführt. Außerdem hätte er einen wesentlich stärkeren Anschluß an den Gurt erfordert, da dann auch das Einspannmoment hätte aufgenommen werden müssen. Bei einem vertikal unverschieblichen Anschluß hätte sich zudem die auf den weicheren Holzpfählen gegründete Rostplatte zu stark auf die Spundwand abgestützt, was zu einer Erhöhung der Spundwandspannungen und zu unerwünschten Zusatzmomenten in der Stahlbetonplatte geführt hätte.

Zur Vertäuung der größten in Frage kommenden Fahrgastschiffe mußte der Molenkopf mit einem 250-t-Endpoller ausgerüstet werden. Dieser wurde mit Hilfe eines gegliederten, mit kreuzförmigen Rippen versehenen Fundamentes auf der Rostplatte gegründet (Abb. 10.3.2–1). Die Rippen mündeten außen in einen quadratischen Stahlbetonkasten von 10,4 m äußerer Kantenlänge mit 0,4 m dicken, rd. 3 m hohen Wänden. Letzere übertrugen die aus den Rippen kommenden Lasten weit verteilt auf die Rostplatte. Durch diese Ausführung konnte der Trossenzug von 250 t, der nach allen Richtungen wirkend angesetzt werden mußte, mit geringen Kosten technisch einwandfrei aufgenommen und abgeleitet werden.

Um bei niedrigen Außenwasserständen den Wasserüberdruck im Spundwandkasten klein zu halten, wurden tiefliegende Entwässerungsschlitze in die Spundwandstege gebrannt (Abb.10.3.2–1). Dahinter wurde eine Bruchsteindränage und anschließend ein Mischkiesfilter so angeordnet, daß gehofft werden konnte, trotz des schlickhaltigen Wassers die Entwässerung wenigstens teilweise wirksam zu erhalten.

10.3.2.4 Berechnung der Stahlbeton-Rostplatte

Die Stahlbeton-Rostplatte wurde unter Berücksichtigung der aussteifenden Wirkung des mit ihr schubfest und biegesteif verbundenen Pollerfundamentes für die tatsächlichen Pfahlstellungen als elastische und elastisch gestützte Platte berechnet. Die Lösung wurde durch Probieren gefunden. Die Pfahllasten wurden nach Versuchsrechnungen solange geändert, bis der Verformungszustand der Platte mit den lotrechten Pfahlkopfverschiebungen, die sich aus den Pfahllasten ergaben, übereinstimmte. Diese Lösung erscheint umständlich, führt aber bei geübten Statikern doch mit einem erträglichen Zeitaufwand zum Ziele. Sie hat gegenüber rein rechnerischen Lösungen, z. B. auf elektronischem Wege, den Vorteil, daß der Entwurfsarbeiter die Auswirkungen bestimmter Pfahlgruppierungen und ihrer Veränderungen auf das Gesamtsystem unmittelbar überblicken und ingenieurmäßig erfassen kann und bereits im Zuge der Berechnung notwendige Systemveränderungen gleichzeitig gezielt sinnvoll vornehmen kann.

10.3.2.5 Hinweise zur Bauausführung und konstruktive Einzelheiten

Bei der Bauausführung wurden zuerst Holzpfahlböcke für das Rammgerüst schwimmend gerammt. Darauf wurde der als Rahmensystem aus Stahlträgerprofilen hergestellte Spund-

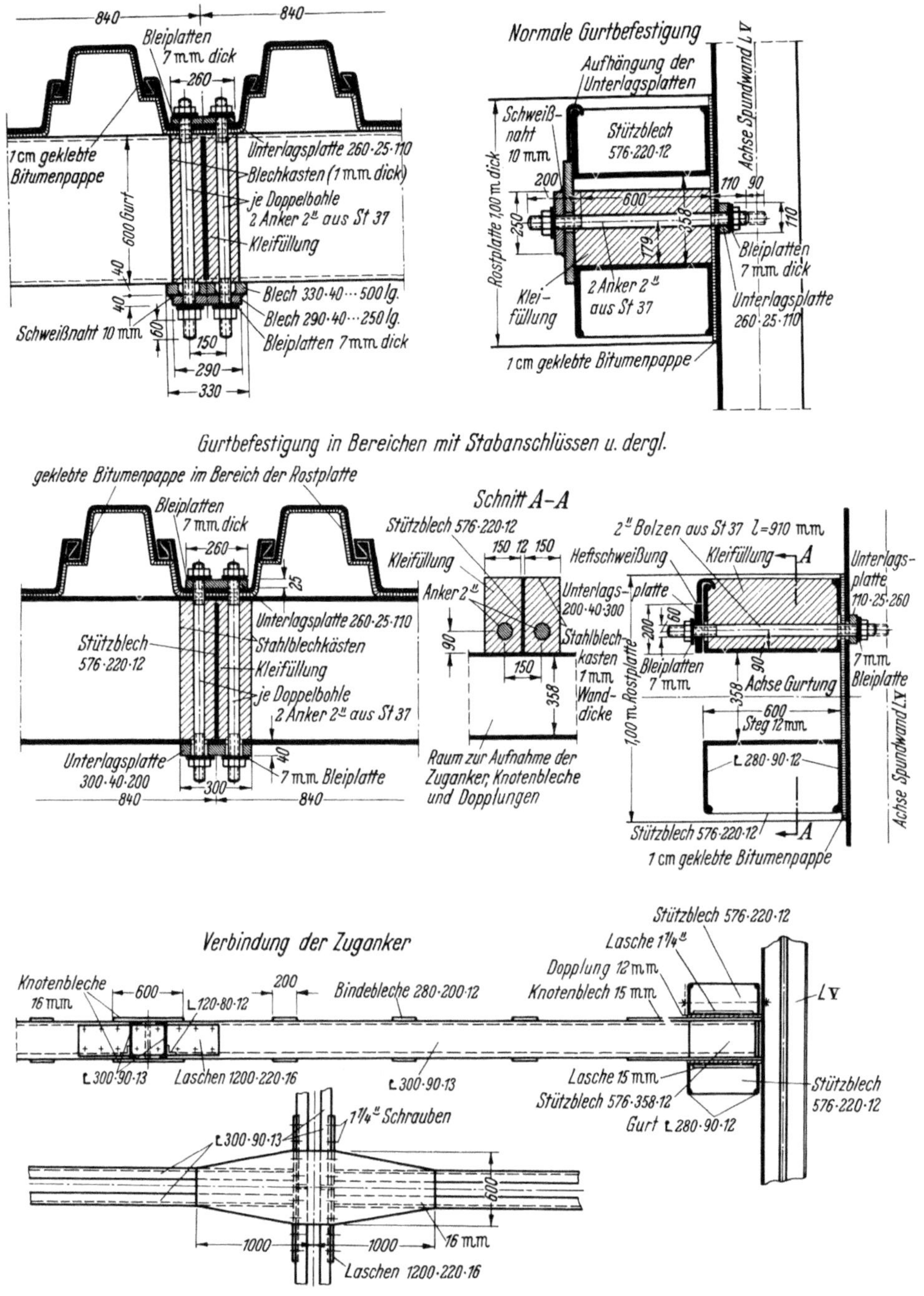

Abb. 10.3.2–2 Einzelheiten der steifen Spundwandverankerung und des Spundwandgurtes

wandgurt mit Verankerung gelagert (Abb.10.3.2–1). Dieses zug-, druck- und verschiebungssteife Rahmensystem diente gleichzeitig als Rammführung. Die Spundwand wurde an das Rahmensystem mit Gurtbolzen angeschlossen, deren Beweglichkeit durch 7 mm dicke Bleiplatten unter den Beilagscheiben der Schraubenmuttern gewährleistet wurde (Abb. 10.3.2–2). Da der Gurt später in die Entlastungsplatte einbetoniert werden mußte und fest einbetonierte Gurtbolzen den Spundwandanschluß zu steif gemacht hätten, wurden sie in Blechkästen verlegt, die mit weichem Klei aufgefüllt waren und beim Betonieren daher nicht vollaufen konnten. Die Anordnung und Ausbildung der Gurtbolzen mußte den jeweiligen örtlichen Verhältnissen angepaßt werden, da Knotenbleche und Stabanschlüsse die erwünschte zentrische Lage der Bolzen zwischen den Gurtstählen teilweise verhinderten. In solchen Fällen wurde der Anschluß exzentrisch ausgeführt (Abb.10.3.2–2). Um den beweglichen Spundwandanschluß zu gewährleisten, wurden außerdem alle Kontaktflächen zwischen der Spundwand und den Gurtstählen bzw. Betonflächen 1 cm dick mit Bitumenpappe beklebt.

Schwierigkeiten bereitete zunächst die Verankerung des Spundwandkastens im Bereich des alten Hafenkopfes. Das Ende des Spundwandkastens auf der Vorhafenseite konnte mit Hilfe der steifen Verankerung nicht einwandfrei gehalten werden (Abb.10.3.2–1). Nachdem

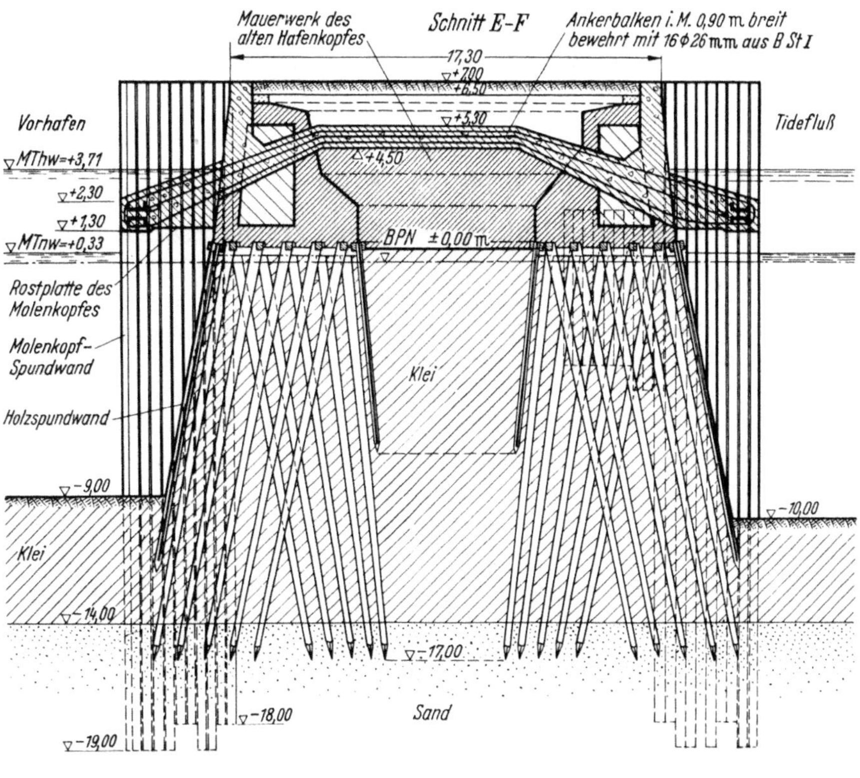

Abb. 10.3.2–3 Verankerung des Spundwandmolenkopfes im Bereich des alten Hafenkopfes (Lage des Schnittes s. Abb. 10.3.2–1)

verschiedene Möglichkeiten untersucht waren, entschloß man sich , die Endverankerung des Spundwandkastens in einem Stemmschlitz, der durch den alten Hafenkopf geführt wurde, unterzubringen (Abb.10.3.2–1 und –3). Die Ankerkräfte wurden durch 16 einbetonierte Bewehrungsstähle ∅ 26 mm aus BSt I aufgenommen. Bei dieser Ausführung wurde gleichzeitig der alte Hafenkopf in erwünschter Weise verstärkt.

Der Aufbau und die Anordnung der Entwässerung sind in Abb.10.3.2–1 dargestellt. Auf eine sorgfältige Ausführung wurde größter Wert gelegt. In die geschilderte Entwässerung mündeten auch die Überläufe von drei Tiefbrunnen, die zur Abminderung des artesischen Druckes unter der Kleisohle tief in das Diluvium geführt waren. Sie wurden über einen Rohrschacht ∅ 700 mm vom Planum des Molenkopfes aus zugänglich gehalten und waren mit Holzstabfiltern ∅ 250 mm aus Steineiche ausgerüstet. Nach neueren Erkenntnissen müßten solche Überlaufbrunnen – was hier noch nicht geschehen ist – in jedem Falle mit Rückstauverschlüssen ausgerüstet werden, um bei hohen Außenwasserständen den Rückstrom schlickhaltigen Wassers in den Untergrund und damit zusammenhängende Schlickablagerungen im Brunnen und im Boden sicher zu vermeiden. Zusätzlich sollten die Überlaufbrunnen auch noch mit Spezialeinsätzen ausgerüstet werden. Letztere sollen gewährleisten, daß bei Tidehochwasser eventuell doch im Brunnen noch abgesetzter Schlick beim folgenden Tideniedrigwasser wieder abgetragen wird (vgl. E 53 der EAU).

10.3.2.6 Ergänzende Hinweise

Durch sinnvoll gewählte Konstruktion und Bauausführung konnte das Bauwerk trotz vorübergehend sehr schwieriger Witterungsverhältnisse und starker Strömung ohne Bauunfälle und Bauschäden termingerecht und in der vorgesehenen Kostenhöhe erstellt werden. Es erfüllt seine Aufgaben seit etwa zweieinhalb Jahrzehnten zur vollen Zufriedenheit, obwohl damit gerechnet werden muß, daß die nicht zusätzlich gesicherten Überlaufbrunnen bereits weitgehend ausgefallen sind. Umgekehrt ist der Klei unter der Sandfüllung des Spundwandkastens inzwischen sicher für die Sandlast konsolidiert und daher der daraus auf die Spundwand wirkende Erddruck entsprechend kleiner geworden.

10.3.3 Reparatur eines Havarieschadens am Molenkopf nach Kap.10.3.2

Der im Kap.10.3.2 geschilderte Molenkopf wurde wenige Jahre nach seiner Herstellung durch einen Regelfrachter gerammt, der mit dem Bug die Spundwand aufriß (Abb. 10.3.3–1), selbst aber keinen nennenswerten Schaden erlitt.

Bei der Reparatur wurden zunächst die abgebogenen Spundwandteile abgebrannt. Anschließend wurde im Schutze einer behelfsmäßigen Abdichtung der ausgelaufene Kiesfilter so gut es ging wieder hergestellt. Dann wurden die Gurtbolzen und deren Anschlüsse zur Verankerung einer vorzurammenden neuen Spundwand vorbereitet. Schließlich wurde – den Schadensbereich überlappend – eine Spundwand L V aus StSpS vorgerammt und verankert (Abb.10.3.3–2).

Nun wurde der restliche Filter unter Benutzung des Mannloches über einem Grundwasser-Entlastungsbrunnen aufgefüllt, nachdem vorher die Rostplatte bis zur neuen Spundwand vorbetoniert worden war. Mit dem Anschluß des neuen Stahlholmes an die heilgebliebenen Nachbarbereiche und dem Auffüllen des Raumes über der Rostplatte mit Sand wurden die Arbeiten abgeschlossen.

Der Rammschaden konnte ohne nachteilige Folgen für das Gesamtbauwerk mit einem verhältnismäßig geringen Aufwand ausgebessert werden, weil bereits bei der Errichtung des Bauwerkes durch die Anordnung der aussteifenden Stahlbeton-Rostplatte für die Begrenzung möglicher Havarieschäden gesorgt worden war.

Abb. 10.3.3–1 Havarieschaden am Spundwandmolenkopf

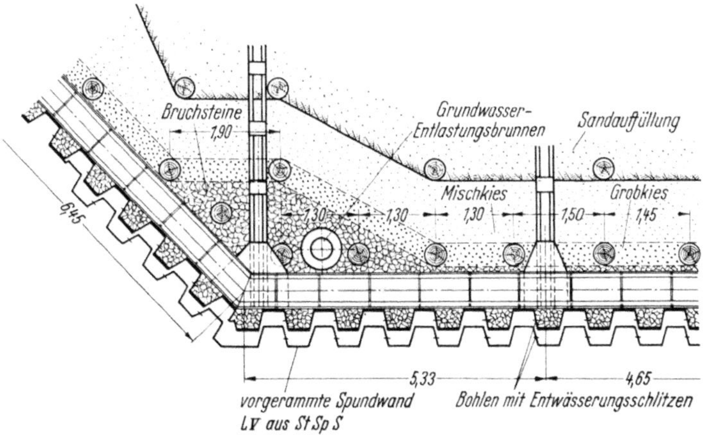

Abb. 10.3.3–2 Vorgerammte Spundwand zur Beseitigung des Havarieschadens

10.3.4 Molenbauwerk der Marine in einem deutschen Ostseehafen

10.3.4.1 Allgemeines und Bodenverhältnisse

Die für den vorliegenden Hafen zuständige Behörde entschloß sich Ende der fünfziger Jahre eine 515 m lange und 10,4 m breite Mole als seeseitigen Schutz für die Liegeplätze an vorhandenen Molen zu errichten (Abb.10.3.4–1). An der neuen Mole mußten auch beidseitig die in Frage kommenden Schiffe ohne Schlepperhilfe anlegen können. Sie hatten eine Wasserverdrängung von 3.000 t.

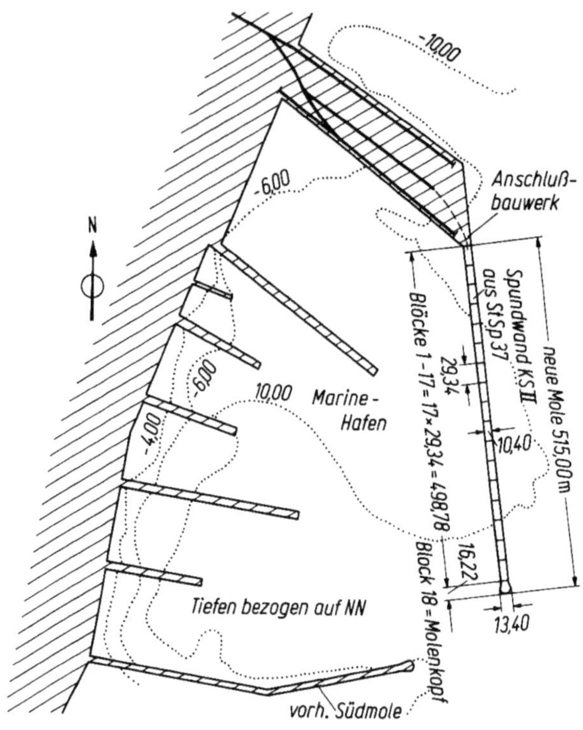

Abb. 10.3.4–1 Lage-Übersichtsplan

Folgende Wasserstände bezogen auf NN mußten berücksichtigt werden:

HHW = + 2,97 m
MW = – 0,07 m
NNW = – 2,29 m.

Die fallweise angreifenden Wellen waren flach und kurz.

Die Hafensohle lag im Mittel auf NN –7,0 m, wobei gefordert wurde, die Sohlen bis NN –8,0 m vertiefen zu können. Der Baugrund bestand in seinen oberen Schichten vorwiegend aus weichem, sandigen, tonigen Schluff.

Der gut tragfähige Untergrund, bestehend aus halbfestem Geschiebemergel, begann größtenteils erst bei NN –20,0 m.

Zur Vermeidung größerer Pfahlsetzungen mußten alle Pfahllasten von längerer Dauer in den Geschiebemergel abgetragen werden, während die Momentanlasten zum Teil auch von den oberen, weniger tragfähigen Schichten übernommen werden konnten.

Im halbfesten Geschiebemergel konnte mit folgenden Pfahl-Grenzlastspannungen gerechnet werden:

$$q_{sr} = 300 \text{ t/m}^2, \; q_{mr} = 4{,}5 \text{ t/m}^2.$$

10.3.4.2 Belastungsangaben und zulässige Spannungen

Bei einem Schiff mit 3.000 t Wasserverdrängung ist überlicherweise sowohl ein Trossenzug als auch ein Schiffsstoß von 30 t zu berücksichtigen. Um jedoch beim Anlegen ohne Schlepperhilfe die Risiken zu vermindern, wurde vorsorglich mit einem Schiffsstoß von 60 t und einer

Schiffsreibekraft von ⅓ x 60 = 20 t gerechnet, während der Trossenzug von 30 t beibehalten werden konnte.

Die Fahrbahnplatte mußte für eine Nutzlast von 2,0 t/m² bemessen werden. Diese Belastung war für den normalen Hafenbetrieb ausreichend.

Um später aber auch ein Eisenbahngleis in 3,35 m Achsabstand von der seeseitigen Außenkante der Mole verlegen zu können, wurde dort auch der Lastenzug L (1950) der Deutschen Bundesbahn berücksichtigt.

Bei der Bemessung der Molenspundwand und der übrigen Molenteile mußte aus den Welleneinwirkungen ein größter Wasserüberdruck von 0,5 t/m² berücksichtigt werden. Die Windlast auf Mole und Verkehrsband wurde nach DIN 1072 mit w = 250 kg/m² bei unbelasteter und mit w = 125 kg/m² bei belasteter Mole angesetzt.

Für die zul. Spannungen galten die einschlägigen Normen und die Empfehlungen des Arbeitsausschusses „Ufereinfassungen". Bei den Pfählen wurde eine 1,5-fache Sicherheit gegen Erreichen der Grenzlast gefordert.

10.3.4.3 Das gewählte Molensystem

Das Bauwerk wurde so gestaltet, daß die auftretenden Lasten mit einer möglichst geringen Anzahl von Pfählen und einer möglichst einfachen Ausführung des Stahlbetonüberbaus aufgenommen und in den tragfähigen Baugrund abgeleitet werden konnten. Die maximalen Pfahllasten wurden auf 90 t Druck und 50 t Zug begrenzt.

Als Überbau wurde ein Rahmensystem gewählt mit durchlaufend gleichbleibenden Abmessungen bei den Seitenwänden und im oberen Riegel. Der untere Riegel und der mittlere Stiel bestehen aus Stahlbetonbalken im Achsabstand von 4,89 m. Dieser nach unten offene Kastenquerschnitt wurde außen auf zwei senkrechten Pfahlreihen KP 34 aus StSp 37 in 4,89 m Abstand gelagert. Auf der Seeseite wurde zum Abschluß des Hafens gegen die Wellenangriffe eine Spundwand KS II aus StSp 37 zwischen die Pfähle KP 34 gerammt (Abb.10.3.4–2).

Der mittlere Überbaubereich wurde in der Querrichtung durch eine Pfahlbockreihe aus 4 : 1 geneigten Pfählen KP 24 aus StSp 37 abgestützt. Der Schnittpunkt dieser Pfähle wurde etwa mittig in den möglichen Angriffsbereich der Schiffsstöße gelegt, um so eine möglichst günstige Momentenverteilung im Stahlbetonüberbau auch bei Schiffsstößen zu erreichen. Einzelne, aus den lotrechten Lasten bereits stark beanspruchte Bockpfähle wurden steiler als 4 : 1 gestellt, wodurch der auf sie entfallende Anteil der angreifenden waagerechten Kräfte entsprechend verkleinert wurde. Die exzentrische Anordnung der mittleren Bockpfahlreihe zur Seeseite hin wurde wegen der in Aussicht genommenen späteren Verlegung des Eisenbahngleises erforderlich (Abb.10.3.4–3, Schnitt C–D).

Zur Aufnahme der Längskräfte erhielt jeder Baublock einen doppelten, 2,5 : 1 geneigten Pfahlbock mit 4 Pfählen KP 24 aus StSp 37 (Abb.10.3.4–2).

Die Mole wurde in 17 im wesentlichen gleiche 29,34 m lange und 10,4 m breite Normalblöcke und einen vorgesetzten 16,22 m langen und 13,4 m breiten Molenkopf unterteilt. Letzterer wurde mit einem Schrammbord versehen, um ein sicheres Wenden mittelgroßer Fahrzeuge auf der Fahrbahnplatte zu erleichtern.

Die Baublöcke wurden in der Fahrbahnplatte und in den unteren Längsbalken in horizontaler Richtung miteinander verzahnt. Die 2 cm breiten Bewegungsfugen wurden außerhalb der Verzahnungsflächen mit angeklebter Trägerwellpappe ausgelegt und in der Fahrbahnplatte mit einem in einer keilförmigen Erweiterung liegenden, vergossenen Teerstrick abgedichtet. Der Versorgungskanal erhielt entlang den gesamten Bewegungsfugen von innen eine Abdichtung mittels Alcutablechen, die mit Stahlblechen an Winkelstahlrahmen geklemmt wurden.

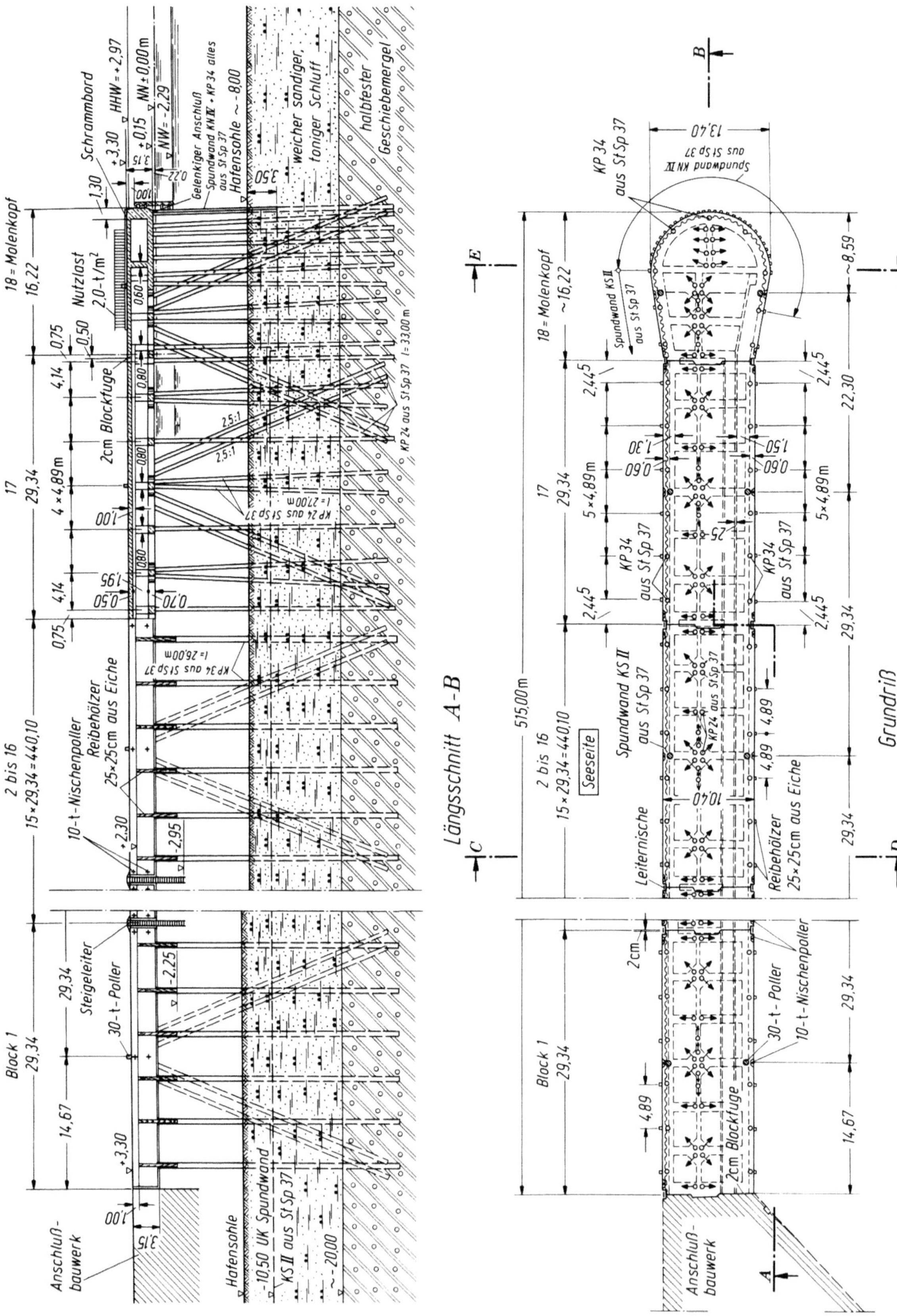

Abb. 10.3.4–2 Längsschnitt und Grundriß der Mole

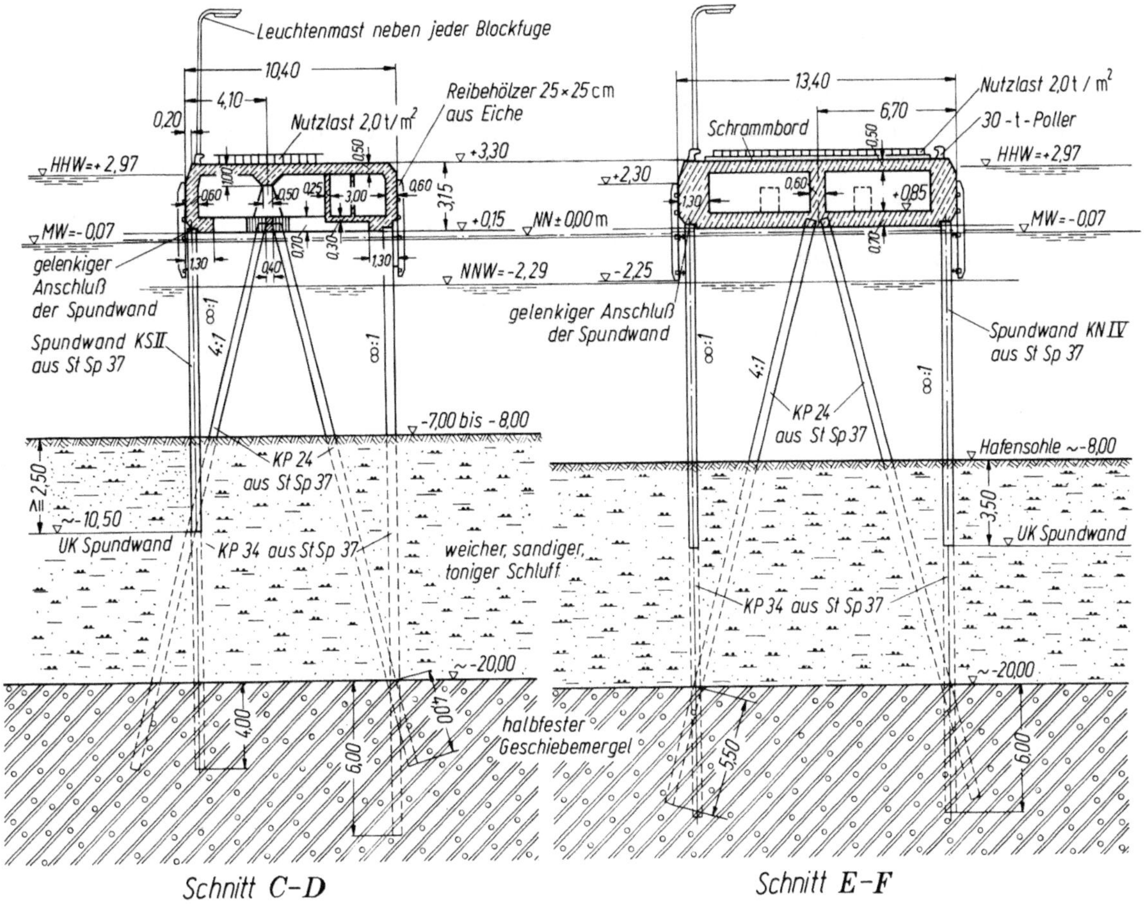

Abb. 10.3.4–3 Molenquerschnitte (Lage s. Abb. 10.3.4–2)

Der Beton wurde in der Güte B 225 unter Verwendung von HOZ 225 und 325 ausgeführt. Er mußte möglichst dicht hergestellt werden. Für die Bewehrung war BSt I vorgeschrieben.

Die Fahrbahn der Mole erhielt einen am Rand 3 und in der Mitte 4 cm dicken Asphaltbelag, der seitlich durch eine höhergezogene, rd. 50 cm breite Betonleiste gesichert wurde.

10.3.4.4 Ausrüstung der Mole

Auf der Hafenseite der Mole wurde ein begehbarer Kanal zur Aufnahme der Versorgungs- und Entsorgungsleitungen angeordnet. Für Leitungsanschlüsse wurde auf beiden Molenseiten in ausreichendem Umfang gesorgt. Auch sonst wurden beide Molenseiten gleich ausgerüstet (Abb.10.3.4–2 und –3).

Die 30-t-Poller wurden jeweils in Blockmitte angeordnet.

Auf jeder Molenseite wurde an jeder Blockfuge eine Steigeleiter angeordnet. An dieser Stelle war die Schwächung der Seitenwand durch die Leiternische ohne Bedeutung. Die Leitern mußten rd. 65 cm unter NNW, also bis NN – 2,95 m, reichen (Abb.10.3.4–2, Längsschnitt A–B).

Je Blockseite wurden 6 Stück 10-t-Nischenpoller angeordnet, davon vier an jeder Steigeleiter und zwei in Blockmitte unter dem Poller.

Als Reibehölzer wurden Eichenkanthölzer 25/25 cm in 4,89 m Achsabstand auswechselbar an den Pfählen und am Betonüberbau befestigt. Sie reichen von NN – 2,25 m bis NN + 2,3 m (Abb. 10.3.4–2 und –3).

Für die Beleuchtung wurden Spezialleuchten an Masten so angeordnet, daß die Fahrbahn der Mole und die Außenfläche des Molenkopfes blendungsfrei angestrahlt werden konnten.

10.3.4.5 Schutz der Stahlpfähle gegen Korrosion

Zum Schutz gegen Korrosion wurden alle Pfähle außen und die Spundwände beidseitig von Oberkante bis 2 m unter endgültiger Hafensohle, mindestens aber bis NN −10,0 m gesandstrahlt und mit einem 0,2 bis 0,3 mm dicken, 4-lagigen Steinkohlenteerpech-Kaltanstrich versehen. Für spätere Jahrzehnte war im Bedarfsfalle ein Kathodischer Schutz in Aussicht genommen.

10.3.4.6 Hinweise zur Bauausführung

Nach dem Rammen der Pfähle und der Spundwand wurden die Verzangungen für den Bauzustand eingebracht, die Kopfausrüstung der Pfähle angeschweißt und der untere Balkenrost geschalt, bewehrt und betoniert. Der Abstand zwischen Balkenunterkante und dem Mittelwasserspiegel betrug 22 cm. Dieses Maß war knapp, aber für den Ein- und Ausbau der Schalung und den Ausbau der Verzangungen gerade noch ausreichend, da alle Bauteile auch von der Seite her zugänglich waren. Die Betonierungsfuge zum weiteren Stahlbetonüberbau lag auf NN + 0,85 m. Der übrige Stahlbetonquerschnitt wurde — mit durchlaufender Bewehrung — auf je ein Drittel der Blocklänge in einem Guß hergestellt. Dabei wurde das mittlere Drittel 2 Wochen später als die Seitenteile betoniert, um die Schwindbeanspruchungen möglichst herabzusetzen. Es konnte mit einer fahrbaren Schalung gearbeitet werden, deren Laufschienen auf dem unteren Balkenrost verlegt wurden.

Die Bauarbeiten liefen planmäßig ab, und das Bauwerk hat sich im Betrieb im Gesamten bewährt. Jedoch sind an der Verankerung der Spundwand im Stahlbetonüberbau — trotz des gewählten gelenkigen Anschlusses — häufig Unterhaltungsarbeiten erforderlich.

10.3.5 Molenbauwerke für einen deutschen Marinehafen an der Ostsee

10.3.5.1 Allgemeines

Der Marinehafen nach Abb.10.3.5−1 wurde in drei Abschnitten errichtet. Als erste wurde die Mittelmole gebaut, dann folgte die Ostmole und schließlich die Westmole. Dabei wurden die jeweiligen örtlichen Bauerfahrungen voll berücksichtigt. Rechtzeitig vor der Ausschreibung der Mittelmole wurden vom Bauherrn umfangreiche Proberammungen und Probebelastungen mit verschiedenen in Frage kommenden Stahlpfahltypen veranlaßt. Die Pfähle zeigten durchweg ein geringeres Tragvermögen als normalerweise zu erwarten war, was auf die verhältnismäßig lockere Lagerung der anstehenden Sande zurückzuführen war. Im Zuge der verschiedenen Bauarbeiten wurden noch weitere Pfahlprobebelastungen ausgeführt, um die Gründungstiefen in erträglichen Grenzen halten zu können.

Die drei Molenbauwerke wurden vom Bauherrn ordnungsgemäß ausgeschrieben, wobei Sondervorschläge zugelassen wurden. Die in den Abb.10.3.5−2, −3 und −4 dargestellten Molenquerschnitte zeigen die Lösungen, die bei den drei Molen als günstigste Sondervorschläge ausgewählt und ausgeführt worden sind.

Wegen der starken Korrosion wurde bauseitig gefordert, im Wasserbereich geschlossene Gründungspfähle anzuwenden, und den obersten Teil bis NN − 2,5 m mit einer ausreichenden Bewehrung zu versehen und auszubetonieren. Die so gewonnene Stahlbetonsäule mußte alle Pfahllasten übernehmen können, wenn der Stahlmantel durch Korrosion zerstört war. Die Säule wurde unter NN − 2,5 m auf 2,4 m Tiefe mittels Knaggen, die bereits im Werk angeschweißt wurden, mit dem Stahlpfahl verbunden. Der Anschluß war für eine maximale Druckkraft von etwa 190 t bemessen. Anstelle dieser Lösung waren bei Sondervorschlägen auch geschlossene Stahlpfähle zugelassen, die im besonders korrosionsgefährdeten Teil oberhalb NN − 2,5 m eine Wanddicke $\geqq$ 20 mm aufweisen mußten.

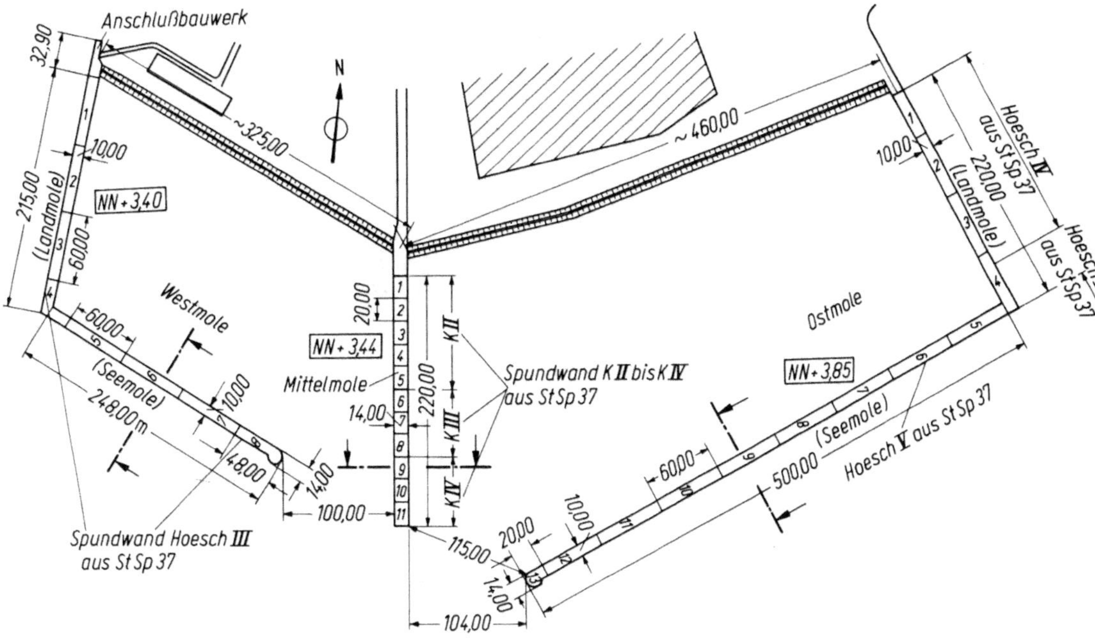

Abb. 10.3.5–1 Lage-Übersichtsplan

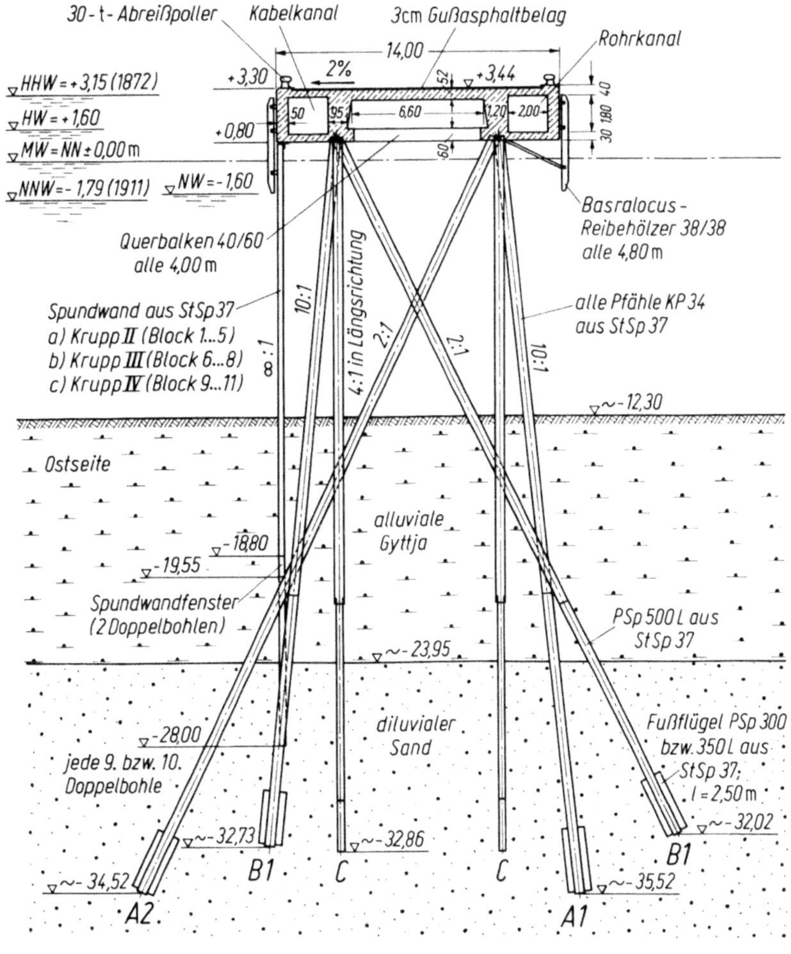

Abb. 10.3.5–2 Normalquerschnitt der Mittelmole (dargestellt am Block 9)

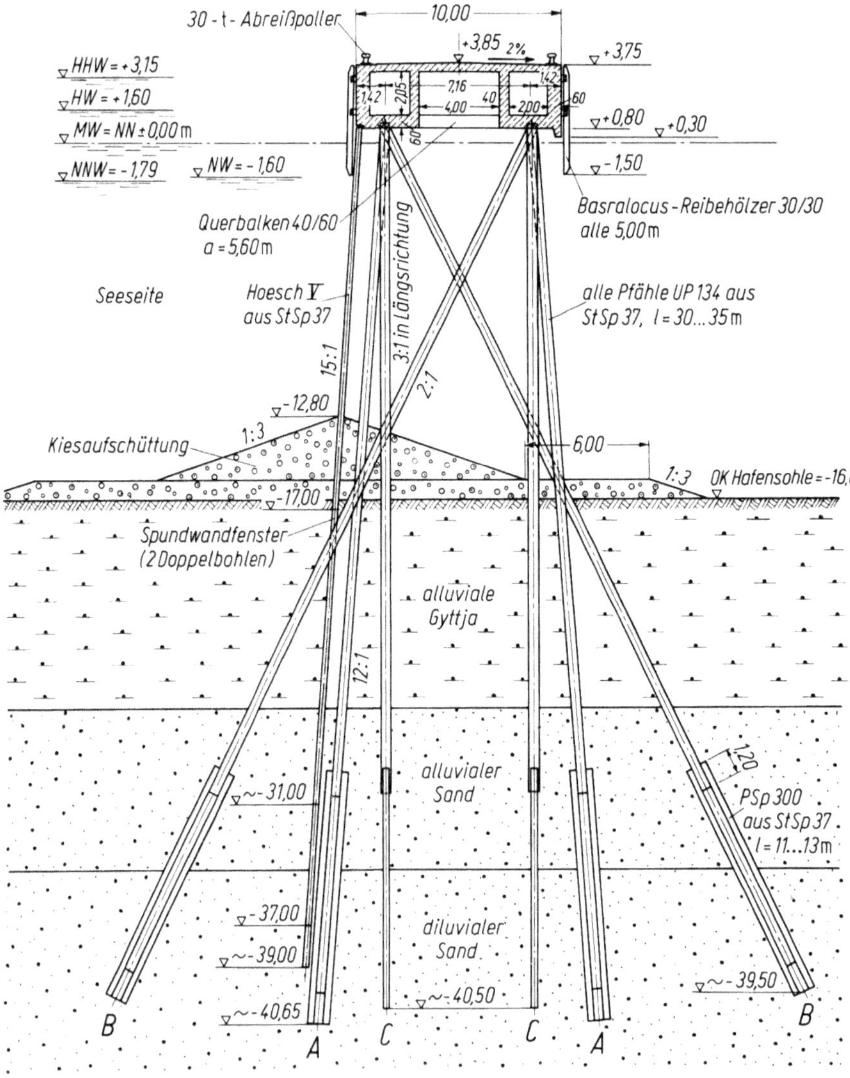

Abb. 10.3.5–3 Normalquerschnitt durch die Ostmole (dargestellt am Block 9)

10.3.5.2 Belastungsangaben

Sie waren bei den drei Molenbauwerken – insbesondere was den Wellenangriff und den Untergrund betraf – verschieden. Im folgenden werden stellvertretend für alle drei Bauwerke zur allgemeinen Unterrichtung aber nur die Belastungsangaben für die Ostmole wiedergegeben:

a) *Der Wellendruck* war nach Sainflou anzusetzen.

Landmole: Wellenhöhe $2 \cdot h = H = 1{,}6$ m
Wellenlänge $2 \cdot l = L = 39$ m.

Seemole: Es war mit den Werten für die Landmole, dividiert durch $\sqrt{2}$ zu rechnen oder, falls ungünstiger, mit:
Wellenhöhe $2 \cdot h = H = 1{,}0$ m
Wellenlänge $2 \cdot l = L = 25$ m.

b) *Der Eisdruck* war in ungünstigster Lage zwischen NN + 1,0 m und NN – 1,0 m in folgender Größe je m Mole anzusetzen:

bei der Landmole: 20 t/m
bei der Seemole: 5 t/m.

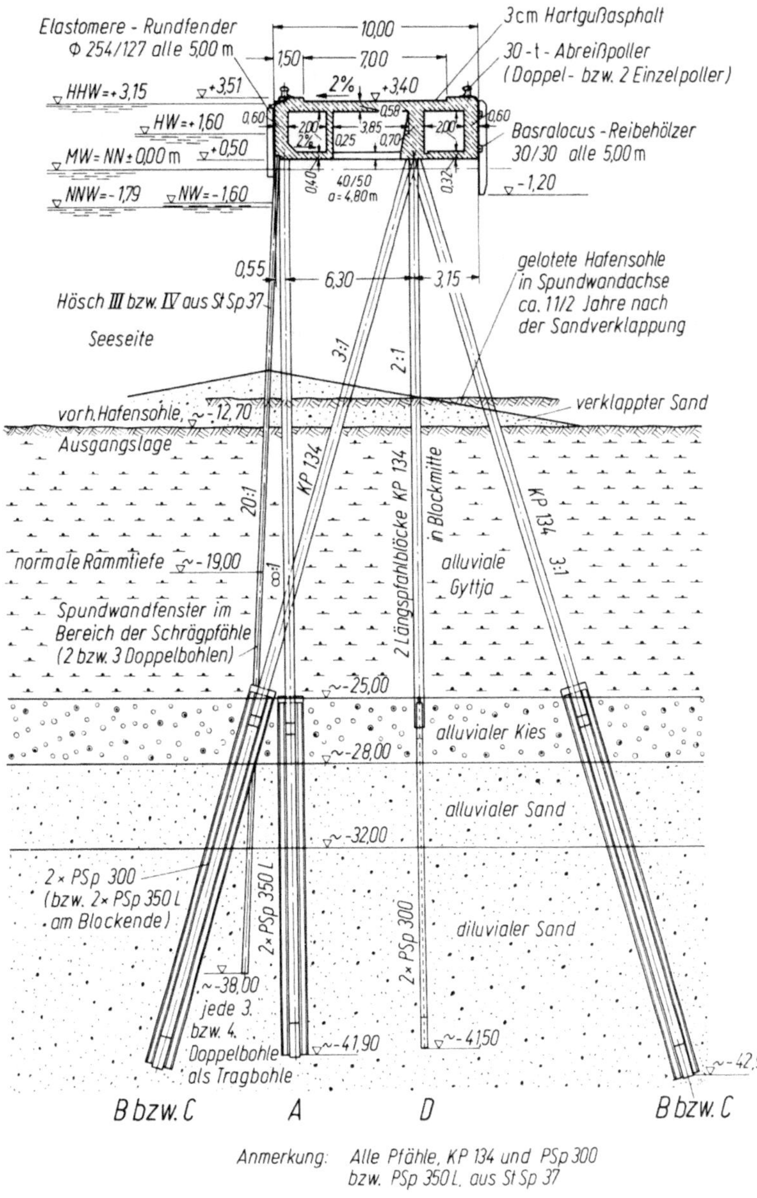

Abb. 10.3.5–4 Normalquerschnitt der Westmole (dargestellt am Block 6)

c) *Baugrund, Bodenverhältnisse und Tragfähigkeit der Pfähle (Rechenwerte)*

Bodenkennwerte:

Alluviale Mudde: (nur als Bodenauflast)

$\gamma_a = 0{,}2\ t/m^3$

Gyttja:

$\gamma_a = 0{,}3\ t/m^3,\ \rho_r' = 12°,\ c_r' = 0$

Mittelsand und stark kiesiger Feinsand:

$\gamma_a = 1{,}1\ t/m^3,\ \rho_r = 32{,}5°,\ c' = 0$

Feinsand, stark schluffig, fallweise auch tonig:

$\gamma_a = 1{,}1\ t/m^3,\ \rho_r = 27°,\ c' = 0$

Verlandung im Bereich der Landmole:

$$\gamma/\gamma_a = 1{,}8/1{,}1\ \mathrm{t/m^3},\ \rho_r = 25°,\ c' = 0.$$

Pfahl-Grenzlastspannungen im alluvialen bzw. im diluvialen Sand – abhängig von der Einbindetiefe t:

$$q_{mr} = 3{,}5\ \mathrm{t/m^2} \text{ für } t \leq 4{,}0\ \mathrm{m}$$
$$q_{mr} = 4{,}0\ \mathrm{t/m^2} \text{ für } t > 4{,}0\ \mathrm{m}$$
$$q_{sr} = 400\ \mathrm{t/m^2} \text{ für } t > 4{,}0\ \mathrm{m}.$$

Die Mitwirkung der Gyttja bei der Lastabtragung war zu vernachlässigen.

d) *Nutzlasten auf der Fahrbahnplatte und in den Versorgungskanälen*
Auf der Fahrbahnplatte mußten angesetzt werden:
gleichmäßig verteilt $p = 2{,}0\ \mathrm{t/m^2}$ und
als Ersatzlast für Mobilkrane der 45–t–SLW gemäß DIN 1072 (ohne Schwingbeiwert).

Zur Berücksichtigung einer ungünstigen Kranauslegerstellung war ein max. Raddruck P = 25 t, auf 0,45 × 0,8 m verteilt, ohne Schwingbeiwert gleichzeitig mit $p = 2{,}0\ \mathrm{t/m^2}$ im übrigen Bereich anzusetzen.

Als Bremskraft auf der Fahrbahnplatte mußten je Block $B_r = 0{,}3 \cdot 45{,}0 = 13{,}5$ t berücksichtigt werden.

In den Versorgungskanälen war eine gleichmäßig verteilte Nutzlast von $p = 0{,}5\ \mathrm{t/m^2}$ Grundfläche in Rechnung zu stellen.

e) *Windbelastung*
Gemäß DIN 1072 waren anzusetzen:
$w = 250\ \mathrm{kg/m^2}$ bei unbelastetem Bauwerk
$w = 125\ \mathrm{kg/m^2}$ bei belastetem Bauwerk und einer Höhe des Verkehrsbandes von 2,0 m.

f) *Schiffanlegekräfte*
Als Schiffstoß war S = 60 t je Block in ungünstiger Stellung, verteilt auf eine Quadratfläche von 0,5 m Seitenlänge, zu berücksichtigen, dazu in Längsrichtung eine Schiffreibekraft:

$$R = \frac{60}{3} = 20\ \mathrm{t/Block},$$ die fallweise auch lotrecht wirken konnte.

g) *Pollerzug*
H = 30 t je Doppelpoller, die als Abreißpoller auszubilden waren.

10.3.5.3 Zulässige Spannungen und zulässige Pfahlkräfte

a) *Zulässige Spannungen*
Für Lastfall 1 galten die zulässigen Spannungen nach den einschlägigen DIN–Vorschriften bzw. den EAU.

Für Lastfall 2 durften diese Spannungen um 15 % erhöht werden.

Für die Bemessung der Fahrbahnplatte des Überbaus waren nichtruhende Belastungen vorauszusetzen.

b) *Zulässige Pfahlkräfte*
Die Sicherheit gegen Erreichen der Grenzlast mit den zulässigen Grenzlastspannungen nach Ziff. 10.3.5.2 c) wurde sowohl für die Lastfälle 1 und 2 wie folgt festgelegt:

Druck: $\eta \geq 1{,}5$ Zug: $\eta \geq 2{,}0$.

Die infolge Verkrustung zwischen Pfahl und Boden nach einiger Zeit eintretende Vergrößerung der Grenzlast durch Anwachsen der Mantelreibung etwa im Verhältnis 7/5 durfte berücksichtigt werden.

10.3.5.4 Baustoffe

Für den Überbau wurde möglichst wasserdichter Beton gefordert, und zwar für die Sohle B 300 und für die Wände und die Decke B 225. Als Bewehrungen bzw. Anschlüsse waren vorgesehen:

BSt IIa für die Fahrbahnplatte,
BSt IIIb für die übrigen Bewehrungen und
St 52–3 und St 37–2 bzw. –3 für Anschlußkonstruktionen.

Alle Spundwände und Stahlpfähle sollten wegen der dynamischen Beanspruchungen aus Wellenschlag bzw. wegen der erforderlichen umfangreichen Schweißarbeiten aus einem sprödbruchunempfindlichen, gut schweißbaren StSp 37 hergestellt werden.

Für die Reibehölzer wurde Basralocusholz oder gleichwertiges gefordert.

10.3.5.5 Ausbildung der Mittelmole

Der Molenquerschnitt mit Gründung ist für den Block 9 in Abb.10.3.5–2 dargestellt. Der Stahlbetonüberbau besteht aus einem Zweigelenkrahmen mit Zugglied und außen angehängten geschlossenen Rahmen, die auch als Versorgungskanäle dienen. Er ist auf Stahlpfählen KP 34 mit unten angesetzten PSp 500 L mit Fußflügeln PSp 300 bzw. 350 L – alles aus StSp 37 – gegründet.

Für den 20 m langen Molenblock 9 ist der Pfahlbedarf in der nachfolgenden Tabelle wiedergegeben:

Stückzahl	Typ	Neigung	Pfahl-Gesamtlänge [m]	KP 34 [m]	PSp 500 L [m]	Flügel [m]	Profil
4	A_1	10:1	36,7	22,0	15,5	3,0	PSp 350 L
4	A_2	2:1	39,7	25,0	15,5	3,0	PSp 350 L
4	B_1	10:1	33,9	22,0	12,7	2,75	PSp 300
4	B_2	2:1	36,9	25,0	12,7	3,0	PSp 350 L
4	C	4:1	34,9	23,0	12,7	2,5	PSp 300

Tabelle 10.3.5–1 Angaben über die Ausbildung der Pfahlgründung der Mittelmole im 20 m langen Block 9

Bereits bei diesem Bauwerk zeigte sich, daß für stärkere Wellenbeanspruchungen das untere Spundwandauflager im Bereich der Gyttja zu weich war. Durch die von den Wellen ausgelösten wechselnden starken Spundwanddurchbiegungen entstanden in der Gyttja vor und hinter der Spundwand tiefe Spalten, die bei der wechselnden Wirkung des Druckes von innen bzw. von außen örtlich zu erheblichen Ausspülungen führten.

Das Problem konnte hier durch Verfüllen dieser Ausspülungen mit Kiessand gelöst werden.

10.3.5.6 Ausbildung der Ostmole

Sie besteht nach Abb.10.3.5–1 aus einem Landmolen- und einem Seemolenabschnitt. Ihr Stahlbeton-Überbau konnte aus betrieblichen Gründen 4,0 m schmaler als der der Mittelmole gewählt werden.

Abb.10.3.5–3 zeigt den Normalquerschnitt der Mole, dargestellt für Block 9 des Seemolenabschnittes.

Als Gründungspfähle wurden UP 134 verwendet, nach unten verlängert durch jeweils zwei angeschweißte PSp 300, die am Fuß durch ein kräftiges Blech miteinander verbunden wurden, alles aus StSp 37.

Für die Gründung des 60 m langen Blocks 9 wurden folgende Pfähle benötigt:

Stückzahl	Typ	Neigung	Pfahl-Gesamtlänge [m]	UP 134 [m]	je 2 x PSp 300 [m]
20	A	12:1	41,8–43,3	30,5–32,0	11,5–13,0
20	B	2:1	44,8–46,8	34,0–35,5	11,0–13,0
4	C	3:1	43,8	33,0–33,5	11,5–12,0

Tabelle 10.3.5–2 Angaben über die Ausbildung der Pfahlgründung der Ostmole im 60 m langen Block 9

In der Ostmole war in bestimmten Bereichen anstelle des geforderten, wenig sprödbruchempfindlichen StSp 37 irrtümlich hochempfindlicher StSp 50 geliefert und eingebaut worden. Deshalb gab es bereits am teilfertigen Bauwerk nach der ersten schweren Sturmperiode an den Schweißkonstruktionen des Spundwandkopfes zum Anschluß der Verankerung und an den im freien Wasser liegenden geschweißten Spundwandstößen zahlreiche Sprödbrüche, die umfangreiche Sanierungsarbeiten erforderten.

Um die Fußstützung der Spundwand in der Gyttja zu verstärken und gleichzeitig die dynamischen Spundwandbeanspruchungen herabzumindern, wurde daraufhin baldmöglichst die geplante, in Abb. 10.3.5–3 dargestellte Kiesschüttung eingebracht.

Aus den hier gemachten Erfahrungen sollte die Konsequenz gezogen werden, bei solchen Molen vorsorglich nur Spundwände aus sprödbruchunempfindlichen Baustählen St 37–3 bzw. St 52–3 zu verwenden und die dabei auftretenden, ohnehin nicht entscheidenden Kostenerhöhungen von vornherein in Kauf zu nehmen.

10.3.5.7 Ausbildung der Westmole

Diese Mole besteht aus dem Anschlußbauwerk, der Landmole und der Seemole. Ihr Querschnitt ist für den Normalblock 6 des Seemolenbereichs in Abb. 10.3.5–4 dargestellt. Aufgrund der Erfahrungen an der Mittelmole und an der Ostmole wurde hier zur zusätzlichen Sicherung der Spundwand auf die Gyttja von vornherein eine kräftige Sandschüttung verklappt.

Als Gründungspfähle wurden KP 134 angewendet, nach unten mit jeweils 2 PSp 350 L bzw. 2 PSp 300 verlängert, alles aus StSp 37.

Für den 60 m langen Normalblock 6 wurden folgende Pfähle benötigt, wobei einzelne Pfähle wegen örtlich unterschiedlich angetroffener Bodenverhältnisse verlängert werden mußten.

Stückzahl	Typ	Neigung	Pfahl-Gesamtlänge [m]	KP 134 [m]	2 PSp 350 L [m]	2 PSp 300 [m]
8	A	∞: 1	41,0–42,5	26,0–27,6	15,4–17,3	–
8	B	3:1	43,0–44,7	27,2–28,2	16,0–18,7	–
16	C	3:1	44,0–45,7	27,6–29,0	–	16,4–18,9
4	D	2:1	46,4	29,5–30,7	–	16,9–18,1

Tabelle 10.3.5–3 Angaben über die Ausbildung der Pfahlgründung der Westmole im 60 m langen Normalblock 6

10.3.6 Molenbauwerk für die Einfahrt zu einem deutschen Hafen am Niederrhein

10.3.6.1 Allgemeines

Aufgrund der Modellversuche, die im Zusammenhang mit der Ausbauplanung des im Kap. 5.1.2.7 geschilderten Hafens am Niederrhein durchgeführt worden sind, war es erforderlich, die vorhandene Hafeneinfahrt um 90 m stromab zu verlegen und die neue 70 m breite Einfahrt durch besondere Bauwerke zu sichern. Hierdurch sollten günstige Ein- und Ausfahrverhältnisse geschaffen und gleichzeitig erreicht werden, daß die Ablagerung von Sand und von Feinstteilen im Hafenbecken auf ein Mindestmaß begrenzt wurde. Nach Abb. 5.1.2.7–1 bestehen diese Bauwerke aus einem auf der Nordseite der Hafeneinfahrt liegenden Hafeneinfahrtkopf und einer am Strom befindlichen Hafeneinfahrtmole, beide von ganz bestimmter Form und Lage. Aufgabe der weiteren Planung war es, diese Bauwerke technisch richtig und möglichst wirtschaftlich zu gestalten. Auch hier boten sich wieder Lösungen in Spundwandbauweise an, die im folgenden beschrieben werden.

10.3.6.2 Ausbildung des nördlichen Hafeneinfahrtkopfes als verankertes Spundwandbauwerk

Einzelheiten hierzu können Abb.10.3.6–1 entnommen werden. Hier war vor allem die Aufnahme der Spundwand-Ankerkräfte im mittleren Teil des Hafeneinfahrtkopfes schwierig, denn es konnte die sonst angewandte Verankerung mit 1 : 1 geneigten Stahlrammpfählen nicht ausgeführt werden. Die Pfähle hätten sich beim Einrammen gegenseitig gestört bzw. beschädigt. Die Spundwand wurde im gekrümmten Bereich mit waagerechten Rundstahlankern Ø 3" aus St 52–3 mit auf Ø 3½" aufgetauchten Gewinden verankert, die im Inneren des Kopfes radial zusammenliefen und in einem 0,80 m dicken Herzstück aus Stahl-

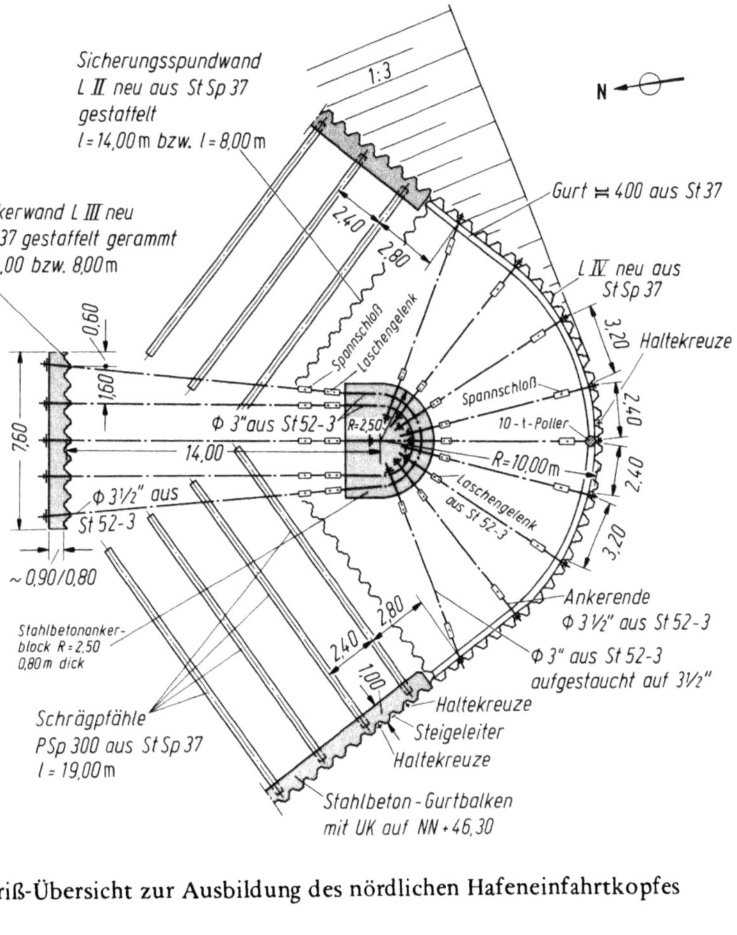

Abb. 10.3.6–1 Grundriß-Übersicht zur Ausbildung des nördlichen Hafeneinfahrtkopfes

beton endeten. Letzteres wurde mit 5 Rundstahlankern Ø 3½" aus St 52–3 nach hinten in einer Ankerwand aus Stahlspundbohlen L III neu aus StSpS mit Stahlbetongurt verankert.

Zwei jeweils quer zum Ufer angeordnete Sicherungsspundwände L II neu aus StSp 37 sollten verhindern, daß sich eventuelle Havarieschäden zu weit auswirkten.

10.3.6.3 Ausbildung der stromseitigen Hafeneinfahrtmole

Gestaltung und Einzelheiten dieses Bauwerkes sind in den Abb.10.3.6–2 und –3 dargestellt. Sie wurden maßgebend bestimmt durch die Ergebnisse der Modellversuche für die Hafeneinfahrt.

Abb.10.3.6–2 zeigt die gewählten Spundwandprofile und ihre Anordnung und Ausbildung im Grundriß. Auf dem größten Teil ihrer Länge wurde die Hafeneinfahrtmole als gemischte Spundwand PSp 600 L aus StSp 37 mit beidseitigen Füllbohlen KS II aus StSp 37 hergestellt. Die so entstandenen Zellen wurden im rd. 31 m langen, wasserseitigen Abschnitt bis zur Hafensohle mit Beton und daran landseitig anschließend mit Grobkies gefüllt und am Kopf durch einen schweren Stahlbetonholm ausgesteift (Abb.10.3.6–3). Dieser Holm und auch die wasserseitig anschließende Kopfplatte mußten an jeder Stelle einen Schiffsstoß von 50 t im Rahmen zulässiger Spannungen nach Lastfall 2 aufnehmen können. Stromseitig vor diesem Einfahrtsmolenbereich mußte, um günstige Strömungsverhältnisse an der Hafeneinfahrt zu erreichen, eine Grobkiesschüttung bestimmter Höhe und Formgebung aufgebracht werden. Sie mußte oben – soweit ausführbar – mit einem gesetzten und am Fuß mit Bitumen vergossenen Rauhdeckwerk versehen werden, an das sich stromseitig eine 0,6 m dicke Grobsteinschüttung anschloß. Die Rauhigkeit dieses Deckwerkes wurde durch eingesetzte Betonhöcker entsprechend vergrößert (Abb.10.3.6–2 und –3).

Der Kopf der stromseitigen Hafeneinfahrtmole wurde als Spundwandkasten im Profil KN III aus StSp 37 hergestellt. Nachdem die Spundwände gerammt und oben behelfsmäßig gegeneinander abgesteift bzw. verankert waren, wurde im Kasteninnern zunächst auf der vorher gesäuberten Sohle der alten Hafeneinfahrt eine rd. 2,5 m dicke Colcretebetonsohle unter Wasser hergestellt. Anschließend wurde bei niedrigen Wasserständen der so gesicherte

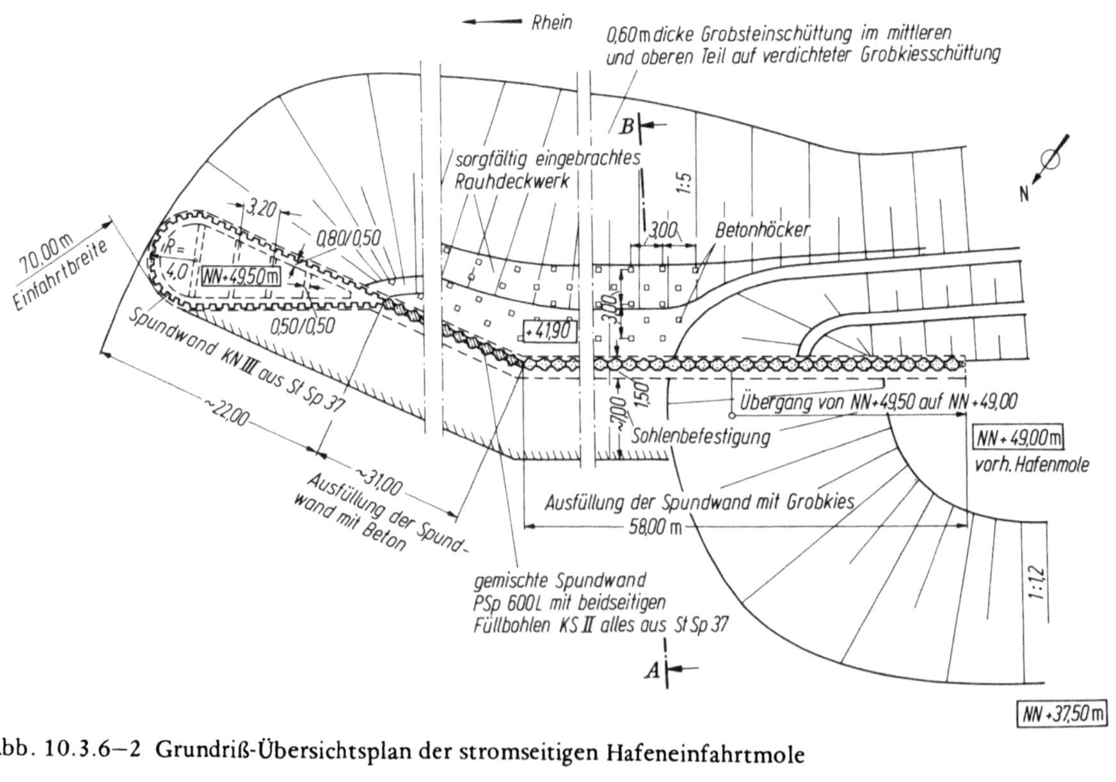

Abb. 10.3.6–2 Grundriß-Übersichtsplan der stromseitigen Hafeneinfahrtmole

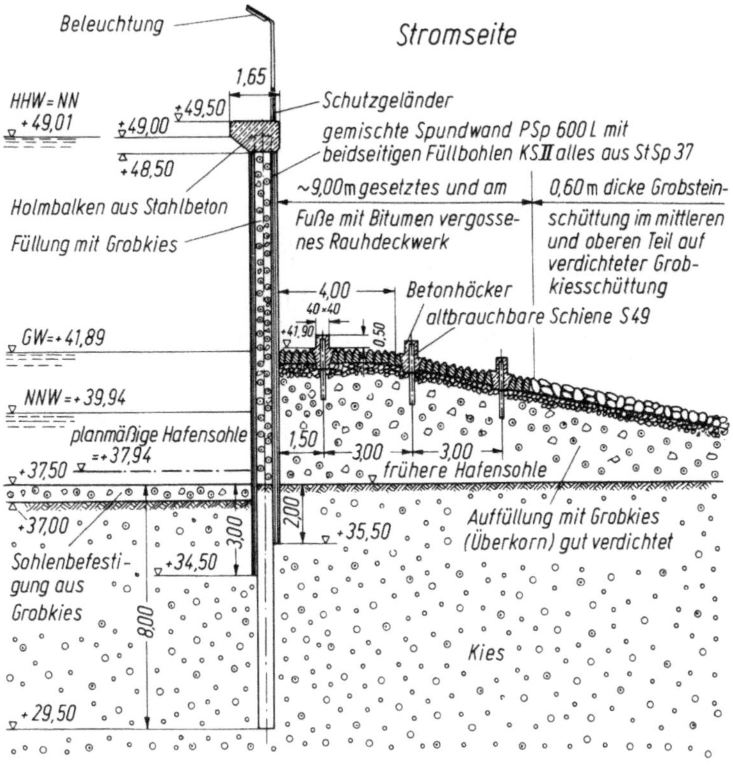

Abb. 10.3.6–3 Querschnitt A–B im Bereich der Leitwand der stromseitigen Hafeneinfahrtmole (Lage des Schnittes s. Abb. 10.3.6–2)

Spundwandkasten leergepumpt, an der Sohle mit an die Spundwand geschweißten Ankerstählen Ø 20 mm versehen und dann ein durchlaufender Stahlbetongurt 50/80 cm, mit Querbalken 50/50 cm in 3,2 m Achsabstand, betoniert. Anschließend wurde innen eine mit der Spundwand durch angeschweißte Bügel verbundene durchlaufende, leichte bewehrte Stahlbetonschale hergestellt, die oben durch kräftige Randbalken und eine 0,5 m dicke Stahlbetondecke abgeschlossen wurde. Durch die darin ausgesparten drei Plombenöffnungen Ø 1 m wurde der Innenraum des Kastens nach dem Erhärten der Betonbauteile mit Kies verfüllt und so die erforderliche Standsicherheit des Bauwerkes auch mit Reserven für mittelschwere Havariefälle erreicht.

Auf der Innenseite der Hafeneinfahrtmole wurde als Sicherung gegen Kolke aus Schraubeneinwirkungen vorsorglich eine 7 m breite und 0,5 m dicke Sohlensicherung aus Grobkies eingebracht (Abb. 10.3.6–2 und –3).

11. Gründung beweglicher Brücken

11.1 Allgemeines

Bewegliche Brücken erfordern sowohl bei den Widerlagern als auch bei einem Zentralauflager eine weitgehende Ausschaltung waagerechter und lotrechter Bewegungen. Wenn dieses bei schwierigen Untergrundverhältnissen nicht in vollem Umfang möglich ist, müssen die Lager der beweglichen Brücke nachstellbar ausgebildet werden.

Die Lager können sowohl auf Pfahlrosten als auch auf tiefen Flächengründungen verschiedener Art gegründet werden.

Im folgenden werden zwei Beispiele gebracht und darunter eines, bei dem die Setzungen über viele Jahre gemessen worden sind.

11.2 Drehbrückenpfeiler und -widerlager an einem abgeschleusten Seehafen an der Mündung eines Tideflusses in die Nordsee (vgl. auch Kap.3.3.3 und Kap.18.3.5)

Um die neuen Becken des Seehafens mit den bestehenden Häfen und Dockanlagen zu verbinden, mußte Ende der zwanziger Jahre ein 45 m breiter Verbindungskanal hergestellt werden. Wegen des starken Eisenbahn- und Straßenverkehrs von und zu einer vorhandenen Fahrgastanlage mußte dieser Kanal mit einer beweglichen Brücke überspannt werden (Abb.11.2–1). Diese Brücke war aus dem Zwang der örtlichen Verhältnisse heraus schräg über den Verbindungskanal zu führen (Abb.3.3.3–2a und –2b).

Die eingehenden Voruntersuchungen erstreckten sich bei den schwierigen Untergrundverhältnissen (Abb.3.3.3–1) auf die Eignung der folgenden drei beweglichen Brückensysteme: Hubbrücke, zweiflügelige Klappbrücke und Drehbrücke.

Da einerseits mit größeren und ungleichen Setzungen zu rechnen war und andererseits dadurch bedingte Betriebsstörungen unter allen Umständen vermieden werden mußten, wurde eine ungleicharmige Königstuhl-Drehbrücke gewählt (Abb.11.2–1 und Abb.3.3.3–2). Hier ließen sich ungleichmäßige Setzungen der Fundamente durch Nachstellen der Lager am einfachsten ausgleichen. Außerdem lagen die Gesamtkosten bei diesem Brückensystem am niedrigsten.

Das Gesamtstahlgewicht der Brücke einschließlich Gegengewicht betrug rd. 3.700 t. Der Königstuhl hatte in der Verkehrslage

max rd. 2.000 t bzw. min. rd. 1.200 t

und in der Drehlage max. rd. 2.600 t aufzunehmen.

Bei diesen ungünstigen und stark wechselnden Belastungen und der angestrebten möglichst gleichbleibenden Horizontallage des Königsstuhls wurde eine massive Pfeilergründung als die sicherste Lösung angesehen (Abb.3.3.3–2). Außerdem betrug dann das Eigengewicht des Pfeilerfundamentes rd. 6.000 t, also mehr als das Doppelte des maximalen Brückenauflagerdruckes auf dem Königsstuhl.

Wegen der schrägen Lage der Brücke und der gleichzeitigen Benutzung des Pfeilers als Uferbegrenzungsbauwerk mußte für den Grundriß ein unregelmäßiges Fünfeck gewählt werden (Abb.11.2–2). Die dabei auftretenden Bodenpressungen wurden im Kap.3.3.3 detailliert angegeben, desgleichen das Setzungsverhalten. Infolge der Vorbelastung durch den Klei und die tiefe Grundwasserabsenkung und das Mittragen der Umfassungsspundwände ergaben sich setzungsmäßig keinerlei Schwierigkeiten.

Für die äußeren Auflager des kurzen und langen Brückenarmes und für das Rollenlager konnten billigere Betonfundamente auf Holzpfahlrost gewählt werden. Auch hierzu wird auf Kap.3.3.3 und die Abb.3.3.3–2 und –3 verwiesen.

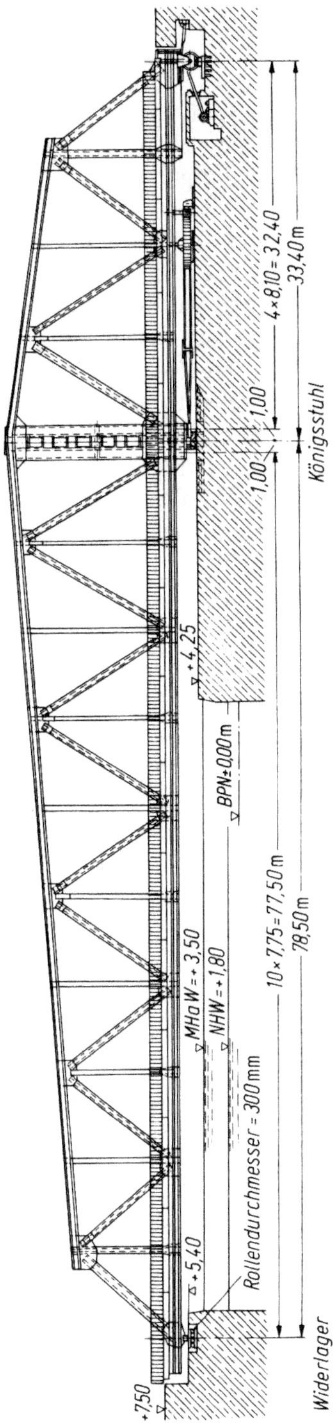

Abb. 11.2–1 Ausbildung und Stützweite der Drehbrücke

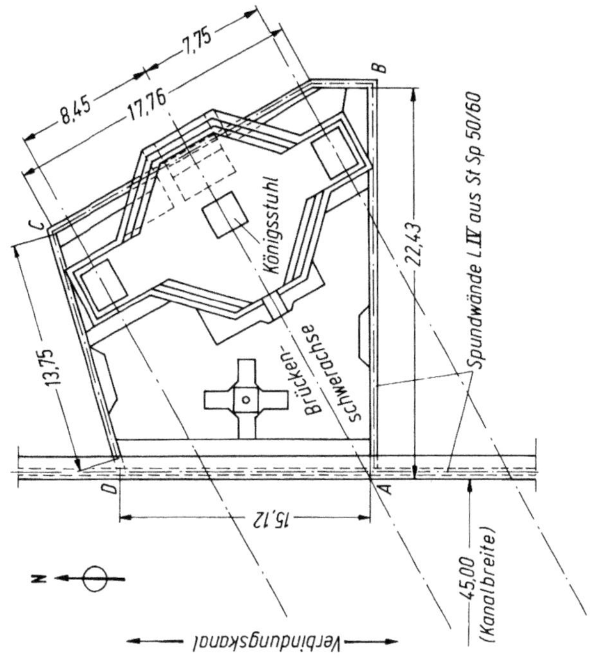

Abb. 11.2–2 Grundriß des Drehbrückenpfeilers

Wegen der zu erwartenden Setzungen waren auch diese Lager vorsorglich nachstellbar ausgebildet worden. Irgendwelche Schwierigkeiten haben sich aber in den zurückliegenden rd. 45 Betriebsjahren für die Brücke nicht ergeben, so daß kein Nachstellen irgendeines der Brückenlager erforderlich wurde.

11.3 Hubbrückenwiderlager an einem norddeutschen Tidefluß

An einem Tidefluß, auf dem auch kleinere Seeschiffe verkehren, mußte eine bewegliche Brücke für eine Bundesstraße erneuert werden. Als Lösung wurde eine Hubbrücke gewählt. Bei der geforderten lichten Weite von 52 m zwischen den Widerlagern ergab sich hierfür eine Brückenspannweite von 53,28 m.

Das Bauwerk lag in einem Gebiet mit etwa 10 m dicker Kleischicht auf diluvialem Grobsand. Für die Gestaltung und Ausführung der Widerlager wurde ein Ideenwettbewerb mit verbindlichen Angeboten ausgeschrieben. Nach Prüfung der Angebote wurde als wirtschaftlichste und technisch günstigste Lösung ein Vorschlag für die Ausführung bestimmt, bei dem der Widerlagerschaft als zellenartig ausgebildeter Stahlbetonpfeiler im Schutze einer Umspundung auf einer in den Grobsand einbindenden 3 m dicken Kontraktorbetonsohle gegründet wurde (Abb. 11.4–1). Die landseitige Pfeilerlängswand wurde mit Hilfe einer steifen Bewehrung tief in den Kontraktorbeton hinein verankert, so daß alle auftretenden Zugkräfte übergeleitet werden konnten. Unter allen Wandanschlüssen wurde die oberste Kontraktorbetonschicht so weit abgestemmt, daß ein einwandfrei gesunder verzahnter Anschluß sichergestellt war.

Um zu vermeiden, daß beim Leerpumpen des Spundwandkastens die Sohle aufschwamm, mußte eine ausreichende Menge Ballastsand eingefüllt werden, der entsprechend den jeweiligen Ausbauarbeiten des 1. Wandabschnittes umgesetzt werden mußte.

Oberhalb der Sohle wurde der Widerlagerschaft in 5 Arbeitsabschnitten hergestellt, wobei die jeweils erforderlichen Aussteifungen der Baugrubenumspundung folgerichtig um- und ausgebaut wurden.

Die Flügelwände wurden in lotrechter und in waagerechter Richtung biegesteif mit dem Widerlagerschaft verbunden. Hierzu wurde ein nach hinten auskragender Tornister, der ohnehin benötigt wurde, um das Bauwerk kipp- und gleitsicher zu machen, als schräg liegender Rahmen ausgebildet und mit den Flügelwänden verbunden (Abb. 11.4–1). Die Tornisterrippen und die Flügelwände binden in die Rippen des Widerlagerschaftes so ein, daß alle Kräfte ohne Umleitung abgetragen werden können. Um Auskolkungen und Grundbrüche an den Flügelwänden zu vermeiden, erhielten sie eine Fußsicherung durch eine 3,75 m lange Spundwand L III neu aus StSp 37. Sie wurde an der Flügelwand lotrecht gleitend gelagert, so daß im wesentlichen nur rechnerisch gut erfaßbare waagerechte Kräfte in die Flügelwände übertragen werden können.

, Die Zellen des Widerlagerschaftes wurden voll mit Sand gefüllt. Um das wirksame Gewicht des Bauwerkes zu erhöhen und um klare statische Verhältnisse zu schaffen, wurden die Zellen etwa bis Tidehalbwasser auch mit Wasser aufgefüllt. Die einzelnen Zellen wurden durch Öffnungen so miteinander verbunden, daß ein Wasserausgleich stets möglich ist. Die Wasserspiegelhöhe im Widerlager kann mit einem Standrohr kontrolliert werden.

Da die Sandfüllung einen wesentlichen Bestandteil des Bauwerkes darstellt, wurden alle Zellendecken mit Kontrollrohren Ø 4″ versehen. So kann auch die Lage der Sandoberfläche jederzeit überprüft werden. Eventuelle Mängel, wie Undichtigkeiten und deren Folgen können so erkannt und behoben werden.

Konstruktion und Bauausführung wurden in allen Einzelheiten geplant und aufeinander abgestimmt. Hierbei mußten vor allem auch die Setzungen des Kleis unter den Rampenauflasten besonders berücksichtigt werden.

Der Sohlenbeton wurde an Ort in einer leistungsfähigen Betonieranlage mit Kornaufbau im besonders guten Bereich und 400 kg/m^3 Zementanteil pumpfähig hergestellt und laufend

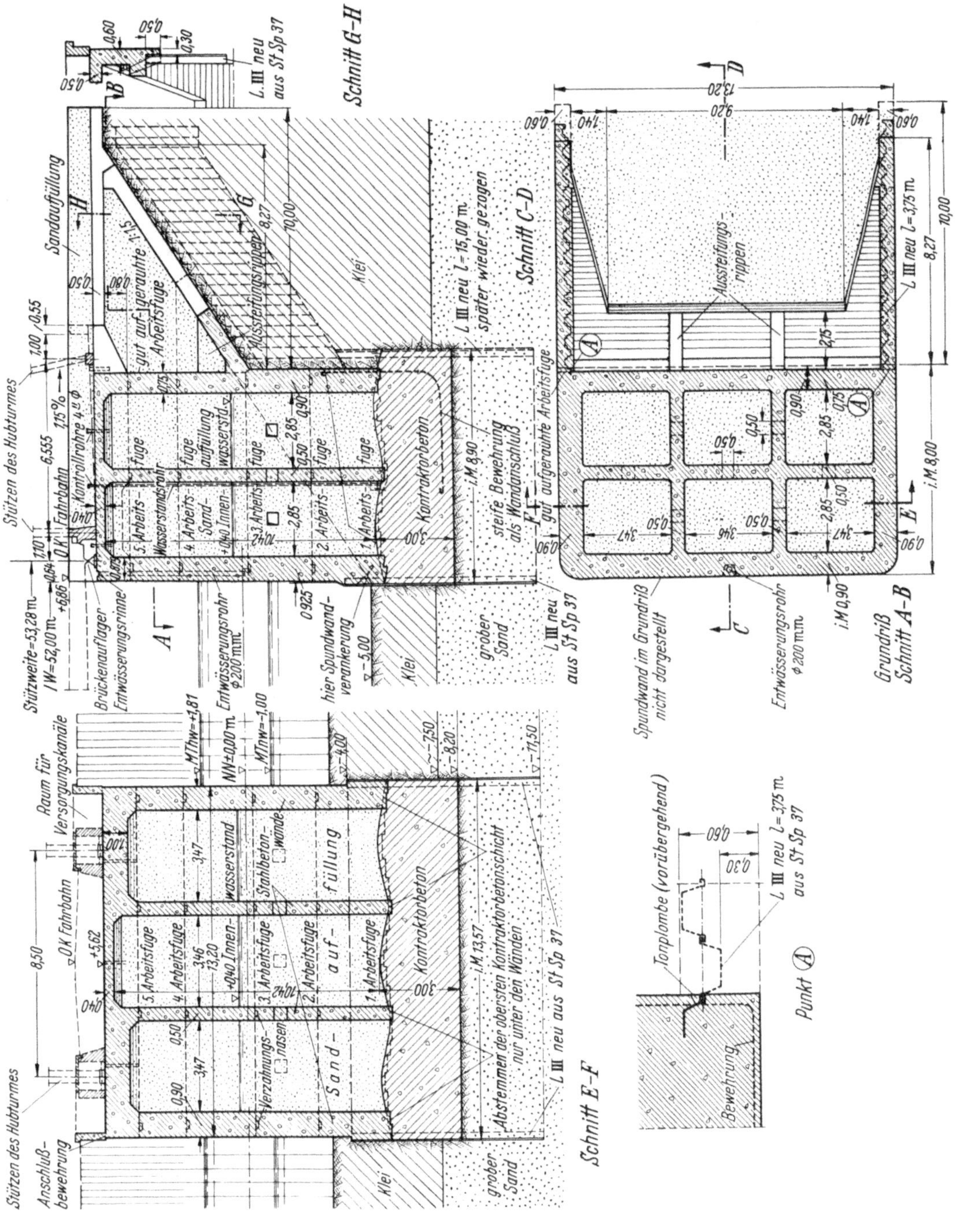

Abb. 11.3–1 Ausbildung des Hubbrückenwiderlagers

mit 6 Schüttrohren unter Wasser eingebracht. Dabei blieben die waagerechten Fließstrecken des Betons klein, und es wurden – wie die Stemmarbeiten für die Wandanschlüsse zeigten – eine sehr gute Qualität des Kontraktorbetons auch noch an seiner Oberfläche erzielt.

Die Hubbrücke ist nun seit zweieinhalb Jahrzehnten im Betrieb und hat sich bewährt. Bewegungen der Widerlager, die ein Nachstellen der 45 m hohen Hubtürme erfordert hätten, sind nicht eingetreten.

12. Bau von zivilen Luftschutzbunkern im zweiten Weltkrieg

12.1 Allgemeines

Der zunehmende Bombenkrieg des zweiten Weltkrieges erforderte die Errichtung von Schutzbauten einerseits für die Bevölkerung und andererseits auch zur Sicherstellung der Produktion kriegswichtiger Materialien, Maschinen und Geräte, hin bis zu U-Booten des größten damals gebauten Typs. Da die Bomben immer schwerer und wirkungsvoller wurden, mußten auch die Dicken der Wände und Decken entsprechend vergrößert werden.

Ausgehend von rd. 1 m Dicke, war man 1940 bereits bei 1,2 m. Die Personenbunker hatten ab 1943 Wand- und Deckendicken bis rd. 3 m. Die Schutzbauten für die Produktion wurden 1943 und weiter bis zum Kriegsende 1945 mit 7 m dicken Wänden und Decken hergestellt. Sie wurden mit einer ersten 4,5 m dicken inneren Stufe und einer außen vor- bzw. aufgesetzten zweiten Stufe von 2,5 m gebaut. Nur die innere Stufe erhielt eine Schutzbewehrung. Als Betongüte wurde B 225 gefordert. Bei den Großbauten mit modernem Geräteeinsatz und einwandfreier Überwachung der Betonherstellung wurde aber in der Regel die Güte B 300 erreicht.

Die Probleme bei den Bunkern für die Produktion lagen vor allem in der Schalung der weitgespannten 4,5 m hoch in einem Guß betonierten Decken. Da Stahl knapp war, wurden Schalungsträger aus Spannbeton nach dem neuesten Stand der Technik entwickelt, die in Betonfabriken mit langen Spannbetten serienmäßig hergestellten wurden. Sie hatten einen ebenen unten verbreiterten Zuggurt mit nach dem Freysinnet-Verfahren einbetonierten Spannstählen und bei großen Spannweiten einen bogenförmigen Druckgurt sowie lotrechte Stützen aus Stahlbeton. Die Diagonalen wurden als gekreuzte Rundstahlanker eingebaut. Bei kleineren Stützweiten wurden die vorgespannten Schalungsträger als Vollwandbalken ausgeführt. Die dicht an dicht verlegten Schalungsträger bildeten mit ihren Untergurten die untere Schalung für den zwischen die Schalungsträger im allgemeinen eingepumpten plastischen Beton.

Für das Schalen der Wände wurden bei den Großbauten im allgemeinen fahrbare Stahlschalungen benutzt, die für einen Betondruck von 10 t/m^2 bemessen wurden. Die durch Rippen verstärkten Stahlschalungstafeln mit den Nomalabmessungen 1,0/1,5 m stützten sich gegen Träger und diese wieder gegen Fachwerke, die mit Rundstahlankern durch die Wände hindurch gegeneinander verankert waren. An dieses Tragsystem wurden auch die Stirnschalungen der Blöcke der ersten Reihe gehängt, wobei diese in der Reihenfolge 1, 3, 5 usw. unabhängig voneinander betoniert werden konnten. Die zweite Blockreihe mit den Blöcken 2, 4, 6 usw. erforderte dann keine Stirnschalungen, weil sie zwischen den Blöcken der ersten Reihe betoniert wurden.

Bei dem im Kap.12.3 behandelten Großbauwerk wurden im Auftrage der zuständigen Oberbauleitung von der Degebo Berlin systematische großflächige Schalungsdruckmessungen durchgeführt. Dabei zeigte sich, daß der Betondruck bis zum Abbindebeginn linear zunimmt und dann konstant bleibt.

Aus den Meßergebnissen kann rückgerechnet werden, daß sich die maximale Betondruckspannung $e_{b\,max}$ wie eine Erddruckspannung ermitteln läßt.

Dabei ist $e_{b\,max} \approx h_b \cdot \gamma_b \cdot \lambda_{ab}$.

In dieser Formel bedeuten:

$e_{b\,max}$ = max Betondruckspannung normal zur Schalung [t/m^2]

h_b = Höhe des plastischen Betons bis zur Tiefe bei Abbindebeginn [m]

γ_b = Raumgewicht des plastischen Betons $\approx$ 2,3 bis 2,4 t/m^3

λ_{ab} = Erddruckbeiwert des plastischen Betons $\approx$ 0,7.

Diese Formel kann auch bei Unterwasserbeton mit Erfolg angewendet werden, nur ist dann das Raumgewicht des Betons unter Auftrieb, also mit ≈ 1,3 bis 1,4 t/m³ anzusetzen.

Bei Unterwasserbeton kann infolge niedriger Wassertemperaturen der Abbindebeginn verzögert werden, was im h_b besonders berücksichtigt werden muß.

Bei Betontemperaturen unter rd. + 6°C setzt bei den üblichen Zementen der Abbindevorgang ohne eine ausreichende Wärmezufuhr nicht mehr ein.

Die Schutzbewehrung im Massenbeton wurde zur Stahleinsparung auf etwa 30 kg/m³ begrenzt. Sie wurde anfangs als kubische Bewehrung eingelegt. Später wurde in der Spannrichtung der Decken bzw. Wände häufig eine Spiralbewehrung und in den letzten Kriegsjahren eine Halbschlaufenbewehrung angewendet und quer dazu eine Verteilerbewehrung aus geraden Stäben.

Rückblickend kann festgestellt werden, daß die bei den zivilen deutschen Schutzbauten eingelegte Schutzbewehrung sicher zu schwach war und auch sonstige systematische Mängel aufwies. Auch traf die Annahme, daß sich der Bombeneinschlag etwa nach den Gesetzen des elastischen Stoßes auswirkt, wonach auf der Innenseite des Bunkers ein etwa kegelförmiger Körper herausgeschleudert werden konnte, höchstens bei kleinen Bomben und dünnen Decken bzw. Wänden zu. Bei überschweren Bomben und dicken Decken wich das Zerstörungsbild von dieser Annahme jedenfalls grundlegend ab.

Das Bauwerk nach Kap. 12.3 wurde Ende März 1945 mit 12-t-Bomben angegriffen, wobei zwei Bomben die erst 4,5 m dick ausgebaute Decke trafen. Nach den dort beobachteten Schäden trat im Einschlagbereich eine weiträumige Zerstörung des Betongefüges ein. Auch heil aussehende Kieselsteine des Betons konnten nach der Bombeneinwirkung unabhängig von der Kristallstruktur nach jeder Richtung von Hand aus gebrochen werden. Die 4,5 m dicke Schutzdecke wies an den beiden in größerem Abstand voneinander liegenden Einschlagstellen jeweils ein etwa kreisrundes Loch von rd. 8 m Durchmesser auf. Der Beton dieser Schadensstellen war aber nicht etwa schlagartig nach unten geschleudert worden. Vielmehr bildete sich nach der Detonation der Bombe an der Unterseite der Decke jeweils eine Beule, die sich schnell vergrößerte, wobei dann der frühere Beton im Schadensbereich als Kieshaufen nach unten fiel.

In einem anderen Falle detonierte eine schwere Bombe neben einem erhärteten Spannbeton- Schalungsträger. Die dabei auftretende Druckwelle war so stark, daß der Beton wie Staub weggeblasen wurde, wobei die Vorspannstähle unbeschädigt und nicht einmal verbogen aus dem Trägerende ragten.

12.2 Personenbunker in einer norddeutschen Schiffswerft

Um die kriegswichtige Produktion bei den zunehmenden Bombenangriffen des zweiten Weltkrieges aufrechterhalten zu können, waren vor allem auch die in der sonst ungeschützten Rüstungsindustrie arbeitenden Menschen vor Schäden zu bewahren. Hierzu mußte für sie ein wirksamer Bunkerschutz im Bereich oder in nächster Nähe ihrer Arbeitsstätten geschaffen werden. Nur so konnten die Arbeitskräfte geschützt und für sie – unabhängig von der öffentlichen Luftwarnung und -entwarnung – verkürzte Ausfallzeiten unter besonderer Warnverständigung der Betriebe erreicht werden.

In Anbetracht der Erfahrungstatsache, daß kleinere Ziele im allgemeinen nicht mit überschweren Bomben angegriffen wurden, blieben bei diesen Personenbunkern die Außenwand- und Schutzdeckendicke hinter denen der Bunkerbauten für den unmittelbaren Produktionsschutz zurück (Kap. 12.3 und 12.4). Sie erreichten ab Sommer 1943 Dicken bis rd. 3 m die auch bis Kriegsende kaum überschritten wurden.

Hinsichtlich der Betonqualität und der Schutzbewehrung wird auf Kap. 12.1 verwiesen.

Abb. 12.2–1 zeigt als Beispiel Schnitte durch einen kennzeichnenden Personenbunker einer norddeutschen Schiffswerft. Wie daraus zu ersehen ist, wurde zum Schutz gegen Detonationen von Bomben, die im schrägen Fall unter das Bauwerk geraten konnten, auch die

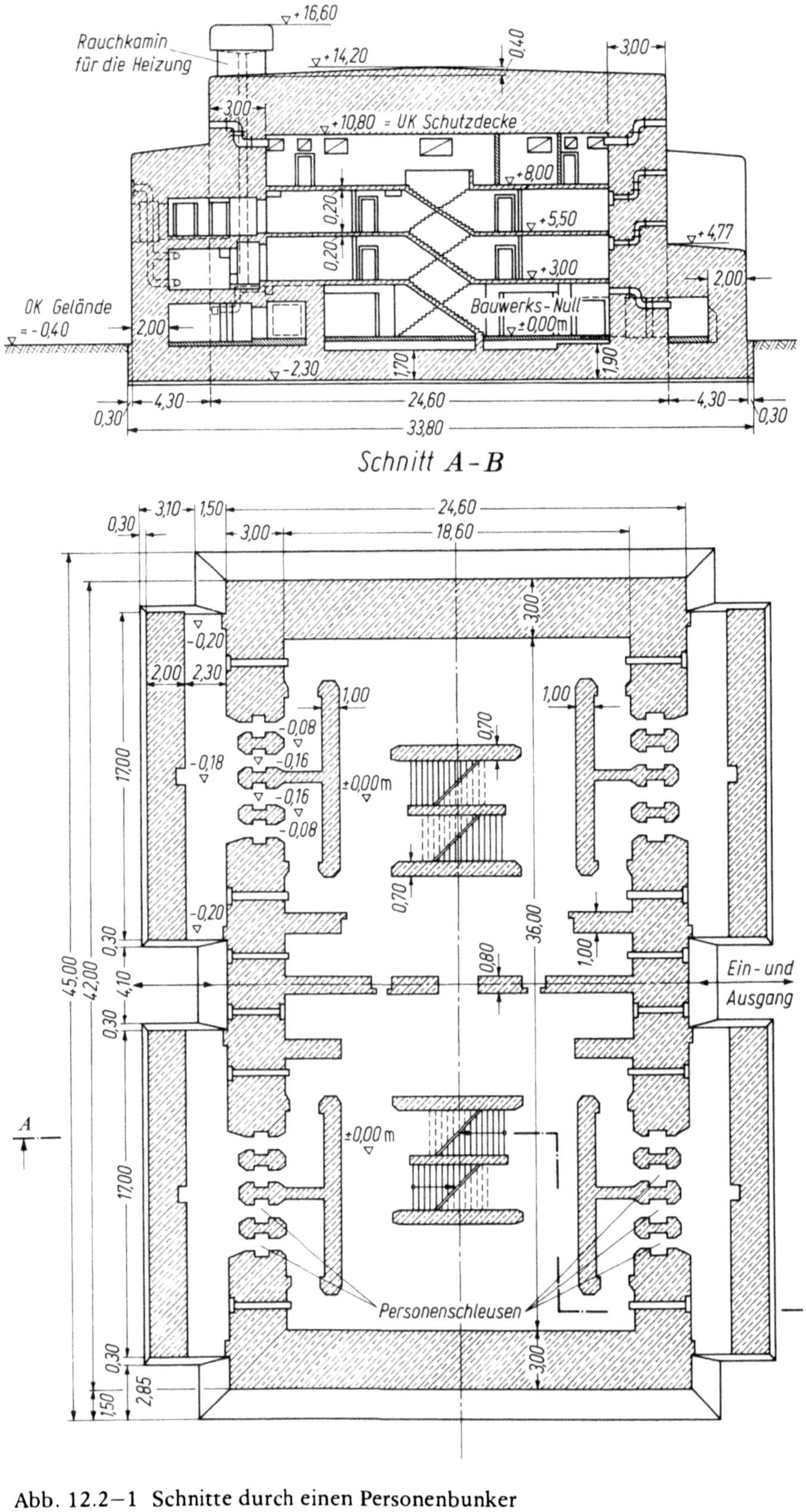

Abb. 12.2–1 Schnitte durch einen Personenbunker

Bunkersohle entsprechend dick ausgebildet. In den letzten Kriegsjahren wurden in wichtigen Fällen außen um die Bunker auch noch 10 bis 15 m breite, 1,5 bis 2,0 m dicke Zerschellerplatten aus unbewehrtem Beton B 225 angeordnet (Abb.8.2.3–2 sowie 12.3 –2 und –4).

Außerordentlich wichtig war auch der Schutz der gassicher ausgebildeten zahlreichen Personenschleusen gegen Bombensplitter (Abb.12.2–1, Grundriß des Erdgeschosses).

Ein Problem besonderer, hier aber nicht behandelter Art war die Frage der Ver- und der Entsorgung mit Luft und Wasser.

Keine nennenswerten Schwierigkeiten bereitete bei durchgehender dicker Sohle und aussteifenden Innenwänden bzw. Wandabschnitten die Gründung, sofern ein einigermaßen brauchbarer Baugrund anstand. Jedoch mußten beim starr wirkenden Gesamtbaukörper die Lastumlagerungen infolge der Setzungsmulde berücksichtigt werden, wenn die Rißgefahr herabgemindert werden sollte.

Gewisse Schwierigkeiten bereiteten die Schwindbeanspruchungen. Sie führten vor allem bei den dünnen Innendecken leicht zu Rißbildungen, weil die schweren Außenwände kaum Verformungen hergaben.

12.3 Bombengeschützte Montagewerft für Unterseeboote an einem norddeutschen Tidefluß (vgl. auch Kap.3.4.8 und 8.2.3)

12.3.1 Allgemeines

Die großen Verluste, die die deutsche Unterseebootwaffe Mitte des zweiten Weltkrieges erlitt, zwangen die deutsche Kriegführung zu besonderen Überlegungen hinsichtlich einer Beschleunigung des Baues neuer U-Boot-Typen. Die bisherigen U-Boote waren in Wirklichkeit nur Tauchboote. Sie waren gezwungen, im allgemeinen über Wasser zu fahren und tauchten nur bei Feindberührung. Aus diesem Grunde waren sie der Radarortung aus der Luft voll ausgesetzt. Durch die Anwendung eines sogenannten Schnorchels, den das unter Wasser fahrende Boot über die Wasseroberfläche ausfahren konnte und durch den Frischluft angesaugt und die Motor-Verbrennungsgase laufend abgeführt werden konnten, kam man erstmals in der Geschichte zu wirklichen Unterseebooten. Die Produktion dieser Boote konnte durch die Übernahme der Sektionsbauweise, die von den Amerikanern für den Bau von Frachtschiffen entwickelt worden war, entsprechend beschleunigt werden. Die Sektionen konnten in verschiedenen Werften und auch in Stahlbauanstalten im Binnenland hergestellt werden, wenn eine ausreichende Wasserstraßenverbindung mit der U-Boot-Montagewerft vorhanden war. Beim immer härter werdenden Bombenkrieg mußte aber die Montagewerft unter Bunkerschutz gelegt werden. Die Achillesferse solcher bombengeschützter Schiffsunterstände waren bis dahin die großen Toröffnungen für das Ein- und Ausfahren der Schiffe. Im Zuge der Überlegungen, wie dieses Problem gelöst werden könnte, wurde bei der hier behandelten U-Boot-Montagewerft der Gedanke geboren, die U-Boote im Taktverfahren zusammenzubauen (Abb.12.3–1 und –2).

Die örtliche Lage des Bauwerkes am Tidefluß wurde von der Marine bestimmt.

Der Verwendungszweck des Bauwerkes erforderte hohe und weitgespannte Hallen. Die Schutzwände und die Schutzdecke mußten 7 m dick und mit einer Bombenschutzbewehrung versehen ausgeführt werden. Der Ausbau war in einer ersten 4,5-m-Stufe mit einer Verstärkung um weitere 2,5 m für den Endausbau vorgesehen. Diese Abmessungen führten zu ungewöhnlich großen Bauwerksgewichten, die über die Mittel- und Außenwandfundamente sicher in den Untergrund abgeleitet werden mußten.

Das Bauwerk mußte in kurzer Zeit und mit dem erreichbar geringsten Aufwand an Material und Arbeitsstunden hergestellt werden. Da der Überbau durch seine Zweckbestimmung im wesentlichen an festgelegte Abmessungen gebunden war, konnten Einsparungen vor allem durch eine folgerichtige Ausbildung der Gründung und eine sinnvolle Baublockunter-

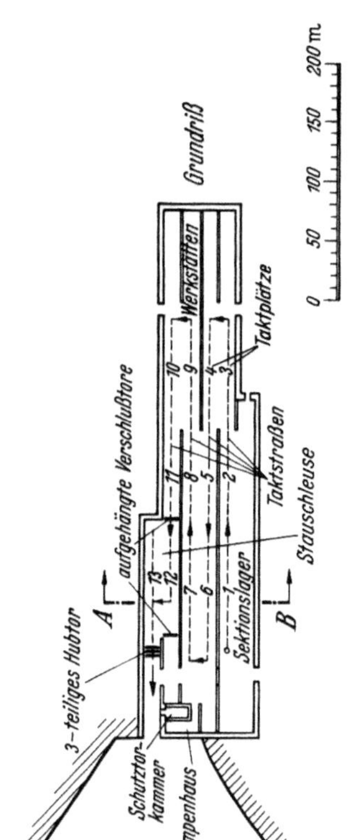

Abb. 12.3–1 Grundriß der U-Boot-Bunkerwerft

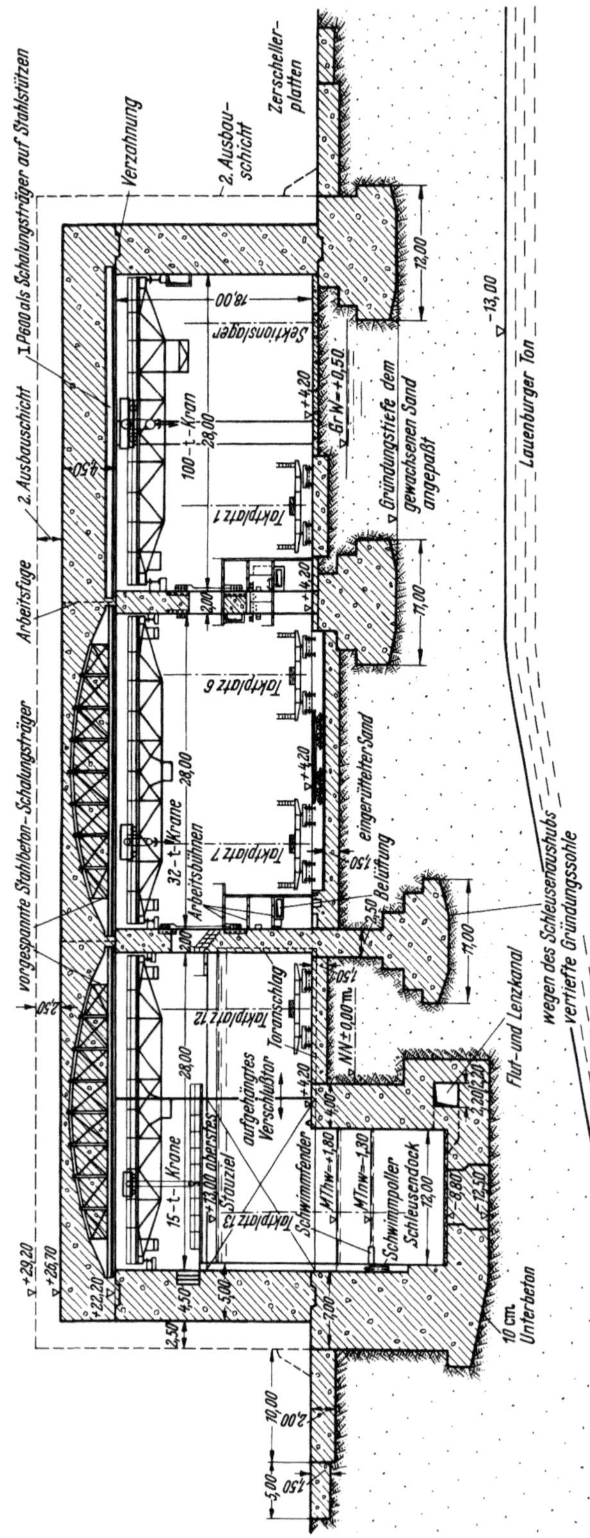

Abb. 12.3–2 Querschnitt A–B der U-Boot-Bunkerwerft

teilung erzielt werden. Bei der Größe des Bauobjektes waren hier alle Voraussetzungen für den Erfolg modernster ingenieurmäßiger Untersuchungen und Lösungen gegeben.

12.3.2 Bodenverhältnisse

Das Bauwerk mußte auf einem Untergrund errichtet werden, der typisch war für weite Bereiche des Tideflußgebietes. Bei einer Geländeoberfläche auf rd. NN + 1,0 m standen zunächst junge 2 bis 4 m dicke Moor- und Kleischichten an. Dann folgte tragfähiger scharfer Sand diluvialen Ursprungs. Er reichte hier im Mittel bis NN − 13,0 m. Darunter lagen diluviale Geschiebe- und fallweise auch Tonmergel, sogenannter „Lauenburger Ton" (Abb.12.3−3). Unter diesem folgten dichtgelagerte, teilweise mergelige Mittel- und Feinsande. Prädiluviale Schichten fanden sich in diesem Raum erst in größeren Tiefen bis zu 200 m.

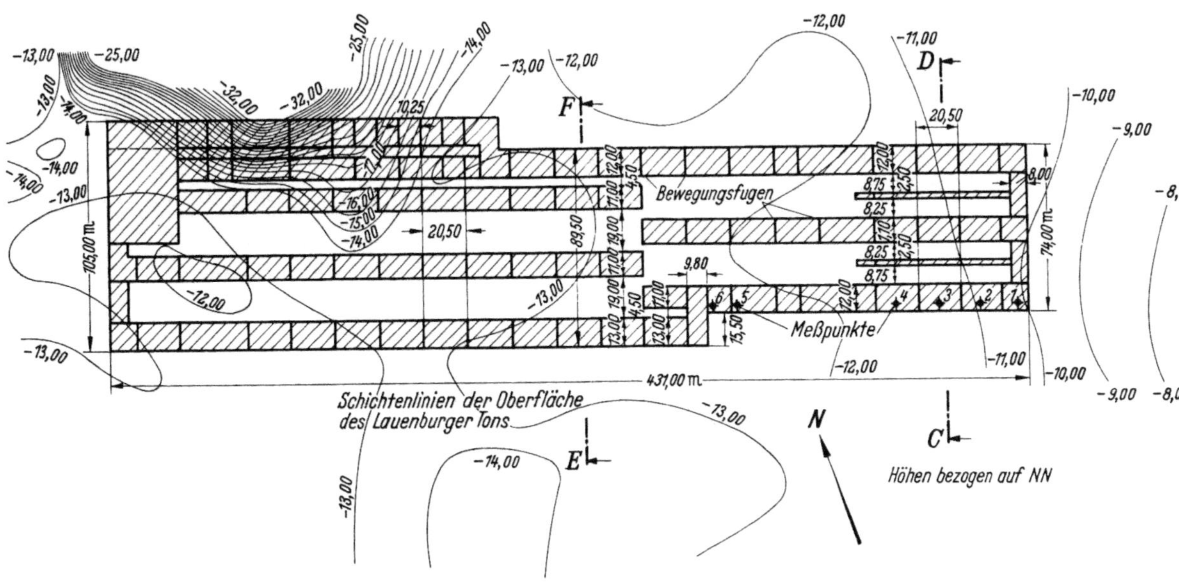

Abb. 12.3−3 **Fundamentplan der U-Boot-Bunkerwerft mit Schichtenlinien der Oberfläche des Lauenburger Tones und Baublockeinteilung, sowie Angabe bestimmter Meßpunkte**

Da der Untergrund in seinem geologischen Aufbau bekannt war, wurden die Bohrungen im allgemeinen nur wenige Meter in den Lauenburger Ton geführt. So war es möglich, vor allem die für die Bauausführung maßgeblichen oberen Schichten genau aufzuschließen. Mehrere Tiefbohrungen, die über 30 m unter die Oberfläche des Lauenburger Tones getrieben wurden, erreichten seine Sohle nicht. Bei einer benachbarten Industrieanlage, bei der zur Kesselwassergewinnung der Lauenburger Ton duchbohrt worden war, wurde seine Dicke mit rd. 40 m festgestellt. Die gleiche Mächtigkeit konnte auch beim vorliegenden Bauwerk vorausgesetzt werden.

Für ein weiteres Großbauwerk im vorliegenden Raum mit etwa gleichen Bodenverhältnissen waren eingehende bodenmechanische Untersuchungen durchgeführt worden. Dabei hatte man festgestellt, daß der Lauenburger Ton dort stark geschichtet war und vor allem aus Geschiebemergel und aus Tonmergel bestand. Auch innerhalb dieser Formationen war der Kornaufbau − vor allem im Tonmergel − unterschiedlich. Wenn in einer Bohrung sowohl Geschiebe- als auch Tonmergel angetroffen wurde, lag der letztere stets über dem Geschiebemergel.

Der Mergel, der an sich eine geringe Wasserdurchlässigkeit besitzt, wurde durchzogen von zahlreichen schwachen Sandlagen, die teilweise artesisches Wasser führten. Er war in der Eiszeit mit einer mehr als 130 m hohen Eisdecke und dadurch mit mehr als 12 kg/cm² belastet worden und wies daher eine entsprechend hohe Steifigkeit auf.

Bei der U-Boot-Bunkerwerft wurden die Gründungsberechnungen mit den Bodenwerten des oben erwähnten weiteren Großbauwerkes durchgeführt. Sie sind für Lauenburger Ton vor allem aus Tab. 12.3–1 ersichtlich.

Bodenarten	Geschiebemergel	Tonmergel
Mittleres spez. Gewicht der Kornsubstanz in g/cm^3	rd. 2,6 bis rd. 2,65	rd. 2,55 bis rd. 2,6
Raumgewicht γ/γ_a im ungestörten Zustand in t/m^3	rd. 2,25/1,25	rd. 2,0/1,0
Porenvolumen n	rd. 0,20 bis rd. 0,25	rd. 0,35 bis rd. 0,40
Winkel der inneren Reibung (Bruchwinkel) ρ'	rd. 31° bis rd. 35°	rd. 19° bis rd. 29°
Kohäsion c'_{Br} (Bruchwert im ungestörten Zustand in kg/cm^2)	rd. 0,20p + 0,50*) bis rd. 0,60p + 0,50	rd. 35p + 0,30 bis rd. 0,55p + 0,30
Steifezahl E_s in kg/cm^2 ungestört	rd. $130 \cdot p^{0,8}$	rd. $100 \cdot p^{0,5}$
Wasserdurchlässigkeit k bei 10° C im ungestörten Zustand in cm/s	rd. $4,5 \cdot 10^{-9}$	rd. $9 \cdot 10^{-9}$

*) Die Kohäsion im Geschiebemergel war zum Teil auf Verkittung zurückzuführen

Tabelle 12.3–1 Mittlere Bodenwerte für den „Lauenburger Ton"

Die in dieser Tabelle angegebenen Steifezahlen sind Mittelwerte für die Gebrauchsspannungen p = 2–20 kg/cm², die von den Versuchsergebnissen sowohl überschritten als auch unterschritten werden konnten. In Abb. 3.4.8–1 sind die Steifezahlen graphisch dargestellt.

Die mittlere Steifezahl des ungestörten diluvialen Sandes konnte im vorliegenden Falle für die in Frage kommenden Spannungen mit

$$E_s = 300 \cdot p^{0,8} \text{ kg/cm}^2$$

angesetzt werden.

Da in den Aufschlüssen für das vorliegende Bauwerk nur Geschiebemergel angetroffen worden war, wurden seine Mittelwerte den weiteren Berechnungen zugrunde gelegt.

12.3.3 Entwurf der Gründungen

12.3.3.1 Zulässige Bodenpressungen

Bei einer vorläufigen Gründungssohle auf rd. NN – 1,6 m ergab sich bei einer endgültigen Geländehöhe auf NN + 4,2 m und einem Grundwasserspiegel auf NN + 0,5 m eine Überdeckungslast von $3,7 \cdot 1,8 + 2,1 \cdot 1,0 \approx 8,7$ t/m². Die mittlere Bodenpressung durfte dabei nach der damals gültigen Fassung von DIN 1054 den Betrag: 3,0 + 0,87 = 3,87 kg/cm² nicht übersteigen. Die Kantenpressung durfte 30 % höher, also mit 3,87 · 1,3 = rd. 5 kg/cm² zugelassen werden. Da die Sandschicht unter der Gründungssohle dünner war als es der doppelten Breite des erforderlichen Gründungskörpers entsprochen hätte, kamen an sich auch die erhöhten Spannungen nach Tab. 2 der DIN 1054 nach den Sondervorschriften für nichtbindige Böden nicht in Betracht.

Angesichts der bereits bei anderen Bauwerken gemachten guten Erfahrungen bezüglich der Tragfähigkeit des Lauenburger Tones und aufgrund eines eigens eingeholten Bodengutachtens wurde hier aber – weitgehend abweichend von DIN 1054 – in der Gründungsschicht eine mittlere Bodenpressung von 8,0 kg/cm² zugelassen. Außerdem wurden auch noch Kantenpressungen bis zu 8,5 kg/cm² in Kauf genommen. Diese hohe Bodenpressung wurde zugelassen, obwohl die aus betrieblichen Gründen tiefliegenden Fundierungen im nordwestlichen Bauwerksteil bis in den Lauenburger Ton hineinragten bzw. in größeren Bereichen nur noch ein Sandpolster von 0,5–1,0 m darüber verblieb. Die aus dem verschiedenartigen Setzungsverhalten von Sand und Mergel sich ergebenden Setzungsunterschiede mußten dabei durch konstruktive Maßnahmen, vor allem durch ein sinnvolles Anordnen von Bewegungsfugen, ausgeglichen werden (Abb.12.3–3). Da nach dem eingeholten Bodengutachten Setzungen bis zu rd. 15 cm zu erwarten waren, bei denen auch größere Setzungsunterschiede in den Blockfugen auftraten, mußte dies im gesamten Bauwerk berücksichtigt werden.

Bei den hohen zugelassenen Bodenpressungen war es möglich, auf eine durchgehende Gründungsplatte im allgemeinen zu verzichten und mit 11–13 m breiten Streifenfundamenten auszukommen (Abb.12.3–3 und 12.3–4). Nur in Bereichen, in denen der Verwendungszweck des Bauwerkes es erforderte, wurden durchgehende Gründungsplatten angewendet (Abb.12.3–2 und –3).

Durch die Zulassung dieser hohen Bodenpressung konnten in der Gründung rd. 80.000 m³ Beton und rd. 9.000 t Betonstahl II eingespart werden.

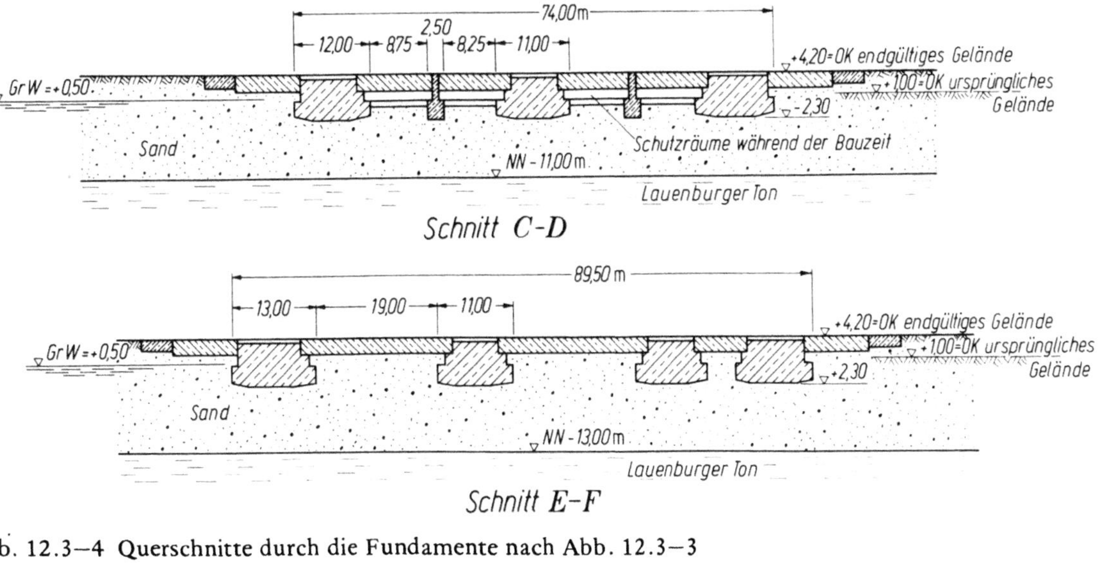

Abb. 12.3–4 Querschnitte durch die Fundamente nach Abb. 12.3–3

12.3.3.2 Gestaltung der Streifenfundamente

Zur Feststellung der zweckmäßigsten Fundamentformen wurden nach überschläglicher Ermittlung der erforderlichen Fundamentabmessungen vorerst zwei Gutachten eingeholt, und zwar:

a) Ein Gutachten über die zulässige Betonzugspannung bei den in Frage kommenden Fundamentabmessungen und dem vorgesehenen Betonieren in 1,5 bis 2,0 m hohen Schichten bei Verwendung von Pumpbeton B 300, mit 300 kg/m³ Zementzusatz. Sie wurde vom Gutachter Prof. Otto Graf, TH Stuttgart, für den vorliegenden Fall mit rd. 5 kg/cm² angegeben.

b) Ein spannungsoptisches Gutachten von Prof. Dr.-Ing. Foeppl, TH München, über die jeweils größte Betonzugspannung in der Fundamentsohle unter einer gleichmäßig verteilten Sohlpressung p bei bestimmten Fundamentformen und Fundamentabmessungen.

Es interessierten dabei vor allem die Einflüsse der bauausführungsmäßig und aus Betoneinsparungsgründen erwünschten Fundamentstufen sowie die einer vorgesehenen beidseitigen Abschrägung der Fundamentsohle. Außerdem sollten die Voraussetzungen geschaffen werden, um bei gewissen, durch die Bauausführung, den Untergrund oder aus sonstigen Veranlassungen in der Höhe überbemessenen Fundamenten auf eine Bewehrung ohne Risiko verzichten zu können (vgl. hierzu die spannungsoptischen Bilder der Abb.12.3–5 bis –11).

12.3.3.3 Systematische Auswertung der spannungsoptischen Untersuchungsergebnisse

Um die Ergebnisse der spannungsoptischen Untersuchungen auch für spätere Bauwerke nutzbar zu machen, werden im folgenden für die Fundamentquerrichtung die in der Fundamentensohle jeweils versuchsmäßig ermittelten max Zugspannungen σ_z sp. max in Vergleich gesetzt zur max Zugspannung σ_z Na. max, die sich bei einer Berechnung nach Navier ergibt. Die letztere wurde unter Berücksichtigung des Fundamentbiegemomentes, und – soweit vorhanden – auch des Normalkrafteinflusses nach der bekannten Formel:

$$\sigma = \frac{P}{F} \pm \frac{M}{W}$$

durchgeführt. Die Beanspruchungen wurden dabei aus einer gleichmäßig verteilt vorausgesetzten Bodenpressung errechnet. Die Ergebnisse dieser Vergleichsuntersuchungen sind aus den Abb.12.3–5 bis –11 ersichtlich. Zum leichteren Erfassen der Einflüsse der jeweiligen Fundamentformen wurden in diesen Abbildungen an den Auflastgrenzen die 45°-Linie gestrichelt und die 60°-Linie strichpunktiert eingetragen. Zum Vergleich des Betonverbrauchs wurde in den Abb.12.3–5 bis –11 jeweils auch die Fundament-Querschnittfläche F angegeben.

Die Untersuchungen zeigten folgende generelle Vergleichsverhältnisse:

a) Bei flacheren Stufenfundamenten etwa mit dem Seitenverhältnis h : b = 1 : 2, bei denen die Stufenanschnitte unter die 45°-Linie in den Raum zwischen der 45°- und der 60°-Linie reichten, war $\sigma_z$sp. max > σ_z Na. max (Abb.12.3–5 und –7).

b) Wurden bei flacheren Fundamenten etwa mit dem Seitenverhältnis h : b = 1 : 2 die Stufen ersetzt durch Schrägflächen, die noch außerhalb der 45°-Linie lagen, war $\sigma_z$sp. max ≈ 0,8 · σ_z Na. max (Abb.12.3–6 und –8).

c) Blieben bei gedrungenen Stufenfundamenten die Stufenanschnitte außerhalb der 45°-Linie, war beim Seitenverhältnis h : b = 2 : 3 $\sigma_z$sp. max ≈ 0,4 · σ_z Na. max (s. vergleichsweise Abb.12.3–10),
und beim Seitenverhältnis h : b = 3 : 4 $\sigma_z$sp. max ≈ 0,2 · σ_z Na. max (Abb.12.3–11).

d) Schnitten bei gedrungenen Fundamenten Stufenanschnitte unter die 60°-Linie in den Fundamentkörper hinein, war $\sigma_z$sp. max > σ_z Na. max (Abb.12.3–9).

Kerben in der Fundamentoberfläche behinderten die flüssige Kraftausbreitung, vor allem, wenn sie unter die 45°-Linie in den Fundamentkörper hineinschnitten.

Demnach trägt neben einer sinnvollen Formgebung der Fundamentsohle mit abgeschrägten Randflächen auch die richtige Gestaltung der Fundamentoberfläche wesentlich zu günstigen Fundamentbeanspruchungen und damit zur wirtschaftlichen Bemessung bei.

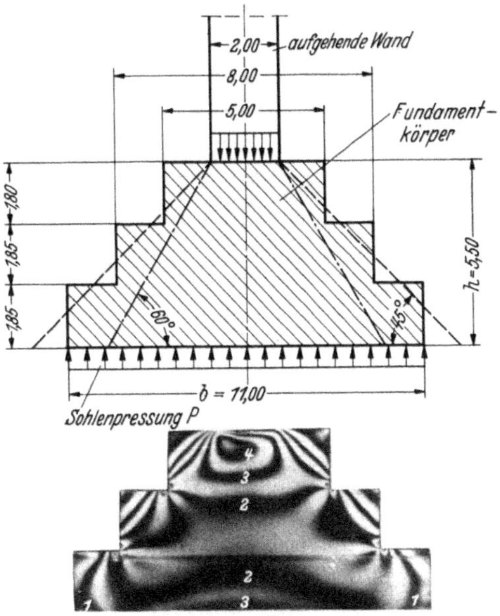

Abb. 12.3–5 Fundament mit h:b = 1:2 und Fundamentquerschnitt F = 44,2 m²

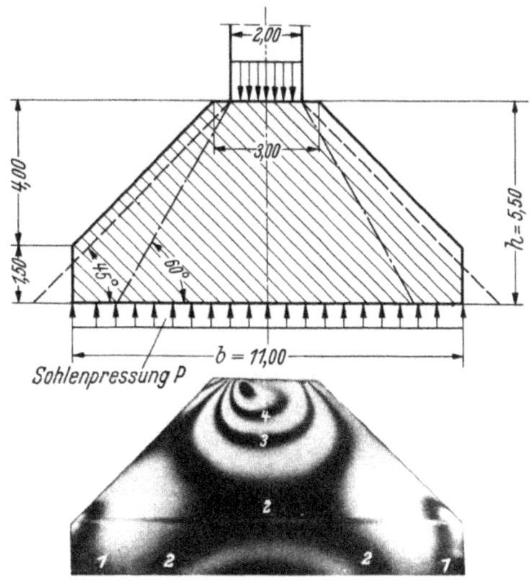

Abb. 12.3–6 Fundament mit h:b = 1:2 und F = 44,5 m²

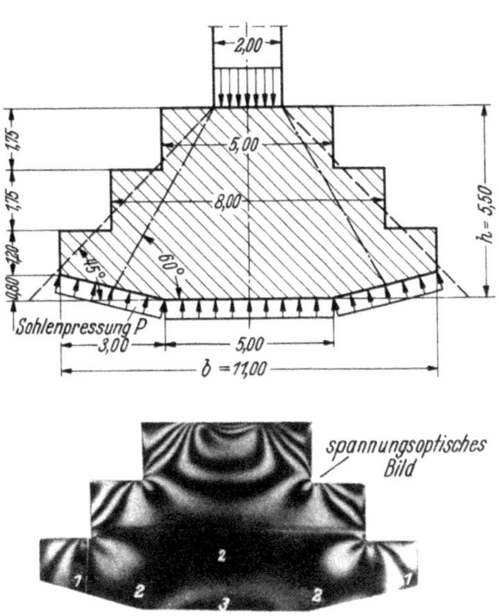

Abb. 12.3–7 Fundament mit h:b = 1:2 und F = 42,4 m²

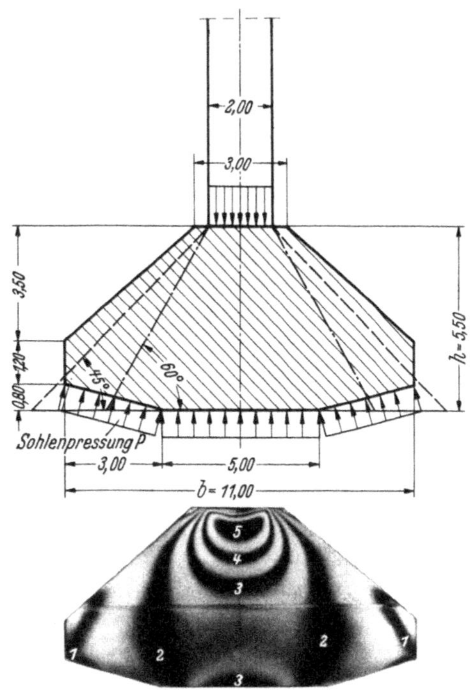

Abb. 12.3–8 Fundament mit h:b = 1:2 und F = 44,1 m²

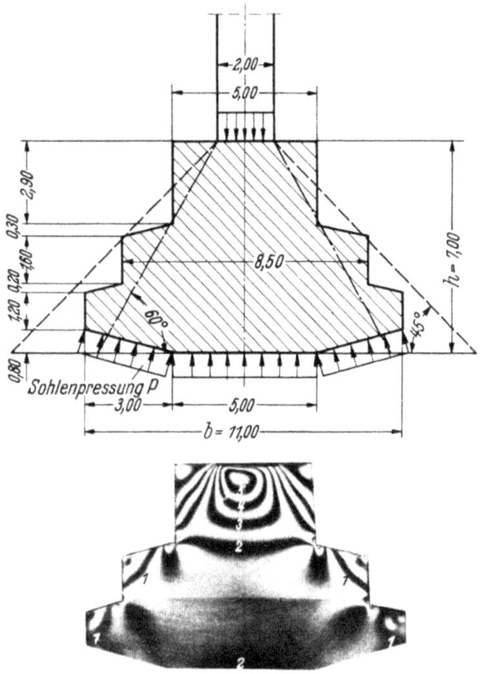

Abb. 12.3–9 Fundament mit h:b = 2:3 und F = 51,7 m²

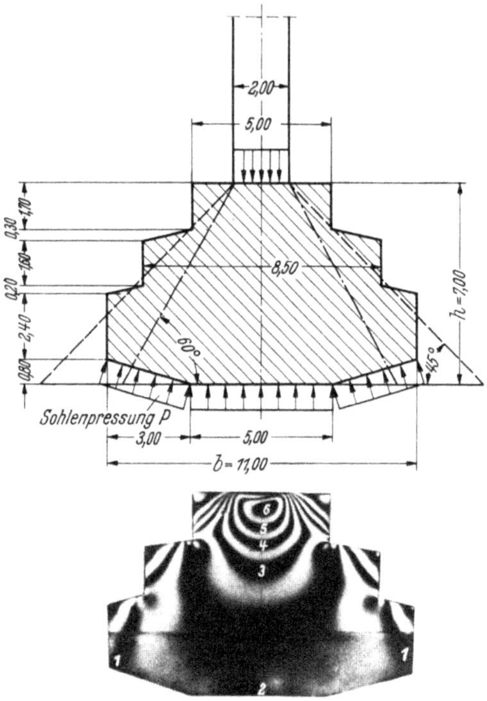

Abb. 12.3–10 Fundament mit h:b = 2:3 und F = 58,9 m²

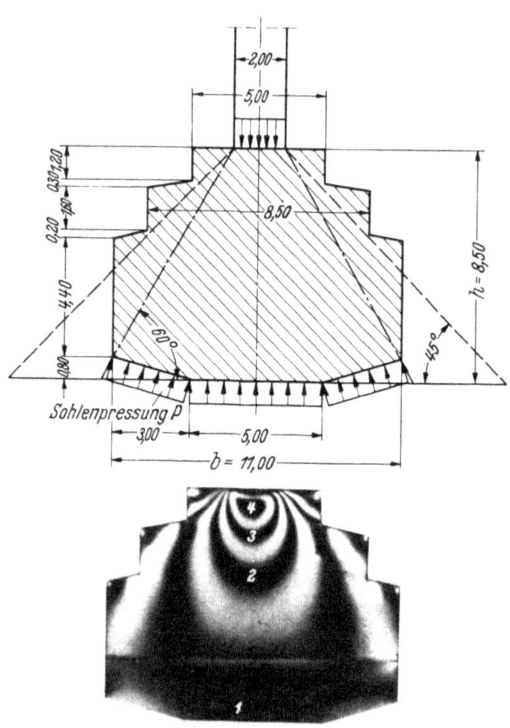

Abb. 12.3–11 Fundament mit h:b = 3:4 und F = 78,4 m²

12.3.3.4 Anwendung der Versuchsergebnisse beim vorliegenden Bauwerk

Unter Benutzung der spannungsoptischen Untersuchungsergebnisse wurde beim vorliegenden Bauwerk das in Abb. 12.3–12 dargestellte Mittelwandfundament für den Normalfall zur Ausführung bestimmt. Es gestattete den Verzicht auf jegliche Schubbewehrung und eine gewisse Verminderung der Biegebewehrung in der Sohle. Das stufenförmige Herstellen konnte mit Rücksicht auf einfache, fahrbare Schalungen nicht vermieden werden. Lag der tragfähige Sand unter NN – 1,0 m, wurde der unterste Fundamentabsatz entsprechend höher ausgeführt. Um den Vorteil durchlaufender Schalungen nicht zu verlieren, wurden die gewählten Fundamentabmessungen auch bei Blöcken mit geringerer Belastung beibehalten. In solchen Fällen und bei höher ausgeführtem untersten Fundamentabsatz wurde die Sohlenbewehrung entsprechend vermindert. Wenn die max Betonzugspannung unter 5 kg/cm^2 lag, wurde auf die Bewehrung ganz verzichtet. Nach ähnlichen Gesichtspunkten wurde auch bei den Außenwandfundamenten verfahren.

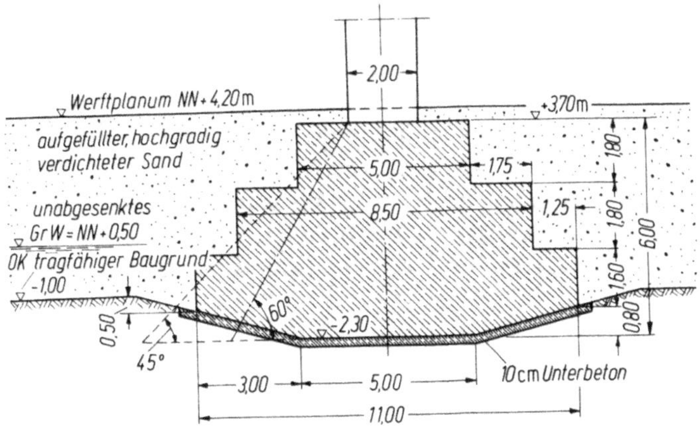

Abb. 12.3–12 Gewählte Mittelwandfundamentform für den Normalfall mit F = 48,30 m^2

Um die rechnerische Voraussetzung der normal zur Gründungsfuge wirkenden Bodenpressung auch am Bauwerk ausreichend gut zu erfüllen, wurde der Boden nur bis 50 cm über der Gründungssohle mit Greifbaggern entfernt, während das genaue Profil im Handschacht aus dem gewachsenen Baugrund herausgeschält wurde.

Durch folgerichtiges Ausnutzen der Ergebnisse der beiden oben erwähnten Gutachten war es so möglich, unter Berücksichtigung der bauausführungsmäßigen Belange wesentliche Einsparungen an Bewehrungsstahl zu erzielen. Dabei wirkte sich vor allem die beidseitig abgeschrägte Ausbildung der Fundamentsohle günstig aus. Solche Abschrägungen führen zu einer Verminderung der Biegemomente und bringen in den Fundamentkörper auch noch einen günstig wirkenden Druckanteil.

12.3.4 Setzungsberechnungen und Setzungsmessungen

Bei der umfangreichen und schwierigen Ausrüstung der Montagewerft mit Laufbahnen für die Bootswagen, Querverschiebebühnen, Kranbahnen, Arbeitspodeste, Versorgungsleitungen, Entwässerungen, Be- und Entlüftung, installierten Maschinen usw. war die Frage der auftretenden Setzungen, ihre Berücksichtigung in den Aussparungen und bei den Montagen einbetonierter Tragkonstruktionen, der Montage der Laufbahnen und ihrer möglichen späteren Nachjustierung usw. von besonderer Bedeutung. Einzelheiten hierzu können aus Kap. 3.4.8 entnommen werden, in dem auch gemessene Setzungen und ein einfaches Verfahren zur Ermittlung der lotrechten Zusatzspannungen σ_z im Boden zur Ermittlung der Setzungen aus beliebigen Bauwerksauflasten behandelt sind.

12.3.5 Schlußfolgerungen

Die beim vorliegenden Bauwerk gemachten Erfahrungen zeigen, daß bei einer einwandfreien Planung und Fundamentgestaltung auch ungewöhnlich große Fundamentlasten unter Heranziehung erhöhter zulässiger Bodenpressungen sicher und wirtschaftlich in den tragfähigen Untergrund abgeleitet werden können. Die dabei auftretenden Setzungen und Setzungsdifferenzen können durch geeignete konstruktive Maßnahmen ohne Schaden vom Bauwerk aufgenommen werden. Voraussetzung dafür ist jedoch ganz allgemein, daß der Untergrund sorgfältig aufgeschlossen und seine Zusammendrückbarkeit an ausreichend vielen ungestörten Bodenproben festgestellt wird. Weiter müssen die zu erwartenden Primärsetzungen vorweg errechnet werden. Das ist vor allem mit Hilfe der im Kap. 3.4.8 gebrachten Einflußwerte für die lotrechten Bodenzusatzspannungen σ_z leicht möglich.

Mit den dann unerläßlichen, kontrollierenden Setzungsmessungen muß möglichst frühzeitig begonnen werden. Sie sind unter gleichzeitigem Festhalten des jeweiligen Baufortschrittes laufend durchzuführen und sollten möglichst über die Bauzeit hinaus fortgesetzt werden, bis das Bauwerk ganz zur Ruhe gekommen ist. Die Meßpunkte müssen besonders sorgfältig und unter Berücksichtigung des Baufortschrittes ausgewählt werden. Die Anzahl der Meßpunkte sollte zugunsten der Häufigkeit der Messungen beschränkt werden.

Neben der laufenden Auswertung für das jeweilige Bauwerk sollten alle Untersuchungsergebnisse und Erfahrungen – auch die negativen – wissenschaftlicher Bearbeitung zugeführt werden. Denn nur aufgrund solcher an Bauwerken tatsächlich festgestellter Ergebnisse und Erfahrungen können die wissenschaftlichen Voraussetzungen für eine laufende Verfeinerung der Entwurfsmethoden geschaffen und so die Gründungskosten immer mehr und mehr verbilligt werden.

Ohne Zweifel ist die DIN 1054: „Baugrund; zulässige Belastung des Baugrunds" bei den üblichen Bauwerksabmessungen und Bodenverhältnissen eine zweckmäßige Richtschnur. Sie kann jedoch bei Ingenieur-Großbauten zu unbilligen Beschränkungen und damit zu ausschlaggebenden Verteuerungen an Arbeit und Material und zu wesentlichen Verzögerungen in der Fertigstellung führen. Dieses ist aber gerade in der heutigen Zeit untragbar. Auch in der Zukunft wird daher der entwerfende Gründungsingenieur in besonders gelagerten Fällen gezwungen sein, den sicheren und bequemen Weg der Bestimmungen zu verlassen, um nach eingehenden Bodenaufschlüssen und verantwortungsbewußter, neuzeitlicher Ingenieurarbeit dem Untergrund schließlich das zuzumuten, was er gerade noch mit ausreichender Sicherheit übernehmen kann. Die dabei erzielten Einsparungen decken dabei die aufgewandten Mühen und das erhöhte Risiko bei weitem.

12.4 Umbau eines Baudocks an einem norddeutschen Tidefluß in eine bombengeschützte Werft für Unterseeboot-Sektionen (vgl. auch Kap.9.2.1)

Infolge Zunahme des Bombenkrieges sah sich die deutsche Kriegsführung im Sommer 1943 gezwungen, den Zusammenbau von Unterseebooten, und ab Mitte 1944 auch noch den Bau der einzelnen Sektionen, unter Bombenschutz zu legen. Die Abmessungen der Sektionen mit max Höhen von 7,7 m, Breiten bis zu 6,6 m und Längen bis zu 14,0 m mit Fertiggewichten im Zustand des Zusammenbaues von 65 bis 165 t, stellten an die Abmessungen und die Nutzlasten der zu entwerfenden Bauwerke besondere Anforderungen. Mit Rücksicht auf die Dringlichkeit der Bauvorhaben wurden zwei bereits vorhandene und im Sommer 1944 im wesentlichen fertiggestellte große Baudocks auf ihre Verwendungsmöglichkeit für den Sektionsbau hin geprüft und anschließend der Auftrag erteilt, sie in bombengeschützte Sektionswerften umzubauen.

Nachstehend wird eines dieser Bauvorhaben, bei dem das im Kap. 9.2.1 beschriebene Baudock umgebaut wurde, näher behandelt. Seine Lage zum Tidefluß geht aus Abb.12.4–1 hervor.

Im vorliegenden Falle konnte, um Brüche in der Docksohle sicher zu vermeiden, die

Schutzdecke vorerst nur 4,5 m dick ausgeführt werden, obwohl bereits bekannt war, daß nur eine 7 m dicke Decke den damals schwersten Bomben standhalten konnte. Die Verstärkung auf 7 m mußte zurückgestellt werden, bis das Verhalten des Dockes unter der Belastung durch die 4,5 m dicke Decke ausreichend überblickt werden konnte (Abb. 12.4–2 und –3).

Im Baudock standen damals zahlreiche schwere Druckluft-Schwimmkästen aus Stahlbeton, die hier für die Gründung eines Schiffsunterstandes hergestellt worden waren und nach Beseitigung des Fangedammes zum Fluß hin ausgeschwommen werden sollten. Wegen Stillegung des genannten Bauvorhabens wurden sie aber nicht mehr benötigt. Es lag nun nahe, diese Kästen, deren Beseitigung im übrigen große Schwierigkeiten bereitet hätte, wenn möglich für den geplanten Umbau zu verwenden. Die Nachrechnung der Docksohle ergab, daß die Kästen nach Auffüllen mit Beton als Mittelpfeiler für die Bombenschutzdecke geeignet waren.

Die über 1000 t schweren Kästen wurden nun mit schweren Pressen angehoben und auf Stahlrollen längs- und querverschoben, bis sie als Mittelwandpfeiler an der richtigen Stelle standen (Abb.12.4–2 und 3). Schwierigkeiten traten dabei nicht auf.

Für das Herstellen der Sektionen im Taktverfahren mußten 9,5 m breite Queröffnungen ausgespart werden. Im übrigen wurden die Kästen – soweit möglich – in 4 m lichtem Abstand angeordnet, wobei die aufbetonierten Wände überkragten, um die 4,5 m dicke Bombenschutzdecke zu tragen. Auf diese Weise wurden auch die für die Versorgungsleitungen, Lüfterkanäle usw. erforderlichen Räume geschaffen, was sonst Schwierigkeiten bereitet hätte. Die Dockaußenwände sollten sowohl mit Rücksicht auf ihre Festigkeit als auch wegen des großen Zeitaufwandes nicht ausgestemmt werden.

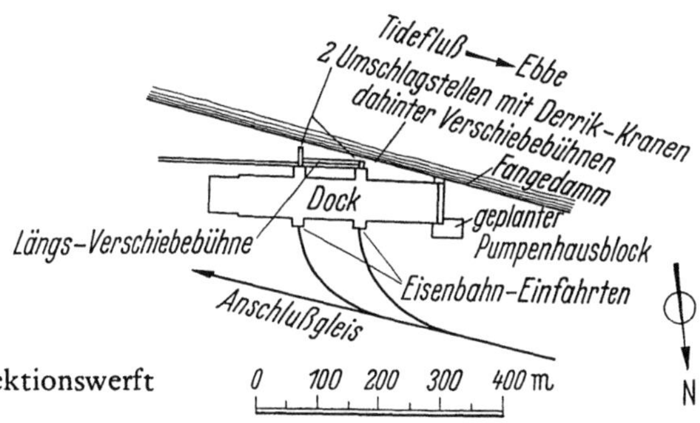

Abb. 12.4–1 Lageplan der U-Boot-Sektionswerft

Das Bauwerk war bei Kriegsende noch mitten im Bau, zumal in den letzten Kriegsmonaten unter dem Druck der Verhältnisse gefordert worden war, das Dock nicht mehr für die Produktion von U-Bootsektionen, sondern nur noch als Unterstand für U-Boote umzubauen.

Die bei der Plaung gemachten Erfahrungen haben gezeigt, daß es im allgemeinen recht schwierig ist, vorhandene schwere Tiefbauwerke, die für einen bestimmten Zweck errichtet worden sind, für einen völlig anders gearteten Zweck umzubauen. Dies gilt vor allem, wenn eine Produktion im Schutze bombensicherer Decken und Wände vorgenommen werden soll. Dabei bereitet es vor allem Schwierigkeiten, die erforderlichen großen Kanäle und Schächte für die Be- und Entlüftung richtig unterzubringen. Das gleiche gilt für die Kanalisation, wenn entsprechende Anlagen nicht schon vorhanden sind.

Das Kriegsende brachte auch das Ende für das vorliegende Bauvorhaben. Wegen der Überflutung des Bauwerkes mußten auch weitere Messungen, die Auskunft über das Verhalten der Docksohle unter den schweren Belastungen durch die Stahlbetonkästen und die 4,5 m Bombenschutzdecke gegeben hätten, unterbleiben.

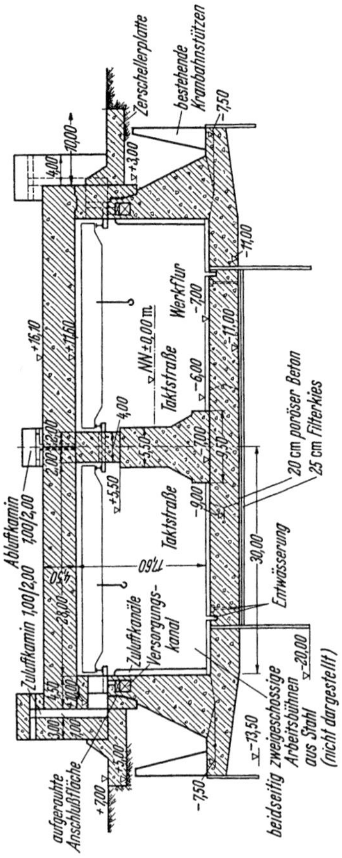

Abb. 12.4–2 Querschnitt der U-Boot-Sektionswerft

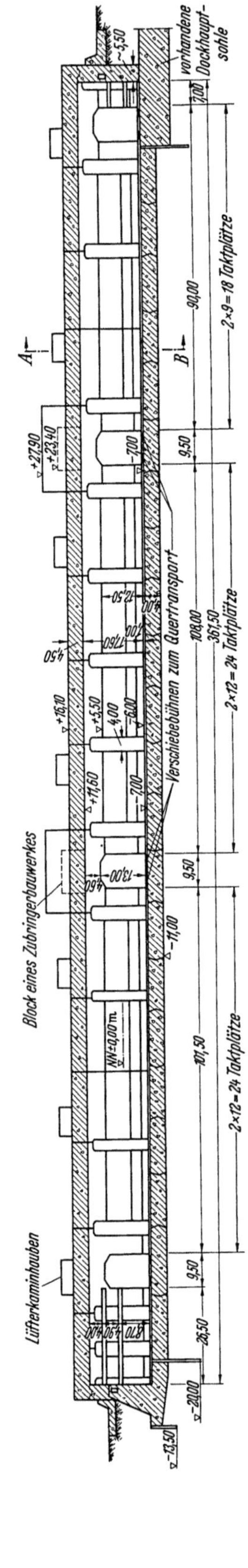

Abb. 12.4–3 Längsschnitt der U-Boot-Sektionswerft

13. Gründung von Schornsteinen, Türmen und Masten

13.1 Allgemeines

Diese Bauwerke sind gekennzeichnet durch ihre große Höhe im Vergleich zu den Gründungsabmessungen. Abgesehen von gemauerten oder betonierten Schornsteinen und betonierten Türmen sind die Lasten aus Eigengewicht in ihren Auswirkungen auf die Gründungen im allgemeinen geringer als die aus Wind, Leitungszügen und dergleichen. Haben die Bauwerke ein größeres Gewicht und einen verhältnismäßig hochliegenden Schwerpunkt – was bei gemauerten oder betonierten Schornsteinen, Funktürmen und dergleichen zutrifft – können sich infolge ungleichmäßiger Bodenverhältnisse oder großer ungleicher Bodenpressungen unter der Bauwerksgründung aus den Belastungen sowie aus Bauwerkschwingungen so große Ausmittigkeiten des Schwerpunktes ergeben, daß ihre Einflüsse bei der Ermittlung der Bodenpressungen, der Gründungspfahllasten usw. besonders berücksichtigt werden müssen. Um die Bewegungen klein zu halten, muß nach DIN 1054 und 1056 die Flachgründung von Schornsteinen so bemessen werden, daß die Gründungsfuge auch bei den ungünstigsten Beanspruchungen nicht klafft. Bei durchgehenden Gründungsplatten kann an Fundamentabmessungen gespart werden, wenn durch geeignete Maßnahmen – wie z. B. im inneren Bereich des Fundamentes eingelegte besonders nachgiebige Polster oder leichte Schalungskästen – dafür gesorgt wird, daß die lotrechten Lasten nur in einem äußeren Fundamentbereich in den Baugrund übertragen werden. So wird der Druckanteil aus dem Eigengewicht in den Gründungsflächen entsprechend wirksamer und das Klaffen der Gründungsfuge aus Momenteneinwirkungen erschwert.

Wichtig ist auch die richtige Ausbildung und Gründung von Hochspannungsmasten. Sie werden in großer Stückzahl benötigt und müssen häufig in schlecht zugänglichem Gelände mit schwierigen Bodenverhältnissen errichtet werden. Die Leitungen werden in der Regel von erfahrenen Elektroingenieuren trassiert. Dabei wird besonders darauf geachtet, daß möglichst viele der am günstigsten beanspruchten Tragmaste der geraden Leitungsstrecken angewendet werden. Als weitere Masttypen sind aber Winkelmaste, Abspannmaste, Abzweigmaste, Trafomaste usw. in einer gewissen Anzahl unvermeidlich.

Um vor allem den Materialnachschub zu den Mastbaustellen zu erleichtern, werden in Entwicklungsländern Hochspannungsleitungen gerne nahe vorhandener Verkehrswege errichtet. Die Maste werden im allgemeinen von darauf besonders spezialisierten Stahlbaufirmen geliefert. Höhere Maste werden immer in Stahlgitterwerkskonstruktion ausgeführt. Es werden dabei hochgradig statisch unbestimmte Systeme gewählt, wobei die Tragfähigkeit durch Probebelastungen im Lieferwerk überprüft wird. Dabei darf aber nicht übersehen werden, daß auf diesen Prüfständen die Maste unter einwandfrei unnachgiebigen Gründungsbedingungen geprüft werden. Später können dann Nachgiebigkeiten der Gründungen im Gelände leicht zu Mastumbrüchen führen. Deshalb sollten die Maste im Anschlußbereich an die Gründungselemente stets so ausgebildet werden, daß gewisse waagerechte und lotrechte Verschiebungen der Anschlußpunkte nicht zu einem Ausknicken der Eckstiele oder zu sonstigen Schäden führen.

Sehr sicher, aber in unwegsamem Gelände teuer und schwer ausführbar, sind solide Betonfundamente, die nach den VDE-Vorschriften geplant und ausgeführt werden können. Sonderkonstruktionen mit Betonsockeln kommen auch im Gebirge in Frage, wenn Fels ansteht, in den die Sockel durch kräftige ausreichend tief einbindende Stahlanker angeschlossen werden können.

Im tragfähigen Lockergestein werden die Maste – insbesondere in den Entwicklungsländern – häufig auf Rosten aus Stahlschwellen gegründet. Diese werden in entsprechend tiefen Aushubgruben verlegt und nach dem Aufbau des Mastes mit geeignetem, besonders gut verdichtetem Boden aufgefüllt. Fallweise ist hierzu der Aushubboden nicht geeignet, so daß brauchbares Bodenmaterial anderweitig gewonnen und herangebracht werden muß. Bei solchen Schwellenrostgründungen ist es zweckmäßig, die Verbandstäbe des Mastes bis unmittelbar über die Gründungsroste hinunterzuführen. Im anderen Falle kommt es leicht zum Ausknicken der Eckstiele, deren Stützung durch den Erdboden nicht fest genug ist, wenn der Boden nicht hochgradig verdichtet worden ist.

, Wird das tragfähige Lockergestein von breiigen oder weichen Bodenschichten größerer Mächtigkeit überlagert, was beispielsweise im norddeutschen Marschengebiet häufig der Fall ist, werden die Maste auf Pfählen gegründet. Hierfür eignen sich wegen des geringen Transportgewichtes und der einfachen Möglichkeit des Stoßes unter der Ramme vor allem Stahlpfähle. Sie werden entweder in Richtung und Verlängerung der Eckstiele oder aber unter den Eckstielen am Fußrahmen des späteren Mastes endend lotrecht eingerammt. Die Praxis hat gezeigt, daß die Tragfähigkeit solcher Stahlpfähle im alluvialen, häufig locker gelagerten Sand wesentlich niedriger ist, als nach DIN 1054 erwartet werden könnte. Die Grenzlastmantelreibung liegt auch bei größeren Rammtiefen häufig wesentlich unter 5 t/m^2. Wegen der vorliegenden Unsicherheiten hat es sich beispielsweise in der norddeutschen Tiefebene als zweckmäßig erwiesen, nach dem Rammen jeden Stahlpfahl mit einem geeigneten, leicht transportierbaren Zuggerät bis etwa zur 1,5-fachen VDE-Last probezubelasten. Nicht ausreichend tragfähige Pfähle werden dann aufgestockt und tiefer gerammt, sofern nicht fallweise Betonmassen als Ballast an die Gründung angeschlossen werden. Auch bei Preßbetonbohrpfählen und bei Bohrpfählen mit verdicktem Fuß hat sich die Probebelastung jedes einzelnen Pfahles als zweckmäßig erwiesen.

Sehr wichtig ist auch eine gute Erdung der Maste, insbesondere in Ländern, in denen die Menschen häufig barfuß gehen und in denen Tiere mit großer Schrittweite in Mastnähe gelangen können. Sonst können fallweise die Differenzen in der elektrischen Spannung an der Erdoberfläche Mensch und Tier ernstlich gefährden.

13.2 Gründung von Schornsteinen

13.2.1 Gründung eines hohen Fabrikschornsteins für ein Walzwerk an einem norddeutschen Tidefluß, auf eingerütteltem Sand

In einem großen Hüttenwerk mußten für ein Stahlwerk 93,8 m hohe Schornsteine auf einem Untergrund errichtet werden, der vor Jahren etwa 6 m hoch mit Fein- bis Mittelsand aufgefüllt worden war. Um die Gefahr zu geringer und ungleichmäßiger Lagerungsdichten des Baugrundes, die zu ernsten Schäden hätten führen können, zu vermeiden, wurde der aufgefüllte Boden – im Einflußbereich der Schornsteingründungen jeweils etwa 4 m über den Fundamentrand hinaus – mit Tiefenrüttlern unter Wasserzugabe hochgradig verdichtet. Die Rüttelkerne wurden dabei im Raster 1,6/1,6 m eingebracht. Auf dem so verbesserten Boden wurde eine 1,5 m dicke Stahlbeton-Gründungsplatte ∅ 10 m hergestellt und darauf der Schornstein aus Mauerwerk errichtet. Die Platte liegt mit ihrer Oberkante 2,7 m unter Gelände (Abb.13.2.1–1).

Der hochgradig verdichtete Sand hätte an sich mit 10 kg/cm^2 belastet werden können. Das Fundament wurde jedoch nur für eine zulässige Bodenpressung von 5 kg/cm^2 bemessen. So ergab sich eine ausreichend große Gründungsplatte, unter der bei allen Beanspruchungen – den deutschen Vorschriften entsprechend – in der gesamten Sohlenfläche nur Druckspannungen auftraten. Die Bewegungen des hohen Schornsteins aus Änderungen der Bodenpressungen konnten so in Verbindung mit der durch Einrüttelung erzielten hohen Steifeziffer des Auffüllsandes in erwünschten Grenzen gehalten werden.

Das Beispiel zeigt, daß man bei Gründungen keinesfalls immer die von der Tragfähigkeit und dem Setzungsverhalten des Baugrundes her gegebenen zulässigen Bodenspannungen ausnutzen sollte. Vielmehr muß auch stets das Verhalten des Gesamtbauwerks bei den gewählten zulässigen Bodenpressungen berücksichtigt werden.

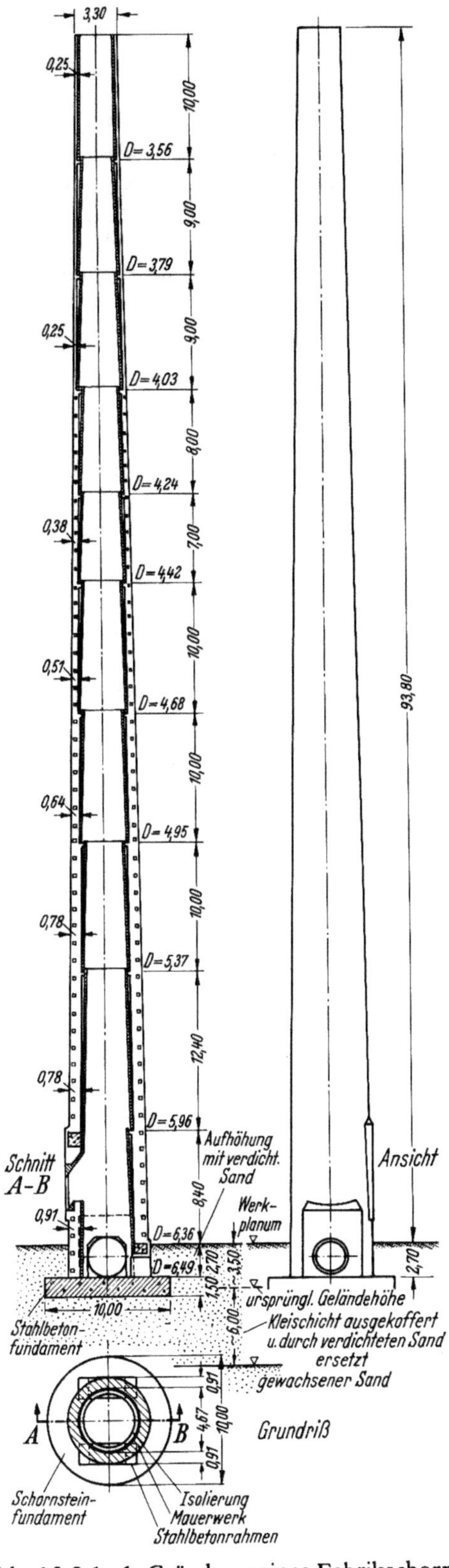

Abb. 13.2.1–1 Gründung eines Fabrikschornsteins auf eingerütteltem Sand

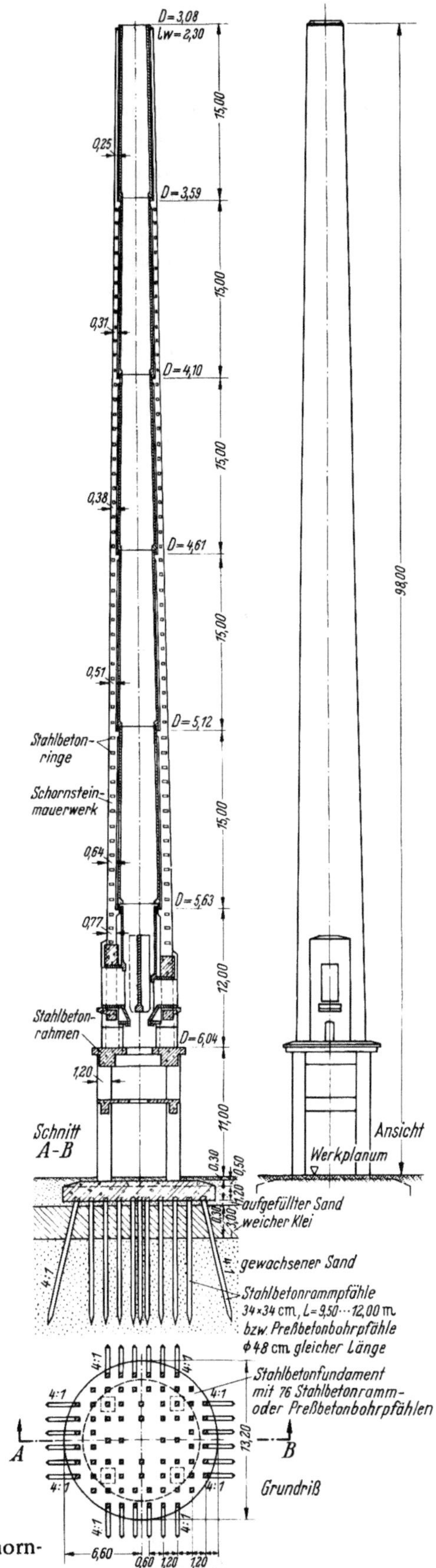

Abb. 13.2.2–1 Gründung eines Fabrikschornsteins auf Pfählen

13.2.2 Gründung von hohen Fabrikschornsteinen für eine Ölraffinerie im norddeutschen Raum auf Pfählen

Zur Beseitigung der Geruchsbelästigung benachbarter Wohngebiete mußten in einer norddeutschen Raffinerie mehrere rd. 98 m hohe Schornsteine errichtet werden. Da im Raffineriegelände etwa 2 m unter dem Werkplanum eine weiche etwa 3 m dicke Kleischicht anstand, die bei der vorhandenen Bebauung nicht ausgekoffert werden konnte, mußten die Schornsteine auf Pfählen gegründet werden (Abb.13.2.2–1). Je nach den örtlichen Verhältnissen und der Zuträglichkeit von Rammerschütterungen für vorhandene benachbarte Anlagen wurden für die Gründung entweder Stahlbetonrammpfähle 34/34 cm, 9,5 bis 12 m lang oder etwa gleich lange Preßbetonbohrpfähle Ø 48 cm angewendet. Die Pfähle wurden durch eine kreisrunde Fundamentplatte Ø 13,2 m, die am Rand 1,2 m und in der Mitte 1,7 m dick ausgebildet wurde, zu einem Rost verbunden. Darauf stützte sich der Schornstein jeweils mit einem zweistöckigen, vierbeinigen Stahlbeton-Rahmenbauwerk ab.

Die lotrechten Pfähle solcher Schornsteine werden radial oder mindestens zweiseitig symmetrisch zur Schornsteinachse angeordnet. Die schrägen Gründungspfähle werden im Grundriß in gleicher Weise in ihrer Lage und Neigung im allgemeinen aber zusätzlich so angeordnet, daß sie sich in der Schornsteinachse auf der Resultierenden der angreifenden Windlasten schneiden. Bei dieser Anordnung besitzt die resultierende Windkraft theoretisch kein Moment um den rechnungsmäßigen Nullpunkt des Pfahlrostsystems. Tatsächlich liegen die Verhältnisse jedoch anders. Da der Pfahlrost und das Fundament gleichzeitig auch durch den umgebenden Erdboden waagerecht gestützt werden, kann das Pfahlrostsystem die den Belastungen entsprechenden Bewegungen nur begrenzt ausführen. Ein Teil der waagerechten Belastungen wird dabei durch Erdstützung aufgenommen und erzeugt Momenteneinflüsse, die die lotrechten Pfähle des Rostes zusätzlich und wechselnd belasten. Es empfiehlt sich daher, bei allen Schornsteingründungen auf Pfahlrost, die von Erdreich umgeben sind, zwei Grenzfälle zu berücksichtigen, und zwar:

a) die gesamten Horizontalkräfte werden vom Pfahlrostsystem allein aufgenommen und
b) die Horizontalkräfte werden nur zur Hälfte vom Pfahlrostsystem und der Rest durch Erdstützung abgetragen.

Fall a) führt zu den größten Beanspruchungen der Schrägpfähle und Fall b) durch die zusätzlichen Momenteneinwirkungen zur größten Belastung der Lotpfähle.

Ein Stahlbetonrahmen wie er hier angewendet worden ist, vermindert die Kosten des eigentlichen Schornsteinbauwerkes und erleichtert den Anschluß der Füchse, führt aber zu größeren Beanspruchungen in der Stahlbetonrostplatte und damit zu erhöhten Kosten in der Gründung.

13.3 Gründung von Türmen

13.3.1 Gründung des Krackturmes einer Ölraffinerie in einem norddeutschen Schleusenhafen

Im Jahre 1951 wurde in einer in einem norddeutschen Schleusenhafen gelegenen Ölraffinerie ein Krackturm errichtet. Seine Ausbildung ist auf Abb.13.3.1–1 dargestellt. Der untere Teil des Turmes bestand aus einem 8,75 m hohen Stahlbetontisch. Auf diesem stand unmittelbar eine Kilnanlage und im übrigen ein 55,8 m hoher Turm aus Stahlskelett mit oben aufgesetztem 11,92 m hohem Separator.

Der Turm und die Einbauten ruhten auf einer 1,42 m dicken Platte aus Stahlbeton mit den Grundabmessungen 18/15 m, die aus B 225 hergestellt und mit Torstahl (BSt IIIb) bewehrt wurde. Sie stützte sich auf 143 lotrechte Stahlbetonrammpfähle 34/34 cm ab. Hinzu kamen weitere 6 Pfähle, auf denen ein auskragender Teil der Gründungsplatte abgestützt wurde.

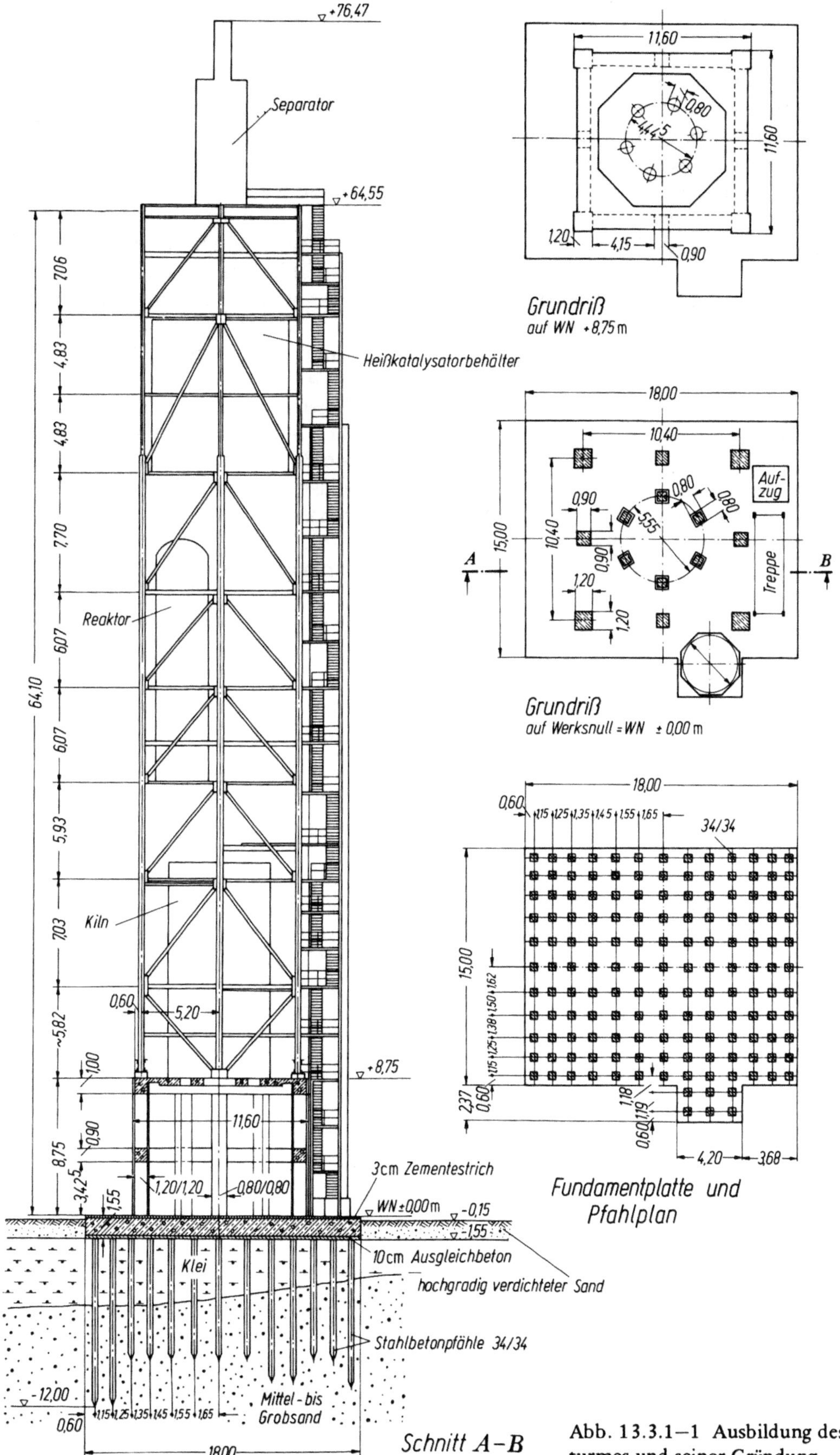

Abb. 13.3.1–1 Ausbildung des Krackturmes und seiner Gründung

Unter der Stahlbetonrostplatte stand 2,5 bis 4,0 m tief Klei an, gefolgt von einer mindestens mitteldicht gelagerten, auf große Tiefe reichenden Mittel- bis Grobsandsicht.

Abgesehen von den Gewichten der installierten Behälter, Geräte und Leitungen sowie den darin enthaltenen Füllungen, die bauseitig angegeben wurden, mußten für den Krackturm neben seinem Eigengewicht die Lastangaben nach DIN 1055 und dabei insbesondere die Windlasten und die Verkehrslasten berücksichtigt werden. Da die Firma, die die Gesamtanlage plante, Schrägpfähle nicht anwenden wollte, mußten die angreifenden Horizontalkräfte – übereck in der Größenordnung von rd. 185 t – durch einen teilmobilisierten Erdwiderstand in dem die Fundamentplatte umgebenden, hochgradig verdichteten Sand und zum Teil auch am oberen Ende der 149 Gründungspfähle aufgenommen werden. Der Schwerpunkt der waagerechten Stützung des Fundamentes wurde dabei ungünstig in Fundamentunterkante angenommen. Hierauf mußte daher auch das Moment aus den Windlasten bezogen werden, um in Verbindung mit den Vertikallasten die größten auftretenden Pfahlkräfte zu ermitteln. Sie lagen bei 38,8 t $< P_{zul}$ = 40 t/Pfahl.

Die Pfähle wurden unter Berücksichtigung verschiedener möglicher extremer Spannungstrapezflächen, die für die Gründungsplattenfläche 18 x 15 m aus den Vertikallasten und den Exzentrizitäts- und Windmomenten für verschiedene Belastungszustände errechnet wurden, ausgemittelt. Auch der Fall einer zentrischen Belastung wurde dabei berücksichtigt. Die Platte wurde in dieser Berechnung der Einfachheit halber als starr vorausgesetzt. Auch die Momentenbeanspruchungen der Platte wurden für solche Belastungszustände ermittelt. Die Momente der Stiellasten, Platteneigengewichte, unmittelbaren Nutzlasten, sowie der Stützkräfte aus den Pfählen, wurden jeweils auf verschiedene durch den Plattenmittelpunkt gehende Achsen, die äußeren Stützenachsen und auf sonstige kennzeichende Achsen bezogen. Daraus konnte für die betreffenden Schnitte die Gesamtbewehrung errechnet werden, die dann konstruktiv verteilt wurde.

Für die Schubsicherung waren bei der gleichbleibenden Dicke der Rostplatte jeweils die Abmessungen und die maximalen Stützenlasten des Stahlbetontisches maßgebend.

13.3.2 Gründung des Elevatorturmes für eine Getreideanlage in einem norddeutschen Seehafen (vgl. auch Kap.6.2.1)

Kurz nach Beendigung des zweiten Weltkrieges mußte in einem Seehafen für das Entladen von Getreideschiffen der durch Kriegseinwirkungen zerstörte Pier wieder aufgebaut werden. An der Wurzel des Piers, der in Kap.6.2.1 behandelt ist, war für den Transport des Getreides vom Pierplanum zum dahinter gelegenen Getreidespeicher ein rd. 62 m hoher Elevatorturm

Abb. 13.3.2–1 Ansicht des 62 m hohen Elevatorturmes einer Getreideumschlaganlage mit Speicher

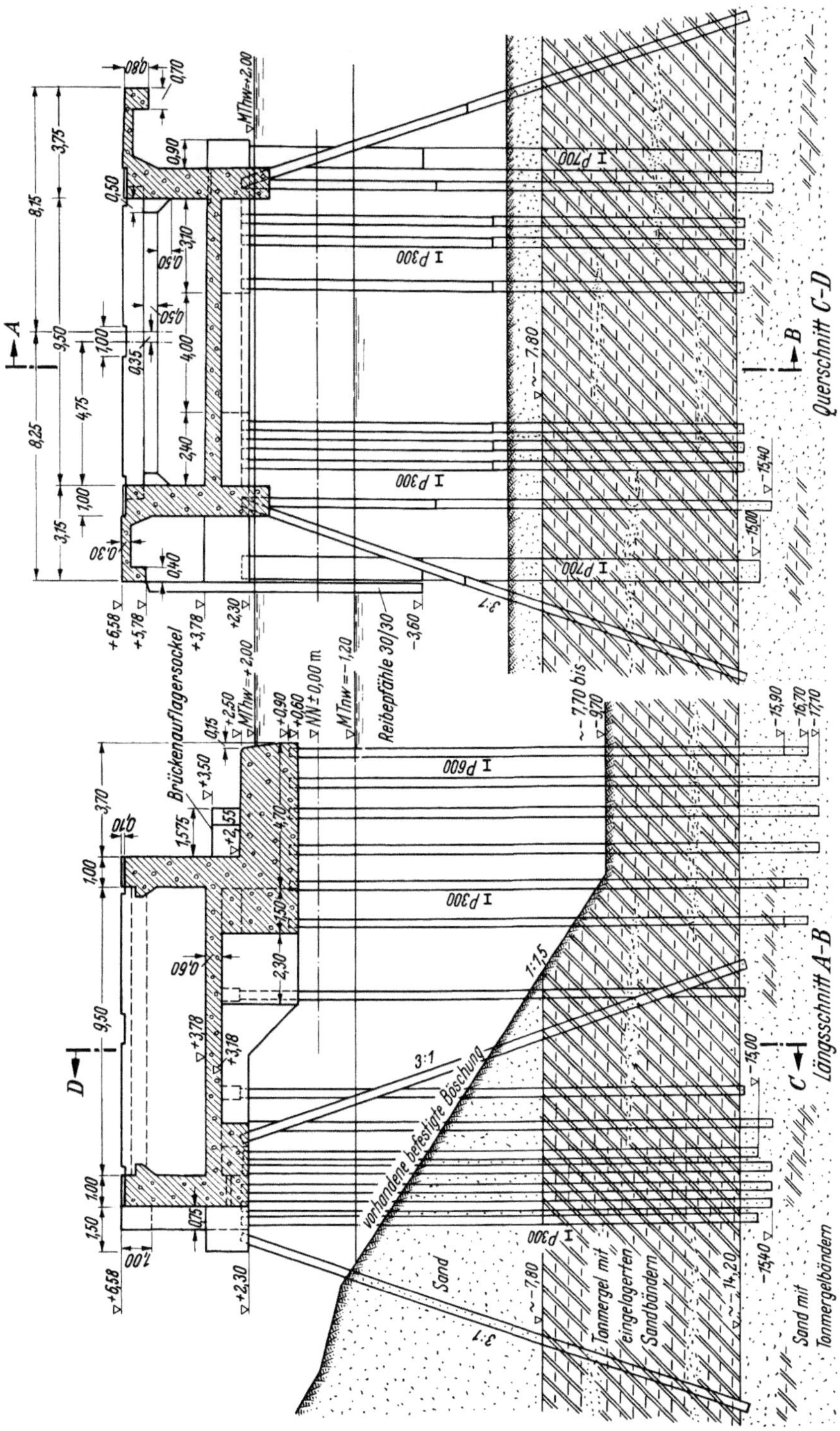

Abb. 13.3.2–2 Längsschnitt A–B und Querschnitt C–D durch das Fundament für den 62 m hohen Elevatorturm

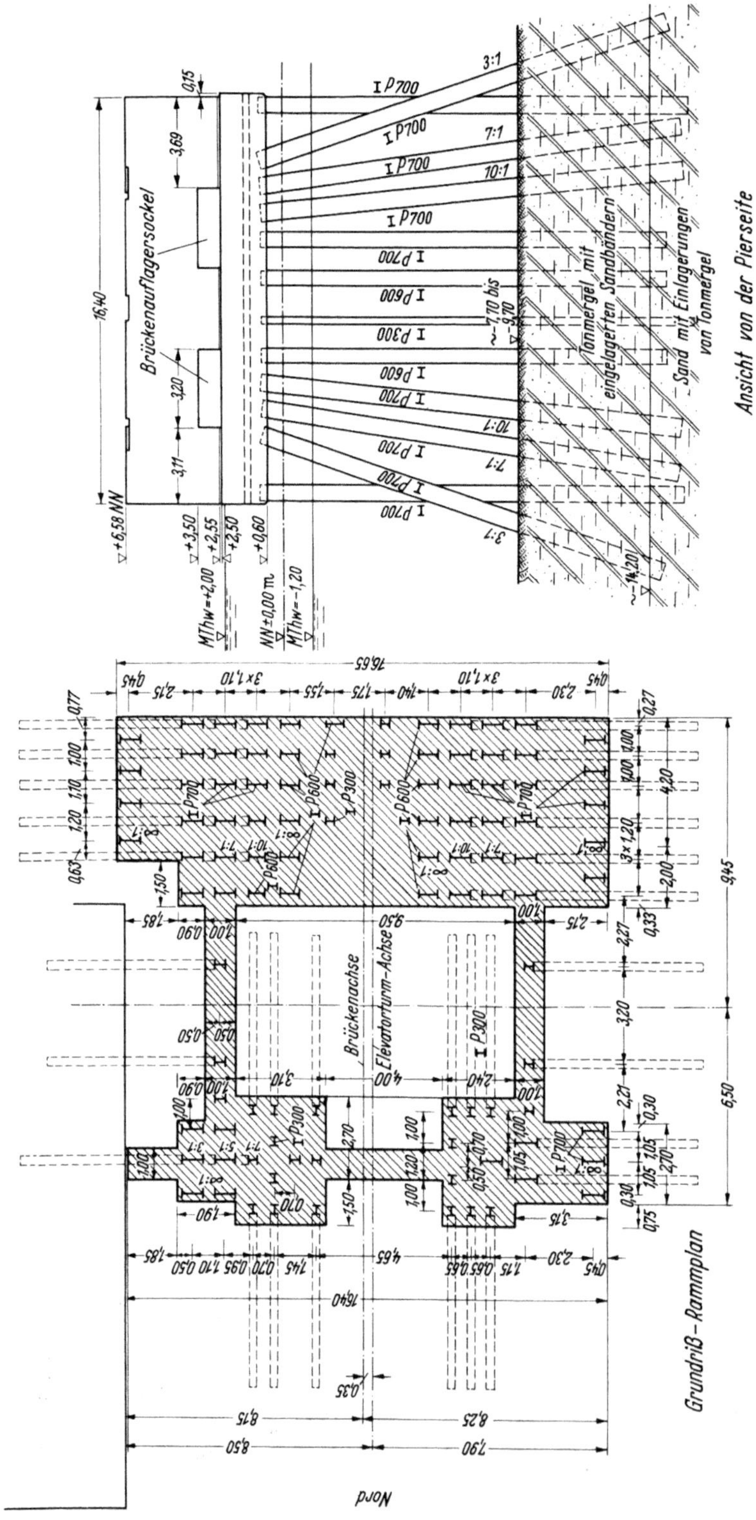

Abb. 13.3.2–3 Lage und Neigung der Stahlpfähle im Grundriß sowie Ansicht von der Pierseite

zu errichten (Abb.13.3.2–1). Da die benötigten Stahlpfähle damals von Walzwerken nicht geliefert werden konnten, mußte auf vorhandenes Stahlmaterial aus einem aufgelassenen Kriegsbauwerk zurückgegriffen werden, das im Kap.12.4 beschrieben worden ist. Es handelte sich dabei um Stahlträger IP 300, 600 und 700 aus St 37. Die freistehende Länge der Stahlpfähle des über einer vorhandenen Hafenböschung zu errichtenden Elevatorturms schwankte zwischen rd. 3,5 und maximal rd. 10,5 m (Abb.13.3.2–2 und –3).

Bei der Wahl der Konstruktion und der Verteilung der Lasten mußte unter Berücksichtigung des anstehenden Baugrundes aus Sand, Kies und Tonmergel beachtet werden, daß sich der Elevatorturm mit seinen maschinellen Anlagen auch später nicht neigte. Die schweren Profile der Stahlpfähle wurden deshalb dort angeordnet, wo die Hauptlasten aufgenommen werden mußten. Außerdem war im Hinblick auf das Knicken die freistehende Länge der Pfähle zu berücksichtigen. Die Ausbildung des Überbaues aus Stahlbeton und die Anordnung der Pfähle mit ihren Profilgrößen und Längen gehen aus den Abb.13.3.2–2 und –3 hervor. Sicherheitshalber wurden die 4 Eckpfosten der Stahlkonstruktion des Elevatorturmes nachstellbar gelagert, so daß sie im Bedarfsfalle wieder einjustiert werden können. Ein Nachrichten war bisher aber nicht erforderlich, da die Nachmessungen nur geringe Setzungen ergaben, die keine Nachteile für den Elevatorturm und den Betrieb zur Folge hatten.

13.3.3 Gründung eines Leuchtfeuers an der Mündung eines norddeutschen Tidestromes

Die zuständige Wasserstraßenverwaltung hatte die Errichtung des Turmes eines automatischen Leuchtfeuers nach konventionellen Grundsätzen ausgeschrieben, dabei aber Sondervorschläge zugelassen. Den Zuschlag erhielt eine über schweres Hebegerät verfügende Spezialfirma, die einen Sondervorschlag nach Abb.13.3.3–1 eingereicht hatte. Danach wurden zunächst jeweils 3 coupierte Peiner-Spundwandprofile PSp 350 L aus StSp 37 zu Rammeinheiten zusammengeschweißt (Abb.13.3.3–2). Diese wurden – geführt an Aussteifungsringen – mit Schlössern P II aus StSpS ineinandergefädelt, so daß sie eine geschlossene Hülse bildeten (Abb.13.3.3–2). Mit einem schweren Hebegerät wurde die Hülse dann genau an der Stelle des geplanten Leuchtfeuers abgesetzt. Anschließend wurden die 7 jeweils etwa 3 t schweren Rammeinheiten mit einem Rüttelbär staffelförmig in den anstehenden Sand gerammt, ohne daß dabei der umgebende Boden aufgelockert werden konnte. Danach wurde der Sand bis NN – 13,2 m durch Spülen aus dem Inneren der Hülse entfernt. So entstand ein Hohlraum, in den der fertig montierte, unten mit einem Stahlgerüst verlängerte Turm Ø 1822 mm mit 20 mm Wanddicke aus St 37–2 mit einem Kran eingesetzt werden konnte. Hierbei war ein Einsinken von NN – 13,2 bis 13,3 m einkalkuliert (Abb.13.3.3–1 und –3). Nach dem Einjustieren des Turmes wurde der Zwischenraum zwischen Hülse und Turmschaft bis NN – 1,5 m mit Kontraktorbeton aufgefüllt, der gemeinsam mit den angeschweißten Verankerungen (Abb.13.3.3–1 und –3) die Einspannung des Turmschaftes in den ausbetonierten Gründungsteil mit Hülse gewährleistete. Zur Schubkraftübertragung zwischen dem Beton und den Rammelementen wurden letztere mit angeschweißten Schubknaggen versehen (Abb.13.3.3–2).

Bei dieser Art der Bauausführung entfielen verschiedene sonst erforderliche Montagearbeiten auf der Baustelle. Gegenüber dem bisher gebräuchlichen direkten Absenken des unteren Turmschusses mit angestrebter lotrechter Endstellung war hier eine genau senkrechte Justierung des Turmes ohne Schwierigkeiten möglich, auch wenn die Hülse nicht genau senkrecht eingebracht war.

Die an den bis NN – 2,5 m reichenden Turmschaft unten angesetzte Stützkonstruktion konnte in der Weise gewonnen werden, daß 3 der zur Abtragung des Einspannmomentes erforderlichen Anschlußprofile IPB 200 aus St 37–2 entsprechend verlängert wurden. Zur Verkürzung der Knicklänge mußten diese Eckstiele durch einen räumlichen Verband aus Winkelprofilen ausgesteift werden. Hierdurch entstand ein Gitterwerk mit dreieckigem Querschnitt (Abb.13.3.3–1 und –3).

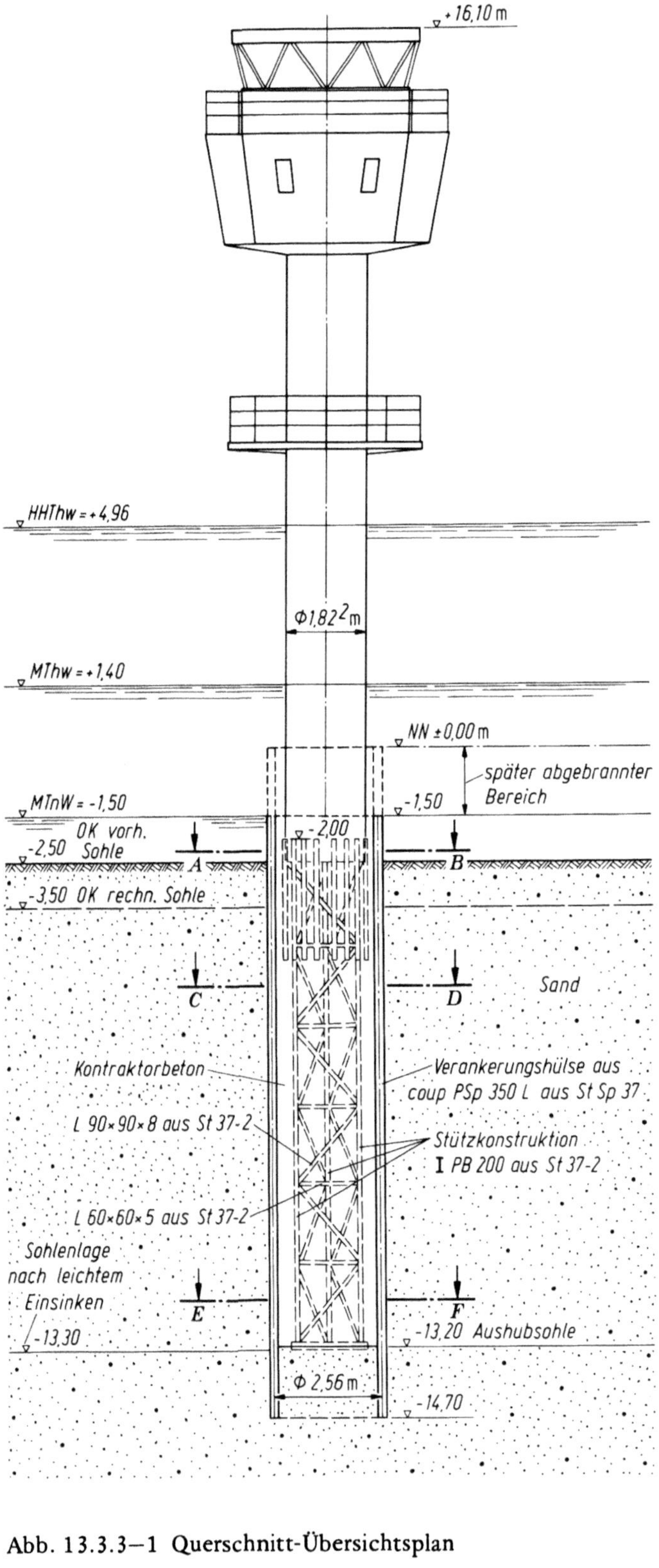

Abb. 13.3.3–1 Querschnitt-Übersichtsplan

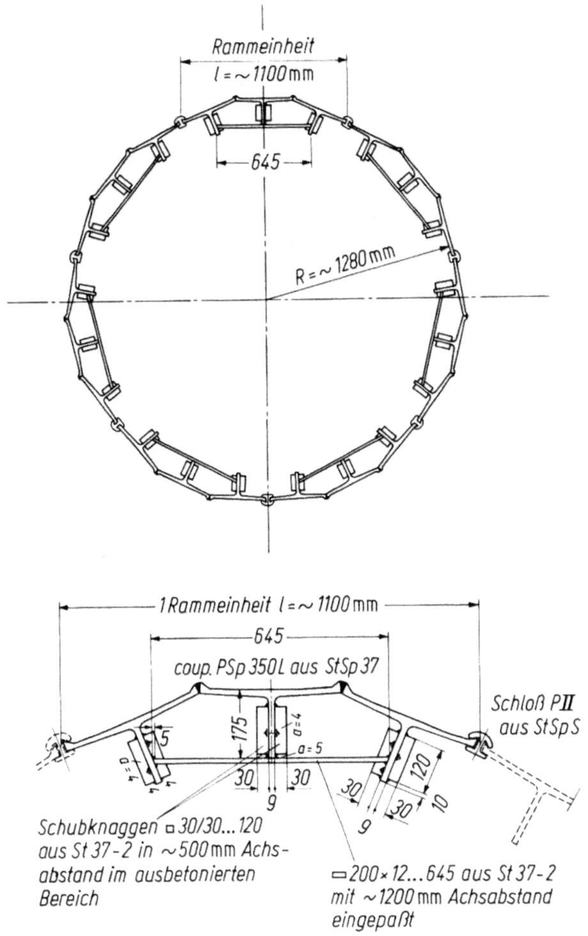

Abb. 13.3.3–2 Ausbildung der Verankerungshülse

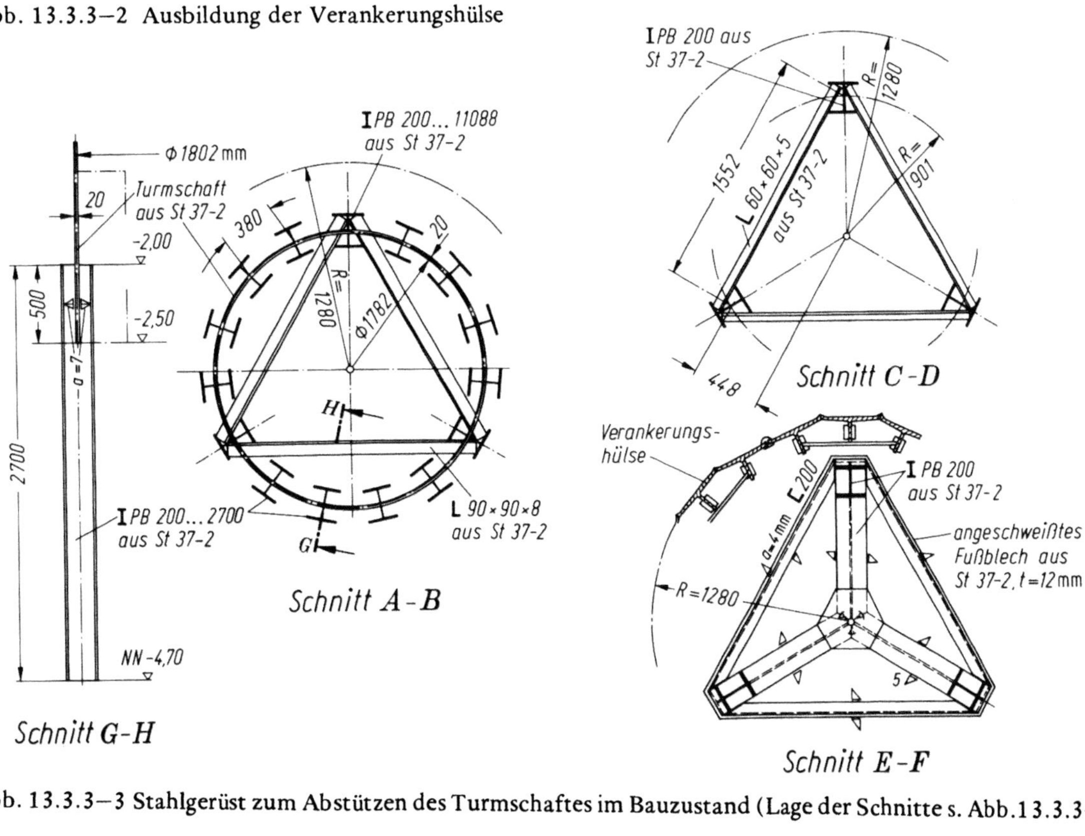

Abb. 13.3.3–3 Stahlgerüst zum Abstützen des Turmschaftes im Bauzustand (Lage der Schnitte s. Abb. 13.3.3–1)

Beim Ausspülen des Sandes aus der Hülse bis NN – 13,2 m konnte keine einwandfrei ebene Aufsetzfläche für den Stützenfuß gewährleistet werden. Es bestand daher die Gefahr, daß der Stützenfuß beim Einsetzen des Turmes exzentrisch gestützt und die gesamte Vertikallast nur von einem Eckstiel getragen wurde. Dies mußte in der statischen Berechnung und in der Konstruktion des Gitterwerkes berücksichtigt werden. Eine durchgehende, ausgesteifte, 12 mm dicke Fußplatte aus St 37–2 sorgte für eine möglichst gute Fußabstützung.

Maßgebend für die Bemessung des Schaftanschlusses an die Gründung war die Aufnahme der Windmomente. Für den Endzustand mußte eine Windlast von 250 kg/m^2, die bei einem Orkan auftritt, berücksichtigt werden. Da das Bauwerk aber während der ruhigeren Sommermonate errichtet werden konnte, brauchte nach DIN 1055, Blatt 4, Tab. 1 für den Bauzustand nur mit einem Staudruck q = 80 kg/m^2 gerechnet zu werden. Mit dem Formfaktor c = 1,6 ergab sich so für die Montage eine Windlast von 128 kg/m^2.

Das Bauwerk konnte ohne Schwierigkeiten ausgeführt werden und hat sich im Betrieb bewährt.

13.3.4 Gründung eines Bohrgerüstes im deutschen Explorationsgebiet der Nordsee

13.3.4.1 Allgemeines und konstruktive Gestaltung

In den sechziger Jahren wurden an verschiedenen Stellen des deutschen Explorationsgebietes der Nordsee Tiefbohrungen zur Erdölerschließung in unterschiedlicher Weise ausgeführt. Im folgenden wird hierfür die Ausbildung und Gründung eines Bohrgerüstes, das zur Aufnahme eines Bohrturmes diente, generell beschrieben.

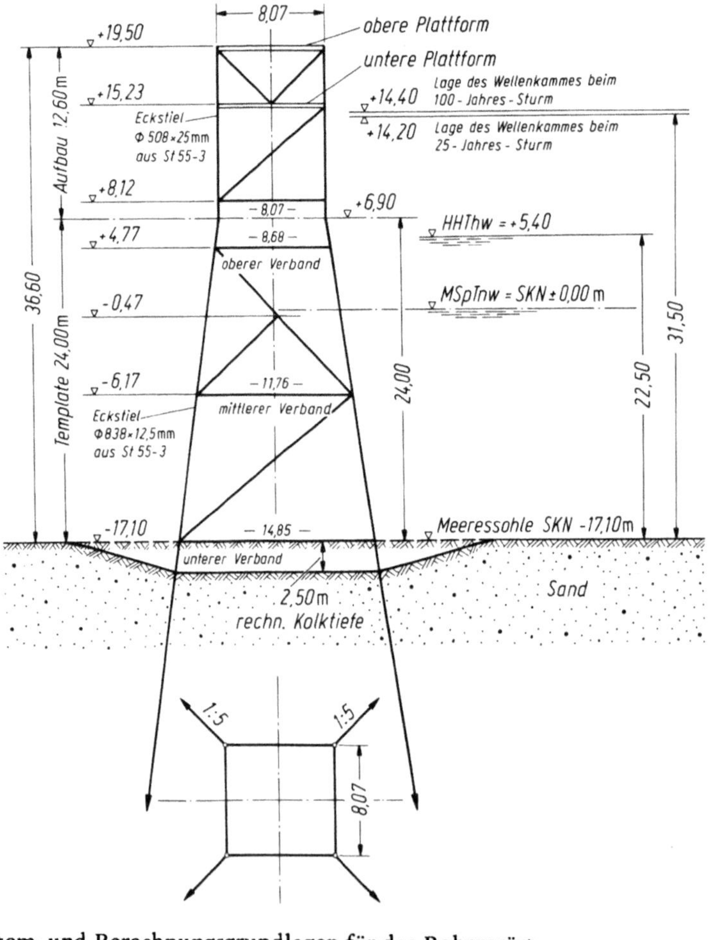

Abb. 13.3.4–1 System- und Berechnungsgrundlagen für das Bohrgerüst

Das Bohrgerüst bestand aus einem Rohrfachwerk, das auf Rohrpfählen gegründet wurde. Das Gerüst setzte sich aus einem 12,6 m hohen Aufbau mit einer oberen und unteren Arbeitsplattform, die auf vier lotrechten Stielen ruhen, und einem 24 m hohen, sogenannten Template zusammen. Die 4 Pfosten des Templates waren unter 5 : 1 so geneigt, daß sich ihre Achsen in einem Punkte schnitten. Das Template war in seiner Höhe den örtlichen Verhältnissen angepaßt. Bei den Achsmaßen 14,85/14,85 m knapp über der Meeressohle verjüngte es sich nach oben auf die Achsmaße 8,07/8,07 m (Abb.13.3.4–1). Es wurde fertig montiert herangebracht und mittels Kran auf den Meeresboden abgesetzt.

Zur Gründung wurden Rohrpfähle Ø 762 x 22,2 mm aus St 52–3 durch die Pfosten des Templates Ø 836 x 12,5 mm aus St 52–3 rd. 33 m tief in den anstehenden Sand gerammt. Nach Erreichen der Solltiefe wurden sie in OK Template mit den Gerüststielen verschweißt. verschweißt.

Um eine sichere Übertragung der Horizontallasten zu gewährleisten, wurde anschließend der Raum zwischen dem Template-Pfosten und dem Gründungspfahl im Bereich des unteren Horizontalverbandes rd. 1 m hoch mit Zementmörtel verpreßt (Abb.13.3.4–2).

In Höhe des mittleren Horizontalverbandes war in die Template-Pfosten eine Zentrierung eingeschweißt worden, um sicherzustellen, daß der gerammte Pfahl, der in das Gerüst elastisch eingespannt werden sollte, an dieser Stelle anlag und die Horizontalkräfte über den Pfosten sicher in den Verband geleitet werden konnten (Abb.13.3.4–2).

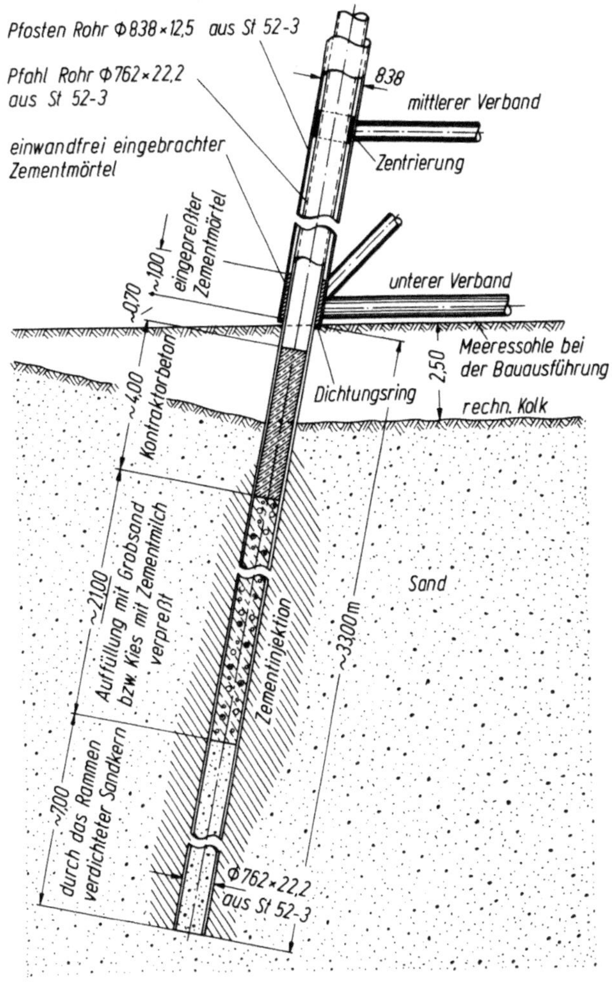

Abb. 13.3.4–2 Systemskizze für die Ausbildung der Gründungspfähle und den Anschluß des Bohrgerüstes

13.3.4.2 Einbringen der Rammpfähle

Um die erforderliche Rammtiefe von rd. 33 m erreichen zu können, wurde der Boden aus dem Pfahlinnern laufend durch Pumpen entfernt, wobei ständig von oben Wasser in den Pfahl nachzufüllen war. Dabei mußte während des Rammvorganges aber mindestens ein rd. 3 m langer Pfropfen im Rohr verbleiben. Noch rechtzeitig vor dem Erreichen der Solltiefe mußte dieser Pfropfen auf rd. 7 m verlängert sein, und es mußte jede Auflockerung des Pfropfens durch einsickerndes Wasser vermieden werden. Die letzten Meter des Pfahles mußten daher ohne Spülung und ohne weiteres Räumen des Pfahlinneren unter vollem Ausgleich der Wasserspiegel im Rohrinneren und dem Außenwasser gerammt werden. Nach Erreichen der Solltiefe wurde der Pfahlinnenraum mit Grobsand bzw. Kies aufgefüllt und mit Zementmilch verpreßt. Darüber wurden noch 4 m Kontraktorbeton eingebracht.

Um die Mantelreibung zu erhöhen und so eine entsprechend hohe Tragfähigkeit zu erhalten, wurde auch der den Pfahl umgebende Sand mit Zementmilch verpreßt (Abb.13.3.4–2). Wenn der Sand für Zementinjektionen zu fein ist, wird in solchen Fällen mit einem geeigneten Chemikal verpreßt.

Die Pfähle konnten im vorliegenden Falle mit einem 10 t Freireiterbär auf Solltiefe gerammt werden. Auch die übrigen Bauarbeiten verliefen planmäßig.

13.3.4.3 Lastangaben, zulässige Spannungen und Sicherheiten

Die beschriebenen Rammpfähle mußten beim vorliegenden Bohrgerüst maximale Druckkräfte von − 568 t und Zugkräfte von + 194 t/Pfahl mit ausreichender Sicherheit aufnehmen. Neben diesen Axialkräften mußten sie aber auch die auftretenden Querkräfte abtragen. Die aus der Querkraftbelastung resultierenden Momente und die zur Aufnahme der jeweiligen Querkraft erforderliche Rammtiefe wurden nach der Dalbenformel von „Blum" berechnet, wobei vorsorglich eine Kolktiefe von 2,5 m berücksichtigt wurde.

Die größten waagerechten Belastungen kamen aus dem Wellendruck, der nach besonderen amerikanischen Empfehlungen angesetzt wurde. Für die Sommermonate war der Wellendruck bei einem 25-Jahres-Sturm mit einem Wellenkamm auf SKN + 14,2 m anzusetzen.

Außerdem war für normale Tiden auch eine Horizontalkraft von 100 t als Ersatzlast für den Stoß eines Versorgungsschiffes an ungünstigstmöglicher Stelle zu berücksichtigen, allerdings nicht gleichzeitig mit hohen Wellenbeanspruchungen. Versorgungsschiffe legen ja nur bei ruhigem Wetter an, und Personen werden im Gefahrenfalle mit Hubschraubern abtransportiert.

Weiter mußten im Bohrgerüst und seiner Gründung während des Bohrvorganges und des Verrohrens des Bohrloches vor allem auch das Eigengewicht des Bohrturmes und seine Nutzlasten (in begrenztem Umfange verschieblich) sowie der Winddruck auf Gerüst und Bohrturm berücksichtigt werden. Hinzu kamen die Nutzlasten vor allem für schwere Geräte auf den beiden Plattformen. Da nur während der Sommermonate gebohrt wird und der Bohrturm nach dem Fertigstellen der Bohrung und Verrohrung wieder entfernt wird, brauchten die aus dem Bohrturm herrührenden Lasten nicht mit dem größtmöglichen Wellendruck überlagert zu werden. Beim Verrohren des Bohrloches treten die größten lotrechten Belastungen des Templates auf. Da diese Arbeiten aber nur einen Zeitraum von ca. 24 Stunden erfordern, wurde festgelegt, daß nur bei sehr ruhigem Wetter verrohrt werden durfte. Für diesen Belastungsfall konnten daher die Wind- und Wellenkräfte auf 25 % der sonstigen Maximalwerte reduziert werden.

Da damit zu rechnen war, daß das Gerüst — ohne Bohrturm — mehrere Jahre in der See stehen würde, mußte auf das Gerüst allein der Wellendruck aus dem 100-Jahres-Sturm angesetzt werden.

In der statischen Berechnung wurden die zahlreichen möglichen Lastkombinationen zu den Lastfällen 1, 2 und 3 zusammengefaßt und den höheren Lastfällen die üblichen Erhöhungen der zulässigen Spannungen bzw. Verminderungen der Sicherheiten zugeordnet.

13.4 Gründung von Hochspannungsmasten

13.4.1 Gründung von Hochspannungsmasten in Ostpakistan

13.4.1.1 Allgemeines

Zur Stromversorgung der im Kap.16.7 beschriebenen Bohrbrunnenanlage mußten in großem Umfange Hochspannungsleitungen (33 kV und 11 kV) errichtet werden. An die in den Stationsmasten der 11-kV-Leitungen angeordenten Transformatoren wurden dann je nach Lage 1 bis 3 Brunnen durch Niederspannungsleitungen (0,4 kV) angeschlossen. Für die letzteren genügten konische Stahlleichtrohrmaste, die mindestens 1,8 m tief in guten Baugrund einbinden mußten.

Für die Hochspannungsmaste und deren verschiedene Typen, wie Tragmaste, Abspannmaste, Abzweigmaste, Stationsmaste usw. waren zunächst ganz allgemein korrosionsbeständige Maste aus Stahlbeton, Spannbeton, Walzstahl oder Stahlrohrmaterial ausgeschrieben. Die Wahl fiel dann auf verschraubte feuerverzinkte Gittermaste aus Walzstahlprofilen, die nach der Montage und Seilbelegung noch zwei zusätzliche Korrosionsschutzanstriche erhielten. Sie hatten den Vorteil geringen Gewichtes und konnten vollständig zerlegt aus Europa geliefert, an die jeweilige Einbaustelle transportiert und dort montiert werden.

Die Arbeiten des Freileitungsbaus mußten wegen des hohen Grundwasserstandes bzw. wegen Unbefahrbarkeit des Geländes während der Monsunzeit unterbrochen werden. Sie konnten so generell nur in der Zeit zwischen Mitte Oktober und Mitte Juni ausgeführt werden. Je nach Höhenlage des Geländes am Maststandort und dem jahreszeitlich bedingten Grundwasserstand wurden die Maste im Trockenen und zum Teil auch mit offener Wasserhaltung eingebaut.

Während bei Ende der Regenzeit das Grundwasser im allgemeinen bis zur Geländeoberkante anstand, sank der Grundwasserspiegel bis Ende der Trockenzeit um rd. 3 m ab.

In diesem Kapitel sollen nur die Tragmaste der 11-kV-Leitungen, das sind die Maste innerhalb der geraden Strecken bzw. der Festpunkte der Leitungen, behandelt werden. Auch die wichtigen elektrotechnischen Fragen einschließlich denen der Erdung werden hier nicht beschrieben.

13.4.1.2 Planungsgrundlagen und Fragen der Bauausführung

Die Tragmaste für die 11-kV-Leitungen hatten wegen des Bewuchses im Gelände, der auch im Leitungsbereich zum Teil erhalten bleiben sollte, zunächst eine Höhe von 12,5 m ab Geländeoberkante bei einem maximalen Mastabstand von 183 m und einer Seilbelegung mit 3 x 35 mm^2 Kupfer.

Außer der Windbelastung auf die Mastflächen betrug die Horizontalkraft quer zur Leitungsrichtung am Mastkopf infolge Wind auf die Seile 186 kg. Dabei war nach Angabe der zuständigen Behörden eine Windgeschwindigkeit von 60 Meilen/Std. (rd. 96 km/Std.) der Bemessung zugrunde gelegt worden. Eine Schneelast kam nicht in Frage. Schrägabspannungen waren nur bei Sondermasten, und auch dort nur unter besonders ungünstigen örtlichen Verhältnissen zugelassen.

Aus baulichen und später aus betrieblichen Gründen sollten alle Hochspannungsleitungen in 15 bis 30 m Abstand von vorhandenen Straßen oder Wegen errichtet werden.

Das Mastmaterial wurde im allgemeinen mit Traktor und Anhänger zum Einbauort transportiert und dort von der Montagekolonne vor der Mastgrube montiert. Die nachfolgende Kolonne stellte die Maste mit Flaschenzügen und Stellschere bei gleichzeitiger seitlicher und rückwärtiger Sicherung auf, richtete sie lot- und fluchtgerecht aus und ließ sie bis zum Verfüllen der Mastgrube abgespannt stehen. Letztere wurde anschließend von einer weiteren Kolonne – soweit geeignet mit dem Aushubboden – lagenweise verfüllt und die Auffüllung dabei möglichst gut verdichtet.

13.4.1.3 Ausbildung der Gittermaste

Aufgrund sonstiger Erfahrungen wählte die mit dem Leitungsbau beauftragte international renommierte Großfirma für die Tragmaste der 11-kV-Leitungen einen Typ nach Abb. 13.4.1–1, dessen Fußroste 1,5 m unter Geländeoberkante lagen. Im Frühjahr 1963 gestellte Maste dieses Typs brachen aber bei starken Stürmen um, und zwar über die schwache Achse in Leitungsrichtung. Offenbar war der die Maststützen im Einbindebereich umgebende Boden bei der erzielten Verdichtung zu nachgiebig, um das Ausknicken der Eckstiele in diesem Bereich zu verhindern. Da die Maste ausreichende Höhenreserven aufwiesen, entschloß man sich, die Gründungstiefe von 1,5 m auf 2,3 m zu vergrößern und im untersten Fach oberhalb des Schwellenrostes ebenfalls Verstärkungen einzubauen (vgl. hierzu Abb. 13.4.1–2, unterer Teil). An das Einfüllen und Verdichten des Bodens wurden gleichzeitig besonders strenge Anforderungen gestellt. So war der Unternehmer gehalten, gut verdichtungsfähigen Sand anzufahren, wo immer bindiger und nicht ausreichend guter Gründungsboden anstand. Zum Verdichten der Verfüllung mußten bei den vorhandenen Baugrubenabmessungen mindestens Vibrationsstampfer mit einer Platte von ca. 30 x 30 cm angewendet werden.

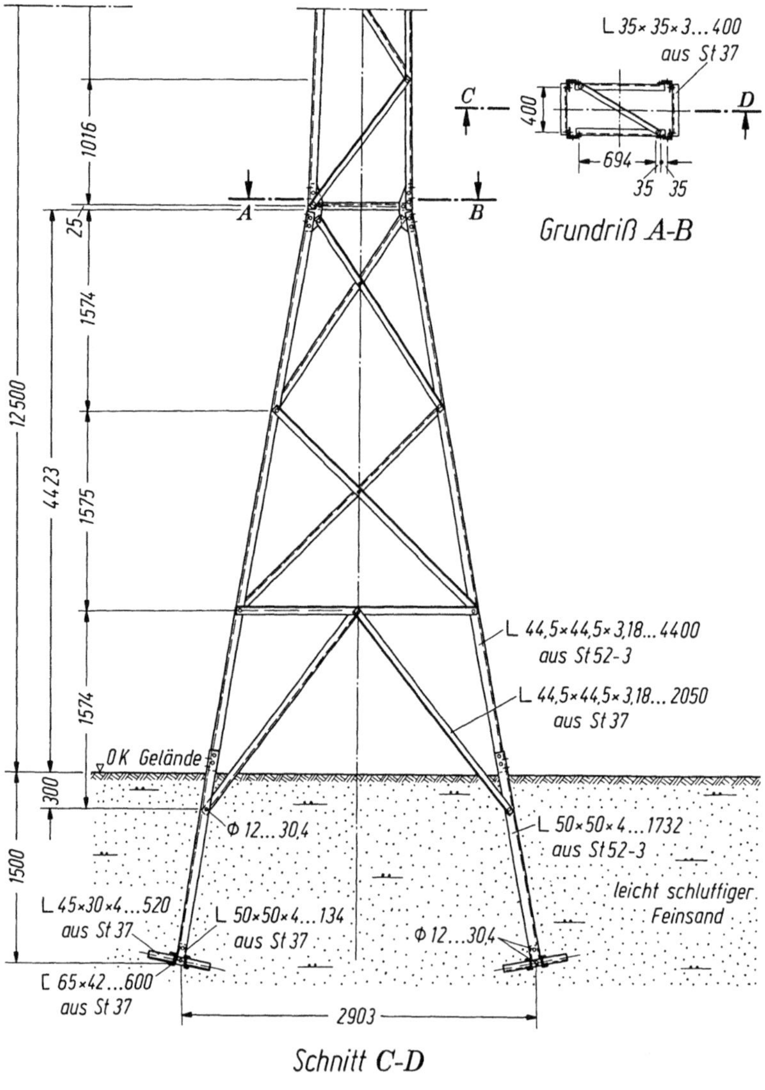

Abb. 13.4.1–1 Nicht ausreichende Gründung eines 12,5 m hohen 11-kV-Tragmastes in Ostpakistan, bemessen für eine Windgeschwindigkeit von 60 Meilen/Std.

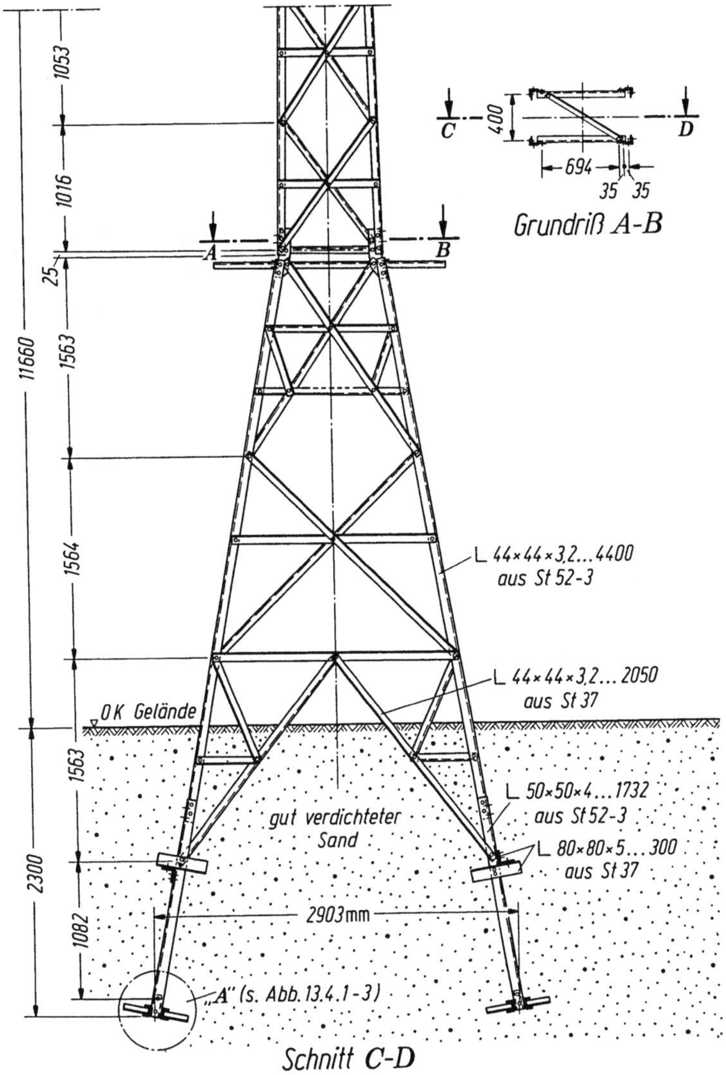

Abb. 13.4.1–2 Standsichere Gründung eines 11,66 m hohen verstärkten 11-kV-Tragmastes in Ostpakistan, bemessen für eine Windgeschwindigkeit von 80 Meilen/Std.

Von der Bauaufsicht wurden häufig ungestörte Bodenproben zur Ermittlung des Verdichtungsgrades entnommen und ausgewertet. Es wurde hierdurch gewährleistet, daß mindestens eine Lagerungsdichte von $D \geqq 0{,}5$ nach DIN 1054 erzielt wurde. Der so verbesserte Masttyp wurde im Projektgebiet probebelastet und erwies sich als ausreichend standsicher, um bei den örtlich gegebenen bzw. realisierbaren Gründungsverhältnissen die geforderte Windbelastung bei Stürmen von 60 Meilen/Std. mit 1,5-facher Sicherheit aufzunehmen.

Nachdem durch Aufzeichnungen eines inzwischen vorsorglich installierten Windmessers nachgewiesen worden war, daß höhere Windgeschwindigkeiten als 60 Meilen/Std. auftraten, wurde dieser Masttyp durch nachträgliche Unterteilung der Diagonalstäbe im unteren und zusätzlich Diagonalstäbe im oberen Mastbereich weiter verstärkt. Er war dann in der Lage, Windbelastungen bei Geschwindigkeiten von ca. 71 Meilen/Std. im Rahmen der zulässigen Spannungen aufzunehmen. Die so ausgeführten Maste haben sich als standsicher erwiesen.

Wegen der inzwischen gemessenen Windgeschwindigkeiten wurden die Maste im späteren Erweiterungsgebiet des Projektes aber vorsorglich für 80 Meilen/Std. Windgeschwindigkeit bemessen und nach Abb.13.4.1–2 ausgeführt.

Einzelheiten der Gründung dieses Masttyps gehen aus Abb.13.4.1–3 hervor.

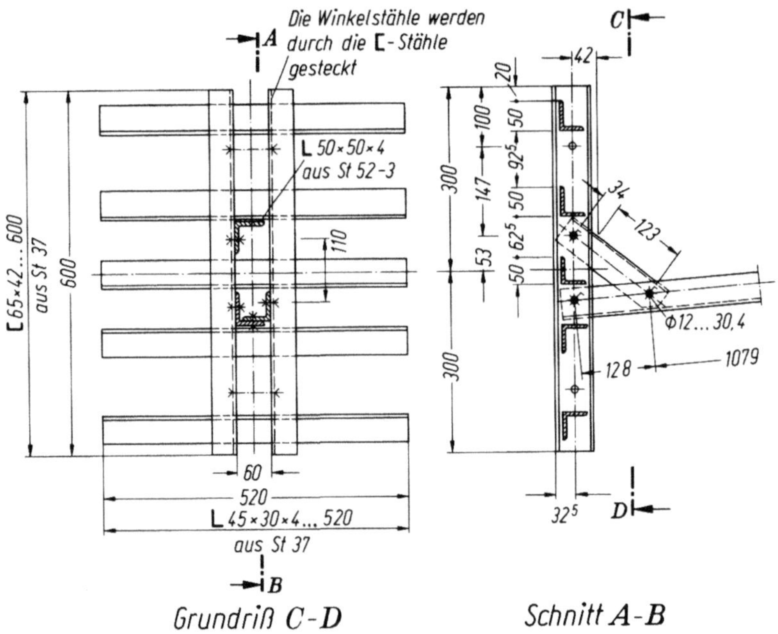

Abb. 13.4.1–3 Konstruktionsdetails zu „A" von Abb. 13.4.1–2

13.4.1.4 Schlußbemerkungen

Generell sei hier festgestellt, daß der Hochspannungsleitungsbau hinsichtlich der Maste und ihrer Gründungen ein Spezialgebiet des Bauingenieurwesens darstellt. Nur selten wird sonst so nahe an die Grenze der effektiven Tragfähigkeit herangegangen. Wichtig ist dabei, daß die Gründung einwandfrei tragfähig ausgebildet wird, weil die Maste selbst im allgemeinen keine Reserven zur Aufnahme von Fußverschiebungen aufweisen.

13.4.2 Gründung von Hochspannungsmasten im Marschengebiet der norddeutschen Tiefebene

13.4.2.1 Allgemeines

Im Marschengebiet der norddeutschen Tiefebene wurden seit dem zweiten Weltkrieg in großem Umfange Hochspannungsleitungen errichtet. Wegen der hier anstehenden wenig tragfähigen Böden mußten die Maste im allgemeinen auf Pfählen tief gegründet werden. Nur so war es möglich, die aufzunehmenden Lasten sicher in den ausreichend tragfähigen, tiefliegenden, rolligen Baugrund abzuleiten. Aber auch dann noch traten bei den Zugpfählen – selbst wenn sie nach DIN 1054 bemessen waren – oft Schwierigkeiten auf. Diese waren vor allem auf die besonders lockere Lagerung der anstehenden Sande bzw. deren häufig verhältnismäßig hohen Schluffanteil zurückzuführen. Beide verhinderten offenbar die für eine gute Tragfähigkeit erforderliche Pfropfenbildung beim Rammvorgang. Nachdem bei schweren Stürmen Maste, die nach dem damaligen Stand der Technik und den gültigen Regeln für Pfahlgründungen ordnungsgemäß ausgeführt worden waren, umgestürzt waren, wobei die Zugpfähle nachgegeben hatten, faßte das für weite Gebiete zuständige Stromversorgungsunternehmen einen entscheidenden Beschluß. Es entwickelte ein einfach auseinandernehm- und zusammensetzbares und daher auch leicht transportierbares Probebelastungsgerät und ließ alle Gründungspfähle der Maste auf etwa die 1,5-fache VDE-Last probebelasten. Durch diese Maßnahme wurde ein umfangreiches Erfahrungsmaterial gesammelt, das einer von vornherein zutreffenden Bemessung der Pfahlgründungen unter den vorliegenden Verhältnissen zunehmend zugute kam. Hierzu sei noch besonders erwähnt, daß die aus den

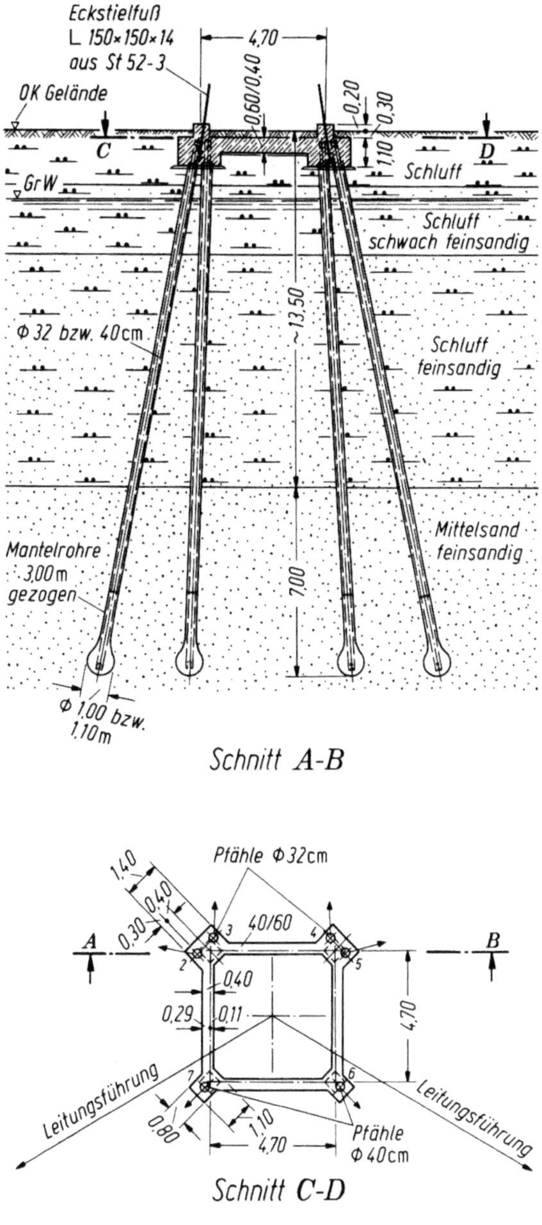

Abb. 13.4.2–1 Gründung eines Winkelmastes für eine 110-kV-Leitung auf Bohrpfählen mit verdicktem Fuß

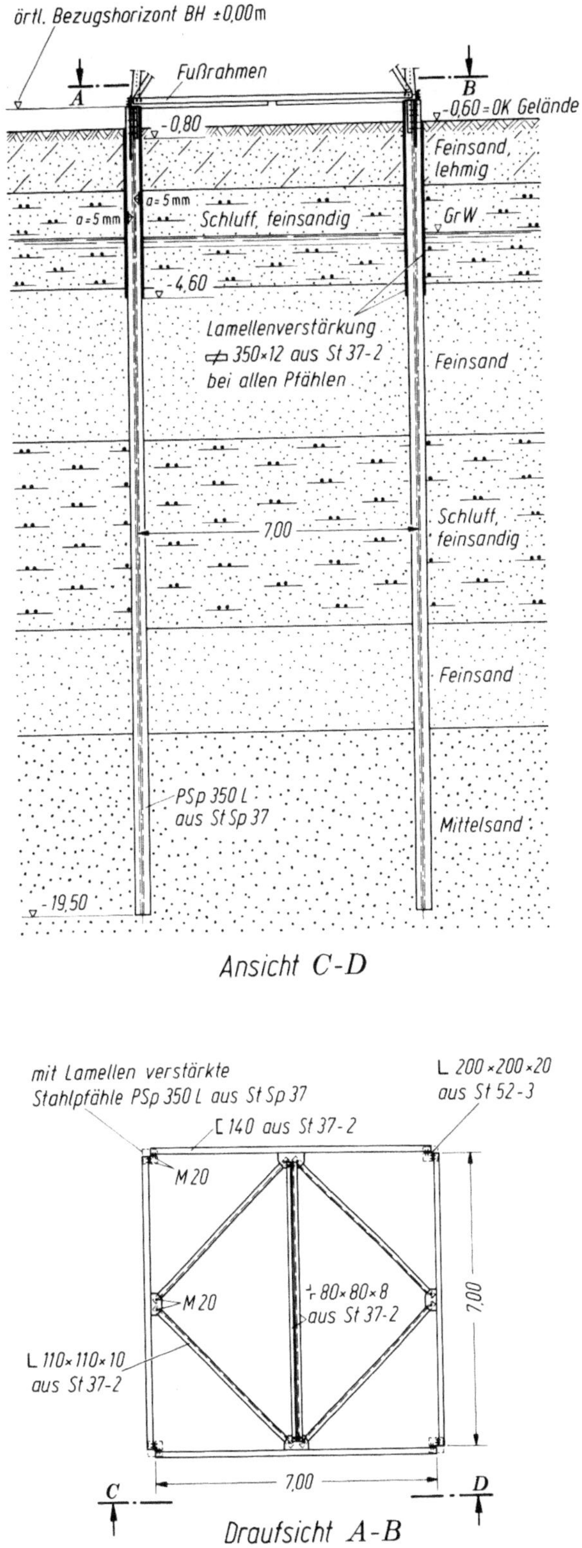

Abb. 13.4.2–2 Gründung eines Tragmastes für eine 220-kV-Freileitung auf Stahlrammpfählen

Probebelastungen ermittelte Grenzlastmantelreibung in den hier anstehenden besonders lokkeren Sanden nicht 5 t/m² (wie in DIN 1054 vorausgesetzt), sondern in einzelnen Fällen sogar nur 1 t/m² betrug.

Bei der Vielzahl der erforderlichen Maste und den gegebenen Baugrundverhältnissen mußte auch die Wirtschaftlichkeit der Gründungen und die rasche Ausführbarkeit besonders beachtet werden. Dabei kamen für verschiedene kennzeichnende Leitungsabschnitte und für bestimmte schwere Masttypen jeweils besondere Firmenangebote zum Zuge. Einige der häufigsten Gründungsarten werden hier im folgenden geschildert.

13.4.2.2 Gründung auf Bohrpfählen mit verdicktem Fuß

Abb.13.4.2–1 zeigt die kennzeichnende Gründung eines Winkelmastes für eine 110-kV-Leitung auf Bohrpfählen mit verdicktem Fuß und im Boden belassener Blechhülse. Die Pfähle führten durch eine rd. 13,5 m dicke, verhältnismäßig weiche Kleischicht und banden 7 m tief in den darunter anstehenden feinsandigen Mittelsand ein. Sie erhielten folgende Abmessungen und Bewehrung:

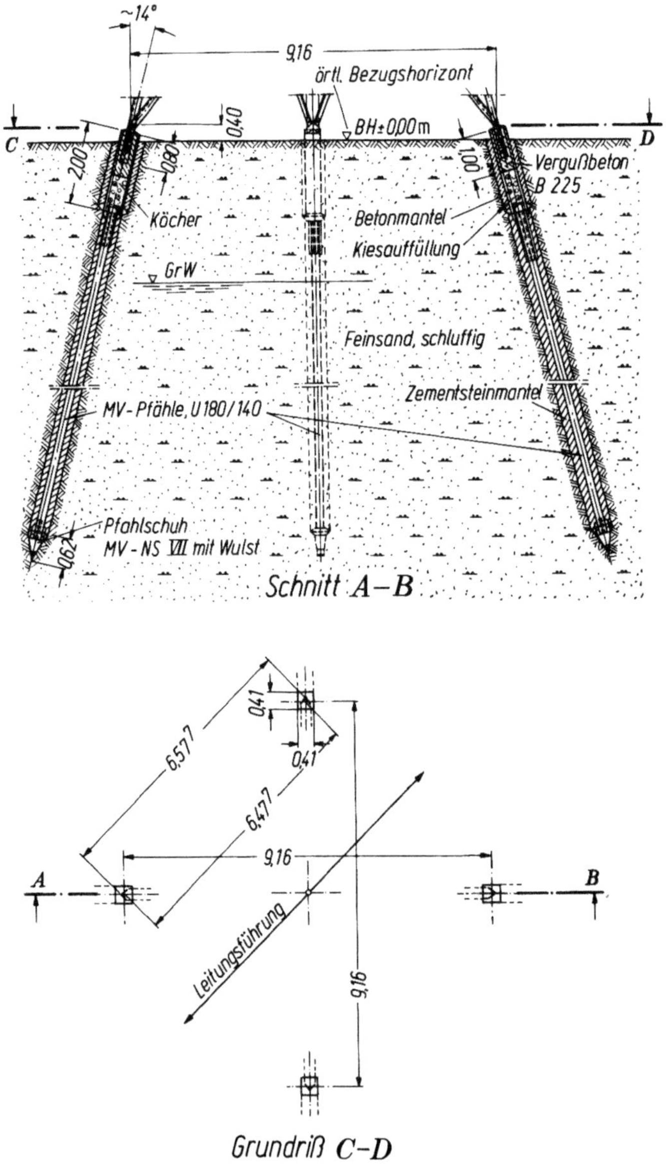

Abb. 13.4.2–3 Gründung eines Tragmastes für eine 220-kV-Freileitung auf MV-Pfählen

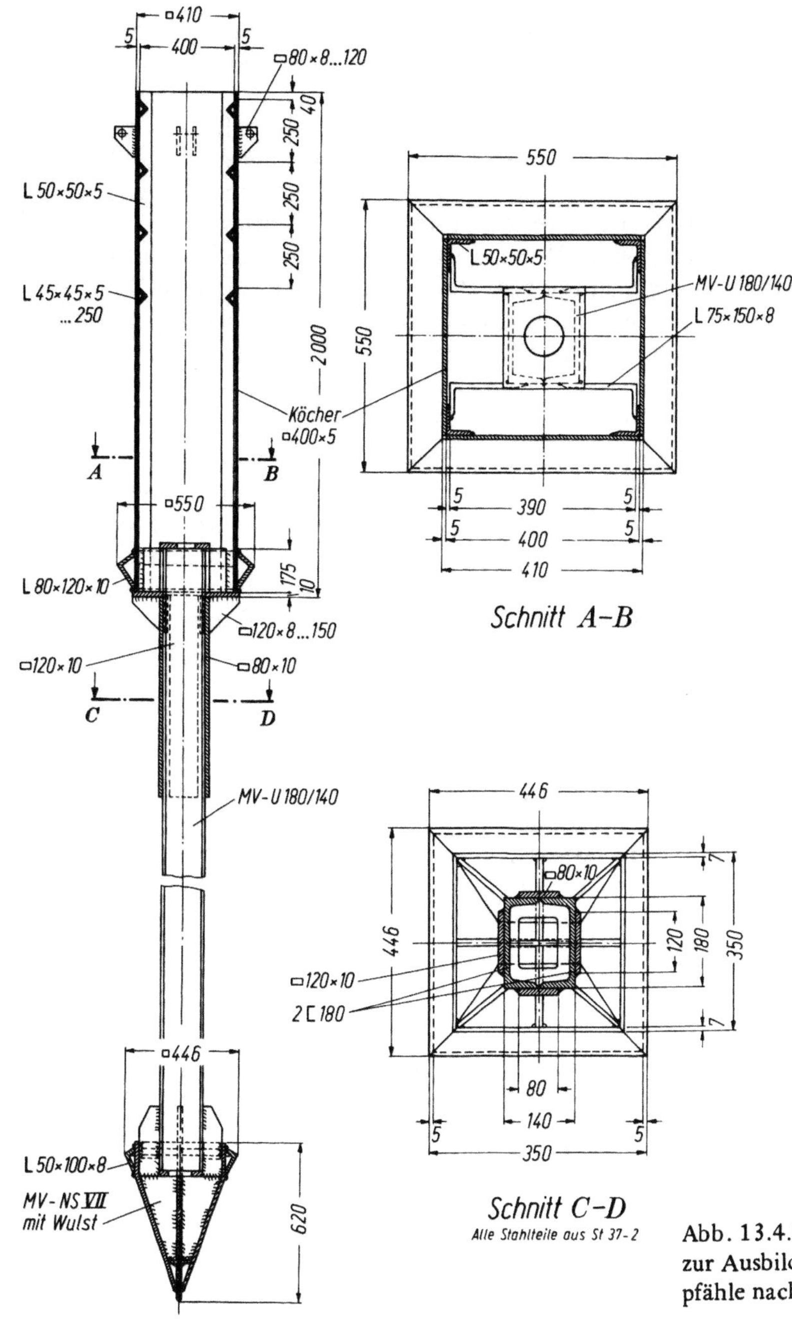

Abb. 13.4.2–4 Detailangaben zur Ausbildung der Gründungspfähle nach Abb. 13.4.2–3

Pfähle Nr.
1 und 6: Schaft Ø 40 cm,
Fuß Ø 1,1 m,
l = 18,0 m,
Längsbewehrung 5 Ø 16 aus BSt I,
P_{vorh} = – 63,0 t Druck und + 10,3 t Zug.

Pfähle Nr.
2, 3, 4 und 5: Schaft Ø 32 cm,
Fuß Ø 1,0 m,
l = 19,0 m,
Längsbewehrung 6 Ø 20 aus BSt I,
P_{vorh} = + 25,5 t Zug.

Die Pfahlgründung wurde am Kopf durch einen Rahmen aus Stahlbeton der Güte B 225 zusammengefaßt (Abb.13.4.2–1). Bewehrt wurde mit BSt IIIb, aber mit Bügeln ∅ 6 mm aus BSt I.

Pfahlgründungen solcher Art sind vor allem für Spezialmaste mit großen Horizontalkräften aus den Leitungen geeignet. Bei Gründung in Gebieten mit dicken Kleischichten muß – wenn gefährliche Biegebeanspruchungen der Pfähle vermieden werden sollen – der Boden für sein Eigengewicht aber bereits konsolidiert sein. Ferner müssen sowohl einseitige als auch allseitig gleichmäßige größere Bodenaufhöhungen im Bereich der Maste vermieden werden. Auch benachbarte tiefe Grundwasserabsenkungen, vor allem in Verbindung mit tiefen Baugruben, können durch die von ihnen ausgelösten Bodensetzungen und waagerechten Bodenbewegungen solche Schrägpfahlgründungen ernstlich gefährden.

13.4.2.3 Gründung auf lotrechten Stahlrammpfählen

Abb.13.4.2–2 zeigt hierfür ein kennzeichnendes Ausführungsbeispiel. Diese Gründungsart kommt vor allem für Tragmaste in Frage, wenn in Geländeoberkante wenigstens 1,5 bis 2,0 m tief tragfähiger Sand ansteht, der die Horizontalkräfte aus der Mastkonstruktion aufnehmen kann. Wichtig ist – abgesehen von einer einwandfrei tragfähigen Pfahlgründung – daß die vier Gründungspfähle am Kopf durch einen Verband so zusammengehalten werden, daß keine gegenseitigen Verschiebungen der Mastfußpunkte auftreten. Fehlt dieser Verband, muß der Gittermast selbst so gestaltet und bemessen werden, daß ungleichmäßige waagerechte Verschiebungen der Pfahlköpfe verhindert oder aufgenommen werden können.

13.4.2.4 Gründung auf geneigten gerammten und verpreßten Stahlpfählen

Abb.13.4.2–3 zeigt die Gründung eines Tragmastes für eine 220-kV-Leitung auf MV-Pfählen in einem Gebiet, in dem auf große Tiefe schluffiger Feinsand anstand. Durch die Anordnung der Pfähle in Richtung der Maststiele werden die axialen Belastungen der Pfähle verkleinert und die Aufnahme der waagerechten Lasten erleichtert. Dabei müssen allerdings unvermeidliche Ausführungsungenauigkeiten in den Nachweisen mit berücksichtigt werden.

Details zur Ausbildung der Gründungspfähle sind in Abb.13.4.2–4 dargestellt.

13.4.3 Gründung der Hochspannungsmaste für die Kreuzung eines norddeutschen Tidestromes mit Seeschiffverkehr

13.4.3.1 Allgemeines

Zur Stromversorgung eines norddeutschen Küstenlandes mußte ein Tidestrom, der die Wasserstraße zu einem Welthafen darstellt, durch eine Hochspannungsleitung überquert werden. Die allgemeine Lage ist in Abb.13.4.3–1 dargestellt. Sie ergab sich aus der geforderten freien Durchfahrthöhe von 70 m und einer wirtschaftlichen Masthöhe von annähernd 190 m. Bei der Entscheidung über die genaue Lage der Maststandorte mußten vor allem auch die ungewöhnlich schlecht zugänglichen Geländeverhältnisse im gesamten in Frage kommenden Gebiet der Kreuzung berücksichtigt werden. Der Standort des Mastes I auf einer Strominsel und der des Mastes II im Buhnenfeld des Stromes auf der gegenüberliegenden Seite ergaben sich so praktisch zwangsweise.

Die Abmessungen der Mastfundamente waren bestimmt durch die gegenseitigen Abstände der Maststützen von 28,25/28,25 m. Bei der gewählten Mastkonstruktion mußten alle vier Maststützen auf einem gemeinsamen ausreichend steifen Fundament gegründet werden, damit größere gegenseitige Verschiebungen der Mastfüße mit Sicherheit vermieden wurden. Die Oberkante der Fundamentplattform mußte aus betrieblichen Gründen hochwasserfrei auf NN + 5,6 m gelegt werden.

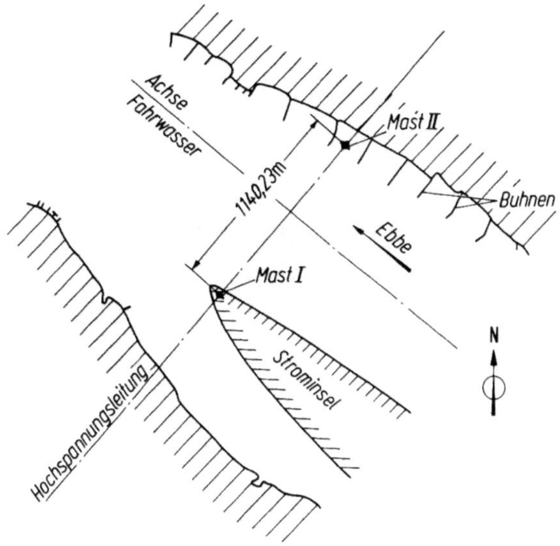

Abb. 13.4.3–1 Allgemeiner Lageplan

Der Untergrund wurde an jedem Maststandort durch vier Tiefbohrungen aufgeschlossen. Sie zeigten, daß beide Fundamente tief gegründet werden mußten. Einzelheiten hierzu können den Abb.13.4.3–2 und –3 entnommen werden.

Da solche Mastgründungen beachtliche Kosten verursachen, mußte versucht werden, so wirtschaftlich wie irgend möglich zu planen und zu konstruieren. Bei der Wichtigkeit der Anlage mußte jedoch für eine ausreichende Sicherheit gesorgt und jedes erkennbare Risiko ausgeschaltet werden.

13.4.3.2 Belastungen, Lastfälle, zulässige Spannungen und Sicherheiten

a) *Belastungen*

Beide Fundamente erhielten die gleichen Stiellasten, und zwar:

Eckstiele in Leitungsrichtung:

Druck: – 450 t
Zug: + 300 t
Horizontalkraft: 50 t je Stiel in beliebiger Richtung.

Eckstiele quer zur Leitungsrichtung:

Druck: – 550 t
Zug: + 400 t
Horizontalkraft: 50 t je Stiel in beliebiger Richtung.

Neben den Stiellasten waren vor allem die Eiseinflüsse von entscheidender Bedeutung. Sie mußten wegen der an den beiden Maststandorten verschiedenen Verhältnisse unterschiedlich angesetzt werden. Einzelheiten über diese Ansätze sind in der Beschreibung der jeweiligen Mastgründung unter den Abschn.13.4.3.3 und 13.4.3.4 behandelt. Winddruck und Strömungsdruck auf Fundament und Pfähle wurden mit 0,125 t/m^2 berücksichtigt.

Auf der Fundamentplatte wurde im Hinblick auf Belastungen im Bau und im Betrieb bzw. auf mögliche Eis- und Schneelasten eine Nutzlast von 0,5 t/m^2 angesetzt. Für die Balken und die Gründung brauchten jedoch nur 0,3 t/m^2 berücksichtigt zu werden.

b) *Lastfälle*

Folgende drei Lastfälle wurden untersucht, wobei die angreifenden Kräfte in ungünstigster Zusammenstellung berücksichtigt werden mußten:

Lastfall 1: Fundamenteigengewicht und maximale Stützenlasten.
Lastfall 2: wie Lastfall 1, jedoch mit Nutzlast auf der Fundamentplatte, sowie Wind- und Strömungsdruck.
Lastfall 3: wie Lastfall 2, jedoch zusätzlich mit Eisstoß bzw. Eisdruck.

c) *Zulässige Spannungen*
Unter Berücksichtigung der besonderen Verhältnisse und im Hinblick auf die getroffenen Lastannahmen wurden den Lastfällen 1 bis 3 folgende zulässige Spannungen zugeordnet:
Lastfall 1: die Spannungen gemäß den einschlägigen DIN-Vorschriften.
Lastfall 2
bzw. 3: 15 bzw. 30 %ige Spannungserhöhung gegenüber Lastfall 1.

d) *Grenzlastspannungen für die Rammpfähle im Boden und dabei geforderte Sicherheiten.*
Im tragfähigen nichtbindigen Boden:

Spitzenwiderstand: $q_{sr} = 500\ t/m^2$
Mantelreibung: $q_{mr} = 5\ t/m^2$.

Im bindigen Boden bei kurzfristigen Belastungen in den Lastfällen 2 und 3:

Mantelreibung: $q_{mr} = 3\ t/m^2$.

Voraussetzung für obige Ansätze war, daß die Pfähle so tief in den tragfähigen Untergrund gerammt wurden, daß eine ausreichende Verdichtung der Umgebung der Pfahlfüße sichergestellt war, und daß der bindige Boden durch Form und Einbringen der Pfähle nicht nachhaltig gestört wurde.

Gegen Erreichen der Grenzlast wurden folgende Sicherheiten gefordert:

	bei den Druckpfählen $\eta =$	bei den Zugpfählen $\eta =$
Lastfall 1:	2,0	2,0
Lastfall 2:	1,75	2,0
Lastfall 3:	1,5	2,0

13.4.3.3 Mastfundament I auf der Strominsel (Abb.13.4.3–2)

Der Untergrund bestand hier bis etwa NN −17,0 m aus wechselnden Schichten von Ton und Sand. Die Steifezahl des Tones lag zwischen $E_s = 40$ und $120\ kg/cm^2$. Erst etwa 20 m unter Gelände begann der einwandfrei tragfähige, vor allem aus Sand und Kies bestehende Baugrund, der nach etwa 5 m in Geröll überging. Bei diesen Bodenverhältnissen (Abb. 13.4.3–2) waren kräftige offene Trägerprofile als Pfähle zweckmäßig. Als Haupttragpfähle wurden daher Spundbohlen PSp 600 S aus StSp 37 gewählt. Die Pfahlanordnung wurde den Stiellasten, Plattformlasten, Wind- und Strömungsdruck und den Eiskräften angepaßt, so daß alle angreifenden Kräfte von den Pfählen mit den geforderten Sicherheiten abgetragen werden konnten. Eventuelle Kolke im Bereich des Fundamentes spielten dabei keine nennenswerte Rolle. Zur Erfassung der Drucks aufschiebender Eisschollen wurde mit einem Eisdruck von 50 t je Ecke bzw. 200 t auf das Gesamtfundament gerechnet. Bei der Bemessung der Wände und der dahinter liegenden Abstützungen wurde ein Eisdruck von 50 t – auf einer 2,5 m langen und 0,5 m hohen Fläche gleichmäßig verteilt und an beliebiger Stelle jeder Wand wirkend – angesetzt.

Die Pfähle konnten in den erforderlichen und planmäßig festgelegten Stellungen, Neigungen bis 3 : 1 und Tiefen – ohne Behinderung durch normales Hochwasser vom trockenen Lande aus – mittels einer Ramme MR 40 mit 4,5 t Dampfzylinderbär und 0,75 m Fallhöhe eingebracht werden. Die größten Pfahlkräfte betrugen – 185 t Druck und + 120 t Zug.

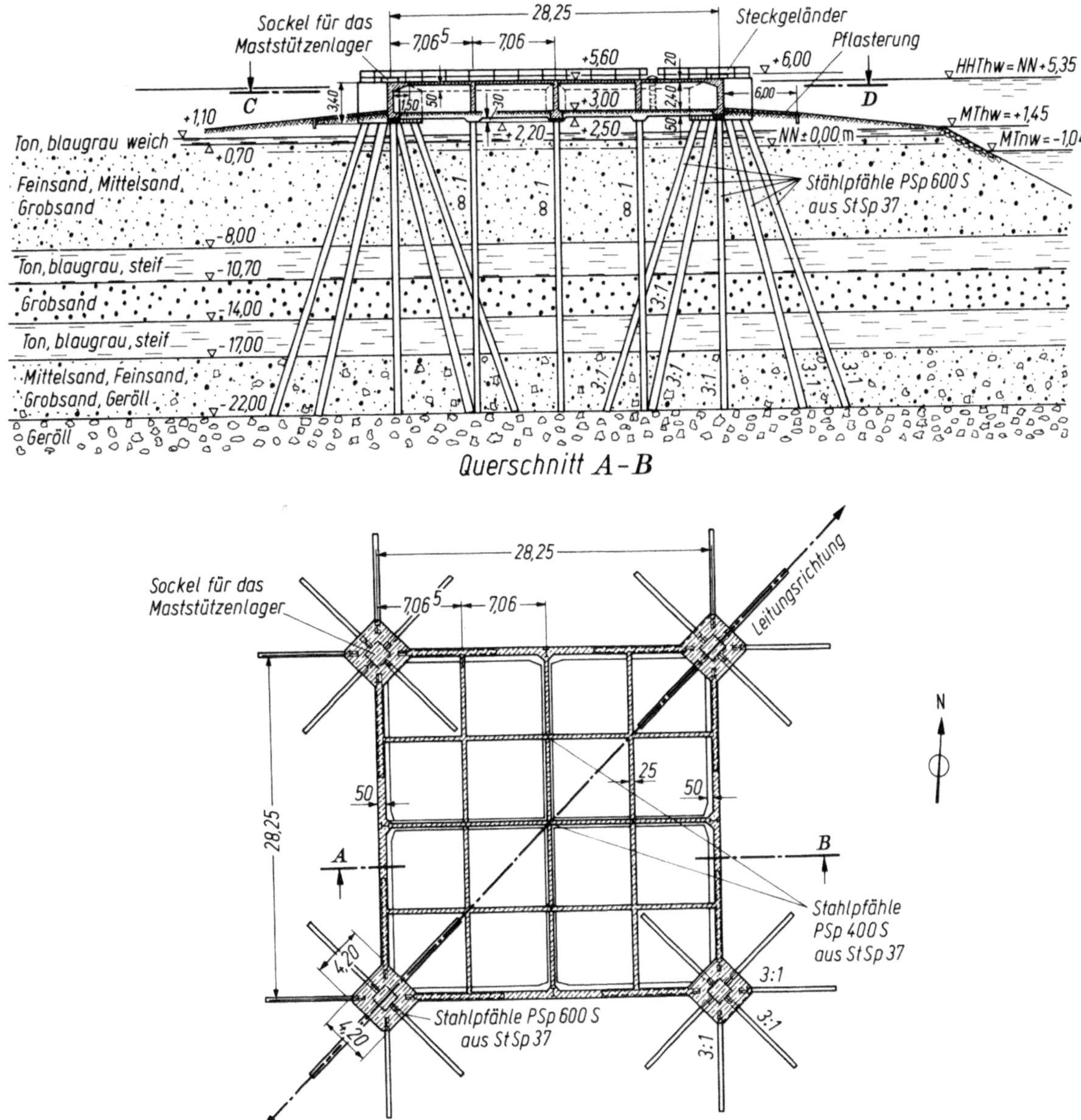

Abb. 13.4.3–2 Mastfundament I

13.4.3.4 Mastfundament II im Buhnenfeld des Stromes (Abb. 13.4.3–3)

Da hier das Ufergelände auf große Breite für schwere Baugeräte und auch sonst unzugänglich war, konnte die Baustelle nur vom Strom her eingerichtet und versorgt werden. Um dieses zu erleichtern und gleichzeitig die Stützweite der Maste und die Eisbeanspruchungen der Gründungen optimal klein zu halten, wurde die Mastgründung mit ihrer Vorderkante knapp hinter die Buhnenstreichlinie gelegt. Eine Verschiebung nach dem Strom oder nach dem Ufer hin hätte die Baukosten der Gründung erhöht.

Der Untergrund bestand hier bis etwa NN – 14,0 m aus weichem bis steifem Ton. Anschließend begann der gut tragfähige Baugrund aus Sand und Kies, der etwa ab NN – 21,0 m in Grobkies und Geröll überging.

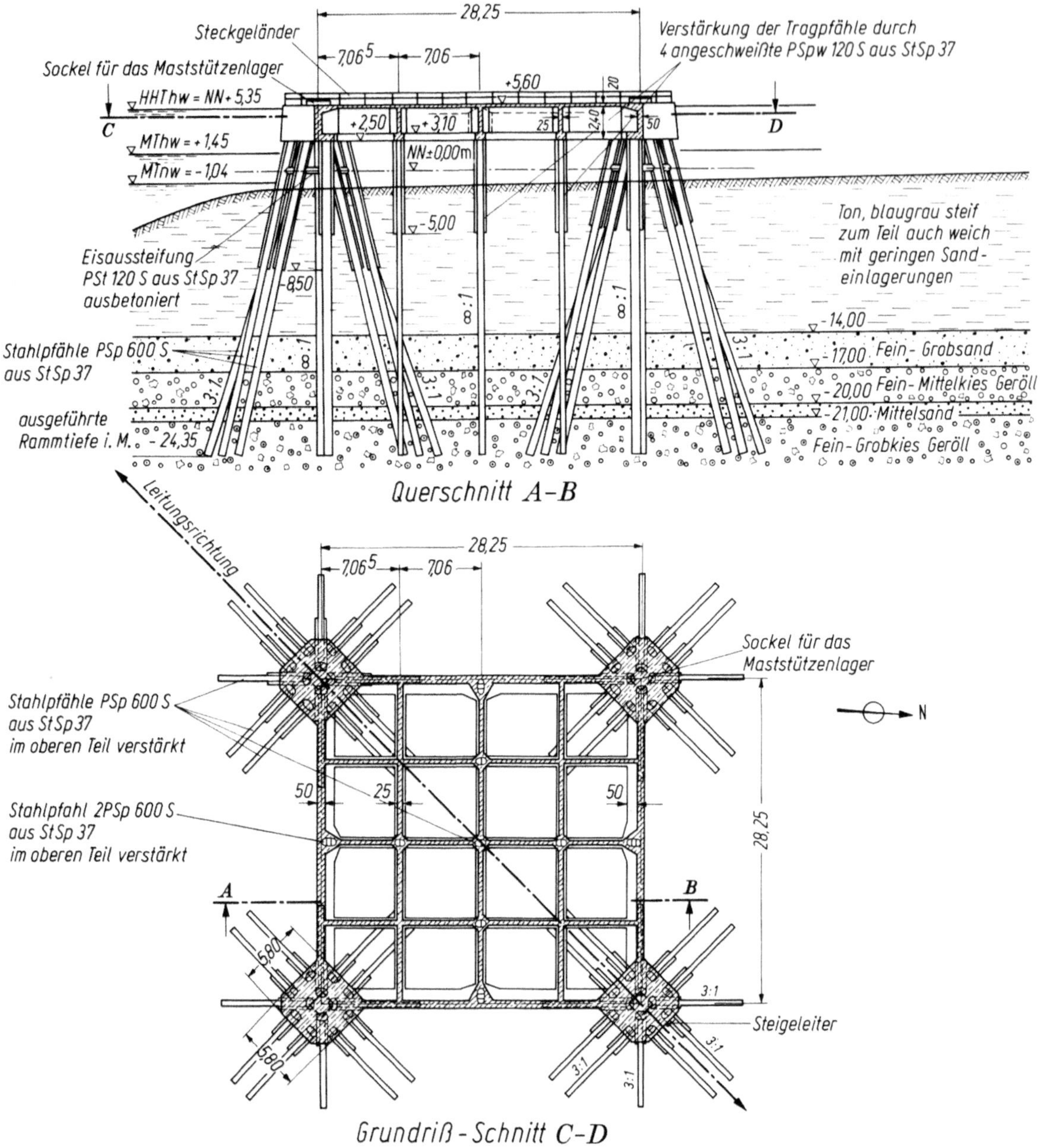

Abb. 13.4.3–3 Mastfundament II

Infolge seiner exponierten Lage mußte dieses Mastfundament für einen Eisdruck von 100 t/Ecke bzw. 400 t auf das Gesamtfundament berechnet werden. Bei den Wänden des Überbaues und den dahinter liegenden Abstützungen wurde ein Eisdruck von 100 t – auf einer 2,5 m langen und 0,5 m hohen Fläche gleichmäßig verteilt und an beliebiger Stelle jeder Wand angreifend – angesetzt. Um in den Pfählen eine genügende Sicherheit auch bei Eisangriff zu erhalten, konnten nur solche zugelassen werden, die in der Lage waren, einen Eisdruck bzw. -stoß von 100 t in ungünstigst möglicher Höhenlage aufzunehmen. Hierfür erwiesen sich im vorliegenden Falle PSp 600 S aus StSp 37 – mit vorgesetzten verschweißten 4 Spundwinkeln PSpw 120 S aus StSp 37 – sowohl technisch als auch wirtschaftlich besonders geeignet. Die Pfahlböcke erhielten zusätzlich eine schwere Eisaussteifung mit PSt 120 S aus StSp 37 mit Achse auf NN ± 0,0 m (Abb.13.4.3–4). Die Eisaussteifungen wurden ausbetoniert, desgleichen die Pfähle herunter bis zur Flußsohle. Die Pfahlköpfe wurden –

wie auch beim Mastfundament I – mit eingeschweißten altbrauchbaren Schienenstücken und angeschweißten Zugankern ausgerüstet.

Das Pfahlsystem wurde so ausgelegt, daß sich möglichst günstige Beanspruchungen sowohl der Pfähle als auch des Überbaus ergaben. Die maximalen Schrägpfahlkräfte betrugen – 170 t Druck und + 106 t Zug.

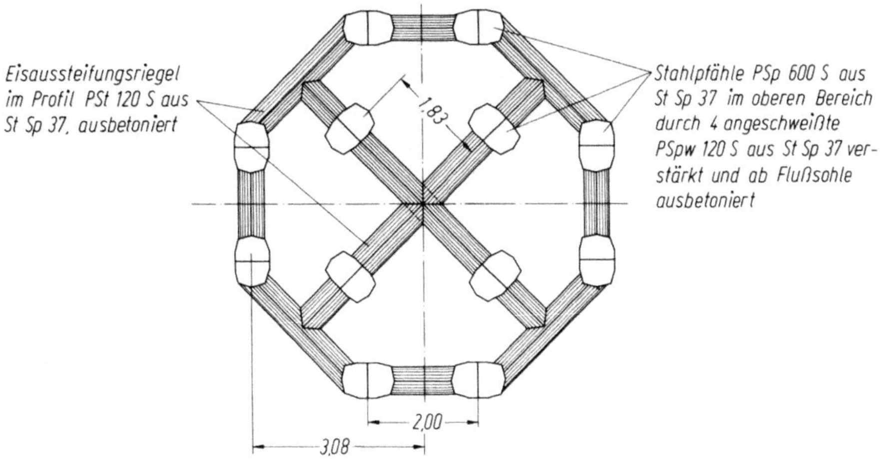

Abb. 13.4.3–4 **Eisaussteifung der Stützengründung mit Achse auf NN ± 0,0 m**

Die Pfähle wurden, wie beim Mastfundament I, mit einer Ramme MR 40 – hier aber von einem Rammgerüst aus – eingebracht. Da der tragfähige Baugrund verhältnismäßig locker gelagert war, mußten fast alle Pfähle im Mittel etwa 2,50 m tiefer als ursprünglich geplant gerammt werden, damit sie einwandfrei fest wurden. Die für das Rammgerüst erforderlichen Holzpfähle mußten vorweg mit einer Schwimmramme im Tidebetrieb gerammt werden.

Im Hinblick auf den Korrosionsangriff, vor allem in der Wasserwechselzone, wurden die freistehenden Stahlpfähle und die Eisaussteifung außen metallisch rein gesandstrahlt und dann sofort mit einem vierlagigen, etwa 0,2 mm dicken Steinkohlenteerpech-Kaltanstrich versehen. Der Korrosionsschutz reichte im eingebauten Zustand der Pfähle bis 4 m unter die Flußsohle.

13.4.3.5 Ergänzende Hinweise

Die Bauleitung für beide Mastfundamente wurde auf der Strominsel eingerichtet, desgleichen das gemeinsame Pfahllager, die Versorgung mit Trinkwasser usw. Da die Baustellen nur auf dem Wasserwege eingerichtet und versorgt werden konnten, mußte auf der Insel eine Umschlagbrücke mit anschließendem Zwischenlager errichtet werden.

Beide Mastbaustellen mußten mit einer eigenen Stromversorgungsanlage ausgerüstet werden.

Die Bauarbeiten wurden im Juni 1959 begonnen und mußten noch im Laufe des gleichen Jahres abgeschlossen werden. Sie liefen nach einem sorgfältig ausgearbeiteten Programm ohne besondere Schwierigkeiten ab. Beide Mastgründungen wurden termingerecht fertiggestellt.

14. Gründung von Kranbahnen und sonstigen schienengebundenen Laufbahnen

14.1 Allgemeines

Bahnen solcher Art müssen ganz bestimmte Eigenschaften aufweisen. Bezüglich der konventionellen Eisenbahnen sind sie beispielsweise in den einschlägigen Vorschriften der Deutschen Bundesbahn festgelegt und brauchen daher hier nicht weiter beschrieben zu werden.

In den folgenden Kapiteln werden vor allem die Laufbahnen für Krane aller Art behandelt, und dabei insbesondere solche, deren Laufbahnbalken aus Stahlbeton bestehen. Sie sind in großer Zahl vor allem in den Häfen und in Werftanlagen, aber auch auf den Lagerplätzen der Industrie und des Großhandels usw. zu finden. Je nach der Art der darauf laufenden Krane – zum Beispiel mit oder ohne Pendelstützen – sind die Anforderungen verschieden.

Für die Laufschienen und deren Lagerung auf den Laufbahnbalken wird neben einer ausreichenden Sicherheit auch im Dauerbetrieb im allgemeinen gefordert, daß sie möglichst leicht eingebaut und justiert, aber genau so leicht nachgerichtet und wieder ausgebaut werden können. Dieser Forderung muß um so mehr nachgekommen werden, je höher der Verschleiß der Laufschienen ist und je größer die zu erwartenden Setzungen und/oder Seitenverschiebungen der Laufbahnbalken sind. Die hierbei auftretenden Probleme und zweckmäßigen Lösungen sind in folgenden Empfehlungen der EAU behandelt:

E 85 Kranschienen und ihre Befestigung auf Beton, und

E 108 Auf Beton geklebte Laufschienen für Fahrzeuge und Krane.

Abgesehen von den in E 85 gebrachten Lösungen mit Schienenlagerung auf durchlaufender Stahlplatte mit durchlaufender Betonbettung bzw. auf begrenzten Einzelplatten wird hinsichtlich der letzteren auch auf die Stützung durch besonders ausgebildete Schienenstühle hingewiesen. Sie wird vor allem bei hochbelasteten Kranbahnen mit schwerem Dauerbetrieb mit Vorteil angewendet.

Die Ausbildung und Berechnung der Laufbahnbalken und ihrer Gründungen werden eingehend behandelt in E 120 der EAU:

Gründung von Kranbahnen bei Ufereinfassungen.

Die dort enthaltenen Ausführungen gelten allgemein und behandeln darüber hinaus die zusätzlichen Belange, die bei Kranbahnen neben bzw. auf Ufereinfassungen zu beachten sind. Auch die Kranbahnen auf Schwellengründung sind dort beschrieben.

Besonders erwähnt sei, daß durch Bautoleranzen oder ungleichmäßige Setzungen der Laufbahnen eingetretene Gefälle sowohl in der Längs- als auch in der Querrichtung der Laufbahnen rd. 3 ‰ nicht übersteigen sollen.

14.2 Schwere Werftkranbahn auf Holzpfählen für eine Seeschiffhelling im norddeutschen Raum

Bei der zunehmenden Tendenz im Schiffbau mit vorgefertigten Großbauteilen von erheblichen Gewichten die Montagearbeit auf der Helling abzukürzen, sah sich eine norddeutsche Werft veranlaßt, ihre Hellingkranbahn so auszubauen – und dabei auch zu verlängern – daß auf ihr zwei 25-t-Krane großer Ausladung nebeneinander fahren und arbeiten konnten. Aus zahlreichen Vergleichsuntersuchungen ergab sich für den vorliegenden Fall die Gründung der Stahlbeton-Kranbahnbalken auf Holzpfahlböcken mit einem Jochabstand von 1,5 m als günstigste Lösung. Die etwa 13 m langen Pfähle Ø 38 cm wurden unter 5 : 1 angeordnet und am Kopf so angeblattet, daß sie sowohl Druck- als auch Zugkräfte aufnehmen konnten. Die

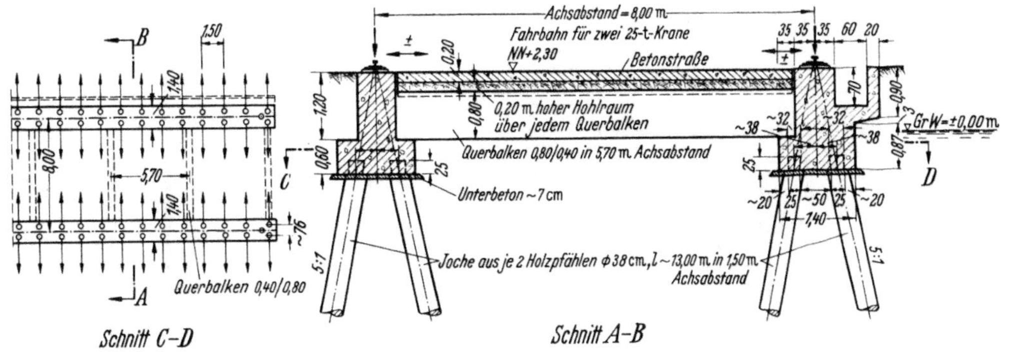

Abb. 14.2–1 Schwere Werftkranbahn auf Holzpfählen

Pfähle wurden im übrigen so gestellt, daß sich die Pfahlachsen jeweils in Oberkante der zugehörigen Kranlaufschienen schnitten. Wenn von den unvermeidlichen Rammungenauigkeiten abgesehen wurde, blieben die Pfähle so frei von Biegebeanspruchungen. Bei der gewählten Pfahlanordnung mußte der 0,7 m breite Kranbalken im unteren Teil auf 1,4 m verbreitert werden. Nur so konnten die Pfahlköpfe gut von Beton umschlossen und die Längsbewehrung einwandfrei verlegt werden. Zur Verteilung der Horizontalkräfte, zum Spurhalten und zum Stabilisieren der Kranbahnen gegen exzentrische Belastungen aus Rammungenauigkeiten, wurden beide Laufbahnbalken alle 5,7 m durch biegesteif angeschlossene Stahlbetonquerbalken 0,4/0,8 verbunden (Abb.14.2–1).

Die Straßenplatte aus Stahlbeton zwischen den Laufbahnbalken wurde mit einem 0,2 m hohen Hohlraum über die Querbalken hinweggeführt, um bei den zu erwartenden Setzungen des Straßenplanums ein Reiten der Straßenplatte auf den Querbalken zu vermeiden.

Beim vorliegenden geringen Jochabstand konnten die Laufbahnbalken als Träger auf elastischer Bettung berechnet und bemessen werden.

Die Holzpfahlgründung konnte hier mit Erfolg angewendet werden, weil die Pfahlköpfe dauernd unter dem Grundwasserspiegel liegen und der tragfähige Baugrund in gut erreichbarer Tiefe ansteht.

14.3 Kranbahn auf Stahlflügelpfählen in einem norddeutschen Tidehafen (vgl. auch Kap. 5.1.2.3)

Hinter dem im Kap.5.1.2.3 behandelten Spundwandbauwerk mußte nachträglich, 7 m von Kaimauervorderkante entfernt, die wasserseitige Laufbahn für einen schweren Kran errichtet werden (Abb.14.3–1). Seine landseitige Laufbahn sollte auf Konsolen eines im Bau befindlichen Kühlhauses gelagert werden. Als wasserseitiger Laufbahnträger war ein 0,6 m breiter und 1,8 m hoher Stahlbetonbalken gewählt mit 0,8 m breiten, 0,9 m hohen und 2,55 m langen Jochbalken in 6,72 m Achsabstand. Die Jochbalken sollten auf jeweils 2 Stahlpfählen PSp 350 S, l = 19,8 m aus StSp 37 gegründet werden, die i.M. rd. 8 m durch gewachsenen Mittel- bis Grobsand führten und dann noch rd. 3,1 m in den hier im Normalfall ab NN – 12,15 m anstehenden, festen Lauenburger Ton einbanden. Sie sollten mit maximal 85 t/ Pfahl auf Druck belastet werden.

In einem etwa 40 m langen Bereich der geplanten Kranbahn stand der Lauenburger Ton zwar höher an, hatte aber nicht eine feste, sondern nur eine steife bis halbfeste Konsistenz. Es mußte daher ernstlich bezweifelt werden, daß die vorgesehene Gründung hier ausreichend war. Dabei lagen die Pfähle in der vorgesehenen Stückzahl und Länge bereits auf der Baustelle, und es war schwierig, in der zur Verfügung stehenden Zeit weiteres Material für zusätzliche Pfähle oder entsprechende Pfahlverlängerungen zu erhalten. In dieser Situation wurde aus der Not heraus der Gedanke geboren, die erforderliche Tragfähigkeit durch Anschweißen von jeweils zwei Profilen IP 240 aus St 37 am Pfahlfuß zu gewinnen (Abb.

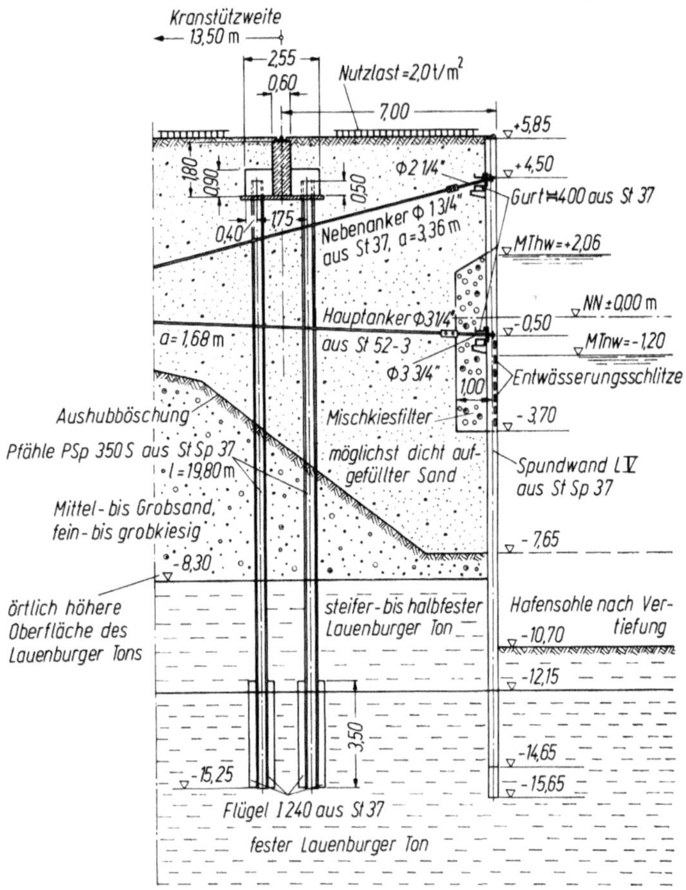

Abb. 14.3–1 Querschnitt durch die Kaianlage mit nachträglich eingebauter Kranbahn auf Stahlflügelpfählen

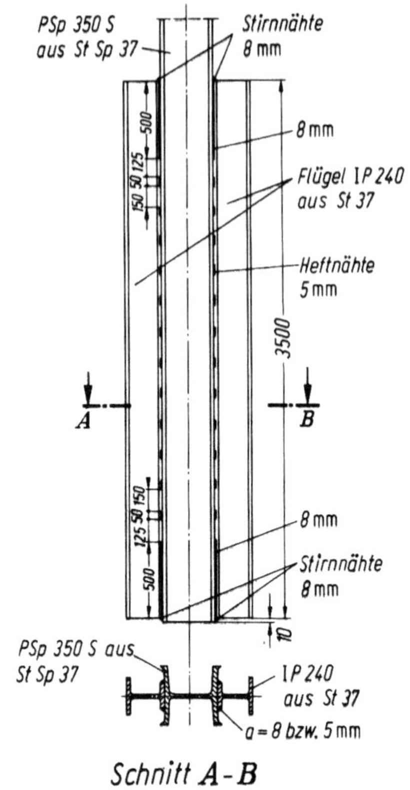

Abb. 14.3–2 Form und Anschluß der Fußflügel des ersten modernen Stahlflügelpfahles

14.3–1). Während die örtliche technische Leitung der ausführenden Großbaufirma den Gedanken sofort unterstützte, hielt das Personal auf der Baustelle das Einrammen solcher Pfähle zunächst für unmöglich. Der schließlich ausgeführte Rammversuch mit zunächst 3,5 m langen Flügeln zerstreute diese Bedenken. Es zeigte sich aber auch, daß im allgemeinen bereits 2,5 m lange Flügel ausreichten, um die Pfähle beim Rammen ausreichend fest werden zu lassen.

Der so ausgeführte erste moderne Stahlflügelpfahl ist in Abb.14.3–2 im Detail dargestellt.

Stahlflügelpfähle – im Profil und in der Form der angeschweißten Flügel etwas verfeinert – gehören seitdem zu einem maßgebenden Element moderner Gründungstechnik und sind sowohl als Druck- als auch als Zugpfähle in großem Umfange und in verschiedensten Kombinationen ausgeführt worden. Sie sind vor allem dann am Platze, wenn eine für die Pfahlgründung vorgesehene besonders tragfähige Bodenschicht nur in begrenzter Dicke ansteht, wenn überlange Pfähle vermieden werden sollen oder wenn besonders hohe Pfahllasten abzutragen sind. Die Tragfähigkeit von Flügelpfählen ist heute – nachdem bereits zahlreiche Probebelastungsergebnisse vorliegen – gut überblickbar. Selbstverständlich sollten vor dem genauen Festlegen der Fußausrüstung, die vor allem bei hochbelasteten Pfählen den örtlichen Bodeneigenschaften besonders angepaßt werden muß – neben den Bohr- auch ausreichende Drucksondierergebnisse vorliegen. Außerdem soll in bindigen Böden die Fußausbildung – was bei der hier geschilderten Erstausbildung noch nicht berücksichtigt worden ist – wenn möglich so vorgenommen werden, daß durch das Rammen entstandene Wasserkanäle über den Flügeln im Boden vermieden werden.

14.4 Werftkranbahnen auf Stahlpfählen neben einem großen Trockendock in einem norddeutschen Schleusenhafen

Ein großes Trockendock in einem norddeutschen Schleusenhafen mußte zur Beschleunigung der Schiffsreparaturen mit einem schweren Werftkran ausgerüstet werden. Hierfür mußten die erforderlichen Kranbahnen technisch einwandfrei und möglichst kostengünstig errichtet werden.

Eine Nachrechnung ergab, daß die dockseitige Kranbahn auf dem Seitenwandkopf des Dockes aufgelagert werden konnte, wobei auch die Aufnahme der waagerechten Kranlasten keine Schwierigkeiten bereitete. Die feste Stütze des Kranes wurde daher dockseitig angeordnet (Abb.14.4–1).

Da neben dem Dock alluvialer Klei in großer Mächtigkeit anstand, mußte die landseitige Kranbahn tief gegründet werden. Als Gründungselemente kamen bei den örtlichen Verhältnissen vor allem Stahlpfähle in Frage. Zur Gründung dieser Pfähle stand unter dem Klei eine

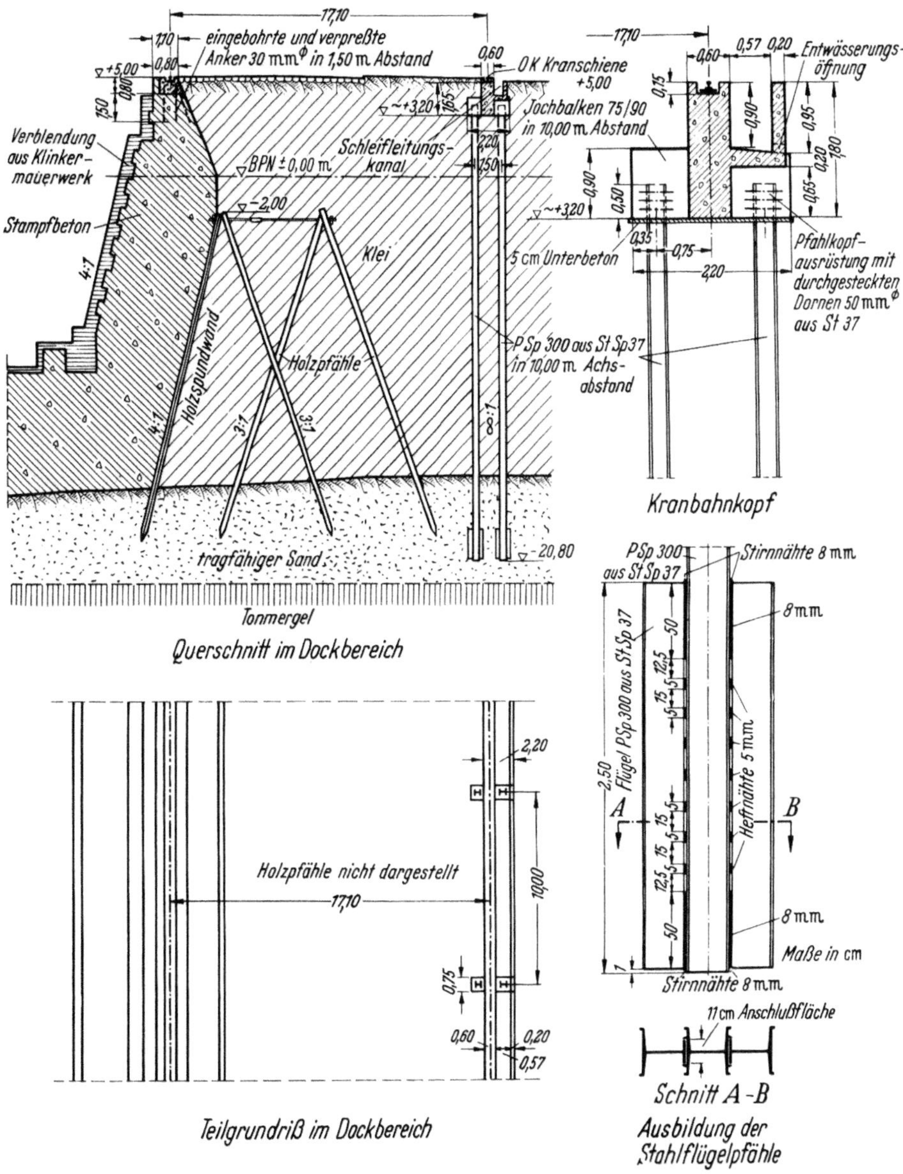

Abb. 14.4–1 **Kranbahn neben einem Trockendock.**

im Mittel etwa 7 m dicke diluviale Sandschicht zur Verfügung. Darunter lag Tonmergel (Abb. 14.4–1). Um die Pfahllasten ausreichend hoch über dem Tonmergel in den Sand abtragen zu können, wurden die gewählten Stahlpfähle PSp 300 aus StSp 37 mit Fußflügeln ausgerüstet (Abb. 14.4–1).

Vergleichsrechnungen hatten ergeben, daß unter den vorliegenden Verhältnissen ein Pfahljochabstand der landseitigen Kranbahn von 10 m zum Kostenminimum führte. Die Pfähle konnten lotrecht angeordnet werden, da die Einbettung des 1,8 m hohen Kranbahnbalkens in den umgebenden Boden die Aufnahme der waagerechten Kräfte aus der Pendelstütze des Kranes ohne Schwierigkeiten ermöglichte. Der Kranbahnbalken wurde für die waagerechten Kräfte unter Ausnutzung der aussteifenden Wirkung des Schleifleitungskanals als Balken auf elastischer Bettung mit der Bettungsziffer $k_s = 1{,}0\ \mathrm{kg/cm^3}$ berechnet. Bei der Berechnung und Bemessung für die lotrechten Lasten wurde die elastische Zusammendrückung der Stahlpfähle für ihre volle Länge berücksichtigt. Da sich bei kurzfristigen Belastungen aber auch der Klei an der Pfahlkraftaufnahme mit beteiligen kann, wurde der Balken auch für den Fall starrer Stützung auf den Jochen berechnet. In allen Querschnitten wurde dann der jeweils höher errechnete Bewehrungsquerschnitt eingelegt.

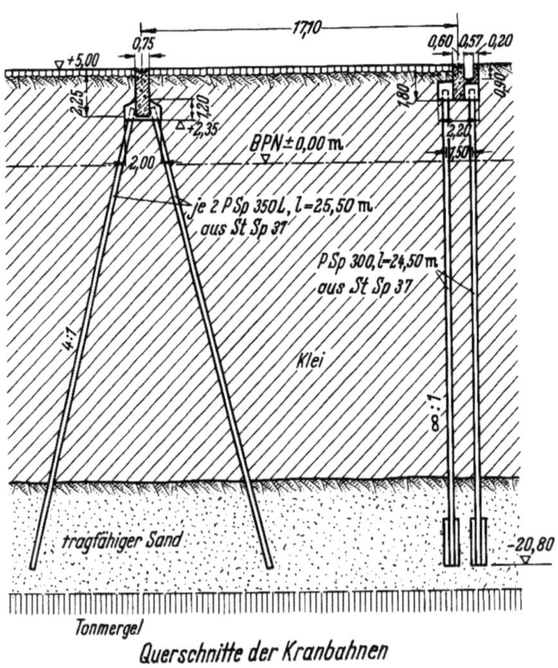

Querschnitte der Kranbahnen

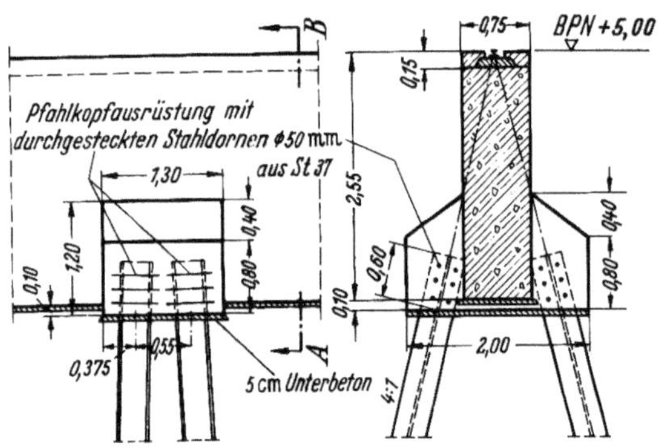

Seitenansicht Schnitt A–B

Detailangaben zur Kranbahn auf Schrägpfählen

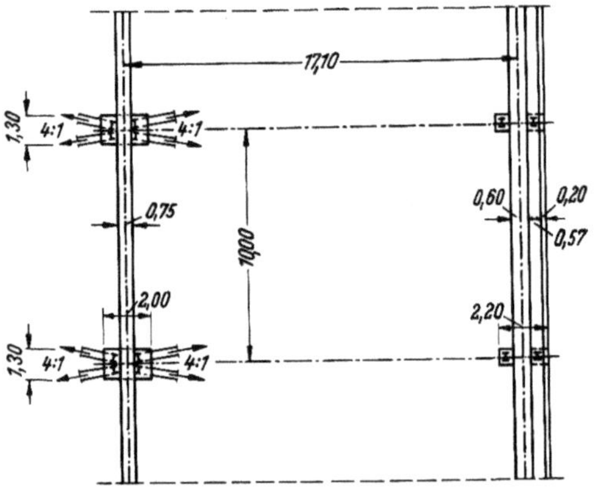

Teilgrundriß der Kranbahnen

Abb. 14.4–2 Kranbahnen hinter dem Trockendock

Aus betrieblichen Gründen mußten die Kranbahnen über das Dockende hinaus verlängert werden. In diesem Bereich wurde die dockseitige Kranbahn – mit 10 m Jochabstand – auf Schrägpfahlböcken gegründet, und zwar jeweils auf vier unter 4 : 1 geneigten Stahlpfählen PSp 350 L aus StSp 37 (Abb.14.4–2). Diese Gründung war in der Lage, neben den lotrechten Lasten auch alle aus dem Kran kommenden waagerechten Lasten aufzunehmen und abzutragen. Die Schrägpfähle schnitten sich in Laufschienenoberkante. Exzentrizitätsmomente aus Rammungenauigkeiten konnten durch die biegesteifen Stahlpfähle leicht aufgenommen werden.

Die landseitige Kranbahn wurde in gleicher Weise wie im Dockbereich ausgeführt.

Die Bauarbeiten gingen ohne Schwierigkeiten vor sich. Bei dem erforderlichen hohen Bewehrungsanteil wäre es allerdings besser gewesen, den landseitigen Kranbahnbalken nicht 0,6, sondern 0,7 m breit auszuführen.

14.5 Gründung einer vergrößerten Eisenbahndrehscheibe im norddeutschen Raum auf dem bestehenden Fundament

Beim Umbau eines großen Verschiebebahnhofs Anfang der fünfziger Jahre mußten der Durchmesser einer bestehenden Drehscheibe mit Königstuhl vergrößert und ein neues Drehscheibensystem angewendet werden. Hierbei lag der äußere Laufschienenkranz außerhalb der bisherigen Fundamente. Ein zweiter innerer Laufschienenkranz mußte etwa in der Mitte zwischen der bisherigen äußeren Schienenachse und dem nun nicht mehr benötigten Königstuhl angeordnet werden.

Im Bereich des Bauwerks bestand der gewachsene Baugrund im obersten Teil aus bindigen Störschichten. Darunter stand alluvialer Sand an. Zur Herstellung des Bahnhofplanums war das Gelände seinerzeit etwa 5 m hoch mit Boden aufgefüllt worden. Bei diesen Verhältnissen waren die Fundamente der bestehenden Drehscheibe auf Stahlbetonrammpfählen gegründet worden (Abb.14.5–1).

Zum Zeitpunkt der Erweiterung waren die Fundamente der Drehscheibe einschließlich ihrer Pfahlgründungen noch einwandfrei erhalten und ausreichend tragfähig. Sie lagen jedoch an falscher Stelle und sollten daher abgerissen werden, um die neue Drehscheibe ihrer anderen Form entsprechend gründen zu können.

Um Bauzeit und Baukosten zu sparen, wurde der in Abb.14.5–1 dargestellte Sondervorschlag angeboten und als günstigste Lösung auch ausgeführt. Hierbei wurde ein radartiger Gründungskörper aus Stahlbeton auf die vorhandenen Fundamente gelegt und mit diesen verbunden. Die Radspeichen lagen jeweils auskragend auf den vorhandenen äußeren Fundamenten und innen auf dem Königstuhlfundament. Sie trugen den äußeren und den inneren Ringbalken, auf denen sich die Laufschienenkränze befanden. Die Ringbalken wurden als durchlaufende elastische Balken auf elastischen Stützen ausgebildet und berechnet.

Der Stahlbetonkörper wurde in vier Arbeitsgängen betoniert, und zwar je 3 × 4 und 1 × 3 Radialbalken. Die Arbeitsfugen wurden verzahnt und vor dem Weiterbetonieren sorgfältig aufgerauht. Die Bewehrung lief durch.

Das Bauwerk hat sich seit bald zweieinhalb Jahrzehnten bewährt. Es ist ein kennzeichnendes Beispiel für Einsparungsmöglichkeiten durch eine sinnvolle Verwendung vorhandener, noch brauchbarer Bauteile.

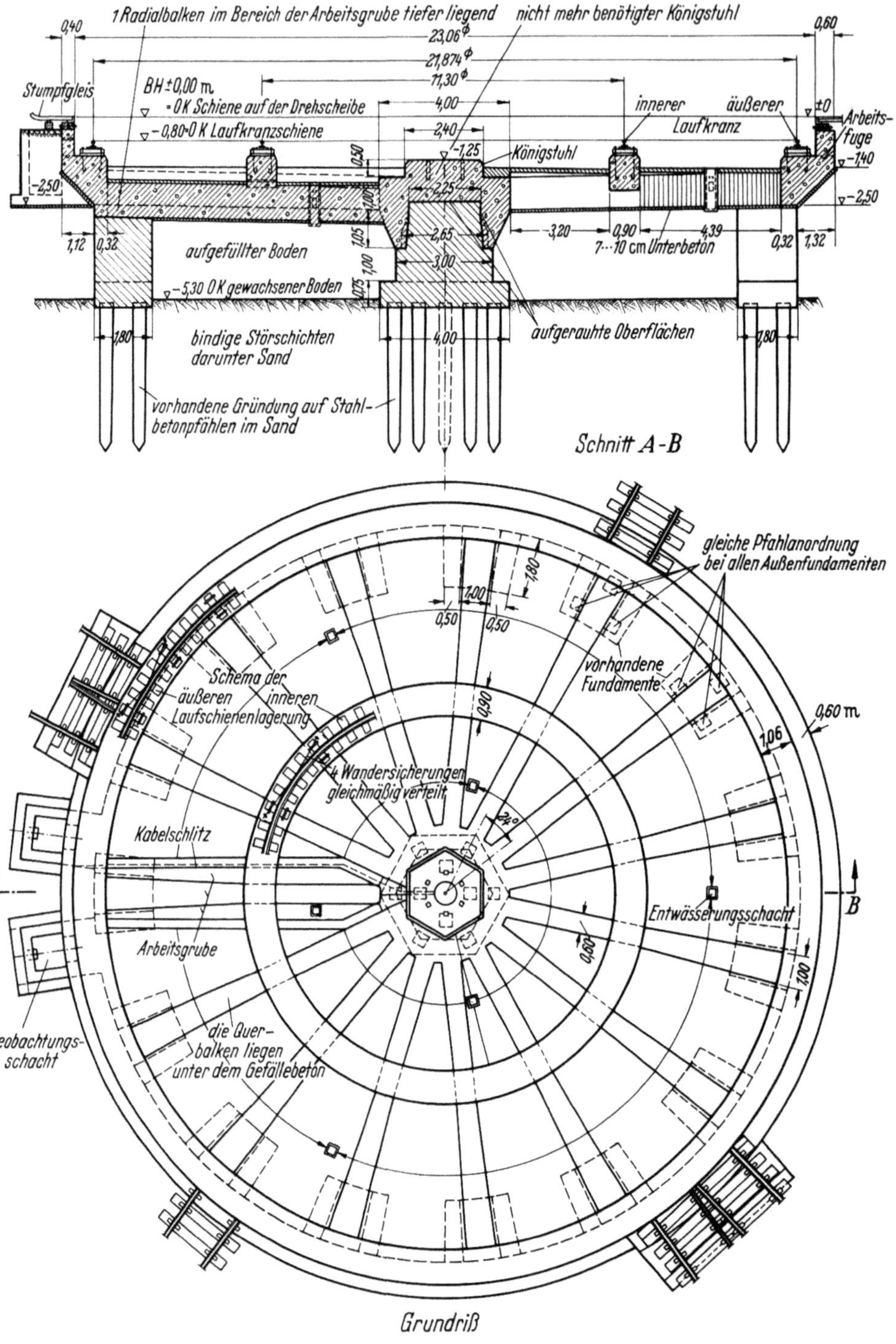

Abb. 14.5–1 Querschnitt und Grundriß der vergrößerten Eisenbahndrehscheibe mit Gründung

15. Gründung von Hochbauten

15.1 Allgemeines

Die richtige Gründung von Hochbauten ist besonders wichtig, weil Hochbauten insgesamt den größten Teil des Bauvolumens darstellen. Umgekehrt lassen sich diese Gründungen verhältnismäßig einfach beherrschen, weil sie vorwiegend lotrecht belastet werden, zum Unterschied von Ufereinfassungen und dergleichen, bei denen die waagerechten Lasten häufig dominierend sind.

Bezüglich der Gründung von Hochbauten wird vor allem auf die wichtigste Gründungsnorm:

DIN 1054: Baugrund; Zulässige Belastung des Baugrunds

hingewiesen.

Darin werden zunächst die Lastannahmen und die erforderlichen Bodenaufschlüsse besonders behandelt. Zu den letzteren sei erwähnt, daß in DIN 1054 an sich nur Mindestforderungen gestellt sind, so daß bei Großanlagen häufig weitergehende Untersuchungen erforderlich sind.

In DIN 1054 und in den begleitenden DIN ist im übrigen für die Gründung von Hochbauten üblicher Abmessungen bei guten Baugrundverhältnissen alles Wissenswerte zu finden. Dies gilt sowohl für die Flach- als auch für die Tiefgründungen auf Pfählen.

Keine Angaben enthält die Norm aber über die zulässigen Bodenpressungen bei breiigen oder weichen bindigen Böden. Dies wird von Bauschaffenden in den norddeutschen Kleigebieten häufig als Mangel empfunden. Die Zurückhaltung des zuständigen Normenausschusses ist aber verständlich, wenn man bedenkt, daß es sich hierbei um schwierige Gründungsaufgaben handelt, bei denen stets ein einschlägig besonders erfahrener Gründungsspezialist beratend hinzugezogen werden sollte. Im allgemeinen darf der Klei nur mit 0,3 bis höchstens 0,4 kg/cm^2 zusätzlich belastet werden, wenn bei den darauf errichteten Hochbauten zwar Setzungen, aber keine nennenswerten Schäden auftreten sollen. Dies gilt auch für benachbarte Bodenaufhöhungen.

Für nichtbindige und für mindestens steife bindige Böden sind in DIN 1054 die zulässigen Bodenpressungen angegeben. Für nichtbindige Böden sind die Zahlen sowohl für setzungsunempfindliche als auch für setzungsempfindliche Bauwerke genannt.

Bei den bindigen Böden führen die angegebenen zulässigen Bodenpressungen zu Eigensetzungen der Fundamente von wenigen Zentimetern. Nicht erfaßt werden dabei aber die Setzungseinflüsse aus den Lasten benachbarter Fundamente von Bauwerken. Hierzu sind in bezug auf die Setzungen auch benachbarte Bodenaufhöhungen zu zählen.

Auch sind die Auswirkungen der Setzungsmulde, die bei ausgedehnten hochbelasteten Bauwerken eine beachtliche Rolle spielen können, nicht erfaßt. Deshalb sollten Gründungen solcher Art stets von erfahrenen Gründungsspezialisten bearbeitet werden, die auch die Wechselwirkung zwischen Bauwerk, Gründung und Baugrund richtig erfassen und in die Setzungsermittlungen und in die Berechnung der Gründungen mit einbeziehen. Dabei müssen auch die aus der Setzungsmulde herrührenden Umlagerungen der Bodenpressungen in der Gründungssohle und die daraus resultierenden Beanspruchungen der lastverteilenden Tragsysteme einwandfrei berechnet und ausreichend berücksichtigt werden. Hierbei empfiehlt es sich, fallweise mit ungünstig angenommenen Reitzuständen mit vorwiegender Stützung an den Gründungsrändern bzw. in Gründungsmitte zu arbeiten, wobei dann Stahlspannungen bis zu rd. 85 % der Streckgrenze in Kauf genommen werden können. Im selben Verhältnis können dann auch die zulässigen Betonspannungen erhöht werden.

Durch ein tiefes Unterkellern können auch bei besonders hohen und schweren Bauwerken und nur mäßig guten Bodenverhältnissen noch einwandfreie Gründungen erreicht werden.

Um die aussteifenden Quer- und Längswände möglichst ohne Durchbrüche unterbringen zu können, ist es fallweise erforderlich, ein zusätzliches Kellergeschoß anzuordnen, selbst wenn ein solches betrieblich nicht weiter genutzt werden kann. Die Kellersohle und mindestens die unterste Kellerdecke werden dann durch die Längs- und Querwände zu einem gut tragfähigen biegesteifen Kasten verbunden. Gleichzeitig wird bei einer solchen Lösung die wirksame Bauwerkslast um das wirksame Gewicht des Bodenaushubs für den Zusatzkeller und im Grundwasser um den zusätzlichen Auftrieb vermindert. Dadurch wird die Setzungsmulde abgeflacht, so daß sich die Beanspruchungen der Gründung entsprechend ermäßigen.

In Fällen, in denen die Kellerräume in das Grundwasser hineinragen, empfiehlt es sich im allgemeinen, eine wasserdichte Gründungswanne herzustellen. In einzelnen Fällen genügt aber auch eine Lösung, bei der das anfallende Grund- oder Schichtwasser durch eine Entwässerung laufend abgeführt wird. In solchen Fällen ist eine besonders sorgfältige Planung erforderlich. Auch müssen die Auswirkungen des ständigen Grundwasserentzuges auf die Baulichkeiten im Einflußbereich der eintretenden Grundwasserabsenkung untersucht und beachtet werden.

Bei Gründungen mit wasserdichter Wanne sollte allein mit wasserdichtem Beton nur dann gearbeitet werden, wenn gewährleistet ist, daß weder aus den Bauwerksbeanspruchungen infolge der Lastabtragung und den dabei auftretenden möglichen Setzungsunterschieden noch aus Schwinden und Temperatur Risse auftreten können. Alle Betonierfugen – vor allem aber die Anschlußfugen der Wände an die Sohle bzw. an die Decken – müssen durch eingelegte Bleche oder Kunststoffbänder besonders gedichtet werden, da die Wandanschlüsse häufig eine verminderte Betonqualität mit größerer Durchlässigkeit aufweisen.

Wenn die genannten Voraussetzungen nicht zutreffen, sollte stets eine außenliegende Dichtung angeordnet werden, deren Einbau nur einer besonders erfahrenen und leistungsfähigen Spezialfirma zu auskömmlichen Bedingungen übertragen werden sollte. Leider wird hier fallweise am falschen Platze gespart. Wichtig ist vor allem auch, daß als Schutz der Dichtung gegen das seitliche Erdreich eine auf dem Bauwerksfundament gegründete Wand aufgemauert wird, die bei Sackungen der Hinterfüllung nicht mit nach unten gezogen wird. Wenn anstelle einer solchen Wand mit einzelnen gegengelehnten und sich nach unten gegenseitig abstützenden Tafeln oder Platten gearbeitet wird, ist, wie warnende Beispiele zeigen, stets Gefahr im Verzuge. Sie liegt einmal darin, daß solche Stützelemente beim Einbau hinterfüllt werden müssen, wobei leicht gröbere Körner zwischen die Schutzelemente und die Dichtung gelangen können. Der auf die Elemente wirkende Erddruck wird dann nicht gleichmäßig verteilt über die Dichtung auf die Seitenwände des Bauwerkes übertragen, sondern örtlich konzentriert an den gröberen Körnern. Letztere können dann die Dichtung durchdringen. Zum anderen besteht die Gefahr, daß die Elemente, wenn sie unten nicht unverschieblich auf dem Bauwerksfundament gegründet sind oder nicht sauber übereinander liegen, bei den Sackungen der Hinterfüllung mit nach unten genommen werden. Dann treten vor allem an stark belasteten Kontaktstellen mit der Dichtung und dem Bauwerk gefährliche Verzerrungen und Risse in der Dichtung auf.

Interessant und wichtig, aber auch entsprechend verantwortungsvoll und schwierig sind häufig Unterfangungen von Hochbauten, wenn deren Gründung nicht ausreicht oder aber durch Aufstockungen überlastet wird. Hierbei müssen alle Bauzustände einwandfrei durchdacht und rechnerisch sowie konstruktiv richtig erfaßt und berücksichtigt werden.

In *Erdbebengebieten* müssen einerseits die Auswirkungen der Massenträgheit der Bauwerke und andererseits das Verhalten des Baugrundes unter den Erdstößen besonders beachtet werden. Steht als Baugrund locker gelagerter, wassergesättigter, verhältnismäßig feiner Sand an, besteht die Gefahr der Verflüssigung des Sandes. Dabei schwimmen die Sandkörner infolge Umlagerung vorübergehend im überschüssigen Porenwasser, so daß der Baugrund seine Scherfestigkeit dabei verliert. Diese Erdbebenprobleme sind in den EAU auch allgemein angesprochen in:

E 124: Auswirkungen von Erdbeben auf die Ausbildung und Bemessung von Ufereinfassungen.

Verschiedene der dort gebrachten Hinweise gelten auch für die Berechnung und Bemessung von Hochbauten oder einzelner Teile von ihnen in Erdbebengebieten.

Das Bauen in *Bergsenkungsgebieten* erfordert besondere Maßnahmen und unterliegt auch besonderen gesetzlichen Regelungen. DIN 1054 ist dafür nicht zuständig. Wichtige Anregungen allgemeiner Art bringen die EAU in:

E 121: Ufereinfassungen in Bergsenkungsgebieten.

Daraus können auch wertvolle Anregungen für die Gründung von Hochbauten entnommen werden.

Gründungen mit *Bodenverbesserungen* werden im Kap. 17. behandelt.

15.2 Neue Bauwerke

15.2.1 Gründung der Gebäude für ein Berufsbildungszentrum in einer norddeutschen Seehafenstadt

15.2.1.1 Allgemeines

Das Berufsbildungszentrum, dessen Gründung hier behandelt wird, besteht aus vier getrennten Blöcken mit je 7 Geschossen einschließlich des Kellers. Die Gebäude wurden Anfang der fünfziger Jahre in Stahlbetonskelettbauweise im wesentlichen gleichartig errichtet. Da auch die Untergrundverhältnisse unter den Blöcken weitgehend gleich waren, werden hier die mit den Gründungen zusammenhängenden Probleme nur anhand der Gründung des längsten, auch einen Tiefkeller für die Zentralheizungsanlage aufweisenden und zuerst errichteten Blockes A behandelt (Abb.15.2.1–1). Die Bodenverhältnisse waren insgesamt so günstig, daß von vornherein eine Flachgründung gewählt werden konnte. Der Baugrund wies aber eine durchlaufende Störschicht mit verschiedenen bodenmechanischen Eigenschaften sowie wechselnder Höhenlage und Mächtigkeit auf. Die Gründung mußte daher sehr sorgfältig überlegt und so ausgebildet werden, daß trotzdem die auftretenden Setzungsunterschiede im Bauwerk so klein blieben, daß Schäden vermieden wurden.

15.2.1.2 Bodenverhältnisse, bodenmechanische Kennwerte, teilweiser Bodenersatz und Grundwasserstände

Für jeden Block wurde der Baugrund sehr sorgfältig aufgeschlossen. Umfang und Lage der Bohrungen im Bereich des Blockes A sind aus Abb.15.2.1–1 ersichtlich. Es wurden hier die zehn Bohrungen B1 bis B 5 und Z 1 bis Z 5 ausgeführt. Abb.15.2.1–2 zeigt die Bohrprofile von vier ausgewählten kennzeichnenden Bohrungen (Z 3, Z 4, Z 5 und B 3).

In die Bohrprofile sind auch die beim Bohren angetroffenen Grundwasserstände und die an den Bohrstellen vorgesehenen späteren Gründungstiefen eingetragen. Die Steifezahl des örtlich unter etwa 4 m Deckschicht liegenden sandigen Torfes konnte i.M. mit $E_s = 25$ kg/cm² in Rechnung gestellt werden. Die des tonigen Schluffes lag je nach Tongehalt zwischen $E_s = 35$ und 85 kg/cm². Sie wurde in den Berechnungen mit einem Mittelwert von $E_s = 50$ kg/cm² berücksichtigt. Für den sandigen Torf konnte $\gamma/\gamma_a = 1{,}4/0{,}4$ t/m³ und für den schluffigen Ton $\gamma/\gamma_a = 1{,}9/0{,}9$ t/m³ angesetzt werden.

Soweit die planmäßige Gründungssohle im Tiefkeller knapp über der Störschicht lag oder in diese hineinreichte, wurde die Störschicht ausgekoffert und durch eingefüllten Sand ersetzt.

Die bei den Bohrungen angetroffenen wechselnden Grundwasserstände, die im Bereich des Tiefkellers in Bohrung Z 1 bei NN + 0,26 m und in Z 5 bei NN + 0,33 m lagen, konnten unter den gegebenen Verhältnissen nicht als kennzeichnend angenommen werden. Dies ging schon daraus hervor, daß in Bohrung B 3 der Grundwasserspiegel bei NN + 1,31 m angetroffen worden war. Der mit seiner Oberkante auf NN + 1,17 m bzw. NN + 1,25 m liegende Tiefkeller mußte unter diesen Umständen wasserdicht und in allen Teilen auftriebsicher ausgebildet werden.

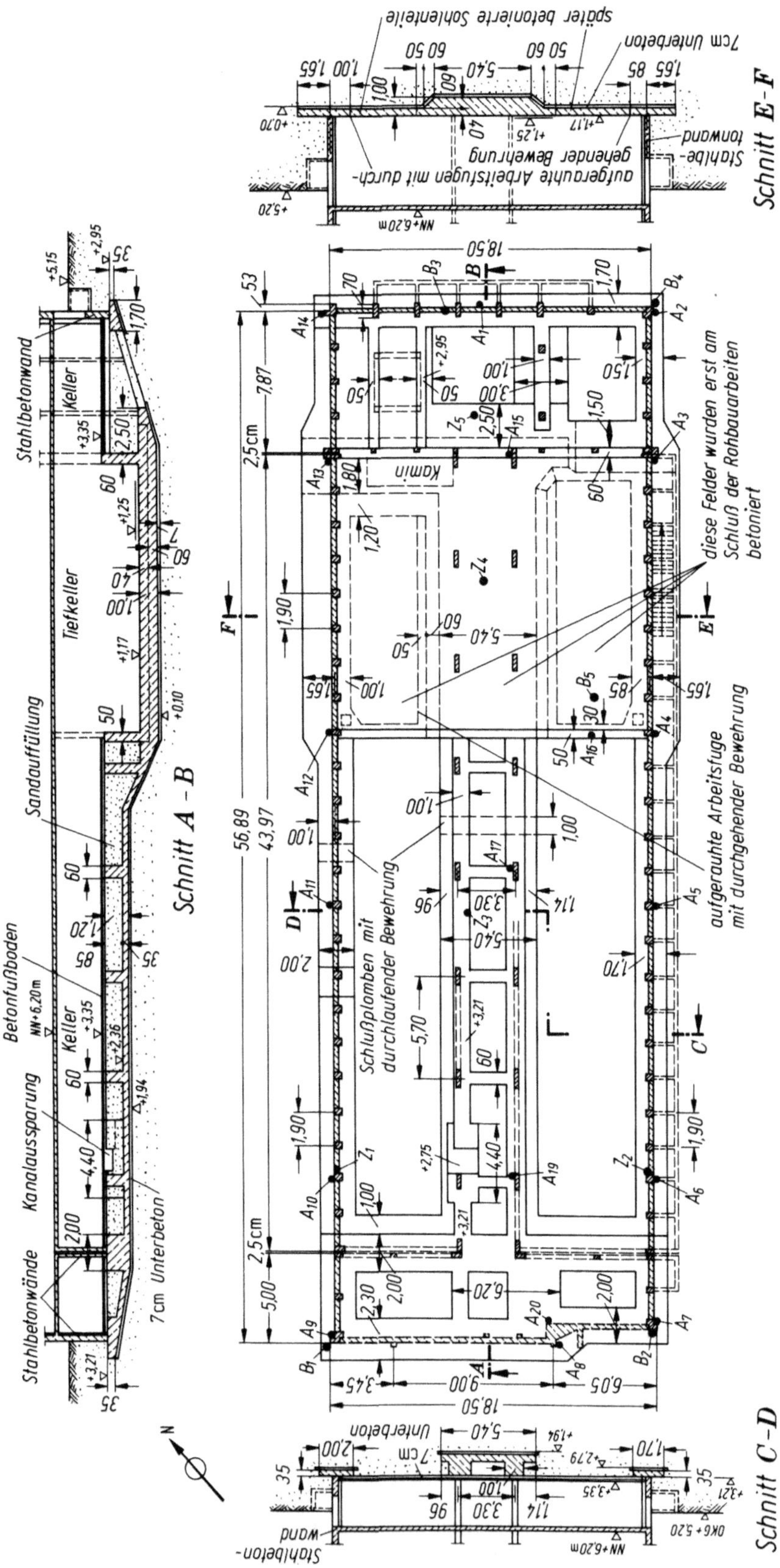

Abb. 15.2.1–1 Gründung des Blockes A mit Eintragung aller Bohrungen (B + Z) und aller Setzungsmeßbolzen

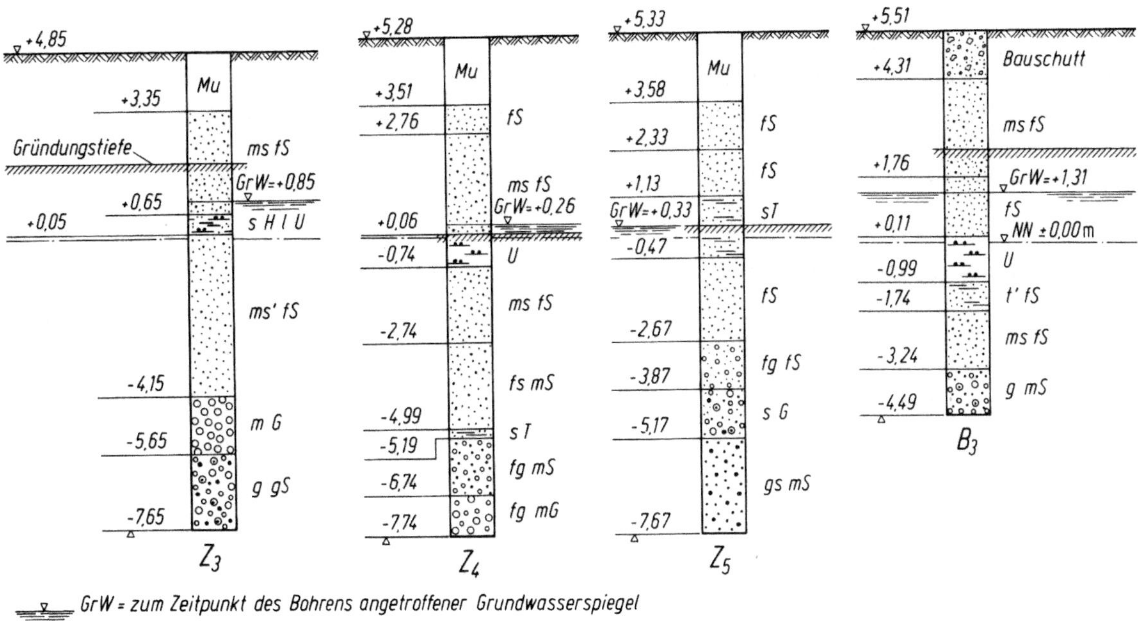

Abb. 15.2.1–2 **Bohrprofile etwa in der Mittelachse des Blockes A mit Andeutung der jeweiligen Gründungssohle (Lage s. Abb. 15.2.1–1)**

15.2.1.3 Gestaltung und Berechnung der Gründung

Die Gründung wurde im allgemeinen aus B 225 hergestellt und mit BSt I bewehrt. Nur für den als Wanne ausgebildeten Tiefkeller wurde B 300 verwendet, der wasserdicht sein mußte. Im Hinblick auf die wechselnden Bodenverhältnisse wurden alle errechneten Stahlquerschnitte um 15 % erhöht und wegen des Schwindens darüber hinaus in allen Gründungsbalken in Längsrichtung oben 8 und unten 4 cm^2 Stahl zugelegt.

Die Längsbalken wurden als Balken auf elastischer Bettung berechnet. Als Bettungszahl wurde beispielsweise für das Mittelstützenfundament im Normalkellerbereich k_s = 1,35 kg/cm^3 angesetzt. Sie wurde unter Berücksichtigung der zusätzlichen Sohlenspannung = rd. 1,25 kg/cm^2, der Lastausbreitung, der mittleren Steifezahl E = 50 kg/cm^2 der Störschicht und der sonstigen örtlichen Verhältnisse in dieser Größenordnung abgeschätzt.

Die Ausbildung der Gründung und die gewählten Abmessungen sind auf Abb.15.2.1–1 im einzelnen dargestellt.

Die Abmessungen der jeweiligen Fundamentstreifen wurden so festgelegt, daß überall annähernd gleiche Setzungen von nur wenigen Zentimetern zu erwarten waren. In der Sohle des Tiefkellers wurden, bei auskragender Anschlußbewehrung, zunächst Sohlenfelder ausgespart, die erst ausbetoniert wurden, nachdem etwa die Hälfte der endgültigen Stützenlasten vorhanden war (Abb.15.2.1–1, Schnitt E–F). Dies traf zu, wenn der Rohbau ohne Dachgeschoß fertiggestellt war. Vor dem Schließen der ausgesparten Sohlenfelder mußte das Bauwerk hinterfüllt sein. Die vor dem Schließen aufgebrachten Lasten konnten nur die unter den Wänden und Stielen zuerst hergestellten Sohlenstreifen belasten, wodurch die Sohlenspannungen hier erhöht wurden. Dadurch wurde neben einer Verkleinerung der Beanspruchungen der Gründungsplatten erreicht, daß auch der Tiefkeller annähernd die gleichen Setzungen wie die übrigen Bauteile erfuhr.

Im Normalkeller wurde die 5,4 m breite Gründungsplatte unter den ungleich belasteten Mittelstützen so angeordnet, daß bei Vollast die Resultierende aller Belastungen durch die Plattenmitte ging und daher eine gleichmäßig verteilte Bodenpressung erzeugte. Um die Schwindbeanspruchungen abzumindern, wurde im Normalkeller quer durch das Bauwerk eine 1 m breite Plombenaussparung mit durchgehender Bewehrung angeordnet, die erst nach dem weitgehenden Abklingen des Schwindvorganges ausbetoniert wurde (Abb.15.2.1–1).

Da die mittlere Fundamentplatte in ihren Beanspruchungen stark abhängig war von der jeweiligen Verteilung der Lasten über ihre Länge, wurden neben dem Fall mit Vollast auch solche mit abschnittsweiser Teilbelastung der Bauwerksgeschosse untersucht und in der Bewehrung berücksichtigt.

Im übrigen wurden die Fundamente so gestaltet, daß ein zügiger Kraftfluß sichergestellt war.

15.2.1.4 Setzungskontrolle im Block A

Nachdem im Juli 1952 eine Nullmessung aller 20 eingebauten Setzungsmeßbolzen ausgeführt worden war, folgte nach Fertigstellung des Bauwerkes im August 1954 eine weitere Setzungsmessung. Die dabei festgestellten inzwischen eingetretenen Setzungen sind in Abb. 15.2.1–3 (s. S. 509) dargestellt. Das Meßergebnis bestätigt, daß das Ziel einer möglichst gleichen Setzung aller Gründungsteile durch die erwähnten Gründungsmaßnahmen und die gewählten Gründungsabmessungen weitgehend erreicht werden konnte.

15.2.2 Gründung einer Futtermittel- und Fischmehlanlage in einer norddeutschen Seehafenstadt

15.2.2.1 Allgemeines und Bodenverhältnisse

Mitte der sechziger Jahre mußte in einer norddeutschen Seehafenstadt eine Futtermittel- und Fischmehlanlage errichtet werden. Abb.15.2.2–1 gibt hierzu einen generellen Überblick. Abb.15.2.2–2 zeigt im Lageplan die gesamten hierfür ausgeführten Bohrungen und Drucksondierungen sowie die Auftragung einzelner kennzeichnender Bohrungen und Drucksondierungen. Danach stand fast im gesamten Baugelände nichtbindiger Boden an. Nur unter dem geplanten Fischmehlsilo in der Nordecke der neuen Anlage fand sich eine von NN – 0,5 bis NN – 1,0 m reichende bindige Störschicht, eingebettet in schluffigem Feinsand, Die Drucksondierungen ergaben aber fallweise bis in größere Tiefen sehr geringe und wechselnde Lagerungsdichten. Bei den auftretenden Bauwerks- und Nutzlasten örtlich bis zu 20 t/m² mußte daher mit größeren Setzungsunterschieden gerechnet werden, wenn bei einer Flachgründung der Boden nicht vorher gut verdichtet wurde.

15.2.2.2 Ausbildung des Bauwerkes und seiner Gründungen

Wegen der teilweise großen Lasten und der stark aggressiven Lagergüter wurde das Bauwerk aus dichtem Stahlbeton in Stahlbetonskelettbauweise mit Ausmauerung hergestellt. Die Mittelstützen der Halle wurden in Querrichtung in die Gründung eingespannt. In den Seitenwänden wurden Pendelstützen ausgeführt. In Längsrichtung wurden die Wände ausgemauert und dadurch entsprechend ausgesteift. Nachdem beschlossen worden war, den Boden mit Tiefenrüttlern hochgradig zu verdichten, genügten für die Gründung des Bauwerkes größtenteils Einzelfundamente aus Stahlbeton (Abb.15.2.2–3). Nur der Fischmehlsilo an der Nordecke mußte auf einer 1,0 m dicken durchgehenden Stahlbetonplatte gegründet werden. Ihre Bewehrung wurde für eine Sohldruckverteilung nach Boussinesq ermittelt und eingelegt. Die Bodenpressungen wurden nach DIN 1054 zugelassen, jedoch im Bereich mit hochgradiger Verdichtung um 50 % erhöht.

15.2.2.3 Einzelheiten zur Bodenverdichtung

Anzahl und Tiefe der Verdichtungskerne mit Einzel- oder Doppelrüttlern sind in Abb. 15.2.2–3 angegeben. Unter dem Fischmehlsilo wurden Doppelrüttler angewendet, um die dort anstehende Störschicht auszuschalten. Hierzu wurden zwei Rüttelflaschen in etwa 80 cm lichtem Abstand miteinander verbunden. Diese Einheit wurde unter Wasserzugabe und ständigem Drehen bis zur bindigen Störschicht abgesenkt. Dann wurde durch vermehrtes Zuführen von Wasser und durch mehrmaliges Drehen der Doppelrüttler der bindige

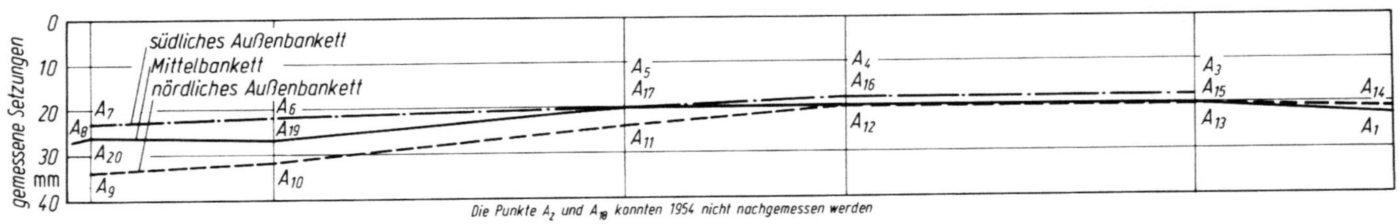

Abb. 15.2.1–3 Setzungsbeträge im Block A zwischen der Null-Messung im Juli 1952 und der Messung im August 1954 (Lage der Meßpunkte s. Abb. 15.2.1–1)

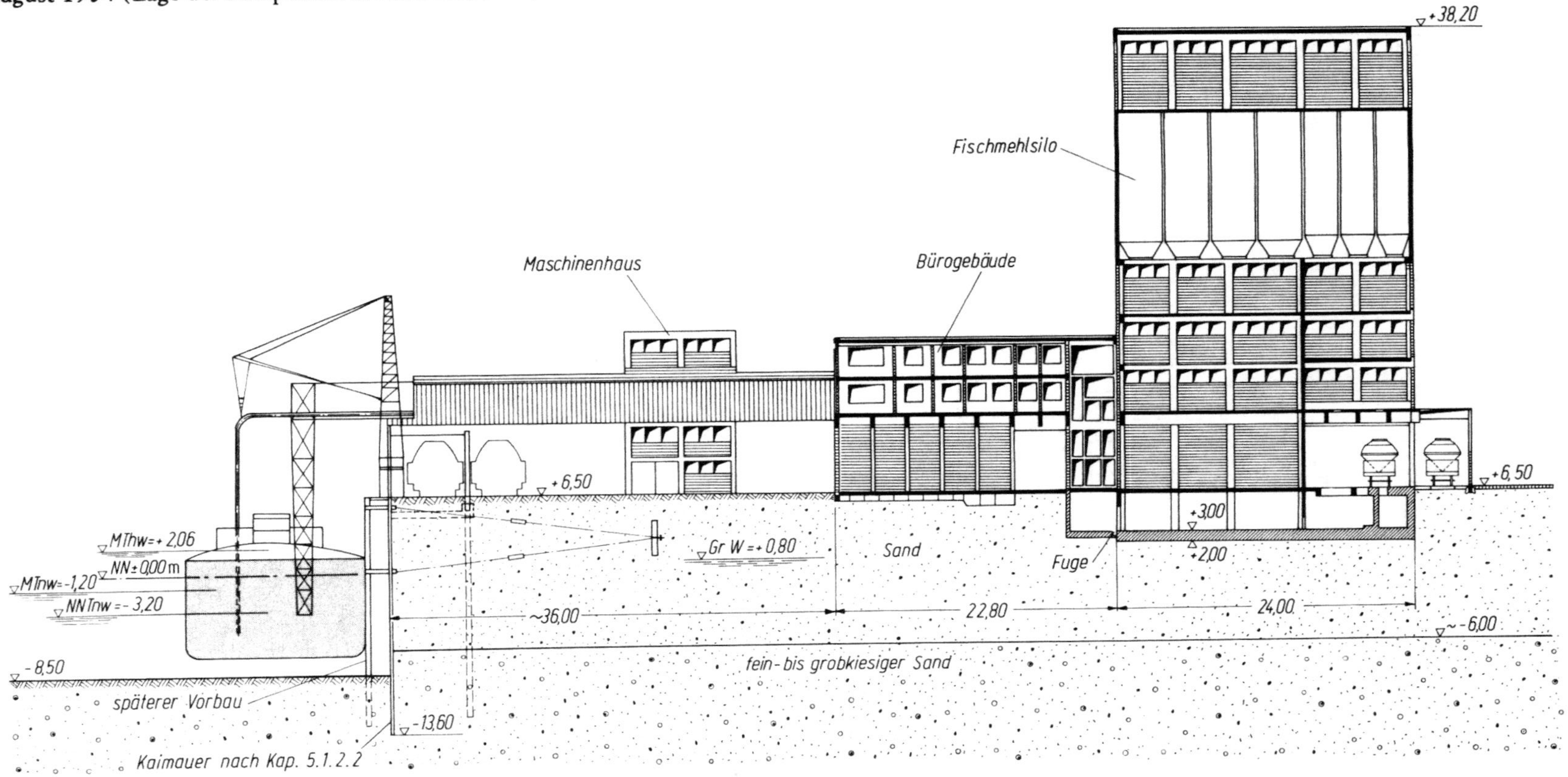

Abb. 15.2.2–1 Querschnitt A–B durch die Anlage bis zur Kaimauer (Schnitt s. Abb. 15.2.2–2 und –3)

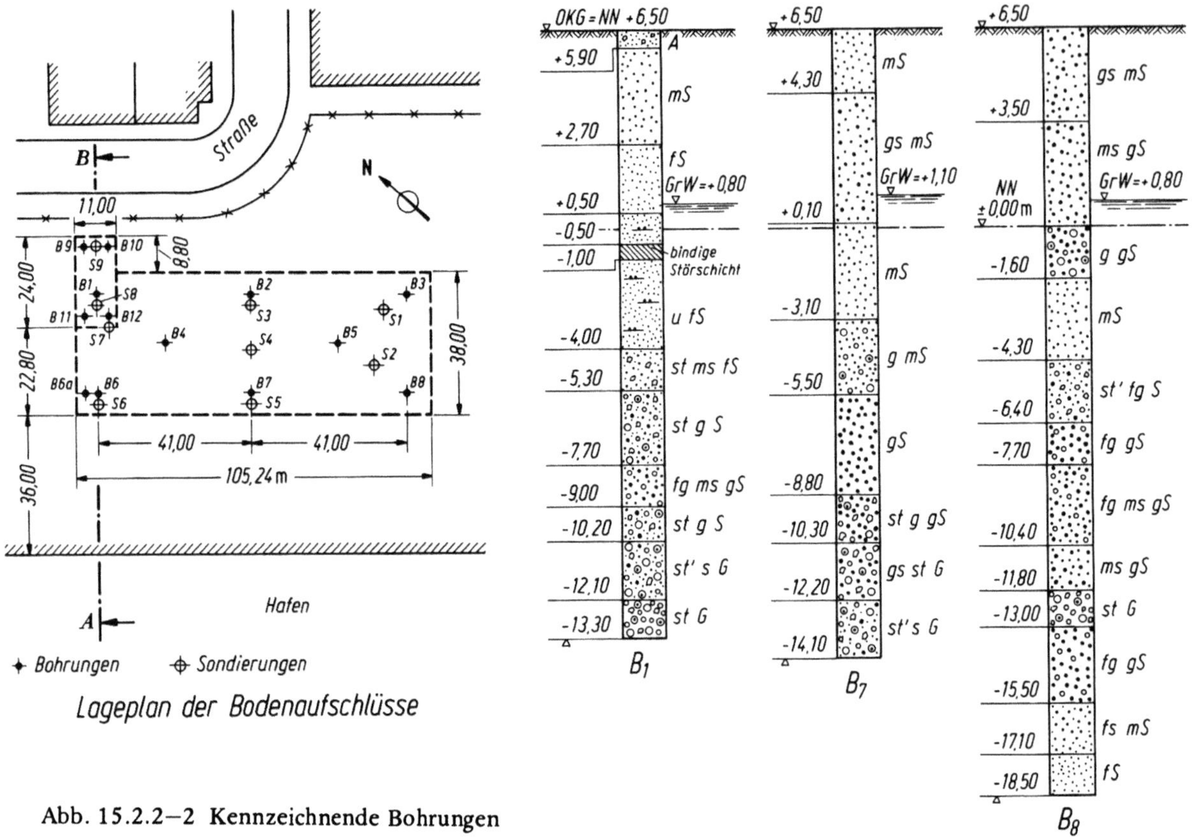

Abb. 15.2.2–2 Kennzeichnende Bohrungen

Boden gelöst und nach oben ausgespült. Der Erfolg konnte an der Färbung des an der Geländeoberfläche abfließenden Spülwassers beobachtet werden. Nach dem Beseitigen der Störschicht wurde der Doppelrüttler noch etwa 3,0 m tiefer in den hier anstehenden schluffigen Feinsand eingeführt. Anschließend begann – etwa ab NN – 4,5 m von unten nach oben fortschreitend – das eigentliche Verdichten. Die Geländeoberfläche senkte sich dabei stark, und es mußte ständig angelieferter Sand in die Rütteltrichter nachgefüllt werden. Das Traggerüst für den Doppelrüttler stand an der Geländeoberfläche auf NN + 6,5 m. Da der Silo unterkellert wurde, brauchte der Boden nicht bis zur Geländeoberfläche, sondern nur 0,5 m über die Gründungssohle auf NN + 2,0 m verdichtet zu werden. Nach dem Aushub bis zur Kellersohle waren die Verdichtungskerne deutlich zu erkennen.

Auch im mittleren Bereich der Halle, in dem später ein großer Silo errichtet werden sollte, wurde mit Doppelrüttlern verdichtet, aber nur bis NN – 1,5 m. Sonst genügte es, den Boden mit Einzelrüttlern bis NN –0,5 m bzw. NN + 1,5 m zu verdichten (Abb.15.2.2–3).

In dem Teil der Halle, der auch für die Lagerung von Stückgütern mit Stapellasten von 20 t/m² genutzt werden sollte, mußte, um im Bereich der Hallenaußenfundamente Grundbrüche zu vermeiden, der Boden auch neben den Fundamenten 3 m tief verdichtet werden (Abb.15.2.2–3).

Um den erreichten Verdichtungsgrad auch auf größere Tiefe zu prüfen, wurden nach dem Einrütteln im Bereich des Fischmehlsilos mehrere Drucksondierungen versucht. Sie mußten jedoch bald abgebrochen werden. Der Boden war so verdichtet, daß die Sonde nur wenig in den Boden gedrückt werden konnte (Abb.15.2.2–4).

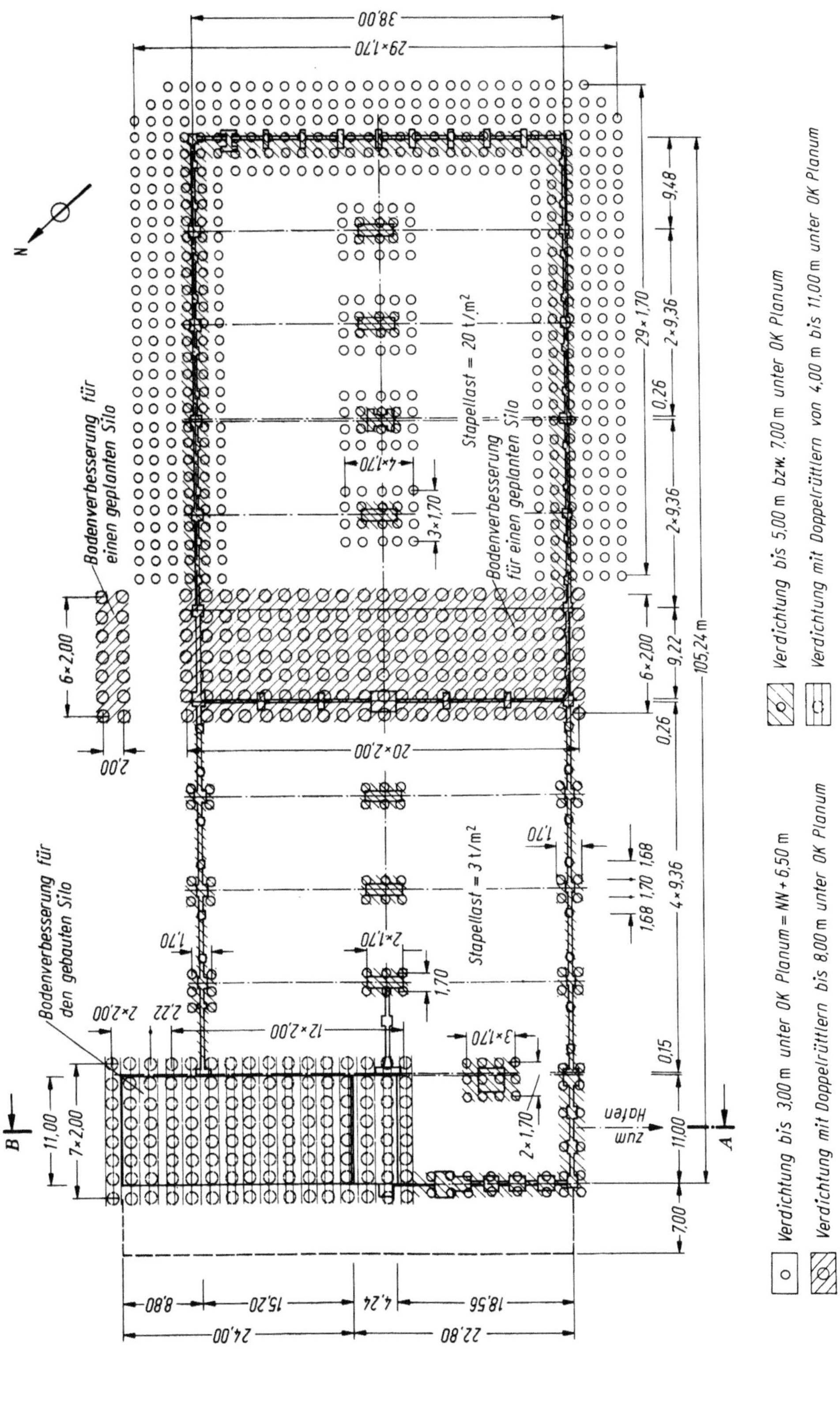

Abb. 15.2.2–3 Bodenverdichtung für die Gründung der Anlage

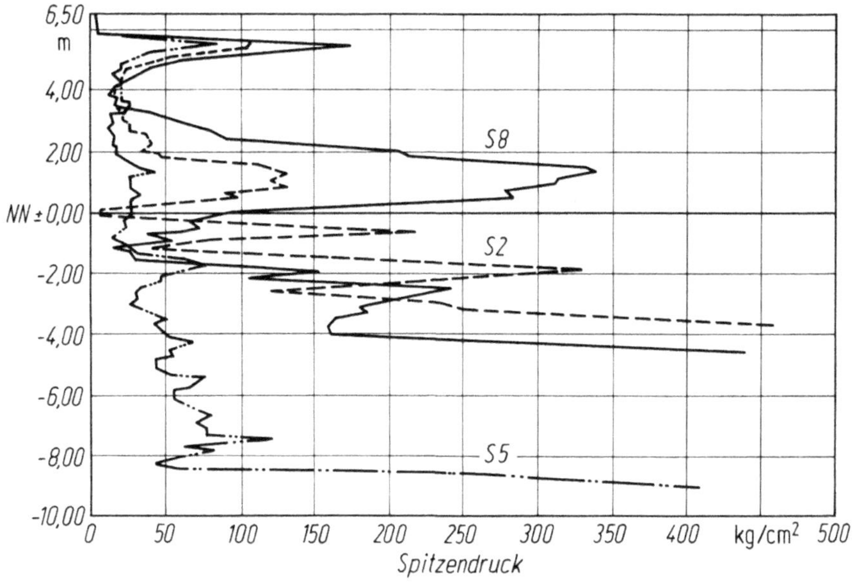

Abb. 15.2.2–4 Ergebnisse von Drucksondierungen

15.2.3 Gründung eines fünfzehnstöckigen Hochhauses auf Holzpfählen in einer norddeutschen Küstenstadt

In einer norddeutschen Küstenstadt mußte ein fünfzehnstöckiges Hochhaus in einem Gebiet errichtet werden, in dem der tragfähige diluviale Sand erst unter einer etwa 17 m dicken weichen Kleischicht anstand. Da der Klei hier höchstens mit 0,3 kg/cm² zusätzlich belastet werden durfte, schied er als Gründungsboden zur Aufnahme der vertikalen Gebäudelasten von vornherein aus. Es mußte eine Tiefgründung im diluvialen Sand vorgenommen werden. Preisvergleiche mit Gründungen auf Ortbeton-, Stahlbeton-, Stahl- und Holzpfählen ergaben beim vorliegenden Projekt eine eindeutige wirtschaftliche Überlegenheit der Gründung auf rd. 17 m langen Holzpfählen i.M. ⌀ 35 cm (Abb.15.2.3–1). Sie konnte angewendet werden, weil:

a) die Pfahlköpfe dauernd unter dem Grundwasserspiegel lagen und daher bei den vorliegenden Untergrundverhältnissen erfahrungsgemäß nicht faulten. Bei sonstigen alten Holzpfahlgründungen dieses Gebietes war auch keine Bakterienfäulnis beobachtet worden und

b) ungleichmäßige Belastungen größeren Umfanges in der Bauwerksumgebung nicht zu erwarten waren. Letztere hätten zu waagerechten Fließbewegungen des Kleis und damit zu starken Verbiegungen der Pfähle führen können.

Die Pfähle wurden im diluvialen Sand wie erwartet fest, nachdem sie rd. 3,0 m eingerammt waren. Die zulässige Druckbelastung wurde nach den örtlichen Erfahrungen auf maximal 50 t begrenzt.

Die Pfahlköpfe wurden nur 3 cm in die Stahlbeton-Gründungsbalken eingebunden, so daß die Bewehrung darüber hinweggehend unbehindert von den Pfahlköpfen verlegt werden konnte. Die Kellersohlenplatte – gleichfalls aus Stahlbeton – hält den Gründungsbalkenrost scheibenartig zusammen. Darüber wurde das Kellergeschoß als Stahlbetonkasten ausgebildet. Durch die biegesteife Verbindung der Kellersohle mit den Wänden und der Decke wurde die Gründung so ausgesteift, daß die Gebäudelasten ausreichend verteilt werden.

Da das Kellergeschoß voll von Erdreich umgeben ist, konnten die Windkräfte durch die Erdstützung aufgenommen werden. Die Pfähle brauchten daher nur so weit gespreizt zu werden, wie es das Rammen und die angestrebte gleichmäßige Verteilung der Lasten auf den Untergrund erforderte.

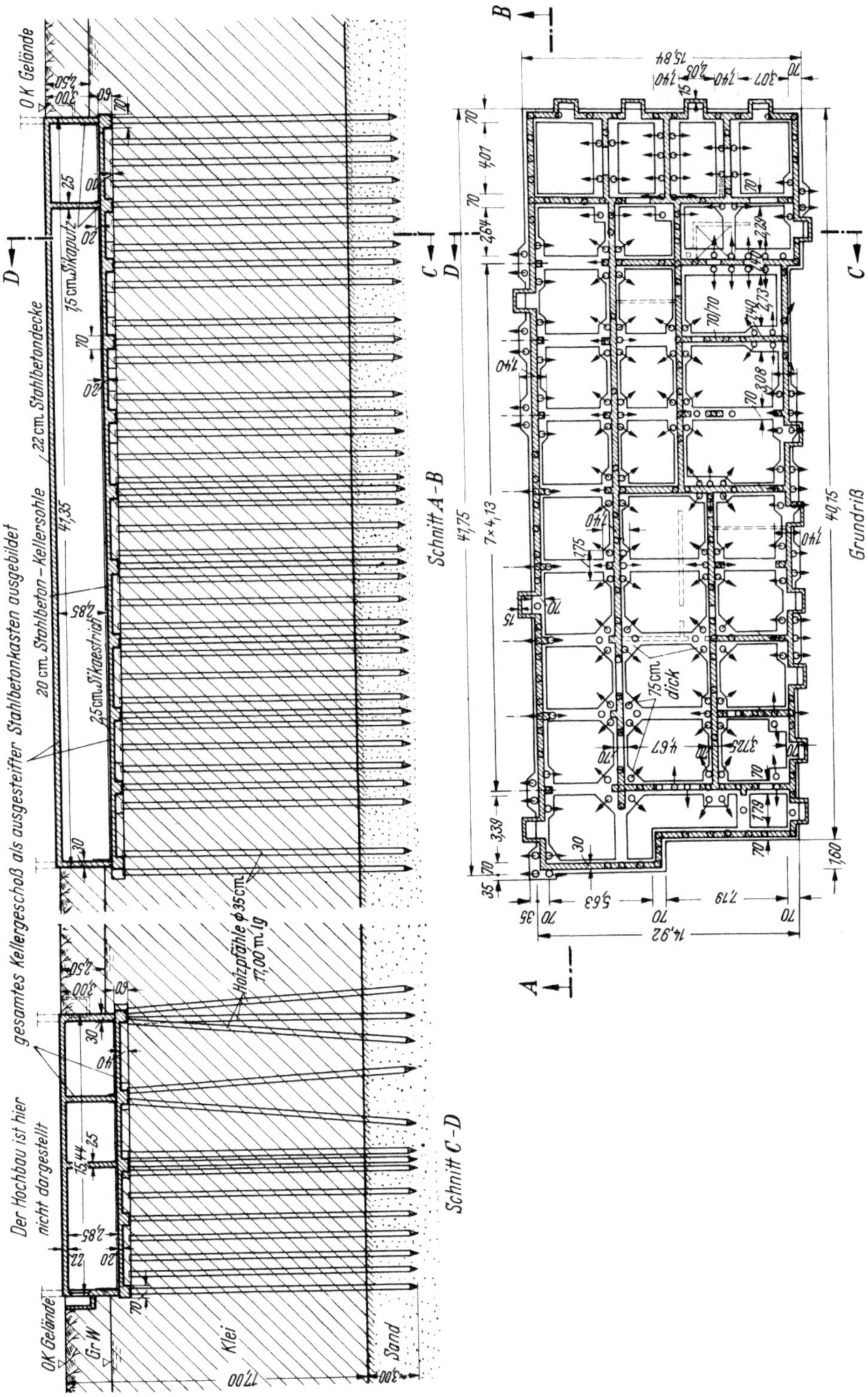

Abb. 15.2.3–1 Grundriß und Schnitte durch die Gründung eines fünfzehnstöckigen Hochhauses

Da der natürliche Grundwasserspiegel nur 0,5 m über der Kellersohle lag, konnte auf eine besondere Dichtung des Kellers verzichtet werden. Es wurde nur ein wasserdichter Beton angewendet und die Wandanschlüsse, die sonst leicht Undichtigkeiten aufweisen, wurden jeweils mit einem Band besonders sorgfältig gedichtet. Darüber hinaus erhielten die Kellersohle einen 2,5 cm dicken Sikaestrich und die Wände einen 1,5 cm dicken Sikaputz.

Um zu vermeiden, daß sich ein von Niederschlägen gespeister Schichtwassertümpel um das Bauwerk bildete, wurde mit sorgfältig eingestampftem Klei hinterfüllt.

Die Gründung auf Holzpfählen hat sich bewährt und der Keller ist dicht geblieben.

Das vorliegende Beispiel zeigt, daß Holzpfähle unter den erforderlichen Voraussetzungen auch heute noch einwandfreie Gründungselemente darstellen und sich dann durch besondere Wirtschaftlichkeit auszeichnen können.

15.3 Verbesserung schadhafter Gründungen

15.3.1 Unterfangung des Bühnenhauses eines Staatstheaters in einer norddeutschen Stadt

15.3.1.1 Allgemeines und Bodenverhältnisse

Im Laufe der Zeit waren bei einem norddeutschen Staatstheater zwischen dem Hauptbau und dem Bühnenhaus so große Setzungsunterschiede und Risse aufgetreten, daß eine Unterfangung des absinkenden Bühnenhauses unvermeidlich war.

Untersuchungen hatten gezeigt, daß das Bühnenhaus auf massiven Fundamenten gegründet war, die sich ihrerseits auf eine leichte Holzpfahlgründung abstützten. Diese Pfähle endeten aber zum Teil in Torf oder erreichten gerade die Oberfläche einer darunter liegenden, im Mittel etwa 1,15 m dicken Sandschicht (Abb.15.3.1–1, Schnitt A–B). Unter dieser standen wechselnd weiche und steife Tonschichten an. Erst etwa 25 m unter Geländeoberkante begann eine Feinsand-Schluff-Formation, die als einigermaßen brauchbarer Gründungsboden angesprochen werden konnte. Durch den wechselnden Gehalt an Schluff war aber auch diese Schicht in ihrem Aufbau und damit in ihrem setzungsmäßigen Verhalten ungleichmäßig.

15.3.1.2 Art und Ausführung der Unterfangung

Nach sorgfältigen Voruntersuchungen zeigte sich, daß unter den gegebenen Verhältnissen die Unterfangung nur mit Spezial-Bohrpfählen vorgenommen werden konnte, die etwa 30 m tief unter Gelände reichten und dabei mindestens 5 m in den Sand-Schluff-Boden einbanden.

Es wurden Bohrpfähle angewendet, deren Schaft ∅ 40 cm mit verlorenem Blechmantel hergestellt wurde und die mit einem angeschnittenen verdickten Fuß versehen wurden. Ursprünglich sollte der verdickte Pfahlfuß vermörtelt werden. Der Untergrund war aber so schluffig, daß eine Vermörtelung technisch nicht vertreten werden konnte. Der Pfahlfuß wurde daher ausgeräumt und mit Kontraktorbeton aufgefüllt.

Die Unterfangungspfähle wurden jeweils paarweise, einer außerhalb und der andere innerhalb der Außenwand des Bühnenhauses angeordnet (Abb.15.3.1–1). Dann wurden Stahlträger durch das Wandfundament gezogen und einbetoniert, oder es wurden Stahlbetonbalken als Quertraversen über den Pfahlpaaren hergestellt. Die Querträger wurden durch Längsbalken aus Stahlbeton zusammengefaßt. So wurde eine einwandfreie Kraftüberleitung aus dem alten Bauwerk über die Jochbalken in die Pfähle gewährleistet. Die Längsbalken sorgten für einen gewissen Lastausgleich in den Gründungspfählen.

Die Säulen im Inneren des Bauwerkes mußten oberhalb der schlanken alten Fundamente abgefangen werden. Hierzu wurden die Säulen angestemmt und durch Stahlträger [400 aus St 37 eingefaßt, die gegeneinander verbolzt wurden. Die so vorbereiteten Anschlüsse wurden durch eine tischartige Stahlbetonplatte mit sieben Unterfangungspfählen verbunden und über diese abgestützt (Abb.15.3.1–1).

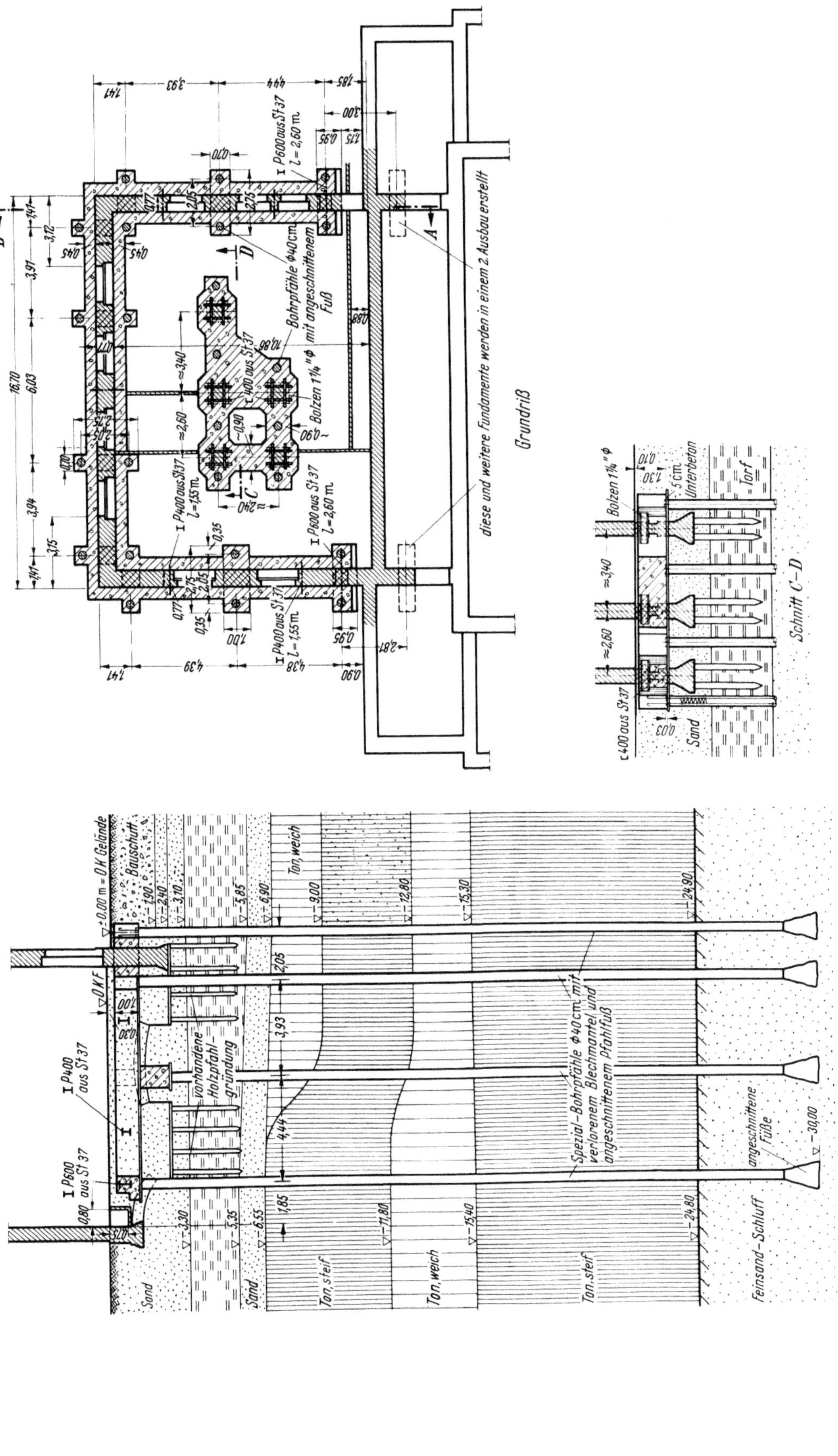

Abb. 15.3.1–1 Konstruktive Gestaltung der Unterfangung des Bühnenhauses

15.3.1.3 Schlußbemerkungen

Es war vorgesehen, später – sofern erforderlich – auch noch anschließende Teile des Staatstheaters zu unterfangen. Wie Setzungsmessungen gezeigt haben, ist das Bühnenhaus durch die Unterfangung aber völlig zur Ruhe gekommen, und es haben sich auch am Übergang zum Hauptbau keine Risse gezeigt, die zusätzliche Unterfangungen erforderlich gemacht hätten.

15.3.2 Unterfangung einer gotischen Kirche in einer norddeutschen Seehafenstadt an einem Tidefluß

15.3.2.1 Allgemeines und Zeitfolge der beobachteten Schäden

Die Grundmauern der Kirche sind im Jahr 1250 errichtet worden (Abb.15.3.2–1a und b).

Im Jahre 1909 wurden Senkungen der Kirchenmauern festgestellt. Sie zwangen 1922 zu umfangreichen Reparaturen, wobei Eisenanker von den Längswänden über die Gewölbe gezogen wurden, da viele Rippen und Gurtbögen Risse aufwiesen. 1938 wurden wiederum Gewölbereparaturen durchgeführt und weitere Anker eingezogen, weil die Rißbildung sich fortgesetzt hatte. Bei den Mitte 1945 in Angriff genommenen ersten Instandsetzungsarbeiten zur Beseitigung der durch Artillerietreffer und Stabbrandbomben hervorgerufenen Kriegsschäden stellte die von der Kirchengemeinde eingesetzte Bauleitung einen starken Bewegungszustand des Bauwerkes fest, obwohl weder an den Fundamenten noch an den Gewölben Bauarbeiten ausgeführt wurden. Im Frühjahr 1946 traten besonders starke Risse auf, so daß Teile des Kircheninneren durch die Baupolizei gesperrt werden mußten. Dieser akute Gefahrenzustand bewog die Bauleitung im Einvernehmen mit der Baupolizei zur Einleitung raschestmöglicher behelfsmäßiger Abstützungen besonders gefährdeter Bauwerksteile sowie zu einer genauen Erforschung der Schadensursachen. Nach diesen Untersuchungen war eine Gesamtunterfangung des Bauwerkes erforderlich. Die Unterfangungsarbeiten wurden trotz schwierigster Nachkriegsverhältnisse in den Jahren 1946 bis 1948 erfolgreich durchgeführt und beseitigten so die dem Bauwerk drohende Einsturzgefahr.

15.3.2.2 Bodenverhältnisse

Zur Klärung der Bodenverhältnisse wurden im Bereich der Kirche 14 Aufschlußbohrungen durchgeführt. Ihr Ergebnis ist in Abb.15.3.2–1b in grundsätzlicher Form dargestellt. Sechs Bohrungen wurden bis zum einwandfrei tragfähigen diluvialen „Lauenburger Ton" abgeteuft. Bei den übrigen Bohrungen genügte es, die Lage der bei den Tiefbohrungen angetroffenen weichen Störschichten festzustellen. In drei zusätzlichen Bohrungen wurden aus den weichen Schichten ungestörte Bodenproben entnommen, die bodenmechanisch untersucht wurden.

Der Lauenburger Ton stand im Bereich des Bauwerkes im Mittel etwa 18,5 m unter dem jetzigen Gelände an. Er wurde rd. 11 m hoch überlagert von gut tragfähigen mittleren Sanden. Darüber lag im gesamten Gründungsbereich eine zusammenhängende, 0,4 m bis 2,9 m dicke weiche Störschichtenfolge. Sie bestand im oberen Teil aus weichem Ton mit Sandzwischenlagen und ging nach unten teilweise in Torf über. Auf den weichen Störschichten stand noch rd. 3 m Feinsand an, der teilweise torfig war. Im Ostteil des Bauwerkes wurde knapp unter dem Fundament noch eine weitere setzungsempfindliche Torfzwischenlage angetroffen. Über diesen gewachsenen Bodenschichten lagen Bauschutt und anderer Hinterfüllungsboden bis zur Geländeoberkante.

15.3.2.3 Grundwasserstände und ihre Abhängigkeit von den Wasserständen im Tidefluß

Für das Altstadtgebiet im Bereich der Kirche ist der Tidefluß der natürliche Vorfluter des Grundwassers. Letzteres wird laufend aus den Niederschlägen gespeist. Bei dieser Situation wird der Grundwasserstand vor allem in Flußnähe von der Höhe des Tidemittelwassers wesentlich beeinflußt.

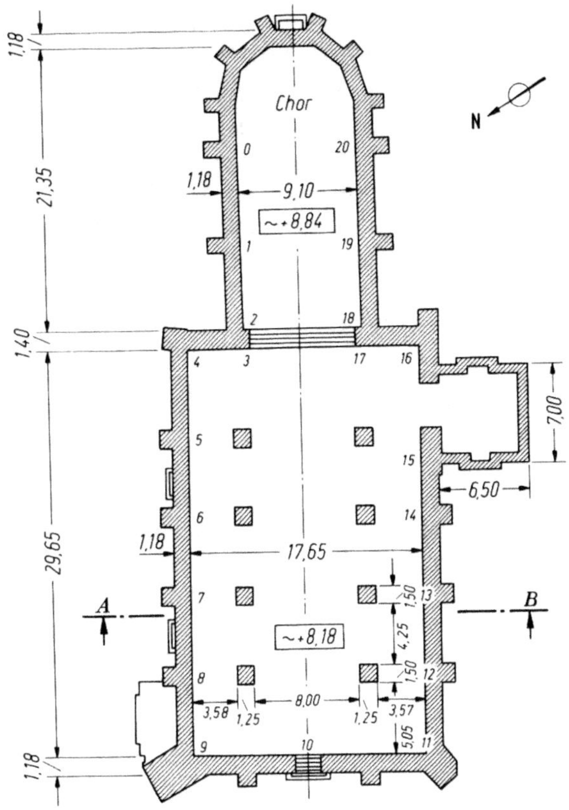

a *Grundrißschnitt C-D der Kirche*

0 bis 20 = Meßstellen im darüberliegenden Kirchenfußboden

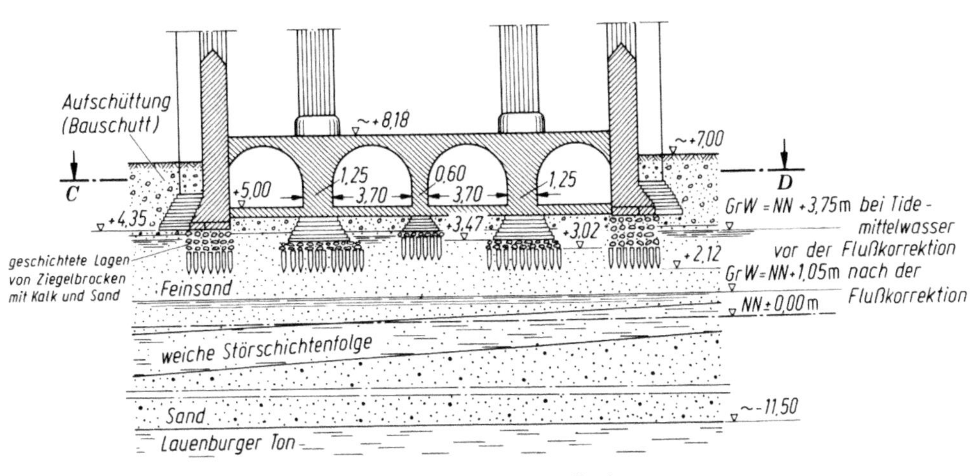

b *Querschnitt A-B der Kirchengründung*

Abb. 15.3.2–1 Grundrißschnitt und kennzeichnender Querschnitt der Kirchengründung

Wie durch laufende Grundwasserspiegelmessungen festgestellt wurde, machten sich die Gezeiten im Grundwasserstand unter der Kirche, die etwa 125 m vom Fluß entfernt steht, nicht mehr bemerkbar.

Fallweise auftretende hohe Grundwasserstände haben ihre Ursache in länger andauernden extrem hohen Flußwasserständen infolge starker Oberwasserführung. Zu den Grundwasserständen konnte im übrigen folgendes festgestellt werden:

a) Der Gesamtausbau des Tideflusses für die Seeschiffahrt hatte im Laufe der Jahrzehnte ein Absinken des mittleren Grundwasserspiegels unter der Kirche um rd. 2,7 m zur Folge.
b) Dieser Absenkzustand wird nur bei anhaltendem Flußhochwasser infolge großer Oberwasserführung durch ziemlich rasch ansteigende Hochwasserstände im Grundwasser unterbrochen.

15.3.2.4 Vorhandene Gründung der Kirche (Abb.15.3.2–1b und –2)

Da Angaben über die Gründung nicht ausreichend zur Verfügung standen, mußten die Kirchenfundamente zur Erkundung von Gründungsart und Gründungstiefe an verschiedenen Stellen freigelegt werden. Dabei zeigte sich, daß die Unterkante der Mauerwerkfundamente teils über dem seinerzeitigen mittleren Grundwasserspiegel, teils aber auch etwas darunter lag. Die Gründung war dabei offensichtlich in folgender Weise ausgeführt worden:

Von der jeweiligen Fundamentgründungssohle aus wurde bei einer begrenzten Wasserhaltung unter Ausnutzung einer eventuellen schwachen Tide ein bis etwa 0,75 m unter den unabgesenkten Grundwasserspiegel reichender Fundamentaushub durchgeführt. Von der Sohle dieses Fundamentgrabens aus wurden 8 bis 12 cm dicke, i.M. 0,9 m lange Verdichtungspfähle aus Birkenholz ins Erdreich getrieben. Diese Pfähle standen in verhältnismäßig engem Abstand, so daß etwa 45 Stück auf einen Quadratmeter Fundamentfläche entfielen (Abb. 15.3.2–2). Der Fundamentgraben über den Verdichtungspfählen wurde dann mit geschichteten Lagen aus Ziegelbrocken, Kalk und Sand aufgefüllt. Dieses Material wurde teilweise unter Wasser eingebracht, worauf die festgestellte Schichtung mit typischen Sandschlieren hinweist. Die Festigkeit dieses Kalk-Sandbetons kann mit der eines weichen, bergfeuchten Sandsteins verglichen werden. Auf diesem Fundamentbankett wurde dann das Ziegelmauerwerk in üblicher abgetreppter Form errichtet.

Die Kirchengründung war im Gesamten in der im Mittelalter üblichen Form nach den damaligen Regeln der Baukunst ordnungsgemäß ausgeführt worden.

Die Verdichtungspfähle befanden sich früher unterhalb des Grundwasserspiegels. Infolge der in der zweiten Hälfte des neunzehnten Jahrhunderts begonnenen Korrektur des benach-

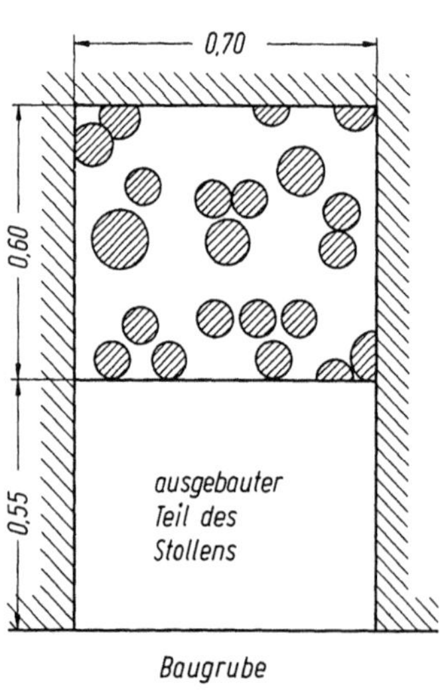

Abb. 15.3.2–2 In einer Schürfgrübe unter einer freigelegten Pfeilergründung vorgefundene Verdichtungspfähle

barten Tideflusses lagen sie 1945/46 jedoch oberhalb des Grundwassers und auch noch oberhalb der geschlossenen Kapillarwasserzone. Sie waren nun daher der Fäulnis ausgesetzt. Die zur Überprüfung gezogenen Pfähle waren stark verrottet und im angetroffenen feuchten Zustand völlig plastisch verformbar. Beim Austrocknen wurden die noch nicht verrotteten Pfahlteile wieder fester, wobei die Pfähle sehr starke Schrumpferscheinungen aufwiesen.

Bei diesem Zustand konnten die Pfähle keine nennenswerten Lasten mehr übernehmen. Die Bauwerkslasten mußten nun größtenteils vom Sand zwischen den Pfählen aufgenommen werden. Dieses konnte aber nur so lange ohne besondere Bauwerkssetzungen stattfinden, als nicht durch die Volumenverminderung der Pfähle dem Sand die seitliche Stützung entzogen wurde.

15.3.2.5 Standsicherheit der Kirchengründung vor dem Unterfangen

Die Standsicherheit der Gründung konnte nur durch Beobachtung des Bauwerks geschätzt werden. Hierzu wurden ab 1945 sowohl laufende Rißbeobachtungen mit 300 Gipsbändern als auch Höhenmessungen durchgeführt.

Im Beobachtungszeitraum zeigten sich in der westlichen Giebelwand Risse, die über 5 cm klafften. In der südlichen Längswand erreichten die Risse rd. 4 cm. In der nördlichen Längswand waren sie kleiner und betrugen rd. 2,5 cm. Die Rißbeobachtungen ergaben deutlich, daß das gesamte Bauwerk in Bewegung war.

Um die Hauptsetzungsherde baldmöglichst aufzufinden, wurde ein Nivellement des Kirchenfußbodens ausgeführt. Bei seiner Auswertung wurde angenommen, daß der Fußboden seinerzeit eben eingebracht worden war. Da die ursprüngliche Höhenlage des Kirchenfußbodens aber nicht bekannt war, konnten so nur die Setzungsunterschiede der einzelnen Bereiche festgestellt werden (Abb. 15.3.2–3).

Die größte Setzungsdifferenz im Kirchenfußboden betrug am 20.5.1946 rd. 17,5 cm. Bis zum Abschluß der Unterfangungsarbeiten am 26.11.1948 hat sie sich auf rd. 20 cm erhöht. Wie die Messungen zeigten, traten die Setzungen im gesamten Bereich der Kirche, am größten jedoch unter den Außenmauern auf (Abb. 15.3.2–3). Die Größenordnung der festgestellten Setzungsdifferenzen ließ bereits eindeutig erkennen, daß die aufgetretenen Bauwerksschäden auf ungleiche Bauwerkssetzungen zurückzuführen waren. Um die noch eintretenden zusätzlichen Setzungen erfassen zu können, wurden Meßpunkte angeordnet, deren absolute

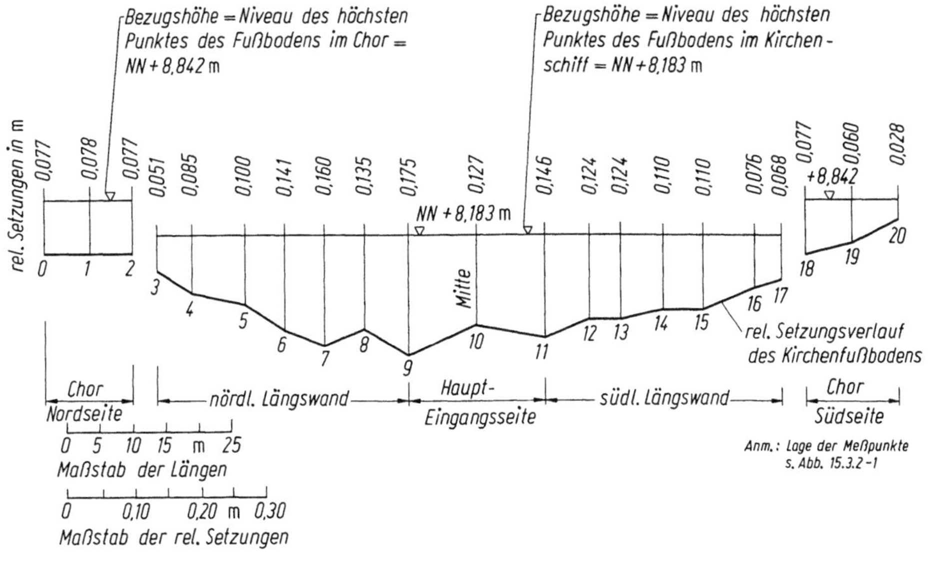

Abb. 15.3.2–3 Ergebnisse des Nivellements des Kirchenfußbodens vom 20.5.1946 entlang den Außenwänden gemessen

Höhenlage seit Mai 1946 laufend beobachtet wurde (Abb.15.3.2–6). Die Messungen zeigten ein ständiges, jedoch nicht gleichmäßiges Absinken der Meßpunkte bis zur endgültigen Unterfangung. Durch diese laufenden Beobachtungen stand das Bauwerk seit April 1946 unter Kontrolle, so daß Gefahrenzustände rechtzeitig erkannt und ihnen entsprechend begegnet werden konnte.

15.3.2.6 Bauliche Sofortmaßnahmen

Die im März 1946 aufgetretenen großen Setzungsschäden, insbesondere auf der Nordseite im Bereich der Wand am Übergang des dreischiffigen Kirchenteils zum Chor, führten zur erwähnten teilweisen Sperrung der Kirche. Um der drohenden Einsturzgefahr zu begegnen, wurde hier auf schnellstem Wege eine Abfangung der Fundamente mit Stahlträgern auf Schwellenstapeln, die breitflächig auf dem vorhandenen Gelände ruhten, ausgeführt. Außerdem wurden zur Sicherung gegen Gewölbeschub drei Eckpfeiler, und zwar zwei Pfeiler der westlichen Giebelmauer und ein Pfeiler der südlichen Längswand durch Schrägstreben abgestützt. Zur Kosteneinsparung wurde auf weitere behelfsmäßige Sofortmaßnahmen jedoch verzichtet und dafür die Unterfangung des Gesamtbauwerkes entsprechend vorangetrieben.

15.3.2.7 Unterfangung des Gesamtbauwerkes

15.3.2.7.1 Allgemeines

Für die Unterfangung kam nur eine Tiefgründung in Frage, bei der die Bauwerkslasten unterhalb der Störschichten in den tragfähigen Sand übertragen wurden (Abb.15.3.2–4 bis 6). Die Unterfangung mußte dabei möglichst ohne zusätzliche Störung der gefährdeten Gründungen ausgeführt werden. Deshalb kam nur eine Gründung auf Ortbetonbohrpfählen in Frage, die vorsichtig und ohne Erschütterungen eingebracht werden konnten. Aus Gründen der Wirtschaftlichkeit mußten die Unterfangungspfähle möglichst dicht neben den Wänden bzw. den Pfeilerfundamenten niedergebracht werden. Ihre Länge ergab sich im Mittel zu 13 m. Ihr Fuß lag dabei etwa 3 m über der Oberfläche des Lauenburger Tons, so daß letztere nicht überlastet werden konnte.

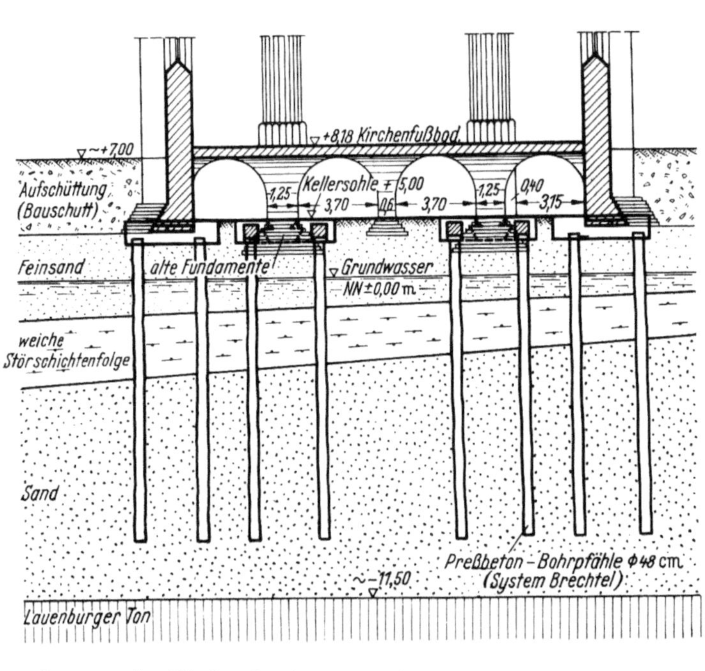

Abb. 15.3.2–4 Unterfangung der Kirchenfundamente (die alten Kirchengründungen sind nur bis Fundamentunterkante dargestellt)

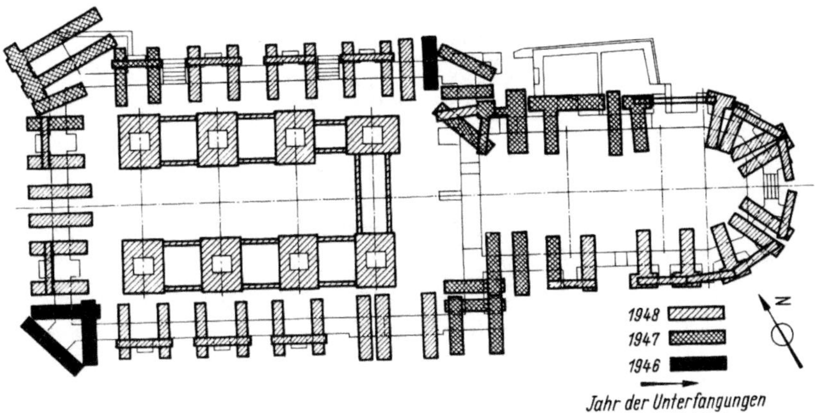

Abb. 15.3.2–5 Ausbildung der Unterfangungsbalken und jeweiliges Jahr der Unterfangung

Bei den gegebenen Verhältnissen mußte die Unterfangung für die gesamten Bauwerkslasten bemessen werden. Diese mußten durch Stahlbetonbalken, die durch das Fundamentmauerwerk hindurchgeführt wurden, in die neuen Pfähle übertragen werden. Bei den Mittelpfeilern mußten die Unterfangungsbalken – um gefährliche Pfeilerschwächungen zu vermeiden – in Korsettform, klauenartig in die Pfeilergründung eingreifend, ausgeführt werden (Abb.15.3.2–4 und –5).

Am vordringlichsten war das Unterfangen der am meisten gefährdeten vier Eckpunkte des Kirchenbaues. Die übrigen Bauwerkteile mußten sobald wie möglich folgen (Abb.15.3.2–5). Auf ein Unterfangen des geringer belasteten, nachträglich eingebauten Kellergewölbes wurde verzichtet.

15.3.2.7.2 Wahl des Systems der Unterfangungspfähle und ihre Ausführung

Um den Untergrund möglichst wenig zu stören, mußte versucht werden, mit einer geringen Zahl besonders gut tragfähiger Pfähle auszukommen. Nach sorgfältigen Überlegungen wurde eine Unterfangung auf 134 Pfählen vorgesehen. Die maximale Pfahlbelastung betrug dabei etwa 75 t/Pfahl. Um die Aufnahme einer solchen Pfahllast sicherzustellen und gleichzeitig unnötige Kosten zu vermeiden, mußten Pfahlprobebelastungen durchgeführt werden. Außerdem mußte das Grundwasser auf betonschädliche Stoffe hin untersucht werden. Dabei wurde festgestellt, daß das Grundwasser einen hohen Gehalt an SO_3 und an Huminstoffen aufwies, die beide den Beton angreifen. Der Pfahlbeton mußte daher möglichst dicht ausgeführt werden. Er wurde mit einem besonders guten Kornaufbau in der Nähe der Linie E und mit 400 kg/m^3 Hüttenzement sowie 60 kg/m^3 Traßzusatz hergestellt. Da wegen der schwierigen Nachkriegsverhältnisse eine andere Möglichkeit nicht bestand, wurden zuerst Brunnen mit ∅ 60 bzw. 80 cm ausgeführt. Die Probebelastungen ergaben aber nur für den Brunnen ∅ 80 cm eine ausreichende Tragfähigkeit. Bis dahin waren bereits 9 Brunnen ∅ 80 cm und 3 Brunnen ∅ 60 cm ausgeführt worden.

Nachdem nun Preßbetonbohrpfähle wieder hergestellt werden konnten, wurden die weiteren Pfähle als Preßbetonpfähle ausgeführt. Da bei diesen der Beton unter Preßluft eingebracht wurde, war er gegen die vor allem im frischen Zustand auftretenden Schädigungen des Betons durch aggressives Grundwasser weniger empfindlich. Die Probebelastungen zweier Pfähle zeigten gute Ergebnisse. Die Senkungen der Pfahlköpfe betrugen bei der erstmaligen Belastung mit 75 t/Pfahl 1,3 bzw. 2,7 mm. Die nach einer völligen Entlastung vorgenommene Belastung mit 100 t/Pfahl führte zur Pfahlkopfsenkung von 2 mm bzw. 4,2 mm und zu bleibenden Einsenkungen von 0,8 bzw. 1,3 mm. Die Pfähle wiesen daher ein ausreichendes Tragvermögen auf. Bei dieser geringen Pfahlnachgiebigkeit konnte auch die ursprünglich vorgesehene Vorbelastung der Pfähle mit 30 t zur Verringerung der Pfahlnachgiebigkeit entfallen und so die Unterfangung weiter vereinfacht und verbilligt werden.

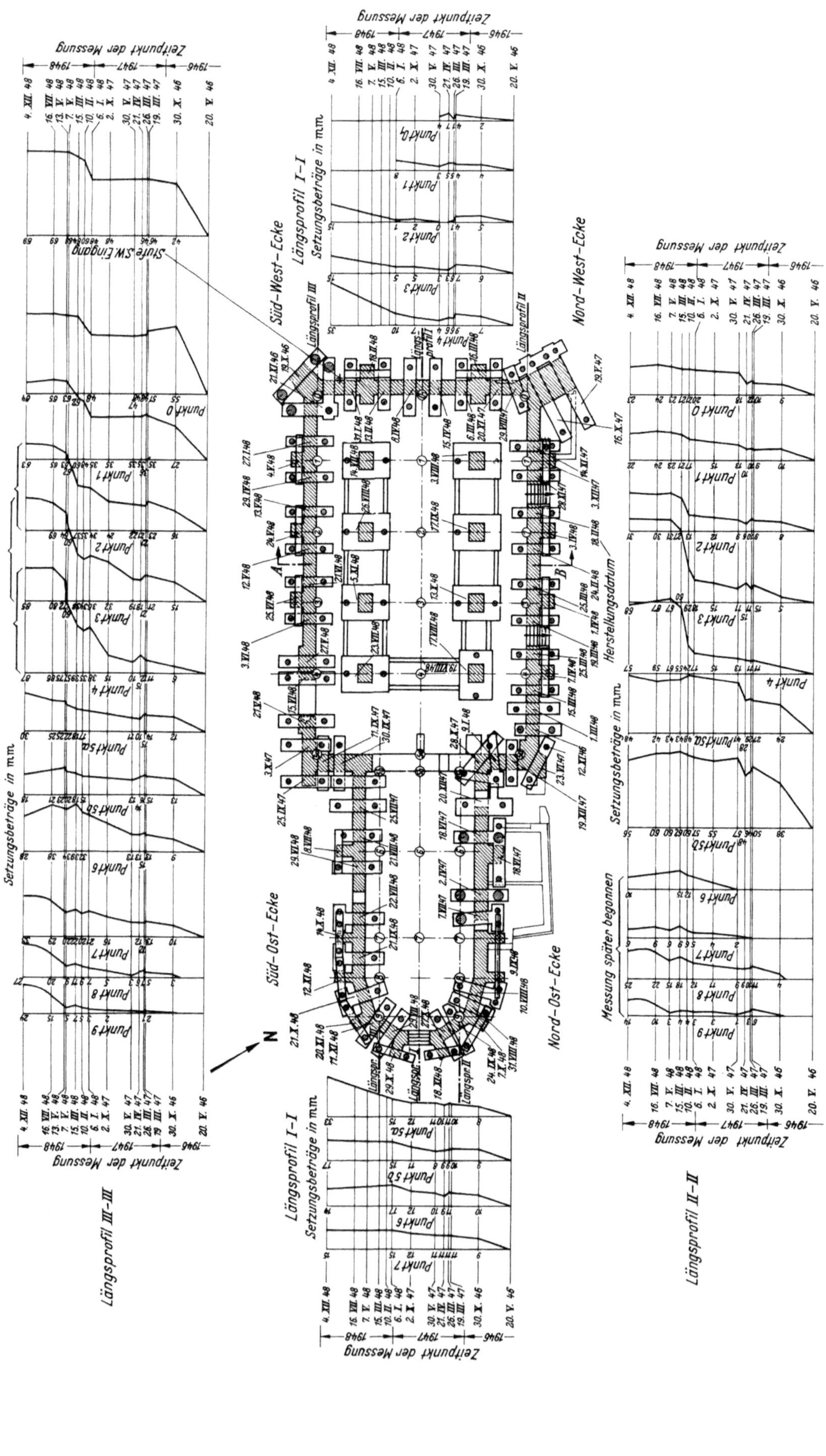

Abb. 15.3.2–6 Ergebnisse der Setzungsmessungen

15.3.2.7.3 Ausbildung der Unterfangungsbalken

Die Unterfangungsbalken mußten bei dem in der damaligen Zeit zur Verfügung stehenden Zement aus B 160 hergestellt werden. Sie wurden, da sie oberhalb des Grundwassers lagen, mit nur 300 kg/m³ Zement ohne weitere Beimengungen hergestellt. Um die Stemmarbeiten und die Schwächungen des Mauerwerks möglichst gering zu halten, wurden sie so schlank wie möglich ausgeführt. Sie wurden im übrigen so bemessen, daß sie den darunter angeordneten Pfählen im Rahmen der zul. Spannungen jeweils 75 t Last zuführen konnten.

Abb.15.3.2–5 gibt einen Überblick über die Anordnung der Unterfangungsbalken und das jeweilige Jahr ihrer Herstellung.

15.3.2.8 Erfolg der Unterfangung

Der Erfolg der Unterfangung ist am besten aus Abb.15.3.2–6 ersichtlich. Dort sind die Setzungskurven der Meßpunkte eingetragen. Soweit die Unterfangungsarbeiten erst kurz vor der letzten Messung am 4.12.1948 ausgeführt worden waren – wie bei den Meßpunkten 8 und 9 – konnte sich der Einfluß der Unterfangung in den Setzungsdiagrammen aber noch nicht bemerkbar machen.

Die Meßpunkte 2, 3, 4 und 5a der Kirchenmittelachse liegen auf dem Kellerfußboden und damit auf den nicht unterfangenen Gewölben. Ihre Setzung ging daher weiter. In den übrigen Setzungsdiagrammen machte sich der Einfluß der Unterfangung in einem Ausklingen der Setzungen überzeugend bemerkbar.

Die starke Setzungszunahme der Meßpunkte 1, 2, 3, 4 der südlichen und der Meßpunkte 2, 3, 4 der nördlichen Längswand vor der Unterfangung dürfte auf das Zusammentreffen der Folgen des Frühjahrhochwassers 1948 mit gewissen unvermeidlichen Störungen durch die Unterfangungsarbeiten zurückzuführen sein. Der Grundwasserstand unter der Kirche erreichte am 17. und 18.2.1948 die Höhe NN + 2,48 m gegenüber der Mittelhöhe NN + 1,05 m. Die Wahrscheinlichkeit dieser Überlagerungswirkung wird erhärtet durch die Tatsache, daß die Pfahlherstellung in anderen Zeitabschnitten im allgemeinen ohne derartige Setzungszunahmen vor sich ging. Andererseits weisen größere Setzungszunahmen, die trotz vorsichtigster Bauausführung eintraten, auf den äußerst labilen Zustand des Bauwerkes vor der Unterfangung besonders hin.

Im gesamten zeigt Abb.15.3.2–6, daß die Unterfangungsarbeiten in den Jahren 1946, 1947 und 1948 zu einem vollen Erfolg geführt haben. In den folgenden, bald 3 Jahrzehnten sind keine weiteren Schäden eingetreten.

15.3.3 Unterfangung eines alten Wasserturmes in einer norddeutschen Hafenstadt an einem Tidefluß

15.3.3.1 Allgemeines

Vor etwa 110 Jahren war ein großes Wasserturmgebäude mit den äußeren Kantenlängen 36/36 m, mit einer Höhe von etwa 40 m über Gelände in einer Hafenstadt an einem norddeutschen Tidefluß errichtet worden. Wegen vorhandener Störschichten waren die Fundamente auf einer großen Anzahl von Holzpfählen gegründet. Die Köpfe dieser Pfähle lagen damals etwa 0,3 m unter dem Grundwasserspiegel. Letzterer war etwa konstant, da der Fluß infolge von Versandung praktisch keine Tide mehr aufwies.

Wenige Jahrzehnte nach der Errichtung des Wasserturmes wurde eine Korrektion des Tideflusses vorgenommen mit dem Ziel, die Sohle so zu vertiefen, daß die Hafenstadt wieder von Seeschiffen größeren Tiefganges angelaufen werden konnte. Die Korrektion gelang vom Standpunkt der Seeschiffahrt in zufriedenstellender Weise. Dabei senkte sich aber der mittlere Niedrigwasserspiegel des Flusses um mehrere Meter, und der mittlere Grundwasserspiegel unter dem Wasserturm folgte um etwa 1,7 m. Dadurch fielen die Pfahlköpfe trocken und waren nun der Fäulnis ausgesetzt. Diese Tatsache war bekannt und mußte

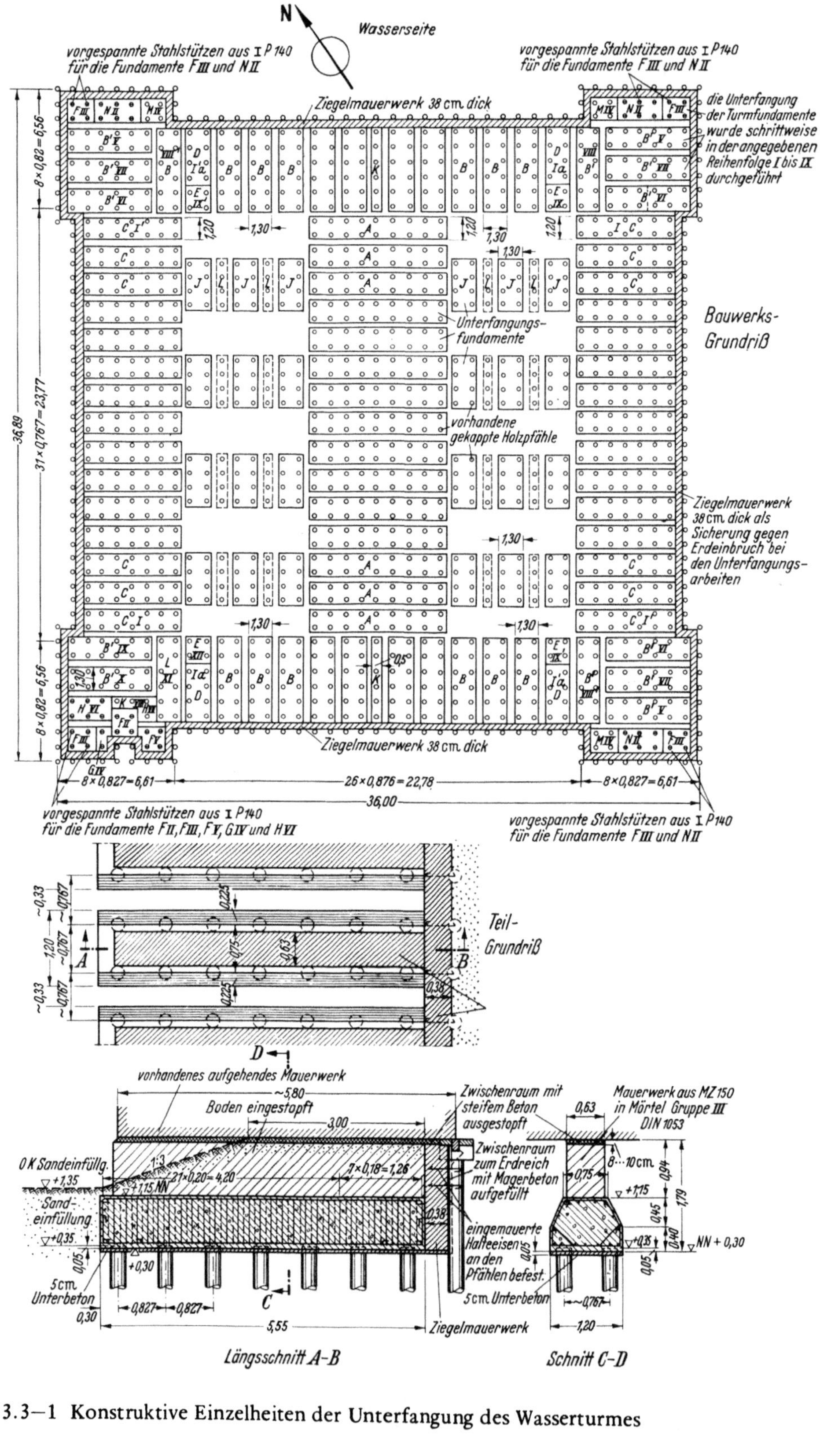

Abb. 15.3.3–1 Konstruktive Einzelheiten der Unterfangung des Wasserturmes

fortan berücksichtigt werden. Um eine akute Gefahr rechtzeitig erkennen zu können, wurden von nun an alle vier Jahre auf der Bauwerksaußenseite je zwei Schächte etwa 7,5 m tief bis zum Holzpfahlrost abgeteuft, um dessen Zustand überprüfen zu können. Die Fäulnis der Verzimmerung und der Pfahlköpfe begann nach den gemachten Beobachtungen zuerst langsam, ging dann aber immer schneller vor sich. Vor etwa 20 Jahren mußte endgültig beschlossen werden, das Bauwerk zu unterfangen, da die Verzimmerung und die Pfahlköpfe weitgehend verfault waren und das aufgehende Mauerwerk örtlich bereits gefährliche Risse aufwies.

15.3.3.2 Art und Ausführung der Unterfangung

Verschiedene Unterfangungsmöglichkeiten wurden untersucht. Als günstigste ergab sich eine bergmännische Lösung, bei der der gesunde Teil der vorhandenen Holzpfähle weiter verwendet werden konnte (Abb.15.3.3–1). Vom Inneren her wurden in bestimmten, vorher sorgfältig festgelegten Abständen zwischen den Pfählen Stollen bis zur Außenkante des jeweilig zu sanierenden Fundamentes vorgetrieben. Dabei wurden jeweils zwei Pfahlreihen, die alle einen Achsabstand von rd. 0,77 m aufwiesen, völlig freigelegt. Die links und rechts anschließenden Pfahlreihen begrenzten den Stollenaushub und sicherten einen ausreichend breiten Arbeitsraum. Dann wurden die freigelegten beiden Pfahlreihen im Schutze einer leichten Vacuum-Absenkung rd. 1,8 m unter der bisherigen Fundamentunterkante abgeschnitten. In dieser Tiefe waren die Pfähle noch völlig gesund. Um einen Bodeneinbruch von außen her sicher zu vermeiden, wurde jeder Stollen an der Stirnseite mit einer 0,38 m dicken Ziegelmauer abgeschlossen, die an der äußersten Holzpfahlreihe verankert und gegen das Erdreich mit Magerbeton verfüllt wurde (Abb.15.3.3–1, Schnitt A–B). Die gesunden Köpfe der abgeschnittenen zwei Pfahlreihen wurden dann jeweils durch einen 1,2 m breiten und 0,85 m hohen Stahlbetonbalken zusammengefaßt. Er wurde so schmal gehalten und gestaltet, daß später auch die Nachbarfundamente leicht saniert werden konnten (Abb.15.3.3–1, Schnitt C–D). Auf das Stahlbetonfundament wurde eine 0,75 m dicke Ziegelwand gemauert. Der 8–10 cm hoch angelegte Zwischenraum zur vorhandenen, vorher gesäuberten Fundamentsohle wurde mit steifem Beton ausgestopft. So konnte der größte Teil der Fundamente ohne weitere Komplikationen unterfangen werden.

Schwieriger war es jedoch an den Eckpfeilern. Da das Bauwerk vor der Unterfangung bereits zahlreiche gefährliche Risse und erhebliche Setzungsunterschiede aufwies, mußten hier zu Beginn der Unterfangungsarbeiten jeweils Stahlstützen vorgespannt gegen die abgeschnittenen Pfähle eingebaut werden. Ohne diese Sicherung hätten mindestens Teileinstürze eintreten können.

15.3.3.3 Ergänzende Feststellungen

Durch sorgfältige Organisation der Bauarbeiten mit genau überlegter Auswahl in der Reihenfolge der Unterfangungsabschnitte und durch die Anwendung der vorgespannt eingebauten Stahlstützen an den Pfeilerrändern konnte dem Bauwerk ohne weitere Schäden eine an jeder Stelle völlig gesunde Gründung gegeben werden.

Da bei dieser Lösung alle Pfähle freigelegt wurden, konnte auch der Grad ihrer Fäulnis abhängig von ihrer Lage im Bauwerk beobachtet werden. Dabei zeigte sich, daß die am Außenrand der Gründung befindlichen und damit stärkerem Wechsel der Porenluft des Bodens ausgesetzten Pfähle und Bohlen am stärksten verfault waren. Tief innen liegende Pfähle waren vereinzelt noch vollkommen heil. Am weitesten war die Fäulnis aber in den Außenbereichen fortgeschritten, in denen die Untersuchungsschächte abgeteuft worden waren.

15.3.4 Sanierung der Gründung eines Verwaltungsgebäudes in einer norddeutschen Stadt mittels Stahlbetonflügelpfählen

Ein Bohrpfahlunternehmer hatte den unter einem geplanten großen Verwaltungsgebäude anstehenden blaugrauen Ton (Abb. 15.3.4–1 und –2) irrtümlich als eiszeitlich vorbelasteten sogenannten „Lauenburger Ton" angesprochen und die von ihm angebotene Gründung in diesem Ton danach bemessen. Der vorliegende Ton hatte aber keine eiszeitliche Vorbelastung mit 12 kg/cm^2. Er wies nur eine Bruchlast von etwa 2 kg/cm^2 auf. Aus diesem Grunde trugen die Pfähle nicht die vom Unternehmer vorgesehene Last von etwa 60 t, sondern begannen bereits bei 11 t zu versinken (Abb. 15.3.4–3). Es mußte nun eine Lösung gefunden werden, die eine einwandfreie Gründung des wichtigen Bauwerkes sicherstellte.

Die Untergrundverhältnisse im Bauwerksbereich waren sehr ungünstig (Abb. 15.3.4–1 und –2). Über der rd. 15 m dicken Tonschicht lag eine zum Teil nur 1 m dicke Schicht aus Sand bzw. Kies. Darüber folgten Torfschichten und mehr oder weniger dünne Sandlagen. Auch

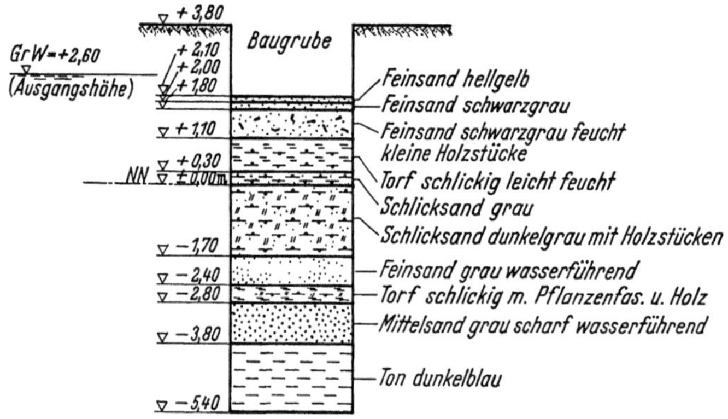

Abb. 15.3.4–1 Maßgebender Schichtenverlauf des Untergrundes im oberen Bereich des Bohrpfahles 153 mit der geringsten erbohrten Dicke der tragenden Sandschicht über dem Ton

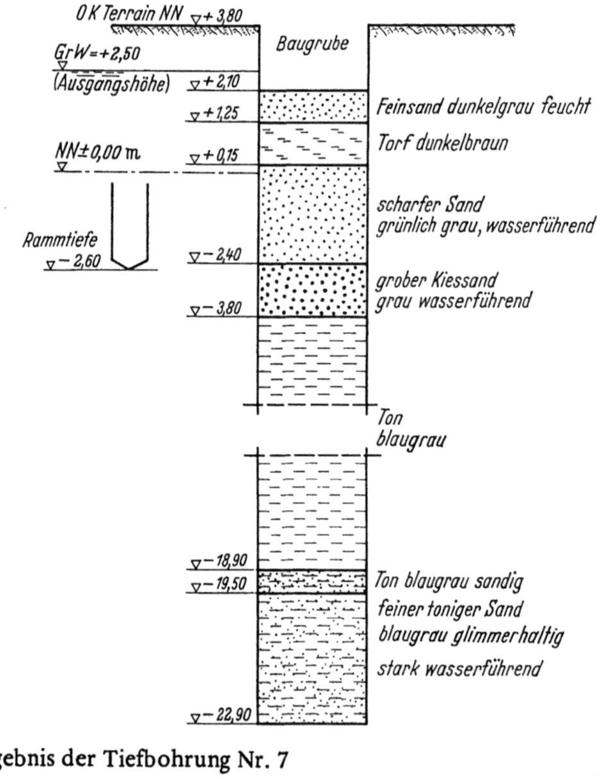

Abb. 15.3.4–2 Ergebnis der Tiefbohrung Nr. 7

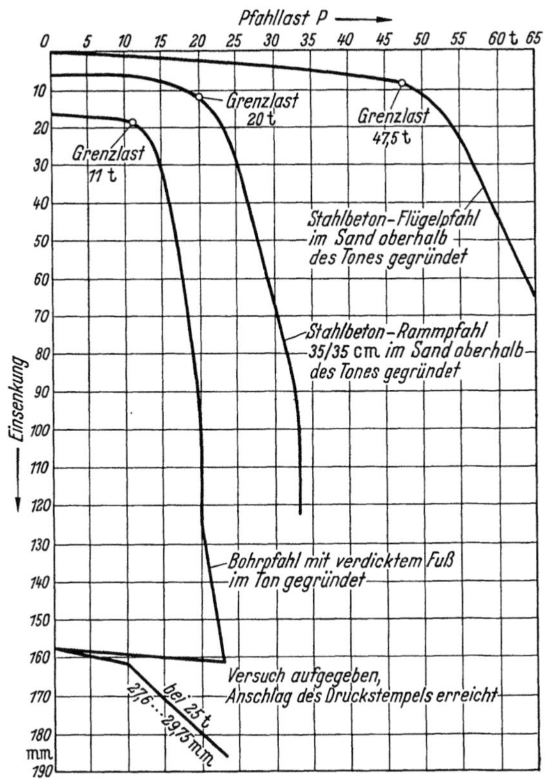

Abb. 15.3.4–3 Ergebnis der Probebelastungen verschiedener Pfähle

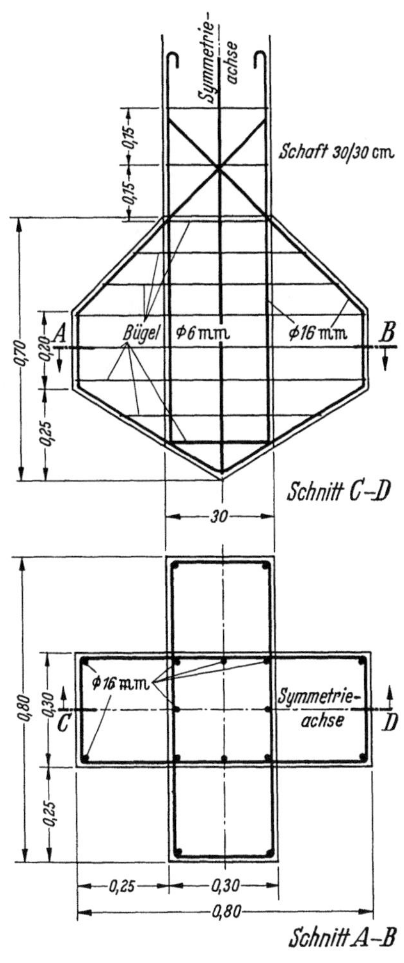

Abb. 15.3.4–4 Ausbildung des Fußes des Stahlbeton-Flügelpfahles

unter der mächtigen Tonschicht stand nur feiner, toniger, glimmerhaltiger Sand an, der keinesfalls einen idealen Boden für Pfahlgründungen darstellte. Es war daher anzustreben, eine kostspielige Tiefgründung zu vermeiden. Dies war nur möglich, wenn die über dem Ton liegende Sandschicht als verteilende Bettung für eine besonders ausgebildete Flachpfahlgründung so herangezogen wurde, daß sie unter der jeweiligen Pfahllast nicht durchbrach.

Um eine größtmögliche Lastverteilung bei geringstmöglicher Einbindung in den Sand zu erreichen, wurden Stahlbeton-Flügelpfähle angewendet. Ihre Abmessungen mußten so gewählt werden, daß mit dem zur Verfügung stehenden Rammgerät die obersten Sandschichten mit erträglichem Aufwand durchrammt werden konnten und gleichzeitig der Pfahl im Sand über dem Ton ausreichend fest wurde. Diese Forderung führte zu dem in Abb.15.3.4–4 dargestellten Pfahltyp. Vor dieser Entscheidung waren bereits Proberammungen und Probebelastungen mit gewöhnlichen Stahlbetonrammpfählen 35/35 cm durchgeführt worden. Das Ergebnis dieser Probebelastungen war jedoch keineswegs befriedigend, da die Pfähle nur eine Grenzlast von rd. 20 t erreichten (Abb.15.3.4–3). Im Gegensatz hierzu verhielt sich der Stahlbeton-Flügelpfahl wesentlich besser. Er trug ohne Anfangssetzung eine Grenzlast von rd. 47,5 t. Anschließend trat auch hier ein rasches Versinken ein (Abb.15.3.4–4).

Die Gründung wurde nun unter sinnvoller Verwendung einfacher Stahlbetonrammpfähle 35/35 cm und der Stahlbeton-Flügelpfähle so ausgemittelt, daß eine möglichst gleichmäßige Setzung des Gesamtbauwerkes zu erwarten war (Abb.15.3.4–5). Wegen der Setzungsmulde

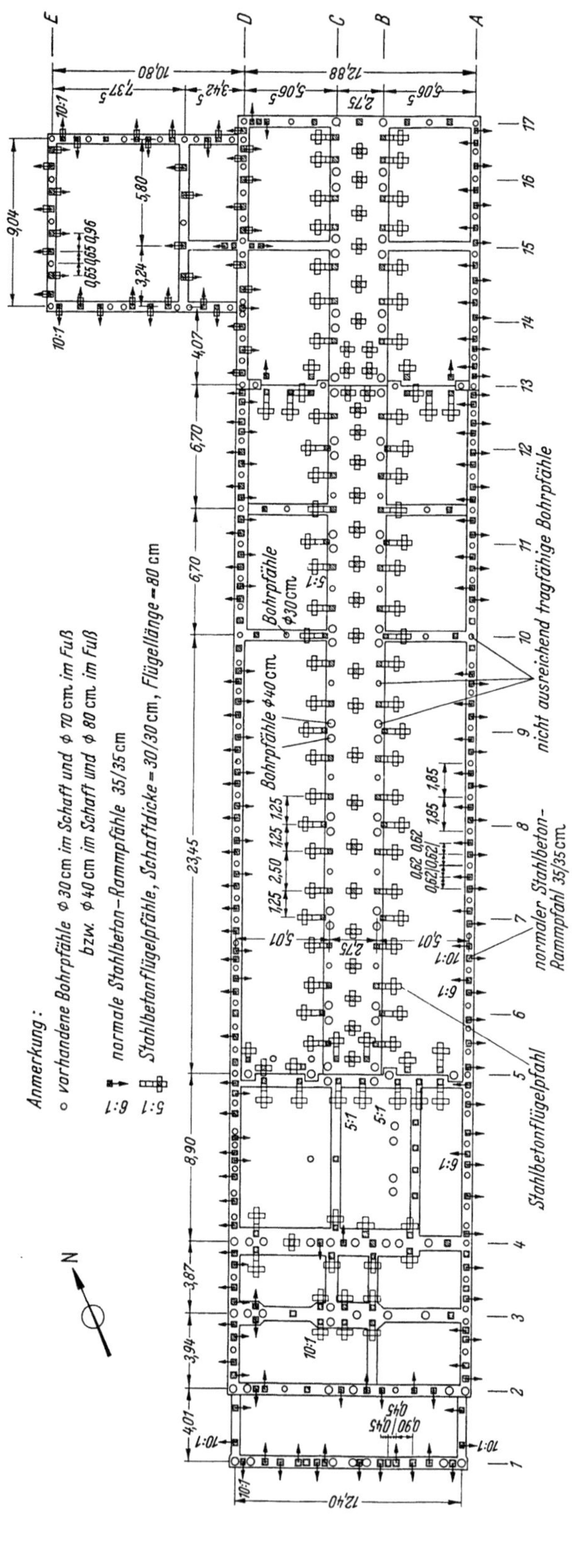

Abb. 15.3.4—5 Grundriß der Gründung des Verwaltungsgebäudes mit den Bohrpfählen und den gerammten Verstärkungspfählen

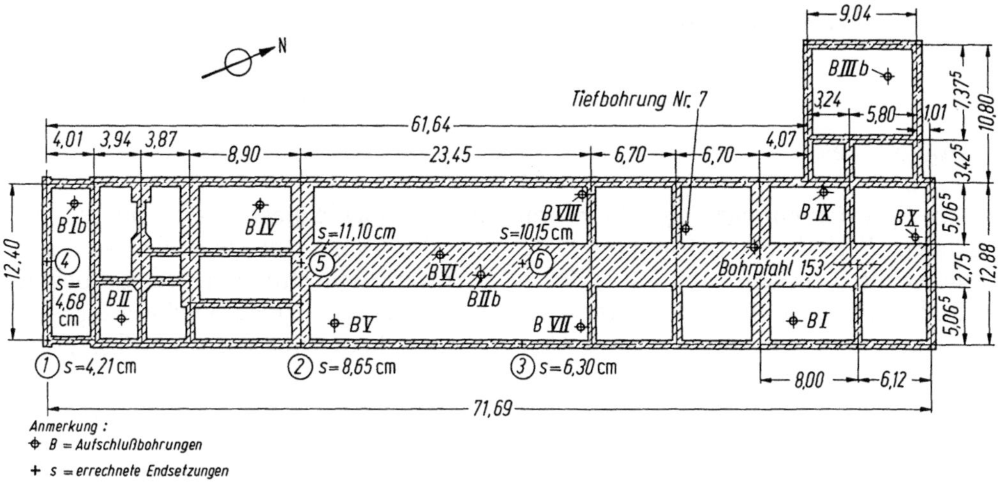

Abb. 15.3.4–6 Errechnete Endsetzungen für das schlaff vorausgesetzte Bauwerk

aus der dicken Tonschicht wurden die einfachen Stahlbetonrammpfähle vor allem an den Bauwerksaußenseiten angeordnet, wobei auch ein gewisses Versinken bei Überschreiten der Grenzlast in Kauf genommen wurde. Die Stahlbeton-Flügelpfähle wurden vor allem unter den Mittelstützen angeordnet.

Einige für die gewählte Pfahlgründung und ein zunächst schlaff vorausgesetztes Bauwerk errechneten Endsetzungsbeträge sind in Abb. 15.3.4–6 angegeben.

Um einen Setzungsausgleich durch Lastverlagerung über weite Flächen zu erreichen, wurde der Keller als biegesteifer Stahlbetonkasten ausgebildet und zum Teil zusätzlich mit schweren Banketten ausgesteift.

Die weitere Bauausführung bereitete keine Schwierigkeiten. Trotz der genannten ungünstigen Verhältnisse ist das in der ersten Hälfte der fünfziger Jahre errichtete Bauwerk bisher frei von Rissen geblieben.

16. Sonstige Gründungen

16.1 Allgemeines

Unter sonstigen Gründungen sind hier Gründungen verschiedenster Art gemeint, für die im vorliegenden Werk keine besonderen Titel enthalten sind. Im folgenden sind nur einige kennzeichnende Beispiele gebracht, und zwar schwere Pollerfundamente, Gasbehälter- und Tankgründungen sowie Bohrtiefbrunnen für die landwirtschaftliche Bewässerung.

Die behandelten schweren Pollerfundamente sind kennzeichnend für Flachgründungen, die vorwiegend waagerecht belastet werden.

Die Gasbehälter- und Tankanlagen stellen heute häufig ausgeführte Bauwerke dar, die selbstverständlich einwandfrei standsicher sein müssen, bei denen aber von verschiedenen Einschränkungen nach DIN 1054 abgewichen werden kann. Ihre Einhaltung ist im vorliegenden Falle nicht erforderlich und würde zu einem unnötigen Kostenanstieg führen. Dies gilt vor allem für die auftretenden Setzungen und zugelassenen Setzungsunterschiede mindestens bei einzelnen Bauteilen.

Die Bohrtiefbrunnen für die landwirtschaftliche Bewässerung sind Bauwerke besonderer Art, für deren Bau und Betrieb kennzeichnende Einrichtungen und Methoden vor allem von Firmen der USA entwickelt worden sind. In bestimmten tropischen und subtropischen Gebieten werden viele Milliarden DM für solche Tiefbrunnen ausgegeben, um die Versalzung riesiger Flächen rückgängig zu machen und andererseits durch terminlich richtige Bewässerung die Anzahl der Ernten pro Jahr zu vergrößern und den Ertrag je Ernte zu vervielfachen.

Seit Ende der fünfziger Jahre sind auch namhafte deutsche Spezialfirmen in dieses Arbeitsgebiet mit Erfolg eingestiegen. Die dabei gemachten besonderen Erfahrungen konnten auch bei Grundwasserabsenkungsanlagen für Großbauten und bei Brunnenanlagen für Trinkwasserversorgung verwendet werden.

16.2 Auf Klei flach gegründeter 60-t-Poller

Für das Festmachen von Frachtern von etwa 12.000 dwt in einem Seehafen im norddeutschen Kleigebiet wurden Ende der vierziger Jahre Poller benötigt, die einen maximalen Zug von 60 t aufnehmen konnten.

Bei älteren Pollern in diesem Gebiet, die zum Festmachen des damaligen Regelschiffes des Weltverkehrs bemessen und durch den rd. 15 m hoch anstehenden weichen Klei auf Holzpfählen im diluvialen Sand gegründet waren, hatte bei einer starken Bö ein 12.000-dwt-Frachter die Poller samt den Pfählen aus dem Boden gezogen.

Vergleichsuntersuchungen ergaben, daß ein im Klei flach gegründetes Fundament trotz der niedrigen zulässigen Bodenpressungen von nur 0,3 kg/cm^2 wirtschaftlicher war als ein auf Pfählen im diluvialen Sand tief gegründetes. Der Pollerzug von 60 t erforderte ein 3,0 m hohes Fundament mit einer Gründungsplatte von 5,5/5,5 m. Um an Beton und auch an Zusatzgewicht zu sparen, wurde ein stufenförmiges Fundament gewählt (Abb.16.2–1).

Damit vermieden wurde, daß sich um das Fundament, das über dem natürlichen Grundwasserspiegel des Kleis gegründet war, ein durch Niederschläge gespeistes Schichtwasserbecken bildete, in dem die Standsicherheit des Fundamentes durch Auftrieb verschlechtert worden wäre, wurde die Baugrube nicht mit Sand, sondern mit sorgfältig eingestampftem Aushub-Klei aufgefüllt (Abb.16.2–1).

Die Oberkante des Stahlbetonfundamentes wurde rd. 50 cm über Gelände gelegt, denn nach den örtlichen Erfahrungen waren aus dem darunter liegenden Klei bei den gegebenen Verhältnissen im Laufe der Jahrzehnte Setzungen zwischen 30 und 40 cm zu erwarten.

Die Pollerhaube wurde mit Abreißgliedern ausgerüstet. Hierzu wurden die Anschlußbolzen ∅ 1⅞″ aus St 52−3 in ihrem Kopfteil so weit abgedreht, daß sie bei der rechnungsmäßigen Vollast von 60 t in ungünstigster Wirkungsrichtung bis zur Streckgrenze belastet wurden. Das nicht geschwächte untere Ende der Bolzen wurde in die für normale zulässige Spannungen bemessene Anschlußmuffe der Polleranker geschraubt.

Letztere bleiben daher heil, auch wenn der geschwächte Anschlußbolzen nachgibt. Bei einer Überlastung des Pollers werden Schäden daher auf die leicht auswechselbaren Anschlußbolzen begrenzt.

Dieses Verfahren kann bei allen gängigen Pollerhauben angewendet werden.

Die bisherigen, rd. 25-jährigen Erfahrungen mit diesen Pollern haben Nachteile nicht gezeigt.

Wie in diesem Falle ist es auch bei anderen Bauwerken in Kleigebieten häufig zweckmäßig, die Gründungen mit eingestampftem Klei und nicht mit Sand zu hinterfüllen, um ein nachteiliges Schichtwasserbecken im Bereich der Gründungen zu vermeiden.

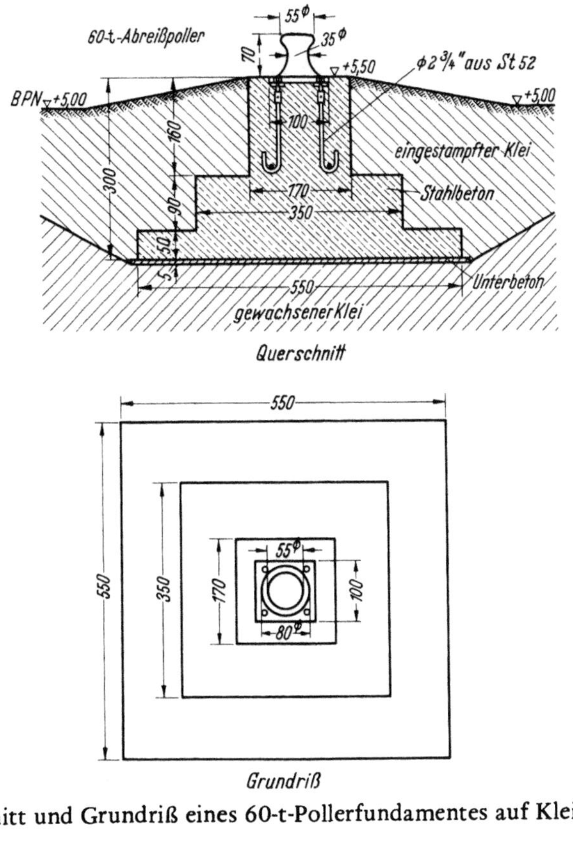

Abb. 16.2−1 Querschnitt und Grundriß eines 60-t-Pollerfundamentes auf Klei

16.3 In einem norddeutschen Seehafen auf Sand flach gegründeter 150-t-Poller für Fahrgastschiffe

Bei einer Fahrgstanlage für Schiffe über 50.000 BRT an einem Tidefluß mußte bei den starken und plötzlich auftretenden Böen und der gleichzeitig möglichen starken Strömung bei den Hauptpollern vor Kopf und am Ende der Liegeplätze mit Pollerzügen bis zu 150 t gerechnet werden. Es war daher von nautischer Seite die Bemessung eines neu zu errichtenden Pollers in dieser Größe gefordert worden, was hinsichtlich der hohen Gestehungskosten derartiger Schiffe voll gerechtfertigt war.

Nach Vergleichsuntersuchungen wurde die in der Abb.16.3−1 dargestellte Konstruktion gewählt. Sie besteht aus einer trapezförmigen Stahlbetonplatte von 9,2 bzw. 6,0 ×

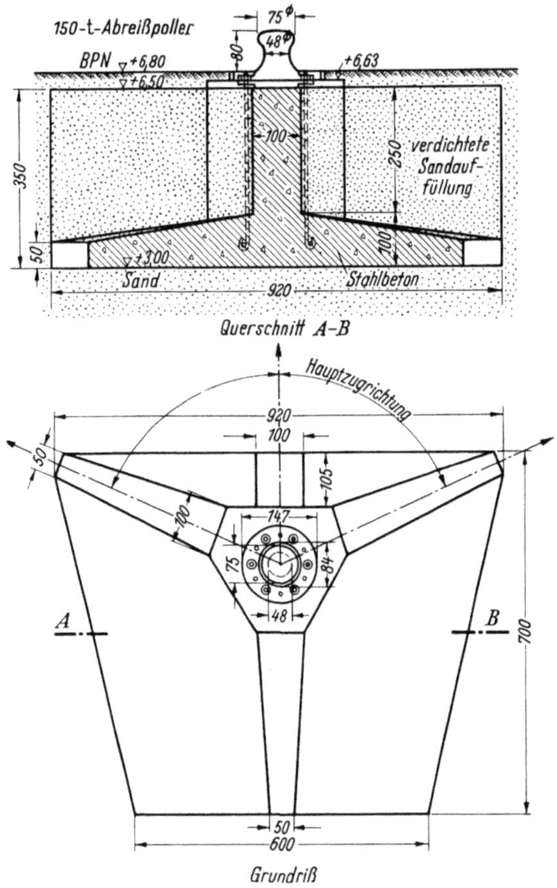

Abb. 16.3–1 Querschnitt und Grundriß des 150-t-Pollerfundamentes

7,0 m, auf der etwa im vorderen Drittel der zentrale Ankerblock mit sternförmig zur Platte verlaufenden Rippen errichtet ist. Die Hauptzugrichtungen sind im Grundriß von Abb. 16.3–1 angegeben. Die Lage und die Abmessungen der Rippen und des Ankerblockes sowie die Größe der Stahlbetonplatte wurden durch die statische Berechnung ermittelt. Dabei durfte die zulässige Kantenpressung für Sand in 3,5 m Tiefe nicht überschritten werden und die Bodenfuge unter Vollast nur in begrenzter Breite klaffen. Vor allem mußte bei voller Bodenreibung und nur zu etwa ⅓ mobilisiertem Erdwiderstand eine Gleitsicherheit $\eta \geqq 1{,}5$ vorhanden sein. Diese Forderungen bedingten bei dem aufzunehmenden Pollerzug von 150 t und den genannten Grundrißabmessungen eine Konstruktionshöhe des Fundamentes von 3,5 m bei einer Einbindetiefe von 3,8 m unter GOK.

Dieser Poller wird nun seit rd. 45 Jahren benutzt, und es sind an ihm auch Fahrgastschiffe bis zu 65.000 BRT festgemacht worden, ohne daß nachteilige Verschiebungen des Fundamentes eingetreten sind.

16.4 Gründung eines Gasbehälters in einer norddeutschen Stadt (vgl. auch Kap.3.4.7)

Zur Gasversorgung einer Stadt in der norddeutschen Tiefebene wurde im Jahre 1954 ein teleskopartig ausfahrbarer Gasbehälter ∅ 37,5 m errichtet. Der Stahlmantel des Behälters wurde auf einem Stahlbeton-Ringfundament gegründet. Dieses ruhte auf Stahlbetonrammpfählen 35/35 cm, die in den anstehenden alluvialen Sand einbanden (Abb.16.4–1). Die

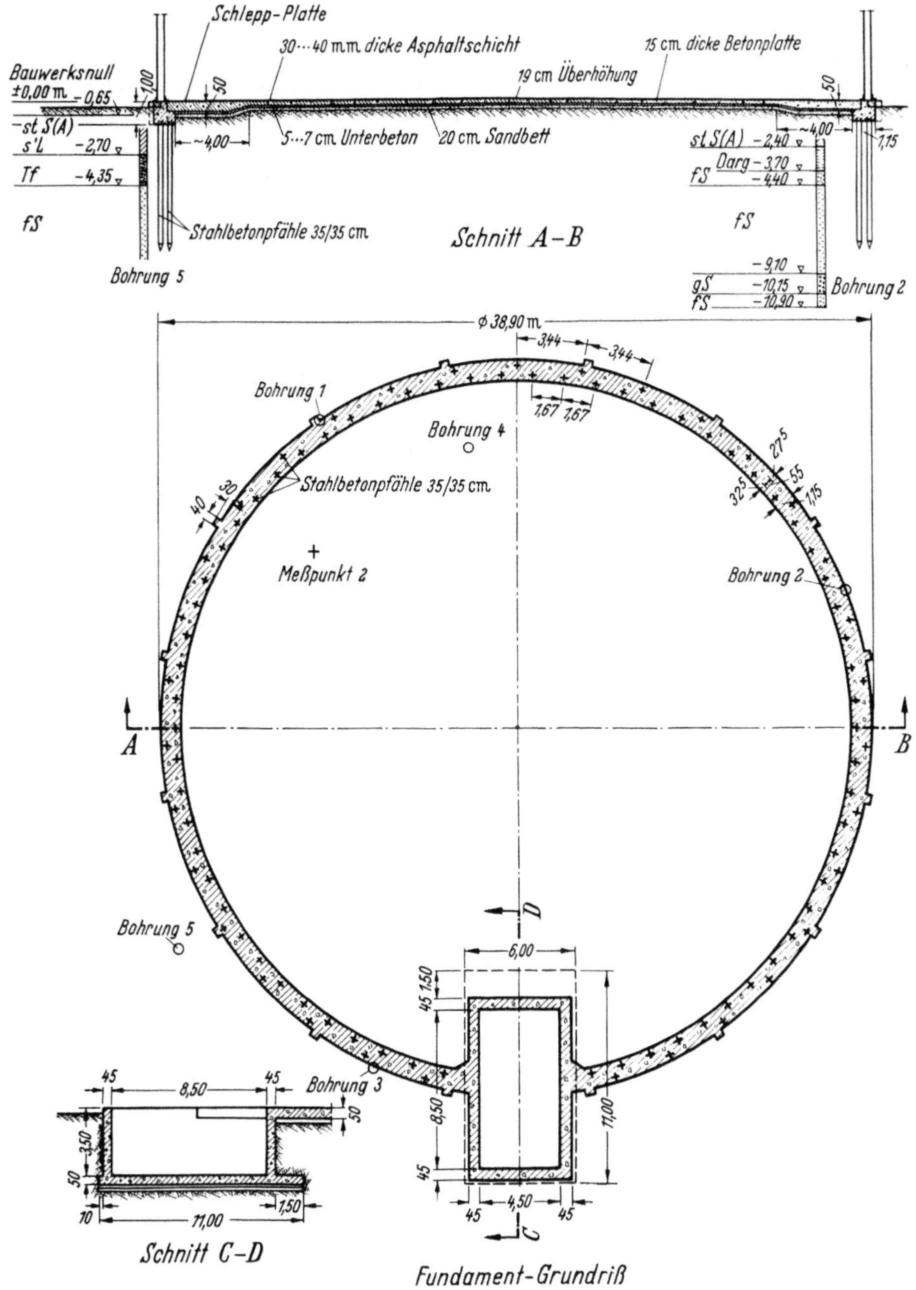

Abb. 16.4–1 Gründung des Gasbehälters

Behältersohle wurde flach gegründet. Wegen der in den oberen Metern vorhandenen stark zu Setzungen neigenden Torf-, Darg- und Lehmschichten (Abb.3.4.7–1 und –2 sowie 16.4–1) mußten aber besondere Maßnahmen getroffen werden. Es mußte vor allem verhindert werden, daß die Setzungen am Übergang von der Pfahl- zur Flachgründung sprungartig zunahmen und am Übergang vom Behälterboden zur Behälterwand Winkelverdrehungen in einer Größe auftraten, die von der Behälterkonstruktion nicht mehr aufgenommen werden konnten. Hierzu mußte das Anschlußstück der sonst flach gegründeten Stahlbetonplatte für die Gründung des Behälterbodens auf dem Stahlbetonringfundament aufgelagert und als rd. 4 m lange Schlepp-Platte 0,5 m dick ausgeführt werden (Abb.16.4–1). Weiter nach innen genügte es, die Gründungsplatte 15 cm dick und mit Baustahlgewebe konstruktiv bewehrt herzustellen. Wegen der zu erwartenden Setzungen wurde die Gründungsplatte nach der Behältermitte zu um 19 cm überhöht. Sie wurde auf 5 bis 7 cm Unterbeton hergestellt, der auf einem 20 cm dicken Sandbett ruhte. Die Oberfläche der Stahlbetonplatte wurde mit einer 30 bis 40 mm dicken Asphaltschicht überzogen, die als Ausgleich- und Gleitschicht für die Behältersohle dienen sollte.

Bei der etwa 12 m hohen Probefüllung der unteren Wanne mit Wasser traten örtlich unerwartet hohe Setzungen auf, die im Kap.3.4.7 eingehend beschrieben sind. Trotzdem konnte nach entsprechenden Beobachtungen das Bauwerk in der ausgebildeten Art ohne weitere Sicherungsarbeiten dem Betrieb übergeben werden. Es hat sich seitdem bewährt.

16.5 Gründung von Bunkeröltanks mittlerer Höhe im norddeutschen Kleigebiet (vgl. auch Kap. 3.4.2)

16.5.1 Allgemeines

Hier werden die Gründungsuntersuchungen für die 8 und 15 m hohen Tanks behandelt, deren Baugeschichte und Setzungsberechnungen sowie -messungen im Kap.3.4.2 beschrieben worden sind. Form, Belegung und Einfassung der Tanklager 1 und 2 sind in den Abb.3.4. 2–1 und –2 dargestellt. Die Untergrundverhältnisse und sonstige Einzelheiten können der Querschnittzeichnung Abb.3.4.2–3 entnommen werden.

16.5.2 Tanklagereinfassung

Wichtig für die Ausbildung und Nutzung der räumlich beengt liegenden und setzungsgefährdeten Tanklager 1 und 2 war zunächst die Frage nach einer technisch sinnvollen, sicheren und wirtschaftlichen Ausbildung der Tanklagereinfassung. Nach Untersuchung verschiedener Möglichkeiten wurde sie größtenteils als einseitig eingespannte Stahlspundwand im Profil KS Ib aus StSp 37 hergestellt (Abb.3.4.2–1 bis –3). Diese Lösung hatte den Vorteil, daß ungleiche Setzungen des Geländes ihre Standsicherheit nicht vermindern konnten. Dieses war hier besonders wichtig, weil die Umspundung in verschiedenen Abschnitten auch die Aufgabe des Landesschutzdeiches übernehmen und gegen den höchsten rechnungsmäßigen Außenwasserstand HHThw = BPN + 7,42 m kehren mußte. Oberkante Spundwand wurde dafür auf BPN + 8,7 m gelegt. Die Tanklagereinfassung hatte im übrigen – für den Fall, daß die Tanks beschädigt wurden – von innen an jeder Stelle den Öldruck aus einem Ölstand auf BPN + 8,7 m aufzunehmen.

Die Spundwandlösung führte auch zu einem willkommenen Platzgewinn. Da von der Aufsichtsbehörde gefordert worden war, die Tanklager so auszubilden, daß ein Ölaustritt in das freie Grundwasser unter allen Umständen vermieden wurde, mußte die gesamte Umfassungsspundwand auch in Bereichen mit hoher Sandaufspülung in den Klei einbinden (Abb. 3.4.2–3). Alle Schlösser mußten gedichtet werden.

16.5.3 Entwässerung des Sandbettes

Bei der dichten Umschließung und den häufigen Niederschlägen bestand die Gefahr eines Anstiegs des Grundwassers innerhalb der Tanklager. Diese mußte vermieden werden, um die Grundbruchsicherheit der Tanks nicht herabzumindern. Hierzu wurde im Sandbett eine gegen Ölableitung gesicherte Dränage – im Tanklager 1 entlang der flußseitigen und im Tanklager 2 entlang der landseitigen Tanklagereinfassung – verlegt, die zu einem benachbarten Schleusenhafenbecken entwässerte.

16.5.4 Grundbruchuntersuchungen für die Tankränder

Hauptaufgabe der Projektbearbeitung war es zu klären, wie dick das Sandbett unter den Tanks mindestens sein mußte, damit Grundbrüche an den Tankrändern ausreichend sicher vermieden wurden (Abb.16.5–1).

In umfangreichen Berechnungen für verschiedene Tankfüllhöhen und Konsolidierungszustände des Kleis wurde festgestellt, daß ein mindestens 2 m hohes, dicht gelagertes Sandpolster vorhanden sein mußte, wenn bei der Belastung durch 15 m hoch mit schwerem Heizöl gefüllte Tanks solche Gründbrüche vermieden werden sollten. Dabei mußte aber das Tanklager erst durch langsam zunehmende Belastung so entwickelt werden, daß im Klei keine zu ungünstigen, nicht konsolidierten Zustände eintraten. Verschiedene Grundbruchuntersuchungen mit Kreis und Tangente und die dabei errechneten Sicherheiten sind aus den Abb.16.5–2 und –3 ersichtlich. Folgende Belastungsfälle wurden in den Berechnungen nach Abb.16.5–2 untersucht:

Fall 1 = 8 m hoher Tank bei voller Konsolidierung des Baugrundes auch für die gesamte Tankfüllung

Fall 2 = 8 m hoher Tank bei Teilkonsolidierung des Baugrundes nur für das Bodeneigengewicht

Fall 3 = 15 m hoher Tank bei voller Konsolidierung des Baugrundes auch für die Tankfüllung

Fall 4 = 15 m hoher Tank bei Teilkonsolidierung des Baugrundes für das Bodeneigengewicht und eine 8 m hohe Tankfüllung.

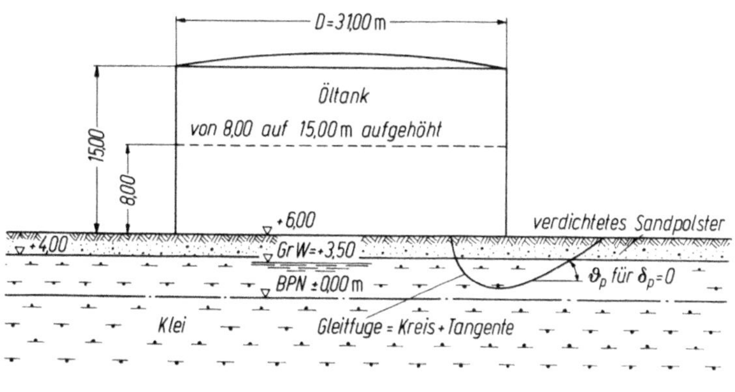

Abb. 16.5–1 Übersichts-Querschnitt durch Tank und Baugrund mit angedeuteter Grundbruchfuge (Alle Höhenkoten sind Ausgangswerte)

Die Mindest-Grundbruchsicherheit trat im Belastungsfall 4 auf und betrug nur $\eta = 1{,}14 < 1{,}30$, aber auch das nur unter der Voraussetzung, daß das 2 m hohe Sandpolster weder durch Grundwasser noch durch Öl unter Auftrieb kam.

Die Teilkonsolidierung wurde in den Grundbruchberechnungen dadurch berücksichtigt, daß Scherkräfte aus Reibung in der jeweiligen Gleitfuge nur aus den Lasten errechnet wurden, für die der Boden bereits konsolidiert war.

Um zu vermeiden, daß in den gefährdeten Bereichen der 15-m-Tanks etwa auslaufendes Öl in den Untergrund eindringen konnte, wurde dieses Gebiet mit einer Asphaltschicht versehen. Dies war möglich, weil betrieblich nicht vorgesehen war, ausgelaufenes Öl über einen längeren Zeitraum in der Tanklagerwanne zu belassen. In der in Frage kommenden begrenzten Zeit konnte das Öl aber weder die Asphaltschicht auflösen, noch große waagerechte Strecken im Sandpolster zurücklegen.

Die Betten aller Tanks wurden einheitlich nach Abb.16.5–4 ausgeführt. Diese Lösung ohne Ringfundament ermöglicht Nachrichtearbeiten zum Setzungsausgleich ohne nennenswerte Schwierigkeiten. Sie hat sich bewährt.

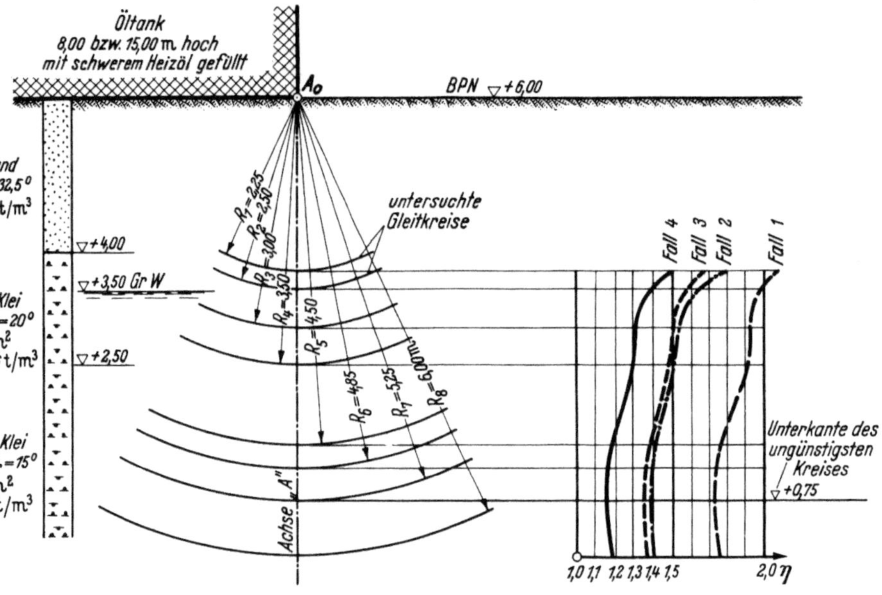

Abb. 16.5–2 Standsicherheit gegen Grundbruch, abhängig vom Radius des Gleitkreises und von den Belastungsfällen 1 bis 4

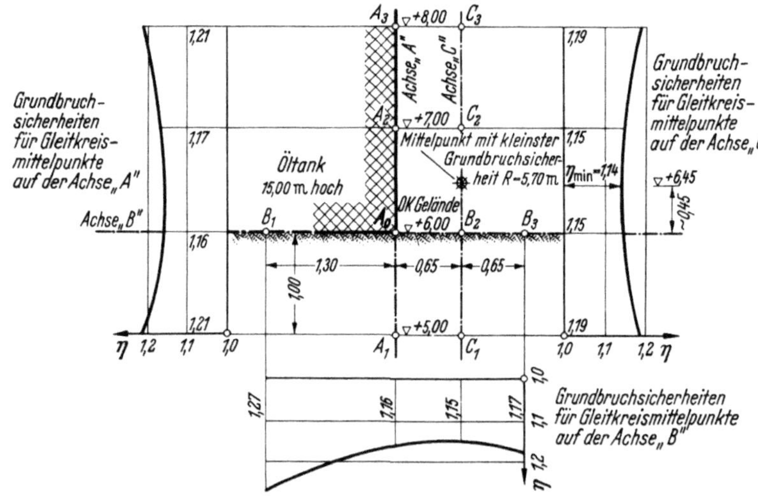

Abb. 16.5–3 Standsicherheit gegen Grundbruch, abhängig von der Lage des Gleitkreismittelpunktes, dargestellt für den Belastungsfall 4

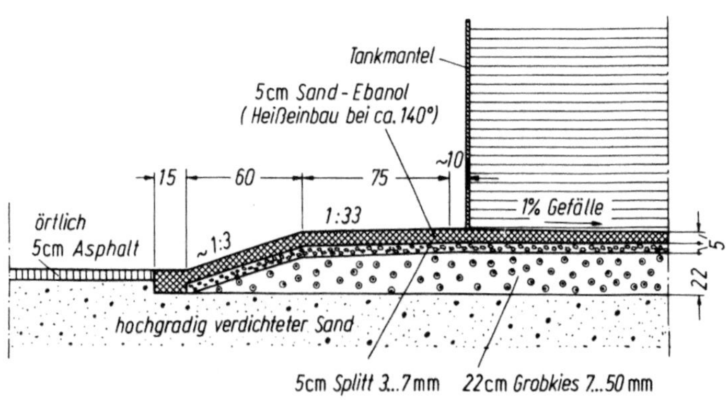

Abb. 16.5–4 Ausbildung des Tankbettes

16.5.5 Inbetriebnahme und Entwickeln der Tankanlagen

Bei der errechneten geringen Grundbruchsicherheit der 15-m-Tanks mußte für das Probefüllen mit Wasser eine Zeit von mindestens 1 Monat gefordert werden. Das Verhalten der Tanks und ihrer Umgebung mußte während des Füllens und bis nach dem Entleeren laufend beobachtet werden. Geländeanhebungen, die beginnende Grundbrüche angezeigt hätten, sind dabei nicht festgestellt worden.

Für den späteren Betrieb wurde eine über Jahre reichende Füllhöhenbegrenzung mit einer vorgesehenen Vergrößerung der zulässigen Füllhöhe über 12 m um etwa 1 m in 2 Jahren festgelegt. Die tatsächliche Erhöhung wurde aber von dem durch Setzungsmessungen kontrollierten Verhalten der Tanks abhängig gemacht. Hierzu wurden die Setzungen zunächst vierteljährlich, später jährlich und schließlich in Zeitabständen von rd. 2 Jahren gemessen (Abb.3.4.2–4).

Alle Tanks verhielten sich sowohl bei der Probefüllung als auch später im Betrieb einwandfrei. Auch die Tanklagereinfassung mit Stahlspundwänden hat sich bewährt.

16.5.6 Schlußbemerkungen

Das vorliegende Beispiel zeigt, daß unter Einschaltung eines kräftigen verdichteten Sandpolsters auch weicher Klei Tanklasten mittlerer Größe aufnehmen kann. Einwandfreie Bodenaufschlüsse, bodenmechanische Untersuchungen und Gründungsberechnungen, eine vorberechnete und kontrollierte allmähliche Steigerung vor allem der letzten Meter der Tankfüllung sowie sorgfältige Beobachtungen bei der langsam durchzuführenden Probefüllung mit Wasser und auch später im Betrieb – vor allem bei erhöhtem Füllen – sind dafür aber eine unabdingbare Voraussetzung.

16.6 Gründung von 25 m hohen Bunkeröltanks im norddeutschen Kleigebiet (vgl. auch Kap.3.4.2 und 16.5)

16.6.1 Allgemeines und konstruktive Lösung

Der zur Steigerung der Lagerkapazität des in den Kap.3.4.2 und 16.5 beschriebenen Tanklagers 1 in den Jahren 1963/64 vorgesehene Neubau des Tanks 18 mit D = 31 und H = 25 m und eines zweiten gleich großen Tanks anstelle des bisher nur 8 m hohen Tanks 15 (Abb.3.4.2–1) erforderte beim anstehenden schlechten Baugrund besondere Gründungsüberlegungen. Voruntersuchungen hatten gezeigt, daß auch ein dickes Sandbett allein nicht in der Lage war, eine ausreichende Standsicherheit dieser hohen Tanks zu gewährleisten. Vielmehr war hier die Verstärkung des Sandgründungsbettes durch einen Stahlzugring mit D = 32 m in Form einer 9 m hohen Kreiszellenspundwand aus dem Union-Flachprofil Fl 12 aus StSp 45 erforderlich. Außerdem mußte das hochgradig verdichtete Sandbett 7 m dick ausgeführt werden (Abb.16.6–1). Dieses Bett in Verbindung mit der Kreiszellenwand bildete den Ersatz für ein sonst benötigtes, bis unter BPN ± 0,0 m reichendes Fundament. Die gewählte Gründung hatte die Aufgabe, einen zu großen Durchhang der Sohle in Tankmitte zu verhindern, die Lasten geschlossen bis mindestens 6 m unter Geländeoberfläche zu führen, um gegen Grundbruch eine ausreichende äußere Auflast zu erhalten, und die Dicke der stark zu Setzungen und seitlichen Ausweichbewegungen neigenden Kleischicht unter dem Tank wirkungsvoll zu vermindern.

Das gewählte Flachprofil hatte eine Schloßbruchfestigkeit von 300 t/m. Durch die Füllung mit hochgradig verdichtetem scharfen Sand konnte die auftretende Ringzugkraft mit der für dieses Projekt geforderten doppelten Sicherheit aufgenommen werden, obwohl vorsorglich mit $\delta_a = 0$ und nur mit $\rho_r = 32{,}5°$ gerechnet worden war. Die Bodenkennwerte für den Klei wurden gleich wie im übrigen Tankfeld angesetzt (Abb.16.5–2).

Die Aushubarbeiten innerhalb der Zelle wurden im Trockenen vorgenommen. Hierzu mußte die auf Druck nicht belastbare Zellenwand sorgfältig ausgesteift werden.

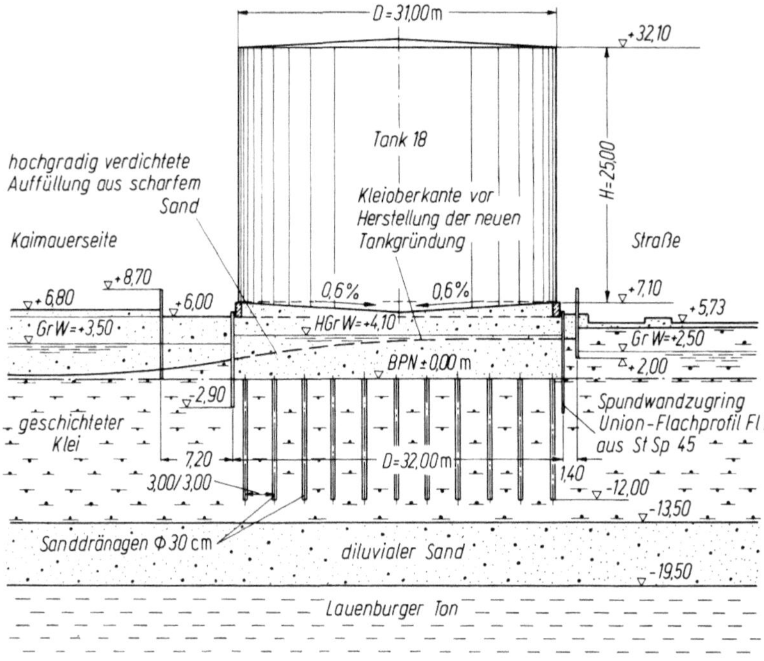

Abb. 16.6–1 Übersichts-Querschnitt durch den 25 m hohen Tank mit Gründung (Alle Höhenkoten sind Ausgangswerte)

Bei den zu erwartenden großen Setzungen wurden die Tankfundamente von vornherein 1 m überhöht ausgeführt. Da mit großen Setzungsunterschieden am Übergang zum Tanklagerplanum zu rechnen war und aus dem Tankmantel bereits beachtliche Drücke auf das Tankbett kamen (Tankeigengewicht = rd. 350 t), konnte letzteres nicht mehr entsprechend Abb.16.5–4 ausgebildet werden. Hier mußte auf die Lösung mit einem Tankringfundament aus Stahlbeton zurückgegriffen werden (Abb.16.6–2).

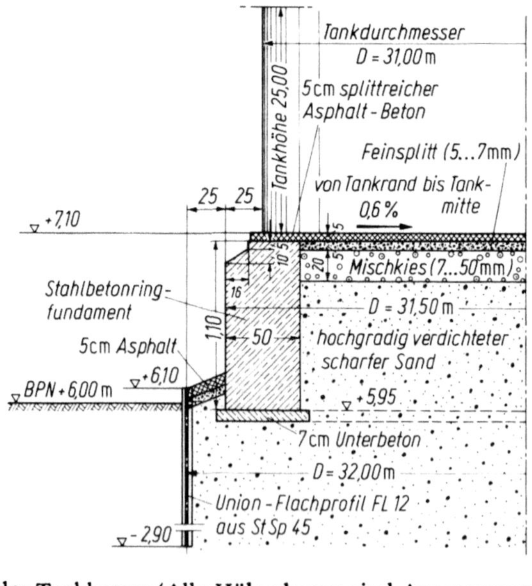

Abb. 16.6–2 Ausbildung des Tankbettes (Alle Höhenkoten sind Ausgangswerte)

16.6.2 Entwicklung und Entwässerung der Tankgründung

Für die hohen Auflasten mußte die Tragfähigkeit des Kleis unter der Tankgründung noch besonders entwickelt werden. Hierzu durfte die Tankfüllung nur allmählich so gesteigert werden, daß der Klei vor jedem weiteren Lastanstieg möglichst weitgehend konsolidiert war. Dies war aber nur bei einer Dränung des Kleis unter der Tankgründung erreichbar. Gewählt wurden hierzu Sanddränagen ∅ 30 cm mit dem Rastermaß 3,0/3,0 m (Abb.16.6–1). Sie endeten 1,5 m über der Kleiunterkante, damit sich der artesisch gespannte Grundwasserspiegel im diluvialen Sand weder in den Dränagen noch sonst im Tankfeld nachteilig auswirken konnte. Das aus den Sanddränagen kommende Wasser konnte durch das Sandbett zu Wasseraustrittsschlitzen fließen, die so in die Flachprofile gebrannt waren, daß in der Zelle ein Grundwasserstand von höchsten BPN + 4,1 m auftrat. Außerhalb der Zelle konnte das ausgepreßte Wasser über die waagerechten Tanklagerdränagen abfließen.

Die 1964 fertiggestellten Tanks wurden nach dem ausgearbeiteten Entwicklungsplan zunächst nur 16 m hoch gefüllt. Unter Berücksichtigung des Setzungsverhaltens und der Belegungsverhältnisse (Abb.3.4.2–5) durften sie nach rd. 3 Jahren Nutzungsdauer 23,75 m hoch – das ist auf 95 % der Gesamthöhe – gefüllt werden.

Wie zu erwarten, hat sich das Ringfundament fühlbar stärker als die Kreiszellenspundwand gesetzt.

16.6.3 Schlußbemerkungen und Folgerungen

Durch die ausgeführte, sorgfältig überlegte Spezialgründung war es möglich, die aufzunehmenden hohen Auflasten auch beim anstehenden schlechten Baugrund ohne Pfahlgründung oder dergleichen technisch einwandfrei und wirtschaftlich abzutragen. Die für die Entwicklung der Tragfähigkeit des schlechten Bodens erforderlichen Betriebsvorschriften mußten dabei in Kauf genommen werden. Ihre Nachteile waren bei der nur kurzen Entwicklungszeit aber klein im Vergleich zu den beachtlichen Aufwendungen, die beispielsweise eine praktisch setzungsfreie Pfahlgründung der Tanks im diluvialen Sand erfordert hätte.

Die Setzungen sind im vorliegenden Falle über 50 % größer als die mit den im Laboratorium ermittelten Steifeziffern errechneten aufgetretenen. Dies dürfte neben dem Einfluß der Sanddränagen auch auf ein seitliches Wegfließen des Kleis unter dem Stahlzugring zurückzuführen sein.

Wenn auch Nachteile für die Tanks und ihren Betrieb aus den großen Setzungen nicht entstanden sind, wäre doch die Lehre daraus zu ziehen, daß die üblicherweise für behinderte Seitenausdehnung versuchsmäßig ermittelten Steifeziffern bei solchen weichen bis breiigen, dränierten Böden nur stark vermindert in die Berechnungen eingehen sollten. Nur dann werden sonstige, rechnerisch nicht erfaßbare Einflüsse, wie die sekundären Setzungen, indirekt mit berücksichtigt und einigermaßen zutreffende Setzungsbeträge errechnet.

16.7 Bohrtiefbrunnen für die landwirtschaftliche Bewässerung eines Gebietes im Norden des ehemaligen Ostpakistan

16.7.1 Allgemeines

Im Sommer 1960 entschloß sich die East Pakistan Water and Power Development Authority (EPWAPDA), Dacca, zur Durchführung eines Tiefbrunnen-Bewässerungsprojektes im Nordwesten des Landes (Abb.16.7–1). Das für die Bewässerung vorgesehene Gebiet umfaßte etwa 240 km^2. Es lag im Süden rd. 30 und im Norden rd. 47 m über dem Meeresspiegel. Die wichtigsten Anbauprodukte waren Reis, Zuckerrohr und Kartoffeln. Es sollten zunächst etwa 300 und nach einer Projekterweiterung etwa 380 Brunnen mit einer mittleren Tiefe von rd. 90 m abgeteuft werden (Abb.16.7–2).

Mit diesen Tiefbrunnen sollten bestimmte geeignete landwirtschaftlich genutzte Gebiete während der trockenen Jahreszeit bewässert werden, um ertragreichere und zusätzliche Ern-

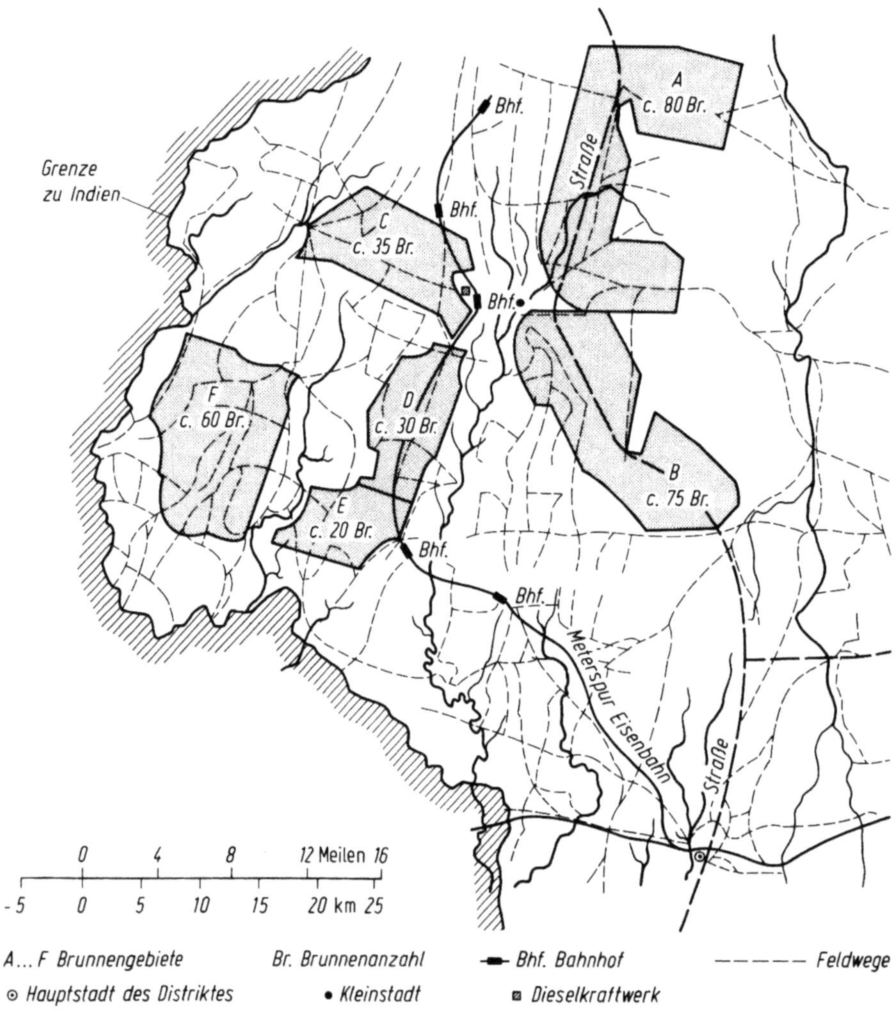

Abb. 16.7–1 Übersicht über die geplanten Brunnengebiete „A" bis „F" und die darin vorgesehenen Tiefbrunnen

ten zu erhalten. Während in der Regenzeit die sogenannten „lowlands" – das sind nur um wenige Fuß (1 ft = 30,5 cm) niedriger liegende Gebiete als das übrige Gelände – überschwemmt wurden, litten während der Trockenzeit nicht nur die höher liegenden „highlands", sondern auch die „lowlands" empfindlich unter Wassermangel. Das in der Regenzeit niedergegangene Wasser war bis dahin verdunstet oder in den Wasserläufen abgeflossen. Im Wechsel zwischen Regen- und Trockenzeit veränderte sich die Lage des Grundwasserspiegels bis zu 4,5 m.

Die vorgesehenen Bewässerungsgebiete „A" bis „F" mit den dafür zunächst geschätzten Brunnenzahlen sind in Abb. 16.7–1 dargestellt. Sie wurden nach generell ökonomischen, geologischen und verkehrstechnischen Gesichtspunkten ausgewählt. Mit einer gewissen Verlegung der Gebiete aufgrund der Ergebnisse vorgesehener Versuchsbrunnen und der örtlichen Auswahl der Brunnenstandorte durch die EPWAPDA im Zuge der Bauausführung mußte von vornherein gerechnet werden.

16.7.2 Geologische Angaben

Über die Bodenverhältnisse des Bewässerungsgebietes lagen zur Zeit der Projektbearbeitung nur wenige Daten vor. Sie stammten von einzelnen, bereits ausgeführten Bohrbrunnen der Farmen einer im Zentrum des Bewässerungsgebietes vorhandenen Zuckerfabrik.

Aufgrund dieser Bohrergebnisse und der Auswertung der geoelektrischen Untersuchungen, die von einer deutschen Bundesanstalt durchgeführt worden waren, konnte über den Aufbau des Untergrundes zunächst nur ausgesagt werden, daß er im wesentlichen aus wechselnden Schichten von alluvialen Fein- bis Grobsanden, Schluffen und Tonen bestand, die durch den Brahmaputra- und den Teestastrom aufgebaut worden waren. Vereinzelt konnten auch Geröllschichten mit kleineren Findlingen angetroffen werden.

16.7.3 Klimatische und hydrologische Verhältnisse

Das Klima im Bewässerungsgebiet war während der Wintermonate November bis Februar warm und während der Sommermonate März bis Oktober heiß. Als Jahres-Grenzwerte waren + 7,8° C als Minimum und + 41,5° C als Maximum gemessen worden. In der Regenzeit betrug die Luftfeuchtigkeit nahezu 100 %.

Die jährlichen Niederschläge in dem zu bewässernden Gebiet betrugen i.M. 2175 mm. Davon fielen allein in der eigentlichen Regenzeit von Juni bis einschließlich September etwa 1400 bis 1800 mm.

Aufgrund der geologischen und hydrologischen Verhältnisse konnte bei diesem Projekt vorausgesetzt werden, daß sich das Grundwasser in der Regenzeit auch nach dem Betrieb der Brunnen wieder voll anreicherte. Die nach Beginn der Bewässerung unvermeidlich erhöhte Verdunstung führte dabei nur zu einem insgesamt verminderten Abfluß in den Wasserläufen. Aber auch bei dieser günstigen Situation mußte bei der Bemessung der Pumpen, der Motoren und der Stromversorgung mit einem zusätzlichen Absinken des Grundwasserspiegels, vor allem gegen Ende der Trockenzeit, gerechnet werden.

16.7.4 Verkehrsverbindungen, Transportmöglichkeiten für Baugeräte und Baustoffe

Das Brunnengebiet war durch eine Eisenbahn (Meterspur) sowie durch Straßen und Wege aufgeschlossen (Abb.16.7–1). Die meisten Straßen und Wege waren als sogenannte „Gut-Wetter-Straßen" aber nicht befestigt. Durch den Verkehr der zahlreichen Ochsenkarren waren sie allerdings auch in der Trockenzeit in einem sehr schlechten Zustand und für Kraftfahrzeuge einschließlich Besatzung infolge der kontinuierlich aufeinander folgenden Schlaglöcher und der Staubentwicklung nur mit großen Beanspruchungen langsam befahrbar. Dies erschwerte die Bauarbeiten beachtlich und erforderte gut geländegängige Transportmittel.

Für den Umschlag von Geräten und Materialien aus Übersee waren die Hafenstädte Chittagong mit Meterspur- und Chalna mit Breitspur-Anschluß geeignet, wobei von der Breitspur nochmals auf die Meterspur umgeladen werden mußte.

Betonkies konnte aus Vorkommen etwa 30 km nördlich des Bewässerungsgebietes gewonnen und mit Lastkraftwagen angefahren werden. Geeigneten Filterkies gab es aber nur im Nordosten des Landes. Er mußte mit der Eisenbahn rd. 650 km weit herantransportiert werden.

16.7.5 Das Herstellen der Bohrbrunnen

16.7.5.1 Allgemeine Baubeschreibung und Arbeitsfolge

Die Tiefe der Brunnen mußte den geologischen Verhältnissen, insbesondere der Lage und Ergiebigkeit der wasserführenden Schichten, angepaßt werden. Sie sollte rd. 85 m nicht unter- und rd. 122 m nicht überschreiten. Die Gesamtzahl der vorgesehenen Brunnen sollte ungefähr proportional zu den gekennzeichneten Flächen der Blöcke „A" bis „F" nach Abb.16.7–1 verteilt werden. Abhängig von der Ergiebigkeit sollte jeder Bohrbrunnen eine

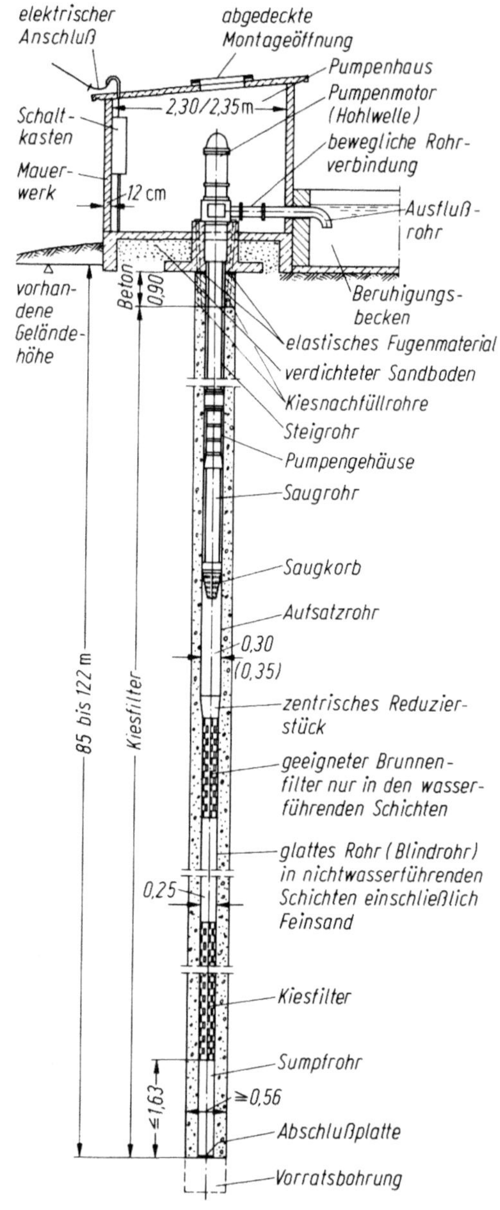

Abb. 16.7–2 Grundsatz-Querschnitt der vorgesehenen Tiefbrunnen

Fläche von 100–200 acres = 40 bis 80 ha bewässern. Die Lage der Brunnen sollte so gewählt werden, daß der gegenseitige Abstand allgemein nicht mehr als 1 Meile ≈ 1,6 km betrug.

Der Bohrunternehmer sollte seine Arbeiten mit Aufschlußbohrungen in den für die Brunnen vorgesehenen Gebieten beginnen und diese als Brunnen ausbauen. Die dabei erzielten Ergebnisse sollten die nicht ausreichend vorhandenen Aufschlüsse über die Grundwasser- und Bodenverhältnisse ergänzen.

Aufgrund der dabei gewonnenen Erkenntnisse waren die weiteren Brunnenbauarbeiten so vorzunehmen, daß in ausgewählten Bereichen zunächst jeweils ein Versuchsbrunnen hergestellt und auf seine Leistung hin geprüft wurde. Die dabei erzielten Ergebnisse sollten einen Anhalt für die Lage, Bohrtiefe und Ausrüstung weiterer jeweils 6 bis 8 Brunnen ergeben, die im angestrebten Abstand um den Versuchsbrunnen herum anzusetzen waren.

Als Mindestleistung eines jeden Bohrbrunnens wurden im allgemeinen 1,5 cusecs = 1,5 Kubikfuß pro Sekunde = 42,5 l/s gefordert. Brunnen, deren gemessene Leistung geringer war, sollten in der Regel wegen Unwirtschaftlichkeit aufgegeben und wieder verfüllt werden.

Nach den Ergebnissen der Pumpversuche bei jedem Brunnen mußten die bei ihm zu installierenden Pumpen und Motoren hinsichtlich ihrer Größe, Leistungsfähigkeit usw. festgelegt werden.

16.7.5.2 Forderungen beim Bohren der Brunnen

a) Sämtliche Brunnen mußten mit $\varnothing \geqq 22'' \geqq 0{,}56$ m im Saugbohr- oder Lufthebe- oder einem gleichwertigen Verfahren größtenteils ohne Verrohrung abgeteuft werden. Bohrschlamm durfte zur Abstützung der Bohrwandungen nicht verwendet werden. Die Bohranlagen mußten so konstruiert und eingerichtet werden, daß ein Umstellen auf Schlagbohren zum Durchteufen hartgelagerter Schichten ohne Schwierigkeiten und ohne großen Zeitaufwand möglich war.

b) Alle Bohrungen mußten so gerade und lotrecht ausgeführt werden, daß die Brunnenrohre ohne Schwierigkeiten zentrisch in das Bohrloch eingebaut werden konnten und die für die Filteraufsatzrohre gestellte Forderung der Vertikalität eingehalten werden konnte (Abb.16.7–2).

c) Die Tiefe jeder Bohrung war unmittelbar vor dem Einsetzen des Filterrohres zu prüfen.

d) Bohrungen, deren Abweichungen von der Senkrechten so groß waren, daß ein einwandfreies Einbringen des Filterrohres und des Kiesfilters nicht mehr möglich war, oder die durch unsachgemäße und nachlässige Ausführung den sicheren Ausbau des Brunnens nicht gewährleisteten, durften nicht ausgebaut, sondern mußten vom Bohrunternehmer wieder verfüllt werden.

e) Die jeweilige Brunnentiefe war den anstehenden Bodenschichten anzupassen.

f) Beim Bohren mußten vom Bohrunternehmer aus jeder Schicht Bodenproben entnommen werden, mindestens aber alle 10 ft = 3,05 m, jedoch bei den Versuchsbrunnen mindestens alle 4 ft = 1,22 m. Der Bohrunternehmer mußte durch Auswerten und Aufzeichnen der Bodenarten und -tiefen für jede Bohrung ein genaues Schichtenverzeichnis des Untergrundes aufstellen. Alle Proben mußten in luftdichten Behältern aufbewahrt werden. Sie waren außen mit Angabe des Bohrloches, der Bohrtiefe, der Bodenart, der Konsistenz und der Farbe zu beschriften. Proben und Aufzeichnungen wurden Eigentum des Bauherrn. Der Bohrunternehmer war verpflichtet, auch alle sonstigen Beobachtungen und Messungen über den Untergrund schriftlich festzuhalten und dem Bauherrn zu übergeben.

g) Bei jedem gebohrten Brunnen sollte durch eine elektrische Messung mit einem fahrbaren selbstschreibenden Gerätesatz der elektrische Widerstand über die gesamte Brunnentiefe festgestellt werden. Zu messen war sowohl beim Absenken als auch beim Hochziehen der Sonde. Die Meßergebnisse sollten zur Abgrenzung der Filterstrecken mit herangezogen werden. Jede Messung war vom Bohrunternehmer sofort nach dem Fertigstellen der Bohrung auszuführen.

16.7.5.3 Brunnenrohre

Folgende Bedingungen waren unter anderem zu erfüllen:

a) Die Filter- und die Blindrohre mußten einen lichten Durchmesser von 10″ = 254 mm aufweisen. Der lichte Durchmesser des Filteraufsatzrohres wurde durch die jeweilige Pumpe bestimmt. Er konnte zwischen 12″ = 305 mm und 14″ = 356 mm betragen. Alle Rohre und die Bodenplatte des Sumpfrohres mußten mindestens ¼″ = 6,3 mm dick sein. Das Sumpfrohr sollte etwa 5 ft ≈ 1,53 m lang ausgeführt werden (Abb.16.7–2).

b) Aufgrund der Bohrergebnisse und der Beurteilung der wasserführenden Schichten mußte entschieden werden, in welchen Bereichen Filter- bzw. Blindrohre eingebaut wurden.

Bereiche mit Feinsand oder noch feinkörnigeren Böden schieden für Filterstrecken von vornherein aus. Filterschlitze mußten von solchen Schichten einen Abstand von mindestens 5 ft ≈ 1,53 m aufweisen.

c) Als Filter waren zugelassen: Geschlitzte Rohre aus Siemens-Martin-Stahl, vorverkieste Filter mit Kunststoffverkittung des Filterkieses, Schlitzbrückenfilter und hochwertige Spezialfilter.

d) Da das Wasser im Brunnengebiet allgemein gut und nicht aggressiv war, mußte nur im Fall, daß irgendwo doch aggressives Wasser angetroffen wurde, ein Hartgummiüberzug der Stahlfilter als Korrosionsschutz oder eine sonstige gleichwertige Ausführung angewendet werden.

e) Die Filterrohre und die Filteraufsatzrohre mußten ausreichend gerade, senkrecht und zentrisch eingebaut werden, damit ein gleichmäßig dicker Kiesfilter erreicht und die Pumpe so installiert werden konnte, daß ein störungsfreier Lauf gewährleistet war. Ein größeres Abweichen von der Lotrechten als 1″ = 25,4 mm auf 100 ft = 30,5 m im Bereich des Filteraufsatzrohres war nicht zulässig.

16.7.5.4 Kiesfüllung

a) Der ringförmige Hohlraum zwischen dem Brunnenrohr und der Bohrlochwand mußte sofort nach dem Einbau des Brunnenrohres mit einem dem Untergrund angepaßten Mischkiesfilter aufgefüllt werden. Bei vorverkiesten Filtern genügte geeignetes Bohrgut. Das Filtermaterial mußte von Unterkante Sumpfrohr bis Unterkante Pumpenfundament reichen, so daß später im Bedarfsfalle durch Rohre, die in das Fundament einbetoniert wurden, gleiches Material von oben nachgefüllt werden konnte (Abb. 16.7–2).

b) Der gelieferte Kies mußte von guter Qualität, rund und ohne bindige Beimengungen sein. Soweit erforderlich, mußte er gewaschen werden. Die Mischung des Filterkieses war während der Bauausführung den jeweiligen Bodenschichten anzupassen, konnte sich aber im allgemeinen auf die Korngruppen 1 bis 3 und 3 bis 7 mm bzw. 1 bis 4 mm beschränken.

c) Der gemischte Filterkies konnte ohne besondere Füllrohre handschaufelweise von oben eingeschüttet werden, ohne daß durch dieses Einbringen in kleinen Mengen die Gefahr eines Entmischens im eingebauten Zustand eintrat. Ein Einbringen im freien Fall in großen Mengen – z. B. durch Schubraupen – war aber wegen der dabei auftretenden örtlichen Entmischungsgefahr strengstens untersagt. Der Filterkies mußte im eingebauten Zustand so dicht gelagert sein, daß bei Abschluß der Pumpversuche und innerhalb der Gewährleistungsfrist keine schädlichen Sackungen mehr auftreten konnten.

16.7.5.5 Entwickeln der Brunnen und Pumpversuch

Nach dem Einbau des Kiesfilters war jeder Brunnen durch wechselndes Abpumpen so zu entwickeln, daß ein dauernd einwandfreier Filteraufbau erreicht wurde. Es mußte so lange gepumpt werden, bis das Wasser klar und praktisch frei von Sandanteilen war.

Um nachzuweisen, daß der Brunnen richtig entwickelt war, mußte eine Stunde lang mit 130 % der Brunnenkapazität gepumpt werden. Der Sandanteil durfte hierbei nicht größer als 0,15 ‰ sein. Anschließend mußte folgender Pumpversuch durchgeführt werden:

a) Der Brunnen mußte stufenweise jeweils 30 Minuten lang mit 25 %, 50 %, 75 %, 100 % und 130 % der planmäßigen Brunnenkapazität abgepumpt werden.

b) Anschließend mußte mindestens 8 Stunden lang mit 130 % der planmäßigen Brunnenkapazität gepumpt werden. Die Absenkung und die Wasserspende des Brunnens mußten während des gesamten Versuchs gemessen und aufgezeichnet werden.

c) Das Testpumpen konnte als beendet angesehen werden, wenn die obige Forderung der zulässigen Sandmenge erfüllt war und ein eventueller Anstieg der spezifischen Brunnenkapazität in den letzten vier Stunden unter 10 % lag. Stieg die Leistung des Brunnens stärker, war der Versuch fortzusetzen.

d) Wegen unvermeidbaren Verschleißes durften für die Versuche keine Pumpen verwendet werden, die für die spätere Ausrüstung bestimmt waren.

e) Für den Wasserabfluß während der Pumpversuche war so zu sorgen, daß jeglicher Schaden an öffentlichem oder privatem Eigentum vermieden wurde.

16.7.5.6 Pumpenhäuser – Beruhigungsbecken

Zum Schutz der Pumpen- und Schalteinrichtungen waren gemauerte Pumpenhäuser mit Stahlbetondecke entsprechend den Abb.16.7–2 und –3 zu erstellen. Die Decke mußte mit einer abdeckbaren Montageöffnung ausgerüstet werden, so daß Motor, Pumpe und Rohrleitungen jederzeit ein- und ausgebaut werden konnten und der Pumpenraum auch in der Regenzeit einwandfrei trocken blieb.

Neben jedem Pumpenhaus mußte ein Beruhigungsbecken nach Abb.16.7–4 errichtet werden. Es wurde mit einem Überfall-Meßwehr ausgerüstet, so daß die geförderte Wassermenge jederzeit gemessen werden konnte. Das Beruhigungsbecken bildete den Übergang zum Bewässerungs-Kanalsystem, das von der EPWAPDA ausgelegt wurde.

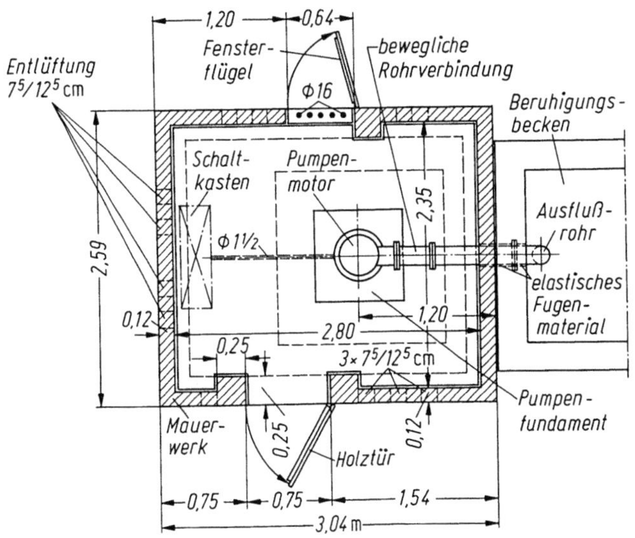

Abb. 16.7–3 Grundriß des Pumpenhauses

16.7.6 Durchführung der Bauarbeiten

Mit den eigentlichen Brunnenbauarbeiten wurde Anfang 1962 begonnen. Nach gewissen Anlaufschwierigkeiten wurden bald die geplanten Leistungen erzielt, die später sogar noch beachtlich übertroffen werden konnten.

Für das Bohren wurden 3 Saugbohranlagen und eine Lufthebe-Bohranlage eingesetzt.

Bei den angewandten Bohrmethoden war ein ausreichend großer Wasserüberdruck im Bohrloch für die Standsicherheit der unverrohrten Bohrung von ausschlaggebender Bedeutung. Hierzu wurde bei jeder Brunnenbaustelle ein ausreichend großes Spülbecken zwischen Erddämmen angelegt, dessen Wasserstand so hoch gehalten werden mußte, daß trotz des Abflusses in den Untergrund stets ein ausreichender Wasserüberdruck in der Bohrung vorhanden war.

Um größeren Nachfall oder den Einbruch der Bohrung zu vermeiden, mußte beim anstehenden Gebirge mit mindestens 1,5 m Wasserüberdruck gebohrt werden.

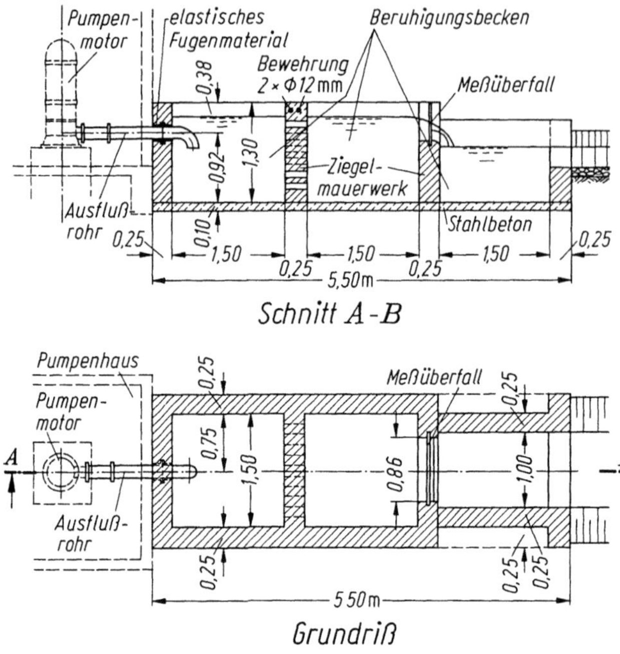

Abb. 16.7–4 Beruhigungsbecken mit Meßüberfall

Das Wasser für die Spülbecken wurde entweder aus künstlich angelegten Teichen der Umgebung entnommen oder jeweils von zuvor fertiggestellten Brunnen mittels Spezial-Rohrleitungen aus Leichtmetall herangebracht.

Obwohl die eingesetzten erfahrenen europäischen Bohrmeister nur mit ungeschultem lokalem Personal arbeiten mußten, spielten sich die Kolonnen rasch ein. Die Bohrarbeiten liefen bald so reibungslos, daß ein Bohrfortschritt von i. M. 33 ft = rd. 10 m/Stunde erzielt werden konnte. In der zweiten Bauzeithälfte wurden mit den 4 Geräten im Mittel 9 Brunnen je Woche hergestellt, wobei im Dreischichtenbetrieb gearbeitet wurde. Eine weitere Leistungssteigerung wäre bei den teilweise sehr schlechten Zuwegungen aber nicht möglich gewesen.

Gebohrt wurde mit einem Kreuzmeißel.

Da das Grundwasser kaum Salze enthielt, war der Nutzeffekt der elektrischen Widerstandsmessungen im Bohrloch im vorliegenden Falle gering. Die Meßergebnisse waren so widerspruchsvoll, daß darauf bald verzichtet wurde.

Etwa 70 % der Filterstrecken wurden mit Schlitzbrückenfiltern mit 1,5 mm breiten Brükkenöffnungen und der Rest mit vorverkiesten Filtern der Korngrößen 1–2 mm und 2–3 mm ausgebaut. Während die Schlitzbrückenfilter im allgemeinen mit Mischkies der Körnungen 1–4 mm hinterfüllt werden mußten, konnte bei den vorverkiesten Filtern – wie vorgesehen – geeignetes Bohrgut des jeweiligen Brunnens oder eines Nachbarbrunnens verwendet werden. Die Aufsatzrohre wurden unter Berücksichtigung der Betriebsverhältnisse, des Pumpeneinbaus usw. einheitlich 85 ft = rd. 26 m lang ausgeführt.

Es zeigte sich, daß die Brunnen im allgemeinen nur 280 ft = rd. 85 m tief ausgeführt zu werden brauchten.

Schwierigkeiten ergaben sich anfangs hinsichtlich des Einhaltens der vertraglich geforderten Vertikalität. Das Problem wurde gelöst, indem sie mit Hilfe eines „umgekehrten Pendels“ (Abb.16.7–5) sowohl beim Bohren als auch beim Einbau der Brunnenrohre ausreichend häufig überprüft wurde. Beim „umgekehrten Pendel“ hängt ein tiefenveränderlicher, dem Profil mit Bewegungsspiel entsprechender Meßkörper (Kaliber) an einem dünnen Seil, das oben an einem in einem ringförmigen Wasserbecken frei beweglichen Schwimmkörper

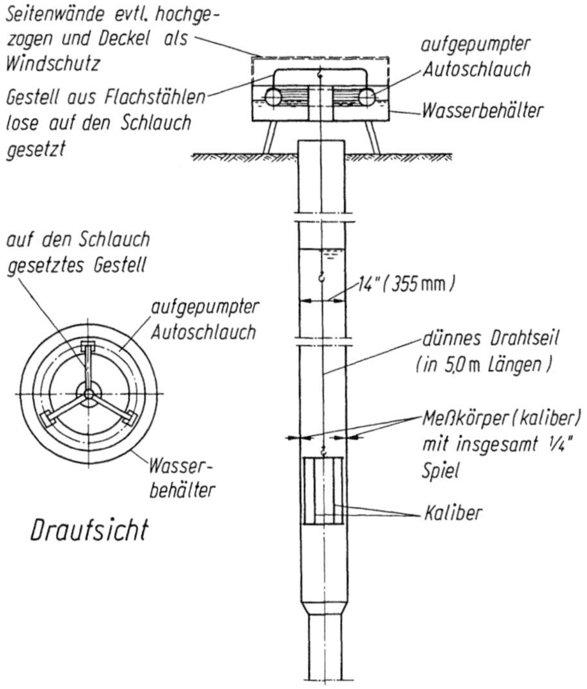

Abb. 16.7–5 Prüfung der Vertikalität eines Brunnens mit einem umgekehrten Pendel

befestigt ist. Letzterer folgt allen waagerechten Bewegungen des Meßkörpers, die oben genau und leicht gemessen werden können. Windeinflüsse müssen dabei ausgeschaltet werden.

Der Einbau der Brunnenrohre nahm im Durchschnitt 7–9 Stunden in Anspruch, das Einfüllen des Mischkieses 6–7 Stunden.

Je nach den örtlichen Verhältnissen und Verkehrsbedingungen erforderte der Bau eines Brunnens einschließlich Antransport des Bohrgerätes nur 1 ½ bis 2 ½ Tage.

Das anschließende Entwickeln und Testpumpen der Brunnen dauerte im allgemeinen 18 Stunden.

Als Betriebsleistung wurde – je nach Ergiebigkeit – die Fördermenge bei 8 m bzw. 5 m Absenkung zugrunde gelegt. Die durch den Pumpversuch festgestellten Betriebsleistungen schwankten je nach Lage der Brunnen, Ausbautiefe und Gebirge zwischen rd. 150 und 450 m^3/h, wobei der Durchschnitt bei 300 m^3/h = rd. 2,95 cusecs = rd. 83 l/s lag.

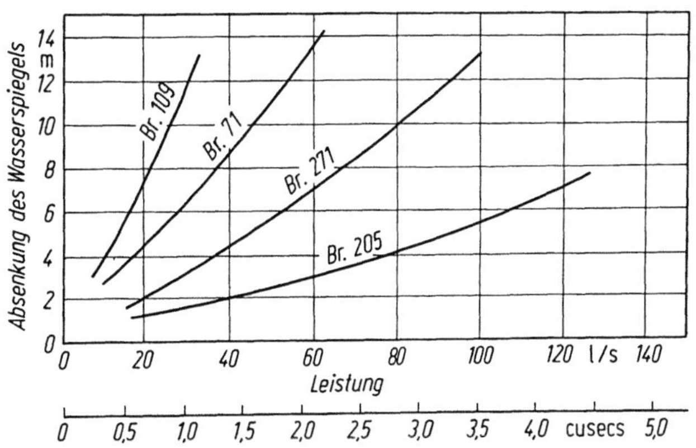

Abb. 16.7–6 Leistungskurven der Bohrbrunnen 109, 71, 271 und 205

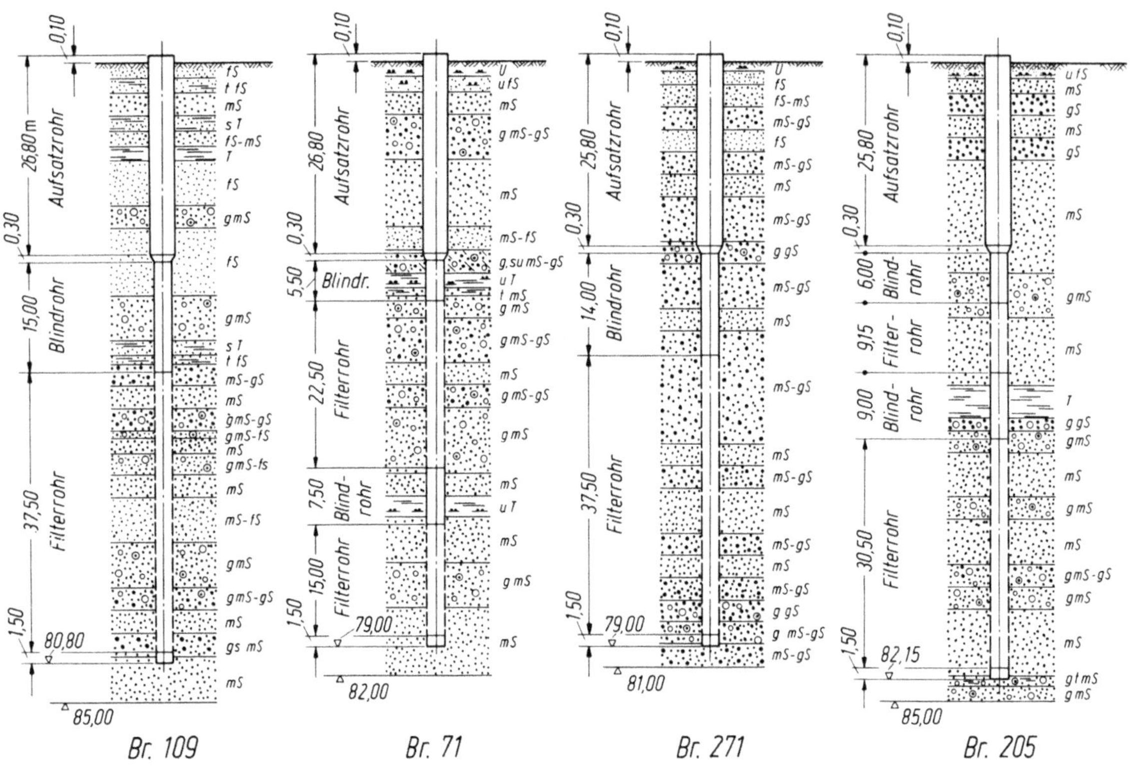

Abb. 16.7–7 Bodenprofile der Brunnen 109, 71, 271 und 205 und ausgebaute Filterstrecken

Zum Testpumpen der Brunnen wurde ein transportabler Blechkasten mit rechteckigem Meßüberfall benutzt. Die Wasserspiegellagen im Brunnen wurden mit Hilfe eines Tiefenlots mechanisch gemessen.

Einen Überblick über kennzeichnende Leistungskurven verschiedener Brunnen vermittelt Abb.16.7–6. Während der Brunnen Nr. 109 die geforderte Leistung von mindestens 1,5 cusecs = 42,5 l/s keinesfalls erreichte und auch Brunnen Nr. 71 bei 8 m Absenkung nur eine Leistung von 1,3 cusecs = 37 l/s aufwies, lieferte Brunnen Nr. 205 bei einer Absenkung von etwa 25 ft = 7,60 m etwa 4,4 cusecs = 125 l/s. Abweichend von den erzielten Leistungen waren die Unterschiede im Bodenaufbau dieser Brunnen nicht so kennzeichnend, wie es nach den Leistungen zu erwarten gewesen wäre (Abb.16.7–7).

16.7.7 Tatsächlich bewässerte Gebiete

In der Ausschreibung konnten die Bewässerungsgebiete nur generell angegeben werden. Bei Beginn der Brunnenbauten entschloß sich der Bauherr, nur sogenannte „highlands“ zu bewässern. Hierdurch ergab sich eine differenzierte Anordnung der Brunnen in den vorgesehenen Gebieten.

Die bis April 1963 mit Brunnen versehenen Gebiete in der Gesamtfläche von rd. 460 km^2 sind aus Abb.16.7–8 ersichtlich. Vergleichsweise sind hier auch die ursprünglich vorgesehenen Gebiete „A“–„F“ dargestellt. Die ausgeführten Brunnen gruppierten sich entlang der Straßen und Wege um das zentral gelegene, für das Bewässerungsprojekt errichtete Dieselkraftwerk (Abb.16.7–1). Von diesem lagen die äußersten Brunnen bis zu etwa 30 km entfernt.

Bezüglich der Maste für die Stromversorgung dieser Brunnen wird auf Kap.13.4.1 verwiesen.

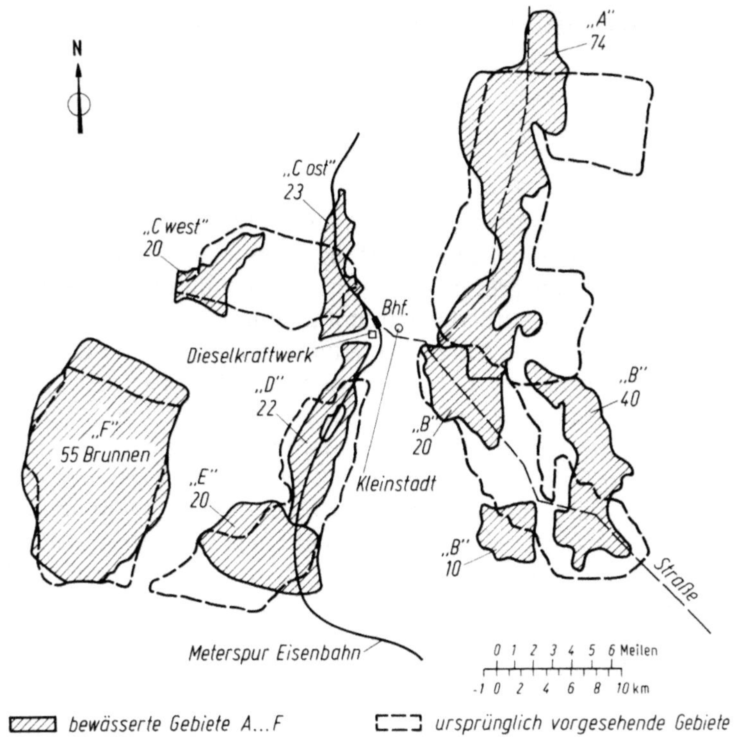

Abb. 16.7–8 Bis April 1963 bewässerte Gebiete „A" bis „F", entsprechend den ausgeführten Brunnen

17. Bodenverbesserungen für schwierige Gründungen

17.1 Allgemeines

Die Anwendung von Bodenverbesserungen hat in den letzten Jahren beachtlich zugenommen und wird auch in Zukunft noch an Bedeutung gewinnen. Sie kann sich entscheidend auf die Entwicklungsmöglichkeiten großer Gebiete mit anstehenden ungünstigen Bodenverhältnissen auswirken. Bekanntlich sind die guten Baugründe in der Nähe von Ballungsgebieten, vor allem von Hafenstädten, weitgehend bebaut. Sollen nun neue Betriebe, insbesondere Großanlagen, errichtet werden, ist man zunehmend gezwungen, in Bereiche mit schlechteren Bodenverhältnissen auszuweichen. Dort aber ergeben sich sowohl für die Hauptbauwerke als auch für die Verkehrsanlagen entsprechend höhere Gründungskosten. Da die Entscheidung über einen Standort neben den Fragen der Verkehrsverbindungen, des Arbeitsmarktes, der Raumverhältnisse und sonstiger Einflüsse vor allem auch von den Erstellungskosten maßgebend beeinflußt wird, muß versucht werden, die an den Baukosten wesentlich beteiligten Gründungsarbeiten so wirtschaftlich wie möglich auszuführen. Dadurch werden die im folgenden behandelten Fragen zu einem zentralen Problem neuer Industrie- und Verkehrsanlagen. Hierzu sei besonders erwähnt, daß große Betriebsanlagen so ausgeführt werden müssen, daß Betriebsstörungen z. B. durch ungleiche Setzungen oder Verschiebungen und dergleichen vermieden oder auf ein Mindestmaß begrenzt werden. Oft kann die Betriebsstörung eines einzigen Tages bereits Millionen kosten. Die gewählten Gründungen müssen diesem Umstand Rechnung tragen, und großzügige Lösungen sind erforderlich, wenn das angestrebte Ziel erreicht werden soll. In jedem einzelnen Falle muß sorgfältig überlegt und geprüft werden, welcher Weg dabei am zweckmäßigsten eingeschlagen wird.

Für Bodenverbesserungen kommen vor allem in Frage:

a) Bodenersatzverfahren mit Baggerungen im Trockenen oder im Nassen,

b) Verdichten zu locker gelagerter, nicht bindiger Schichten,

c) Konsolidieren oder Verstärken von weichen Störschichten, die in den sonst tragfähigen Untergrund, z. B. aus Sand, eingelagert sind, entweder durch Vorbelasten mit Sand oder durch Grundwasserabsenkung bzw. beides gleichzeitig, sowie durch das Einbringen eines Stützgerüstes aus Schotter oder dergleichen,

d) Konsolidieren mächtiger weicher, bindiger Schichten mittels Sand- oder sonstiger Dränagen und stufenweise aufgebrachter Sandmassen bzw. bei Massengutlagerplätzen durch allmählich gesteigerte Nutzlasten im Betrieb.

Häufig werden diese Verfahren auch gleichzeitig angewendet, und es werden im Rahmen eines Großprojektes die örtlich jeweils zweckmäßigsten Verfahren, abhängig von den zu gründenden Bauwerken, gewählt.

Zusammenfassend kann festgestellt werden, daß schwierige Gründungen in Verbindung mit Bodenverbesserungen bereits oft mit Erfolg ausgeführt worden sind. Bodenverbesserungsverfahren können zur wirtschaftlichen Lösung verschiedener Gründungsprobleme entscheidend beitragen. Aufgabe der Forschung wird es sein, weitere geeignete Untersuchungs- und Berechnungsverfahren sowie Geräte zu entwickeln, damit alle Probleme in Entwurf, Berechnung, Bemessung und Baudurchführung immer zielsicherer und richtiger gelöst werden können.

17.2 Gründung eines Warmwalzwerkes im norddeutschen Raum, mit Bodenersatz

Als kennzeichnendes Beispiel für ein Bodenersatzverfahren im Trockenen sei im folgenden die Gründung eines Warmwalzwerkes im norddeutschen Raum in den Jahren 1955/56 genannt. Dort stand der tragfähige Sand erst unter einer rd. 1,5 bis 7 m dicken weichen Kleischicht an.

Die hier behandelte erste Ausbaustufe des Warmwalzwerkes war rd. 755 m lang und rd. 149 m breit. Spätere Erweiterungen mußten berücksichtigt werden.

Nachdem verschiedene Gründungsverfahren untersucht und kostenmäßig gegenübergestellt worden waren, ergab sich die großräumige Auskofferung des Kleis im Trockenen und sein Ersatz durch verdichtet eingebrachten Sand – bis auf wenige Bereiche – als günstigste Lösung.

In Abb.17.2–1 sind zwei kennzeichnende Bohrergebnisse dargestellt. Der Hüttenflur ± 0,0 m wurde 3,65 m über der vorhandenen Geländeoberkante festgelegt. Er lag dabei auf NN + 5,35 m.

Die Gründungssohlen der großen Fundamente lagen in der Regel noch über dem gewachsenen Sand. Zum Teil banden sie aber auch in diesen ein.

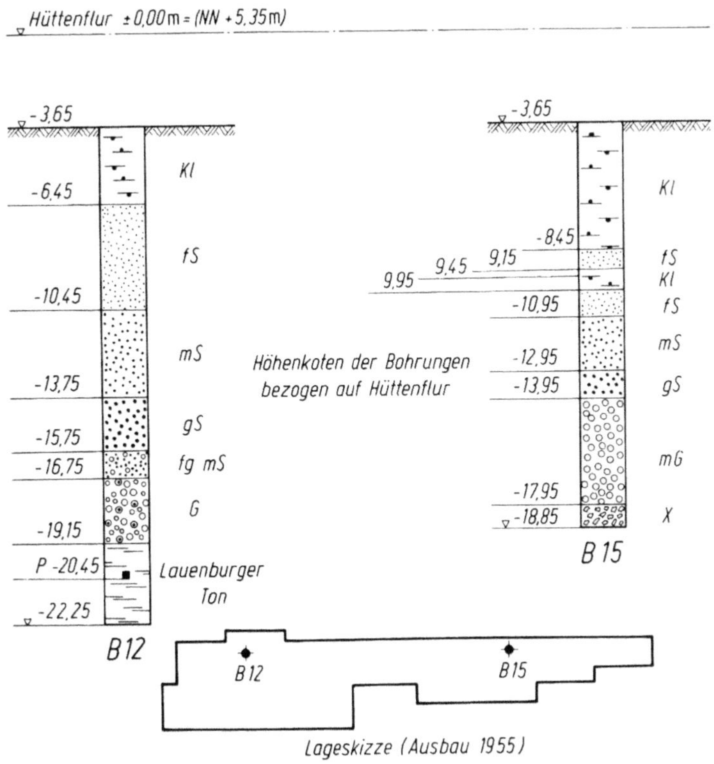

Abb. 17.2–1 Genereller Grundriß des Warmwalzwerkes und kennzeichnende Bohrungen B 12 und B 15

Abb.17.2–2 und –3 geben einen Überblick über die Auskofferung für das erste Ausbaustadium des Warmwalzwerkes. Der Klei wurde etwa in der Böschung 1 : 1,5, also verhältnismäßig steil ausgehoben. Die Auskofferungsgrenzen mußten den späteren Erweiterungserfordernissen des Werkes so angepaßt werden, daß diese ohne Störung vorhandener Anlagen und ihres Betriebes durchgeführt werden konnten. In gewissen Randbereichen, in denen spätere Erweiterungen nicht in Frage kamen, wurden auch Pfahlfundamente angewendet, und zwar dort, wo ein besonders rascher Baufortschritt dies erforderte oder aber die Pfahlgründungskosten niedriger waren als die vermehrten Bodenersatzkosten. Der Bodenersatz mußte ja so weit geführt werden, daß aus den benachbarten Kleischichten keine ungünstigen Fundamentsetzungen mehr zu erwarten waren.

Bei den Pfahlfundamenten mußte dafür gesorgt werden, daß die Pfähle nicht durch die hohen Hüttenwerknutzlasten – es handelt sich dabei um Lasten zwischen 15 und 30 t/m^2 – deformiert oder zerstört wurden. Hierzu mußte beim größten Teil der Pfahlfundamente

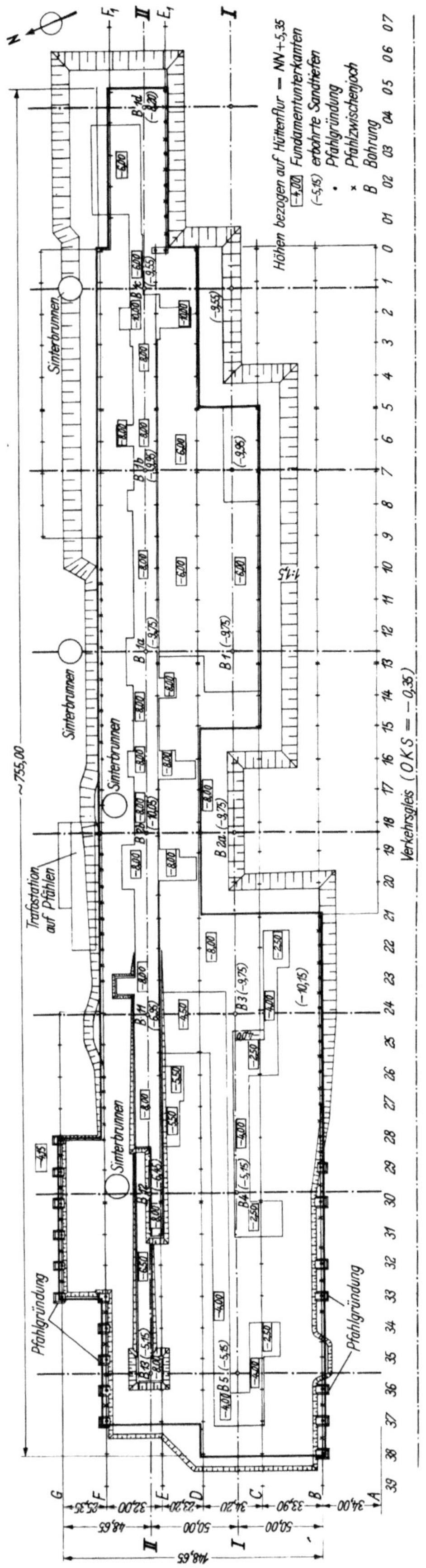

Abb. 17.2–2 Grundriß des Warmwalzwerkes mit Aushubplan und Angaben zur Fundamentausbildung, Ausbau 1955/56

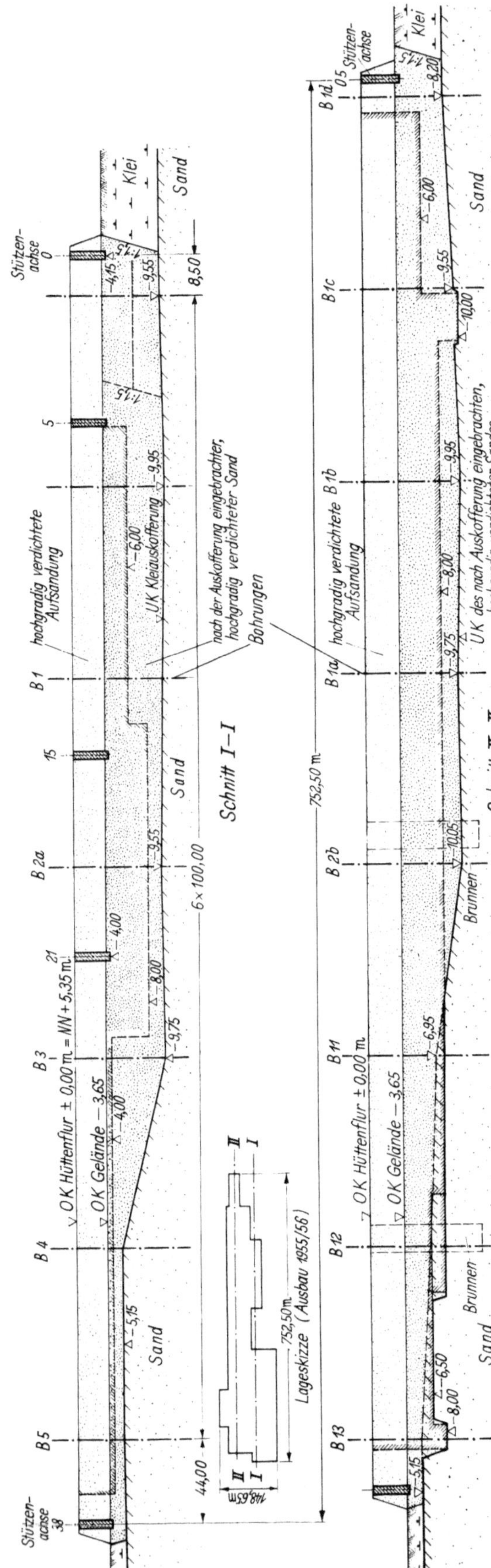

Abb. 17.2–3 Längsschnitte durch das Warmwalzwerk mit Bohrergebnissen und Angaben zur Bodenverbesserung, Ausbau 1955/56

Abb. 17.2–4 Freigelegte Frankipfahlroste für Teilgründungsbereiche des Warmwalzwerkes, Ausbau 1955/56

auch der zwischen den Pfählen befindliche Klei ausgeräumt und durch Sand ersetzt werden. Sonst konnten die Pfähle durch Seitendrücke in diesen weichen Boden hineingedrückt und zerstört werden. Dabei ergab sich der seltene Anblick freigelegter Frankipfähle. Aus Abb. 17.2–4 ist zu erkennen, daß alle Pfähle in Ordnung waren.

Abb.17.2–3 zeigt die Auskofferungstiefen im Längsschnitt und die erforderlichen Gründungstiefen der Fundamente. Da hochgradig verdichteter Sand in der Regel wesentlich tragfähiger ist als gewachsener, wurde im Sinne der Bodenverbesserung auch in Bereichen mit Gründung auf gewachsenem Sand die gesamte Aushubsohle mit Oberflächenverdichtern bearbeitet und so auch die obere Zone des anstehenden Sandes hochgradig verdichtet.

In einem Versuchsfeld war festgestellt worden, daß beim vorhandenen Sand mit dem Gerät von Bohn und Kähler bei mehrfachen, sich kreuzenden Durchgängen eine hochgradige Verdichtung auf 1,2 bis 1,5 m Tiefe erzielt werden konnte. Mit dem AT 5000 war die entsprechende Tiefe 0,8 bis 1,0 m. Diese Verdichtungstiefen waren auch für das spätere Einbringen des Sandes von Bedeutung und maßgebend für die zu wählenden Dicken der Sandlagen.

Der Vorteil der Oberflächenverdichtung liegt in ihrer Billigkeit. Die Oberflächenverdichter nutzen die Resonanz des Schwingungssystems Rüttler-Boden aus, um einen besonders guten Verdichtungseffekt zu erzielen. Der Energieaufwand ist dabei verhältnismäßig gering. Damit bleiben auch die Kosten in einem durchaus erträglichen Rahmen. Sie bewegten sich zum Zeitpunkt der Bauausführung dieses Projektes in der Größenordnung von 40 bis 50 Pfennig pro m^3 verdichteten Sand. Die Oberflächenverdichtung ist aber nur möglich, wenn der Boden lagenweise und zugänglich im Trockenen eingebracht wird. Der Verdichtungseffekt hängt dabei vom optimalen Wassergehalt ab, der, bei zu trockenem Sand durch Wasserzugabe mittels Schlauch leicht erreicht werden kann. Die erzielte Lagerungsdichte nach DIN 1054 lag im vorliegenden Falle bei $D = 0{,}7$ bis $D = 1{,}0$ und größtenteils über $D = 0{,}85$. Dieses Ergebnis war deshalb besonders wichtig und anzustreben, weil bei Lagerungsdichten $D \geq 0{,}85$ die Gefahr einer Bodeneinrüttlung aus Schwingungen von Maschinenfundamenten erfahrungsgemäß nicht mehr besteht.

Der Auffüllsand konnte größtenteils aus einer vorgezogenen aufgespülten Hafenbaggerung entnommen werden. Der Rest wurde mit LKWs aus Sandgruben angefahren, die im Geestgebiet lagen.

Abb.17.2–5 zeigt Querschnitte durch den westlichen Teil der Anlage, die mit rd. 8-facher Überhöhung dargestellt sind. Die Grenzen der Randbereiche sind so festgelegt worden, daß bei einer späteren Aushubböschung 1 : 1,5 im Boden nur noch ein 2 m hoher Restkeil an Klei verbleibt.

Bei den Pfahlfundamenten konnte die Auskofferungsgrenze näher herangerückt werden. Sie durfte im allgemeinen bis zur Achse des Fundamentes reichen, ohne daß eine Gefährdung der Pfähle eintrat.

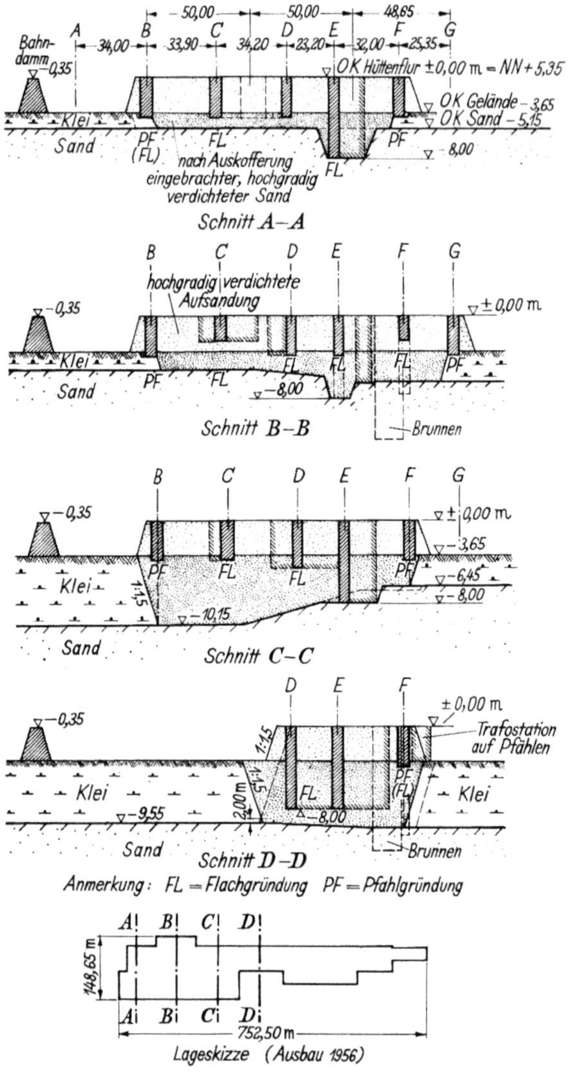

Abb. 17.2–5 Querschnitte durch das Warmwalzwerk mit Angaben zur Gründungsausführung, Ausbau 1955/56

17.3 Bodenersatz für die Gründung einer Kaimauer für Großschiffe an der Mündung eines norddeutschen Tidestromes (vgl. auch Kap.5.1.2.11)

17.3.1 Allgemeines

Anfang der sechziger Jahre sollte an der Mündung eines norddeutschen Tidestromes in einem Gebiet, in dem über gewachsenem diluvialen Sand (Abb.5.1.2.11–2) breiiger Klei bis in Tiefen von NN –22,0 m und teilweise noch tiefer anstand, eine Kaimauer für Großschiffe bis zu 100.000 dwt errichtet werden. Verschiedene durchgeführte Vergleichsuntersuchungen zeigten, daß eine Lösung mit Ersatz des breiigen Kleis durch guten Sand im eigentlichen Umschlagbereich mit Hafenplanum (vgl. Abb.5.1.2.11–1 und –6) die technisch und wirtschaftlich bei weitem günstigste Lösung darstellt. Im Bereich der ober- und der unterstromseitigen Leitwand, mit deren Hilfe lediglich eine günstige Stromführung erreicht werden sollte und die – ohne Hinterfüllung – wesentlich geringer beansprucht wurde, war ein Bodenersatz nicht nötig und daher auch nicht vorgesehen (vgl. Abb.5.1.2.11–7 und Abb. 17.3–1).

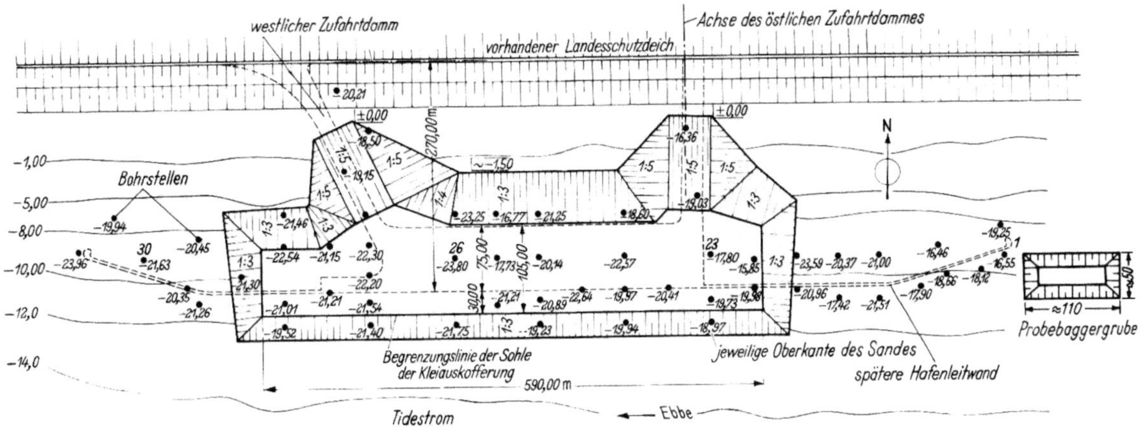

Abb. 17.3–1 Kleiauskofferung für den Bodenersatz mit Angabe der Bohrstellen und der jeweiligen Oberkante des tragfähigen Sandes

Die Auftragsbehörde hatte gegen die Lösung mit Bodenersatz zunächst Bedenken wegen:
- der Gefahr des Einwanderns großer Sandriffeln in die Auskofferungsgrube
- der Gewinnung des Sandes am gegenüberliegenden Ufer und der Kreuzung des zu einem Welthafen führenden Fahrwassers beim Herantransport
- der vertraglich schwierig erscheinenden Erfassung des Abtriebes bei der Sandverfüllung und
- der erforderlichen, so tiefen Auskofferung, daß auch im EG-Raum nur eine begrenzte Anzahl von Baggerfirmen in Betracht kam, wodurch der Wettbewerb ungünstig beeinflußt werden konnte.

Nachdem genaue Untersuchungen des Sandtriebes im Auskofferungsbereich und die Beobachtungen einer großen Probebaggergrube (Abb. 17.3–1) gezeigt hatten, daß die Gefahr einer unkontrollierbaren Versandung nicht bestand und die Ausschreibung neben einer vertraglich sinnvollen Erfassung des Sandabtriebes auch alle erforderlichen Sicherheitsmaßnahmen (Radarüberwachung, Sprechfunkanlagen usw.) einschloß und darüber hinaus ein als Pierkonstruktion ohne Bodenersatz zusätzlich ausgeschriebener Vergleichsentwurf etwa um 50 % höhere Baukosten erforderte, waren die zunächst berechtigten Bedenken der Behörde ausgeräumt. Sie stimmte der Auskofferungslösung zu und förderte dieses Projekt nun nach besten Kräften.

17.3.2 Art, Umfang und Durchführung des Bodenersatzes

Abb. 17.3–1 zeigt die etwa 1,1 Mill. m^3 gewachsenen Klei umfassende Auskofferungsgrube mit den gewählten Böschungen in der Neigung 1 : 3 bzw. 1 : 5 in der Nähe des Landesschutzdeiches mit Andeutung der Kontur der Ufermauer mit der ober- und der unterstromseitigen Leitwand. Der Klei wurde mit einem Eimerkettenbagger ausgehoben und zum Teil weit stromab verklappt, aber überwiegend in ein etwa 6 km entferntes Spülfeld gepumpt.

Alle Aushubsohlen wurden nach dem letzten Sauberkeitsschnitt der Kleibaggerung nochmals von Verunreinigungen und losem Schlamm gesäubert, bevor mit dem Sandeinfüllen begonnen wurde.

Abb. 17.3–2 zeigt einen Schnitt durch das fertige Bauwerk im Umschlagbereich mit der Kleiauskofferung, der Sandverklappung bis NN –4,0 m konnte der Arbeitsplanum für die anschließenden Rammarbeiten diente und das weitere Einbringen des Sandes in der Gesamtmenge von rd. 2,6 Mill. m^3. Bis zur Tiefe von NN –4,0 m konnte der Sand verklappt werden. Unmittelbar hinter dem Uferbauwerk mußte er jedoch eingespült werden, desgleichen in allen Bereichen oberhalb NN –4,0 m. Das Aufspülen und das weitere Auffüllen wurde lagen-

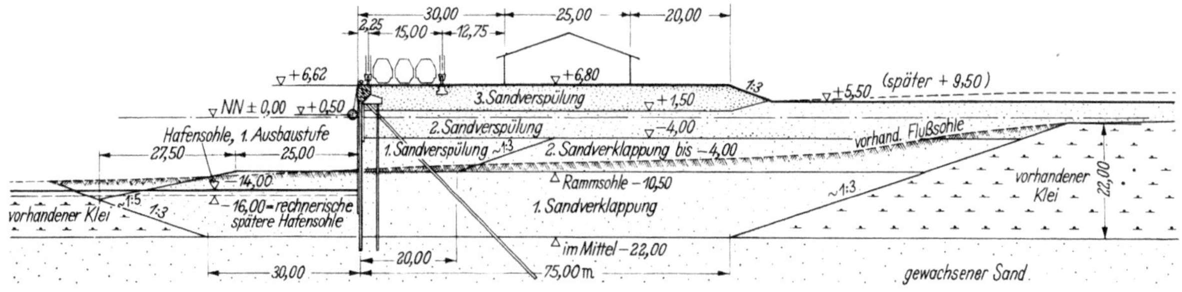

Abb. 17.3–2 Normalquerschnitt der Kaianlage mit Arbeitsprogramm für das Sandeinbringen

weise vorgenommen. Mindestens ab NN + 1,5 m mußte der Sand mit Oberflächenrüttlern hochgradig verdichtet werden.

Hinter dem eigentlichen Hafenplanum war ursprünglich zur Kostensenkung die Sandauffüllung nur bis NN + 3,5 m im Endzustand – mit Überhöhung bis NN + 5,5 m im Bauzustand – vorgesehen. Noch während der Bauarbeiten wurde aber die Vollauffüllung auf die sonstige Höhe des Hafenplanums beschlossen und zum Ausgleich der zu erwartenden Setzungen und Sackungen sowie zur Schaffung eines Sandvorrates der Boden dort bis NN + 9,5 m aufgespült.

Abb.17.3–3 zeigt einen Querschnitt durch den westlichen Zufahrtdamm und durch den sogenannten Trenndamm. Sobald die Kaimauer in ausreichender Länge hergestellt war, sollte das Durchströmen des Raumes hinter der Uferwand mit Hilfe dieses Trenndammes (OK zunächst überhöht aufgespült auf NN + 6,5 m, absinkend auf NN + 3,5 m) verhindert werden. Der Bauvorgang mußte dabei so abgestimmt werden, daß im Bauzustand beim Trenndamm möglichst flache Böschungen erzielt wurden, um beim benachbarten bis NN

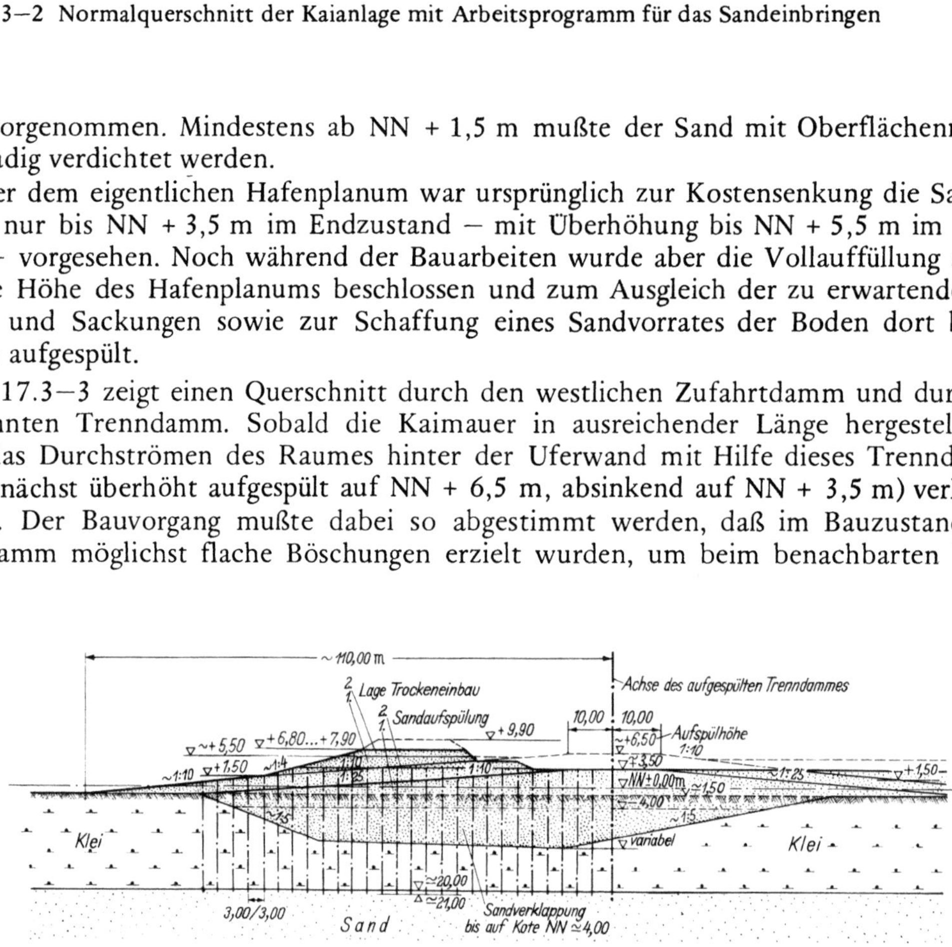

Abb. 17.3–3 Querschnitt durch die Teilauskofferung und die Sandauffüllung im westlichen Zufahrtdamm

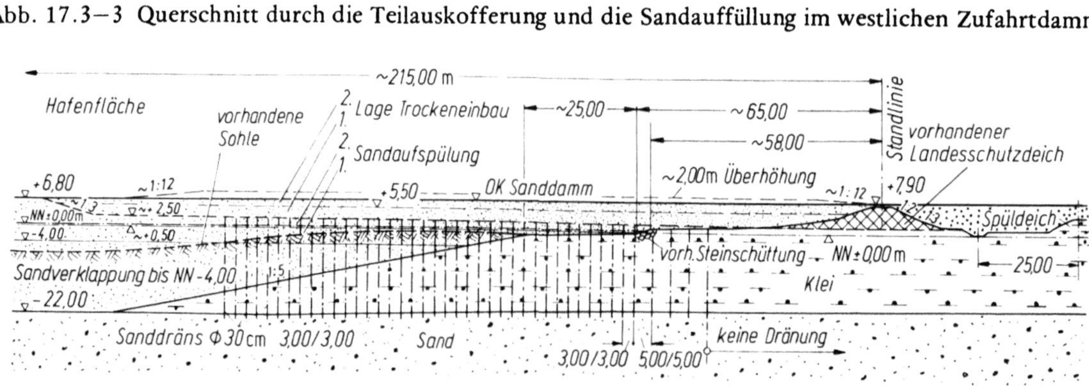

Abb. 17.3–4 Längsschnitt durch den westlichen Zufahrtdamm

+ 9,9 m überhöht einzubauenden Zufahrtdamm Geländebrüche zu vermeiden. Zur Klärung des Problems wurden umfangreiche Standsicherheitsuntersuchungen durchgeführt.

Abb.17.3–4 zeigt einen Längsschnitt durch den westlichen Zufahrtdamm mit den Sanddränagen, die vom Trockenen aus eingebracht wurden. Im Bereich des Landesschutzdeiches wurde auf Sanddränagen verzichtet, da hier die aufgefüllten Dammengen kleiner waren. Außerdem sollten hier die Setzungen keinesfalls zu sehr beschleunigt werden, damit eventuelle unvorhersehbare Schwierigkeiten beim Landesschutzdeich sicher vermieden werden konnten. Die Böschungen in entsprechender Entfernung vom Landesschutzdeich wurden jedoch dräniert, damit rechtzeitig vor dem Herstellen der Straßen und der Rohrmontage usw. der größte Teil der Setzungen abgeklungen war.

Der östliche Zufahrtdamm (Abb.5.1.2.11–1 und Abb.17.3–1) wurde in sinngemäß gleicher Weise hergestellt wie der westliche.

17.3.3 Ergänzende Hinweise

Da im Hafengebiet kaum Schlickfall eintrat, gelang der Bodenersatz – wie spätere Kontrollen mit Drucksonden zeigten – in zufriedenstellender Weise.

Weitere Bodenverbesserungen, die in verschiedenen Kaimauerbereichen plangemäß durch Tiefenrüttlung herzustellen waren, sind im Kap.5.1.2.11 behandelt.

17.4 Bodenverbesserungen für Hüttenwerkgründungen an bzw. im Bereich der Ärmelkanalküste

17.4.1 Allgemeines und Bodenverhältnisse

Bodenverbesserungen wurden in großem Umfange bei der Gründung eines Hüttenwerkes in einem Seehafen am Ärmelkanal angewendet. Das Werk erstreckte sich über eine Länge von rd. 3 km und gab durch den wechselnden Baugrund Veranlassung, bei den verschiedenen Bauwerken verschiedene Bodenverbesserungsverfahren anzuwenden.

Im allgemeinen standen dort unter einer locker gelagerten 10–12 m dicken Sandschicht zum Teil weiche, etwa dem alluvialen norddeutschen Klei vergleichbare Störschichten bis zu 5 m Mächtigkeit an, die häufig von Sandlagen durchzogen waren. Darunter folgte mitteldicht gelagerter Sand und dann steifer Ton.

17.4.2 Verdichten der lockeren Sande

Da die Fundamente der Walzenstraßen, Hochöfen usw. empfindlich gegen Setzungen und Setzungsunterschiede sind, mußte auch in Fällen mit anstehendem lockeren Sand ohne bindige Störschichten der Baugrund verbessert, und zwar ausreichend tief verdichtet werden.

Durch umfangreiche Versuche wurde festgestellt, daß hier das bekannte Rütteldruckverfahren der Fa. Keller – bei dem rolliger Boden durch große Rüttelflaschen unter Sand- und Wasserzugabe hochgradig verdichtet wird – am schnellsten und wirtschaftlichsten zum Ziele führte.

In den Vorversuchen wurde auch ein anderes Bodenverdichtungsgerät erprobt. Bei diesem wurde ein Rohr mit nach unten aufklappbarem Verschluß in geschlossener Stellung mit Hilfe einer aufgesetzten schweren Rüttelramme in den anstehenden Sand getrieben. Hierbei wurde das Volumen des Rohres verdrängt und so der umgebende Sand verdichtet. Ein weiteres Verdichten ergab sich zum Teil auch durch das Einrütteln des benachbarten Bodens infolge der Erschütterungen aus der Rüttelramme.

Wenn das Rohr auf Tiefe war, wurde es mit Sand gefüllt und mit arbeitender Rüttelramme wieder hochgezogen. Dabei füllte sich der entstehende Hohlraum mit aus dem Rohr nachrutschendem verdichtetem Sand, wobei gleichzeitig auch die Umgebung noch in einem gewissen Umfange verdichtet wurde. Die vergleichenden Großversuche zeigten aber, daß bei den vorliegenden Untergrundverhältnissen und Verdichtungstiefen das Rütteldruckverfahren eindeutig überlegen war.

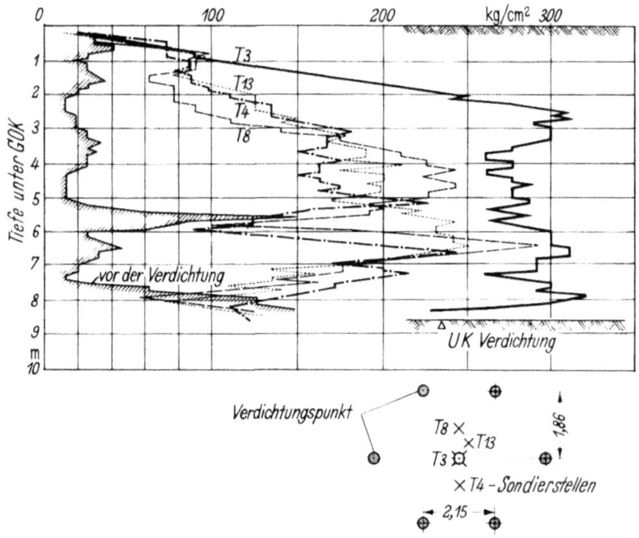

Abb. 17.4–1 Ergebnisse von Drucksondierungen im Bereich eines Hüttenwerkes vor und nach einer Bodenverdichtung mit Tiefenrüttlern

Abb.17.4–1 zeigt die Ergebnisse von Drucksondierungen in einem Versuchsfeld mit Spitzenwiderständen zwischen 15 und 30 kg/cm² im Ausgangszustand. Nach dem Verdichten des Bodens mit Tiefenrüttlern waren die Spitzenwiderstände im untersuchten Rüttelkern auf 250 bis 300 kg/cm² und im ungünstigsten Bereich der Zwickel zwischen den Kernen immer noch auf 100 bis 175 kg/cm² angestiegen. Der anstehende lockere Sand war demnach für die Tiefenrüttlung hervorragend geeignet. Dies führte dazu, daß etwa 480.000 lfdm Rüttelkerne mit Torpedo-Tiefenrüttlern ausgeführt wurden.

17.4.3 Bodenverbesserung in Bereichen mit weichen, bindigen Störschichten

Die Bereiche mit weichen, bindigen Störschichten wurden entweder durch hohe Vorbelastung mit Sandbergen oder durch Grundwasserabsenkung, bei der das wirksame Eigengewicht des auflastenden Bodens durch den Wegfall des Auftriebes entsprechend vergrößert wurde, oder durch beides gemeinsam im erforderlichen Maße vorkonsolidiert, oder aber es wurden mit Einfach- oder Doppelrüttlern Schottersäulen als Verstärkung in den Boden gerüttelt. An solchen Schottersäulen sind mit Einfachrüttlern rd. 90.000 lfdm und mit Doppelrüttlern rd. 46.000 lfdm eingebracht worden.

Besonders erwähnt sei, daß die ausführende Spezialfirma beim vorliegenden Projekt auch einen Großversuch mit Dreifachrüttlern durchgeführt hat. Abb.17.4–2 zeigt den Dreifachrüttler unmittelbar vor dem Absenken, wobei mit der Wasserzugabe gerade begonnen wurde. Die Größe des Gerätes kann aus dem Vergleich mit den daneben stehenden Personen erkannt werden. Durch Auf- und Abwärtsbewegen des Rüttlersatzes in Verbindung mit dem Rüttelvorgang und starker Wasserzugabe wurden die erforderlichen Hohlräume gebildet. In diese wurde der Schotter mit Großgeräten laufend eingeschüttet. Anschließend wurde der Schotter von den Rüttlern in den Untergrund geschlagen und hochgradig verdichtet. Abb. 17.4–3 zeigt die oberen Enden freigelegter Schottersäulen und Abb.17.4–4 die aufgemessenen Durchmesser dieser Säulen auf volle Tiefe. Der Durchmesser betrug am Kopf rd. 2,0 m und am Fuß 1,0 m.

Aus diesen Versuchsergebnissen ist zu erkennen, daß mit Hilfe von Tiefenrüttlern Stützkörper beachtlicher Abmessungen in den Untergrund eingebracht werden können, wobei allerdings mit besonderer Sorgfalt vorgegangen werden muß.

Abb. 17.4–2 Gerät mit Dreifachrüttlern, fertig zum Einfahren

Abb. 17.4–3 Teilweise freigelegte, mit einem Dreifachrüttler eingebrachte Schottersäulen

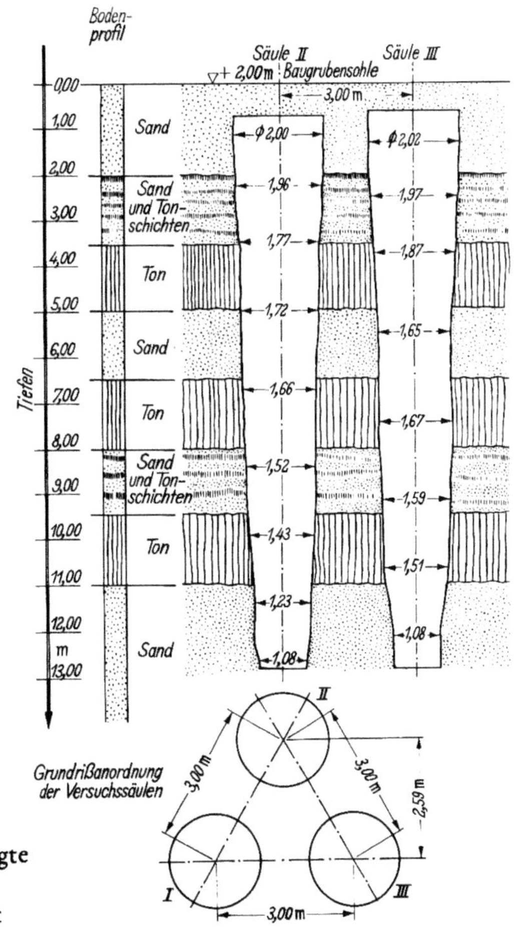

Abb. 17.4–4 Voll freigelegte Schottersäulen, mit einem Dreifachrüttler eingebracht

17.4.4 Verdichten von Sanden mit starken, bindigen Beimengungen

In einem anderen Hüttenwerk im Bereich der Kanalküste war der anstehende Sand so mit bindigen Beimengungen durchsetzt, daß er mit Tiefenrüttlern nur bei einem sehr engen Abstand der Rüttelkerne noch hochgradig verdichtet werden konnte. Hier wurde der Boden daher mit gerammten Sandpfählen verdichtet.

Abb.17.4–5 zeigt eine solche Sandverdichtung nach dem Franki-Verfahren. Um die Anzahl der Sandpfähle und damit die der Geräteumsetzungen klein zu halten, wurde hier in den jeweils gerammten Sandpfahl zentrisch noch ein zweiter Pfahl gerammt. Dadurch wurde der Verdichtungspfahldurchmesser und damit auch die Bodenverdichtung entsprechend vergrößert. In Abb.17.4–5 sind die Kontur des inneren Pfahles und der äußere Ring, der von der Masse des ersten Pfahles herrührt, deutlich zu erkennen. Der mittlere Durchmesser eines solchen doppelten Verdichtungspfahles betrug etwa 0,85 m.

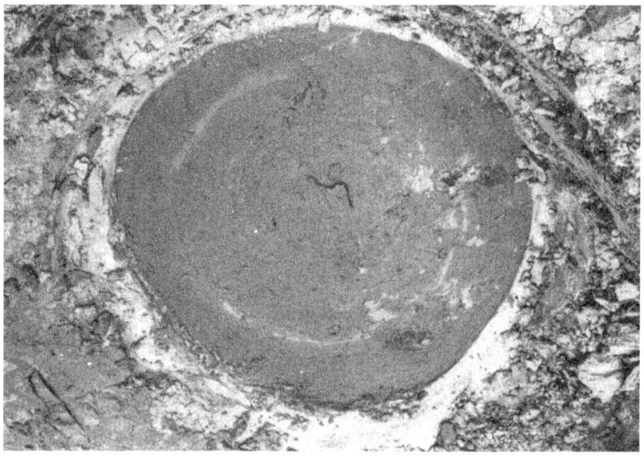

Abb. 17.4–5 Querschnitt durch einen nach dem Franki-Verfahren gerammten doppelten Verdichtungssandpfahl

Beim Herstellen der gerammten Sandpfähle wurden die teilweise bindigen Sandmassen mit Gewalt umgelagert und verdichtet. Dabei traten aber auch schollenartige Verschiebungen großer Bodenkörper ein, bei denen teilweise spaltförmige Hohlräume im Boden entstanden. Letztere konnten später zu gewissen Auflockerungen führen. Bei der Beurteilung des Verdichtungserfolges müssen im übrigen auch vorhandene Verspannungen im verdichteten Boden berücksichtigt werden, wenn sie allein aufgrund von Druck- und Rammsondierungen vorgenommen wird.

17.5 Bodenverbesserung für einen Erzlagerplatz im norddeutschen Küstengebiet

17.5.1 Allgemeines

Zur Erzversorgung verschiedener Hüttenwerke im norddeutschen Raum mußte in einem großen deutschen Seehafen an der Nordsee eine Erzumschlaganlage für Großschiffe geplant und im Jahre 1964 fertiggestellt werden. Zur Lagerung der zahlreichen antransportierten Erzsorten mußte in erreichbarer Nähe zum Erzkai, bei dem nur Platz für ein Notlager vorhanden war, ein großer Erzlagerplatz angelegt und in seinem ersten Teilausbau mit dem Erzlagerplatz 1 ebenfalls 1964 in Betrieb genommen werden. Die Erze mußten vom Umschlagkai mit einer Förderbandanlage zum Erzlagerplatz transportiert und dort systematisch verteilt und gelagert werden, um später zum Abtransport per Eisenbahn auch wieder gezielt entnommen werden zu können.

Für diesen Erzlagerplatz stand nur ein Gelände mit ungünstigem Baugrund zur Verfügung. Er mußte, um schließlich eine Erzauflast von 10 · 3 = 30 t/m² aufnehmen und sicher abtragen zu können, entsprechend vorbereitet und entwickelt werden.

17.5.2 Der vorhandene Baugrund

Die umfangreichen Bodenaufschlüsse, die für das vorliegende Projekt durchgeführt worden waren, bestätigten den an sich schon bekannten generellen Baugrundaufbau noch im einzelnen. Danach stand bis i. M. etwa 16,5 m unter Geländeoberkante weicher alluvialer Klei an, der von noch nachgiebigeren Schilftorfschichten verschiedener Höhenlage und wechselnder Mächtigkeit durchzogen war. Abb.17.5–1 gibt einen generellen Überblick über solche Schilftorfschichten im Bereich des Erzlagerplatzes 1 im Ausgangsstadium vor Beginn der Aufsandung. Während z. B. in der Bohrung B 293 die Summe der Schilftorfschichtenhöhen nur 1,55 m ausmachte, betrug sie im Bohrloch B 298 bereits 4,2 m und in B 299 sogar 4,8 m.

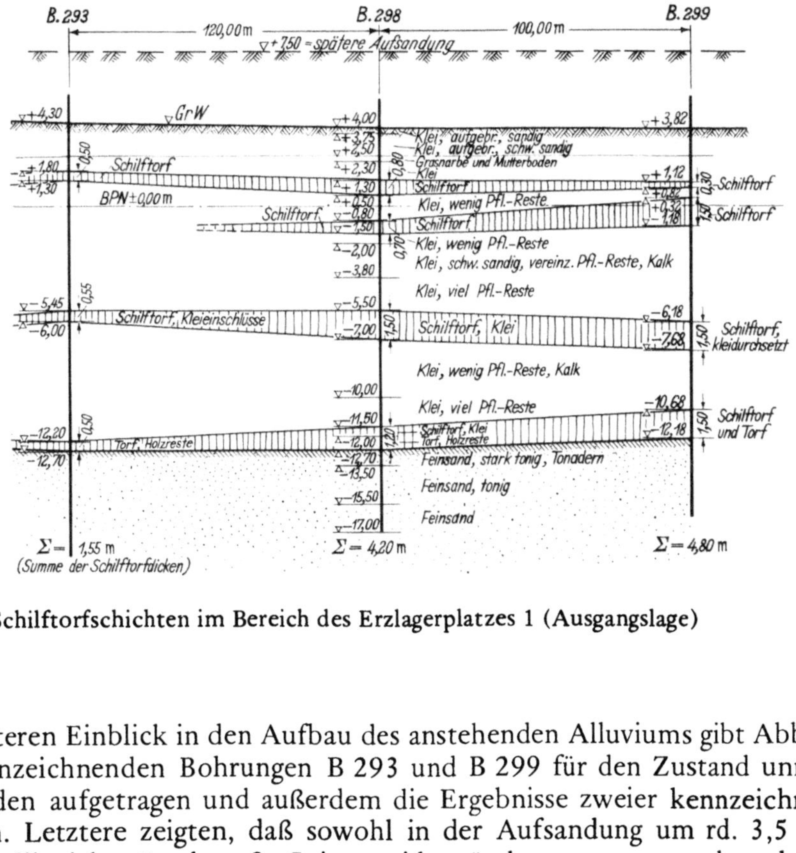

Abb. 17.5–1 **Schilftorfschichten im Bereich des Erzlagerplatzes 1 (Ausgangslage)**

Einen weiteren Einblick in den Aufbau des anstehenden Alluviums gibt Abb.17.5–2. Hier sind die kennzeichnenden Bohrungen B 293 und B 299 für den Zustand unmittelbar nach dem Aufsanden aufgetragen und außerdem die Ergebnisse zweier kennzeichnender Drucksondierungen. Letztere zeigten, daß sowohl in der Aufsandung um rd. 3,5 m als auch im tiefliegenden diluvialen Sand große Spitzenwiderstände gemessen wurden, daß aber im weichen Alluvium kaum welche auftraten.

Die bodenmechanischen Untersuchungen ergaben für die alluvialen Schichten Kennwerte für das Raumgewicht, die Scherfestigkeit und die Zusammendrückbarkeit in für norddeutsche Kleigebiete allgemein bekannter Größenordnung.

17.5.3 Bauliche Maßnahmen zur Vorbereitung und für den Ausbau des Erzlagerplatzes

Um Grundbrüche im Fußbereich der Erzbergböschungen zu vermeiden, mußte auf das Alluvium vorweg eine etwa 3,5 m dicke, möglichst dicht gelagerte Sandschicht aufgebracht werden. Dazu brauchte der zur Verfügung stehende Sand nur in Schichten aufgespült zu werden. Diese Aufsandung ergab eine zusätzliche großflächige wirksame Belastung des setzungsempfindlichen alluvialen Untergrundes mit etwa 7 t/m².

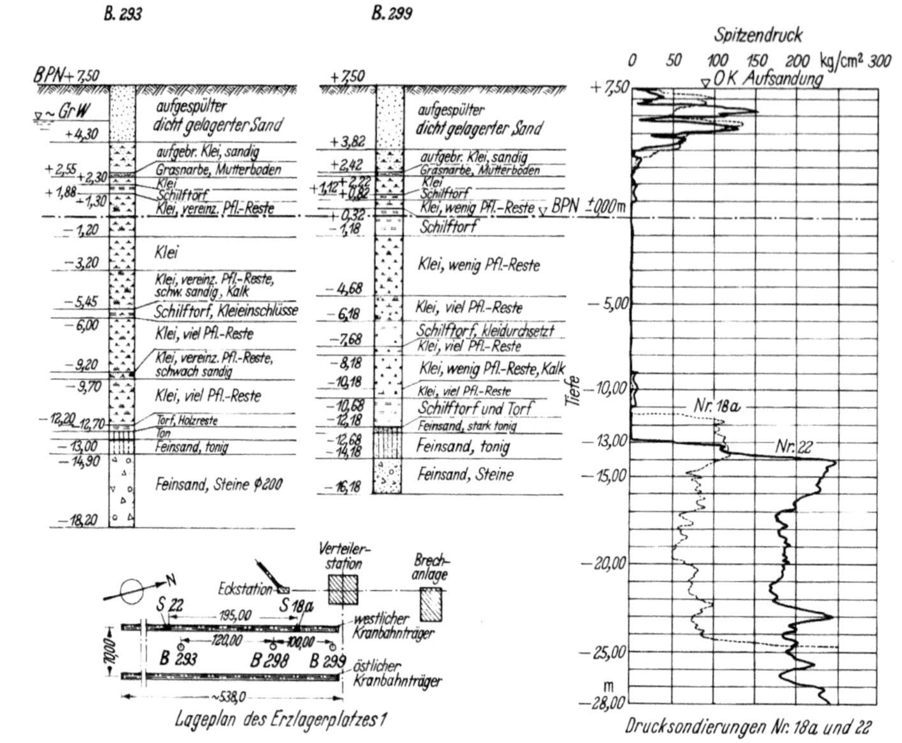

Abb. 17.5–2 Weitere kennzeichnende Bodenaufschlüsse im Bereich des Erzlagerplatzes 1 und Drucksondierergebnisse (ungefähre Ausgangslage unmittelbar nach der Aufsandung)

Damit nun im Zuge der Entwicklung des Erzlagerplatzes mit gesteigerten Erzschütthöhen die neutralen Spannungen in den alluvialen Schichten möglichst rasch abgebaut und so die Scherfestigkeiten gleichlaufend erhöht wurden, mußten die alluvialen Schichten dräniert werden. Hierzu wurden nach dem Aufsanden Sanddränagen ∅ 30 cm im Raster 3,5/3,5 m von der Aufsandungsoberfläche bis hinunter in den diluvialen Sand eingebracht. Dabei wurde der gesamte Erzlagerplatz 1 bis 50 m über die flankierenden Kranbahnen hinaus dräniert (Abb. 17.5–3).

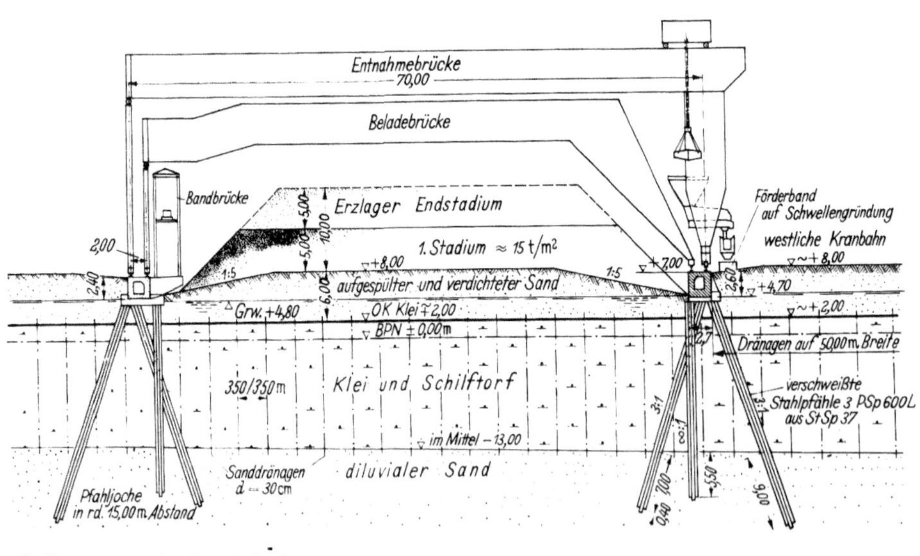

Abb. 17.5–3 Setzungen im Bereich des Erzlagerplatzes 1, infolge Geländeaufsandung um i. M. 3,50 m

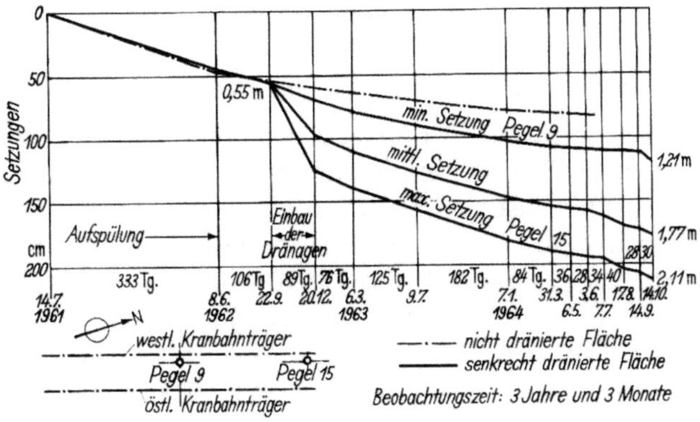

Abb. 17.5–4 Querschnitt durch den Erzlagerplatz 1, Zustand bei Inbetriebnahme im Jahre 1964

In dem so vorbereiteten Gelände wurden die Kranbahnen für die Belade- und für die Entnahmebrücke sowie für die Bandbrücke errichtet (Abb.17.5–4). Sie erhielten schwere kastenförmig ausgebildete Laufbahnbalken aus Stahlbeton, die in 15 m Achsabstand auf schweren dreipfähligen Stahlpfahljochen gegründet wurden. Für die Pfähle wurde vorsorglich ein gut schweißbares Stahlmaterial der Güte 37 mit großem effektiven Fließbereich gefordert, damit auch bei starken Durchbiegungen der Pfähle infolge des Druckes vorbeifließender oder -kriechender Kleimassen kein Sprödbruch der Pfähle eintreten konnte.

17.5.4 Bodenbewegungen nach dem Aufsanden

Schon nach dem Aufsanden auf großer Fläche traten nicht vorherzusehende Bodenbewegungen in lotrechter, aber auch in waagerechter Richtung ein. In Abb.17.5–4 sind gemessene Setzungen aus der Aufsandung dargestellt. Da die Messungen im mittleren Gebiet einer großen Aufsandungsfläche ausgeführt worden waren, konnten hier Fließerscheinungen nach den Außenseiten hin nur einen begrenzten Einfluß haben. Die oberste Kurve zeigt für einen Bereich ohne Dränagen den Setzungsverlauf über die Dauer der Aufsandung und einen anschließenden Zeitraum von insgesamt rd. 36 Monaten. Weiter zeigt Abb.17.5–4 die Veränderung und Zunahme der Setzungen in den Bereichen, in denen mit Rücksicht auf die spätere Nutzung Sanddränagen eingebracht werden mußten. Hier begann nach der Dränung ein Steilabbruch, wobei Setzungen beachtlicher Größenordnungen auftraten.

Die verstärkte Zunahme der Setzungen im letzten Teil dieser Kurven ist auf eine zusätzliche Aufsandung zurückzuführen.

Bei der obersten Kurve – für den Fall ohne Dränung – ergibt sich der Eindruck, daß nach etwa 3 Jahren die Setzungen weitgehend abgeklungen waren. Die gemessenen Setzungen deckten sich in der Größenordnung mit denen, die sich aus einer üblichen Setzungsberechnung ergaben. Unter Berücksichtigung der zugehörigen Steifeziffern errechnete sich aus der Aufsandung eine Konsolidierungssetzung im Endzustand von etwa 0,9 m im Bereich mit dicker und von 0,65 m im Bereich mit dünner Schilftorfschichtensumme. Die Setzungen im Bereich mit Dränung waren aber wesentlich größer und 36 Monate nach dem Dränieren noch keinesfalls abgeklungen (Abb.17.5–4).

Ähnliches wurde nicht nur in diesem Gelände, sondern inzwischen auch bei dränierten weichen Böden an anderen Orten beobachtet, so daß der Schluß naheliegt, daß die Zusammendrückungswerte, die an kleinen Bodenproben weicher Böden im genormten Kompressionsversuch mit behinderter Seitenausdehnung ermittelt werden, das tatsächliche Verhalten dränierter Böden in der Natur nicht ausreichend richtig und vollständig wiedergeben. Es ist daher erforderlich, dem Problemkomplex der Zusammendrückung und des Fließens weicher, bindiger, dränierter Böden besonders nachzugehen, damit die Institute für Bodenmechanik den Gründungsingenieuren auch für solche Fälle Werte liefern können, die ausreichend zutreffen und später zu keinen unliebsamen Überraschungen führen.

17.5.5 Deutung der Beobachtungen

Offensichtlich führt unter bestimmten Voraussetzungen eine Dränung setzungsempfindlicher weicher Böden nicht nur zu einer Beschleunigung, sondern auch zu einer Vergrößerung der Setzungen. Ein solches Ergebnis läßt sich auch festigkeitsmäßig erklären. Durch das Einbringen von vertikalen Dränagen wird sowohl der Spannungs- als auch der Verformungszustand in den betroffenen Teilen des Untergrundes nachhaltig verändert. Durch die Möglichkeit des leichteren Abfließens des Porenwassers zu den Dränagen hin werden die dränagenahen Bodenschichten stärker entwässert und daher rascher zusammengedrückt als die entfernteren. Hierdurch ergibt sich für die letzteren ein verstärktes seitliches Ausweichen, so daß sich die Bodenelemente nicht entsprechend einer behinderten, sondern einer nur teilweise behinderten Seitenausdehnung verhalten. Während beim Kompressionsversuch mit voll behinderten Seitenausdehnung ein im wesentlichen nach der Auflastachse orientierter radialsymmetrischer Spannungszustand und ein einaxialer Verformungszustand auftreten, wirkt bei dränierten Böden in der Natur an allen Bodenelementen ein der Symmetrie entbehrender räumlicher Spannungs- und auch ein solcher Verformungszustand. Dabei werden die Bindestellen der Gefügeketten bindiger Böden stärker und rascher beansprucht als ohne Dränung, so daß mehr Stellen der Gefügeketten brechen, die sonst bei geringerer und langsamerer Beanspruchung durch Kriecherscheinungen in den Bindestellen heil geblieben wären. Das Gefüge findet daher erst nach wesentlich größeren Verformungen mit stärker verdichteter Feinstruktur wieder einen Gleichgewichtszustand, bei dem bei voller Konsolidation alle einwirkenden Spannungen vom Korngerüst aufgenommen und übertragen werden.

17.5.6 Beobachtete waagerechte Bewegungen

Außer den großen lotrechten Bewegungen sind am Erzlagerplatz 1 auch beachtliche waagerechte Verschiebungen und Fließbewegungen in den alluvialen Schichten eingetreten, wobei die Aufsandung teilweise mitgenommen worden ist. Bei ungleichmäßigem weichen Baugrund führt auch eine großflächig aufgebrachte gleichmäßig verteilte Auflast zu solchen waagerechten Bewegungen, die daher rühren, daß in Randnähe der Auflast befindliche, besonders nachgiebige Bodenschichten seitlich weggequetscht werden und im Inneren der weichen Bodenmassen auftretende große Seitendrücke von diesen Zonen wegführende Bewegungen der Bodenmassen auslösen. Dieser Vorgang wird durch un- oder nur teilkonsolidierte Zustände im Porenwasser der feinkörnigen Böden unterstützt und führt dazu, daß der breiigweiche Boden auch auf große Entfernungen hin wegfließen kann. So wurden an den Eisenbahngleisen, die etwa 175 m von der westlichen Kranbahn des Lagerplatzes 1 entfernt parallel zu dieser laufen, allein aus der Aufsandung von 3,5 m Verschiebungen um mehrere Zentimeter beobachtet, obwohl die Aufsandungsböschung rd. 100 m vom ersten Gleis entfernt endete. Die Kranbahnbalken aus Stahlbeton auf schwerer Stahlpfahlgründung erlitten allein aus den waagerechten Bodenbewegungen infolge der Aufsandung Verschiebungen, die örtlich zu einer Spurerweiterung um rd. 9 cm führten.

17.5.7 Messungen am Erzlagerplatz 1

Aufgrund der gemachten Beobachtungen erteilte der Bauherr einem bekannten süddeutschen Institut den Auftrag, die unter den Erzlasten auftretenden Setzungen und waagerechten Bewegungen des Untergrundes in einem dafür besonders eingerichteten Meßfeld im Erzlagerplatz 1 zu erkunden, um so die Unterlagen für eine Betriebsvorschrift für diesen Lagerplatz zu gewinnen. Die Erzauflasten wurden dabei durch entsprechende Sandauflasten ersetzt, und es wurden für verschiedene Auflasthöhen die Verformungen des Baugrundes im Lagerplatz, im Bereich der Kranbahnen und auch außerhalb derselben festgestellt. Auch wurden im Bereich der Kranbahn die auf einen Versuchspfahl einwirkenden Bodendrücke gemessen und bei einzelnen Bauwerkspfählen auch deren Verformungen ermittelt. Ohne auf diese Meßergebnisse hier im einzelnen einzugehen, sei erwähnt, daß in diesem Versuchsfeld waagerechte Bodenverschiebungen auftraten, die die Metergrenze überschritten.

Die Verformungen der lotrechten Pfähle der Kranbahngründungen wurden auch noch später im Betrieb in bestimmten Zeitabständen mit einem Spezialgerät gemessen. Dabei wurde festgestellt, daß bei den eingetretenen großen Verformungen ein Lotpfahl infolge Sprödbruchanfälligkeit gebrochen war. Das geborgene obere Pfahlende zeigte eine messerscharf begrenzte Bruchfläche.

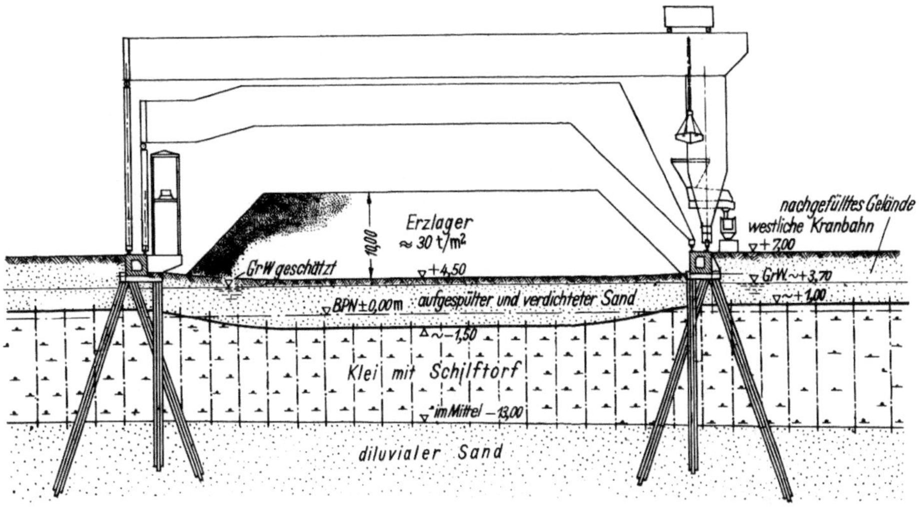

Abb. 17.5–5 Querschnitt durch den Erzlagerplatz 1, voraussichtliches Endstadium der Setzungen

17.5.8 Schlußbemerkungen

Aufgrund der Beobachtungen im Versuchsfeld und unter den Erzauflasten im Betrieb kann damit gerechnet werden, daß – ausgehend von den Höhenlagen der Sandaufschüttung im Zustand der Inbetriebnahme des Erzlagerplatzes 1 im Jahre 1964 nach Abb.17.5–3 sich schließlich Verhältnisse nach Abb.17.5–5 einstellen werden. Die Lagerplatzsohle wird dabei durch den vergrößerten Aufsandungsquerschnitt, der günstigere Verhältnisse für den Grundwasserabfluß mit sich bringt, aller Voraussicht nach noch oberhalb des Grundwasserspiegels bleiben.

Die Anlage konnte trotz starker Verformungen der Lotpfahlreihe der Kranbahnen in Betrieb gehalten werden.

18. Baugrubensicherungen - Bauvorgänge

18.1 Allgemeines

Beim Errichten von Bauwerken und insbesondere ihrer Gründungen am oder im Wasser kann in vielen Fällen die technisch bessere Ausführung in offener Baugrube mit ihrem jederzeit überprüfbaren Ablauf der Bauvorgänge erreicht werden, wenn das Bauobjekt als Ganzes oder in Teilen durch einen Fangedamm eingefaßt werden kann.

Ob ein Fangedamm als einfacher Erddamm mit oder ohne eine Dichtungsspundwand oder als Steinschüttdamm im Regelfalle mit einer Dichtungsspundwand, als doppeltes Spundwandbauwerk oder als Zellenfangedamm ausgeführt werden soll, hängt vor allem von den örtlichen Gegebenheiten in bezug auf den Untergrund, die Wasserstandsverhältnisse, die Tiefe und Größe der Baugrube, aber auch von anderen technischen Forderungen, wie Freihalten von durchströmten Querschnitten und den erforderlichen Durchfahrtbreiten für den Schiffsverkehr ab.

Fangedämme sind in jedem Falle Hilfsbauwerke für die Bauausführung und führen somit an sich zu verlorenen Baukosten. Ihre Anwendung ist daher wirtschaftlich durch eine gewonnene Zeitersparnis und/oder eine vereinfachte und zuverlässigere Ausführung des Bauobjektes selbst nachzuweisen.

Bei begrenzter Bauwerksgröße in einer oder beiden waagerechten Richtungen können Fangedämme durch ausgesteifte oder fallweise auch durch nach außen verankerte Spundwände sowie Pfahl- oder Schlitzwände ersetzt werden. Steifenfreie Baugruben begrenzter Abmessungen können aber auch durch ringförmige oder rahmenartige Aussteifungen, die innerhalb oder außerhalb der Baugrubeneinfassung angebracht werden, gewonnen werden. Die Steifenfreiheit einer Baugrube kann zu einer wesentlichen Verkürzung der Bauzeit und zu Verbesserungen des Bauvorganges führen.

Bei jedem schwierigen Tiefbauwerk ist der Bauvorgang in allen Einzelheiten und Stadien bereits vor der detaillierten Planung des Bauwerkes sorgfältig zu planen und statisch-konstruktiv zu erfassen. Hier können durch sinnvolle Überlegungen bei ausreichender Sicherheit in allen Stadien oft beachtliche Baukosteneinsparungen erzielt werden, zumal wenn bei einwandfreien Planungsunterlagen und Ausarbeitungen im Einvernehmen mit der Bauaufsichtsbehörde die Spannungen nach Lastfall 3 zugelassen werden können. Leider wird gerade auf diesem wichtigen Teil des Grundbaus auch heute noch zu oft nur improvisiert. Selbst bei schwierigsten Bauabläufen wird die kostbare Ausschreibungszeit auch bei einwandfrei und optimal ausgearbeiteten Projekten für Sondervorschläge vertan, anstatt sie für eine qualifizierte Bearbeitung der beabsichtigten Bauausführung zu benutzen. Auch sollte stets überlegt werden, in welchem Umfang für die Baudurchführung erforderliche Hilfskonstruktionen anderweitig wiederverwendet oder aber als tragende oder sonst funktionell brauchbare Teile des endgültigen Bauwerkes benutzt werden können.

18.2 Fangedämme

18.2.1 Fangedamm für den Bau eines Hafentorbauwerkes in einem Schleusenhafen an der deutschen Nordseeküste

18.2.1.1 Allgemeines

In einem Marinehafen sollte das mit einer Doppelschleuse für Großschiffe versehene Erweiterungsbecken mit einer Wassertiefe von rd. 16,5 m unter MHaW durch ein Hafentorbauwerk gegen die bestehenden Hafenbecken mit einer Wassertiefe von rd. 11 m unter MHaW abgeschlossen werden. Dieses Bauwerk hatte zugleich fünf Aufgaben zu erfüllen, und zwar:

- den Abschluß gegen die erforderlichen verschieden hohen Wasserstände im neuen und in dem alten Hafenbecken
- die Ermöglichung des Schiffsverkehrs zwischen den beiden Hafenbecken
- die Überführung von Eisenbahn- und Straßenverkehr mit Hilfe einer beweglichen Brücke
- die Unterführung sämtlicher für den Dock- und Reparaturbetrieb erforderlichen Betriebsleitungen
- den kontrollierten Ausgleich der Wasserstände in beiden Hafenbecken durch ein besonderes Durchlaßbauwerk.

Da im Bauwerk zwei Schiebetore in bombengeschützten Torkammern untergebracht werden mußten, konnte die bewegliche Brücke nur daneben gelegt werden.

Der zweimal 1,9 X 1,2 m große Zwillingskabeltunnel wurde wegen angetroffener Tonlinsen unter der ursprünglich vorgesehenen Bauwerkssohle angeordnet. Es war daher eine große rd. 20 m tief unter MHaW reichende Baugrube erforderlich.

Abb. 18.2.1–1 Erdfangedamm mit Dichtungsspundwand für eine Hafentorbaugrube

18.2.1.2 Gewählte Baugrubenumschließung und Bauvorgänge

Die erforderliche Auswechslung der unter der Hafensohle anstehenden schlechten Bodenschichten durch Sand gab die Veranlassung zur Baugrubenumschließung durch eine vom Ufer aus halbinselförmig eingebrachte Sandschüttung, die mit einem einfassenden Randdamm abgeschlossen wurde. Die mittlere Sohle der Schüttung lag auf rd. MHaW = –11,0 m. In die teilhergestellte Schüttung des Randdammes wurde mittig eine rd. 20 m lange Dichtungsspundwand L IV neu aus StSp 37 schwimmend so gerammt, daß sie bis rd. MHaW = –11,0 m in die Schüttung reichte. Anschließend wurde die Wand beiseitig bis rd. MHaW = + 4,0 m mit Sand eingeschüttet.

Die äußere Unterwasserböschung des Sanddammes entlang der während der Bauarbeiten freizuhaltenden 30 m breiten Schiffahrtöffnung wurde durch Buschmatten mit Steinbewurf gesichert. Dann wurden die später an eine Ringleitung angeschlossenen 30 m tiefen Grundwasserabsenkbrunnen mit einem Filterdurchmesser von 490 mm eingebracht und in Betrieb genommen. Gleichzeitig wurde das freie Wasser in der Baugrube ausgepumpt.

Neben der Schiffahrtöffnung konnte wegen der beengten Raumverhältnisse die Innenböschung des Randdammes nur mit einer Neigung 1 : 2 hergestellt werden. Um einen Bruch des Dammes an dieser gefährdeten Stelle sicher zu vermeiden, wurde hier die Dichtungsspundwand während des Bauvorganges durch Stahlträger gegen die Baugrubensohle abgestützt.

Von der Oberfläche der inneren Sandanschüttung aus wurde dann eine rd. 12 m lange, die Bauwerksohle umschließende Spundwand L III neu aus StSp 37 gerammt und die so umspundete Sohlenbaugrube durch Querspundwände unterteilt. Die einzelnen Spundwandzellen wurden dann nacheinander bis rd. MHaW = –20,0 m ausgehoben, mit Bewehrung versehen und ausbetoniert.

Das fertige Hafentorbauwerk wurde später durch einen Sanddamm zwischen Stahlspundwänden an das gegenüberliegende Ufer angeschlossen. In diesem Fangedamm wurde das mit seiner Oberkante dicht unter NHaW endende Durchlaßbauwerk aus Stahlbeton mit fünf Durchlaßöffnungen von je 11 m^2 Querschnitt untergebracht.

18.2.1.3 Ergänzende Bemerkungen

Es war eine risikoreiche Bauausführung auf beengtem Raum, und sie verlangte bei der rd. 20 m unter MHaW reichenden tiefen Baugrube eine laufende genaue Überwachung der:

– Grundwasserabsenkungsanlage mit doppelter Sicherung,
– Außen- und Innenböschung der Baugrube und
– der Verkeilung der Stützen der Fangedammdichtungsspundwand am oberen und unteren Auflager.

Besondere Schwierigkeiten traten durch die Wahl der Ausführung im Schutze einer künstlich geschütteten Halbinsel aus Sand mit spundwandgedichtetem Randdamm nicht auf.

18.2.2 Fangedämme für die Umschließung der Baugrube für ein großes Reparaturdock im Nordwesten Spaniens (vgl. auch Kap. 9.2.5)

18.2.2.1 Vorbemerkungen

Das hier behandelte Trockendock, das als Bauwerk im Kapitel 9.2.5 behandelt ist, befindet sich in einer tiefen, gegen die atlantische Dünung gut geschützten Bucht, in der auch keine größeren Windwellen auftreten können. Der Untergrund besteht im allgemeinen bis auf eine Tiefe von einigen Metern unter der Gründungssohle des Dockes aus einem gut trag- und rammfähigen bindigen Mischboden, der durch starke Verwitterung von Schiefer entstanden ist. Anschließend geht diese Schicht in den härteren, nicht mehr rammfähigen Schiefer über (vgl. auch Abb.9.2.5–2).

Bei dieser Situation hätte sich die Bauausführung in einer mit Stahlspundwänden voll umrammten, waagerecht ausgesteiften Baugrube angeboten. Ein solcher Vorschlag war dem Bauherrn im Vorbereitungsstadium des Projektes – verbunden mit einer Lösung, bei der die dünn gehaltene Trockendocksohle gegen den Baugrund vorgespannt verankert werden sollte – auch unterbreitet worden. Die Umfassungsspundwände sollten in der Flucht der flankierenden Kaimauern gerammt und später in die Kaimauerkonstruktion mit einbezogen werden. Diese Lösung hätte ein Profil L VI aus StSpS erfordert.

Um Devisen zu sparen, entschloß sich der Bauherr – gemeinsam mit dem von ihm beauftragten Tiefbauunternehmer – jedoch zu der im folgenden beschriebenen Lösung, deren zunächst vorgesehene Ausführung im Zuge der Detailplanung aber noch in einem gewissen Umfange modifiziert bzw. geändert werden mußte.

18.2.2.2 Zunächst geplante Lösung

Die Dockbaugrube sollte auf ihren Längsseiten durch die als Blocksteinmauern vorgezogen hergestellten späteren Ausrüstungskaimauern umschlossen werden. Diese mußten hierzu dicht ausgeführt und nach der Baugrube hin durch eine Bruchsteinschüttung gestützt werden. Zur Dichtung sollten in Längsaussparungen aller Lagerfugen der Blöcke kräftige Elastomereschläuche eingelegt werden, die von den jeweils aufgelegten Blöcken so zusammengedrückt wurden, daß sie dichteten. Seitlich sollten diese Schläuche in die 0,7 m breiten und beidseitig 0,3 m tiefen Verzahnungsaussparungen der 2 m breiten Blöcke reichen. Nach dem Verlegen der Blöcke sollten diese Plomben mit Unterwasserbeton aufgefüllt werden, wodurch die Wand dicht wurde. Ein Problem besonderer Art war aber das erforderliche Abdichten gegen Unterläufigkeit durch das Schotterbett unter der Blockmauer. Hierzu mußte eine kurze, im Boden verbleibende Fußspundwand aus Stahl gerammt und dicht mit der Blockmauer verbunden werden. Die aus Erddruck von hinten bzw. bei leerer Baugrube umgekehrt aus Wasserdruck von der Hafenseite auftretenden Wandverschiebungen mußten dabei berücksichtigt werden. Nach Abwägung der jeweiligen Vor- und Nachteile entschied man sich, diese Fußspundwand baugrubenseitig anzubringen und den Anschluß mit dem untersten Wandblock durch Auffüllen des dazwischen vorgesehenen Raumes mit Unterwasserbeton herzustellen.

Diese Lösung erschien zunächst durchaus brauchbar. Sie mußte aber aufgegeben werden, weil die Blöcke nach dem Verlegen so rasch von einem dicken Pflanzenbewuchs befallen waren, daß nach dem Ausbetonieren der Plomben keine ausreichende Dichtung der Plombenfugen mehr erreicht werden konnte.

Auf der Einfahrtseite sollte die Baugrube durch den Einfahrtblock selbst abgeschlossen werden. Hierzu sollte dieser in seinen tragenden Teilen auf einem vorhandenen Helgen bzw. in einem Dock als Schwimmkasten hergestellt und anschließend eingeschwommen, abgesenkt und für den weiteren Bau und eigenen Ausbau entsprechend mit Sand ballastiert werden. Auch dieser Gedanke ließ sich nicht realisieren, da der 97,8 m lange und 20,0 m breite Schwimmkasten auch bei schlanker Ausführung rd. 10.000 t gewogen hätte und dafür weder der vorhandene Helgen ausreichte noch ein Dock zur Verfügung stand bzw. als Erddock hergestellt werden konnte. Auch die Errichtung als Ortbetonbauwerk in einer besonderen, von Spundwänden umschlossenen, ausgesteiften Baugrube wurde untersucht. Sie kam jedoch aus Kosten- und Devisengründen ebenfalls nicht in Frage.

18.2.2.3 Ausgeführte Lösung

Die ausgeführte Baugrubenumschließung ist im Grundriß auf Abb.18.2.2–1 dargestellt. Abb.18.2.2–2 zeigt die Lösung im Querschnitt und Abb.18.2.2–3 den seitlichen Abschluß im Detail. Die ursprüngliche Konzeption hierfür wurde soweit wie möglich beibehalten, jedoch mußte auf der Außenseite eine bis KN + 5,0 m reichende Umfassungsspundwand L 23 aus StSp 37 bzw. StSpS gerammt werden, die später in Höhe der Hafensohle auf Kote KN −7,0 m abgebrannt werden mußte. Die Standsicherheit der Blockmauer wäre sonst durch den Schlitz, den die gezogene Spundwand hinterlassen hätte und von dem trotz Auffüllung Aufweicherscheinungen ausgegangen wären, gefährdet worden. Die Spundwand mußte abhängig von der Durchlässigkeit und Festigkeit des anstehenden Baugrundes so tief eingerammt werden, daß die Unterläufigkeit ausreichend verhindert und die Standsicherheit des die Baugrube umschließenden Gesamtbauwerkes – bestehend aus Spundwand, Blocksteinmauer und Stützböschung aus Bruchsteinen – sichergestellt war. Die Spundwand mußte im Bauzustand oben für die wechselnden Belastungszustände gegen den Ortbetonkopf der Blocksteinmauer abgestützt bzw. verankert werden (Abb.18.2.2–3). Vorweg mußte die Baugrubensohle so tief ausgebaggert werden, daß für die Gründung der Baugrubenumschließungen einwandfrei tragfähiger Boden anstand. Zur Vergrößerung ihrer Standsicherheit durfte aber der Boden im Bereich der Seitenteile der Docksohle nur örtlich und erst unmittelbar vor dem nächsten Bauabschnitt der Sohle entfernt werden (Abb.18.2.2–2).

Das Schotterbett unter der Blocksteinmauer mußte abhängig von der Qualität des Gründungsbodens, mindestens aber 1 m dick, ausgeführt werden.

Auf der Hafenseite wurde die Dockbaugrube durch einen ringförmigen Steindamm mit innerer Dichtungsspundwand L 23 aus StSp 37 umschlossen (Abb.18.2.2–1, –4 und –5). Auf der Landseite wurden die seitlichen Stahlspundwände L 23 aus StSp 37 in Querrichtung

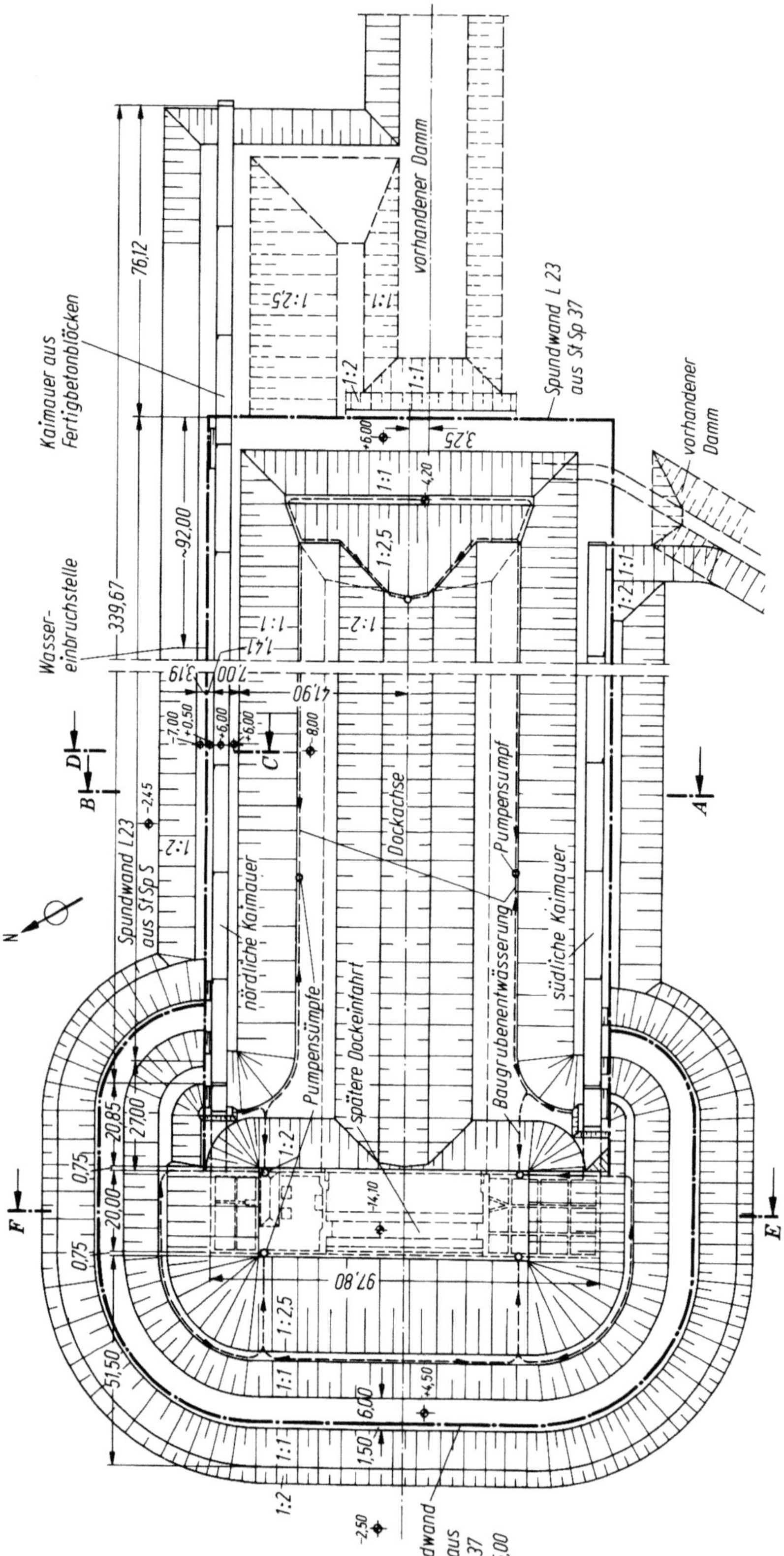

Abb. 18.2.2–1 Grundriß der Dockbaugrube

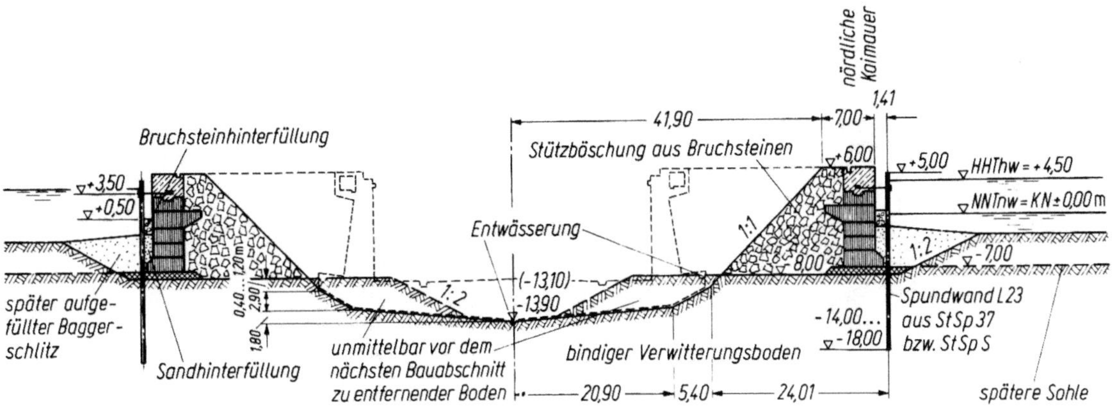

Abb. 18.2.2–2 Querschnitt A–B durch die Dockkammer-Baugrube (Lage s. Abb. 18.2.2–1)

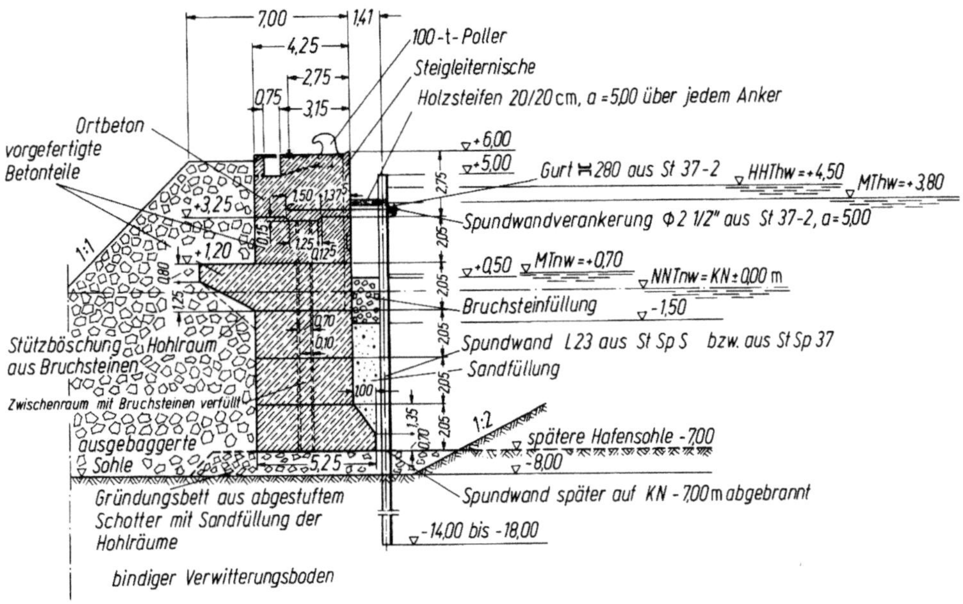

Abb. 18.2.2–3 Querschnitt C–D durch die Kaimauer im Bauzustand des Docks (Lage s. Abb. 18.2.2–1)

verlängert und miteinander verbunden. Auch diese Querwand wurde durch eine Bruchsteinschüttung gestützt (Abb. 18.2.2–1 und –5).

18.2.2.4 Wasserhaltung

Bei der gewählten Art der Baugrubenumschließungen und dem vorhandenen Baugrund genügte eine offene Wasserhaltung, bei der das anfallende Wasser von rd. 140 l/s in Gräben zu Pumpensümpfen abgeleitet wurde (Abb. 18.2.2–1 und –4).

18.2.2.5 Örtlicher Wassereinbruch

Die Bauausführung nach Ziff. 18.2.2.3 und 18.2.2.4 verlief weitgehend planmäßig. An einer Stelle im östlichen Bereich der nördlichen Seitenwand, in dem die Spundwand etwa bis KN – 12 m reichte, trat jedoch bei einem ungewöhnlich hohen Hafenwasserstand ein örtlich begrenzter Wassereinbruch ein. Hierbei waren innerhalb von 3 Stunden etwa 6.000 m^3 Wasser in die Dockbaugrube geflossen. Dies entspricht i. M. etwa 0,55 m^3/s. In diesem Bereich wies die Spundwand wegen eines Rammhindernisses eine örtliche waagerechte Ausbuchtung von rd. 0,60 m auf. Der Wassereinbruch hatte am steilen Übergang von der Ausbuchtung zur unverformten Spundwand begonnen. Dabei war das Verfüllungsmaterial zwischen der Spundwand und der Blocksteinmauer – soweit es aus Sand bestand – trichterförmig weg-

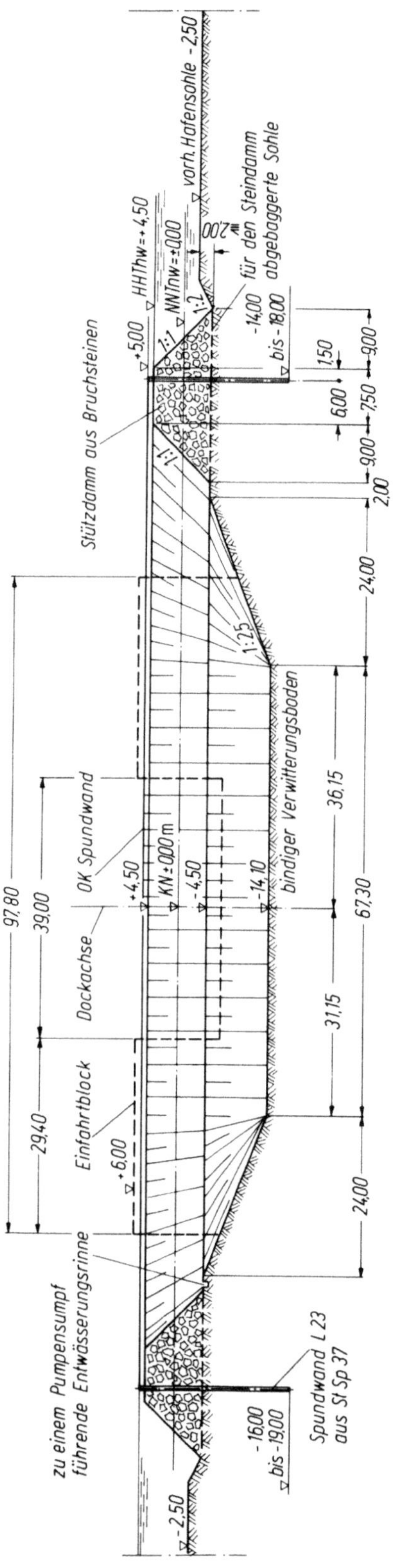

Abb. 18.2.2–4 Querschnitt E–F durch die Dockhaupt-Baugrube (Lage s. Abb. 18.2.2–1)

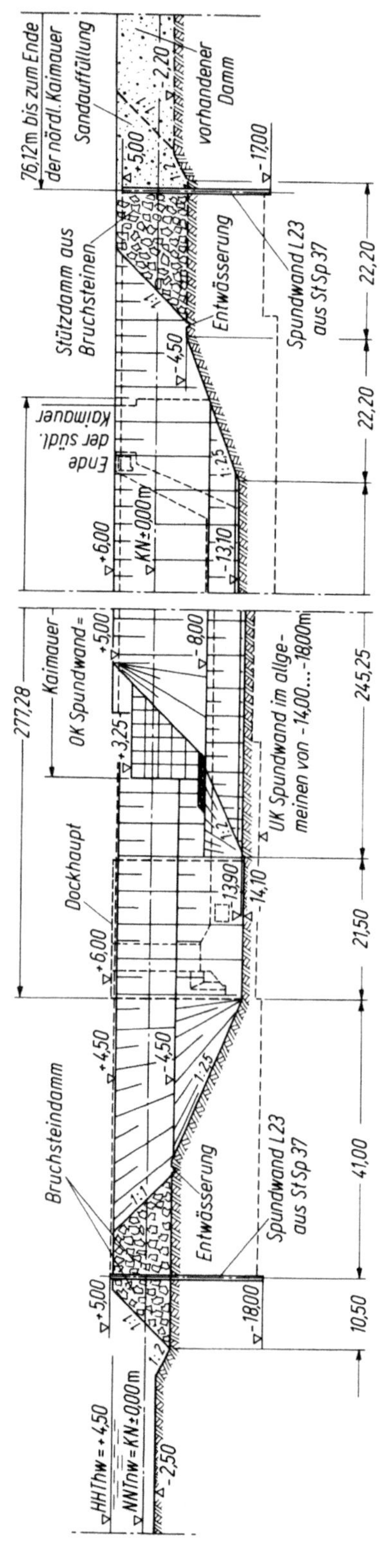

Abb. 18.2.2–5 Längsschnitt in der Mittelachse der Dockbaugrube

gespült worden. Dieser Trichter war in Oberkante Hinterfüllung auf KN + 0,5 m etwa 8 m breit. Auf der Wasserseite der Spundwand wurde durch Taucher ein rd. 2 m langer, rd. 0,3 m breiter Schlitz festgestellt.

Als erste Sicherungsmaßnahme wurde das trichterförmige Loch zwischen Spundwand und Blocksteinmauer mit einem Gemisch aus Schotter und Bruchsteinen mit 3 bis 30 cm Kantenlänge aufgefüllt. Hierdurch wurde die eintretende Wassermenge bereits auf ein ungefährliches Maß reduziert. Anschließend wurde der Schlitz vor der Spundwand mit Beton in Säcken aufgefüllt. Dann wurde der Baugrund auf beiden Seiten der Spundwand durch Ton-Zement-Injektionen abgedichtet. Außerdem wurde im gesamten Bereich der Längswände der Baggerschlitz vor der Spundwand (Abb.18.2.2–2) zur Verlängerung des Sicherungsweges mit Boden sorgfältig aufgefüllt, der beim Aushub innerhalb der Dockbaugrube gewonnen worden war. Im übrigen wurden für die weitere Bauzeit laufend sorgfältige Beobachtungen der Hinterfüllung am gesamten, möglicherweise gefährdeten Spundwandumfang vorgenommen, um eventuelle weitere Erosionsgrundbrüche frühzeitig erkennen und beheben zu können. Es traten aber keine weiteren Wassereinbrüche auf.

Blocksteinmauer und Spundwand haben sich im Bereich des Wassereinbruches im Laufe der Bauzeit etwa 30 : 1 nach der Wasserseite hin geneigt. Dies hatte aber keine nachteiligen Folgen.

18.2.3 Abschnittweiser Bau einer Wehranlage an einem norddeutschen Tidestrom im Schutz von vorwiegend umspundeten Einzelbaugruben (vgl. auch Kap.8.3.4)

18.2.3.1 Allgemeines

In diesem Kapitel wird die Baudurchführung der im Kap.8.3.4 behandelten Wehranlage beschrieben. Nach sorgfältiger Überlegung verschiedener Möglichkeiten entschied sich die zuständige Bauverwaltung für eine Lösung mit 3 Bauabschnitten, in denen Teile der Wehranlage jeweils im Schutze einer vorwiegend oder voll umspundeten Baugrube hergestellt wurden. Abb.18.2.3–1 gibt einen Überblick über diese Bauabschnitte in den Baujahren 1957, 1958 und 1959–1960.

Bevor die Entscheidung für diese Lösung gefallen war, wurden von der zuständigen Bundesanstalt für die verschiedenen Bauabschnitte sorgfältige Modellversuche mit beweglicher Sohle durchgeführt. In diesen Versuchen wurde die jeweils erreichbare optimale Form der Einfassung der einzelnen Bauabschnitte – soweit erforderlich mit zusätzlichen Spundwandbuhnen zur Beeinflussung der Umströmung im Sinne geringstmöglicher Kolkbildungen – festgelegt. Damit wurden für dieses schwierige Bauvorhaben – das auf beengtem Raum mit fallweise großen Hochwassermengen (HHQ = 3620 m^3/s im Jahre 1895) errichtet werden mußte – alle Vorkehrungen getroffen, um gegen unliebsame Überraschungen in der Baudurchführung weitestmöglich gesichert zu sein. Dabei mußte jeweils eine ausreichend große Öffnung sowohl für die Hochwasserabfuhr als auch für die Binnenschiffahrt verbleiben. Diese wurde im letzten Bauabschnitt der Jahre 1959–1960 (Abb.18.2.3–1c) – in dem die Wasserabfuhr im Strom nach dem Schließen der Baugrube von Pfeiler 1 bis 3 nur noch über die für die Schiffahrt ungeeigneten, bereits fertiggestellten Wehrfelder zwischen den Pfeilern 3 und 4 sowie 4 und 5 stattfinden konnte – über die 1959 termingerecht fertiggestellte Doppelschleuse (Abb.8.3.4–1) geführt.

Bezüglich der Bodenverhältnisse wird auf Ziff.8.3.4.2 verwiesen, desgleichen auf Abb. 18.2.3–2.

18.2.3.2 Ausbildung der Einzelbaugruben

Hierzu wird neben Abb.18.2.3–1 vor allem auch auf Abb.18.2.3–2 verwiesen. Zuerst mußten in den Baujahren 1957 und 1958 bei niedriger Wasserführung im Tidestrom die Umfassungsspundwände der jeweiligen Baugrube gerammt und nach innen durch einen Sanddamm gestützt werden. Auf der Oberstromseite lag die Umfassungsspundwand mit OK auf NN

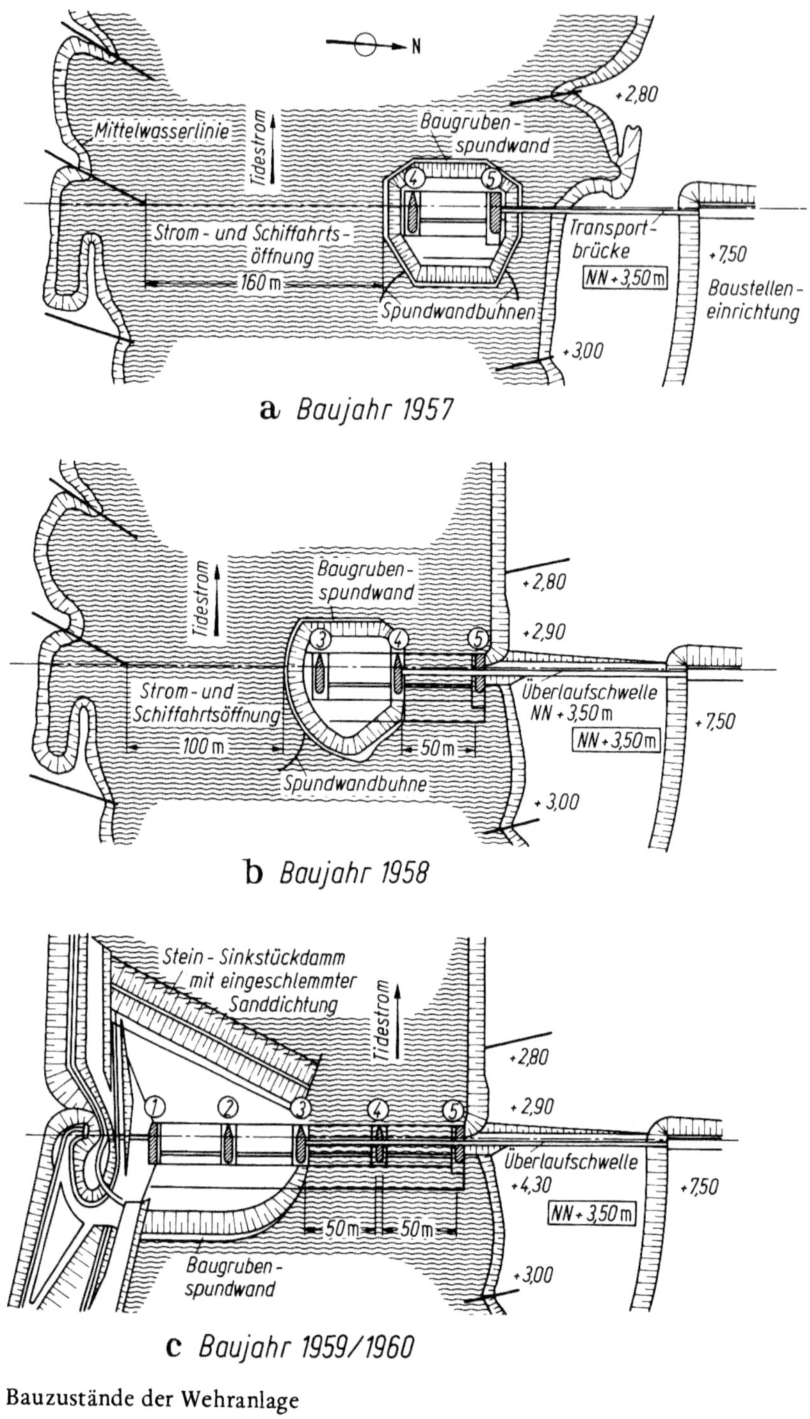

Abb. 18.2.3–1 Bauzustände der Wehranlage

+ 5,8 m und mit UK auf NN – 7,2 m und unterstromseitig mit OK auf NN + 5,4 m und mit UK auf NN – 7,6 m. Die OK der Längsspundwände lag auf NN + 5,8 m bzw. + 5,6 m und + 5,5 m und die UK auf NN – 9,2 m bzw. – 9,4 m und – 9,5 m (Abb. 18.2.3–2). Die Umfassungsspundwände wurden für die vorhandenen Sohlentiefen und einen Winkel der inneren Reibung des anstehenden und des hinterfüllten Sandbodens von $\rho_r = 30°$ und $\gamma/\gamma_a = 1{,}8/1{,}0\ t/m^3$ mit $\delta_a = -\delta_p = \frac{2}{3}\rho$ für die verschiedenen in Frage kommenden Belastungsfälle unter Berücksichtigung auch der Gleichgewichtsbedingung $\Sigma V = 0$, für volle Einspannung im Boden ohne obere Stützung berechnet. Ihre Abmessungen einschließlich der Rammtiefen wurden mit ausreichend erscheinenden Reserven festgelegt.

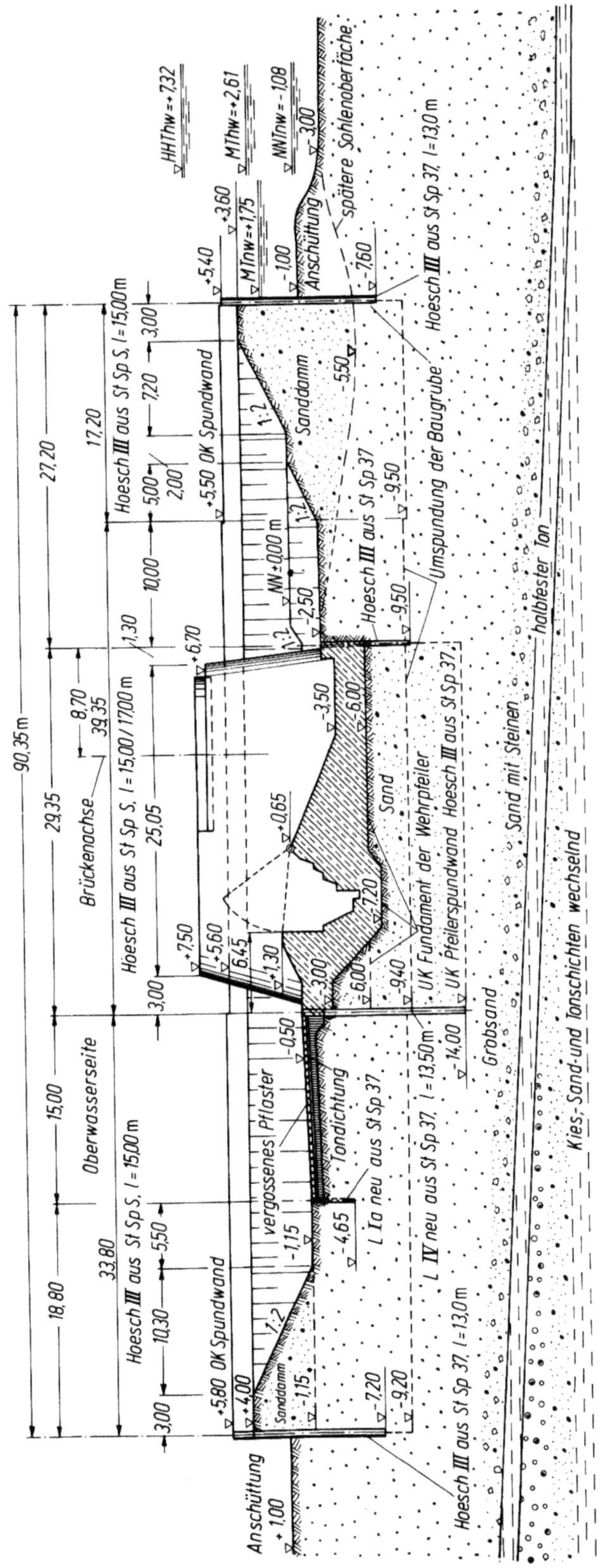

Abb. 18.2.3–2 Querschnitt durch eine Wehrbaugrube

Die Wasserstände im Strom und die Höhe der Dammschüttung innerhalb und soweit erforderlich auch außerhalb der Baugrubenumschließung und die in der Baugrube ausgeführte Grundwasserabsenkung mußten so aufeinander abgestimmt werden, daß die Spundwände weder durch Erddruck nach außen noch durch Wasserüberdruck nach innen gekippt wurden. Hierfür ergaben sich mit entsprechenden Zuschlägen die aus Abb.18.2.3–2 ersichtlichen Rammtiefen und Profile bei der gewählten Stahlgüte StSp 37.

Die große Baugrube für die Baujahre 1959–1960 konnte nur in der Weise hergestellt werden, daß zunächst im Anschluß an den bereits fertiggestellten Mittelpfeiler 3 ein Steindamm auf Sinkstücken errichtet wurde. Er wurde mit vorgespült eingeschlämmtem Sand gedichtet. Oberstromseitig konnte dann wieder die Umspundung mit Erddammstützung gebaut werden.

Die Bauwerksspundwände wurden von der trocken gelegten Baugrubensohle im Mittel von NN – 2,5 m aus gerammt.

Die Grundwasserabsenkung mittels Unterwasserpumpen um etwa 11 m erbrachte je Baugrube eine Wasserspende von 1,0 bis 1,4 m^3/s.

18.2.3.3 Bauerfahrungen und Schlußfolgerungen

Die Bauarbeiten liefen insgesamt planmäßig. Die Umströmung der jeweiligen Bauabschnitte sowie die Lage der aufgetretenen Kolke und ihre Grundrißformen deckten sich gut mit den Versuchsergebnissen, die demnach als qualitativ richtig bestätigt wurden. Hinsichtlich der zu erwartenden Kolktiefen gab es allerdings gegenüber den Ergebnissen der Modellversuche mit beweglicher Sohle zum Teil unangenehme Überraschungen. Die Kolke zeigten fallweise die Tendenz zu wesentlich größeren Tiefen als erwartet und in den statischen Berechnungen der Spundwände berücksichtigt waren. Es mußten daher große Auffüllmengen aus gröberem Material in die Kolke geschüttet werden, um die Umfassungsspundwände in diesen Bereichen gegen Einsturz nach den Kolken hin zu sichern. Hier wurde die an sich bekannte Tatsache bestätigt, daß die quantitativen Ergebnisse von Modellversuchen mit beweglicher Sohle stets mit großer Vorsicht zu betrachten und weiter zu verwenden sind. Einseitig im Boden eingespannte Spundwände sind darüber hinaus gegen Sohlenvertiefungen besonders empfindlich. Dies gilt sowohl hinsichtlich der Standsicherheit im Boden und der Biegebeanspruchungen als auch in bezug auf die Durchbiegungen. In Zweifelsfällen sollten daher – vor allem bei einseitig im Boden eingespannten Spundwänden – große Reserven in die Rammtiefe und auch in das aufnehmbare Biegemoment gelegt werden. Um durch ein steiferes Profil auch die Durchbiegungen entsprechend klein zu halten, sollte – wie im vorliegenden Falle geschehen – wenn möglich nicht mit StSpS, sondern mit StSp 37 gearbeitet werden. Wenn nicht besondere Belange dagegen sprechen, sollten solche Umschließungswände aber eine obere Abstützung oder Verankerung erhalten, weil dadurch das Baurisiko insgesamt doch wesentlich herabgemindert wird.

Der unterstromseitige Abschluß der großen Baugrube der Baujahre 1959–1960 mit Steindamm auf Sinkstücken und eingeschlämmter Dichtung mit Sand hat sich voll bewährt.

18.2.4 Fangedamm für den Bau eines Trockendocks in einem Schleusenhafen der deutschen Marine an der Nordseeküste (vgl. auch Kap.9.2.2)

Um ein großes Baudock, dessen Baugrubensohle im Bereich des Dockhauptes 15,75 m unter dem mittleren Hafenwasser lag, im Trockenen herstellen zu können, wurde vor dem Dockhaupt ein Fangedamm mit zwei Stahlspundwänden in 15 m Achsabstand errichtet. Im Bereich mit tiefer Baugrube wurden zwei Ankerlagen angeordnet (Abb.18.2.4–1, Schnitt C–D). Die Anker Ø 62 mm aus St 52–3 wurden mit Gelenken ausgerüstet, um größere Nebenspannungen bei Setzungen des eingefüllten Sandes und bei Verdrehungen der Spundwände an den Ankeranschlußstellen zu vermeiden. Die unteren Anker wurden mit 0,8 m, die oberen mit 2,4 m Achsabstand verlegt. Die unteren Anker wurden mit einem Spannschloß teilweise vorgespannt.

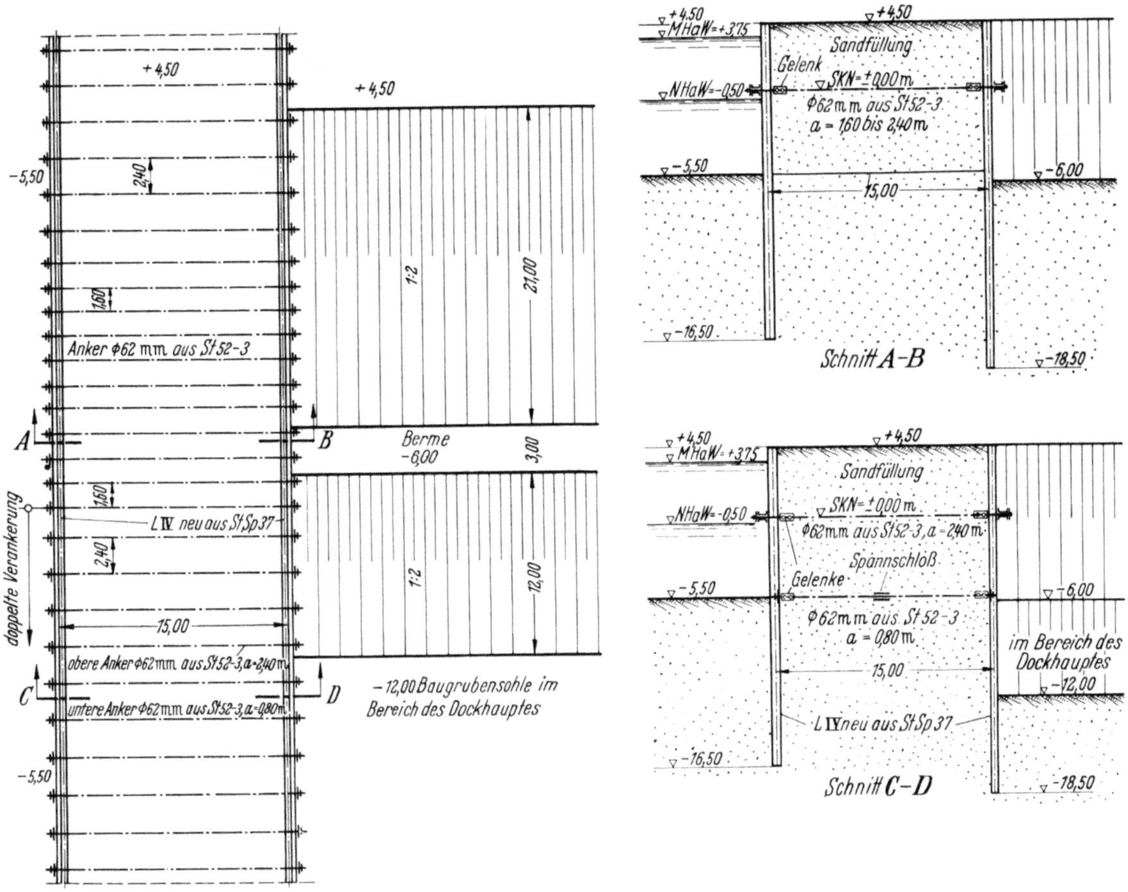

Abb. 18.2.4–1 Grundriß und Querschnitt des Fangedamms für eine Trockendockbaugrube

In den höheren Böschungsabschnitten genügte 1 Ankerlage mit 1,6 m und im oberen Teil mit 2,4 m Achsabstand (Abb.18.2.4–1, Schnitt A–B).

Die baugrubenseitige Spundwand wurde 6,5 m unter die tiefste Baugrubensohlenlage gerammt (Abb.18.2.4–1, Schnitt C–D). Der Fuß der wasserseitigen Spundwand lag 2 m höher.

Der Fangedamm hat sich bei der Bauausführung des Trockendocks bewährt.

18.2.5 Fangedamm für den wasserseitigen Abschluß einer Dockbaugrube in einem Tidehafen Westpakistans (vgl. auch Kap.9.2.6.4)

18.2.5.1 Allgemeines

Für den hafenseitigen Abschluß der Baugrube für das unter Kap.9.2.6.4 beschriebene Trockendock eignete sich am besten ein Kastenfangedamm aus Stahlspundwänden, der zwischen der vorhandenen südlichen Spundwand des Schutzbauwerkes für den Torliegeplatz des Trockendockes Nr. 1 (Abb.7.2.2–1) und der Spundwand für die Tornische des Trockendockes Nr. 2 angeordnet werden konnte (Abb.18.2.5–1). Die dockseitige Fangedammspundwand wurde später auf Kote KPD – 5,55 m abgebrannt und mit der Sohle des Dockhauptes fest verbunden. Die hafenseitige Spundwand wurde später wieder gezogen und an einem in der Planung festgelegten anderen Bauwerk der Werftanlage endgültig eingebaut. Sie mußte von vornherein für diese endgültige Verwendung bemessen werden und war daher schwerer, als es für den Fangedamm selbst nötig gewesen wäre.

18.2.5.2 Konstruktive Gestaltung und geforderte Berechnungswasserstände

Die konstruktive Gestaltung und die Bauwerksabmessungen sind aus dem Grundriß, Abb. 18.2.5–1 und dem Querschnitt, Abb. 18.2.5–2 ersichtlich. Als Anker waren planmäßig Ø 3½" aus St 52–3 in 4 m Achsabstand mit einem Spannschloß und beidseitigen Endgelenken, und als Gurte beidseitig ⌶ 400 aus St 37–2 vorgesehen. Wegen Devisenmangel mußten aber vorrätige kurze Anker Ø 2½" aus St 37, mit einem Spannschloß und 3 Schweißstößen auf die erforderliche Länge gebracht, im Achsabstand von i.M. 1,6 m, und als Gurte vorrätige PSp 350 L aus StSp 37 eingebaut werden (Abb. 18.2.5–1 und –2).

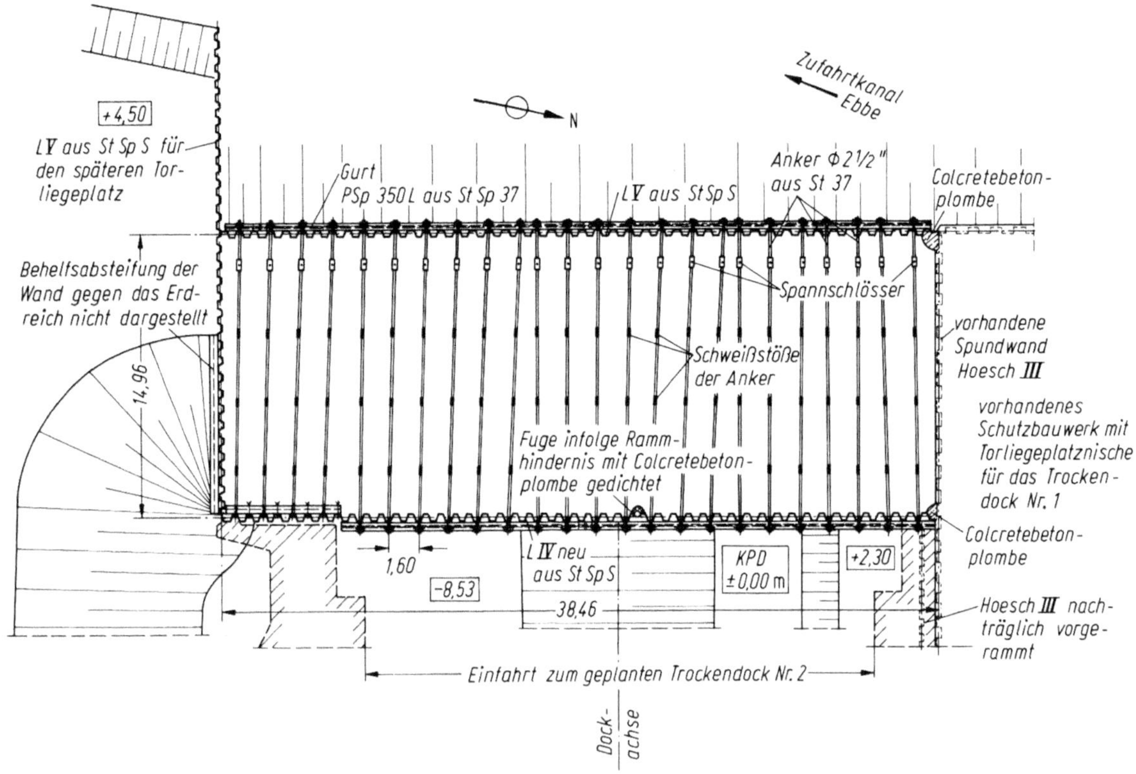

Abb. 18.2.5–1 Grundriß des Fangedamms

Als ungünstigster Hafenwasserstand wurde unter Berücksichtigung gewisser, wenn auch geringer Welleneinflüsse KPD – 3,3 m und als Grundwasserstand in der Baugrube KPD –8,53 m zugrunde gelegt (Abb. 18.2.5–2). Um den Wasserstand in der Fangedammfüllung ausreichend niedrig zu halten, wurde zunächst der gewachsene obere, meist bindige Boden, abfallend bis rd. KPD – 5,5 m, ausgehoben. Auf diese Baggerböschung wurde dann unter Wasser ein Mischkieskeil als Dränage eingebracht. Darüber wurde der Fangedamm bis oben hin mit Steinen aufgefüllt. So konnte ein rechnerischer innerer Grundwasserstand auf rd. KPD – 4,8 m ohne Schwierigkeiten gewährleistet werden.

18.2.5.3 Weitere konstruktive und bauausführungsmäßige Einzelheiten

Um ein Einfließen größerer Grundwassermengen vom Hafen her in die Dockbaugrube zu vermeiden, wurde die hafenseitige Spundwand 1 m tief in den praktisch undurchlässigen harten Ton gerammt (Abb. 18.2.5–2).

Die auf der Nordseite vorhandene Stahlspundwand (Abb. 18.2.5–1) endete aber im Fein- und Grobsand etwa 1 m über dem undurchlässigen Baugrund. Dieser Bereich sollte zunächst durch Chemikalinjektionen nach dem Joostenverfahren abgedichtet werden. Alle

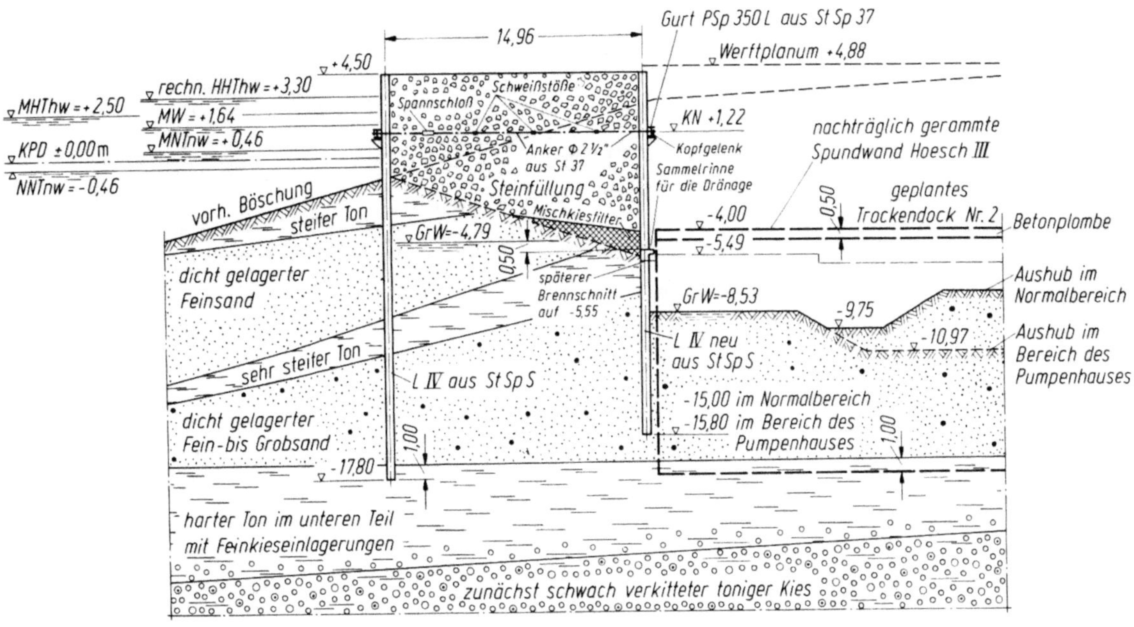

Abb. 18.2.5–2 Querschnitt des Fangedamms

Injektionslanzen wurden in 0,6 m Abstand jeweils im Schutze einer Bohrung Ø 6½" unmittelbar vor der bestehenden Spundwand Hoesch III eingebracht. In jedes Bohrrohr wurde eine Lanze Ø1½" gestellt, der Zwischenraum mit einer Vergußmasse aus Bentonitschlempe mit Zementzusatz aufgefüllt und dann das Bohrrohr wieder gezogen. Als alle erforderlichen Lanzen so gesetzt waren, wurde das chemische Verpreßgut abschnittsweise in zwei Komponenten (Kalziumchlorid und Natriumsilikat) verpreßt. Leider zeigten spätere Kontrollbohrungen, daß das Ergebnis nicht zufriedenstellend war. Um die Unterläufigkeit in die Dockbaugrube zu unterbinden, wurde nun eine Spundwand aus altbrauchbaren Bohlen Hoesch III knapp vor die bestehende Wand bis in den undurchlässigen Boden gerammt (Abb. 18.2.5–1 und –2). Sie wurde auf Kote KPD –4,0 m abgebrannt, am Kopf an der vorhandenen Spundwand verankert und der Raum zwischen den beiden Wänden zur Dichtung 0,5 m hoch ausbetoniert.

Ein gewisses Problem bildete der dichte Anschluß der neuen Spundwände an die vorhandene nördliche Querspundwand sowie ein Rammhindernis in der dockseitigen Fangedammwand. Hier stand genau in der Spundwandachse ein altes Brunnenrohr, das nicht gezogen werden konnte. An den genannten Stellen wurde der benachbarte Boden im Bohrverfahren ausgehoben und der so entstandene Hohlraum mit Colcretebeton aufgefüllt. Im Schutze des Fangedammes konnten später die Bauarbeiten am Dockhaupt ohne nennenswerte Schwierigkeiten ausgeführt werden.

18.3 Baugrubenumschließungen und Bauvorgänge

18.3.1 Kaimauerbaugrube an der Mündung eines norddeutschen Tideflusses (vgl. auch Kap. 3.3.4 und 5.2.2.1)

Ähnlich wie bei dem im Kap. 18.3.2 beschriebenen gegenüberliegenden Molenbau mußte auch hier der Landesschutzdeich in schräger Lage durchschnitten werden (Abb. 18.3.1–1). Hierzu wurde die Baugrube mit Stahlspundwänden eingefaßt, die mit rd. 22 m langen Gittersteifen aus Stahl im gegenseitigen Achsabstand von rd. 5 m gegeneinander abgestützt wurden (Abb. 18.3.1–2).

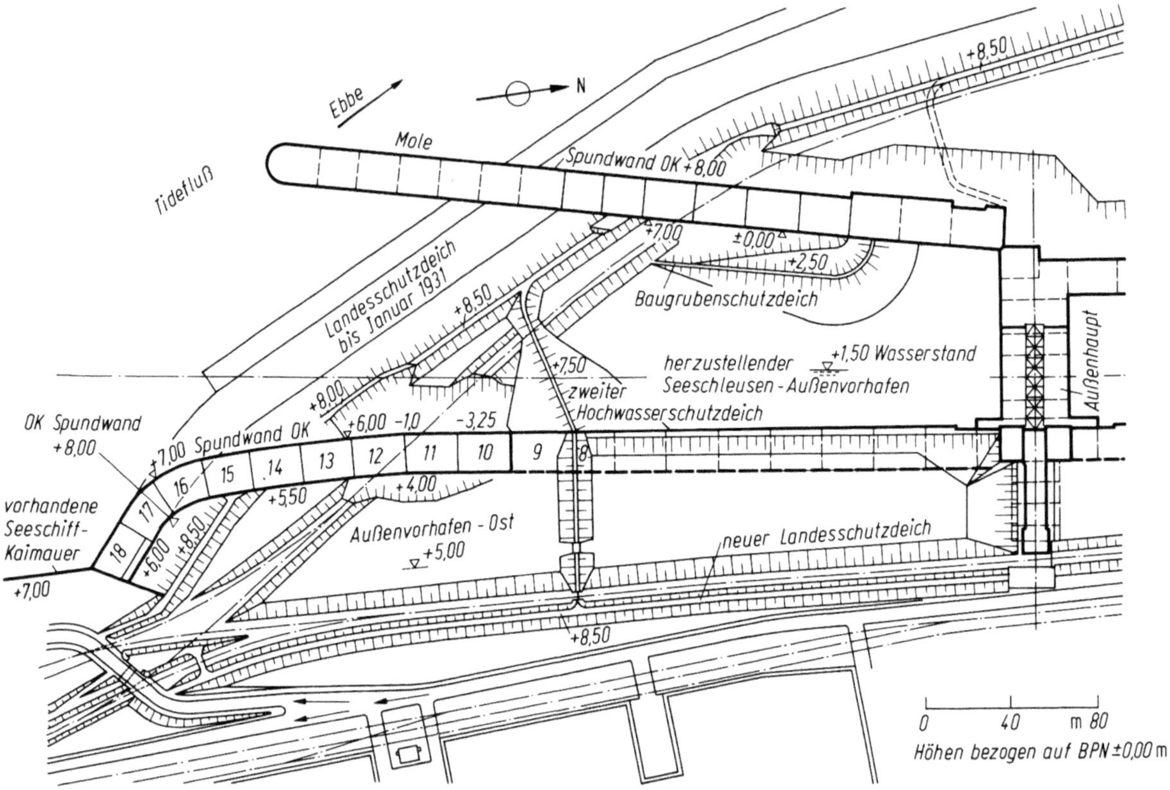

Abb. 18.3.1–1 Lage-Übersichtsplan

Um diese während der Bauausführung besonders gefährdete Kaimauerstrecke möglichst auf nur rd. 170 m zu beschränken, wurde die innerhalb des Deiches liegende Kaimauerstrecke zuerst hergestellt (Abb.18.3.1–1, Blöcke 8 bis 11). Außerdem wurden die Arbeiten für den Deichdurchstich in die Sommermonate verlegt und in 7 Abschnitte unterteilt (Abb. 18.3.1–1, Blöcke 12 bis 18). Dabei wurde die vordere Kaimauerspundwand am Kopf 1,3 m über MThw gelegt und die hintere Deichsicherungsspundwand auf der durch Wellenschlag noch zusätzlich gefährdeten Strecke auf BPN + 8,0 m. Sie lag damit 0,58 m über HHThw = BPN + 7,42 m.

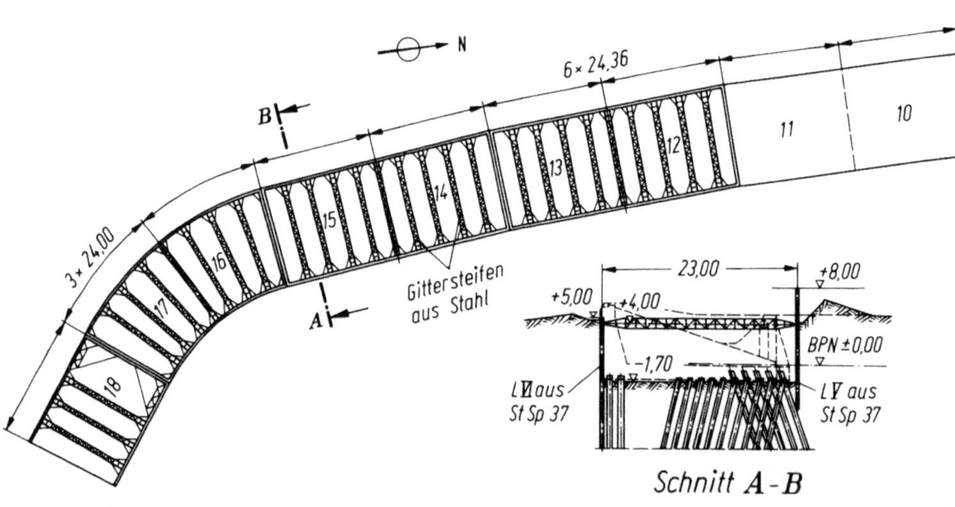

Abb. 18.3.1–2 Abstützung der Längsspundwände einer Kaimauergrube mittels Gittersteifen aus Stahl

Stets wurden zuerst die Holzpfähle von der Landseite nach der Wasserseite hin gerammt und dann erst die beiden Stahlspundwände.

Während der Bauausführung der außendeichs liegenden Kaimauerabschnitte wurden die Rundstahlverankerungen der Spundwände in der Kaimauersohle verschieblich angeschlossen. Diese Lösung entsprach derjenigen, die auch bei den Bauwerken nach Kap.5.2.2.1 und 18.3.2 angewendet wurde.

Die Bauarbeiten der hier behandelten besonders gefährdeten Kaimauerstrecke konnten planmäßig und ohne Rückschläge durchgeführt werden.

18.3.2 Molenbaugrube an der Mündung eines norddeutschen Tideflusses

Die Deichbehörde genehmigte den Durchbau des Landesschutzdeiches mit dem im Kap. 10.3.1 beschriebenen Molenbauwerk nur, wenn die gesamte Molenbaustrecke durch Spundwände einwandfrei gesichert und der Durchbau in der Sommerperiode in möglichst kurzer Bauzeit gewährleistet wurde. Die hauptgefährdete Molenstrecke war rd. 3 x 40 m = 120 m lang. Sie mußte durch zusätzliche Querspundwände L III aus StSp 37 noch besonders gesichert werden (Abb.10.3.1—1). Die durch Wellenschlag gefährdeten Anschlußflächen des Deiches entlang der Längsspundwände mußten außerdem mit Faschinenmatten und schweren Steinblöcken befestigt werden.

Das Molenbauwerk wurde beidseitig mit 14 bis 26 m langen Stahlspundwänden L III, L IV u. L V aus StSp 37 bzw. StSp 50/60 versehen (Abb.10.3.1—1). Ihr Kopf wurde an der Vorhafenseite auf BPN + 5,0 m und außen wegen des starken Wellenganges in der Flußmündung 3 m höher auf BPN + 8,0 m gelegt (Abb.18.3.2—1). Zur Aufnahme von Wasserdruck und Wellenschlag wurden Stahlgittersteifen 1/1 m mit Achse auf BPN + 4,0 m im Achsabstand von rd. 5 m eingebaut. Sie wurden mittig in den späteren 1,14 m breiten

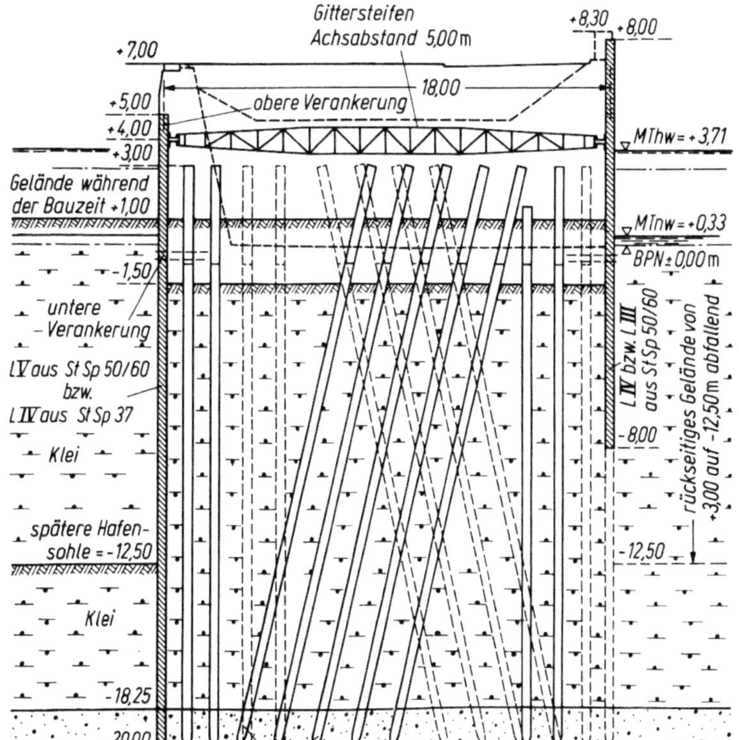

Abb. 18.3.2—1 Abstützung einer Molenbaugrube zwischen den späteren Bauwerkspundwänden mit Hilfe von Gittersteifen

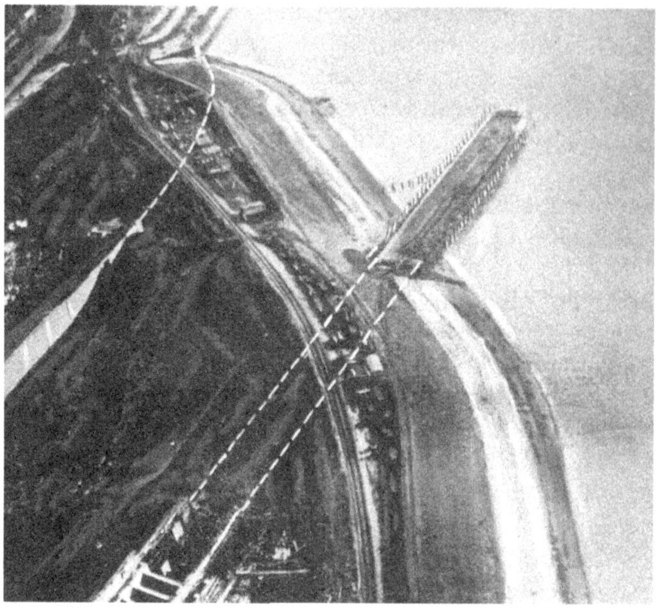

Abb. 18.3.2–2 Molenbaustelle mit Durchbau des Landesschutzdeiches an der Mündung eines Tideflusses

Rippen des Molenüberbaus aus Stahlbeton angeordnet und schließlich als Bewehrungsverstärkung einbetoniert. So erübrigte sich ihr Ausbau, der den Bauvorgang erschwert und verzögert hätte.

Die rd. 17 m langen Gittersteifen mußten wegen der ungleichen Zusammendrückung der Holzpfähle gegenüber den Stahlspundwänden vertikal verschieblich angeordnet werden. Hierzu dienten Langlöcher in der Spundwand und jeweils eine rd. 1 mm dicke teerfreie Papplage, die zwischen dem Gurt vor den Gittersteifen und der Spundwand aufgeklebt wurde.

Abb. 18.3.2–2 vermittelt einen Eindruck von der im Bau befindlichen Mole.

Die Bauausführung ergab keine Schwierigkeiten, obwohl bei einem starken Sturm schwere Brecher in die Baugrube schlugen und sie überfluteten.

18.3.3 Baugrube für eine Dockverlängerung in einem Schleusenhafen in Norddeutschland (vgl. auch Kap.2.3, 3.3 und 9.3.1)

Die für den späteren dichten Anschluß der im Kap.9.3.1 beschriebenen neuen Stahlbetondocksohle an die alte Kalk-Trass-Betonsohle erforderliche offene Baugrube mußte wegen des aufrechtzuerhaltenden Betriebes im benachbarten Dock möglichst klein gehalten werden. Der anstehende rutschgefährliche Klei (vgl. Kap.2.3) wurde daher nur bis rd. 10 m unter Baugelände, das ist bis BPN – 6,5 m, unter 1 : 3 geböscht ausgehoben. In mittlerer Höhe der Böschung wurde eine 3 m breite Berme angeordnet.

Vom Aushubplanum BPN – 6,5 m aus wurde dann eine 12,5 m lange Dockumfassungsspundwand L III aus StSp 37 bis BPN –19,0 m gerammt (Abb.18.3.3–1).

Nachdem weitere rd. 2,5 m ausgeschachtet waren, wurden Stahlgittersteifen mit Achse auf BPN – 8,5 m eingebaut. Diese waren wegen des hohen Erddruckes und wegen der 16 bis 30 m großen Stützweite erforderlich. Sie wurden in einem Achsabstand von 5 m angeordnet, so daß später die Bewehrung der Docksohle ohne Schwierigkeiten eingebaut werden konnte.

Die Dockverlängerung um 67 m wurde in 6 Abschnitten ausgeführt.

Die für die Verlängerung erforderliche Grundwasserentlastungsanlage mußte nach Kap. 9.3.1 gleichzeitig auch das bestehende alte Dock umfassen.

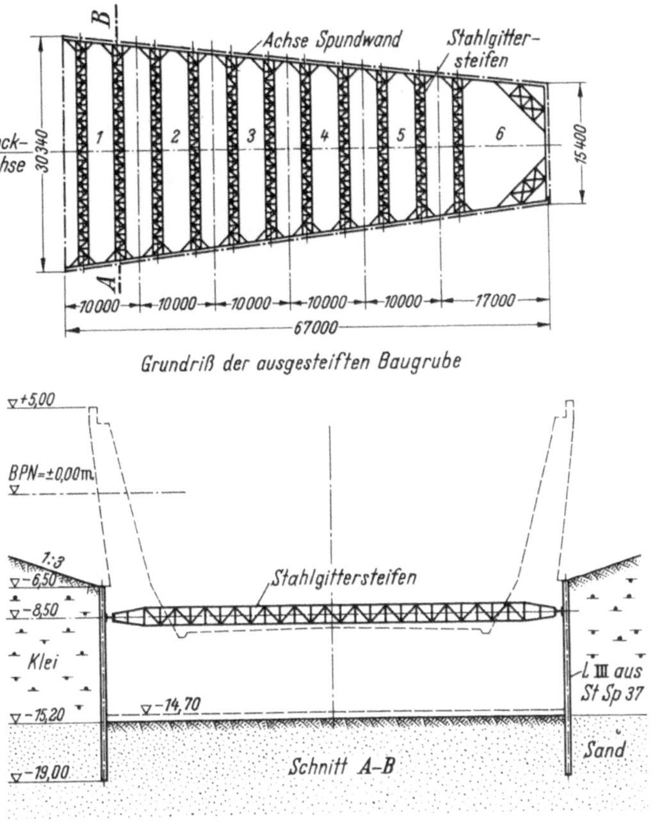

Abb. 18.3.3–1 Abstützung der Umspundung der Baugrube für die Verlängerung eines Trockendocks mit Gittersteifen aus Stahl

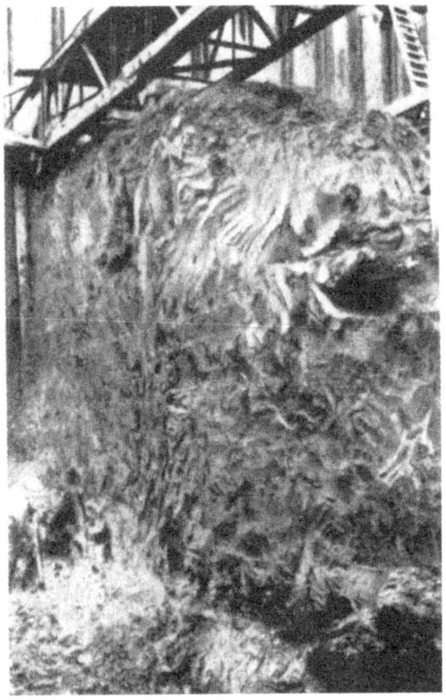

Abb. 18.3.3–2 Rund 6 m hohe senkrechte Kleiwand, standsicher infolge Wasserentzug durch Grundwasserabsenkung

Wie stark sich der Wasserentzug durch die Grundwasserabsenkung auf den Klei auswirkte, zeigt Abb. 18.3.3–2. Bis zu 6 m hoch blieb der Klei beim Aushub zwischen den Spundwänden senkrecht stehen.

Die Bauausführung verlief insgesamt ohne Störungen.

18.3.4 Steifenfreie Baugrube für den flußseitigen Toranschlag eines Baudocks an einem norddeutschen Tidefluß (vgl. auch Kap.9.2.1)

Das im Kap.9.2.1 beschriebene Baudock mußte wegen der örtlichen Geländeverhältnisse in einem möglichst flachen Winkel zum Fluß errichtet werden. Dadurch lag der westliche Toranschlagblock sehr nahe am Fluß. Bei dieser Situation wurde für ihn eine unregelmäßige fünfeckige Form gewählt. Die Baugrube mußte mit Stahlspundwänden eingefaßt werden (Abb.18.3.4–1).

Während der Herstellung des Blockes in offener Baugrube wirkte auf die Stahlspundwände nicht nur der Erddruck, sondern auch ein mit der Tide wechselnder hoher Wasserdruck. Zur Baugrubeneinfassung mußte daher eine durchlaufende Wand PSp 400 L aus StSp 37 gewählt werden. Ihre Rammtiefe im Lauenburger Ton wurde aus Ersparnisgründen, vor allem aber, um das Rammen zu erleichtern, um 2 m gestaffelt (Abb.18.3.4–2).

An die umspundete Baugrube schloß sich flußseitig als Hochwasserschutz ein Erddamm mit Spundwandsicherung bis NN + 5,5 m an (Abb.18.3.4–2).

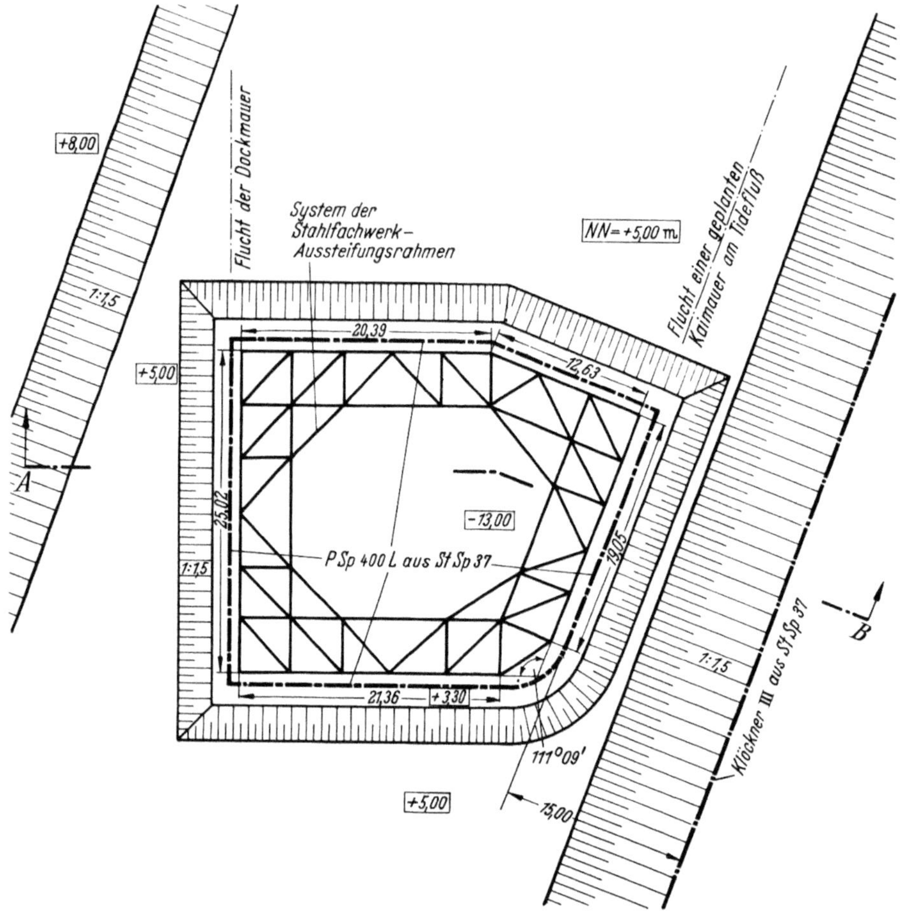

Abb. 18.3.4–1 Grundriß der durch Stahlrahmen ausgesteiften Baugrube des flußseitigen Toranschlagblocks

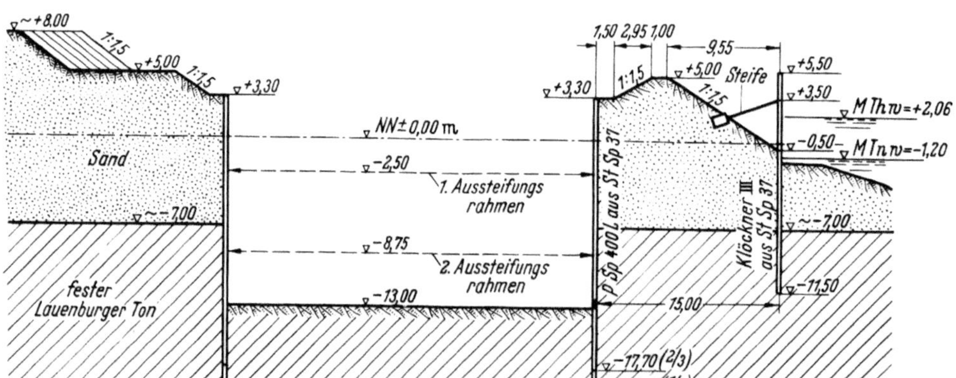

Abb. 18.3.4–2 Querschnitt A–B des Toranschlagblocks

Die gefährliche Lage dieser 18 m tiefen Baugrube zum Fluß erforderte einen möglichst sicheren und beschleunigten Bauvorgang. Bei der gewählten Grundrißform hätte eine gegenseitige Abstützung der Umfassungswände Schwierigkeiten bereitet. Deshalb wurde eine Rahmenaussteifung der Baugrube in 2 Lagen gewählt. Die obere Aussteifung brauchte bei Ausnutzung des hohen Widerstandsmomentes der durchlaufenden Peiner Spundwand erst 5,8 m unter Wandoberkante, also mit Achse auf NN − 2,5 m, angeordnet zu werden. Die untere Rahmenaussteifung wurde aufgrund der statischen Nachweise 4,25 m über Baugrubensohle, also mit Achse auf NN − 8,75 m, angeordnet. Sie konnte wegen der großen freien Mittelräume der Baugrube in großen Teilabschnitten eingebracht und montiert werden. Die Tatsache, daß die schwere Peiner Spundwand in Höhe der Aussteifung noch ausreichend maßgerecht eingebracht war, begünstigte die Vorfertigung der Stahlrahmenkonstruktion so, daß noch keine zu aufwendige Ausgleichverkeilung zur Spundwand erforderlich wurde.

Beim Rammen der Spundbohlen auf volle Tiefe waren nämlich große Schwierigkeiten aufgetreten. Die geschlossene Kastenwand konnte nur unter Einsatz größter Rammenergien auf volle Tiefe in den festen Lauenburger Ton eingebracht werden.

Beim Aushub auf größere Tiefe im Lauenburger Ton stellte sich dann heraus, daß viele Bohlen aus dem Schloß gesprungen oder aufgerissen waren. Einzelne Bohlen und Bohlenteile bzw. einzelne Schlösser waren stark verlaufen und hatten sich zum Teil korkenzieherartig aufgewickelt. Nach innen gelaufene Bohlenteile, die für die weiteren Bauarbeiten im Wege standen, mußten abgebrannt werden. Die an solchen Stellen nicht mehr geschlossene Spundwand wurde mit Betonplomben gedichtet. Nach diesen Reparaturarbeiten konnte die schwere Bewehrung des Blockes leicht eingebracht und montiert werden. Der Beton wurde in großen Kübeln zugeführt.

18.3.5 Steifenfreie Drehbrückenpfeilerbaugrube in einem deutschen Schleusenhafen an der Nordsee (vgl. auch Kap.3.3.3 und 11.2)

Für das Herstellen des Drehpfeilers der im Kap.11.2 beschriebenen Drehbrücke war eine 18,3 m tiefe Baugrube mit einem unregelmäßigen Fünfeckgrundriß erforderlich (Abb.18. 3.5−1b).

Die oberen rd. 18 m bestanden aus stark rutschgefährlichem alluvialen Klei. Es konnten daher nur die obersten 7,5 m in offener Baugrube mit Böschungen 1 : 3 hergestellt werden. Der weitere Boden mußte im Schutze von 18,8 m langen Stahlspundwänden L IV aus St 50/60 ausgehoben werden. Diese Spundwände konnten später auch noch zur Aufnahme der hohen und stark wechselnden lotrechten Belastungen des Pfeilers in Betriebs- und Drehlage der Brücke herangezogen werden. Die Spundwände wurden rd. 2 m in den diluvialen Tonmergel gerammt. So wurde gleichzeitig im Schutze einer rings um den Pfeiler angeordneten Grundwasserentlastungsanlage für die Umfassungswände eine wasserdichte Baugrube erzielt (Abb.18.3.5−1c).

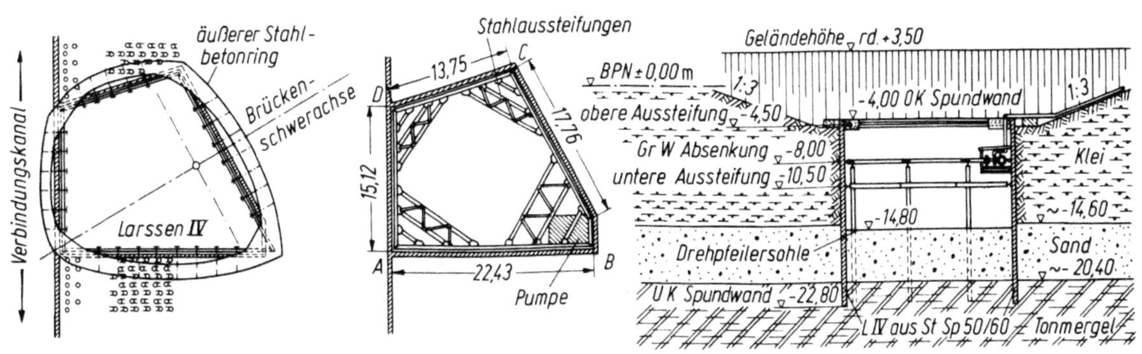

a b c

Abb. 18.3.5−1 Steifenfreie Umschließung einer Drehbrückenpfeilerbaugrube

Da es sich um einen schwierigen Bauvorgang handelte, mußte eine möglichst ungehinderte Bauausführung gewährleistet werden. Dieses Ziel war bei dem fünfeckigen Grundriß mit einer normalen gegenseitigen Abstützung der Wände nicht zu erreichen. Es wurde daher für die obere Abstützung ein die Spundwände außen umfassender und verankernder Stahlbetonring angeordnet (Abb.18.3.5–1a). In seinem Schutze konnte der Boden in der Baugrube mit Greifern 4 m tief entfernt und dann die zweite Aussteifung als innere Eckaussteifung aus St 37 in vorgefertigten 4 Einzelteilen eingebaut und gegen die Spundwände verkeilt werden. Bei dieser Ausführung wurde ein 12 x 20 m großes Mittelfeld für den weiteren Bodenaushub mit Greifern freigehalten. Die nächste Stahlaussteifung in gleicher Form lag 2,5 m tiefer. Beide Stahlrahmen wurden durch vorher eingerammte Stahlträger an den jeweiligen Schwerpunkten der Eckfeldergurte abgestützt.

Beide Stahlaussteifungen wurden später mit dem aufgehenden Beton wieder ausgebaut. Die Beseitigung des oberen äußeren Stahlbetonringes war natürlich aufwendiger. Sie war aber in der Herstellung billiger gewesen.

Irgendwelche Schwierigkeiten ergaben sich beim Bau nicht, obwohl nur eine sehr kurze Ausführungszeit zur Verfügung stand.

18.3.6 Aussteifung einer Schleusentorkammer an einem norddeutschen Tidefluß für Reparaturarbeiten nach einer Havarie

Beim Einfahren in einen abgeschleusten Hafen rammte, wenige Tage nach der Währungsreform 1948, ein Seeschiff von rd. 10.000 dwt die Torkammer des Schleusenaußenhauptes, brach dabei den vorderen oberen Teil der Torkammerwand einschließlich Toranschlag ab und verursachte in der Wand tief reichende Risse sowie Schäden am Tor. Beim vorhandenen Schadensbild konnte die Torkammerwand mit Anschlag aber noch ohne besondere Schwierigkeiten von oben her erneuert werden. Das Tor wurde zur Reparatur ausgebaut und erst nach Abschluß auch aller sonstigen Ausbesserungsarbeiten wieder eingesetzt. Für erforderliche Reparaturarbeiten an den Auflagerbahnen des Schleusentores mußte die Torkammer aber kurzfristig trockengelegt werden. Bei leerer Torkammer sollten auch sonstige unter der Niedrigwasserlinie liegende Verpreß- und Erneuerungsarbeiten ausgeführt werden.

Da die Torkammer mehr als 40 Jahre vor dieser Havarie und damit in der Frühzeit des Betonbaus errichtet worden war, mußte – insbesondere bei der starken Verunreinigung des Flusses durch Kaliabwässer – mit einem inzwischen mangelhaft gewordenen Beton gerechnet werden. Hinzu kamen Risse und eventuelle weitere Schäden aus der Havarie. Es war also besondere Vorsicht geboten. Ein Trockenlegen der Torkammer konnte dabei erst verantwortet werden, nachdem ausreichende Aussteifungen eingebracht waren (Abb.18.3.6–1). Die gegenseitige waagerechte Abstützung der beiden Torkammerwände mit Rundhölzern Ø 45 cm alle 2,1 m war nicht schwierig. Es mußte aber auch die Kammersohle so gesichert werden, daß sie beim Leerpumpen nicht aufbrechen konnte. Hierzu wurden alle 2,1 m Holzsteifen Ø45 cm, die am unteren Ende scharnierartig miteinander verbunden waren, vorerst lotrecht eingebracht. Unter dem Scharnier war zur Aufnahme und Verteilung der lotrechten Kräfte aus der Sohle ein 0,80 m breiter und 1,25 m langer Schwellenrost befestigt worden. Nach dem Absetzen auf der Kammersohle wurden die Steifen in die vorgesehene Schrägstellung auseinandergeklappt, wobei sie einen einwandfreien lastübertragenden Kontakt mit dem darunter liegenden Schwellenrost erhielten. Oben waren sie den über MTnw = NN – 1,2 m vorbereiteten Nischen in den Wänden angepaßt, gegen die sie mit Holz verkeilt wurden (Abb.18.3.6–1). So wurden die Schrägsteifen tragend angeschlossen und die Sohle einwandfrei gestützt. Anschließend wurde die Torkammer mit Dammbalken abgeschlossen und vorsichtig leer gepumpt, wobei das Verhalten der Sohlen laufend mit Meßpegeln verfolgt wurde (Abb.18.3.6–1). Gleichzeitig wurde beobachtet, ob an irgendeiner Stelle der Torkammersohle Wasser eindrang, denn dabei hätte das Bauwerk unterspült werden können.

Die Sohle hatte sowohl die Havarie als auch das Leerpumpen im Schutz der eingebrachten Aussteifungen ohne Risse überstanden.

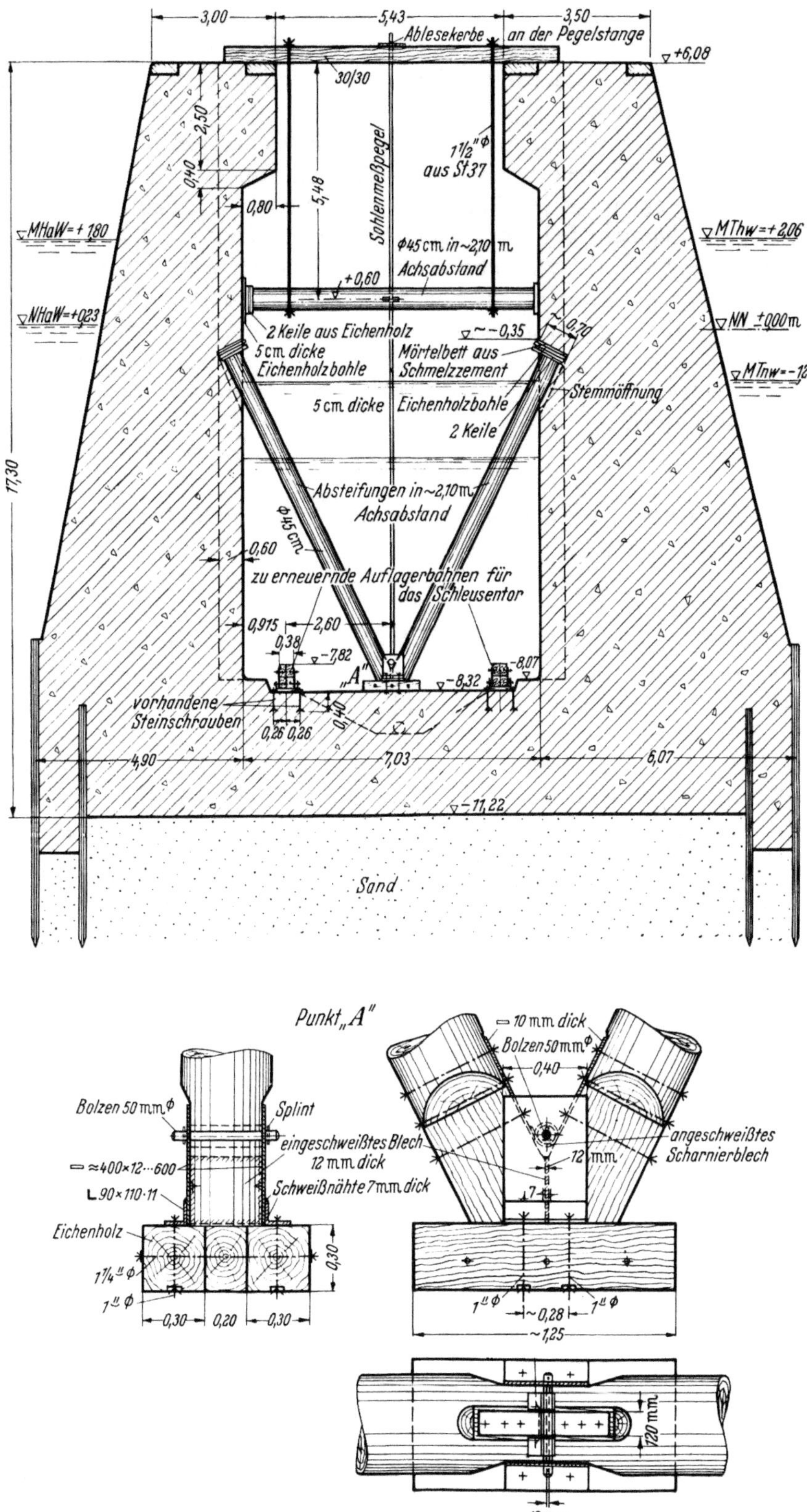

Abb. 18.3.6–1 Aussteifung einer Schleusentorkammer

Der Befund der geleerten Dockkammer bestätigte jedoch, daß es nötig war, die Aussteifungen einzubringen, um einen Bruch der Sohle zu verhindern. Der Sohlenbeton war weitgehend ausgelaugt. Nur die innere Betonhaut war noch dicht. Bei geringfügigen Verletzungen an beliebiger Stelle spritzte Wasser in die Torkammer, woraus auf eine außerordentlich hohe Porösität des Betons geschlossen werden mußte.

Im Schutze der Aussteifungen konnten nun alle Reparaturen an den Auflagerbahnen sowie die erforderlichen Torkret- und Verpreßarbeiten ohne Schwierigkeiten ausgeführt und das Bauwerk wieder in einen betriebsklaren Zustand versetzt werden.

Wie hier ist ganz allgemein bei Reparaturarbeiten und Umbauten an alten Tiefbauwerken aus Beton – insbesondere im Seehafenbau und dergleichen – größte Vorsicht geboten. Der Beton befindet sich häufig bereits in einem sehr mangelhaften Zustand. Dies darf nicht verwundern, denn in den Anfangsjahren des Betonbaues kannte noch niemand die Wege zur Herstellung eines wasserdichten und damit beständigen Betons. Fallweise können weitere Bauarbeiten sogar erst vorgenommen werden, nachdem der alte Beton verpreßt oder chemisch verfestigt worden ist.

18.3.7 Häupterbaugruben der Seeschleuse für einen Fischereihafen an der deutschen Nordseeküste (vgl. auch Kap.8.2.4)

18.3.7.1 Allgemeines

Für die Häupter der im Kap.8.2.4 behandelten Seeschleuse werden in diesem Kapitel die Baugrubenumschließungen und -aussteifungen sowie die kennzeichnenden Bauvorgänge beschrieben. Da für die Schleusenkammerwände ohnehin leistungsfähiges Rammgerät eingesetzt werden mußte, war es naheliegend und sinnvoll, die Schleusenhäupter im Schutze umspundeter Baugruben herzustellen. So konnten bei stark begrenzten Aushubmassen und einer durch Sondermaßnahmen verminderten Grundwasserabsenkung die Schleusenhäupter auf dem mit OK auf NN – 15,8 m anstehenden dichten Fein- bis Grobsand flach gegründet werden. Um an der Länge der Spundwände zu sparen, wurde im größten Teil der Häuptergrundflächen aus dem anstehenden Gelände ein Arbeits- und Rammplanum auf NN ± 0,0 m ausgehoben. Die Oberkanten der Umfassungsspundwände wurden im allgemeinen ebenfalls auf NN ± 0,0 m gelegt und mußten nur im Bereich der Kopfenden der Baugruben auf NN + 4,0 m bzw. + 3,5 m hochgelegt werden (Abb.18.3.7–1 und –3). Das Arbeitsplanum auf NN ± 0,0 m ging 8,0 m hinter Spundwandachse beginnend 1 : 1,5 geböscht, in die Höhe des umgebenden Geländes bzw. der Umwallung über. Diese lag beim Binnenhaupt und an der Binnenseite des Mittelhauptes auf NN + 4,0 m und an der Außenseite des Mittelhauptes und beim Außenhaupt auf NN + 5,4 m.

Als Baugrubenaussteifungen wurden größtenteils kräftige Gurtrahmen und Zwischenstützen aus Stahlbeton gewählt (Abb.18.3.7–1, –2 und –3). Diese Aussteifungen konnten auch bei Verrammungen oder sonstigen Verformungen der Umspundung ohne Schwierigkeiten der jeweiligen Spundwandlage angepaßt werden. Sie konnten im Bereich der Torkammerblöcke später in die Torkammerwände einbetoniert werden. Dieses mußte aber bei ihrer Formgebung besonders berücksichtigt werden. Die übrigen Teile der Stahlbetonaussteifungen wurden nach dem Fertigstellen der Häupter abgetrennt und mit schwerem Hebegerät aus dem Bauwerk entfernt. Die Stahlaussteifungen wurden wie üblich ausgebaut und bei den weiteren Häupterbaugruben wieder verwendet.

Um die Grundwasserabsenkung und die Anzahl der Aussteifungen bzw. die Profilgröße der Umspundung zu begrenzen, wurden nach Aushub des Kleis bis zum tragfähigen Baugrund auf NN – 15,8 m mit Hilfe von Tiefenrüttlern Sohlenanker eingebracht. Sie wurden so bemessen, daß sie in der Lage waren, den auf eine unter Wasser nach dem Colcreteverfahren hergestellte 0,6 m dicke unbewehrte Betonsohle wirkenden Sohlenwasserdruck ausreichend sicher aufzunehmen. Die Colcretebetonsohle hatte nach ihrem Erhärten gleichzeitig die Aufgabe, die Umfassungsspundwände unmittelbar über dem tragfähigen Boden zusätzlich abzustützen, so daß die Baugruben bis NN − 15,2 m leergepumpt und alle weiteren Arbeiten an den Häuptern im Trockenen ausgeführt werden konnten.

18.3.7.2 Bodenverhältnisse, Wasserstände, Baubetriebslasten, Berechnungsansätze und zul. Spannungen

Die Bodenverhältnisse, einschließlich der den Berechnungen zugrunde zu legenden Bodenkennwerte sind in Kap.8.2.4.2 eingehend beschrieben.

Die während der Bauvorgänge zugrunde zu legenden, teilweise abgesenkten Grundwasserstände sind in Abb.18.3.7−1 angegeben und im Kap.18.3.7.3 noch besonders behandelt.

Bei der Berechnung der Erddrücke wurden auch die Geländeverhältnisse in der Umgebung der Baugrube sowie eine Nutzlast von 1 t/m² auf 8 m Entfernung von der Spundwandachse berücksichtigt. Wegen des Einsatzes schwerer Baugeräte wurde in den Berechnungen des obersten Teiles der Baugrubenumschließungen und -aussteifungen auf 1,5 m Breite hinter der Spundwandachse eine Zusatzlast von 5 t/m² bzw. auf 3,5 m Breite eine solche von 3 t/m² angesetzt.

In den statischen Berechnungen wurden die aus den verschiedenen Bauzuständen herrührenden Verformungen, insbesondere die Durchbiegungen der Umfassungsspundwände, entsprechend dem Baufortschritt berücksichtigt.

Alle Bauglieder, Bauteile und Anschlüsse wurden nach Lastfall 3 mit um 30 % erhöhten zulässigen Spannungen berechnet.

18.3.7.3 Bauvorgang

Der Bauvorgang ist in seinen kennzeichnenden Stadien auf Abb.18.3.7−1 dargestellt.

Der Grundwasserspiegel in dem über dem Klei befindlichen oberen Grundwasserstockwerk wurde − bereits im Baustadium 1 und über die gesamte Bauzeit des jeweiligen Hauptes laufend − mit einer Vakuum-Anlage von rd. NN + 0,9 m auf NN − 3,6 m abgesenkt.

Die Standrohrspiegelhöhe im unteren Grundwasserstockwerk − im dichten Fein- bis Grobsand unter dem Klei − wurde mit Hilfe leistungsfähiger Tiefbrunnen von der Ausgangslage i.M. NN ± 0,0 m für die Baustadien 2 u. 3 auf NN − 10,4 m; für die Baustadien 4, 5 und 6 auf NN − 8,6 m, und im Baustadium 7 (mit bis NN − 15,2 m leergepumpter Baugrube) auf NN − 11,0 m abgesenkt.

Wie in Abb.18.3.7−1 dargestellt, wurden nach dem Herstellen des Arbeitsplanums auf NN ± 0,0 m und dem Rammen der Umspundung sowie der mittleren Stützpfähle im Torkammerbereich in den verschiedenen Baustadien − abgesehen von den Grundwasserabsenkungen bzw. -entlastungen und dem Säubern der jeweils neu freigelegten Spundwandinnenflächen − folgende Arbeiten ausgeführt:

Baustadium 1: Einbau der Stirnwandgurte und der zugehörigen waagerechten Aussteifungen mit Achse auf NN + 2,4 m bzw. NN + 1,55 m. Bodenaushub in der Baugrube im Trockenen bis etwa NN − 3,5 m und Einbau der Stahlbetonaussteifung mit Achse auf NN − 3,0 m sowie Einbau der seitlichen Schrägaussteifungen für die Gurte mit Achse auf NN + 2,4 m bzw. NN + 1,55 m an den Stirnseiten (Abb.18.3.7−3).

Baustadium 2: Nach dem Erhärten der Aussteifung auf NN − 3,0 m Bodenaushub in der Baugrube bis etwa NN − 8,7 m im Trockenen und Einbau der Stahlbetonaussteifung mit Achse auf NN − 8,0 m.

Baustadium 3: Nach dem Erhärten der Aussteifung auf NN − 8,0 m weiterer Bodenaushub in der Baugrube bis NN − 10,4 m im Trockenen.

Baustadium 4: Fluten der Baugrube bis NN − 8,6 m, weiterer Bodenaushub nun unter Wasser von NN − 10,4 m bis NN − 15,8 m und Säubern der Umfassungsspundwände von anhaftendem Boden sowie der Sohle von Kleiresten unter Wasser.

Baustadium 5: Niederbringen der Sohlenanker mittels Tiefenrüttlern bis NN − 27,05 m bei

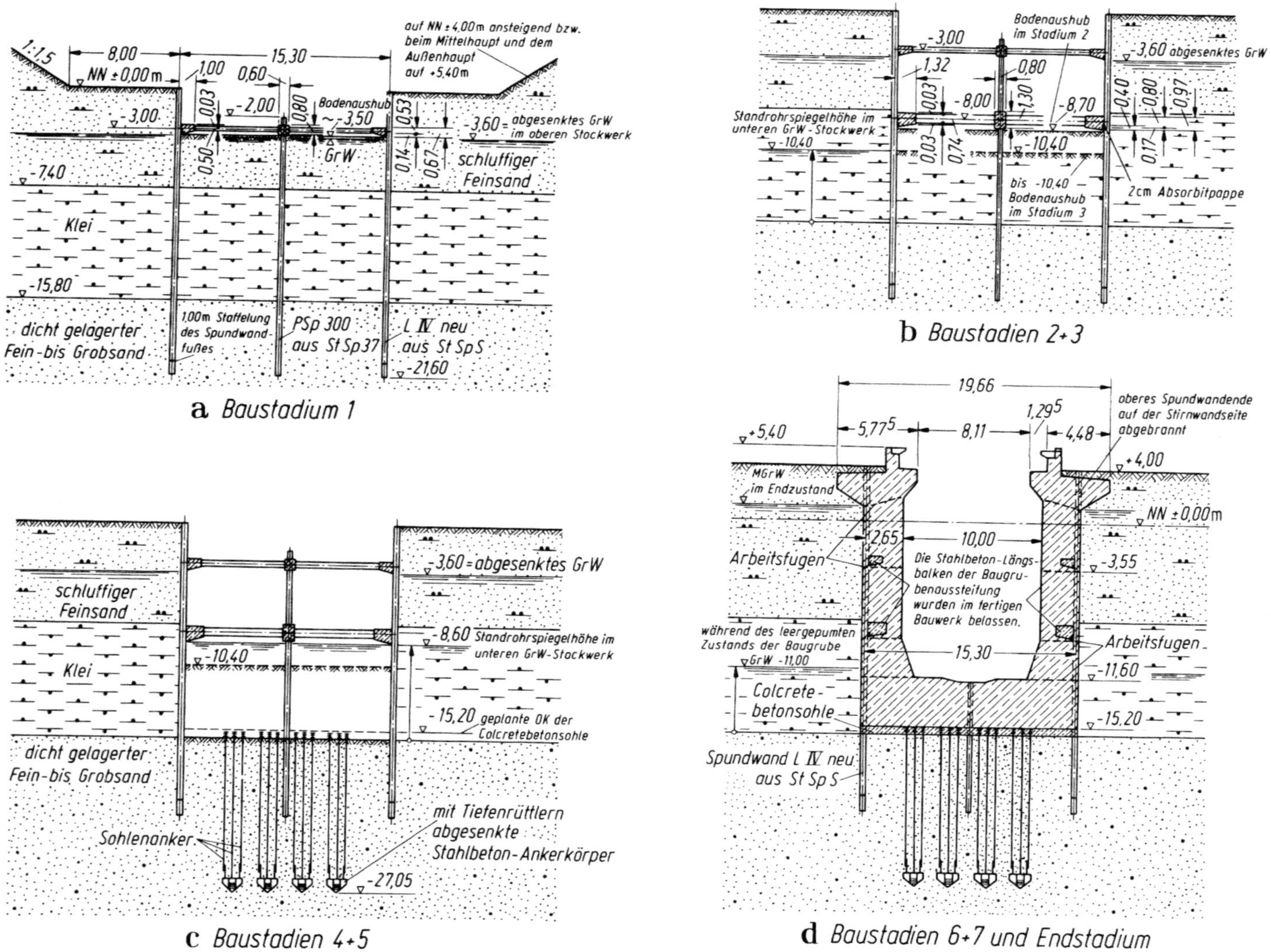

Abb. 18.3.7–1 Darstellung der Baugrubenumschließung und Aussteifung sowie des Bauvorgangs für die Baugrube des Binnenhaupts (mit den Bodenverhältnissen am Binnenhaupt)

einem Wasserstand in der Baugrube auf NN – 8,6 m, anschließend Reinigen der Baugrubensohle von allen Schlammablagerungen.

Baustadium 6: Einbringen des Steingerüstes für die Colcretebetonsohle beim Wasserstand NN – 8,6 m in der Baugrube und gleichmäßiges Verpressen der Hohlräume des Steingerüstes von unten nach oben mit Colgrout.

Baustadium 7: Nach dem Erhärten der Colcretebetonsohle, Leerpumpen der Baugrube bis zur Colcretebetonoberfläche auf NN – 15,2 m, anschließend Säubern der Oberfläche und Nachdichten der Sohle – soweit erforderlich.

Endstadium: Herstellen der bewehrten Bauwerksohle im Trockenen und anschließend abschnittsweises Betonieren der Wände bis knapp an die Unterkante der jewei-

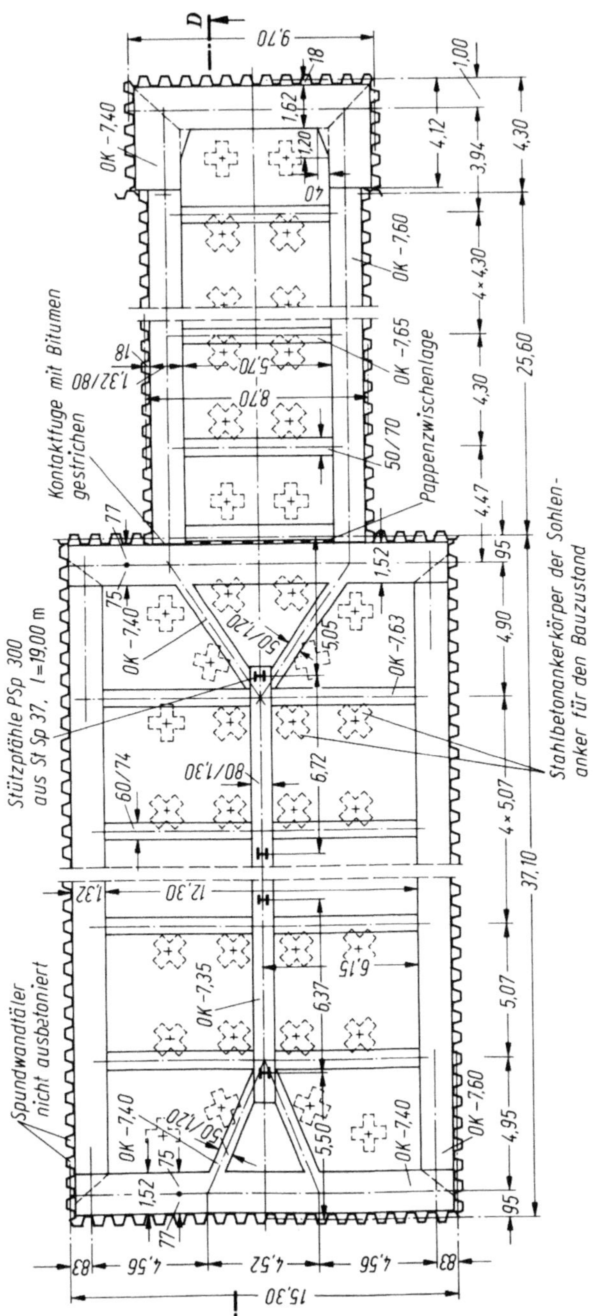

Abb. 18.3.7–2 Grundrißschnitt A–B mit Baugrubenaussteifung auf NN –8,0 m und Lage der Sohlenanker für den Bauzustand (Lage s. Abb. 18.3.7–3)

ligen Aussteifung und nach dem Abbrennen von Spundwandabschnitten oberhalb NN ± 0,0 m Betonieren des obersten Wandteiles. Beseitigen der nicht einbetonierten Aussteifungen, Betonieren des Wandkopfes. Einbau der Laufschienen und Anschläge, Montage des Tores in der Torkammer, Fluten des Hauptes und Beseitigen der Spundwände im Durchfahrtbereich sowie sonstige Restarbeiten.

18.3.7.4 Ausbildung der Baugrubenaussteifungen

Einzelheiten hierzu sind auf den Abb. 18.3.7–2 und –3 dargestellt.

Die Stahlbetonaussteifungen wurden aus B 225 hergestellt und mit BSt II bewehrt, die Stahlaussteifungen aus St 37–2.

Die Gurtbalken der später in die Wände einbetonierten Stahlbetonaussteifungen mußten so gestaltet werden, daß sie ein einwandfreies Herstellen der Torkammerwände nicht behinderten. Hierzu wurden alle Spundwandtäler abgeschalt, damit die äußere lotrechte Wandbewehrung später darin konzentriert untergebracht werden konnte. Wegen der bekannten Sackungen des Frischbetons mußte knapp unter jedem Gurt eine Arbeitsfuge im Wandbeton angeordnet werden. Die Unterseite der Gurtbalken wurde leicht schräg ausgebildet, so daß der Raum zwischen Gurtbalkenunterkante und Arbeitsfuge nach dem Abbinden des darunter liegenden Wandabschnittes leicht mit etwas steiferem Beton ausgestopft werden konnte. Damit eine möglichst zentrische Krafteinleitung in den Gurt trotz seiner Abschrägung und der Spundwanddurchbiegungen erreicht werden konnte, wurden die Gurte an ihren Kontaktflächen mit den Umfassungsspundwänden im unteren Teil 2 cm dick mit Absorbitpappe unterlegt, bei den oberen Aussteifungen bis zu 18 cm und bei der Aussteifung mit Achse auf NN –8,0 m, 40 cm hoch.

Um den Gurten in allen Stadien, vor allem aber im horizontal unbelasteten Zustand unmittelbar nach dem Betonieren und dem einsetzenden Schwinden auch in vertikaler Richtung ein sicheres Auflager zu geben, wurden in etwa 4,8 m Achsabstand kurze Stahlkonsolen nahe der Gurtunterkante an die Stahlspundwände geschweißt und mit einbetoniert. An diesen Stellen wurden die Gurte auch noch zusätzlich mit kräftigen, einbetonierten und oben an die Spundwandstege geschweißten, unter 45° geführten Rundstählen gehalten.

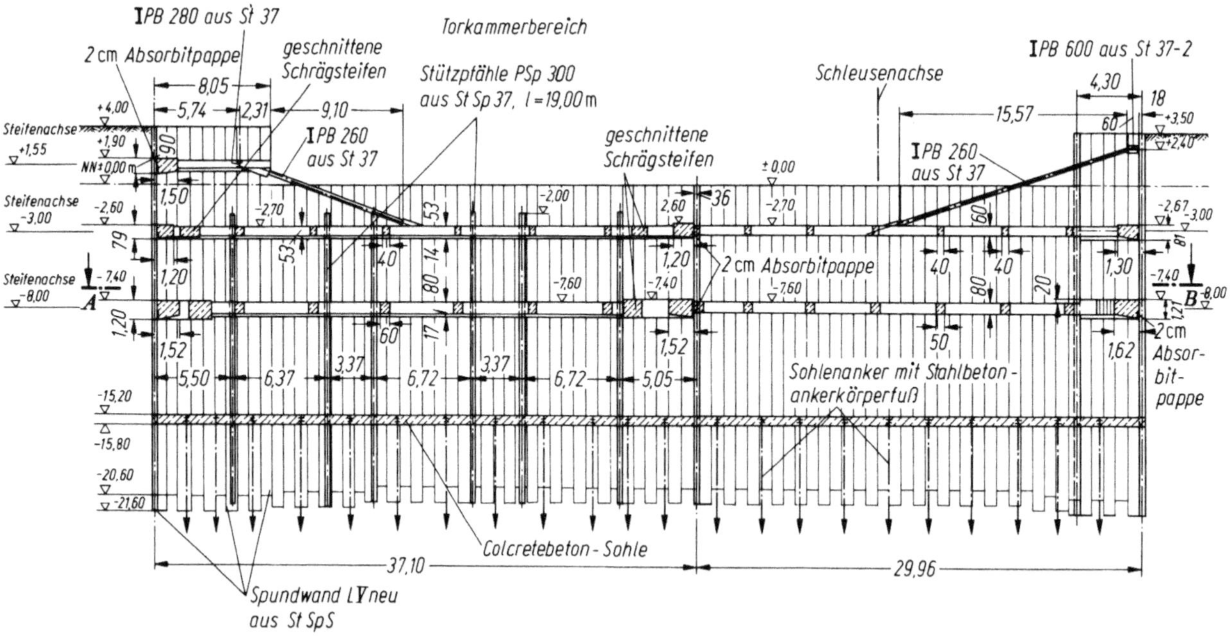

Abb. 18.3.7–3 Längsschnitt C–D durch die Baugrubenumschließung und -aussteifung der Schleusenhäupter (Lage des Schnittes s. Abb. 18.3.7–2)

Die Balkenabmessungen wurden so aufeinander abgestimmt, daß die Bewehrungen an den Kreuzungsstellen leicht eingebaut werden konnten (Abb.18.3.7–3).

Zur Übernahme der Eigengewichte und zur Sicherung gegen Ausknicken in lotrechter Richtung wurden die Stahlbetonaussteifungen im Torkammerbereich zusätzlich durch gerammte, bis NN − 21,6 m in den Baugrund reichende Stahlpfähle PSp 300 aus StSp 37 abgestützt (Abb.18.3.7–2 und –3).

Die Verteilung der Sohlenanker ist aus Abb.18.3.7–2 ersichtlich. Diese Anker erhielten bei einer bis NN −11,0 m entlasteten Standrohrspiegelhöhe im unteren Grundwasserstockwerk eine rechnerische maximale Zugkraft von rd. 35 t. Sie wurden aber zur Abdeckung eventueller Spiegelschwankungen vorsorglich für einen Ankerzug von 50 t bemessen. Da die Sohlenanker nur den Bauzustand der bis NN − 15,2 m leergepumpten Baugrube zu überwinden hatten und später nicht mehr benötigt wurden, konnte bei den Ankerstangen auf jeden Korrosionsschutz verzichtet werden. Die vier Stangen ⌀42 mm aus St 37–2 je Anker wurden aus Vorratsmaterial hergestellt und auch deshalb so kräftig gewählt, damit die elastischen Längenänderungen möglichst klein blieben.

Die Ankerstangen wurden an ihrem Kopf mit 3 in verschiedener Höhe angeschweißten Platten 110 X 110 X 25 aus St 37–2 versehen, um auch bei etwas ungenauer Absenkung des Stahlbetonankerkörpers und Ausfall einzelner Platten die Kraft aus der 0,6 m dicken Colcretebetonsohle noch ausreichend sicher in die Stangen überleiten zu können.

18.3.7.5 Schlußbemerkungen

Die hier gewählte Baugrubenlösung für die Schleusenhäupter einschließlich der Sohlenverankerung hat sich sowohl technisch als auch kostenmäßig bewährt. Auch die vorgesehenen Termine konnten gehalten werden. Ein Nachdichten der Colcretebetonsohle war nicht erforderlich.

18.3.8 Umspundete Baugrube für den Tiefteil einer Slipanlage an einem Tidestrom in Thailand (vgl. auch Kap.7.3.3)

18.3.8.1 Allgemeines

Der Tiefteil der im Kap.7.3.3 beschriebenen Slipanlage konnte unter den gegebenen Verhältnissen nur im Schutze einer umspundeten, ausgesteiften Baugrube technisch einwandfrei und mit erträglichen Kosten hergestellt werden. Der Bauvorgang mußte dabei so gewählt werden, daß die Spundbohlen und die Aussteifungen mehrmals verwendet werden konnten. Hierzu wurde der Tiefteil in 3 nacheinander umspundete Baugruben unterteilt und vom flachen ins tiefe Wasser fortschreitend hergestellt. Die jeweils untere Querwand einer Baugrube bildete anschließend die obere Querwand der folgenden, während die Längsspundwände und die obere Querwand gezogen und erneut gerammt wurden. Eine Ausnahme hiervon bildete nur die oberste Querwand, die im Bauwerk verblieb und mit dem wannenartigen Teil der oberen Slipbahn fest verbunden wurde.

Endgültig wurden die wiedergewonnenen Spundwände in die starren Dalben der Slipanlage (Abb.7.3.3–2 und –3) eingebaut bzw. zur sonstigen Verwendung bereitgelegt.

Die Umspundung der Baugruben wurde bis MSL + 1,5 m und damit so hoch geführt, daß sie die in der Bauzeit wahrscheinlich auftretenden höchsten Hochwässer abhalten konnte. Da das HHThw auf MSL + 1,8 m und damit noch darüber lag, mußte bei extremen Wasserspiegelhöhen – die nur in Frage kamen, wenn ein besonders hohes Oberwasser mit einer Springtide und Sturmflut von der See her zusammentraf – ein Fluten der jeweiligen Baugrube in Kauf genommen werden.

Die Rammtiefe der Spundwände wurde so gewählt, daß die Bohlen gut 5 m tief in den tragfähigen, steifen Ton reichten.

Die Spundwände mußten vom Gerüst aus gerammt werden.

Die Holzpfähle für das Rammgerüst und die Stützpfähle der Baugrubenaussteifung und für die Umspundung wurden schwimmend gerammt. Sie reichten eingerammt etwa bis OK

Spundwandkasten. Sie wurden später abgeschnitten und zum größeren Teil auch als Bauwerkspfähle benutzt. Die Neigung der Pfähle wurde so gewählt, daß sie sowohl im Bau- als auch später im Betriebszustand optimal ausgenutzt werden konnten.

18.3.8.2 Ausbildung der Baugrubenumspundung und ihrer Aussteifungen

Die gewählte Lösung ist für die tiefste Baugrube 3 in den Abb. 18.3.8–1, –2 und –3 dargestellt. Die äußeren 2,5 : 1 geneigten Holzpfähle gaben der Umspundung die notwendige äußere Standsicherheit. Im Inneren wurden die Spundwände LV aus StSpS in Längsrichtung mit schweren Stahlträgern aus St 37 bzw. PSp-Profilen aus StSp 37 ausgesteift. Die Quersteifen bestanden aus einheimischen, mittelharten Rundhölzern i.M. ∅35 cm. Lotrechte Holzpfähle i.M. ∅ 35 cm, die bis MSL –17,0 m eingerammt wurden, in Verbindung mit den notwendigen Verzangungen sicherten die schweren Steifen gegen Ausknicken. Nachdem der Spundwandkasten geschlossen und alle Holzpfähle gerammt waren, wurden die Aussteifungen – in der Baugrube 3 mit Achse auf MSL ± 0,0 m, – 2,5 m, – 4,75 m und – 7,3 m liegend – von oben nach unten fortschreitend eingebaut. Hierzu wurde die Baugrube in offener Wasserhaltung jeweils so tief ausgepumpt, daß die nächste Steifenlage mit ihren Verbänden und Stützkonsolen ohne Schwierigkeiten oberhalb des jeweiligen Innenwasserspiegels eingebaut werden konnte. Bei dieser Bauweise hatte die Umfassungsspundwand an den Stützpunkten im Einbauzustand der Steifen bereits entsprechende Durchbiegungen, die in der statischen Berechnung und in der Bauausführung berücksichtigt werden mußten. Sie beeinflußten sowohl die Beanspruchungen der Spundwände und die ihrer Abstützungen maßgebend und erforderten letztlich den Einbau der Aussteifungen nach jeweiligem Aufmaß. Zur Vereinfachung der Bauausführung wurde zwischen Spundwand und Gurt im allgemeinen ein Zwischenraum von rd. 10 cm gelassen, der mit Hartholz verkeilt wurde.

In dieser Baufolge waren die Baugruben 1 und 2 planmäßig und ohne Schwierigkeiten hergestellt worden, wobei gegenüber der Baugrube 3 jeweils die Steifenlagen auf MSL – 4,75 m und – 7,3 m bei Baugrube 1 bzw. auf MSL – 7,3 m bei Baugrube 2 entfielen.

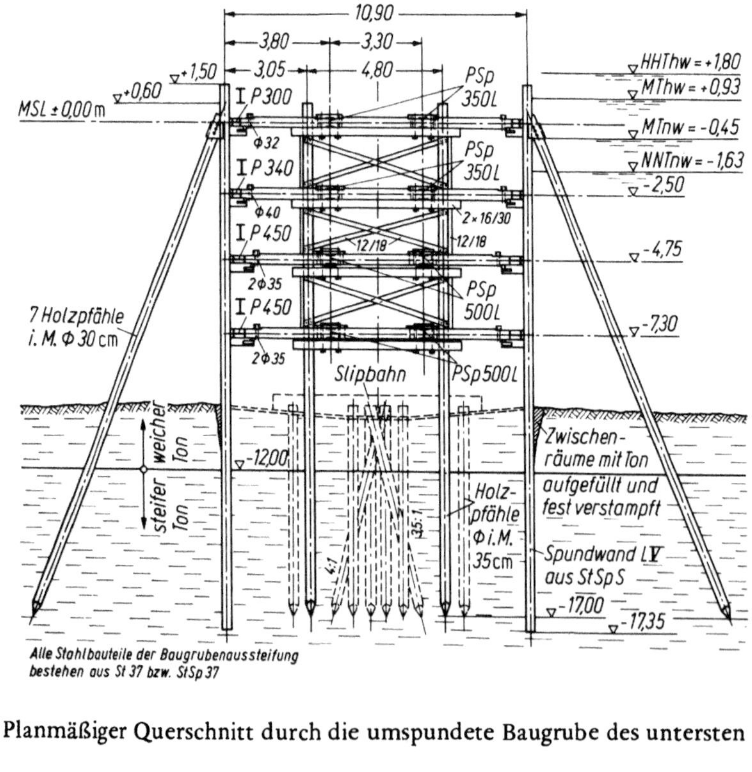

Abb. 18.3.8–1 Planmäßiger Querschnitt durch die umspundete Baugrube des untersten Slipbahnabschnittes

18.3.8.3 *Ausführung der Baugrube 3 bis zu den eintretenden Sohlenhebungen*

Auch bei Baugrube 3 verlief – abgesehen von ungewöhnlich großen und nicht erwarteten Durchbiegungen vor allem der Längsspundwände – zunächst alles planmäßig.

Nachdem die Baugrube leergepumpt und der Unterbeton für die Stahlbetonplatte der Slipbahn eingebracht war, begann sich die Sohle vor allem im mittleren Drittel der Baugrube

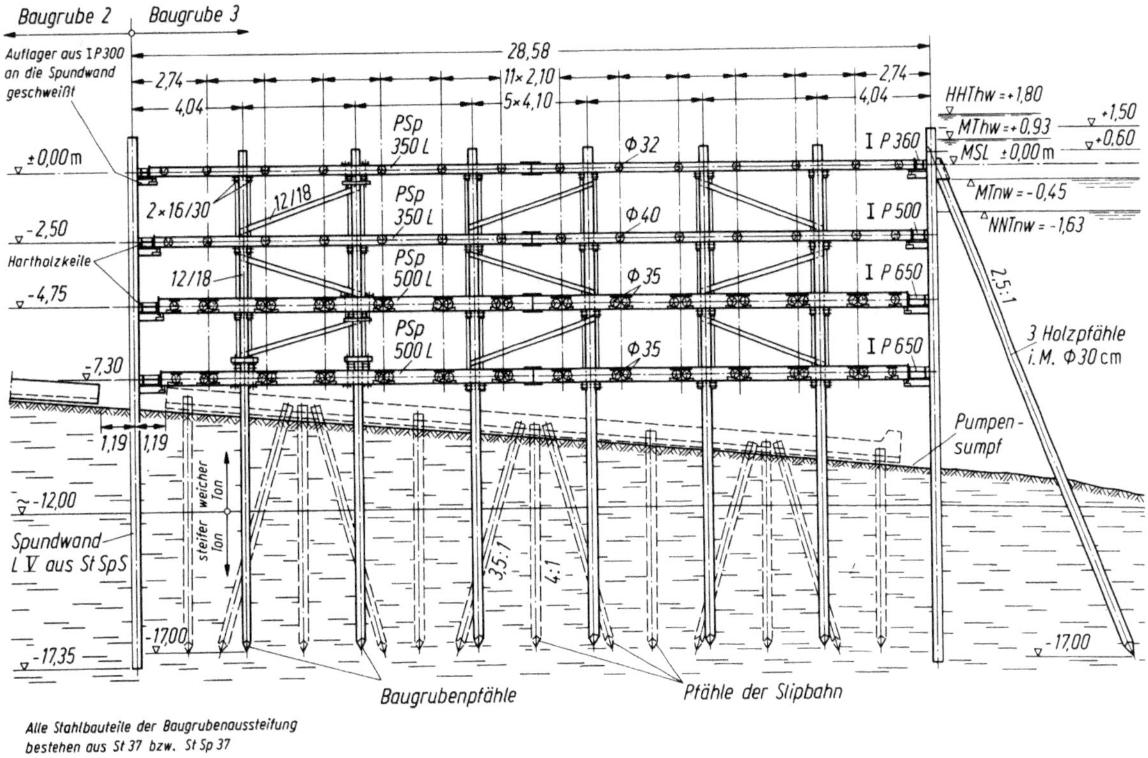

Abb. 18.3.8–2 Planmäßiger Längsschnitt durch die umspundete Baugrube des untersten Slipbahnabschnittes

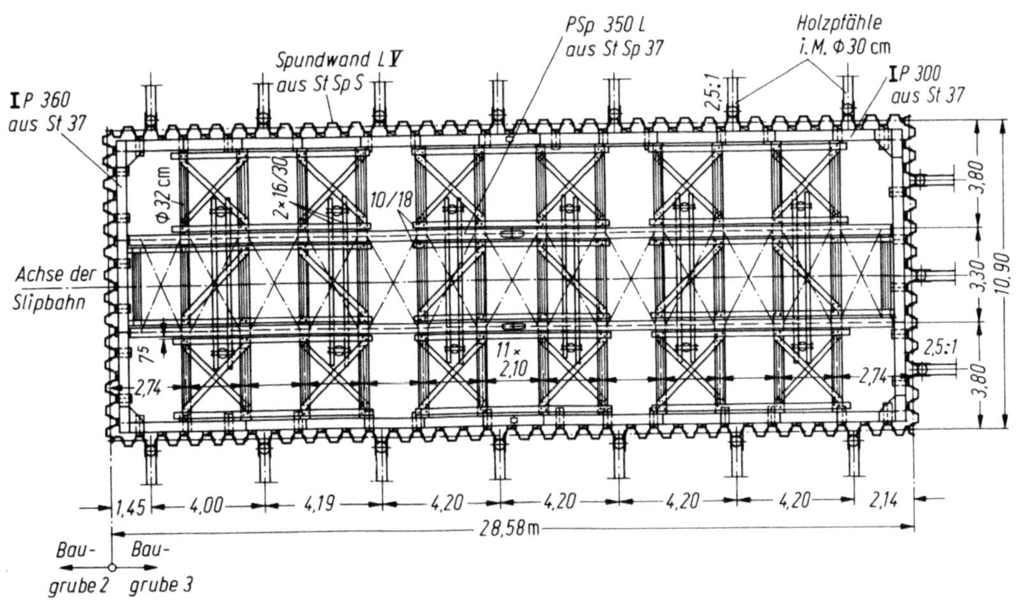

Abb. 18.3.8–3 Oberste Aussteifung der Baugrube auf MSL ± 0,0 m

bis zu etwa 35 cm aufzuwölben. Dabei wurden die lotrechten Pfähle für die Abstützung der Aussteifungen und damit auch die Aussteifungen selbst und auch die bereits abgeschnittenen Pfähle für die Slipbahngründung im gleichen Maß angehoben. Auch die Längsspundwände hoben sich im mittleren Baugrubendrittel bis zu rd. 35 cm und an den Rändern bis zu rd. 5 cm. Gleichzeitig vergrößerten sich die Durchbiegungen der Längsspundwände nach innen zusätzlich und erreichten schließlich im mittleren Drittel der Baugrube an der Einbindestelle in den Boden auf der Stromseite rd. 1,65 m und gegenüber rd. 1,30 m.

Dies ereignete sich bei einem Außenwasserstand auf rd. MSL = + 1,4 m, wobei die Situation mit akuter Einsturzgefahr nur durch sofortiges Fluten der Baugrube gemeistert werden konnte.

Nun mußte zunächst festgestellt werden, worauf die obigen Vorgänge zurückzuführen waren. Dabei stellte sich heraus, daß der Unternehmer – trotz ausdrücklicher Forderung der Entwurfsbearbeiter, den Baugrund im Tiefteil der Slipbahn besonders sorgfältig durch Probebohrungen aufzuschließen – dort keine Bohrungen ausgeführt hatte. Diese mußten daher schleunigst nachgeholt werden. Es wurden 5 Probebohrungen im Hauptschadenbereich innerhalb des Spundwandkastens vereinbart. Ein Teil davon sollte gleichzeitig als Entlastungsbrunnen ausgebaut werden, wenn im sonst tragfähigen steifen Tonboden wasserführende Schichten angetroffen werden sollten.

Schon die erste Bohrung zeigte, daß der Baugrund im Schadenbereich entscheidende Schwächen aufwies. Der steife Ton reichte hier nicht bis MSL –12,0 m, sondern begann erst 5,2 m tiefer. Ab rd. MSL –20,0 m war der Ton außerdem stark sandig, während unter MSL – 21,15 m stark wasserführender toniger Feinsand anstand. Hierdurch wurde auch ein vermehrter Strömungsdruck von unten auf die tragenden Erdwiderstandkeile im Spundwandkasten wirksam, der den Erdwiderstand vor den Spundwandfüßen zusätzlich herabminderte. Bei dieser Situation mußte das Erdauflager der Spundwände auch schon in den ersten Baustadien verstärkt nachgegeben haben, worauf wohl die erwähnten unerwartet großen Spundwanddurchbiegungen zurückzuführen waren. Im Endstadium hielt die Baugrubenumschließung offensichtlich nur noch wegen des gewählten tragfähigen Profils LV aus StSpS und der sehr soliden Aussteifung, wobei ein vermehrter Teil des Wasserdruckes über die unterste Steifenlage abgetragen werden konnte. Es muß hierbei ja auch noch beachtet werden, daß infolge der großen Durchbiegung der Spundwandfüße, die am unteren Spundwandende noch mit etwa 20 cm geschätzt wurde, außen ein breiter Spalt im Boden neben den Spundwänden entstand, in dem das Wasser unabgemindert auf die Spundwand drücken konnte. Schließlich sei auch besonders erwähnt, daß – wie später bei Versuchen für ein anderes Bauwerk festgestellt werden konnte – das bloße Pressen der Spundwandschlösser in der neutralen Achse auch bei engem Abstand der Preßstellen bei schweren Wänden noch nicht ausreicht, um einen vollen Verbund der Doppelbohlen herzustellen, es sei denn bei Inkaufnahme unerwünscht großer Verformungen. Im letzteren Falle wird die Tragfähigkeit aber auch nur durch ein Zusammenwirken von Teilverbund und Tragfähigkeit der Einzelbohlen erreicht. Seit einigen Jahren wird bei schweren Wänden und Schlössern in oder nahe der neutralen Achse die Gewährleistung des vollen Verbundes in der Regel durch Schloßverschweißung gefordert (vgl. auch E 103 der EAU).

18.3.8.4 Fertigstellen der Slipbahn in der Baugrube 3

Für das Fertigstellen der Slipbahn in der Baugrube 3 unter den genannten erschwerten Bedingungen wurden verschiedene Möglichkeiten erwogen und letztlich eine Lösung mit zusätzlich gerammten Pfählen und vorheriger Sandauflast zur Sohlensicherung gewählt (Abb. 18.3.8–4 und –5).

Im einzelnen wurden dazu folgende Maßnahmen festgelegt und bei niedriger Oberwasserführung und daher auch günstigen niedrigen Wasserständen ausgeführt.

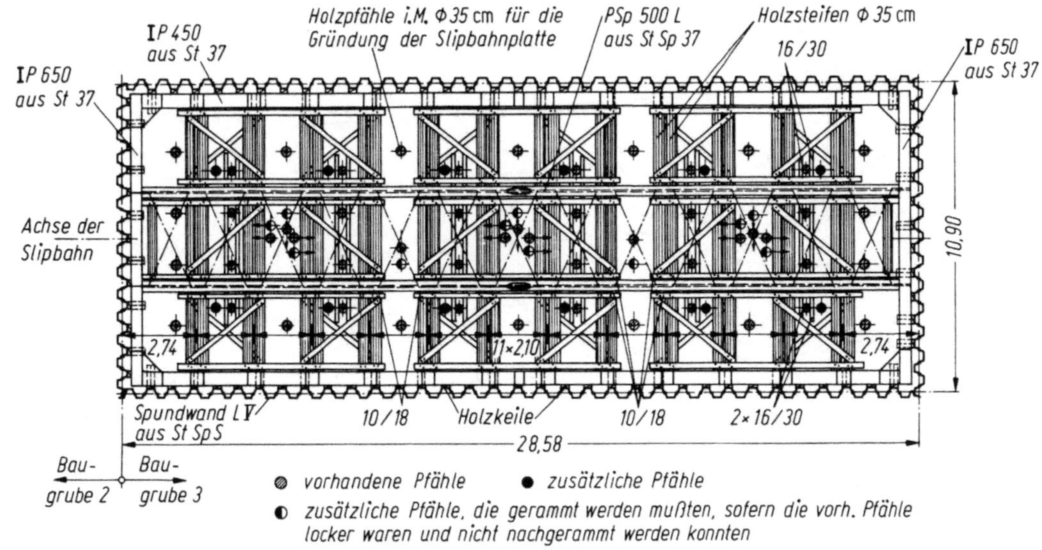

Abb. 18.3.8–4 **Unterste Aussteifung der Baugrube 3 auf MSL –7,3 m mit den zusätzlich gerammten oder nachgerammten Holzpfählen, vermaßt für den unverformten Zustand**

18.3.8.4.1 Rammarbeiten

Da die Holzpfähle, die die Slipbahn tragen sollten, mit dem Boden nach oben gedrückt worden waren und daher lose sein konnten, sollten sie – wenn möglich – wieder auf die alte Tiefe gerammt werden. Sie konnten, wenn sie dort so fest wie vorher saßen, wieder vollwertig als Tragpfähle benutzt werden. Wenn ein Pfahl dabei die alte Tragfähigkeit nicht erreichte, sollte er tiefer gerammt werden, wobei die Stahlbetonplatte in diesem Bereich örtlich nach unten vertieft werden sollte. Wenn nicht tiefer oder überhaupt nicht nachgerammt werden konnte, mußten zusätzliche Pfähle nach Abb.18.3.8–4 gerammt werden.

Die Rammarbeiten durften entweder in der mit Wasser gefüllten Baugrube oder nach dem Sandeinfüllen im jeweils freigelegten Arbeitsfeld im Trockenen ausgeführt werden. Die neuen Pfähle sollten – wenn möglich – 2 m tiefer als die alten gerammt werden, damit eventuelle Störungen im Boden überbrückt wurden.

Die Rammarbeiten waren so vorzunehmen, daß die Aussteifungen nicht beschädigt und die Erschütterungen in erträglichen Grenzen gehalten wurden. Ein vorübergehender örtlicher Ausbau von Verschwertungen war zulässig, wenn das Rammen eines Pfahles dies erforderte. Hauptteile des Tragsystems durften aber auch nicht vorübergehend ausgebaut werden.

18.3.8.4.2 Einbringen einer Sandauflast auf der Baugrubensohle und der fertigen Laufbahnplatte

Um zu verhindern, daß die Baugrubensohle beim Trockenlegen des Kofferdammes erneut hochkam, mußte eine ausreichende Auflast aufgebracht werden. Diese bestand aus einer 3 m hohen Schüttung aus scharfem Sand. Er war mittels Greifer in jeweils so kleinen Teilmengen einzubringen, daß durch den absinkenden Sand an den Aussteifungen keine Beschädigungen eintreten konnten. Der Sand konnte auch mit Trichtern und angeschlossenen Fallrohren eingebracht werden.

Während die drei Meter dicke Sandschicht an der wasserseitigen Querwand beginnend zum Lande hin geschüttet wurde, mußte der Wasserstand in der Baugrube laufend kontrolliert werden. Dabei war darauf zu achten, daß der Wasserspiegel innen stets etwa 1 m unter dem Außenwasserspiegel blieb, damit die Steifen dauernd unter Druck standen und sich so nicht lockern konnten.

Die letzten rd. 5,5 m vor der landseitigen Querwand wurden nicht verfüllt, da die Slipbahnplatte von hier aus fortschreitend betoniert werden mußte (Abb.18.3.8–5). Im Zuge

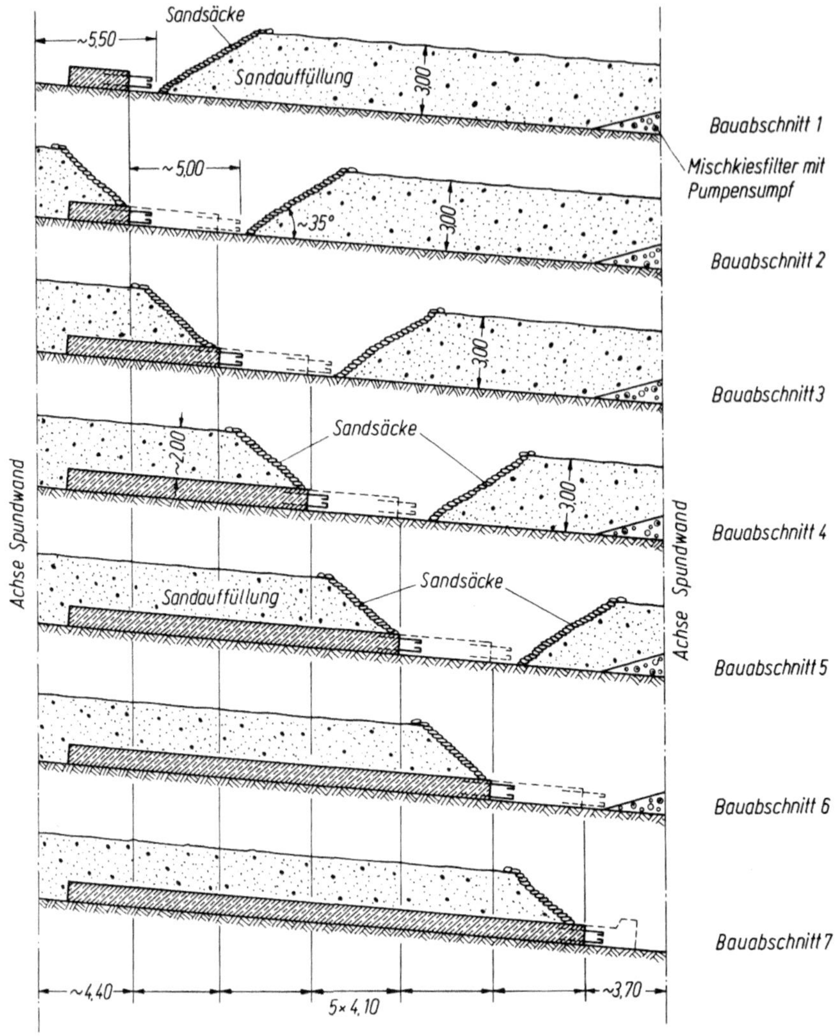

Abb. 18.3.8–5 Bauabschnitte und Betonierfolge der Slipbahnplatte in der Baugrube 3 unter Benutzung von Sand-Ballast

der weiteren Bauarbeiten wurde der Sand so umgesetzt und zum Teil entfernt, daß jeweils ein etwa 5 m breiter Arbeitsraum an der Sohle frei blieb und die fertiggestellte Laufbahnplatte mit einer etwa 2 m hohen Sandschicht belastet war.

18.3.8.4.3 Auspumpen der Baugrube

Nach dem Einbringen der Sandfüllung war die Baugrube vorsichtig leerzupumpen. Dies durfte nur in Stufen jeweils von einer Steifenlage zur nächst tieferen ausgeführt werden. Wenn diese freilag, mußte sie untersucht und wenn nötig ausgebessert bzw. verstärkt werden. Hierbei waren die eingetretenen Verformungen besonders zu berücksichtigen.

Im Zuge des Auspumpens der Baugrube sollten die Schlitze im Boden außen neben den Spundwänden so gut es irgend ging mit dichtendem Material verfüllt werden.

An der tiefsten Stelle der Baugrube war vor dem Sand ein Mischkiesfilter mit Pumpensumpf eingebracht worden. Durch diesen Filter konnte später das Restwasser mit einer kleinen Pumpe entfernt werden.

Noch bevor die Baugrube leergepumpt wurde, mußte der Wasserdruck in den Sandlagen unter der Baugrubensohle entlastet werden. Hierzu waren 4 Probebohrungen als Entlastungsbrunnen ausgebaut worden.

18.3.8.4.4 Betonieren der Slipbahnplatte und Verlegen der Schienen (Abb.18.3.8–5)

1) *Bauabschnitt 1*

Nach dem Trockenlegen der Baugrube war der in den Bereich des Bauabschnittes 1 gefallene Sand auf die Sandauffüllung des Abschnittes 2 zu werfen. Die Sandauffüllung am Rande des Abschnittes 1 mußte etwa unter 35° abgeböscht und mit mindestens einer Lage Sandsäcke gesichert werden. In dem so geschaffenen Arbeitsraum mußten dann folgende Arbeitsgänge ausgeführt werden:

a) Rammen der Zusatzpfähle und Zurichten der Pfahlköpfe
b) Aushub auf die Solltiefe
c) Einbau einer Steinpackung als Sohlensicherung
d) Einbau des Unterbetons
e) Verlegen der Bewehrung
f) Betonieren der Platte
g) Verlegen der Schienen nach dem Erhärten des Betons.

2) *Bauabschnitt 2*

Sobald der Beton des Bauabschnittes 1 ausreichend fest war, mußte der Sand im Bauabschnitt 2 ausgehoben und 2 m hoch auf die fertige Platte des Bauabschnittes 1 umgesetzt und durch Sandsäcke gesichert werden, wie auch die neue untere Böschung. Überschüssiger Sand war aus der Baugrube zu entfernen. Bei der Verwendung normalen Portland-Zementes konnte die Platte des Bauabschnittes 1 sieben Tage nach dem Betonieren belastet werden, bei Verwendung eines Schnellbinders nach drei Tagen. Die weiteren Arbeiten waren wie im Bauabschnitt 1 auszuführen.

3) *Bauabschnitt 3–7*

Sie wurden sinngemäß wie im Bauabschnitt 2 ausgeführt.

4) *Beobachtungen während der Bauausführung und eventuelle Zusatzmaßnahmen*

Während der Bauarbeiten in den Abschnitten 1 bis 7 waren die Baugrubenumschließungen, ihre Aussteifungen und die Baugrubensohle auf eventuelle waagerechte und/oder lotrechte Bewegungen hin laufend zu überprüfen. Wenn Gefahr im Verzuge war, mußte die Baugrube wieder geflutet werden. Anschließend sollten die Bauarbeiten – nach einem teilweisen zusätzlichen Verfüllen des gerade in Arbeit befindlichen Bauabschnittes und erneutem vorsichtigen Leerpumpen der Baugrube – mit kürzeren Bauabschnittslängen fortgesetzt werden.

18.3.8.4.5 Restarbeiten

Wenn der letzte Bauabschnitt der Slipbahnplatte fertiggestellt und erhärtet war, mußte die Baugrube bis 0,5 m unter das in dieser Bauzeit zu erwartende niedrigste Niedrigwasser geflutet werden.

Nachdem anschließend die Sandauffüllung unter Wasserzugabe herausgepumpt war, mußten Wasserausgleichsöffnungen in die Baugrubenspundwand gebrannt werden, so daß kein Wasserüberdruck mehr vorhanden war. Dann konnten die Aussteifungen – soweit erforderlich unter Wasser – ausgebaut und schließlich die Spundbohlen gezogen werden. Bei den Baugruben 1 und 2 waren die Aussteifungen in umgekehrter Reihenfolge wie beim Einbau nach teilweisem Fluten der Baugrube im Trockenen ausgebaut worden.

18.3.8.5 Schlußbemerkungen

Das vorliegende Beispiel zeigt, daß vor allem bei tiefen Baugruben im freien Wasser eingehende Bodenaufschlüsse und -untersuchungen dringend erforderlich sind, wenn später unangenehme Überraschungen vermieden werden sollen. Bei der Berechnung der Umfassungsspundwände und ihrer Aussteifungen ist ein schematisches Vorgehen mit Näherungslösungen zu vermeiden. Vielmehr muß die Berechnung und Bemessung den tatsächlichen Bauvorgängen und Bauzuständen mit den dabei auftretenden Durchbiegungen und Stützpunktverschiebungen sorgfältig angepaßt werden. Da trotzdem fallweise nicht vorhersehbare größere Verformungen auftreten können, sollte stets sprödbruchunempfindlicher Stahl verwendet werden. Für den Schubverband der Wände ist – soweit zweifelhaft – durch ordnungsgemäßes Verschweißen der in Betracht kommenden Schlösser zu sorgen.

Der Entwurfsbearbeiter sollte – nach den Erfahrungen bei diesem und anderen Projekten – nicht nur bis zur Vergabe der Bauarbeiten, sondern darüber hinaus auch während der Bauausführung mindestens beratend eingeschaltet bleiben. Er muß dann über den Baufortschritt sowie vor allem über besondere Feststellungen bei der Bauausführung – wie ein zu starkes Ziehen beim Rammen, zu große Durchbiegungen oder Verschiebungen, zu starker Wasserandrang und dergleichen – sofort unterrichtet werden, um eine eventuelle Gefahr erkennen und Abhilfemaßnahmen vorschlagen zu können.

Wenn in der Bauausführung erst besondere nicht vorhergesehene Erschwernisse eingetreten sind, können diese im allgemeinen nur mit großer Mühe und zusätzlichem hohen Aufwand ausgeglichen werden. Daß es aber auch in solchen Fällen noch Lösungen gibt, zeigt das vorliegende Beispiel, das in der geschilderten Form erfolgreich zu Ende geführt werden konnte.

18.3.9 Baugrube für ein Sturmflut-Sperrwerk an einem norddeutschen Tidefluß mit Bauvorgängen (vgl. auch Kap.8.3.2)

Im folgenden werden die Baugrubenumschließungen und Aussteifungen sowie der Bauvorgang für das im Kap. 8.3.2 beschriebene Sturmflut-Sperrwerk näher behandelt. Der gesamte Bauablauf ist in den Skizzen a) bis i) der Abb.18.3.9–1 erfaßt. Er gliederte sich in folgende Stadien:

a) Ausbruch des Raumes für den Gurtbalken an der Nordkaimauer, Rammen der 27 m langen, 1 : 1 geneigten Ankerpfähle PSp 300 aus StSp 37 und der 20,5 m langen Stahlspundwand L IV neu aus StSpS, Anschweißen der Anschlußstähle und Bewehren sowie Betonieren des Spundwand-Gurtbalkens (Abb.18.3.9–2b).

b) Rammen der Mittelspundwand L V aus StSp 37, l = 21 m, der beiden Stirnspundwände L III neu aus StSpS, l =21 m und der lotrechten Ankerpfähle PSp 350 L aus StSp 37, l = 24,4 bzw. 23,5 m und Einbau der Aussteifungen der Baugrube 1 (Abb.18.3.9–1b und –2), Aushub des Bodens in der Baugrube bis NPH – 4,3 m, Säubern der Spundwände und Pfähle sowie der Gründungssohle unter Beibehaltung eines mittleren Wasserstandes auf rd. NPH + 4,0 m, der bei der weitgehend dichten Umspundung praktisch nur durch Zu- oder Ablauf sauberen Grundwassers durch die Gründungssohle in begrenztem Maße schwankte.

c) Einbau des Dükerrohres ∅ 2 m bis Sohlenoberkante sowie der Schalwände und der Bewehrungsstähle ≠ 90/40 mm aus St 52–3 nach Abb.18.3.9–4 und –5, Einbringen des Steingerüstes ∅ ≧ 60 mm mit gleichzeitigem Montieren der Verpreßrohre und Kontrollpegel und Einpressen des Colgroutes zur Herstellung der Colcretebetonsohle. Nach ihrem Erhärten, Leerpumpen der Baugrube, Abgleichen der Sohlenoberfläche, Einbau der Bewehrung und des Betons für die aufzubringende Konstruktions- und Ausgleichbetonschicht einschließlich Drempel, Fluten der Baugrube mit Flußwasser.

d) Ausbau der Aussteifungen, Abbrennen der Stirnspundwände sowie der lotrechten Ankerpfähle und Klarmachen der bisherigen Baugrube 1 als Schiffahrtöffnung im nächsten Stadium.

e) Umleiten der Schiffahrt in die neue Durchfahrtöffnung, Rammen der tief in das Land einbindenden ober- und der unterseitigen Stirnspundwand L III neu aus StSpS, l = 21 m und der südlichen Längsspundwand L III neu aus StSp 37, l = 17 bzw. 18,5 m der Baugrube 2 sowie der lotrechten Ankerpfahlreihe PSp 350 L aus StSp 37, l = 22,9 bis

bis 23,5 m, und der südlichen Stützpfahlreihe PSp 400 L aus StSp 37, l = 25,0 m, gleichzeitig Verlängern der Südkaimauerverankerung nach der Landseite um 5,0 m mit Ankern ⌀ 2″ aus St 52–3 zur zusätzlich gerammten Ankerwand K IV aus StSp 37 und nach der Wasserseite zum Anschluß der südlichen Längsspundwand mit Ankern ⌀ 2¾″ aus St 52–3 sowie Einbau der weiteren Aussteifung der Baugrube 2.

f) Aushub der Baugrube 2 bis Kote NPH – 4,3 m, Montage des Dükerrohres ⌀ 2 m, der Sohlenschalwand und der steifen Sohlenbewehrung, ⌀ 70 mm aus St II, Einbringen der Colcretebetonsohle in gleicher Weise wie in Baugrube 1. Leerpumpen der Baugrube 2 nach ihrem Erhärten, Einbau der Bewehrung im Sohlenaufbeton und im Pfeilerschaft und Betonieren des letzteren bis Unterkante Pfeilerkopfplatte auf Kote NPH + 2,0 m (Abb.8.3.2–6).

g) Abbrennen der südlichen Längsspundwand L III neu aus StSp 37 auf Kote NPH + 2,0 m und Fertigstellen des gesamten Südpfeilers mit Anschlägen und Maschinenkeller bis OK Bauwerk, wobei die Aussteifungen soweit erforderlich bzw. zweckmäßig einbetoniert werden.

h) Fluten der Baugrube 2, Ausbau ihrer Aussteifungen, soweit sie nicht einbetoniert wurden, Abbrennen der Stirnspundwände L III neu aus StSpS bis heran an die Südkaimauer sowie der Mittelspundwand L V aus StSp 37 in Sohlenoberkante, Umleiten der Schifffahrt in die neue Durchfahrtöffnung neben dem Südpfeiler, Stellen der Steckspundwände L III neu aus StSpS, l = 11 m für die Nordpfeilerbaugrube 3, Dichten der Anschlüsse der Steckspundwände an die Betonsohle, Einbau der Aussteifungen der Baugrube 3 und Leerpumpen der Baugrube, Einbau des Dükerrohres ⌀ 2 m ab Sohlenoberkante und Erstellen des bewehrten Nordpfeilerschaftes mit allen Toranschlägen unter Einbetonieren der Baugrubenaussteifung, soweit erforderlich.

i) Fertigstellen des Nordpfeilerkopfes, Fluten der Baugrube 3, Ausbau der Aussteifungen, soweit nicht einbetoniert, und Abbau der gestellten Steckspundwände, Montage aller Tore und der Klappbrücke mit allen Antrieben und sonstigen Installationen, Restarbeiten am Bauwerk, Baumaßnahmen für die Straßenüberführung usw. und Inbetriebnahme der Anlage.

Abb.18.3.9–2 zeigt in Grundriß und Querschnitt die Umschließung und Aussteifung der Baugrube 1 auf der Nordseite. Einzelheiten für wichtige Knotenpunkte sind in Abb. 18.3.9–3 dargestellt. Solche Aussteifungen sind hochbelastete, schwierige Stahlkonstruktionen, die nach den Regeln des Stahlbaues in jeder Weise einwandfrei geplant, hergestellt und eingebaut werden müssen.

Abb.18.3.9–4 zeigt das Abschalen der Colcretebetonsohle in 8,75 m breite Sohlenlängsstreifen (vgl. auch Abb.8.3.2–6). Die Schalung bestand aus profilierten 0,40 bzw. 1,05 m hohen Fertigbetonplatten, die zwischen den Flanschen der lotrechten Ankerpfähle PSp 350 L aus StSp 37 unter Wasser übereinanderliegend eingefädelt wurden.

Die Sohlenbewehrung ⌿ 90/40 cm aus St 52–3 auf der Nord- und ⌀ 70 mm auf der Südseite wurde im Abstand von 0,875 m in den oberen Kerben der 0,40 m hohen untersten Schalplatten verlegt (Abb.18.3.9–4 und –5).

Die Bauarbeiten des Sturmflut-Sperrwerkes gingen planmäßig vor sich. Die Kontraktorbetonsohle war überall dicht. Dies war nur durch einwandfreies Säubern der Spundwand- und Stahlpfahloberflächen von anhaftendem Boden, durch das Fernhalten des Schlickfalls vom Colcretebeton-Steingerüst mit Hilfe der dichten Umspundung und durch ein ordnungsgemäßes Verpressen mit dem Colgrout – kontrolliert mittels elektrischer Pegel – erreichbar. Da alle diese Forderungen erfüllbar waren und eingehalten wurden, führte die gewählte Bauweise zu einem vollen Erfolg.

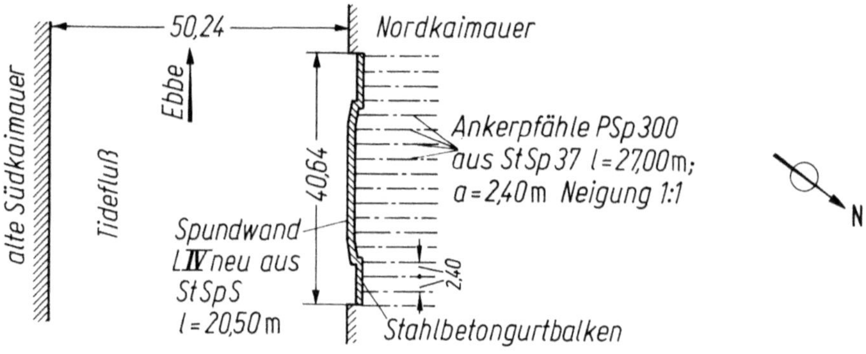
50,24
Nordkaimauer
alte Südkaimauer
Tidefluß
Ebbe
40,64
Ankerpfähle PSp 300
aus St Sp 37 l = 27,00 m;
a = 2,40 m Neigung 1:1
Spundwand
L IV neu aus
St Sp S
l = 20,50 m
2,40
Stahlbetongurtbalken
N

a

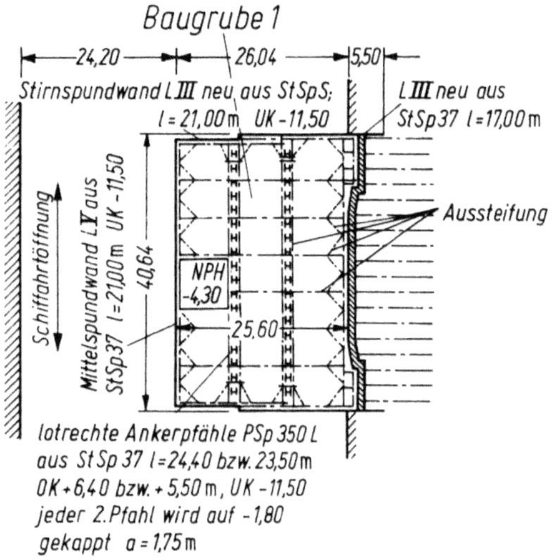
Baugrube 1
24,20
26,04
5,50
Stirnspundwand L III neu aus St Sp S;
l = 21,00 m UK -11,50
L III neu aus
St Sp 37 l = 17,00 m
Aussteifung
Schiffahrtöffnung
Mittelspundwand L V aus
St Sp 37 l = 21,00 m UK -11,50
40,64
NPH
-4,30
25,60
lotrechte Ankerpfähle PSp 350 L
aus St Sp 37 l = 24,40 bzw. 23,50 m
OK + 6,40 bzw. + 5,50 m, UK -11,50
jeder 2. Pfahl wird auf -1,80
gekappt a = 1,75 m

b

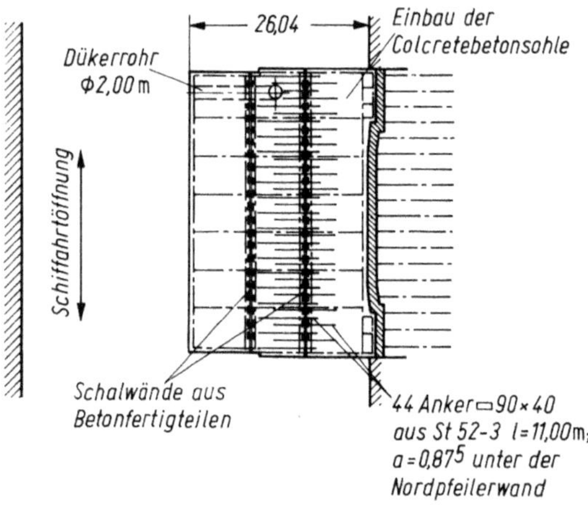
26,04
Einbau der
Colcretebetonsohle
Dükerrohr
Φ 2,00 m
Schiffahrtöffnung
Schalwände aus
Betonfertigteilen
44 Anker ⊏ 90 × 40
aus St 52-3 l = 11,00 m;
a = 0,87⁵ unter der
Nordpfeilerwand

c

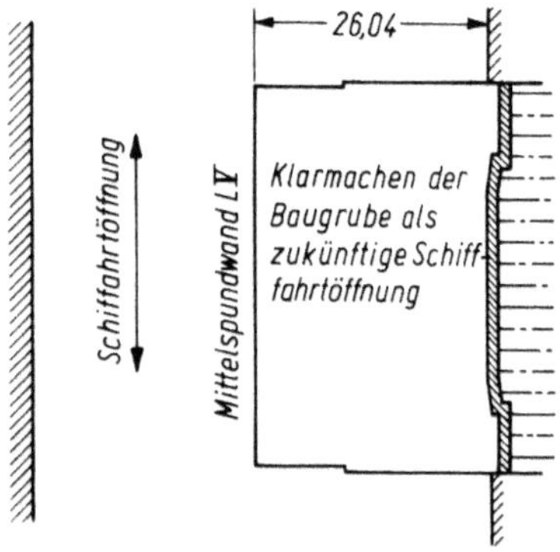
26,04
Schiffahrtöffnung
Mittelspundwand L V
Klarmachen der
Baugrube als
zukünftige Schiff-
fahrtöffnung

d

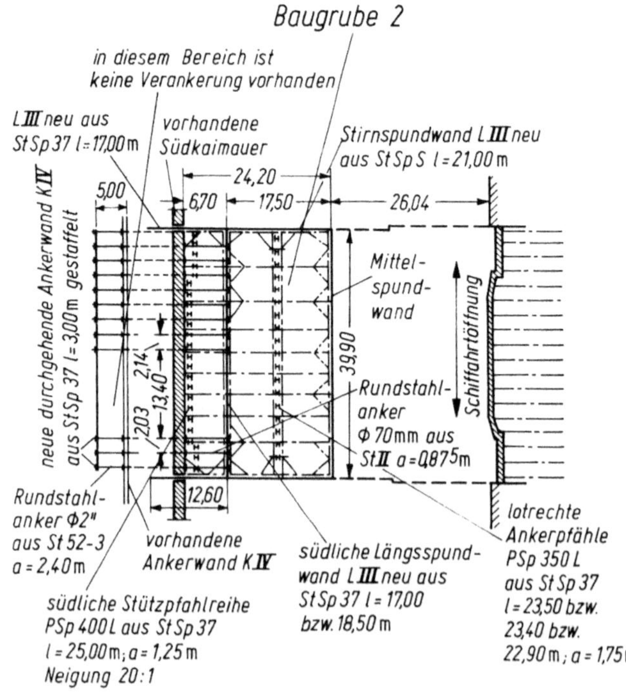
Baugrube 2
in diesem Bereich ist
keine Verankerung vorhanden
L III neu aus
St Sp 37 l = 17,00 m
vorhandene
Südkaimauer
Stirnspundwand L III neu
aus St Sp S l = 21,00 m
24,20
5,00
6,70
17,50
26,04
neue durchgehende Ankerwand K IV
aus St Sp 37 l = 3,00 m gestaffelt
2,14
13,40
2,03
Mittel-
spund-
wand
39,90
Rundstahl-
anker
Φ 70 mm aus
St II a = 0,87⁵ m
Schiffahrtöffnung
12,60
Rundstahl-
anker Φ 2"
aus St 52-3
a = 2,40 m
vorhandene
Ankerwand K IV
südliche Längsspund-
wand L III neu aus
St Sp 37 l = 17,00
bzw. 18,50 m
lotrechte
Ankerpfähle
PSp 350 L
aus St Sp 37
l = 23,50 bzw.
23,40 bzw.
22,90 m; a = 1,75 m
südliche Stützpfahlreihe
PSp 400 L aus St Sp 37
l = 25,00 m; a = 1,25 m
Neigung 20:1

e

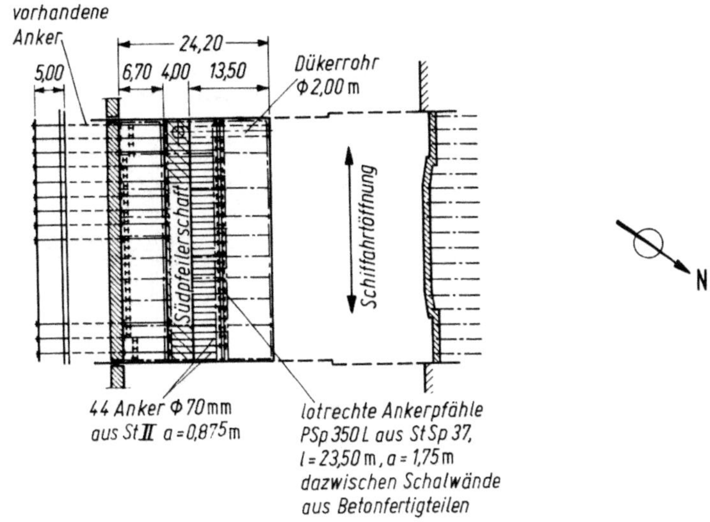

f

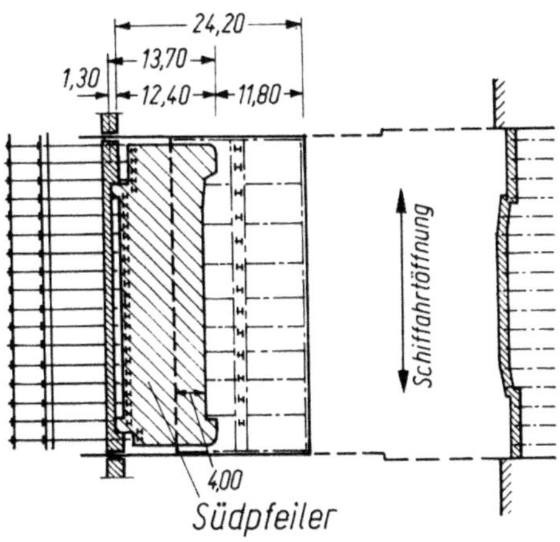

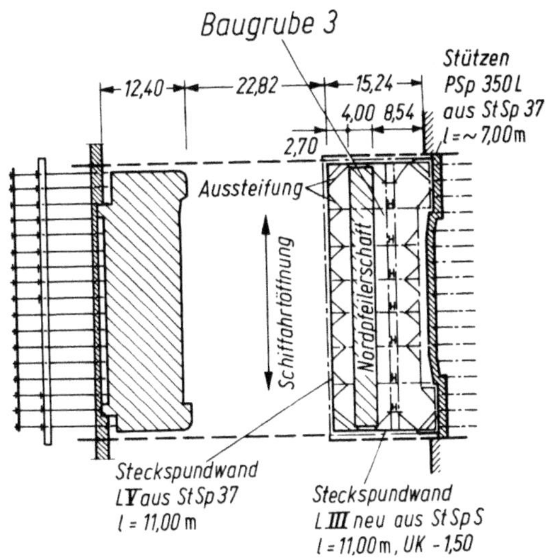

h

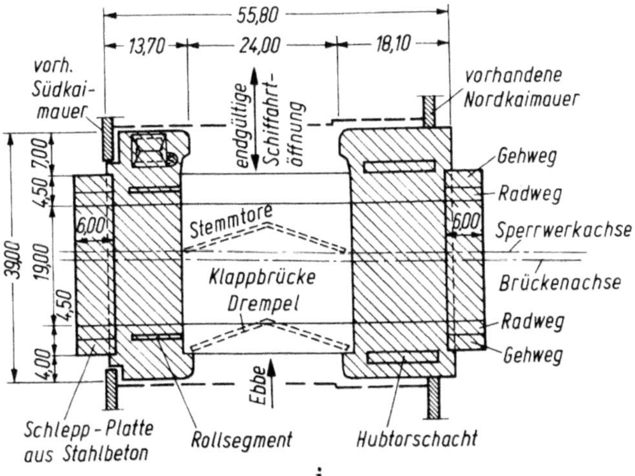

i

(Fortsetzung zu Abb. 18.3.9–1)

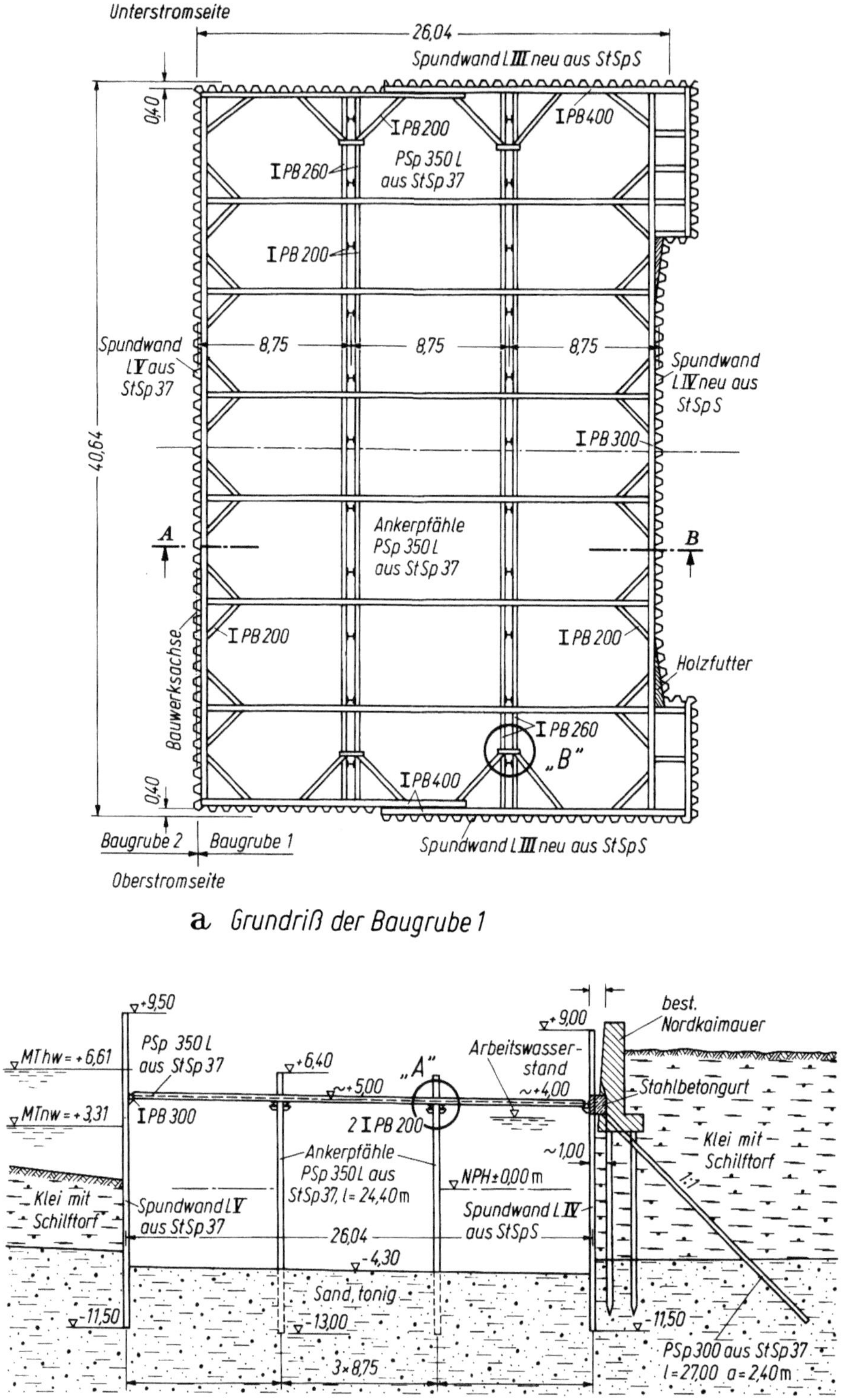

Abb. 18.3.9–2 Umspundung, Aussteifung und Sicherung der nordseitigen Baugrube 1

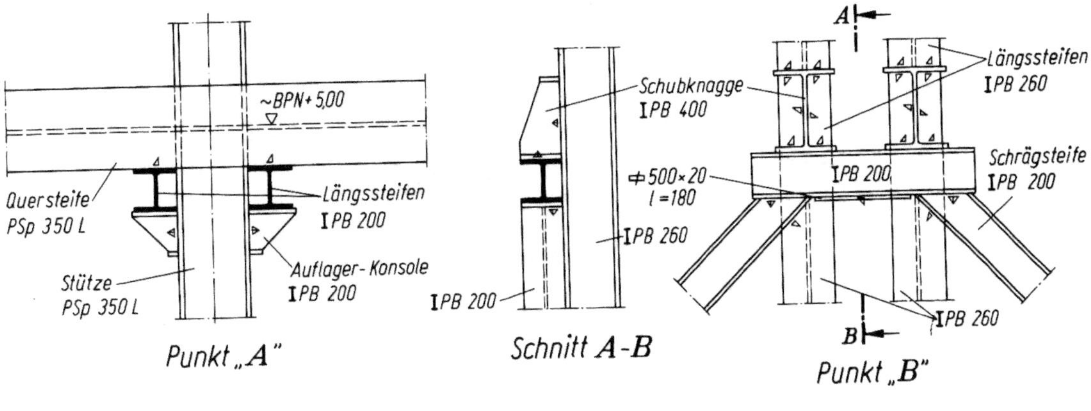

Abb. 18.3.9–3 Einzelheiten der Baugrubenaussteifung aus StSp 37 oder St 37–2 (vgl. Abb. 18.3.9–2)

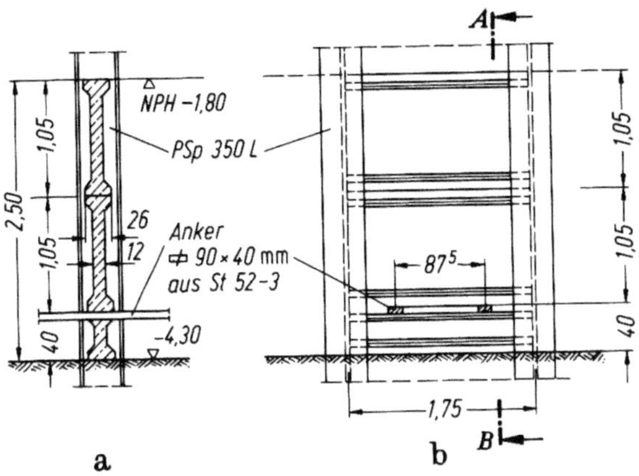

Abb. 18.3.9–4 Schalwand aus vorgefertigten Stahlbetonplatten zur Unterteilung der Colcrete-Betonsohle mit verlegter Sohlenbewehrung. a) Querschnitt A–B, b) Ansicht

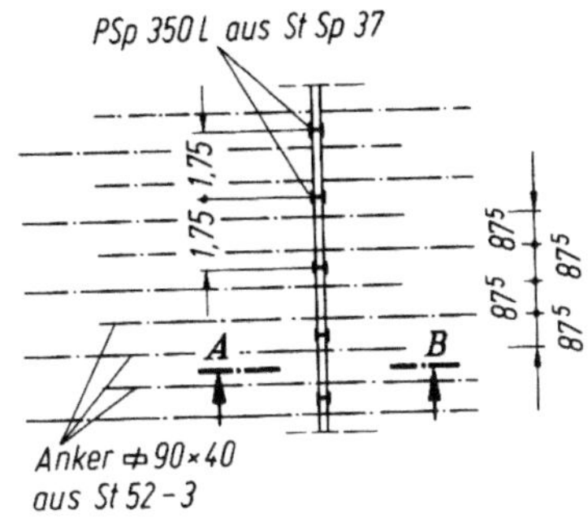

Abb. 18.3.9–5 Anordnung der die Schalwand kreuzenden Bewehrung der Colcrete-Betonsohle (vgl. auch Abb. 8.3.2–6 und 18.3.9–4)

18.3.10 Häupterbaugruben für eine norddeutsche Seeschleuse (vgl. auch Kap. 2.2, 2.4, 3.3.2 und 8.2.1)

18.3.10.1 Allgemeines und Grundsätzliches zur gewählten Lösung

Da bekannt war, daß der weiche alluviale Klei das Bestreben hat, sich nach tieferen Baugruben hin auch großräumig zu bewegen, wurde vor Beginn der Bauausführung ein Netz von Meßpunkten über das Baugelände gelegt. Bereits nach dem Leerpumpen der rd. 8 m tiefen Häupterbaugruben aus dem Jahre 1913/14 wanderten die in der Nähe der Außenhauptbaugrube liegenden Meßpunkte mit einer Geschwindigkeit von rd. 1 cm/Monat zur Baugrube hin. Diese Bewegung vermehrte sich im Laufe des weiteren Bodenaushubes bis zu einem Höchstwert von 4 cm/Monat.

Nach dem sorgfältig überlegten und abgestimmten Bauprogramm mußte damit gerechnet werden, daß die Bauausführung jedes Hauptes mindestens etwa 1 Jahr erfordern würde. Es bestand also die Gefahr, daß die in der Nähe der Außenhauptbaugrube liegenden Bauwerke, wie Kaischuppen, Eisenbahngleise und der nach dem Tidefluß zu liegende Landesschutzdeich (Abb.18.3.10–1) in die 23 m unter Baugelände reichende Baugrube abrutschten. Eine bis auf die zukünftige Gründungssohle der Häupter hinunterführende geböschte Baugrube kam daher nicht in Frage. Die untersten rd. 10 m der Häupterbaugrube mußten deshalb mit Stahlspundwänden L III aus StSp 37 eingefaßt und durch Querspundwände gleichen Profils und gleicher Qualität und zwei innere Längswände auch aus dem gleichen Profil in 12 Ab-

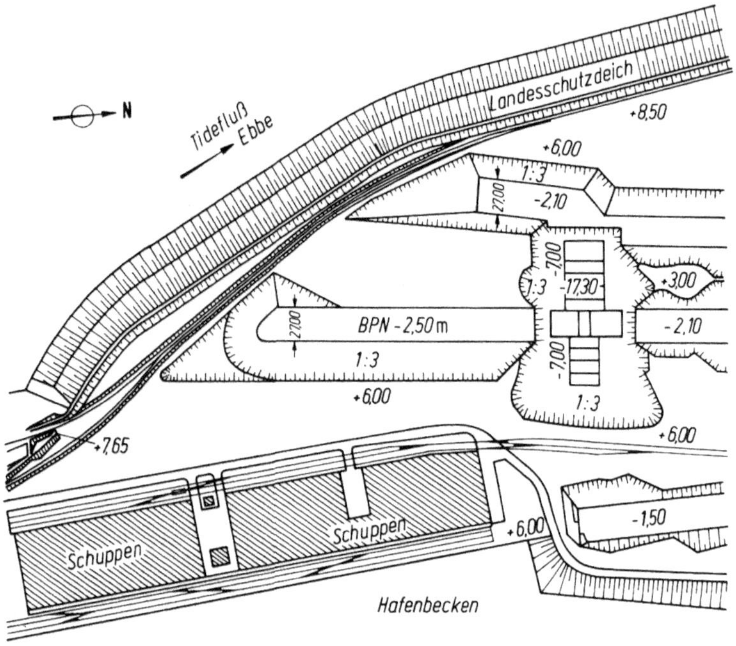

Abb. 18.3.10–1 Baugrube des Außenhauptes der Seeschleuse mit vorhandenen benachbarten Bauwerken

schnitte unterteilt werden. Während die Einfassungsspundwände oben bis BPN –4,0 m reichten, genügte für die Trennspundwände im Kasteninneren eine Oberkante auf BPN –8,0 m. Die inneren Spundwände wurden später jeweils 20 cm unter OK Beton abgebrannt und die dafür ausgesparte Rille ausbetoniert (Abb.8.2.1–2 und –3 sowie Abb.18.3.10–1 und –2).

Da auch festgestellt worden war, daß die diluviale Sandschicht zum Teil stark Wasser führte und das Grundwasser unter artesischem Druck stand, konnte – wegen der großen von außen angreifenden Belastungen aus Erd- und Wasserdruck – der Aushub auch in den umspundeten und auf den Höhen BPN – 10,5 m, – 13,5 m und beim Außenhaupt auch auf – 16,7 m ausgesteiften Häupterbaugruben nur im Schutze einer begrenzten Grundwasserabsenkung durchgeführt werden. Nach den Erfahrungen beim Bau einer stromauf gelegenen Doppelseeschleuse hätte sich eine tiefe und umfangreiche volle Grundwasserabsenkung sehr weit – bis zum anderen Ufer der Flußmündung – ausgewirkt.

18.3.10.2 Grundwasser-Probeabsenkung und Maßnahmen für die spätere begrenzte Grundwasserabsenkung

Um den erforderlichen Überblick über die hydrologischen Verhältnisse zu erhalten, wurde eine Grundwasser-Probeabsenkung vorgenommen. Nach ihrer Auswertung wurde folgendes Bauverfahren gewählt:

Die Einfassungsspundwände wurden über das statisch erforderliche Maß hinaus um etwa 3 m nach unten verlängert. Sie reichten so bis BPN –26,0 m und damit auch an den ungünstigsten Stellen mindestens 1,5 m tief in den wenig wasserdurchlässigen Tonmergel. Dadurch wurde theoretisch eine wasserdichte Baugrube erzielt. Der Wasserdruck auf die Einfassungsspundwände brauchte dann durch außerhalb angeordnete Absenkbrunnen und Absenkung bis BPN – 14,5 m nur so weit verringert zu werden, wie es die Standsicherheit der Spundwände erforderte. Vorsorglich wurde aber auch der Fall mit versagender Absenkung untersucht, wobei Spannungen bis knapp unter der Streckgrenze zugelassen wurden.

18.3.10.3 Bauvorgang und Einzelheiten zu den Baugrubenaussteifungen

Der Bauvorgang wurde vor allem im Torkammerbereich so gewählt, daß der Bodenaushub, der Bewehrungseinbau und das Betonieren des jeweiligen Blockes durch die Aussteifungen möglichst wenig gestört wurden. Im Gegensatz zu den Einfassungsspundwänden genügte für die Querspundwände eine Stützung auf BPN – 10,5 m. In den Blöcken 1 und 3 bis 8 (Abb. 18.3.10–2) konnten die auf die 10 m langen Einfassungswandabschnitte wirkenden Drücke durch ein doppeltes Sprengewerk aufgenommen werden, das sich gegen die Querspundwände abstützte. Die Aussteifungen auf BPN – 10,5 m und – 13,5 m wurden aus Stahl hergestellt, die Aussteifung auf BPN – 16,7 m beim Außenhaupt aus Stahlbeton. Nur die Aussteifung auf BPN – 10,5 m wurde später wieder ausgebaut, die übrigen wurden einbetoniert.

Die auf die Querwandstützung auf BPN – 10,5 m wirkenden Belastungen konnten beim Aushub für die erste Blockserie durch Zuganker in 2 m Achsabstand aufgenommen werden. Sie führten zur benachbarten Querwand und wurden nach dem Betonieren der ersten Blockreihe wieder ausgebaut. Bei den Blöcken mit langen Einfassungsspundwandabschnitten reichten auch doppelte Sprengewerke nicht mehr aus. Hier mußten Drucksteifen quer durch die Spundwandzellen geführt werden, wobei in den ersten Baustadien auch mit Abstützung durch vorerst noch nicht ausgehobene geböschte Kleikörper gearbeitet wurde (Abb. 18.3.10–2a).

Die Baugrubenunterteilung wurde im Außen- und im Binnenhaupt weitgehend gleich gewählt, um die Verankerungs- und die Aussteifungsteile aus Stahl vom Außenhaupt wenigstens teilweise beim Binnenhaupt wiederverwenden zu können.

Auf die beim Außenhaupt vorsorglich auf BPN – 16,7 m angeordnete Aussteifung aus Stahlbeton wurde beim Binnenhaupt verzichtet, da die beim Außenhaupt festgestellten Beanspruchungen und Verformungen der Baugrubeneinfassungen offensichtlich geringer waren als rechnerisch ermittelt.

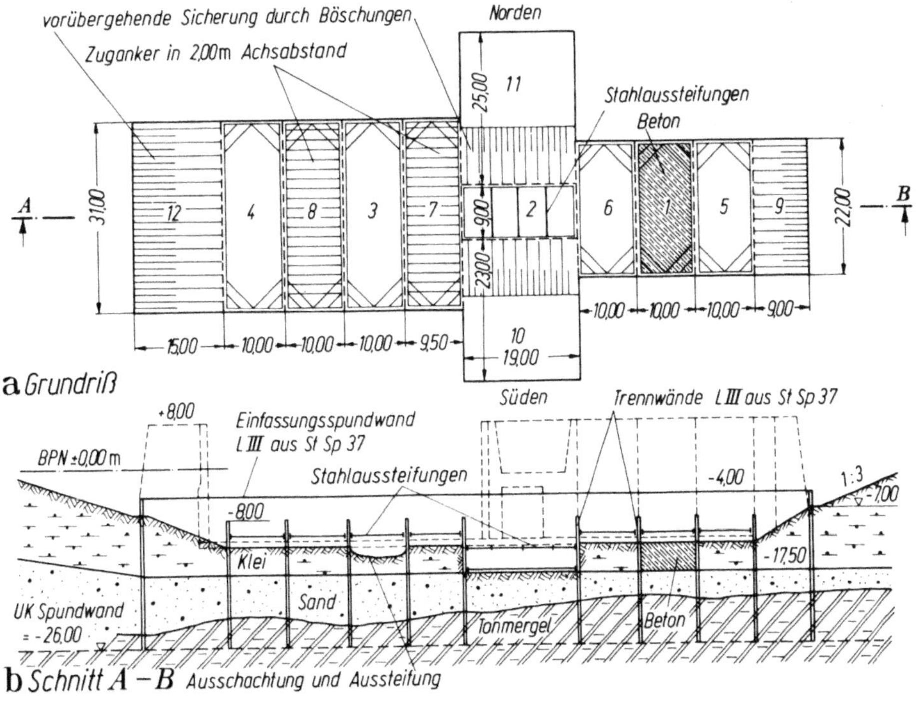

Abb. 18.3.10–2 Bauvorgang am Außenhaupt

Die in Abb.18.3.10–2 dargestellte Blockreihenfolge 1 bis 12 ergab sich, weil gefordert wurde, daß immer nur eine von drei benachbarten Zellen bis zur Gründungssohle freistehen durfte, die schwierigsten Blöcke 9 bis 12 zuletzt ausgehoben werden mußten und zur Beschleunigung der Montage des Schiebetores zuerst die Torkammerblöcke auszuführen waren.

18.3.10.4 Ergänzende Hinweise

Beim Bodenaushub bis zur Häuptersohle wurden bis zu rd. 1 m betragende Rammabweichungen der L III-Spundwände festgestellt. Es waren jedoch keine Bohlen aus dem Schloß gesprungen. Der vorliegende Anwendungsfall lag aber zweifellos an der oberen Anwendungsgrenze für das Profil L III aus StSp 37.

Die Bauarbeiten gingen im übrigen planmäßig vor sich.

18.3.11 Baugrubeneinfassung und Bauvorgänge für ein Dükereinlaufbauwerk an einem norddeutschen Tidefluß (vgl. auch Kap.8.5.6)

18.3.11.1 Allgemeines

Die Gesamtgestaltung der Anlage mit den zu lösenden Problemen ist im Kap.8.5.6 eingehend geschildert. Gleiches gilt für die Bodenverhältnisse und Wasserstände. Auch die Baudurchführung im gesamten ist dort bereits behandelt. Im vorliegenden Kapitel soll jedoch die Baugrubeneinfassung des Einlaufbauwerkes mit ihren Bauvorgängen noch detailliert behandelt werden.

18.3.11.2 Baugrubeneinfassung und Bauvorgänge des Einlaufbauwerkes

Die Einzelheiten der jeweiligen Bauwerksausbildung sind in Abb.18.3.11–1 mit den Bauzuständen 1 bis 9 und den zugehörigen Bemessungswasserständen dargestellt. Bezüglich der Bauwerks- und der Bauteilabmessungen wird auch auf die Abbildungen zu Kap. 8.5.6 verwiesen.

In den Bauzuständen 1 bis 9 nach Abb.18.3.11–1 waren folgende Baumaßnahmen erforderlich:

Bauzustand 1: Rammen der wasserseitigen Hochwasser-Schutzspundwand L III neu aus StSp 37 bis NN + 6,8 m.

Bauzustand 2: Rammen der unterstromseitigen Querwand L III neu aus StSp 37 auch zum Hochwasserschutz; anschließend Aushub im Bereich des Landesschutzdeiches bis NN + 3,6 m und Rammen der landseitigen Spundwand L II neu und der oberstromseitigen Querwand L II neu, beide aus StSp 37, sowie der 1 : 1 geneigten Ankerpfähle PSp 300 aus StSp 37 vom Rammplanum NN + 3,6 m aus.

Bauzustand 3: Einbau der Aussteifungen im Spundwandkasten und Herstellen der Holmgurte aus Stahlbeton zum Anschluß der Ankerpfähle 1 : 1.

Bauzustand 4: Rammen der 1 : 1 geneigten Ankerpfähle IP 260 aus St 37 für die Flügelspundwände und dieser Wände selbst sowie der dazwischen liegenden Wände, alle im Profil L II neu aus StSp 37, Rammen der Aushub-Sicherungsspundwand L II neu aus StSp 37 und ihrer 1 : 1 geneigten Ankerpfähle PSp 300 aus StSp 37, Anschluß der Ankerpfähle mit einem Holmgurt aus Stahlbeton außerhalb der Flügelspundwände und anschließend Aushub der Baggergrube für das Verlegen der Dükerleitungen Ø 1300 mm.

Bauzustand 5: Verlegen der Dükerrohre und teilweise Sandverfüllung des Rohrgrabens, Einbau der Schutzbetonplatte, Rammen der Spundwand L II neu aus StSp 37 zwischen den Flügelwänden und weiteres Verfüllen des Dükeraushubgrabens mit Sand.

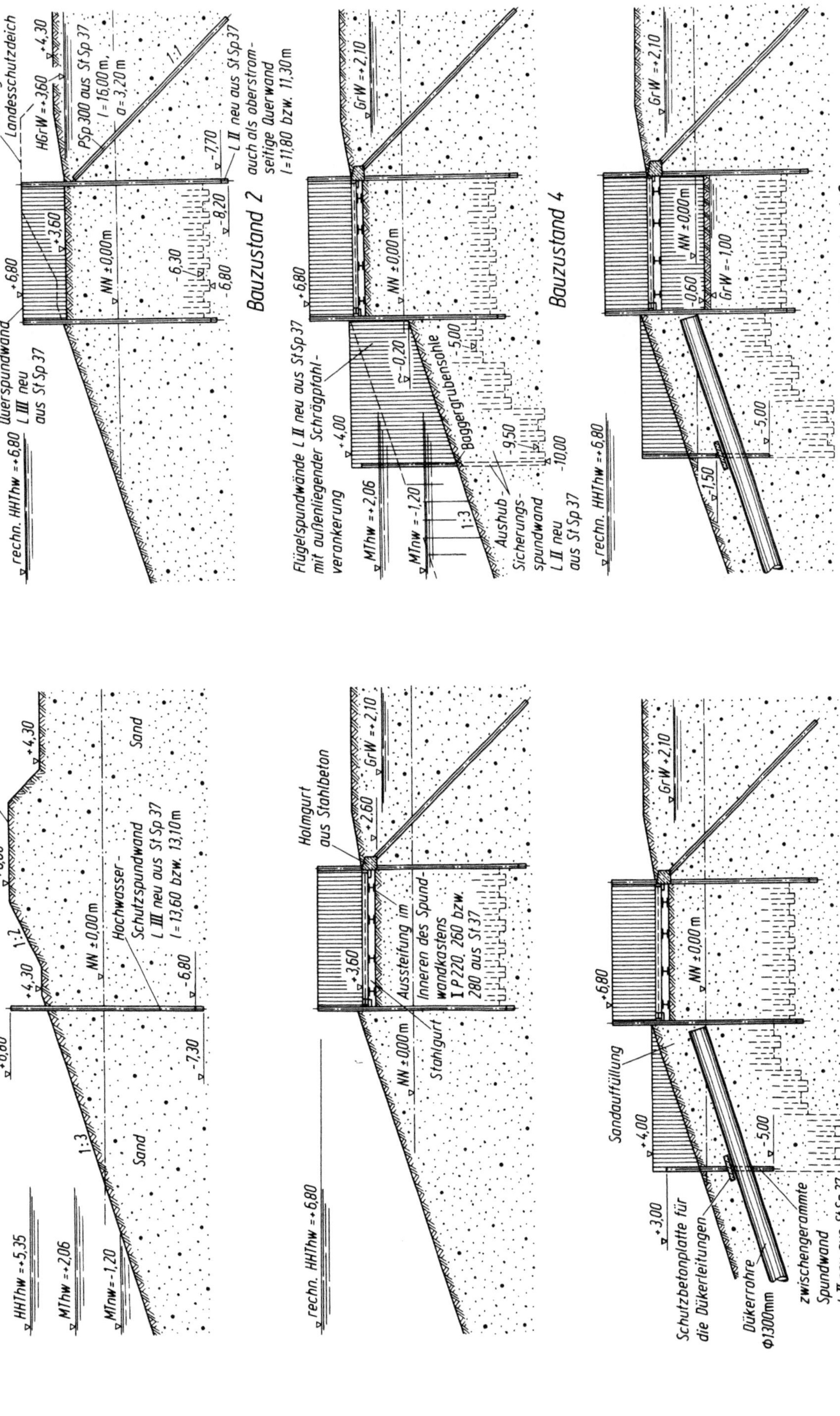

Abb. 18.3.11–1 Bauzustände des Dükereinlaufbauwerks

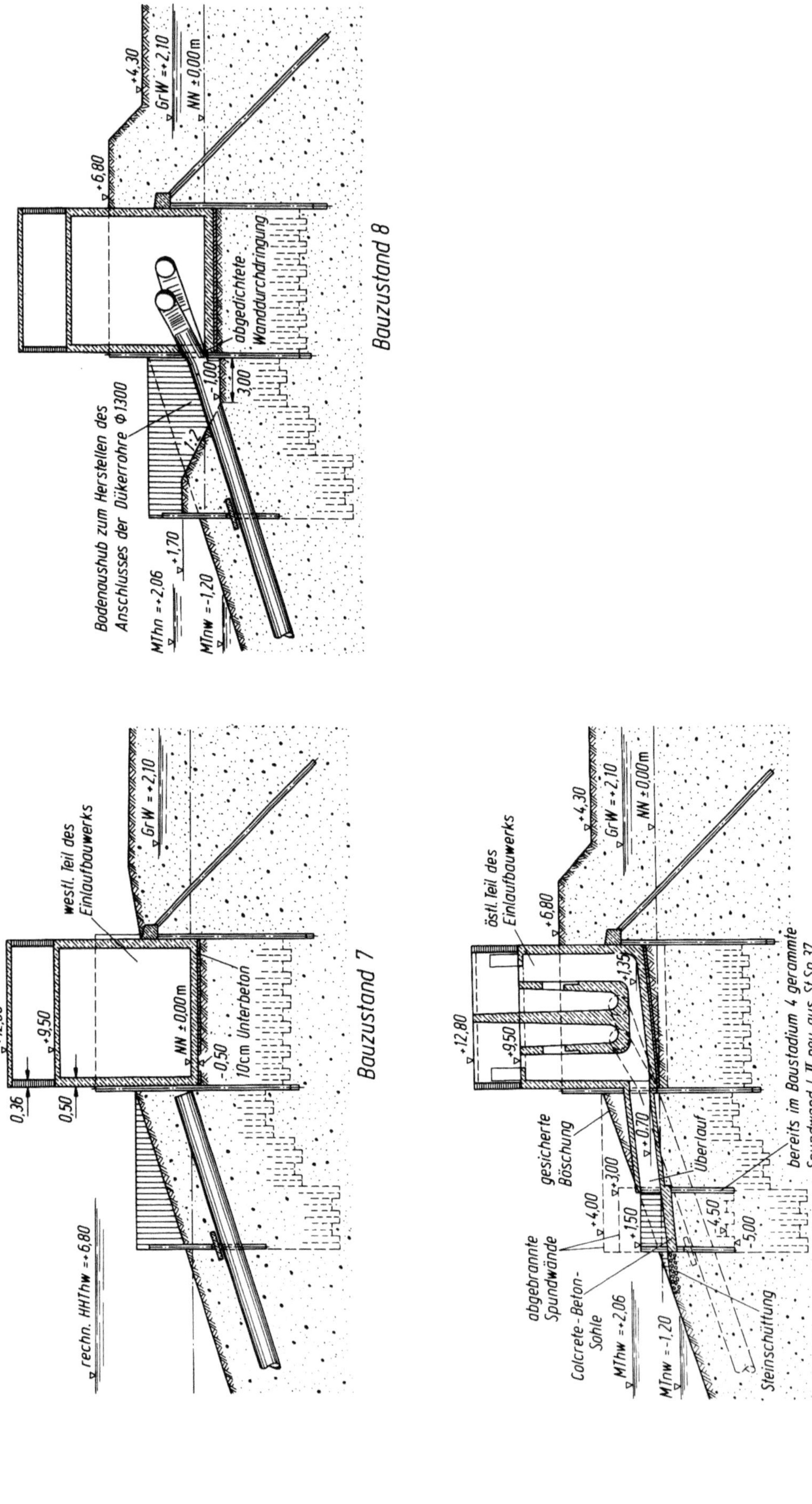

(Fortsetzung zu Abb. 18.3.11–1)

Bauzustand 6: Aushub des Bodens im Spundwandkasten bis rd. NN – 0,6 m und Absenken des Grundwassers im Kasten bis NN – 1,0 m.

Bauzustand 7: Einbau der Teile des Einlaufbauwerkes aus Stahlbeton und Ausbau der Aussteifungen der Umfassungsspundwände.

Bauzustand 8: Aushub der Baugrube zwischen den Flügelspundwänden und der inneren Trennwand für den Dükeranschluß bis NN – 1,0 bzw. bis rd. NN + 0,5 m im Bereich des Überlaufes. Anschluß der Dükerrohre an die inneren Zuleitungen im Einlaufbauwerk und Abdichten der Wanddurchdringung. Weiterer Innenausbau und Verfüllen der restlichen Baugrube mit Sand.

Bauzustand 9: Herstellen des Überlaufes mit Sohlensicherung vor demselben. Abbrennen der über die Flußböschung 1 : 3 ragenden Flügelspundwände und restloser Einbau der Verfüllung bis zur planmäßigen Flußböschung 1 : 3 mit der Böschungssicherung.

Baustadium 10: Fertiges Bauwerk nach Kap.8.5.6.

18.3.11.3 Schlußbemerkungen

Das vorliegende Beispiel zeigt, daß eingehende Überlegungen und eine sorgfältige Planung des gesamten Bauablaufes insbesondere dann erforderlich sind, wenn Tiefbauwerke in einem Landesschutzdeich errichtet werden müssen. In solchen Fällen kommt auch den Ansätzen der maßgebenden Außen- und gleichzeitigen Grundwasserstände eine besondere Bedeutung zu. Es sind dabei die ungünstigsten aber möglichen Lastkombinationen zu berücksichtigen und Spannungen nach Lastfall 3 zugelassen. Alle Bauzustände sind so abzusichern, daß die Arbeiten einwandfrei ausgeführt werden können. Dies gilt insbesondere für den sicheren und dichten Anschluß aller Rohrleitungen und dabei vor allem von Druckrohrleitungen. Undichte Anschlüsse und Rohrbrüche können durch Auswaschungen und erhöhte Grundwasserstände die Standsicherheit eines Landesschutzdeiches ernstlich gefährden.

Beim vorliegenden Bauwerk liefen die Bauarbeiten entsprechend der Planung ohne Schwierigkeiten ab.

18.3.12 Baugrube für ein Trockendock in einem Tidehafen Westpakistans, mit Bauzuständen (vgl. auch Kap.9.2.6.4 und 18.2.5)

Für das im Kap.9.2.6.4 beschriebene Trockendock Nr. 2, das unmittelbar neben dem in Betrieb befindlichen Trockendock Nr. 1 errichtet werden mußte, war es erforderlich, die Baudurchführung in allen Stadien bis ins Kleinste zu durchdenken und festzulegen. Nur so konnte eine ernste Gefährdung des bestehenden Dockes durch den Bau des neuen vermieden werden. Bezüglich der dabei zu beachtenden besonderen Bedingungen wird auf Kap.9.2.6.4 verwiesen. Sie erforderten eine Baudurchführung, wie sie in Abb.18.3.12–1a bis g in sieben maßgebenden Bauzuständen dargestellt ist, und zwar:

a) Bauzustand 1:
Aushub des Bodens bis KPD + 2,3 m und Rammen der Spundwand L IV neu aus StSpS neben dem bestehenden Dock sowie an der Dockspitze. Weiterer Aushub des Bodens und Einbau sowie Betrieb der obersten Wellpointstaffel auf KPD + 1,5 m. Aushub der Baugrube für die südliche Dockseitenwand bis Unterkante Sohle auf KPD – 8,1 m bei gleichzeitigem Einbau und Inbetriebnahme der weiteren Wellpointstaffeln mit dem Absenkungsziel 0,5 m unter Docksohle. Rammen der Stützpfähle PSp 350 L aus StSp 37 für die spätere Baugrubenaussteifung. Örtlicher Ersatz der steifen, schluffigen Tonschicht durch guten verdichteten Grobsand bzw. Kiessand.

b) Bauzustand 2:
Betonieren des südlichen Docksohlenblockes bis zur Plombe und der südlichen Dockseitenwand bis KPD + 2,3 m. Hinterfüllen der Dockwand bis KPD + 1,0 m mit gut verdich-

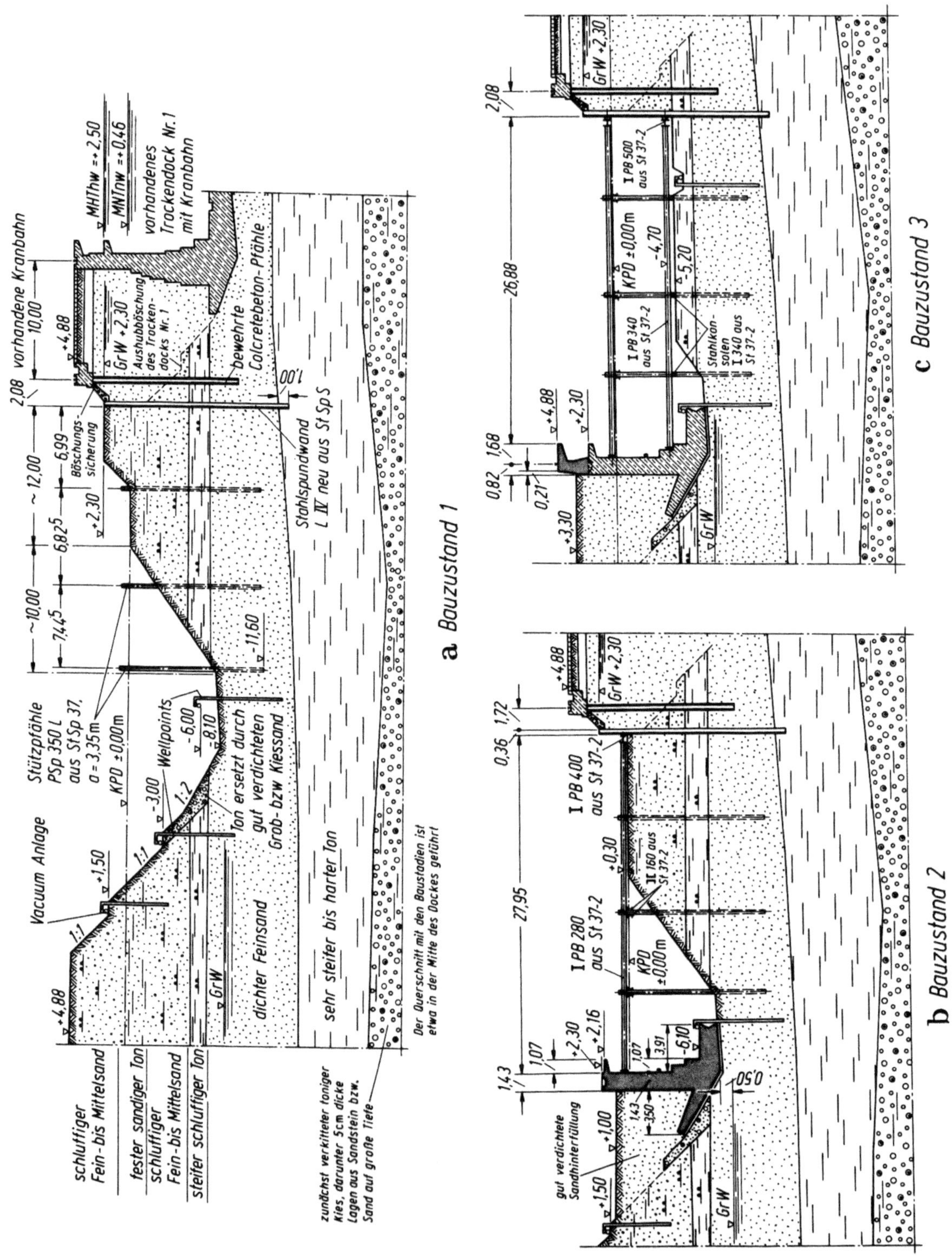

a Bauzustand 1

b Bauzustand 2

c Bauzustand 3

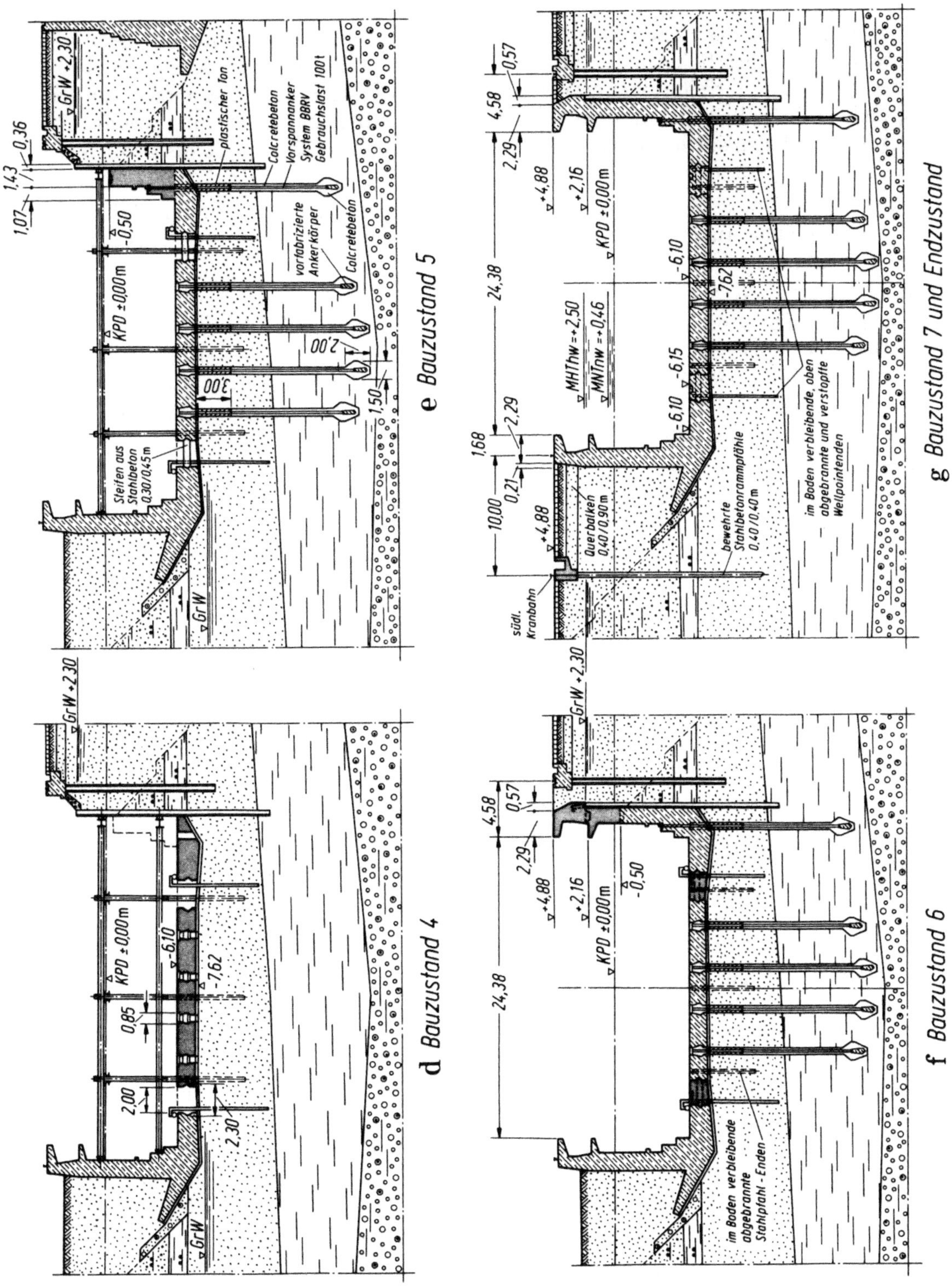

3.3.12–1 Bauzustände für das Trockendock Nr. 2

tetem Sand unter gleichzeitigem Ausbau der mittleren Wellpointreihe. Aushub des restlichen Bodens auf der Nordseite bis KPD ±0,0 m und Einbau der oberen Aussteifung mit Achse auf KPD + 0,3 m zur oberen Abstützung der Spundwand L IV neu aus StSpS.

c) Bauzustand 3:
Fertigstellen der südlichen Dockseitenwand bis zu ihrer Oberkante auf KPD + 4,88 m, weiteres Teilhinterfüllen dieser Wand bis KPD + 3,3 m unter gleichzeitigem Ausbau der obersten Wellpointreihe, weiterer Aushub im Dock bis KPD – 5,2 m auch vor der Stahlspundwand, Einbau der unteren Aussteifung zur Abstützung der Spundwand mit Achse auf KPD – 4,7 m sowie Einbau der nördlichen Wellpointreihe im Sohlenbereich.

d) Bauzustand 4:
Aushub im Dock bis Unterkante Sohle und Betonieren der weiteren Sohlenteile mit durchlaufenden Aussparungen für die Sohlenplomben und örtlichen Aussparungen für die Sohlenanker.

e) Bauzustand 5:
Nach dem Erhärten der Sohle und dem Einbau von Stahlbetonsteifen 0,30/0,45 m im Bereich der späteren Sohlenplomben, Ausbau der unteren Aussteifung aus Stahl, vollständiger Einbau der Sohlenanker einschließlich Ausbetonieren der Sohlenaussparungen und Vorspannen der Anker in zwei Stufen auf 105 t sowie Betonieren der nördlichen Dockseitenwand bis KPD – 0,5 m.

f) Bauzustand 6:
Ausbetonieren der Sohlenplomben und nach derem Erhärten Ausbau der oberen Aussteifung aus Stahl, Betonieren der nördlichen Dockseitenwand bis zu ihrer Oberkante auf KPD + 4,88 m, Verfüllen der dahinter liegenden Baugrube, Abbrennen der Stützpfähle PSp 350 L, 10 cm unter Oberkante Sohle, wobei die in die Sohlenplomben einbetonierten Wellpoints weiter in Betrieb gehalten werden.

g) Bauzustand 7:
Restliches Verfüllen der südseitigen Baugrube bis KPD + 4,88 m, Verstopfen der in der Docksohle verbliebenen Wellpoints und Abbrennen derselben 10 cm unter Sohlenoberkante, Ausbetonieren der 10 cm tiefen Aussparungen an den abgebrannten Stützpfählen und Wellpoints. Bau der südlichen Kranbahn. Restliche Bauarbeiten und Montage aller Ausrüstungsteile, des Docktores, Installation des Pumpenhauses, Beseitigen des Fangedammes vor dem Dockhaupt und Inbetriebnahme des Dockes.

Die obere Aussteifungslage wurde durchgehend vorgehalten und eingebaut, während das Material der unteren Aussteifung nur für 3 Baublöcke vorgehalten und entsprechend dem Baufortschritt eingebaut und umgesteift wurde.

Um die Aufnahme der in Längsrichtung des Dockes wirkenden Horizontalkräfte sicherzustellen und damit die Knicksicherheit zu gewährleisten, mußte der Bodenaushub im Dock so vorgenommen werden, daß die Stäbe der in der Ebene auf KPD + 0,3 m im Achsabstand von 30,15 m liegenden Stützverbände ihre waagerechten Kräfte nach den Seitenwänden abtragen konnten, bevor die dazwischen liegenden Steifen in Spannung gingen.

Am Dockhaupt wurde die Baugrube durch den im Kap. 18.2.5 beschriebenen Fangedamm abgeschlossen und an der Dockspitze durch eine nach hinten verankerte Stahlspundwand L IV neu aus StSpS.

Die Dockbauarbeiten wurden genau nach den festgelegten Bauzuständen 1 bis 7 ausgeführt. Sie liefen – abgesehen von Schwierigkeiten im Materialnachschub – planmäßig und ohne irgendwelche nachteiligen Folgen für die Standsicherheit des vorhandenen Trockendockes Nr. 1.

19. Auswertung der Erfahrungen

Die in dieser Veröffentlichung wiedergegebenen Erfahrungen mit Grundbauwerken zeigen, daß der Ingenieur heute in der Lage ist, auch schwierige Bauwerke selbst bei ungünstigsten Bodenverhältnissen mit einem erträglichen Aufwand ausreichend sicher zu gründen. Voraussetzung hierfür ist die genaue Kenntnis des Baugrundaufbaus und der bodenmechanischen Eigenschaften der anstehenden und auch der eingebrachten Böden. Außerdem müssen die Grundwasserstände – abhängig vom Grundwasserzufluß und den benachbarten freien Wasserständen – mit ihren Auswirkungen auf die Grundwasserströmungen, den Wasserüberdruck, Sohlenwasserdruck, Erddruck, Erdwiderstand, Grundbruch, Geländebruch usw. richtig erkannt und berücksichtig werden.

Die zu wählenden Berechnungsansätze sind heute durch die DIN 1054 und die bisher erarbeiteten 130 Empfehlungen des Arbeitsausschusses „Ufereinfassungen" der Hafenbautechnischen Gesellschaft e. V., Hamburg (HTG), und der Deutschen Gesellschaft für Erd- und Grundbau e. V., Essen (DGEG), in einem gewissen Umfang geregelt. Außerdem liefern weitere Gründungsnormen und die Empfehlungen des Baugrubenausschusses der DGEG wichtige Bearbeitungshinweise.

Trotz dieser Unterlagen wird der Ingenieur in schwierigen Fällen aber nur dann erfolgreich sein, wenn er nicht nur die Aufnahme und Abtragung der Kräfte im Baugrund einwandfrei beherrscht, sondern darüber hinaus auch die statisch-konstruktiven Belange des Gesamtbauwerkes und das Zusammenwirken von Bauwerk, Gründung und Baugrund einwandfrei überblicken kann. Gleichzeitig muß er die mit den jeweiligen Gründungen zusammenhängenden Probleme der Bauausführung mit ihren Auswirkungen auch auf die Nachbarbauwerke beherrschen. Im übrigen muß er die einzelnen Bauvorgänge so sinnvoll aufeinander abstimmen können, daß Risiken weitgehend ausgeschaltet werden, ohne dabei unnütz teuer zu bauen.

Häufig wird es zweckmäßig sein, Bauhilfsmaßnahmen in das endgültige Bauwerk als vollwertige Bauelemente mit einzubeziehen.

Die gebrachten Beispiele behandeln für zahlreiche Bauwerkgruppen die gewählten Lösungen mit ihren positiven und negativen Ergebnissen. Zusammenfassende allgemeine Feststellungen zu den einzelnen Bauwerkgruppen vermitteln vorweg die jeweils wichtigsten Ausbildungsgrundsätze, die anhand der gebrachten Ausführungsbeispiele im In- und Ausland untermauert und in gewissen Fällen auch im Detail dargestellt wurden.

Im einzelnen sei zusammenfassend noch einmal auf folgendes besonders hingewiesen:

Es bleibt vorweg die wichtigste Aufgabe für den Ingenieur, den eingehenden und richtigen Aufschluß über die Baugrund- und Wasserverhältnisse für das zu bearbeitende Bauwerk zu finden. Erfahrungen an ausgeführten Nachbarbauwerken sollten hierbei mit erfaßt und berücksichtigt werden.

Trotz aller neuesten Erkenntnisse wird der Ingenieur bei den laufend weiter wachsenden Anforderungen, die den Bauwerken und dem Untergrund abverlangt werden, auch in Zukunft immer wieder vor neue Probleme gestellt, die er mit großer Vor- und Umsicht zu lösen hat.

Die Gründungsprobleme werden auch zunehmend dadurch verschärft, daß in den Ballungsgebieten die guten Baugründe bereits weitgehend bebaut sind, so daß schwierige Bauwerke immer häufiger auch auf schlechtem Baugrund errichtet werden müssen.

Bei schwierigen Baugrundverhältnissen ist es Pflicht des Ingenieurs, rechtzeitig besonders erfahrene Versuchsanstalten für Grundbau und Bodenmechanik einzuschalten. Nur dadurch können die erforderlichen einwandfreien bodenmechanischen Grundlagen gewonnen werden. Bei Bauten an der Küste gilt dies auch für das Heranziehen erfahrener Wasserbau-Versuchsanstalten.

Die richtige konstruktive Gestaltung einer Bauwerkgründung kann nur in Verbindung mit der für die örtlichen Verhältnisse und das Bauwerk zweckmäßigsten Bauausführung gelöst werden.

Die Bewegungen von Untergrund, Wasser und Bauwerk während der Bauausführung sollten stets beobachtet werden, nicht nur um daraus allgemeine Erkenntnisse zu gewinnen, sondern um notfalls auch Abhilfen beim betreffenden Bauwerk selbst rechtzeitig einleiten zu können.

Mit der Fertigstellung des Bauwerks endet die Aufgabe des Ingenieurs nicht. Das Feststellen des Verhaltens von Untergrund, Wasser und Bauwerk im Betrieb mit den eingetretenen Bewegungen gibt dem Ingenieur erst einen endgültigen Aufschluß darüber, ob er sein Werk den tatsächlichen Verhältnissen entsprechend gestaltet hat und ob aus den gemachten Erfahrungen für die Zukunft entsprechende Schlußfolgerungen gezogen werden können bzw. müssen.

Bei den immer weiter wachsenden betrieblichen Anforderungen wird in Zukunft auch zunehmend zu untersuchen sein, in welcher Form bestehende Bauwerke für die geänderten Verhältnisse verstärkt werden können. Häufig ist es wirtschaftlicher und auch sonst sinnvoller, vorhandene Bauwerke auszunutzen, als immer wieder völlig neue zu errichten.

Sind bei einem neu zu erstellenden Bauwerk für die Zukunft höhere Betriebsanforderungen zu erwarten oder auch nur wahrscheinlich, ist es betrieblich und wirtschaftlich zweckmäßig, spätere Verstärkungsmöglichkeiten offenzuhalten und fallweise von vornherein einzuplanen.

Forderungen von übergeordneten Stellen, Bauherren, Unternehmern und Sonstiger hinsichtlich der Kosten und des Zeitfaktors von Grundbauwerken sollten vom Ingenieur nur berücksichtigt werden, wenn er dafür auch die volle Verantwortung übernehmen kann.

Die Verfasser haben in der vorliegenden Veröffentlichung die bei Planung, Entwurf und Ausführung von Grundbauwerken und im späteren Betrieb gewonnenen Erkenntnisse und gemachten positiven und negativen Erfahrungen offen dargelegt. Nun wäre es für alle Ingenieure von großem Wert, wenn auch andere Fachkollegen in gleicher Weise die von ihnen bei ihren Arbeiten gewonnenen Erfahrungen zusammenfassend und freimütig veröffentlichen würden. So wertvoll Handbücher als Nachschlagewerke zur allgemeinen Unterrichtung auch sein mögen, fehlt ihnen doch die Aussage über projektgebundene besondere eigene Erfahrungen, und darauf kommt es in Zukunft doch zunehmend an.